Quantenphysik und Statistische Physik

von
Marcelo Alonso, Edward J. Finn

4., durchgesehene Auflage

Oldenbourg Verlag München Wien

Autorisierte Übersetzung der englischsprachigen Originalausgabe, erschienen im Verlag Addison-Wesley Publishing Company, Inc., unter dem Titel „Fundamental University Physics, III, Quantum and Statistical Physics".

Prof. Dr. Marcelo Alonso und Prof. Dr. Edward J. Finn forschen und lehren am Florida Institute of Technology, USA.

Deutsche Übersetzung von: Annemarie Beckmann
Herausgegeben von: Prof. Dr. Peter Beckmann.

Bibliografische Information Der Deutschen Bibliothek

Die Deutsche Bibliothek verzeichnet diese Publikation in der Deutschen Nationalbibliografie; detaillierte bibliografische Daten sind im Internet über <http://dnb.ddb.de> abrufbar.

Rosenheimer Straße 145, D-81671 München
Telefon: (089) 45051-0
www.oldenbourg.de

Lektorat: Kathrin Mönch
Herstellung: Anna Grosser
Umschlagkonzeption: Kraxenberger Kommunikationshaus, München
Gedruckt auf säure- und chlorfreiem Papier
Gesamtherstellung: Druckhaus „Thomas Müntzer" GmbH, Bad Langensalza

ISBN 3-486-57762-X

VORBEMERKUNG ZUR DEUTSCHEN AUSGABE

Nicht alle im englischen üblichen Abkürzungen haben eine deutsche Entsprechung.

ave (average) für die Bezeichnung des Mittelwertes.
rms (root mean square) für die Bezeichnung der Wurzel aus dem Mittelwert der Quadrate.

Um Fehler bei einer Übertragung von Tabellen usw. auszuschalten, wurde anstelle des Dezimalkommas der im Englischen übliche Dezimalpunkt beibehalten. Hier sollten keine Verwechslungen auftreten können, zumal auch der Ausdruck von EDV-Anlagen allgemein den Dezimalpunkt verwendet.

A.B.
P.B.

VORWORT

Dieses Buch ist der dritte und letzte Band einer Reihe, die unter dem allgemeinen Titel «*Fundamental University Physics*» publiziert wurde. Es ist das Ziel dieser Reihe, auf dem Niveau der Studienanfänger den Studenten der Natur und Ingenieurwissenschaften eine logische und einheitliche Darstellung der Physik zu geben. Das Schwergewicht liegt dabei auf den grundlegenden Ideen, die das Wesentliche der Physik ausmachen: den Erhaltungssätze, den Beziehungen zwischen Teilchen und Feldern und der atomistischen Auffassung der Materie. Wir haben versucht, die physikalischen Begriffe so darzustellen, daß der Leser ein klares Verständnis ihrer theoretischen Bedeutung gewinnt, ihre experimentellen Grundlagen erkennt und die enge Beziehung zwischen Theorie und Experiment feststellt. Wir haben ferner versucht, den Leser dahin zu führen, daß er die mathematischen Techniken beherrscht, die man benötigt, um diese Begriffe auszudrücken. Die drei Bände entsprechen einer zweisemestrigen Vorlesung in allgemeiner Physik und einer ein- (oder zwei-)semestrigen Vorlesung in moderner Physik. Band I behandelt die Mechanik und die Gravitationswechselwirkung. Band II beschäftigt sich mit elektromagnetischen Wechselwirkungen und Wellen. Band III erstreckt sich auf die Quanten- und statistiche Physik (einschließlich Thermodynamik). Obwohl die drei Bände eng verknüpft sind und einem logischen Aufbau folgen, ist jedoch jeder in sich selbst abgeschlossen und kann unabhängig von den anderen verwendet werden. Dies gilt insbesondere für Band III, der im wesentlichen die Gegenstände umfaßt, die in einer Einführung in die moderne Physik gebracht werden.

Die Studienpläne der Naturwissenschaften stehen unter dem Druck, neue Gebiete mit zunehmender Bedeutung zu berücksichtigen. Wir hoffen, daß diese Reihe etwas von diesem Druck dadurch nimmt, daß sie ein tieferes Verständnis der Studenten für physikalische Begriffe weckt und sie in die Lage versetzt, sie auf konkrete Situationen anzuwenden. Hierdurch wird es möglich, das Niveau von Vorlesungen für mittlere Semester zu heben. Die traditionellen Vorlesungen für mittlere Semester über Mechanik, Elektrodynamik und Atomphysik werden aus dieser Anhebung des Niveaus ihren Nutzen ziehen. Der Student schließt so sein Grundstudium mit einem höheren Wissensstand als früher ab. So werden die Grundlagen für weiterführende Vorlesungen über neuere und interessantere Gebiete gelegt. Die gleiche Tendenz zeichnet sich in anderen, neueren Lehrbüchern der Naturwissenschaften ab.

Der erste Teil dieses Bandes trägt die Bezeichnung Quantenphysik. Quantenvorstellungen sind das Wesentliche der heutigen Physik. Außer einer kurzen Einführung in die Bohrschen Vorstellungen und in den Wellen-Teilchen-Dualismus im Rahmen der Einführungsvorlesung hat man früher leider häufig die Studenten erst spät in die quantenmechanischen Begriffe und ihre Anwendungen eingeführt. Üblicherweise lernten nur die Physiker und Chemiker Quantenmechanik, und dies selten vor den höheren Semestern. Doch sollten die Physiker und Chemiker eine anwendbare Kenntnis der quantenmechanischen Ideen möglichst früh in ihrem Studium erwerben, so daß sie diese Kenntnis in den folgenden Vorlesungen verwenden können. Die gegenwärtigen Entwicklungen in Biologie und den Ingenieurwissenschaften verlangen, daß auch die Studenten dieser Fächer die Grundlagen der Festkörperphysik und der Molekularstruktur beherrschen. Wir haben uns daher bemüht, den Leser in das Gebiet der Quantenmechanik auf einem Weg einzuführen, der zwar elementar ist, ihm jedoch ermöglicht, die quantenmechanischen Begriffe auf die verschiedensten Situationen anzuwenden.

Kapitel 1 ist eine Einführung in die Grundlagen der quantenmechanischen Ideen. In Kapitel 2 folgt der notwendige Hintergrund der Quantenmechanik; hier legen wir auf zwei Dinge ein besonderes Gewicht: auf die Art und Weise, in der man physikalische Information über ein System aus dem Verlauf der potentiellen Energie gewinnt und auf eine Kenntnis der allgemeinen Eigenschaften von Wellenfunktionen. In den folgenden Kapiteln, 3 bis 9, werden die quantenmechanischen Begriffe und Techniken auf die Analyse von Atomen, Molekülen, Festkörpern und Elementarteilchen angewandt.

Im zweiten Teil des Buches (der «Statistische Physik» überschrieben ist) benutzen wir statistische Methoden, um die Eigenschaften makroskopischer Materie zu analysieren. Ebenso wie die Quantenmechanik ist auch die statistische Physik ein wohlbegründetes Hilfsmittel mit vielen Anwendungsmöglichkeiten, in das der Student so früh wie möglich eingeführt werden sollte, Nach einer Diskussion der klassischen statistischen Mechanik in Kapitel 10 bringen wir in Kapitel 11 die Thermodynamik vom statistischen Standpunkt und wenden sie in Kapitel 12 auf ideale und reale Gase an. Wir sind fest davon überzeugt, daß dies die geeignetste Methode ist, um die Studenten in die Begriffe der Thermodynamik einzuführen. Das Buch schließt mit einer kurzen Einführung in die Quantenstatistik in Kapitel 13. Da die Studenten heute vielfach die Grundvorstellungen der Relativitätstheorie in der Einführungsvorlesung zur Physik kennenlernen, wird die spezielle Relativitätstheorie im Anhang abgehandelt. (Eine ausführlichere Diskussion der Relativitätstheorie ist in den beiden ersten Bänden dieser Reihe enthalten.) Einige ergänzende Themen, wie die Gruppengeschwindigkeit und die Methoden zum Teilchennachweis, werden ebenfalls im Anhang diskutiert.

Wir haben die mathematischen Voraussetzungen in dem Rahmen gehalten, wie er in einer üblichen Einführung zur Analysis vermittelt wird. Diejenigen mathematischen Rechnungen, die für das Verständnis der grundlegenden physikalischen Gedanken nicht unbedingt erforderlich sind, haben wir öfters entweder ausgelassen oder in die Aufgaben verlagert; ein Beispiel derartiger Rechnungen ist die manchmal langweilige Aufgabe, bestimmte Lösungen der Schrödingergleichung abzuleiten. Viele Anwendungen der Grundprinzipien, wie auch die Diskussion einiger weiterführender Themen, erscheinen in Gestalt ausgearbeiteter Beispiele. Der Text wurde so abgefaßt, daß der Leser alle Beispiele beim ersten Lesen überspringen kann. Im Zuge der weiteren Vertiefung sollte der Leser diejenigen Beispiele durcharbeiten, welche der Dozent auswählt. Es bleibt dem Dozenten überlassen, derartige bestimmte Beispiele auszuwählen oder mehrere zur Wahl zu stellen. Manche Abschnitte können übersprungen werden, ohne daß dadurch der Zusammenhang verlorengeht. Die Reihenfolge der Aufgaben am Ende eines jeden Kapitels folgt dem Ablauf des Kapitels, wobei jeweils einige schwierigere Aufgaben am Ende aufgeführt sind. Die große Anzahl verschiedener Aufgaben erlaubt es dem Dozenten, Aufgaben auszuwählen, die den Fähigkeiten seiner Studenten angepaßt sind. So kann der Dozent durch entsprechende Auswahl aus dem angebotenen Material das Buch für eine ein- oder eine zweisemestrige Veranstaltung verwenden und die Studenten sowohl fordern wie auch für ein Eingehen auf die Forderung motivieren.

Wir wollen all denen danken, die durch ihre Hilfe und Ermutigung dieses Buch ermöglicht haben. Wir erwähnen besonders Herrn Prof. David Lazarus, dessen Bemerkungen und Kritiken uns geholfen haben, viele Aspekte des Buches zu verbessern. Endlich-aber nicht desto weniger-danken wir unseren Frauen, die uns so geduldig zur Seite standen.

Marcelo Alonso
Washington, D. C. Edward J. Finn

INHALT

TEIL 1
QUANTENPHYSIK

1 Die Grundlagen der Quantenphysik
2 Quantenmechanik
3 Atome mit einem Elektron
4 Atome mit vielen Elektronen
5 Moleküle
6 Festkörper
7 Kernstruktur
8 Kernprozesse
9 Elementarteilchen

Eines der Hauptziele der Physik ist die Analyse der Eigenschaften, Reaktionen und Wechselwirkungen der Grundbausteine der Materie. Diese Grundbausteine — die sog. fundamentalen oder Elementarteilchen — sind die Elektronen, Protonen, Neutronen und andere. Sie gehen Verbindungen ein und bilden so die Atomkerne, die Atome und die Moleküle. Diese Verbindungen wiederum vereinigen sich zur makroskopischen Materie. Wenn die Bewegung der Elementarteilchen auch dem Impuls-, Drehimpuls- und Energiesatz gehorcht, so erfordert die Beschreibung ihrer Bewegung doch einen Rahmen, der sich in verschiedenen Aspekten von dem unterscheidet, der in der klassischen (oder Newtonschen) Mechanik für die Analyse makroskopischer Bewegung entwickelt wurde. Diese besondere Theorie nennt man *Quantenmechanik*. Bevor wir in die Diskussion der Atome, Moleküle und Kerne eintreten, müssen wir sie näher kennenlernen. Glücklicherweise sind die Atome und die Moleküle im wesentlichen eine Folge der *elektromagnetischen Wechselwirkung* zwischen den positiv geladenen Kernen und den negativ geladenen Elektronen. Indem wir die Gesetze der Elektrodynamik mit denen der Quantenmechanik verbinden, können wir daher die Atome und die Moleküle diskutieren, ohne auf die weniger gut verstandenen Kräfte zurückzugreifen. Dieselben Techniken kann man auch für Gase, Flüssigkeiten und Festkörper benutzen. Die Kerne andererseits beruhen im wesentlichen auf einer neuen Kraft, der sog. *starken oder Kernwechselwirkung*. Da die starke Wechselwirkung noch nicht sehr gut bekannt ist, ist ihre Analyse viel komplizierter. Dementsprechend muß sich in diesem Buch unsere Diskussion der Kerne im wesentlichen auf eine Beschreibung beschränken.

Das vielleicht dynamischste und anregendste Gebiet der heutigen Physik ist die Untersuchung der Elementarteilchen. Die Wechselwirkungen, die man zwischen diesen Teilchen beobachtet, fordern die Einführung einer weiteren Kraft zusätzlich zur starken Wechselwirkung. Diese Kraft nennt man *schwache Wechselwirkung*. Eine andere Kraft, die schwächste aller Wechselwirkungen, ist die *Gravitationswechselwirkung*. Was die grundlegende Struktur der Materie betrifft, spielt sie eine geringere Rolle.

Die relative Stärke der vier Wechselwirkungen ist:

starke Wechselwirkung	1
elektromagnetische Wechselwirkung	10^{-2}
schwache Wechselwirkung	10^{-13}
Gravitationswechselwirkung	10^{-38}

Die Prozesse zwischen Elementarteilchen haben einen neuen Formalismus entstehen lassen, der sich etwas von der Quantenmechanik unterscheidet und *Quantenfeldtheorie* genannt wird. Diese Theorie ist jedoch zu kompliziert, um in diesem Buch behandelt zu werden.

1
DIE GRUNDLAGEN DER QUANTENPHYSIK

1.1 Einleitung

Am Ende des 19. und im ersten Viertel des 20. Jahrhunderts häuften sich experimentelle Hinweise, die andeuteten, daß die Wechselwirkung elektromagnetischer Strahlung mit Materie nicht vollständig mit den Gesetzen der Elektrodynamik übereinstimmte. Diese Gesetze waren das Ergebnis der Untersuchungen von Ampère, Laplace, Faraday, Henry, Maxwell und vieler anderer. Sie sind in den Maxwellschen Gleichungen für das elektromagnetische Feld zusammengefaßt. Gleichzeitig entwickelte sich die Theorie von der atomaren Struktur der Materie und zwar hauptsächlich aufgrund der Entdeckung des Elektrons und der Bestätigung des Kernmodells der Atome. Andere Experimente zwangen die Physiker, ihre Vorstellungen von der Bewegung subatomarer Teilchen zu überprüfen, da sich diese offensichtlich nicht genau nach den Annahmen der Newtonschen Mechanik bewegten. Um diese neuen Beobachtungen zu erklären, führten verschiedene Physiker eine Reihe neuer Ideen mehr oder weniger *ad hoc* ein. Im Laufe der Zeit und durch die Arbeiten vieler bedeutender Wissenschaftler entwickelten sich diese Ideen, bis sie das wurden, was heute als *Quantentheorie* bekannt ist, eine Theorie, die vielleicht der Kern der zeitgenössischen Physik ist. In diesem Kapitel werden wir einen Überblick über die wichtigsten experimentellen Grundlagen der Quantenphysik geben.

1.2 Elektromagnetische Strahlung

Die elektromagnetische Wechselwirkung zwischen zwei geladenen Teilchen kann man am besten durch den Begriff der elektrischen und magnetischen Felder beschreiben, welche durch die Ladungen erzeugt werden. Wenn ein geladenes Teilchen relativ zu einem Beobachter in einem Inertialsystem ruht, so mißt dieser ein Feld, welches das elektrische Feld der Ladung genannt wird (Abb. 1-1). Wenn sich jedoch die Ladung relativ zum Beobachter bewegt, so beobachtet er ein anderes Feld, das sog. elektromagnetische Feld der Ladung (Abb. 1-2). Eine Komponente des Feldes wird weiterhin elektrisches, die übrige magneti-

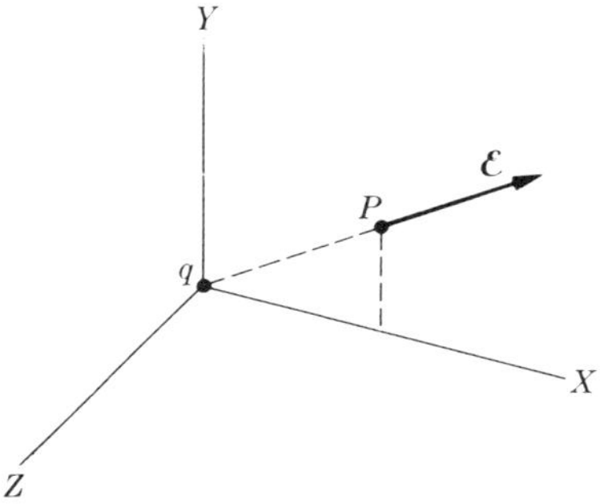

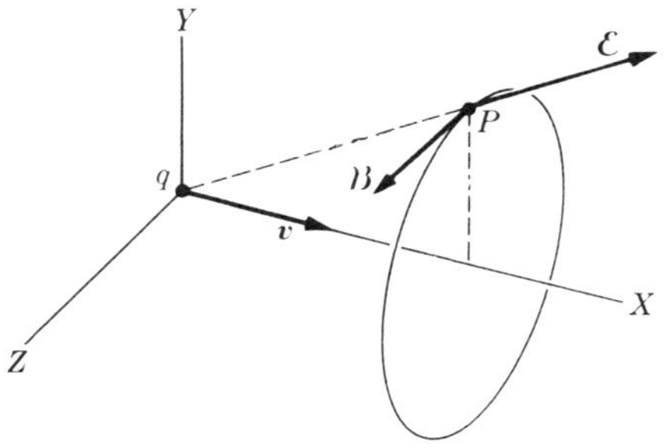

Abb. 1-1 und **Abb. 1-2.** Elektrisches und magnetisches Feld einer Ladung in gleichförmiger Bewegung.

sches Feld genannt. Diese Felder hängen von der Geschwindigkeit und der Beschleunigung der Ladung relativ zum Beobachter ab. Da die Aufspaltung des von einer Ladung erzeugten Feldes in einen elektrischen und einen magnetischen Anteil von der relativen Bewegung von Ladung und Beobachter abhängt, sollte man nur vom elektromagnetischen Feld des geladenen Teilchens sprechen. Umgekehrt erfährt ein Teilchen, das sich in einem von anderen Ladungen erzeugten elektromagnetischen Feld bewegt, eine Kraft, die durch

$$\boldsymbol{F} = q(\mathcal{E} + \boldsymbol{v} \times \mathcal{B})$$

gegeben ist. Dabei sind $\mathcal{E}$ und $\mathcal{B}$ die elektrische und magnetische Feldstärke, wie sie von einem Beobachter gemessen werden, der $\boldsymbol{v}$ als Teilchengeschwindigkeit mißt. Auf diese Weise können wir die elektromagnetische Wechselwirkung geladener Teilchen durch Felder beschreiben.

Um ein elektromagnetisches Feld aufzubauen, braucht man Energie. Die räumliche Energiedichte eines elektromagnetischen Feldes im Vakuum ist

$$\mathrm{E} = \tfrac{1}{2}\epsilon_0\mathcal{E}^2 + \frac{1}{2\mu_0}\mathcal{B}^2, \qquad (1.1)$$

und dabei sind ϵ_0 und μ_0 die Elektrizitätskonstante und die Permeabilität des Vakuums.

Die Energie eines *statischen* elektromagnetischen Feldes (d. h. eines Feldes, das sich zeitlich nicht ändert) bleibt natürlich konstant. Wenn das Feld jedoch *zeitabhängig* ist, ändert sich die elektromagnetische Energie in jedem Punkte als Funktion der Zeit. Die zeitlichen Änderungen eines elektromagnetischen Feldes erzeugen eine elektromagnetische Welle, die sich mit einer Geschwindigkeit

$$c = 1/\sqrt{\epsilon_0\mu_0} \approx 3 \times 10^8 \text{ m s}^{-1} \qquad (1.2)$$

ausbreitet; diese stimmt mit der Lichtgeschwindigkeit im Vakuum überein. Wir können sagen, daß die Welle die Energie des elektromagnetischen Feldes mit sich führt. Diese durch eine elektromagnetische Welle übertragene Energie nennt man manchmal *elektromagnetische Strahlung.*

Da eine Ladung, die sich relativ zum Beobachter in Ruhe befindet, ein statisches Feld erzeugt, strahlt sie keine elektromagnetische Energie ab. Man kann ebenfalls zeigen, daß eine Ladung, die sich gleichförmig geradlinig bewegt, keine elektromagnetische Energie abstrahlt, da die Gesamtenergie ihres elektromagnetischen Feldes konstant bleibt. Eine völlig andere Situation liegt bei einer beschleunigt bewegten Ladung vor. Die Gesamtenergie des elektromagnetischen Feldes einer beschleunigten Ladung ist zeitabhängig. Daher gilt:

Eine beschleunigte Ladung strahlt elektromagnetische Energie ab.

Wenn die Geschwindigkeit einer Ladung q, die sich mit der Geschwindigkeit $\boldsymbol{v}$ und der Beschleunigung $\boldsymbol{a}$ bewegt, klein im Vergleich zur Lichtgeschwindigkeit ist, beträgt die abgestrahlte Leistung

$$\frac{dE}{dt} = \frac{q^2 a^2}{6\pi\epsilon_0 c^3}. \tag{1.3}$$

Eine wichtige Folgerung ist: Wenn eine Ladung dauernd beschleunigt werden soll, muß Energie zugeführt werden, um die in Strahlung umgesetzte Energie zu kompensieren. D.h., wenn ein Ion z.B. in einem Van de Graaff-Beschleuniger oder in einem Zyclotron beschleunigt wird, geht ein Teil der dem Ion zugeführten Energie als elektromagnetische Strahlung verloren. Dieser Energieverlust kann jedoch außer bei relativistischen Energien vernachlässigt werden. Geladene Teilchen, die im Magnetfeld der Erde, in Sonnenflecken oder entfernten Himmelskörpern wie dem Krebsnebel eingefangen sind, emittieren ebenfalls Strahlung, die sog. *Synchrotronstrahlung*. Diese Strahlung reicht von Radiofrequenzen bis ins äußerste Ultraviolett.

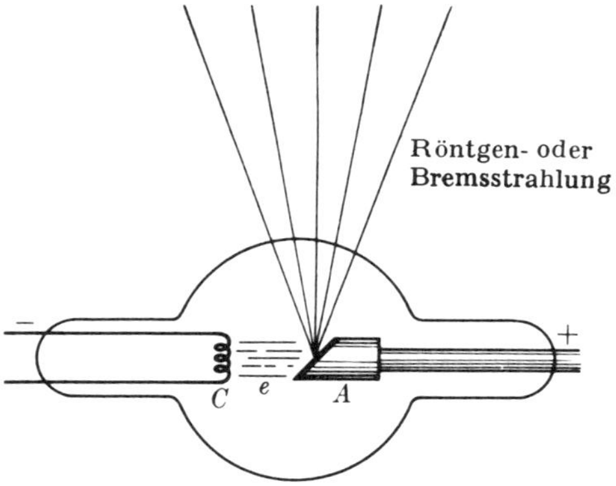

Abb. 1-3. Beim Abbremsen einer Ladung in der Röntgenröhre emittierte Strahlung.

Wenn ein Teilchen abgebremst anstatt beschleunigt wird, gilt ebenfalls Gl. (1.3), und die abgestrahlte Energie ist der Überschuß, den das elektromagnetische Feld als Resultat der Geschwindigkeitsabnahme der Ladung aufweist. Wenn z.B. eine schnelle Ladung wie ein Elektron oder ein Proton auf ein Target trifft und abgebremst wird, gibt es einen wesentlichen Teil seiner Gesamtenergie als Strahlung ab (Abb. 1-3). Diese Strahlung wird allgemein (auch im Englischen mit dem deutschen Ausdruck) als *Bremsstrahlung* bezeichnet. Dies ist der Hauptmechanismus, durch den Strahlung in Röntgenröhren erzeugt wird, wie sie in Physik, Medizin und Industrie benutzt werden.

Die von einem geladenen Teilchen abgestrahlte Energie kann von anderen geladenen Teilchen absorbiert werden, auf die das elektromagnetische Feld des ersten Teilchens wirkt. Daher können wir die Wechselwirkung zweier geladener Teilchen als Austausch von Energie durch Emission und Absorption von Strahlung beschreiben. Z.B. strahlen die in der Antenne eines Rundfunksenders schwingenden Elektronen Energie ab. Ein Teil dieser Energie wird von den Elektronen in der Empfangsantenne absorbiert; das Ergebnis ist ein Signal im Empfänger.

Eine Analyse der Emission und der Absorption von Strahlung (d.h. der Wechselwirkung von Strahlung und Materie) ist grundlegend für das Verständnis des Verhaltens der Materie. Wir werden in den folgenden Abschnitten sehen, wie sich die Quantenphysik aus der Analyse solcher Prozesse entwickelte.

BEISPIEL 1.1. Die von einem schwingenden elektrischen Dipol abgestrahlte Leistung.

Lösung: Wir betrachten eine Ladung q, die sich so längs der Z-Achse bewegt, daß ihre Lage als Funktion der Zeit durch $z = z_0 \cos \omega t$ gegeben ist. Dies entspricht einer Schwingung mit der Amplitude z_0 und der Kreisfrequenz ω. Die bewegte Ladung ist also einem schwingenden elektrischen Dipol äquivalent. Die Beschleunigung des Teilchens ist $a = -\omega^2 z$. Wenn wir diesen Wert von a in Gleichung (1.3) einsetzen, erhalten wir

$$\frac{dE}{dt} = \frac{q^2 z^2 \omega^4}{6\pi\epsilon_0 c^3}. \tag{1.4}$$

Die abgestrahlte Leistung oszilliert wegen der Zeitabhängigkeit von z. Um die mittlere abgestrahlte Leistung zu erhalten, erinnern wir uns, daß $(z^2)_{\text{ave}} = \frac{1}{2} z_0^2$ ist. Also ist

$$\left(\frac{dE}{dt}\right)_{\text{ave}} = \frac{q^2 z_0^2 \omega^4}{12\pi\epsilon_0 c^3}. \tag{1.5}$$

Man kann sagen, daß ein schwingender elektrischer Dipol im Mittel die durch Gl. (1.5) angegebene Leistung abstrahlt und daß die Strahlung einem elektromagnetischen Feld entspricht, das mit derselben Frequenz wie der Dipol schwingt.

1.3 *Die Strahlung des schwarzen Körpers*

Betrachten wir einen Hohlraum, dessen Wände eine bestimmte Temperatur haben. Die Atome, aus denen die Wände bestehen, senden elektromagnetische Strahlung aus; gleichzeitig absorbieren sie die von anderen Atomen der Wände emittierte Strahlung. Das elektromagnetische Strahlungsfeld erfüllt den gesamten Hohlraum. Beim Gleichgewicht der im Hohlraum eingeschlossenen Strahlung

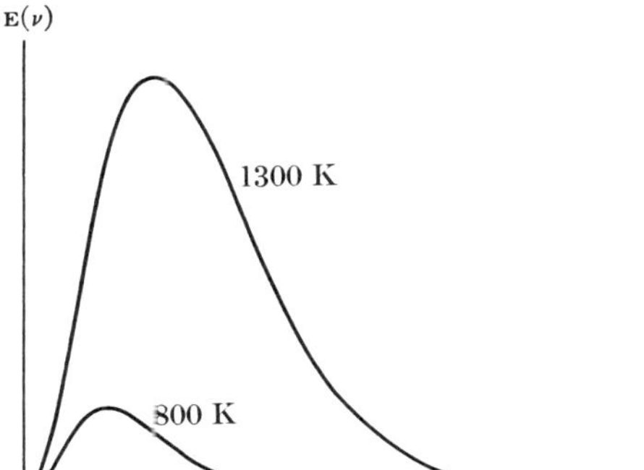

Abb. 1-4. Monochromatische Energiedichte der Strahlung eines schwarzen Körpers bei verschiedenen Temperaturen als Funktion der Frequenz.

mit den Atomen der Wand ist der Betrag der pro Zeiteinheit von den Atomen emittierten Energie gleich dem Betrag der von ihnen absorbierten Energie. Im Gleichgewichtszustand ist daher die Energiedichte des elektromagnetischen Feldes konstant. Experimente haben gezeigt, daß die eingeschlossene elektromagnetische Strahlung im Gleichgewicht eine genau definierte Energieverteilung besitzt; d.h. zu jeder Frequenz gehört eine Energiedichte, die nur von der Temperatur der Wände, nicht jedoch von der Art des Materials abhängt. Die Energiedichte der Strahlung mit Frequenzen zwischen ν und $\nu + d\nu$ schreibt man als $\mathrm{E}(\nu)d\nu$, wobei $\mathrm{E}(\nu)$ die Energiedichte pro Frequenzintervall ist und manchmal *monochromatische Energiedichte* genannt wird. Die beobachtete Frequenzabhängigkeit von $\mathrm{E}(\nu)$ ist in Abb. 1-4 für zwei Temperaturen dargestellt. Derartige Kurven wurden zuerst 1899 von Lummer und Pringsheim experimentell erhalten. Man kann den Kurven entnehmen, daß die Energiedichte für jede Temperatur bei einer bestimmten Frequenz ein ausgeprägtes Maximum aufweist. Man beachte ferner, daß die Frequenz, bei der die Energiedichte ihr Maximum besitzt, mit wachsender Temperatur zunimmt. Dies erklärt die Farbänderung eines strahlenden Körpers bei Änderung seiner Temperatur.

Durch eine kleine Öffnung in einer der Wände des Hohlraumes kann man etwas Strahlung austreten lassen und analysieren. Wenn der Körper hohe Temperaturen aufweist und die Intensität der Gleichgewichtsstrahlung innerhalb des Hohlraumes groß ist, erscheint diese Öffnung sehr hell, bei niedrigen Temperaturen, wo man die Intensität der Gleichgewichtsstrahlung im sichtbaren Bereich des Spektrums vernachlässigen kann, erscheint sie jedoch vollkommen schwarz. Aus diesem Grunde führten die Physiker, die im 19. Jahrhundert die aus einem Hohlraum austretende Strahlung untersuchten, die Bezeichnung «Strahlung des schwarzen Körpers» ein.

Die Bemühungen, den Mechanismus zu finden, durch den die Atome die beobachtete Strahlung des schwarzen Körpers erzeugen, führte zur Geburt der Quantenphysik. Gegen Ende des letzten Jahrhunderts waren alle Versuche vollkommen fehlgeschlagen, mit den zu dieser Zeit verfügbaren Vorstellungen diese Energieverteilung zu erklären. Der deutsche Physiker Max Planck (1858-1947) schlug um 1900 vor, daß eine strenge Beziehung zwischen der Energieverteilung in der Strahlung und den Energien der Atome im Hohlraum bestehen sollte, wenn sich die Strahlung im Hohlraum mit den Atomen der Wände im Gleichgewicht befindet. Als Modell für die strahlenden Atome nahm Planck an, daß sich Atome wie harmonische Oszillatoren verhalten, wobei jedes mit einer bestimmten Frequenz ν oszilliert. Als zweite Annahme schlug Planck vor:

> *Jeder Oszillator kann Strahlungsenergie nur in Beträgen absorbieren oder emittieren, die seiner Frequenz ν proportional sind.*

Diese letzte Bedingung wird von der klassischen Theorie des Elektromagnetismus (wie sie durch die Maxwellschen Gleichungen ausgedrückt wird) nicht gefordert; sie erlaubt eine kontinuierliche Emission und Absorption von Energie. Wenn E die im einzelnen Wechselwirkungsprozeß zwischen einem Oszillator und elektromagnetischer Strahlung absorbierte oder emittierte Energie bezeichnet, besagt Plancks Annahme, daß

$$E = h\nu, \tag{1.6}$$

wobei h eine Proportionalitätskonstante ist, die für alle Oszillatoren als gleich angenommen wird. Wenn ein Oszillator elektromagnetische Strahlung absorbiert oder emittiert, vergrößert oder verringert sich dementsprechend seine Energie um den Betrag $h\nu$. Aus Gl. (1.6) folgt dann:

Die Energie atomarer Oszillatoren ist quantisiert.

D.h., die Energie eines Oszillators mit der Frequenz ν kann nur bestimmte Werte 0, $h\nu$, $2h\nu$, $3h\nu$ usw. annehmen (wenn man annimmt, daß die niedrigste Energie des Oszillators Null ist). Also sind im allgemeinen die möglichen Energiewerte eines Oszillators der Frequenz ν

$$E_n = nh\nu, \tag{1.7}$$

wobei n eine ganze Zahl ist. Wir wissen, daß die Energie eines Oszillators proportional zum Quadrat seiner Amplitude ist. Wir können daher *a priori* durch geeignete Anpassung der Amplitude erreichen, daß ein Oszillator bestimmter Frequenz eine beliebig vorgegebene Energie besitzt. Daher war Plancks Idee eine *ad hoc*-Annahme, die nicht durch klassische Vorstellungen erklärt werden konnte; sie wurde lediglich durch den Erfolg gerechtfertigt, und weil den Physikern damals eine bessere Erklärung fehlte. Wir haben auch jetzt noch keine bessere Erklärung und müssen die Quantisierung einiger physikalischer Größen als eine grundlegende Tatsache der Natur hinnehmen.

Durch Verbindung einiger statistischer Überlegungen mit Gl. (1.6) erhielt Planck für die Energiedichte der Strahlung des schwarzen Körpers den Ausdruck

$$\mathrm{E}(\nu) = \frac{8\pi h\nu^3}{c^3}\,\frac{1}{e^{h\nu/kT} - 1}, \tag{1.8}$$

wobei k die Boltzmannsche Konstante ist. Diese Formel, die erstaunlich gut mit den experimentellen Werten von $\mathrm{E}(\nu)$ bei verschiedenen Temperaturen übereinstimmt, ist als der korrekte Ausdruck für die Strahlung des schwarzen Körpers akzeptiert worden. Man nennt sie *Plancksches Strahlungsgesetz.*

Interessanterweise kann man die Plancksche Ableitung heute nicht als physikalisch richtig ansehen (daher haben wir die Ableitung auch ausgelassen). Mit anderen Worten, das Problem, welches zur Geburt der Quantentheorie führte, wurde zuerst durch eine unbefriedigende Methode gelöst. Es dauerte einige Jahre, bis andere Gedankengänge die Quantenmechanik soweit entwickelt hatten, daß eine angemessene Berechnungsmethode gefunden wurde. Diese revidierte Ableitung werden wir in Abschnitt 13.6 darstellen. Die Planckschen Ideen, insbesondere Gl. (1.6) und (1.7) regten jedoch neue Überlegungen anderer Physiker an, die an der Interpretation verwandter Probleme arbeiteten. Dies führte zu einer raschen Entwicklung der Quantentheorie.

In Gl. (1.6) führten wir eine freie Konstante h, die sog. *Plancksche Konstante*, ein. Durch Anpassung von Gl. (1.8) an die experimentellen Ergebnisse für $E(\nu)$ ergibt sich ihr Wert zu

$$h = 6.6256 \times 10^{-34} \text{ J s.} \tag{1.9}$$

Die Plancksche Konstante ist eine der wichtigsten Konstanten der Physik.

BEISPIEL 1.2. Drücken Sie die monochromatische Energiedichte der Strahlung des schwarzen Körpers als Funktion der Wellenlänge aus.

Lösung: In manchen Fällen ist es vorzuziehen, die monochromatische Energiedichte als Funktion der Wellenlänge anstatt der Frequenz auszudrücken. Wir definieren $E(\lambda)$ entsprechend der Beziehung $E(\lambda)d\lambda = -E(\nu)d\nu$. Das Minuszeichen führen wir ein, weil $d\lambda$ und $d\nu$ verschiedene Vorzeichen haben, obwohl $E(\nu)$ und $E(\lambda)$ beide positiv sind. Weil $\nu = c/\lambda$ ist, erhalten wir so

$$d\nu/d\lambda = -c/\lambda^2$$

und

$$E(\lambda) = -E(\nu)\, d\nu/d\lambda = E(\nu)c/\lambda^2.$$

Wenn wir $E(\nu)$ durch seinen Wert aus Gl. (1.8) ersetzen und $\nu = c/\lambda$ setzen, erhalten wir schließlich

$$E(\lambda) = \frac{8\pi hc}{\lambda^5}\, \frac{1}{e^{hc/\lambda kT} - 1}. \tag{1.10}$$

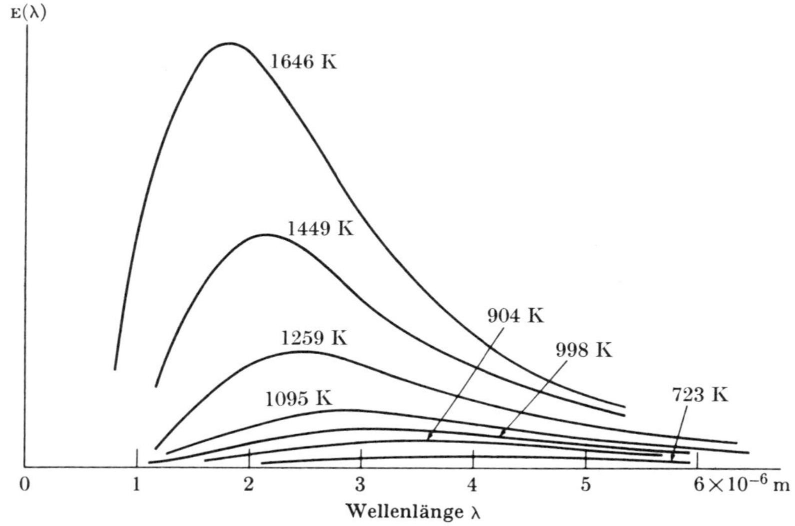

Abb. 1-5. Monochromatische Energiedichte der Strahlung eines schwarzen Körpers bei verschiedenen Temperaturen als Funktion der Wellenlänge.

Der Verlauf von $\text{E}(\lambda)$ ist in Abb. 1-5 für verschiedene Temperaturen dargestellt. Er zeigt ein ausgeprägtes Maximum bei einer Wellenlänge, die von der Temperatur abhängt.

BEISPIEL 1.3. Bestimmen Sie die Wellenlänge, bei der die monochromatische Energiedichte der Strahlung eines schwarzen Körpers bei einer vorgegebenen Temperatur ihr Maximum besitzt.

Lösung: Wir wollen Gl. (1.10) benutzen und zur Vereinfachung $x = hc/\lambda kT$ einführen. Dann wird

$$\text{E}(\lambda) = \frac{8\pi k^5 T^5}{c^4 h^4} \frac{x^5}{e^x - 1}.$$

Um das Maximum von $\text{E}(\lambda)$ zu bestimmen, müssen wir zunächst $d\text{E}/dx$ bilden und gleich Null setzen. Die resultierende Gleichung ist

$$e^{-x} + \tfrac{1}{5}x - 1 = 0.$$

Dies ist eine transzendente Gleichung, die wir durch sukzessive Approximation lösen. Wir erhalten $x = 4.9651$. Damit ist $\lambda T = b$, wobei

$$b = hc/4.9651k = 2.8978 \times 10^{-3} \text{ m K}$$

die *Wiensche Verschiebungskonstante* genannt wird. Der Ausdruck

$$\lambda T = b \qquad (1.11)$$

stellt das *Wiensche Verschiebungsgesetz* dar, das von Wilhelm Wien im Jahre 1896 entdeckt wurde. Dieses Gesetz sagt aus, daß die Maxima von $\text{E}(\lambda)$ bei verschiedenen Temperaturen T_1, T_2, $T_3, \ldots$ bei Wellenlängen λ_1, λ_2, λ_3, ... liegen, so daß

$$\lambda_1 T_1 = \lambda_2 T_2 = \lambda_3 T_3 = \cdots$$

ist. Wir stellen fest, daß mit steigender Temperatur des Körpers das Maximum seiner Energieverteilung in Richtung kürzerer Wellenlängen verschoben wird, was eine Farbänderung des Körpers bewirkt. Man kann das Wiensche Verschiebungsgesetz daher dazu benutzen, um die Temperatur heißer Körper wie Öfen oder Sterne dadurch zu bestimmen, daß man die Wellenlänge bestimmt, bei der die Strahlungsintensität ihr Maximum hat.

Aus dem Wienschen Gesetz ergibt sich auch eine Methode, h zu messen, und zwar durch experimentelle Bestimmung von b und dessen oben angegebene Verknüpfung mit h, c und k. Die Übereinstimmung der Resultate mit anderen Messungen von h ist ein weiterer Beweis für die Richtigkeit des Planckschen Strahlungsgesetzes.

BEISPIEL 1.4. Bestimmen Sie die gesamte Energiedichte der Strahlung eines schwarzen Körpers als Funktion der Temperatur.

Lösung: Da $\text{E}(\nu)\,d\nu$ die Energiedichte der Strahlung des schwarzen Körpers im Frequenzintervall $d\nu$ ist, beträgt die gesamte Energiedichte

$$\text{E} = \int_0^\infty \text{E}(\nu)\,d\nu = \frac{8\pi h}{c^3} \int_0^\infty \frac{\nu^3\,d\nu}{e^{h\nu/kT} - 1}.$$

Offensichtlich ist E gleich der Fläche unter der Kurve E(ν) in Abb. 1-4. Wenn wir die Variable $x = h\nu/kT$ einführen, ergibt sich mit $d\nu = (kT/h)dx$

$$E = \frac{8\pi h}{c^3}\left(\frac{kT}{h}\right)^4 \int_0^\infty \frac{x^3\,dx}{e^x - 1}.$$

Der Wert des Integrals ist 6.4938 und somit

$$E = aT^4, \tag{1.12}$$

wobei

$$a = 51.9504\pi k^4/c^3h^3 = 7.5643 \times 10^{-16}\ \mathrm{J\ m^{-3}\ K^{-4}}$$

ist. Gl. (1.12) ist als *Stefan-Boltzmannsches Strahlungsgesetz* bekannt; es wurde im Jahre 1879 von Josef Stefan empirisch entdeckt und einige Jahre später durch Ludwig Boltzmann mit thermodynamischen Methoden theoretisch begründet. Eine Rechnung, die wir auslassen, zeigt, daß die von einem schwarzen Körper pro Flächen- und Zeiteinheit abgestrahlte Energie, das über alle Frequenzen integrierte sog. *Emissionsvermögen*, durch $F = \sigma T^4$ gegeben ist, wobei $\sigma = (\frac{1}{4})ca = 5.6693 \times 10^{-8}$ W m^{-2} K^{-4} die *Stefan-Boltzmannsche Konstante* wird.

Die T^4-Abhängigkeit von E bzw. F ist experimentell bestätigt. Aus den gemessenen Werte von a oder σ können wir auf h zurückrechnen und erhalten wieder einen konsistenten Wert. Wir können das Stefan-Boltzmannsche Gesetz benutzen, um die Temperatur eines schwarzen Körpers dadurch zu bestimmen, daß wir seine von der Flächeneinheit abgestrahlte Leistung messen.

Es sollte festgehalten werden, daß sich die meisten strahlenden Körper — wie die Sonne, ein Glühfaden oder ein heißes Gas — nicht wie schwarze Körper verhalten und deshalb nicht streng den in diesem Kapitel abgeleiteten Beziehungen gehorchen.

1.4 Photoelektrische Emission

Als Heinrich Hertz 1887 die elektrische Entladung zwischen zwei Elektroden und die dabei auftretenden elektromagnetischen Wellen untersuchte, beobachtete er, daß sich die Intensität der Entladung vergrößerte, wenn die Elektroden mit ultraviolettem Licht bestrahlt wurden. Dieser Effekt ließ vermuten, daß von den bestrahlten Oberflächen Elektronen emittiert wurden.

Ein Jahr später beobachtete Wilhelm Hallwachs eine Elektronenemission, wenn er die Oberfläche bestimmter Metalle wie Zink, Rubidium, Kalium und Natrium bestrahlte. Dieser Prozeß, bei dem Elektronen aus einem Material durch Strahlungseinwirkung freigesetzt werden, wird *photoelektrische Emission* oder *photoelektrischer Effekt* genannt. Nach Art ihrer Erzeugung bezeichnet man die ausgesandten Elektronen als *Photoelektronen*. Die Elektronenemission wächst mit zunehmender Intensität der Strahlung, die auf die Metalloberfläche auftrifft, weil dann auch mehr Energie zur Verfügung steht, um Elektronen freizusetzen; es wird aber auch eine charakteristische Abhängigkeit von der Frequenz der einfallenden Strahlung beobachtet. Für jede Substanz gibt es eine minimale oder Schwellenfrequenz ν_0 der elektromagnetischen Strahlung. Bei Strahlung mit einer Frequenz kleiner als ν_0 werden unabhängig von der Intensität der Strahlung keine Photoelektronen erzeugt. Der photoelektrische Strom ist in Abb. 1-6 als Funktion der Frequenz der elektromagnetischen Strahlung dargestellt.

In einem Metall gibt es Elektronen, die sich mehr oder weniger frei durch das Kristallgitter bewegen können. Diese Elektronen treten bei normalen Temperaturen nicht aus dem Metall aus, da sie nicht genügend Energie besitzen, um das Coulombpotential an der Oberfläche des Metalls zu überwinden. Durch Erhitzen des Metalls kann man die Energie der Elektronen erhöhen. Die «verdampften» Elektronen nennt man dann *Thermoelektronen*. Diese Art der Elektronenemission wird in Elektronenröhren ausgenutzt. Wie die Experimente von Hertz und Hallwachs zeigen, besteht ein anderer Weg, Elektronen aus einem Metall freizusetzen darin, daß man ihnen die Möglichkeit gibt, Energie aus elektromagnetischer Strahlung zu absorbieren. Wir wollen diejenige Energie, die ein Elektron benötigt, um aus einem bestimmten Metall auszutreten, mit ϕ bezeichnen. Wenn dann das Elektron eine Energie E absorbiert, wird die Differenz $E - \phi$ als kinetische Energie des austretenden Elektrons erscheinen. Daher können wir schreiben

$$E_k = E - \phi. \tag{1.13}$$

Wenn E kleiner als ϕ ist, kann offensichtlich keine Elektronenemission auftreten.

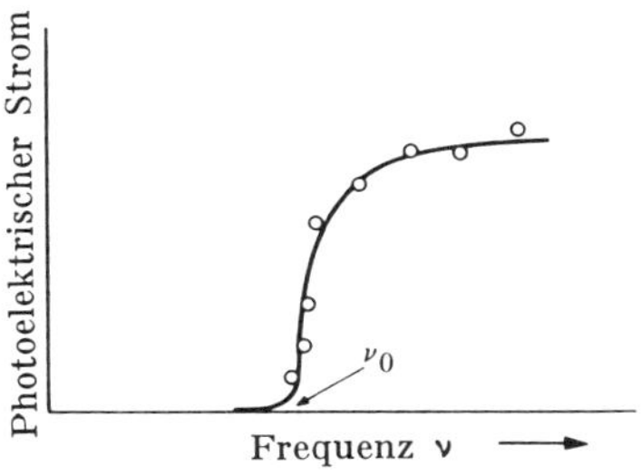

Abb. 1-6. Der photoelektrische Strom als Funktion der Frequenz der einfallenden Strahlung.

Im Jahre 1905 schlug Albert Einstein eine Erklärung für die Abhängigkeit der photoelektrischen Emission von der Frequenz der Strahlung vor. Einstein nahm an, daß freie Elektronen sich bei ihrer Wechselwirkung mit elektromagnetischer Strahlung ebenso verhalten, wie Planck es für die atomaren Oszillatoren im Zusammenhang mit der Strahlung des schwarzen Körpers vorgeschlagen hatte. Dann wird entsprechend Gl. (1.6) die Energie E, welche von einem Elektron in einem einzelnen Wechselwirkungsprozeß aus elektromagnetischer Strahlung der Frequenz ν absorbiert wird, durch $E = h\nu$ gegeben.
Wir können daher Gl. (1.13) als

$$E_k = h\nu - \phi \tag{1.14}$$

schreiben.

Nicht alle Elektronen benötigen die gleiche Energie, um aus dem Metall auszutreten. Die Mindestenergie ϕ_0 bezeichnet man als *Austrittsarbeit* des Metalls. Die maximale kinetische Energie der austretenden Elektronen ist dann

$$E_{k,\max} = h\nu - \phi_0. \tag{1.15}$$

Aus dieser Gleichung ersehen wir, daß bei der Frequenz ν_0, für die

$$h\nu_0 - \phi_0 = 0 \qquad \text{oder} \qquad \nu_0 = \phi_0/h$$

gilt, die maximale kinetische Energie der Elektronen gleich 0 ist. Deshalb ist ν_0 die minimale oder Schwellenfrequenz, bei der photoelektrische Emission stattfindet. Bei Frequenzen kleiner als ν_0, so daß $h\nu < \phi_0$, tritt unabhängig von der Intensität der Strahlung überhaupt keine Emission auf, da die Elektronen in einem einzigen Wechselwirkungsprozeß nicht genügend Energie aufnehmen können, um aus dem Metall auszutreten. So erklärt Einsteins Vorschlag sehr schön die beobachtete Abhängigkeit des Photoeffektes von der Frequenz der Strahlung.

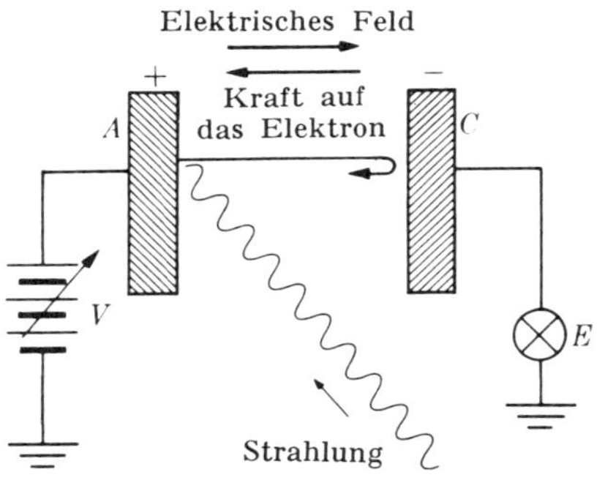

Abb. 1-7. Experimentelle Anordnung zur Beobachtung des photoelektrischen Effektes.

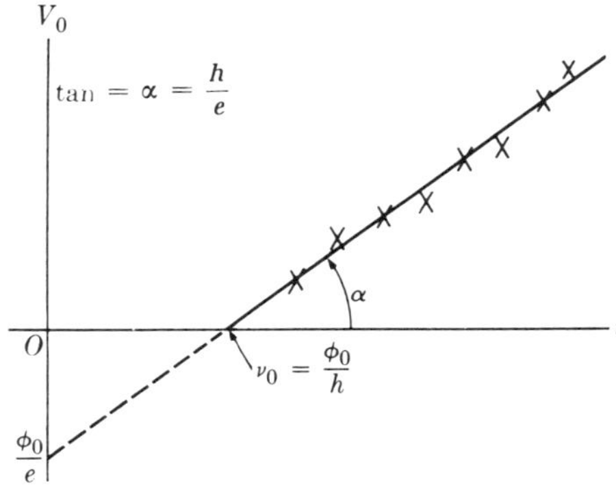

Abb. 1-8. Zusammenhang zwischen Gegenpotential und Frequenz der Strahlung beim photoelektrischen Effekt.

Wir können die maximale kinetische Energie $E_{k,\max}$ mit der in Abb. 1-7 dargestellten Methode messen. Durch Anlegen einer Potentialdifferenz V an die Platten A und C können wir die Bewegung der Photoelektronen verzögern. Bei einer bestimmten Spannung V_0 fällt der Strom, wie er durch das Elektrometer E angezeigt wird, plötzlich auf Null. Dies bedeutet, daß keine Elektronen, nicht einmal die schnellsten, die Platte C erreichen. Dann ist $E_{k,\max} = eV_0$ und Gl. (1.15) wird

$$eV_0 = h\nu - \phi_0. \tag{1.16}$$

Durch Änderung der Frequenz ν können wir eine Reihe von Werten für das Gegenpotential V_0 erhalten. Wenn Gl. (1.16) richtig ist, sollte man eine Gerade erhalten, wenn man die Werte von V_0 gegen ν aufträgt. Das ist genau, was man erhält, wie Abb. 1-8 zeigt.

Der Anstieg der Geraden ist $\tan \alpha = h/e$. Wenn wir α messen und den bekannten Wert von e benutzen, können wir auf die Plancksche Konstante zurückrechnen. Das Resultat ist das gleiche, das wir bei der Strahlung des schwarzen Körpers fanden. Diese Übereinstimmung kann als weitere Rechtfertigung für Plancks Annahme zu Gl. (1.6) gelten.

Aus dem beobachteten Wert von ν_0 kann man auch die Austrittsarbeit des Metalls, $\phi_0 = h\nu_0$, erhalten und sie mit dem Wert der Austrittsarbeit vergleichen, den man auf andere Weise bestimmt. Die Ergebnisse sind miteinander konsistent.

1.5 Streuung von Strahlung durch freie Elektronen

Bis jetzt haben wir nur die *Energie* betrachtet, die mit elektromagnetischer Strahlung verbunden ist. Eine elektromagnetische Welle transportiert aber außer Energie auch noch *Impuls*. (Dies überrascht nicht, da Energie und Impuls eng miteinander verknüpft sind.) Wenn wir berücksichtigen, daß sich eine elektromagnetische Welle mit einer Geschwindigkeit c ausbreitet, so können wir mit Hilfe der Maxwellschen Gleichungen zeigen, daß bei einer ebenen elektromagnetischen Welle die Beziehung zwischen Energie und Impuls

$$E = cp \tag{1.17}$$

lautet. Andererseits ist nach der Relativitätstheorie (siehe Gl. A. 11) die Energie eines Teilchens mit der Ruhmasse m_0 und dem Impuls p

$$E = c\sqrt{m_0^2c^2 + p^2}\,. \tag{1.18}$$

Dies wird mit Gl. (1.17) identisch, wenn $m_0 = 0$ ist. Wir können also schließen, daß die Beziehung zwischen Energie und Impuls in einer ebenen elektromagnetischen Welle die gleiche wie bei einem Teilchen mit der Ruhmasse 0 ist.

Wenn eine elektromagnetische Welle emittiert, absorbiert oder gestreut wird, werden sowohl Energie wie auch Impuls mit den Teilchen, die für den Prozeß verantwortlich sind, ausgetauscht. Wenn wir einen Prozeß analysieren, bei dem elektromagnetische Strahlung mit geladenen Teilchen in Wechselwirkung tritt, müssen wir deshalb den Energie- und den Impulssatz anwenden und darauf achten, daß die elektromagnetische Welle entsprechend Gl. (1.17) berücksichtigt wird.

Dieses Ergebnis wirft einige Probleme auf, wenn wir die Wechselwirkung einer elektromagnetischen Welle mit einem freien geladenen Teilchen, wie einem freien Elektron, betrachten. Wenn z.B. ein Elektron aus einer elektromagnetischen Welle eine Energie E absorbiert, muß es auch einen Impuls $p = E/c$ absorbieren. Wenn wir annehmen, daß das freie Elektron im Bezugssystem des Beobachters ursprünglich in Ruhe war, wird nun die absorbierte Energie die kinetische Energie des Elektrons. Die kinetische Energie eines Elektrons hängt aber mit seinem Impuls p_e zusammen durch

$$E_k = c\sqrt{m_e^2c^2 + p_e^2} - m_ec^2.$$

Diese Beziehung ist jedoch unvereinbar mit $p_e = E/c$ und $E_k = E$, wie es Energie- und Impulssatz fordern. So könnten wir schließen, daß freie Elektronen mit einer elektromagnetischen Welle nicht in Wechselwirkung treten können, ohne die Prinzipien der Energie- und Impulserhaltung zu verletzen. Der Leser wird sich fragen, warum wir dieses Problem überhaupt nicht angesprochen haben, als wir im vorhergehenden Kapitel den Photoeffekt diskutierten. Der Grund ist, daß in dem Falle, wo ein Elektron an ein Atom, ein Molekül oder einen Festkörper gebunden ist, der absorbierte Impuls und die Energie sich auf das Elektron und das Atom, das Molekül oder den Festkörper verteilen. Unter solchen Umständen ist es immer möglich, Energie und Impuls im richtigen Verhältnis aufzuteilen, so daß beide Größen erhalten bleiben. Jedoch übernehmen das Atom, das Molekül oder der Festkörper — die alle eine viel größere Masse als das Elektron besitzen — (neben etwas Impuls) nur einen geringen Bruchteil der verfügbaren Energie, der so klein ist, daß er üblicherweise überhaupt nicht berücksichtigt wird. Im Fall eines freien Elektrons, wo es kein anderes Teilchen gibt, mit dem das Elektron Energie und Impuls teilen könnte, sollte keine Absorption oder Streuung möglich sein, ohne die Erhaltung einer der beiden Größen zu verletzen.

Das Experiment zeigt uns aber etwas anderes. Wenn wir die elektromagnetische Strahlung untersuchen, die ein Gebiet durchlaufen hat, in dem freie Elektronen vorhanden sind, so beobachten wir, daß außer der ursprünglichen Strahlung eine andere Strahlung unterschiedlicher Frequenz vorhanden ist. Diese neue Strahlung interpretiert man als die von den freien Elektronen gestreute Strahlung. Die

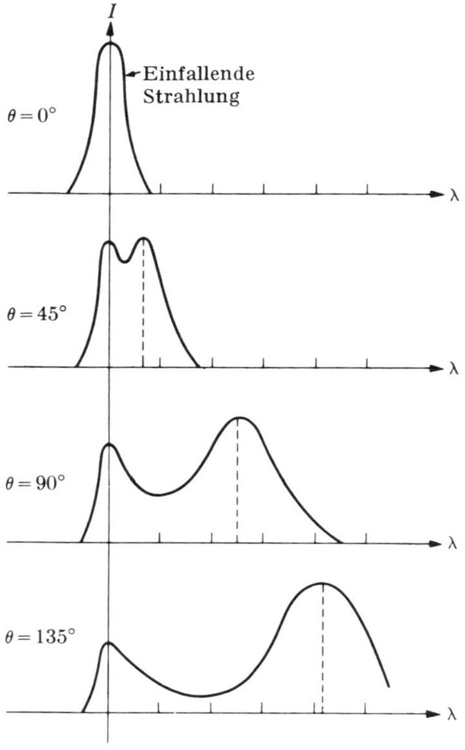

Abb. 1-9. Intensitätsverteilung der an einem freien Elektron gestreuten Strahlung bei verschiedenen Streuwinkeln.

Frequenz der gestreuten Strahlung ist kleiner als die Frequenz der einfallenden Strahlung, und entsprechend ist die Wellenlänge der gestreuten Strahlung größer als die der einfallenden Strahlung. Die Wellenlänge der gestreuten Strahlung hängt von der Streurichtung ab (Abb. 1-9). Dieses interessante Phänomen wird nach dem amerikanischen Physiker A. H. Compton (1892-1962), der es als erster in den frühen zwanziger Jahren beobachtete und analysierte, *Comptoneffekt* genannt.

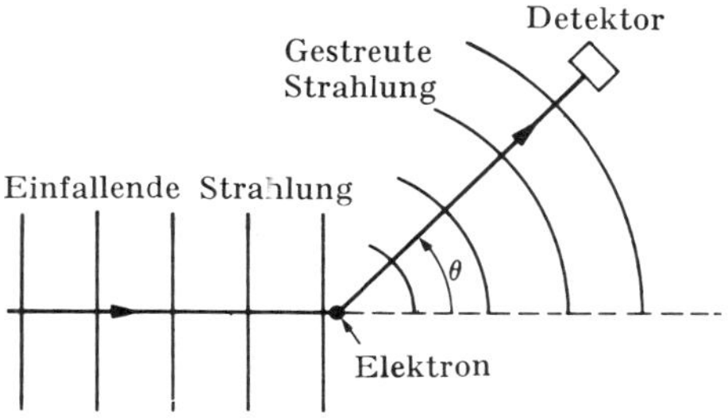

Abb. 1-10. Geometrie bei der Comptonstreuung.

Wenn λ die Wellenlänge der einfallenden Strahlung und λ' die der Streustrahlung ist, so fand Compton, daß $\lambda' - \lambda$ nur durch die Richtung der Streuung bestimmt ist. D.h., wenn θ der Winkel zwischen den einfallenden Wellen und derjenigen Richtung ist, unter der die gestreuten Wellen beobachtet werden (Abb. 1-10), so ist die Wellenlänge λ' der gestreuten Strahlung als Funktion des Streuwinkels θ durch die experimentelle Beziehung

$$\lambda' - \lambda = \lambda_C(1 - \cos\theta) \qquad (1.19)$$

festgelegt. Dabei ist λ_C eine Konstante mit dem Wert

$$\lambda_C = 2.4262 \times 10^{-12} \text{ m}.$$

Man nennt sie *Comptonwellenlänge für Elektronen*. Wenn wir uns daran erinnern, daß $\lambda = c/\nu$, wobei ν die Frequenz der Welle ist, so können wir Gl. (1.19) in der Form

$$\frac{1}{\nu'} - \frac{1}{\nu} = \frac{\lambda_C}{c}(1 - \cos\theta) \qquad (1.20)$$

schreiben. Da die Streuung einer elektromagnetischen Welle an einem Elektron einen Austausch von Energie und Impuls einschließt, kann man sie sich als einen «Stoßprozeß» zwischen der Welle und dem Elektron vorstellen. Da sich die Welle mit der Geschwindigkeit c ausbreitet und ihre Energie-Impuls-Beziehung $E = cp$ der eines Teilchens mit der Ruhmasse Null entspricht, muß diese Streuung einem Stoßprozeß gleichen, bei dem eines der Teilchen die Ruhmasse Null hat und sich mit der Geschwindigkeit c bewegt.

Dieser Stoßprozeß läßt sich einfach analysieren. Wir wollen mit E und E' die Energien des Teilchens mit der Ruhmasse Null vor und nach dem Stoß bezeichnen; $p = E/c$ und $p' = E'/c$ seien die zugehörigen Werte des Impulses. Wenn p_e den Impuls des Elektrons nach dem Stoß bezeichnet, so ergibt sich aus Energie- und Impulssatz

$$\boldsymbol{p} = \boldsymbol{p}' + \boldsymbol{p}_e, \qquad (1.21)$$

$$E + m_e c^2 = E' + c\sqrt{m_e^2 c^2 + p_e^2}. \tag{1.22}$$

Aus Gl. (1.21) ergibt sich $\boldsymbol{p}_e = \boldsymbol{p} - \boldsymbol{p}'$. Durch Quadrieren erhalten wir

$$p_e^2 = p^2 + p'^2 - 2\boldsymbol{p}\cdot\boldsymbol{p}' = \frac{1}{c^2}(E^2 + E'^2 - 2EE' \cos\theta).$$

Dabei ist θ der Winkel, um den das Teilchen mit der Ruhmasse Null abgelenkt oder gestreut wurde. Durch Auflösen von Gl. (1.22) nach p_e^2 erhalten wir

$$p_e^2 = \frac{(E + m_e c^2 - E')^2}{c^2} - m_e^2 c^2$$

$$= \frac{1}{c^2}[E^2 + E'^2 + 2(E - E')m_e c^2 - 2EE'].$$

Indem wir die beiden Resultate für p_e^2 gleichsetzen und gemeinsame Terme streichen, erhalten wir

$$E - E' = \frac{EE'}{m_e c^2}(1 - \cos\theta).$$

Nach Division beider Seiten durch EE' ergibt sich schließlich

$$\frac{1}{E'} - \frac{1}{E} = \frac{1}{m_e c^2}(1 - \cos\theta). \tag{1.23}$$

Die Ähnlichkeit zwischen den Gl. (1.20) und (1.23) ist auffallend; sie ist aber mehr als eine rein algebraische Ähnlichkeit. Beide Gleichungen treffen für einen Stoßprozeß im allgemeinsten Sinne zu. Wie wir oben erwähnten, ist auch die Energie-Impuls-Beziehung $E = cp$ für eine elektromagnetische Welle der für ein Teilchen der Ruhmasse 0 ähnlich, für das Gl. (1.23) gilt. Der einleuchtende Schluß ist, Frequenz ν und Energie E miteinander zu verknüpfen, indem man schreibt

$$E = h\nu, \tag{1.24}$$

mit einem entsprechenden Ausdruck für E', d.h. $E' = h\nu'$. Hier ist h eine universelle Konstante, welche die Proportionalität zwischen der Frequenz einer elektromagnetischen Welle und der mit ihr in einem «Stoßprozeß» verknüpften Energie beschreibt. Gl. (1.23) wird dann

$$\frac{1}{h\nu'} - \frac{1}{h\nu} = \frac{1}{m_e c^2}(1 - \cos\theta)$$

oder

$$\frac{1}{\nu'} - \frac{1}{\nu} = \frac{h}{m_e c^2}(1 - \cos\theta). \tag{1.25}$$

Dies ist der Form nach identisch mit Gl. (1.20). Um das Äquivalent zu Gl. (1.19) zu erhalten, multiplizieren wir Gl. (1.25) mit c und benutzen $\lambda = c/\nu$. Das Ergebnis ist

$$\lambda' - \lambda = (h/m_e c)(1 - \cos\theta). \tag{1.26}$$

Dann ist die Comptonwellenlänge für ein Elektron, λ_C, mit der Masse des streuenden Elektrons verbunden durch

$$\lambda_C = h/m_e c. \tag{1.27}$$

Aus den bekanntenWerten von λ_C, m_e und c können wir den Wert der Konstanten h errechnen und erhalten denselben Wert, den wir für die Plancksche Konstante im Zusammenhang mit der Strahlung des schwarzen Körpers und dem Photoeffekt gefunden hatten. So ist Gl. (1.24) im wesentlichen mit Gl. (1.6) identisch.

Wir können nun folgern, daß wir die Streuung elektromagnetischer Strahlung durch ein freies Elektron «erklären» können, wenn wir diesen Prozeß mit dem Stoß eines freien Elektrons und eines Teilchens der Ruhmasse Null identifizieren, das vor dem Stoß die Energie $E = h\nu$ und nach dem Stoß die Energie $E' = h\nu'$ besitzt.

1.6 Photonen

Unsere Erklärung des Comptoneffektes müssen wir wegen ihrer möglichen weitreichenden Folgen sorgfältig analysieren. Zunächst wollen wir unsere Annahmen noch einmal aufführen:

(a) Die Streuung elektromagnetischer Strahlung durch ein freies Elektron kann als Stoßprozeß zwischen dem Elektron und einem Teilchen der Ruhmasse Null aufgefaßt werden.

(b) Die elektromagnetische Strahlung spielt die Rolle des Teilchens mit der Ruhmasse Null, das wir der Kürze halber «Photon» nennen wollen.

(c) Die Energie und der Impuls des Teilchens mit der Ruhmasse Null (oder des Photons) stehen mit der Frequenz und der Wellenlänge der elektromagnetischen Strahlung in Beziehung entsprechend

$$E = h\nu, \qquad p = h/\lambda. \tag{1.28}$$

Die zweite Beziehung beruht auf der Tatsache, daß $p = E/c = h\nu/c$ und $\nu/c = 1/\lambda$ ist. Wir können uns den Comptoneffekt als den Stoßprozeß vorstellen, der in Abb. 1-11 dargestellt ist. Hier stößt ein Photon der Frequenz ν mit einem ruhenden Elektron zusammen, wobei es ihm eine bestimmte Energie und einen bestimmten Impuls überträgt. Infolge der Wechselwirkung besitzt das gestreute Photon eine geringere Energie und eine entsprechend geringere Frequenz ν'. Nach der Streuung ist der Impuls des Elektrons die Differenz zwischen dem Impuls des einfallenden und dem des gestreuten Photons. Diese Tatsache können wir experimentell bestätigen. Das Experiment ist schwierig, aber es ist durchgeführt worden, und die Ergebnisse stimmen gut mit der Theorie überein.

Was ist nun die physikalische Bedeutung des Photonenbegriffes und der definierenden Beziehung (1.28)? Es ist keine zwingende Folgerung, daß elektromagnetische Strahlung ein Strom von Photonen ist, was eine mögliche bildhafte Erklärung sein könnte. Aufgrund des Comptoneffektes dürfen wir die Energie $E = h\nu$ und den Impuls $p = h/\lambda$ des Photons als die Energie und den Impuls interpretieren, die das freie Elektron aus der einfallenden Welle absorbierte. Das Photon mit der Energie $E' = h\nu'$ und dem Impuls $p' = h/\lambda'$ ist dann die von dem Elektron in die gestreute Strahlung zurückemittierte Energie bzw. der zurückemittierte Impuls. Mit anderen Worten, wir können uns vorstellen, daß der Comptoneffekt in zwei Schritten abläuft: Zuerst wird ein Photon mit der Energie $h\nu$ von dem Elektron absorbiert, und später emittiert das Elektron ein Photon der Energie $h\nu'$. Das Elektron gewinnt eine kinetische Energie $E_k = E - E'$ und einen Impuls $\boldsymbol{p}_e = \boldsymbol{p} - \boldsymbol{p}'$, die durch

$$E_k = c\sqrt{m_0^2c^2 + p_e^2} - m_0c^2$$

miteinander verknüpft sind, wie es von der Erhaltung von Energie und Impuls gefordert wird.

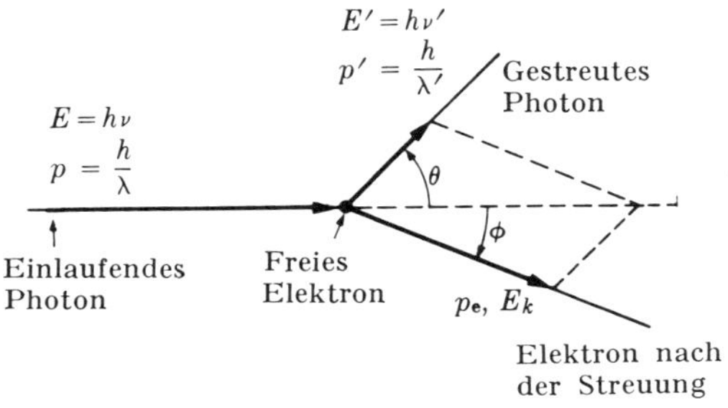

Abb.1-11. Impuls- und Energiebeziehungen bei der Comptonstreuung.

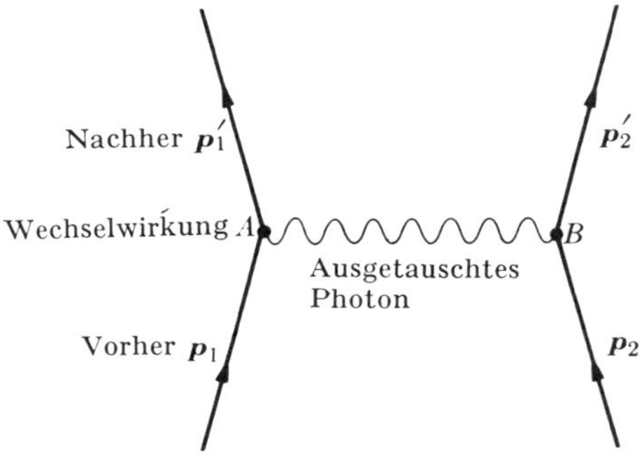

Abb. 1-12. Elektromagnetische Wechselwirkung aufgefasst als ein Austausch von Photonen. Die Photonen übertragen Energie und Impuls von einer Ladung auf die andere.

Aufgrund dieser Interpretation des Comptoneffektes, zusammen mit unserer vorhergehenden Diskussion der Strahlung des schwarzen Körpers und des Photoeffektes, können wir schließen, daß ein Photon das «Quant(um)» elektromagnetischer Energie und Impuls ist, das bei einem Einzelprozeß von einem geladenen Teilchen emittiert oder absorbiert wird. Es ist vollständig durch die Frequenz der Strahlung bestimmt. Daher können wir das folgende Prinzip aufstellen:

> *Wenn eine elektromagnetische Welle mit einem geladenen Teilchen in Wechselwirkung tritt, entsprechen die bei dem Prozeß ausgetauschten Beträge der Energie und des Impulses denen eines Photons.*

Das soeben formulierte Prinzip ist eines der Grundgesetze der Physik. Es läßt sich auf alle Strahlungsprozesse, an denen geladene Teilchen und elektromagnetische Felder beteiligt sind, anwenden. Es folgt nicht aus irgendeinem der Gesetze, die wir früher formuliert und diskutiert haben, sondern ist ein vollkommen neues Prinzip, das wir auf die gleiche Ebene stellen sollten, wie universelle Gesetze von der Art des Energie- und des Impulssatzes. Die Entdeckung dieses Gesetzes im ersten Viertel dieses Jahrhunderts war ein Meilenstein in der Entwicklung der Physik.

Der Begriff des Photons läßt eine einfache bildliche Darstellung der elektromagnetischen Wechselwirkung zwischen zwei geladenen Teilchen zu, wie sie Abb. 1-12 zeigt. Die Wechselwirkung entspricht einem Austausch von Impuls und Energie. Die Anfangsimpulse $\boldsymbol{p}_1$ und $\boldsymbol{p}_2$ der Teilchen werden nach der Wechselwirkung $\boldsymbol{p}_1'$ und $\boldsymbol{p}_2'$. Obwohl die Wechselwirkung nicht auf einen bestimmten Augenblick lokalisiert ist, haben wir sie der Einfachheit halber zu einer bestimmten Zeit und an den Orten A und B angedeutet. Teilchen 1 tritt mit Teilchen 2 durch sein elektromagnetisches Feld in Wechselwirkung. Dies führt dazu, daß Teilchen 2 aus dem Feld unter entsprechender Änderung seiner Bewegung Energie und Impuls äquivalent zu einem Photon aufnimmt. Die Bewegung des Teilchens 1 muß sich dann so anpassen, daß sie dem neuen Feld entspricht, welches das ursprüngliche Feld vermindert um 1 Photon ist. Natürlich ist auch der umgekehrte Prozeß möglich, und Teilchen 1 kann ein Photon aus dem Feld des Teilchens 2 absorbieren. Wir können so sagen, daß das, was passierte, der Austausch von Photonen zwischen dem Teilchen 1 und 2 war. Mit anderen Worten,

> *man kann sich elektromagnetische Wechselwirkungen als das Ergebnis eines Austausches von Photonen zwischen wechselwirkenden geladenen Teilchen vorstellen.*

Der Gesamtimpuls eines Systems von zwei geladenen Teilchen ist in jedem Augenblick gleich

$$\boldsymbol{p}_1 + \boldsymbol{p}_2 + \boldsymbol{p}_{\text{Feld}},$$

wobei $\boldsymbol{p}_{\text{Feld}}$ derjenige Impuls ist, der mit dem elektromagnetischen Feld der geladenen Teilchen verknüpft ist. Die Gesamtenergie ist gleich $E_1 + E_2 + E_{\text{Feld}}$.

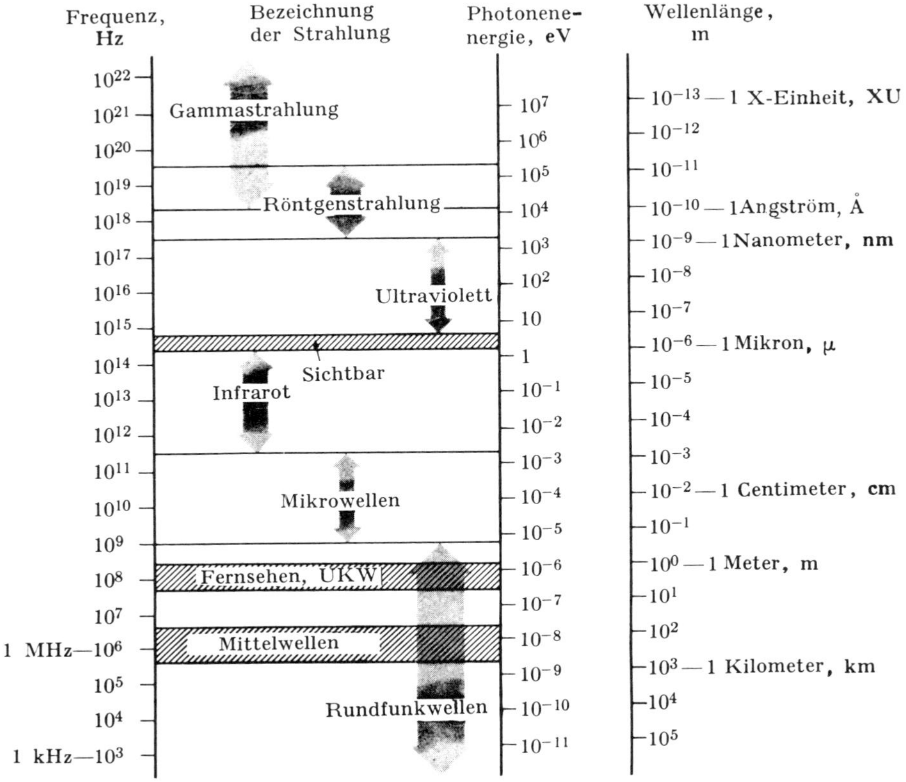

Abb. 1-13. Das elektromagnetische Spektrum.

Abb. 1-13 zeigt die verschiedenen Gebiete des elektromagnetischen Spektrums mit den für die einzelnen Bereiche gebräuchlichen Namen. Wellenlänge, Frequenz und Energie der zugehörigen Photonen sind ebenfalls angegeben.

BEISPIEL 1.5. Drücken Sie die in Elektronenvolt angegebene Energie eines Photons durch seine Wellenlänge in Metern aus. Benutzen Sie das Ergebnis, um die Wellenlänge von Röntgenstrahlen als Funktion der an die Röntgenröhre angelegten Beschleunigungsspannung darzustellen.

Lösung: Aus $E = h\nu$ und $\lambda\nu = c$ folgt $E = hc/\lambda$. Andererseits ist

$$hc = (6.6256 \times 10^{-34}\ \text{J s})(2.9979 \times 10^{8}\ \text{m s}^{-1}) = 1.9863 \times 10^{-25}\ \text{J m}.$$

Wenn wir erinnern, daß 1 eV $= 1.6021 \times 10^{-19}$ J, so sehen wir, daß $hc = 1.2397 \times 10^{-6}$ eV m ist.

Deshalb ergibt sich

$$E = 1.2397 \times 10^{-6}/\lambda \approx 1.24 \times 10^{-6}/\lambda,$$

wobei E in Elektronenvolt und λ in Metern ausgedrückt ist.

Wie wir im Zusammenhang mit Abb. 1-3 erklärten, werden Röntgenstrahlen durch den Aufprall schneller Elektronen auf das Anodenmaterial einer Röntgenröhre erzeugt. Die Energie eines Elektrons kann dabei in einer Reihe aufeinanderfolgender Stöße abgestrahlt werden, so daß mehrere Photonen erzeugt werden, oder sie kann insgesamt als ein einziges Photon in nur einem Stoßprozeß abgestrahlt werden. Offensichtlich sind die beim letztgenannten Prozeß aus einer Röntgenröhre emittierten Photonen die energiereichsten und die mit der kürzesten Wellenlänge. Mit anderen Worten, bei vorgegebener Beschleunigungsspannung V (in Volt), was der Energie der Elektronen (in eV) entspricht, sind die Wellenlängen der erzeugten Röntgenstrahlen gleich oder größer als die Grenzwellenlänge, die der Beziehung

$$\lambda_0 = \frac{1.24 \times 10^{-6}}{V} \text{ m}$$

gehorcht. Z.B. werden in einer Fernsehbildröhre die Elektronen durch eine Potentialdifferenz der Größenordnung 18 000 V beschleunigt. Wenn die Elektronen auf

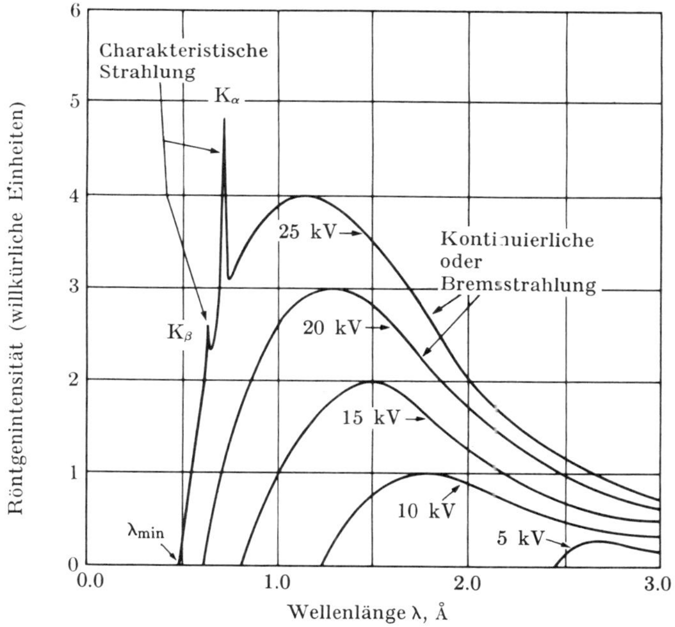

Abb. 1-14. Die Intensitätsverteilung im Röntgenspektrum von Molybdän als Funktion der angelegten Spannung. Die Anregungsenergie der **K**-Serie beträgt 20,1 kV; sie erscheint als charakteristische Spitzen auf der 25-kV Kurve.

den Bildschirm treffen, werden sie plötzlich abgebremst. Daher emittiert ein Fernsehbildschirm Röntgenstrahlen aus dem gleichen Grunde wie eine Röntgenröhre. (Die Intensität ist jedoch ganz gering.) Die kürzeste Wellenlänge der Röntgenstrahlen, die beim Abbremsen der Elektronen durch den Bildschirm erzeugt werden, ist $\lambda = 6.9 \times 10^{-11}$ m. Die obige Beziehung ist experimentell bestätigt worden. Abb. 1-14 zeigt für verschiedene Werte von V die Intensität der Röntgenstrahlung einer Röntgenröhre als Funktion der Wellenlänge der emittierten Photonen.

1.7 Stationäre Zustände

Wenn eine elektromagnetische Welle mit einem System von Ladungen, wie einem Atom, einem Molekül oder einem Atomkern, in Wechselwirkung tritt, stören die elektrischen und magnetischen Felder der Welle die Bewegung der Ladungen. In der Sprache der klassischen Physik müssen wir sagen, daß durch die Welle der natürlichen Bewegung der Ladungen eine erzwungene Schwingung überlagert wird. Dies führt zu einer Energieabsorption durch das System der Ladungen. Ein klassischer Oszillator reagiert am leichtesten, wenn die Frequenz der erzwungenen Schwingung gleich seiner natürlichen Frequenz ist, d.h. bei der sog. *Resonanz*. Wenn Resonanz besteht, ist die Rate der Energieabsorption durch den Oszillator maximal.

Man hat experimentell festgestellt, daß Atome, Moleküle, Kerne, ganz allgemein jedes System geladener Teilchen eine Reihe von Resonanzfrequenzen $\nu_1, \nu_2, \nu_3, \ldots$ besitzen, bei denen elektromagnetische Strahlung merklich absorbiert wird. Bei allen anderen Frequenzen ist die Absorption zu vernachlässigen. Die Resonanzfrequenzen $\nu_1, \nu_2, \nu_3, \ldots$ bilden das *Absorptionsspektrum* der Substanz. Wir wollen annehmen, daß sich das System anfangs in einem sehr stabilen Zustand minimaler Energie, dem sog. *Grundzustand* befand. Wenn das System elektromagnetische Strahlung absorbiert, geht es in einen anderen Zustand höherer Energie, einen sog. *angeregten Zustand* über. Im Falle eines klassischen schwingenden elektrischen Dipols würde der angeregte Zustand einer größeren Schwingungsamplitude entsprechen.

Offensichtlich kann ein Ladungssystem im angeregten Zustand seinen Energieüberschuß in Form elektromagnetischer Strahlung abgeben. Die in der emittierten Strahlung beobachteten Frequenzen bilden das *Emissionsspektrum* des Ladungssystems. Die Erfahrung hat gezeigt:

> *Die im Absorptionsspektrum eines Ladungssystems beobachteten Frequenzen werden auch im Emissionsspektrum beobachtet.*

Z.B. zeigen Natriumatome bevorzugte Absorption für Licht einer Frequenz von 5.09×10^{14} Hz oder einer Wellenlänge von 5.89×10^{-7} m. Dies sind genau die Frequenz und die Wellenlänge des gelben Lichtes, das von leuchtendem Natriumdampf emittiert wird.

Die Existenz eines Spektrums mit genau definierten Frequenzen war ein Problem, das die Physiker am Ende des letzten und zu Beginn dieses Jahrhunderts vor ein Rätsel stellte. Zur Lösung des Problems legte der dänische Physiker Niels Bohr (1885-1962) eine neue, revolutionäre Idee vor. Bohr benutzte den Photonenbegriff, wie wir ihn im vorhergehenden Abschnitt analysiert haben, und erweiterte die Plancksche Annahme, wie sie durch Gl. (1.6) ausgedrückt ist. Nehmen wir an, ein Atom in einem Zustand der Energie E absorbiert Strahlung der Frequenz ν und geht so in einen anderen Zustand höherer Energie E' über. Die Energieänderung des Atoms beträgt $E' - E$. Andererseits muß die in einem einzigen Prozeß aus der Strahlung absorbierte Energie die eines Photons $h\nu$ sein.

Die Energieerhaltung fordert, daß beide Größen gleich sind. Daher ist

$$E' - E = h\nu. \tag{1.29}$$

Dieser Ausdruck wird *Bohrsche Formel* genannt. Wenn ein Atom vom Zustand mit der Energie E' in einen anderen Zustand niedrigerer Energie E übergeht, muß die Energie der emittierten Strahlung ebenfalls durch die Gl. (1.29) gegeben sein.

Man kann die Tatsache, daß nur bestimmte Frequenzen $\nu_1, \nu_2, \nu_3, \ldots$ bei Emission und Absorption beobachtet werden, erklären, wenn man annimmt, daß die Energie des Atoms nur bestimmte Werte $E_1, E_2, E_3, \ldots$ haben kann. Die einzelnen erlaubten Energiewerte nennt man *Energieniveaus* (in der Spektroskopie benutzt man auch vielfach den Ausdruck Energieterm). Zu einer Emission oder einer Absorption von Strahlung können dann nur diejenigen Frequenzen führen, welche Übergängen zwischen erlaubten Energieniveaus entsprechen d.h. $\nu = (E_i - E_j)/h$. Die Bohrsche Annahme kann daher wie folgt formuliert werden:

> *Die Energie eines Systems von Ladungen — eines Atoms, eines Moleküls oder eines Atomkerns — kann nur bestimmte Werte $E_1, E_2, E_3, \ldots$ annehmen, d.h. die Energie ist quantisiert. Die diesen Energien entsprechenden Zustände werden stationäre Zustände und die möglichen Energiewerte werden Energieniveaus genannt.*

Die Absorption elektromagnetischer Strahlung, oder jeder anderen Energie, führt zu einem Übergang des Atoms (oder des Moleküls oder des Kerns) von einem stationären Zustand in einen anderen Zustand höherer Energie; die Emission elektromagnetischer Strahlung führt zum umgekehrten Prozeß. Die Frequenz der Strahlung bei einem derartigen Prozeß wird durch Gl. (1.29) gegeben.

In Abb. 1-15 sind verschiedene Übergänge schematisch dargestellt. Ein Prozeß, bei dem ein Atom im Grundzustand, repräsentiert durch A, ein Photon $h\nu$ absorbiert und in einen angeregten Zustand, repräsentiert durch A*, übergeht, wird durch

$$\mathrm{A} + h\nu \rightarrow \mathrm{A}^*$$

bezeichnet. Der umgekehrte Prozeß, die Emission eines Photons, kann durch

$$\mathrm{A}^* \rightarrow \mathrm{A} + h\nu$$

ausgedrückt werden.

Die Vorstellung von Ladungssystemen, die nur eine diskrete Folge von stationären Zuständen besitzen, ist der Newtonschen Mechanik vollkommen fremd. Nach den Gesetzen der Newtonschen Mechanik ist die Bewegung eines Teilchens durch die Anfangsbedingungen festgelegt, welche als frei wählbar angenommen werden. So kann ein Teilchen jede Energie haben, die durch die frei gewählten Anfangsbedingungen (Ort und Impuls) bestimmt ist.

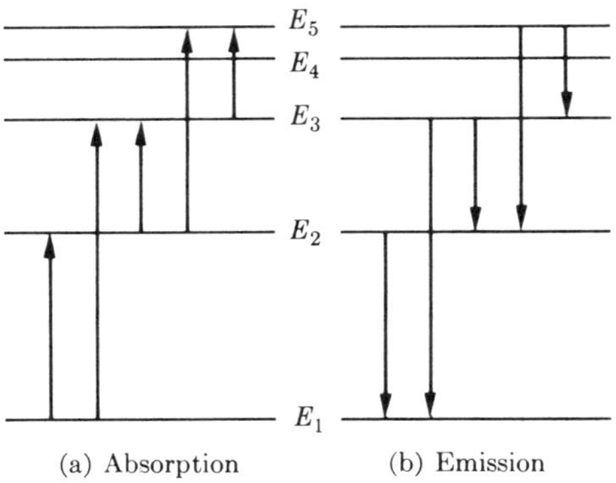

Abb. 1-15. Übergänge zwischen stationären Zuständen. Die relativen Abstände der Energieniveaus und die möglichen Übergänge hängen von der Art des betrachteten Systems ab.

Dies gilt z.B. für einen künstlichen Satelliten, der auf eine stabile Umlaufbahn gebracht wird. Ein Astronaut kann beliebig die Bahn, und damit auch die Energie, seines Raumschiffes ändern, indem er einfach zu einem bestimmten Zeitpunkt die Geschwindigkeit ändert. In gleicher Weise erlaubt die Newtonsche Mechanik für die Energie des Elektrons in einem Wasserstoffatom beliebige Werte. Sie hängen nur von den kinematischen Bedingungen ab, die vorlagen, als das Proton das Elektron einfing und das Atom gebildet wurde. Das Elektron könnte seine Bahn ändern, indem es einen beliebigen Energiebetrag absorbiert. Es scheint

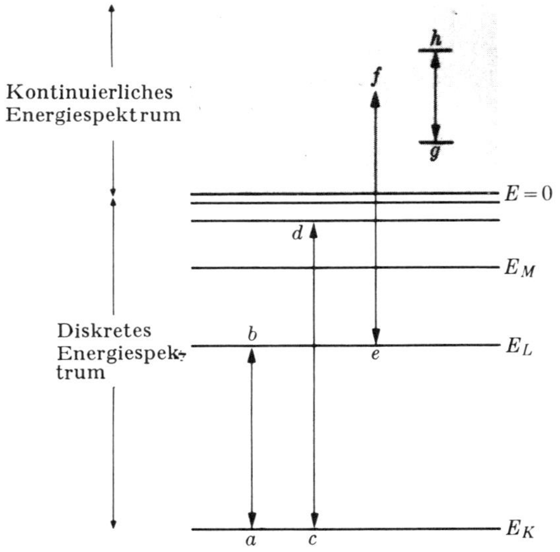

Abb. 1-16. Ursprung des diskreten und des kontinuierlichen Energiespektrums stationärer Zustände.

jedoch so, daß die Natur anders abläuft: Nur ganz bestimmte Bewegungen sind erlaubt oder möglich. Mit anderen Worten, die Existenz stationärer Zustände muß als eine Grundtatsache der Natur angenommen werden.

Die stationären Zustände werfen im Rahmen der klassischen Physik eine andere Schwierigkeit auf. Wenn sich ein Elektron in einem Atom um den Kern bewegt, erfährt es sowohl eine Tangential- wie eine Zentripetalbeschleunigung, d.h. seine Bewegung ist beschleunigt. Deshalb würde man erwarten, daß das Elektron fortlaufend Energie abstrahlt. Folglich würde die Energie des Elektrons laufend abnehmen und seine Umlaufbahn zusammenschrumpfen. Dies würde das Auftreten stationärer Zustände unmöglich machen. Man hat jedoch weder diese Kontraktion von Materie noch die damit verbundene laufende Abstrahlung von Energie beobachtet. Da die Voraussagen der klassischen Elektrodynamik nicht erfüllt werden, müssen wir somit schließen, daß ein Elektron (bzw. ein geladenes Teilchen), das sich in einem stationären Zustand bewegt, zusätzlichen Prinzipien gehorcht, die wir noch nicht betrachtet haben. Diese neuen Prinzipien werden wir im zweiten Kapitel untersuchen.

Die stationären Zustände waren eine *ad hoc* Annahme Bohrs, ohne fundierte theoretische Rechtfertigung. Der Erfolg seiner Hypothese ließ jedoch andere Physiker diese Idee experimentell testen. Schnell sammelte sich eine Menge von Informationen an, durch die neue und unvermutete atomare Eigenschaften entdeckt wurden. Die gleiche Situation trat wiederholt in der zeitgenössischen Physik auf. Ein Physiker mit großer Intuition und Wagemut schlägt ein neues und kühnes Konzept vor, die Idee provoziert neue Überlegungen und Experimente, und bald öffnen sich neue und unvermutete Aussichten.

Die stationären Zustände bilden nicht notwendigerweise ein diskretes Energiespektrum. In vielen Fällen sind alle Werte der Energie in einem bestimmten Energiebereich (oder -band) erlaubt, und es ergibt sich ein kontinuierliches Energiespektrum. Betrachten wir z.B. den Fall eines Elektrons und eines Protons. Der Nullpunkt der Energieskala entspreche der Situation, in der sowohl das Elektron wie auch das Proton in Ruhe und beide sehr weit voneinander entfernt sind. Dann sind alle stationären Zustände negativer Energie quantisiert, wobei die Energie nur bestimmte Werte E_K, E_L, $E_M, \ldots$ annehmen kann. Sie entsprechen gebundenen Zuständen, in denen sich das Elektron um das Proton bewegt und so das Wasserstoffatom bildet. Dagegen sind die Zustände positiver Energie nicht gequantelt, und ihre Energie kann jeden Wert annehmen. Diese Zustände sind ungebunden und entsprechen der Situation, wo ein Elektron aus sehr großer Entfernung und mit einer bestimmten kinetischen Anfangsenergie gegen ein Proton geschossen wird. Wenn das Elektron das Proton in geringem Abstand passiert hat, ist es aus seiner ursprünglichen Bewegungsrichtung abgelenkt und entfernt sich zu unendlichen Abständen, ohne ein gebundenes System zu bilden. In diesem Fall ist die Energie des Systems durch die kinetische Anfangsenergie des Elektrons bestimmt, die willkürlich gewählt werden kann.

Übergänge können zwischen zwei Zuständen des diskreten Energiespektrums, wie *ab* und *cd* in Abb. 1-16, auftreten, zwischen einem Zustand des diskreten Spektrums und einem Zustand des kontinuierlichen Spektrums, wie *ef*, und schließlich zwischen zwei Zuständen des kontinuierlichen Spektrums, wie *gh*.

BEISPIEL 1.6. Energie- und Impulserhaltung bei Strahlungsübergängen.

Lösung: Auf den ersten Blick ist Gl. (1.29) richtig, soweit sie die Energieerhaltung betrifft. Eine genauere Prüfung zeigt jedoch, daß eine leichte Abänderung erforderlich ist. In Abschnitt 1.6 haben wir festgestellt, daß ein Photon außer der Energie $h\nu$ einen Impuls $h/\lambda = h\nu/c$ trägt und daß beide, Energie und Impuls, bei Strahlungsübergängen zwischen zwei Zuständen erhalten bleiben müssen. Wir wollen zunächst die Emission durch ein ruhendes Atom betrachten. Anfangs, vor dem Übergang, ist sein Impuls gleich Null. Nach dem Übergang muß das Atom einen Rückstoß aufgenommen haben und einen Impuls gleich groß, aber entgegengesetzt dem des Photons besitzen, d.h. $0 = \boldsymbol{p}_{\text{Atom}} + \boldsymbol{p}_{\text{Photon}}$ oder in Beträgen

$$p_{\text{Atom}} = p_{\text{Photon}} = h\nu/c. \tag{1.30}$$

Nun wollen wir die Energieerhaltung betrachten. Am Anfang haben wir ein ruhendes Atom im stationären Zustand mit der Energie E_i, und nach dem Übergang ein Atom im stationären Zustand mit der Energie E_f und der kinetischen Energie $p^2_{\text{Atom}}/2M$ sowie ein Photon mit der Energie $h\nu$. Daher fordert die Erhaltung der Energie, daß

$$E_i = E_f + \frac{p^2_{\text{Atom}}}{2M} + h\nu \tag{1.31}$$

oder, indem wir Gl. (1.30) benutzen,

$$E_i - E_f = h\nu\left(1 + \frac{h\nu}{2Mc^2}\right). \tag{1.32}$$

Wenn $h\nu$ verglichen mit $2Mc^2$ sehr klein ist, kann der letzte Term vernachlässigt werden, und Gl. (1.32) reduziert sich auf Gl. (1.29). Dies ist der Fall bei atomaren und molekularen Übergängen.

Im allgemeinen ist $h\nu$ kleiner als Mc^2, und wir können Gl. (1.32) in folgender Form schreiben:

$$h\nu = (E_i - E_f)\left(1 + \frac{h\nu}{2Mc^2}\right)^{-1} = (E_i - E_f)\left(1 - \frac{h\nu}{2Mc^2}\right).$$

Hier haben wir die Entwicklung $(1 + x)^{-1} = 1 - x + \ldots$ benutzt, wobei $x = h\nu/2Mc^2$ klein gegen 1 ist. Im letzten Term können wir $h\nu$ durch $E_i - E_f$ ersetzen mit dem Resultat

$$h\nu = E_i - E_f - \frac{(E_i - E_f)^2}{2Mc^2}. \tag{1.33}$$

Der letzte Term ist dabei im wesentlichen die Rückstoßenergie des Atoms. Daher ist bei einem Emissionsprozeß die Energie des emittierten Photons etwas geringer als die Differenz der Energieniveaus des Emitters (des Atoms, Moleküls oder Atomkerns). Der Unterschied ist die Rückstoßenergie des Emitters.

Für einen Absorptionsprozeß andererseits müssen wir Gl. (1.31) abändern, indem wir schreiben

$$E_i + h\nu = E_f + \frac{p^2_{\text{Atom}}}{2M}, \tag{1.34}$$

denn jetzt gibt es ein Photon im Anfangs- und nicht im Endzustand. Die Erhaltung des Impulses fordert, daß $p_{\text{Atom}} = p_{\text{Photon}}$ ist, was wieder Gl. (1.30) äquivalent ist. Wenn wir die gleiche Näherung wie oben benutzen, erhalten wir so

$$h\nu = (E_f - E_i)\left(1 - \frac{h\nu}{2Mc^2}\right)^{-1} = (E_f - E_i)\left(1 + \frac{h\nu}{2Mc^2}\right)$$

oder

$$h\nu = E_f - E_i + \frac{(E_f - E_i)^2}{2Mc^2}. \tag{1.35}$$

Wenn Absorption stattfinden soll, muß daher die Energie des absorbierten Photons etwas größer sein als die Energiedifferenz zwischen den beiden Niveaus des Absorbers, damit dessen Rückstoßenergie aufgebracht werden kann.
Diese Analyse ergibt, daß ein Photon, das von einem System (Atom, Molekül oder Atomkern) bei einem Übergang $a \to b$ emittiert wurde, nicht von einem anderen gleichartigen System durch den inversen Übergang $b \to a$ absorbiert werden kann und daher das Emissionsspektrum nicht gleich dem Absorptionsspektrum ist. Auf diesen Punkt werden wir in Beispiel 1.10 wieder zurückkommen. Für atomare und molekulare Übergänge, bei denen $E_i - E_f$ von der Größenordnung einiger Elektronenvolt und Mc^2 von der Größenordnung 10^{11} eV ist, beträgt der Korrekturterm in den Gleichungen (1.33) und (1.35) etwa 10^{-10} eV und kann daher vernachlässigt werden. Für Kernübergänge andererseits kann $E_i - E_f$ von der Größenordnung 10^6 eV sein. Da Mc^2 dieselbe Größenordnung wie in den atomaren Übergängen besitzt, ist der Korrekturterm etwa 10 eV, d.h. relativ wichtiger.

1.8 Experimenteller Nachweis stationärer Zustände

Bis jetzt haben wir den Begriff der stationären Zustände nur als bequemes Konzept eingeführt, um das diskrete Spektrum atomarer Zustände zu erklären. Die Existenz von Übergängen zwischen stationären Zuständen wird jedoch durch viele Experimente bestätigt. Am charakteristischsten sind die inelastischen Stöße, bei denen ein Teil der kinetischen Energie des Geschosses als innere Energie auf das Target übertragen wird.

Diese nennt man inelastische Stöße *erster Art*. Inelastische Stöße *zweiter Art* entsprechen dem umgekehrten Prozeß.

Nehmen wir an, daß ein schnelles Teilchen q mit einem anderen System A (das ein Atom, Molekül oder Kern sein kann) zusammenstößt. A befinde sich in seinem Grundzustand mit der Energie E_1. Infolge der Wechselwirkung zwischen Geschoß und System (die eine elektromagnetische oder eine Kernwechselwirkung sein kann) gibt es einen Energieaustausch. Es sei E_2 die Energie des ersten angeregten Zustandes des Systems. Der Stoß wird elastisch sein (d.h. die kinetische Energie bleibt erhalten), es sei denn, das Geschoß besitzt genügend Energie, die Anregungsenergie $E_2 - E_1$ auf das Target zu übertragen. Wenn dies geschieht, ist der Stoß unelastisch. Dies können wir durch

$$\mathrm{A} + q_{\text{schnell}} \to \mathrm{A}^* + q_{\text{langsam}}$$

ausdrücken. Wenn die Masse des Geschosses verglichen mit der des Targets A sehr klein ist, wie in dem Falle, wo ein Elektron mit einem Atom zusammenstößt, lautet die Bedingung für einen inelastischen Stoß (siehe Beispiel 1.7)

$$E_k \geq E_2 - E_1. \tag{1.36}$$

Dabei ist $E_k = \frac{1}{2} mv^2$ die kinetische Energie des Geschosses vor dem Zusammenstoß. Die kinetische Energie des Geschosses nach dem Stoß ist dann $E_k' = E_k - (E_2 - E_1)$, da die vom Geschoß beim Zusammenstoß verlorene Energie $E_2 - E_1$ ist.

Um ein konkretes Beispiel zu geben, nehmen wir an, daß sich ein Elektron mit der kinetischen Energie E_k durch eine Substanz, z. B. Quecksilberdampf, bewegt. Vorausgesetzt, daß E_k kleiner als die niedrigste Anregungsenergie des Quecksilbers, $E_2 - E_1$, ist, sind alle Stöße elastisch, und das Elektron verliert bei seiner Bewegung durch den Dampf nur sehr langsam Energie, da der maximale Verlust an kinetischer Energie bei jedem einzelnen Stoß (siehe Aufgabe 1.55) näherungsweise durch

$$\Delta E_k \approx -4(m_e/M)E_k \approx 5 \times 10^{-6} E_k$$

gegeben ist. Wenn jedoch E_k größer als $E_2 - E_1$ ist, kann der Stoß inelastisch sein und das Elektron die Energie $E_2 - E_1$ in einem einzigen Stoßprozeß, verlieren. Wenn die kinetische Anfangsenergie des Elektrons nicht viel größer als $E_2 - E_1$ war, reicht die Energie des Elektrons nach dem Stoß nicht aus, um ein anderes Atom anzuregen. Folglich müssen die folgenden Stöße des Elektrons elastisch sein. Wenn aber die kinetische Energie des Elektrons anfangs sehr groß war, kann es mehrere inelastische Stöße ausführen, wobei es bei jedem

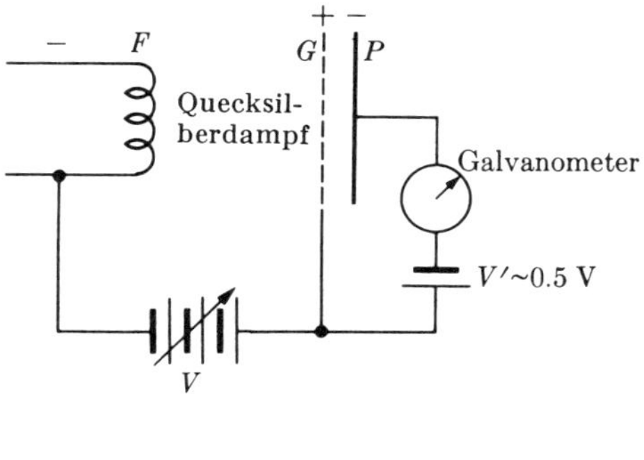

Abb. 1-17. Experimentelle Anordnung von Franck und Hertz zur Analyse von inelastischen Stößen zweiter Art.

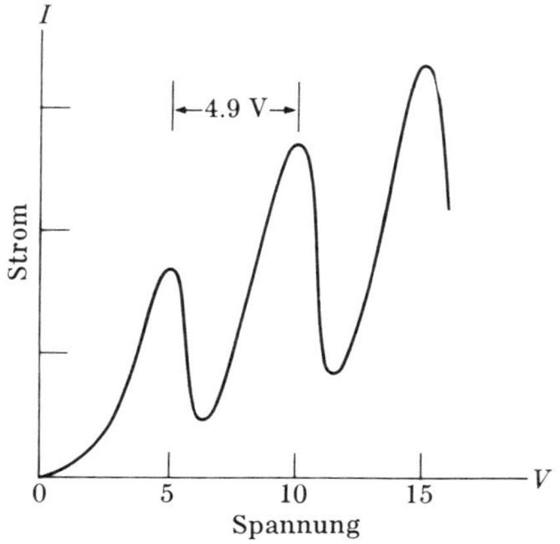

Abb. 1-18. Elektronenstrom als Funktion der Beschleunigungsspannung beim Franck-Hertz-Versuch.

Stoß die Energie $E_2 - E_1$ verliert und so nacheinander mehrere Atome anregt, bevor es unter die Schwelle für inelastische Stöße abgebremst ist.

Dieser Prozeß wurde zum ersten Mal 1914 von Franck und Hertz beobachtet. Ihre experimentelle Anordnung ist in Abb. 1-17 schematisch dargestellt. Ein Heizfaden (Kathode) F emittiert Elektronen, die durch ein variables Potential V auf das Gitter G zu beschleunigt werden. Der Raum zwischen F und G ist mit Quecksilberdampf gefüllt. Zwischen dem Gitter G und der Auffangelektrode P wird ein geringes, abbremsendes Potential von etwa 0.5 Volt angelegt, so daß die Elektronen, die nach einem oder mehreren Stößen nur noch sehr geringe kinetische Energie besitzen, die Auffangelektrode nicht erreichen und vom Galvanometer nicht registriert werden. Mit wachsendem V variiert der Elektrodenstrom I, wie in Abb. 1-18 gezeigt ist. Die Maxima treten in einem Abstand von ungefähr 4.9 Volt auf. Das erste Minimum entspricht den Elektronen, die ihre gesamte kinetische Energie nach einem inelastischen Stoß mit einem Quecksilberatom verloren haben, das dann im angeregten Zustand zurückbleibt. Das zweite Minimum entspricht den Elektronen, die zwei inelastische Stöße mit zwei Quecksilberatomen erfahren und dabei ihre gesamte kinetische Energie verloren haben, usw. Die angeregten Quecksilberatome kehren durch Emission eines Photons entsprechend der Beziehung $Hg^* \to Hg + h\nu$ mit $h\nu = E_2 - E_1$ in ihren Grundzustand zurück. Aus spektroskopischen Beobachtungen wissen wir, daß angeregter Quecksilberdampf Strahlung der Wellenlänge 2.536×10^{-7} m emittierte, was Photonen mit der Energie 4.86 eV entspricht. Man beobachtet, daß beim Durchgang des Elektronenstrahles vom Quecksilberdampf Strahlung dieser Wellenlänge ausgesandt wird. So ist dieses einfache Experiment einer der schlagendsten Beweise für die Existenz stationärer Zustände.

Ein anderes, ähnliches Experiment ist die *Coulombanregung* von Kernen. Wenn z.B. ein Proton nahe bei einem Kern vorbeifliegt, kann aufgrund der elektromagnetischen Wechselwirkung zwischen beiden ein inelastischer Stoß stattfinden, wobei der Kern in einen seiner niedrigsten angeregten Zustände übergeht. Der Kern kehrt in seinen Grundzustand zurück, indem er Photonen emittiert, die eine Energie von der Größenordnung einiger keV haben und der sog. Gammastrahlung entsprechen. Aus diesem Grunde ist die Coulombanregung eine der wichtigsten experimentellen Methoden, um die niedrigsten stationären Zustände von Kernen nachzuweisen und zu analysieren.

BEISPIEL 1.7. Berechnung des Schwellenwertes der kinetischen Energie, die erforderlich ist, um ein Target durch inelastischen Stoß erster Art anzuregen.

Lösung: Wir wollen die Massen des Geschosses und des Targets mit m bzw. M bezeichnen. Wir nehmen an, daß das Target im Labor- oder L-System anfangs in Ruhe ist. $\boldsymbol{p}$ sei der Impuls des Geschosses vor dem Stoß und $\boldsymbol{p}'$ bzw. $\boldsymbol{P}$ der Impuls von Geschoß bzw. Target nach dem Stoß. Die Erhaltung des Impulses fordert, daß

$$\boldsymbol{p} = \boldsymbol{p}' + \boldsymbol{P}. \tag{1.37}$$

Wenn E_1 die Energie des stationären Anfangszustandes des Targets und E_2 die Energie des Endzustandes ist, so folgt analog aus der Erhaltung der Energie, daß

$$\frac{1}{2m} p^2 + E_1 = \frac{1}{2m} p'^2 + \frac{1}{2M} P^2 + E_2$$

oder, wenn wir $\Delta E = E_2 - E_1$ setzen,

$$\frac{1}{2m} p^2 = \frac{1}{2m} p'^2 + \frac{1}{2M} P^2 + \Delta E. \tag{1.38}$$

Die kinetische Mindestenergie des Geschosses für den Prozeß ist die, bei der beide, Geschoß und Target, im Massenmittelpunkt- oder *CM*-System nach dem Stoß ruhen, so daß alle kinetische Energie im *CM*-System zur Anregung des Targets benutzt wird. In diesem Fall bewegen sich sowohl Target wie Geschoß nach dem Stoß im *L*-System mit derselben Geschwindigkeit $\boldsymbol{v}_{CM}$, der Geschwindigkeit des Massenmittelpunktes. Daher ist $\boldsymbol{p}' = m\boldsymbol{v}_{CM}$ und $\boldsymbol{P} = M\boldsymbol{v}_{CM}$. Wenn aber $\boldsymbol{v}$ die Geschwindigkeit des Geschosses vor dem Stoß ist, so gilt

$$\boldsymbol{v}_{CM} = \frac{m\boldsymbol{v}}{m + M}$$

und deshalb

$$\boldsymbol{p}' = \frac{m^2\boldsymbol{v}}{m + M} = \frac{m\boldsymbol{p}}{m + M}, \qquad \boldsymbol{P} = \frac{mM\boldsymbol{v}}{m + M} = \frac{M\boldsymbol{p}}{m + M}.$$

Diese Gleichungen sind natürlich mit Gl. (1.37) verträglich. Setzen wir die Werte in Gl. (1.38) ein, so erhalten wir nach einfacher Umformung

$$\frac{M}{m + M}\left(\frac{1}{2m} p^2\right) = \Delta E$$

oder

$$E_k = \frac{1}{2m} p^2 = \left(1 + \frac{m}{M}\right) \Delta E. \tag{1.39}$$

Diese Gleichung gibt den Schwellenwert der kinetischen Energie an, die ein Geschoß haben muß, um ein Target auf sein erstes angeregtes Niveau anzuheben. Wenn das Geschoß viel leichter als das Target ist, $m \ll M$, haben wir $E_k \approx \Delta E = E_2 - E_1$. Das ist die Situation beim inelastischen Stoß eines Elektrons mit einem Atom oder Molekül; wir nutzen dies bei der Analyse des Franck-Hertz-Experimentes aus. Für die Coulombanregung von Kernen durch inelastische Stöße durch Protonen müssen wir jedoch Gl. (1.39) benutzen. Dies liegt daran, daß im allgemeinen, besonders bei Stößen mit leichten Kernen, m/M nicht klein gegen 1 ist.

1.9 *Wechselwirkung von Strahlung mit Materie*

Die Wechselwirkung von Strahlung mit Materie ist einer der fundamentalen Prozesse, der für viele Phänomene im Universum verantwortlich ist. So ist z.B. die Erde einem dauernden Strom elektromagnetischer Strahlung von der Sonne ausgesetzt, der den Prozeß der *Photosynthese* und damit das Leben auf der Erde ermöglicht (als Photosynthese bezeichnet man die Bildung neuer Verbindungen, insbesondere von Kohlehydraten, durch die Synthese aus Kohlendioxyd und Wasser unter Absorption von Photonen. Bei dieser Reaktion spielt die Verbindung Chlorophyll eine wichtige Rolle).

Man kann diesen Prozeß folgendermaßen ausdrücken:

$$6CO_2 + 6H_2O + nh\nu \rightarrow C_6H_{12}O_6 + 6O_2.$$

Die Anzahl n der beteiligten Photonen ist nicht fest bestimmt; ihre Energie fällt vorwiegend in den sichtbaren Bereich des Spektrums. Der Prozeß ist viel komplizierter als die obige Gleichung vermuten läßt, und seine Erforschung ist noch nicht abgeschlossen. Die Photosynthese ist nicht nur wichtig, weil sie die Kohlehydrate produziert, die letzlich die Nahrungsquelle (und so die Energiequelle) der meisten Lebewesen sind, sondern auch, weil sie den Sauerstoffgehalt der Atmosphäre kontrolliert. Dies geschieht dadurch, daß die Photosynthese Sauerstoff freisetzt, der wiederum bei den vielen Oxydationsprozessen, die auf der Erde ablaufen, verbraucht wird.

Die Photosynthese ist nur ein Beispiel für die vielen Reaktionen, die durch die Absorption von Strahlung eingeleitet werden. Die Untersuchung derartiger Reaktionen nennt man *Photochemie.* Jede photochemische Reaktion erfordert die Mitwirkung eines Photons mit bestimmter Energie. Ein anderes Beispiel für Prozesse, die auf der Absorption von Strahlung beruhen, ist die Dissoziation eines Moleküls durch Absorption eines Photons, d.h.

$$AB + h\nu \rightarrow A + B.$$

Eine derartige Reaktion mit großer Bedeutung für die Geophysik und die Biologie ist die Dissoziation von Sauerstoff in der Atmosphäre durch die Absorption von ultravioletter Strahlung mit einer Wellenlänge von 1600 Å bis 2400 Å, d.h. von Photonen mit einer Energie zwischen 7.8 eV und 5.2 eV. Wir können diesen Prozeß durch die folgende Gleichung ausdrücken:

$$O_2 + h\nu \rightarrow O + O.$$

Der atomare Sauerstoff verbindet sich mit molekularem Sauerstoff zu Ozon, O_3, das seinerseits der photochemischen Dissoziation unterliegt und zwar durch Absorption von ultravioletter Strahlung der Wellenlänge zwischen 2400 Å und 3600 Å, d.h. von Photonen mit einer Energie zwischen 5.2 eV und 3.4 eV. Diese Reaktion stellt sich dar als

$$O_3 + h\nu \rightarrow O + O_2.$$

Diese zwei Reaktionen absorbieren die ultraviolette Strahlung so stark, daß sie praktisch die gesamte Ultraviolettstrahlung der Sonne eliminieren, bevor sie die Oberfläche der Erde erreicht. Wenn diese Ultraviolettstrahlung die Erdoberfläche erreichen könnte, würde sie viele Organismen durch photochemische Reaktionen mit Zellbestandteilen, Enzymen, usw. zerstören.

Der photographische Prozeß ist wieder ein anderes Beispiel für eine photochemische Reaktion. Durch die Einwirkung der Strahlung werden Silberbromidmoleküle zersetzt, wobei dann Silberatome ein sog. latentes Bild auf einem lichtempfindlichen Film bilden. Im Entwicklungsprozeß wird der Film später so behandelt, daß ein dauerhaftes Bild entsteht.

Wenn das Photon genügend Energie besitzt, kann seine Absorption durch ein Atom oder Molekül dazu führen, daß ein Elektron freigesetzt wird. Es bleibt ein ionisiertes Atom oder Molekül zurück.

Wir können den Prozeß folgendermaßen schreiben:

$$A + h\nu \rightarrow A^+ + e^-.$$

Diesen Prozeß nennt man *Photoionisation*. Er entspricht dem Photoeffekt in Metallen, den wir in Abschnitt 1.3 besprochen haben. Aus diesem Grunde nennt man ihn auch *atomaren Photoeffekt*. Es ist eine Folge der Photoionisation, daß ultraviolette, Röntgen- oder Gammastrahlung, wenn sie Materie durchdringt, längs ihres Weges Ionisation erzeugt. Wir wollen die Energie, die erforderlich ist, um ein Elektron aus einem Atom oder Molekül abzuspalten, mit I bezeichnen. Diese Energie nennt man *Ionisationsenergie*. Die kinetische Energie des freigesetzten Elektrons ist dann gegeben durch

$$E_k = h\nu - I. \tag{1.40}$$

Diese Gleichung ist der Gl. (1.14) analog. (Wir haben in dieser Gleichung die Rückstoßenergie des Ions vernachlässigt.) Gl. (1.40) zeigt: Um Photoionisation hervorzurufen, muß die Energie des Photons gleich oder größer als I sein. Wenn z.B. ein Elektron aus seinem Grundzustand in einem Wasserstoffatom freigesetzt werden soll, muß die Energie des Photons mindestens 13.6 eV betragen. Befindet sich das Elektron aber im ersten angeregten Zustand, so sind nur 3.4 eV erforderlich. Für ein Heliumatom beträgt die Ionisationsenergie, die erforderlich ist, um ein Elektron aus seinem Grundzustand freizusetzen, 24.6 eV.

Die hohe Konzentration von Ionen und freien Elektronen (mehr als 10^{11} pro m^3) im Bereich der oberen Atmosphäre, der *Ionosphäre*, ist auf den Photoeffekt der ultravioletten und der Röntgenstrahlung der Sonne zurückzuführen. Einige der häufigsten Reaktionen sind

$$NO + h\nu \rightarrow NO^+ + e^- \qquad (5.3\ \text{eV}),$$
$$N_2 + h\nu \rightarrow N_2^+ + e^- \qquad (7.4\ \text{eV}),$$
$$O_2 + h\nu \rightarrow O_2^+ + e^- \qquad (5.1\ \text{eV}),$$
$$He + h\nu \rightarrow He^+ + e^- \qquad (24.6\ \text{eV}).$$

Die Ionisationsenergien sind in Klammern angegeben. Als Folge dieser Ionisationen finden in der Atmosphäre viele andere, sekundäre Reaktionen statt.

Der zur Photoionisation inverse Prozeß ist der Strahlungseinfang. Beim *Strahlungseinfang* wird ein freies Elektron mit der kinetischen Energie E_k von einem Ion unter Emission eines Photons in einen gebundenen Zustand eingefangen. D.h.

$$A^+ + e^- \rightarrow A + h\nu.$$

Die Energie des Photons beträgt

$$h\nu = E_k + I. \tag{1.41}$$

Wenn die Energie eines Photons viel größer als die Bindungsenergie des Elektrons in einem Atom oder einem Molekül ist, so kann das Elektron als frei betrachtet werden. In diesem Fall ist die Comptonstreuung ein wahrscheinlicherer Prozeß als der Photoeffekt.

Wenn die Energie des Photons größer als $2m_ec^2$ (= 1.02 MeV, das ist die doppelte Ruhenergie des Elektrons) ist, kann jedoch ein anderer Prozeß stattfinden, die Erzeugung eines Elektron-Positron-Paares. (Das Positron ist ein Teilchen mit der gleichen Masse wie ein Elektron, aber mit positiver Ladung.) Die Bildung eines Elektron-Positron-Paares, *Paarerzeugung* genannt, kann wie folgt geschrieben werden:

$$h\nu \rightarrow e^+ + e^-. \tag{1.42}$$

Diesen Prozeß werden wir im einzelnen in Abschnitt 9.3 besprechen. Hier wollen wir nur darauf hinweisen, daß er die Umwandlung eines Photons in ein Elektron plus ein Positron ist. Da die Energie, die mit der Ruhmasse eines Elektrons oder

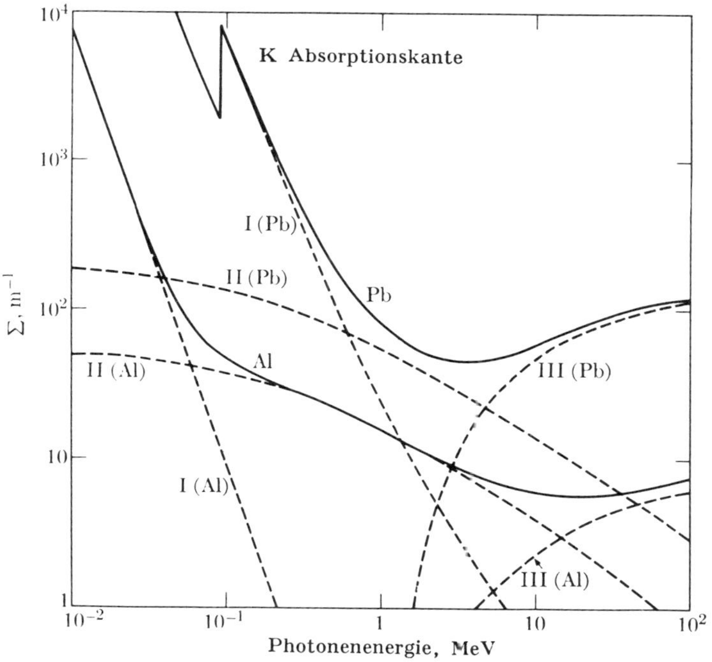

Abb. 1-19. Makroskopische Querschnitte für die Absorption von Photonen in Aluminium und Blei. Die ausgezogenen Kurven sind die totalen Querschnitte; die mit I bezeichneten sind die partiellen Querschnitte für den photoelektrischen Effekt; die mit II bezeichneten sind die partiellen Querschnitte für den Comptoneffekt; die mit III bezeichneten sind die partiellen Querschnitte für die Paarerzeugung.

eines Positrons verknüpft ist, gleich $m_e c^2$ ist, muß die Mindestenergie eines Photons, die erforderlich ist, um ein Elektron-Positron-Paar zu bilden, natürlich gleich $2m_e c^2$ sein.

Bei hoher Energie kann elektromagnetische Strahlung auch mit Atomkernen in Wechselwirkung treten, wobei sie diese entweder in einen angeregten Zustand versetzt, in einer *Kernphotoreaktion* ein Kernteilchen (z.B. ein Proton) abspaltet oder sogar den Kern spaltet. Diese Kernprozesse werden in Kapitel 8 besprochen.

Wenn Strahlung durch Materie geht, wird die Energie durch die erwähnten Prozesse allmählich absorbiert. Falls wir die Strahlungsintensität beim Eintritt in die Substanz mit I_0 bezeichnen, so ist die Intensität nach Durchgang durch eine Schicht der Dicke x gegeben durch

$$I = I_0 e^{-\Sigma x}. \tag{1.43}$$

Dabei ist Σ (ausgedrückt in m^{-1}, wenn x in m gemessen ist) eine für jede Substanz und jeden Prozeß charakteristische Größe. Sie wird *linearer Absorptionskoeffizient* oder *makroskopischer Wirkungsquerschnitt* genannt. Sie ist eine Funktion der Photonenenergie. [Für die Ableitung der Gl. (1.43) siehe Beispiel 8.8.]

Für jede Substanz gibt es für jeden möglichen Prozeß, wie z.B. Photoeffekt, Comptonstreuung, Paarerzeugung usw., einen makroskopischen Wirkungsquerschnitt. Der gesamte Wirkungsquerschnitt einer Substanz ist die Summe aller Teilquerschnitte. Abb. 1-19 zeigt für die drei erwähnten Prozesse die einzelnen und die gesamten makroskopischen Wirkungsquerschnitte von Aluminium und Blei. Man beachte, daß bei niedrigen Energien der Photoeffekt am wichtigsten ist, bei mittleren Energien der Comptoneffekt überwiegt und bei hohen Energien die Paarerzeugung der überwiegende Prozeß ist.

1.10 Teilchen und Felder

Eine andere bedeutende Revolution im physikalischen Denken fand gegen Ende des ersten Viertels dieses Jahrhunderts statt. Sie änderte radikal die Methoden, mit denen wir an die Beschreibung der Bewegung eines Teilchens herangehen.

Die Wahrnehmung unserer Sinne sagt uns, daß Objekte, die wir berühren und sehen, eine definierte Form und Größe haben und deshalb im Raum lokalisiert sind. Wir tendieren dazu, zu extrapolieren und auch den fundamentalen Teilchen (z.B. den Elektronen, Protonen und Neutronen) so etwas wie eine Gestalt und eine Größe zuzuschreiben. Wir neigen dazu, sie uns anschaulich wie kleine Kugeln mit charakteristischem Radius, Masse und Ladung vorzustellen. Dies ist jedoch eine Extrapolation über unsere direkte sinnliche Wahrnehmung hinaus, und wir müssen sie sorgfältig überprüfen, bevor wir sie annehmen. Experimente haben gezeigt, daß unser extrapoliertes Bild von den Grundbestandteilen der Materie irrig ist. Das dynamische Verhalten der Elementarteilchen fordert, daß wir jedem Teilchen in der gleichen Weise ein Feld zuordnen — *ein Materiefeld* —, wie wir umgekehrt dem elektromagnetischen Feld ein Photon, (das einem Teilchen äquivalent ist) zuordnen. Das Materiefeld beschreibt den dynamischen Zustand eines Teilchens in dem gleichen Sinne, wie das elektromagnetische Feld den Photonen entspricht, die bestimmte Werte von Energie und Impuls besitzen. Wenn wir die Zusammenhänge zwischen Materiefeld und dynamischen Eigenschaften des Teilchens (Impuls und Energie) diskutieren, können wir uns von den Beziehungen leiten lassen, die wir oben für die Photonen gefunden haben. Indem wir die Beziehungen (1.28) umkehren, können wir annehmen, daß die Wellenlänge λ und die Frequenz ν des monochromatischen Feldes, das einem Teilchen mit dem Impuls p und der Energie E zugeordnet ist, gegeben wird durch

$$\lambda = \frac{h}{p}, \qquad \nu = \frac{E}{h}. \tag{1.44}$$

Dabei bezeichnet h, wie früher, die Plancksche Konstante. Diese Beziehungen wurden zum ersten Male 1924 von dem französischen Physiker Louis de Broglie (1892-1987) vorgeschlagen. Aus diesem Grunde nennt man $\lambda = h/p$ auch die *de Broglie-Wellenlänge* eines Teilchens. Wenn wir die Wellenzahl $k = 2\pi/\lambda$ und die Kreisfrequenz $\omega = 2\pi\nu$ einführen, können wir die Beziehungen (1.44) in einer mehr symmetrischen Form schreiben

$$p = \frac{h}{2\pi}\, k, \qquad E = \frac{h}{2\pi}\, \omega.$$

Wenn wir eine neue Konstante definieren, die mit $\hbar$ bezeichnet wird und «h-quer» heißt

$$\hbar = h/2\pi = 1.0544 \times 10^{-34}\ \mathrm{J\,s},$$

so haben wir

$$p = \hbar k, \qquad E = \hbar\omega. \tag{1.45}$$

Wenn unsere in den Gl. (1.44) und (1.45) ausgedrückte Annahme richtig ist, können wir erwarten, daß immer dann, wenn die Bewegung eines Teilchens so gestört ist, daß sich das ihm zugeordnete Feld nicht frei ausbreiten kann, Interferenzen und Beugungsphänomene beobachtet werden, wie sie bei elastischen und elektromagnetischen Wellen auftreten. Dies ist auch tatsächlich der Fall.

Bevor wir die Experimente besprechen, die Interferenz und Beugung des Materiefeldes demonstrieren, wollen wir versuchen, den Wert der de Broglie-Wellenlänge λ, die einem Teilchen zugeordnet ist, abzuschätzen. Elektronen, die durch ein elektrisches Potential V beschleunigt werden, gewinnen eine Energie eV. Ihre kinetische Energie beträgt daher $p^2/2m_e = eV$, so daß $p = \sqrt{2m_e eV}$ ist. Wenn wir die Werte von e, m_e und h einsetzen, erhalten wir die de Broglie-Wellenlänge dieser Elektronen zu

$$\lambda = h/\sqrt{2m_e eV} = 1.23 \times 10^{-9}/\sqrt{V}\ \mathrm{m}, \tag{1.46}$$

V ist dabei in Volt ausgedrückt. Man kann diese Formel auch benutzen, wenn die kinetische Energie des Elektrons in Elektronenvolt angegeben ist. Für $V \sim 10^4$ V (das ist die Größenordnung der Spannung bei Fernsehbildröhren) ist die Wellenlänge ungefähr 10^{-11} m, also vergleichbar mit der Wellenlänge von Röntgenstrahlen. Dies bedeutet, daß wir Beugungsmuster erhalten sollten, die auf der Streuung des Materiefeldes beruhen, wenn wir einen Strahl schneller Elektronen durch einen Kristall schicken. Diese, den einfallenden Elektronen zugeordneten Beugungsmuster sollten denen ähnlich sein, die man bei Röntgenstrahlen beobachtet.

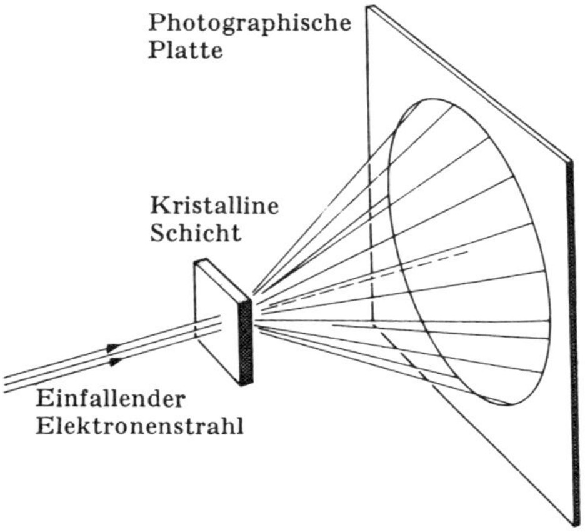

Abb. 1-20. Experimentelle Anordnung zur Beobachtung der Elektronenbeugung an kristallinem Material.

1927 begann der britische Wissenschaftler G. P. Thomson (1892-1975) eine Reihe von Experimenten, die das Ziel hatten, den Durchgang eines Elektronenstrahles durch eine dünne Schicht kristallinen Materials zu untersuchen. Nachdem die Elektronen die Schicht passiert hatten, trafen sie, wie in Abb. 1-20 gezeigt wird, auf eine photographische Platte. Wenn sich die Elektronen wie Teilchen im makroskopischen Sinne verhalten würden, wäre ein verschwommenes Bild beobachtet worden, da die einzelnen Elektronen im allgemeinen von den Atomen des Kristalles jeweils verschieden gestreut worden wären. Wie die Photographie in Abb. 1-21 zeigt, ergab sich in Wirklichkeit ein Bild von Art der Debye-Scherrer-Ringe der Röntgenbeugung an polykristallinem Material. Ähnlich erhält man, wenn ein Elektronenstrahl einen Einkristall passiert, die Laueschen Interferenzfiguren (die ebenfalls bei Röntgenstrahlen beobachtet wurden). Diese sind in der Photographie der Abb. 1-22 zu sehen. Aus der Struktur dieser Muster kann man die de Broglie-Wellenlänge λ berechnen, wenn man den Abstand zwischen den Netzebenen der Kristalle kennt und die Formeln anwendet, die für Röntgenstrahlen abgeleitet wurden. Die so erhaltenen Werte für λ können mit denen aus Gl. (1.46) verglichen werden. Man findet völlige Übereinstimmung innerhalb der experimentellen Fehlergrenzen.

In den berühmten Experimenten von C. Davisson und L. Germer (die ungefähr zur gleichen Zeit durchgeführt wurden wie die von Thomson) wurde ein Elek-

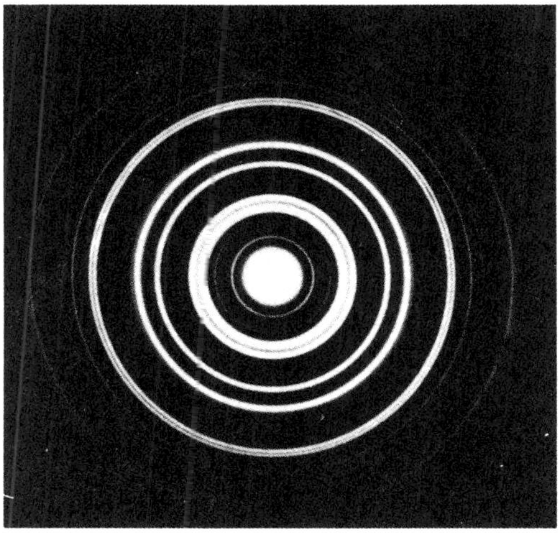

Abb. 1-21. Beugung von Elektronen an Kristallpulver (mit freundlicher Genehmigung von Dr. Lester Germer).

tronenstrahl unter einem Winkel auf eine Kristalloberfläche gelenkt. Die gebeugten Elektronen wurden, wie in Abb. 1-23 gezeigt, mit Hilfe eines symmetrisch angeordneten Detektors beobachtet. Dies ähnelt der Braggschen Versuchsanordnung für Röntgenstrahlen. Man beobachtete, daß der vom Detektor registrierte Elektronenstrahl immer dann ein Maximum aufwies, wenn die für Röntgenstrahlen abgeleitete Braggsche Bedingung erfüllt war. Die Braggsche Bedingung stellt sich dar als*

$$2d \sin \theta = n\lambda. \tag{1.47}$$

Dabei ist d der Abstand aufeinanderfolgender atomarer Netzebenen im Kristall und λ durch Gl. (1.46) gegeben.

Abb. 1-22. Beugung von 80-kV Elektronen an einem Kohlenstoff-Einkristall (Graphit) (mit freundlicher Genehmigung von R. Heidenreich, Bell Telephone Laboratories).

---

* Siehe z.B. *Fundamental University Physics,* Band II, Abschnitt 23.8.

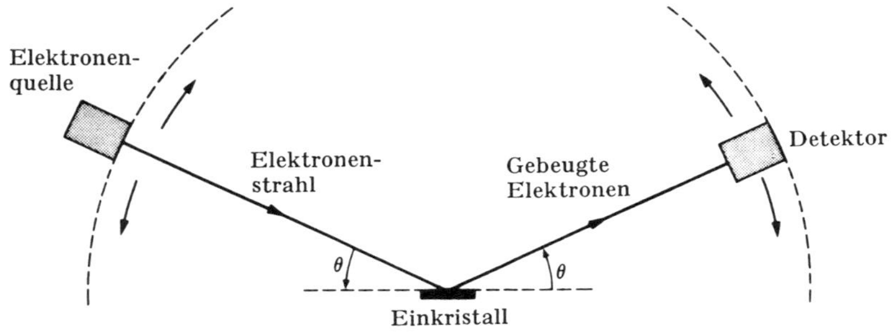

Abb. 1-23. Anordnung von Davisson und Germer zur Beobachtung der Bragg-Streuung von Elektronen.

Das gleiche Phänomen der Braggschen Beugung hat man bei Experimenten mit Protonen und Neutronen beobachtet. Die Neutronenbeugung ist eine der wirksamsten Methoden zur Untersuchung von Kristallstrukturen. Die Experimentatoren benutzen monoenergetische Neutronenstrahlen und analysieren ihren Durchgang durch den Kristall. Die Neutronen, die aus einem Kernreaktor austreten (siehe Abb. 1-24) besitzen ein breites Energiespektrum (mit anderen Worten, sie besitzen sehr unterschiedliche Impulse). Dem entspricht, daß der Neutronenstrahl nicht monochromatisch ist, sondern ein Spektrum vieler de Broglie-Wellenlängen enthält. Wenn der Neutronenstrahl auf einen Kristall, z. B. LiF, trifft, entsprechen die unter der symmetrischen Richtung beobachteten Neutronen nur der durch die Braggsche Bedingung festgelegten Wellenlänge λ (1.47). Sie haben daher genau definierte Werte von Energie und Impuls. Der Kristall fungiert als *Energiefilter* oder *Monochromator.* Der monoenergetische Neutronenstrahl wird dann seinerseits zur Untersuchung anderer Materialien benutzt oder um Kernreaktionen mit Neutronen bestimmter Energie zu analysieren.

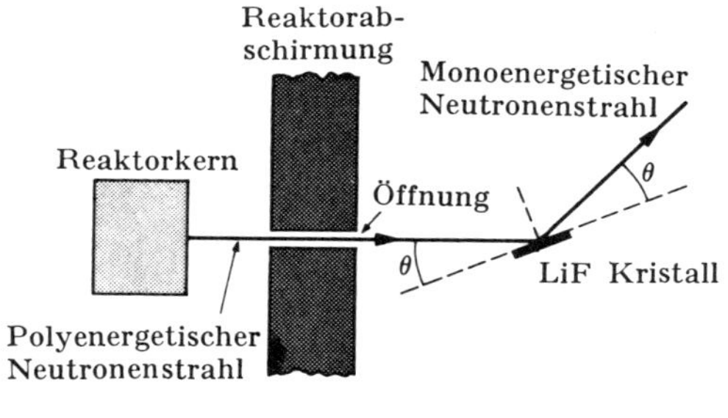

Abb.1-24. Neutronen-Kristallspektrometer.

BEISPIEL 1.8. Wie groß ist bei einer Temperatur von 25 °C die de Broglie-Wellenlänge thermischer Neutronen?

Lösung: Unter *thermischen Neutronen* verstehen wir Neutronen, die sich im thermischen Gleichgewicht mit Materie bestimmter Temperatur befinden. Die Neutronen besitzen dann eine mittlere kinetische Energie, die gleich groß ist wie die von Molekülen eines idealen Gases bei derselben Temperatur. Die mittlere kinetische Energie thermischer Neutronen ist daher $E_{\text{Mittel}} = \frac{3}{2}kT$, wobei T die absolute Temperatur und k die Boltzmannsche Konstante ist (siehe Gl. 10.41). Für eine Temperatur von 25 °C haben wir $T = 298$ K und deshalb $E_{\text{Mittel}} = \frac{3}{2}kT = 6.17 \times 10^{-21}$ J $= 3.85 \times 10^{-2}$ eV. Dem entspricht ein Impuls $p = \sqrt{2m_n E_{\text{Mittel}}} = 4{,}55 \times 10^{-24}$ m kg s^{-1}. Wenn wir die Gl. (1.44) benutzen, finden wir, daß die mittlere de Broglie-Wellenlänge der thermischen Neutronen $\lambda = 1.85 \times 10^{-10}$ m ist. (Wenn wir beachten, daß der Abstand der Gitterebenen in einem NaCl-Kristall $d = 2.82 \times 10^{-10}$ m ist, so sehen wir übrigens, daß das erste Beugungsmaximum für Neutronen dieser Wellenlänge bei einem Winkel $\theta = 19°$ auftritt.)

BEISPIEL 1.9. Ein Elektron wird in großer Entfernung von einem Proton freigesetzt. Bestimmen Sie die Wellenlänge des Elektrons, wenn es (a) 1 m vom Proton, (b) 0.5×10^{-10} m vom Proton entfernt ist (diese Entfernung ist von der Größenordnung des Bahnradius eines Elektrons im Grundzustand des Wasserstoffatoms).

Lösung: In einem Abstand r vom Proton beträgt das Potential, durch das sich das Elektron bewegt hat,

$$V = e/4\pi\epsilon_0 r = 1.44 \times 10^{-9}/r \text{ V}.$$

Dabei ist r in Metern einzusetzen. Setzen wir dies in Gl. (1.46) ein, so finden wir für die Wellenlänge des Elektrons

$$\lambda = 3.24 \times 10^{-5}\sqrt{r} \text{ m}.$$

An diesem Ergebnis sehen wir, daß die Wellenlänge abnimmt, je mehr sich das Elektron dem Proton nähert. Der Grund hierfür liegt darin, daß das Elektron zum Proton hin beschleunigt wird und sein Impuls mit abnehmender Entfernung zunimmt. Wenn das Elektron ein Meter vom Proton entfernt ist, beträgt seine Wellenlänge 3.24×10^{-5} m. Wenn es $0{,}5 \times 10^{-10}$ m entfernt ist, beträgt seine Wellenlänge 2.27×10^{-10} m. Diese Wellenlänge ist von der Größenordnung der Dimension des Wasserstoffatoms. Um das Elektron in einem Wasserstoffatom in einer stabilen Umlaufbahn um das Proton anzuordnen, ist es jedoch notwendig, seine Wellenlänge auf einen ganz bestimmten Wert zu bringen (dieser ist ungefähr 3.14×10^{-10} m). Wie wir später sehen werden, erfordert dies die Abgabe eines bestimmten Energiebetrages durch das Elektron, der als Strahlung emittiert wird.

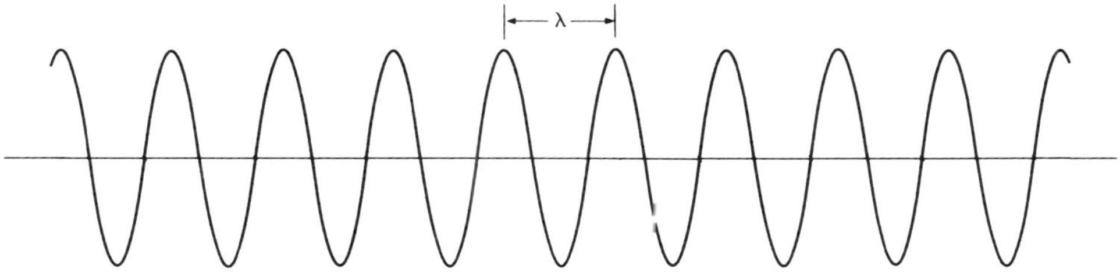

Abb. 1-25. Kontinuierlicher Wellenzug, der einem nicht lokalisierten Teilchen entspricht.

1.11 Teilchen und Wellenpakete

Benutzen wir die Beziehung (1.44), so können wir das Feld, das einem freien Teilchen entspricht, welches sich mit genau definiertem Impuls p und Energie $E = p^2/2m$ bewegt, durch eine harmonische Welle mit konstanter Amplitude, wie in Abb. 1-25, darstellen. Da keine Kräfte auf das Teilchen einwirken, die das zugeordnete Materiefeld in einigen Raumgebieten mehr als in anderen verzerren könnten, muß die Amplitude der Welle an jedem Ort aus Symmetriegründen gleich groß sein. Die Phasengeschwindigkeit des Feldes eines freien Teilchens ist

$$v_p = \lambda\nu = \frac{h}{p}\frac{E}{h} = \frac{E}{p} = \frac{p}{2m} = \tfrac{1}{2}v.$$

D.h., die Phasengeschwindigkeit des Materiefeldes ist halb so groß wie die Teilchengeschwindigkeit. Das hat jedoch keine experimentellen Konsequenzen, da wir die Phasengeschwindigkeit bei einer rein harmonischen Welle nicht messen können. Wir können nur die Gruppengeschwindigkeit der Welle messen (siehe Anhang III). Die Tatsache, daß die Amplitude des Materiefeldes an jedem Ort gleich groß ist, läßt vermuten, daß das Materiefeld eines freien Teilchens keine Information über die räumliche Lokalisierung eines freien Teilchens mit genau definiertem Impuls gibt. Mit anderen Worten, das Materiefeld ist unabhängig vom Ort des Teilchens, und die Beobachtung des Feldes mit irgendeiner Methode würde den Ort des Teilchens nicht bestimmen lassen.

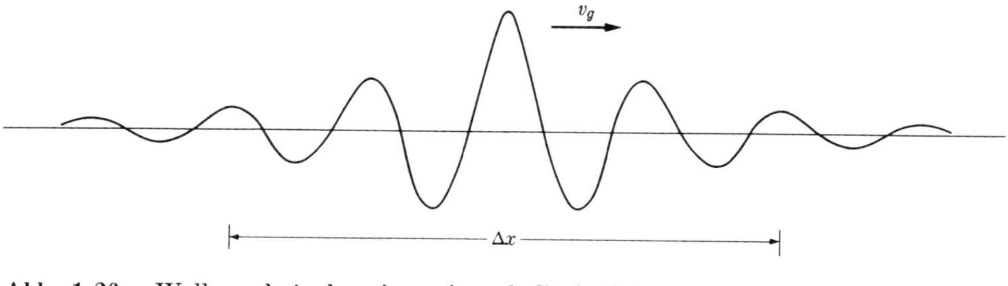

Abb. 1-26. Wellenpaket, das einem innerhalb Δx lokalisierten Teilchen entspricht.

Physikalische Intuition und unsere Kenntnis von Feldern und Wellen sagen uns, daß ein Teilchen, das in einem bestimmten Gebiet Δx des Raumes lokalisiert ist, zu einem Materiefeld gehören sollte, dessen Amplitude oder Intensität in eben diesem Gebiet groß und außerhalb klein ist. Indem man Wellen verschiedener Frequenzen und Wellenlängen überlagert, kann man ein Feld durch Interferenz in einem bestimmten Gebiet verstärken und außerhalb dieses Gebietes abschwächen. Das Ergebnis ist ein *Wellenpaket*, wie es Abb. 1-26 darstellt. Die Geschwindigkeit, mit der sich das Wellenpaket ausbreitet, ist die Gruppengeschwindigkeit v_g, die gegeben ist durch $v_g = d\omega/dk$ (siehe Gl. A 29). Benutzen wir die Beziehungen (1.45) und $E = p^2/2m$, so können wir die Gruppengeschwindigkeit des Materiefeldes, das zu einem freien Teilchen gehört, umschreiben als

$$v_g = dE/dp = p/m = v.$$

Genau wie wir es aufgrund unserer physikalischen Intuition erwarten, ist die Gruppengeschwindigkeit des Materiefeldes (die Ausbreitungsgeschwindigkeit des Wellenpaketes) gleich der Geschwindigkeit des Teilchens.

Wir schließen daraus, daß ein Teilchen, das in einem bestimmten Raumgebiet lokalisiert ist, zu einem Feld oder Wellenpaket gehört, dessen Amplitude nur in diesem Gebiet wesentlich ist; die Geschwindigkeit des Teilchens ist die Gruppengeschwindigkeit des Feldes bzw. des Wellenpaketes.

1.12 *Die Heisenbergsche Unschärferelation für Ort und Impuls*

Hier treffen wir auf eine besondere Situation, die nicht im Rahmen der klassischen Mechanik erklärt werden kann. Um ein Wellenpaket im Raume zu lokalisieren, müssen wir mehrere Felder mit verschiedener Wellenlänge (oder mit verschiedenen Werten der Wellenzahl k) überlagern. Wenn sich das Wellenpaket über ein Gebiet Δx erstreckt, liegen die Wellenzahlen der interferierenden Wellen, die das Wellenpaket ausmachen und eine merkliche Amplitude besitzen, in einem Intervall Δk, für das nach der Theorie der Fourier-Analyse gilt

$$\Delta x \, \Delta k \sim 2\pi.$$

Nach den Beziehungen (1.44) und (1.45) bedeutet das Auftreten verschiedener Wellenlängen λ oder Wellenzahlen k, daß es auch mehrere Werte des Impulses p gibt, so daß $\Delta p = \hbar \Delta k$ ist. Wenn wir uns daran erinnern, daß $h = 2\pi\hbar$ ist, wird aus dem obigen Ausdruck

$$\Delta x \, \Delta p \sim h. \tag{1.48}$$

Die Beziehung (1.48) besitzt folgende physikalische Bedeutung: Wenn sich ein Teilchen in einem Gebiet zwischen $x - \frac{1}{2}\Delta x$ und $x + \frac{1}{2}\Delta x$ befindet (d.h., Δx ist Ortsunschärfe des Teilchens), so wird sein zugehöriges Feld durch eine Überlagerung von Wellen mit Impulsen zwischen $p - \frac{1}{2}\Delta p$ und $p + \frac{1}{2}\Delta p$ dargestellt, wobei Δp mit Δx durch (1.48) verknüpft ist. Wir sagen, daß Δp die Impulsunschärfe des Teilchens ist. Die Beziehung (1.48) impliziert: Je größer Δx ist, umso kleiner ist Δp und umgekehrt. Mit anderen Worten, Information über die Lokalisierung eines Teilchens im Raum erhält man auf Kosten von Kenntnis über seinen Impuls. Je größer unsere Kenntnis über die Lage des Teilchens ist, desto unpräziser ist unsere Information über seinen Impuls und umgekehrt. Deshalb wird ein Teilchen mit bekanntem Impuls ($\Delta p = 0$) durch eine Welle mit konstanter Amplitude dargestellt, die sich über den gesamten Raum erstreckt

($\Delta x = \infty$), so daß unsere Kenntnis der Lage gleich 0 ist. Wir können nicht beides, Lage und Impuls des Teilchens, gleichzeitig genau bestimmen, so daß gleichzeitig $\Delta x = 0$ und $\Delta p = 0$ gilt. Eine derartige Kenntnis paßt nicht zu Beziehung (1.48). Gl. (1.48) gibt die optimale Beziehung zwischen Δx und Δp, den Unbestimmtheiten des Ortes und des Impulses des Teilchens, wieder. In den meisten Fällen sind jedoch x und p weniger genau bekannt, so daß wir anstelle von Beziehung (1.48) den allgemeineren Ausdruck

$$\Delta x \, \Delta p \gtrsim h$$

schreiben müssen. Das in der Beziehung (1.48) ausgedrückte Ergebnis nennt man *Heisenbergsches Unbestimmtheitsprinzip* oder *Heisenbergsche Unschärferelation.* Sie kann mit Worten wie folgt formuliert werden:

> *Es ist unmöglich, gleichzeitig Ort und Impuls eines Teilchens genau zu bestimmen.*

Dieses Prinzip drückt eine Grundtatsache der Natur aus. Obwohl wir hier umgekehrt vorgegangen sind, kann man es in gewisser Weise als fundamentaler als die Beziehung (1.45) ansehen. Um das Unbestimmtheitsprinzip besser verstehen zu lernen, wollen wir einige physikalische Situationen betrachten.

Wenn man sagt, daß sich ein Teilchen im Punkte x mit dem Impuls p befindet, so bedeutet dies, daß wir *gleichzeitig* die x-Koordinate und den Impuls p messen

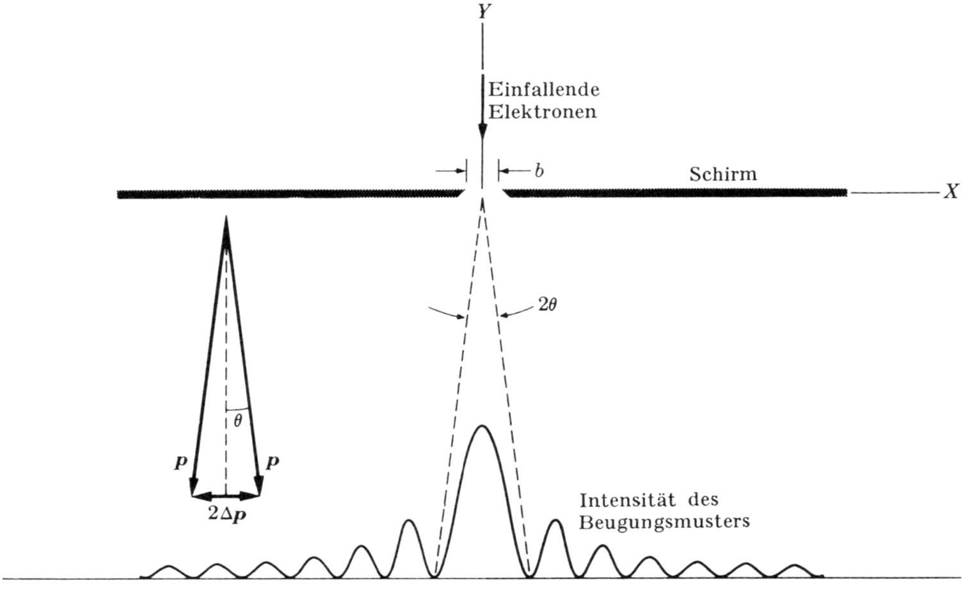

Abb. 1-27. Messung von Ort und Impuls eines Teilchens, das durch einen Spalt läuft.

müssen, denn ohne Messungen besitzen wir keine Information. Wenn wir den Meßprozeß analysieren, so stellen wir aber fest, daß man im atomaren Bereich weder Ort noch Impuls messen kann, ohne die Bewegung des Teilchens merklich zu stören.

Um dies zu erläutern, wollen wir einige einfache Experimente betrachten. Stellen wir uns z.B. vor, daß wir die x-Koordinate eines Teilchens bestimmen wollen, indem wir beobachten, ob das Teilchen eine Öffnung (mit der Breite b) in einem Schirm passiert hat oder nicht (Abb. 1-27). Die Genauigkeit, mit der wir die Lage des Teilchens kennen, wird durch die Größe der Öffnung eingeschränkt, d.h. wir haben $\Delta x \sim b$. Die Öffnung stört aber das zum Teilchen gehörige Feld. Daraus ergibt sich eine Änderung der Bewegung des Teilchens, wie sich durch die auftretenden Beugungsfiguren zeigt. Die Unbestimmtheit der Teilchenbewegung parallel zur x-Achse ist durch den Winkel θ charakterisiert, der dem mittleren Maximum des Beugungsmusters zugeordnet ist, da sich das Teilchen nach seinem Durchgang durch den Spalt am wahrscheinlichsten innerhalb des Winkels 2θ bewegt. Gemäß der Theorie der Beugung an geraden Spalten ist der Winkel θ durch $\sin\theta = \lambda/b$ gegeben. Dann ist

$$\Delta p \sim p \sin\theta = (h/\lambda)(\lambda/b) = h/b$$

die Unbestimmtheit des Impulses parallel zur x-Achse. Demnach ist $\Delta x\, \Delta p \sim h$, in Übereinstimmung mit Beziehung (1.48). Man beachte, daß wir einen umso engeren Spalt benötigen, je genauer wir die Lage des Teilchens bestimmen wollen. Ein sehr enger Spalt erzeugt aber ein sehr breites mittleres Beugungsmaximum; dies bedeutet eine große Unsicherheit in unserer Kenntnis der x-Komponente des Teilchenimpulses. Wenn wir umgekehrt die Unsicherheit unserer Kenntnis der x-Komponente des Impulses reduzieren wollen, so müssen wir das mittlere Maximum des Beugungsmusters sehr schmal machen. Dies erfordert eine sehr breite Öffnung und erzeugt seinerseits eine große Unbestimmtheit der x-Koordinate des Teilchens.

Ein anderes Experiment, welches zeigt, daß es unmöglich ist, ein Teilchen zu beobachten, ohne es zu stören, ist die Ortsbestimmung eines Elektrons mit Hilfe eines Mikroskopes (Abb. 1-28). Um ein Elektron beobachten zu können, müssen wir es mit Licht irgendeiner Wellenlänge λ beleuchten.

Das Licht, welches das Mikroskop durchläuft, ist das Licht, das vom beobachteten Elektron gestreut wurde. Der Impuls der gestreuten Photonen ist $p_{\text{Photon}} = h/\lambda$. Um in das Objektiv zu gelangen, müssen sich die Photonen in dem Kegel mit dem Winkel α bewegen, so daß die x-Komponente ihres Impulses die Unbestimmtheit

$$\Delta p \sim p_{\text{Photon}} \sin\alpha \sim hd/2\lambda y$$

aufweist, da $\sin\alpha = d/2y$ ist. Da beim Streuprozeß zwischen dem Elektron und dem Photon Impuls ausgetauscht wird, ist dies ebenfalls die Unbestimmtheit der x-Komponente des Elektronenimpulses nach der Streuung des Lichtes. Der Ort des Elektrons ist andererseits wegen der Beugung des Lichtes beim Durchlaufen des Mikroskopobjektivs unbestimmt. So ist die Unbestimmtheit des Ortes des Elektrons gleich dem Durchmesser der mittleren Scheibe im Beugungsbild. Dieser Durchmesser ist durch $2y \sin \theta$ gegeben, wobei $\sin \theta \sim \lambda/d$ * ist. Daher ist

$$\Delta x \sim 2y \sin \theta \sim 2y\lambda/d.$$

Wir haben so wiederum $\Delta x \, \Delta p \sim h$. Man beachte, daß wir Strahlung sehr kurzer Wellenlänge benutzen müssen, um die Genauigkeit unserer Kenntnis des Ortes des Elektrons zu verbessern. Dies ruft jedoch große Störungen des Impulses hervor. Umgekehrt müssen wir Strahlung von sehr langer Wellenlänge benutzen, wenn wir eine nur geringe Störung des Impulses wollen. Dies bringt wiederum eine große Unbestimmtheit im Ort mit sich.

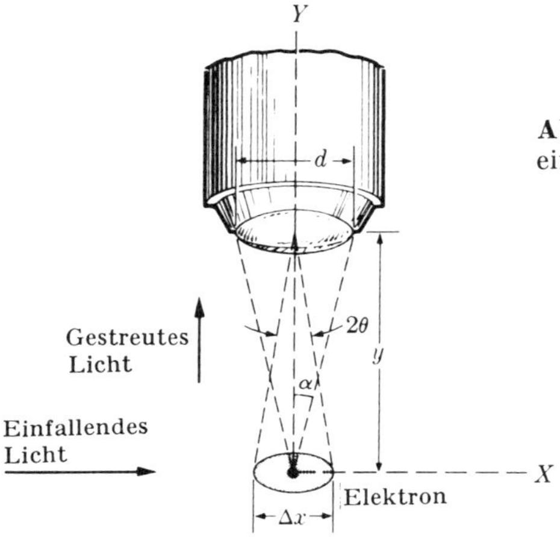

Abb. 1-28. Messung von Ort und Impuls eines Teilchens mit Hilfe eines Mikroskops.

Diese zwei Beispiele zeigen deutlich, daß das Unbestimmtheitsprinzip eine direkte Folge des Meßprozesses ist. Bedingt durch die Wechselwirkung zwischen Meßgerät und zu messender Größe bringt die Messung auf atomarer Ebene unvermeidlich eine wesentliche Störung des Systems mit sich.

Das Unbestimmtheitsprinzip besagt, daß wir niemals die Bahn eines Teilchens mit der absoluten Genauigkeit definieren können, die in der klassischen Mechanik postuliert wird. Die klassische Mechanik gilt weiterhin für große Körper, wie sie normalerweise die Ingenieure interessieren. Wegen der Kleinheit der Planckschen Konstanten h ist für makroskopische Körper die in Beziehung (1.48) ausgedrückte Unbestimmtheit viel kleiner als die experimentellen Fehler der gemessenen Werte von x und p. *Für Teilchen von atomaren Dimensionen hat jedoch der Begriff der Bahnen keinen Sinn, da er nicht präzise definiert werden kann.* Aus dem gleichen

* Wir haben den Faktor 1.22 außer acht gelassen, der in der Beugungstheorie für eine ebene Welle an einer runden Öffnung auftritt.

Grunde sind in der Quantenmechanik Begriffe wie Geschwindigkeit, Beschleunigung und Kraft nur von begrenztem Nutzen. Andererseits besitzt der Begriff der Energie eine grundlegende Bedeutung, da er sich mehr auf den «Zustand» des Systems bezieht als auf seine Bahn, wie wir im nächsten Kapitel sehen werden.

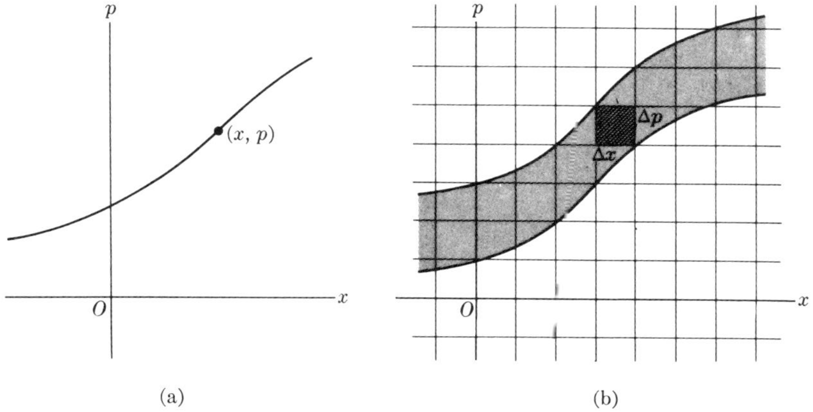

Abb. 1-29. Klassische und quantenmechanische Bahn eines Teilchens im Phasenraum.

Um den dynamischen Zustand eines Körpers (d.h. seine Lage und seine Bewegung in jedem Zeitpunkt) graphisch darzustellen, benutzen wir einen darstellenden Raum, den sog. *Phasenraum*. Im Falle einer eindimensionalen Bewegung hat der Phasenraum zwei Dimensionen mit einer Abszisse, die der Ortskoordinate x und einer Ordinate, die dem Impuls p entspricht (Abb. 1-29). Da wir in der klassischen Mechanik sowohl Ort wie Impuls gleichzeitig genau bestimmen können, ist in der klassischen Mechanik der Zustand eines Teilchens im Phasenraum durch einen Punkt mit den Koordinaten x, y dargestellt. Wenn sich das Teilchen bewegt, beschreibt der zugeordnete Punkt eine Kurve im Phasenraum (Abb. 1-29a). In der Quantenmechanik ist das Bild anders. Wir teilen den Phasenraum in Zellen, wobei jede Zelle die Seiten Δx und Δp besitzt, so daß $\Delta x \, \Delta p = h$ ist. Das Äußerste, was wir sagen können, ist, daß in jedem Augenblick der dem Teilchen zugeordnete Punkt in einer solchen Zelle liegt. Als Funktion der Zeit liegt der Weg des Punktes in einem bandähnlichen Weg, der sich aus einer Folge von Zellen zusammensetzt (siehe Abb. 1-29b).

1.13 Die Unbestimmtheitsrelation für Zeit und Energie

Außer der Unbestimmtheitsrelation $\Delta x \, \Delta p \sim h$ zwischen einer Koordinate und dem entsprechenden Impuls eines sich bewegenden Teilchens gibt es eine Unbestimmtheitsrelation zwischen Zeit und Energie. Angenommen, wir wollen nicht nur die Energie eines Teilchens, sondern auch die Zeit messen, zu der das Teilchen diese Energie hat. Wenn Δt und ΔE die Unbestimmtheiten in den Werten dieser Größen sind, gilt die folgende Relation

$$\Delta t\,\Delta E \sim h. \tag{1.49}$$

Diese Beziehung können wir folgendermaßen verstehen: Wenn wir die Zeit definieren wollen, zu der ein Teilchen einen gegebenen Punkt passiert, müssen wir das Teilchen durch einen Puls oder ein Wellenpaket mit kurzer Dauer Δt darstellen. Um ein derartiges Wellenpaket aufzubauen, müssen wir Felder mit unterschiedlichen Frequenzen überlagern. Die Amplituden sind dabei nur in einem Frequenzintervall $\Delta\omega$ um die Frequenz ω merklich von Null verschieden, so daß nach der Theorie der Fourier-Analyse

$$\Delta t\,\Delta\omega \sim 2\pi$$

gilt. Wenn wir mit h multiplizieren und benutzen, daß nach Gl. (1.45) $E = \hbar\omega$ und $2\pi\hbar = h$ ist, erhalten wir Beziehung (1.49). Diese Relation gibt die bestmögliche Beziehung zwischen den Unbestimmtheiten Δt und ΔE wieder. In den meisten Fällen sind jedoch t und E weniger genau bekannt, so daß wir statt der Relation (1.49) den allgemeineren Ausdruck

$$\Delta t\,\Delta E \gtrsim h$$

benutzen müssen.

Die Unbestimmtheitsrelation (1.49) verlangt, daß wir unsere Vorstellung der stationären Zustände revidieren. Wir wollen ein Elektron im angeregten Zustand in einem Atom betrachten. Nach einer bestimmten Zeit macht das Elektron einen Strahlungsübergang in einen anderen stationären Zustand geringerer Energie.

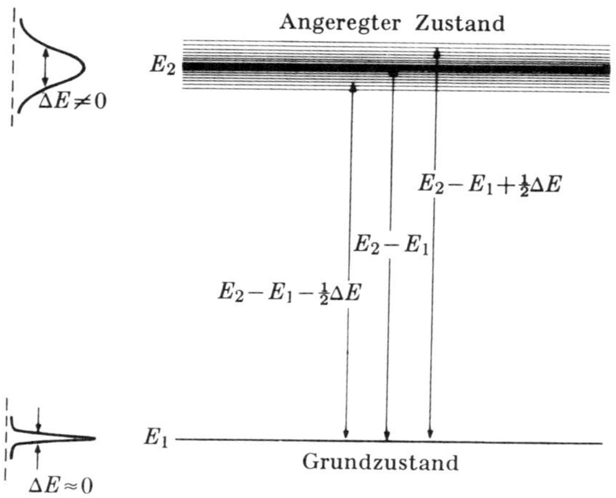

Abb. 1-30. Breite von Energieniveaus.

Wir haben jedoch keine Möglichkeit, mit Gewißheit vorauszusagen, wie lange das Elektron vor dem Übergang im stationären Zustand bleibt. Wie wir im nächsten Kapitel sehen werden, können wir höchstens von der Wahrscheinlichkeit sprechen, daß das Elektron in der Zeiteinheit in den Zustand niedrigerer Energie springt. Die durchschnittliche Dauer der Zeit, während der das Elektron im stationären Zustand bleibt und die umgekehrt proportional zur angeführten Übergangswahrscheinlichkeit ist, nennt man *Lebensdauer* des Zustandes. Sie ist dementsprechend nur mit einer Unbestimmtheit Δt bekannt. Daher ist die Energie des stationären Zustandes des Elektrons nicht genau bekannt, sondern hat eine Unbestimmtheit ΔE, so daß die Beziehung (1.49) erfüllt ist. Man bezeichnet häufig ΔE als *Energiebreite* des Zustandes, dessen Energie am wahrscheinlichsten zwischen $E - \frac{1}{2}\,\Delta E$ und $E + \frac{1}{2}\,\Delta E$ liegt (Abb. 1-30). Wir dürfen annehmen, daß Δt von der Größenordnung der Lebensdauer des angeregten Zustandes ist. So gilt also, je kürzer die Lebensdauer eines angeregten Zustandes ist, desto größer ist die Unbestimmtheit der Energie des Zustandes. Für den Grundzustand, dessen Lebensdauer unendlich ist, da ein System im Grundzustand nicht einen Übergang in einen Zustand mit niedrigerer Energie machen kann, haben wir $\Delta t = \infty$. Das ergibt $\Delta E = 0$; die Energie des Grundzustandes kann also genau bestimmt werden.

Infolge der Energiebreite der stationären Zustände ist die bei einem Übergang freigesetzte oder absorbierte Energie nicht genau definiert. So liegen bei einem Übergang zwischen Zuständen mit den Energien E_1 und E_2 die absorbierten Photonen im Energiebereich

$$E_2 - E_1 \pm \tfrac{1}{2}\,\Delta E,$$

wobei ΔE die gesamte Energiebreite beider Zustände ist.

Eine zusätzliche Energieverbreiterung der stationären Zustände wird durch die elektromagnetische Dopplerverschiebung hervorgerufen. Die Atome einer Substanz sind in Bewegung; einige nähern sich dem Beobachter, einige entfernen sich, und die beobachtete Frequenz der von dem Atom emittierten Strahlung ändert sich mit der Richtung der relativen Bewegung. Bei den meisten atomaren und molekularen Übergängen ist die Verbreiterung infolge des Dopplereffektes viel größer als die Verbreiterung aufgrund des Unbestimmtheitsprinzips, bei Kernübergängen jedoch gewöhnlich kleiner als diese.

BEISPIEL 1.10. Die Möglichkeit von Resonanzabsorption bei atomaren und nuklearen Übergängen als Folge der Energiebreite der stationären Zustände.

Lösung: Wir sahen im Beispiel 1.6, daß bei einem Übergang zwischen Zuständen mit den Energien E_1 und E_2 das emittierte oder absorbierte Photon eine Energie hat, die um den Betrag $(E_2 - E_1)^2/2Mc^2$ kleiner bzw. größer als $E_2 - E_1$ ist. Wenn die Energiebreite ΔE größer als $(E_2 - E_1)^2/2Mc^2$ ist, können deshalb die von einem System emittierten Photonen von einem anderen System der gleichen Art absorbiert werden; wenn aber ΔE kleiner ist, findet die Absorption nicht ohne weiteres statt. Der erste Fall liegt normalerweise bei atomaren und molekularen Systemen vor. Der zweite Fall ist bei Kernen weiter verbreitet. So ist z.B. im Fall des 4.86 eV-Übergangs im Quecksilber, den wir im Abschnitt 1.8 besprochen haben, die

Lebensdauer des angeregten Zustandes des Quecksilbers rund 10^{-8} s. Ein Hg-Atom, dessen atomare Masse mehr als 200 atomare Masseneinheiten oder 3.34×10^{-25} kg beträgt, besitzt eine Ruheenergie $Mc^2 = 1.86 \times 10^{11}$ eV. Deshalb ist der Term, der den Rückstoß des Atoms beschreibt, mit $E_2 - E_1 = 4.86$ eV

$$\frac{(E_2 - E_1)^2}{2Mc^2} = 7.15 \times 10^{-11}\,\text{eV}.$$

Die Unbestimmtheit der Energie des angeregten Quecksilberniveaus, das eine Lebensdauer von $\Delta t \sim 10^{-8}$ s hat, beträgt $\Delta E \sim h/\Delta t = 4.14 \times 10^{-7}$ eV. Dies ist weit größer als der Korrekturterm und zwar um einen Faktor von rund 10^4. Aufgrund dieses typischen Beispiels können wir schließen, daß die Rückstoßeffekte bei atomaren und molekularen Übergängen Resonanzabsorption nicht hindern.

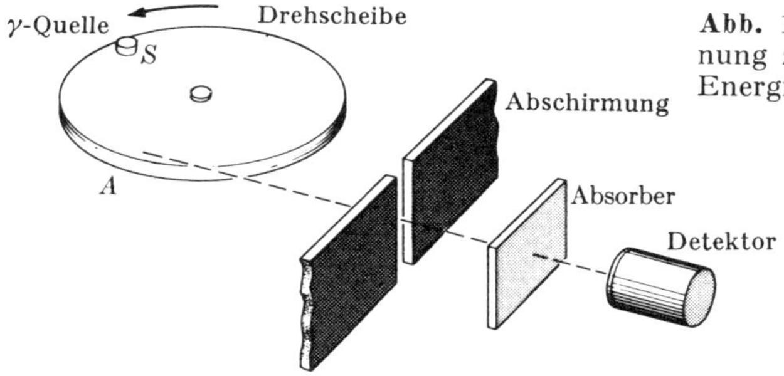

Abb. 1-31. Experimentelle Anordnung zur Messung der Breite eines Energieniveaus.

Als Beispiel eines Kernüberganges betrachten wir die 1.33 MeV Gammastrahlung, die von ^{60}Ni emittiert wird. Ein Nickelatom, dessen atomare Masse rund 60 Masseneinheiten oder 1×10^{-25} kg beträgt, besitzt eine Ruhenergie $Mc^2 = 5.61 \times 10^{10}$ eV. Ferner ist $E_2 - E_1 = 1.33 \times 10^6$ eV. Der Korrekturterm, der dem Kernrückstoß entspricht, ist deshalb $(E_2 - E_1)^2/2Mc^2 = 15.8$ eV, was (verglichen mit $E_2 - E_1$) relativ *größer* als im atomaren Fall ist. Die Lebensdauer des angeregten Kernzustandes beträgt $\Delta t \sim 10^{-14}$ s. Die Unbestimmtheit der Energie des angeregten Niveaus ist daher $\Delta E \sim h/\Delta t = 0.414$ eV, was um einen Faktor ungefähr 38 kleiner als der Korrekturterm ist. Rückstoßeffekte aufgrund des Impulssatzes *sind* daher bei Kernübergängen wichtig. Diese Effekte lassen es in vielen Fällen nicht zu, daß ein Kern ein Gammaquant absorbiert, das von einem anderen gleichartigen Kern emittiert wurde.

BEISPIEL 1.11. Diskussion des Mößbauer-Effektes.

Lösung: Im vorhergehenden Beispiel sahen wir, daß bei Kernübergängen die Energieunbestimmtheit aufgrund der begrenzten Lebensdauer eines angeregten Kernzustandes viel geringer ist als die Rückstoßenergie eines Kerns. Hierdurch wird es unmöglich, daß ein von einem Kern emittiertes γ-Photon von einem anderen identischen Kern absorbiert wird. Jedoch können durch spezielle Bedingungen die Rückstoßeffekte wesentlich reduziert werden. Dies ist möglich, wenn die emittierenden und die absorbierenden Kerne in einem Kristallgitter gebunden sind und die Bedingungen so sind, daß der ganze Kristall statt nur eines einzigen Atoms den Rückstoß aufnimmt. Die Masse ist dann so groß, daß die Rückstoßenergie verglichen mit $E_2 - E_1$ sehr klein ist. So kann Resonanzabsorption auftreten, die zum sog. *Mößbauer-Effekt* führt, der zum erstenmal 1958 von dem deutschen Physiker R. L. Mößbauer beobachtet wurde.

Man hat den Mößbauer-Effekt benutzt, um eine Reihe wichtiger physikalischer Eigenschaften zu untersuchen. So kann man z.B. mit Hilfe der Versuchsanordnung von Abb. 1-31 die natürliche Energiebreite ΔE eines Kernzustandes bestimmen. Eine γ-Strahlungsquelle ist am Umfang einer Drehscheibe montiert, deren Geschwindigkeit reguliert werden kann. Wenn die Quelle bei A steht, fällt ihre Strahlung durch die Öffnung in der Abschirmung auf einen Absorber, der aus Atomen des gleichen Materials wie die Quelle besteht. Beide, Emitter und Absorber, sind in Kristalle eingebaut, um die Rückstoßeffekte im wesentlichen auszuschalten. Wenn sich der Emitter relativ zum Absorber in Ruhe befindet, beobachtet man Resonanzabsorption. Wenn aber die Drehscheibe in Bewegung gesetzt wird, wird Resonanzabsorption unmöglich. Dies ist eine Folge der Dopplerverschiebung der Frequenz der emittierten γ-Strahlung aufgrund der Bewegung der Quelle relativ zum Absorber.

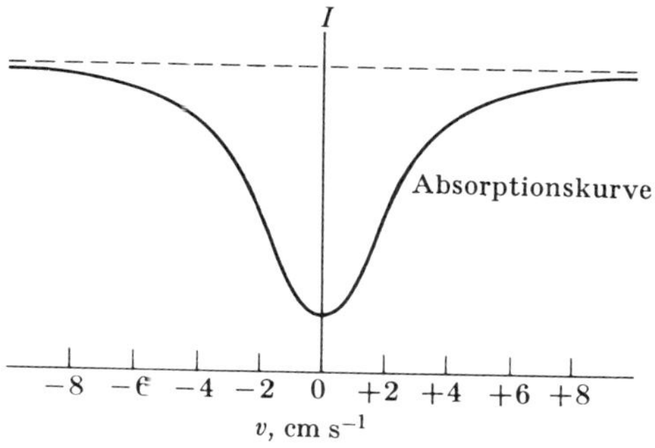

Abb. 1-32. Detektorstrom als Funktion der Umfangsgeschwindigkeit der Drehscheibe.

Abb. 1-32 zeigt die Intensität der transmittierten Strahlung. Man beachte, daß die maximale Absorption bei der Relativgeschwindigkeit 0 auftritt und daß die Absorption abnimmt, wenn die Relativgeschwindigkeit dem Betrage nach ansteigt. Bei einer Relativgeschwindigkeit von rund 4 cm s^{-1}, die einer Dopplerverschiebung von ungefähr $\Delta\nu \sim \nu\ (v/c) = 1.33 \times 10^{-10}\ \nu$ oder einer Energieänderung $\Delta E \sim 1.33 * 10^{-10}\ E$ entspricht, ist die Absorption praktisch zu vernachlässigen. Dies ergibt, daß die Energiebreite des Zustandes etwa halb so groß ist.

Literaturverzeichnis

1. "Early Work in Electron Diffraction", G. Thomson, *Am. J. Phys.* **29**, 821 (1961)
2. "The Scattering of X-rays as Particles", A. Compton, *Am. J. Phys.* **29**, 817 (1961)
3. "Einstein's Proposal of the Photon Concept", A. Arons und M. Peppard, *Am. J. Phys.* **33**, 367 (1965)
4. "60 Years of Quantum Physics", E. Condon, *Physics Today*, Oktober 1962, Seite 37
5. "Paths to Quantum Theory Historically Viewed", F. Hund, *Physics Today*, August 1966, Seite 23
6. "The Mossbauer Effect", S. de Benedetti, *Sci. Am.*, April 1960, Seite 72
7. *Introduction to Modern Physics*, F. Richtmyer, E. Kennard, und T. Lauritsen. New York: McGraw-Hill, 1955, Kapitel 3, Teile 43, 44, 49-55; Kapitel 4; Kapitel 5, Teile 86 und 87; Kapitel 6, Teile 90-95.

8. *Great Experiments in Physics*, Morris Shamos, editor. New York: Holt, Rinehart, und Winston, 1959, Kapitel 17 (Einstein); Anhang 2 (Planck); Anhang 5 (Compton)

9. *The Feynman Lectures on Physics*, Volumen I, R. Feynman, R. Leighton, und M. Sands. Reading, Mass.: Addison-Wesley, 1963, Kapitel 37

10. *Foundations of Modern Physical Science*, G. Holton und D. H. D. Roller. Reading, Mass.: Addison-Wesley, 1958, Kapitel 31 und 32

Aufgaben

1.1 Wenn ein Elektron durch eine Potentialdifferenz von 1 Volt beschleunigt wird, gewinnt es eine kinetische Energie von 1 Elektronenvolt (eV). (a) Zeigen Sie, daß 1 eV = 1.602 10^{-19} J ist. (b) Um wieviel nimmt die Energie eines Elektrons zu, wenn es durch 10 V, 50 kV und 1 MV beschleunigt wird? (c) Angenommen, das Elektron startet aus der Ruhe, berechnen Sie die Endgeschwindigkeit.

1.2 Eine Gasquelle emittiert Licht der Wellenlänge 5×10^{-7} m. Angenommen, jedes Molekül verhält sich wie ein Oszillator mit der Ladung e und der Amplitude 10^{-10} m, (a) berechnen Sie die mittlere Energieabstrahlung pro Molekül; (b) wieviele Moleküle emittieren gleichzeitig, wenn die gesamte von der Quelle abgestrahlte Leistung 1 W ist?

1.3 Schätzen Sie für ein Proton in einem Kern den Wert von $(dE/dt)_{\text{Mittel}}$, gegeben durch Gl. (1.5). Nehmen Sie an, daß z_0 die Größenordnung 10^{-15} m besitzt und daß für niederenergetische Gammastrahlen ω rund 5×10^{20} Hz beträgt.

1.4 Man kann aus den Maxwellschen Gleichungen ableiten, daß die elektrischen und magnetischen Felder einer ebenen elektromagnetischen Welle durch $\mathcal{E} = c\mathcal{B}$ verknüpft sind. Zeigen Sie, daß die Energiedichte in der Welle als $E = \varepsilon_0\mathcal{E}^2$ geschrieben werden kann. Die Intensität I der Welle ist gleich der pro Zeiteinheit durch die Flächeneinheit senkrecht zur Ausbreitungsrichtung fliessende Energie. Zeigen Sie, daß $I = c\varepsilon_0\mathcal{E}^2$ ist.

1.5 Die Impulsdichte in einer elektromagnetischen Welle kann als $\boldsymbol{p} = \varepsilon_0\mathcal{E} \times \mathcal{B}$ geschrieben werden. Zeigen Sie, daß dieser Ausdruck die Dimension von Impuls pro Volumen besitzt. Zeigen Sie auch, daß für eine ebene Welle $E = pc$ ist. (*Hinweis:* Benutzen Sie die Beziehung zwischen $\mathcal{E}$ nnd $\mathcal{B}$ in einer ebenen Welle sowie den Ausdruck für E in Aufgabe 1.4.)

1.6 Elektromagnetische Strahlung von der Sonne trifft mit 1.4×10^3 W m^{-2} auf die Erdoberfläche. (a) Schätzen Sie unter der Annahme, daß diese Strahlung als ebene Welle betrachtet werden kann, die Größe der Amplitude des elektrischen und des magnetischen Feldes in der Welle sowie die Impulsdichte der Welle ab. (b) Berechnen Sie den Strahlungsdruck auf die Erde, der auftritt, wenn dieser Impuls von der Erdoberfläche absorbiert wird.

1.7 Mit einem Rundfunkgerät werden Radiowellen mit einem elektrischen Feld der Amplitude 10^{-1} V m^{-1} empfangen. Berechnen Sie unter der Annahme, daß diese Welle als eben betrachtet werden kann (a) die Amplitude des Magnetfeldes, (b) die mittlere Intensität der Welle, (c) die mittlere Energiedichte, (d) die mittlere Impulsdichte. (e) Berechnen Sie unter der Annahme, daß der Rundfunkempfänger 1 km vom Sender entfernt ist und dieser Sender die Energie isotrop abstrahlt, die Leistung des Senders. (*Hinweis:* Wenn ein Feld harmonisch mit der Amplitude $\mathcal{E}_0$ schwingt, ist der zeitliche Mittelwert des Quadrates der Feldstärke gleich $\frac{1}{2}\,\mathcal{E}_0^2$.)

1.8 Zeigen Sie, daß die Intensität der Strahlung, die aus einer kleinen Öffnung in einem Hohlraum kommt, der sich in thermischem Gleichgewicht mit der Strahlung befindet (d. h. eines schwarzen Körpers), durch $I = \frac{1}{4}\,cE$ gegeben ist, wobei E die Energiedichte der Strahlung ist. Zeigen Sie auch, daß die Stefan-Boltzmannsche Konstante $\sigma = \frac{1}{4}\,ca$ mit

$a = 7.56 \times 10^{-16}$ J m^{-3} K^{-4} ist (siehe Beispiel 1.4).

1.9 Bestimmen Sie die asymptotische Form des Planckschen Strahlungsgesetzes (Gl. 1.8) für den Fall, bei dem die Frequenz sehr hoch, und für den Fall, bei dem sie sehr niedrig ist. Die erste Beziehung wird *Wiensches Strahlungsgesetz* genannt, die zweite *Rayleigh-Jeanssches Strahlungsgesetz.*

1.10 Welche Wellenlänge entspricht dem Maximum des Spektrums der Strahlung eines schwarzen Körpers bei 300 K (Zimmertemperatur)? Bestimmen Sie die monochromatische Energiedichte bei dieser Wellenlänge.

1.11 Berechnen Sie die Temperatur der Sonne und die Energiedichte der Strahlung im Innern unter der Annahme, daß die Sonne ein sphärischer schwarzer Körper mit dem Radius 7×10^8 m ist. Die Intensität der Sonnenstrahlung an der Erdoberfläche (die 1.5×10^{11} m von der Sonne entfernt ist) beträgt 1.4×10^3 W m^{-2}. Sind die gefundenen Werte realistisch? Erläutern Sie bitte.

1.12 Die Austrittsarbeit für den Photoeffekt am Kalium beträgt 2.0 eV. Bestimmen Sie für den Fall, daß Licht mit der Wellenlänge 3.6×10^{-7} m auf das Kalium fällt, (a) das Stopp-Potential der Photoelektronen, (b) die kinetische Energie und die Geschwindigkeit der schnellsten emittierten Elektronen.

1.13 Ein homogener monochromatischer Lichtstrahl mit der Wellenlänge 4.0×10^{-7} m fällt auf Materie mit der Austrittsarbeit 2.0 eV. Der Strahl hat eine Intensität von 3.0×10^{-9} W m^{-2}. Bestimmen Sie (a) die Anzahl der pro m^2 und pro s emittierten Elektronen, (b) die pro m^2 und pro s absorbierte Energie und (c) die kinetische Energie der Photoelektronen.

1.14 Die Bindungsenergie eines inneren Elektrons in Blei beträgt 9×10^4 eV. Das Blei werde mit elektromagnetischer Strahlung bestrahlt. Die Photoelektronen treten in ein Magnetfeld von 10^{-2} Gauß und beschreiben darin einen Kreis mit dem Radius 0.25 m. Berechnen Sie (a) den Impuls und die Energie der Elektronen, (b) die Energie der absorbierten Photonen.

1.15 Eine Metalloberfläche wird mit Licht verschiedener Wellenlängen angestrahlt. Dabei werden die in der Tabelle angegebenen Stopp-Potentiale der Photoelektronen gemessen.

$\lambda(\times 10^{-7}$ m)	V, V	$\lambda(\times 10^{-7}$ m)	V, V
3.66	1.48	4.92	0.62
4.05	1.15	5.46	0.36
4.36	0.93	5.79	0.24

Tragen Sie das Stopp-Potential als Ordinate gegen die Frequenz des Lichtes als Abszisse auf. Berechnen Sie aus der Kurve (a) die Schwellenfrequenz, (b) die photoelektrische Austrittsarbeit des Metalls, (c) den Quotienten h/e.

1.16 Ein Photon mit der Energie 10^4 eV stößt mit einem freien, ruhenden Elektron zusammen und wird um einen Winkel von 60° gestreut. Bestimmen Sie (a) die Änderungen von Energie, Frequenz und Wellenlänge des Photons, (b) die kinetische Energie, den Impuls und die Richtung des Rückstoßelektrons.

1.17 Strahlung der Wellenlänge 10^{-10} m (oder 1 Å) macht in einer Kohlenstoffprobe Comptonstreuung. Die gestreute Strahlung wird senkrecht zur Einfallsrichtung beobachtet. Bestimmen Sie (a) die Wellenlänge der gestreuten Strahlung, (b) die kinetische Energie und die Bewegungsrichtung der Rückstoßelektronen.

1.18 Bestimmen Sie für den Fall, daß die Rückstoßelektronen der vorhergehenden Aufgabe unter einem Winkel von 60° relativ zur Einfallrichtung gestreut werden (a) die Wellenlänge und die Richtung der gestreuten Strahlung, (b) die kinetische Energie des Elektrons.

1.19 Bestimmen Sie die Energie und die Wellenlänge eines Photons, das auf ein freies Elektron als maximale Energie 60 keV übertragen kann.

1.20 Ein Strahl monochromatischer γ-Strahlung der Wellenlänge 10^{-11} m trifft auf eine dünne Metallfolie. Die gestreute Strahlung wird (a) unter einem Winkel von 90°, (b) von 60° beobachtet. Welche *zwei* überwiegenden Frequenzen werden in jedem der beiden Fälle beobachtet?

1.21 Bei der Comptonstreuung eines Photons an einem freien Elektron werde das Elektron in eine Richtung gestreut, die mit der Einfallsrichtung den Winkel ϕ bildet. Zeigen Sie, daß die kinetische Energie des Elektrons

$$E_k = h\nu(2\alpha \cos^2 \phi)/[(1 + \alpha)^2 - \alpha^2 \cos^2 \phi]$$

ist, wobei $\alpha = h\nu/m_e c^2$ ist.

1.22 Zeigen Sie, daß bei der Comptonstreuung die Beziehung zwischen den Winkeln, die die Richtungen des gestreuten Photons und des Rückstoßes definieren, durch $\cot \phi = (1 + \alpha) \tan \frac{1}{2}\theta$ gegeben ist, wobei $\alpha = h\nu/m_e c^2$ ist.

1.23 Ein monochromatischer Strahl elektromagnetischer Strahlung habe eine Intensität von 1 W m^{-2}. Wie groß ist die mittlere Anzahl der Photonen pro m^3 für (a) 1-kHz-Radio-wellen und (b) 10-MeV-Gammastrahlen?

1.24 Die Mindestintensität des Lichtes, die vom Auge wahrgenommen werden kann, liegt bei 10^{-10} W m^{-2}. Wieviele Photonen treten pro Sekunde bei dieser Intensität in die Pupille des Auges (Wellenlänge 5.6×10^{-7} m)? Für die Pupillenfläche kann man 0.5×10^{-4} m^2 annehmen.

1.25 Berechnen Sie die Frequenz und die Wellenlänge der in den folgenden Fällen absorbierten Photonen: (a) ein Kern absorbiert 10^3 eV, (b) ein Atom absorbiert 1 eV, (c) ein Molekül absorbiert 10^{-2} eV.

1.26 Natriumatome absorbieren oder emittieren elektromagnetische Strahlung von 5.9×10^{-7} m, die dem gelben Gebiet des sichtbaren Spektrums entspricht. Berechnen Sie die Energie der Photonen, die absorbiert oder emittiert werden.

1.27 (a) Die größte Wellenlänge, die noch Resonanzstreuung in Quecksilber auslösen kann, beträgt 2.536×10^{-7} m. Wie groß ist die niedrigste Anregungsenergie des Quecksilbers? (b) Das Emissionsspektrum von Quecksilber zeigt bei Wellenlängen von 1850 Å, 2536 Å, 3132 Å, 5460 Å und 5780 Å scharfe Linien. Es gibt ferner schwache Linien bei 1402 Å und 12072 Å. Berechnen Sie die Energien dieser Übergänge und stellen Sie ein Termschema ähnlich wie in Abb. 1-15(b) auf. Dabei sei bekannt, daß die 2536-Å-Linie zum Übergang von Grundzustand in den ersten angeregten Zustand gehört.

1.28 Die Natrium-D-Linien (siehe Aufgabe 1.26) treten auf, wenn Natrium mit Elektronen beschossen wird, die durch eine Potentialdifferenz von 2.11 Volt beschleunigt wurden. Berechnen Sie den Wert von h/e.

1.29 Um die Kohlenstoff- und Sauerstoffatome zu trennen, die das Kohlenmonoxydmolekül bilden, ist eine Mindestenergie von 11 eV erforderlich. Bestimmen Sie die minimale Frequenz und die maximale Wellenlänge der elektromagnetischen Strahlung, die erforderlich sind, um das Molekül zu spalten.

1.30 Ein Photon der Energie 10^4 eV wird von einem ruhenden Wasserstoffatom absorbiert. Im Ergebnis werde das Elektron in der gleichen Richtung wie die einfallende Strahlung ausgestoßen. Bestimmen Sie Impuls und Energie des Elektrons und des Photons; vernachlässigen Sie dabei die Energie, die erforderlich ist, um das Elektron abzuspalten.

1.31 Welches ist die kürzeste Wellenlänge der Bremsstrahlung, die man beobachtet, wenn ein Elektron, das durch eine Potentialdifferenz von 40 kV beschleunigt wurde, plötzlich an der Antikathode einer Röntgenröhre abgebremst wird. Bestimmen Sie das Gebiet des elektromagnetischen Spektrums, in dem diese Wellenlänge liegt (vergleichen Sie mit Abb. 1-13).

1.32 In der oberen Atmosphäre wird molekularer Sauerstoff durch Photonen aus der Sonne in zwei Sauerstoffatome gespalten. Die größte Photonenwellenlänge, die diesen Prozeß hervorruft, ist 1.75×10^{-7} m. Wie groß ist die Bindungsenergie von O_2?

1.33 Korrigieren Sie die Gl. (1.40) und (1.41) durch Berücksichtigung des Rückstoßes des Ions. Benutzen Sie die korrigierten Gleichungen, und berechnen Sie die Mindestenergie, die ein Photon haben muß, um ein Wasserstoffatom zu ionisieren.

1.34 Zeigen Sie, daß ohne Anwesenheit eines dritten Teilchens der Rekombinationsprozeß $A^+ + e \rightarrow A$ nicht möglich ist, ohne entweder den Energie- oder den Impulssatz zu verletzen.

1.35 Beweisen Sie, daß in Gl. (1.42) die Erhaltung der Energie und des Impulses unmöglich wäre, wenn keine zusätzliche Materie (wenigstens ein Kern) vorhanden wäre.

1.36 Ein 2.9-MeV-Photon, das durch Blei läuft, erzeugt ein Elektron-Positron-Paar. Die Teilchen haben gleiche kinetische Energien. Berechnen Sie für jedes (a) den Impuls, (b) die Energie und (c) die Geschwindigkeit. Vernachlässigen Sie die Rückstoßenergie des Bleiatoms.

1.37 Was ist die größtmögliche Anzahl von Positronen, die von einem 130-MeV-Photon erzeugt werden, wenn es durch Materie läuft?

1.38 Gammastrahlen mit Energien von 0.05, 0.3 und 1 MeV, aber gleichen Intensitäten fallen auf einen Bleiabsorber. Die linearen Absorptionskoeffizienten für diese Energien sind 8×10^3 m^{-1}, 5×10^2 m^{-1} und 78 m^{-1}. (a) Berechnen Sie die Dicke des Bleies, die erforderlich ist, um die Intensität jedes der Strahlen auf ein Zehntel seiner ursprünglichen Intensität zu reduzieren. (b) Welches ist das Verhältnis der Gesamtintensität (der drei Photonenenergien) in einer Tiefe von 5 mm zur gesamten einfallenden Intensität?

1.39 Die *Halbwertsdicke* $x_{1/2}$ ist definiert als die Dicke, die ein Absorber haben muß, um die Intensität eines einfallenden Röntgenstrahles auf die Hälfte seiner ursprünglichen Intensität zu reduzieren. Zeigen Sie, daß $x_{1/2} = \ln 2/\Sigma$. Bestimmen Sie die Halbwertsdicke von Blei für 0.1, 0.5 und 1 MeV Röntgenstrahlen. (*Hinweis:* Entnehmen Sie die linearen Absorptionskoeffizienten Abb. 1-19.)

1.40 Röntgenstrahlen sind durch Aluminiumfolien gegangen, die jede eine Dicke von 4×10^{-3} m haben. Die Zählrate eines Geigerzählers als Funktion der Anzahl der Folien ist 8×10^3, 4.7×10^3, 2.8×10^3, 1.65×10^3, 9.7×10^2 Ereignisse/Min. für 0, 1, 2, 3 und 4 Folien. Berechnen Sie den linearen Absorptionskoeffizienten von Aluminium. Schätzen Sie die Energie der Röntgenstrahlen aus Abb. 1-19.

1.41 Wieviele Halbwertsdicken eines Materials sind erforderlich, um die Intensität eines Röntgenstrahles auf (a) $\frac{1}{16}$, (b) $\frac{1}{20}$, (c) $\frac{1}{200}$ des einfallenden Wertes zu reduzieren?

1.42 Berechnen Sie die de Broglie-Wellenlänge eines Elektrons, wenn seine Energie 1 eV, 100 eV, 1000 eV beträgt. Welche Wellenlängen werden merklich in einem Nickelkristall gebeugt, in dem der Atomabstand rund 2.15 Å beträgt? Berechnen Sie die Energie derjenigen Elektronen, die unter einem Winkel von 30° gestreut werden.

1.43 Monochromatische Röntgenstrahlen ($\lambda = \frac{1}{2}$ Å) fallen auf eine Probe von KCl-Pulver. Eine ebene photographische Platte wird in einer Entfernung von 1 m vom Pulver senkrecht zum einfallenden Strahl angeordnet. Berechnen Sie die Braggschen Radien erster und zweiter Ordnung. Es sei gegeben, daß der Abstand der Gitterebenen 3.14 Å ist.

1.44 Ein schmaler Strahl thermischer Neutronen, der von einem Kernreaktor erzeugt wird, fällt auf einen Kristall mit dem Gitterabstand 1.60 Å. Bestimmen Sie den Bragg-Winkel dafür, daß zwei eV Neutronen stark gebeugt werden.

1.45 Zeigen Sie, daß das Verhältnis der de Broglie-Wellenlänge zur Compton-Wellenlänge für ein Teilchen gleich

$$\sqrt{(c/v)^2 - 1}$$

ist.

1.46 Verifizieren Sie, daß die Gruppengeschwindigkeit eines Wellenpaketes gleich der Teilchengeschwindigkeit ist, und zwar auch unter relativistischen Bedingungen. Zeigen Sie auch, daß die Phasengeschwindigkeit des Materiefeldes bei relativistischen Geschwindigkeiten gleich c^2/v ist.

1.47 Angenommen, ein Elektronenstrahl mit der de Broglie-Wellenlänge 10^{-5} m geht durch einen Spalt von 10^{-4} m Weite. Welche Winkeldivergenz tritt als Folge der Bewegung am Spalt auf?

1.48 Eine Sonde muß immer kleiner (mindestens um einen Faktor 10) als das zu untersuchende Objekt sein; anderenfalls gibt es eine merkliche Störung von Ort und Geschwindigkeit des Objektes. Berechnen Sie die Mindestteilchenenergien, wenn (a) Photonen, (b) Elektronen, (c) Neutronen benutzt werden, um einen Kern zu untersuchen, dessen Durchmesser 10^{-14} m ist.

1.49 Die Geschwindigkeit eines Protons in x-Richtung ist mit einer Genauigkeit von 10^{-7} m s^{-1} gemessen worden. Berechnen Sie die Grenzen der Genauigkeit, mit der das Proton gleichzeitig (a) in x-Richtung, (b) in y-Richtung lokalisiert werden kann. Wiederholen Sie die Rechnung für den Fall, wo das Teilchen ein Elektron ist.

1.50 Der Ort eines Elektrons ist mit einer Unschärfe von 0.1 Å bestimmt worden. Berechnen Sie die Unbestimmtheit seines Impulses. Schätzen Sie die Unbestimmtheit der Energie ab, wenn die Energie des Elektrons von der Größenordnung 1 keV ist. Wiederholen Sie die Rechnung für ein Photon, das innerhalb eines Kerndurchmessers (10^{-14} m) lokalisiert ist und eine Energie der Größenordnung 2 MeV besitzt.

1.51 Zeigen Sie, daß im Phasenraum die Bahn eines Punktes, der einen harmonischen Oszillator mit der Kreisfrequenz darstellt, eine Ellipse mit den Halbachsen A und $m\omega A$ ist, wobei m die Masse des Oszillators und A die Amplitude seiner Bewegung ist. Berechnen Sie die Fläche der Ellipse und zeigen Sie, daß sie gleich $2\pi E/\omega$ ist, wobei E die Gesamtenergie des Oszillators ist. Beweisen Sie durch Vergleich dieser Werte mit Gl. (1.7), daß die Fläche einer erlaubten Ellipse nh beträgt und sich daher die Flächen zweier aufeinanderfolgender Ellipsen um einen konstanten Betrag h unterscheiden. Stellen Sie eine Verbindung zur Erläuterung von Abb. 1-29 her.

1.52 Bestimmen Sie die Linienbreite und die Frequenzbandbreite eines 1-Nanosekunden-Impulses (10^{-9} s) eines Rubinlasers ($\lambda = 6.3 \times 10^{-7}$ m).

1.53 Wenn sich eine Quelle mit einer Geschwindigkeit u relativ zum Beobachter bewegt, ist die vom Beobachter gemessene Frequenz der Strahlung um $\Delta\nu = \nu u/c$ verschoben; u ist positiv (negativ), wenn die Bewegung zum (vom) Beobachter hin (fort) stattfindet; ν wäre die Frequenz, wenn die Quelle in Ruhe wäre. Man nennt dies *elektromagnetische Dopplerverschiebung*. Da sich die Moleküle eines Gases in statischer Bewegung befinden, ist die Dopplerverschiebung für jedes Molekül verschieden. Dies führt zu einer Linienverbreiterung $\delta = 2(\nu/c)\sqrt{2kT \ln 2/m}$, wobei m die Masse des Moleküls und T die absolute Temperatur des Gases ist. Berechnen Sie die Dopplerverbreiterung bei Zimmertemperatur 300 K für den 4.86 eV atomaren Übergang im Quecksilber und für den 1.33 MeV Kernübergang in ^{60}Ni. Untersuchen Sie für jeden der Fälle den Einfluß auf die Resonanzabsorption.

1.54 Die von ^{191}Ir emittierte Gamma-Linie hat eine mittlere Energie von 129 keV, wobei die gemessene Linienbreite bei der halben Maximalintensität 4.6×10^{-6} eV beträgt. Schätzen Sie (a) die mittlere Lebensdauer des angeregten Zustandes, der diese Linie emittiert, (b) die Relativgeschwindigkeit von Quelle und Beobachter, die erforderlich ist, um eine Dopplerverschiebung erster Ordnung zu erzeugen, die gleich der gemessenen Linienbreite ist.

1.55 Betrachtet sei der Fall, daß ein Teilchen mit der Masse m und der kinetischen Anfangsenergie E_k mit einem Teilchen der Masse M zusammenstößt, das im Laborsystem ruht. Zeigen Sie, daß die maximale Änderung der kinetischen Energie $\Delta E_k = -4AE_k/(1 + a)^2$ ist. Dabei ist $A = M/m$. (a) Bestimmen Sie den Grenzwert für $M \gg m$; (b) tragen Sie ΔE_k als Funktion von A auf.

2
QUANTENMECHANIK

2.1 Einleitung

Die Bewegung der Körper, die wir in unserer Umgebung beobachten, kann man (unabhängig von den Wechselwirkungen zwischen ihnen) durch allgemeine Regeln beschreiben, die auf experimentellen Ergebnissen beruhen. Diese Regeln oder Sätze sind: (1) die Erhaltung des Impulses, (2) die Erhaltung des Drehimpulses, und (3) die Erhaltung der Energie. Auf der Basis dieser Erhaltungssätze sowie unter den Annahmen, daß die Teilchen im Raum lokalisiert sind, und daß wir sie beobachten können, ohne ihre Bewegung wesentlich zu stören, entwickelte sich ein Formalismus — *die klassische Mechanik* — zur detaillierten Beschreibung der Bewegung von Teilchen. Die beiden zusätzlichen Annahmen macht man im allgemeinen eher stillschweigend, als daß sie präzise formuliert werden. Dieser Formalismus ist benutzt worden, um die Bewegung der verschiedensten Körper zu beschreiben und zu analysieren, wobei deren Größe von den Planeten auf der einen Seite bis hinunter zu den Elektronen auf der anderen reicht. Wenn man sie auf die Bewegung der Grundbausteine der Materie anwendet, gibt die klassische Mechanik jedoch nur näherungsweise Ergebnisse; in einigen Fällen ist sie vollkommen inadäquat.

Wir haben im vorhergehenden Kapitel gesehen, daß wir aufgrund experimenteller Ergebnisse gezwungen sind, einige neue und revolutionäre Vorstellungen in unsere Methoden zur Beschreibung des Materieverhaltens einzuführen. Obwohl die Gesetze der Erhaltung von Impuls, Drehimpuls und Energie gültig bleiben, zwingt uns das Unbestimmtheitsprinzip, jede detaillierte Beschreibung der Bewegung atomarer Teilchen im Sinne der klassischen Mechanik aufzugeben. Die Quantisierung der Energie (und vielleicht auch anderer physikalischer Größen) ist eine andere neuartige Idee, die nicht in der klassischen Mechanik auftritt. Eine befriedigende Theorie muß Information über die zulässigen Energieniveaus enthalten. Die Wechselwirkung von Strahlung und Materie durch Absorption oder Emission von Photonen ist ein weiteres neues Konzept, das eingebaut werden muß.

Diese Situation hat es daher notwendig gemacht, einen neuen Formalismus — *die Quantenmechanik* — zu entwickeln. Dies bedeutete eine tiefgehende Revolution in der Physik. In ihrer gegenwärtigen Form ist die Quantenmechanik das Ergebnis der Arbeiten von Louis de Broglie, Erwin Schrödinger, Werner Heisenberg, Paul Dirac, Max Born und anderer, welche sie Ende der zwanziger Jahre entwickelten. Quantenmechanik ist wesentlich für ein Verständnis des Verhaltens der Grundbausteine der Materie. Die Theorie ist mathematisch verwickelt, aber ihre Grundideen sind relativ einfach. In diesem Kapitel werden wir kurz einige Grundaspekte der Quantenmechanik erörtern; genug um die Theorie auf die Analyse der atomaren, molekularen und nuklearen Strukturen anwenden zu können, die uns in den dann folgenden Kapiteln beschäftigen werden.

2.2 Wellenfunktion und Wahrscheinlichkeitsdichte

Im Abschnitt 1.12 kamen wir zu dem Schluß, daß wir nicht von der Bahn eines atomaren Teilchens im Sinne der klassischen Mechanik sprechen können. Wir können z.B. nicht die Frage stellen, ob die Elektronen sich in elliptischen Bahnen um den Atomkern bewegen oder nicht. Diese Frage wäre selbst dann sinnlos, wenn die Kräfte, die auf die Teilchen wirken, solche klassischen Bahnen erzeugten. Wie können wir die Bewegung eines Elektrons oder eines anderen atomaren Teilchens beschreiben, wenn wir nicht von seiner Bahn sprechen dürfen?

Die Information, um diese Frage beantworten zu können, liefert uns das *Materiefeld*, das in Abschnitt 1.10 eingeführt wurde. Um diese Information zu erhalten, lassen wir uns von unserer Kenntnis der stehenden Wellen leiten; d.h. Wellen, die auf ein bestimmtes Gebiet beschränkt sind, wie eine schwingende Seite, eine an beiden Enden eingeschlossene schwingende Luftsäule oder die in einem Hohlraum mit ideal leitenden Wänden eingeschlossene elektromagnetische Strahlung. Wir erinnern uns, daß bei stehenden Wellen die *Amplitude* in jedem Raumpunkt festliegt. Dort, wo die Amplitude größer ist, ist auch die Intensität der Welle größer.

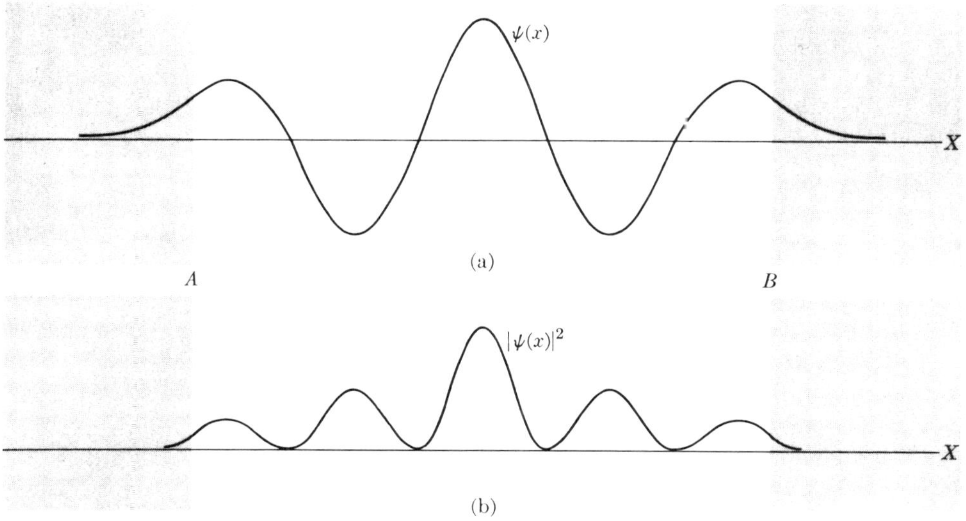

Abb. 2-1. (a) Wellenfunktion eines Teilchens, das sich zwischen A und B bewegt. (b) Wahrscheinlichkeitsverteilung, die der Wellenfunktion von (a) entspricht.

Eine ähnliche Situation liegt im Falle atomarer Teilchen vor. Betrachten wir z.B. ein Elektron in einem Atom. Es entfernt sich nie allzuweit vom Kern; es ist im wesentlichen auf ein kleines Raumgebiet mit Dimensionen der Größenordnung 10^{-9} m beschränkt. Dementsprechend kann sein zugehöriges Materiefeld durch stehende Wellen ausgedrückt werden, die in diesem Gebiet lokalisiert sind, deren Amplitude darin sich von Punkt zu Punkt ändert und außerhalb des Gebietes praktisch Null ist. Wir wollen die Amplitude des Materiefeldes mit $\psi(x)$ bezeichnen. Aus historischen Gründen wird diese Amplitude $\psi(x)$ allgemein *Wellenfunktion* genannt, obwohl dieser Name irreführend ist. Vielleicht wäre es besser, sie einfach *Materiefeldamplitude* zu nennen.

Wir wissen, daß die Intensität einer Wellenbewegung proportional dem Quadrat der Amplitude ist. Daher ist die *Intensität des Materiefeldes* durch $|\psi(x)|^2$ gegeben. Die Wellenfunktion $\psi(x)$ wird manchmal durch eine komplexe Funktion ausgedrückt, d.h. eine Funktion, die $i = \sqrt{-1}$ enthält. Das komplex Konjugierte einer komplexen Funktion erhält man, indem man i durch $-i$ ersetzt. Das komplex Konjugierte einer Funktion ψ wird mit ψ^* bezeichnet. Dann ist $|\psi(x)|^2 = \psi^*(x)\,\psi(x)$. Für eine reelle Funktion ist $\psi = \psi^*$. Als nächstes werden wir uns überlegen, welche physikalische Bedeutung der Intensität des Materiefeldes zugeschrieben werden kann. Da das Materiefeld die Bewegung eines Teilchens beschreibt, können wir sagen, daß *die Gebiete des Raumes, in denen das Teilchen mit größerer Wahrscheinlichkeit gefunden wird, diejenigen sind, in denen* $|\psi(x)|^2$ *groß ist.*

In Abb. 2-1 (a) ist z.B. die Wellenfunktion $\psi(x)$ für ein Teilchen dargestellt, dessen Aufenthalt im wesentlichen auf das Gebiet zwischen A und B eingeschränkt ist. Man beachte, daß $\psi(x)$ außerhalb des Gebietes AB, in dem man das Teilchen höchstwahrscheinlich findet, sehr rasch abnimmt, während es im Innern des Gebietes oszilliert. Die Intensität des Materiefeldes — gegeben durch $|\psi(x)|^2$ — ist in Abb. 2-1 (b) angedeutet. Um es quantitativer auszudrücken, wollen wir sagen:

> *die Wahrscheinlichkeit, ein Teilchen, das durch die Wellenfunktion* $\psi(x)$ *beschrieben wird, in dem Intervall* dx *um dem Punkt* x *zu finden, ist gegeben durch* $|\psi(x)|^2$.

Mit anderen Worten: Die Wahrscheinlichkeit pro Längeneinheit (oder *Wahrscheinlichkeitsdichte*) das Teilchen am Orte x zu finden, ist gegeben durch

$$P(x) = |\psi(x)|^2.$$

Wir nehmen hier der Einfachheit halber an, daß die Bewegung nur in einer Richtung stattfindet. Im allgemeinen Fall der Bewegung im Raum hängt die Wellenfunktion (oder Materiefeldamplitude) von drei Koordinaten x, y, z ab [d.h. $\psi(x, y, z)$]. Dann ist $|\psi(x, y, z)|^2\,dx\,dy\,dz$ die Wahrscheinlichkeit, das Teilchen im Volumenelement $dx\,dy\,dz$ um den Punkt mit den Koordinaten x, y, z zu finden, oder

$$P = |\psi(x, y, z)|^2 \tag{2.1}$$

ist die Wahrscheinlichkeit pro Volumen, oder die *Wahrscheinlichkeitsdichte*, das Teilchen bei x, y, z zu finden. Nehmen wir an, daß wir z. B. $\psi(x, y, z)$ für ein Elektron in einem Atom ausrechnen und $|\psi|^2$ wie in Abb. 2-2 auftragen, wobei N den Atomkern andeutet und der Grad der Schwärzung proportional zum Wert von $|\psi(x, y, z)|^2$ ist. Auf diese Weise stellen die dunkleren Zonen diejenigen Gebiete dar, in denen die Wahrscheinlichkeit, das Elektron zu finden, am größten ist. Diese Aussage ist das Äußerste, was wir über die Lokalisierung des Elektrons im Atom sagen können; es ist nicht möglich, über die genaue Bahn des Elektrons zu sprechen.

Die Wahrscheinlichkeit, das Elektron in einem endlichen Volumen V zu finden, ist offenbar

$$P_V = \int_V |\psi(x, y, z)|^2 \, dx \, dy \, dz.$$

Nun muß sich das Elektron immer irgendwo im Raum befinden; wenn wir das obige Integral auf den gesamten Raum ausdehnen, wird deshalb die Wahrscheinlichkeit mit Sicherheit = 1. Dann muß also gelten

$$\int_{\text{Gesamter Raum}} |\psi(x, y, z)|^2 \, dx \, dy \, dz = 1. \tag{2.2}$$

Diesen Ausdruck nennt man *Normierungsbedingung*. Sie bedeutet eine schwerwiegende Einschränkung der für die Wellenfunktion $\psi(x, y, z)$ möglichen Formen,

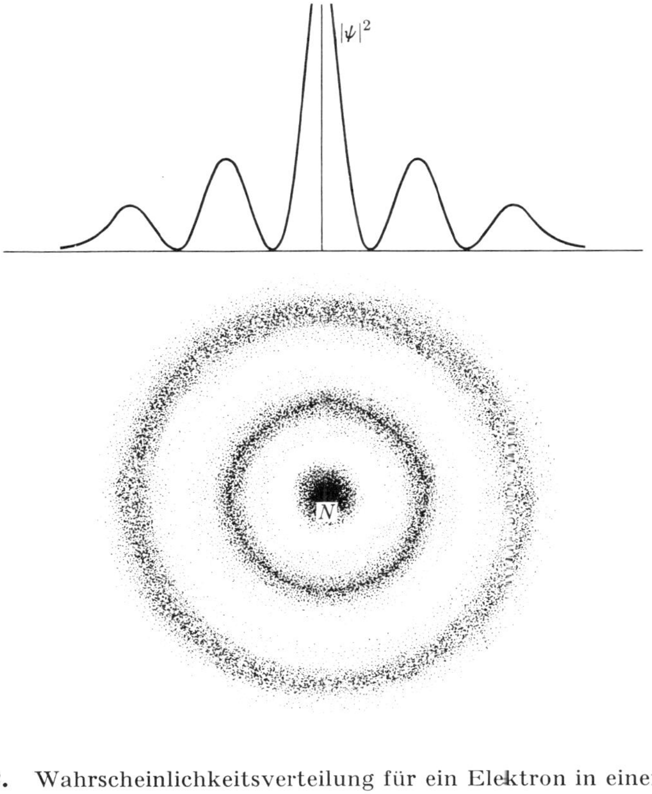

Abb. 2-2. Wahrscheinlichkeitsverteilung für ein Elektron in einem Atom.

da es nicht immer möglich ist, die Gl. (2.2) für beliebige Funktionen zu erfüllen. Insbesondere muß $\psi(x, y, z)$ für große Koordinaten x, y, z sehr rasch abnehmen, damit das Integral über den gesamten Raum existiert.

2.3 Schrödingergleichung

Unser nächster Schritt muß es sein, eine Regel zu finden, mit deren Hilfe man die Feldamplitude oder Wellenfunktion ψ für die verschiedenen dynamischen Probleme bestimmen kann. Offensichtlich muß die Wellenfunktion $\psi(x)$ vom dynamischen Zustand des Teilchens abhängen. Dieser dynamische Zustand des Teilchens ist durch die Kräfte bestimmt, die auf das Teilchen einwirken, sowie durch seine Gesamtenergie. Sind die Kräfte dazu konservativ, so ist die Bewegung durch die potentielle Energie $E_p(x)$ des Teilchens bestimmt. Wir können daher erwarten, daß die Wellenfunktion $\psi(x)$ irgendwie von der potentiellen Energie und der Gesamtenergie

$$E = p^2/2m + E_p(x)$$

des Teilchens abhängen muß. In der Tat läßt sich die Regel, $\psi(x)$ zu finden, in Form einer Differentialgleichung ausdrücken, die *Schrödingergleichung* genannt wird, und im Jahre 1926 vom deutschen Physiker Erwin Schrödinger (1887-1961) formuliert wurde. Diese Gleichung lautet (für eindimensionale Probleme)

$$-\frac{\hbar^2}{2m}\frac{d^2\psi}{dx^2} + E_p(x)\psi = E\psi, \tag{2.3}$$

wobei m die Masse des Teilchens bedeutet. Die Schrödingergleichung ist für die Quantenmechanik ebenso grundlegend, wie die Newtonsche Bewegungsgleichung $\boldsymbol{F} = d\boldsymbol{p}/dt$ für die klassische Mechanik oder die Maxwellschen Gleichungen für die Elektrodynamik. Offensichtlich hängen die Lösungen ψ der Gl. (2.3) vom Verlauf der potentiellen Energie $E_p(x)$ ab.

Wir wollen keine ausführliche Ableitung der Schrödingergleichung durchführen, da das über den Rahmen dieses Buches hinausginge. Statt dessen wollen wir sie im Beispiel 2.1 intuitiv rechtfertigen in Analogie mit anderen Feldern, die dem Leser mehr vertraut sind. Ferner werden wir in Abschnitt 2.12 im formalen Rahmen der Quantenmechanik andeuten, wie man die Gleichung erhält.

Im Falle eines freien Teilchens ist die potentielle Energie Null (d.h. $E_p(x) = 0$), und die Schrödingergleichung wird

$$-\frac{\hbar^2}{2m}\frac{d^2\psi}{dx^2} = E\psi.$$

Dies kann man in der Gestalt

$$\frac{d^2\psi}{dx^2} + \frac{2mE}{\hbar^2}\psi = 0 \tag{2.4}$$

schreiben. Nun ist für ein freies Teilchen $E = p^2/2m$. Setzt man entsprechend Gl. (1.45) $p = \hbar k$ mit k als Wellenzahl, so erhält man $E = \hbar^2 k^2/2m$. Dann wird aus Gl. (2.4)

$$\frac{d^2\psi}{dx^2} + k^2\psi = 0. \tag{2.5}$$

Dies ist identisch mit der Gleichung für die Amplitude stehender Wellen mit der Wellenlänge $\lambda = 2\pi/k = h/p$, wie es von Gl. (1.44) gefordert wird. Diese Gleichung wird z.B. erfüllt von der Amplitude stehender Wellen auf einer Seite, in einer Gassäule oder den elektromagnetischen Wellen, die in einem Hohlraum eingesperrt sind.*

Wenn wir uns erinnern, daß $i = \sqrt{-1}$ und $i^2 = -1$, so sehen wir durch direktes Einsetzen, daß die Differentialgleichung (2.5) als Lösungen die Wellenfunktionen

$$\psi(x) = e^{ikx} \qquad \text{und} \qquad \psi(x) = e^{-ikx} \tag{2.6}$$

zuläßt. Wie wir in Abschnitt 2.10 sehen werden, stellt die Wellenfunktion $\psi = e^{ikx}$ ein freies Teilchen mit dem Impuls $p = \hbar k$ und der Energie $E = p^2/2m = \hbar^2 k^2/2m$ dar, das sich in $+$ X-Richtung bewegt, während die Wellenfunktion $\psi = e^{-ikx}$ ein freies Teilchen mit dem gleichen Impuls und der gleichen Energie darstellt, das sich aber in der entgegengesetzten oder $-$ X-Richtung bewegt.

Die allgemeine Lösung der Gleichung (2.5) kann als Linearkombination der zwei in Gl. (2.6) angegebenen Lösungen geschrieben werden; d.h.

$$\psi(x) = Ae^{ikx} + Be^{-ikx}. \tag{2.7}$$

Diese Wellenfunktion entspricht nicht einer ausgezeichneten Bewegungsrichtung, sondern ist die Überlagerung der Lösungen für die Bewegung in $+$ X- und $-$ X-Richtung.
Die gleiche Situation findet man bei stehenden Wellen. (Erinnern wir uns z.B., daß stehende Wellen auf einer Seite aus der Überlagerung von Wellen resultieren, die sich in beiden Richtungen ausbreiten und an den festgehaltenen Enden reflektiert werden.)

Man beachte, daß Gl. (2.6) ergibt

$$|\psi(x)|^2 = \psi^*(x)\,\psi(x) = e^{-ikx} \cdot e^{ikx} = 1.$$

Die Tatsache, daß $|\psi(x)|^2 = 1$ oder eine Konstante ist, bedeutet, daß in jedem Punkt die Wahrscheinlichkeit, das Teilchen zu finden, gleich ist. Mit anderen Worten ausgedrückt: $\psi = e^{\pm ikx}$ beschreibt eine Situation, in der wir vollständige Unbestimmtheit des Ortes vorliegen haben. Dies ist in Übereinstimmung mit der Unschärferelation, denn $\psi = e^{\pm ikx}$ beschreibt ein Teilchen, dessen Impuls

* Sehe *Fundamental University Physics*, Band II, Abschnitte 22.4 – 22.9.

$p = \hbar k$ wir genau kennen; d.h. $\Delta p = 0$, was $\Delta x \to \infty$ verlangt. Um eine Information über den Ort eines Teilchens zu erhalten, das in einem Gebiet Δx lokalisiert ist, müssen wir daher verschiedene Lösungen der Form Ae^{ikx} überlagern und zwar mit verschiedenen Werten von k (oder p) und einer über einem Intervall Δk (oder Δp) merklich von Null verschiedenen Amplitude A. Dies bedeutet, daß wir ein Wellenpaket bilden müssen (siehe Abb. 1-26). Dieses Wellenpaket kann in der Form

$$\psi(x) = \int A(k) e^{ikx}\, dk \tag{2.8}$$

dargestellt werden, wobei $A(k)$ die zum Impuls $p = \hbar k$ gehörige Amplitude ist.

Die Schrödingergleichung (2.3) beschreibt ein Teilchen, das sich in gerader Linie bewegt (eindimensionale Bewegung). Für ein Teilchen, das sich im Raum bewegt, wird die Gleichung

$$-\frac{\hbar^2}{2m}\left(\frac{\partial^2 \psi}{\partial x^2} + \frac{\partial^2 \psi}{\partial y^2} + \frac{\partial^2 \psi}{\partial z^2}\right) + E_p(x,\ y,\ z)\,\psi = E\,\psi. \tag{2.9}$$

Dies ist die naheliegende Verallgemeinerung von Gl. (2.3), wobei die drei Koordinaten symmetrisch auftreten. Im Falle eines freien Teilchens ist $E_p(x, y, z) = 0$, und die Gleichung wird

$$-\frac{\hbar^2}{2m}\left(\frac{\partial^2 \psi}{\partial x^2} + \frac{\partial^2 \psi}{\partial y^2} + \frac{\partial^2 \psi}{\partial z^2}\right) = E\,\psi.$$

Die Lösung dieser Gleichung, die ein freies Teilchen beschreibt, das sich mit dem Impuls $\boldsymbol{p} = \hbar \boldsymbol{k}$ und der Energie $E = \hbar^2 k^2/2m$ bewegt, ist

$$\psi = e^{i\boldsymbol{k}\cdot\boldsymbol{r}}.$$

Den Beweis überlassen wir dem Leser, der sich erinnern sollte, daß

$$\boldsymbol{k}\cdot\boldsymbol{r} = k_x x + k_y y + k_z z \qquad \text{und} \qquad k_x^2 + k_y^2 + k_z^2 = k^2.$$

BEISPIEL 2.1. Intuitive Rechtfertigung der Schrödingergleichung.

Lösung: Wir haben gesagt, daß in der Quantenmechanik die Wellenfunktion $\psi(x)$ eine ähnliche Rolle spielt, wie die Amplitude $\xi(x)$ bei einer stehenden Welle. Für eine eindimensionale Wellenbewegung genügt die Amplitude der stehenden Welle mit der Wellenlänge λ der Differentialgleichung

$$\frac{d^2\xi}{dx^2} + k^2\xi = 0,$$

wobei $k = 2\pi/\lambda$ *Wellenzahl* der stehenden Welle genannt wird. Nun erinnern wir uns, daß nach Gl. (1.45) in der Quantenmechanik $p = \hbar k$ ist, so daß wir erwarten dürfen, daß die Wellenfunktion $\psi(x)$ eine ähnliche Gleichung der Form

$$\frac{d^2\psi}{dx^2} + \frac{p^2}{\hbar^2}\psi = 0$$

erfüllen muß.

Zwar nehmen wir an, daß k konstant ist und daher auch p konstant sein sollte, wenn wir die Gleichung der stehenden Wellen anschreiben, doch ist dies nicht im allgemeinen richtig für ein Teilchen, das sich in einem Kraftfeld befindet. Dennoch werden wir die obige Gleichung auch dann benutzen, wenn p nicht konstant ist. Wenn wir uns erinnern, daß die Gesamtenergie $E = p^2/2m + E_p(x)$ ist, so können wir schreiben

$$p^2 = 2m\,[E - E_p(x)],$$

und damit wird die obige Gleichung

$$\frac{d^2\psi}{dx^2} + \frac{2m}{\hbar^2}[E - E_p(x)]\psi = 0.$$

Wenn wir die einzelnen Terme etwas umordnen, ist dies genau die Schrödingergleichung (2.3). Wir müssen jedoch betonen, daß wir die Schrödingergleichung nicht abgeleitet, sondern lediglich ihren Ursprung durch Analogieschluß auf die Beziehungen (1.44) oder (1.45) zurückgeführt haben.

2.4 Die Potentialstufe

Als erstes Beispiel für die Anwendung der Schrödingergleichung wollen wir die Wellenfunktion $\psi(x)$ für ein Teilchen bestimmen, das sich in einem Gebiet bewegt, in dem die potentielle Energie wie in Abb. 2-3 angedeutet verläuft; eine derartige Situation nennt man eine *Potentialstufe*. D.h. die potentielle Energie ist Null für $x < 0$ und besitzt den konstanten Wert E_0 für $x > 0$. Kein physikalisches Potential weist eine solch abrupte oder plötzliche Änderung auf; man wird eher eine glatte Änderung des Potentials erwarten, wie sie die unterbrochene Kurve

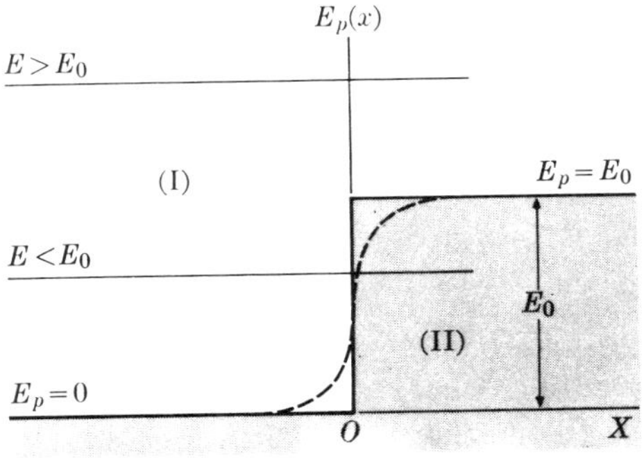

Abb. 2-3. Potentialstufe. (In dieser und den folgenden Abbildungen sind die klassisch verbotenen Gebiete abgeschattet dargestellt.)

zeigt. Z.B. erfahren freie Elektronen in einem Metall eine derartige glatte Potentialänderung in der Nähe der Metalloberfläche. Jedoch ist die nichtphysikalische Potentialstufe mathematisch einfacher, und ihre Ergebnisse sind auf konkrete Fälle anwendbar im Sinne eines Hinweises auf die physikalische Situation. Es ist erforderlich, die Fälle mit $E < E_0$ und $E > E_0$ getrennt zu betrachten.

(a) $E < E_0$. In diesem Fall besagt die klassische Mechanik, daß das Teilchen nicht rechts von O sein kann, weil dann seine kinetische Energie $E_k = E - E_0$ negativ wäre, was nicht möglich ist. So ist im Falle $E < E_0$ der Bereich $x > 0$ ein klassisch verbotenes Gebiet. Dies bedeutet für den Fall freier Elektronen in einem Metall, daß die Elektronen mit $E < E_0$ das Metall nicht verlassen können; wenn sie die Metalloberfläche erreichen, werden sie wieder in das Innere umgelenkt. Um $\psi(x)$ für eine Potentialstufe zu erhalten, müssen wir die Schrödingergleichung getrennt für die Gebiete $x < 0$ (oder I) und $x > 0$ (oder II) schreiben. Im Gebiet (I), in dem $E_p = 0$, wird die Gl. (2.3)

$$\frac{d^2\psi_1}{dx^2} + \frac{2mE}{\hbar^2}\psi_1 = 0.$$

Dies ist identisch mit Gl. (2.4) für ein freies Teilchen. Ihre allgemeine Lösung ist von der Art wie in Gl. (2.7) angegeben, d.h.

$$\psi_1(x) = Ae^{ikx} + Be^{-ikx}. \tag{2.10}$$

In dieser Schreibweise stellt sie ein einfallendes Teilchen (e^{ikx}) und ein reflektiertes Teilchen (e^{-ikx}) dar. Wir ordnen dem reflektierten Teilchen eine verschiedene Amplitude zu, um eine mögliche Änderung des einfallenden Strahles infolge der Reflektion bei $x = 0$ zu berücksichtigen. Im Gebiet (II), in dem $E_p(x) = E_0$, lautet die Schrödingergleichung

$$\frac{d^2\psi_2}{dx_2} + \frac{2m(E - E_0)}{\hbar^2}\psi_2 = 0. \tag{2.11}$$

Wenn $E < E_0$ können wir die positive Größe $\alpha^2 = 2m(E_0 - E)/\hbar^2$ definieren, so daß die Differentialgleichung (2.11) übergeht in

$$\frac{d^2\psi_2}{dx^2} - \alpha^2\psi_2 = 0.$$

Die Lösung dieser Differentialgleichung ist eine Kombination der Funktionen $e^{\alpha x}$ und $e^{-\alpha x}$, wie wir durch direktes Einsetzen verifizieren können. Die anwachsende Funktion $e^{\alpha x}$ ist jedoch nicht brauchbar, da wir wissen, daß die Feldamplitude im Gebiet (II) sehr klein ist; die Erfahrung lehrt uns, daß es höchst unwahrscheinlich ist, ein Teilchen in diesem Gebiet zu finden (man erinnere sich an die Aussage, daß es klassisch gesprochen überhaupt unmöglich ist). Daher dürfen wir nur die abnehmende Exponentialfunktion $e^{-\alpha x}$ verwenden, d.h.

$$\psi_2(x) = Ce^{-\alpha x}.$$

Die Tatsache, daß $\psi_2(x)$ nicht Null ist, bedeutet, daß es eine Wahrscheinlichkeit gibt, das Teilchen im Gebiet (II) zu finden. Dies stellt eine der interessantesten Besonderheiten dar, welche die Quantenmechanik von der klassischen Mechanik unterscheiden. In der Quantenmechanik hat das Gebiet, in dem sich ein Teilchen bewegen kann, im allgemeinen keine scharfen Grenzen. Jedoch nimmt die Wahrscheinlichkeit, ein Teilchen mit $E < E_0$ rechts von der Potentialstufe (d.h. wo $x > 0$) anzutreffen, sehr schnell mit wachsendem x ab, da $\psi(x)$ eine abnehmende Exponentialfunktion ist. Im allgemeinen kann daher das Teilchen nicht sehr weit in das klassisch verbotene Gebiet eindringen.

Wir können die Konstanten A, B und C allein dadurch bestimmen, daß wir an das Materiefeld oder die Wellenfunktion bei $x = 0$ die Bedingung der Stetigkeit stellen, was eine naheliegende physikalische Forderung ist. D.h., die Wellenfunktion muß sich beim Überschreiten der Potentialstufe glatt ändern. Dies fordert, daß

$$\psi_1 = \psi_2 \qquad \text{und} \qquad \frac{d\psi_1}{dx} = \frac{d\psi_2}{dx} \qquad \text{für } x = 0.$$

Diese Bedingungen ergeben $A + B = C$ und $ik(A - B) = -\alpha C$, was wiederum

$$B = \frac{(ik + \alpha)A}{ik - \alpha} \qquad \text{und} \qquad C = \frac{2ikA}{ik - \alpha},$$

ergibt, so daß

$$\psi_1(x) = A\left(e^{ikx} + \frac{ik + \alpha}{ik - \alpha}\, e^{-ikx}\right), \qquad \psi_2(x) = \frac{2ik}{ik - \alpha}\, A e^{-\alpha x}.$$

Bei der Gestalt, in der wir ψ_1 geschrieben haben, ist die Intensität des einlaufenden Feldes $|A|^2$. Die Intensität des reflektierten Feldes ist

$$|B|^2 = \left|\frac{ik + \alpha}{ik - \alpha}\, A\right|^2 = \frac{ik + \alpha}{ik - \alpha} \cdot \frac{-ik + \alpha}{-ik - a}\, |A|^2 = |A|^2.$$

Daher besitzen beide, das einlaufende und das reflektierte Feld, die gleiche Intensität. Wir können dieses Resultat interpretieren, indem wir sagen, daß alle Teilchen, welche die Potentialstufe mit $E < E_0$ erreichen, zurückfliegen, einschließlich derjenigen, welche etwas in das Gebiet (II) eindringen. Diese Interpretation stimmt mit der physikalischen Vorstellung des Prozesses überein.
Die Funktion $\psi_1(x)$ kann auch in einer anderen Form geschrieben werden

$$\psi_1(x) = \frac{A}{ik - \alpha}\left[(ik - \alpha)e^{ikx} + (ik + \alpha)e^{-ikx}\right].$$

Wenn wir uns erinnern, daß $e^{\pm ikx} = \cos kx \pm i \sin kx$ ist, erhalten wir nach Multiplikation

$$\psi_1(x) = \frac{2ik}{ik - \alpha} A \left(\cos kx - \frac{\alpha}{k} \sin kx\right).$$

Wenn wir von dem komplexen Faktor $2ik/(ik - \alpha)$ absehen, mit dem ψ_1 und ψ_2 multipliziert sind, können wir so beide Funktionen durch die Kurven von Abb. 2-4 darstellen. Je größer die potentielle Energie E_0 ist, umso größer ist auch der Wert von α und umso schneller geht bei gegebener Energie E die Funktion ψ_2 für $x > 0$ gegen Null. Im Grenzfall, daß E_0 sehr groß wird und damit auch α, ist die Funktion ψ_2 im wesentlichen identisch gleich Null ($\psi_2 \equiv 0$), und kein Teilchen kann in das klassisch verbotene Gebiet auf der rechten Seite eindringen ($x > 0$). Mit anderen Worten: alle Teilchen werden bei $x = 0$ reflektiert. In diesem Fall wird der obige Ausdruck für

$$\psi_1 = 2iA \sin kx = C \sin kx,$$

wie in Abb. 2-5 angedeutet ist. (Der Leser sollte diese Situation vergleichen mit den Wellen auf einem einseitig fixierten Seil.)

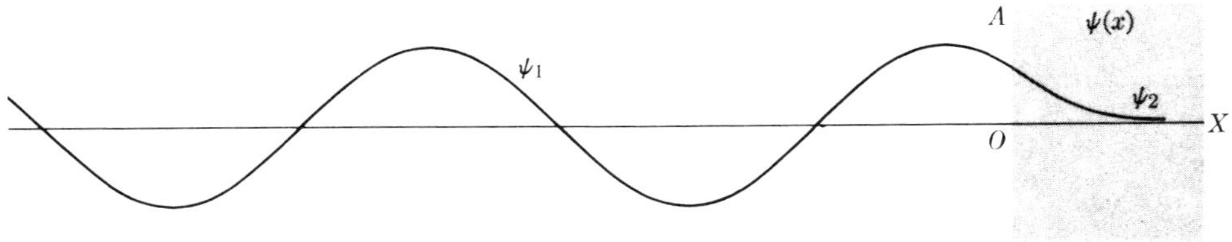

Abb. 2-4. Wellenfunktion für eine Potentialstufe der Höhe E_0 in dem Fall, daß die Teilchenenergie E kleiner als E_0 ist.

(b) $E > E_0$. Wenn wir wiederum annehmen, daß die Teilchen von links kommen, würde in diesem Fall die klassische Beschreibung aussagen, daß alle Teilchen in das Gebiet (II) eindringen, obwohl sie sich mit einer kleineren Geschwindigkeit als im Gebiet (I) bewegen. Bei $x = 0$ erfahren die Teilchen eine plötzliche Abbremsung, da ihre kinetische Energie in (II) kleiner ist als in (I). Das quantenmechanische Bild ist verschieden. Die Lösung für Gebiet (I) ist noch durch Gleichung (2.10) gegeben, $\psi_1 = Ae^{ikx} + Be^{-ikx}$, wenn wir annehmen, daß die Möglichkeit besteht, daß einige Teilchen reflektiert werden (diese Annahme werden wir später verifizieren). Für Gebiet (II) ist die Lösung jedoch verschieden, weil jetzt $E > E_0$. Wir müssen die positive Größe $k'^2 = 2m(E - E_0)/\hbar^2$ definieren, so daß die Gl. (2.11)

$$\frac{d^2\psi_2}{dx^2} + k'^2\psi_2 = 0$$

wird. Diese Lösung ist jetzt ähnlich zur Lösung von Gl. (2.7). Eins ist in diesem Falle sicher: Im Gebiet (II) haben wir Teilchen, die nur nach rechts fliegen, und daher müssen wir schreiben

$$\psi_2(x) = Ce^{ik'x}. \tag{2.12}$$

Indem wir auf die Funktionen, die durch die Gl. (2.10) und (2.12) gegeben sind, die Grenzbedingungen bei $x = 0$ anwenden, erhalten wir

$$A + B = C, \qquad k(A - B) = k'C.$$

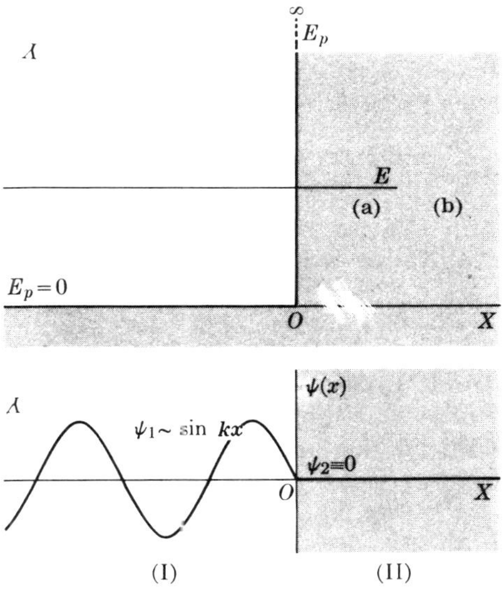

Abb. 2-5. (a) Potentialwand. Das Teilchen kann nicht in das Gebiet $x < 0$ eindringen. (b) Wellenfunktion für eine Potentialwand.

Die Lösungen sind $B = (k - k')A/(k + k')$ und $C = 2kA/(k + k')$, so daß

$$\psi_1(x) = A\left(e^{ikx} + \frac{k - k'}{k + k'}\, e^{-ikx}\right), \qquad \psi_2(x) = \frac{2k}{k + k'}\, Ae^{ik'x}.$$

Die Tatsache, daß B nicht Null ist, ist ein Hinweis, daß einige Teilchen bei $x = 0$ reflektiert werden. Dies ist wiederum ein Resultat, das von den Vorhersagen der klassischen Mechanik abweicht. Diese Reflektion ist ein charakteristisches Verhalten aller Felder, wenn immer sie bei ihrer Ausbreitung eine Unstetigkeit in den physikalischen Eigenschaften des Mediums antreffen. Dieses Verhalten ist gut bekannt im Fall elastischer und elektromagnetischer Wellen.

BEISPIEL 2.2. Bestimmen Sie den Reflektions- und den Transmissionskoeffizienten der Potentialstufe für $E > E_0$.

Lösung: Wir wollen $v = p/m = \hbar k/m$ die Geschwindigkeit des Teilchens im Gebiet (I) und $v' = \hbar k'/m$ die Geschwindigkeit im Gebiet (II) nennen. Man erinnere sich, daß die Intensität der einlaufenden Teilchen (d. h. die Zahl der Teilchen pro Volumeneinheit im einfallenden Strahl) durch $|A|^2$ gegeben ist. Dann ist der «Fluß» des einlaufenden Strahles oder die Teilchenstromdichte (das ist die Zahl der Teilchen, die pro Zeiteinheit durch die Einheitsfläche treten) durch $v|A|^2$ gegeben. Der «Fluß» des reflektierten Feldes ist $v|B|^2$, da die Geschwindigkeit für das reflektierte Feld dieselbe bleibt, und der «Fluß» des transmittierten Feldes ist $v'|C|^2$. Also sind der Reflektions- und der Transmissionskoeffizient

$$\mathbf{R} = \frac{v|B|^2}{v|A|^2} = \left(\frac{k - k'}{k + k'}\right)^2,$$

$$\mathbf{T} = \frac{v'|C|^2}{v|A|^2} = \frac{k'}{k}\left(\frac{2k}{k + k'}\right)^2 = \frac{4kk'}{(k + k')^2}.$$

Sowohl **R** und **T** sind kleiner als 1, da der einlaufende Teilchenstrahl aufgespalten wird in einen reflektierten und einen transmittierten Strahl. Der Leser möge verifizieren, daß $\mathbf{R} + \mathbf{T} = 1$ ist, wie es die Erhaltung der Teilchenzahl fordert, da der einlaufende Teilchenfluß gleich sein muß zu der Summe des reflektierten und des transmittierten Strahles.

2.5 *Teilchen in einem Potentialkasten*

Betrachten wir als zweites Beispiel den Fall eines Teilchens, dessen Bewegung auf das Gebiet von $x = 0$ bis $x = a$ beschränkt ist, wie z.B. ein Gasmolekül in einem Kasten. Das Molekül bewegt sich frei, bis es auf die Wand trifft, die das Molekül zwingt, zurückzuprallen. Eine ähnliche Situation liegt bei einem freien Elektron in einem Stück Metall vor, wenn wir die Wechselwirkung des Elektrons mit den positiven Ionen vernachlässigen, und wenn die Höhe des Potentialwalles viel größer ist als die kinetische Energie des Elektrons. Das Elektron kann sich frei durch das Potential bewegen, aber es kann es nicht verlassen.

Wir können diese beiden physikalischen Situationen durch das rechtwinklige Potential von Abb. 2-6 darstellen, das, ebenso wie das Diagramm der potentiellen Energie in Abb. 2-3, eine Übervereinfachung der in der Natur tatsächlich auftretenden potentiellen Energie ist. Dieser vereinfachte Verlauf der potentiellen Energie wird Potentialkasten genannt. Wir haben $E_p(x) = 0$ für $0 < x < a$, da sich das Teilchen in diesem Gebiet frei bewegt. Aber bei $x = 0$ und $x = a$ wächst die potentielle Energie sprunghaft gegen ∞. Dies bedeutet, daß an diesen zwei Punkten sehr starke Kräfte auf das Teilchen einwirken, die es zwingen, seine Bewegung umzukehren. Dann kann das Teilchen, was immer auch für einen Wert die Energie E haben mag, nicht links von $x = 0$ oder rechts von $x = a$ sein. (Erinnern Sie sich an Abb. 2-5 und die Diskussion in Abschnitt 2.4 über sehr große E_0.) Daher ist in diesen beiden Gebieten ($x < 0$ und $x > a$) die Wellenfunktion identisch gleich Null; d.h. $\psi(x) = 0$. Im Gebiet $0 < x < a$ liegt im wesentlichen das Problem eines freien Teilchens vor. Die Schrödingergleichung für die Wellenfunktion eines freien Teilchens ist durch Gl. (2.5) gegeben, d.h.

$$\frac{d^2\psi}{dx^2} + k^2\psi = 0, \qquad k^2 = 2mE/\hbar^2.$$

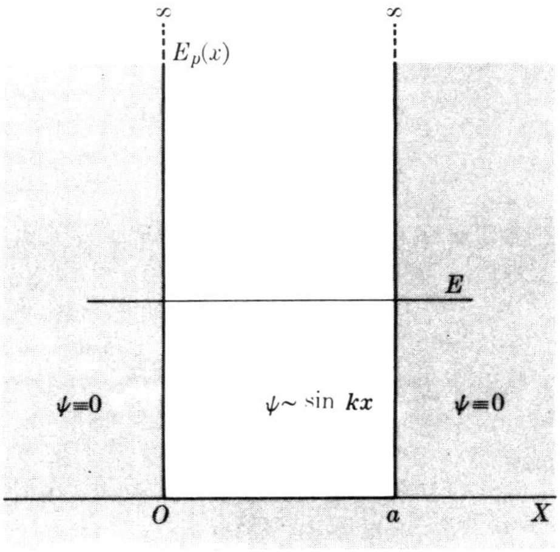

Abb. 2-6. Eindimensionaler Potentialkasten der Breite a.

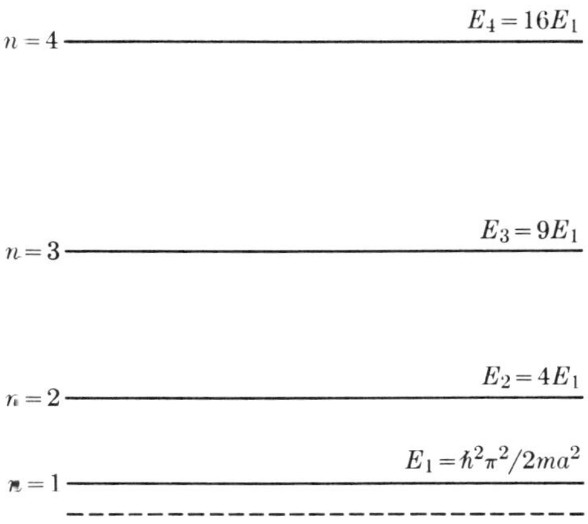

Abb. 2-7. Energieniveaus für einen eindimensionalen Potentialkasten.

Da sich das Teilchen zwischen $x = 0$ und $x = a$ hin und her bewegt, ist die Wellenfunktion (wie im Fall der Potentialstufe) durch Gl. (2.7) gegeben. D.h.

$$\psi(x) = Ae^{ikx} + Be^{-ikx}.$$

Dies enthält eine Bewegung in beiden Richtungen. Die Randbedingungen fordern, daß $\psi(x) = 0$ bei $x = 0$ und $x = a$. Dann ist $\psi(x) = 0 = A + B = 0$ oder $B = -A$. Also ist

$$\psi(x) = A\,(e^{ikx} - e^{-ikx}) = 2iA \sin kx = C \sin kx,$$

wobei $C = 2iA$ ist. Die Randbedingung bei $x = a$ ergibt $\psi(x = a) = C \sin ka = 0$. Da C nicht 0 sein kann, weil wir dann keine Wellenfunktion haben würden, schließen wir, daß $\sin ka = 0$ oder $ka = n\pi$, wobei n eine ganze Zahl ist. Wenn wir nach k auflösen, erhalten wir

$$k = n\pi/a \qquad \text{oder} \qquad p = \hbar k = n\pi\hbar/a, \tag{2.13}$$

dies gibt die möglichen Werte des Teilchenimpulses $p = \hbar k$.*

---

* Der Leser dürfte jetzt die außerordentliche Ähnlichkeit zwischen den mathematischen Methoden erkennen, die wir in einigen unterschiedlichen physikalischen Problemen angewandt haben, wie etwa der schwingenden Saite mit fixierten Enden und dem gegenwärtigen Problem eines Teilchens in einem Potentialkasten. Die physikalische Situation ändert sich, aber die mathematische Technik bleibt dieselbe. (Aus diesem Grunde ist es so wichtig, einige mathematische Grundlagen zu beherrschen, bevor man Physik studiert.) Wir müssen den Leser jedoch warnen, anzunehmen, daß deshalb, weil der mathematische Formalismus derselbe ist, auch die physikalischen Situationen gleich wären. Er sollte z.B. nicht glauben, daß Materiewellen etwas Ähnliches sind wie Wellen auf einer Saite.

Die den k-Werten von Gl. (2.13) entsprechende Energie des Teilchens ist gegeben durch

$$E = \frac{p^2}{2m} = \frac{\hbar^2 k^2}{2m} = \frac{n^2 \pi^2 \hbar^2}{2ma^2} \tag{2.14}$$

oder, wenn wir mit $E_1 = \hbar^2\pi^2/2ma^2$ die Energie für $n = 1$ bezeichnen, ist $E = E_1$, $4E_1$, $9E_1, \ldots$ Wir schließen daraus, daß das Teilchen keine beliebige Energie besitzen kann, sondern nur solche Werte, die durch Gl. (2.14) gegeben und in Abb. 2.7 dargestellt sind; d.h., die Energie des Teilchens ist quantisiert. Dies ist eine neue Situation, da wir im vorherigen Beispiel der Potentialstufe der Energie keine Einschränkungen auferlegen mußten.

Die Situation, daß nur bestimmte Energiewerte erlaubt sind, ist keine Eigentümlichkeit dieses speziellen Problems, sondern tritt allgemein auf, wenn man die Schrödingergleichung (2.3) für eine potentielle Energie löst, die die Bewegung des Teilchens auf ein begrenztes Gebiet beschränkt. (Man erinnere sich, daß im Fall der Potentialstufe die Bewegung des Teilchens nicht auf ein beschränktes Gebiet begrenzt und daher die Energie nicht quantisiert ist.) Die Quantisierung der Energie beruht auf der Tatsache, daß die Wellenfunktion durch die potentielle Energie und die Randbedingungen bestimmt ist. Eine zulässige Wellenfunktion $\psi(x)$, welche die Randbedingungen des physikalischen Problems erfüllt, existiert im allgemeinen nur für bestimmte Werte der Energie E_1, E_2, $E_3, \ldots, E_n, \ldots$ Daher schließt der mathematische Formalismus der Quantenmechanik, wie er durch die Schrödingergleichung ausgedrückt wird, die Quantisierung der Energie und die Existenz eines diskreten Satzes zulässiger Energieniveaus in ganz natürlicher Weise ein. In diesem Problem, das wir betrachten, finden wir, daß zusätzlich zu der Tatsache, daß die Energie des Teilchens quantisiert ist, auch der Impuls des Teilchens quantisiert ist, wobei die möglichen Werte durch Gl. (2.13) gegeben sind. Dies ist allerdings im allgemeinen nicht der Fall.

Die Wellenfunktionen, welche zu den k-Werten von Gl. (2.13) entsprechen, sind

$$\psi_n(x) = C \sin (n\pi x/a), \tag{2.15}$$

sie sind in der Tat identisch mit den zulässigen Amplitudenfunktionen für stehende Wellen auf einer schwingenden Saite mit fixierten Enden. Die Wellenfunktionen für die ersten drei Energieniveaus sind in Abb. 2.8 (a) dargestellt. In Abb. 2-8 (b) ist die Wahrscheinlichkeitsdichte $|\psi_n|^2$ für die gleichen Energieniveaus angedeutet.

In diesem einfachen Fall hätten wir übrigens die Energiewerte von Gl. (2.14) durch Ausnutzung mit der Analogie mit der schwingenden Saite ableiten können. Der Leser möge sich daran erinnern, daß für stehende Wellen auf einer Saite, deren Enden im Abstande a fixiert sind, die Wellenlänge λ die Werte

$$\tfrac{1}{2}\lambda = a,\ \tfrac{1}{2}a,\ \tfrac{1}{3}a, \ldots, \frac{1}{n}\,a \qquad \text{oder} \qquad \lambda = \frac{2a}{n}$$

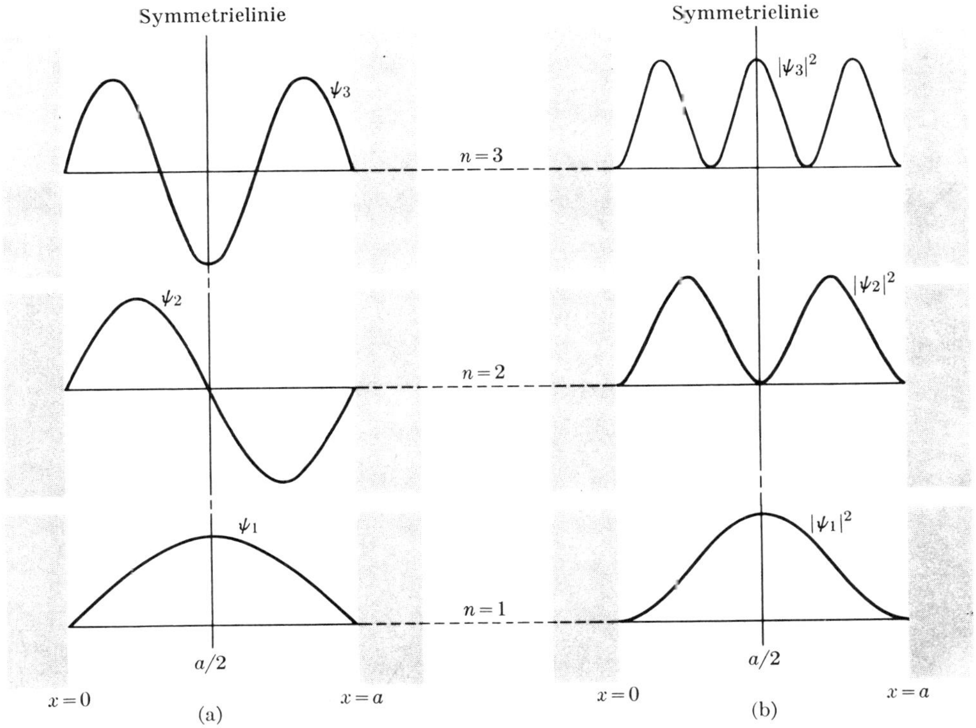

Abb. 2-8. (a) Die ersten drei Wellenfunktionen für ein Teilchen in einem Potentialkasten. (b) Die entsprechenden Wahrscheinlichkeitsdichten.

besitzen muß. Dann sind $p = h/\lambda = nh/2a = n\pi\hbar/a$ die möglichen Werte des Impulses in Übereinstimmung mit Gl. (2.13); die Energie wird daher durch die Gl. (2.14) gegeben. Für kompliziertere Potentiale läßt sich dieser Analogieschluß nicht anwenden; man muß dann die Schrödingergleichung lösen.

Es ist interessant, festzustellen, daß die minimale Energie eines Teilchens in einem Potentialkasten $E_1 = \hbar^2\pi^2/2ma^2$ und nicht Null ist, wie man eigentlich vermuten würde. Diese Minimalenergie hängt mit der Unschärferelation zusammen. Die Ortsunschärfe des Teilchens ist naheliegenderweise $\Delta x \sim a$. Das Teilchen bewegt sich mit einem Impuls p hin und her; die Impulsunschärfe ist dann $\Delta p \sim 2p$. Die Unschärferelation fordert, daß $\Delta x\, \Delta p \geq h$ ist; daher ist $a(2p) \geq h$ oder $p \geq \pi h/a$, was $E \geq E_1$ ergibt. Das Auftreten einer *Nullpunkt-Energie*, wie man E_1 manchmal nennt, ist typisch für alle Probleme, in denen die Bewegung eines Teilchens auf ein beschränktes Gebiet begrenzt ist.

Um unsere Diskussion zu vervollständigen, wollen wir die Konstante C ermitteln, die in Gl. (2.15) auftritt. In diesem Fall ist die Normierungsbedingung (2.21)

$$\int_0^a |\psi_n|^2\, dx = 1 \qquad \text{oder} \qquad C^2 \int_0^a \sin^2 \frac{n\pi x}{a}\, dx = 1$$

da die Wellenfunktion sich von 0 bis a erstreckt. Der Wert des Integrals ist $\frac{1}{2}a$. Also ist $C^2(\frac{1}{2}a) = 1$ oder $C = \sqrt{2/a}$. Daher ist die normierte Wellenfunktion

$$\psi_n(x) = \sqrt{2/a}\,\sin\,(n\pi x/a).$$

Eine andere interessante Eigenschaft von Wellenfunktionen ist ihre Orthogonalität; d.h.

$$\int_{\text{Gesamter Raum}} \psi_n^* \psi_{n'}\, dx = 0, \qquad n \neq n'. \tag{2.16}$$

Wir können dies im vorliegenden Fall folgendermaßen verifizieren: Wenn wir beachten, daß die Funktionen $\psi_n(x)$ reell sind und daher $\psi_n^*(x) = \psi_n(x)$ ist, können wir schreiben

$$\int_0^a \psi_n^* \psi_{n'}\, dx = \frac{2}{a}\int_0^a \sin\frac{n\pi x}{a}\sin\frac{n'\pi x}{a}\, dx$$
$$= \frac{1}{a}\int_0^a \left[\cos\frac{(n-n')\pi x}{a} - \cos\frac{(n+n')\pi x}{a}\right] dx = 0,$$

wobei wir das Additionstheorem für $\cos(\alpha \pm \beta)$ benutzt haben.

Man kann zeigen, daß die Eigenschaft der Orthogonalität eine allgemeine Eigenschaft der Lösungen der Schrödingergleichung und nicht eine Eigentümlichkeit der Funktionen für den Potentialkasten ist (vergl. Abschnitt 2.12).

BEISPIEL 2.3. Bestimmen Sie die Energieniveaus und Wellenfunktionen für ein Teilchen in einem Potentialkasten mit den Kanten a, b und c (Abb. 2-9).

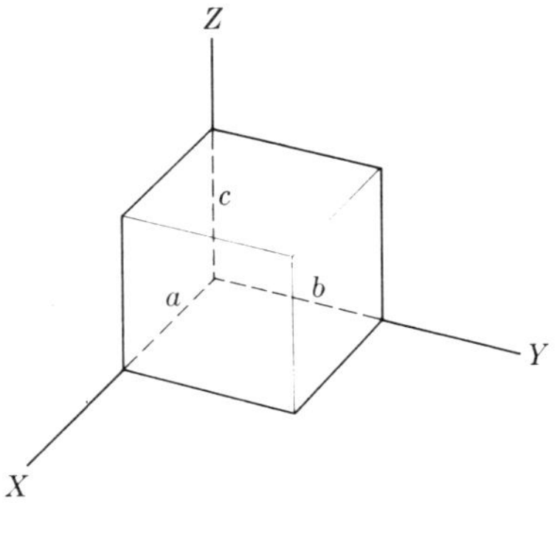

Abb. 2-9. Dreidimensionaler Potentialkasten.

Lösung: Wenn wir unsere vorhergehenden Lösungen weiterführen, stellen wir fest, daß die drei Komponenten p_x, p_y und p_z des Teilchenimpulses ähnliche Beziehungen erfüllen müssen, wie sie durch Gl. (2.13) für ein eindimensionales Kastenpotential angegeben wurden. D.h.

$$p_x = \frac{\pi\hbar n_1}{a}, \quad p_y = \frac{\pi\hbar n_2}{b}, \qquad p_z = \frac{\pi\hbar n_3}{c},$$

mit n_1, n_2 und n_3 als ganze Zahlen. Dementsprechend wird

$$E = \frac{1}{2m} p^2 = \frac{1}{2m} (p_x^2 + p_y^2 + p_z^2) \tag{2.17}$$
$$= \frac{\pi^2 \hbar^2}{2m} \left(\frac{n_1^2}{a^2} + \frac{n_2^2}{b^2} + \frac{n_3^2}{c^2} \right).$$

Dieser Ausdruck gibt die Energieniveaus eines Teilchens in einem dreidimensionalen Potentialkasten an. Wenn wir Gl. (2.17) mit Gl. (2.15) vergleichen, stellen wir fest, daß die Wellenfunktion durch

$$\psi = C \sin \frac{n_1 \pi x}{a} \sin \frac{n_2 \pi y}{b} \sin \frac{n_3 \pi z}{c} \tag{2.18}$$

dargestellt werden kann. Durch direktes Einsetzen von Ausdruck (2.18) in die Schrödingergleichung (2.9) mit $E_p = 0$ möge der Leser verifizieren, daß sich für die Energie wiederum der durch Gl. (2.17) gegebene Wert ergibt, und daß an den sechs Flächen des Potentialkastens $\psi = 0$ ist; diese Bedingung war auch für den eindimensionalen Potentialtopf gefordert. Man beachte ferner, daß Gl. (2.18) formal identisch ist mit dem Ausdruck für die Amplitudenfunktion stehender Wellen in einem rechteckigen Hohlraum.

Eine wichtige Situation tritt auf, wenn der Potentialkasten kubisch, d.h. wenn $a = b = c$ ist. Dann sind die möglichen Energien gegeben durch

$$E = \frac{\pi^2 \hbar^2}{2ma^2} (n_1^2 + n_2^2 + n_3^2) = \frac{\pi \hbar^2}{2ma^2} \kappa^2$$

mit $\kappa^2 = n_1^2 + n_2^2 + n_3^2$, und die zugehörigen Wellenfunktionen durch

$$\psi = C \sin \frac{\pi n_1 x}{a} \sin \frac{\pi n_2 y}{a} \sin \frac{\pi n_3 z}{a}.$$

Man beachte, daß die Energie nur von $\kappa^2 = n_1^2 + n_2^2 + n_3^2$ abhängt. Dies bedeutet, daß all diejenigen Zustände dieselbe Energie besitzen, welche zu allen möglichen ganzen Zahlen n_1, n_2 und n_3 gehören, welche den gleichen Wert für κ ergeben. Wenn man die Zahlen n_1, n_2 und n_3 ändert, ohne den Wert von κ zu verändern, ändert sich jedoch die Wellenfunktion ebenfalls. Es können also einem bestimmten Energieniveau verschiedene Wellenfunktionen oder dynamische Zustände zugeordnet werden. Man sagt, daß *Entartung* bestehe, wenn dies auftritt. Die Ordnung der

TABELLE 2-1 Energieniveaus und Entartung in einem kubischen Kasten ($E_1 = \pi^2\hbar^2/2ma^2$)

Energie	Kombinationen von n_1, n_2, n_3	Entartung, g
$3E_1$	(1, 1, 1)	1
$6E_1$	(2, 1, 1)(1, 2, 1)(1, 1, 2)	3
$9E_1$	(2, 2, 1)(2, 1, 2)(1, 2, 2)	3
$11E_1$	(3, 1, 1)(1, 3, 1)(1, 1, 3)	3
$12E_1$	(2, 2, 2)	1
$14E_1$	(1, 2, 3)(3, 2, 1)(2, 3, 1)	6
	(1, 3, 2)(2, 1, 3)(3, 1, 2)	

Entartung eines Energieniveaus, mit g bezeichnet, ist gleich der Anzahl verschiedener (oder unabhängiger) Wellenfunktionen für diese Energie. Für den kubischen Potentialkasten ist dies für die ersten sechs Energieniveaus in Tabelle 2-1 dargestellt, wobei E_1 gleich $\pi^2\hbar^2/2ma^2$ ist.

BEISPIEL 2.4. Diskutieren Sie die Anzahl der Energieniveaus in einem kleinen Energieintervall dE für ein Teilchen in einem sehr großen Potentialkasten.

Lösung: Der Einfachheit halber werden wir einen kubischen Potentialkasten der Kantenlänge a betrachten. Wie wir im vorhergehenden Problem gesehen haben, sind die Energieniveaus eines Teilchens in dem Kasten gegeben durch

$$E = \frac{\pi^2\hbar^2}{2ma^2}(n_1^2 + n_2^2 + n_3^2),$$

mit n_1, n_2, und n_3 als ganzen Zahlen. Wir stellen fest, daß für einen kleinen Kasten (d.h. kleine Werte von a) die Energieniveaus große Abstände besitzen, wie in Abb. 2-10(a) gezeigt ist. Aber für einen sehr großen Kasten, wie es der Fall ist für Moleküle in einem Gas in einem Behälter oder für die Elektronen in einem Metall, liegen die aufeinanderfolgenden Niveaus so eng, daß sie praktisch ein kontinuierliches Spektrum bilden, wie in Abb. 2-10(b) gezeigt ist.

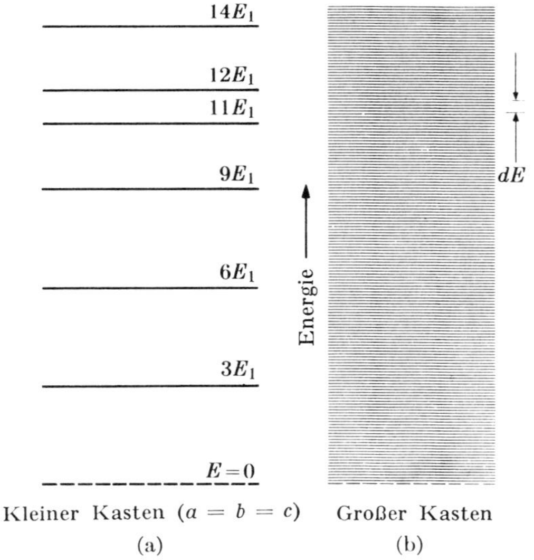

Abb. 2-10. Energieniveaus für (a) einen kleinen Potentialkasten, (b) einen großen Potentialkasten.

Es ist unsere Aufgabe, zu bestimmen, wieviele Energieniveaus in einem kleinen Energieintervall dE liegen, wenn der Potentialkasten sehr groß ist. Diese Aufgabe ist ähnlich wie die Bestimmung der Schwingungszustände in einem Hohlraum, dessen Dimensionen viel größer als die Wellenlänge sind.

Wir wollen die Koordinaten ξ, η, ζ in einem Darstellungsraum (Abb. 2-11) einführen; jeder Punkt mit den Koordinaten $\xi = n_1$, $\eta = n_2$ und $\zeta = n_3$ stellt ein Energieniveau dar. Wir wollen $k^2 = \xi^2 + \eta^2 + \zeta^2$ definieren und sagen, daß die Punkte, welche positiv ganzzahlige Koordinaten haben und auf der Oberfläche

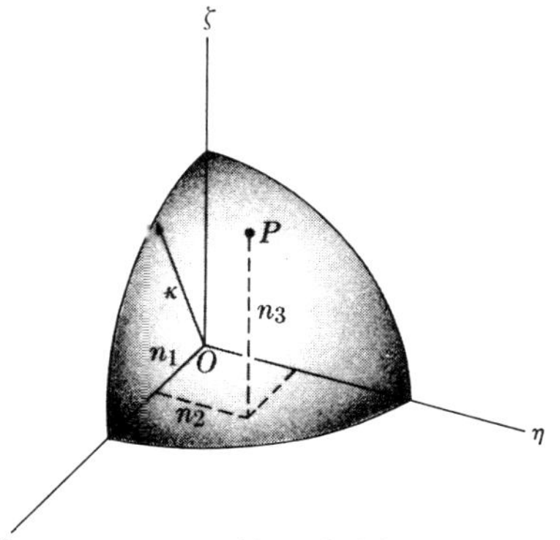

Abb. 2-11.

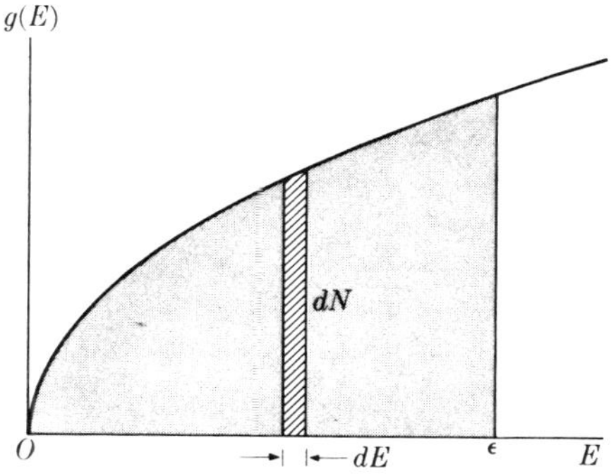

Abb. 2-12. Dichte der Energieniveaus in einem großen kubischen Potentialkasten.

einer Kugel mit dem Radius k liegen, die verschiedenen Zustände angeben, die der Energie

$$E = \frac{\pi^2 \hbar^2}{2ma^2} k^2$$

zugeordnet werden. Um die Anzahl der Zustände $N(E)$ mit einer Energie zwischen 0 und E zu bestimmen, müssen wir das Volumen eines Oktanten der Kugel mit dem Radius $\varkappa$ berechnen, da nur positive Werte von n_1, n_2 und n_3 zugelassen sind. Wenn wir uns erinnern, daß $\hbar = h/2\pi$ ist, erhalten wir so

$$N(E) = \tfrac{1}{8}(\ \pi k^3) = \frac{\pi}{6} V \left(\frac{2mE}{\pi^2 \hbar^2}\right)^{3/2} = \frac{8\pi V}{3h^3} (2m^3)^{1/2} E^{3/2},$$

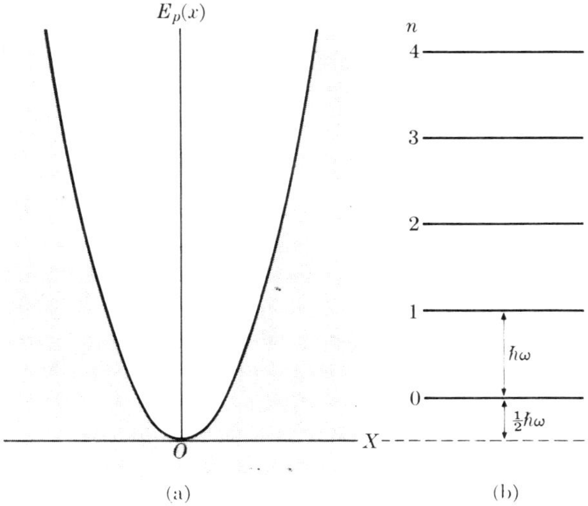

Abb. 2-13. (a) Potentielle Energie eines harmonischen Oszillators. (b) Energieniveaus.

mit $V = a^3$ als Volumen des Potentialkastens. Die Anzahl der Zustände mit Energien zwischen E und $E + dE$ erhält man, wenn man den obigen Ausdruck differenziert. Dies ergibt

$$dN(E) = \frac{4\pi V(2m^3)^{1/2}}{h^3} E^{1/2}\, dE.$$

Es ist zweckmäßig, $dN(E) = g(E)\, dE$ zu schreiben, so daß

$$g(E) = \frac{dN}{dE} = \frac{4\pi V(2m^3)^{1/2}}{h^3} E^{1/2} \tag{2.19}$$

die Anzahl der Zustände pro Energieintervall bei der Energie E ist. Die Funktion $g(E)$ ist in Abb. 2-12 aufgetragen. Die Fläche eines Streifens der Breite dE gibt die entsprechende Anzahl $dN = g(E)\, dE$ von Zuständen in einem solchen Energieintervall. Die Fläche unter der Kurve zwischen $E = 0$ bis $E = \epsilon$ gibt die Gesamtzahl von Zuständen in diesem Energieintervall. Wir werden Gelegenheit haben, Gl. (2.19) in verschiedenen Problemen anzuwenden, die an späterer Stelle auftreten.

Manchmal ist es bequemer, die Anzahl der Zustände in einem Impulsintervall dp zwischen p und $p + dp$ zu betrachten. Wenn wir berücksichtigen, daß sich das Teilchen im Innern des Kastens wie ein freies Teilchen verhält, haben wir $E = p^2/2m$. Definiert man $g(p)$, so daß $dN = g(p)\, dp = g(E)\, dE$ ist, so erhält man

$$\frac{dN}{dp} = g(p) = g(E)\frac{dE}{dp} = \frac{4\pi V}{h^3} p^2.$$

Dieser Ausdruck gilt in gleicher Weise für die Anzahl der Schwingungszustände longitudinaler Wellen in einem Hohlraum des Volumens V. In derartigen Fällen ist es bequemer, die Frequenz ν zu verwenden. Wir erinnern uns, daß $p = h/\lambda$ und $\nu = c/\lambda$ ist, wenn c die Phasengeschwindigkeit der Wellen bezeichnet. Wenn wir $g(\nu)$ so definieren, daß $g(\nu)\, d\nu = g(p)\, dp$ ist, erhalten wir

$$g(\nu) = g(p)\frac{dp}{d\nu} = \frac{4\pi V}{c^3} \nu^2. \tag{2.20}$$

Dies ist eine sehr nützliche Beziehung.

2.6 Der harmonische Oszillator

Ein wichtiges physikalisches Problem ist das des harmonischen Oszillators, für den die potentielle Energie $E_p = \frac{1}{2} kx^2$ ist, wie in Abb. 2-13 gezeigt ist. Dieses Problem liefert wichtige Information über atomare Schwingungen in Molekülen und festen Körpern, da wir in erster Näherung annehmen können, daß die relative Bewegung der Atome in Molekülen und festen Körpern eine harmonische Schwingung ist. Die Schrödingergleichung (2.3) lautet nun

$$-\frac{\hbar^2}{2m}\frac{d^2\psi}{dx^2} + \tfrac{1}{2}kx^2\psi = E\psi.$$

Wir werden nicht versuchen, diese Gleichung formal zu lösen, sondern nur die Hauptergebnisse angeben. Wenn wir uns erinnern, daß für einen harmonischen

Oszillator $\omega = \sqrt{k/m}$ die Kreisfrequenz ist, finden wir, daß die möglichen Energiewerte für die stationären Zustände gegeben sind durch

$$E_n = (n + \tfrac{1}{2})\hbar\omega, \tag{2.21}$$

n ist dabei 0 oder eine positive ganze Zahl; d.h. $n = 0, 1, 2, 3, \ldots$ Also ist $E_n = \frac{1}{2}\hbar\omega, \frac{3}{2}\hbar\omega, \frac{5}{2}\hbar\omega$ usw. Die in Abb. 2-13 angedeuteten Energieniveaus sind äquidistant mit einem Abstand $\hbar\omega$ (oder $h\nu$, da $\hbar = h/2\pi$ und $\omega = 2\pi\nu$).

Es ist ein interessantes Ergebnis, daß die Minimalenergie des harmonischen Oszillators gleich $\frac{1}{2}\hbar\omega$ oder $\frac{1}{2}\hbar\nu$ ist. Sie wird die *Nullpunktenergie* des Oszillators genannt, weil sie zu $n = 0$ gehört. Dieses Ergebnis hängt ebenso wie das ähnliche Resultat für das Kastenpotential eng mit der Unschärferelation zusammen. Die klassische Minimalenergie entspricht dem Punkt O an der tiefsten Stelle der Kurve für die potentielle Energie. Jedoch haben wir an diesem Punkt $x = 0$ und auch $p = 0$. Weil es in einer solchen Situation keine Schwingungen geben würde, wüßten wir gleichzeitig und mit absoluter Sicherheit sowohl Ort und Impuls des Teilchens; dies würde der Unschärferelation widersprechen. Deshalb sollte das erste Energieniveau oder der Grundzustand das niedrigste Energieniveau sein, das mit der Unschärferelation vereinbar ist. Um dies zu sehen, gehen wir davon aus, daß für dieses spezielle Niveau die Amplitude der Schwingungen x_0 sehr klein ist und wir $x_0 \sim \frac{1}{2}\Delta x$ setzen können. Auch die Amplitude p_0 der Impulsänderung ist sehr klein, und wir können $p_0 \sim \frac{1}{2}\Delta p$ setzen. Die Energie eines klassischen Oszillators mit der Amplitude x_0 ist gegeben durch $E = \frac{1}{2}m\omega^2 x_0^2$, und wenn wir beachten, daß $p_0 = m\omega x_0$ ist, erhalten wir

$$E = \tfrac{1}{2}m\omega^2 x_0^2 = \tfrac{1}{2}\omega(x_0)(m\omega x_0) = \tfrac{1}{2}\omega x_0 p_0 \sim \tfrac{1}{8}\omega\;\Delta x\;\Delta p \sim \tfrac{1}{8}h\omega \sim \tfrac{1}{2}\hbar\omega.$$

Den allgemeinen Ausdruck für die Wellenfunktionen des einfachen harmonischen Oszillators wollen wir hier nicht angeben (vergl. Aufgabe 2.16). Tabelle 2-2 zeigt die ersten Wellenfunktionen, wobei ψ_0 dem Grundzustand entspricht. Diese Funktionen sind in Abb. 2-14 dargestellt. Man beachte, daß sie an der klassischen Grenze der Schwingung, die durch eine kurze senkrechte Linie in einzelnen Fällen angedeutet ist, nicht plötzlich gleich Null werden. Sie gehen vielmehr darüber hinaus, obwohl sie sehr rasch abnehmen, wie wir schon früher für die Potentialstufe in Abschnitt 2.4 für den Fall $E < E_0$ gefunden haben (Abb. 2-4). Dies bedeutet,

TABELLE 2-2 Wellenfunktionen eines harmonischen Oszillators ($a^2 = m\omega/\hbar$)

n	E_n	$\psi_n(x)$
0	$\frac{1}{2}\hbar\omega$	$\psi_0(x) = (a/\sqrt{\pi})^{1/2} e^{-a^2x^2/2}$
1	$\frac{3}{2}\hbar\omega$	$\psi_1(x) = (a/2\sqrt{\pi})^{1/2} 2ax e^{-a^2x^2/2}$
2	$\frac{5}{2}\hbar\omega$	$\psi_2(x) = (a/8\sqrt{\pi})^{1/2}(4a^2x^2 - 2)e^{-a^2x^2/2}$
3	$\frac{7}{2}\hbar\omega$	$\psi_3(x) = (a/48\sqrt{\pi})^{1/2}(8a^3x^3 - 12ax)e^{-a^2x^2/2}$

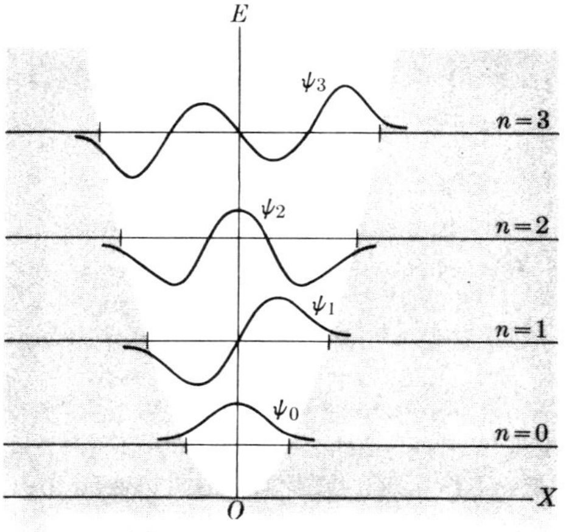

Abb. 2-14. Wellenfunktionen für die ersten vier Energieniveaus eines harmonischen Oszillators.

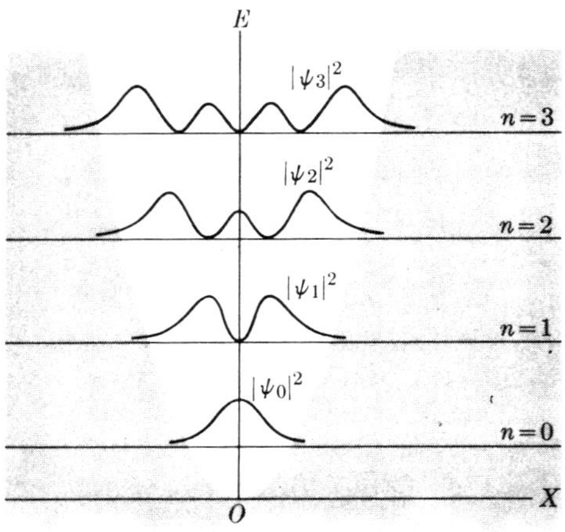

Abb. 2-15. Wahrscheinlichkeitsdichten für die ersten vier Energieniveaus eines harmonischen Oszillators.

daß in der Quantenmechanik die Amplitude eines Oszillators nicht scharf definiert ist wie im klassischen Fall. In der Quantenmechanik kann das Teilchen in einem bestimmten Augenblick in einem Gebiet gefunden werden, wo im starren Formalismus der klassischen Mechanik seine Bewegung als unmöglich angesehen wird. Diese Folgerung wird von vielen Experimenten unterstützt. (Wir werden sie später diskutieren.) Die Wahrscheinlichkeitsdichte $P = |\psi(x)|^2$ ist in Abb. 2-15 für die Zustände dargestellt, welche den Wellenfunktionen von Abb. 2-14 entsprechen. Man beachte, daß die Bewegung des Teilchens im wesentlichen auf das klassische Gebiet beschränkt ist, obwohl die Wahrscheinlichkeit, es außerhalb des klassischen Gebietes zu finden, endlich ist.

Bisher haben wir einen linearen Oszillator diskutiert; d.h. einen Oszillator in nur einer Dimension. Im allgemeinen Fall von drei Dimensionen, wie im Fall eines Atoms in einem Festkörper, sind die Energieniveaus gegeben durch

$$E_n = (n + \tfrac{3}{2})\hbar\omega. \tag{2.22}$$

Der einzige Unterschied besteht darin, daß nun die Nullpunktenergie $\frac{3}{2}\hbar\omega$ statt $\frac{1}{2}\hbar\omega$ ist, weil wir die Nullpunktenergien für Schwingungen längs der X-, Y- und Z-Achsen addieren müssen, wobei zu jeder Koordinate eine Energie $\frac{1}{2}\hbar\omega$ gehört.

BEISPIEL 2.5. Diskutieren Sie die möglichen stationären Zustände für die potentielle Energie, wie sie in Abb. 2-16 dargestellt ist, einen sog. *Potentialtopf*. Diese potentielle Energie ist definiert durch $E_p = -E_0$ für $|x| \leq a/2$ und $E_p = 0$ für $|x| > a/2$. Eine potentielle Energie dieser Gestalt hat viele wichtige Anwendungen, besonders dann, wenn man sich mit sog. Kräften endlicher Reichweite beschäftigt; das sind Kräfte, die vernachlässigbar sind für Abstände, die größer als ein bestimmter Wert — die sog. *Reichweite* — sind. Dies bedeutet, daß das Potential außerhalb der Reichweite konstant ist. Eine derartige Situation scheint für die Kernkräfte zuzutreffen.

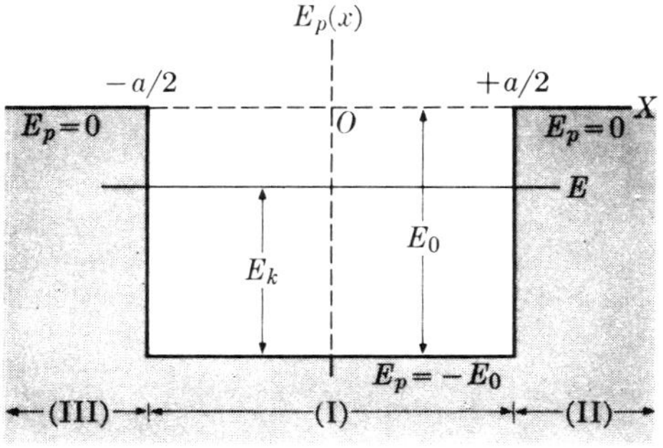

Abb. 2-16. Eindimensionales Kastenpotential der Breite a und Tiefe E_0.

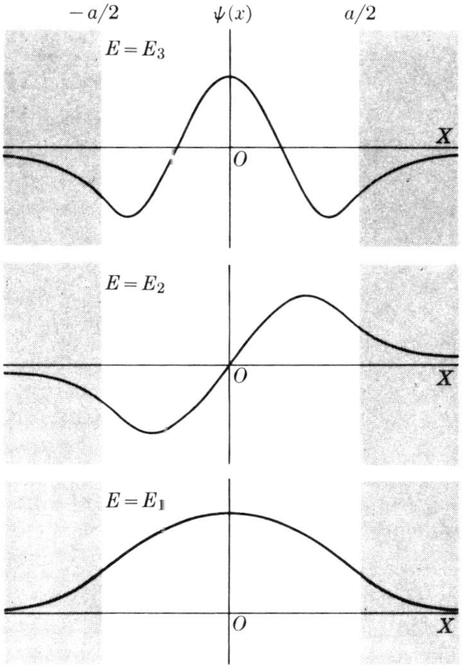

Abb. 2-17. Die ersten drei Wellenfunktionen in einem eindimensionalen Kastenpotential.

Lösung: Dieses Problem ist dem Fall äquivalent, wo zwei Potentialstufen spiegelbildlich im Abstand a zueinander liegen. In der klassischen Betrachtung sollte das Teilchen für eine negative Energie E (d.h. $E < 0$) im Topf eingesperrt sein; d.h., das Teilchen sollte zwischen $x = -a/2$ und $x = +a/2$ bleiben. Aufgrund unserer vorherigen Beispiele vermuten wir jedoch, daß dies in der Quantenmechanik nicht der Fall ist. Für das Gebiet (I), in dem $-a/2 \leq x \leq a/2$, ist die potentielle Energie konstant und das Teilchen im wesentlichen frei, allerdings auf eine Hin- und Herbewegung beschränkt. Also muß seine Feldamplitude $\psi_1(x)$ wieder eine harmonische Funktion vom Typ (2.7) sein. In den verbotenen Gebieten (II) und (III) müssen die Feldamplituden $\psi_2(x)$ und $\psi_3(x)$ exponentiell abnehmen, wie es oben in Abb. 2-4 für eine einzelne Potentialstufe angegeben wurde. Deshalb muß die Grenzbedingung, die wir benutzten, um die Wellenbewegung von Abb. 2-4 zu bekommen, zweimal angewendet werden, einmal bei $x = -a/2$ und einmal bei $x = a/2$. Weil wir die Grenzbedingungen zweimal anwenden, können sie nur für bestimmte Werte der Energie erfüllt werden. Daher ist die Energie E eines Teilchens in einem Potentialtopf quantisiert. Die möglichen Werte von E kann man nicht in geschlossener Form ausdrücken und sollen auch hier nicht angegeben werden (vgl. Beispiel 2.6 für einen ähnlichen Fall). Die Anzahl der Energieniveaus ist beschränkt; je nach Tiefe E_0 und Reichweite a des Potentials ist sie eins oder zwei oder drei usw. Im Falle $E_0a^2 < \pi^2\hbar^2/2m$ gibt es nur ein mögliches Energieniveau; für

$$\pi^2\hbar^2/2m < E_0a^2 < 4\pi^2\hbar^2/2m,$$

gibt es zwei Energieniveaus; für

$$4\pi^2\hbar^2/2m < E_0a^2 < 9\pi^2\hbar^2/2m,$$

gibt es drei, usw.

Die Wellenfunktionen für den Grundzustand und die ersten beiden angeregten Zustände sind in Abb. 2-17 für den Fall gezeigt, in dem drei Energieniveaus möglich sind. Man beachte die Ähnlichkeit mit den Wellenfunktionen des harmonischen Oszillators. Der Leser sollte die Wahrscheinlichkeitsdichte $P = |\psi|^2$, welche diesen Zuständen entspricht, graphisch darstellen; wir überlassen es ihm auch, die Situation für $E > E_0$ zu durchdenken und die Wellenfunktionen und Wahrscheinlichkeitsdichten zu skizzieren. In diesem Fall sind alle Werte der Energie möglich, und die Energie ist nicht quantisiert.

2.7 *Allgemeines über Energieniveaus und Wellenfunktionen*

Die Diskussionen der Potentialstufe, des Potentialkastens, des harmonischen Oszillators und des Potentialtopfes geben Hinweise auf allgemeine Eigenschaften stationärer Zustände und Wellenfunktionen. Abb. 2-18 (a) zeigt eine potentielle Energie $E_p(x)$, wie sie in ähnlicher Form bei einem Zentralkräfteproblem oder bei einem zweiatomigen Molekül auftritt. Bei großen x nimmt die potentielle Energie im wesentlichen einen konstanten Wert an, den man üblicherweise als Nullpunkt der Energie wählt. Mit kleiner werdendem Abstand nimmt die potentielle Energie ab, was eine anziehende Kraft bedeutet. Bei M besitzt die potentielle Energie ein Minimum und ist dort gleich $-E_0$; der zugehörige Abstand r_0 von

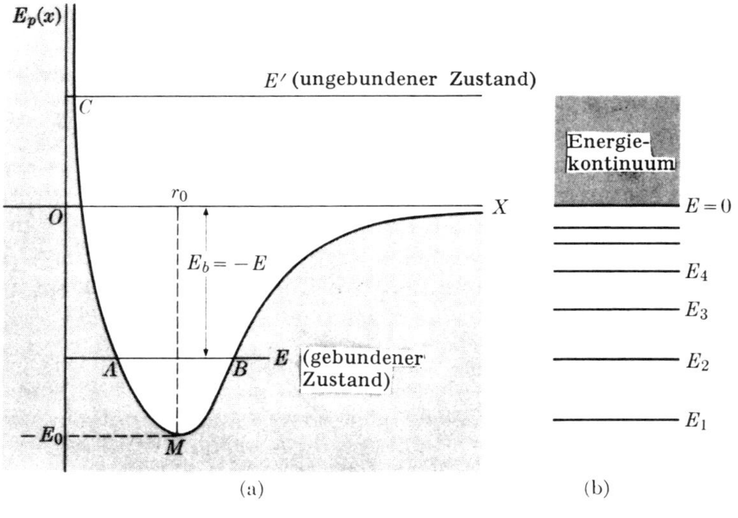

Abb. 2-18. (a) Allgemeiner Verlauf der potentiellen Energie bei starker Abstoßung für kleine x und vernachlässigbarer Wechselwirkung für große x. (b) Energieniveaus für den Potentialverlauf von (a).

O ist der klassische Gleichgewichtsabstand. Mit weiter abnehmender Entfernung nimmt die potentielle Energie schnell zu, was eine abstoßende Kraft bedeutet.

Für negative Energien ist die Bewegung klassisch gebunden. Wenn z.B. das Teilchen eine Energie E besitzt, ist die klassische Bewegung eine Schwingung zwischen A und B. Diese beiden Punkte werden die *klassischen Umkehrpunkte* genannt. Ein Teilchen, das von rechts kommt, wird bei positiven Energien ($E > 0$), wie z.B. E', abgestoppt und reflektiert, wenn es C erreicht, und verschwindet dann im Unendlichen. Aus diesem Grunde wird C *klassischer Umkehrpunkt* genannt.

In der Quantenmechanik ist die Beschreibung im wesentlichen die gleiche, es treten jedoch bestimmte neue Züge auf. (a) Die gebundenen Zustände treten nur bei *bestimmten* negativen Energien auf, so daß für $E < 0$ ein *diskretes Spektrum* der Energieniveaus oder Zustände vorliegt. Dies ist deshalb der Fall, weil für $E < 0$ die Bewegung an beiden klassischen Umkehrpunkten begrenzt ist und daher *zwei* Randbedingungen an die Wellenfunktionen gestellt werden. Dementsprechend existieren zugehörige Lösungen der Schrödingergleichung nur für bestimmte Energien. Dies ist dieselbe Situation, wie wir sie z.B. im Falle des Potentialkastens gefunden haben. (b) Ungebundene Zustände existieren für alle positiven Energien; man sagt dann, daß für $E > 0$ ein *kontinuierliches Spektrum* von Energieniveaus oder Zuständen vorliegt. Der Grund hierfür ist, daß für $E > 0$ die Bewegung nur an einem Punkt, dem klassischen Umkehrpunkt, beschränkt ist und daher nur eine Randbedingung gefordert wird. Es ist dann genügend Spielraum vorhanden, eine Lösung der Schrödingergleichung mit einer freien Konstanten, nämlich der Energie, zuzulassen. Diese Situation ist bereits im Falle der Potentialstufe aufgetreten. Physikalisch gesehen liegt dies daran, daß man immer die Energie des Teilchens bei großen Abständen willkürlich festlegen kann, wie man es z.B. tut, wenn man ein geladenes Teilchen in einer Maschine beschleunigt und auf einen Atomkern schießt; oder wenn ein Atom mit einem anderen in einem Gas zusammenstößt. (Das diskrete und kontinuierliche Energiespektrum sind schematisch in Abb. 2-18b gezeigt.) Im Falle einer potentiellen Energie, wie sie in Abb. 2-13 angedeutet ist und einem harmonischen Oszillator entspricht, gibt es jedoch kein kontinuierliches Energiespektrum, und alle Niveaus sind diskret.

Wenn sich das Teilchen in einem gebundenen Zustand negativer Energie E befindet, beträgt die minimale Energie, die man zuführen muß, um das Teilchen in eine sehr große Entfernung zu bringen, $E_b = -E$. Diese Energie nennt man die *Bindungsenergie* des Teilchens in diesem Zustand. (Wenn man den Grundzustand eines zweiatomigen Moleküls betrachtet, nennt man sie *Dissoziationsenergie*, weil sie die Minimalenergie ist, die man aufbringen muß, um beim Grundzustand des Moleküls die beiden Atome zu trennen. Im Falle eines Elektrons in einem Atom oder Molekül nennt man sie die *Ionisationsenergie*.)

Für $E < 0$ gleichen die Wellenfunktionen denen des harmonischen Oszillators, wenn man davon absieht, daß ihre exakte Gestalt von der Form der potentiellen Energie $E_p(x)$ abhängt. Abb. 2-19 zeigt die Wellenfunktion für ein negatives Energieniveau ($E < 0$) des diskreten Spektrums (eines gebundenen Zustandes) und die Wellenfunktion für ein positives Energieniveau ($E > 0$) des kontinuierlichen Spektrums (eines ungebundenen Zustandes). In beiden Fällen erstrecken sich die Wellenfunktionen über die klassischen Grenzen der Bewegung hinaus, nehmen jedoch sehr rasch außerhalb dieser Grenzen ab. Für große x ähnelt die Wellenfunktion für positive Energie oder einen ungebundenen Zustand der eines freien Teilchens und besitzt die asymptotische Form von Gl. (2.7),

$$\psi(x) \xrightarrow[x\to\infty]{} Ae^{ikx} + Be^{-ikx},$$

da sie sowohl das einlaufende wie auch das auslaufende oder reflektierte Teilchen darstellen muß.

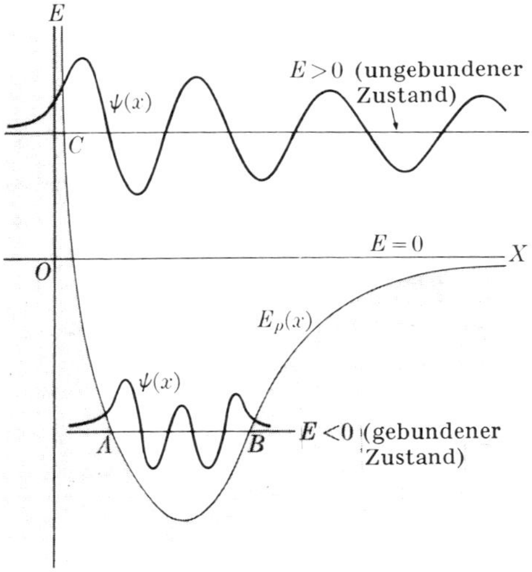

Abb. 2-19. Verlauf von Wellenfunktionen für einen gebundenen und einen ungebundenen Zustand im Potential von Abb. 2-18(a).

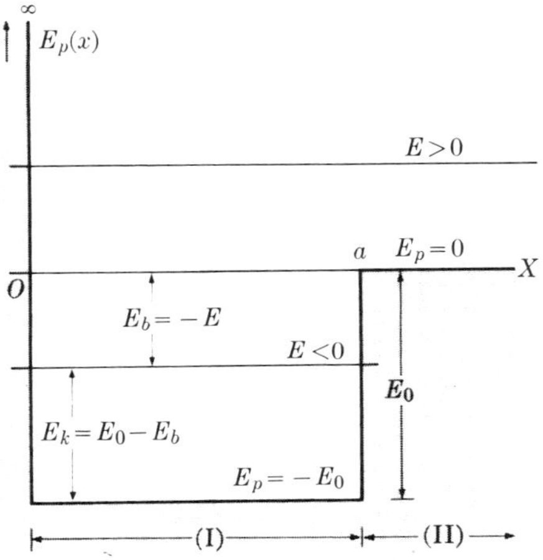

Abb. 2-20. Kastenpotential, das bei $x = 0$ durch eine Potentialwand begrenzt ist.

BEISPIEL 2.6. Diskutieren Sie die Energieniveaus und Wellenfunktionen für das Potential, dessen Verlauf in Abb. 2-20 dargestellt ist. Bei $x = 0$ geht das Potential gegen Unendlich. Für $0 < x < a$ besitzt das Potential den konstanten Wert $E = -E_0$, und für $x > a$ ist es 0. Dies ist eine «rechteckige» Idealisierung des Potentialverlaufes von Abb. 2-18.

Lösung: Betrachten Sie zunächst den Fall $E < 0$, der gebundenen Zuständen entspricht. In solch einem Fall ist das Teilchen klassisch gezwungen, sich in dem Gebiet zwischen $x = 0$ und $x = a$ zu bewegen (Gebiet I). Die Energie $E_b = -E$ ist dann die Dissoziations- oder Bindungsenergie; d.h. die Minimalenergie, die erforderlich ist, um das Teilchen aus dem Potentialtopf zu entfernen. Da $E_p(x) = -E_0$, wird die Schrödingergleichung (2.3) für das Gebiet

$$-\frac{\hbar^2}{2m}\frac{d^2\psi}{dx^2} - E_0\psi = E\psi \qquad \text{oder} \qquad \frac{d^2\psi}{dx^2} + k_i^2\,\psi = 0,$$

wobei $k_i^2 = 2m(E_0 + E)/\hbar^2 = 2m(E_0 - E_b)/\hbar^2$ und $p_i = \hbar k$ der Impuls innerhalb des Topfes ist. Die Lösung dieser Gleichung ist durch Gl. (2.7) gegeben oder

$$\psi_1(x) = Ae^{ik_ix} + Be^{-ik_ix}.$$

Wir erinnern uns an den Fall des Potentialkastens und müssen also $\psi_1 = 0$ bei $x = 0$ fordern; dies bedeutet, daß $A + B = 0$ oder $B = -A$. Also

$$\psi_1(x) = A(e^{ik_ix} - e^{-ik_ix}) = C \sin k_i x,$$

mit $C = 2iA$. Im Gebiet (II), das $x > a$ entspricht, wird die Schrödingergleichung mit $E_p(x) = 0$

$$-\frac{\hbar^2}{2m}\frac{d^2\psi}{dx^2} = E\psi \qquad \text{oder} \qquad \frac{d^2\psi}{dx^2} - \alpha^2\psi = 0,$$

wobei

$$\alpha^2 = -2mE/\hbar^2 = 2mE_b/\hbar^2.$$

Wenn wir uns die Diskussion der Potentialstufe in Abschnitt 2.4 ins Gedächtnis zurückrufen, sehen wir, daß die Lösung dieser Gleichung gegeben ist durch

$$\psi_2(x) = De^{-\alpha x}.$$

Als nächstes müssen wir die Stetigkeitsbedingungen für die Wellenfunktion bei $x = a$ erfüllen; d.h.

$$\psi_1 = \psi_2 \qquad \text{und} \qquad d\psi_1/dx = d\psi_2/dx.$$

Sie ergeben

$$C \sin k_i a = De^{-\alpha a} \qquad \text{und} \qquad k_i C \cos k_i a = -\alpha De^{-\alpha a}.$$

Durch Division, um die Konstanten C und D zu eliminieren, erhalten wir

$$k_i \cot k_i a = -\alpha \tag{2.23}$$

oder wenn wir die Ausdrücke für k_i und α einführen

$$[2m(E_0 - E_b)/\hbar]^{1/2} \cot [2m(E_0 - E_b)/\hbar]^{1/2} a = -[2mE_b/\hbar]^{1/2}.$$

In dieser Gleichung ist die einzige Größe, die bisher willkürlich gelassen wurde, die Energie E_b. Sie stellt daher eine Bedingung für die möglichen Energieniveaus im Potentialtopf dar. Da sie eine transzendente Gleichung ist, ist es jedoch schwierig E_b in geschlossener Form zu erhalten, wie wir es für den Potentialkasten konnten. Die Situation ist sehr ähnlich wie im Fall des Topfes von Beispiel 2.5. Je nach der Tiefe des Topfes E_0 können also kein, ein, zwei usw. mögliche Energieniveaus existieren. Man kann zeigen, daß für

$$E_0 a^2 < \pi^2\hbar^2/8m,$$

kein gebundener Zustand existiert; für

$$\pi^2\hbar^2/8m < E_0 a^2 < 9\pi^2\hbar^2/8m,$$

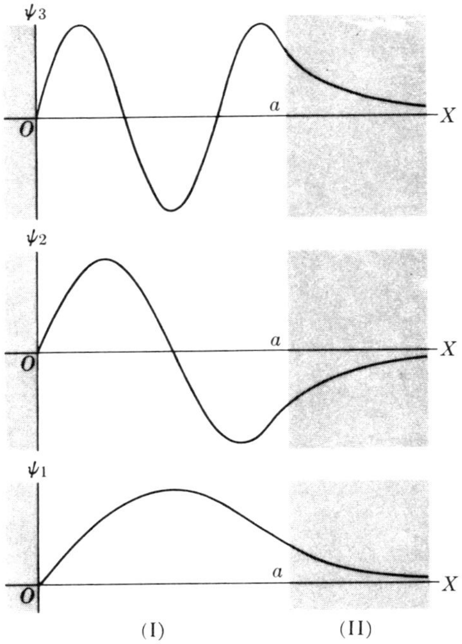

existiert nur ein gebundener Zustand; für

$$9\pi^2\hbar^2/8m < E_0a^2 < 25\pi^2\hbar^2/8m,$$

gibt es zwei gebundene Zustände usw. Die Anzahl der gebundenen Energieniveaus hängt also vom Wert des Produktes E_0a^2 oder Energie × (Reichweite)² ab.

Abb. 2-21. Wellenfunktionen für das Kastenpotential von Abb. 2-20.

Für den Fall, daß drei gebundene Zustände existieren, sind die Wellenfunktionen in Abb. 2-21 dargestellt. Der Leser vergleiche diese Wellenfunktionen mit denen des Potentialverlaufes von Abb. 2-18. So kann dieses einfache Beispiel helfen, die Diskussion des mehr physikalischen Potentials von Abb. 2-18 besser zu verstehen.

Als nächstes wollen wir die Zustände positiver Energie betrachten (d.h. den Fall $E > 0$). Wir beachten, daß sie nichtgebundenen Zuständen entsprechen, da ein Teilchen sich jetzt zwischen $x = 0$ und $x = \infty$ bewegen kann. Indem wir wiederum $k_i^2 = 2m(E_0 + E)/\hbar^2$ benutzen, so daß $p_i = \hbar k$ der Impuls innerhalb des Topfes ist, können wir die Lösung für $x < a$ wie oben schreiben; d.h.

$$\psi_1(x) = C \sin k_i x.$$

Für $x > a$, wo $E_p = 0$ ist, lautet die Schrödingergleichung jetzt

$$-\frac{\hbar^2}{2m}\frac{d^2\psi}{dx^2} = E\psi \qquad \text{oder} \qquad \frac{d^2\psi}{dx^2} + k^2\psi = 0,$$

wobei $k^2 = 2mE/\hbar^2$ und $p = \hbar k$ der Impuls eines freien Teilchens außerhalb des Topfes ist. Die Lösung dieser Gleichung ist vom Typ, wie er durch Gl. (2.7) gegeben ist. In diesem Fall ist es jedoch praktischer, sie in der äquivalenten Form*

$$\psi_2(x) = D \sin (kx + \delta)$$

---

*Wir können sehen, daß die beiden Formen äquivalent sind, wenn wir uns daran erinnern, daß

$$e^{\pm ikx} = \cos kx \pm i \sin kx.$$

Dann ist

$$\psi = Ae^{ikx} + Be^{-ikx} = (A + B) \cos kx + i(A - B) \sin kx$$
$$= C \sin (kx + \delta),$$

mit $\tan \delta = (A + B)/i(A - B)$.

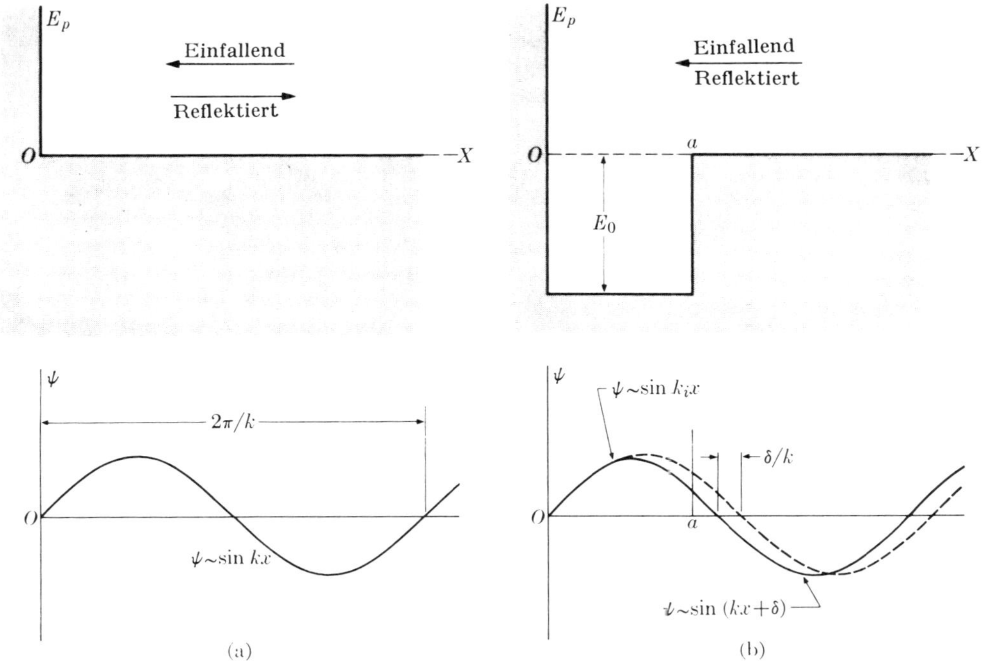

Abb. 2-22. Entstehung der Streuphase.

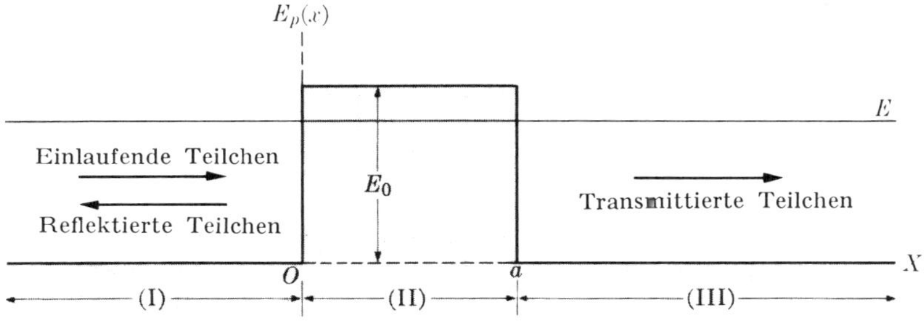

Abb. 2-23. Rechteckige Potentialbarriere der Breite a und Höhe E_0.

zu schreiben. Die Größe δ wird Phasenverschiebung oder Streuphase genannt; ihre physikalische Bedeutung werden wir sofort erklären. Wenn wir die Stetigkeitsbedingungen für die Wellenfunktion bei $x = a$ anwenden, erhalten wir

$$k_i \cot k_i a = k \cot (ka + \delta). \tag{2.24}$$

Diese Gleichung unterscheidet sich von Gl. (2.23) dadurch, daß sie unter anderen eine willkürliche Größe δ, die Streuphase, enthält. Wir können daher immer Gl. (2.24) für eine beliebige Energie E (oder Impuls $\hbar k$) erfüllen, indem wir die Streuphase δ entsprechend wählen; daher ist das positive Energiespektrum—wie erwartet—kontinuierlich.

Wir können den Ursprung der Streuphase wie folgt verstehen. Wenn die potentielle Energie einen Verlauf hätte, wie wir ihn im Zusammenhang mit Abb. 2-5 diskutiert haben und wie er (umgekehrt) in Abb. 2-22(a) dargestellt ist, wäre die Wellenfunktion $\psi \sim \sin kx \sim e^{ikx} - e^{-ikx}$, was die einlaufenden und reflektierten Teilchenstrahlen, beide mit einer Wellenlänge $\lambda = 2\pi/k$, enthält. Aber wenn wir den Potentialtopf (Abb. 2-22b) einführen, ist die Wellenfunktion im Gebiet $0 \leq x \leq a$ verzerrt. Obwohl die Wellenlänge für $x > a$ noch $2\pi/k$ beträgt, muß die Kurve $\sin kx$ längs der X-Achse um das Stück δ/k verschoben werden, damit sie glatt an die Wellenfunktion innerhalb des Topfes bei $x = a$ anschließt (diese besitzt eine verschiedene Wellenlänge $\lambda i = 2\pi/ki$). Mit anderen Worten, eine örtliche Modifikation des Potentials zwischen $x = 0$ und $x = a$ beeinflußt die ganze Wellenfunktion. Dies wird durch eine Phasenverschiebung δ für $x > a$ ausgedrückt.

2.8 *Tunneleffekt*

Die Tatsache, daß sich eine Wellenfunktion über die klassischen Grenzen der Bewegung hinaus erstrecken kann, führt zu einem wichtigen Phänomen, dem sog. *Tunneleffekt.* Wir wollen das Potential betrachten, das in Abb. 2-23 dargestellt ist. Es besteht aus zwei Potentialstufen, aber gegenüber dem Potentialtopf von Abb. 2-16 ist ihre Reihenfolge vertauscht. Es wird *Potentialbarriere* oder *Potentialberg* genannt. Wie oben werden wir die Fälle $E < E_0$ und $E > E_0$ getrennt diskutieren. Die klassische Mechanik fordert, daß ein Teilchen, welches von links mit einer Energie $E < E_0$ ankommt, bei $x = 0$ zurückreflektiert wird, wie wir oben bereits in Abschnitt 2.4 diskutiert haben. Wenn wir jedoch das Problem nach den Regeln der Quantenmechanik behandeln, indem wir die Lösungen der Schrödingergleichung für die Gebiete (I), (II) und (III) bestimmen, finden wir, daß die Wellenfunktion im allgemeinen einen Verlauf besitzt, wie er in Abb. 2-24 dargestellt ist. Ihre Anteile besitzen die Form

$$\psi_1 = Ae^{ikx} + Be^{-ikx}, \qquad \psi_2 = Ce^{\alpha x} + De^{-\alpha x}, \qquad \psi_3 = A'e^{ikx},$$

wobei k und α dieselben Ausdrücke wie in Abschnitt 2.4 sind; d.h. $k^2 = 2mE/\hbar^2$ und $\alpha^2 = 2m(E_0 - E)/\hbar^2$. Die Wellenfunktion ψ_1 enthält, wie in früheren Fällen, die einlaufenden und die reflektierten Teilchen; ψ_2 nimmt exponentiell ab, aber es muß eine anwachsende Exponentialfunktion enthalten, da der Potentialberg sich nur bis $x = a$ erstreckt und eine anwachsende Exponentialfunktion nicht notwendig ausgeschlossen werden muß, wie es bei der Potentialstufe der Fall war. Da ψ_2 bei $x = a$ noch nicht gleich Null ist, erstreckt sich die Wellenfunktion in das Gebiet (III) mit oszillierendem Verlauf von ψ_3. Dieses repräsentiert die transmittierten Teilchen, welche die gleiche Energie besitzen, wie die einlaufenden Teilchen; die Amplitude A' ist im allgemeinen jedoch verschieden von A. Da ψ_3 nicht gleich Null ist, gibt es eine endliche Wahrscheinlichkeit, das Teilchen im Gebiet (III) zu finden. Mit anderen Worten: *Selbst wenn seine kinetische Energie geringer ist als die Höhe des Potentialberges, ist es für ein Teilchen möglich, den Potentialberg zu durchdringen.*

Für $E > E_0$ ergibt die klassische Beschreibung des Prozesses, daß alle Teilchen den Potentialberg überqueren und das rechte Gebiet erreichen sollen. Aus dem

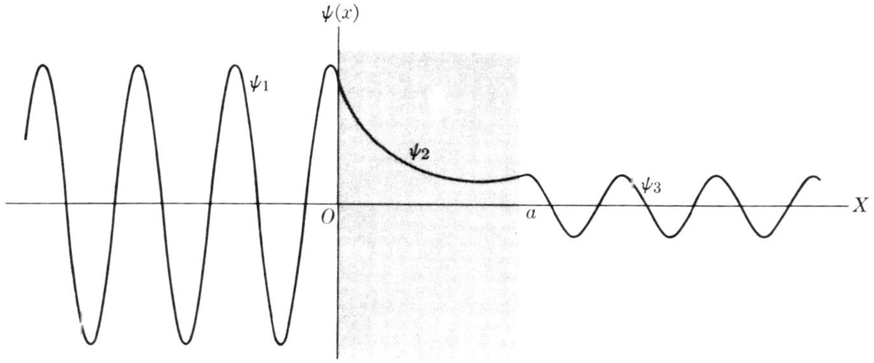

Abb. 2-24. Wellenfunktion bei der Potentialbarriere von Abb. 2-23 für eine Energie, die geringer ist als die Höhe der Barriere.

gleichen Grunde, wie im Fall der Potentialstufe, werden in der Quantenmechanik einige Teilchen bei $x = 0$ und bei $x = a$ reflektiert. Daher lauten die Wellenfunktionen in den drei Gebieten jetzt

$$\psi_1 = Ae^{ikx} + Be^{-ikx}, \qquad \psi_2 = Ce^{ik'x} + De^{-ik'x}, \qquad \psi_3 = A'e^{ikx},$$

wobei $k'^2 = 2m(E - E_0)/\hbar^2$ und $\hbar k'$ der Impuls der Teilchen beim Überqueren des Potentialberges ist.

Indem wir die Grenzbedingungen bei $x = 0$ und $x = a$ anwenden, können wir in den Fällen $E < E_0$ und $E > E_0$ die Koeffizienten B, C, D und A' durch A ausdrücken. Die Durchlässigkeit der Potentialbarriere wird definiert als $T = |A'|^2/|A|^2$. Sie variiert mit der Energie E, wie in Abb. 2-25 gezeigt wird. Man beachte, daß für $E > E_0$ perfekte Transmission ($T = 1$) für bestimmte

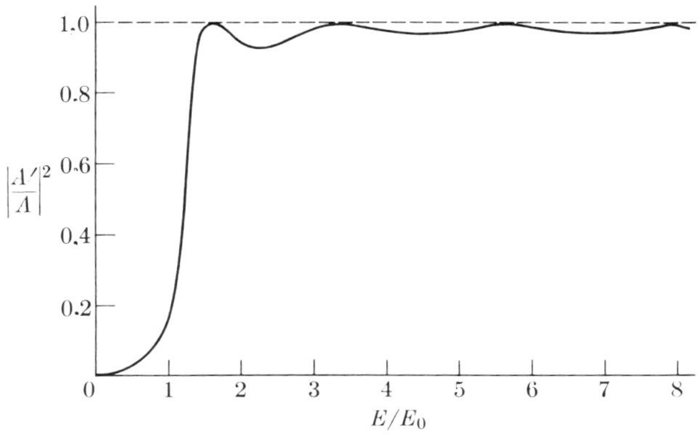

Abb. 2-25. Transmissionskoeffizient für eine rechtwinklige Potentialbarriere.

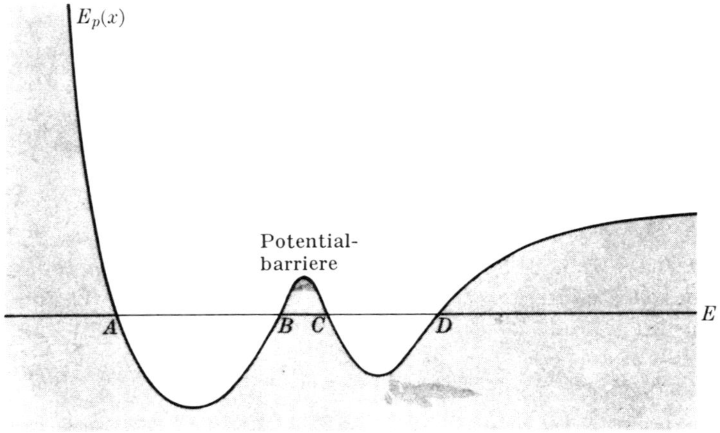

Abb. 2-26. Allgemeine Potentialbarriere.

Werte E/E_0 auftritt, welche dem Fall entsprechen, daß die Wellenlänge des Teilchens beim Durchqueren des Potentialberges, $\lambda' = 2\pi/k'$, gleich einem Vielfachen von $2a$ ist. Dies kann als Resonanzeffekt aufgefaßt werden.

Abb. 2-26 zeigt einen allgemeineren Fall. Wenn das Teilchen eine Energie E besitzt, kann es sich nach den Regeln der klassischen Mechanik zwischen A und B oder zwischen C und D bewegen. Falls sich das Teilchen anfangs zwischen A und B befand, wird man es nie zwischen C und D finden und umgekehrt. In der Quantenmechanik ist die Schlußweise wieder anders. Wenn wir die Schrödingergleichung für dieses Potential lösen, erhalten wir eine Wellenfunktion ψ, wie sie in Abb. 2-27 dargestellt ist. Nach unseren obigen Beispielen erwarten wir daß die Wellenfunktion zwischen A und B oszilliert, sich aber rechts von B exponentiell verhalten sollte. Jedoch besitzt die Wellenfunktion bei C noch einen endlichen Wert. Zwischen C und D, einem klassisch erlaubten Gebiet, wird die Wellenfunktion wieder oszillieren. Rechts von D nimmt die Wellenfunktion wieder exponentiell ab. Wir schließen daher, daß es eine endliche Wahrscheinlichkeit gibt, das Teilchen entweder zwischen A und B oder zwischen C und D zu finden. Mit anderen Worten: Wenn das Teilchen anfangs zwischen A und B

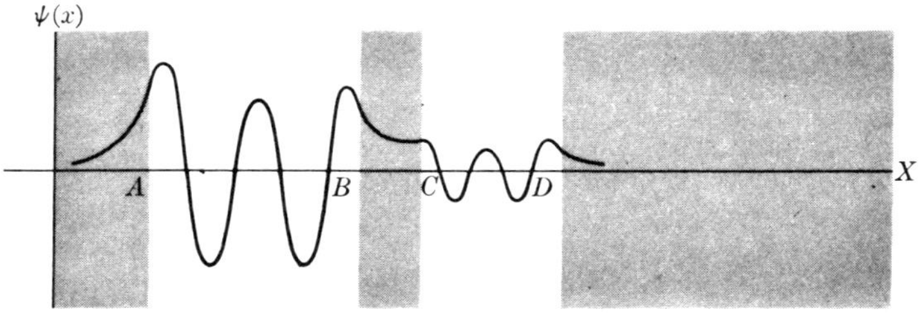

Abb. 2-27. Verlauf der Wellenfunktion bei der allgemeinen Potentialbarriere.

war, kann es zu einem späteren Zeitpunkt zwischen C und D sein und umgekehrt. Damit dies auftreten kann, muß das Teilchen den Potentialberg zwischen C und D durchqueren.

Für das Durchqueren eines Potentialberges gibt es in der klassischen Mechanik kein Analogon. Es entspricht nämlich einer Situation, in welcher ein Teilchen eine negative kinetische Energie oder einen imaginären Impuls besitzen würde. In der Quantenmechanik sollte dies keine Schwierigkeit bedeuten, da wir nicht darauf bestehen dürfen, die Schlußweisen der klassischen Mechanik in atomaren Dimensionen anzuwenden. Das Durchqueren eines Potentialberges, der sog. *Tunneleffekt*, wurde in vielen Beispielen beobachtet, von denen wir zwei diskutieren wollen.

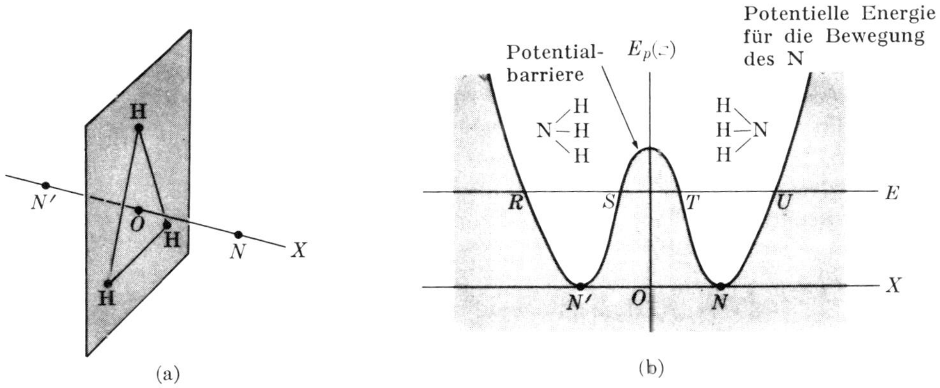

Abb. 2-28. (a) Inversionsbewegung des Stickstoffatoms im Ammoniakmolekül. (b) Potentielle Energie für die Inversionsbewegung.

Das Ammoniakmolekül, NH_3, ist, wie in Abb. 2-28(a) gezeigt, eine Pyramide mit dem N-Atom an der Spitze und den drei H-Atomen an der Basis. Offensichtlich gibt es zwei symmetrisch zur Basis der Pyramide gelegene Gleichgewichtspositionen N und N', in denen sich das N-Atom befindet. Da sowohl N wie auch N' Gleichgewichtslagen sind, muß die potentielle Energie für die Bewegung des N-Atoms längs der Pyramidenachse zwei Minima aufweisen und den in Abb. 2-28(b) dargestellten symmetrischen Verlauf mit einem Potentialberg zwischen N und N' aufweisen. Wenn sich das N-Atom anfänglich bei N befand, kann es im Laufe der Zeit den Potentialberg durchtunneln und bei N' gefunden werden. Falls die Energie dieser Bewegung geringer ist, als die Höhe des Potentialberges, wie z.B. beim Energieniveau E der Abbildung, ist die Bewegung des N-Atoms aus zwei Schwingungen zusammengesetzt: einer Schwingung zwischen R und S bzw. zwischen T und U, je nachdem auf welcher Seite der Grundfläche es sich befindet, und zusätzlich einer viel langsameren Schwingung zwischen den beiden klassischen Gebieten durch den Potentialberg hindurch. Beim Grundzustand des NH_3 beträgt die Frequenz dieser zweiten Bewegung 2.3786×10^{10} Hz. In Atomuhren benutzt man gerade diesen zweiten Bewegungstyp, um einen Zeitstandard zu definieren.

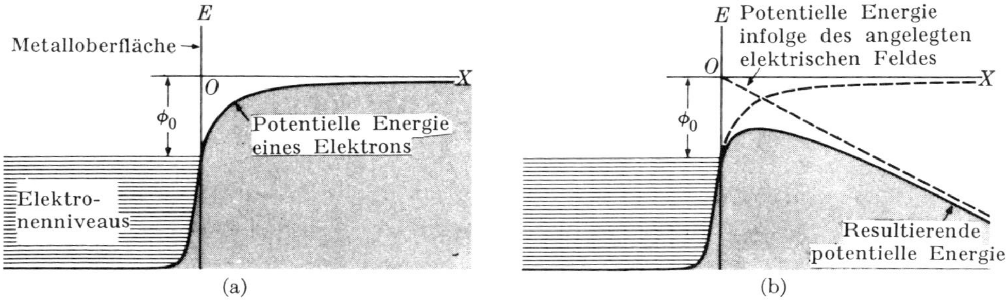

Abb. 2-29. (a) Potentielle Energie eines Elektrons in einem Metall ohne äussere elektrische Felder. (b) Resultierende potentielle Energie nach Anlegen eines äusseren elektrischen Feldes.

Als zweites Beispiel wollen wir Elektronen in einem Metall betrachten. Ihre potentielle Energie ist in Abb. 2-29(a) dargestellt. Damit ein Elektron im höchsten Energieniveau das Metall verlassen kann, muß ihm mindestens ein Energiebetrag ϕ_0 zugeführt werden. Diese Energie kann z.B. durch Erhitzen des Metalls oder durch die Absorption eines Photons (wie im photoelektrischen Effekt) geliefert werden. Der Austritt eines Elektrons kann aber auch dadurch ermöglicht werden, daß man ein äußeres elektrisches Feld anlegt, dessen Potential in Abb. 2-29(b) durch die unterbrochene gerade Linie dargestellt ist. Der resultierende Verlauf der potentiellen Energie wird durch die ausgezogene Linie in Abb. 2-29(b) dargestellt und entspricht einem Potentialberg. Die Metallelektronen mit der höchsten Energie können den Potentialberg durchtunneln, wodurch die sog. *Feldemission* der Elektronen auftritt. In Abschnitt 8.3 werden wir ein anderes Beispiel für den Tunneleffekt diskutieren, die Emission von Alphateilchen aus Kernen.

BEISPIEL 2.7. Analyse der Wellenfunktionen und Energieniveaus beim Durchschwingen des Stickstoffs im NH_3-Molekül.

Lösung: Um zu zeigen, wieviel nützliche Information man aus einer qualitativen Diskussion der Wellenfunktionen erhalten kann, werden wir jetzt das Durchschwingen des Stickstoffs im NH_3-Molekül ausführlicher diskutieren. In Abb. 2-30 ist nochmal der Verlauf der potentiellen Energie von Abb. 2-28(b) dargestellt. Wir wollen diese potentielle Energie als die potentielle Energie eines harmonischen Oszillators mit einem Berg oder einer Schwelle in der Mitte auffassen. Dieser Berg in der Mitte ist eine Störung, welche die Bewegung des Teilchens beeinflußt und zwar besonders dann, wenn es sich durch den Mittelpunkt bewegt. Wie wir oben gezeigt haben, muß dieser Effekt für Teilchen, deren Energie E kleiner als die Höhe des Potentialberges ist, die Wahrscheinlichkeit verringern, das Teilchen im Zentralgebiet zu finden. Wir können dies in die Sprache der Quantenmechanik übersetzen, indem wir sagen, daß der Berg im Zentralgebiet die Wellenfunktion des harmonischen Oszillators verzerrt und ihre Amplitude in diesem Gebiet verringert. Abb. 2-31 zeigt die ersten vier Wellenfunktionen des harmonischen Oszillators ohne den Potentialberg in der Mitte als gestrichelte Linie. Die tatsächlichen Wellenfunktionen, bei denen die Wirkung des zentralen Potentialberges berücksichtigt wurde, sind als durchgezogene Linien dargestellt. Abb. 2-32 zeigt die zugehörigen Wahrscheinlichkeitsdichten $|\psi(x)|^2$.

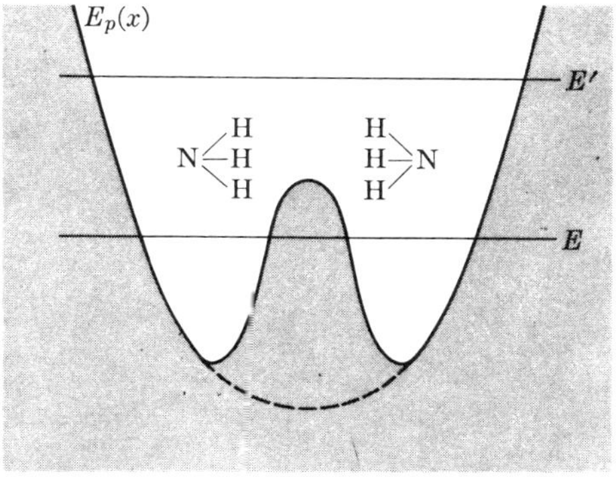

Abb. 2-30. Potentielle Energie für die Inversionsbewegung in NH_3.

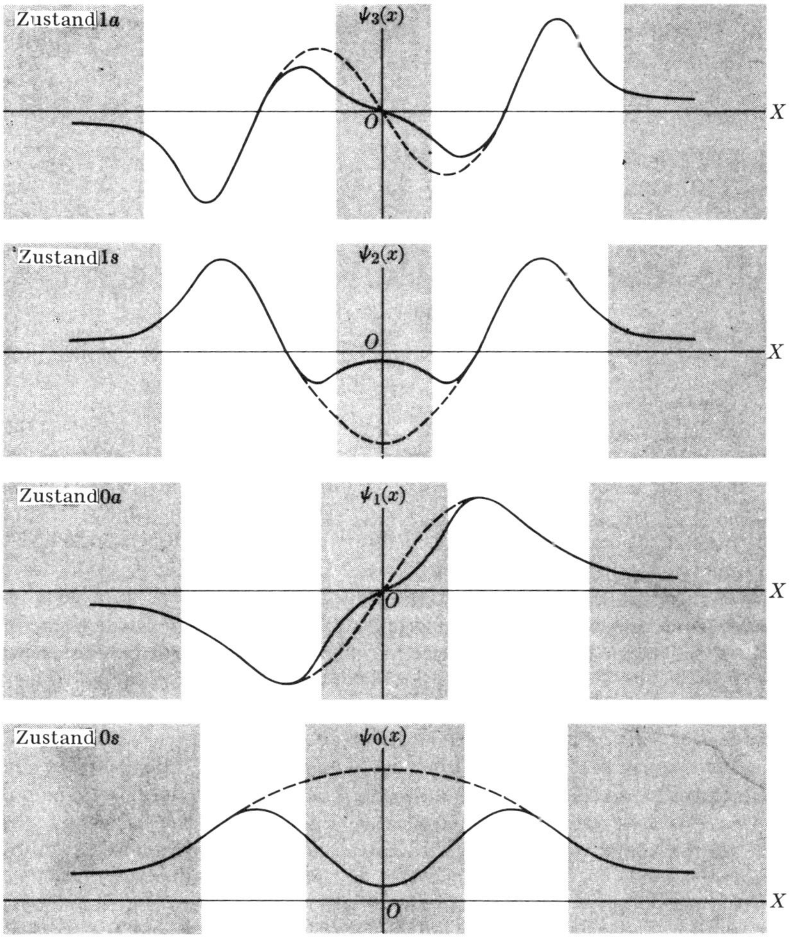

Abb. 2-31. Wellenfunktionen der vier niedrigsten Energieniveaus der Inversionsbewegung in NH_3.

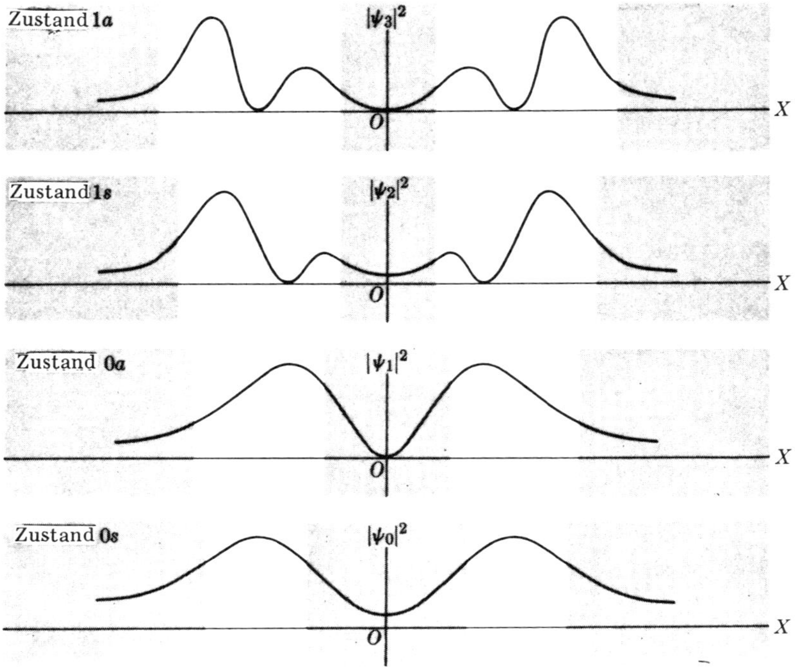

Abb. 2-32. Wahrscheinlichkeitsdichten, die den Wellenfunktionen von Abb. 2-31 entsprechen.

Eine Analyse dieser Wahrscheinlichkeitsdichten zeigt, daß $|\psi_0|^2$ und $|\psi_1|^2$ fast identisch sind. Der Hauptunterschied besteht darin, daß $|\psi_0|^2$ eine etwas größere Wahrscheinlichkeit, das Teilchen innerhalb des Potentialberges zu finden, aufweist als $|\psi_1|^2$. Daher müssen die Energien E_0 und E_1 der zugehörigen stationären Zustände fast gleich sein. Dasselbe gilt für $|\psi_2|^2$ und $|\psi_3|^2$, obwohl die Ähnlichkeit dieser beiden Wellenfunktionen nicht so groß ist wie bei ψ_0 und ψ_1. Daher müssen ebenfalls die Energieniveaus E_2 und E_3 nah beieinanderliegen, aber nicht so nahe wie E_0 und E_1. Für Energien, die größer sind als die Höhe des zentralen Potentialberges (wie z.B. E' in Abb. 2-30) macht sich jedoch der behindernde Einfluß kaum bemerkbar, und die Wellenfunktionen und Energieniveaus sind im wesentlichen dieselben wie die eines harmonischen Oszillators.

Die Energieniveaus sind in Abb. 2-33 dargestellt, wobei sich die Zahlen auf die Energien des NH_3-Moleküls beziehen. Die Höhe des Potentialberges in NH_3 ist etwa 0,254 eV. Die Abbildung zeigt auch, daß der Abstand zwischen den Niveaus des Paares $0s$ und $0a$, die zu den Wellenfunktionen ψ_0 und ψ_1 gehören, oder des Paares $1s$ und $1a$, die zu den Wellenfunktionen ψ_2 und ψ_3 gehören, sehr klein verglichen mit dem Abstand zwischen den beiden Paaren ist. In Tabelle 2-3 sind die ersten acht Energieniveaus von NH_3 aufgeführt. Die Symbole, die für die Bezeichnung der Energieniveaus benutzt werden, sollen im nächsten Abschnitt erläutert werden.

Das wichtigste Ergebnis, daß wir aus diesem Beispiel erhalten, besteht darin, daß bei zwei Potentialtöpfen, die durch einen Potentialberg getrennt sind, die niedrig liegenden Energieniveaus zu eng verwandten Paaren oder *Doubletts* gruppiert sind. Bei drei anstelle von zwei Potentialtöpfen, sollten wir Tripletts eng verwandter

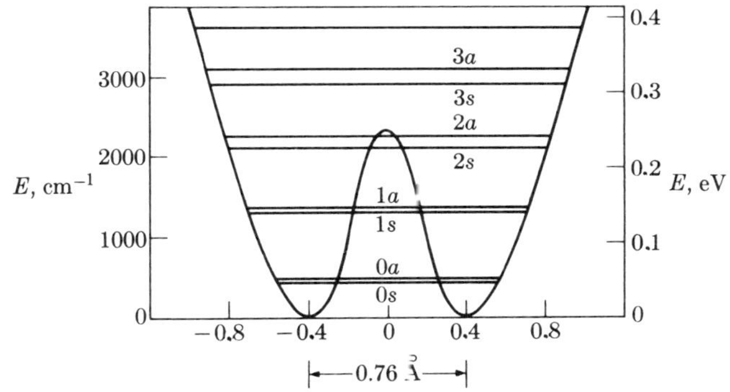

Abb. 2-33. Energieniveaus für die Inversionsbewegung in NH_3.

Energieniveaus erhalten usw. Wie wir später (in Kapitel 5 und 6) sehen werden, spielt dies eine wichtige Rolle bei der Untersuchung von Molekülen und Festkörpern.

TABELLE 2-3 Vibrationsniveaus für die Achsialbewegung des N-Atoms im NH_3-Molekül relativ zum Grundzustand

Niveau	cm^{-1}*	eV
3*a*	2861	0.3547
3*s*	2380	0.2950
2*a*	1910	0.2367
2*s*	1597.4	0.1980
1*a*	986.00	0.1222
1*s*	950.16	0.1178
0*a*	0.79	9.84×10^{-5}
0*s*	0.00	0.

*Die Einheit cm^{-1} wird in Abschnitt 3.3 definiert werden. Es entspricht 1 eV = 8067,5 cm^{-1}.

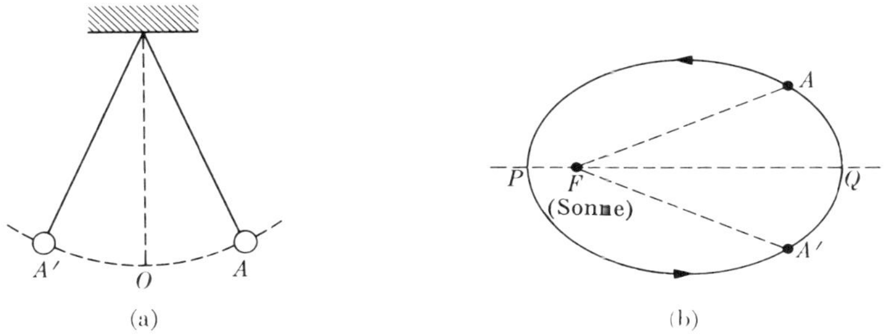

Abb. 2-34. Symmetrische Bewegungen: (a) Pendel, (b) Planetenbahn.

2.9 *Symmetrien, Wellenfunktionen und Parität*

Symmetrieüberlegungen sind oft eine große Hilfe für den Physiker, der brauchbare Informationen gewinnen möchte, ohne ausführliche Berechnungen durchzuführen. Bei z.B. der Bewegung des Pendels (oder bei jeder einfachen harmonischen Bewegung) ist die Gleichgewichtslage O [Abb. 2-34 (a)] ein Symmetriezentrum. Wenn sich das Pendel in symmetrischen Lagen, wie etwa A und A', befindet, müssen deshalb seine Geschwindigkeit und seine Beschleunigung dem Betrage nach gleich sein; die Zeit, die für die Bewegung zwischen A und O benötigt wird, muß dieselbe sein, wie die Zeit für die Bewegung zwischen A' und O; die Änderungen der Geschwindigkeit, der kinetischen oder der potentiellen Energie beim Übergang von A nach O sollten dieselben sein, wie für den Übergang von A' nach O usw. Im Falle einer Planetenbewegung [Abb. 2-34 (b)] ist die Linie PQ eine Symmetrieachse der Umlaufbahn, und daher müssen die Geschwindigkeit und die Beschleunigung eines Planeten in den symmetrischen Positionen A und A' dem Betrage nach dieselben sein, ebenso wie die Zeiten für die Bewegung von A nach P und von P nach A' usw. Falls die potentielle Energie relativ zu einem bestimmten Punkt symmetrisch verläuft, wie zu O in Abb. 2-35, wissen wir allgemein, daß für symmetrische Lagen des Körpers, wie z.B. A und A', die dynamischen Bedingungen dieselben sein müssen.

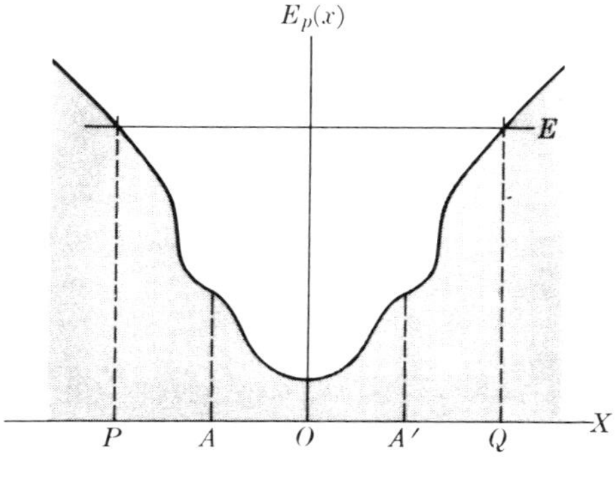

Abb. 2-35. Symmetrische potentielle Energie.

In der Quantenmechanik sind Symmetriebetrachtungen noch nützlicher und wichtiger als in der klassischen Mechanik. Wenn z.B. das Problem der Art ist, daß die potentielle Energie ein Symmetriezentrum besitzt, und daher das Teilchen an symmetrischen Punkten sich im selben dynamischen Zustand befinden muß, muß die Wahrscheinlichkeit, das Teilchen an diesen symmetrischen Punkten zu finden, dieselbe sein. Da diese Wahrscheinlichkeit durch $|\psi|^2$ gegeben ist, schließen wir, daß

$$|\psi_A|^2 = |\psi_{A'}|^2 \tag{2.25}$$

wenn A und A' die zwei Positionen relativ zum Symmetriezentrum des physikalischen Problems sind, wie etwa in Abb. 2-35. D.h., wenn wir $|\psi|^2$ graphisch darstellen, sollte die Kurve bezogen auf das Symmetriezentrum symmetrisch verlaufen. Nun fordert Gl. (2.25), wenn wir reelle Wellenfunktionen annehmen, daß

$$\psi_A = \pm \psi_{A'}. \qquad (2.26)$$

Deshalb muß die Wellenfunktion an symmetrischen Punkten den gleichen Betrag besitzen, das Vorzeichen darf jedoch entgegengesetzt sein. Wenn $\psi_A = + \psi_{A'}$, sagen wir, daß die Wellenfunktion *gerade Parität* besitzt. Wenn $\psi_A = - \psi_{A'}$, besitzt die Wellenfunktion *ungerade Parität.*

Die Parität bezieht sich allgemein auf das Verhalten der Wellenfunktion an symmetrisch gelegenen Punkten. Wir schließen so:

> *In Problemen, die ein Symmetriezentrum aufweisen, werden die stationären Zustände durch Wellenfunktionen beschrieben, die eine wohldefinierte Parität besitzen und zwar eine gerade oder eine ungerade.*

Wir wollen nun sehen, wie sich diese wichtige Schlußfolgerung auf die früher behandelten Probleme anwenden läßt. Beim Potentialkasten von Abb. 2-6 ist der Punkt $x = a/2$ ein Symmetriezentrum; daher müssen die Wellenfunktionen bezogen auf $x = a/2$ entweder gerade oder ungerade sein. In Abb. 2-8(a) können wir dies deutlich sehen, so daß wir sagen können, daß die Zustände mit $n = 1$, 3, 5, ... gerade Parität besitzen, während diejenigen mit $n = 2$, 4, 6, ... ungerade Parität aufweisen. Die Wahrscheinlichkeitsverteilungen, die in Abb. 2-8(b) dargestellt sind, genügen der in Gl. (2.25) festgestellten Forderung und sind symmetrisch relativ zu $x = a/2$.

Im Falle des harmonischen Oszillators ist $x = 0$ das Symmetriezentrum (Abb. 2-13), und die Wellenfunktionen für $n = 0$, 2, 4, ... besitzen gerade Parität, während diejenigen für $n = 1$, 3, 5, ... ungerade Parität besitzen (Abb. 2-14). Für alle stationären Zustände ist die Wahrscheinlichkeitsverteilung relativ zu $x = 0$ symmetrisch (Abb. 2-15).

Wir benutzten das Symmetrieprinzip implizit, als wir die Wellenfunktion für den Potentialtopf (Abb. 2-16) diskutierten, der ein Symmetriezentrum bei $x = 0$ besitzt. Jedoch weist der in Beispiel 2.6 betrachtete Potentialverlauf keine Symmetrie auf (Abb. 2-20), und die zugehörigen Wellenfunktionen sind weder gerade noch ungerade (Abb. 2-21).

Die potentielle Energie für die Bewegung des N-Atoms im NH_3-Molekül, wie in Beispiel 2.7 besprochen (siehe Abb. 2-30), weist auch ein Symmetriezentrum auf, und die zugehörigen Wellenfunktionen (Abb. 2-31) sind gerade oder ungerade. Die geraden oder symmetrischen Wellenfunktionen sind durch s gekennzeichnet, und die ungeraden oder antisymmetrischen Wellenfunktionen sind durch a gekennzeichnet. In Tabelle 2-3 sind die aufeinanderfolgenden geraden und ungeraden Wellenfunktionen mit $0s$, $0a$, $1s$, $1a$, usw. bezeichnet.

Eine weitere interessante Tatsache, die wir nebenbei erwähnen, und die man beim Betrachten der Abbildungen 2-8, 2-14, 2-17 und 2-31 feststellen kann, besteht darin, daß die Wellenfunktion des Grundzustandes immer das gleiche

Vorzeichen besitzt (in der Sprechweise der Algebra können wir sagen, daß die Wellenfunktion des Grundzustandes *keine Wurzeln* besitzt), während die Wellenfunktionen für die ersten, zweiten, dritten, ... angeregten Zustände einmal, zweimal, dreimal, ... die Achse kreuzen (oder ihr Vorzeichen ändern oder bzw. eine, zwei, drei, ... Wurzeln besitzen). Wir können so schließen:

Je häufiger die Wellenfunktion ihr Vorzeichen wechselt (oder je größer die Zahl der Wurzeln ist), umso größer ist die Energie des zugehörigen stationären Zustandes.

2.10 Die zeitabhängige Schrödingergleichung

Bisher haben wir nur die räumliche Verteilung des Materiefeldes besprochen und seine Amplitude oder Wellenfunktion $\psi(x)$ berechnet. Es wurde nichts über die Zeitabhängigkeit des Feldes gesagt. Um die Zeitabhängigkeit diskutieren zu können, müssen wir eine Gleichung haben, welche die Zeit enthält; diese Gleichung wird die *zeitabhängige Schrödingergleichung* genannt. Sie spielt in der Quantenmechanik eine ähnliche Rolle wie die Maxwellschen Gleichungen in der Elektrodynamik. Die zeitabhängige Schrödingergleichung lautet

$$-\frac{\hbar^2}{2m}\frac{\partial^2 \Psi}{\partial x^2} + E_p(x)\Psi = i\hbar\frac{\partial \Psi}{\partial t}, \tag{2.27}$$

dabei schreiben wir jetzt $\Psi(x, t)$ anstelle von $\Psi(x)$ für die Wellenfunktion, so daß wir sowohl Zeit- wie Ortsabhängigkeit berücksichtigen. Wie wir sehen, unterscheidet sich diese Gleichung für das Materiefeld $\Psi(x, t)$ grundlegend von der Wellengleichung $\partial^2\xi/\partial t^2 = v^2\partial^2\xi/\partial x^2$, welche elastische oder elektromagnetische Wellen beschreibt; sie enthält nur die erste Ableitung nach der Zeit und nicht die zweite zeitliche Ableitung. In gewisser Weise ähnelt Gl. (2.27) der Gleichung für Transportphänomene $\partial\xi/\partial t = a^2\partial^2\xi/\partial x^2$, welche in der Zeit ebenfalls von erster Ordnung ist und Wärmeleitung sowie Diffusion beschreibt. Jedoch gibt es wieder einen wesentlichen Unterschied: den imaginären Faktor $i = \sqrt{-1}$, mit dem in der Schrödingergleichung die Zeitableitung multipliziert wird. Deshalb unterscheidet sich das durch Gl. (2.27) beschriebene Feld einerseits von den elastischen oder elektromagnetischen Wellen und andererseits von der Diffusion oder der Wärmeleitung. Wir dürfen die Analogie zwischen quantenmechanischen Feldern und elastischen oder elektromagnetischen Wellen nicht zu weit führen.

Man beachte, daß wir die zeitabhängige Schrödingergleichung nur hingeschrieben und nicht in gleicher Weise abgeleitet haben, wie wir die Wellengleichungen für elastische Wellen auf einer Seite oder für elektromagnetische Wellen ausgehend von Grundprinzipien aufstellen können. Wir könnten uns auf den Standpunkt stellen, daß Gl. (2.27) ein Grundgesetz der Natur ist, ebenso wie das Faradaysche Induktionsgesetz oder der Energiesatz Grundgesetze sind, und daß sich ihre mathematische Gestalt als Ergebnis sorgfältiger experimenteller Untersuchungen und intuitiver Schlußfolgerungen ergeben hat. Ein derartiger Standpunkt ist im Grunde genommen richtig. Jedoch können wir die Schrödingergleichung auch ableiten, wenn wir von bestimmten Grundannahmen ausgehen. Dies geschieht in der formalen Theorie der Quantenmechanik, deren Diskussion über den Rahmen dieses Buches hinausgehen würde; jedoch gibt Abschnitt 2.12 eine einführende Analyse. Wir wollen hier nur darauf hinweisen, daß die Tatsache, daß die zeitabhängige Schrödingergleichung die erste Ableitung nach der Zeit und die zweiten Ableitungen nach den Ortsvariablen enthält, direkt darauf zurückgeführt werden kann, daß die Energie des Teilchens über die Beziehung $E = p^2/2m + E_p(x)$ quadratisch vom Impuls abhängt.

Als nächstes wollen wir versuchen, eine Lösung der Gl. (2.27) zu bestimmen, die geeignet ist, die stationären Zustände zu beschreiben. Aufgrund unserer Kenntnis der stehenden Wellen können wir annehmen, daß in einer solchen Lösung die Orts- und Zeitvariablen getrennt auftreten müssen. Wir werden eine Lösung der folgenden Form versuchen

$$\Psi(x, t) = \psi(x)e^{-iEt/\hbar}. \tag{2.28}$$

Als nächstes müssen wir beweisen, daß E die Energie ist und $\psi(x)$ die Amplitude, die Gl. (2.3) erfüllt. Um das zu zeigen bemerken wir, daß

$$\frac{\partial \Psi}{\partial t} = -\frac{iE}{\hbar}\psi(x)e^{-iEt/\hbar} \qquad \text{und} \qquad \frac{\partial^2 \Psi}{\partial x^2} = \frac{d^2\psi}{dx^2}e^{-iEt/\hbar}.$$

Setzen wir diese beiden Ausdrücke in Gl. (2.27) ein und kürzen dabei den Faktor $e^{-iEt/\hbar}$, so erhalten wir für $\psi(x)$ Gl. (2.3); daher muß E die Gesamtenergie des Systems sein. Das durch Gl. (2.28) gegebene Materiefeld schwingt deshalb in Übereinstimmung mit den Gleichungen (1.44) und (1.45) mit einer Kreisfrequenz

$$\omega = E/\hbar \qquad \text{oder} \qquad E = \hbar\omega = h\nu.$$

Wie oben angedeutet, ist das durch Gl. (2.28) dargestellte Feld typisch für stehende Wellen, weil die Raum- und die Zeitabhängigkeit in verschiedenen Faktoren enthalten sind. Jedoch besteht ein wichtiger Unterschied im Vergleich zu stehenden Wellen auf Seiten, in Luftsäulen oder metallischen Hohlräumen darin, daß die Zeitabhängigkeit nicht als sin ωt oder cos ωt geschrieben werden kann, sondern nur als $e^{-i\omega t} = e^{-iEt/\hbar}$. Dies ist der Fall, weil Gl. (2.27) in der Zeit von erster Ordnung ist. Dies bedeutet, daß quantenmechnische Wellen immer eine komplexe Zeitabhängigkeit besitzen.

Für ein freies Teilchen, das sich mit dem Impuls $p = \hbar k$ in $+X$-Richtung bewegt, haben wir $\psi(x) = Ae^{ikx}$. So ist die zeitabhängige Wellenfunktion

$$\Psi(x, t) = \psi(x)e^{-iEt/\hbar} = Ae^{i(kx-\omega t)}. \tag{2.29}$$

Sie beschreibt eine sich in $+X$-Richtung mit einer Phasengeschwindigkeit $v_p = \omega/k = E/p = \frac{1}{2}v$ ausbreitende Welle, wie wir sie in Abschnitt 1.11 diskutiert haben. Dies bestätigt die in Abschnitt 2.3 gemachte Aussage, daß die Wellenfunktion $\psi(x) = e^{ikx}$ einem Teilchen entspricht, das sich in $+$ X-Richtung bewegt. Analog ist die zeitabhängige Wellenfunktion, die zu $\psi(x) = e^{-ikx}$ gehört, $\Psi(x, t) = Ae^{-i(kx+\omega t)}$, was eine Welle beschreibt, die sich in negativer X-Richtung ausbreitet. Wir können jedoch nicht cos $(kx = \omega t)$ oder sin $(kx - \omega t)$ anstelle von Gl. (2.29) benutzen, um $\Psi(x, t)$ für ein freies Teilchen auszudrücken, weil diese Funktionen keine Lösungen von Gl. (2.27) sind.

Für ein Teilchen in einem Potentialkasten ist

$$\psi(x) = A \sin \frac{n\pi x}{a} = \frac{A(e^{in\pi x/a} - e^{-in\pi/a})}{2i}$$

und somit

$$\Psi(x, t) = A \sin \frac{n\pi x}{a} e^{-iEt/h} = \left[\frac{A}{2i} e^{i(n\pi x/a - Et/h)} - e^{-i(n\pi x/a - Et/h)}\right].$$

Wie im Fall einer schwingenden Seite mit fixierten Enden entspricht diese Gleichung zwei Wellen, die in entgegengesetzten Richtungen laufen und in einer stehenden Welle resultieren.

Eine Lösung der Gestalt (2.28) beschreibt ein Teilchen, das sich mit einer genau definierten Energie bewegt und einem Energieniveau oder einem stationären Zustand entspricht. In diesem Fall ist

$$|\Psi(x, t)|^2 = [\psi^*(x)e^{iEt/h}][\psi(x)e^{-iEt/h}] = |\psi(x)|^2, \tag{2.30}$$

so daß die Wahrscheinlichkeitsdichte $|\Psi(x, t)|^2$ zeitunabhängig ist. Aus diesem Grunde wurden oben die durch Gl. (2.28) beschriebenen Zustände *stationär* genannt. Wir müssen jedoch beachten, daß Gl. (2.28) nicht die *einzige* Lösung von (2.27) ist und daß andere Lösungen existieren, für die $|\Psi(x, t)|^2$ zeit-abhängig ist. Die zugeordneten Zustände sind nicht stationär. Indem wir ein Ergebnis aus der Theorie der Differentialgleichungen benutzen, können wir die allgemeine Lösung von Gl. (2.27), die nichtstationären Zuständen entspricht, als Linearkombination von stationären Lösungen ausdrücken; d.h.

$$\Psi(x, t) = \sum_n c_n \psi_n(x) e^{-iE_n t/h}. \tag{2.31}$$

(Dies ist der Fourier-Analyse einer Welle ähnlich.) Der obige Ausdruck für $\Psi(x, t)$ ist eine Lösung von Gl. (2.27), die wir verifizieren können, wenn wir beachten, daß jeder Summand als ein Ausdruck vom Typ (2.28) eine Lösung von Gl. (2.27) ist und daß ihre Summe ebenfalls eine Lösung ist, da Gl. (2.27) eine lineare homogene Differentialgleichung ist.

Als ein konkretes Beispiel wollen wir den Fall betrachten, in dem $\Psi(x, t)$ als die Summe von zwei stationären Termen dargestellt werden kann, d.h.

$$\Psi(x, t) = c_1 \psi_1 e^{-iE_1 t/h} + c_2 \psi_2 e^{-iE_2 t/h}. \tag{2.32}$$

Den Anfangswert der Wellenfunktion erhalten wir, wenn wirt $t = 0$ setzen

$$\Psi(x, 0) = c_1 \psi_1 + c_2 \psi_2.$$

Die Koeffizienten c_1 und c_2 können wir durch ein einfaches mathematisches Verfahren ausrechnen, wenn wir $\Psi(x, 0)$ kennen (vergl. Aufgabe 2.37). Wir können daher $\Psi(x, t)$ bestimmen, wenn wir die Anfangswellefunktion $\Psi(x, 0)$ kennen.

Die zu $\Psi(x, t)$ gehörende Wahrscheinlichkeitsverteilung ist

$$\begin{aligned} P(x, t) &= |\Psi(x, t)|^2 \\ &= \{c_1^* \psi_1^* e^{iE_1t/h} + c_2^* \psi_2^* e^{iE_2t/h}\} \{c_1 \psi_1 e^{-iE_1t} + c_2 \psi_2 e^{-iE_2t/h}\} \\ &= |c_1 \psi_1|^2 + |c_2 \psi_2|^2 + c_1 c_2^* \psi_1 \psi_2^* e^{-i(E_1-E_2)t/h} \\ &\quad + c_1^* c_2 \psi_1^* \psi_2 e^{i(E_1-E_2)t/h}. \end{aligned}$$

Daher ist der Zustand, der durch das angegebene $\Psi(x, t)$ beschrieben wird, nicht stationär. Dieses Resultat gibt uns eine klarere Vorstellung des Unterschiedes zwischen stationären und nichtstationären Zuständen. Zwar ist für stationäre Zustände $|\Psi(x, t)|^2$ zeitunabhängig, in nichtstationären Zuständen enthält $|\Psi(x, t)|^2$ jedoch eine Reihe von oszillierenden Termen mit den Frequenzen $\nu = (E_n - E_{n'})/h$. Die Wellenfunktion (2.32) könnte ein System bei einem Übergang zwischen stationären Zuständen E_1 und E_2 beschreiben. Wenn es sich bei diesem Übergang um ein geladenes Teilchen handelt, kann man sagen, daß es sich während des Überganges wie ein Oszillator verhält, dessen Frequenz durch die Bohrsche Beziehung (1.29), $\nu = (E_1 - E_2)/h$, gegeben ist und daß es deshalb elektromagnetische Strahlung der gleichen Frequenz emittieren oder absorbieren kann. Somit schließt der Formalismus der Quantenmechanik auf natürliche Weise die Bohrsche Beziehung $E_1 - E_2 = h\nu$ ein.

BEISPIEL 2.8. Diskussion der Wellenfunktion für die Version des NH_3-Moleküls.

Lösung: Wir nehmen an, daß sich das N-Atom am Anfang (mit größter Wahrscheinlichkeit) im Grundzustand des rechten Potentialtopfes befindet (vergl. Abb. 2-30). Deshalb muß die Wellenfunktion am Anfang im rechten Potentialtopf sehr groß und im linken sehr klein sein. Die anfängliche Wellenfunktion kann dann dargestellt werden als

$$\Psi(x, 0) = \Psi_R,$$

wie in Abb. 2-36(a) dargestellt ist. Indem wir uns an den Verlauf der Funktionen ψ_0 und ψ_1 in Abb. 2-31 erinnern, können wir als gute Näherung auch schreiben

$$\Psi(x, 0) = \Psi_R \approx \psi_0 + \psi_1.$$

Nach einer bestimmten Zeit t ist die Wellenfunktion gegeben durch

$$\Psi(x, t) = \psi_0 e^{-iE_0t/h} + \psi_1 e^{-iE_1t/h}.$$

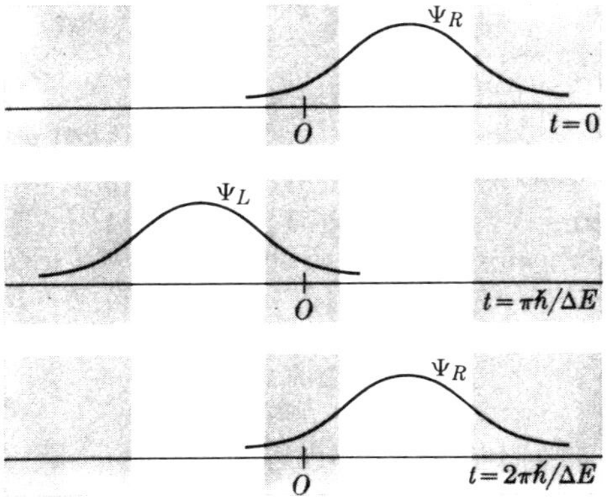

Abb. 2-36. Beschreibung der Inversionsbewegung im NH_3 durch zeitabhängige Wellenfunktionen.

Wenn wir $\Delta E = E_1 - E_0$ setzen, können wir diesen Ausdruck darstellen als

$$\Psi(x, t) = (\psi_0 + \psi_1 e^{-i\Delta Et/h})e^{-iE_0t/h}.$$

Zur Zeit $t = \pi\hbar/\Delta E$ ist der Exponent in der Klammer gleich -1, und wir erhalten

$$\Psi(x, t) = (\psi_0 - \psi_1)e^{-iE_0t/h} = \Psi_L e^{-iE_0t/h}.$$

Aufgrund des in Abb. 2-31 gezeigten Verlaufes von ψ_0 und ψ_1 erkennen wir, daß $\Psi n \approx \psi_0 - \psi_1$ links konzentriert ist. Dies ist ebenfalls in Abb. 2-36 dargestellt. Daher befindet sich das Teilchen, in unserem Beispiel das N-Atom, (mit größter Wahrscheinlichkeit) im linken Potentialtopf. Mit anderen Worten: Das NH_3-Molekül wurde invertiert. Offensichtlich befindet sich das Teilchen zur Zeit $t = 2\pi\hbar/\Delta E$ wieder auf der rechten Seite. Daher ist die Inversionsfrequenz des Moleküls gegeben durch $\nu = \Delta E/2\pi\hbar = (E_1 - E_0)/h$. Aus dem experimentellen Wert für ν, 2.38×10^{10} Hz, können wir die Energiedifferenz $E_1 - E_0$ zu 9.84×10^{-5} eV berechnen. Dies ist der in Tabelle 2-3 angegebene Wert.

2.11 Übergangswahrscheinlichkeiten und Auswahlregeln

Logischerweise sollte der Leser hier die folgende Frage stellen: Wie kann die Quantenmechanik voraussagen, *wann* ein Übergang stattfinden wird? Mit anderen Worten, wie können wir erfahren, wann und wo ein Atom, Molekül oder Kern von einem angeregten Zustand in einen Zustand niedrigerer Energie springen wird? Oder wie können wir bestimmen, ob ein Atom, Molekül oder Kern in einem äußeren elektromagnetischen Feld Energie absorbiert und in einen angeregten Zustand übergeht? Die Antwort auf diese Fragen lautet, daß wir nicht exakt die Zeit voraussagen können, wann der Übergang stattfinden wird, daß es aber für jeden Sprung, z.B. vom Zustande i zum Zustande f eine *Übergangswahrscheinlichkeit* pro Zeit, T_{if}, gibt, die wir aufgrund der Regeln der Quantenmechanik und der für den Übergang verantwortlichen Wechselwirkungen berechnen können. Je größer T_{if} ist, umso wahrscheinlicher ist es, daß der Übergang stattfindet.

Wenn $T_{if} = 0$ ist, ist natürlich der Übergang unmöglich oder *verboten*. Dieses Ergebnis besagt, daß nicht alle Übergänge, welche der Bohrschen Beziehung $\nu = (E' - E)/h$ genügen, möglich sind, da außer der Energieerhaltung andere Überlegungen in diesen Prozeß eingehen. Z.B. muß der Drehimpuls erhalten bleiben. Es könnte auch wegen der Raumsymmetrie des Systems (d.h. der Parität der Wellenfunktionen) nicht möglich sein, daß die Wellenfunktion des Anfangszustandes durch einen echten Strahlungsprozeß in den Endzustand übergeht. Derartige Einschränkungen der möglichen Übergänge führen zu *Auswahlregeln*. Diese Regeln sagen aus, welche die wahrscheinlicheren oder *erlaubten* Übergänge sind, d.h. für welche die Übergangswahrscheinlichkeiten große Werte annehmen.

Während eines elektromagnetischen Überganges kann sich das System wie ein schwingender elektrischer oder magnetischer Multipol verhalten. Deshalb gibt es elektrische oder magnetische Dipol-, Quadropol- usw. Übergänge, von denen jeder durch zugehörige Übergangswahrscheinlichkeiten und Auswahlregeln charakterisiert ist. Für gewöhnlich ist der elektrische Dipol- der wahrscheinlichste Übergang, gefolgt vom magnetischen Dipol- und elektrischen Quadropol-Übergang. Multipol-Übergänge höherer Ordnung haben sehr geringe Übergangswahrscheinlichkeiten und werden im allgemeinen außer acht gelassen, außer bei einigen Sonderfällen in Kernen. Übergänge, für welche die elektrische Dipol-Übergangswahrscheinlichkeit nicht Null ist, werden als «*in erster Ordnung erlaubt*» bezeichnet. Wenn die elektrische Dipol-Übergangswahrscheinlichkeit Null ist, wird der Übergang «*in erster Ordnung verboten*» genannt, selbst wenn ein solcher Übergang als ein magnetischer Dipol- oder ein elektrischer Quadropol-Übergang mit viel geringerer Rate stattfinden könnte (oder sogar als Multipol-Übergang noch höherer Ordnung). Die elektrische Dipol-Übergangswahrscheinlichkeit eines harmonischen Oszillators ist z.B. nur dann von Null verschieden, wenn

$$\Delta n = \pm 1 \tag{2.34}$$

wobei $\Delta n = n_f - n_i$. Dies ist die Auswahlregel für die in erster Ordnung erlaubten Übergänge des Oszillators. Sie besagt, daß die in erster Ordnung zugelassenen Übergänge eines harmonischen Oszillators von einem Zustand zu einem benachbarten führen, d.h. zwischen Zuständen stattfinden, deren Quantenzahlen n sich um $\pm$ 1 unterscheiden. Dann ist die bei einem Übergang ($\Delta n = +1$) absorbierte oder ($\Delta n = -1$) emittierte Energie entsprechend Gleichung (2.21)

$$|E_f - E_i| = \hbar\omega = h\nu. \tag{2.35}$$

Dabei ist ν die Frequenz des harmonischen Oszillators. Vergleicht man Gl. (2.35) mit der Bohrschen Beziehung, so sieht man, daß der harmonische Oszillator nur Strahlung einer einzigen Frequenz emittieren oder absorbieren kann, die seiner eigenen (der klassischen Oszillatorfrequenz) gleich ist, und daß so sein Spektrum auf nur eine Frequenz beschränkt ist.

Wenn sich ein System in einem angeregten Zustand befindet, wird es wegen der Wahrscheinlichkeit, auf ein Niveau niedrigerer Energie überzugehen, nur für eine bestimmte Zeitdauer in dem angeregten Zustande bleiben. Die *mittlere*

Lebensdauer eines angeregten Zustandes ist umgekehrt proportional zur gesamten Übergangswahrscheinlichkeit dieses Zustandes, d.h. der Summe der Wahrscheinlichkeit dieses Zustandes, d.h. der Summe der Wahrscheinlichkeiten für Übergänge in alle möglichen Niveaus niedrigerer Energie. Die Lebensdauer des Grundzustandes eines isolierten Systems ist offensichtlich nicht begrenzt, da das System nicht in ein niedrigeres Energieniveau übergehen kann. Lebensdauer für erlaubte atomare oder molekulare Übergänge liegen in der Größenordnung 10^{-8} s, während die Lebensdauer für Übergänge in Kernen von 10^{-8} bis 10^{-14} s reichen.

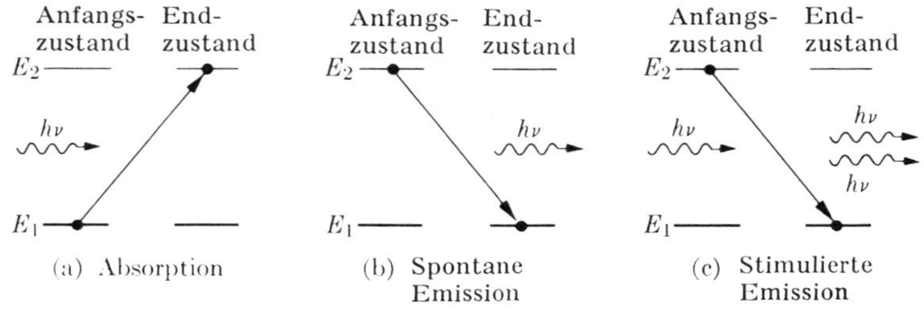

Abb. 2-37. Strahlungsübergänge: (a) Absorption; ein einfallendes Photon wird absorbiert; (b) Spontane Emission, erzeugt ein Photon; (c) Stimulierte Emission unter Einwirkung eines einfallenden Photons.

Obwohl Übergänge, in denen ein System von einem angeregten Zustand in einen Zustand niedrigerer Energie übergeht und Energie emittiert, spontan auftreten können, ist ein äußerer Einfluß erforderlich, wenn ein System Energie absorbieren soll. Falls sich ein System anfangs in einem angeregten Zustand befindet, kann ein derartiger äußerer Einfluß auch Energieemission hervorrufen und zwar als Folge der Störung zusätzlich zur spontanen Emission. Dieser Prozeß wird *induzierte Emission* genannt. Er spielt in vielen Fällen eine wichtige Rolle. Die drei Prozesse — Absorption, spontane Emission und induzierte Emission — sind in Abb. 2-37 dargestellt. In Beispiel 13.5 werden wir die Beziehung zwischen den Wahrscheinlichkeiten für spontane und induzierte Übergänge ableiten.

2.12 Die formale Theorie der Quantenmechanik

Wir haben bisher eine Quantentheorie für atomare Systeme entwickelt, die sich auf die Schrödingergleichung gründet. Mit Hilfe der Wellenfunktionen, die wir durch Lösung der Schrödingergleichung erhalten, gewinnen wir Informationen über die möglichen Energieniveaus des Systems, die Wahrscheinlichkeit, das System in einem bestimmten Raumgebiet zu finden, die Wahrscheinlichkeit für Übergänge zwischen verschiedenen Energieniveaus, die Frequenz emittierter oder absorbierter elektromagnetischer Strahlung usw. Bisher hätte es allerdings scheinen können, als ob die einzige Information, die wir aus den Gesetzen der Quantenmechanik gewinnen könnten, die Energie des Systems beträfe. Dies ist jedoch nicht so. Es ist möglich, die Prinzipien der Quantenmechanik in einer formalen Weise auszudrücken, die es uns ermöglicht, alle notwendigen Informationen über ein physikalisches System zu erhalten. Wir werden jetzt diese formale Theorie in vereinfachter Form darstellen.

Zuerst betrachten wir das eindimensionale Problem. Die Schrödingergleichung (2.3) kann in der Form

$$\left[\frac{1}{2m}\left(-\hbar^2\frac{d^2}{dx^2}\right)+E\,(x)\right]\psi(x)=E\,\psi(x) \tag{2.36}$$

geschrieben werden. Als wir die linke Seite schrieben, klammerten wir die Wellenfunktion $\psi(x)$ aus, als wäre sie ein gemeinsamer Faktor der Größen innerhalb der Klammer. Jedoch muß jeder Ausdruck in der Klammer entsprechend seiner speziellen Natur auf $\psi(x)$ wirken oder *operieren*. D.h. $E_p(x)$ multipliziert $\psi(x)$, aber d^2/dx^2 erzeugt die zweite Ableitung von $\psi(x)$. In der Sprache der Mathematik können wir sagen, daß der Ausdruck

$$\mathsf{H}=\frac{1}{2m}\left(-\hbar^2\frac{d^2}{dx^2}\right)+E_p(x) \tag{2.37}$$

der innerhalb der Klammer auftritt, ein *Operator** ist, der, wenn er auf eine Funktion $\psi(x)$ (d.h. $\mathsf{H}\,\psi(x)$) wirkt, eine neue Funktion erzeugt. Diese tritt auf als Ergebnis einer Reihe mathematischer Operationen, die explizit in der Definition von H enthalten sind. Insbesondere kann Gl. (2.36) in der symbolischen Form

$$\mathsf{H}\,\psi(x)=E\,\psi(x) \tag{2.38}$$

geschrieben werden, die bedeutet, daß die Wirkung von H auf $\psi(x)$ darin besteht, daß $\psi(x)$ mit der Konstanten E multipliziert wird. Wenn H auf eine beliebige Funktion wirkt, ist das Ergebnis offensichtlich nicht notwendigerweise dieselbe, mit einer Konstanten multiplizierte Funktion, sondern im allgemeinen eine andere, eine verschiedene Funktion. Diejenigen Funktionen, welche der Gl. (2.38) genügen, werden *Eigenfunktionen* des Operators H genannt, und die entsprechenden Werte von E sind die *Eigenwerte* des Operators.

Für einen beliebigen Operator A sind die Eigenfunktionen und die Eigenwerte diejenigen Funktionen ψ und Konstante a, welche die Gleichung

$$\mathsf{A}\,\psi(x)=a\,\psi(x) \tag{2.39}$$

erfüllen.

Es gibt im allgemeinen eine Folge von Eigenwerten a_1, a_2, a_3, ... und eine Folge zugehöriger Eigenfunktionen ψ_1, ψ_2, ψ_3, ..., die von der Art des Operators und

---

* Operatoren werden wir in Grotesk-Schrift darstellen.

den mathematischen Randbedingungen abhängen. Diese Eigenfunktionen sind eine Konsequenz der physikalischen Eigenschaften des Systems. In manchen Fällen gibt es zu einem bestimmten Eigenwert verschiedene Eigenfunktionen; in diesem Falle nennt man den Eigenwerte *entartet*.

In der Quantenmechanik gehören die Operatoren zu einer Klasse, die hermitesch genannt wird (nach dem französischen Mathematiker C. Hermite). Diese Operatoren gehorchen für alle Funktionen Φ_1 und Φ_2, welche die geforderten Randbedingungen erfüllen, der Bedingung

$$\int \Phi_1^* \mathbf{A} \Phi_2 \, d\tau = \int [\mathbf{A}\Phi_2]^* \Phi_1 \, d\tau. \tag{2.40}$$

Man kann zeigen:

> *Die Eigenwerte hermitescher Operatoren sind reell und ihre Eigenfunktionen orthogonal.*

Das heißt

$$\int_{\text{gesamter Raum}} \psi_i^* \psi_j \, d\tau = \delta_{ij}, \tag{2.41}$$

wobei ψ_i und ψ_j Eigenfunktionen zu den Eigenwerten a_i und a_j des Operators $\mathbf{A}$ sind.

Der durch Gl. (2.37) gegebene Operator $\mathbf{H}$ spielt in der Quantenmechanik eine sehr wichtige Rolle und wird *Hamilton-Operator* des Systems genannt. In der klassischen Mechanik nennt man die Gesamtenergie Hamiltonfunktion, wenn sie durch Impuls und Koordinaten des Systems ausgedrückt ist. So lautet die klassische Hamiltonfunktion für ein Teilchen, das sich in einer Richtung bewegt,

$$H_{\text{klassisch}} = \frac{1}{2m} p^2 + E_p(x). \tag{2.42}$$

Wir können die klassische Hamiltonfunktion und den quantenmechanischen Hamilton-Operator auf sehr einfache Weise miteinander in Beziehung setzen. Wenn wir die Gl. (2.37) und (2.42) vergleichen, sehen wir, daß wir die klassische Hamiltonfunktion in den quantenmechanischen Hamilton-Operator überführen können, wenn wir die Zuordnung

$$p \rightarrow - i\hbar \frac{d}{dx} \tag{2.43}$$

treffen. Das Minuszeichen in Gl. (2.43) ist nur Konvention. Für eine Bewegung in drei Dimensionen lautet die klassische Hamiltonfunktion

$$H_{\text{klassisch}} = \frac{1}{2m} \boldsymbol{p}^2 + E_p(\boldsymbol{r}), \tag{2.44}$$

wobei $\boldsymbol{r}$ der Ortsvektor des Teilchens und

$\boldsymbol{p}^2 = p_x^2 + p_y^2 + p_z^2$ ist. Die logische Erweiterung der durch Gl. (2.43) ausgedrückten Zuordnung ist

$$p_x \to -i\hbar \frac{\partial}{\partial x}, \quad p_y \to -i\hbar \frac{\partial}{\partial y}, \quad p_z \to -i\hbar \frac{\partial}{\partial z}. \tag{2.45}$$

Wenn man den Vektoroperator ∇, der durch

$$\nabla = \boldsymbol{u}_x \frac{\partial}{\partial x} + \boldsymbol{u}_y \frac{\partial}{\partial y} + \boldsymbol{u}_z \frac{\partial}{\partial z}$$

definiert ist, benutzt, kann man Gl. (2.45) in der geschlosseneren Form

$$\boldsymbol{p} \to -i\hbar\nabla \tag{2.46}$$

schreiben. Indem man $\boldsymbol{p}$ in der klassischen Hamiltonfunktion durch den Operator $-i\hbar\nabla$ ersetzt, erhält man den quantenmechanischen Operator

$$\begin{aligned} \mathsf{H} &= -\frac{\hbar^2}{2m}\nabla^2 + E_p(\boldsymbol{r}) \\ &= -\frac{\hbar^2}{2m}\left(\frac{\partial^2}{\partial x^2} + \frac{\partial^2}{\partial y^2} + \frac{\partial^2}{\partial z^2}\right) + E_p(\boldsymbol{r}). \end{aligned} \tag{2.47}$$

Wenn wir H auf eine Funktion $\psi(\boldsymbol{r})$ anwenden, erhalten wir

$$\mathsf{H}\,\psi(\boldsymbol{r}) = -\frac{\hbar^2}{2m}\left(\frac{\partial^2\psi}{\partial x^2} + \frac{\partial^2\psi}{\partial y^2} + \frac{\partial^2\psi}{\partial z^2}\right) + E_p(\boldsymbol{r})\,\psi.$$

Wenn ψ eine Eigenfunktion von H ist, haben wir $\mathsf{H}\,\psi = E\,\psi$, mit E als Eigenwert von H, oder

$$-\frac{\hbar^2}{2m}\left(\frac{\partial^2\psi}{\partial x^2} + \frac{\partial^2\psi}{\partial y^2} + \frac{\partial^2\psi}{\partial z^2}\right) + E_p(\boldsymbol{r})\,\psi = E\,\psi.$$

Dies ist genau die Schrödingergleichung in drei Dimensionen, wie in Gl. (2.9) festgestellt wurde. Wir können deshalb sagen, daß Gl. (2.47) den quantenmechanischen Hamiltonoperator für ein Teilchen in drei Dimensionen angibt.

Auf der Grundlage der Beziehung (2.46) können wir *das erste Prinzip der Quantenmechanik* wie folgt formulieren:

I. Jeder physikalischen Größe $A(\boldsymbol{r}, \boldsymbol{p})$, welche eine Funktion von Ort und Zeit eines Teilchens ist, entspricht ein Quantenoperator. Diesen erhält man, wenn man $\boldsymbol{p}$ durch $-i\hbar\Delta$ ersetzt, d. h. $\mathsf{A}(\boldsymbol{r}, -i\hbar\nabla)$.

Daher sind die Hamiltonoperatoren (2.37) oder (2.47) die Quantenoperatoren, welche der Gesamtenergie dieses Systems für eindimensionale bzw. dreidimensionale Bewegung entsprechen. Analog entspricht der kinetischen Energie $E_{k2} = p^2/2m$ in drei Dimensionen der Operator $-(\hbar^2/2m)\nabla^2$ oder $-(\hbar^2/2m)d^2/dx^2$ in einer Dimension. In Tabelle 2-4 sind die Quantenoperatoren für verschiedene physikalische Größen zusammengestellt.

TABELLE 2-4 Quantenoperatoren

Größe	Klassische Definition	Quantenoperator
Ort	$\boldsymbol{r}$	$\boldsymbol{r}$
Impuls	$\boldsymbol{p}$	$-i\hbar\nabla$
Drehimpuls	$\boldsymbol{r} \times \boldsymbol{p}$	$-i\hbar\boldsymbol{r} \times \nabla$
Kinetische Energie	$\boldsymbol{p}^2/2m$	$-(\hbar^2/2m)\nabla^2$
Gesamtenergie	$\boldsymbol{p}^2/2m + E_p(\boldsymbol{r})$	$-(\hbar^2/2m)\nabla^2 + E_p(\boldsymbol{r})$

Das zweite Prinzip der Quantenmechanik besagt:

> *II. Die einzig möglichen Werte, die man erhalten kann, wenn eine physikalische Größe $A(\boldsymbol{r}, \boldsymbol{p})$ gemessen wird, sind die Eigenwerte des Quantenoperators $\mathbf{A}(\boldsymbol{r}, -i\hbar\nabla)$.*

Auf diese Weise können wir die Werte nicht nur der Energie, sondern auch jeder anderen physikalischen Größe bestimmen. Dieses Prinzip sagt uns daher, welche physikalische Information wir über ein System gewinnen können. Um das Prinzip in mathematischen Termen auszudrücken, setzen wir zunächst die Operatorgleichung

$$\mathbf{A}(\boldsymbol{r}, -i\hbar\nabla)\psi = a\psi \tag{2.48}$$

an. Als nächstes suchen wir die möglichen Werte von a und die möglichen Funktionen ψ, welche diese Differentialgleichung bei den geforderten Randbedingungen erfüllen. Die Eigenwerte a_1, a_2, a_3, ... sind die einzig möglichen Resultate einer Messung von A. Man sagt ferner, daß die Eigenfunktionen ψ_1, ψ_2, ψ_3, ... die möglichen Zustände des Systems insoweit beschreiben, wie die physikalische Größe A betroffen ist.

Wenn sich das System in einem durch die Eigenfunktion ψ_n zum Operator $\mathbf{A}$ beschriebenen Zustand befindet, dann ist der Wert der physikalischen Größe A offensichtlich a_n. Aber was geschieht, wenn sich das System in einem Zustand befindet, der durch eine Funktion Φ beschrieben wird, die keine der Lösungen ψ_n von Gl. (2.48) ist? In einem solchen Fall sagt man, daß A keinen scharfen Wert besitzt. Wenn wir die Wellenfunktion Φ nach den Eigenfunktionen ψ_n des Operators $\mathbf{A}$ entwickeln, so erhalten wir

$$\Phi = c_1\psi_1 + c_2\psi_2 + c_3\psi_3 + \cdots = \sum c_n\psi_n.$$

Wenn die Funktionen ψ_n orthogonal sind, gilt offensichtlich

$$c_n = \int \psi_n^* \Phi \, d\tau. \tag{2.49}$$

Daher besagt *das dritte Prinzip der Quantenmechanik:*

> *III. Wenn der Zustand des Systems der Wellenfunktion $\Phi(\boldsymbol{r})$ entspricht, ist die Wahrscheinlichkeit, den Wert a_n als Ergebnis einer Messung der physikalischen Größe $\mathbf{A}(\boldsymbol{r}, \boldsymbol{p})$ zu erhalten, gleich $|c_n|^2$. Dabei ist c_n durch Gl. (2.49) gegeben und ψ_n ist die Eigenfunktion des Operators $\mathbf{A}(\boldsymbol{r}, -i\hbar\, \Delta)$, die dem Eigenwert a_n entspricht.*

Man kann zeigen, daß Gl. (2.1) einfach eine spezielle Anwendung dieses Prinzipes ist, wenn die gemessene physikalische Größe gerade der Ort des Teilchens ist. Wenn die Wellenfunktion Φ keine Eigenfunktion von $\mathbf{A}$ ist, können wir entsprechend dem dritten Prinzip nicht sagen, was der exakte Wert von A ist, und wenn wir wiederholt A messen, erhalten wir viele verschiedene Werte, jeweils mit einer bestimmten Wahrscheinlichkeit. Wir können jedoch vom *Mittel- oder Erwartungswert* von A in dem durch Φ beschriebenen Zustande sprechen. Als Ergänzung des dritten Prinzips können wir zeigen:

> *Wenn der Zustand des Systems der Funktion $\Phi(\boldsymbol{r})$ entspricht, ist der Mittel- oder Erwartungswert einer physikalischen Größe $A(\boldsymbol{r}, \boldsymbol{p})$ gegeben durch*

$$A_{\text{ave}} = \int_{\text{gesamter Raum}} \Phi^* \mathbf{A}(\boldsymbol{r}, -i\hbar\nabla) \Phi \, d\tau. \tag{2.50}$$

Um Gl. (2.50) zu behandeln, müssen wir zunächst mit $\mathbf{A}$ auf Φ operieren, dann mit Φ^* multiplizieren und schließlich integrieren. Gl. (2.50) ist korrekt, wenn die Funktion Φ auf eins normiert ist; d.h. wenn $\int \Phi^*\Phi \, d\tau = 1$. Wenn jedoch Φ nicht auf eins normiert ist, müssen wir statt dessen schreiben

$$A_{\text{ave}} = \frac{\int \Phi^* \mathbf{A} \Phi \, d\tau}{\int \Phi^* \Phi \, d\tau}. \tag{2.51}$$

Die aufgestellten Prinzipien sind in dem Sinne statisch, daß sie keine Information über die zeitliche Entwicklung eines Systems geben. Um eine dynamische Theorie zu erhalten, benötigen wir das *vierte Prinzip der Quantenmechanik:*

> *IV. Die zeitliche Entwicklung eines physikalischen Systems wird durch die Gleichung*

$$i\hbar \frac{\partial \Psi}{\partial t} = \mathbf{H}\Psi, \tag{2.52}$$

> *beschrieben, wobei $\mathbf{H}$ der Hamiltonoperator des Systems ist.*

Wir sehen, daß in einer Dimension, wenn **H** durch Gl. (2.37) gegeben ist, Gl. (2.52) mit Gl. (2.27) übereinstimmt. Wenden wir die Idee der Operatoren an, so können wir sagen, daß wir die dynamische Gleichung (2.52) dadurch erhalten können, daß wir die Energie E in Gl. (2.38) durch den Operator $i\hbar\partial/\partial t$ ersetzen. D.h.

$$E \to i\hbar \frac{\partial}{\partial t}. \tag{2.53}$$

Wir werden die formale Theorie der Quantenmechanik nicht weiter ausführen; die aufgeführten Prinzipien reichen für die Zwecke dieses Buches aus.

BEISPIEL 2.9. Bestimmen Sie den mittleren Wert des Impulses eines Teilchens in einem Potentialkasten für den Fall, daß die Wellenfunktion einem der stationären Zustände entspricht.

Lösung: Wir erhielten die Wellenfunktion eines Teilchens in einem eindimensionalen Kasten in Abschnitt 2.5 zu

$$\psi_n = \sqrt{\frac{2}{a}} \sin \frac{n\pi x}{a}.$$

Da die Funktionen normiert sind, benutzen wir Gl. (2.50). Deshalb ist

$$p_{\text{ave}} = \int_{-a}^{a} \psi^* \left(-i\hbar \frac{d}{dx}\right) \psi_n \, dx,$$

weil der p entsprechende Operator $-i\hbar d/dx$ ist. Aber $d\psi_n/dx = \sqrt{2/a}(n\pi/a)$ cos $n\pi x/a$. Deshalb

$$p_{\text{ave}} = -i\,\hbar \frac{2n\pi}{a^2} \int_{-a}^{a} \sin \frac{n\pi x}{a} \cos \frac{n\pi x}{a} \, dx = 0.$$

Dies scheint Gl. (2.13) zu widersprechen, die aussagt, daß der Impuls eines Teilchens in einem Kasten $p = n\pi\hbar/a$ ist. Der Wert $p = n\pi\hbar/a$ gibt jedoch den Betrag des Impulses an. Der Impuls ist aber eine Vektorgröße, und ein Teilchen in einem Kasten bewegt sich symmetrisch hin und her, wobei es die Richtung des Impulses ändert. So ist es natürlich, daß $p_{\text{ave}} = 0$.

BEISPIEL 2.10. Die mit einer physikalischen Größe zusammenhängenden Matrizen.

Lösung: Wir wollen die Eigenfunktionen $\psi_1, \psi_2, \psi_3, \ldots$ des Hamiltonoperators betrachten; d.h. diejenigen, welche der Gleichung $\mathbf{H}\psi_n = E\psi_n$ genügen. Wenn A eine andere physikalische Größe ist, können wir eine Reihe von Ausdrücken

$$A_{mn} = \int \psi_m^* \mathbf{A} \psi_n \, d\tau \tag{2.54}$$

für jedes Paar von Funktionen ψ_m und ψ_n erhalten. Diese Größen können in Matrixform angeordnet werden:

$$\begin{matrix} A_{11} & A_{12} & A_{13} & \ldots & A_{1n} & \ldots \\ A_{21} & A_{22} & A_{23} & \ldots & A_{2n} & \ldots \\ A_{31} & A_{32} & A_{33} & \ldots & A_{3n} & \ldots \\ \vdots & \vdots & \vdots & \vdots & \vdots & \vdots \\ A_{m1} & A_{m2} & A_{m3} & \ldots & A_{mm} & \ldots \end{matrix}$$

Diese Anordnung nennt man die *Matrix von A*; die A_{mn} sind die Matrixelemente. Wegen ihrer Stellung in der Matrix nennt man die Elemente $A_{11}, A_{22}, \ldots A_{nn}, \ldots$ die *Diagonalelemente der Matrix*. Um die Matrix eines Operators zu berechnen, muß man nicht unbedingt die Eigenfunktionen des Hamiltonoperators benutzen; statt dessen können die Eigenfunktionen jedes anderen Operators benutzt werden.

Die Berechnung der Matrixelemente ist bei vielen Quantenproblemen sehr wichtig. Wir wollen nur ein Beispiel geben. Die Matrixelemente des Ortsvektors sind

$$\boldsymbol{r}_{mn} = \int \psi_m^* \boldsymbol{r} \psi_n \, d\tau.$$

Man kann zeigen, daß die Übergangswahrscheinlichkeit vom Zustand i in den Zustand f unter Emission oder Absorption elektrischer Dipolstrahlung der Energie $\hbar\omega = E_i - E_f$ gegeben ist durch

$$T_{if} = \frac{e^2\omega^3}{3\pi\epsilon_0\hbar c^3} \, |\boldsymbol{r}_{if}|^2. \tag{2.55}$$

Dementsprechend ist der Übergang in erster Ordnung verboten, wenn $\boldsymbol{r}_{if} = 0$ ist. Auf diese Weise erhalten wir die in Abschnitt 2.11 erwähnten Auswahlregeln. Die Polarisation der Strahlung ist durch die Komponenten von $\boldsymbol{r}_{if}$ bestimmt. Wenn z.B. $x_{if} = y_{if} = 0$ aber $z_{if} \neq 0$ ist, so ist die emittierte oder absorbierte Strahlung parallel zur Z-Achse polarisiert. Da die bei dem Übergang emittierte Energie $\hbar\omega$ ist, erhalten wir die Rate der Energiestrahlung zu

$$\frac{dE}{dt} = \hbar\omega T_{if} = \frac{e^2\omega^4}{3\pi\epsilon_0 c^3} \, |\boldsymbol{r}_{if}|^2.$$

Durch Vergleich mit dem Ergebnis von Beispiel 1.1 für einen klassischen Oszillator schließen wir, daß sich das Elektron während des Überganges wie ein elektrischer Dipol mit der Kreisfrequenz ω und einer Amplitude $2\,|\boldsymbol{r}_{if}|$ verhält.

Literaturverzeichnis

1. "Quantum-Mechanical Tunneling", J. Fermer, *Am. J. Phys.* **34**, 1168 (1966)
2. "The Philosophical Basis of Bohr's Interpretation of Quantum Mechanics", R. Hall, *Am. J. Phys.* **33**, 624 (1965)
3. "Quantum Mechanics as a Model", T. Buch, *Am. J. Phys.* **34**, 653 (1966)
4. "Interpretation of Quantum Mechanics and the Future of Physics", E. Witmer, *Am. J. Phys.* **35**, 40 (1967)
5. *Elements of Wave Mechanics*, N. Mott. Cambridge: Cambridge University Press, 1962, Kapitel 1, 2, 3 und 4
6. *Introduction to Modern Physics*, F. Richtmyer, E. Kennard, und T. Lauritsen. New York: McGraw-Hill, 1955, Kapitel 6, Teile 96-102
7. *Elementary Wave Mechanics*, W. Heitler, zweite Ausgabe. Oxford: Oxford University Press, 1956, Kapitel 1 und 2
8. *Atomic Spectra and Atomic Structure*, G. Herzberg. New York: Dover Press, 1944, Kapitel 1
9. *Structure of Matter*, W. Finkelnburg. New York: Academic Press, 1964, Kapitel 4
10. *Quantum Theory of Matter*, J. Slater. New York: McGraw-Hill, 1951, Kapitel 1, 2 und 3

Aufgaben

2.1 Ein Teilchen werde durch die Wellenfunktion $\mathbf{L}(x) = e^{-(x-x_0)^2}/2a \sin kx$ repräsentiert. Stellen Sie die Wellenfunktion $\psi(x)$ und die Wahrscheinlichkeitsverteilung $|\psi(x)|^2$ graphisch dar. Schätzen Sie die Unbestimmtheit des Ortes und des Impulses des Teilchens ab.

2.2 Zeigen Sie, daß für einen Teilchenstrom, der auf eine Potentialstufe der Höhe E_0 einfällt, $\mathbf{R} + \mathbf{T} = 1$ ist, wenn $E > E_0$ ist (vergl. Beispiel 2.2).

2.3 Was ist der Einfluß auf die Energieniveaus in einem eindimensionalen Potentialkasten, wenn die Größe des Kastens (a) abnimmt? (b) zunimmt?

2.4 Betrachten Sie ein Elektron in einem eindimensionalen Potentialkasten mit der Breite 2.0 Å. Berechnen Sie die Nullpunktsenergie. Diskutieren Sie unter Ausnutzung der Unschärferelation die Wirkung einer einfallenden Strahlung, durch welche das Elektron mit einer Genauigkeit von 1 % (d.h. $\Delta x = 0.2$ Å) lokalisiert werden soll.

2.5 Schätzen Sie die Nullpunktsenergie eines Elektrons, das auf ein Gebiet der Größe 10^{-14} m beschränkt ist; dies ist die Größenordnung von Kerndimensionen. Vergleichen Sie diese Energie sowohl mit der Gravitations- wie auch mit der Coulombenergie eines Elektron-Proton-Paares, das um den gleichen Abstand getrennt ist. Diskutieren Sie auf der Basis dieses Vergleiches die Möglichkeit, daß ein Elektron in einem Kern existieren kann.

2.6 Berechnen Sie die Nullpunktsenergie eines Neutrons, das in einem Kern eingeschlossen ist, der die Größe 10^{-15} m hat.

2.7 Zeigen Sie, daß die relative Energiedifferenz $\Delta E/E$ zwischen je zwei benachbarten Energieniveaus eines Teilchens in einem Kasten gegeben ist durch $(2n + 1)/n^2$.

2.8 Normieren Sie die Wellenfunktionen für ein Teilchen in einem Potentialkasten, wie sie durch Gl. (2.18) gegeben sind, und zeigen Sie dabei, daß $C = \sqrt{8/abc} = \sqrt{8/V}$, wobei V das Volumen des Kastens ist.

2.9 Beweisen Sie, daß die durch Gl. (2.18) gegebenen dreidimensionalen Wellenfunktionen orthogonal sind.

2.10 Stellen Sie die in Beispiel 2.4 gegebene Funktion $g(p)$ als Funktion von p graphisch dar und vergleichen Sie mit Abb. 2-12. Erklären Sie den Unterschied.

2.11 Zeigen Sie, daß für ein Teilchen, das sich in einem Raumgebiet mit dem Volumen V bewegt und das ein Impuls zwischen p und $p + dp$ besitzt, das Volumen des Phasenraumes $4\pi V p^2\, dp$ ist. Bestimmen Sie die Anzahl der Quantenzustände mit einem Impuls zwischen p und $p + dp$, die von einem Teilchen angenommen werden können. Gehen Sie davon aus, daß die Mindestgröße einer Zelle im Phasenraum, in der ein Teilchen lokalisiert werden kann, h^3 ist. Vergleichen Sie mit den in Beispiel 2.4 angegebenen Ergebnissen.

2.12 Zeigen Sie für ein Teilchen, das sich in der X-Y-Ebene in einem zweidimensionalen Potentialkasten mit den Kantenlängen a und b bewegt, daß

$$E = (\pi^2\hbar^2/2m)(n_1^2/a^2 + n_2^2/b^2)$$

und

$$\psi = C \sin (n_1\pi x/a) \sin (n_2\pi y/b).$$

Diskutieren Sie die für $a = b$ auftretende Entartung der Niveaus. Bestimmen Sie die Normierungskonstante C.

2.13 Bestimmen Sie die Anzahl der Quantenzustände (a) mit Energie zwischen E und $E + dE$, (b) mit Impuls zwischen p und $p + dp$ für das Problem 2.12, wenn der zweidimensionale Kasten sehr groß ist, aber gleiche Seiten besitzt.

2.14 Beweisen Sie durch direkte Integration, daß die Wellenfunktionen ψ_0 und ψ_1 für den harmonischen Oszillator (Tabelle 2-2) normiert sind. Zeigen Sie auch, daß ψ_0 orthogonal zu ψ_1 und ψ_2 ist.

2.15 Berechnen Sie die Nullpunktsenergie und den Abstand der Energieniveaus (a) in einem eindimensionalen harmonischen Oszillator mit der

Oszillatorfrequenz von 400 Hz, (b) in einem dreidimensionalen harmonischen Oszillator mit einer Oszillatorfrequenz von 400 Hz, (c) in einem CO-Molekül, wenn die beiden Atome mit einer Frequenz 6.43×10^{11} Hz oszillieren.

2.16 Der allgemeine Ausdruck für die Lösungen der Schrödinger-Gleichung für den harmonischen Oszillator ist gegeben durch

$$\psi_n = N_n H_n(ax) e^{-a^2x^2/2}.$$

Dabei ist $N_n = \sqrt{a/\pi^{1/2}2^n n!}$ die Normierungskonstante, $a = \sqrt{m\omega/\hbar}$. Die Funktionen $H_n(ax)$ werden *Hermitesche Polynome* genannt und sind definiert durch

$$H(\xi) = (-1)^n e^{\xi^2} \frac{d^n}{d\xi^n} (e^{-\xi^2}).$$

Schreiben Sie explizit die ersten vier Wellenfunktionen ($n = 0, 1, 2, 3$) und vergleichen Sie mit den in Tabelle 2-2 gegebenen Ausdrücken.

2.17 Die Wellenfunktionen für einen dreidimensionalen harmonischen Oszillator können geschrieben werden als

$$\psi_{n_1n_2n_3}(x, y, z) = N_{n_1}N_{n_2}N_{n_3} \times H_{n_1}(ax)H_{n_2}(ay)H_{n_3}(az)e^{-a^2r^2}/2,$$

wobei die verschiedenen Größen wie in Aufgabe 2.16 definiert sind. Die Energie des Oszillators ist $E = (n + \frac{3}{2})\hbar\omega$, mit $n = n_1 + n_2 + n_3$. Zeigen Sie, daß die Entartung jedes Zustandes $g = \frac{1}{2}(n + 1) \cdot (n + 2)$ ist. Schreiben Sie explizit die Wellenfunktionen zu $n = 0$, 1 und 2 hin. Man beachte, daß die Wellenfunktion für $n = 0$ kugelsymmetrisch ist. Untersuchen Sie den Verlauf der Wellenfunktion für $n = 1$.

2.18 Welchen Einfluß hat es auf die Energieniveaus in einem eindimensionalen Potentialtopf, wenn die Tiefe des Topfes (a) abnimmt? (b) zunimmt? Wiederholen Sie die Analyse für den Fall, daß sich die Breite ändert, die Tiefe aber konstant bleibt.

2.19 Diskutieren Sie den Einfluß auf die Energieniveaus und Wellenfunktionen eines Potentialtopfes der Reichweite a, wenn ein «hard core» der Reichweite b hinzugefügt wird wie in Abb. 2-38 gezeigt ist. (*Hinweis:* Vergleiche Beispiele 2.5 und 2.6).

2.20 Gegeben sei ein Potentialtopf mit der Tiefe E_0 und der Breite a (Beispiel 2.6). Zeichnen Sie die möglichen Wellenfunktionen für die gebundenen Zustände falls

(a) $E_0a^2 < \pi^2\hbar^2/8m$,

(b) $\pi^2\hbar^2/8m < E_0a^2 < 9\pi^2\hbar^2/8m$,

(c) $9\pi^2\hbar^2/8m < E_0a^2 < 25\pi^2\hbar^2/8m$.

2.21 Schätzen Sie die Topftiefe E_0 für ein Neutron in einem eindimensionalen rechtwinkligen Potentialtopf der Breite 3×10^{-15} m für den Fall, daß seine Bindungsenergie E_b gleich 2.0 MeV ist und unter der Annahme, daß nur ein Energieniveau möglich ist.

2.22 Gl.(2.23), $k_i \cot k_i a = -\alpha$, kann man wie folgt graphisch lösen: Man definiere $\xi = k_i a$, $\eta = \alpha a$ und $\rho = (\sqrt{2mE_0}/\hbar)a$. Daher ist $\xi^2 + \eta^2 = \rho^2$. Entsprechend Gl. (2.23) ist $\eta = -\xi \cot \xi$. Mit ξ als Abzisse und η als Ordinate trage man $\eta = -\xi \cot \xi$ auf und zeige, daß der Kreis $\xi^2 + \eta^2 = \rho^2$ die Kurve einmal, zweimal, dreimal usw. schneidet, je nachdem, welchen Wert ρ besitzt. Die Schnittpunkte entsprechen den erlaubten Werten von E_0a^2. Man zeige, daß diese Werte mit den Werten von E_0a^2 verträglich sind, die im Text angegeben sind.

2.23 Drücken Sie für die rechteckige Potentialschwelle von Abb. 2-23 die Koeffizienten B, C, D und A' durch den Koeffizienten A für (a) $E < E_0$ und (b) $E > E_0$ aus.

2.24 Schreiben Sie die Wellenfunktionen für die einzelnen in Abb. 2-39 gezeigten Gebiete der potentiellen Energie nieder. Skizzieren Sie die Wellenfunktionen auch graphisch. Betrachten Sie den Fall, daß die einlaufenden Teilchen von links kommen, und diskutieren Sie die drei verschiedenen Fälle, in denen $E < E_0$, $E_0 < E < E_0'$ und $E > E_0'$ ist.

2.25 Wiederholen Sie die vorhergehende Aufgabe für den Fall, daß die Teilchen anfänglich von rechts einlaufen.

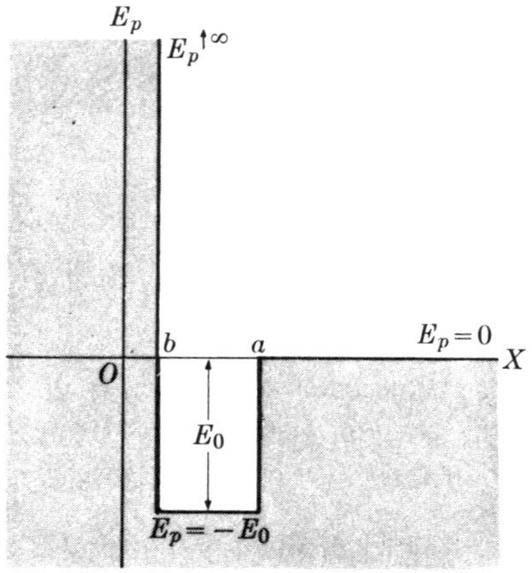

Abb. 2-38

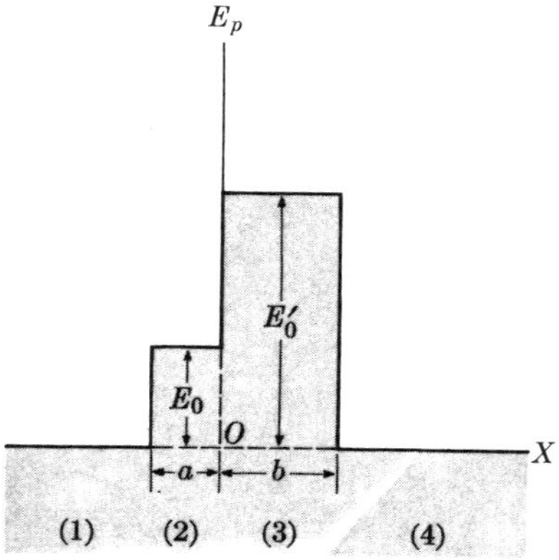

Abb. 2-39

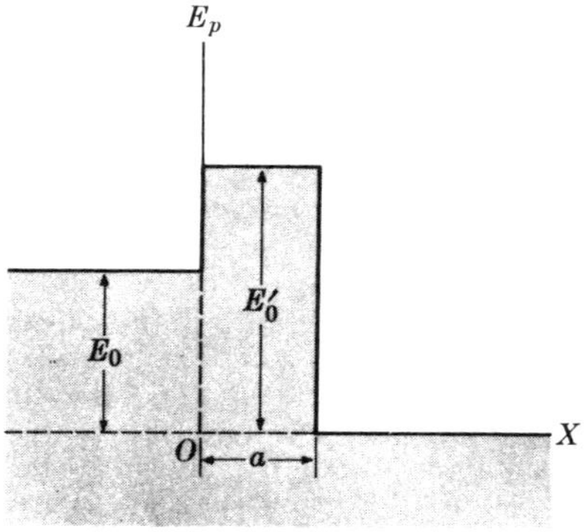

Abb. 2-40

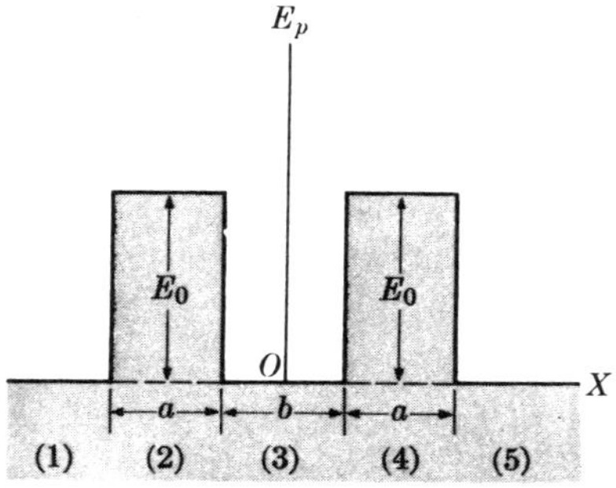

Abb. 2-41

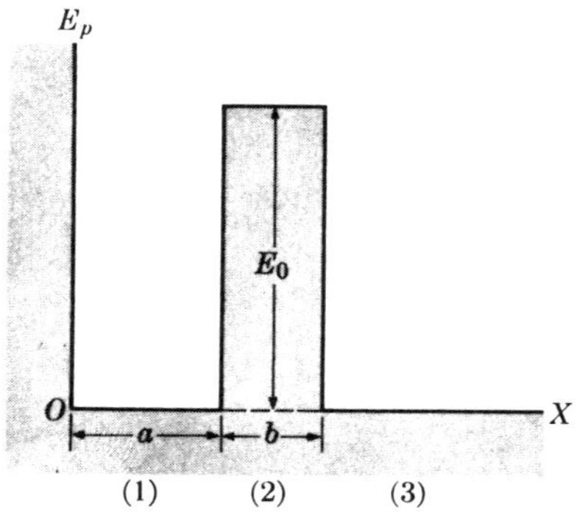

Abb. 2-42

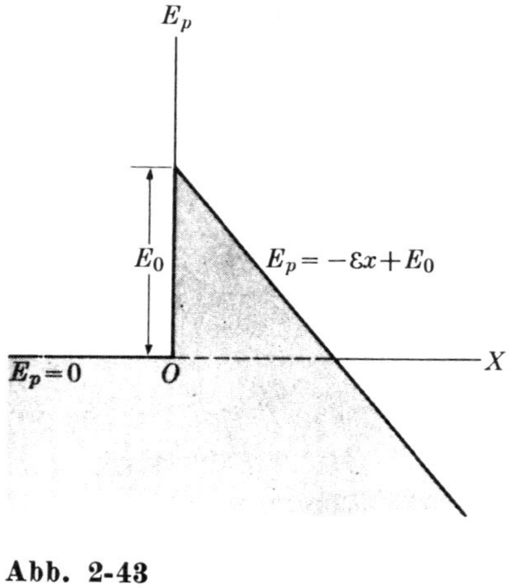

Abb. 2-43

2.26 Betrachten Sie die potentielle Energie von Abb. 2-40. Diskutieren Sie den allgemeinen mathematischen Ausdruck und den Verlauf der Wellenfunktionen für ein von rechts einlaufendes Teilchen, wenn seine Energie (a) $E < E_0$, (b) $E_0 < E < E'_0$ und (c) $E > E'_0$ ist. Wiederholen Sie die zwei letzten Fälle für ein Teilchen, das von links einfällt.

2.27 Schreiben Sie die Wellenfunktion in jedem der Gebiete des in Abb. 2-41 gezeigten Potentials nieder. Skizzieren Sie die Wellenfunktionen auch graphisch. Betrachten Sie ein von links einlaufendes Teilchen zuerst mit $E < E_0$ und dann mit $E > E_0$. Gibt es einen möglichen stationären Zustand für ein Teilchen, das anfangs im Gebiet (III) ist?

2.28 Schreiben Sie die Wellenfunktionen in jedem der Gebiete des in Abb. 2-42 gezeigten Potentials nieder. Skizzieren Sie die Wellenfunktionen auch graphisch.

2.29 Ein Teilchen bewegt sich gradlinig unter dem Einfluß eines homogenen elektrischen Feldes $\mathcal{E}$, so daß seine potentielle Energie $E_p = -\mathcal{E}x$ ist. (a) Stellen Sie die Schrödingergleichung für diese Bewegung auf. (b) Skizzieren Sie die Wellenfunktion für eine Energie E, die größer und eine, die kleiner als Null ist. Ist die Energie quantisiert?

2.30 Gegeben sei das in Abb. 2-43 gezeigte Potential. Skizzieren Sie die Wellenfunktion für ein Teilchen, das von rechts kommt und eine Gesamtenergie besitzt, die (a) negativ, (b) zwischen Null und E_0 ist, (c) größer als E_0 ist. Wie ändert sich die Wellenlänge des Teilchens für den Fall, daß die Gesamtenergie größer als E_0 ist, wenn sich das Teilchen in den Gebieten $x > 0$ und $x < 0$ bewegt? Wiederholen Sie die Überlegungen für den Fall, in dem das Teilchen von links kommt. Die angegebene Situation entspricht dem Potential eines Elektrons in einem Metall, wenn ein äußeres elektrisches Feld $\mathcal{E}$ angelegt ist.

2.31 Ein Teilchen bewegt sich in dem Potential $E_p(x) = -E_0 e^{-ax^2}$. (a) Tragen Sie $E_p(x)$ auf. (b) Skizzieren Sie die Wellenfunktion, wenn die Gesamtenergie negativ und wenn sie positiv ist. (c) Erwarten Sie, daß es für bestimmte Bereiche der Energie quantisierte Energieniveaus gibt? (d) Schätzen Sie die Nullpunktsenergie des Teilchens ab. (*Hinweis:* Bei einer Energie nahe $-E_0$ oszilliert das Teilchen mit einer Frequenz $\omega = [(d^2E_p/dx^2)/m]^{1/2}$.)

2.32 Zeigen Sie, daß für die in Aufgabe 2.16 definierten hermiteschen Polynome

$$H_n(-\xi) = H_n(\xi)$$

für n gerade und

$$H_n(-\xi) = -H_n(\xi)$$

für n ungerade gilt. Leiten Sie hieraus ab, daß die Wellenfunktionen für den eindimensionalen harmonischen Oszillator gerade oder ungerade Parität haben, je nachdem ob n gerade oder ungerade ist. Zeigen Sie auch, daß die Parität des dreidimensionalen harmonischen Oszillators von Problem 2.17 gerade (ungerade) ist, wenn n gerade (ungerade) ist.

2.33 Zeigen Sie, daß die in Gl. (2.18) angegebenen Wellenfunktionen eines Teilchens in einem Potentialkasten gerade (ungerade) Parität haben, wenn $n = n_1 + n_2 + n_3$ ungerade (gerade) ist.

2.34 Gegeben sei das in Abb. 2-44 gezeigte Potential. Schreiben Sie die Wellenfunktionen für die einzelnen Gebiete hin und skizzieren Sie die Wellenfunktionen und Energieniveaus für $\mathcal{E} < E_0$ und $E > E_0$. Beachten Sie, daß die Wellenfunktionen symmetrisch (gerade) und antisymmetrisch (ungerade) sind. Diskutieren Sie den Einfluß auf aufeinanderfolgende Energieniveaus, wenn entweder $\mathcal{E}_0$ oder b sehr groß wird.

2.35 Ein Teilchen bewegt sich in dem in Abb. 2-45 gezeigten Potential. Stellen Sie die Wellenfunktionen und Wahrscheinlichkeitsverteilungen für die drei niedrigsten Energieniveaus dar. Beachten Sie, daß die drei Energieniveaus sehr nahe beieinanderliegende Energiewerte besitzen. Machen Sie eine allgemeine Skizze der Energieniveaus.

2.36 Betrachten Sie die zeitabhängige Wellenfunktion für einen Strahl freier Teilchen, wie sie durch Gl. (2.29) gegeben ist; dabei ist $|A|^2$ die mittlere Teilchenzahl pro Volumeneinheit. Zeigen Sie

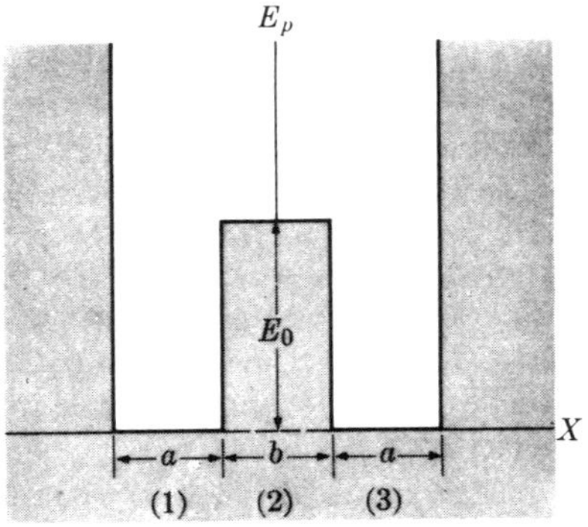

Abb. 2-44

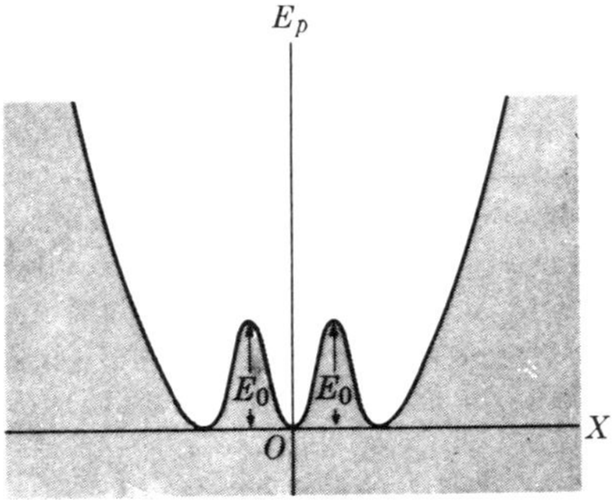

Abb. 2-45

daß die Zahl der Teilchen, welche pro Sekunde durch eine Flächeneinheit fliegen (d.h. der Teilchenfluß), gegeben ist durch $\hbar|A|^2k/m$.

2.37 Gegeben sei

$$\Psi(x, t) = c_1\psi_1(x)e^{-iE_1t/h} + c_2\psi_2(x)e^{-iE_2t/h},$$

wobei die Eigenfunktionen $\psi_1(x)$ und $\psi_2(x)$ orthogonal und normiert sind. Zeigen Sie, daß

$$c_1 = \int \psi_1^*(x)\Psi(x, 0)\, dx$$

und

$$c_2 = \int \psi_2^*(x)\Psi(x, 0)\, dx.$$

Dies zeigt, daß man die Wellenfunktion zu einer beliebigen Zeit durch die anfängliche Wellenfunktion (Ψx, 0) ausdrücken kann. Verallgemeinern Sie das Ergebnis auf den Fall, in dem

$$\Psi(x, t) = \sum_n c_n\psi_n(x)e^{-iE_nt/h}.$$

2.38 Zeigen Sie, daß die Wellenfunktionen für freie Teilchen $\psi(x) = e^{\pm ikx}$ Eigenfunktionen des Impulsoperators sind, die zu den Eigenwerten $\pm\ \hbar k$ gehören.

2.39 Geben Sie an, welche der folgenden Funktionen Eigenfunktionen des Operators d/dx sind: (a) e^{ikx}, (*b*) e^{ax}, (c) sin kx. Geben Sie jeweils den Eigenwert an. Führen Sie die gleiche Betrachtung für den Operator d^2/dx^2 durch.

2.40 Zeigen Sie, daß der Impulsoperator $-i\hbar d/dx$ hermitesch ist. (*Hinweis:* Integrieren Sie den Ausdruck auf der linken Seite von Gl. (2.40) partiell mit **A** als Impulsoperator, und berücksichtigen Sie das Verhalten der Wellenfunktionen bei $\pm\ \infty$.)

2.41 Bestimmen Sie die Mittel- oder Erwartungswerte von x, x^2, p und p^2 für die Zustände $n = 0$ und $n = 1$ des linearen harmonischen Oszillators.

2.42 Bestimmen Sie die Mittel- oder Erwartungswerte von x, x^2, p und p^2 für den Grund- und den ersten angeregten Zustand eines Teilchens in einem eindimensionalen Potentialkasten.

2.43 Schreiben Sie explizit die Operatoren hin, die den drei kartesischen Komponenten des Drehimpulses $\boldsymbol{L} = \boldsymbol{r} \times \boldsymbol{p}$ entsprechen.

2.44 Der Kommutator zweier Operatoren **A** und **B** ist **AB** — **BA** und wird mit dem Symbol [**A**, **B**] bezeichnet. Zeigen Sie, daß

$$[x, p_x]\psi = i\hbar\psi,$$
$$[y, p_x]\psi = 0,$$

und

$$[z, p_x]\psi = 0,$$

ist, wobie ψ eine beliebige Funktion ist.

Üblicherweise führt man die Wellenfunktion nicht explizit auf und schreibt die Beziehungen als $[x, p_x] = i\hbar$, $[y, p_x] = 0$ und $[z, p_x] = 0$. (Kommutatoren spielen in der Quantenmechanik eine sehr wichtige Rolle.)

2.45 Bestimmen Sie die Matrixelemente x_{01}, x_{02}, p_{01} und p_{02} für die Koordinaten und Impulse eines linearen (eindimensionalen) harmonischen Oszillators.

2.46 Ein Teilchen bewegt sich in einem eindimensionalen Potentialkasten der Breite a. Bestimmen Sie mit den normierten Wellenfunktionen die Matrixelemente x_{nm} und p_{nm}. Zeigen Sie auch, daß $p_{nm} = im\omega_{nm}x_{nm}$ ist, wobei

$$\omega_{nm} = (E_n - E_m)/\hbar.$$

2.47 Stellen Sie die Auswahlregel für die elektrischen Dipolübergänge eines Teilchens in einem eindimensionalen Potentialkasten auf. (*Hinweis:* Erinnern Sie sich an Beispiel 2.10.)

2.48 Zeigen Sie, daß, falls ψ_1 und ψ_2 unabhängige Eigenfunktionen eines linearen Operators zu demselben entarteten Eigenwert sind, die Funktion $\phi = c_1\psi_1 + c_2\psi_2$ auch eine Eigenfunktion des Operators zu demselben entarteten Eingenwert ist. Zeigen Sie auch, daß es in dem Fall, daß ψ_1 und ψ_2 nicht orthogonal sind, durch geeignete Wahl der Konstanten möglich ist, eine zu ψ_1 orthogonale und normierte Eigenfunktion ϕ zu erhalten. Dieses Resultat ist wichtig, da es zeigt, daß die Eigenfunktionen, die zu entarteten Eigenwerten gehören, immer als orthogonal angenommen werden können. Verallgemeinern Sie die Methode auf den Fall von drei Eigenfunktionen ψ_1, ψ_2, ψ_3, indem Sie zwei Linearkombinationen ϕ_1 und ϕ_2 dieser drei Funktionen bilden, die normiert und orthogonal zu ψ_1 sind.

2.49 Die Krümmung einer Funktion $\psi(x)$ ist proportional zu $d^2\psi/dx^2$. Zeigen Sie unter Ausnutzung der Schrödinger-Gleichung, daß für $E < E_p(x)$ die Wellenfunktion $\psi(x)$ relativ zur X-Achse konkav und für $E > E_p(x)$ die Wellenfunktion $\psi(x)$ relativ zur X-Achse konvex ist. Überprüfen Sie dieses Resultat anhand der graphischen Darstellungen der in diesem Kapitel betrachteten Wellenfunktionen.

3
ATOME MIT EINEM ELEKTRON

3.1 Einleitung

Wir wollen unsere Untersuchung der Atome mit einer Zusammenfassung unserer Grundvorstellungen über die atomaren Strukturen beginnen. Alle Atome besitzen eine Gesamtausdehnung der Größenordnung 10^{-9} m. Sie sind zusammengesetzt aus einem relativ massiven Kern (dessen Dimensionen von der Größenordnung 10^{-14} m sind), um den sich eine Anzahl von Elektronen bewegen, die jedes die Ladung $-e$ besitzen, und die den Rest des atomaren Volumens ausfüllen. Der Kern ist aus A Teilchen, *Nukleonen genannt*, zusammengesetzt (A ist die *Massenzahl*), von denen Z Protonen sind, welche die Ladung $+e$ besitzen, und $N(=A-Z)$ Neutronen sind, die keine elektrische Ladung besitzen (Z ist die *Ordnungszahl oder Atomnummer*). Daher besitzt der Kern eine positive Ladung der Größe $+Ze$. Die Anzahl der Elektronen in jedem Atom ist gleich der Zahl der Protonen (d.h. Z); deshalb ist ein Atom ein elektrisch neutrales System. Ein Atom kann jedoch unter bestimmten Umständen Elektronen gewinnen oder verlieren, so daß es negativ oder positiv geladen wird; in diesem Fall wird es *Ion* genannt. Die Masse eines Nukleons ist mehr als 1800 mal größer als die Masse des Elektrons. Daher ist die Masse eines Atoms praktisch gleich der seines Kernes.

Jedoch sind die Z-Elektronen eines Atoms für die meisten atomaren Eigenschaften verantwortlich, die sich in dem Verhalten makroskopischer Materie widerspiegeln, wie etwa die elastischen und elektromagnetischen Eigenschaften verschiedener Materialien. Die elektromagnetischen Wechselwirkungen zwischen Elektronen und Kernen verschiedener Atome spielen eine grundlegende Rolle bei der Bindung von Atomen zu Molekülen, in chemischen Reaktionen und bei praktisch allen Eigenschaften makroskopischer Materie.

Wir können die Bewegung der Elektronen um den Kern erklären, wenn wir nur die elektromagnetischen Wechselwirkungen zwischen den Elektronen und den Bestandteilen des Kernes (Protonen und Neutronen) betrachten. Da man die elektromagnetischen Wechselwirkungen gut versteht, war es möglich, eine genaue Beschreibung der Elektronenbewegung zu entwickeln. Das entsprechende Problem für den Atomkern ist allerdings komplexer, da andere Wechselwirkungen eingehen, die man nicht so gut versteht. Wenn wir die Elektronenbewegung untersuchen wollen, müssen wir die Methoden der Quantenmechanik anwenden, wie sie im vorhergehenden Kapitel diskutiert wurden.

In diesem Kapitel werden wir die Eigenschaften von Atomen und Ionen besprechen, die nur ein Elektron besitzen (das einfachste dieser Systeme ist das Wasserstoffatom). Im folgenden Kapitel werden wir die Vielelektronenatome betrachten. Das Einelektronenatom wird uns helfen, die Grundprobleme der Atomstruktur zu verstehen.

3.2 Das Wasserstoffatom

Das einfachste aller Atome ist das Wasserstoffatom. Sein Kern besteht nur aus einem Teilchen, einem Proton, so daß es $A = 1$ und $Z = 1$ hat. Um das Proton bewegt sich ein einziges Elektron. Um unsere Überlegungen auf andere Atome anwenden zu können, werden wir jedoch annehmen, daß der Kern Z Protonen mit einer positiven Gesamtladung $+Ze$ enthält (Abb. 3-1). An dieser Stelle werden wir zwei Näherungen machen. Zunächst werden wir annehmen, daß sich der Kern in einem Inertialsystem in Ruhe befindet, d.h. sich nicht bewegt. Dies ist eine vernünftige Annahme, weil der Kern, dessen Masse viel größer als die des Elektrons ist, praktisch mit dem Massenmittelpunkt des Atoms zusammenfällt und dieses, solange keine äußeren Kräfte auf das Atom einwirken, sicher in einem Inertialsystem ruht. Weiterhin werden wir annehmen, daß das elektrische Feld des Kernes das einer Punktladung ist. Auch dies ist vernünftig, weil der Kern, verglichen mit dem Abstand des Elektrons vom Kern (etwa 10^{-10} m), eine sehr geringe Ausdehnung (der Größenordnung 10^{-14} m) besitzt. In einer genaueren

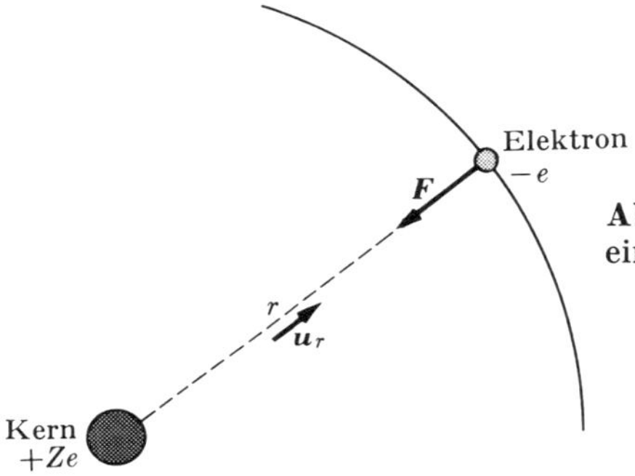

Abb. 3-1. Ein Elektron bewegt sich um einen Kern.

Untersuchung müssen jedoch die Ausdehnung und die Gestalt des Kerns in Rechnung gestellt werden.

Die Bewegung des Elektrons relativ zum Kern wird durch die Coulombwechselwirkung zwischen beiden bestimmt. Diese Wechselwirkung stellt sich dar als eine anziehende Zentralkraft, die mit dem reziproken Quadrat des Abstandes variiert und gegeben ist durch

$$\boldsymbol{F} = -\frac{Ze^2}{4\pi\epsilon_0 r^2}\boldsymbol{u_r}. \tag{3.1}$$

Die potentielle Energie des Systems Elektron-Kern ist dann

$$E_p(r) = -\frac{Ze^2}{4\pi\epsilon_0 r}. \tag{3.2}$$

Da wir die Bewegung des Elektrons mit den Mitteln der Quantenmechanik untersuchen müssen, können wir jedoch nicht die Newtonsche Bewegungsgleichung $\boldsymbol{F} = d\boldsymbol{p}/dt$ anwenden; wir müssen statt dessen die Schrödingergleichung für eine Bewegung aufstellen, deren potentielle Energie durch Gl. (3.2) gegeben ist. Weil die Elektronenbewegung dreidimensional ist, müssen wir Gl. (2.9) anwenden.

Dies ergibt eine Schrödingergleichung der Gestalt

$$-\frac{\hbar^2}{2m}\left(\frac{\partial^2\psi}{\partial x^2}+\frac{\partial^2\psi}{\partial y^2}+\frac{\partial^2\psi}{\partial z^2}\right)-\frac{Ze^2}{4\pi\epsilon_0 r}\psi = E\psi. \tag{3.3}$$

Die Lösung dieser Gleichung ist eine mühsame mathematische Aufgabe, für die dem Leser noch nicht alle Voraussetzungen vermittelt wurden. An dieser Stelle wollen wir uns auf die Betrachtung der Energien der stationären Zustände beschränken. Die Wellenfunktionen werden wir in Abschnitt 3.4 diskutieren.

Wir wollen eine Konstante, die *Rydberg*-Konstante, einführen, die definiert ist durch*

$$R_\infty = \frac{m_e e^4}{8\epsilon_0^2 h^3 c} = 1.0974 \times 10^7 \text{ m}^{-1}. \tag{3.4}$$

Die möglichen Energieniveaus, die wir aus Gl. (3.3) für die stationären gebundenen Zustände des Elektrons erhalten, sind durch den Ausdruck

$$E_n = -\frac{R_\infty h c Z^2}{n^2} = -\frac{2.180 \times 10^{-18} Z^2}{n^2} \text{ J} \tag{3.5}$$

gegeben. Dabei ist $n = 1, 2, 3, \ldots$ (positive ganze Zahlen). Manchmal ist es zweckmäßiger, das Ergebnis in Elektronenvolt auszudrücken. Wenn wir die Einheiten entsprechend ändern, erhalten wir

$$E_n = -\frac{13.607 Z^2}{n^2} \text{ eV}. \tag{3.6}$$

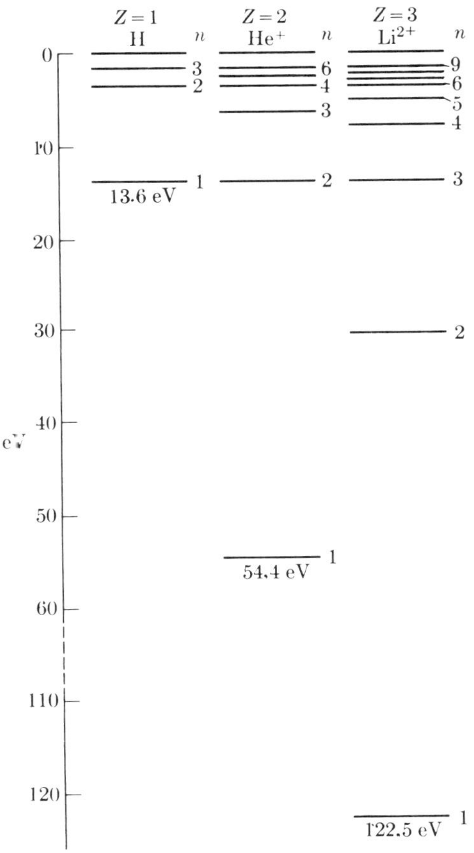

Abb. 3-2. Einige Energieniveaus von H, He^+ und Li^{2+}.

Man beachte, daß die Werte der Gesamtenergie negativ sind. Dies stimmt mit dem klassischen Ergebnis für die Bewegung in einem reziprok-quadratischen Kraftfeld mit elliptischer oder gebundener Umlaufbahn überein. Der Nullpunkt

* Die Begründung für den Index ∞ wird sich weiter unten herausstellen.

der Energieskala ist demjenigen Zustand zugeordnet, in dem die zwei Teilchen (Elektron und Kern) unendlich weit voneinander entfernt und in Ruhe sind. Daher entspricht Gl. (3.6) der klassischen Energie für die Bewegung von Teilchen in elliptischen Umlaufbahnen; jedoch sei der Leser daran erinnert, daß man in der Quantenmechanik nicht von scharfen Umlaufbahnen spricht.

Ausdruck (3.6) läßt sich auf jedes Atom anwenden, das ein einziges Elektron besitzt. So gilt er für Wasserstoff ($Z = 1$) und seine Isotope Deuterium ($A = 2$, $Z = 1$) und Tritium ($A = 3$, $Z = 1$), für einfach ionisiertes Helium, He^+ (ein Heliumatom, das eines seiner beiden Elektronen verloren hat, $Z = 2$) für zweifach ionisiertes Lithium Li^{2+} (ein Lithiumatom, das eines seiner zwei Elektronen verloren hat, $Z = 3$) usw. Abb. 3-2 zeigt die zugehörigen theoretischen Energieniveaus. Die entsprechenden Werte von n sind für einige Niveaus bei den einzelnen Serien angegeben.

Man beachte, daß einige der Niveaus in Abb. 3-2 zusammenfallen. Wasserstoffniveaus fallen z.B. jeweils mit den Niveaus von He^+ zusammen, die $n = 2, 4, 6$ besitzen, und auch mit denen von Li^{2+}, die $n = 3, 6, 9, \ldots$ haben. Der Grund hierfür liegt darin, daß sich in Gl. (3.6) wegen der entsprechenden Werte von Z Faktoren herauskürzen. Diese Möglichkeit tritt jedoch in der Natur nicht exakt auf. Der Kern ruht nicht in einem Inertialsystem; vielmehr rotieren der Kern und das Elektron um den Massenmittelpunkt.

TABELLE 3-1 Rydbergkonstanten ($R_\infty = 10{,}973{,}731\ \mathrm{m}^{-1}$)

Atom	Z	A	R, m^{-1}
Wasserstoff (H)	1	1	10,967,758
Deuterium (D)	1	2	10,970,742
Tritium (T)	1	3	10,971,735
Helium (He^+)	2	4	10,972,227
Lithium (Li^{2+})	3	7	10,972,880
Beryllium (Be^{3+})	4	9	10,973,070

Wir können jedoch die Relativbewegung des Elektrons und des Kernes analysieren, wenn wir in Gl. (3.4) anstelle der Elektronenmasse die reduzierte Masse des Elektron-Kern-Systems einsetzen. Wenn M die Masse des Kerns bezeichnet, ist die reduzierte Masse des Atoms*

$$\mu = \frac{m_e M}{m_e + M} = \frac{m_e}{1 + m_e/M}.$$

Dementsprechend müssen wir in Gl. (3.5) die Rydberg-Konstante R_∞ durch

$$R = \frac{\mu e^4}{8\epsilon_0^2 h^3 c} = R_\infty \frac{\mu}{m_e} = R_\infty \left(\frac{1}{1 + m_e/M}\right) \tag{3.7}$$

* Siehe z.B. *Fundamental University Physics*, Band I, Abschnitt 9.3.

ersetzen, so daß die Energieniveaus durch $E = - RhcZ^2/n^2$ gegeben sind. Die Werte von R sind für verschiedene Kerne in Tabelle 3-1 angegeben. Offensichtlich entspricht R_∞ dem Fall, in dem der Kern eine unendliche Masse ($M = \infty$) besitzt; dies ist der Grund für die Wahl des Index am Symbol R.

Bis hierher haben wir nur Zustände negativer Energie oder *gebundene Zustände* betrachtet. Die Zustände positiver Energie, die in der klassischen Beschreibung den hyperbolischen Umlaufbahnen entsprechen, sind *ungebundene Zustände*, in denen sich ein Elektron mit genügend großer kinetischer Energie dem Kern aus großer Entfernung nähert und, nachdem es durch die Coulombwechselwirkung mit dem Kern aus seiner geradlinigen Bewegung abgelenkt wurde, wieder im Unendlichen verschwindet. Wie in Abschnitt 2.7 dargelegt wurde, sind die Zustände positiver Energie nicht quantisiert, weil die kinetische Anfangsenergie einen beliebigen Wert haben kann und sie daher ein Kontinuum von Zuständen bilden.

BEISPIEL 3.1. Halbklassische Ableitung des Ausdruckes für die Energieniveaus von Wasserstoff.

Lösung: Wir können Gl. (3.5) für die stationären Zustände der wasserstoffähnlichen Atome genauso rechtfertigen, wie wir am Schluß von Abschnitt 2.5 die Energieniveaus für ein Teilchen in einem Potentialkasten dadurch rechtfertigten, daß wir Vorstellungen benutzten, die aus unserer Kenntnis stehender Wellen abgeleitet waren. Wir wollen annehmen, daß das Elektron, wie in Abb. 3-3 gezeigt, eine kreis-

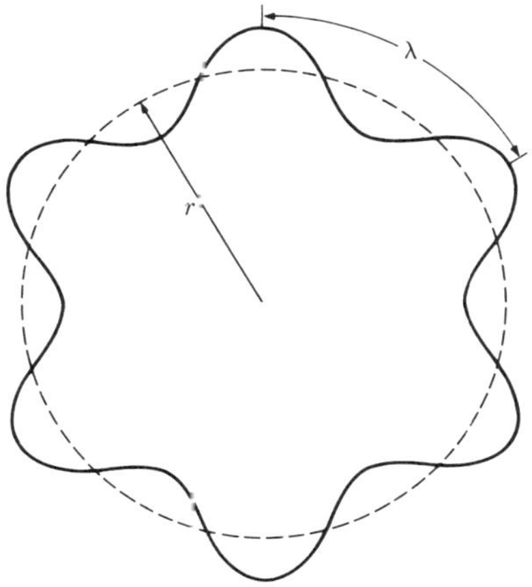

Abb. 3-3. Stehende Wellen auf einem Kreis.

förmige Bahn beschreibt. Sein Impuls p ist für eine kreisförmige Umlaufbahn konstant. Es erscheint logisch, daß die Bahn, um einem stationären Zustand zu entsprechen, stehende Wellen der Wellenlänge $\lambda = h/p$ aufrecht erhalten können muß.

Wir können Abb. 3-3 entnehmen, daß dies fordert, daß die Länge der Bahn einem ganzzahligen Vielfachen von λ gleich ist; d.h. $2\pi r = n\lambda = nh/p$ oder

$$rp = nh/2\pi. \tag{3.8}$$

Wenn wir beachten, daß rp der Drehimpuls des Elektrons ist, sehen wir, daß die stationären Zustände diejenigen sind, für die der Drehimpuls ein ganzzahliges

Vielfaches von $\hbar = h/2\pi$ ist. Weil $p = m_e v$, können wir Gl. (3.8) auch schreiben als

$$m_e v r = nh/2\pi. \tag{3.9}$$

Andererseits fordert die Bewegungsgleichung für das Elektron, daß die Zentripetalkraft $F = m_e v^2/r$ ist. Aber im Fall eines Elektrons, das sich um einen Kern bewegt, ist die Zentripetalkraft die durch Gl. (3.1) gegebene Coulombkraft. Daher ist

$$\frac{m_e v^2}{r} = \frac{Ze^2}{4\pi\epsilon_0 r^2} \quad \text{oder} \quad m_e v^2 = \frac{Ze^2}{4\pi\epsilon_0 r}. \tag{3.10}$$

Wenn wir v aus den Gleichungen (3.9) und (3.10) eliminieren, erhalten wir

$$r = \frac{n^2 h^2 \epsilon_0}{\pi m_e Z e^2} = \frac{n^2}{Z} a_0, \tag{3.11}$$

wobei

$$a_0 = \frac{h^2 \epsilon_0}{\pi m_e e^2} = 5.2917 \times 10^{-11}\,\text{m} \tag{3.12}$$

Bohrscher Radius genannt wird. Ausdruck (3.11) gibt die Radien der erlaubten Kreisbahnen und der Bohrsche Radius a_0 ist der «Radius» der Grundzustandsbahn ($n = 1$) im Wasserstoff ($Z = 1$).

Wenn wir Gl. (3.2) für die potentielle Energie des Elektron-Nukleon-Systems benutzen, können wir die Energie des Elektrons in einer kreisförmigen Umlaufbahn als

$$E = E_k + E_p = \tfrac{1}{2} m_e v^2 - \frac{Ze^2}{4\pi\epsilon_0 r}$$

ausdrücken.
Wenn wir Gl. (3.10) benutzen, um $m_e v^2$ zu eliminieren, erhalten wir daher

$$E = -\frac{Ze^2}{4\pi\epsilon_0(2r)}. \tag{3.13}$$

Wenn wir den Wert von r einführen, wie er durch Gl. (3.11) gegeben wird, erhalten wir

$$E = -\frac{m_e e^4 Z^2}{8\epsilon_0^2 h^2 n^2} = -\frac{R_\infty h c Z^2}{n^2}.$$

Dies stimmt mit den Gl. (3.4) und (3.6) überein. Was unsere Ableitung betrifft, müssen wir jedoch ein Wort der Warnung anbringen: Abgesehen davon, daß sie nur auf kreisförmige Umlaufbahnen anwendbar ist, hängt sie ganz von der Gültigkeit der Gl. (3.8) ab, die wir später (Abschnitt 3.4) mit größerer Ausführlichkeit diskutieren werden. Ferner muß unter dem Begriff «Bahn» hier das Gebiet verstanden werden, in dem die Aufenthaltswahrscheinlichkeit des Elektrons am größten ist. Ferner ist Gl. (3.11) nur ein Hinweis auf die Größenordnung des Gebietes, in dem sich das Elektron die überwiegende Zeit bewegt, und damit auf die Größe des Atoms.

Wenn wir die Gl. (3.9) und (3.11) kombinieren, erhalten wir für die Geschwindigkeit des Elektrons in einem stationären Zustand

$$v = \frac{nh}{2\pi m_e r} = \frac{hZ}{2\pi m_e a_0 n} = \frac{21.9 \times 10^5 Z}{n} \text{ m s}^{-1}.$$

Wir dürfen dieses Ergebnis nur als einen Hinweis auf die Größenordnung der Geschwindigkeit des Elektrons ansehen. Man beachte, daß mit zunehmender Energie (größere Werte von n) die Geschwindigkeit abnimmt. Wir finden ferner, daß $v/c \sim 7 \times 10^{-3}\ Z/n$, abgesehen von großen Werten von Z und kleinen Werten von n, $v \ll c$ ist. Daher sind relativistische Korrekturen nicht sehr wichtig, außer wenn man besonders große Genauigkeit fordert. Vom theoretischen Standpunkt sind diese Korrekturen jedoch sehr wichtig.

BEISPIEL 3.2. Schätzen Sie für die Energie der stationären Zustände der leichtesten Atome, d.h. H, D, T, He^+ und Li^{2+}, die Größe des Korrekturtermes in Gl. (3.7) ab, der von der Bewegung des Kernes herrührt.

Lösung: Da m_e/M eine sehr kleine Größe ist, können wir unter Anwendung der Näherung $(1 + x)^{-1} = 1 - x + \dots$ Gl. (3.7) schreiben

$$R = R_\infty\left(1 - \frac{m_e}{M}\right) \qquad \text{oder} \qquad \Delta R = R - R_\infty = -\frac{m_e}{M} R_\infty.$$

Die Masse eines Atoms mit der Massenzahl A kann in guter Näherung geschrieben werden als $M = 1.67 \times 10^{-27}\ A$ kg und $m_e = 9.11 \times 10^{-31}$ kg. Also ist $m_e/M = 5.45 \times 10^{-4}/A$. Da die Energie proportional zu R ist, können wir daher schreiben

$$\frac{\Delta E}{E} = -\frac{m_e}{M} = -100\,\frac{m_e}{M}\,\% = -\frac{5.45 \times 10^{-2}}{A}\,\%,$$

wobei ΔE die Abweichung der Energie von dem Wert darstellt, der durch Gl. (3.5) gegeben ist. Die Resultate für die leichtesten Elemente sind in Tabelle 3-2 angegeben.

Die Tatsache, daß $\Delta E/E$ für H, D und T verschieden ist, bedeutet, daß die Energieniveaus für diese drei Wasserstoffisotope leicht verschoben sind, und stellt den sog. *Isotopieeffekt* dar. In ähnlicher Weise fallen die Niveaus von He^+ nicht exakt mit denen von H zusammen. Diese geringe Differenz war es, die zur Entdeckung des Heliums durch Frankland und Lockyer führte, als sie das Sonnenspektrum im Jahre 1868 untersuchten.

TABELLE 3-2 Energiekorrektur bei Berücksichtigung der Kernbewegung

Atom	H	D	T	He^+	Li^{2+}
A	1	2	3	4	7
$(m_e/M) \times 10^4$	5.45	2.75	1.82	1.36	0.78
$-(\Delta E/E)$, %	0.0545	0.0275	0.0182	0.0136	0.0078

3.3 Das Wasserstoff-Spektrum

Wie wir in Abb. 3-2 gesehen haben, nimmt die Energie der stationären Zustände mit der Quantenzahl n zu. Der Energieunterschied zwischen den n_1 und n_2 entsprechenden Niveaus (mit $n_2 > n_1$) ist für ein wasserstoffähnliches Ion:

$$E_2 - E_1 = \left(-\frac{RhcZ^2}{n_2^2}\right) - \left(-\frac{RhcZ^2}{n_1^2}\right) = RhcZ^2\left(\frac{1}{n_1^2} - \frac{1}{n_2^2}\right).$$

Wenn wir die Bohrsche Bedingung, $\nu = (E_2 - E_1)/h$ (Gl. 1.29), anwenden und Rückstoßeffekte vernachlässigen, ist die Frequenz der von einem Atom bei einem Übergang zwischen den zu n_1 und n_2 gehörenden Zuständen emittierten oder absorbierten elektromagnetischen Strahlung gegeben durch

$$\nu = \frac{E_2 - E_1}{h} = RcZ^2\left(\frac{1}{n_1^2} - \frac{1}{n_2^2}\right)$$

$$= 3.2899 \times 10^{15}\, Z^2 \left(\frac{1}{n_1^2} - \frac{1}{n_2^2}\right) \text{Hz}. \qquad (3.14)$$

Spektroskopiker benutzen manchmal lieber die *Wellenzahl* $\tilde{\nu} = \nu/c = 1/\lambda$ als die Frequenz*. Ihre Begründung ist, daß spektroskopische Messungen normalerweise Wellenlängen und keine Frequenzen bestimmen. Im MKSC-System wird die Wellenzahl in m^{-1} angegeben, obwohl die Einheit cm^{-1} am weitesten verbreitet ist. In diesem Fall wird die obige Gleichung

$$\tilde{\nu} = RZ^2\left(\frac{1}{n_1^2} - \frac{1}{n_2^2}\right) = 1.0974 \times 10^5\, Z^2\left(\frac{1}{n_1^2} - \frac{1}{n_2^2}\right) \text{cm}^{-1}.$$

Dieser Ausdruck (oder der vorhergehende) wird *Balmer-Formel* genannt und ist nur auf wasserstoffähnliche Atome anwendbar. Da in einem Spektrographen (entweder einem Prismen- oder Gitterspektrographen) jeder Übergang als eine Linie erscheint (dem Bild des Spaltes), nennt man das Spektrum ein *Linienspektrum* und benutzt häufig die Worte Linie und Übergang synonym.
Das Wasserstoffspektrum ($Z = 1$) (und analog die Spektren anderer Atome) wird durch Serien klassifiziert, wobei jede Serie aus den Übergängen besteht, die dasselbe untere Energieniveau besitzen. Abb. 3-4 stellt die folgende Wasserstoffserie dar:

(1) Lyman Serie: $n_1 = 1,\ n_2 = 2,\ 3,\ 4,\ \ldots$
(2) Balmer Serie: $n_1 = 2,\ n_2 = 3,\ 4,\ \ldots$
(3) Paschen Serie: $n_1 = 3,\ n_2 = 4,\ 5,\ \ldots$
(4) Brackett Serie: $n_1 = 4,\ n_2 = 5,\ 6,\ \ldots$
(5) Pfund Serie: $n_1 = 5,\ n_2 = 6,\ 7,\ \ldots$

* Die Wellenzahl $\tilde{\nu}$ gibt die Anzahl der Wellenlängen pro Längeneinheit an; sie sollte nicht verwechselt werden mit der Wellenzahl $k = 2\pi/\lambda$, die man mit einem Teilchen verbindet, und die in Abschnitt 1.10 definiert wurde.

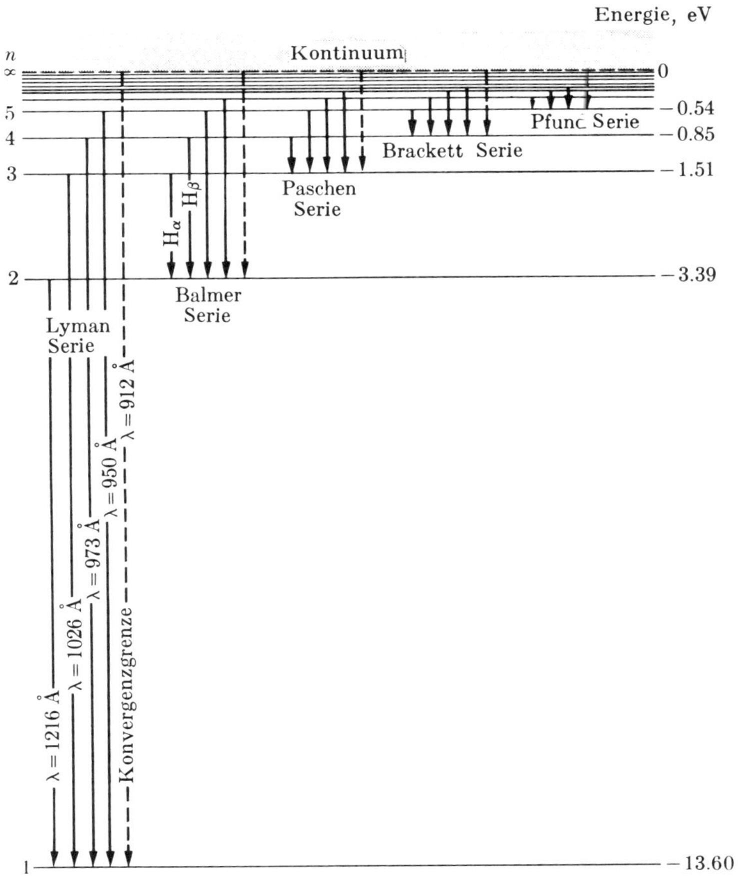

Abb. 3-4. Strahlungsübergänge in Wasserstoff.

Die Balmer-Serie, welche zum größten Teil im sichtbaren Bereich liegt, kann man leicht mit einem gewöhnlichen Spektroskop beobachten. Die Lyman-Serie fällt in den ultravioletten Bereich, und die anderen liegen im infraroten. Die in Abb. 3-4 angegebenen Übergänge gehören zum Emissionsspektrum; die inversen Übergänge treten im Absorptionsspektrum auf.

Das Problem, die Linienspektren von Wasserstoff und anderen Elementen zu erklären, war der historische Anlaß für die Anwendung der Quantentheorie auf das Atom. Lange vor dem Auftreten der Quantentheorie fand der Schweizer Mathematiker J. Balmer (1825-1898) ohne jeden theoretischen Bezug auf den Atombau im Jahre 1885 empirisch die Formel (3.14). Im Jahre 1913 leitete der dänische Physiker Niels Bohr (damals an der Cambridge University) die Gl. (3.14) ab, indem er zum ersten Mal den Begriff der stationären Zustände einführte. Da die Quantenmechanik noch nicht formuliert war, bestand Bohrs Methode aus einer Reihe von *ad hoc* Annahmen, die unseren Rechnungen in Beispiel 3.1 eng entsprechen.

BEISPIEL 3.3. Bestimmen Sie das erste Anregungspotential und die Ionisationsenergie von Wasserstoff.

Lösung: Wie wir bei der Diskussion des Franck-Hertz-Experimentes in Abschnitt 1.8 erklärten, ist das erste Anregungspotential diejenige Energie, die erforderlich ist, um ein Atom von seinem Grundzustand in seinen ersten (oder niedrigsten) angeregten Zustand zu überführen. Diese Zustände entsprechen bei wasserstoffähnlichen Atomen $n = 1$ bzw. $n = 2$. Setzen wir $n = 1$ und $n = 2$ in Gl. (3.6) mit $Z = 1$ ein, so erhalten wir $E_1 = -13.6$ eV und $E_2 = -3.4$ eV. Somit ist die Energie, die erforderlich ist, um ein Atom vom Grundzustand in den ersten angeregten Zustand anzuregen $E_2 - E_1 = 10.2$ eV. Wenn ein Wasserstoffatom durch einen inelastischen Elektronenstoß in seinen ersten angeregten Zustand gebracht wird, wie es bei einer Gasentladungsröhre geschieht, kehrt es durch Emission von Strahlung der Frequenz

$$\nu = (E_2 - E_1)/h = 2.47 \times 10^{15}\,\text{Hz}$$

oder der Wellenlänge

$$\lambda = 1.216 \times 10^{-7}\ \text{m}$$

in den Grundzustand zurück. In diesem Fall fällt die Strahlung in das Ultraviolett-Gebiet. Die Ionisationsenergie ist diejenige Energie, welche erforderlich ist, das Elektron vom Grundzustand ($n = 1$) in den Zustand mit der Energie Null ($n = \infty$) zu bringen, und gleich $-E_1 = 13.6$ eV. Ionisation kann entweder dadurch auftreten, daß das Wasserstoffatom inelastisch mit einem Elektron, einem anderen geladenen Teilchen oder einem anderen Atom zusammenstößt oder dadurch, daß das Atom ein Photon absorbiert, das eine Frequenz besitzt, die gleich oder größer ist als 3.29×10^{15} Hz, bzw. eine Wellenlänge gleich oder kürzer als 9.15×10^{-8} m.

3.4 *Quantisierung des Drehimpulses*

Wir haben bis jetzt gesehen, daß die Energie eines atomaren Systems quantisiert ist. Wir müssen die Möglichkeit untersuchen, daß einige andere physikalische Größen auch quantisiert, d.h. auf einige Werte für das System beschränkt sind. Am Ende von Abschnitt 2.5 stellten wir fest, daß der Impuls eines Teilchens in einem Potentialkasten auch quantisiert ist. In den meisten Beispielen in Kapitel 2 waren der Impuls und/oder die Energie Konstanten der Bewegung; d.h.

TABELLE 3-3 Bezeichnung und Entartung der Drehimpulseigenzustände für die Bewegung in einem Zentralfeld

Drehimpuls, l	0	1	2	3	4	5
Symbol	s	p	d	f	g	h
Entartung, $g = 2l + 1$	1	3	5	7	9	11

Größen, deren Wert sich während der Bewegung des Teilchens nicht ändert. Es ist dann naheliegend zu fragen, ob auch andere Konstanten der Bewegung quantisiert sind oder nicht.

Wir wissen, daß bei einer Bewegung unter dem Einfluß von Zentralkräften der Drehimpuls relativ zum Kraftzentrum $\boldsymbol{L} = \boldsymbol{r} \times \boldsymbol{p}$ eine Konstante der Bewegung ist. Dies stimmt auch in der Quantenmechanik. Eine sorgfältige, theoretische und experimentelle Analyse zeigt, daß der Drehimpuls quantisiert ist; d.h., daß er nur bestimmte Werte annehmen kann. Man kann zeigen (siehe Beispiel 3.4), daß die Größe des Drehimpulses durch die Werte

$$L^2 = l(l+1)\hbar^2, \tag{3.15}$$

mit $l = 0, 1, 2, 3, \ldots$ (positive ganze Zahl) charakterisiert ist. In wasserstoffähnlichen Atomen sind jedoch die Werte von l für jedes Niveau durch den zum Energieniveau gehörigen Wert von n beschränkt, und zwar ist der Maximalwert von l gleich $n - 1$. Deshalb:

> *In einem Coulombfeld gibt es für jeden Wert von n, der ein Energieniveau spezifiziert, n verschiedene Werte des Drehimpulses von $l = 0$ bis $l = n - 1$.*

Es ist üblich, die möglichen Werte von l nach dem Schema von Tabelle 3-3 durch Buchstaben zu bezeichnen. Dementsprechend haben wir für $n = 1$, $l = 0$ oder s; für $n = 2$ haben wir $l = 0$ oder 1 oder s und p. Für $n = 3$ ist $l = 0$, 1 und 2 oder s, p und d usw. In einem Zentralfeld, das von einem Coulombfeld verschieden ist, sind die Werte von l, die zu den einzelnen Energieniveaus gehören, ebenfalls verschieden. Im Falle des dreidimensionalen Oszillators ist die potentielle Energie z.B. $E_p = \frac{1}{2} kr^2$. Die möglichen Energieniveaus sind $E = (n + \frac{3}{2}\hbar\omega)$ (siehe Gl. 2.22), und für jedes n sind die zugehörigen l-Werte $n, n-2, n-4, \ldots$, 1 oder 0. So erhalten wir für $n = 0$, $1 = 0$ oder s; für $n = 1$, $l = 1$ oder p; für $n = 2$, $l = 0$ und 2 oder s und d usw.

Außer einer Einschränkung des Betrages zeigen die experimentellen Resultate (die wir später diskutieren werden), daß auch die *Richtung* des Drehimpulses eingeschränkt ist. Diese Situation nennt man *Richtungsquantisierung*. Dies bedeutet, daß der Winkel, den $\boldsymbol{L}$ mit der Z-Achse bildet, nicht beliebig ist (Abb. 3-5); mit anderen Worten, man kann zeigen (siehe Beispiel 3.4), daß die Werte der Komponente L_z quantisiert und durch

$$L_z = m_l \hbar \tag{3.16}$$

gegeben sind. Dabei ist $m_l = 0, \pm 1, \pm 2, \pm 3, \ldots, \pm l$; d.h. m_l ist eine positive oder negative ganze Zahl

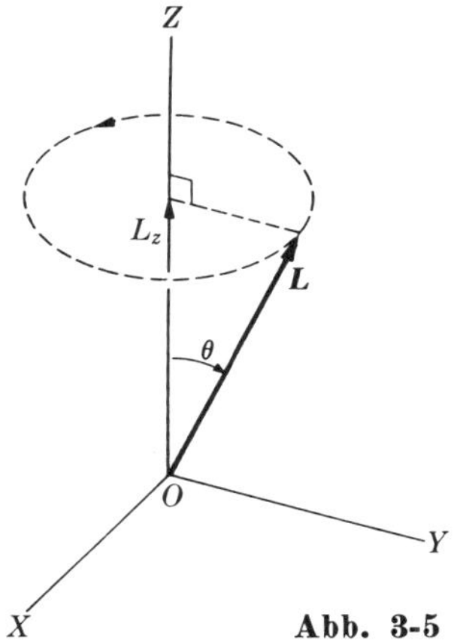

Abb. 3-5

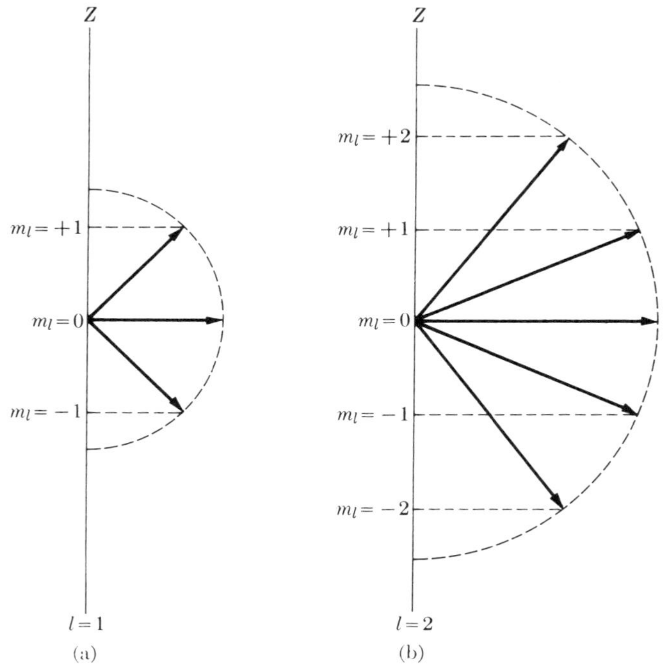

Abb. 3-6. Räumliche Quantisierung illustriert für $l = 1$ und $l = 2$.

von $-l$ bis $+l$. Die Quantenzahl m_l kann nicht größer sein als l, weil L_z dann größer wäre als $|\boldsymbol{L}|$, was aber nicht der Fall ist. Wir schließen deshalb,

> *für jeden Wert des Drehimpulses gibt es $2l + 1$ Werte von m_l oder $2l + 1$ verschiedene Orientierungen von $\boldsymbol{L}$.*

Abb. 3-6 stellt die Situation für $l = 1$ und $l = 2$ dar. Die Größe $g = 2l + 1$ ist die *Entartung* des Drehimpulszustandes. Man kann beweisen, daß die Entartung eine Folge der sphärischen Symmetrie der Bewegung in einem Zentralfeld ist. Die Werte von g für einige Werte des Drehimpulses sind in Tabelle 3-3 angegeben.

In der klassischen Mechanik sind Betrag und Richtung des Drehimpulses in einem Zentralfeld konstant. In der Quantenmechanik ist der Betrag des Drehimpulses durch Gl. (3.15) und eine seiner Komponenten durch Gl. (3.16) angegeben. Um die Richtung des Drehimpulses zu spezifizieren, müssen wir aber zwei weitere Komponenten, L_x und L_y, kennen. Eine detaillierte Analyse, die wir hier wegen ihrer mathematischen Schwierigkeiten nicht wiedergeben, zeigt:

> *es ist nicht möglich, mehr als eine Komponente des Drehimpulses genau zu kennen.*

Wenn wir L_z kennen, liegt daher unsere Kenntnis von L_x und L_y bestenfalls innerhalb der Unschärfen ΔL_x und ΔL_y, welche die Unschärferelation

$$\Delta L_x \, \Delta L_y \geq \tfrac{1}{2}\hbar L_z$$

erfüllen.

Diese Beziehung ähnelt den Unschärferelationen für Lage und Impuls (Gl. 1.48) und für Energie und Zeit (Gl. 1.49). Mit anderen Worten:

> *In der Quantenmechanik ist es nicht möglich, die Richtung des Drehimpulses genau zu bestimmen.*

Da wir nur $|\boldsymbol{L}|$ und L_z kennen, kann man das Bild benutzen, daß der Drehimpulsvektor $\boldsymbol{L}$ von Abb. 3-5 unter einem konstanten Winkel θ um die Z-Achse präzessiert.

Aus dieser Diskussion kann man folgern, daß die Energieniveaus wasserstoffähnlicher Atome irgendwie komplizierter sind, als es das einfache Bild von Gl. (3.6) und Abb. 3-2 andeutet. In einem Coulombfeld umfaßt jedes Energieniveau, das zu einem gegebenen n gehört, n verschiedene Drehimpulszustände, mit alle der gleichen Energie und mit Werten von l, die von Null bis $n - 1$ reichen (wie in Abb. 3-7 gezeigt ist). Diese Niveaus sind mit ns, np, nd usw. bezeichnet. (Dieses Ergebnis stimmt mit der klassischen Beschreibung der Bewegung in einem reziprok-quadratischen Kraftfeld überein, für das die Energie vom Drehimpuls unabhängig ist, obwohl die Exzentrizität der elliptischen Bahnen vom Drehimpuls abhängt.) In einer tiefer gehenden Theorie der Einelektronen-Atome, die andere Effekte (wie z.B. die relativistischen Korrekturen) berücksichtigt, treten die verschiedenen Drehimpulszustände, die zu denselben n gehören, mit verschiedenen Energien auf.

Wenn die Kraft nicht reziprok-quadratisch vom Abstand abhängt, haben die Niveaus, welche zu demselben Wert von n, aber zu verschiedenen Drehimpulsen gehören (d.h. die Niveaus ns, np, nd, usw.) nicht notwendigerweise alle dieselbe Energie. So hängt in einem Zentralfeld die Energie im allgemeinen von n und l ab, von m_l kann sie aber nicht abhängen, da in einem Zentralfeld die Orientierung der Umlaufbahnen belanglos ist.

Unter dem Gesichtspunkt der möglichen Übergänge ist die Tatsache, daß jedes Niveau in einem wasserstoffähnlichem Atom aus verschiedenen Drehimpulszuständen zusammengesetzt ist, jedoch wichtig. Für die Bewegung in einem Zentralpotential sind die Auswahlregeln für elektrische Dipolübergänge

$$\Delta l = \pm 1, \qquad \Delta m_l = 0, \pm 1. \tag{3.17}$$

Diese Auswahlregeln verlangt die Drehimpulserhaltung, da das emittierte oder absorbierte Photon Drehimpuls mit sich führt; der Drehimpuls des Atoms muß sich daher ändern, um den Drehimpuls des emittierten oder absorbierten Photons zu kompensieren. Der Drehimpulssatz und die quantenmechanischen Regeln für die Addition von Drehimpulsen (vergl. Abschnitt 3.8) würden erlauben, daß $\Delta l = 0, \pm 1$ ist. Jedoch verbietet die Parität der Wellenfunktionen in einem Zentralpotential (wie in Abschnitt 3.5 diskutiert werden wird) den Fall $\Delta l = 0$.

Die Auswahlreglen (3.17) fordern, daß Übergänge nur zwischen Drehimpulszuständen in benachbarten Spalten von Abb. 3-7 auftreten. Einige dieser möglichen Übergänge sind angedeutet. Man beachte, daß nach diesen Regeln der Zustand 2s nicht in den Zustand 1s übergehen kann, der das einzige niedriger liegende Niveau ist. Aus diesem Grunde wird der Zustand 2s *metastabiler Zustand* genannt. Die Regeln (3.17) gelten für elektrische Dipolübergänge, welche die wahrscheinlichsten sind. Für andere Übergänge, wie z.B. magnetische Dipol- oder elektrische Quadropolübergänge, sind die Auswahlregeln anders; diese Übergänge besitzen eine viel geringere Wahrscheinlichkeit als elektrische Dipolübergänge. Aus diesem Grunde berücksichtigt man in Atomspektren normalerweise nur elektrische Dipolübergänge.

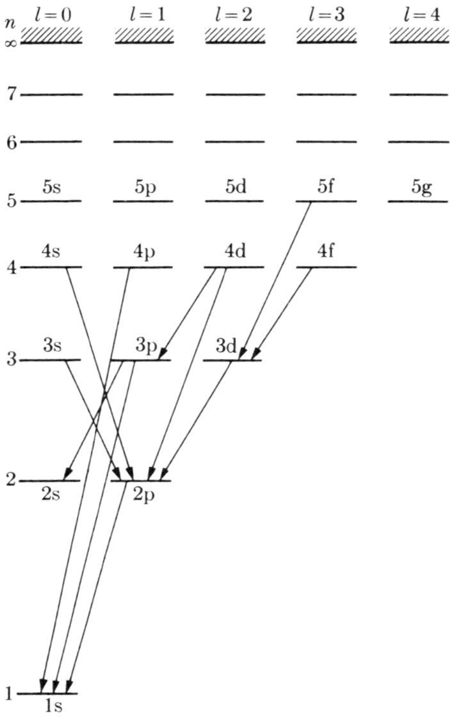

Abb. 3-7. Übergänge zwischen verschiedenen Drehimpulszuständen.

Wir wollen jetzt Gl. (3.8) betrachten. Wenn wir beachten, daß für eine Kreisbahn rp der Drehimpuls L ist, sehen wir daß Gl. (3.8) $L = n\hbar$ besagt. Aber dieses Ergebnis stimmt nicht mit der Gl. (3.15) überein, wonach $L = \sqrt{l(l+1)}\hbar$ ist. Daher ist das einfache und intuitive Modell, das wir in Beispiel 3.1 benutzten, um Gl. (3.8) zu erhalten, nicht richtig (obwohl das erhaltene Resultat stimmt). Dies möge den Leser wieder einmal warnen, daß es nicht möglich ist, die Wellenvorstellungen in die Quantenmechanik zu extrapolieren, wenn man nicht besonders sorgfältig vorgeht. Im vorliegenden Falle des Drehimpulses resultiert die Unstimmigkeit daraus, daß es nicht möglich ist, die Elektronenwellen auf eine genau kreisförmige Bahn zu beschränken. Wenn wir jedoch $l = n - 1$ in Gl. (3.15) setzen, erhalten wir

$$L^2 = (n - 1)n\hbar^2 = (n^2 - n)\hbar^2.$$

Wenn n groß ist, können wir diesen Ausdruck näherungsweise schreiben $L^2 = n^2\hbar^2$ oder $L = n\hbar$, was mit Gl. (3.8) übereinstimmt. Demnach approximiert $l = n - 1$ für große n die klassischen Kreisbahnen. Dies ist ein Beispiel zum *Bohrschen Korres-*

pondenz-Prinzip, das besagt, daß sich für große Quantenzahlen die quantenmechanische Beschreibung der klassischen Beschreibung annähert.

3.5 Einelektronen-Wellenfunktionen in Zentralfeldern

Die Wellenfunktion $\psi(x, y, z)$ für wasserstoffähnliche Atome erhält man durch Lösung der Schrödingergleichung Gl. (3.3). Das in dieser Gleichung auftretende Potential $E_p = -Ze^2/4\pi\epsilon_0 r$ entspricht einer Zentralkraft. Wir dürfen erwarten, daß die Wellenfunktionen aller Zentralkraftprobleme (d.h. Probleme, bei denen die potentielle Energie nur eine Funktion des Abstandes ist und deshalb die Form $E_p(r)$ hat) eine gewisse Ähnlichkeit aufweist.

Wegen der sphärischen Symmetrie des Potentials können wir die Diskussion von Zentralkraftproblemen vereinfachen, indem wir die Kugelkoordinaten r, θ, ϕ einführen (Abb. 3-8).

Man kann zeigen, daß die Wellenfunktion für ein einzelnes Elektron in einem Zentralfeld als Produkt zweier Faktoren geschrieben werden kann, von denen einer vom Abstand des Elektrons vom Ursprung und einer von der Orientierung des Ortsvektors $\boldsymbol{r}$, gegeben durch die Winkel θ und ϕ, abhängt. Wir dürfen die Wellenfunktion daher ansetzen als

$$\psi(r, \theta, \phi) = R(r)Y(\theta, \phi).$$

Der radiale Teil $R(r)$ hängt von der speziellen Form des Potentials $E_p(r)$ ab, das der auf das Elektron wirkenden Kraft zugeordnet ist. Der winkelabhängige Teil $Y(\theta, \phi)$ jedoch, der auf der Kugelsymmetrie der Zentralkraft beruht, ist von der speziellen Form des Potentials $E_p(r)$ unabhängig. Mit anderen Worten, *die Winkelfunktionen $Y(\theta, \phi)$ sind für alle Zentralkraftprobleme dieselben.*

Obwohl es ein einfaches mathematisches Problem ist, werden wir nicht untersuchen, wie man die Wellenfunktionen erhält (vergl. Beispiel 3.4). Statt dessen

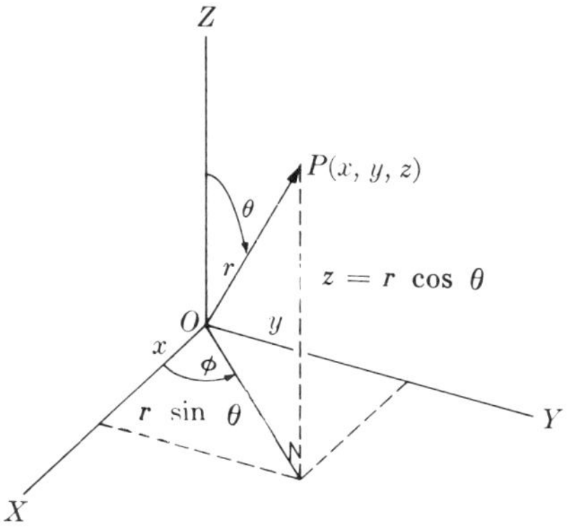

Abb. 3-8. Kugelkoordinaten.

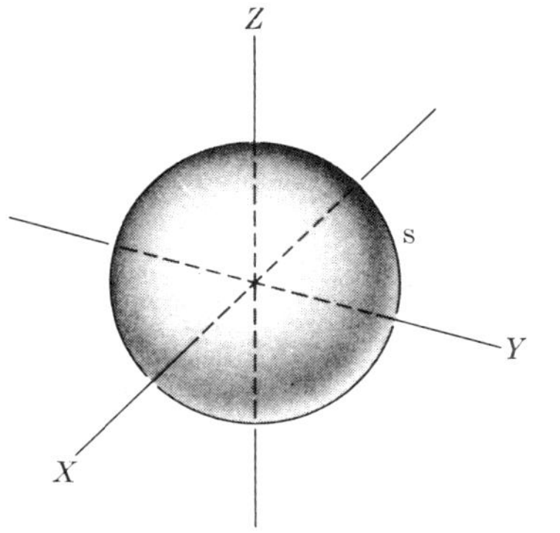

Abb. 3-9. Winkelwellenfunktion für s-Zustände ($l = 0$).

werden wir die wichtigsten Eigenschaften der Wellenfunktionen diskutieren.

Bei einem Zentralkraftproblem ist der winkelabhängige Teil der Wellenfunktion vollständig durch den Betrag und die Z-Komponente des Drehimpulses des Elektrons bestimmt.

Der Betrag des Drehimpulses ist durch die Quantenzahl l und die Z-Komponente oder die Orientierung durch m_l festgelegt. Aus diesem Grunde werden die Winkelfunktionen, die zu bestimmten Werten von L^2 und L_z gehören, mit $Y_{lm_l}(\theta, \phi)$ bezeichnet. Mathematiker nennen diese Funktionen *Kugelfunktionen* (englisch: spherical harmonics).

TABELLE 3-4 Winkelfunktionen zu L^2 und L_z

l	m_l	Winkelfunktion
0	0	$Y_{00} = 1/\sqrt{4\pi}$
1	0	$Y_{10} = \sqrt{3/4\pi}\ \cos\theta$
	± 1	$Y_{1\pm 1} = \mp\sqrt{3/8\pi}\ \sin\theta\ e^{\pm i\phi}$
2	0	$Y_{20} = \frac{1}{2}\sqrt{5/4\pi}\ (3\cos^2\theta - 1)$
	± 1	$Y_{2\pm 1} = \mp\sqrt{15/8\pi}\ \sin\theta\cos\theta\ e^{\pm i\phi}$
	± 2	$Y_{2\pm 2} = \frac{1}{4}\sqrt{15/2\pi}\ \sin^2\theta\ e^{\pm i2\phi}$

TABELLE 3-5 Winkelfunktionen zu L^2 und L_z^2

l	$\lvert m_l\rvert$	Winkelfunktion
0	0	$\mathrm{s} = 1/\sqrt{4\pi}$
1	0	$\mathrm{p}_z = \sqrt{3/4\pi}\ \cos\theta$
	1	$\mathrm{p}_x = \sqrt{3/4\pi}\ \sin\theta\cos\phi$ $\mathrm{p}_y = \sqrt{3/4\pi}\ \sin\theta\sin\phi$
2	0	$\mathrm{d}_{3z^2-r^2} = \sqrt{5/16\pi}\ (3\cos^2\theta - 1)$
	1	$\mathrm{d}_{xz} = \sqrt{15/4\pi}\ \sin\theta\cos\theta\cos\phi$ $\mathrm{d}_{yz} = \sqrt{15/4\pi}\ \sin\theta\cos\theta\sin\phi$
	2	$\mathrm{d}_{x^2-y^2} = \sqrt{15/4\pi}\ \sin^2\theta\cos 2\phi$ $\mathrm{d}_{xy} = \sqrt{15/4\pi}\ \sin^2\theta\sin 2\phi$

In Tabelle 3-4 sind die Kugelfunktionen Y_{lm_l} für $l = 0$, 1 und 2 aufgeführt. Es ist die Form, die auf die meisten physikalischen Probleme anwendbar ist. Tabelle 3-5 gibt die Winkelfunktionen in einer Form an, die für die Diskussion molekularer Bindungen besser geeignet ist. Die Funktionen in Tabelle 3-5 gehören nicht zu einem bestimmten Wert von m_l, sondern von m^2_l oder $|m_l|$. Sie entsprechen L^2 und L^2_z anstelle von L_z.

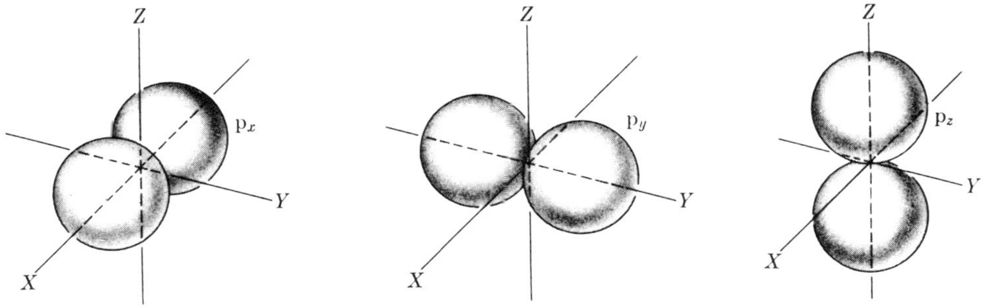

Abb. 3-10. Winkelwellenfunktionen für p-Zustände ($l = 1$).

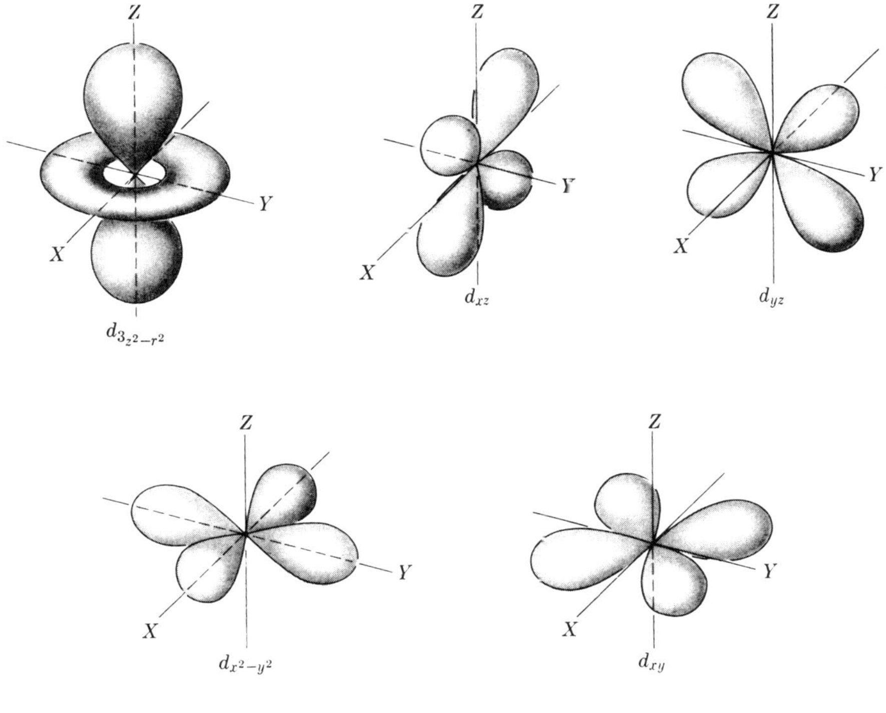

Abb. 3-11. Winkelwellenfunktionen für d-Zustände ($l = 2$).

TABELLE 3-6 Radialwellenfunktionen wasserstoffartiger Atome

n	l	$R_{nl}(r)$ $(\rho = 2Zr/na_0)$
1	0	$R_{10}(r) = 2\left(\dfrac{Z}{a_0}\right)^{3/2} e^{-\rho/2}$
2	0	$R_{20}(r) = \dfrac{1}{2\sqrt{2}}\left(\dfrac{Z}{a_0}\right)^{3/2} (2-\rho)e^{-\rho/2}$
	1	$R_{21}(r) = \dfrac{1}{2\sqrt{6}}\left(\dfrac{Z}{a_0}\right)^{3/2} \rho e^{-\rho/2}$
3	0	$R_{30}(r) = \dfrac{1}{9\sqrt{3}}\left(\dfrac{Z}{a_0}\right)^{3/2} (6-6\rho+\rho^2)e^{-\rho/2}$
	1	$R_{31}(r) = \dfrac{1}{9\sqrt{6}}\left(\dfrac{Z}{a_0}\right)^{3/2} \rho(4-\rho)e^{-\rho/2}$
	2	$R_{32}(r) = \dfrac{1}{9\sqrt{30}}\left(\dfrac{Z}{a_0}\right)^{3/2} \rho^2 e^{-\rho/2}$

Aus Tabelle 3-5 können wir entnehmen, daß für $l = 0$ (oder s-Zustände) die einzige Wellenfunktion winkelunabhängig ist; d.h. *s-Zustände sind kugelsymmetrisch.* Wir können dies in dem Polardiagramm der Abb. 3-9 sehen, wo der Wert der s-Funktion für jede Richtung (θ, ϕ) durch die Länge einer Linie vom Ursprung angedeutet ist. Der geometrische Ort der Endpunkte ergibt eine sphärische Oberfläche. Dieses Ergebnis ist verständlich, weil es dann, wenn der Drehimpuls Null ist, keine bevorzugte Orientierung der Elektronenbahnen gibt.

Für $l = 1$ (oder p-Zustände) gibt es drei Winkelfunktionen, welche die drei möglichen Orientierungen des Bahndrehimpulses oder die drei Werte von $m_l = 0, \pm 1$ widerspiegeln. In Tabelle 3-5 sind sie mit p_x, p_y und p_z bezeichnet, und sie sind in den Polardiagrammen von Abb. 3-10 dargestellt. Diese Funktionen entsprechen einer bevorzugten Bewegung des Elektrons längs der einzelnen Koordinatenachsen. Dieses Resultat ist sehr wichtig für die Beschreibung chemischer Bindungen.

Für $l = 2$ (oder d-Zustände) gibt es fünf verschiedene Winkelfunktionen. Die Winkelverteilung dieser Zustände ist komplizierter, wie wir den Polardiagrammen von Abb. 3-11 entnehmen können, welche die d-Funktionen von Tabelle 3-5 darstellen. Für größere Werte von l wird die Situation sogar noch komplizierter.

Es ist eine wichtige Eigenschaft der Kugelfunktionen Y_{lm_l}, daß sie eine Parität gleich $(-1)^l$ besitzen. D.h. für $l = 0, 2, 4, \ldots$, gerade ganze Zahlen, haben die Funktionen Y_{lm_l} in Punkten, die relativ zum Koordinatenursprung symmetrisch liegen, denselben Betrag und dasselbe Vorzeichen und sind gerade Funktionen, während für $l = 1, 3, 5, \ldots$, ungerade ganze Zahlen, die Funktionen Y_{lm_l} in symmetrischen Punkten denselben Betrag aber entgegengesetztes Vorzeichen besitzen und ungerade Funktionen sind. Man kann zeigen, daß für elektrische Dipolübergänge der Anfangs- und der Endzustand entgegengesetzte Paritäten haben müssen; deshalb können diese Zustände nicht denselben Wert von l besitzen. Aus diesem Grunde ist für diese Übergänge der Wert $l = 0$ nicht möglich, wie wir es oben im Zusammenhang mit Gl. (3.17) angedeutet haben.

Der radiale Anteil $R(r)$ der Wellenfunktion $\psi(r, \theta, \phi)$ hängt von der Energie und dem Betrag des Drehimpulses, aber nicht von seiner Orientierung ab. Das können wir verstehen, weil die sphärische Symmetrie des Zentralfeldes darauf hinweist, daß die radiale Verteilung der Bewegung des Elektrons von der Orientierung seines Drehimpulses unabhängig sein muß; d.h., sie muß unabhängig vom Wert von l sein. Dies ist das quantenmechanische Analogon des klassischen Ergebnisses, daß die Energie und der Betrag des Drehimpulses die «Größe» der Bahn bestimmen. Deshalb hängt die Radialfunktion von der mit der Energie verknüpften Quantenzahl n und von l ab, aber nicht von m_l. Daher schreibt man die Radialfunktionen $R_{nl}(r)$, und die Gesamtwellenfunktionen werden

$$\psi_{nlm_l}(r, \theta, \phi) = R_{nl}(r)\, Y_{lm_l}(\theta, \phi). \tag{3.18}$$

Tabelle 3-6 führt die Radialfunktionen auf, die den drei ersten Energieniveaus der wasserstoffähnlichen Atome entsprechen. Diese Funktionen sind in Abb. 3-12 gezeigt. Die gestrichelte Linie zeigt in Übereinstimmung mit Gl. (3.11) in den einzelnen Fällen den klassischen Bahnradius an.

Obwohl das Elektron am wahrscheinlichsten innerhalb des klassischen Bahnradius gefunden wird, können wir entnehmen, daß man es auch in größeren Entfernungen antreffen kann. Die Wahrscheinlichkeit, das Elektron innerhalb der Kugelschale mit den Radien r und $r + dr$, unabhängig von seiner Winkelposition, zu finden, ist proportional zu $r^2[R_{nl}(r)]^2$ (vergl. Problem 3.25). Abb. 3-13 zeigt diese Wahrscheinlichkeit.

Eine interessante Besonderheit, die man bei einem Blick auf Abb. 3-12 leicht erkennt, besteht darin, daß die Radialfunktionen für s-Elektronen bei kleinen r relativ groß sind. Man kann sagen, daß die s-Elektronen *tief eindringende* Bahnen beschreiben, die sehr nahe an den Kern heranreichen. Die p-Elektronen sind weniger eindringend, die d-Elektronen sind es noch weniger usw. für höhere Werte des Drehimpulses. Man kann dies leicht verstehen, wenn man bedenkt, daß die Radialbewegung (sowohl in der klassischen wie in der Quantenmechanik) in einem Zentralfeld einem effektiven Potential

$$E_{p,\mathrm{eff}} = E_p(r) + \frac{L^2}{2mr^2} = E_p(r) + \frac{l(l+1)\hbar^2}{2mr^2} \tag{3.19}$$

entspricht, wobei $E_p(r)$ das Potential der Zentralkraft (das Coulombpotential im Fall eines Elektrons) bezeichnet und $L^2/2mr^2$ *Zentrifugalpotential* genannt wird (vergl. Beispiel 3.5). Für s-Zustände haben wir $l = 0$; hier tritt kein Zentrifugalpotential auf, so daß $E_{p,\mathrm{eff}} = E_p$ ist. Dementsprechend kann sich ein gebundenes s-Elektron mit negativer Energie E (Abb. 3-14a) klassisch zwischen O und A

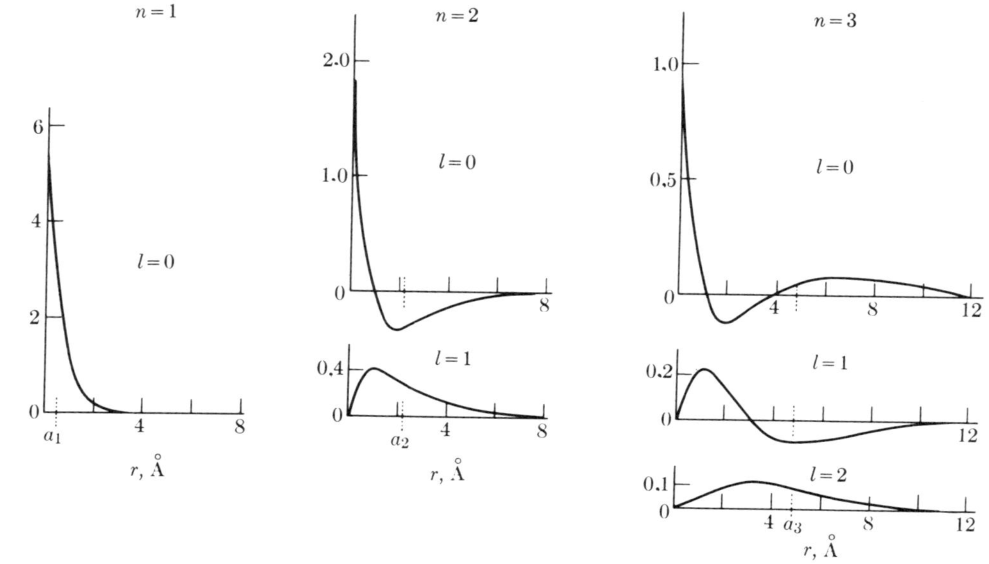

Abb. 3-12. Radialwellenfunktionen von Wasserstoff für $n = 1$, 2 und 3. Die Ordinate der Kurven ist jeweils $[R_{nl}(r)\mathrm{m}^{3/2}] \times 10^{-8}$.

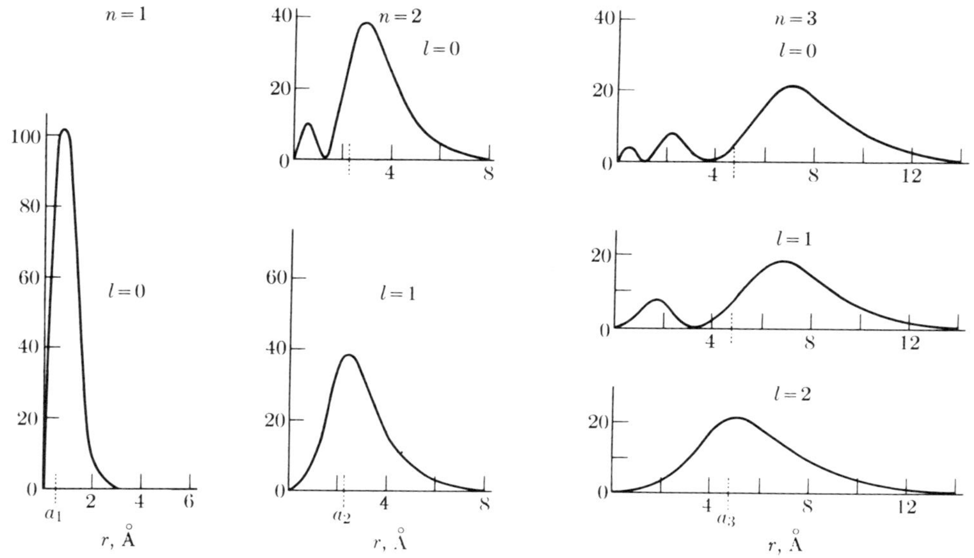

Abb. 3-13. Radiale Wahrscheinlichkeitsverteilung in Wasserstoff für $n = 1$, 2 und 3. Die Ordinate ist jeweils $[r^2 R_{nl}(r)\ \mathrm{m}^{-1}] \times 10^{-15}$.

bewegen und deshalb den Koordinatenursprung erreichen. Die radiale Wellenfunktion muß dann so verlaufen, wie in der unteren Abb. gezeigt ist. (Die Anzahl der Oszillationen der Wellenfunktion hängt von der Energie ab.) Für andere Werte des Bahndrehimpulses verläuft das effektive Potential jedoch so, wie es in Abb. 3-14 (b) gezeigt ist. Dementsprechend kann sich ein Elektron mit der Energie E klassisch nur zwischen B und C bewegen. Wir übersetzen dies in die Sprache der Quantenmechanik indem wir sagen, daß die Wellenfunktion außerhalb der klassischen Grenzen der Bewegung sehr rasch abnehmen und deshalb in der Nähe des Ursprungs sehr klein sein muß. Je größer der Drehimpuls, desto weiter ist die Wellenfunktion vom Ursprung fortgeschoben und desto weniger «eindringend» ist die Bahn.

Diese charakteristischen Eigenschaften der Elektronenbewegung spiegeln sich in vielen wichtigen Eigenschaften des Atoms wider. Das Verhalten der s-Elektronen hängt z.B. sehr empfindlich von Gestalt und innerer Struktur des

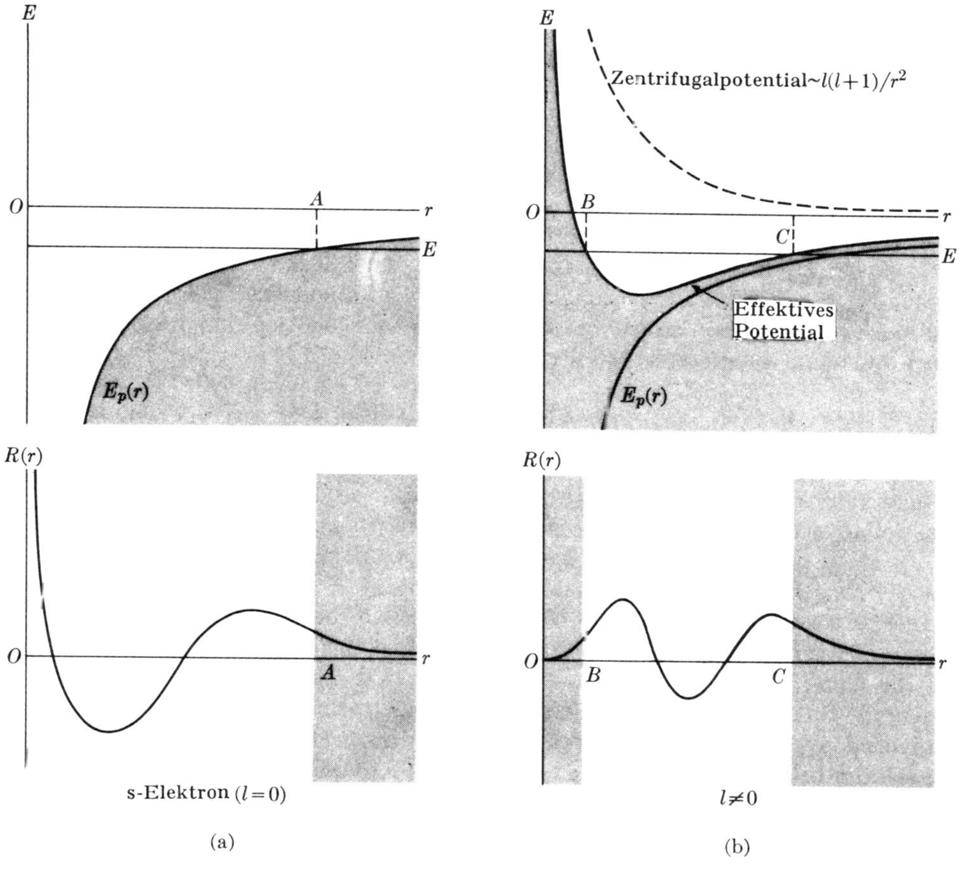

Abb. 3-14. Effektives Potential und Radialwellenfunktion für die Bewegung unter dem Einfluß einer Zentralkraft für $l = 0$ und $l \neq 0$.

Kerns ab, während das Verhalten der Elektronen mit größeren Drehimpulsen sehr viel weniger empfindlich von der Gestalt und Struktur des Kerns abhängt.

BEISPIEL 3.4. Analyse der Drehimpulsoperatoren und -Eigenfunktionen.

Lösung: Wir entnehmen Tabelle 2-4, Abschnitt 2.12, daß der Drehimpulsoperator gegeben ist durch

$$\mathbf{L} = -i\hbar \boldsymbol{r} \times \nabla = -i\hbar \begin{vmatrix} \boldsymbol{u}_x & \boldsymbol{u}_y & \boldsymbol{u}_z \\ x & y & z \\ \partial/\partial x & \partial/\partial y & \partial/\partial z \end{vmatrix},$$

woraus wir schließen, daß die Z-Komponente

$$\mathbf{L}_z = i\hbar \left(x \frac{\partial}{\partial y} - y \frac{\partial}{\partial x} \right), \tag{3.20}$$

ist mit ähnlichen Ausdrücken für $\mathbf{L}_x$ und $\mathbf{L}_y$. Es ist zweckmäßiger, $\mathbf{L}_z$ in sphärischen Koordinaten auszudrücken. Wenn wir aus Abb. 3-8 entnehmen, daß

$$x = r \sin \theta \cos \phi, \qquad y = r \sin \theta \sin \phi, \qquad z = r \cos \theta,$$

so erhalten wir, daß

$$\frac{\partial}{\partial \phi} = \frac{\partial x}{\partial \phi} \frac{\partial}{\partial x} + \frac{\partial y}{\partial \phi} \frac{\partial}{\partial y} + \frac{\partial z}{\partial \phi} \frac{\partial}{\partial z}.$$

Nun ist $\partial x/\partial \phi = -r \sin \theta \sin \phi = -y$, $\partial y/\partial \phi = r \sin \theta \cos \phi = x$ und $\partial z/\partial \phi = 0$. Daher ist

$$\frac{\partial}{\partial \phi} = -y \frac{\partial}{\partial x} + x \frac{\partial}{\partial y},$$

und der Operator $\mathbf{L}_z$ kann in der Form

$$\mathbf{L}_z = -i\hbar \frac{\partial}{\partial \phi} \tag{3.21}$$

geschrieben werden.

Man kann zeigen, daß diese Beziehung ganz allgemein gilt und daß der Quantenoperator, welcher der Komponente des Drehimpulses bezogen auf eine beliebige Richtung entspricht, gegeben ist durch $-i\hbar\, \partial/\partial\phi$, wobei ϕ ein Winkel ist, der um die betrachtete Richtung gemessen wird. Entsprechend Gl. (2.48) lautet die Eigenwertgleichung $\mathbf{L}_z \Phi = L_z \Phi$, wobei $\Phi(\phi)$ die Eigenfunktion ist und L_z der Eigenwert. Wenn wir Gl. (3.21) für L_z benutzen, erhalten wir daher

$$-i\hbar \frac{\partial \Phi}{\partial \phi} = L_z \Phi \qquad \text{oder} \qquad \frac{\partial \Phi}{\partial \phi} = i m_l \Phi,$$

wobei wir $m_l = L_z/\hbar$ oder $L_z = m_l \hbar$ gesetzt haben. Die Lösung dieser Gleichung ist $\Phi = C e^{i m_l \phi}$ mit C als Normierungskonstante. Da derselbe Punkt des Raumes durch ϕ und durch $\phi + 2\pi$ dargestellt wird, ist es notwendig, daß $\Phi(\phi) = \Phi(\phi + 2\pi)$ ist; dies bedeutet, daß $e^{i m_l \phi} = e^{i m_l (\phi + 2\pi)}$ oder $e^{i 2\pi m l} = 1$ ist. Dies fordert, daß m_l eine positive oder negative ganze Zahl ist; d.h. $m_l = 0, \pm 1, \pm 2, \ldots,$ wie oben in Abschnitt 3.4 angedeutet wurde. Um C zu bestimmen, benutzen wir die Normierungsbedingung, die in diesem Falle $\int_0^{2\pi}\Phi^*\Phi\, d\phi = 1$ wird oder

$$\int_0^{2\pi} (C^* e^{-im_l\phi})(Ce^{im_l\phi})\, d\phi = |C|^2 \int_0^{2\pi} d\phi = 2\pi|C|^2 = 1,$$

d.h., wenn wir annehmen, daß C reell ist, ergibt sich $C = 1/\sqrt{2\pi}$. Daher sind die normierten Eigenfunktionen der Z-Komponente des Drehimpulses

$$\Phi(\phi) = \frac{1}{\sqrt{2\pi}} e^{im_l\phi}, \qquad m_l = 0, \pm 1, \pm 2, \ldots, \tag{3.22}$$

und die Eigenwerte $L_z = m_l h$ sind ganzzahlige Vielfache von $\hbar$.

Das Betragsquadrat des Drehimpulses wird durch den Operator $\mathbf{L}^2 = \mathbf{L}_x^2 + \mathbf{L}_y^2 + \mathbf{L}_z^2$ gegeben, wobei $\mathbf{L}_x$ und $\mathbf{L}_y$ ähnliche Operatoren wie $\mathbf{L}_z$ sind, wie es durch Gl. (3.20) gegeben war. Wenn man mit einigen umständlichen algebraischen Manipulationen auf Kugelkoordinaten transformiert, so zeigt sich, daß das Betragsquadrat des Drehimpulses durch den Quantenoperator

$$\mathbf{L}^2 = -\hbar^2 \left[\frac{1}{\sin\theta}\frac{\partial}{\partial\theta}\left(\sin\theta\frac{\partial}{\partial\theta}\right) + \frac{1}{\sin^2\theta}\frac{\partial^2}{\partial\phi^2}\right] \tag{3.23}$$

dargestellt wird. Die Eigenwertgleichung lautet $\mathbf{L}^2 Y(\theta, \phi) = L^2 Y(\theta, \phi)$, wobei die Eigenfunktion, die von den Winkeln θ und ϕ abhängt, mit $Y(\theta, \phi)$ bezeichnet wurde und L^2 der Eigenwert ist. Dies entspricht der Differentialgleichung

$$\frac{1}{\sin\theta}\frac{\partial}{\partial\theta}\left(\sin\theta\frac{\partial Y}{\partial\theta}\right) + \frac{1}{\sin^2\theta}\frac{\partial^2 Y}{\partial\phi^2} + \frac{L^2}{\hbar^2} Y = 0.$$

Man kann zeigen, daß $L^2/\hbar^2 = l(l+1)$ sein muß, wobei l eine positive ganze Zahl ist, d.h. $l = 0, 1, 2, 3, \ldots$, um eine Lösung zu erhalten, die den Bedingungen der Quantenmechanik gehorcht. Auf diese Weise haben wir die Resultate erhalten, die wir früher in Abschnitt 3.5 angeführt hatten; d.h. $L^2 = l(l+1)/ * \hbar^2$. Die Lösungen der resultierenden Gleichung

$$\frac{1}{\sin\theta}\frac{\partial}{\partial\theta}\left(\sin\theta\frac{\partial Y}{\partial\theta}\right) + \frac{1}{\sin^2\theta}\frac{\partial^2 Y}{\partial\theta^2} + l(l+1)\, Y = 0,$$

bezeichnet man mit Y_{lm_l}. Sie sind die in Tabelle 3-4 angegebenen Funktionen. Die Tabelle zeigt, daß die Funktionen Y_{lm_l} Produkte aus einem θ-abhängigen Faktor und aus einem anderen θ-abhängigen Faktor sind. (Der Φ-Faktor ist mit Gl. 3.22 identisch.) D.h., es ist $Y_{lm_l} = P_l^{m_l}(\cos\theta)\, e^{im_l\phi}$. Wenn wir berücksichtigen, daß die Y_{ml_l} Eigenfunktionen der Operatoren $\mathbf{L}^2$ und $\mathbf{L}_z$ sind, können wir schreiben

$$\mathbf{L}^2 Y_{lm_l} = l(l+1)\hbar^2 Y_{lm_l}, \qquad \mathbf{L}_z Y_{lm_l} = m_l\hbar Y_{lm_l}.$$

BEISPIEL 3.5. Analyse der Schrödingergleichung für die Bewegung in einem Zentralfeld.

Lösung: Gl. (2.9) war die Schrödingergleichung für die Bewegung in einem Potential $E_p(r)$:

$$-\frac{\hbar^2}{2m}\left(\frac{\partial^2}{\partial x^2} + \frac{\partial^2}{\partial y^2} + \frac{\partial^2}{\partial z^2}\right)\psi + E_p(r)\psi = E\psi.$$

Wenn wir jetzt von den kartesischen Koordinaten x, y, z zu den Kugelkoordinaten r, θ, ϕ übergehen, wird diese Gleichung nach einer längeren algebraischen Manipulation:

$$-\frac{\hbar^2}{2m}\left\{\frac{\partial^2}{\partial r^2}+\frac{2}{r}\frac{\partial}{\partial r}+\frac{1}{r^2}\left[\frac{1}{\sin\theta}\frac{\partial}{\partial\theta}\left(\sin\theta\frac{\partial}{\partial\theta}\right)+\frac{1}{\sin^2\theta}\frac{\partial^2}{\partial\phi^2}\right]\right\}\psi$$
$$+ E_p(r)\psi = E\psi.$$

Wenn wir die Gl. (3.23) für den Operator $\mathbf{L}^2$ benutzen, können wir schreiben

$$-\frac{\hbar^2}{2m}\left(\frac{\partial^2}{\partial r^2}+\frac{2}{r}\frac{\partial}{\partial r}-\frac{\mathbf{L}^2}{\hbar^2 r^2}\right)\psi + E_p(r)\psi = E\psi.$$

Setzen wir $\psi = R(r)\, Y_{lm_l}(\theta, \phi)$ und beachten, daß $\mathbf{L}^2\, Y_{lm_l} = l(l+1)\hbar^2\, Y_{lm_l}$ ist, so wird die obige Gleichung

$$-\frac{\hbar^2}{2m}\left[\frac{d^2}{dr^2}+\frac{2}{r}\frac{d}{dr}-\frac{l(l+1)}{r^2}\right]R + E_p(r)\, R = ER.$$

Dies ist eine Gleichung, die nur den radialen Teil $R(r)$ der Wellenfunktion ψ enthält. Es ist üblich, $R(r) = u(r)/r$ zu setzen, was auf

$$-\frac{\hbar^2}{2m}\frac{d^2u}{dr^2}+\left[E_p+\frac{l(l+1)\hbar^2}{2mr^2}\right]u = Eu \tag{3.24}$$

führt. Diese Gleichung nennt man bisweilen die *radiale Schrödingergleichung*. Wenn wir diese Gleichung mit der eindimensionalen Schrödingergleichung (3.3) vergleichen, so entnehmen wir, daß die radiale Bewegung äquivalent ist einer eindimensionalen Bewegung in einem effektiven Potential, das durch Gl. (3.19) gegeben ist; d.h.

$$E_{p,\text{eff}} = E_p(r) + \frac{l(l+1)\hbar^2}{2mr^2}.$$

Der Term $E_{p,\text{cen}} = l(l+1)\hbar^2/2mr^2$ ist ein Zentrifugalpotential, weil die zugehörige «Kraft», $F = -\partial E_{p,\text{cen}}/\partial r$, positiv und daher vom Ursprung weggerichtet ist.

Wenn wir $E_p(r) = -Ze^2/4\pi\epsilon_0 r$ setzen, so erhalten wir eine Differentialgleichung, die als Lösungen, für die Bewegung in einem Coulombfeld, die in Tabelle 3-6 angegebenen Radialfunktionen zuläßt. Für andere potentielle Energien ergeben sich andere Radialfunktionen.

BEISPIEL 3.6. Relativistische Korrekturen der Energie in wasserstoffähnlichen Atomen.

Lösung: Wie wir in Abschnitt 2.12 darlegten, wurde die Schrödingergleichung (3.3) mit Hilfe des nichtrelativistischen Ausdrucks $E = p^2/2m_e + E_p$ erhalten. Dieses Verfahren ist immer dann korrekt, wenn die Geschwindigkeit des Elektrons sehr klein verglichen mit der Lichtgeschwindigkeit ist. Der Wert von v/c für ein Elektron in einem stationären Zustand wurde in Beispiel 3.1 angeschätzt und in der Grössenordnung von $7 \times 10^{-3} Z/n$ gefunden. Der bei dieser, obgleich sehr kleinen, Geschwindigkeit auftretende relativistische Effekt kann leicht mit spektroskopischen Methoden festgestellt werden. Die relativistische Energie eines Elektrons, das sich mit dem Impuls p bewegt und die potentielle Energie E_p besitzt (siehe Gl. A.11), ist gegeben durch

$$E = c\sqrt{m_e^2c^2 + p^2} + E_p - m_ec^2,$$

wobei die Ruheenergie der Masse abgezogen wurde, so daß der Nullpunkt der Energie mit dem nichtrelativistischen Fall zusammenfällt. Wenn wir annehmen, daß der Impuls p viel kleiner als $m_e c$ ist, können wir die Wurzel bis zur zweiten Ordnung entwickeln mit dem Resultat

$$\begin{aligned} E &= \frac{1}{2m_e} p^2 - \frac{1}{8m_e^3 c^2} p^4 + \cdots + E_p \\ &= \left(\frac{1}{2m_e} p^2 + E_p\right) - \frac{1}{8m_e^3 c^2} p^4 + \cdots \end{aligned} \tag{3.25}$$

Die beiden Terme innerhalb der Klammer geben die nichtrelativistische Näherung für die Energie an. Deshalb ist der letzte Term die relativistische Korrektur erster Ordnung für die Gesamtenergie des Elektrons, die wir mit ΔE_r bezeichnen wollen. Also ist

$$\Delta E_r = -\frac{1}{8m_e^3 c^2} p^4 = -\frac{1}{2m_e c^2}\left(\frac{p^2}{2m_e}\right)\left(\frac{p^2}{2m_e}\right).$$

Die beiden identischen Klammerausdrücke entsprechen der nichtrelativistischen kinetischen Energie des Elektrons. Daher können wir (als eine vernünftige Näherung) unter Ausnutzung der Ergebnisse von Gl. (3.10) und (3.13) für den ersten

$$\frac{p^2}{2m_e} = \tfrac{1}{2} m_e v^2 = -\frac{Ze^2}{4\pi\epsilon_0(2r)} + \frac{Ze^2}{4\pi\epsilon_0 r} = \frac{Ze^2}{4\pi\epsilon_0(2r)} = -E$$

schreiben. Für den zweiten können wir $p^2/2m_e = \frac{1}{2} m_e v^2$ schreiben. Daher wird

$$\Delta E_r = -\frac{1}{2m_e c^2}(-E)\left(\tfrac{1}{2} m_e v^2\right) = \frac{1}{4}\frac{v^2}{c^2} E.$$

Demnach ist die relativistische Korrektur von der Größenordnung $(v/c)^2$ mal die Energie des Elektrons. Im Wasserstoffatom z.B. ist $(v/c)^2$ von der Größenordnung 10^{-5} und daher $\Delta E_r \sim 10^{-5} E$ oder etwa 0.001 % von E, eine Größe, die zwar klein ist, aber im Laboratorium leicht mit den heute zur Verfügung stehenden experimentellen Methoden festgestellt werden kann.

Um ein noch genaueres Ergebnis zu erhalten, betrachten wir den letzten Term in Gl. (3.25), der, wie wir gerade festgestellt haben, sehr klein verglichen mit den beiden ersten ist, als eine kleine Störung. Um seinen Einfluß auf die stationären Zustände zu berechnen, können wir seinen Mittel- oder Erwartungswert entsprechend Gl. (2.50) abschätzen. Dementsprechend haben wir bei einem Zustand, der durch die Wellenfunktion ψ_{nlm_l} beschrieben wird,

$$\Delta E_r = -\frac{1}{8m_e^3 c^2}(p^4)_{\mathrm{ave}} = \frac{1}{8m_e^3 c^2}\int \psi^*_{nln_l}\, p^4\, \psi_{nlm_l}\, d\tau.$$

Das Ergebnis dieser Berechnung ist

$$\Delta E_r = \frac{|E_n| Z^2 \alpha^2}{n}\left(\frac{3}{4n} - \frac{1}{l+\frac{1}{2}}\right), \tag{3.26}$$

wobei

$$\alpha = e^2/4\pi\epsilon_0 \hbar c \approx 1/137$$

Feinstrukturkonstante genannt wird und $|E_n|$ der durch Gl. (3.5) gegebene Absolutbetrag der Energie ist. In unserer Näherung werden die Energieniveaus so durch $E = E_n + \Delta E_r$ gegeben. Da die relativistische Korrektur (3.26) sowohl von l wie von n abhängt, besitzen die Niveaus mit gleichem n aber verschiedenem l nicht dieselbe Energie. Mit anderen Worten, die relativistische Korrektur hebt die zufällige Entartung auf, die wir im Fall eines Coulombfeldes fanden. Ferner ist die relativistische Korrektur für alle n und l immer negativ. Für ein gegebenes n ist die relativistische Korrektur umso größer, je kleiner der Wert von l ist. So sind im Wasserstoff diejenigen Zustände, für welche die Korrektur am wichtigsten ist, der 1s und der 2s-Zustand.

Eine noch weiter gehende relativistische Theorie des Elektrons wurde von P.A.M. Dirac entwickelt. In der Diracschen Theorie wird von Anfang an eine der relativistischen Energie entsprechende Schrödingergleichung aufgestellt, und damit die exakte Energie der Niveaus erhalten. Jedoch ist seine Theorie zu kompliziert, um hier dargestellt werden zu können.

3.6 Der Zeeman-Effekt

Die räumliche Quantisierung zeigt sich sehr eindrucksvoll, wenn die Elektronenbewegung durch ein angelegtes Magnetfeld gestört wird. In einem hinreichend starken Magnetfeld wird jede Spektrallinie in einem Einelektronenatom ein Triplett, das aus drei eng benachbarten Linien besteht. Der Linienabstand ist derselbe für alle Atome und Linien und ist proportional zur Größe des magnetischen Feldes. Dieser Effekt wurde erstmals im Jahre 1896 von dem holländischen Physiker Pieter Zeeman (1865-1943) beobachtet. Um sein Werk zu ehren, wurde er *Zeeman-Effekt* genannt.

Ein Elektron, das eine kreisförmige Bahn mit einer Winkelgeschwindigkeit ω beschreibt, passiert jeden Punkt der Bahn $\omega/2\pi$ mal pro Sekunde und entspricht deshalb einem Strom $I = e(\omega/2\pi)$. Da die Stromschleife sehr klein ist,

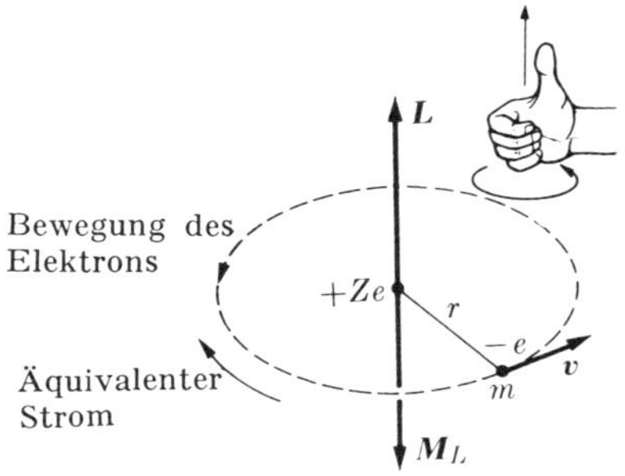

Abb. 3-15. Beziehung zwischen dem magnetischen Bahnmoment und dem Drehimpuls eines Elektrons.

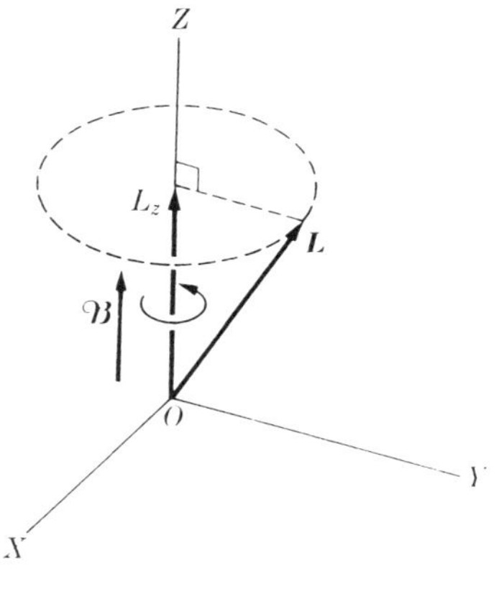

Abb. 3-16. Präzession des Drehimpulses unter dem Einfluß eines Magnetfeldes.

entspricht sie einem magnetischen Dipol, dessen magnetisches Moment gleich Strom mal Fläche ist. Daher ist *das magnetische Bahn-Dipolmoment* des Elektrons

$$M_L = e(\omega/2\pi)(\pi r^2) = \tfrac{1}{2}e\omega r^2.$$

Wenn wir uns daran erinnern, daß für eine Kreisbahn $L = m_e vr = m_e \omega r^2$ ist, so erhalten wir $M_L = (e/2m_e)L$. Dies ist eine Beziehung zwischen den Beträgen von $\boldsymbol{M}_L$ und $\boldsymbol{L}$. Wie in Abb. 3-15 gezeigt wird, besteht eine Beziehung zwischen der Richtung von $\boldsymbol{L}$ und der Bewegungsrichtung des Elektrons. Andererseits ist die Ladung des Elektrons negativ und daher der äquivalente Strom der Elektronenbewegung entgegengerichtet, was dazu führt, daß die Orientierung von $\boldsymbol{M}_L$ derjenigen von $\boldsymbol{L}$ entgegengerichtet ist. Wir können dies durch die Vektorgleichung

$$\boldsymbol{M}_L = -\frac{e}{2m_e}\boldsymbol{L} \tag{3.27}$$

ausdrücken. Obwohl wir diese Beziehung für eine Kreisbahn erhalten haben und die klassische Mechanik benutzt haben, stimmt dieser Ausdruck auch in der Quantenmechanik für eine beliebige Bewegung mit dem Drehimpuls $\boldsymbol{L}$. Die Z-Komponente des magnetischen Bahnmomentes ist gegeben durch

$$M_{Lz} = -\frac{e}{2m_e}L_z = -\frac{e\hbar}{2m_e}m_l = -\mu_B m_l, \tag{3.28}$$

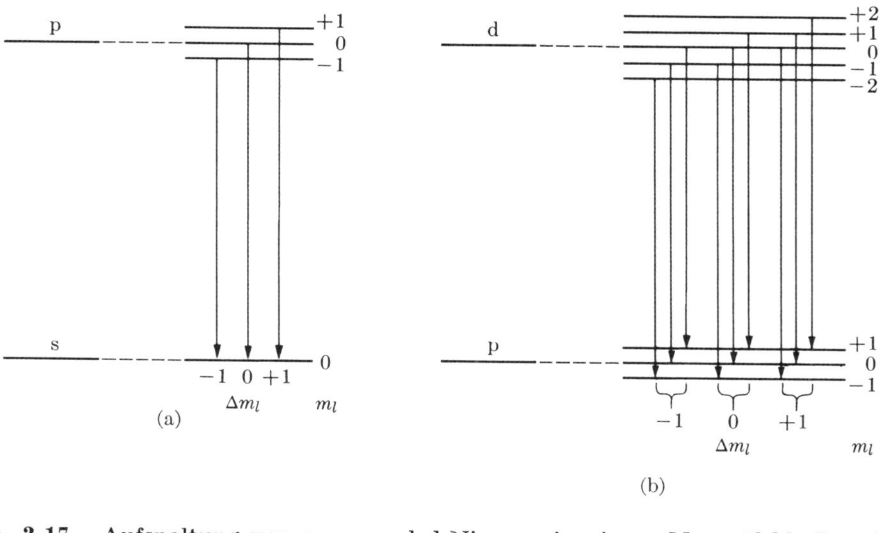

Abb. 3-17. Aufspaltung von s-, p- und d-Niveaus in einem Magnetfeld. Der Abstand aufeinanderfolgender Niveaus beträgt $\mu_B W$.

wobei die Größe

$$\mu_B = \frac{e\hbar}{2m_e} = 9.2732 \times 10^{-24}\ \mathrm{J\ T^{-1}} = 5.6564 \times 10^{-5}\ \mathrm{eV\ T^{-1}} \tag{3.29}$$

ein *Bohrsches Magneton* genannt wird.

Wenn ein magnetischer Dipol mit dem Moment $\boldsymbol{M}$ in ein magnetisches Feld $\mathcal{B}$ gebracht wird, erhält er eine Energie $E_B = -\boldsymbol{M}\cdot\mathcal{B}$. Wenn ein Atom in ein magnetisches Feld gebracht wird, beträgt deshalb die Zusatzenergie eines umlaufenden Elektrons infolge des äußeren Magnetfeldes

$$E_{\mathcal{B}} = -\boldsymbol{M}_L\cdot\mathcal{B} = \frac{e}{2m_e}\boldsymbol{L}\cdot\mathcal{B}. \tag{3.30}$$

Gleichzeitig erfährt das Elektron ein Drehmoment

$$\boldsymbol{\tau} = \boldsymbol{M}_L \times \mathcal{B} = -\frac{e}{2m_e}\boldsymbol{L} \times \mathcal{B},$$

das den Drehimpuls $\boldsymbol{L}$, wie in Abb. 3-16 gezeigt, um die Richtung des Magnetfeldes $\mathcal{B}$ präzessieren läßt. Legt man die Z-Achse parallel zur Richtung des Magnetfeldes $\mathcal{B}$, so kann man Gl. (3.30) in $E_{\mathcal{B}} = -M_{Lz}\mathcal{B}$ umschreiben oder mit Hilfe von Gl. (3.28)

$$E_{\mathcal{B}} = \mu_B\mathcal{B}m_l \tag{3.31}$$

erhalten. Wir sehen jetzt, daß $E_{\mathcal{B}}$ anstelle eines kontinuierlichen Wertebereiches $2l+1$ unterschiedliche Werte annehmen kann, die den einzelnen $2l+1$ möglichen Orientierungen von $\boldsymbol{L}$ relativ zu $\mathcal{B}$ entsprechen und alle den gleichen Abstand $\mu_B\mathcal{B}$ von einander aufweisen.

Die Gesamtenergie eines Elektrons, das an ein Atom in einem Magnetfeld gebunden ist, beträgt $E_n + E_{\mathcal{B}}$, dabei ist E_n die Energie der Elektronenbewegung bei fehlendem Magnetfeld. Dementsprechend zeigt Gl. (3.31), daß sich in einem Magnetfeld jedes Energieniveau mit den Quantenzahlen $n\,l$ in $2l+1$ Niveaus aufspaltet. Der Abstand aufeinanderfolgender Niveaus spiegelt sich auch in den Frequenzen wider, die zu den Übergängen zwischen den Niveaus gehören. In Abb. 3-17 ist die Situation für s-, p- und d-Niveaus dargestellt. Zustände mit $l = 0$ (oder s-Zustände) werden durch das Magnetfeld nicht beeinflußt. Zustände mit $l = 1$ (oder p-Zustände) werden in drei äquidistante Zustände aufgespalten, die den Orientierungen entsprechen, bei denen $m_l = +1$, 0 und -1 ist. So wird der Übergang p → s zu einem dreifachen Übergang, wobei einer, der $m_l = 0 \rightarrow m_l = 0$ entspricht, mit der ursprünglichen Frequenz auftritt, und die beiden anderen, die $m_l = \pm 1 \rightarrow m_l = 0$ entsprechen, einen Frequenzunterschied

$$\Delta\nu = \pm\frac{\mu_B\mathcal{B}}{h} = 1.40 \times 10^{10}\,\mathcal{B}\ \mathrm{Hz} \tag{3.32}$$

aufweisen. So geht jede der einfachen Linien p → s von Abb. 3-8 in drei eng benachbarte Linien über. Ähnlich werden Zustände mit $l = 2$ (oder d-Zustände) in fünf äquidistante Niveaus aufgespalten, die den durch $m_l = \pm 2, \pm 1, 0$ gegebenen Orientierungen von $\boldsymbol{L}$ entsprechen. Entsprechend der Auswahlregel $\Delta m_l = \pm 1, 0$ bestehen für den Übergang d → p jetzt neun Möglichkeiten. Die Übergänge, die demselben Wert von Δm_l entsprechen, besitzen jedoch alle die gleiche Energieänderung und ergeben daher dieselbe Spektrallinie. Wir schliessen daher, daß das Spektrum des d → p-Übergangs in einem Magnetfeld nur drei Linien enthält, obwohl es neun mögliche Übergänge gibt. Auch hier ist $\Delta\nu$ durch Gl. (3.32) gegeben.

Die Quantisierung des Drehimpulses erklärt deutlich die experimentellen Tatsachen des Zeeman-Effektes. Wenn anstelle der Raumquantisierung der Drehimpuls jede Orientierung annehmen könnte, bestände die Wirkung des Magnetfeldes darin, daß es jedes Niveau verbreitern würde. Die neuen Niveaus würden dann ein Energieband der Breite $2\mu_B \mathcal{B} L$ einnehmen, und jede Linie würde ein Band werden. Aus diesem Grunde stellt der Zeeman-Effekt, wie wir oben bemerkten, einen Beweis der räumlichen Quantisierung dar. Der Zeeman-Effekt war auch tatsächlich eins der Phänomene, welche die Einführung der Drehimpulsquantisierung auslösten.

3.7 Elektronenspin

Wir wissen, daß die Erde außer ihrer Bahnbewegung um die Sonne eine Rotations- oder Spinbewegung um ihre Achse ausführt. Daher ist der Gesamtdrehimpuls der Erde die Vektorsumme ihres Bahndrehimpulses und ihres Spin-Drehimpulses. In Analogie kann man vermuten, daß ein Elektron, welches in einem Atom gebunden ist, ebenfalls ein Spin besitzt. Jedoch können wir das Elektron nicht als ein sphärisches, sich drehendes Teilchen beschreiben, weil wir seine innere Struktur nicht kennen. Daher können wir den Spin-Drehimpuls (kurz: Spin) des Elektrons nicht in der gleichen Weise berechnen, wie wir den Spin der Erde aus ihrem Radius und ihrer Winkelgeschwindigkeit berechnen können. Die Idee des Elektronenspins wurde zuerst im Jahre 1926 von G. Uhlenbeck und S. Goudsmit vorgeschlagen, um bestimmte Eigenschaften der Spektren von Einelektronenatomen zu erklären (wir werden diese in Abschnitt 3.9 betrachten). Wenn $\boldsymbol{S}$ der *Spin*-Drehimpuls eines Elektrons ist und $\boldsymbol{L}$ der Bahndrehimpuls, so ist der Gesamtdrehimpuls $\boldsymbol{J} = \boldsymbol{L} + \boldsymbol{S}$. Für gegebene Werte von $\boldsymbol{L}$ und $\boldsymbol{S}$ hängt der Wert von $\boldsymbol{J}$ von ihrer relativen Orientierung ab, und wir können erwarten, daß sich dies in bestimmten atomaren Eigenschaften widerspiegelt; das ist auch tatsächlich der Fall.

Die Existenz eines Elektronenspins zeigt sich in sehr vielen experimentellen Ergebnissen. Z.B. zeigt sich der Elektronenspin direkt in dem Stern-Gerlach-Experiment, das zum erstenmal im Jahre 1924 durchgeführt wurde. Da das Elektron ein geladenes Teilchen ist, sollte mit dem Elektronenspin ein inneres oder spin-magnetisches Dipolmoment $\boldsymbol{M}_S$ des Elektrons verbunden sein. Wenn das Elektron als ein rotierender starrer geladener Körper beschrieben werden könnte, wäre die Beziehung zwischen $\boldsymbol{M}_S$ und $\boldsymbol{S}$ dieselbe wie zwischen $\boldsymbol{M}_L$ und $\boldsymbol{L}$, wie in Gl. (3.17) angegeben. Dies ist jedoch nicht der Fall, so daß wir schreiben müssen

$$\boldsymbol{M}_S = -\, g_S \frac{e}{2m_e} \boldsymbol{S},$$

dabei wird g_S *das gyromagnetische Verhältnis* des Elektrons genannt. Der experimentelle Wert für für g_S ist 2.0024. Für die meisten praktischen Anwendungen können wir $g_S = 2$ setzen.

Das gesamte magnetische Dipolmoment eines Elektrons mit Bahn- und Spinbewegung ist daher

$$\boldsymbol{M} = \boldsymbol{M}_L + \boldsymbol{M}_S = -\, \frac{e}{2m_e} (\boldsymbol{L} + g_S \boldsymbol{S}). \tag{3.33}$$

Es hängt natürlich nicht nur von den Beträgen von $\boldsymbol{L}$ und $\boldsymbol{S}$ ab, sondern ebenfalls von ihrer relativen Orientierung.

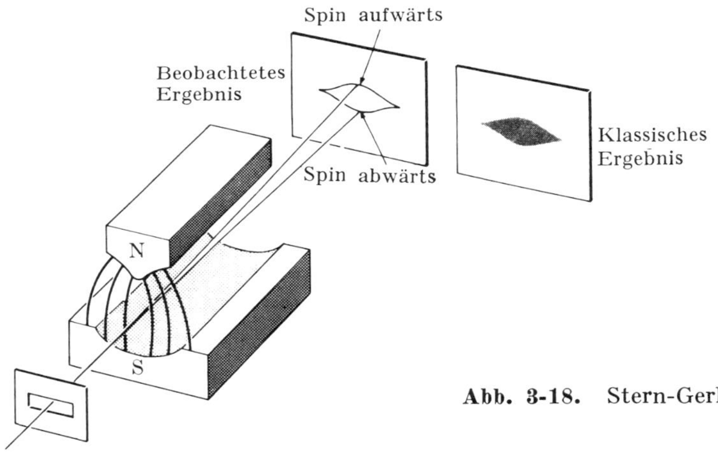

Abb. 3-18. Stern-Gerlach-Versuch.

Nehmen wir an, daß ein Strahl wasserstoffartiger Atome ein inhomogenes Magnetfeld durchläuft, wie in Abb. 3-18 gezeigt. Die Wirkung eines solchen magnetischen Feldes auf einen magnetischen Dipol besteht darin, daß es eine Kraft ausübt, deren Betrag und Richtung von der relativen Orientierung des magnetischen Feldes und des magnetischen Dipols abhängt. Wenn z.B der magnetische Dipol parallel zum Magnetfeld orientiert ist, neigt er dazu, sich in der Richtung zu bewegen, in der das magnetische Feld anwächst, wenn der magnetische Dipol andererseits nicht parallel zum Magnetfeld ist, wird er sich in die Richtung bewegen, in der das Magnetfeld abnimmt.

Im Stern-Gerlach-Versuch wird das inhomogene Magnetfeld dadurch erzeugt, daß man die Polflächen so gestaltet, wie es Abb. 3-18 zeigt. Die Stärke des Magnetfeldes nimmt in der S-N-Richtung zu. Wenn sich die wasserstoffähnlichen

Atome in ihrem Grundzustand befinden, ist der Bahndrehimpuls des Elektrons Null (s-Zustand oder $l = 0$), und das gesamte magnetische Moment rührt vom Spin her. Deshalb wird der Atomstrahl entsprechend der Orientierung von $\boldsymbol{M}_s$ oder, was äquivalent ist, entsprechend der Orientierung von $\boldsymbol{S}$ im Magnetfeld abgelenkt. Das Experiment ergibt, daß der Atomstrahl durch das inhomogene Magnetfeld in zwei Strahlen aufgespalten wird. Dies zeigt:

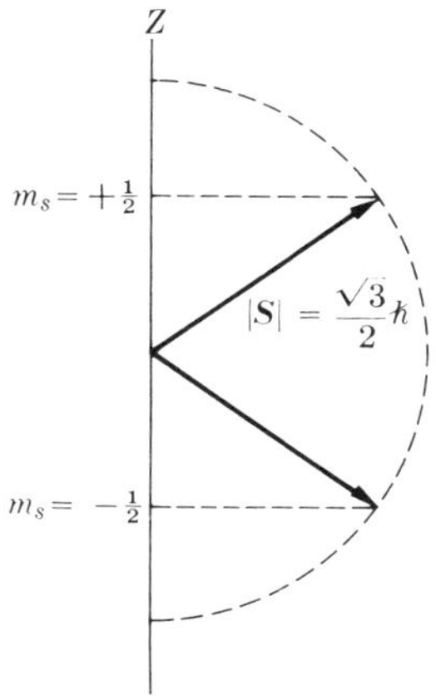

Abb. 3-19. Mögliche Orientierungen des Spins relativ zur Z-Achse.

Der Elektronenspin kann relativ zum Magnetfeld nur zwei Orientierungen annehmen: entweder parallel oder antiparallel.

Da nach unserer Diskussion in Abschnitt 3.4 die Anzahl der Orientierungen eines Drehimpulsvektors relativ zu einer festen Z-Achse $g = 2l + 1$ ist, haben wir im Falle des Spins den Wert $g = 2$ oder $l = \frac{1}{2}$. Bezeichnen wir die Spin-Quantenzahl anstelle von l mit s und die Quantenzahl, die der Komponente S_z entspricht, mit m_s, so haben wir $s = \frac{1}{2}$ und $m_s = \pm\frac{1}{2}$.

Dann ist

$$S^2 = s(s+1)\hbar^2 = \tfrac{3}{4}\hbar^2, \qquad s = \tfrac{1}{2},$$
$$S_z = m_s\hbar, \qquad m_s = \pm\tfrac{1}{2}. \tag{3.34}$$

Die beiden einzigen erlaubten Werte von m_s (d.h. $+\frac{1}{2}$ und $-\frac{1}{2}$, die den zwei möglichen Orientierungen von $\boldsymbol{S}$ entsprechen, sind in Abb. 3-19 gezeigt. Der Kürze wegen bezeichnet man sie üblicherweise als «*Spin oben*» (↑) und «*Spin unten*» (↓), obwohl der Spin niemals wirklich längs der Z-Achse oder entgegengesetzt gerichtet ist.

Wir werden die Wellenfunktion, die zur S_z-Komponente des Spins gehört, mit χ_{m_s} bezeichnen. Die exakte Form von χ_{m_s} soll uns hier nicht beschäftigen; ihre hauptsächlichen Eigenschaften sind, daß

$$\mathbf{S}^2\chi_{m_s} = \tfrac{3}{4}\hbar^2\chi_{m_s}, \qquad \mathbf{S}_z\chi_{m_s} = m_s\hbar\chi_{m_s}.$$

Manchmal benutzen wir anstelle von χ_{m_s} die Schreibweise χ_+ und χ_- entsprechend $m_s = +\frac{1}{2}$ bzw. $-\frac{1}{2}$. Dann stellt sich die vollständige Wellenfunktion eines Elektrons in einem Zentralfeld dar als

$$\psi_{nlm_lm_s} = R_{nl}(r)\,Y_{lm_l}(\theta, \phi)\,\chi_{m_s}. \tag{3.35}$$

Man beachte in Gl. (3.35), daß *vier* Quantenzahlen n, l, m_l und m_s erforderlich sind, um den Zustand eines Elektrons in einem Zentralfeld vollständig zu beschreiben.

Die durch Gl. (3.34) beschriebenen Eigenschaften des Elektronenspins können durch kein klassisches Elektronenmodell erklärt werden. Wir können sie jedoch mit einer Theorie erklären, wenn wir die Ideen der Quantenmechanik mit der Relativitätstheorie kombinieren. Dies wurde von Dirac schon 1928 durchgeführt, wir werden jedoch seine Analyse hier nicht besprechen, da sie über den Rahmen dieses Buches hinausgeht.

Wenn sich das Atom in einem Zustand mit $l \neq 0$ befindet, hängt die Aufspaltung durch das Magnetfeld vom gesamten magnetischen Moment oder — was dasselbe ist — vom Gesamtdrehimpuls $\boldsymbol{J} = \boldsymbol{L} + \boldsymbol{S}$ ab. Daher kann der Stern-Gerlach-Versuch verwendet werden, um den Gesamtdrehimpuls eines Atomzustandes zu bestimmen.

3.8 Addition von Drehimpulsen

Im vorhergehenden Abschnitt sahen wir, daß der resultierende Drehimpuls $\boldsymbol{J}$ eines Elektrons in einem wasserstoffähnlichen Atom die Summe des Bahndrehimpulses $\boldsymbol{L}$ und des Spin-Drehimpulses $\boldsymbol{S}$ ist; d.h. $\boldsymbol{J} = \boldsymbol{L} + \boldsymbol{S}$. Es ist wichtig, die möglichen Werte von $\boldsymbol{J}$ nach den Regeln der Quantenmechanik zu untersuchen. Damit unsere Analyse allgemein angewandt werden kann, wollen wir annehmen, daß wir zwei Drehimpulse haben, die mit $\boldsymbol{J}_1$ und $\boldsymbol{J}_2$ bezeichnet sind, und die z.B. dem Bahndrehimpuls eines Elektrons und seinem Spin entsprechen (wie wir es gerade im vorhergehenden Abschnitt betrachtet haben), oder dem Drehimpuls zweier Elektronen in einem Atom (ein Fall, den wir im nächsten Kapitel betrachten werden). Dann ist $J_1^2 = j_1(j_1 + 1)\hbar^2$, $J_{1z} = m_1\hbar$ und $J_2^2 = j_2(j_2 + 1)\hbar^2$, $J_{2z} = m_2\hbar$. Man kann zeigen, daß im allgemeinsten Fall j_1 und j_2 entweder ganzzahlig oder halbzahlig sein können; d.h. 0, $\frac{1}{2}$, 1, $\frac{3}{2}$, 2, ... Wie bereits oben erklärt wurde, können Bahndrehimpulse nur ganze Zahlen sein.

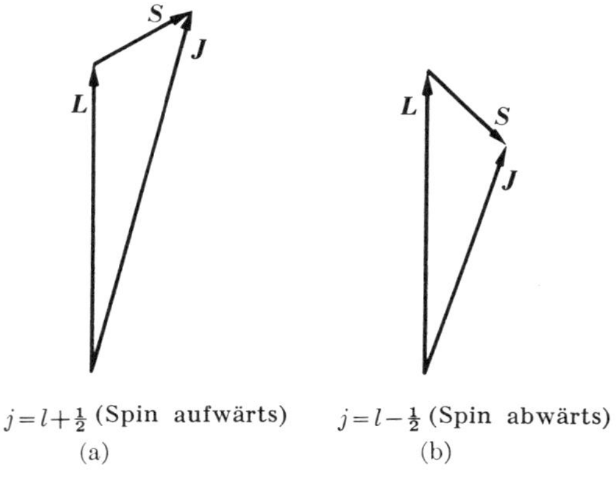

Abb. 3-20. Mögliche relative Orientierungen von $\boldsymbol{L}$ und $\boldsymbol{S}$, für $l = 2$.

Wenn $\boldsymbol{J} = \boldsymbol{J}_1 + \boldsymbol{J}_2$ der resultierende Drehimpuls ist, so daß $J_z = J_{1z} + J_{2z}$, dann ist

$$J^2 = j(j+1)\hbar^2, \qquad J_z = m\hbar, \qquad m = \pm j, \ \pm(j-1), \ldots \tag{3.36}$$

mit $m = m_1 + m_2$. Da aber $\boldsymbol{J}_1$ und $\boldsymbol{J}_2$ verschiedene relative Orientierungen haben können, gibt es verschiedene mögliche Werte von $\boldsymbol{J}$. Wir finden so, daß sich die Quantenzahl j in Schritten von eins von $j_1 + j_2$ bis hinab zu $|j_1 - j_2|$ ändert, so daß sie nur die Werte

$$j = j_1 + j_2, \qquad j_1 + j_2 - 1, \qquad j_1 + j_2 - 2 \ \ldots, \quad |j_1 - j_2|$$

annehmen kann. Der erste Wert entspricht $\boldsymbol{J}_1$ und $\boldsymbol{J}_2$ «parallel» und der letzte Wert dem Fall «antiparallel». Aufeinanderfolgende Werte von j unterscheiden sich um eine Einheit und wenn $j_2 \leq j_1$, ist die Gesamtzahl der Möglichkeiten $2j_2 + 1$.

Wenn z.B. $j_2 = \frac{1}{2}$ ist, sind die möglichen Werte von j gleich $j_1 + \frac{1}{2}$ und $j_1 - \frac{1}{2}$ entsprechend der parallelen und der antiparallelen Orientierung. So haben wir im Falle eines Elektrons, wenn $\boldsymbol{J}_1 = \boldsymbol{L}$ und $\boldsymbol{J}_2 = \boldsymbol{S}$ ist, daß die möglichen Werte des Gesamtdrehimpulses $\boldsymbol{J}$ gleich $j = l \pm \frac{1}{2}$ sind. Diese beiden Fälle sind in Abb. 3-20 für $l = 2$ dargestellt. Daher ergibt sich:

Der Elektronenspin kann relativ zum Bahndrehimpuls nur zwei mögliche Orientierungen haben.

Wenn $l = 0$ ist (oder s-Zustand), ist nur $j = \frac{1}{2}$ möglich. Wenn man den Wert von j als Index angibt, ergeben sich für die möglichen Zustände eines Elektrons in einem Zentralfeld die Bezeichnungen von Tabelle 3-7.

TABELLE 3-7 Bezeichnung von Elektronenzuständen

l	0	1		2		3	
j	$\frac{1}{2}$	$\frac{1}{2}$	$\frac{3}{2}$	$\frac{3}{2}$	$\frac{5}{2}$	$\frac{5}{2}$	$\frac{7}{2}$
Symbol	$s_{1/2}$	$p_{1/2}$	$p_{3/2}$	$d_{3/2}$	$d_{5/2}$	$f_{5/2}$	$f_{7/2}$

Als ein anderes Beispiel sei $j_2 = 1$ und $j_1 \geq 1$ betrachtet. Dann ist $j = j_1 + 1$, j oder $j_1 - 1$. Man kann zeigen, daß bei einem elektrischen Dipolübergang das Photon einen Drehimpuls trägt, der einem j-Wert von 1 entspricht. Wenn j_1 dem Bahndrehimpuls l des Elektrons und $j_2 = 1$ dem des Photons zugeordnet wird, dann sind die erlaubten Werte des Bahndrehimpulses eines Elektrons nach Emission oder Absorption des Photons $l + 1$, l und $l - 1$, was $\Delta l = \pm 1$, 0 entspricht. Wie wir oben in Abschnitt 3.4 erläuterten, ist $\Delta l = 0$ durch Paritätsüberlegungen ausgeschlossen.

3.9 Spin-Bahn-Wechselwirkung

Die zwei Orientierungsmöglichkeiten des Elektronenspins relativ zum Bahndrehimpuls führen zu einem wichtigen Effekt: die Verdopplung der Energieniveaus (ausgenommen s-Niveaus) wasserstoffartiger Atome. Diese Verdopplung der Niveaus wiederum bewirkt eine Verdopplung der Spektrallinien. Diese Linien erscheinen als Paare, die eng benachbarte Frequenzen oder Wellenlängen besitzen und deshalb *Doubletts* genannt werden. Das bekannteste Doublett besteht aus den beiden gelben oder D-Linien des Natriums, die den Wellenlängen 5890 Å und 5896 Å entsprechen. Tatsächlich führte auch dieses Problem, die Erklärung des Natrium-Doubletts, zum erstenmal auf die Idee eines Elektronenspins mit zwei möglichen Orientierungen.

Die Verdopplung der Energieniveaus ist eine Folge der sog. *Spin-Bahn-Wechselwirkung*. Diese Wechselwirkung tritt folgendermaßen auf: In einem XYZ-Bezugssystem, das mit dem Kern eines Atoms verbunden ist, scheint sich das Elektron mit einem Drehimpuls $\boldsymbol{L}$ um den Kern zu drehen (Abb. 3-21a). Aber in einem Bezugssystem $X'Y'Z'$, das mit dem Elektron verbunden ist, ist es der Kern, der sich um das Elektron zu drehen scheint.

Da er eine positive Ladung besitzt, erzeugt der Kern im $X'Y'Z'$-Bezugssystem ein Magnetfeld $\mathcal{B}$, das parallel zum Bahndrehimpuls $\boldsymbol{L}$ ist. Da das Elektron relativ zu $X'Y'Z'$ in Ruhe ist, besteht die einzige Wechselwirkung des vom Kern erzeugten Magnetfeldes mit dem magnetischen Moment $\boldsymbol{M}_S$ des Elektronenspins. Diese Wechselwirkung ist proportional zu $\boldsymbol{M}_S \cdot \mathcal{B}$. Nun ist $\mathcal{B}$ parallel zu $\boldsymbol{L}$ und $\boldsymbol{M}_S$ parallel zu $\boldsymbol{S}$. Daher ist die Wechselwirkung proportional zu $\boldsymbol{S} \cdot \boldsymbol{L}$. Aus diesem Grunde wird dieser Effekt Spin-Bahn-Wechselwirkung genannt. Für die Energie eines Elektrons infolge der Spin-Bahn-Wechselwirkung können wir dann schreiben

$$E_{SL} = a\boldsymbol{S} \cdot \boldsymbol{L}, \tag{3.37}$$

dabei ist a eine Größe, die von den verschiedenen Variablen abhängt, welche die Bewegung des Elektrons bestimmen, und deren genaue Gestalt wir im Augenblick nicht zu wissen brauchen. Wenn E_n die Energie der Elektronenbewegung bedeutet und wenn wir annehmen, daß nur Zentralkräfte vorliegen, dann ist

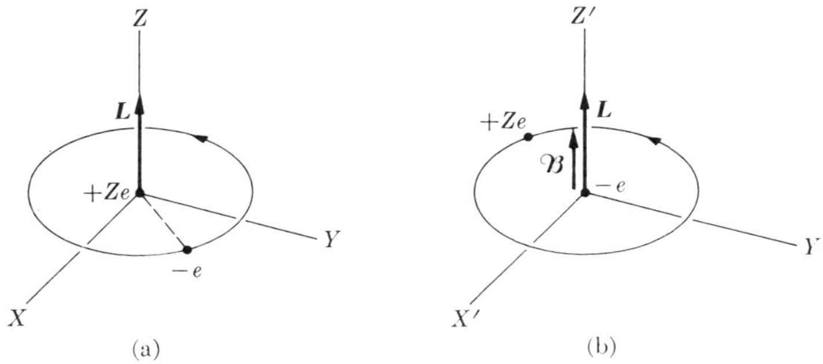

Abb. 3-21. Entstehung der Spin-Bahn-Wechselwirkung.

die Gesamtenergie, wenn die Spin-Bahn-Wechselwirkung hinzugefügt wird, gegeben durch

$$E = E_n + E_{SL} = E_n + a\boldsymbol{S}\cdot\boldsymbol{L}. \tag{3.38}$$

Wenn wir diesen Ausdruck schreiben, nehmen wir an, daß die Spin-Bahn-Wechselwirkung auf den Beitrag zur Energie infolge der Zentralkräfte keinen Einfluß hat; dies ist eine gültige Annahme, solange E_{SL} verglichen mit E_n sehr klein ist. Für einen gegebenen Wert von $\boldsymbol{L}$ und $\boldsymbol{S}$ hängt die Spin-Bahn-Wechselwirkung E_{SL} von der relativen Orientierung dieser beiden Vektoren ab. Da aber $\boldsymbol{S}$ nur zwei mögliche Orientierungen relativ zu $\boldsymbol{L}$ haben kann, schließen wir:

> *Die Spin-Bahn-Wechselwirkung spaltet jedes Energieniveau eines Elektrons mit gegebenem Wert von l in zwei eng benachbarte Niveaus auf.*

Ein Niveau entspricht $\boldsymbol{L}$ und $\boldsymbol{S}$ parallel oder Spin oben ($j = l + \frac{1}{2}$) und das andere entspricht $\boldsymbol{L}$ und $\boldsymbol{S}$ antiparallel oder Spin unten ($j = l - \frac{1}{2}$). Offensichtlich bleiben die s-Niveaus ($l = 0$) einfach.

Beim Vorliegen einer Spin-Bahn-Wechselwirkung sind l, j und m die Quantenzahlen, die man benötigt, um den Drehimpulszustand eines Elektrons zu spezifizieren; dabei deutet m den Eigenwert von J_z an. Die durch die Drehimpulserhaltung geforderten Auswahlregeln für elektrische Dipolübergänge lauten

$$\Delta l = \pm 1, \qquad \Delta j = 0, \ \pm 1, \qquad \Delta m = 0, \ \pm 1. \tag{3.39}$$

Die Übergänge mit $\Delta j = 0$ sind sehr schwach, da sie eine Umkehrung der Richtung des Spins relativ zum Bahndrehimpuls des Elektrons erfordern. Die Kraft, die eine solche Spinumkehr hervorrufen würde, ist die Spin-Bahn-Wechselwirkung, die eine relativ schwache Kraft ist.

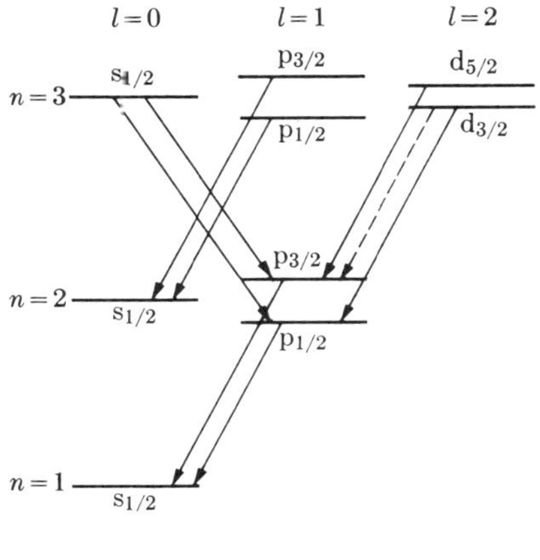

Abb. 3-22. Spin-Bahn-Aufspaltung von Energieniveaus und mögliche Übergänge. Die unterbrochene Linie deutet einen Übergang mit sehr geringer Wahrscheinlichkeit an.

Abb. 3-22 stellt (nicht maßstäblich) dar, wie die in Abb. 3-7 gezeigten Niveaus von der Spin-Bahn-Wechselwirkung beeinflußt werden, sowie einige der möglichen Übergänge. Der relativ schwache Übergang $d_{3/2} \to p_{3/2}$ ist durch eine gestrichelte Linie angedeutet. Wir sehen, daß die den Übergängen zwischen s- und p-Niveaus entsprechenden Spektrallinien dementsprechend Doubletts sind, während die Übergänge zwischen den d- und p-Niveaus Tripletts sind, obwohl eine der Linien so schwach ist, daß man von einem Doublett sprechen kann.

BEISPIEL 3.7. Berechnung des Abstandes zweier Energieniveaus infolge der Spin-Bahn-Wechselwirkung.

Lösung: Unser Ziel ist es, den Wert von E_{SL} für die beiden Fälle Spin oben und Spin unten zu berechnen und die Differenz zu bestimmen. Diese Differenz ergibt die Aufspaltung der Energieniveaus. Um unser Ziel zu erreichen, müssen wir $\boldsymbol{S}\cdot\boldsymbol{L}$ für die beiden Fälle bestimmen. Nun ist $\boldsymbol{J} = \boldsymbol{L} + \boldsymbol{S}$ und deshalb $\boldsymbol{J}^2 = \boldsymbol{L}^2 + \boldsymbol{S}^2 + 2\boldsymbol{S}\cdot\boldsymbol{L}$, woraus wir

$$\boldsymbol{S}\cdot\boldsymbol{L} = \tfrac{1}{2}(\boldsymbol{J}^2 - \boldsymbol{L}^2 - \boldsymbol{S}^2)$$

erhalten. Wenn wir die Werte von $\boldsymbol{L}^2$, $\boldsymbol{S}^2$ und $\boldsymbol{J}^2$ aus den Gl. (3.15), (3.34) und (3.36) einsetzen, erhalten wir

$$\boldsymbol{S}\cdot\boldsymbol{L} = \tfrac{1}{2}\{j(j+1) - l(l+1) - \tfrac{3}{4}\}\hbar^2$$

oder

$$\boldsymbol{S}\boldsymbol{J}\boldsymbol{L} = \begin{cases} \tfrac{1}{2}\, l\hbar^2 & \text{Spin oben, } j = l + \tfrac{1}{2}, \\ -\tfrac{1}{2}(l+1)\hbar^2, & \text{Spin unten, } j = l - \tfrac{1}{2}. \end{cases}$$

Wenn wir Gl. (3.38) benutzen, werden damit die Energieniveaus

$$E(\uparrow) = E_n + E_{SL}(\uparrow) = E_n + \tfrac{1}{2}al\hbar^2, \qquad j = l + \tfrac{1}{2},$$
$$E(\downarrow) = E_n + E_{SL}(\downarrow) = E_n - \tfrac{1}{2}a(l+1)\hbar^2, \qquad j = l - \tfrac{1}{2}.$$

So werden, wenn a positiv ist, relativ zum Zentralkraftniveau E_n die Niveaus mit $j = l + \frac{1}{2}$ leicht angehoben und die mit $j = l - \frac{1}{2}$ leicht abgesenkt. Um unsere Berechnung zu vervollständigen, müssen wir a einsetzen. Da aber dessen Berechnung über den Rahmen dieses Buches hinausgeht, beschränken wir uns darauf, das Endergebnis anzugeben, d.h.

$$a = \frac{|E_n|Z^2\alpha^2}{\hbar^2 nl(l+1)(l+\frac{1}{2})}.$$

Dabei ist α die in Beispiel 3.6 eingeführte Feinstrukturkonstante und $|E_n|$ der Absolutwert der Energie des Elektrons ohne Spin-Bahn-Wechselwirkung.

Der Abstand zwischen den beiden Energieniveaus ist

$$\Delta E_{SL} = \tfrac{1}{2}a\hbar^2(2l+1) = \frac{|E_n|Z^2\alpha^2}{nl(l+1)} \approx 5.32 \times 10^{-5}\,\frac{|E_n|Z^2}{nl(l+1)}.$$

Der Abstand zwischen den Niveaus infolge der Spin-Bahn-Wechselwirkung ist sehr klein verglichen mit $|E_n|$ und nimmt ab, wenn n und l zunehmen. Z.B. ist für den 2p-Zustand im Wasserstoff ΔE_{SL} ungefähr 4.6×10^{-5} eV. Dementsprechend sollte der Übergang vom 2p- Zustand zum 1s- Zustand aus zwei Linien bestehen, die einen Frequenzunterschied von 1.11×10^{10} Hz besitzen oder eine Wellenlängendifferenz von ungefähr 5.3×10^{-13} m. Diese Werte sollten verglichen werden mit der Frequenz 2.47×10^{15} Hz und der Wellenlänge 1.21×10^{-7} m für den Übergang ohne Spin-Bahn-Wechselwirkung.

Wenn man die durch Gl. (3.26) gegebene relativistische Korrektur zur Spin-Bahn-Wechselwirkung hinzufügt, werden die Energieniveaus, in Näherung erster Ordnung, durch den Ausdruck

$$E = E_n + \frac{|E_n| Z^2 \alpha^2}{n} \left(\frac{3}{4n} - \frac{1}{j + \frac{1}{2}} \right)$$

gegeben. Demnach fallen die Niveaus mit gleichen n und j zusammen. Das Niveau $n = 1$ besitzt nur $j = \frac{1}{2}$ und bleibt einfach. Energieniveaus für $n = 2$ und $n = 3$ sowie die erlaubten Übergänge zwischen diesen Niveaus sind in Abb. 3-23 für Wasserstoff gezeigt. Sorgfältigere Messungen und genauere Berechnungen zeigen, daß

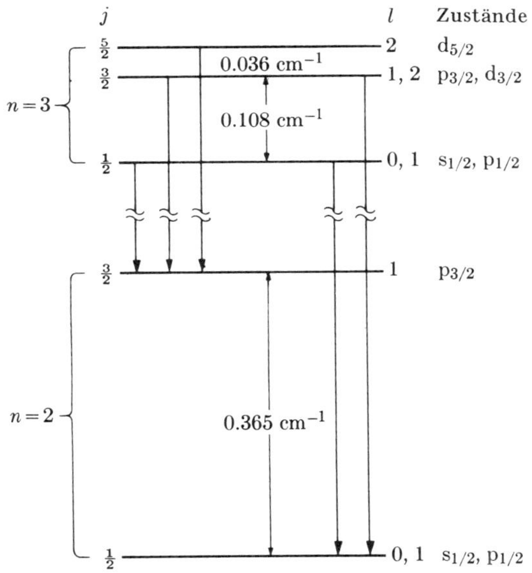

Abb. 3-23. Feinstruktur des $n = 3 \rightarrow n = 2$ Überganges in Wasserstoff.

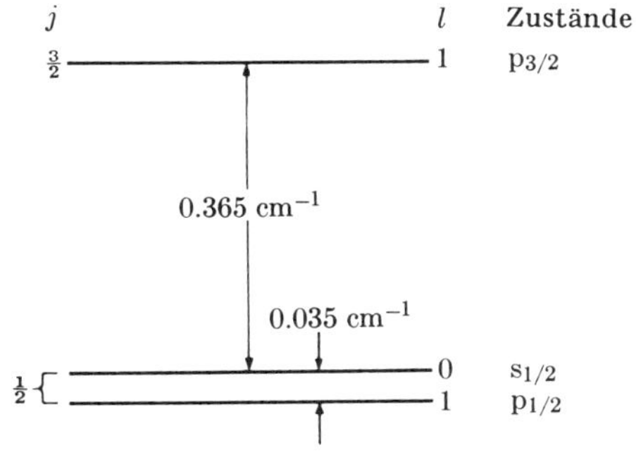

Abb. 3-24. Aufspaltung des $n = 2$ Niveaus in Wasserstoff einschließlich Lamb-Shift.

Zustände mit verschiedenem l aber gleichem j nicht zusammenfallen, sondern ein wenig getrennt sind. Z.B. ist die tatsächliche Anordnung der Niveaus für $n = 2$ so, wie sie Abb. 3-24 für Wasserstoff zeigt. Die Trennung zwischen den $s_{1/2}$- und $p_{1/2}$-Niveaus wird *Lamb-shift* genannt.

BEISPIEL 3.8. Berechnung des magnetischen Moments eines Elektrons beim Vorhandensein einer Spin-Bahn-Wechselwirkung.

Lösung: Die Spin-Bahn-Wechselwirkung $E_{SL} = a\boldsymbol{S}\cdot\boldsymbol{L}$ hängt von der relativen Orientierung von $\boldsymbol{S}$ und $\boldsymbol{L}$ ab, d.h. von dem Winkel, der von diesen beiden Drehimpulsen gebildet wird. Wenn aber die potentielle Energie von einem Winkel abhängt, tritt ein Drehmoment in einer Richtung senkrecht zu dem Winkel auf. Dementsprechend existiert ein Drehmoment senkrecht zu $\boldsymbol{S}$ und $\boldsymbol{L}$, daß diese Vektoren präzedieren läßt. Wenn kein äußeres Drehmoment existiert, muß jedoch der Gesamtdrehimpuls $\boldsymbol{J} = \boldsymbol{L} + \boldsymbol{S}$ konstant sein. So können wir uns als Effekt der Spin-Bahn-Wechselwirkung vorstellen, daß sie eine Präzession von $\boldsymbol{S}$ und $\boldsymbol{L}$ und deren Resultierende bewirkt, so wie es Abb. 3-25 andeutet.

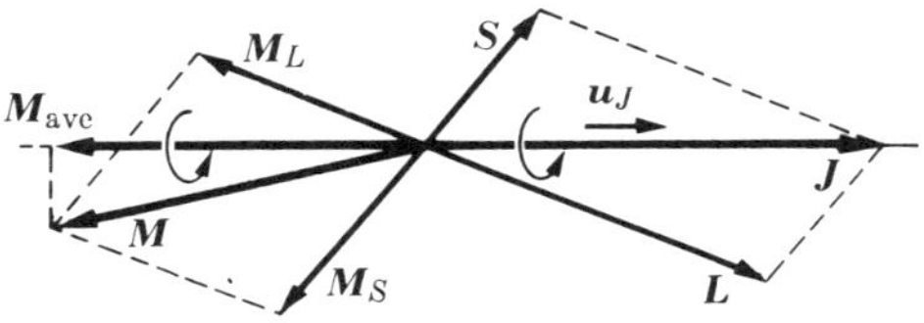

Abb. 3-25. Resultierendes mittleres magnetisches Moment.

Das magnetische Dipolmoment des Elektrons ist mit $g_s \approx 2$ in Gl. (3.33) zu

$$\boldsymbol{M} = -(e/2m_e)\,(\boldsymbol{L} + 2\boldsymbol{S}) = -(e/2m_e)\,(\boldsymbol{J} + \boldsymbol{S})$$

angegeben und nicht genau zu $\boldsymbol{J}$ entgegen orientiert. Deshalb präzessieren auch $\boldsymbol{M}$ und $\boldsymbol{J}$. Der Mittelwert von $\boldsymbol{M}$ ist gleich der Komponente von $\boldsymbol{M}$ parallel zu $\boldsymbol{J}$. So können wir schreiben:

$$\boldsymbol{M}_{\text{ave}} = (\boldsymbol{M}\cdot\boldsymbol{u}_J)\boldsymbol{u}_J,$$

Dabei ist $\boldsymbol{u}_J$ der Einheitsvektor in der Richtung von $\boldsymbol{J}$, den man als $\boldsymbol{u}_J = \boldsymbol{J}/J$ schreiben kann. Daher ist

$$\boldsymbol{M}_{\text{ave}} = -(e/2m_e)\,(\boldsymbol{J} + \boldsymbol{S})\cdot\boldsymbol{J}\boldsymbol{J}/J^2 = -(e/2m_e)\,(1 + \boldsymbol{S}\cdot\boldsymbol{J}/J^2)\boldsymbol{J}.$$

Da $\boldsymbol{J} = \boldsymbol{L} + \boldsymbol{S}$, können wir schreiben $\boldsymbol{S}\cdot\boldsymbol{J} = \frac{1}{2}(\boldsymbol{J}^2 + \boldsymbol{S}^2 - \boldsymbol{L}^2)$. Wenn wir die Quadrate der Drehimpulse durch ihre quantenmechanischen Ausdrücke ersetzen, erhalten wir so schließlich

$$\boldsymbol{M}_{\text{ave}} = -(e/2m_e)g\boldsymbol{J},$$

wobei

$$g = 1 + \frac{\boldsymbol{S}\cdot\boldsymbol{J}}{J^2} = 1 + \frac{j(j+1) + s(s+1) - l(l+1)}{2j(j+1)} \tag{3.40}$$

Landé-Faktor genannt wird. Seine Werte für Spin oben und Spin unten sind

$$g = 1 \pm \frac{1}{2l+1}, \qquad j = l \pm \tfrac{1}{2}. \tag{3.41}$$

In Gegenwart eines schwachen magnetischen Feldes, das die dynamischen Beziehungen von Abb. 3-25 nicht wesentlich stört, ist die Wechselwirkungsenergie

$$E_{\mathscr{B}} = -\boldsymbol{M}\cdot\mathscr{B} = (e/2m_e)g\mathscr{B}J_z = \mu_B g\mathscr{B}m. \tag{3.42}$$

Dies ergibt kompliziertere Zeeman-Spektren als die, welche in Abschnitt 3.6 betrachtet wurden. Der Zeeman-Effekt, wie er durch Gl. (3.42) gegeben wird, ist sehr wichtig, da er es gestattet, g experimentell zu bestimmen und daraus die Werte von j und l für den Zustand des Elektrons zu verifizieren. Die Ergebnisse von Abschnitt 3.6 sind auch dann noch gültig, wenn das Magnetfeld stark ist, so daß die magnetische Wechselwirkung viel größer als die Spin-Bahn-Wechselwirkung ist und diese vernachlässigt werden kann.

Literaturverzeichnis

1. "Papers Given at the Niels Bohr Memorial Session", A. Bohr, F. Bloch, J. Neilson, J. Rosenfeld, V. Weisskopf, und J. Wheeler. *Physics Today*, Oktober 1963, Seite 22
2. "The Evolution of the Balmer Series", L. Banet. *Am. J. Phys.* **34**, 496 (1966)
3. "Orbital Angular Momentum in Quantum Mechanics", M. Whippman. *Am. J. Phys.* **34**, 656 (1966)
4. "A Quantum-Dynamical Description of Atoms and Radiative Processes", G. Fowles, *Am. J. Phys.* **31**, 407 (1963)
5. *Elements of Wave Mechanics*, N. Mott. Cambridge: Cambridge University Press, 1962, Kapitel 4, Teile 4-13; Kapitel 5, Teile 1.2.1 und 4.3
6. *Principles of Modern Physics*, R. Leighton. New York: McGraw-Hill, 1959, Kapitel 5 und 6
7. *Atomic Spectra and Atomic Structure*, G. Herzberg. New York: Dover, 1951, Kapitel 1
8. *The Behavior of Electrons in Atoms*, R. Hochstrasser. New York: Benjamin, 1964
9. *Structure of Matter*, W. Finkelnburg. New York: Academic Press, 1964, Kapitel 3
10. *Quantum Theory of Matter*, J. C. Slater. New York: McGraw-Hill, 1951, Kapitel 5
11. *Introduction to Modern Physics*, R. Richtmyer, E. Kennard, und T. Lauritsen. New York: McGraw-Hill, 1955, Kapitel 5, Teile 80-83; Kapitel 6, Teile 104-108

Aufgaben

3.1 Berechnen Sie die Winkelgeschwindigkeit, die potentielle und die kinetische Energie des Elektrons in einem Wasserstoffatom als Funktion der Quantenzahl n, mit der Annahme, daß sich das Elektron auf Kreisbahnen bewegt (siehe Beispiel 3.1). Berechnen Sie die numerischen Koeffizienten. Stellen Sie die berechneten Werte als Funktion von n dar, um die Tendenz ihrer Änderung mit wachsender Gesamtenergie des Elektrons zu bestimmen.

3.2 Bestimmen Sie die Rückstoßenergie und die Rückstoßgeschwindigkeit eines Wasserstoffatoms bei einem Übergang vom Zustande $n = 4$ zum Zustand $n = 1$ unter Emission eines Photons. Rechtfertigen Sie aufgrund des Ergebnisses die Gültigkeit der Annahme, die wir der Gl. (3.14) zugrundelegen.

3.3 Schätzen Sie ab, wieviel Umläufe ein Elektron bei einer mittleren Lebensdauer eines angeregten Zustandes im Wasserstoff der Größenordnung 10^{-8} s macht, wenn es sich (a) im Zustand $n = 2$ und (b) im Zustand $n = 15$ befindet, bevor es in den Zustand $n = 1$ übergeht (c) Vergleichen Sie diese Zahlen mit der Anzahl der Umläufe, welche die Erde in den 2×10^9 Jahren ihres Bestehens um die Sonne zurücklegte.

3.4 Fünf Linien in der Balmer-Serie von Wasserstoff haben die Wellenlängen 3669.42 Å, 3770.06 Å, 3835.40 Å, 3970.07 Å und 4340.47 Å. Tragen Sie für die Balmer-Serie ν als Funktion von n auf. Bestimmen Sie daraus den Wert von n für das obere Niveau zu jeder der fünf angegebenen Wellenlängen.

3.5 Berechnen sie die Wellenlängendifferenz zwischen den H_α -Linien (d.h. für den Übergang $n = 3$ nach $n = 2$) von Wasserstoff, Deuterium und Tritium, die von dem Massenunterschied dieser Atome herrührt.

3.6 Welche der Linien des Wasserstoffspektrums fallen in das sichtbare Gebiet des Spektrums (zwischen 4000 Å und 7000 Å)? Welche Linien von He^+ fallen in denselben Bereich? Wie könnte man erkennen, ob Wasserstoff einer Heliumprobe zugemischt ist?

3.7 Zeigen Sie, daß man für ein Photon die folgenden Äquivalenzen benutzen kann: 1 eV = 8065.8 cm^{-1} und 1 cm^{-1} = 1.2398×10^{-4} eV.

3.8 Angenommen man wiederholt den Franck-Hertz-Versuch und benutzt dabei atomaren Wasserstoff als Dampf, welche Linien im Wasserstoffspektrum würde man beobachten, wenn die Maximalenergie der Elektronen 12.5 eV beträgt?

3.9 (a) Berechnen Sie unter Anwendung der Methode von Beispiel 3.1 für ein Niveau, das der Quantenzahl n entspricht, die Frequenz der Kreisbewegung eines Elektrons in einem Wasserstoffatom. (b) Berechnen Sie die Frequenz der beim Übergang vom Zustand n in den Zustand $n - 1$ emittierten Strahlung. (c) Zeigen Sie, daß die Ergebnisse von (a) und (b) übereinstimmen, wenn n sehr groß ist.

3.10 Wir können die Drehimpuls-Wellenfunktionen $Y_{lm}(\phi, \theta)$ berechnen, indem wir den Ausdruck $Y_{lm} = N_{lm} P_l^m (\cos\theta) e^{im\phi}$ benutzen, wobei

$$N_{lm} = \sqrt{\frac{2l+1}{4\pi} \frac{(l-m)!}{(l+m)!}}$$

die Normierungskonstante und $P_l^m(\xi)$ *die zugeordnete Legendre-Funktion* ist. Diese ist definiert durch

$$P_l^m(\xi) = (-1)^m (1 - \xi^2)^{m/2} \frac{d^m P_l(\xi)}{d\xi^m}.$$

Dabei sind die

$$P_l(\xi) = \frac{1}{2^l l!} \frac{d^l}{d\xi^l} (\xi^2 - 1)^l$$

die *Legendre-Polynome.* Berechnen Sie Y_{lm} für $l = 0$, 1 und 2 und vergleichen Sie mit den in Tabelle 3-4 angegebenen Ausdrücken.

3.11 Zeigen Sie, daß die Legendre-Polynome entsprechend ihrer Definition (vergl. Aufgabe 3.10) Polynome vom Grade l sind und nur gerade oder ungerade Potenzen von ξ enthalten, je nachdem ob l gerade oder ungerade ist.

3.12 Bestimmen Sie durch explizite Berechnung, ob die Wellenfunktionen in Tabelle 3-5 Eigenfunktionen der Operatoren (a) $\mathbf{L}_z$, (b) $\mathbf{L}_z^2$ sind.

3.13 Stellen Sie in einem Polardiagramm $|Y_{lm_l}|^2$ für $l = 1$ und $m_l = 0, \pm 1$ dar. Tun Sie dasselbe für die Winkelwellenfunktionen p_x^2, p_y^2 und p_z^2 und vergleichen Sie die Resultate.

3.14 Zeigen Sie unter Bezugnahme auf die Definition in Aufgabe 3.10, daß die zugeordneten Legendre-Funktionen die Parität $(-1)^{l+m}$ besitzen. (*Hinweis:* Man beachte das Verhalten, wenn in den Definitionen von $P_l(\xi)$ und $P_l^m/(\xi)$ ξ durch $-\xi$ ersetzt wird.)

3.15 In sphärischen Koordinaten stellt sich die Paritätsoperation $\boldsymbol{r} \to -\boldsymbol{r}$ (oder $x, y, z \to -x, -y, -z$) durch die Transformation $r, \theta, \phi \to r, \pi - \theta, \pi + \phi$ dar. Untersuchen Sie das Verhalten der Winkelwellenfunktionen, die in Tabelle 3-4 angegeben sind, und beweisen Sie die im Text angegebene Regel, daß die Parität der Y_{lm_l} —Funktionen $(-1)^l$ ist. Wiederholen Sie dies für die in Tabelle 3-5 auftretenden Wellenfunktionen.

3.16 (a) Zeigen Sie, daß man die Winkelwellenfunktionen von Tabelle 3-5 durch eine geeignete Linearkombination der Wellenfunktionen in Tabelle 3-4 darstellen kann. (b) Drücken Sie die Wellenfunktionen von Tabelle 3-5 durch x, y, z und r aus, und rechtfertigen Sie die benutzte Bezeichnung.

3.17 Stellen Sie die Operatoren $\mathbf{L}_x$ und $\mathbf{L}_y$ in sphärischen Koordinaten dar.

Benutzen Sie das Resultat, zusammen mit Gl. (3.21) für $\mathbf{L}_z$, um den Ausdruck (3.23) für $\mathbf{L}^2$ abzuleiten.

3.18 Schreiben Sie die radiale Gl. (3.24) für ein freies Teilchen ($E_p = 0$). Zeigen Sie durch direkte Substitution für die Gleichung, daß die Lösungen für $l = 0$ und $l = 1$, welche die Forderung $u = 0$ für $r = 0$ erfüllen, gegeben sind durch $u = \sin kr$ und $u = (\sin kr)/kr - \cos kr$, wobei $k^2 = 2mE/\hbar^2$ ist. Schreiben Sie die vollständige Lösung für freie Teilchen $\psi_{lm}(r)$ einschließlich des winkelabhängigen Teils für $l = 0$ und $l = 1$ hin. Interpretieren Sie die Wellenfunktion für $l = 0$ als eine Kombination einer einlaufenden und einer auslaufenden Kugelwelle. (*Man beachte:* Man kann zeigen, daß die allgemeine Wellenfunktion für ein freies Teilchen mit dem Impuls $p = \hbar k$ und dem Bahndrehimpuls $L = \sqrt{l(l+1)}\hbar$ durch $\psi_{lm} = j_l(kr)\,Y_{lm}(\theta, \phi)$ gegeben ist, wobei $j_l(kr)$ *sphärische Bessel-Funktion* der Ordnung l genannt wird. Der Leser sollte die Bessel-Funktionen im einem mathematischen Handbuch nachschlagen und die Funktionen $j_0(kr)$ und $j_1(kr)$ mit den Ergebnissen des ersten Teiles dieser Aufgabe vergleichen.)

3.19 Man kann zeigen, daß die Wellenfunktion für ein freies Teilchen, das sich längs der Z-Achse mit dem Impuls $\hbar k$ bewegt, dargestellt werden kann als

$$\psi = e^{ikz} = \sum_l i^l \sqrt{4\pi(2l+1)}\, j_l(kr)\; Y_{l0}(\theta).$$

Warum sind nur Wellenfunktionen mit $m_l = 0$ erlaubt? Warum enthält die Lösung viele Drehimpulseigenfunktionen? Schreiben Sie die beiden ersten Terme der Summe explizit aus. (Man entnehme die Definition der j_l der vorhergehenden Aufgabe.)

3.20 Die radialen Wellenfunktionen für das Wasserstoffatom sind durch

$$R_{nl}(r) = N_{nl} e^{-\rho/2} \rho^l L_{n+l}^{2l+1}(\rho)$$

gegeben, wobei $\rho = 2Zr/na_0$ ist. Die L_t^s sind *die zugeordneten Laguerre-Polynome*, die als

$$L_t^s(\rho) = \frac{d^s}{d\rho^s}\,[L_t(\rho)]$$

definiert sind. Dabei ist

$$L_t(\rho) = e^{\rho} \frac{d^t}{d\rho^t}\,[\rho^t e^{-\rho}],$$

und N_{nl} ist die Normierungskonstante

$$N_{nl} = -\left[\left(\frac{2Z}{na_0}\right)^3 \frac{(n-l-1)!}{2n[(n+l)!]^3}\right]^{1/2}.$$

Man schreibe explizit die Radialfunktionen für $n = 1$, 2 und 3 nieder und vergleiche mit den Ausdrücken, die in Tabelle 3-6 angegeben sind.

3.21 Man zeige, daß die in Aufgabe 3.20 definierten zugeordneten Laguerre-Polynome vom Grade $t - s$ sind. Dies zeigt, daß $s \leq t$. Beweisen Sie so die Regel, daß für ein gegebenes n der Maximalwert von l $n - 1$ ist.

3.22 Zeigen Sie aufgrund der in Aufgabe 3.20 gegebenen Information, daß sich die radialen Wellenfunktionen für Wasserstoff für kleine Werte von r wie ρ^l verhalten und wie $\rho^n e^{-\rho/2}$ für große Werte von r. Schließen Sie daraus, daß die Bahn umso weniger eindringend ist, je größer der Wert von l ist.

3.23 Zeigen Sie durch direktes Einsetzen, daß R_{10} eine Lösung der radialen Schrödinger-Gleichung ist.

3.24 Beweisen Sie, daß die in Tabelle 3-4 angegebenen Drehimpuls-Wellenfunktionen Y_{lm_l} (θ, ϕ) orthogonal und normiert sind. (Die Bedingung der Orthogonalität und Normierung lautet

$$\int_0^{\pi}\int_0^{2\pi} Y_{lm_l}^* Y_{l'm'_l}\, d\Omega = \delta_{ll'}\; \delta_{m_l m'_l}$$

wobei $d\Omega = \sin\theta\; d\theta\; d\phi$ und δ_{ab} gleich 1 für $a = b$ und Null sonst ist.)

3.25 In sphärischen Koordinaten (Abb. 3-26) stellt sich das Volumenelement dar als

$$dV = dr\, dS = r^2\, dr\, d\Omega.$$

Die Wahrscheinlichkeit, ein Elektron innerhalb des Volumenelements zu finden, ist $|\psi|^2 r^2\, dr\, d\Omega$. Beweisen Sie, daß die Wahrscheinlichkeit, das Elektron ohne Berücksichtigung der Winkelposition innerhalb der Kugelschale mit den Radien r und $r + dr$ zu finden, gegeben ist durch $|R_{nl}|^2 r^2\, dr$. (*Hinweis:* Setzen Sie für ψ den Ausdruck (3.18) ein, und integrieren Sie über die Winkel unter Ausnutzung der Normierungsbedingung für die Y_{lm_l}, wie sie in Aufgabe 3.24 gegeben ist.)

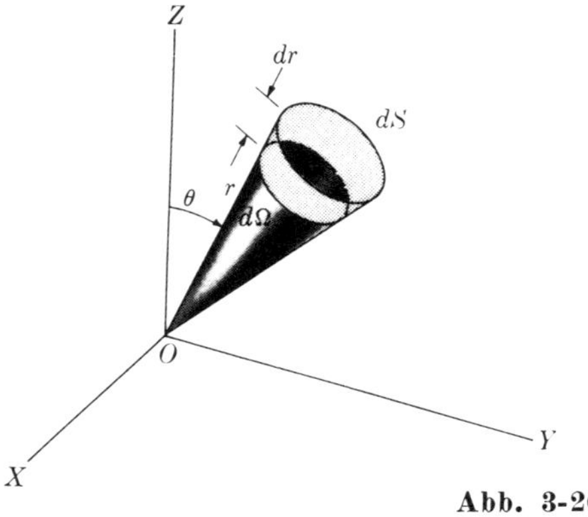

Abb. 3-26

3.26 Bestimmen Sie unter Benutzung des Ergebnisses der vorhergehenden Aufgabe (a) die wahrscheinlichste Entfernung, (b) die mittlere Entfernung des Elektrons vom Proton im 1s-Zustand in Wasserstoff. Vergleichen Sie mit dem Bohrschen Radius der Bahn für $n = 1$.

3.27 (a) Zeigen Sie unter Benutzung des in Aufgabe 3.25 angegebenen Volumenelementes, daß die Normierungsbedingung der Wellenfunktionen $\mathbf{L}\epsilon/S/$ fordert, daß $zS_0!R\epsilon/!^2 r^2\, dr = 1$ ist. (b) Zeigen Sie in Abb. 3-13, daß die Fläche unter jeder Kurve gleich eins ist, wie es die Normierungsbedingung fordert. (*Hinweis:* Betrachten Sie die einzelnen Buckel als Dreiecke.)

3.28 Der Mittelwert von r in wasserstoffähnlichen Atomen ist gegeben durch

$$r_{\text{ave}} = \frac{n^2 a_0}{Z}\left\{1 + \tfrac{1}{2}\left[1 - \frac{l(l+1)}{n^2}\right]\right\}.$$

Berechnen Sie r_{ave} für alle Zustände mit $n = 1$, 2 und 3. Vergleichen Sie diese Werte mit den entsprechenden Bohrschen Radien. Verwenden Sie r_{ave} als Maß für die Größe der Bahn, und ordnen Sie die nl-Zustände nach zunehmender Entfernung zum Kern.

3.29 Die radialen Wellenfunktionen besitzen einen oder mehrere Knoten, d.h. Gebiete, in denen die Wahrscheinlichkeit, das Teilchen zu finden, Null ist. Bestimmen Sie den Wert von r, bei dem dies für die 2s-Wellenfunktion von Tabelle 3-6 auftritt.

3.30 Zeigen Sie unter Ausnutzung der Gl. (3.24), daß unabhängig vom Wert des Drehimpulses die radiale Wellenfunktion eines freien Teilchens bei großen Entfernungen vom Koordinatenursprung proportional zu $e^{\pm ikr}/r$ ist, wobei $k^2 = 2mE/\hbar^2$. Dementsprechend kann die vollständige Wellenfunktion als $f(\theta)e^{\pm ikr}/r$ geschrieben werden, wobei $f(\theta)$ vom Drehimpuls abhängt. Interpretieren Sie die beiden Vorzeichen.

3.31 Schreiben Sie in sphärische Koordinaten das Integral, das erforderlich ist, um die Matrixelemente von $z = r \cos\theta$ zwischen den Zustände nlm_1 und $n'l'm_l'$ zu berechnen. Zeigen Sie, daß die Matrixelemente gleich Null sind, außer wenn $m_l = m_l'$ ist.

3.32 Schätzen Sie die relative relativistische Korrektur $\Delta E_r/E_n$ für die $n = 2$ Niveaus im Wasserstoffatom ab.

3.33 Analysieren Sie für ein Einelektronenatom die Aufspaltung der p-, d- und f-Niveaus infolge des relativistischen Effektes. (*Hinweis:* vergl. Beispiel 3.6.)

3.34 Bestimmen Sie den elektrischen Strom des Elektrons in den drei ersten Bohrschen Bahnen ($n = 1$, 2, 3). Berechnen Sie auch das magnetische Dipolmoment des Elektrons für jeden der Fälle.

3.35 Zeichnen Sie ein Energieniveauschema für die 4f-und 3d-Zustände von Wasserstoff bei Anwesenheit eines Magnetfeldes. Zeigen Sie, daß beim Übergang 4f $\rightarrow$ 3d die Anzahl der Spektrallinien gleich drei ist. Würden die Linien beobachtet werden können, wenn das Magnetfeld 0.5 T ist und das Auflösungsvermögen des Spektrometers 10^{-11} m beträgt?

3.36 Der Wert von e/m_e kann experimentell durch Beobachtung des Zeeman-Effektes bestimmt werden. Bestimmen Sie den Wert von e/m_e, wenn der Abstand zwischen zwei Linien in einem Feld von 0.450 T 0.629×10^{10} Hz beträgt. Wie groß ist die Wellenlängendifferenz für die Wasserstofflinie beim Übergang von $n = 2$ nach $n = 1$? Ist die Wellenlängendifferenz für die H_α-Linie ($n = 3$ nach $n = 2$) größer, kleiner, gleich groß?

3.37 Auf einen magnetischen Dipol mit dem Dipolmoment M wirkt in einem inhomogenen Magnetfeld $\mathcal{B}$ mit dem Gradienten $d\mathcal{B}/dz$ eine Kraft $F = \pm M(d\mathcal{B}/dz)$. Berechnen Sie die auf ein Elektron infolge seines magnetischen Spin-Dipolmomentes wirkende Kraft, für den Fall, daß der Gradient in einem bestimmten Gebiet 1.5×10^2 T m^{-1} beträgt. Berechnen Sie für den Fall, daß sich ein Wasserstoffatom 1 m senkrecht zu einem solchen Feld bewegt, die senkrechte Ablenkung. Die Geschwindigkeit des Wasserstoffatoms sei mit 10^5 m s^{-1} gegeben, und der Elektronenspin sei entweder parallel oder antiparallel zum Magnetfeld.

3.38 Ein Strahl vom Silberatomen mit einer mittleren Geschwindigkeit von 7×10^2 m s^{-1} durchläuft ein inhomogenes Magnetfeld, das 0.1 m lang ist und einen Gradienten von 3×10^2 T m^{-1} senkrecht zur Bewegungsrichtung der Atome besitzt. Bestimmen Sie die maximale Trennung der beiden Strahlen, die aus dem Feldgebiet auslaufen. Es sei angenommen, daß das gesamte magnetische Moment jeden Atoms ein Bohrsches Magneton ist.

3.39 Welches Hochfrequenzsignal wird in einem Magnetfeld von 10^{-1} T Elektronen-Spin-Übergänge von der parallelen zu der antiparallelen Ausrichtung induzieren (oder umgekehrt)?

3.40 Verifizieren Sie anhand von Gl. (3.39), daß die in Abb. 3-23 für die Spin-Bahnaufspaltung der Energieniveaus in Wasserstoff angegebenen Zahlen korrekt sind. Berechnen Sie die entsprechenden Energieaufspaltungen für He^+.

3.41 In Beispiel 3.8 wurde angedeutet, daß die Spin-Bahn-Wechselwirkung eine Präzession von $\boldsymbol{L}$ und $\boldsymbol{S}$ um ihre konstante Resultierende $\boldsymbol{J}$ hervorruft. Zeigen Sie, daß in diesem Fall L_z und S_z keine genau definierten Werte besitzen können, selbst wenn ihre Summe J_z konstant ist. Folglich sind m_l und m_s keine guten Quantenzahlen, während m eine gute Quantenzahl ist.

3.42 Untersuchen Sie die Aufspaltung des 3d-Niveaus in Wasserstoff in einem Magnetfeld, (a) wenn das Magnetfeld schwach, (b) wenn es stark, verglichen mit der Spin-Bahn-Wechselwirkung ist.

3.43 Untersuchen Sie die Aufspaltung der Linien im 3d- $\rightarrow$ 2p-Übergang bei Anwesenheit eines Magnetfeldes, wenn das Magnetfeld, verglichen mit der Spin-Bahn-Wechselwirkung, schwach ist.

3.44 Der relativistische Ausdruck für die Energie eines freien Teilchens lautet $E^2 = m_0^2c^4 + p^2c^2$. Schreiben Sie die entsprechende relativistische Schrödingergleichung hin, indem Sie $\boldsymbol{p}$ durch seinen Operator $-i\hbar\nabla$ ersetzen (entsprechend Tabelle 2-4). Diese Gleichung wird *Klein-Gordon-Gleichung* genannt. (a) Bestimmen Sie die Lösung, die zu einem freien Teilchen gehört, das sich längs der X-Achse bewegt. (b) Zeigen Sie, daß für ein freies Teilchen mit dem Drehimpuls Null die Wellenfunktion $\psi = Ce^{-\mu r}/r$ ist, wobei $\mu = m_0c/\hbar$ das 2 π-fache der reziproken Compton-Wellenlänge des Teilchens ist

3.45 Für ein relativistisches Teilchen, das sich in einem Gebiet mit der Potential E_p bewegt, wird die Gesamtenergie als $E = c\sqrt{m_0^2c^2 + p^2} + E_p$ geschrieben. Dies kann man auch als $(E - E_p)^2 = m_0^2c^4 + p^2c^2$ schreiben. Schreiben Sie die entsprechende Schrödingergleichung für das Wasserstoffatom, indem Sie $\boldsymbol{p}$ durch seinen Operator $-i\hbar\nabla$ ersetzen (vergl. Aufgabe 3.44). (*Man beachte:* Diese Gleichung gibt nicht die korrekten relativistischen Energieniveaus des Wasserstoffatoms.)

3.46 Man kann zeigen, daß die Spin-Bahn-Wechselwirkung durch

$$E_{SL} = \frac{1}{2m_e^2c^2}\frac{1}{r}\frac{dE_p}{dr}\boldsymbol{S}\cdot\boldsymbol{L}$$

gegeben ist, wobei E_p die potentielle Energie infolge der elektrischen Wechselwirkung mit dem Kern darstellt. Bestimmen Sie unter Ausnutzung des Resultates

$$(r^{-3})_{ave} = \frac{Z^3}{a_0^3 n^3 l(l + \frac{1}{2})(l + 1)}$$

den Ausdruck für die Spin-Bahn-Aufspaltung ΔE_{SL}, der in Beispiel 3.7 angegeben wurde.

3.47 Entsprechend Beispiel 3.6 kann die relativistische Korrektur für die Energieniveaus in einem Atom mit einem Elektron durch Berechnung des Mittelwertes von

$$p^4 \approx 4m^2(E_n - E_p)^2$$

bestimmt werden. Dabei ist E_n durch die Balmer-Formel gegeben und $E_p = -Ze^2/4\pi\varepsilon_0 r$ ist die potentielle Energie des Elektrons. Leiten Sie die Gleichung (3.26) unter Ausnutzung der Ergebnisse

$$(r^{-1})_{ave} = \frac{Z}{a_0 n^2}$$

und

$$(r^{-2})_{ave} = \frac{Z^2}{a_0^2 n^3(l + \frac{1}{2})}$$

ab.

4
ATOME MIT VIELEN ELEKTRONEN

4.1 Einleitung

Alle Atome — außer Wasserstoff und bestimmten Ionen leichter Elemente — enthalten mehrere Elektronen. Deshalb könnte es scheinen, als sei das Einelektronenproblem, das im vorhergehenden Kapitel untersucht wurde, von nur geringem praktischen Wert. Jedoch ist das Verständnis der Eigenschaften von Atomen mit einem Elektron bei der Untersuchung der Atome mit vielen Elektronen von großem Nutzen.

Die erste Schwierigkeit bei den Mehrelektronenatomen besteht darin, daß es unmöglich ist, die Bewegung jedes einzelnen Elektrons zu beschreiben, weil wir neben der elektrischen Wechselwirkung jedes Elektrons mit dem Kern die gegenseitigen Wechselwirkungen zwischen den Elektronen beachten müssen. So ist die potentielle Energie des ganzen Atoms gegeben durch

$$E_p = \sum_{\substack{\text{alle} \\ \text{Elektronen}}} -\frac{Ze^2}{4\pi\epsilon_0 r_i} + \sum_{\substack{\text{alle} \\ \text{Paare}}} \frac{e^2}{4\pi\epsilon_0 r_{ij}}. \tag{4.1}$$

Die letzte Summe bewirkt eine Kopplung der Bewegung der Elektronen, und daher können wir die einzelnen Elektronen nicht so betrachten, als bewegten sie sich unabhängig von den anderen. Jede Änderung in der Bewegung eines Elektrons muß notwendig die Bewegung aller anderen Elektronen beeinflussen. Deshalb können wir nicht von der individuellen Energie jedes Elektrons sprechen, sondern nur von der Energie des gesamten Atoms (oder Ions). Aus dem gleichen Grunde sprechen wir nicht von einer Wellenfunktion für jedes Elektron, sondern nur von einer Wellenfunktion für das gesamte Atom.

Das Vielelektronenproblem kann nicht exakt gelöst werden; deshalb sind bestimmte Näherungen erforderlich. Wir werden diese Näherungen anhand der Diskussion des Heliumatoms erläutern.

4.2 Das Heliumatom

Von allen Atomen mit mehreren Elektronen, sind diejenigen mit zwei Elektronen die einfachsten, wie etwa das negative Wasserstoff-Ion $H^-(Z = 1)$, das Heliumatom $He(Z = 2)$ und das einfachionisierte Lithium-Atom $Li^+(Z = 3)$ usw. Die potentielle Energie der Elektronen ist in diesem Fall (Abb. 4-1)

$$E_p = -\frac{Ze^2}{4\pi\epsilon_0 r_1} - \frac{Ze^2}{4\pi\epsilon_0 r_2} + \frac{e^2}{4\pi\epsilon_0 r_{12}}. \tag{4.2}$$

Die beiden ersten Ausdrücke entsprechen der Anziehung zwischen dem Kern und jedem der Elektronen und der letzte Ausdruck der Abstoßung zwischen den zwei Elektronen. Sogar für dieses relativ einfache Problem von nur zwei Elektronen ist es unmöglich, die Schrödingergleichung exakt zu lösen; es ist notwendig,

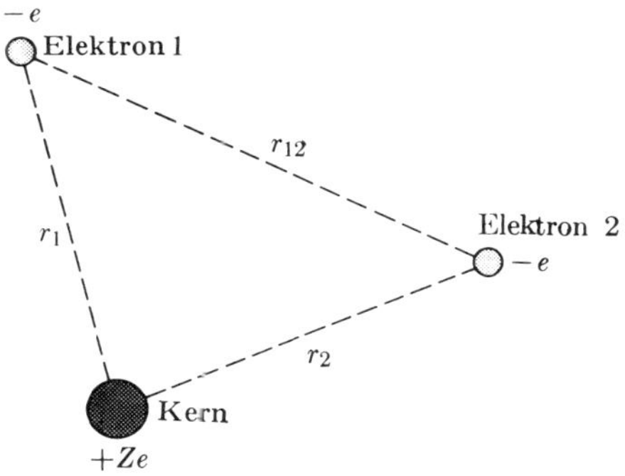

Abb. 4-1. Ein heliumartiges Atom oder Ion.

verschiedene Näherungen zu machen. Da die mathematische Diskussion der heliumähnlichen Atome über den Rahmen dieses Buches hinausgeht, werden wir uns auf die physikalische Beschreibung beschränken, gefolgt (in Beispiel 4.2) von einer kurzen Erklärung, wie die Energie berechnet wird.

Als eine erste Näherung können wir den letzten Ausdruck (oder die Elektron-Elektron-Wechselwirkung) in Gl. (4.2) vernachlässigen. Dies entspricht der Annahme, daß sich jedes Elektron unabhängig von dem anderen bewegt. So können wir diese Näherung das «*Modell unabhängiger Teilchen*» nennen. Dann kann die Bewegung jedes Elektrons durch wasserstoffähnliche Wellenfunktionen vom Typ $\psi_{nlm_l} = R_{nl}(r)\ Y_{lm_l}(\theta, \phi)$ beschrieben werden, die durch die sog. Bahn-Quantenzahlen n, l, m_l spezifiziert sind. Die Energie des Atoms erhält man, indem man Ausdrücke der Gestalt von Gl. (3.5), d.h. $E = -RhcZ^2/n^2$ für die einzelnen Elektronen aufaddiert. Daher würde in diesem Fall von Helium die Energie der Elektronenbewegung im Grundzustand, $n = 1$ (wenn wir in Gl. 3.5 $Z = 2$ setzen), $E_{He} = 2 \times (-54.4\ \text{eV}) = -108.8$ eV betragen. Der experimentelle Wert ist dagegen $E_{He} = -78.98$ eV. So gibt unsere Näherung erster Ordnung eine Energie, die zu niedrig liegt. Der Grund dafür ist, daß wir die Abstoßung der beiden Elektronen vernachlässigt haben, die dazu tendiert, die Energie des Atoms zu erhöhen.

Wir können unsere Näherung verbessern, indem wir die Störung der Elektronenbewegung aufgrund der gegenseitigen Wechselwirkung zwischen den beiden Elektronen berücksichtigen. Es ist eine plausible Verbesserung anzunehmen, daß sich jedes Elektron nicht nur im Zentralfeld des Kernes, sondern auch in einem *mittleren* Zentralfeld bewegt, das von dem anderen Elektron erzeugt wird. So besteht der scheinbare Gesamteffekt jedes Elektrons auf die Bewegung des anderen darin, die Ladung des Kerns um einen bestimmten Betrag abzuschirmen. Die Energie des Atoms im Grundzustand kann dann als

$$E = 2(Z - \mathcal{S})^2 E_H$$

geschrieben werden; dabei ist $E_H = -13.6$ eV (die Energie für wasserstoffähnliche Bewegung) und $\mathcal{S}$ ist die Abschirmkonstante, die für den Grundzustand von Helium den Wert 0.32 besitzen muß, um Übereinstimmung mit dem beobachteten Wert von E_{He} zu erzielen. D.h., der Abschirmeffekt jedes Elektrons auf das andere ist etwa gleich einem Drittel der Elektronenladung.

Als eine Hilfe wollen wir die Elektronen mit 1 und 2 bezeichnen. Da wir in unserer ersten Näherung angenommen haben, daß die Elektronen sich unabhängig voneinander bewegen, ist die Wahrscheinlichkeit, Elektron 1 an einem gegebenen Ort und zur gleichen Zeit Elektron 2 an einem anderen Ort zu finden, das Produkt der Wahrscheinlichkeitsverteilungen der einzelnen Elektronen, weil die beiden Ereignisse voneinander unabhängig sind; d.h. $P_{\text{Atom}} = P(1)P(2)$. Daraus schließen wir, daß im Modell unabhängiger Teilchen die Wellenfunktion des Atoms das Produkt der Wellenfunktionen für die einzelnen Elektronen sein sollte.* Wenn wir die Bahnquantenzahlen nlm_l des Elektron 1 mit a und die Quantenzahlen des Elektrons 2 mit b bezeichnen, so müssen wir schreiben

$$\psi_{\text{Atom}} = \psi_a(1)\,\psi_b(2). \tag{4.3}$$

Dies ergibt eine Wahrscheinlichkeitsverteilung

$$|\,\psi_{\text{Atom}}\,|^2 = |\,\psi_a(1)\,\psi_b(2)|^2 = |\,\psi_a(1)|^2|\,\psi_b(2)|^2. \tag{4.4}$$

Infolge der Bewegung der Elektronen weicht das mittlere Zentralfeld, das ein Elektron für das andere hervorruft, vom $1/r$-Coulombfeld ab, das der Kern erzeugt. Dies erfordert offensichtlich eine leichte Abänderung der Wellenfunktionen $\psi_a(1)$ und $\psi_b(2)$, welche nicht länger mit wasserstoffähnlichen Wellenfunktionen identisch sind. Die Änderung beeinflußt den radialen Anteil R_{nl}, aber nicht den Winkelanteil Y_{lm_l} der Wellenfunktion, weil die resultierende Kraft auf jedes Elektron noch eine Zentralkraft ist. Mit geeigneten mathematischen Techniken können wir die Elektronen-Wellenfunktionen optimieren und so die Energieniveaus des Atoms mit relativ guter Genauigkeit erhalten.

Selbst dann, wenn die in Gl. (4.3) auftretenden Funktionen auf diese Weise optimiert sind, kann jedoch dieser Ausdruck für die Wellenfunktion des Atoms nicht richtig sein. Die Wellenfunktion (4.3) sagt aus, daß sich das Elektron 1 im Zustand a und das Elektron 2 im Zustand b befindet. Aber die Wellenfunktion

$$\psi_{\text{Atom}} = \psi_a(2)\,\psi_b(1), \tag{4.5}$$

die dem Elektron 2 im Zustand a und Elektron 1 im Zustand b entspricht, muß einen Zustand derselben Energie wie bei der Wellenfunktion von Gl. (4.3) darstellen und sollte den Zustand des Atoms ebenso beschreiben wie Gl. (4.3). Die Tatsache, daß die in den Gl. (4.3) und (4.5) gegebenen Wellenfunktionen derselben Energie entsprechen, wird *Austauschentartung* genannt.

Nun sind Elektronen identisch und nicht unterscheidbar und das äußerste, was wir sagen können, ist, daß sich in dem Atom ein Elektron im Zustand a und das

---

* Dies ist auch eine direkte Folgerung aus der Schrödingergleichung für ein System unabhängiger Teilchen.

andere im Zustand b befindet. Dies erfordert, daß die Wellenfunktion ψ_{Atom} so beschaffen sein muß, daß $|\psi_{\text{Atom}}|^2$ (was die Wahrscheinlichkeitsverteilung beider Elektronen angibt) in bezug auf die beiden Elektronen symmetrisch ist und zwar so, daß beide Elektronen die gleiche Rolle spielen. Weder die atomare Wellenfunktion von Gl. (4.3) noch die von Gl. (4.5) wird dieser Forderung gerecht. Wir erhalten jedoch eine adäquate Wellenfunktion (welche die Nichtunterscheidbarkeit der Elektronen einschließt), indem wir eine geeignete Linearkombination der Gl. (4.3) und (4.5) bilden und zwar die Funktion

$$\psi_{\text{Atom}} = \psi_a(1)\,\psi_b(2) \pm \psi_a(2)\,\psi_b(1). \tag{4.6}$$

Der Leser kann sehen, daß in beiden Fällen der Ausdruck $|\psi_{\text{Atom}}|^2$ bezüglich der beiden Elektronen symmetrisch ist. Die Information, die in den durch Gl. (4.3), (4.5) und (4.6) gegebenen Funktionen enthalten ist, wird schematisch in Abb. 4-2 dargestellt.

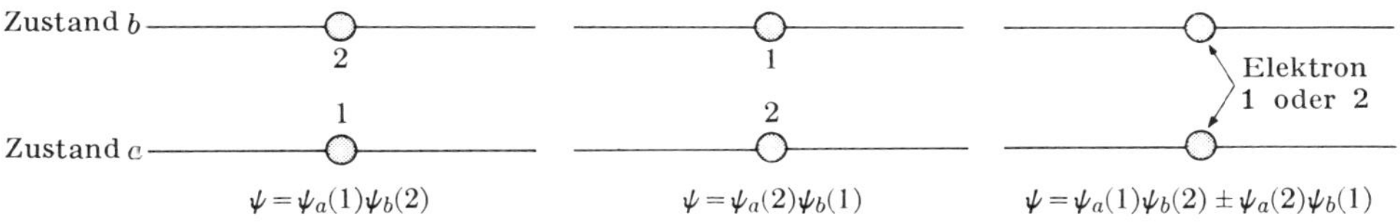

Abb. 4-2

Wir werden in Zukunft die durch Gl. (4.6) gegebenen Wellenfunktionen *Bahnwellenfunktionen* nennen, da sie das räumliche oder Bahnverhalten der Elektronen in einem Atom beschreiben ohne auf den Spin Bezug zu nehmen. Die beiden Bahnfunktionen von Gl. (4.6) sind in einer Hinsicht sehr verschieden. Die Bahnwellenfunktion mit dem Pluszeichen

$$\psi_S(1, 2) = \psi_a(1)\,\psi_b(2) + \psi_a(2)\,\psi(1), \tag{4.7}$$

ist in den zwei Elektronen *symmetrisch* und bleibt dieselbe, wenn die Elektronen ausgetauscht werden; d.h. $\psi_S(1, 2) = \psi_S(2, 1)$. Auf der anderen Seite ist die Bahnwellenfunktion

$$\psi_A(1, 2) = \psi_a(1)\,\psi_b(2) - \psi_a(2)\,\psi_b(1) \tag{4.8}$$

in den zwei Elektronen *antisymmetrisch* und ändert ihr Vorzeichen, wenn die Elektronen ausgetauscht werden; d.h. $\psi_A(1, 2) = -\psi_A(2, 1)$.

Dieses Symmetrieverhalten spiegelt sich in einer weiteren wichtigen Eigenschaft wider: Die Energie eines Atoms, das ψ_S entspricht, kann nicht dieselbe sein, wie die Energie, welche ψ_A entspricht. Dann, wenn die Elektronen 1 und 2 einander sehr nahe sind, sind die beiden Ausdrücke, aus welchen sich diese Funktionen zusammensetzen, fast identisch, und deshalb ist ψ_A sehr klein oder Null. Deshalb beschreibt die antisymmetrische Wellenfunktion ψ_A einen Zustand, in dem sich die Elektronen niemals allzusehr nähern und infolgedessen im Mittel eine Abstoßungsenergie besitzen, die relativ klein ist. Andererseits schließt die symmetrische Wellenfunktion ψ_S nicht die Möglichkeit aus, daß sich die Elektronen zu bestimmten Zeiten sehr nahe beieinander befinden, und daher ist die mittlere Abstoßungsenergie des durch ψ_S beschriebenen Zustandes größer als die von ψ_A. Wir stoßen so auf die Tatsache:

> *Heliumähnliche Atome können sich in zwei verschiedenen Zuständen befinden, die verschiedene Energien und verschiedene atomare Bahnwellenfunktionen ψ_S und ψ_A bei gleichen Bahnquantenzahlen a und b der beiden Elektronen im Modell unabhängiger Teilchen besitzen.*

Mit anderen Worten, ein Atom mit zwei Elektronen besitzt zwei Folgen stationärer Zustände und Energieniveaus, von denen eine durch die symmetrischen Bahnwellenfunktionen, die andere durch die antisymmetrischen Bahnwellenfunktionen beschrieben wird. Dieser rein quantenmechanische Effekt folgt aus der Tatsache, daß Elektronen ununterscheidbar sind.

Die einzige Ausnahme von obiger Feststellung ist der Fall, in dem die beiden Sätze der Bahnquantenzahl der Elektronen identisch sind; d.h. $a = b$. Dann ist $\psi_A = \psi_a(1)\,\psi_a(2) - \psi_a(2)\,\psi_a(1) = 0$. Wenn die zwei Elektronen denselben Satz von Bahnquantenzahlen besitzen, ist deshalb nur der symmetrische Bahnzustand möglich.

Bis jetzt haben wir nur die Wellenfunktionen betrachtet, welche die räumliche Verteilung der Elektronen beschreiben. Eine vollständige Beschreibung des Atomzustandes erfordert, daß wir den Spin der Elektronen berücksichtigen. Jedes Elektron hat einen Spin von $\frac{1}{2}$. Der Spin des einen Elektrons kann entweder *parallel* oder *antiparallel* zum Spin des anderen Elektrons orientiert sein; dies gibt entweder einen Gesamtspin eins ($S = 1$) oder Null ($S = 0$).* Spinzustände mit $S = 0$ werden *Singuletts* genannt, da man sie, wie in Abb. 4-3 gezeigt, nur auf eine Weise bilden kann. Wenn jedoch $S = 1$ ist, kann der resultierende Spin-Vektor drei Orientierungen im Raum haben, entsprechend $M_S = +1$, 0 und -1. Diese Zustände sind in Abb. 4-3 graphisch dargestellt. Deshalb gehören zu Spin-Zuständen mit $S = 1$ drei Spin-Wellenfunktionen, und man nennt sie *Tripletts*.

Man kann zeigen, daß die Gesamt-Spin-Wellenfunktion des Singulett-Zustandes ($S = 0$) in den beiden Elektronen *antisymmetrisch* ist, während die drei Gesamt-Spin-Wellenfunktionen des Triplett-Zustandes ($S = 1$) in den beiden Elektronen *symmetrisch* sind. Diese Spin-Wellenfunktionen kann man durch die in Abschnitt 3.7 eingeführten Spin-Wellenfunktionen χ_{+} für einzelne Elektronen ausdrücken:

---

* Die Werte der Quantenzahlen für den gesamten Bahndrehimpuls, Gesamtspin oder deren Komponenten werden durch große Buchstaben bezeichnet. Die entsprechenden Größen für individuelle Elektronen werden durch kleine Buchstaben bezeichnet.

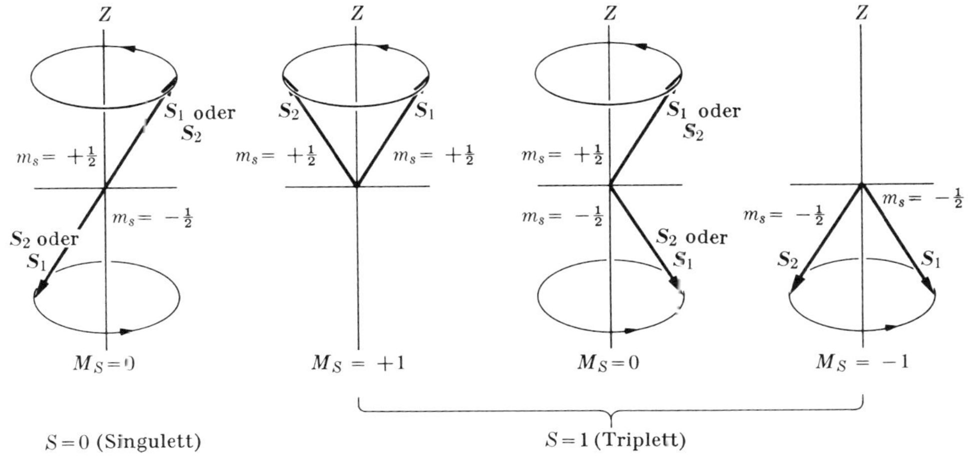

Abb. 4-3. Spinzustände für ein System von zwei Elektronen.

$$\chi_A = \frac{1}{\sqrt{2}}[\chi_+(1)\chi_-(2) - \chi_+(2)\chi_-(1)], \qquad M_S = 0,$$

$$\chi_S = \begin{cases} \chi_+(1)\chi_+(2), & M_S = +1, \\ \frac{1}{\sqrt{2}}[\chi_+(1)\chi_-(2) + \chi_+(2)\chi_-(1)], & M_S = 0, \\ \chi_-(1)\chi_-(2), & M_S = -1. \end{cases} \tag{4.9}$$

Der Wert von $M_S = m_{s1} + m_{s2}$, welcher der Komponente S_z des Gesamtspins entspricht, ist für die einzelnen Wellenfunktionen angegeben. Der Faktor $1/\sqrt{2}$ dient der Normierung. Man beachte, daß die Wellenfunktionen den in Abb. 4-3 dargestellten Situationen entsprechen. Zusammenfassend haben wir

Singulett-Zustand ($S = 0$): antisymmetrische Spin-Wellenfunktion χ_A,
Triplett-Zustand ($S = 1$): symmetrische Spin-Wellenfunktion χ_S.

Wir erhalten die Gesamtwellenfunktion des Atoms durch Kombination der durch ψ_S oder ψ_A gegebenen Bahnwellenfunktion und der durch χ_S oder χ_A gegebenen Spin-Wellenfunktion; d.h.

$$\psi_{\text{total}} = (\text{Bahnwellenfunktion}) \times (\text{Spin-Wellenfunktion}).$$

Die Symmetrie von ψ_{total} hängt offensichtlich von der Symmetrie jedes der beiden Faktoren ab. Da es zwei Arten von Bahnwellenfunktionen und zwei Arten von Spin-Wellenfunktionen gibt, sind insgesamt vier Kombinationen zwischen ihnen möglich. Nun ergibt eine Untersuchung der Energieniveaus des Helium-

Atoms, daß die durch symmetrische Bahnwellenfunktionen ψ_S beschriebenen Zustände immer Singuletts sind ($S = 0$) und so den antisymmetrischen Spin-Wellenfunktionen χ_A entsprechen, während die durch antisymmetrische Bahnwellenfunktionen ψ_A beschriebenen Zustände immer Tripletts ($S = 1$) sind und so den symmetrischen Spin-Wellenfunktionen χ_S entsprechen. Es scheint so, daß nur die folgenden Zustände in der Natur erlaubt sind:

$$\psi_{\text{total}} = \begin{pmatrix}\text{symmetrische}\\ \text{Bahnwellen-}\\ \text{funktion}\end{pmatrix} \times \begin{pmatrix}\text{antisymetrische}\\ \text{Spin-Wellen-}\\ \text{funktion}\end{pmatrix} = \psi_S \chi_A, \quad \text{Singuletts,} \tag{4.10}$$

oder

$$\psi_{\text{total}} = \begin{pmatrix}\text{antisymmetrische}\\ \text{Bahnwellenfunk-}\\ \text{tion}\end{pmatrix} \times \begin{pmatrix}\text{symmetrische}\\ \text{Spin-Wellen-}\\ \text{funktion}\end{pmatrix} = \psi_A \chi_S, \quad \text{Tripletts.} \tag{4.11}$$

In jedem Fall ist ψ_{total} antisymmetrisch, da es das Produkt eines symmetrischen und eines antisymmetrischen Faktors ist. Dies ist eine weitreichende Schlußfolgerung, die in allgemeiner Form für jede beliebige Elektronenzahl wie folgt ausgedrückt werden kann:

Die Gesamtwellenfunktion eines Systems von Elektronen muß antisymmetrisch sein.

Im nächsten Abschnitt wird die Bedeutung dieser Feststellung für Vielelektronenatome sorgfältig untersucht werden. Jetzt wollen wir nur kurz besprechen, welchen Einfluß sie auf die Energieniveaus heliumähnlicher Atome besitzt.

Abb. 4-4 zeigt die Energieniveaus von Helium, wenn sich eins der Elektronen immer im Grundzustand 1s befindet (Bahnquantenzahlen $n = 1$, $l = 0$, $m_l = 0$) und das andere Elektron im Grund- oder in einem angeregten Zustand ist. Die Bahnquantenzahlen des angeregten Elektrons sind im Kopf des Schemas als ns, np, nd usw. angegeben. Die eingetragenen Energiewerte sind auf den Grundzustand bezogen. Ferner sind einige der möglichen Übergänge eingezeichnet. Die Atome mit $S = 0$ bilden das *Parahelium* und die Atome mit $S = 1$ das *Orthohelium*. Man beachte, daß keine Übergänge zwischen den Singulett- und den Triplett-Zuständen aufgeführt sind. Solche Übergänge sind sehr unwahrscheinlich, da sie eine Änderung des Spins erfordern, was nur beim Vorhandensein starker, spinabhängiger Kräfte möglich ist. So können wir in gewissem Sinne Orthohelium und Parahelium als zwei verschiedene Gase betrachten. Das Zahlenverhältnis der Atome in den beiden Systemen ist drei zu eins.

Man beachte, daß der Zustand $n = 1$ nur dann existiert, wenn $S = 0$ ist, weil in diesem Zustand beide Elektronen notwendigerweise die gleichen Bahnquantenzahlen besitzen und daher die Bahnwellenfunktion symmetrisch sein muß.

Die einzelnen Zustände des Heliumatoms bezeichnet man mit großen Buch-

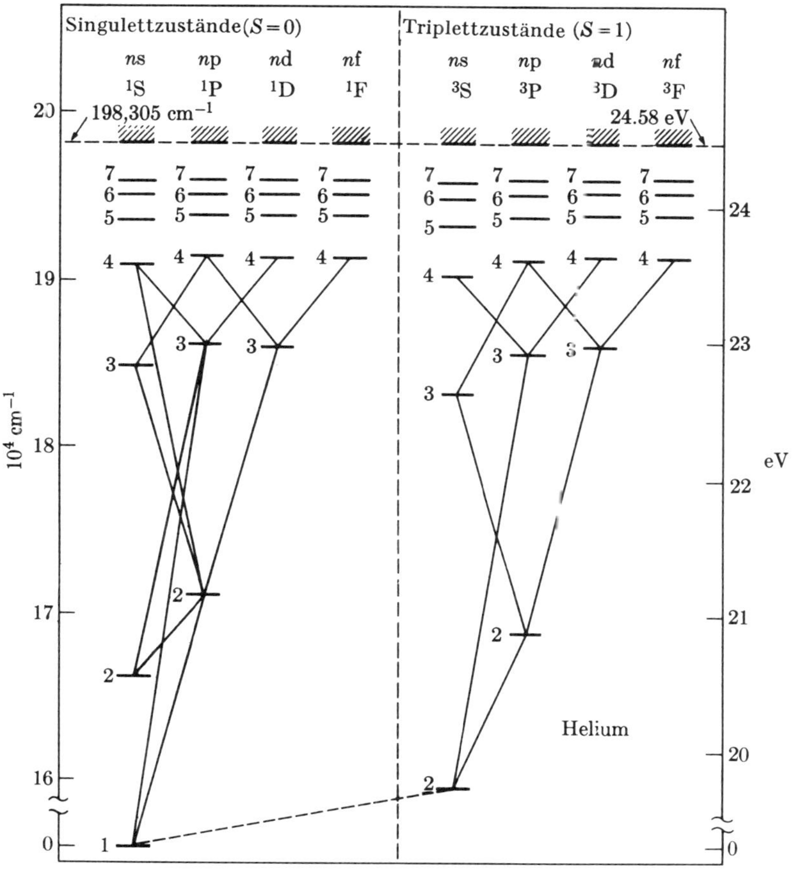

Abb. 4-4. Energieniveaus von Helium mit einigen Übergängen.

staben S, P, D, F usw., die Werten des Gesamtbahndrehimpulses des Atoms (welcher die Summe der Bahndrehimpulse der beiden Elektronen ist) von 0, 1, 2, 3 usw. entsprechen. In den einzelnen, in Abb. 4-4 dargestellten Fällen ist der Gesamtbahndrehimpuls gleich dem Bahndrehimpuls des angeregten Elektrons, da das andere Elektron den Bahndrehimpuls Null besitzt. Ein linker oberer Index gibt den Wert von $2S + 1$, oder die *Multiplizität* an, welche für Singulett-Zustände 1 und für Triplett-Zustände 3 ist.

Infolge der Spin-Bahn-Wechselwirkung bestehen die Triplett-Zustände aus drei nahe benachbarten Niveaus, die den drei möglichen Orientierungen des Gesamtspins relativ zum Gesamtbahndrehimpuls entsprechen. Dies nennt man eine *Feinstruktur* und ist in der Abb. nicht eingezeichnet. Die S-Zustände zeigen offensichtlich keine Feinstruktur. Außer den in Abb. 4-4 gezeigten Zuständen können noch viele andere stationäre Zustände auftreten, in denen beide Elektronen angeregt sind. Wir werden sie jedoch hier nicht besprechen.

BEISPIEL 4.1. Normieren Sie die durch Gl. (4.7) und (4.8) gegebenen Wellenfunktionen ψ_S und ψ_A.

Lösung: Mit ψ sei entweder ψ_S oder ψ_A bezeichnet. Wenn wir beachten, daß das Integral über die Koordinaten beider Elektronen läuft, erhalten wir dann

$$\begin{aligned}\int \psi^* \psi d\tau &= \int_1 \int_2 [\psi_a^*(1)\psi_b^*(2) \pm \psi_a^*(2)\psi_b^*(1)][\psi_a(1)\psi_b(2) \pm \psi_a(2)\psi_b(1)]\, d\tau_1 d\tau_2 \\ &= \int_1 \psi_a^*(1)\psi_a(1)\, d\tau_1 \int_2 \psi_b^*(2)\psi_b(2)\, d\tau_2 \\ &+ \int_1 \psi_b^*(1)\psi_b(1)\, d\tau_1 \int_2 \psi_a^*(2)\psi_a(2)\, d\tau_2 \\ &\pm \int_1 \psi_a^*(1)\psi_a(1)\, d\tau_1 \int_2 \psi_b^*(2)\psi_a(2)\, d\tau_2 \\ &\pm \int_1 \psi_b^*(1)\psi_b(1)\, d\tau_1 \int_2 \psi_a^*(2)\psi_b(2)\, d\tau_2.\end{aligned}$$

Da die Eigenfunktionen ψ_a und ψ_b orthogonal sind (vergl. Gl. (2.41)), gilt jedoch

$$\int \psi_a^*(i)\psi_b(i)\, d\tau_i = \int \psi_b^*(i)\psi_a(i)\, d\tau_i = 0, \qquad i = 1, 2.$$

Ferner sind die Eigenfunktionen normiert, d.h.

$$\int_a \psi_a^*(i)\psi_a(i)\, d\tau_i = \int_b \psi_b^*(i)\psi_b(i)\, d\tau_i = 1, \qquad i = 1, 2.$$

Daher finden wir, daß $\int \psi^*\psi\, d\tau = 2$ ist. Dies zeigt, daß ψ_S und ψ_A nicht normiert sind. Um die Wellenfuntionen zu normieren genügt es, sie mit dem Faktor $1/\sqrt{2}$ zu multiplizieren. Dies ergibt:

$$\psi_S(1, 2) = \frac{1}{\sqrt{2}} [\psi_a(1)\psi_b(2) + \psi_a(2)\psi_b(1),] \qquad \psi_A(1, 2) = \frac{1}{\sqrt{2}} [\psi_a(1)\psi_b(2) - \psi_a(2)\psi_b(1)], \tag{4.12}$$

Dies erklärt auch den Faktor $1/\sqrt{2}$ in den in Gl. (4.9) angegebenen Spin-Wellenfunktionen.

BEISPIEL 4.2. Berechnung der Energie des Heliumatoms unter Benutzung der normierten Wellenfunktionen (4.12).

Lösung: Der Gesamt-Hamiltonoperator für das Heliumatom kann in der Form $\mathbf{H} = \mathbf{H}_1 + \mathbf{H}_2 + \mathbf{H}_{12}$ geschrieben werden, wobei

$$\mathbf{H}_1 = -\frac{\hbar^2}{2m}\nabla_1^2 - \frac{2e^2}{4\pi\epsilon_0 r_1} \quad \text{und} \quad \mathbf{H}_2 = -\frac{\hbar^2}{2m}\nabla_2^2 - \frac{2e^2}{4\pi\epsilon_0 r_2}$$

die Hamiltonoperatoren für die beiden Elektronen im Coulombfeld des Kerns sind und

$$\mathbf{H}_{12} = e^2/4\pi\epsilon_0 r_{12}$$

der Wechselwirkung zwischen den zwei Elektronen entspricht. Man beachte, daß

$$\mathbf{H}_i\psi_a(i) = E_a\psi_a(i) \qquad \text{und} \qquad \mathbf{H}_i\psi_b(i) = E_b\psi_b(i), \qquad i = 1, 2$$

ist, wobei E_a bzw. E_b die Energie des einzelnen Elektrons wäre, wenn man seine Wechselwirkung mit dem anderen Elektron vernachlässigen würde. Deshalb gilt

$(\mathbf{H}_1 + \mathbf{H}_2)\psi = (E_a + E_b)\psi$, wobei ψ eine der normierten Wellenfunktionen ψ_S oder ψ_A, definiert durch Gl. (4.12) bedeutet.
Wir können so die Energie des Heliumatoms erhalten, indem wir Gl. (2.50) anwenden; d.h.

$$E = \int \psi^* \mathbf{H} \psi \, d\tau = E_a + E_b + \int \psi^* \mathbf{H}_{12} \psi \, d\tau.$$

Eine direkte Rechnung, welche die in Gl. (4.12) gegebenen normierten Ausdrücke für ψ_S und ψ_A benutzt, ergibt

$$\int \psi^* \mathbf{H}_{12} \psi \, d\tau = C \pm K,$$

wobei

$$C = \int_1 \int_2 \frac{e^2}{4\pi\epsilon_0 r_{12}} |\psi_a(1)|^2 \, d\tau_1 |\psi_b(2)|^2 \, d\tau_2$$

und

$$K = \int_1 \int_2 \frac{e^2}{4\pi\epsilon_0 r_{12}} \psi_a^*(1)\psi_b(1) \, d\tau_1 \psi_b^*(2)\psi_a(2) \, d\tau_2.$$

Daher ist

$$E = E_a + E_b + C \pm K.$$

Wir sehen daher, daß wir zwei mögliche Energiewerte erhalten, die der symmetrischen Wellenfunktion ψ_S (positives Vorzeichen) bzw. der antisymmetrischen Wellenfunktion ψ_A (negatives Vorzeichen) entsprechen. Da man zeigen kann, daß K positiv ist, besitzt der durch ψ_A beschriebene Zustand in Übereinstimmung mit unserer intuitiven Betrachtung niedrigere Energie als der ψ_S entsprechende Zustand (die Differenz ist $2K$). Die Größe wird *Coulomb-Integral* genannt; sie gibt die Wechselwirkungsenergie der beiden Elektronen an unter der Annahme, daß sie mit den Ladungsdichten $\rho_1 = -e|\psi_a(1)|^2$ bzw $\rho_2 = -|\psi e_b(2)|^2$ verteilt sind. Die Größe K, *Austauschintegral* genannt, gibt die Wechselwirkungsenergie von Ladungen mit den Dichten

$$\rho_1' = -e\psi_a^*(1)\psi_b(1) \quad \text{und} \quad \rho_2' = -e\psi_b^*(2)\psi_a(2)$$

an. Dieser Ausdruck hat keine klassische Erklärung und ist ein reiner Quanteneffekt, der aus der Identität der beiden Elektronen resultiert. Die Auswertung von C und K ist ein ziemlich langwieriger Prozeß, da die Variablen infolge der Anwesenheit des Faktors r_{12} nicht separiert sind.

4.3 *Das Ausschließungsprinzip*

Die Diskussion von Helium und heliumähnlichen Atomen im vorhergehenden Abschnitt veranschaulichte die Art der Schlußweise, die bei der Diskussion von Atomen mit vielen Elektronen angewandt werden muß. Als einen vertretbaren Ausgangspunkt wollen wir wieder das Modell unabhängiger Teilchen benutzen und berücksichtigen, daß sich jedes Elektron in dem durch den Kern erzeugten anziehenden elektrischen Feld bewegt und dazu in einem infolge der anderen

Elektronen vorhandenen mittleren abstoßenden elektrischen Felde. Daher können wir den dynamischen Zustand jedes Elektrons durch vier Quantenzahlen n, l, m_l und m_s beschreiben.* Die drei ersten Quantenzahlen geben die Bahnbewegung und die vierte die Orientierung des Spins an. Die Energie der Bahnbewegung hängt nur von n und l ab, so daß jeder Elektronenzustand durch das Symbol nl identifiziert ist. Alle Elektronen, welche dieselben Quantenzahlen nl besitzen, nennt man *äquivalent.* Der vollständige Zustand des Atoms wird durch die Angabe der Anzahl äquivalenter Elektronen in jedem der nl-Zustände spezifiziert. Auf diese Weise wird jeweils die sog. *Konfiguration* angegeben.

Wenn sich x Elektronen im Zustande nl befinden, wird dies durch nl^x bezeichnet. Zum Beispiel ist die Grundzustandskonfiguration von Helium $1s^2$ und die erste angeregte Konfiguration 1s 2s.

Das Modell unabhängiger Teilchen gibt eine ausgezeichnete Näherung, wenn man es mit einem anderen Prinzip kombiniert, das wir jetzt erklären werden. Es ist wohlbekannt, daß chemische Elemente bestimmte Regelmässigkeiten ihrer physikalischen und chemischen Eigenschaften zeigen. Diese Eigenschaften wiederholen sich bei verschiedenen Elementen mehr oder weniger zyklisch, und aufeinanderfolgende Zyklen oder Perioden werden durch die Atomnummern $Z = 2$, 10, 18, 36, 54 und 86 abgeschlossen, die den (sogenannten) Edelgasen entsprechen: Helium, Neon, Argon, Krypton, Xenon und Radon. Edelgase sind chemisch durch ihre sehr schwache oder fast nicht vorhandene Fähigkeit, mit anderen Elementen in Verbindung zu treten, charakterisiert. Die Periodizität in den

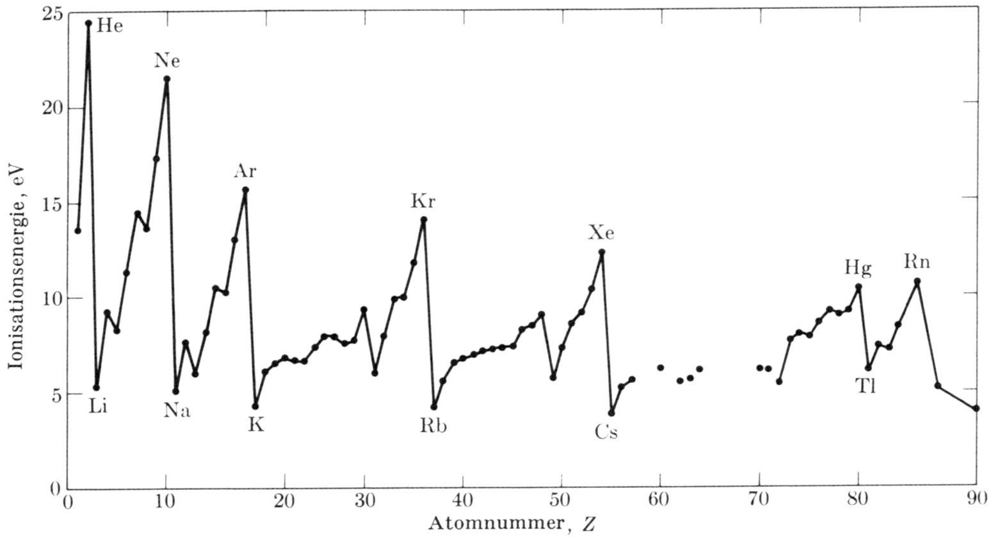

Abb. 4-5. Ionisationsenergie der Elemente als Funktion der Atomnummer.

* In einigen Atomen ist der Spin-Bahn-Effekt so stark, daß er die Anwendung der Quantenzahlen n, l, j und m statt dessen erfordert. Wenn diese Situation vorliegt, wird sie *j-j-Kopplung* genannt.

Eigenschaften der Elemente wird deutlich durch die Ionisationsenergien veranschaulicht, wie sie in Abb. 4-5 gezeigt werden, wo wir einen Trend sehen, der sich mehr oder weniger nach jedem Edelgas wiederholt.

Chemiker des neunzehnten Jahrhunderts bemerkten diese Periodizität; 1870 schlug der russische Wissenschaftler Dimitri Mendeléev seine berühmte periodische Klassifizierung der Elemente in Zyklen oder Perioden vor, deren jede aus acht Elementen bestand. Diese Klassifizierung stimmte jedoch nicht genau, und einige Elemente, wie die Übergangselemente und die seltenen Erden, paßten nicht in das vereinfachte Schema.

Die Regelmäßigkeiten in den atomaren Eigenschaften deuten auf bestimmte Regelmäßigkeiten oder Periodizitäten der Elektronenbewegung in einem Atom hin. Um diese Regelmäßigkeiten zu erklären, schlug der Schweizer Physiker Wolfgang Pauli (1900-1958) um 1925 eine neue Regel vor, die seither *Ausschließungsprinzip* genannt wird. Dieses Prinzip erklärt nicht nur das periodische, physikalische und chemische Verhalten der Elemente in schöner und einfacher Weise, sondern bringt auch viele andere wichtige experimentelle Tatsachen der Atomstruktur miteinander in Verbindung. Wenn man das Modell unabhängiger Teilchen benutzt, besagt das Paulische Ausschließungsprinzip:

> *Keine zwei Elektronen in einem Atom können denselben Satz von Quantenzahlen besitzen.*

Diese wichtige Regel ist dem allgemeineren Prinzip äquivalent, das wir in Abschnitt 4.2 einführten und das aussagte:

> *Die Gesamtwellenfunktion eines Systems von Elektronen muß antisymmetrisch sein.*

Dies kann als eine andere und allgemeinere Formulierung des Ausschließungsprinzipes angesehen werden. Eine einfache mathematische Betrachtung zeigt, daß die Antisymmetrie der Wellenfunktionen die Gültigkeit des Ausschließungsprinzipes impliziert, wie es in der ersten Formulierung ausgedrückt wurde. Die Antisymmetrie der Gesamtwellenfunktion ist jedoch eine allgemeinere Aussage; sie trifft sogar zu, wenn das Modell unabhängiger Teilchen keine angemessene Näherung ist.*

Als nächstes wollen wir unter Anwendung des Modells unabhängiger Teilchen eine einfache Schreibweise für eine antisymmetrische Funktion angeben. Gegeben sei ein Atom mit N Elektronen. Wir wollen *alle* Bahn- und Spin-Quantenzahlen n, l, m_l, m_s eines gegebenen Zustandes im Modell unabhängiger Teilchen durch einen einzigen Buchstaben (etwa a) bezeichnen. Dann kann eine Konfiguration,

---

* Das Prinzip der Antisymmetrie der Gesamtwellenfunktion gilt nicht nur für Elektronen, sondern auch für andere fundamentale Teilchen, wie Protonen und Neutronen. Alle Teilchen, die aus Gründen, die wir in Kapitel 13 erklären werden, durch antisymmetrische Gesamtwellenfunktionen beschrieben werden, nennt man *Fermionen*.

in der sich ein Elektron im Zustand a, ein anderes im Zustand b usw. befindet, durch eine Wellenfunktion in Gestalt einer Determinante ausgedrückt werden:

$$\psi_{abc\cdots} = \frac{1}{\sqrt{N!}} \begin{vmatrix} \psi_a(1) & \psi_a(2) & \psi_a(3) & \cdots \\ \psi_b(1) & \psi_b(2) & \psi_b(3) & \cdots \\ \psi_c(1) & \cdots & \cdots & \cdots \\ \cdots & \cdots & \cdots & \cdots \end{vmatrix}. \tag{4.13}$$

Diese Wellenfunktion ist antisymmetrisch; wenn wir zwei Elektronen (etwa 1 und 2) untereinander austauschen, entspricht dies einem Vertauschen zweier Zeilen, und die Determinante ändert ihr Vorzeichen. Wenn andererseits zwei Elektronen denselben Satz von Quantenzahlen besitzen (etwa $a = b$), hat die Determinante zwei identische Zeilen und ist deshalb identisch gleich Null. Dies zeigt die Äquivalenz der zwei Formulierungen des Ausschließungsprinzipes, wenn man das Modell unabhängiger Teilchen anwendet. Der Faktor $1/\sqrt{N!}$ tritt nur aus Normierungsgründen auf.

Als konkretes Beispiel wollen wir die Funktion $\psi_A \chi_S$ betrachten, wobei ψ_A durch Gl. (4.12) gegeben ist und ψ_S durch Gl. (4.9) mit $M_S = 1$. Dann ist

$$\psi = \psi_A \chi_S = \frac{1}{\sqrt{2}} [\psi_a(1)\psi_b(2) - \psi_a(2)\psi_b(1)] \chi_+(1)\chi_+(2)$$

$$= \frac{1}{\sqrt{2}} \begin{vmatrix} \psi_a(1)\chi_+(1) & \psi_a(2)\chi_+(2) \\ \psi_b(1)\chi_+(1) & \psi_b(2)\chi_+(2) \end{vmatrix}.$$

Dies ist eine Determinante vom Typ der Gl. (4.13) mit $N = 2$, außer daß die Bahn- und Spinanteile der Wellenfunktionen getrennt dargestellt wurden.

4.4 Elektronenstruktur der Atome

Wir werden jetzt überlegen, wie wir das Paulische Ausschließungsprinzip benutzen können, um die Elektronenkonfigurationen von Atomen zu bestimmen. Wir wollen zuerst die Anzahl der Kombinationen der Quantenzahlen m_l und m_s berechnen, die für jeden Wert des Drehimpulses l möglich sind. Dies ergibt die maximale Elektronenzahl, die in dem Zustand nl untergebracht werden kann. Wir wissen, daß es für jeden Wert von l $2l + 1$ Werte von m_l gibt und daß für jedes Paar l, m_l das Elektron mit Spin oben oder Spin unten auftreten kann ($m_s = \pm\frac{1}{2}$). So ist die maximale Elektronenanzahl, die in einem Zustand nl untergebracht werden kann, ohne das Ausschließungsprinzip zu verletzen $2(2l + 1)$. Die folgende Tabelle zeigt dies explizit.

Drehimpuls, l:	0	1	2	3	4
Symbol:	s	p	d	f	g
Besetzungszahl, $2(2l + 1)$:	2	6	10	14	18

Beim Aufbau der Atome von $Z = 1$ bis zu $Z = 92$ (und weiter) besetzen die Elektronen die niedrigstliegenden verfügbaren Energiezustände und zwar jeden bis zur größten vom Ausschließungsprinzip zugelassenen Anzahl. Jeweils dann, wenn ein nl-Zustand seine Maximalzahl von Elektronen aufweist, beginnt das Auffüllen des nächsten Zustandes.

Die Reihenfolge, in der aufeinanderfolgende nl-Zustände aufgefüllt werden, ist in Abb. 4-6 dargestellt. Für einige besondere Atome kann es geringe Abweichungen geben, aber im allgemeinen gilt die dargestellte Reihenfolge. Wir stellen zunächst einige «Energielücken» fest; d.h. Gebiete, wo die Energiedifferenz zwischen zwei Zuständen oder Niveaus viel größer ist als zwischen den Niveaus unterhalb des unteren oder oberhalb des oberen. Die Energielücken treten zwischen 1s und 2s, zwischen 2p und 3s, 3p und 4s, 4p und 5s usw. auf. Die zwischen zwei Energielücken gruppierten Energieniveaus bilden eine *Schale.** Jeder nl-Zustand innerhalb einer Schale wird *Unterschale* genannt. Die Maximalzahl von Elektronen in aufeinanderfolgenden vollständigen Schalen liegt genau bei $Z = 2$, 10, 18, 36, 54 und 86, d.h. bei den Edelgasen, wie es von den experimentellen Ergebnissen gefordert wird. Es könnte noch ein anderes Edelgas bei $Z = 118$ geben; es wurde jedoch kein Atom mit einer solch hohen Elektronenzahl in der Natur gefunden oder bisher künstlich hergestellt. Die Elektronenkonfiguration der atomaren Grundzustände der verschiedenen chemischen Elemente ist in Tabelle 4-1 angegeben.

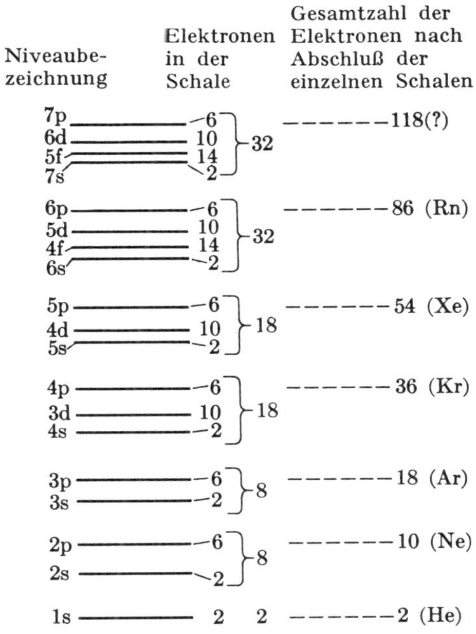

Abb. 4-6. Schalenstruktur der atomaren Energieniveaus.

Es ist instruktiv, den Aufbau der ersten zehn Elemente im Detail zu betrachten. Dies ist in den Blockdiagrammen von Abb. 4-7 dargestellt. Die s-Unterschalen haben einen Block, der zwei Elektronen mit entgegengesetztem Spin faßt, die p-Unterschalen drei Blocks ($m_l = +1, 0, -1$), welche sechs Elektronen fassen. Man beachte, daß wir beim Auffüllen einer p-Unterschale immer soviele Elektronen wie möglich mit parallelen Spins eingebaut haben. Dies geschah, weil experimentell bekannt ist:

Im Grundzustand von Atomen hat der resultierende Spin den größtmöglichen Wert, der mit dem Ausschließungsprinzip vereinbar ist.

---

* Spektroskopiker benutzen den Ausdruck *Schale* auch, um in Vielelektronenatomen alle Zustände zu bezeichnen, die den gleichen n entsprechen. In diesen Sinne bilden die Zustände mit $n=1$, 2, 3, 4, . . . die K, L, M, N, . . . Schalen. Dies ist dieselbe Terminologie, die wir in Kapitel 3 für Einelektronenatome benutzten.

TABELLE 4-1 Elektronenkonfiguration der Atome*

Z	Symbol	Grundzustand	Grundzustandskonfiguration	Ionisationsenergie, eV
1	H	^2S	$1s$	13.595
2	He	^1S	$1s^2$	24.581
3	Li	^2S	[He] $2s$	5.390
4	Be	^1S	$2s^2$	9.320
5	B	$^2P_{1/2}$	$2s^2\ 2p$	8.296
6	C	$^3P_0$	$2s^2\ 2p^2$	11.256
7	N	^4S	$2s^2\ 2p^3$	14.545
8	O	$^3P_2$	$2s^2\ 2p^4$	13.614
9	F	$^2P_{3/2}$	$2s^2\ 2p^5$	17.418
10	Ne	^1S	$2s^2\ 2p^6$	21.559
11	Na	^2S	[Ne] $3s$	5.138
12	Mg	^1S	$3s^2$	7.644
13	Al	$^2P_{1/2}$	$3s^2\ 3p$	5.984
14	Si	$^3P_0$	$3s^2\ 3p^2$	8.149
15	P	^4S	$3s^2\ 3p^3$	10.484
16	S	$^3P_2$	$3s^2\ 3p^4$	10.357
17	Cl	$^2P_{3/2}$	$3s^2\ 3p^5$	13.01
18	Ar	^1S	$3s^2\ 3p^6$	15.755
19	K	^2S	[Ar] $4s$	4.339
20	Ca	^1S	$4s^2$	6.111
21	Sc	$^2D_{3/2}$	$3d\ 4s^2$	6.54
22	Ti	$^3F_2$	$3d^2\ 4s^2$	6.83
23	V	$^4F_{3/2}$	$3d^3\ 4s^2$	6.74
24	Cr	^7S	$3d^5\ 4s$	6.764
25	Mn	^6S	$3d^5\ 4s^2$	7.432
26	Fe	$^5D_4$	$3d^6\ 4s^2$	7.87
27	Co	$^4F_{9/2}$	$3d^7\ 4s^2$	7.86
28	Ni	$^3F_4$	$3d^8\ 4s^2$	7.633
29	Cu	^2S	$3d^{10}\ 4s$	7.724
30	Zn	^1S	$3d^{10}\ 4s^2$	9.391
31	Ga	$^2P_{1/2}$	$3d^{10}\ 4s^2\ 4p$	6.00
32	Ge	$^3P_0$	$3d^{10}\ 4s^2\ 4p^2$	7.88
33	As	^4S	$3d^{10}\ 4s^2\ 4p^3$	9.81
34	Se	$^3P_2$	$3d^{10}\ 4s^2\ 4p^4$	9.75
35	Br	$^2P_{3/2}$	$3d^{10}\ 4s^2\ 4p^5$	11.84
36	Kr	^1S	$3d^{10}\ 4s^2\ 4p^6$	13.996
37	Rb	^2S	[Kr] $5s$	4.176
38	Sr	^1S	$5s^2$	5.692
39	Y	$^2D_{3/2}$	$4d\ 5s^2$	6.377
40	Zr	$^3F_2$	$4d^2\ 5s^2$	6.835
41	Nb	$^6D_{1/2}$	$4d^4\ 5s$	6.881
42	Mo	^7S	$4d^5\ 5s$	7.10
43	Tc	^6S	$4d^5\ 5s^2$	7.228
44	Ru	$^5F_5$	$4d^7\ 5s$	7.365
45	Rh	$^4F_{9/2}$	$4d^8\ 5s$	7.461
46	Pd	^1S	$4d^{10}$	8.33
47	Ag	^2S	$4d^{10}\ 5s$	7.574
48	Cd	^1S	$4d^{10}\ 5s^2$	8.991
49	In	$^2P_{1/2}$	$4d^{10}\ 5s^2\ 5p$	5.785
50	Sn	$^3P_0$	$4d^{10}\ 5s^2\ 5p^2$	7.342
51	Sb	^4S	$4d^{10}\ 5s^2\ 5p^3$	8.639
52	Te	$^3P_2$	$4d^{10}\ 5s^2\ 5p^4$	9.01
53	I	$^2P_{3/2}$	$4d^{10}\ 5s^2\ 5p^5$	10.454
54	Xe	^1S	$4d^{10}\ 5s^2\ 5p^6$	12.127
55	Cs	^2S	[Xe] $6s$	3.893
56	Ba	^1S	$6s^2$	5.210
57	La	$^2D_{3/2}$	$5d\ 6s^2$	5.61
58	Ce	$^1G_4$	$4f\ 5d\ 6s^2$	6.54
59	Pr	$^4I_{9/2}$	$4f^3\ 6s^2$	5.48
60	Nd	$^5I_4$	$4f^4\ 6s^2$	5.51
61	Pm	$^6H_{5/2}$	$4f^5\ 6s^2$	
62	Fm	$^7F_0$	$4f^6\ 6s^2$	5.6
63	Eu	^8S	$4f^7\ 6s^2$	5.67
64	Gd	$^9D_2$	$4f^7\ 5d\ 6s^2$	6.16
65	Tb	$^6H_{15/2}$	$4f^9\ 6s^2$	6.74
66	Dy	$^5I_8$	$4f^{10}\ 6s^2$	6.82
67	Ho	$^4I_{15/2}$	$4f^{11}\ 6s^2$	
68	Er	$^3H_6$	$4f^{12}\ 6s^2$	
69	Tm	$^2F_{7/2}$	$4f^{13}\ 6s^2$	
70	Yb	^1S	$4f^{14}\ 6s^2$	6.22
71	Lu	$^2D_{3/2}$	$4f^{14}\ 5d\ 6s^2$	6.15
72	Hf	$^3F_2$	$4f^{14}\ 5d^2\ 6s^2$	7.0
73	Ta	$^4F_{3/2}$	$4f^{14}\ 5d^3\ 6s^2$	7.88
74	W	$^5D_0$	$4f^{14}\ 5d^4\ 6s^2$	7.98
75	Re	^6S	$4f^{14}\ 5d^5\ 6s^2$	7.87
76	Os	$^5D_4$	$4f^{14}\ 5d^6\ 6s^2$	8.7
77	Ir	$^4F_{9/2}$	$4f^{14}\ 5d^7\ 6s^2$	9.2
78	Pt	$^3D_3$	$4f^{14}\ 5d^8\ 6s^2$	8.88
79	Au	^2S	[Xe, $4f^{14}\ 5d^{10}$] $6s$	9.22
80	Hg	^1S	$6s^2$	10.434
81	Tl	$^2P_{1/2}$	$6s^2\ 6p$	6.106
82	Pb	$^3P_0$	$6s^2\ 6p^2$	7.415
83	Bi	^4S	$6s^2\ 6p^3$	7.287
84	Po	$^3P_2$	$6s^2\ 6p^4$	8.43
85	At	$^2P_{3/2}$	$6s^2\ 6p^5$	
86	Rn	^1S	$6s^2\ 6p^6$	10.745
87	Fr	^2S	[Rn] $7s$	
88	Ra	^1S	$7s^2$	5.277
89	Ac	$^2D_{3/2}$	$6d\ 7s^2$	6.9
90	Th	$^3F_2$	$6d^2\ 7s^2$	
91	Pa	$^4K_{11/2}$	$5f^2\ 6d\ 7s^2$	
92	U	$^5L_6$	$5f^3\ 6d\ 7s^2$	4.0
93	Np	$^6L_{11/2}$	$5f^4\ 6d\ 7s^2$	
94	Pu	$^7F_0$	$5f^6\ 7s^2$	
95	Am	^8S	$5f^7\ 7s^2$	
96	Cm	$^9D_2$	$5f^7\ 6d\ 7s^2$	
97	Bk		($5f^8\ 6d\ 7s^2$)	
98	Cf		($5f^9\ 6d\ 7s^2$)	
99	E		($5f^{10}\ 6d\ 7s^2$)	
100	Fm		($5f^{11}\ 6d\ 7s^2$)	
101	Mv			
102	No			
103	Lw			

*Die chemischen Symbole in Klammern deuten die äquivalenten Konfigurationen der übrigen Elektronen in den abgeschlossenen Schalen an. Die Konfigurationen in runden Klammern sind unsicher.

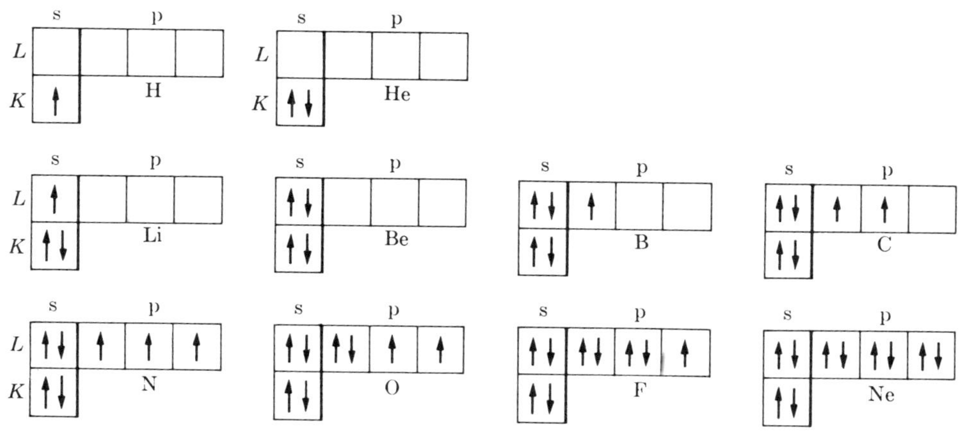

Abb. 4-7. Grundzustandskonfigurationen der Elektronen in den Atomen der ersten zehn Elemente mit Darstellung ihres Aufbaues.

Dies ist die sog. *Hundsche Regel.* Diese Eigenschaft kann man wie folgt erklären. Wir wissen aus unserer Diskussion des Heliumatoms, daß der Grundzustand derjenige Zustand sein muß, in dem die Abstoßung der Elektronen so gering wie möglich ist. Dies erfordert eine größtmögliche Antisymmetrie im Bahnanteil der Wellenfunktion. Da die Gesamtwellenfunktion antisymmetrisch sein muß, können wir schließen, daß der Grundzustand der größten Symmetrie der Spin-Wellenfunktion entspricht, was der Fall ist, wenn die Spins der Elektronen so weit möglich parallel sind.

Es gibt weitere interessante Aspekte, die es wert sind, im Zusammenhang mit Abb. 4-7 erwähnt zu werden. Z.B. besitzt Wasserstoff ein einzelnes 1s-Elektron und Lithium ein einzelnes 2s-Elektron; aber im Lithium-Atom stehen dem 2s-Elektron die relativ naheliegenden 2p-Niveaus zur Verfügung, und außerdem besitzt es eine kleinere Ionisationsenergie (5.5 eV verglichen mit 13.6 eV für Wasserstoff). Diese Unterschiede sind für das deutlich metallische Verhalten des Lithium verantwortlich, das von Wasserstoff nicht gezeigt wird. Ähnlich besitzen Helium und Beryllium vollständige 1s- bzw. 2s-Niveaus. Helium ist jedoch ein Edelgas, Beryllium aber nicht. Dies rührt daher, dass eins der 2s-Elektronen im Beryllium-Atom in ein naheliegendes 2p-Niveau angeregt werden kann und dabei den in Abb. 4-8 gezeigten angeregten Zustand bildet, was der in Berylliumverbindungen beobachteten Wertigkeit 2 entspricht.* Die Anregung erfordert eine Energie von etwa 2.7 eV, während im Falle des Heliums die minimale Anregungsenergie ungefähr 20 eV beträgt. Ähnlich kann man im Falle des Bor den ersten angeregten Zustand dadurch erhalten, daß man ein 2s-Elektron in einen 2p-Zustand überführt, wie in Abb. 4-8 gezeigt ist. Dies erfordert eine Energie von 3.6 eV. Dieser Zustand erklärt die Dreiwertigkeit des Bor. Die Situation bei den Kohlenstoff-, Stickstoff- und Sauerstoff-Atomen ist komplizierter, da neue angeregte

* Wertigkeit und chemische Bindung werden in Kapitel 5 diskutiert werden.

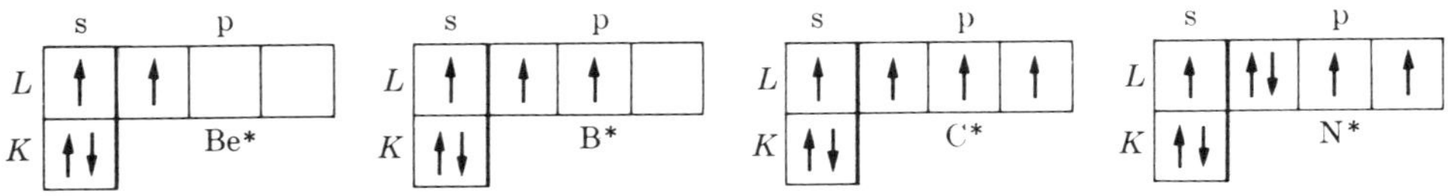

Abb. 4-8. Angeregte Elektronenkonfigurationen von Beryllium, Bor, Kohlenstoff und Stickstoff.

Zustände durch eine Umorientierung des Spins und des Bahndrehimpulses der p-Elektronen gebildet werden können. Ein besonders wichtiger angeregter Zustand des Kohlenstoffs, der für die Vierwertigkeit des Kohlenstoffs in vielen seiner Verbindungen verantwortlich ist, ist in Abb. 4-8 gezeigt.

Wir können unsere Analyse in der Aussage zusammenfassen, daß die chemischen und physikalischen Eigenschaften eines chemischen Elementes von der Elektronenkonfiguration des Grundzustandes wie auch von den naheliegenden angeregten Niveaus abhängen. Ein Edelgas ist z.B. dadurch charakterisiert, daß es aus abgeschlossenen Schalen besteht, und daß eine verhältnismäßig große Energie erforderlich ist, um eins von seinen Elektronen anzuregen, weil eine große Energielücke das letzte, aufgefüllte Niveau vom ersten unbesetzten Niveau trennt. Andererseits bestehen Atome wie Lithium, Natrium, Kalium usw. — mit $Z = 3$, 11, 19, ... — aus abgeschlossenen Schalen und einem zusätzlichen Elektron im ersten Niveau oberhalb der Energielücke. So besitzt Lithium eine abgeschlossene *K*-Schale und ein 2s-Elektron; Natrium hat abgeschlossene *K*- und *L*-Schalen und ein 3s-Elektron, usw. Dies letzte Elektron ist lose gebunden und bestimmt das metallische Verhalten dieser Elemente. Wenn die Zahl der Elektronen über den zuletzt abgeschlossenen Schalen zunimmt, wird die Situation mehr und mehr kompliziert.

4.5 *L-S-Kopplung*

Der Gesamtdrehimpuls eines Atoms ist eine sehr wichtige Eigenschaft, weil er (neben anderen Dingen) das magnetische Verhalten des Atoms und die Übergangswahrscheinlichkeiten bei Strahlungsprozessen bestimmt. Bei einem isolierten Atom ist der Gesamtdrehimpuls konstant. Wir werden ihn durch die Quantenzahl J bezeichnen, so daß

$$\boldsymbol{J}^2 = J(J+1)\hbar^2. \tag{4.14}$$

Die Z-Komponente von $\boldsymbol{J}$ ist durch die Quantenzahl M bestimmt, so daß

$$J_z = M\hbar \tag{4.15}$$

mit

$$M = \pm J,\ \pm(J-1).\ \ldots \tag{4.16}$$

Zu jeder Elektronenkonfiguration können verschiedene mögliche Werte von J mit jeweils verschiedenen Energien des Atoms gehören. Ein wichtiges Problem der

Atomstruktur ist die Bestimmung der zugelassenen Werte von J und der zugehörigen Wellenfunktionen für die einzelnen Konfigurationen.

Eine Methode hierfür wird *L-S* oder *Russell-Saunders-Kopplung* genannt. Wenn wir das Modell unabhängiger Teilchen mit den Wellenfunktionen von Gl. (4.13) benutzen, in dem jeder Elektronenzustand durch Quantenzahlen n, l, m_l und m_s charakterisiert ist, können wir zuerst den Gesamtbahndrehimpuls des Atoms bestimmen, so daß $\boldsymbol{L} = \sum_i \boldsymbol{L}_i$ und $\boldsymbol{L}_z = \sum_i L_{zi}$ ist. Wenn L und M_L die mit $\boldsymbol{L}^2$ und L_z verbundenen Quantenzahlen bezeichnen, ist

$$\boldsymbol{L}^2 = L(L+1)\hbar^2, \quad L_z = M_L\hbar, \quad M_L = \pm L, \ \pm(L-1), \ldots, \tag{4.17}$$

mit $M_L = \sum_l m_{li}$. Zu einer gegebenen Konfiguration können verschiedene Werte von L gehören, die von der relativen Orientierung der $\boldsymbol{L}_i$'s abhängen. Der Gesamtspin des Atoms ist analog durch $\boldsymbol{S} = \sum_i \boldsymbol{S}_i$ und $S_z = \sum_i S_{zi}$ gegeben. Wenn S und M_S die Quantenzahlen sind, die zu $\boldsymbol{S}^2$ und S_z gehören, dann ist

$$\boldsymbol{S}^2 = S(S+1)\hbar^2, \quad S_z = M_S\hbar, \quad M_S = \pm S, \ \pm(S-1), \ldots, \tag{4.18}$$

mit $M_S = \sum_i m_{si}$. Wieder können zu einer gegebenen Konfiguration verschiedene Werte von S gehören, die von der relativen Orientierung der $\boldsymbol{S}_i$'s abhängen.

Sind $\boldsymbol{L}$ und $\boldsymbol{S}$ einmal gefunden, so ist der Gesamtdrehimpuls für die Konfiguration durch $\boldsymbol{J} = \boldsymbol{L} + \boldsymbol{S}$ gegeben. Die möglichen Werte der Quantenzahlen J (die von der relativen Orientierung von $\boldsymbol{L}$ und $\boldsymbol{S}$ abhängen) sind

$$J = L + S, \ L + S - 1, \ \ldots, \ |L - S|. \tag{4.19}$$

Dieses Verfahren ist für drei Elektronen in Abb. 4-9 dargestellt. Die einzelnen $\boldsymbol{L}_i$'s und $\boldsymbol{S}_i$'s sollen dabei um ihre Resultierenden $\boldsymbol{L}$ bzw. $\boldsymbol{S}$ präzessieren. Weiterhin präzessieren $\boldsymbol{L}$ und $\boldsymbol{S}$ um $\boldsymbol{J}$.

Der Zustand eines Atoms wird durch einen Satz L, S, J von Quantenzahlen charakterisiert. Die Zustände einer Konfiguration mit denselben L und S bilden einen *Term*. Jeder Term einer Konfiguration hat eine verschiedene Energie. Die Energien der einzelnen Terme einer Konfiguration kann man nur mit Hilfe ziemlich komplizierter Methoden bestimmen, die wir hier nicht erklären können. Man kann jedoch leicht erkennen, daß die Energie einer Konfiguration vom Werte von L abhängen muß. Jeder Wert von L entspricht einer anderen relativen Orientierung der Bahndrehimpulse der Elektronen und daher einer anderen relativen Orientierung ihrer Bewegungen.

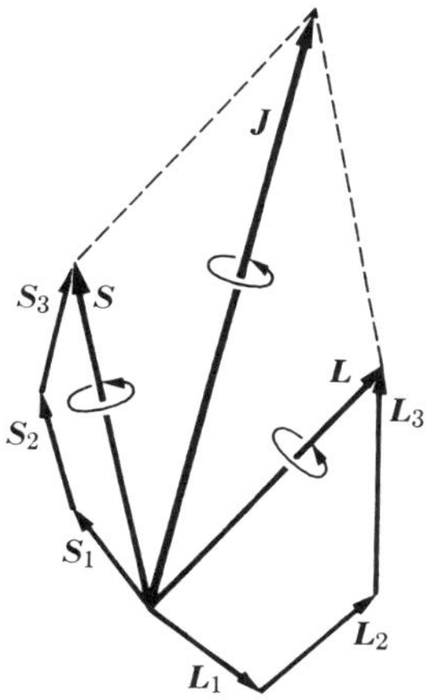

Abb. 4-9. *L-S*-Kopplung.

Dies muß verschiedene Werte für ihre Coulomb- oder elektrische Wechselwirkung und so einen anderen Wert für die Energie des Atoms ergeben. Die Zustände eines Terms, welche dieselben L- und S-Werte, aber verschiedene J-Werte besitzen, haben praktisch die gleiche

Energie und bilden ein *Multiplett.* Die Aufspaltung eines L-S-Terms entsprechend den verschiedenen Werten von J ist ein Spin-Bahn-Effekt. Normalerweise ist $S \leq L$; daher ist die Gesamtzahl der mit einem L-S-Term verbundenen verschiedenen J-Werte (die sog. *Multiplizität* des Terms) gleich $2S + 1$.

Man kennzeichnet einen Term durch die Symbole S, P, D, F, ... (je nachdem, ob $L = 0, 1, 2, 3, \ldots$) mit einem oberen linken Index, welcher die Multiplizität $2S + 1$ angibt; d.h. ein Term wird aufgeführt als ^{2S+1}L. Manchmal wird ein unterer rechter Index hinzugefügt, der den Wert von J angibt. Das Symbol, das jeweils dem Grundzustand der einzelnen Elemente entspricht, wurde in Tabelle 4-1 angeführt.

Wir wollen einige Beispiele betrachten, die zeigen, wie man die Terme einer Konfiguration bestimmen kann. In der Konfiguration $(n\text{s})(n'\text{s})$, die aus zwei nichtäquivalenten s-Elektronen besteht, muß $L = 0$ sein, da $l_1 = l_2 = 0$. Die Spins der beiden Elektronen sind entweder parallel oder antiparallel, entsprechend $S = 1$ oder $S = 0$. In jedem Fall ist $J = S$. So sind die möglichen Terme der $(n\text{s})(n'\text{s})$-Konfiguration das Triplett $^3\text{S}_1$ und das Singulett $^1\text{S}_0$. Als zweites Beispiel betrachten wir die Konfiguration $(n\text{p})(n'\text{p})$ von zwei nichtäquivalenten p-Elektronen. Da $l_1 = 1$ und $l_2 = 1$, lassen die möglichen Werte für den resultierenden Bahndrehimpuls $L = 0, 1, 2$ S-, P- und D-Zustände auftreten. In jedem dieser Zustände können die Spins parallel oder antiparallel sein, was $S = 1$ oder 0 ergibt. So sind ^{1}S, ^{3}S, ^{1}P, ^{3}P, ^{1}D, ^{3}D die möglichen Terme der $(n\text{p})$ $(n'\text{p})$-Konfiguration.

Wenn es sich um äquivalente Elektronen handelt, sind infolge der Einschränkungen durch das Ausschließungsprinzip nicht alle Terme möglich. Z.B. erlaubt die Konfiguration $n\text{s}^2$ nur den Term ^{1}S, wie wir im Fall des Heliums gesehen haben. Betrachten wir dieses Beispiel von einem etwas anderen Gesichtspunkt, so sehen wir, daß in der $n\text{s}^2$-Konfiguration, wenn die Quantenzahlen n, l, m_l und m_s des einen Elektrons $(n, 0, 0, +\frac{1}{2})$ sind, die des anderen Elektrons $(n, 0, 0 -\frac{1}{2})$ sein müssen. Die gibt $M_S = 0$, was bedingt, daß $S = 0$ und ein Singulett-Term vorliegt. Ähnlich sind für die $n\text{p}^2$-Konfiguration ^{1}S, ^{1}D und ^{3}P die einzig möglichen Terme. Dies wird in Beispiel 4.3 gezeigt. Tabelle 4-2 gibt die Terme an, die einigen Konfigurationen äquivalenter Elektronen entsprechen.

Man kann die Anordnung der Terme in einer Konfiguration äquivalenter Elektronen leicht finden, wenn man zwei empirische Regeln anwendet, die von

TABELLE 4-2 Terme äquivalenter Elektronen

Konfiguration	Terme	Konfiguration	Terme
s	^{2}S	d, d^9	^{2}D
s^2	^{1}S	d^2, d^8	^{1}S, ^{1}D, ^{1}G, ^{3}P, ^{3}F
p, p^5	^{2}P	d^3, d^7	^{2}P, ^{2}D, ^{2}F, ^{2}G, ^{2}H, ^{4}P, ^{4}F
p^2, p^4	^{1}S, ^{1}D, ^{3}P	d^4, d^6	^{1}S, ^{1}D, ^{1}F, ^{1}G, ^{1}I, ^{3}P, ^{3}D, ^{3}F, ^{3}G, ^{3}H, ^{5}D
p^3	^{4}S, ^{2}P, ^{2}D	d^5	^{2}S, ^{2}P, ^{2}D, ^{2}F, ^{2}G, ^{2}H, ^{2}I, ^{4}P, ^{4}F, ^{4}D, ^{4}G

Hund aufgestellt wurden: (1) Von allen möglichen Termen haben die mit der größten Multiplizität (Größe des S) die niedrigste Energie; von allen Termen mit derselben Multiplizität besitzt derjenige mit dem größten Wert von L die niedrigste Energie. (2) Die Anordnung der Multiplett-Niveaus eines Terms ist *normal* (d.h. niedrigstes J besitzt niedrigste Energie), wenn die Unterschale weniger als halbvoll ist; die Anordnung ist *invertiert*, wenn die Unterschale mehr als halbvoll ist. Z.B. lautet in der $n\mathrm{p}^2$-Konfiguration die Reihenfolge der Niveaus mit steigender Energie: ^{3}P, ^{1}D und ^{1}S; das Triplett ^{3}P ist normal, dasjenige mit $J = 0$ das niedrigste. Diese Regeln gelten nicht streng und werden manchmal nicht befolgt.

Das resultierende mittlere magnetische Moment eines Atoms ist proportional zu $\boldsymbol{J}$; dies bedeutet, daß eine Substanz, die aus einzelnen Atomen zusammengesetzt ist, paramagnetisch sein wird, wenn $J \neq 0$ ist, und diamagnetisch, wenn $J = 0$ ist. In Anwesenheit eines äußeren Magnetfeldes sind die Energieniveaus eines Zustandes LSJ entsprechend den verschiedenen möglichen Orientierungen des magnetischen Momentes relativ zum Magnetfeld in $2J + 1$ Unterniveaus gespalten; dadurch entsteht der Zeeman-Effekt. Abb. 4-10 zeigt die Energieaufspaltung der Konfiguration $n\mathrm{p}^2$ infolge der verschiedenen von uns besprochenen Effekte.

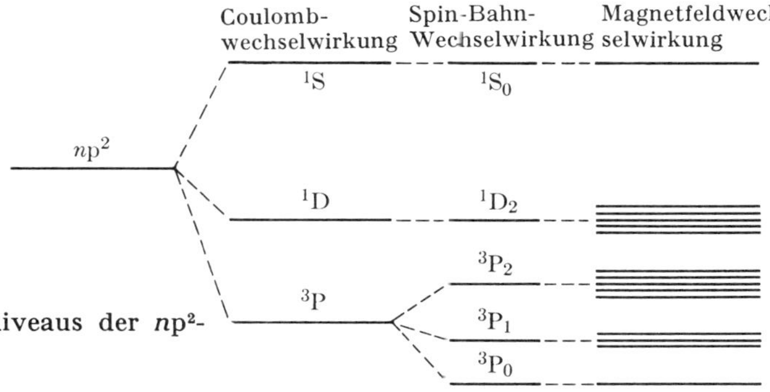

Abb. 4-10. Energieniveaus der $n\mathrm{p}^2$-Konfiguration.

Um die Komplexität der angeregten Energieniveaus von Vielelektronenatomen zu veranschaulichen, zeigt Abb. 4-11 eines der Energieniveaus des Kohlenstoffatoms. Die Grundzustandskonfiguration von Kohlenstoff ist 1s^2 2s^2 2p^2; der Grundzustands-Term ist ^{3}P, mit naheliegenden angeregten Termen ^{1}D und ^{1}S. Folgen von Termen, die der Anregung eines der 2p-Elektronen entsprechen (dabei entstehen die Konfigurationen 1s^2 2s^2 2p ns, 1s^2 2s^2 2p np und 1s^2 2s^2 2p nd), sind in den drei ersten Spalten gezeigt. Terme, die aus der Anregung eines der beiden 2s-Elektronen resultieren, wobei die Konfigurationen 1s^2 2s 2p^3 und 1s^2 2s 2p^2 3s entstehen, werden in den beiden letzten Spalten gezeigt. Die Symbole am Kopf jeder Spalte entsprechen dem Zustand des zurückbleibenden Ions, wenn man das angeregte Elektron ganz entfernt. Übrigens entspricht die in Abb. 4-8 dargestellte Situation dem Zustand ^{5}S der Konfiguration 1s^2 2s 2p^3.

Abb. 4-12 zeigt einige Energieniveaus des Sauerstoffatoms. Die Grundzustandskonfiguration des Sauerstoffes ist 1s^2 2s^2 2p^4; der Grundzustandsterm ist ^{3}P,

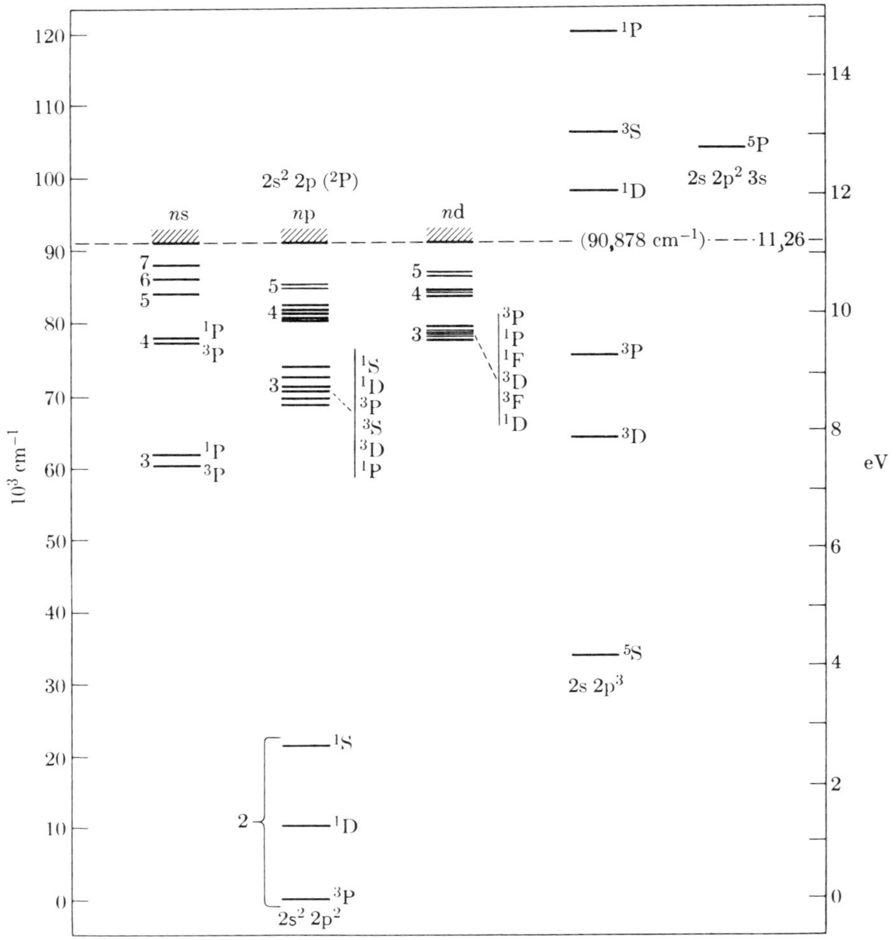

Abb. 4-11. Energieniveaus des Kohlenstoffatoms.

mit naheliegenden angeregten Termen ^{1}D und ^{1}S derselben Konfiguration. Die dargestellten Niveaus entsprechen nur der Anregung eines der beiden 2p-Elektronen, wobei die Konfigurationen 1s² 2s² 2p³ *n*s, 1s² 2s² 2p³ *n*p, usw. resultieren.

Die große Anzahl verfügbarer Energieniveaus zeigt deutlich, daß die Spektren der Vielelektronenatome viel komplizierter sind, als die Spektren der Einelektronenatome. Verschiedene Auswahlregeln schränken die möglichen Übergänge ein. Für elektrische Dipolübergänge gelten die folgenden Auswahlregeln:

$$\begin{aligned} \Delta L &= \pm 1, \qquad \Delta S = 0, \\ \Delta J &= 0, \pm 1 \text{ (kein } 0 \to 0), \\ \Delta M &= 0, \pm 1. \end{aligned} \tag{4.20}$$

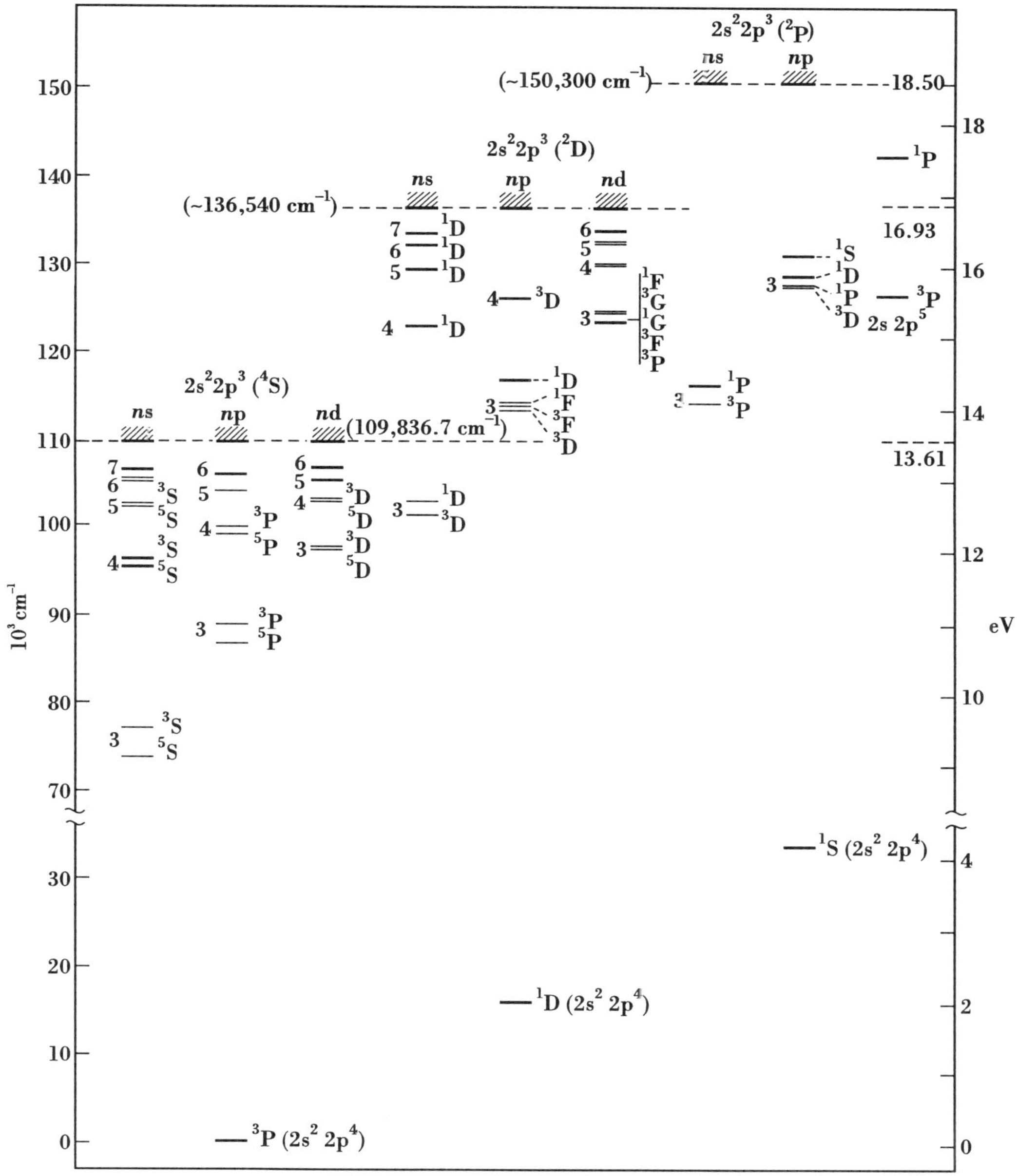

Abb. 4-12. Energieniveaus des Sauerstoffatoms.

Die Möglichkeit $J = 0 \rightarrow J' \rightarrow 0$ ist durch den Drehimpulssatz verboten, da man zeigen kann, daß ein Photon einen Eigendrehimpuls oder Spin der Größe Eins besitzt (siehe Abschnitt 9.2). Daher ist es ohne Verletzung des Drehimpulssatzes nicht möglich, daß ein Übergang $J = 0 \rightarrow J' = 0$ mit Emission (oder Absorption) eines Photons stattfindet, das den Drehimpuls Eins besitzt.

Ferner is $\Delta M = 0$ bei $\Delta J = 0$ nicht möglich, weil in diesem Fall wieder der Drehimpulssatz eine Richtungsänderung von $\boldsymbol{J}$ fordert, was eine Änderung von J_z mit einer entsprechenden Änderung von M impliziert.

TABELLE 4-3 Mögliche m_l- und m_s-Werte für die $n\mathrm{p}^2$-Konfiguration

M_L \ M_S	-1	0	$+1$
$+2$		$(1,+)(1,-)$	
$+1$	$(1,-)(0,-)$	$(1,+)(0,-)$ $(1,-)(0,+)$	$(1,+)(0,+)$
0	$(1,-)(-1,-)$	$(1,+)(-1,-)$ $(0,+)(0,-)$ $(1,-)(-1,+)$	$(1,+)(-1,+)$
-1	$(0,-)(-1,-)$	$(0,+)(-1,-)$ $(0,-)(-1,+)$	$(0,+)(-1,+)$
-2		$(-1,+)(-1,-)$	

BEISPIEL 4.3. Analyse der Konfiguration $n\mathrm{p}^2$.

Lösung: In dieser Konfiguration, die $l = 1$ entspricht, sind die Quantenzahlen der Elektronen (n, l, m_l, m_s) und (n, l, m_l', m_s'). Um dem Ausschließungsprinzip zu entsprechen, müssen die beiden Sätze von Quantenzahlen verschieden sein und sich deshalb entweder in m_l oder m_s oder in beiden unterscheiden. Die möglichen Werte von m_l und m' sind $+1$, 0, -1 und diejenigen von m_s und m_s' $+\frac{1}{2}$ oder $-\frac{1}{2}$. Um die Bezeichnungen zu vereinfachen, werden wir die Spinwerte mit plus $(+)$

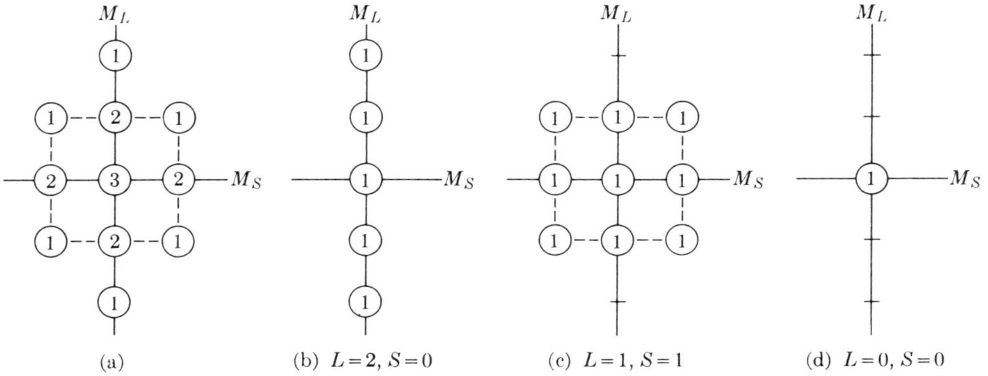

Abb. 4-13. Die Slater-Methode zur Bestimmung der Terme der $n\mathrm{p}^2$-Konfiguration.

oder minus (—) bezeichnen und die gemeinsamen Quantenzahlen n und l ($= 1$) fortlassen. Tabelle 4-3 gibt die 15, mit dem Ausschließungsprinzip verträglichen Kombinationen von Quantenzahlen. Jede Eintragung gibt eine mögliche Kombination (m_l, m_s) und (m_l', m_s'). Sie sind entsprechend den gemeinsamen Werten von $M_L = m_l + m_l'$ und $M_S = m_s + m_s'$ angeordnet. Jeder Satz von Quantenzahlen entspricht einer Wellenfunktion vom Typ der Gl (4.13).

Abb. 4-13(a) zeigt die Anzahl verschiedener Wellenfunktionen, die zu den einzelnen Werten von M_L und M_S gehören. Dabei haben wir eine Methode benutzt, die von J. C. Slater entwickelt wurde, um Konfigurationen zu analysieren. Aus der Tabelle oder der Abb. kann man entnehmen, daß der größte Wert von M_L gleich 2 ist; dies muß $L = 2$ oder einem D-Term entsprechen. Der Wert $M_L = 2$ tritt nur zusammen mit $M_S = 0$ auf und muß daher $S = 0$ entsprechen, was einen ^{1}D-Term ergibt. Dieser Zustand erfordert fünf Wellenfunktionen mit $M_L = 2, 1, 0, -1, -2$ und $M_S = 0$. Diese Wellenfunktionen sind in Abb. 4-13(b) angedeutet. Die verbleibenden zehn Wellenfunktionen sind in den Abb. 4-13(c) und (d) passend angeordnet. Anordnung (c) enthält alle neun Kombinationen von $M_L = +1, 0, -1$ mit $M_S = +1, 0, -1$ und entspricht daher einem Term mit $L = 1$ und $S = 1$ oder ^{3}P. Schließlich haben wir in (d) die letzte Wellenfunktion mit $M_L = 0$ und $M_S = 0$, die einem Term mit $L = 0$ und $S = 0$ oder ^{1}S entsprechen muß. So sind die einzig möglichen Terme der np^2-Konfiguration ^{1}S, ^{1}D und ^{3}P.

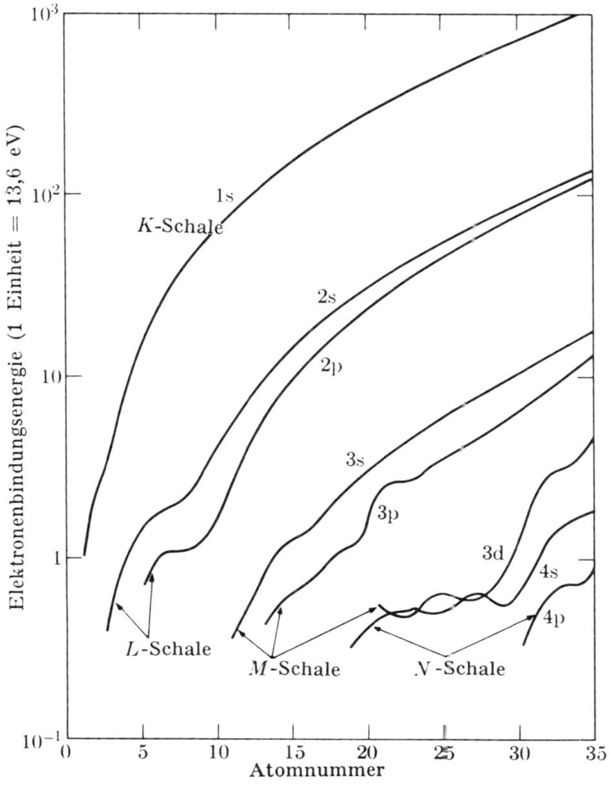

Abb. 4-14. Bindungsenergie der inneren Elektronen als Funktion der Atomnummer.

4.6 Atome mit ein oder zwei Valenzelektronen

Die in den vorhergehenden Abschnitten entwickelte allgemeine Theorie der Atomstruktur kann man leicht für den Fall derjenigen Atome illustrieren, die aus abgeschlossenen Schalen und ein oder zwei zusätzlichen Elektronen bestehen. Die Elektronen der abgeschlossenen Schalen bilden den *Rumpf*, die verbleibenden Elektronen werden *Valenzelektronen* genannt. Die Bindungsenergie der Rumpfelektronen ist größer als die der Valenzelektronen und wächst rasch mit der Atomnummer, wie in Abb. 4-14 gezeigt ist.

Die Abbildung zeigt die Bindungsenergie von 1s, 2s, 2p usw. Elektronen als Funktion der Atomnummer. Dementsprechend sind die Rumpfelektronen ziemlich fest gebunden und bleiben bei den meisten Reaktionen des Atoms ungestört. Es sind die Valenzelektronen, die hauptsächlich für die chemischen Eigenschaften des Atoms verantwortlich sind; sie sind es, die an chemischen Reaktionen und chemischen Bindungen beteiligt sind.

Man kann zeigen, daß eine abgeschlossene Schale, die voll mit Elektronen gefüllt ist, notwendigerweise $L = 0$ und $S = 0$ besitzt. Mit anderen Worten, eine abgeschlossene Schale und dementsprechend der Rumpf tragen weder zum Bahndrehimpuls noch zum Spin des Atoms bei. Daher rühren Bahndrehimpuls und Spin des Atoms ausschließlich von den Valenzelektronen her. Z.B. ist im Falle eines Atoms mit einem Valenzelektron der Spin des Atoms $S = \frac{1}{2}$ und alle Energieniveaus, in denen nur ein Valenzelektron angeregt ist, sind Doubletts ($2S + 1 = 2$). Für diese Atome ist $L = l$, wobei l der Bahndrehimpuls des Valenzelektrons ist.

Das einfachste Atom mit einem Valenzelektron ist Lithium ($Z = 3$), das ein äußeres oder Valenzelektron und $Z - 1 = 2$ Elektronen im Rumpf besitzt. Die beiden Rumpfelektronen besitzen das Niveau mit $n = 1$ und haben eine Konfiguration $1s^2$. Wenn sich das Valenzelektron so bewegt, daß es nicht in den Rumpf eindringt, verspürt es als effektives Feld das der ^+3e-Ladungen des Kerns und der $-2e$-Ladungen des Rumpfes, was eine effektive Ladung von ^+e ergibt. Deshalb sollten Bewegung und Energie des Valenzelektrons ähnlich wie beim Wasser-

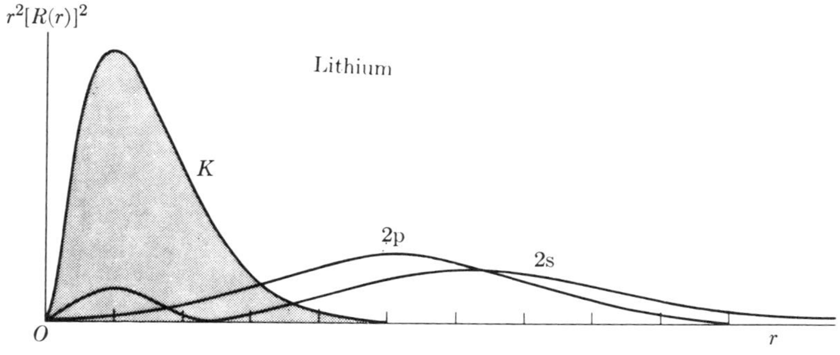

Abb. 4-15. Radiale Ladungsverteilung des Rumpfes und der Valenzelektronen in den 2s- und 2p-Zuständen des Lithiumatoms.

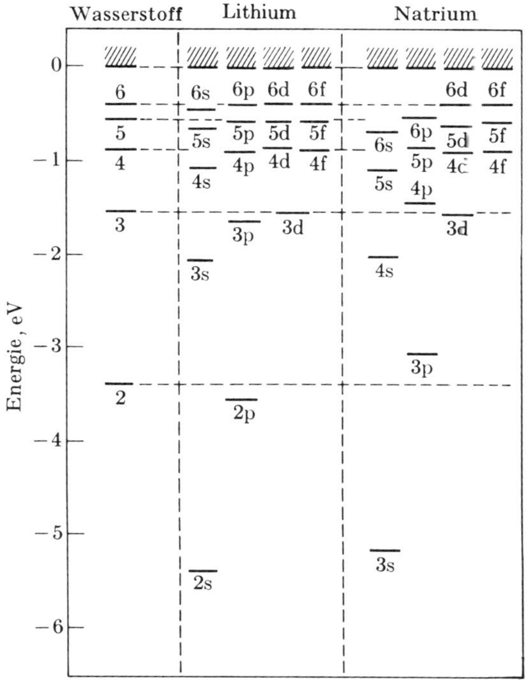

Abb. 4-16. Energieniveaus von Wasserstoff, Lithium und Natrium.

stoff sein. Entsprechend unserer Diskussion der Wellenfunktionen in Abschnitt 3-5 gilt dies jedoch nur dann näherungsweise, wenn der Drehimpuls groß ist. Für niedrige Werte des Drehimpulses und insbesondere für s-Zustände ($l = 0$) dringt die Bahn für das Valenzelektron tief in das Atom ein, verläuft durch den Rumpf und erreicht die Nähe des Kerns.

Abb. 4-15 zeigt die radiale Ladungsverteilung des Lithiumrumpfes zusammen mit der radialen Ladungsverteilung des Valenzelektrons für die Zustände 2s und 2p. (Die radiale Ladungsverteilung ist proportional zu $r^2[R(r)]^2$; siehe Abb. 3-13.) Wir sehen so, daß das Valenzelektron bei seiner Bewegung einige Zeit im Rumpf bleibt und daß das Eindringen für eine s-Bahn größer ist als für eine p-Bahn. Die effektive Ladung, die das Valenzelektron bei einer derartigen Bewegung sieht, geht von ^+e, wenn es weit draußen ist, bis ^+3e, wenn es tief in den Rumpf eingedrungen ist.

Die entsprechende Energie liegt zwischen der von Wasserstoff ($Z = 1$) und der von Li^{2+} ($Z = 3$). Da das Eindringen vom Drehimpuls abhängt, hängt die Energie des Valenzelektrons ebenfalls vom Drehimpuls ab. Je kleiner der Drehimpuls, desto niedriger (negativer) liegt die Energie; d.h. desto tiefer ist das Eindringen. So haben wir anstelle des in Abb. 3-8 gezeigten Niveauschemas, in welchem alle Zustände mit demselben n unabhängig von ihrem Drehimpuls die gleiche Energie besitzen, für die Ein-Valenzelektronen-Atome Lithium und

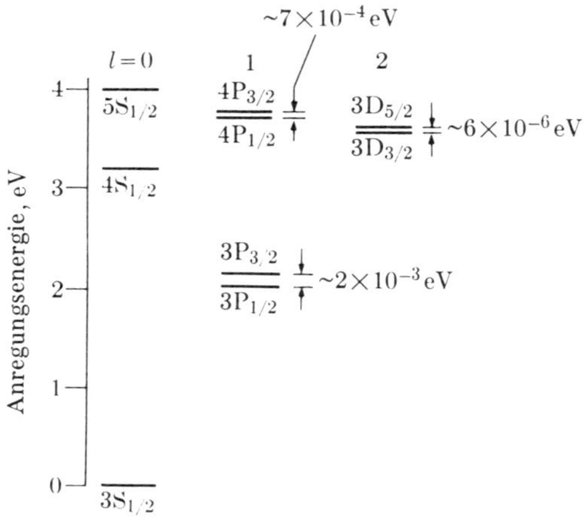

Abb. 4-17. Feinstruktur der Energieniveaus des Natriumatoms infolge der Spin-Bahn-Wechselwirkung.

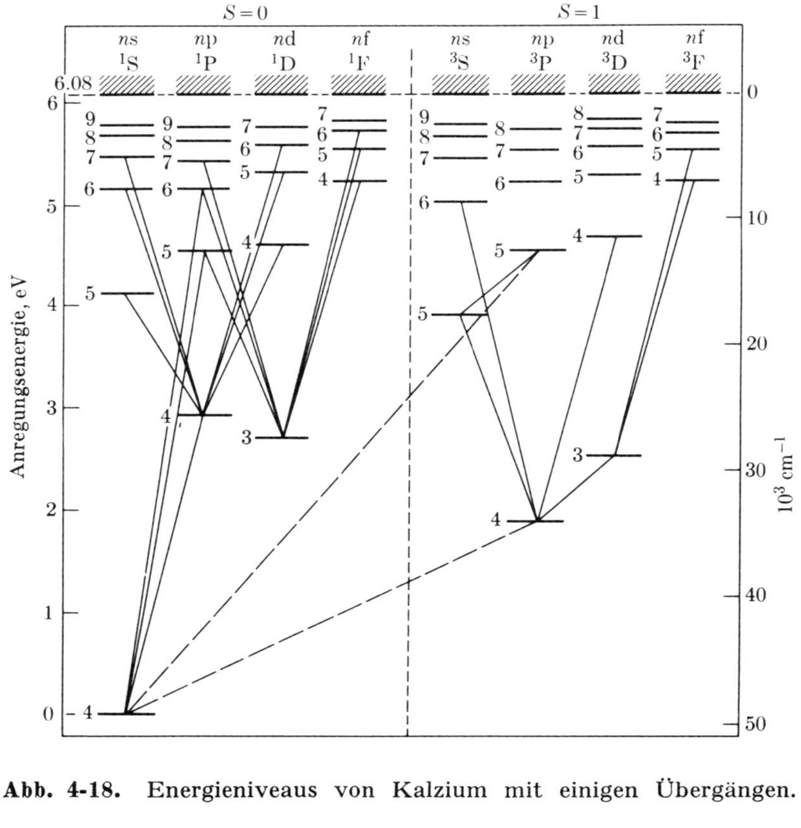

Abb. 4-18. Energieniveaus von Kalzium mit einigen Übergängen.

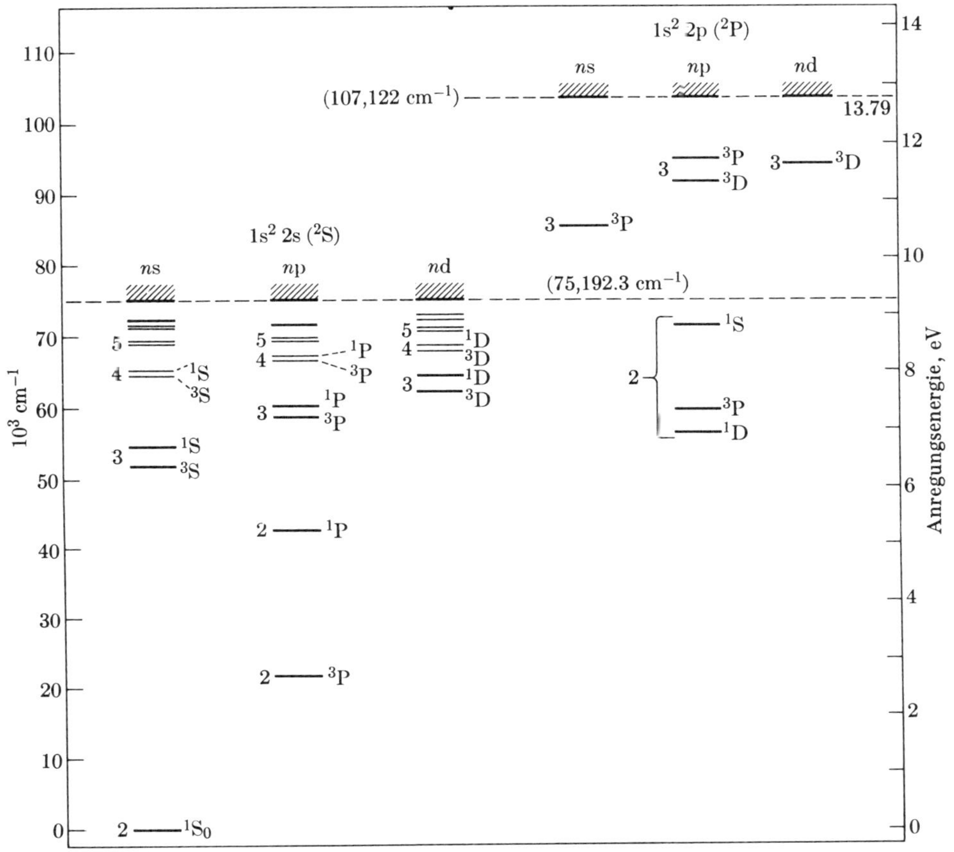

Abb. 4-19. Energieniveaus des Berylliumatoms.

Natrium die in Abb. 4-16 dargestellte Situation. Zum Vergleich sind auch die Energieniveaus von Wasserstoff gezeigt. Wir sehen: Je größer die Werte von n und vom Drehimpuls l sind, desto näher liegen die Energieniveaus von Lithium und Natrium bei denen des Wasserstoffs, weil die Bahnen weniger eindringend sind und das effektive Coulombfeld $Z = 1$ entspricht. Die tiefer eindringenden Bahnen besitzen jedoch Energieniveaus, die deutlich von denen des Wasserstoffs verschieden sind.

Die möglichen Übergänge des Valenzelektrons werden durch die Auswahlregel (3.17) bestimmt und ergeben die folgenden Spektralserien:

scharfe Serie:	$n\text{s} \rightarrow n'\text{p}$,
Hauptserie:	$n\text{p} \rightarrow n'\text{s}$,
diffuse Serie:	$n\text{d} \rightarrow n'\text{p}$,
Bergmann-Serie:	$n\text{f} \rightarrow n'\text{d}$

usw.

Infolge der Spin-Bahn-Wechselwirkung sind alle in Abb. 4-16 gezeigten Niveaus (außer den s-Niveaus) Doubletts mit einer $\boldsymbol{S}\cdot\boldsymbol{L}$ proportionalen Aufspaltung. So liegen z.B. die tatsächlichen Energieniveaus des Natriums, bei denen nur ein Valenzelektron angeregt ist, wie in Abb. 4-17 gezeigt ist.

Im Falle der Atome mit zwei Valenzelektronen ist die Situation ähnlich wie beim Heliumatom. Der resultierende Spin der beiden Elektronen kann entweder 0 oder 1 sein, und die Energieniveaus fallen in zwei Gruppen, Singuletts ($S = 0$) und Tripletts ($S = 1$). Die Singuletts entsprechen antiparallelem Spin der beiden Valenzelektronen, die Tripletts parallelem Spin der beiden Valenzelektronen. Dies ist der Fall bei Atomen wie Beryllium, Magnesium, Kalzium usw. Abb. 4-18 zeigt Energieniveaus des Kalziumatoms, bei denen nur ein Valenzelektron angeregt ist. Da die Valenzelektronen im Grundzustand des Kalziums die Konfiguration $4s^2$ aufweisen, entsprechen die angeregten Zustände 4s nl mit $n = 4, 5, 6, \ldots$ Die Werte nl der angeregten Elektronen sind oben in der Abbildung angegeben.

Einige der möglichen Übergänge sind ebenfalls angedeutet. Sie müssen mit den Auswahlregeln (3.17) übereinstimmen. Die beiden gestrichelten Linien sind Übergänge von einem Triplett- zu einem Singulett-Zustand; sie verletzen die Auswahlregel $\Delta S = 0$ und sind daher sehr schwach.

Natürlich gibt es auch die Möglichkeit, *beide* Valenzelektronen anzuregen. Dabei entstehen neue Energieniveaus, wie sie in Abb. 4-19 für Beryllium dargestellt sind, das die Grundzustandskonfiguration $1s^2$ $2s^2$ besitzt. Die ersten drei Spalten entsprechen der Anregung nur eines Valenzelektrons, wie in Abb. 4-18 für Kalzium dargestellt war; die zugehörigen Konfigurationen sind $1s^2$ 2s nl. Die drei übrigen Spalten entsprechen dem Fall, in dem ein Valenzelektron in einen 2p- und das andere in einen nl-Zustand angeregt wurde, so daß die zugehörigen Konfigurationen $1s^2$ 2p nl sind. Natürlich gibt es noch viel mehr angeregte Zustände.

Diese Analyse der Atome mit einem oder zwei Valenzelektronen sollte die komplizierten Verhältnisse bei der Analyse der Atomstruktur ausreichend demonstrieren.

4.7 Röntgenspektren

Bisher haben wir nur die Anregung der Valenzelektronen betrachtet. Sie ergeben das, was man allgemein *das optische Spektrum* nennt. Es ist jedoch auch möglich, diejenigen Elektronen anzuregen, welche die abgeschlossenen Schalen des Rumpfes bilden. Diese Anregungen sind für die charakteristische Röntgenstrahlung, die von Atomen emittiert oder absorbiert wird, verantwortlich.

In Abb. 1-14 wurde für eine Antikathode aus Molybdän und verschiedene angelegte Spannungen die Intensitätsverteilung der Bremsstrahlung als Funktion der Wellenlänge dargestellt. Mit steigender Spannung treten bestimmte scharfe Maxima der Intensität der Röntgenstrahlung auf, die wohldefinierten Wellenlängen entsprechen. In Abb. 1-14 treten die Maxima zum erstenmal bei einer angelegten Spannung von 25 kV auf. (Die tatsächliche Anregungsspannung ist 20.1 kV.) Diese Maxima nennt man *charakteristische Röntgenstrahlung*. Die Wellenlänge der Maxima hängt nicht von der angelegten Spannung, wohl aber vom Material der Kathode ab.

Die charakteristische Röntgenstrahlung besitzt eine einfache Erklärung. Wenn die Elektronen in einer Röntgenröhre auf das Target treffen, kann ihre Energie ausreichen, eines der Elektronen aus dem Rumpf herauszustoßen. Nehmen wir an, das herausgestoßene Elektron stamme aus der *K*-Schale. Wenn ein *K*-Elektron entfernt wird, bleibt ein leerer Zustand (oder Loch) in der *K*-Schale. Ein anderes Elektron in einem höheren Energieniveau des Rumpfes (oder vielleicht ein Valenzelektron, oder auch ein freies Elektron) kann in den freien Zustand der *K*-Schale fallen. Da die hiermit verbundene Energieänderung ziemlich groß ist, liegt die vom Elektron beim Übergang in den unbesetzten Zustand emittierte Strahlung im Röntgengebiet des Spektrums. Das Elektron, welches in den freien Zustand der *K*-Schale übergeht, kann von den *L*, *M*, *N* usw. -Schalen herrühren; daher finden wir eine Serie von Röntgenlinien, die mit K_α, K_β, K_γ usw. bezeichnet werden. Bei einem freien Zustand in der *L*-Schale können die Elektronen aus den *M*, *N* usw. -Schalen übergehen; sie erzeugen dabei die L_α, L_β usw. Röntgenlinien, usw. Die Röntgenübergänge bei einem Atom mit $Z \sim 36$ sind in Abb. 4-20 schematisch dargestellt. Man beachte, daß Röntgenemission nur dann möglich ist, wenn in einer inneren Schale eine Leerstelle erzeugt wurde, da das Ausschliessungsprinzip einen Übergang von einem höheren Niveau in eine tiefer liegende, aber voll besetzte Schale verbietet. Die Leerstelle in einer inneren Schale kann auch durch die Absorption von Strahlung erzeugt werden, wobei ein photoelektrischer Effekt für die Elektronen der *K*, *L*, *M*-Schalen auftritt.

Tatsächlich sind die Röntgenübergänge viel komplizierter, als man Abb. 4-20

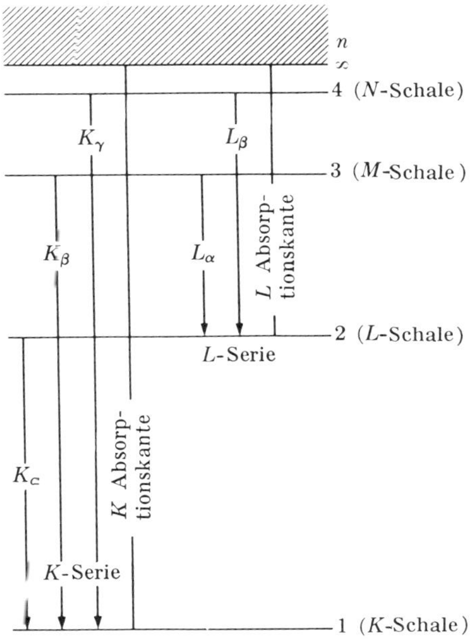

Abb. 4-20. Röntgenübergänge in einem Atom mit einer Atomnummer $Z \sim 36$.

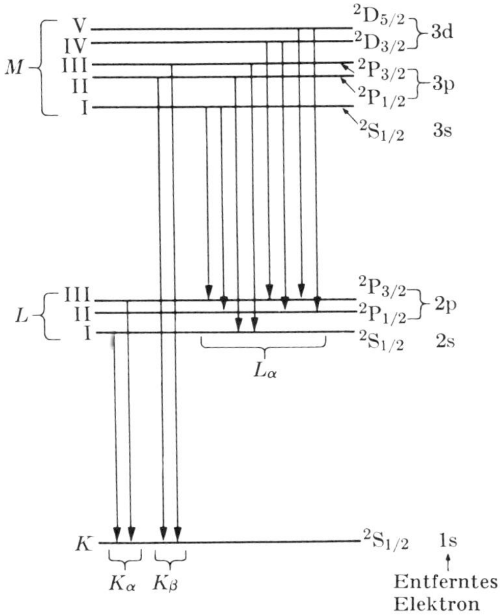

Abb. 4-21. Feinstruktur von Röntgenübergängen.

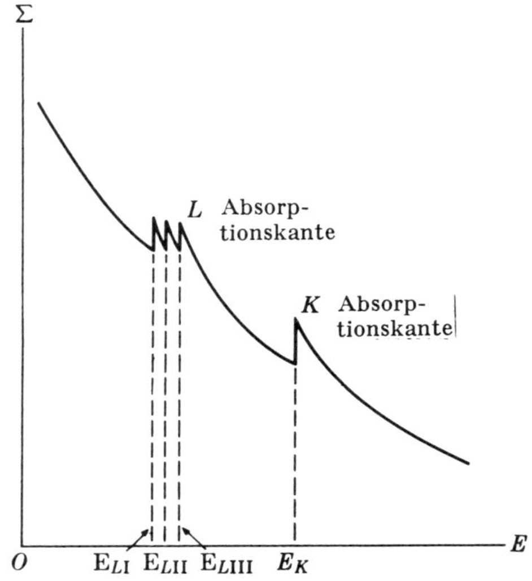

Abb. 4-23. Verlauf des linearen Absorptionskoeffizienten für Röntgen- und Gammastrahlen als Funktion der Photonenenergie.

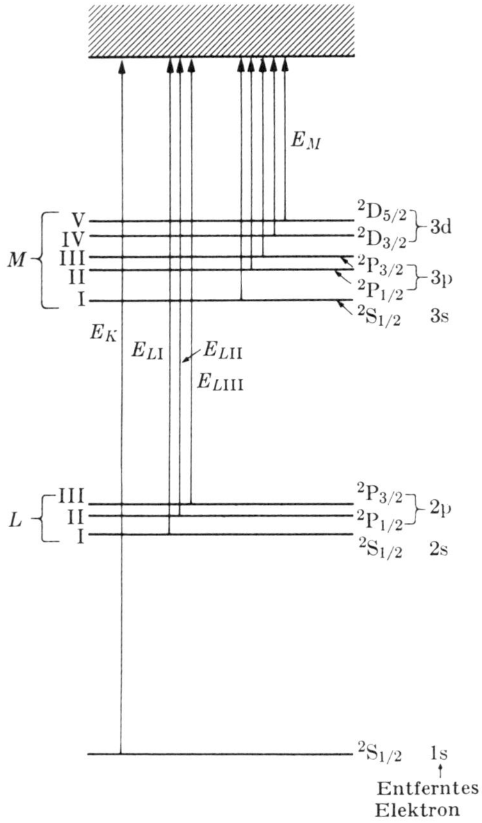

Abb. 4-22. Übergänge infolge von Röntgenabsorption; diese Absorption ist mit Elektronenemission verbunden.

entnehmen würde, da die freigesetzte Energie von den Anfangs- und den Endtermen abhängt. Z.B. ist dann, wenn ein 1s-Elektron aus einer *K*-Schale entfernt wurde, die Energie des erzeugten Ions eindeutig. Wenn aber das Elektron aus einer abgeschlossenen *L*-Schale stammt, kann es ein 2s- oder ein 2p-Elektron sein. Im ersten Fall ist die Konfiguration der in der Schale verbleibenden Elektronen 2s $2p^6$, was einem $^2S_{1/2}$-Zustand entspricht, im zweiten Fall ist die Konfiguration der in der Schale verbleibenden Elektronen $2s^2$ $2p^5$, was dem Zustand $^2P_{1/2}$ oder $^2P_{3/2}$ entspricht. Daher gibt es drei mögliche Zustände für eine *L*-Schale mit einem fehlenden Elektron, jeweils mit einer verschiedenen Energie. Für die *M*-Schale mit einem fehlenden Elektron gibt es fünf mögliche Zustände usw. Diese Zustände und einige der resultierenden Röntgenübergänge sind in Abb. 4-21 gezeigt. Die K_α-und K_β -Linien sind dementsprechend Doubletts, die L_α-Linie ist aus acht nahe beieinanderliegenden Linien zusammengesetzt usw.

Diese Feinstruktur der Energieniveaus spiegelt sich auch im Absorptionskoeffizienten für den photoelektrischen Effekt wider. Abb. 4-22 können wir entnehmen, daß eine bestimmte Minimalenergie E_K erforderlich ist, um ein Atom durch Entfernung eines *K*-Elektrons zu ionisieren. Wenn aber ein *L*-Elektron entfernt wird, können drei verschiedene Ionisationsenergien E_{LI}, E_{LII} und E_{LIII} auftreten, die vom Zustand abhängen, in dem die Schale zurückblieb. Analog gibt es fünf Ionisationsenergien, wenn das Elektron von der M-Schale kommt, usw. Wenn elektromagnetische Strahlung auf Materie fällt, variiert daher der Absorptionskoeffizient oder der makroskopische Wirkungsquerschnitt Σ für den photoelektrischen Effekt (Abschnitt 1.9) als Funktion der Strahlungsenergie, wie in Abb. 4-23 gezeigt ist.

Es gibt einen allgemeinen Abfall von Σ mit steigender Energie oder abnehmender Wellenlänge des Photons. Wenn die Energie des Photons den Minimalwert überschreitet, der erforderlich ist, um ein L-Elektron freizusetzen, tritt ein plötzlicher Anstieg von Σ auf, da es nun mehr Elektronen gibt, mit denen das Photon in Wechselwirkung treten kann. Allerdings gibt es in diesem Fall hier drei eng nebeneinanderliegende Spitzen, die jeweils E_{LI}, E_{LII} und E_{LIII} entsprechen. Wenn die Photonenenergie den Wert E_K übersteigt, gibt es einen weiteren scharfen Anstieg des Wertes von Σ, weil die Photonen genug Energie besitzen, ein K-Elektron freizusetzen. Diese plötzlichen Änderungen von Σ werden *Absorptions-* oder *Röntgenkanten* genannt. Die K-Absorptionskante für Blei wurde in Abb. 1-19 dargestellt. Im allgemeinen stimmen die Energien (oder Wellenlängen) der Röntgenemission oder -absorption nicht genau überein, da die beteiligten Energieniveaus verschieden sind. Sowohl Röntgenemission wie -absorption sind nützliche Hilfsmittel, um Informationen über die inneren Schalen in einem Atom zu gewinnen.

Manchmal wird das bei einem Röntgenübergang emittierte Photon von einem anderen Elektron desselben Atoms absorbiert, welches dann durch inneren photoelektrischen Effekt freigesetzt wird. Dieser Prozeß der inneren Umwandlung von Röntgenstrahlen in Photoelektronen wird *Auger-Effekt* genannt.

Literaturverzeichnis

1. "Spectra Inform Us About Atoms", W. Meggers, *The Physics Teacher* **2,** 303 (1964)
2. "Basic Concepts of Self-Consistent Field Theory", S. Blinder, *Am. J. Phys.* **33,** 431 (1965)
3. "Terms Obtained from Configurations of Equivalent Electrons", E. Tuttle, *Am. J. Phys.* **35,** 26 (1967)
4. "Physical Basis for Hund's Rule", N. Karayianis, *Am. J. Phys.* **32,** 216 (1964) und **33,** 201 (1965)
5. "H. G. J. Moseley", L. Redman, *The Physics Teacher* **3,** 151 (1965)
6. "The Scientific Career of Charles Barkla", R. Stephenson, *Am. J. Phys.* **35,** 140 (1967)
7. *Atomic Spectra and Atomic Structure*, G. Herzberg. New York: Dover, 1955, Kapitel 1 und 2
8. *Atomic Spectra*, R. Johnson. New York: John Wiley, 1950
9. *The Behavior of Electrons in Atoms*, R. Hochstrasser. New York: Benjamin, 1965

10. *Elements of Wave Mechanics*, N. Mott. Cambridge, England: Cambridge University Press, 1962, Kapitel 5, Teile 2.2, 2.3, 4.5, und 4.6
11. *Structure of Matter*, W. Finkelnburg. New York: Academic Press, 1964, Kapitel 3, Teile 8 und 11-17
12. *Quantum Theory of Matter*, J. Slater. New York: McGraw-Hill, 1951, Kapitel 6 und 7
13. *A Source Book in Physics*, W. Magic. Cambridge, Mass.: Harvard University Press, 1963, Seite 600 (Roentgen)
14. *Atomic Spectra*, W. Hindmarsh. New York: Pergamon Press, 1967
15. *Principles of Modern Physics*, R. Leighton. New York: McGraw-Hill, 1959, Kapitel 7 und 8

Aufgaben

4.1 Die Energieniveaus heliumähnlicher Atome mit einem Elektron im Grundzustand ($n = 1$) und dem anderen Elektron in einem angeregten Zustand ($n > 1$) können durch

$$E = -RhcZ^2 - \frac{Rhc(Z-1)^2}{n^2}$$

ausgedrückt werden. Bei diesem Ausdruck ist angenommen, daß das Elektron im Grundzustand eine Kernladung vollkommen abschirmt. Diskutieren Sie die Plausibilität dieses Ausdruckes. Berechnen Sie die Energieniveaus für Helium bei $n = 2$, 3 und 4 und vergleichen Sie mit dem experimentellen Ergebnis. Warum nimmt die Genauigkeit des obigen Ausdruckes für E zu, wenn n abnimmt?

4.2 Schreiben Sie die drei Wellenfunktionen $\psi_S\chi_A$ von Gl. (4.10) in Form einer Determinante. Beachten Sie, daß die Wellenfunktion für $M_S = 0$ aus zwei Determinanten besteht.

4.3 Der Grundzustand von Lithium hat die Elektronenkonfiguration $1s^2$ 2s. Schreiben Sie die Wellenfunktion für den Zustand $M_S = \frac{1}{2}$ als Determinante.

4.4 Schreiben Sie für die p^2-Konfiguration (siehe Tabelle 4-2) die Determinanten-Wellenfunktionen zu $M_L = 2, M_S = 0$ und $M_L = 1$, $M_S = 1$.

4.5 Betrachten sei ein Drei-Elektronen-System in der sp^2-Konfiguration in der Ein-Elektronen-Näherung. Schreiben Sie die Gesamtwellenfunktion so als Determinante, daß die Wellenfunktion $M_L = 1$ und $M_S = \frac{1}{2}$ entspricht.

4.6 Gegeben sei die Elektronenkonfiguration eines Atoms zu 4s 4p 3d. Schreiben Sie alle möglichen Wellenfunktionen nieder, die $M_L = 1$ und $M_S = \frac{3}{2}$ entsprechen. Benutzen Sie die Determinanten-Schreibweise.

4.7 Bestimmen Sie die Grundzustandskonfiguration der folgenden Atome: (a) Si; (b) Mn; (c) Rb; (d) Ni. Schreiben Sie auch die zugehörigen Grundzustandsterme nieder.

4.8 Bestimmen Sie die Grundzustandskonfigurationen und die Anzahl unpaariger Elektronen in den folgenden Atomen: (a) S, (b) Ca, (c) Fe, (d) Br.

4.9 (a) Zeigen Sie in einem Diagramm wie in Abb. 4-7 die besetzten Zustände der Si-, Cl- und As-Atome, wenn sie sich in ihrer Grundzustandskonfiguration befinden. (b) Geben Sie jeweils die Elektronenkonfiguration und die Grundzustandsterme an.

4.10 Berechnen Sie den Winkel zwischen dem Gesamt- und dem Bahndrehimpuls in einem $^4D_{3/2}$-Zustand.

4.11 Bestimmen Sie die Terme der folgenden Konfigurationen und geben Sie jeweils an, welcher Term die niedrigste Energie besitzt: (a) ns, (b) np^3, (c) $(np^2)(n's)$, (d) np^5, (e) $(nd^2)(n'p)$, (f) $(nd)(n'd)$.

4.12 Stellen Sie alle möglichen Strahlungsübergänge für Sauerstoff zusammen (vergl. Abb. 4-12), wenn die angeregte Konfiguration $2s^2\ 2p^3\ (^2D)\ 3d\ (^3G)$ ist.

4.13 Betrachten Sie Abb. 4-11 und 4-12. Zeichnen Sie einige der möglichen Übergänge, die mit den Auswahlregeln verträglich sind. Bestimmen Sie die Wellenzahlen dieser Übergänge und vergleichen Sie mit den experimentellen Werten, die man z.B. im *Handbook of Chemistry and Physics* finden kann.

4.14 Berechnen Sie die Terme für die np^3-Konfiguration.

4.15 Geben Sie die S-, L- und J-Werte für die Terme 1_{S_0}, $2_{S_{1/2}}$, 1_{P_1}, 3_{P_2}, 3_{F_4}, 5_{D_1}, 1_{D_2} und $6_{F_{9/2}}$ an.

4.16 Bestimmen Sie die Terme, welche der Konfiguration nd^2 entsprechen. Benutzen Sie Ihr Resultat, um den Grund- und den ersten angeregten Zustand von Titan zu bestimmen.

4.17 Zeigen Sie, daß eine abgeschlossene nl-Schale notwendigerweise $L = S = 0$ aufweisen muß.

4.18 Zwei äquivalente p-Elektronen haben eine starke Spin-Bahn-Kopplung. Bestimmen Sie die möglichen Werte des resultierenden Drehimpulses $\boldsymbol{J}$ unter der Annahme der j-j-Kopplung. Wiederholen Sie die Aufgabe unter Annahme von L-S-Kopplung. Tritt derselbe Wert von J in beiden Fällen gleich häufig auf?

4.19 In L-S-Kopplung kann man das magnetische Moment eines Atoms zu $\boldsymbol{M}_{ave} = -(e/2m_e)g\boldsymbol{J}$ erhalten*. Dabei ist $\boldsymbol{J}$ der Gesamtdrehimpuls des Atoms, und g ist durch Gl. (3.40) gegeben, wobei l, s und j durch L, S und J zu ersetzen sind. Berechnen Sie g für Kalzium und Aluminium. Untersuchen Sie die Aufspaltung eines 3p-Terms in einem schwachen Magnetfeld. Bestimmen Sie ebenfalls die Aufspaltung in einem starken Magnetfeld.

4.20 Diskutieren Sie den Zeeman-Effekt bei schwachen und starken Magnetfeldern für die Übergänge $^3F \rightarrow {}^3D$ und $^1F \rightarrow {}^1D$ in Kalzium.

4.21 Der $4\ {}^1D_2 \rightarrow 4\ {}^1P_1$ -Übergang in Kalzium ergibt eine einzelne Linie bei 6439 Å. Welche Wellenlängen beobachtet man, wenn man das Kalzium in ein Magnetfeld von 1.40 T bringt?

4.22 Die relative Aufspaltung der verschiedenen Niveaus eines L-S-J-Multipletts infolge der Spin-Bahn-Wechselwirkung kann als proportional zu $\boldsymbol{S} \cdot \boldsymbol{L}$ angenommen werden. Wenden Sie diese Beziehung auf die ^3F-und ^3D-Multipletts an. Zeichnen Sie die Energieniveaus dieser Multipletts und deuten Sie durch Pfeile die erlaubten $^3F \rightarrow {}^3D$-Übergänge an.

4.23 Wiederholen Sie die obige Aufgabe für $^4D \rightarrow {}^4P$- und $^4P \rightarrow {}^4S$-Übergänge.

4.24 Berechnen Sie unter Benutzung der in Abb. 4-17 angegebenen Werte die Wellenlängenaufspaltung der Natrium-D-Linien. Schätzen Sie aufgrund des Ergebnisses die Konstante a in $E_{SL} = a\boldsymbol{S} \cdot \boldsymbol{L}$ für die $3\ {}^2P$-Zustände ab.

4.25 Analysieren Sie den $3\ {}^2D \rightarrow 3\ {}^2P$-Übergang in Natrium. Bestimmen Sie für diesen Übergang die Wellenlängenaufspaltung, falls eine solche auftritt.

4.26 Berechnen Sie in Elektronen-Volt die Energie von «roten» (6500 Å) und von «blauen» (4000 Å) Photonen. Bestimmen Sie unter Benutzung der Energieskala in Abb. 4-18, welche der Singulett- und Triplettübergänge für Kalzium im sichtbaren Bereich des Spektrums liegen. Vergleichen Sie diese groben Abschätzungen mit einer Wellenlängentabelle.

4.27 Die Energieniveaus des Valenzelektrons in einem Atom, mit einem einzigen Valenzelektron, lassen sich durch den Ausdruck

$$E_n = -Rhc(Z - \sigma)^2/(n - \delta)^2$$

wiedergeben. Dabei ist σ die Abschirmkonstante und δ der Quantendefekt (der von den Werten von n und l des betreffenden Valenzelektrons abhängt). Werte von δ für Lithium und Natrium sind:

	s	p	d
Li ($Z = 3$)	0.40	0.04	0.00
Na ($Z = 11$)	1.37	0.88	0.01

*$\boldsymbol{M}_{ave}$ = Mittelwert von M; average = gemittelt.

Als Wert für δ nimmt man die Anzahl der Rumpfelektronen. Bestimmen Sie die Energie des Grundzustandes und der ersten beiden angeregten Zustände des Valenzelektrons in Lithium und Natrium. (*Hinweis:* vergl. Abb. 4-16.)

4.28 Der Übergang vom 3p-Niveau zum 3s-Niveau des Natriums ergibt eine Linie mit der Wellenlänge 5890 Å. (Wir vernachlässigen hier die Doublettstruktur.) Berechnen Sie die Wellenlänge unter Ausnutzung des in Aufgabe 4.27 angegebenen Ausdruckes für die Energieniveaus und vergleichen Sie mit dem experimentellen Wert. Wiederholen Sie die Rechnung für den 2p $\rightarrow$ 2s-Übergang in Lithium.

4.29 Schätzen Sie anhand der in Abb. 4-14 enthaltenen Information die Energie der K- und L-Absorptionskanten für Aluminium und Sauerstoff ab. Stellen Sie in dem betrachteten Bereich die Röntgenabsorption für diese beiden Substanzen graphisch dar.

4.30 Es wurden die folgenden $K\alpha$-Linien gemessen:

Magnesium:	9.87 Å;	Schwefel:	5.36 Å;
Kalzium:	3.35 Å;	Chrom:	2.29 Å;
Kobalt:	1.79 Å;	Kupfer:	1.54 Å;
Rubidium:	0.93 Å;	Wolfram:	0.21 Å;

Tragen Sie die Wurzel der $K\alpha$-Frequenz gegen die Atomnummer des Elementes auf. Ein junger graduierter Student von E. Rutherford mit Namen H. G. Moseley fand 1905 eine empirische Beziehung der Gestalt $\sqrt{\nu} = A(Z - c)$. (Diese Beziehung trug zu einer Klärung des Begriffes Atomnummer bei.) Verifizieren Sie anhand Ihrer graphischen Darstellung diese Beziehung und schätzen Sie die Werte von A und c ab. Entwickeln Sie eine Erklärung dieser Beziehung von Moseley.

4.31 Berechnen Sie die Wellenlängen und Energien für die $K\alpha$-Röntgenlinien von Aluminium, Kalium, Eisen, Nickel, Zink, Molybdän und Silber. Vergleichen Sie die Energiewerte mit denen von Abb. 4-14. Benutzen Sie die Moseleysche Funktion der vorhergehenden Aufgabe.

4.32 Die $K\alpha$-Linie für Kobalt ist 1.785 Å. Wie groß ist die Energiedifferenz zwischen den 1s- und 2p-Bahnen in Kobalt? Vergleichen Sie das Resultat mit der Energiedifferenz zwischen den 1s- und 2p-Bahnen in Wasserstoff (d.h. der ersten Lyman-Linie). Warum ist die Differenz für Kobalt viel größer als für Wasserstoff?

4.33 (a) Die K-Absorptionskante für Wolfram ist 0.178 Å und die mittleren Wellenlängen der K-Linien sind $K\alpha$ = 0.210 Å, $K\beta$ = 0.184 Å und $K\lambda$ = 0.179 Å. Konstruieren Sie für Wolfram ein ähnliches Diagramm der Röntgenniveaus wie in Abb. 4-20. (b) Welche Mindestenergie ist erforderlich, um die L-Serie in Wolfram anzuregen? Bestimmen Sie die Wellenlänge der L-Linie.

4.34 Die L_I-Absorptionskante in Wolfram liegt bei 1.02 Å. Nehmen Sie an, ein $K\alpha$-Photon werde von einem der 2s-Elektronen bei einem Auger-Prozeß absorbiert. Bestimmen Sie die Geschwindigkeit des freigesetzten Photoelektrons.

5
MOLEKÜLE

5.1 Einleitung

Ein wichtiges, mit der Struktur der Materie verwandtes Problem ist die Struktur der Moleküle. Warum verbinden sich Kohlenstoffatome mit vier Wasserstoffatomen zu Methan, aber nie mit drei oder fünf Wasserstoffatomen? Warum ist das CO_2-Molekül linear, während H_2O gewinkelt und NH_3 eine Pyramide ist? Warum besitzt Benzol (C_6H_6) die Form eines Sechsecks, wobei alle Wasserstoffatome in einer Ebene liegen? Wie können sich Wasserstoffatome zum Molekül H_2 verbinden, aber niemals zu H_3? Warum sind die Molekülspektren so komplex im Vergleich zu Atomspektren und reichen von den Mikrowellen bis zum Ultravioletten? Diese und viele andere Fragen konnten nicht befriedigend beantwortet werden, bevor nicht die Quantentheorie entwickelt worden war. Einer der spektakulärsten Erfolge der Quantentheorie ist die Antwort auf viele der Fragen, die Physiker und Chemiker über die Molekülstruktur gestellt haben. Wir können allerdings nicht sagen, daß unsere Sicht der Molekülstruktur ein abgeschlossenes Kapitel der Physik ist.

Wir wollen unsere Untersuchung der Moleküle damit beginnen, daß wir uns fragen: Was ist ein Molekül? Impulsiv könnte man sagen, daß ein Molekül eine Gruppe von Atomen ist, die durch irgendeine Wechselwirkung miteinander verbunden sind. Dies ruft aber sofort neue Fragen hervor. Behalten die Atome ihre Individualität? Wie wird die Bewegung der Elektronen beeinflußt, wenn sich ein Molekül bildet? Welche Art von Wechselwirkung läßt ein Molekül entstehen? Wir könnten auch einen entgegengesetzten Standpunkt annehmen, indem wir sagen, daß ein Molekül aus einer Gruppe von Kernen besteht, die so von Elektronen umgeben sind, daß ein stabiles Gebilde entsteht. Dies ist eine natürliche Erweiterung der Vorstellung von einem Atom, das ein von Elektronen umgebener Kern ist. Anstatt das H_2-Molekül als zwei Wasserstoffatome anzusehen, könnten wir es dann als zwei Protonen und zwei Elektronen betrachten, die nach den Gesetzen der Quantenmechanik angeordnet sind und durch elektromagnetische Kräfte zusammengehalten werden. Von einem strukturellen Standpunkt her gesehen ist diese zweite Auffassung fundamentaler als die erste.

Jedoch ist auch hier, wie in vielen anderen Fällen, eine dazwischenliegende Position die praktischste. Wenn sich zwei Atome zu einem Molekül verbinden, werden die fester gebundenen oder inneren Elektronen jedes Atoms (welche die abgeschlossenen Schalen um den jeweiligen Kern bilden) praktisch nicht gestört und bleiben an ihren ursprünglichen Kern gebunden. Nur die äußersten oder Valenzelektronen in den nicht abgeschlossenen Schalen werden beeinflußt. Sie bewegen sich unter dem Einfluß ihrer gegenseitigen Abstoßung und der resultierenden Kräfte der Ionen, die von den Kernen sowie den Rumpfelektronen gebildet werden. Diese Valenzelektronen sind für die chemische Bindung und die meisten physikalischen Eigenschaften des Moleküls verantwortlich. Dieses mittlere Modell werden wir in diesem Kapitel benutzen; es ist für eine Analyse der Molekülstruktur eine ausgezeichnete Näherung.

5.2 *Das Wasserstoffmolekül-Ion*

Das einfachste aller Moleküle ist das Wasserstoffmolekül-Ion H_2^+, das aus zwei Protonen und einem Elektron besteht. Die Chemiker schreiben die Bildung dieses Moleküls als $H + H^+ \rightarrow H_2^+$, wobei H^+ einfach ein Proton ist. Mit anderen Worten, das H_2^+-Molekül wird gebildet, wenn ein Wasserstoffatom ein Proton einfängt. Wenn jedoch einmal das H_2^+-Molekül gebildet ist, kann man nicht länger sagen, welches das Wasserstoffatom und welches das Proton ist.

Unser Bild dieses Moleküls ist in Abb. 5-1 gezeigt: Ein Elektron bewegt sich im elektrischen Feld zweier Protonen, die eine Entfernung *r* trennt.

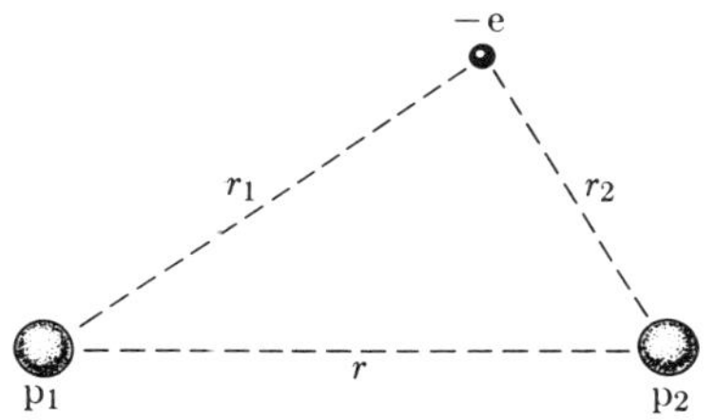

Abb. 5-1. Das H_2^+-Molekül-ion.

Man könnte sagen, das Elektron erinnert sich nicht, zu welchem Proton es ursprünglich gehörte. Das Fehlen einer Erinnerung zeigt sich deutlich bei *Ladungsaustauschstößen*. Nehmen wir an, daß das Elektron ursprünglich mit dem Proton p_1 verbunden war und Proton p_2 sich dem Wasserstoffatom von rechts aus großer Entfernung nähert (Abb. 5-2). Das H_2^+-Molekül besteht nur kurze Zeit im Gebiet der engsten Annäherung und bricht dann auseinander. Wenn dies geschieht, gibt es eine bestimmte Wahrscheinlichkeit, daß das ankommende Proton das Elektron mit sich nehmen wird. So können wir den Prozeß schreiben als

$$H^+ + H \rightarrow H_2^+ \begin{cases} \nearrow H^+ + H \quad \text{(elastischer Stoß)} \\ \searrow H + H^+ \quad \text{(Ladungsaustauschstoß).} \end{cases}$$

Die relative Wahrscheinlichkeit der beiden oben angeführten Prozesse kann als eine Funktion der Energie des ankommenden Protons berechnet werden. Das Resultat stimmt gut mit den experimentellen Ergebnissen überein.

Um die stationären Zustände des H_2^+-Molekül zu diskutieren, nehmen wir zunächst an, daß die beiden Protonen relativ in Ruhe sind, und stellen die Schrödingergleichung mit einer potentiellen Energie

$$E_p = \frac{e^2}{4\pi\epsilon_0}\left(-\frac{1}{r_1} - \frac{1}{r_2} + \frac{1}{r}\right) \tag{5.1}$$

auf. Die beiden ersten Terme in der Klammer stellen das anziehende Potential zwischen dem Elektron und den beiden Protonen dar, der dritte Term ist das abstoßende Potential zwischen den beiden Protonen. Die Variation des elektri-

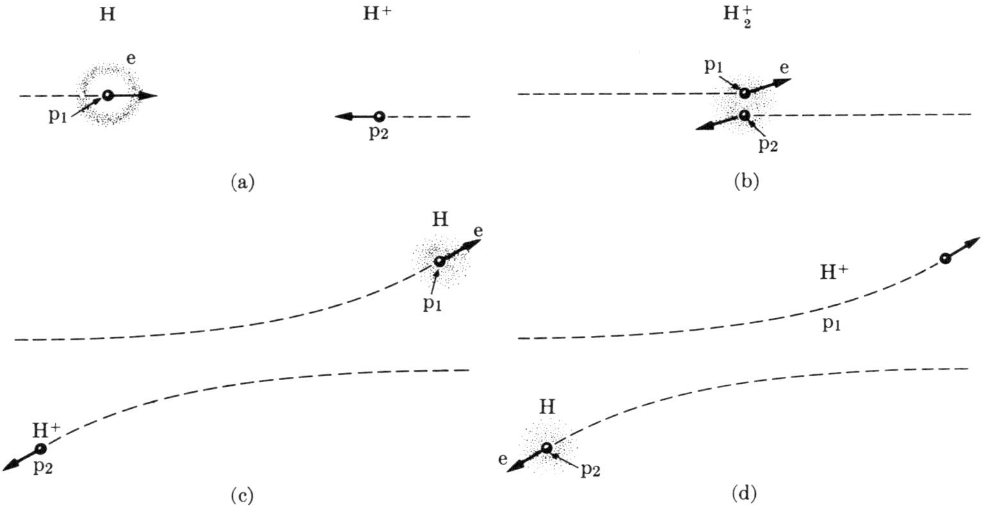

Abb. 5-2. Zusammenstoß eines Wasserstoffatoms (H) und eines Protons (H^-) dargestellt im Schwerpunktsystem. (c) Elastischer Stoß. (d) Ladungsaustauschstoß.

schen Potentials längs der Verbindungslinie der beiden Protonen ist in Abb. 5-3 gezeigt. Sie ähnelt der doppelten Potentialmulde, die in Abschnitt 2.8 in Verbindung mit dem NH_3-Molekül betrachtet wurde.

Die Lösung der Schrödingergleichung für H_2^+, die ziemlich komplex ist, wird in Beispiel 5.2 skizziert werden. Im Augenblick werden wir nur einer mehr intuitiven Schlußweise folgen. Zuerst wollen wir die Situation betrachten, in der sich das Elektron anfänglich um das Proton p_1 bewegt und dabei ein Wasserstoffatom in seinem Grundzustand 1s bildet; das Proton p_2 (oder H^+) befindet sich rechts weit entfernt. Die Wellenfunktion des Elektrons wird vom Proton p_2 praktisch nicht gestört. Sie stimmt so mit der 1s-Funktion von Wasserstoff überein, die in Abb. 3-9 dargestellt wurde. Wenn wir daher die Wellenfunktion des Elektrons längs der Verbindungslinie der beiden Protonen als Funktion der Entfernung von p_1 auftragen, erhalten wir die in Abb. 5-4 (a) dargestellte Kurve, die zeigt, daß man das Elektron vorwiegend in der Nähe des Protons p_1 findet. Als nächsten Fall nehmen wir an, daß sich das Elektron ursprünglich um das Proton p_2 bewegt und dabei ein Wasserstoffatom im 1s-Zustand bildet, und daß das Proton p_1 sich weit links befindet. Dann verläuft die Wellenfunktion des Elektrons wie in Abb. 5-4(b) gezeigt ist.

Wenn der Abstand zwischen den beiden Protonen abnimmt, wird die Wellenfunktion des Elektrons gestört, da das sich nähernde Proton (p_2 in Abb. 5-4(a) und p_1 in Abb. 5-4(b)) versucht, das Elektron vom anderen Proton wegzuziehen. Die Symmetrie der in Abb. 5-3 gezeigten potentiellen Energie des Elektrons läßt darauf schließen, daß die Wahrscheinlichkeitsverteilung des Elektrons dieselbe Symmetrie aufweisen muß. Wenn das H_2^+-Molekül gebildet ist, so muß die Elek-

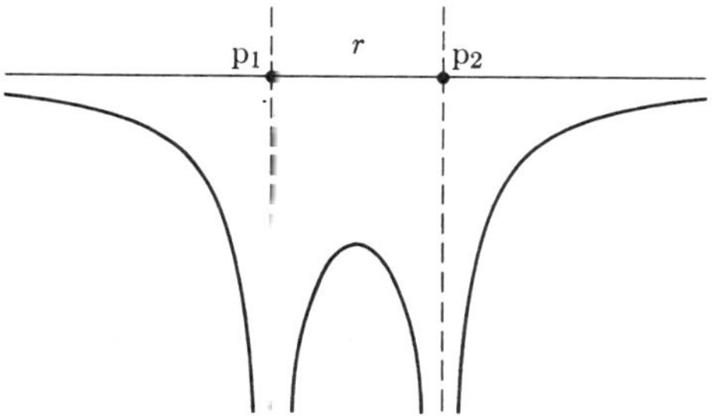

Abb. 5-3. Potentielle Energie längs der Verbindungslinie der beiden Kerne in H_2^+ und H_2.

tronenwellenfunktion bei jedem Proton, wo die potentielle Energie gemäß Abb. 5-3 gering ist, ausgeprägte Maxima besitzen. Die beiden möglichen Wellenfunktionen für H_2^+, deren Wahrscheinlichkeitsverteilungen die geforderte Symmetrie aufweisen, sind in Abb. 5-4(c) und 5-4(d) gezeigt. Relativ zum Zentrum, O, des Moleküls ist die Wellenfunktion in (c) gerade und die in (d) ungerade. Diese Wellenfunktionen werden als ψ_{gerade} bzw. ψ_{ungerade} bezeichnet.

Wir können die beiden Wellenfunktionen durch Linearkombinationen von Wasserstoff-Wellenfunktionen (oder sog. *Atomorbitalen*) ψ_1 und ψ_2 approximieren, die einem um Proton 1 bzw. Proton 2 kreisenden Elektron entsprechen. So ist

$$\psi_{\text{gerade}} \approx \psi_1 + \psi_2, \qquad \psi_{\text{ungerade}} \approx \psi_1 - \psi_2. \tag{5.2}$$

Diese Wellenfunktionen nennt man *Molekülorbitale*, abgekürzt MO. Die Theorie die wir für die Molekülorbitale entwickeln, nennt man *Linearkombination atomarer Orbitale* abgekürzt LCAO.

Die Zustände, die den Molekülorbitalen ψ_{gerade} und ψ_{ungerade} von Abb. 5-4 entsprechen, bezeichnet man aus Gründen, die wir später angeben werden, als σ_g 1s und σ_u 1s. Wie wir aus der folgenden Erklärung schließen können, müssen

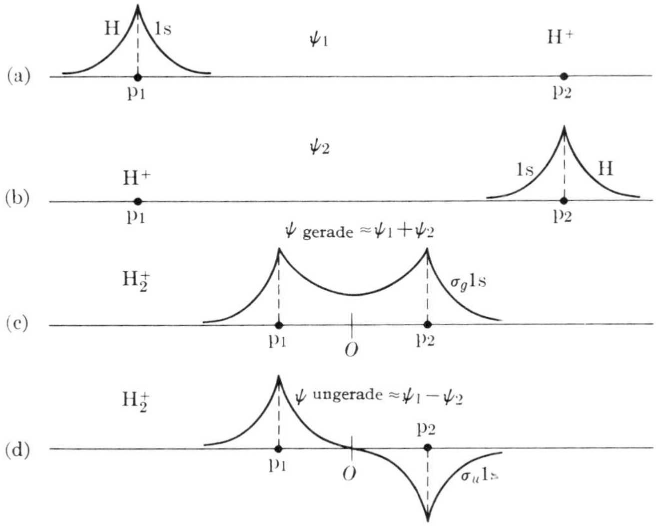

Abb. 5-4. Gerade und ungerade Molekülorbitale in H_2^+.

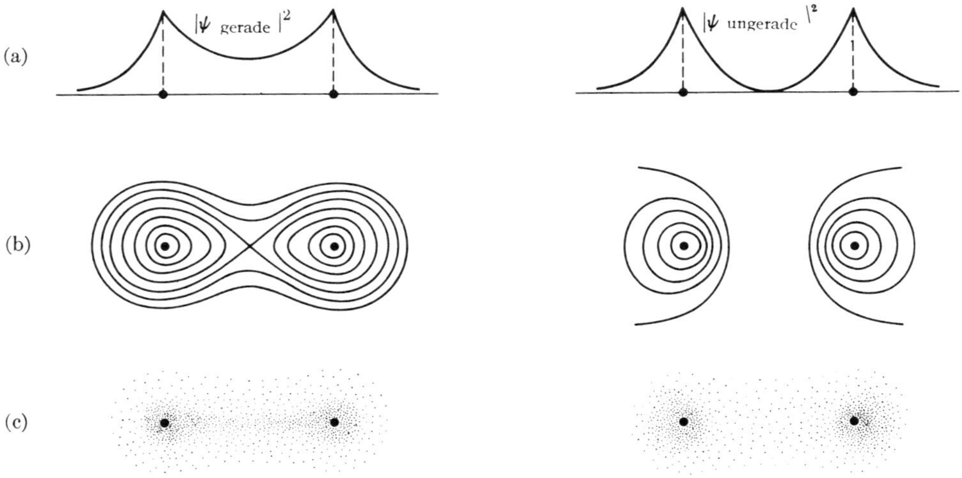

Abb. 5-5. Wahrscheinlichkeitsdichte für gerade und ungerade Molekülorbitale in H_2^+. (a) Verteilung längs der Verbindungslinie der Protonen; (b) und (c) Verteilung in einer Ebene durch die beiden Protonen.

diese Zustände verschiedenen Energie besitzen. Beide Wellenfunktionen ergeben Wahrscheinlichkeitsmaxima, das Elektron bei beiden Protonen zu finden, ψ_{gerade} besitzt jedoch einen merklichen Wert zwischen den beiden Protonen, während ψ_{ungerade} in diesem Gebiet sehr klein (oder Null) ist, wie in Abb. 5-5 dargestellt ist. Abb. 5-5(a) zeigt die Variation der Wahrscheinlichkeitsdichte des Elektrons längs der Verbindungslinie der beiden Protonen, Abb. 5-5(b) zeigt die Linien gleicher Wahrscheinlichkeit in einer Ebene, welche durch die beiden Protonen verläuft, und in Abb. 5-5(c) zeigt die Schattierung die relative Wahrscheinlichkeit, das Elektron an den verschiedenen Orten zu finden.

Wenn sich das Elektron in dem Gebiet zwischen den beiden Protonen befindet, zieht es die Protonen zusammen und vermindert dabei ihre elektrische Abstoßung. Wenn sich das Elektron auf einer der beiden Seiten befindet, hilft es, die beiden Protonen zu trennen. Mit anderen Worten, wenn sich das Elektron in dem Gebiet zwischen den Protonen befindet, verhält es sich wie ein «Klebstoff», der sie verbindet und eine stabile Konfiguration ergibt. Wir können das Ergebnis als eine Aussage über die Energien formulieren, indem wir sagen, daß der Zustand $\sigma_g 1s$, der zu ψ_{gerade} gehört, eine niedrigere Energie besitzt als $\sigma_u 1s$, das zu ψ_{ungerade} gehört. Man beachte die Ähnlichkeit unserer Diskussion der Wellenfunktion von H^+ und unsere Diskussion des doppelten Potentialtopfes in Beispiel 2.7.

Die Energiedifferenz zwischen den Zuständen $\sigma_g 1s$ und $\sigma_u 1s$ hängt von der Entfernung der beiden Protonen ab. Nehmen wir an, wir beginnen mit einem Wasserstoffatom und einem weit entfernten Proton H^+. Wenn die Entfernung zwischen beiden abnimmt, erhalten wir für jeden Abstand zwei verschiedene Energien: eine, die dem Zustand $\sigma_g 1s$ oder der Wellenfunktion ψ_{gerade} entspricht, und eine andere, die dem Zustand $\sigma_u 1s$ oder der Wellenfunktion ψ_{ungerade}

entspricht. Da das negative anziehende Potential des Elektrons das positive abstoßende Potential des Protons im Zustand $\sigma_g 1s$ überwiegt, nimmt die Gesamtenergie mit abnehmendem r ab. Das Umgekehrte geschieht für $\sigma_u 1s$, und die Gesamtenergie nimmt zu, wenn r abnimmt. Für Abstände kleiner als ein bestimmter Wert r_0 sind die Protonen jedoch so nah beieinander, daß sogar im Zustand $\sigma_g 1s$ ihr abstoßendes Potential das anziehende Potential des Elektrons überwiegt. So nimmt für Entfernungen kleiner als r_0 die zu ψ_{gerade} gehörende Energie zu, wenn r abnimmt. Die beiden resultierenden Energiekurven sind in Abb. 5-6 gezeigt.

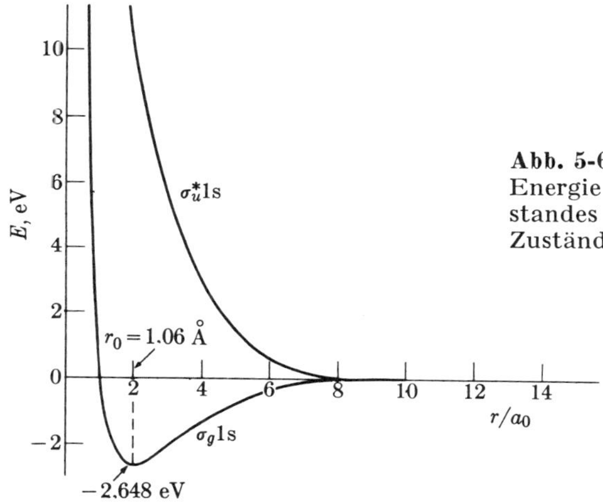

Abb. 5-6. Elektronische potentielle Energie als Funktion des Kernabstandes in H_2^+ für $\sigma_u^* 1s$ und $\sigma_g 1s$ Zustände.

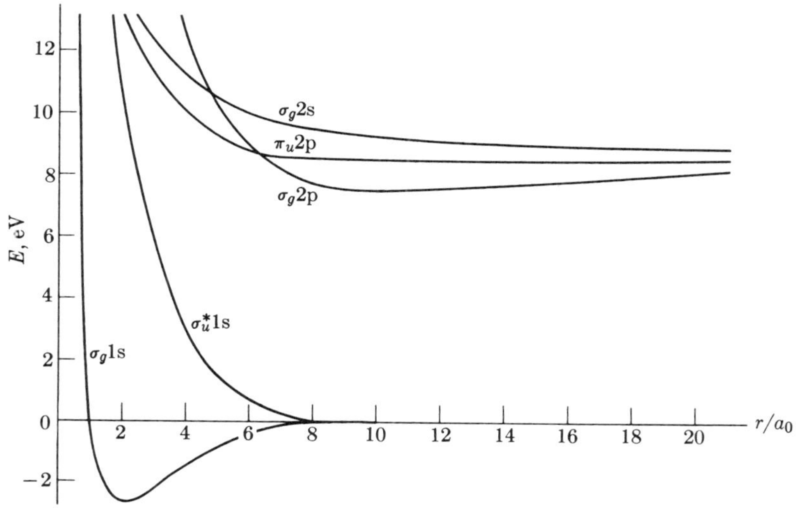

Abb. 5-7. Elektronische potentielle Energie im H_2^+ für den Grundzustand und einige angeregte Zustände.

Man erkennt sofort, daß die Energiekurve für $\sigma_g 1s$ oder ψ_{gerade} bei r_0 ein Minimum besitzt, das dem Gleichgewichtsabstand der beiden Protonen entspricht und eine stabile Konfiguration für H_2^+ ermöglicht. Die Energiekurve für $\sigma_u 1s$ oder ψ_{ungerade} besitzt jedoch kein Minimum, und dementsprechend gibt es keine stabile Konfiguration (oder Molekül). Man kann daher sagen, daß ψ_{gerade} eine *«bindende Wellenfunktion»* ist, während ψ_{ungerade} eine *«nichtbindende Wellenfunktion»* ist. Nichtbindende Wellenfunktionen und Zustände kennzeichnet man durch ein Sternchen, und so schreiben wir $\sigma_u^* 1s$. Der Gleichgewichtsabstand der Protonen im H_2^+-Ion im bindenden $\sigma_g 1s$-Zustand ist 1.06×10^{-10} m, und die Energie dieses Zustandes besitzt ein Minimum von —2.648 eV relativ zu dem System H (Grundzustand) + H^+ mit unendlichem Abstand. Beim gleichen Abstand der Protonen ist die Energie des nichtbindenden $\sigma_u^* 1s$-Zustandes ungefähr +10.2 eV relativ zum gleichen Bezugszustand.

Die Zustände des H_2^+-Moleküls, die wir diskutiert haben, entsprechen dem Fall, in dem sich das Wasserstoffatom ursprünglich im Grundzustand befand. Es gibt jedoch auch andere Kurven, die denen von Abb. 5-6 ähnlich sind, die angeregten, Elektronenzuständen des Moleküls entsprechen, und die zu einen ursprünglich angeregten Wasserstoffatom gehören.

Abb. 5-7 zeigt einige der möglichen Potentialkurven, die elektronisch angeregten Zuständen von H_2^+ entsprechen. Wir werden die Bezeichnung dieser Zustände später erklären.

BEISPIEL 5.1. Diskussion der Ladungsaustauschstöße $H + H^+ \rightarrow H^+ + H$.

Lösung: Wir nehmen an, daß ein Strahl schneller Protonen, oder H^+—Ionen, atomares Wasserstoffgas durchquert (hierfür muß die Temperatur mindestens 2400 K und der Druck weniger als 10 Mikron Quecksilber betragen).
Die gestreuten Protonen werden unter einem festen Winkel betrachtet. Bei dem Stoßprozeß fangen einige der ankommenden Protonen das Elektron des Wasserstoff-

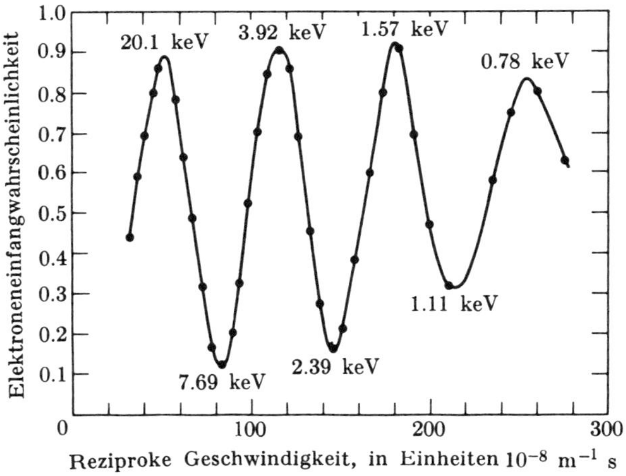

Abb. 5-8. Wahrscheinlichkeit für Elektroneneinfang bei Ladungsaustauschstreuung als Funktion der reziproken Geschwindigkeit des einlaufenden Protons.

atoms ein. Man beobachtete, daß die Wahrscheinlichkeit für einen Elektroneneinfang durch die ankommenden Protonen sich mit der Energie der Protonen ändert und bei bestimmten Protonenenergien ausgeprägte Maxima aufweist. Abb. 5-8 zeigt die Daten, die Lockwood und Eberhart erhielten, wobei die Wahrscheinlichkeit des Elektroneneinfangs als Funktion des Reziproken der Protonengeschwindigkeit aufgetragen ist. Die größten Wahrscheinlichkeiten treten bei den bezeichneten Energien auf. Die interessante Tatsache besteht darin, daß die Maxima als Funktion von $1/v$ äquidistant angeordnet sind.

Die quantenmechanische Erklärung ist sehr einfach. Anfangs, wenn das Proton sehr weit vom Wasserstoffatom entfernt ist, ist die Wellenfunktion des Elektrons der Funktion ψ_1 von Abb. 5-4 sehr ähnlich. D.h.

$$\psi(t = 0) = \psi_1 \approx \tfrac{1}{2}(\psi_{\text{gerade}} + \psi_{\text{ungerade}}).$$

Wenn sich das Proton dem Wasserstoffatom nähert, wird die Wellenfunktion zeitabhängig. Entsprechend Gl. (2.29) kann man die zeitabhängige Wellenfunktion als

$$\begin{aligned}\psi(t) &= \tfrac{1}{2}(\psi_{\text{gerade}}\, e^{-iEt/\hbar} + \psi_{\text{ungerade}} e^{-iE't/\hbar}) \\ &= \tfrac{1}{2}(\psi_{\text{gerade}} + \psi_{\text{ungerade}} e^{-i\Delta Et/\hbar}) e^{-iEt/\hbar},\end{aligned}$$

schreiben, wobei $\Delta E = E' - E$ die Energiedifferenz zwischen den $\sigma_u^* 1s$- und den $\sigma_g 1s$-Zuständen des Proton-Wasserstoffatom-Systems ist. Für die Zeit $t = \pi\hbar/\Delta E$ erhalten wir

$$\psi(t = \pi\hbar/\Delta E) = \tfrac{1}{2}(\psi_{\text{gerade}} - \psi_{\text{ungerade}}) e^{-iEt/\hbar} \approx \psi_2 e^{-iEt/\hbar}.$$

Da das System der Wellenfunktion ψ_2 entspricht, ist das Elektron zum ankommenden Proton übergesprungen. Zur Zeit $t = 2\pi\hbar/\Delta E$ befindet sich das Elektron wieder beim ursprünglichen Proton. Wir können daher sagen, daß, während das ankommende Proton p_2 am Targetproton p_1 vorbeiläuft, das Elektron von einem Proton zum anderen mit einer Periode

$$P = 2\pi\hbar/\Delta E = h/\Delta E$$

hin- und herspringt.

Damit der Elektroneneinfang auftreten kann, ist es notwendig, daß sich das Elektron nahe bei p_2 befindet, wenn das ankommende Proton p_2 das Target-Proton wieder verläßt. Bei den in Abb. 5-8 gezeigten Energien muß das Projektilproton p_2 das Target-Proton p_1 sehr nahe passieren (etwa 10^{-12} m). Wir können annehmen, daß die Elektronenwellenfunktion nur während eines Wegstückes des Protons p_2 der Länge a gestört wird.

Wenn die Geschwindigkeit des Protons v beträgt, ist die Zeit, während der die Wechselwirkung stattfindet, $\tau = a/v$. Nehmen wir an, daß eine maximale Einfangwahrscheinlichkeit bei einer Geschwindigkeit v_1 auftritt. Die Wechselwirkungszeit ist $\tau_1 = a/v_1$. Das nächste Maximum der Einfangwahrscheinlichkeit tritt zur Zeit

$$\tau_2 = \tau_1 + P$$

auf, so daß das Elektron Zeit hat, eine zusätzliche vollständige Schwingung auszuführen und sich wieder nahe beim Projektilproton befindet. So ist $P = \tau_2 - \tau_1$ oder

$$\frac{h}{\Delta E} = a\left(\frac{1}{v_2} - \frac{1}{v_1}\right).$$

Daher muß die Differenz $(1/v_2 - 1/v_1)$ zwischen zwei aufeinanderfolgenden Maxima einen konstanten Wert besitzen. Experimentell wurde der Mittelwert 6.6×10^{-7} m^{-1} s gefunden. So erhalten wir

$$a\,\Delta E \approx 10^{-27}\ \text{m J} \approx 6.3 \times 10^{-9}\ \text{m eV}.$$

Die Größe ΔE (d.h. der Energieabstand zwischen den $\sigma_u^* 1s$-und $\sigma_g 1s$-Kurven) ist nicht konstant, da sie vom Abstand der Protonen (siehe Abb. 5-6) abhängt. Ähnlich ist die Größe a nicht genau definiert. Nimmt man für ΔE einen Mittelwert von 10 eV,was entsprechend der Kurve von Abb. 5-6 vernünftig ist, so erhält man $a \sim 6 \times 10^{-10}$ m oder etwa sechsmal den Moleküldurchmesser, was ebenfalls ein plausiblerWert ist.

Eine ausführlichere Analyse erfordert anstelle der von uns abgeschätzten Werte eine theoretische Berechnung der Größe $a\,\Delta E$. Die Übereinstimmung mit den experimentellen Ergebnissen ist einigermaßen zufriedenstellend.

BEISPIEL 5.2. Berechnung der Grundzustandsenergie von H_2^+ mit Hilfe der Wellenfunktionen von Gl. (5.2).

Lösung: Der Hamiltonoperator für das bewegte Elektron und die zwei, als ruhend angenommenen Protonen lautet

$$\mathbf{H} = -\frac{\hbar^2}{2m}\nabla^2 + \frac{e^2}{4\pi\epsilon_0}\left(-\frac{1}{r_1} - \frac{1}{r_2} + \frac{1}{r}\right). \tag{5.3}$$

Der erste Term ist entsprechend der Tabelle 2-4 der Operator der kinetischen Energie des Elektrons, und die drei letzten Terme geben, wie in Gl. (5.1) angedeutet, die potentielle Energie des Ions. Wenn wir die beiden Wellenfunktionen $\psi_{\text{gerade}} = \psi_1 + \psi_2$ oder $\psi_{\text{ungerade}} = \psi_1 - \psi_2$ durch ψ bezeichnen, ist die mittlere Energie des Elektrons in H_2^+ entsprechend Gl. (2.51)

$$E = \frac{\int \psi^* \mathbf{H} \psi \, d\tau}{\int \psi^* \psi \, d\tau}. \tag{5.4}$$

Der Einfachheit halber wollen wir annehmen, daß die beiden atomaren Wellenfunktionen ψ_1 und ψ_2 demselben atomaren Zustand der Energie E_a entsprechen. Z.B sind im Grundzustand von H_2^+ beide 1s wasserstoffähnliche Wellenfunktionen. Wenn ψ_1 und ψ_2 reell sind (wie sie es im Fall von 1s-Wellenfunktionen sind), erlaubt uns eine einfache Berechnung (die wir auslassen) unter Ausnutzung von Gl. (5.4), die mittlere Energie des Elektrons zu

$$E = E_a + \frac{e^2}{4\pi\epsilon_0 r} - \frac{A \pm B}{1 \pm S} \tag{5.5}$$

zu bestimmen. Dabei entspricht das Pluszeichen ψ_{gerade} und das Minuszeichen ψ_{ungerade}. In dieser Gleichung wird $S = \int \psi_1 \psi_2 \, d\tau$ das *Überlappintegral* genannt, dessen Wert davon abhängt, wie sich die mit den beiden Protonen verknüpften atomaren Orbitale ψ_1 und ψ_2 im Raum überlappen; d.h. davon, wie weit ψ_1 und ψ_2 im gleichen Raumgebiet merkliche Werte besitzen. Offensichtlich ist S eine Funktion des Abstandes r der beiden Protonen und wächst mit abnehmendem r an. Ferner ist

$$A = \frac{e^2}{4\pi\epsilon_0}\int \frac{\psi_1^2}{r_2}\, d\tau = \frac{e^2}{4\pi\epsilon_0}\int \frac{\psi_2^2}{r_1}\, d\tau$$

und

$$B = \frac{e^2}{4\pi\epsilon_0}\int \frac{\psi_1\psi_2}{r_1}\, d\tau = \frac{e^2}{4\pi\epsilon_0}\int \frac{\psi_1\psi_2}{r_2}\, d\tau.$$

Die Integrale A und B sind Funktionen des Kernabstandes r. Trägt man E, gegeben durch Gl. (5.5), als Funktion von r auf, so erhält man Kurven ähnlich denen von Abb. 5-6. Wir erhalten so zwei mögliche Energiezustände, wie sie intuitiv vorausgesagt waren, wobei ψ_{gerade} der niedrigeren Energie entspricht.

In Gl. (5.5) gibt der erste Ausdruck die Energie des vom Elektron und einem Proton gebildeten Atoms an und der zweite Term die Abstoßungsenergie der beiden

Protonen. Ferner ist A die Anziehungsenergie des Elektrons und des anderen Protons, B und S sind reine Quantenterme, die kein klassisches Analogon besitzen. Man beachte, daß B nur dann wesentlich ist, wenn sich ψ_1 und ψ_2 merklich überlappen. Wenn die Überlapppung von ψ_1 und ψ_2 vernachlässigbar ist, sind sowohl B wie S sehr klein, und die Energie ist $E = E_a + e^2/4\pi\epsilon_0 r - A$. Dieser Ausdruck besitzt als Funktion von r kein Minimum. Daher ist es der Überlapp, kombiniert mit der Symmetrie der Wellenfunktion, der ein stabiles Molekül ermöglicht.

5.3 Molekülwellenfunktionen zweiatomiger Moleküle

Nach dem H_2^+-Molekül, das nur ein Elektron hat, ist das nächst-einfachste Molekül eins mit nur zwei Elektronen, wie etwa das H_2. Die Analyse dieses Moleküls ist der des H_2^+-Moleküls sehr ähnlich, jedoch mit einigen wichtigen Unterschieden. Sobald wir mehr als ein Elektron haben, müssen wir das Ausschliessungsprinzip berücksichtigen. Wie wir beim Fall der Atome ausführlich diskutiert haben (Abschnitt 4.3), bedeutet dies, daß wir neben der Bahnbewegung auch den Spin der Elektronen berücksichtigen müssen.

Wir wollen zunächst die Bahnbewegung der Elektronen diskutieren. In einem zweiatomigen Molekül (ebenso wie in jedem anderen linearen Molekül) bewegen sich die Elektronen nicht in einem Zentralfeld, und daher bleibt der Drehimpuls $\boldsymbol{L}$ eines Elektrons während der Bewegung nicht konstant. Wir wollen die Gerade, welche durch die beiden Kerne geht, als Z-Achse wählen (Abb. 5-9); die auf ein Elektron wirkende resultierende Kraft verläuft immer durch die Z-Achse. Mit anderen Worten, die Kraft ist *achsial*. In diesem Falle ist das auf O bezogene, auf das Elektron wirkende Drehmoment senkrecht zur Z-Achse, und daher ist die Komponente des Elektronenimpulses parallel zur Z-Achse, L_z, konstant. Wie wir wissen, kann diese Komponente des Drehimpulses die Werte $L_z = m_l\hbar$ besitzen, wobei $m_l = 0, \pm 1, \pm 2, \ldots$ ist. Das Vorzeichen von m_l bestimmt den Umlaufsinn des Elektrons um die Z-Achse; die Energie des Elektrons ist jedoch vom Umlaufsinn unabhängig. Um den Zustand des Elektrons festzulegen, braucht man daher nur den Betrag von m_l anzugeben (d.h. $\lambda = |m_l|$). Die verschiedenen Drehimpulszustände bezeichnet man nach folgendem Schema:

m_l:	0	± 1	± 2	± 3	...
λ:	0	1	2	3	...
Symbol:	σ	π	δ	ϕ	...

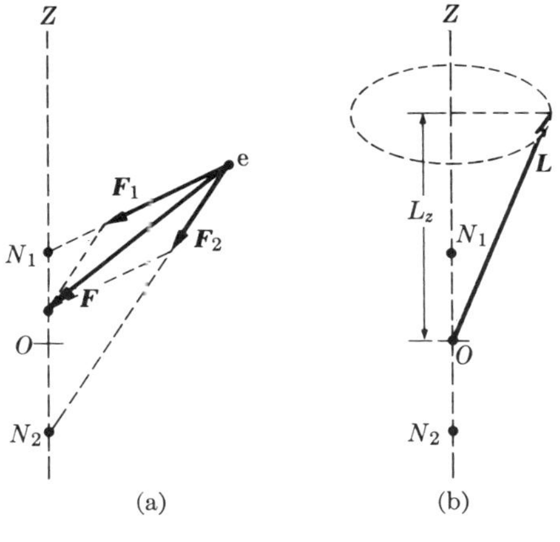

Abb. 5-9. Elektronischer Bahndrehimpuls in einem zweiatomigen Molekül.

Außer den σ-Zuständen sind alle anderen Drehimpulszustände wegen des doppelten Vorzeichens von m_l zweifach entartet. Außerdem kann das Elektron in jedem der obigen Zustände seinen Spin relativ zur Molekülachse oben oder unten haben (entsprechend $m_s = +\frac{1}{2}$ bzw. $-\frac{1}{2}$). So können σ-Drehimpulszustände zwei Elektronen aufnehmen, eins mit Spin oben und das andere mit Spin unten, die übrigen Zustände π, δ, ϕ können bis zu vier Elektronen unterbringen, zwei mit Spin oben und zwei mit Spin unten. Für molekulare Zustände des Elektrons wollen wir die Bezeichnung λnl benutzen (d.h. σnl, πnl, δnl, usw.), wobei nl die atomaren Funktionen bezeichnet, aus denen jede der molekularen Funktionen durch Linearkombination gebildet wurde. Jeder dieser molekularen Zustände entspricht einer anderen Energie.

Im Falle von Molekülen, die aus zwei identischen Kernen zusammengesetzt sind, wie H_2^+ und H_2, sog. *homonuklearen* Molekülen, gibt es eine wichtige Symmetrie, die man beachten muß. Diese Moleküle besitzen ein Symmetriezentrum O; die Wahrscheinlichkeitsverteilung eines Elektrons muß an Punkten, die relativ zu O symmetrisch liegen, dieselbe sein. Daher muß die Wellenfunktion des Elektrons an symmetrischen Punkten dieselbe sein oder muß denselben Wert, aber entgegengesetztes Vorzeichen besitzen. Dies ist z.B. die Situation, die wir beim H_2^+ fanden und den beiden Wellenfunktionen ψ_{gerade} und ψ_{ungerade} entspricht (Abb. 5-4). Drehimpulszustände, die durch Wellenfunktionen vom Typ ψ_{gerade} beschrieben werden, nennt man g-Zustände, und die durch Wellenfunktionen vom Typ ψ_{ungerade} beschriebenen Zustände werden u-Zustände genannt. So haben wir für homonukleare Moleküle die Zustände σ_g, σ_u, π_g, π_u usw. Dies erklärt die von uns in Abschnitt 5.2 eingeführte Schreibweise.

Um die Bindung zweier Atome zu einem Molekül zu verstehen, muß man für die einzelnen elektronischen Drehimpulszustände die räumliche Variation der Wahrscheinlichkeitsverteilung betrachten. Dies geschah für die $\sigma_g 1$s- und die $\sigma_u^* 1$s-Zustände des H_2^+ anhand vonAbb. 5-5(b). Das allgemeine Verfahren verläuft genauso wie im Falle des H_2^+. Wir betrachten zunächst die beiden Atome in großem Abstand voneinander und überlegen uns, wie sich die Atomwellenfunktionen ψ_1 und ψ_2 linear zu einer *molekularen Wellenfunktion oder Orbital* ψ kombinieren, wenn die beiden Atome sich sehr stark nähern.

Abb. 5-10 stellt einige molekulare Wellenfunktionen oder Orbitale dar, die aus Linearkombinationen einiger spezieller atomarer Wellenfunktionen (oder atomarer Orbitale) resultieren.

In dieser Abbildung ist nur die Winkelverteilung der Wellenfunktionen dargestellt. Abb. 5-10(a) zeigt den Fall, in dem zwei atomare s-Wellenfunktionen, die kugelsymmetrisch sind, kombiniert wurden. Die zwei resultierenden molekularen Wellenfunktionen, die durch Kombination von ψ_1 und ψ_2 zu den Ausdrücken $\psi_1 \pm \psi_2$ erhalten wurden, sind rechts gezeigt; sie entsprechen den σ_g- und σ_u-Zuständen, die wir bereits für H_2^+ diskutiert haben. In Abb. 5-10(b) haben wir die zwei molekularen Wellenfunktionen, die aus der Kombination zweier atomarer p_z-Wellenfunktionen resultieren und in Abb. 5-10(c) das Ergebnis für atomare p_x- oder p_y -Wellenfunktionen. Alle diese Funktionen werden durch den radialen Teil der Wellenfunktion moduliert. So haben z.B. die σ_g-Funktionen, die aus 1s, 2s, usw. -Atomfunktionen gebildet sind, dieselbe Winkelverteilung, unterscheiden sich jedoch in ihrer Radialabhängigkeit. Diejenigen Molekülfunktionen, die eine Knotenebene (angedeutet durch die gestrichelte Linie) senkrecht zur Verbindungslinie der beiden Kerne besitzen, sind nichtbindend, die anderen

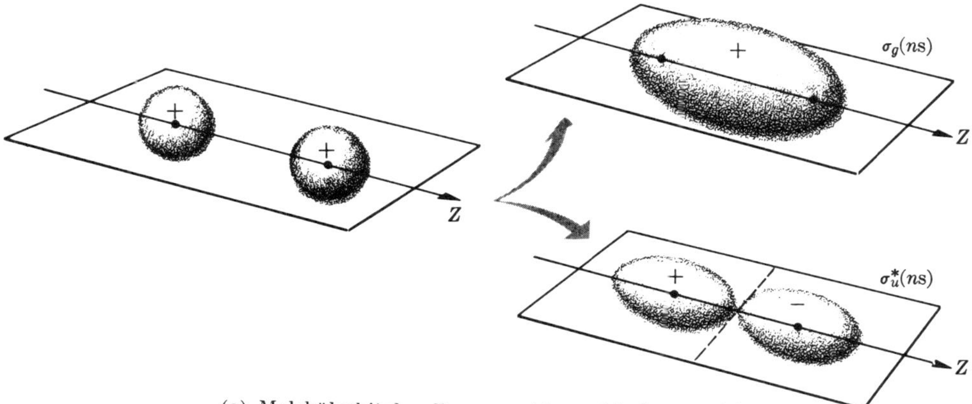

(a) Molekülorbitale, die aus s-Atomorbitalen resultieren

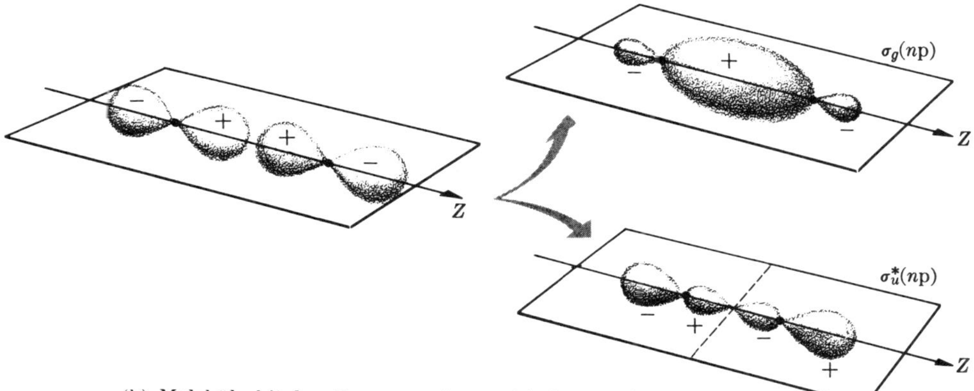

(b) Molekülorbitale, die aus p_z-Atomorbitalen resultieren

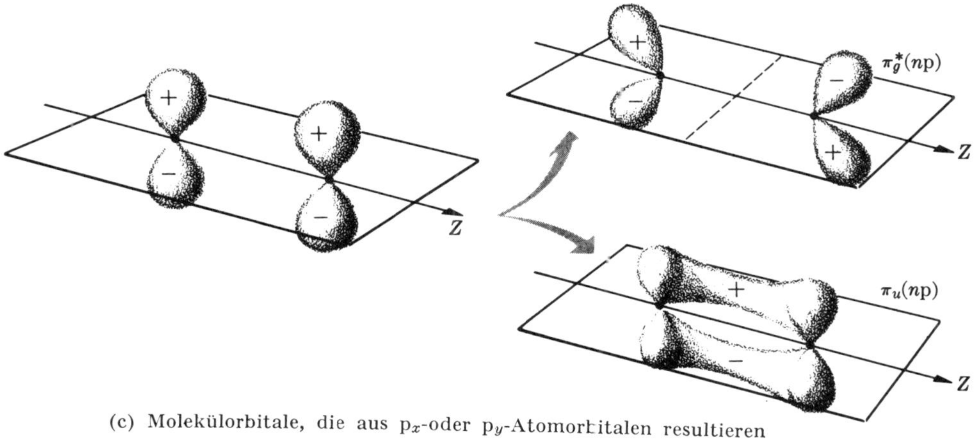

(c) Molekülorbitale, die aus p_x-oder p_y-Atomorbitalen resultieren

Abb. 5-10. Molekülorbitale in homonuklearen zweiatomigen Molekülen.

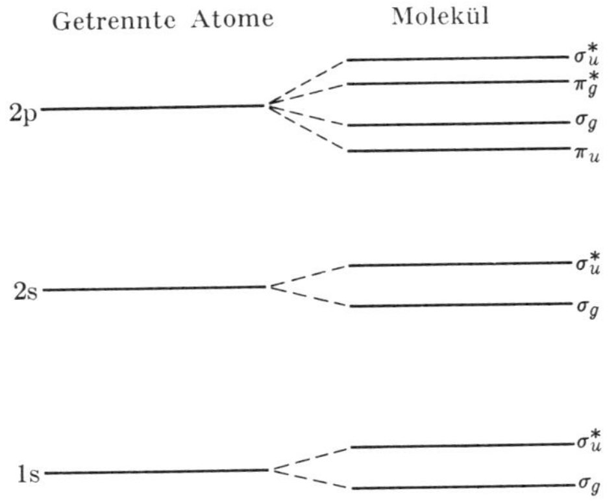

Abb. 5-11. Elektronische Energieniveaus in homonuklearen zweiatomigen Molekülen.

sind bindend. Die Folge der verschiedenen Energieniveaus für ein Molekül ist schematisch in Abb. 5-11 gezeigt. Der tatsächliche Abstand und die tatsächliche Reihenfolge der Energieniveaus kann von Molekül zu Molekül variieren und hängen bei den einzelnen Molekülen vom Abstand der Atomkerne ab.

5.4 *Elektronenkonfiguration einiger zweiatomiger Moleküle*

Wir wollen nun einige einfache, zweiatomige, homonukleare Moleküle analysieren. Das einfachste, H_2^+, haben wir bereits in Abschnitt 5.2 besprochen; wir wissen, daß sein Grundzustand aus einem Elektron im σ_g1s-Zustand besteht. Als nächstes betrachten wir das H_2-Molekül, das aus zwei Elektronen und zwei Protonen zusammengesetzt ist (Abb. 5-12). Dies Molekül ist noch einfach genug, so daß wir es im einzelnen untersuchen können, ohne die Schrödingergleichung tatsächlich zu lösen. Die gesamte, elektrische potentielle Energie des Systems ist

$$E_p = \frac{e^2}{4\pi\epsilon_0}\left(-\frac{1}{r_1} - \frac{1}{r_1'} - \frac{1}{r_2} - \frac{1}{r_2'} + \frac{1}{r_{12}} + \frac{1}{r}\right). \tag{5.6}$$

Die beiden ersten Terme entsprechen der Wechselwirkung des Elektrons e_1 mit den Protonen p_1 und p_2, der dritte und vierte der Wechselwirkung von e_2 mit p_1 und p_2, der fünfte der Abstoßung zwischen den Elektronen und der letzte der Abstoßung zwischen den beiden Protonen. Man beachte, daß wir wegen der Identität der beiden Elektronen nicht länger sagen können, daß Elektron e_1 zum Proton p_1 und Elektron e_2 zum Proton p_2 gehört. Die Atome haben in gewissem Sinn ihre Individualität und statt dessen haben wir ein neues Gebilde: ein verlorenes Molekül.

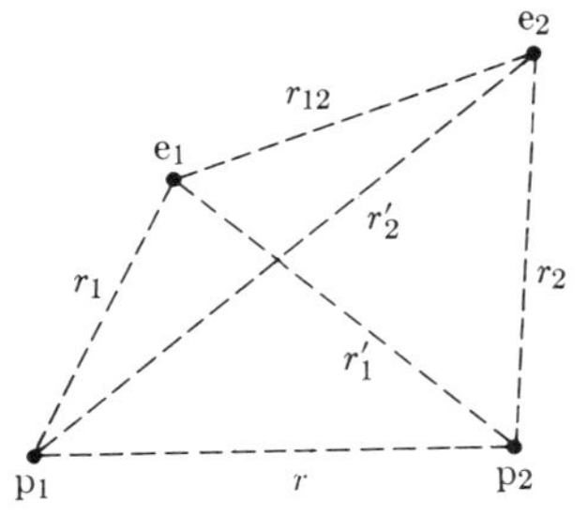

Abb. 5-12. Das H_2-Molekül.

Der nächste Schritt sollte nun darin bestehen, daß wir wie beim H_2^+-Molekül in Abschnitt 5.2 die Schrödingergleichung zu dem angegebenen

Potential aufstellen. Wir werden diesen Weg jedoch nicht weiter verfolgen, sondern vielmehr auf die Diskussion des vorhergehenden Abschnittes zurückgreifen. Wir gehen davon aus, daß entsprechend dem Ausschließungsprinzip die beiden Elektronen mit entgegengesetzten Spins in dem bindenden Niveau $\sigma_g 1s$ angeordnet werden können, was die Konfiguration $(\sigma_g 1s)^2$ ergibt. Beide Elektronen befinden sich in einem bindenden Zustand und lassen ein stabiles Molekül entstehen. Die molekulare Energie dieser Konfiguration ist als Funktion des Kernabstandes in Abb. 5-13 angegeben. Der Gleichgewichtsabstand der Kerne ist 0.74×10^{-10} m, und die Energie für die Dissoziation in zwei Wasserstoffatome im Grundzustand beträgt 4.476 eV. Wenn die beiden Elektronen denselben Spin besitzen, muß ein Elektron im bindenden Zustand $\sigma_g 1s$ und das andere im nichtbindenden Zustand $\sigma_u 1s$ sein, was zu der Konfiguration $(\sigma_g 1s)(\sigma_u^* 1s)$ führt. Die Nichtbindung überwiegt die Bindung, und es ergibt sich keine stabile Konfiguration, wie die entsprechende Kurve in Abb. 5-13 zeigt, die kein Minimum aufweist.

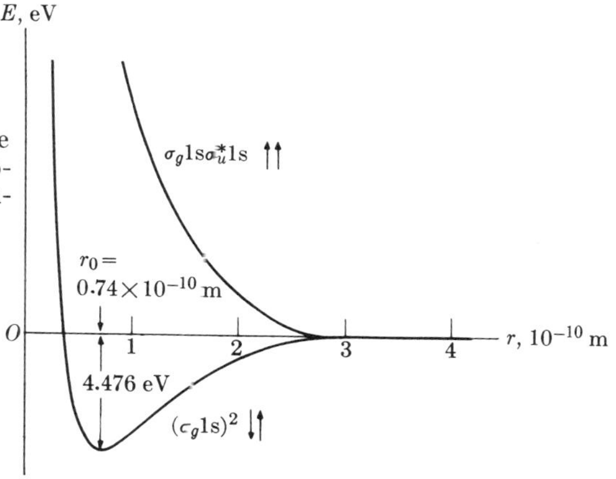

Abb. 5-13. Elektronische potentielle Energie als Funktion des Kernabstandes für bindende und nichtbindende Zustände in H_2.

Als nächstes betrachten wir He_2^+, das drei Elektronen besitzt. Zwei Elektronen sind im bindenden Zustand $\sigma_g 1s$ angeordnet, das dritte im nichtbindenden Zustand $\sigma_u^* 1s$, so daß die Konfiguration $(\sigma_g 1s)^2(\sigma_u^* 1s)$ ist. Das Ergebnis ist ein stabiles Molekül mit einer Dissoziationsenergie von 2.5 eV. Das Molekül H_2^- hat auch drei Elektronen, da aber die Kernladung relativ gering ist, besitzt es auch eine sehr geringe Dissoziationsenergie und eine sehr kurze Lebensdauer. Es konnte jedoch spektroskopisch beobachtet werden.

Das He_2-Molekül besitzt vier Elektronen, zwei im bindenden Zustand $\sigma_g 1s$ und zwei im nichtbindenden Zustand $\sigma_u^* 1s$; d.h. $(\sigma_g 1s)^2(\sigma_u^* 1s)^2$. Als Ergebnis tritt keine stabile Konfiguration auf. Dies erklärt, warum Helium ein einatomiges Gas ist. Jedoch kann ein angeregtes He_2-Molekül gebildet werden, wenn eins der $\sigma_u^* 1s$-Elektronen in den bindenden Zustand $\sigma_g 2s$ angeregt wird und sich so $(\sigma_g 1s)^2 \sigma_u^* 1s\ \sigma_g 2s$ ergibt.

Tabelle 5-1 zeigt die Elektronenkonfiguration der homonuklearen, zweiatomigen Moleküle bis zu Ne_2. Die Tabelle gibt auch die Bindungsenergien und die

TABELLE 5-1 Elektronenkonfiguration homonuklearer zweiatomiger Moleküle

Molekül	Konfiguration								Dissoziationsenergie	Bindungslänge	Grundzustand
	$\sigma_g 1s$	$\sigma_u^* 1s$	$\sigma_g 2s$	$\sigma_u^* 2s$	$\pi_u 2p$	$\sigma_g 2p$	$\pi_g^* 2p$	$\sigma_u^* 2p$			
H_2^+	↑								2.65	1.06	$^2\Sigma_g$
H_2	↑↓								4.48	0.74	$^1\Sigma_g$
He_2^+	↑↓	↑							3.1	1.08	$^2\Sigma_u$
He_2	↑↓	↑↓							Nicht stabil		$^1\Sigma_g$
Li_2	↑↓	↑↓	↑↓						1.03	2.67	$^1\Sigma_g$
Be_2	↑↓	↑↓	↑↓	↑↓					Nicht stabil		$^1\Sigma_g$
B_2	↑↓	↑↓	↑↓	↑↓	↑↑				3.6	1.59	$^3\Sigma_g$
C_2	↑↓	↑↓	↑↓	↑↓	↑↑↓↓				3.6	1.31	$^1\Sigma_g$
N_2	↑↓	↑↓	↑↓	↑↓	↑↑↓↓	↑↓			7.37	1.09	$^1\Sigma_g$
O_2	↑↓	↑↓	↑↓	↑↓	↑↑↓↓	↑↓	↑↑		5.08	1.21	$^3\Sigma_g$
F_2	↑↓	↑↓	↑↓	↑↓	↑↑↓↓	↑↓	↑↑↓↓		2.8	1.44	$^1\Sigma_g$
Ne_2	↑↓	↑↓	↑↓	↑↓	↑↑↓↓	↑↓	↑↑↓↓	↑↓	Nicht stabil		$^1\Sigma_g$

Bindungsabstände für die Grundzustände dieser Moleküle an. Man kann dieser Tabelle einige interessante Tatsachen entnehmen. Im allgemeinen ergibt sich eine molekulare Bindung, wenn sich zwei Elektronen mit entgegengesetztem Spin in dem Gebiet zwischen den beiden Atomen konzentrieren; d.h. sie besetzen dann bindende molekulare Orbitale. Dies ist jedoch keine strenge Regel, da He_2^+ nur drei Elektronen hat und in B_2 und O_2 das letzte Paar von Elektronen in π-Orbitalen angeordnet ist, wobei ihre Spins parallel anstatt antiparallel stehen.

Diese charakteristische Eigenschaft von B_2 und O_2 beruht auf der Tatsache, daß π-Orbitale bis zu vier Elektronen aufnehmen können, zwei mit Spin oben und zwei mit Spin unten, diese beiden Moleküle jedoch nur zwei Elektronen in diesem Energieniveau aufweisen. Aus der Diskussion der Atome erinnern wir uns (Abschnitt 4.3), daß die Abstoßung zwischen den Elektronen möglichst antisymmetrische, räumliche Wellenfunktionen bevorzugt. Nach dem Ausschließungsprinzip fordert dies möglichst symmetrische Spinwellenfunktionen, was in diesem Fall bedeutet, daß die Spins der beiden Elektronen parallel sind. Da der resultierende Spin von O_2 eins ist, besitzt das Sauerstoffmolekül ein permanentes magnetisches Dipolmoment, was erklärt, warum Sauerstoff ein paramagnetisches Gas ist, obwohl die meisten homonuklearen zweiatomigen Gase diamagnetisch sind. Wir können auch erwarten, daß die Stabilität des Moleküls von der relativen Anzahl bindender und nichtbindender Elektronenpaare abhängt. Z.B. haben wir darauf hingewiesen, daß He_2 die gleiche Anzahl bindender und nichtbindender Elektronenpaare besitzt und nicht stabil ist. Das gleiche ist bei Be_2 der Fall; daher sind beide Moleküle instabil. Andererseits nimmt die Stabilität von N_2, O_2, F_2 und Ne_2 (gemessen durch die Dissoziationsenergie) ab, weil die Differenz zwischen den bindenden und den nichtbindenden Paaren für diese Moleküle 3, 2, 1 und 0 ist.

Die Komponente des Gesamtbahndrehimpulses der Elektronen längs der Molekülachse ist durch $M_L\hbar$ mit $M_L = \sum_i m_{li}$ gegeben. Die Energie eines gegebenen Zustandes hängt vom Wert von $\Lambda = |M_L|$ ab. Je nachdem ob $\Lambda = 0, 1, 2, 3, \ldots,$ ist, wird der Zustand durch das Symbol Σ, Π, Δ, Φ usw. bezeichnet. Mit S als resultierendem Spin der Elektronen in dem Molekül ist das Symbol für einen Zustand oder Term $^{2S+1}\Lambda$. Die Grundzustandsterme der Moleküle in Tabelle 5-1 sind in der letzten Spalte gezeigt.

Wenn die beiden Kerne, die ein Molekül bilden, wie im Falle von HCl, CO und NaCl verschieden sind, nennt man das Molekül *heteronuklear*. In diesen Molekülen ist die Coulombwechselwirkung jedes Kerns mit den Elektronen verschieden, und das Molekül besitzt kein Symmetriezentrum mehr. Obwohl die Elektronenzustände noch σ, π, δ, ... usw. genannt werden, klassifiziert man sie deshalb nicht als g und u. Wie wir bereits zu Beginn dieses Kapitels erwähnten, betrachtet man im allgemeinen nur die Elektronen der letzten, nichtabgeschloßenen Schale jedes Atoms, wenn man diese Moleküle diskutiert.

Betrachten wir als Beispiel das NaCl. Das Problem besteht darin, die Bewegung der elf Elektronen des Natriumatoms und der siebzehn Elektronen des Chloratoms in dem elektrischen Feld zu beschreiben, das die Kerne des Na und des Cl in ihrem Gleichgewichtsabstand von 2.51×10^{-10} m (in der Gasphase) erzeugen. Um das Problem zu vereinfachen, wollen wir annehmen, daß die Elektronen in den geschlossenen Schalen nicht durch die Anwesenheit des zweiten Kerns beeinflußt werden, da sie sehr fest an ihren jeweiligen Kern gebunden sind. Entsprechend unserer vorhergehenden Diskussion wird man auch erwarten, daß diejenigen Elektronen in den nichtabgeschlossenen Schalen, deren Spins gekoppelt sind, nicht stark an der Bindung des Moleküls beteiligt sind. So müssen wir nur zwei nichtgepaarte Elektronen betrachten, das 3s-Elektron in Na und ein 3p-Elektron in Cl.

Wenn wir die gleiche Schlußweise wie für homonukleare Moleküle zugrunde legen, können wir sagen, daß ein stabiles System gebildet wird, wenn die beiden Elektronen in dem Gebiet zwischen den beiden Atomen konzentriert sind. Da die Kernladungen verschieden sind, ist die Elektronenverteilung jedoch nicht symmetrisch. Im Fall des NaCl-Moleküls ist die Elektronenladung zum Cl-Kern hin verschoben, da der Cl-Kern ein stärkeres anziehendes Feld erzeugt.

Dies ergibt ein Molekül, das eine ungleichmäßige Ladungsverteilung besitzt und daher polarisiert ist. Das elektrische Dipolmoment von NaCl im Gaszustand ist ungefähr 3.0×10^{-29} m C. Wenn das 3s-Elektron des Na völlig zum Cl übertragen wäre, würde das Molekül ein Dipol mit der Ladung $e = 1.6 \times 10^{-19}$ C und einer Länge gleich dem Gleichgewichtsabstand 2.51×10^{-10} m sein und so ein Dipolmoment von 4.0×10^{-30} m C besitzen. Wir schließen hieraus, daß rund 75% der Elektronenverteilung des Valenzelektrons in Na zum Cl hin verschoben sind und können daher das Molekül als aus zwei Ionen zusammengesetzt auffassen, die durch ihre Coulombanziehung zusammengehalten werden. Wir können diese Verhältnisse durch die Schreibweise Na^+Cl^- ausdrücken. Dieser Typ der molekularen Bindung wird *Ionenbindung* genannt, während der oben beschriebene Fall der homonuklearen Moleküle mit einer symmetrischen Elektronenverteilung *kovalente oder Atombindung* genannt wird.

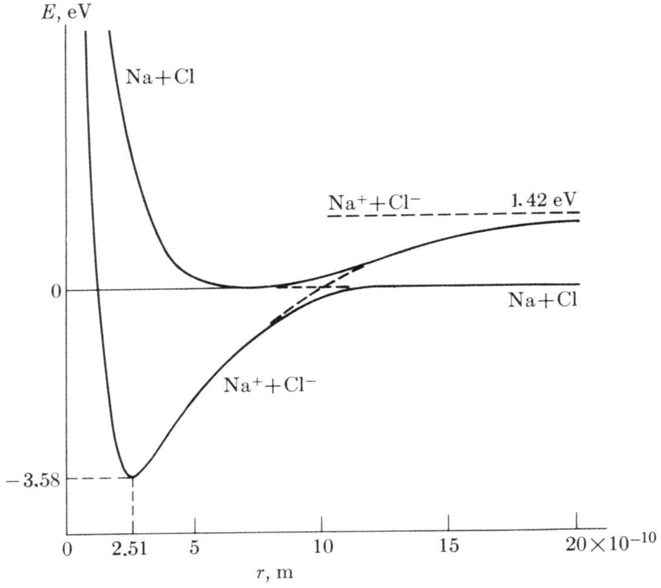

Abb. 5-14. Verlauf der potentiellen Energie für NaCl und Na^+Cl^-.

Abb. 5-14 zeigt die potentielle Energie des Systems Natrium-Chlor (im Gaszustand) als Funktion des Kernabstandes. Bei großen Abständen sind die beiden, in Wechselwirkung tretenden Systeme das Na- und das Cl-Atom. Ihre Wechselwirkung ist dann sehr gering, so daß die potentielle Energie praktisch konstant ist. Bei einem Abstand von rund 12.5×10^{-10} m gewinnt der Ladungsübertrag vom Na zum Cl sich bemerkbar zu machen. Bei weiter abnehmendem Abstand nähert sich das Wechselwirkungspotential dem anziehenden Coulombpotential zwischen Na^+- und Cl^--Ionen. Bei sehr geringen Kernabständen wächst die Abstoßung zwischen den Kernen und den abgeschlossenen Schalen der beiden

TABELLE 5-2 Dissoziationsenergien *D*, Bindungslängen r_0 und elektrische Dipolmomente *p* einiger zweiatomiger Moleküle*

Kovalent				Ionisch			
Molekül	D, eV	r_0, Å	p, D	Molekül	D, eV	r_0, Å	p, D
H_2	4.48	0.74	0	NaCl	3.58	2.51	8.5
Li_2	1.03	2.67	0	HCl	4.43	1.27	1.07
O_2	5.08	1.21	0	LiH	2.5	1.60	5.88
N_2	7.37	1.09	0	KBr	3.96	2.94	1.29
Cl_2	2.47	1.99	0	KF	5.9	2.55	8.60
HI	3.06	1.61	0.38	CsCl	3.76	3.06	9.97
CO	11.11	1.13	0.12	KCl	4.92	2.79	8.0
NO	5.3	1.15	0.15	KI	3.0	3.23	9.24

* Die Moleküle sind dem vorherrschenden Charakter der Bindung entsprechend gruppiert. Elektrische Dipolmomente sind in Debye (D) ausgedrückt. Ein D ist $3{,}3 \times 10^{-30}$ m C.

Ionen wieder an und überwiegt die Ionenanziehung zwischen Na^+ und Cl^-. Das Minimum der potentiellen Energie oder die Gleichgewichtslage entsprechen einem Abstand von 2.51×10^{-10} m.

Die molekulare Wellenfunktion (oder Orbital) eines heteronuklearen, zweiatomigen Moleküls kann nicht vom Typ der Gl. (5.2) sein, in welcher die beiden Kerne symmetrisch behandelt werden. Anstelle von Gl. (5.2) für eine bindende Molekülfunktion müssen wir daher (wenn *A* und *B* die beiden Kerne bezeichnen) schreiben

$$\psi = \psi_A + \lambda\psi_B,$$

wobei ψ_A und ψ_B die auf die einzelnen Kerne bezogenen atomaren Wellenfunktionen des Elektrons sind. Der Parameter λ wird so gewählt, daß die berechnete Energie mit dem experimentellen Wert übereinstimmt. Es hängt vom Wert λ ab, ob die Elektronenverteilung in dem Gebiet zwischen den beiden Kernen oder in der Umgebung eines der Kerne konzentriert ist. Im ersten Fall haben wir eine vorwiegend kovalente Bindung, im zweiten Fall überwiegend eine Ionenbindung. Bei den meisten heteronuklearen, zweiatomigen Molekülen liegt die Situation zwischen einer reinen kovalenten Bindung und einer reinen Ionenbindung. Je mehr die Bindung den Charakter einer Ionenbindung besitzt, umso größer ist im allgemeinen das elektrische Dipolmoment des Moleküls. Z.B. äußert sich im CO-Molekül, in dem beide Kerne ähnliche Ladungen besitzen, der Ionencharakter viel weniger als der kovalente Charakter der Bindung. Dies zeigt sich deutlich im relativ kleinen elektrischen Dipolmoment, 0.40×10^{-30} m C, des Moleküls. In Tabelle 5-2 sind die Dissoziationsenergien, Bindungsabstände, elektrischen Dipolmomente sowie der überwiegende Bindungstyp einiger zweiatomiger Moleküle angegeben.

BEISPIEL 5.3. Diskussion des Morse-Potentials.

Lösung: Ein empirischer Ausdruck, der mit einiger Genauigkeit für eine gegebene Elektronenkonfiguration die potentielle Energie eines gebundenen Zustandes eines zweiatomigen Moleküls angibt, ist das *Morse-Potential*

$$E_p(r) = D[1 - e^{-a(r-r_0)}]^2. \tag{5.7}$$

Dabei sind die Konstanten D, a und r_0 für das einzelne Molekül charakteristische, anpaßbare Parameter. Der Verlauf von $E_p(r)$ ist in Abb. 5-15 gezeigt. Das Minimum von E_p erhält man durch Bildung der Ableitung dE_p/dr und Nullsetzen. So ergibt sich

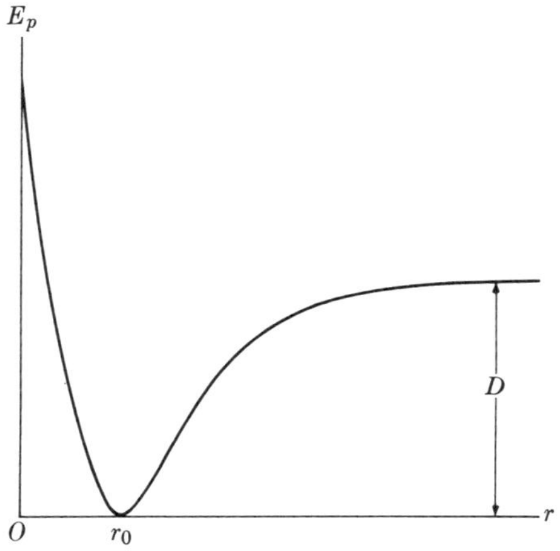

Abb. 5-15. Morse-Potential.

$$-2Dae^{-a(r-r_0)}\,[1 - e^{-a(r-r_0)}] = 0,$$

was $e^{-a(r-r_0)} = 1$ oder $r = r_0$ fordert; d.h. r_0 ist der Gleichgewichtsabstand. Der Wert von E_p am Minimum ist Null. Für sehr große r ist die Exponentialfunktion zu vernachlässigen und E_p nähert sich dem konstanten Wert D. Also ist D diejenige Energie, die erforderlich ist, das Molekül zu trennen oder zu dissoziieren, wenn es sich anfangs im Zustand minimaler potentieller Energie befand. Diesen Punkt müssen wir jedoch wegen der sog. *Nullpunktsenergie* der Schwingung später noch ausführlicher diskutieren (vergl. Abschnitt 5-8).

Für kleine r strebt E_p gegen den Wert $D\ (1 - e^{ar_0})^2$, anstatt gegen Unendlich; dies ist eine der Grenzen des Morse-Potentials. Die Bedeutung der Konstanten a können wir erst dann angeben, wenn wir die molekularen Schwingungen besprochen haben (Beispiel 5.7).

BEISPIEL 5.4. Bestimmung der möglichen Terme des Grundzustandes für einige der Moleküle in Tabelle 5-1.

Lösung: Wenn ein Molekülorbital λnl die volle, mit dem Ausschließungsprinzip verträgliche Anzahl von Elektronen aufweist, ist der einzig mögliche Zustand $M_L = 0$ und $S = 0$, d.h. $^1\Sigma$. Die Moleküle H_2, He_2, Li_2, Be_2, C_2 und F_2 von Tabelle 5-1 haben ihre höchstliegenden molekularen Orbitale vollständig gefüllt, und ihr Grundzustand ist $^1\Sigma$. Wenn nur ein Elektron im höchstliegenden molekularen Orbital λnl vorliegt, ist offensichtlich $\Lambda = \lambda$ und $S = \frac{1}{2}$. Dieser Fall liegt bei H_2^+ und He_2^+ vor, die $\lambda = 0$ und den Grundzustandsterm $^2\Sigma$ besitzen. Bei nicht vollständig gefülltem molekularen Orbital, das mehr als ein Elektron aufweist, können verschiedene mögliche Terme auftreten, wie es bei B_2 und O_2 der Fall ist, die beide die Konfiguration $(\pi 2p)^2$ aufweisen. Das molekulare Orbital $\pi 2p$ ist aus atomaren Wellenfunktionen mit $m_l = \pm 1$ aufgebaut. Ferner ist $m_s = \pm \frac{1}{2}$. So ergeben sich für die möglichen Sätze von Quantenzahlen (oder atomaren Orbitalen), die mit dem Ausschließungsprinzip verträglich sind, die Werte der folgenden Tabelle, in der die Symbole der Wellenfunktion $(m_l,\ m_s)_1(m_l,\ m_s)_2$ entsprechen.

M_L \ M_S	-1	0	$+1$
$+2$		$(1, +)(1, -)$	
$+1$			
0	$(1, -)(-1, -)$	$(1, +)(-1, -)$ $(1, -)(-1, +)$	$(1, +)(-1, +)$
-1			
-2		$(-1, +)(-1, -)$	

Dieser Tabelle entnehmen wir, daß genügend Wellenfunktionen zur Verfügung stehen, um die folgenden Molekülzustände zu bilden:

$M_L = \pm 2, \quad M_S = 0$: $^1\Delta$-Zustand

$M_L = 0, \quad M_S = \pm 1, 0$: $^3\Sigma$-Zustand

$M_L = 0, \quad M_S = 0$: $^1\Sigma$-Zustand

Somit gibt es drei mögliche Terme, die der Konfiguration $(\pi 2p)^2$ entsprechen, von denen der Grundzustand derjenige mit der höheren Multiplizität, $^3\Sigma$, ist. Dies ist der Grundzustand von B_2 und O_2.

BEISPIEL 5.5. Diskussion der potentiellen Energie eines zweiatomigen Moleküls für den Fall der Ionenbildung.

Lösung: Eine hinreichend genaue Beschreibung der potentiellen Energie für die Ionenbindung ergibt der empirische Ausdruck

$$E_p(r) = \frac{e^2}{4\pi\epsilon_0 r} + \frac{b^9}{r^9}. \tag{5.8}$$

Der erste Term ist die reine Coulombanziehung zwischen den Ionen, der zweite Term berücksichtigt die Abstoßung der Kerne und der abgeschlossenen Schalen. Der Exponent 9 wird gewählt, weil er bei einer Funktion vom Typ r^{-n} die experimentellen Daten am besten wiedergibt. Da der zweite Term von r^{-9} abhängt, fällt er mit zunehmendem Kernabstand rasch ab und ist nur bei geringen Abständen wichtig. Den Gleichgewichtsabstand r erhält man durch Aufsuchen des Minimums von E_p. So ergibt

$$\left(\frac{dE_p}{dr}\right)_{r=r_0} = \frac{e^2}{4\pi\epsilon_0 r_0^2} - \frac{9b}{r_0^{10}}$$

für b den Wert $b = e^2 r_0^8/36\pi\epsilon_0$. Die zugehörige Energie E_p, am Minimum D_i bezeichnet, ist $D_i = -(8/9e^2/4\pi\epsilon_0 r_0$. Dies ist die *Dissoziationsenergie* des Moleküls. Sie ist diejenige Energie, die erforderlich ist, das Molekül, wenn es sich zu Beginn in seinem Grundzustand befunden hat, in zwei Ionen zu trennen, die unendlich weit getrennt sind und sich in Ruhe befinden. Im Falle von NaCl gibt D_i diejenige Energie an, die erforderlich ist, das Molekül in die Ionen Na^+ und Cl^- zu trennen. Die Energie des Systems Na^+ und Cl^- bei unendlichen Abstand der beiden Ionen entspricht der gestrichelten Linie in Abb. 5-14. Setzt man $r_0 = 2.51 \times 10^{-10}$ m, so ergibt sich für NaCl eine Dissoziationsenergie von 5.12 eV. Wir sind jedoch an der Energie für die Dissoziation von NaCl in neutrale Atome Na und Cl interessiert. Um ein Na-Atom zu ionisieren, ist eine Energie von 5.14 eV erforderlich, während eine Energie von 3.72 eV frei wird, wenn sich ein Cl^--Ion bildet. Daher besitzt das System Na^+ und Cl^- bei unendlicher Trennung gegenüber dem System Na und Cl bei unendlicher Trennung einen Energieüberschuß von 5.14 eV — 3.72 eV = 1.42 eV. Dies bedeutet, daß die Dissoziationsenergie D_n von NaCl für die Trennung in neutrale Atome

$$D_n = 5.12\ \text{eV} - 1.42\ \text{eV} = 3.70\ \text{eV}$$

beträgt. Dies ist etwas größer als der experimentelle Wert 3.58 eV. Man kann eine bessere Anpassung an die experimentellen Daten erhalten, wenn man den abstoßenden reziproken r-Term durch eine Exponentialfunktion der Gestalt $b \exp(-r/r_0)$ ersetzt.

5.5 Vielatomige Moleküle

Für Moleküle mit mehr als zwei Atomen tritt ein wichtiges neues Element in die Untersuchung der Elektronenbewegung ein: die geometrische Anordnung der Elektronen und Kerne (mit anderen Worten, die molekulare Symmetrie). Wir wissen vom Fall zweiatomiger Moleküle, daß Bindung begünstigt wird, wenn sich die Bindungselektronen in das Gebiet zwischen den beiden Atomen einfügen können. Dies erfordert, daß die atomaren Wellenfunktionen, die zu den beiden Atomen gehören und die Molekülfunktion bilden, sich längs der Verbindungslinie der beiden Kerne so weit wie möglich erstrecken oder «überlappen» und so die Situation begünstigen, in der ein Elektronenpaar (eins von jedem Atom) zwischen den beiden Atomen konzentriert ist. Diese Bedingung der «maximalen Überlappung» der atomaren Wellenfunktionen können wir wie folgt formulieren:

> *Eine Bindung zwischen zwei Atomen tritt in derjenigen Richtung auf, in welcher die betreffenden atomaren Wellenfunktionen, welche die Molekülfunktion bilden, konzentriert sind und sich überlappen; die Stärke der Bindung hängt vom Überlappungsgrad der atomaren Wellenfunktionen ab.*

Das Prinzip der maximalen Überlappung hilft einem, wenn man die Gestalt oder die Geometrie eines Moleküls bestimmen will. Wir wollen als Beispiel den Fall des Wassermoleküls H_2O betrachten: Es enthält 10 Elektronen und drei Kerne. Im Sauerstoffatom können wir wieder (in erster Näherung) alle Elektronen außer den zwei nichtgepaarten p-Elektronen in der L-Schale vernachlässigen (Abb. 4-3). Diese beiden Elektronen, die, wie in Abb. 4-3 gezeigt ist, parallelen Spin aufweisen, müssen sich in ihrer Bahnbewegung unterscheiden. In Anlehnung an Abb. 3-11, welche die Winkelverteilung der p-Elektronen zeigt, können wir annehmen, daß das eine Elektron längs der X-Achse und das andere längs der Y-Achse konzentriert ist; d.h. die ungepaarten 2p-Elektronen besetzen die Zustände p_x und p_y. (Die übrigen 2p-Elektronen des O haben gepaarten

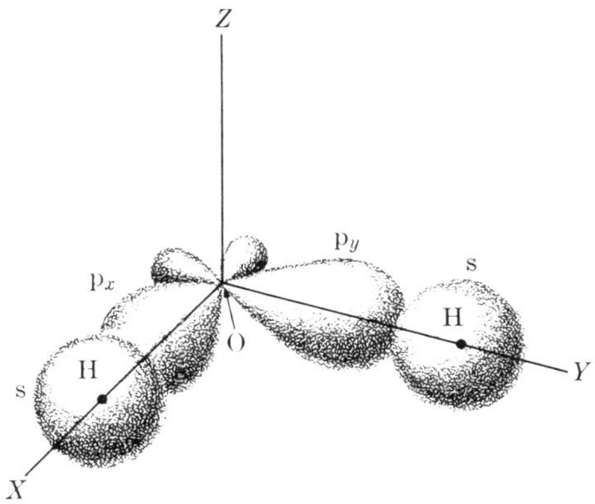

Abb. 5-16. Elektronenverteilung im H_2O-Molekül.

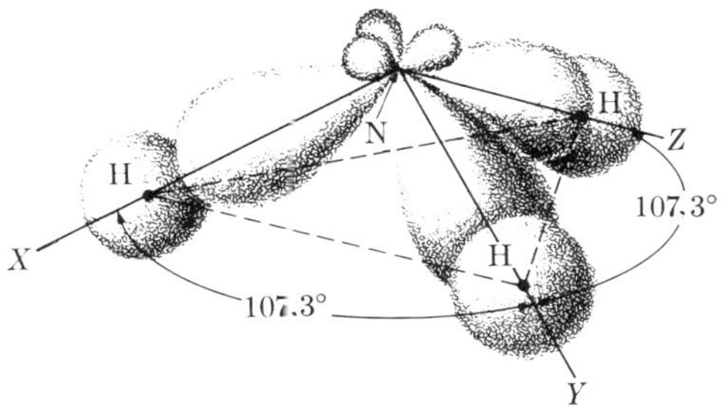

Abb. 5-17. Elektronenverteilung im NH_3-Molekül.

Spin und gehören zur Z-Achse oder p_z-Zustand.) Die beiden H-Atome, jedes mit einem s-Elektron, sind so angeordnet, daß sich ihre jeweiligen Elektronen möglichst gut (d.h. mit größtem Überlapp ihrer Wellenfunktionen) mit den zwei nichtgepaarten Elektronen im O verbinden. Daraus schließen wir, daß die beiden H-Atome auf der X-bzw. Y-Achse in gleicher Entfernung vom O-Atom angeordnet sein müssen, um größte Überlappung zu erreichen. Dies ergibt ein Molekül mit rechtwinkliger Gestalt, wie es in Abb. 5-16 gezeigt ist.

Man beachte, daß in Abb. 5-16 die Verteilung der p-Elektronen des O nicht exakt genauso wie in Abb. 3-11 dargestellt ist. Der Grund hierfür ist, daß die Anwesenheit der H-Atome die Bewegung der p-Elektronen des O etwas ändert oder polarisiert. Ferner ist wegen der Abstoßung zwischen den beiden H-Atomen der Winkel zwischen den zwei O-H-Bindungen etwas größer als 90° (genau 104.5°). Eine genaue Berechnung zeigt, daß die 1s-Elektronen des Wasserstoffs in Richtung auf das O-Atom gezogen werden, so daß die Schwerpunkte der negativen und positiven Ladung nicht zusammenfallen. Daher ist das Molekül polarisiert mit einem resultierenden elektrischen Dipolmoment 6.2×10^{-30} m C längs der Winkelhalbierenden des Bindungswinkels. Wenn das H_2O-Molekül linear wäre, würde das Dipolmoment offensichtlich 0 sein.

Als nächstes betrachten wir das Ammoniak- oder NH_3-Molekül. Die drei nichtgepaarten 2p-Elektronen im N-Atom (siehe Abb. 4-7) sind längs der X-, Y- und Z-Achse konzentriert und besetzen p_x, p_y und p_z-Zustände. So besitzt das NH_3-Molekül Pyramidenform, mit N an einer Spitze und den H-Atomen an den anderen Spitzen, welche die Basis bilden (Abb. 5-17). Die Winkel an der N-Spitze der Pyramide sind 107.3° statt 90° wegen der Abstoßung zwischen den H-Atomen. Die Pyramidenform erzeugt ein elektrisches Dipolmoment von 5.0×10^{-30} m C, das längs der Achse der Pyramide ausgerichtet ist. Das Dipolmoment wäre Null, wenn das Molekül eben wäre.

Interessant ist das Kohlenstoffatom. In seinem Grundzustand besitzt es nur zwei ungepaarte 2p-Elektronen, was viele Verbindungen des Kohlenstoffs nicht

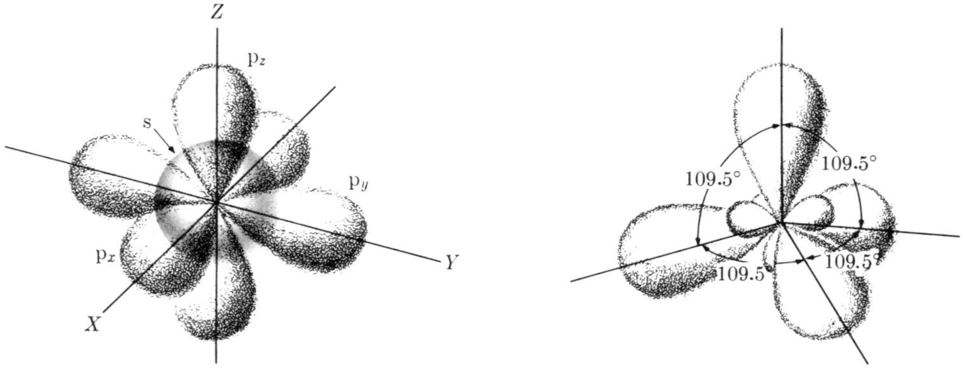

(a) s, p_x, p_y und p_z Wellenfunktionen (b) sp^3 Hybridwellenfunktionen

Abb. 5-18. Wellenfunktionen, die aus sp^3-Hybridisierung resultieren.

erklären kann. Einer der ersten angeregten Zustände des Kohlenstoffs besteht, wie in Abb. 4-8 und 4-10 gezeigt, aus einem 2s- und drei ungepaarten 2p-Elektronen, wobei die Orbitale wie in Abb. 5-18(a) angeordnet sind. Die 2p-Elektronen würden sich ähnlich wie die des NH_3 verhalten, das 2s-Elektron würde jedoch (da eine bevorzugte Richtung fehlt) keine Bindung derselben Stärke erzeugen, was es schwer macht, Moleküle wie das Methan CH_4 zu erklären. Man kann jedoch durch eine Technik, die sog. *Hybridbildung* der Wellenfunktionen, neue atomare Wellenfunktionen erzeugen, die in die gewünschten Richtungen orientiert sind. Die eine 2s- und die drei 2p-Wellenfunktionen des Kohlenstoffs haben nicht genau gleiche Energie, aber der Unterschied ihrer Energien ist sehr klein. Durch geeignete Linearkombination der vier Funktionen kann man neue oder Hybrid-Wellenfunktionen bilden, die alle zur gleichen Energie gehören, und die ein ausgesprochenes Maximum in jeder gewünschten Richtung aufweisen. Ein möglicher Satz von Linearkombinationen der s-, p_x-, p_y- und p_z-Funktionen gibt vier neue Hybridwellenfunktionen mit Maxima, die wie in Abb. 5-18(b) gezeigt, in Richtung der Spitzen eines Tetraeders zeigen. Die Richtungen, in denen die neuen Wellenfunktionen ihre Maxima besitzen, bilden Winkel von 109°28′. Durch die s- und p-Wellenfunktionen drücken sie sich wie folgt aus

$$\psi_1 = \tfrac{1}{2}(s + p_x + p_y + p_z),$$
$$\psi_2 = \tfrac{1}{2}(s + p_x - p_y - p_z),$$
$$\psi_3 = \tfrac{1}{2}(s - p_x + p_y - p_z),$$
$$\psi_4 = \tfrac{1}{2}(s - p_x - p_y + p_z).$$

Diesen Typ der Hybridisierung bezeichnet man durch sp^3. Man beachte, daß die Hybridwellenfunktionen nicht Zustände mit scharfem Drehimpuls beschreiben, weil die s- und p-Wellenfunktionen verschiedenen Werten des Drehimpulses entsprechen.

Nun wollen wir das Methanmolekül CH_4 betrachten. Wir erwarten, daß wir die maximale Stärke der Bindungen dann erhalten, wenn sich die 1s-Elektronen der einzelnen Wasserstoffatome möglichst weitgehend mit den einzelnen vier sp^3-Hybridwellenfunktionen des Kohlenstoffs überlappen. So ergibt sich das in Abb. 5-19(a) gezeigte tetraederförmige Molekül.

Analog besitzt das Äthan (oder H_3C-CH_3) Molekül die in Abb. 5-19(b) angedeutete Struktur. In diesem Molekül werden die beiden Kohlenstoffatome durch die Überlappung zweier Hybrid-sp^3-Wellenfunktionen zusammengehalten. Wegen der Ähnlichkeit mit dem Fall von σ-Orbitalen in zweiatomigen Molekülen nennt man dies eine σ-*Bindung.*

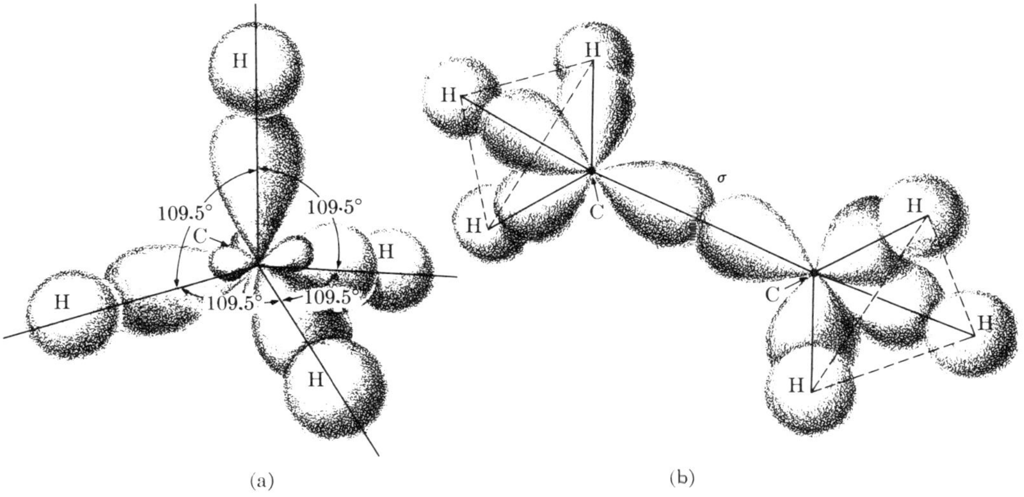

Abb. 5-19. Lokalisierte sp^3-Molekülorbitalbindungen in (a) Methan, (b) Äthan.

Man muß festhalten, daß Hybridbildung nicht nur bei Kohlenstoff, sondern bei jedem anderen Atom oder Ion mit derselben Elektronenkonfiguration zutrifft. Z.B. hat das N^+-Ion dieselbe Elektronenanordnung wie Kohlenstoff, und die Struktur des Radikals N^+H_4 ist ähnlich wie die von CH_4, wobei N^+ das Kohlenstoffatom ersetzt.

Neben der sp^3-Hybridbildung gibt es verschiedene andere Möglichkeiten der Hybridbildung und zwar auch mit Wellenfunktionen, deren Drehimpulse größer als eins sind. Wegen ihrer Wichtigkeit werden wir nur die sp^2- und sp-Hybridbildung diskutieren. Bei der sp^2-Hybridbildung werden die s-, p_x- und p_y-Wellenfunktionen zu drei Wellenfunktionen in der XY-Ebene kombiniert, wobei die Richtungen der Maxima, wie in Abb. 5-20 gezeigt, Winkel von 120° bilden. Durch die s- und p-Wellenfunktionen stellen sich diese Wellenfunktionen wie folgt dar

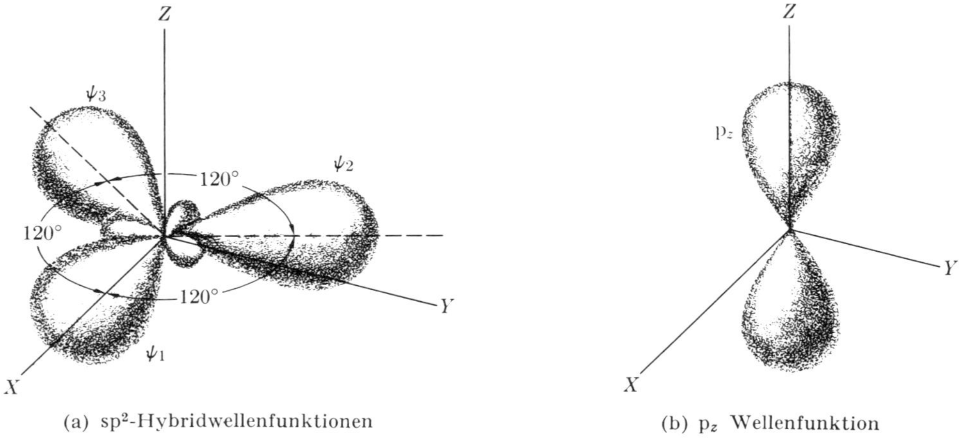

Abb. 5-20. Wellenfunktionen, die aus sp²-Hybridisierung resultieren.

$$\begin{aligned}
\psi_1 &= \frac{1}{\sqrt{3}}(\mathrm{s} + \sqrt{2}\,\mathrm{p}_x),\\
\psi_2 &= \frac{1}{\sqrt{3}}\left(\mathrm{s} - \frac{1}{\sqrt{2}}\mathrm{p}_x + \sqrt{\tfrac{3}{2}}\,\mathrm{p}_y\right),\\
\psi_3 &= \frac{1}{\sqrt{3}}\left(\mathrm{s} - \frac{1}{\sqrt{2}}\mathrm{p}_x - \sqrt{\tfrac{3}{2}}\,\mathrm{p}_y\right).
\end{aligned} \tag{5.10}$$

Das vierte Elektron besetzt einen p_z-Zustand. Diese Art der Hybridbildung ist erforderlich, um Moleküle wie das in Abb. 5-21 gezeigte Äthylen $H_2C = CH_2$ zu erklären. Die Doppelbindung zwischen den Kohlenstoffatomen entsteht durch den Überlapp einer sp²-Hybridwellenfunktion jedes Kohlenstoffatoms längs der Linie C-C (dies ist eine σ-Bindung) und die Überlappung der p_z-Wellenfunktionen bildet eine π-Bindung, die wegen ihrer Ähnlichkeit mit den π-Orbitalen in zweiatomigen Molekülen so genannt wird. Die Wasserstoffatome sind mit den verbleibenden sp²-Hybridwellenfunktionen verbunden. Im Ergebnis ist das Äthylenmolekül eben. Die $\sigma\pi$-Doppelbindung besitzt eine gewisse Starrheit, die es schwierig macht, das Molekül um die *C-C*-Achse zu verdrehen. Eine derartige Starrheit tritt bei einer Einfachbindung, wie sie im Äthan vorliegt, nicht auf und besitzt einigen Einfluß auf die molekularen Eigenschaften. Man beachte, daß der Überlappungsgrad einer π-Bindung viel geringer ist als einer σ-Bindung; daher tragen π-Bindungen weniger zur Bindungsenergie bei als σ-Bindungen. So sind z.B. 6.33 eV erforderlich, um eine einfache σ-Bindung aufzubrechen, es werden jedoch nur 3.98 eV benötigt, um eine $\sigma\pi$-Doppelbindung in eine einfache σ-Bindung aufzubrechen.

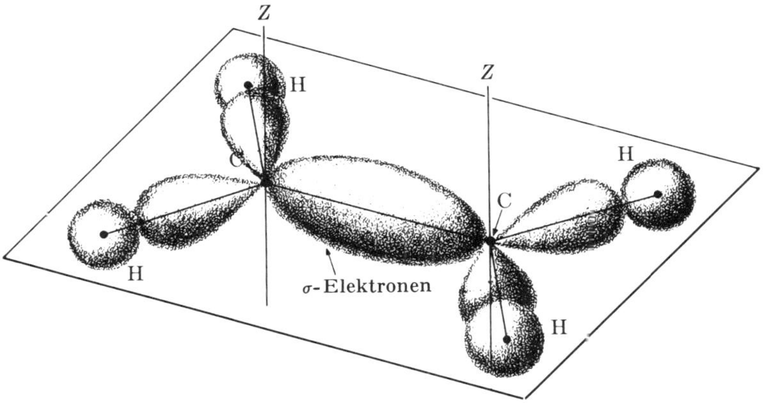

(a)

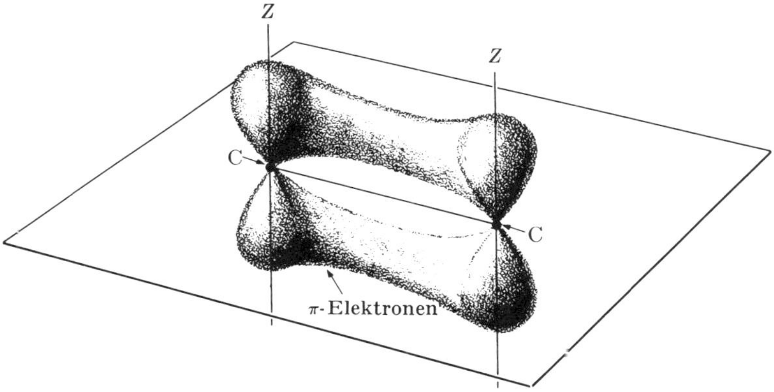

(b)

Abb. 5-21. Elektronenverteilung in Äthylen bei sp²-Hybridisierung: (a) σ-Bindung, (b) π-Bindung.

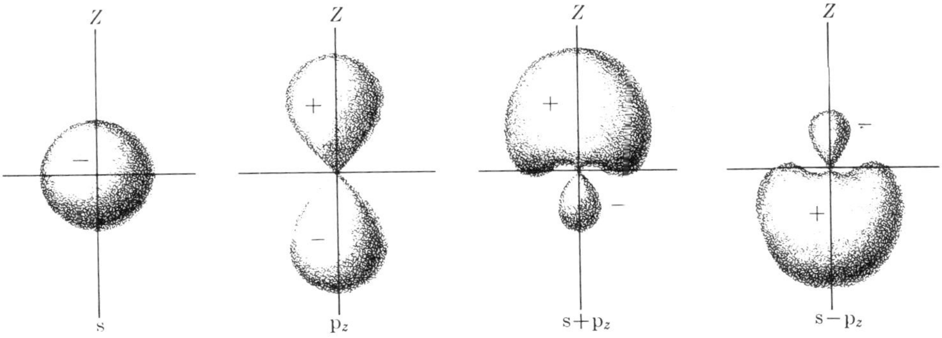

Abb. 5-22. Wellenfunktionen bei sp-Hybridisierung.

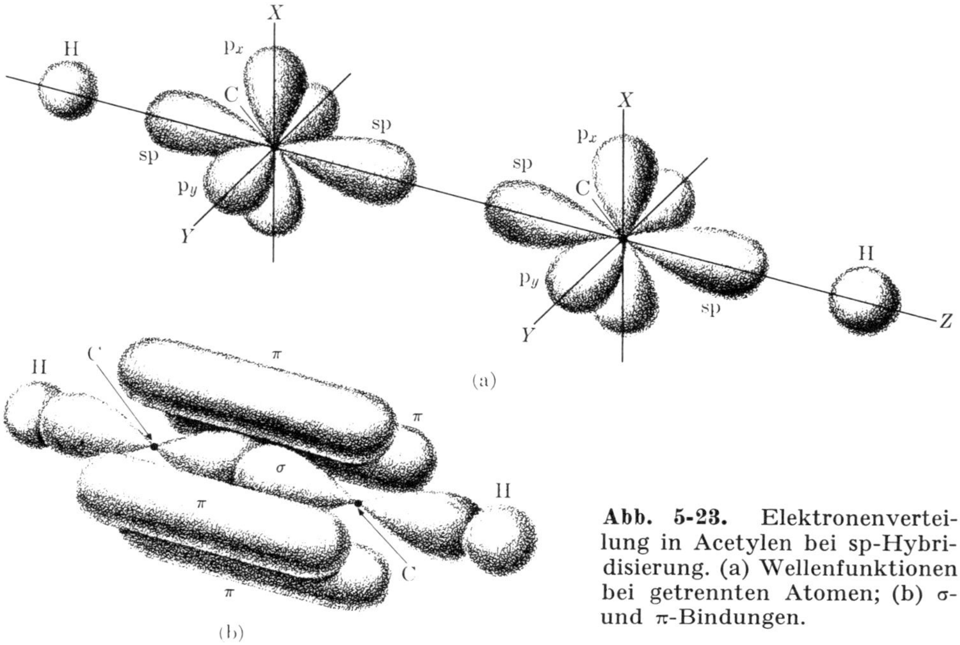

Abb. 5-23. Elektronenverteilung in Acetylen bei sp-Hybridisierung. (a) Wellenfunktionen bei getrennten Atomen; (b) σ- und π-Bindungen.

Der dritte Typ von Hybridbildung mit atomaren s- und p-Funktionen wird sp genannt. Er entspricht Wellenfunktionen $s \pm p_z$, die ausgeprägte Maxima in $\pm Z$-Richtung besitzen. Diese Hybridwellenfunktionen sind in Abb. 5-22 gezeigt. sp-Hybridwellenfunktionen sind erforderlich, um Moleküle wie das Acetylen $HC \equiv CH$ (Abb. 5-23) zu erklären. Die Dreifachbindung entsteht aus dem Überlapp einer sp-Hybridwellenfunktion jedes Kohlenstoffatoms (d.h. einer σ-Bindung) und dem Überlapp von p_x- und p_y-Wellenfunktionen, die zwei π-Bindungen ergeben. Die Wasserstoffatome sind an die verbleibenden sp-Wellenfunktionen gebunden. Im Ergebnis ist das Acetylen ein lineares Molekül.

5.6 *Konjugierte Moleküle*

Wir wollen jetzt eine Klasse von Verbindungen betrachten, die von den organischen Chemikern *konjugiert* genannt werden und für die Butadien (C_4H_6) ein Beispiel ist. Die Elektronenstruktur von Butadien ist in Abb. 5-24 angedeutet. Die Kohlenstoffatome längs der Kette sind unter Ausnutzung von sp^2-Hybridwellenfunktionen durch σ-Bindungen gebunden. Die Wasserstoffatome sind unter Ausnutzung der verbleibenden sp^2-Wellenfunktionen an die Kohlenstoffatome gebunden. Es gibt jedoch noch vier zusätzliche p_z-Elektronen, die π-Bindungen längs der Kohlenstoffkette bilden. In konjugierten Molekülen zeigen die π-Bindungen ein besonderes Verhalten. Die π-Bindungs-Elektronen, eins für jedes Kohlenstoffatom, können sich, wie in Abb. 5-24(b) durch ihre Wahrscheinlichkeitsvertei-

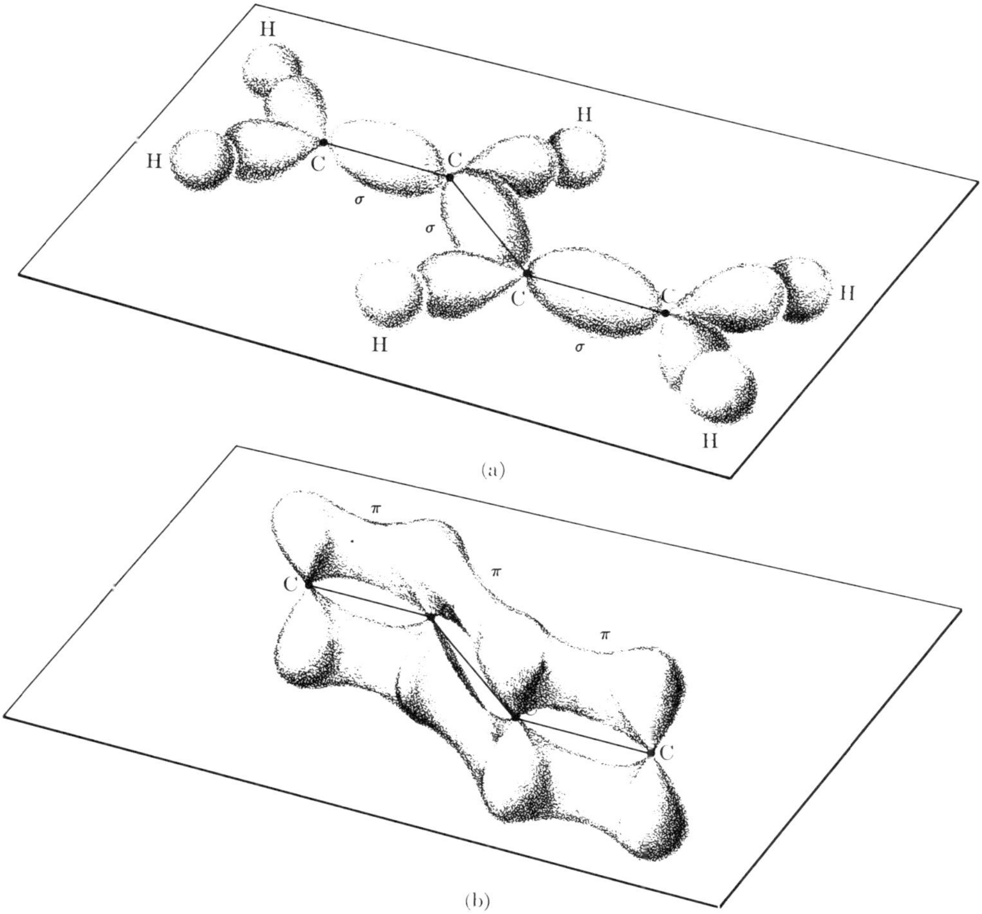

Abb. 5-24. Elektronenverteilung in Butadien. (a) Lokalisierte σ-Bindungen; (b) unlokalisierte π-Bindungen.

lung dargestellt ist, mehr oder weniger frei längs des Moleküls bewegen und sind nicht in bestimmten Gebieten des Moleküls lokalisiert wie die Elektron in einer σ-Bindung.

Die π-Elektronen zeigen daher ein spezielles Verhalten, das eine weitere Diskussion erfordert. Z.B. ist die Polarisierbarkeit der konjugierten Moleküle in Richtung der Kohlenstoffkette viel größer als die Polarisierbarkeit gesättigter Kohlenwasserstoffe, die nur lokalisierte σ-Bindungen und sp^3-Wellenfunktionen haben. Die π-Elektronen bringen auch eine gewisse Starrheit in die Molekülstruktur, so daß alle Kohlenstoffatome in einer Ebene liegen.

Wir wollen nun die Wellenfunktionen oder molekularen Orbitale der vier π-Elektronen besprechen. Unten in Abb. 5-25 haben wir die radiale Wellenfunktion jedes π-Bindungs-Elektrons für große gegenseitige Abstände der Kohlen-

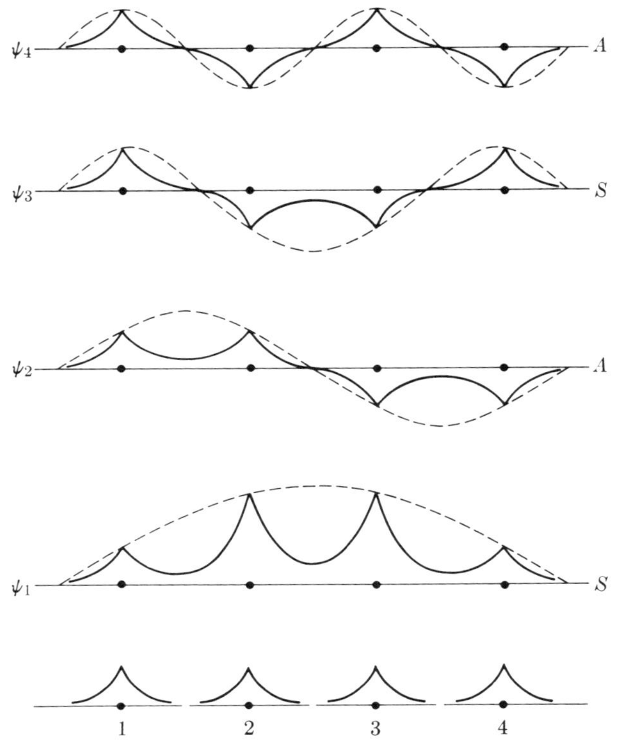

Abb. 5-25. Molekülorbitale für π-Elektronen in Butadien.

stoffatome schematisch dargestellt. Wenn die Atome, wie es in einem Molekül der Fall ist, sehr nahe beieinander angeordnet sind, erhält man die möglichen Wellenfunktionen durch geeignete Linearkombinationen der einzelnen oder atomaren Wellenfunktionen. Die Technik ist dieselbe, wie wir sie für H_2^+ und H_2 angewandt haben, mit dem Unterschied, daß wir jetzt vier Atome anstatt zwei berücksichtigen müssen. Wegen der Symmetrie des Moleküls müssen die molekularen Orbitale relativ zum Zentrum des Moleküls entweder symmetrisch oder antisymmetrisch sein. Die vier möglichen molekularen Wellenfunktionen der π-Elektronen sind in Abb. 5-25 mit ψ_1, ψ_2, ψ_3 und ψ_4 bezeichnet. Jede entspricht einer anderen Energie, die mit der Anzahl der Knoten derselben Funktion anwächst. Wenn die Kohlenstoffatome einander genähert werden, spaltet die Energie des Systems in vier eng benachbarte Niveaus auf anstelle von zwei wie es für H_2^+ und H_2 der Fall war.

Die vier Energiekurven sind in Abb. 5-26 schematisch qualitativ als Funktion des Kernabstandes gezeigt. Jedes Energieniveau kann zwei Elektronen mit entgegengesetztem Spin aufnehmen. So besetzen die vier π-Elektronen im Grundzustand des Butadien die Zustände, die ψ_1 und ψ_2 entsprechen. Die beiden nächstbenachbarten Zustände, die ψ_3 und ψ_4 entsprechen, sind leer. Die resultierende

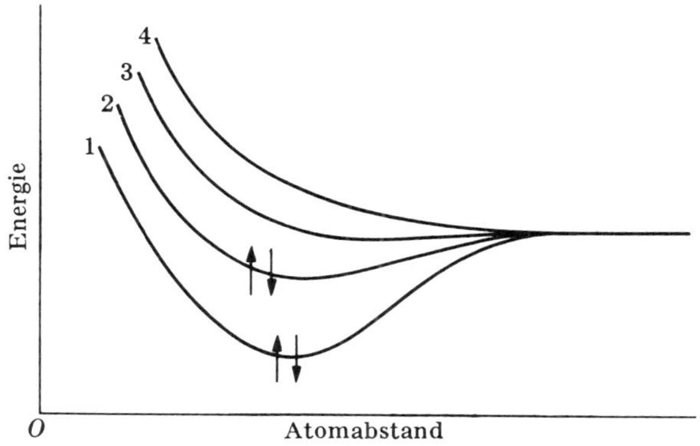

Abb. 5-26. Elektronische potentielle Energie von π-Elektronen in Butadien als Funktion des Kernabstandes.

Wahrscheinlichkeitsverteilung des Elektrons ist in Abb. 5-27 dargestellt. Das molekulare Orbital ψ_1 ist für jedes der Kohlenstoffpaare bindend, während ψ_2 für die Paare 1-2 und 3-4 bindend und für das Paar 2-3 nichtbindend ist. Aus diesem Grunde zeigt die Gesamtwahrscheinlichkeitsverteilung im Zentrum des Moleküls ein Tal. Dies bedeutet, daß die Stärke der Bindung zwischen dem Kohlenstoffpaar 2-3 geringer sein muß als für die Paare 1-2 und 3-4. Experimentell ergibt sich für die Länge der Bindung 2-3 1.46×10^{-10} m, während die Bindungen 1-2 und 3-4 eine Länge von 1.35×10^{-10} m besitzen.

Unsere Diskussion kann leicht verallgemeinert werden, um ein *Polyen* oder eine konjugierte Verbindung einzuschließen, die aus einer Kette von $2n$ Kohlenstoffatomen besteht; im klassischen Valenzmodell würde man dies als ... — C = C — C = C — C = ... schreiben. Zusätzlich zu den σ-Bindungen zwischen Paaren benachbarter Kohlenstoffatome gibt es $2n$ über das gesamte Molekül verteilte π-Elektronen, wie es oben für Butadien in Abb. 5-24 gezeigt wurde. Es stehen dann für die $2n$ π-Elektronen $2n$ nahe beieinanderliegende Energieniveaus zur Verfügung, die insgesamt $4n$ Elektronen aufnehmen können. Wenn sich ein derartiges Molekül im Grundzustand befindet, ist daher nur die untere Hälfte der Energieniveaus besetzt. Wegen der naheliegenden leeren Niveaus kann in diesen Molekülen eine Elektronenbewegung durch eine relativ geringe Energiezufuhr angeregt werden. Im Falle von $4n$ π-Elektronen sind alle Energieniveaus besetzt und um eine Elektronenbewegung anzuregen, muß das Molekül in eine andere Elektronenkonfiguration übergehen, was sehr viel mehr Energie

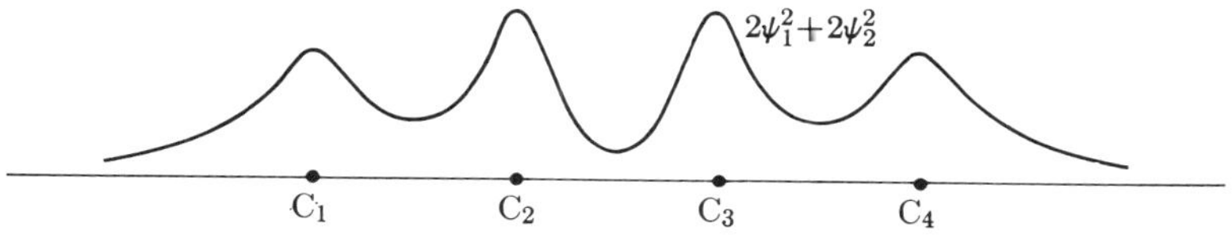

Abb. 5-27. Gesamte Wahrscheinlichkeitsverteilung der π-Elektronen in Butadien.

erfordert. Die zur Verfügung stehenden, niedrigliegenden leeren Energieniveaus sind dafür verantwortlich, daß viele dieser konjugierten Moleküle Photonen im sichtbaren Bereich absorbieren und daher charakteristische Farben aufweisen.

Als letztes Beispiel wollen wir das zyklische konjugierte Molekül Benzol, C_6H_6, betrachten. Die Kohlenstoffatome sind an den Ecken eines regulären Sechsecks angeordnet und wie in Abb. 5-28(a) gezeigt, unter Ausnutzung von sp^2-Hybridwellenfunktionen längs der einzelnen C-C-Verbindungen durch σ-Bindungen gebunden. Die Wasserstoffatome sind an das verbleibende sp^2-Orbital jedes Kohlenstoffatoms gebunden. Es gibt ferner sechs π-Elektronen, eins von jedem

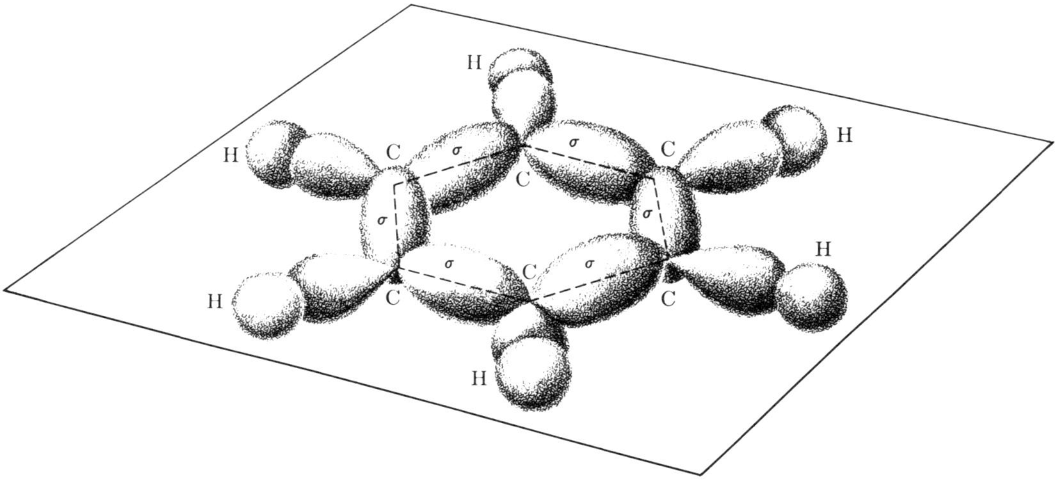

(a)

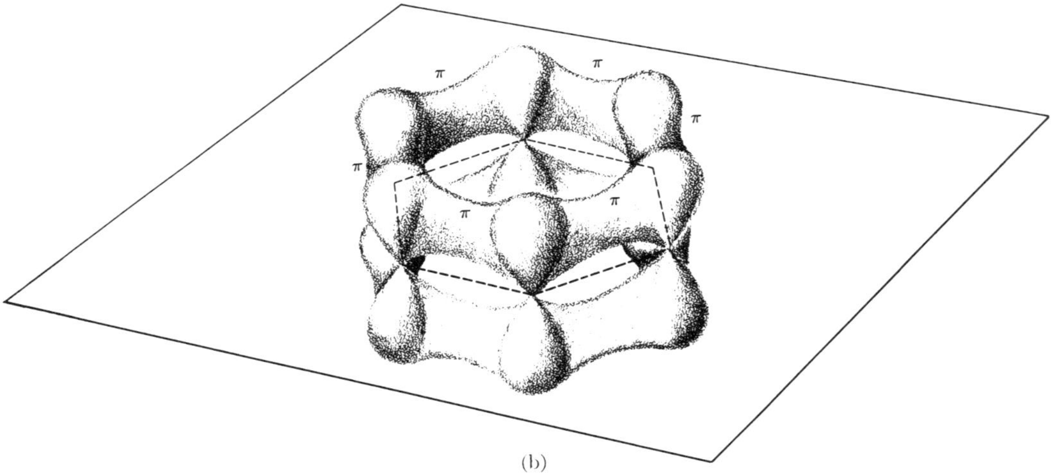

(b)

Abb. 5-28. Molekülorbitale für Benzol. (a) Lokalisierte σ-Bindungen; (b) unlokalisierte π-Bindungen.

Kohlenstoffatom, in p_z-Orbitalen (die Z-Achse ist dabei senkrecht zur Molekülebene angenommen). Diese π-Elektronen können sich dabei, wie in Abb. 5-28(b) gezeigt, frei längs des Sechseckes bewegen und bilden dabei eine Art geschlossener Stromkreis. Dies erklärt den starken Diamagnetismus des Benzols und anderer konjugierter zyklischer Moleküle. Die Analyse der Wellenfunktionen und der Energieniveaus der π-Elektronen verläuft ähnlich wie für Butadien, allerdings bringt die geschlossene Kohlenstoffkette gegenüber den offenen Kohlenstoffketten einige neue Züge mit sich, die wir hier nicht diskutieren werden (vergl. Aufgabe 6.20).

Wir wollen das Gebiet der Molekülstruktur nicht weiter verfolgen. Unsere kurze Diskussion der chemischen Bindung reicht aus, um die grundlegenden Ideen zu illustrieren und den Leser auf die Schwierigkeiten hinzuweisen, die auftauchen, wenn man das klassische Konzept der Valenzen in zu strenger Form anwendet. Die Bildung eines Moleküls ist ein Vielteilchen-Problem mit elektromagnetischer Wechselwirkung, und dieses Problem muß nach den Regeln der Quantenmechanik behandelt werden.

BEISPIEL 5.6. Schätzen Sie die erste Anregungsenergie eines π-Elektrons in einem konjugierten Molekül.

Lösung: Man kann die Anregungsenergie eines π-Elektrons abschätzen, indem man annimmt, daß sich die π-Elektronen unabhängig voneinander bewegen und daß sich ihre Bewegung im Molekül wie die Bewegung in einem Potentialkasten verhält (Abschnitt 2.5), dessen Dimension von der Größenordnung der Länge der Kohlenstoffkette ist. Die Wellenfunktionen würden dann den gestrichelten Linien in Abb. 5-25 entsprechen. Wenn die Kohlenstoffkette aus $2n$ Atomen besteht, gibt es $2n$ π-Elektronen, und das letzte besetzte Elektronenniveau entspricht dem n-ten Niveau von Gl. (2.14). Die Energiedifferenz zwischen dem n-ten und dem $(n+1)$-ten Niveau ist die erste Anregungsenergie.

Dann ist

$$\Delta E = \frac{\pi^2\hbar^2(n+1)^2}{2ma^2} - \frac{\pi^2\hbar^2 n^2}{2ma^2} = \frac{\pi^2\hbar^2}{2ma^2}(2n+1), \tag{5.11}$$

wobei a die Länge des Gebietes ist, in dem sich die π-Elektronen bewegen, so daß man eine Ausdehnung annimmt, welche die Länge des Moleküls an jedem Ende um eine halbe Bindungslänge überschreitet. Z.B. erhalten wir im Falle von Butadien mit a etwa 5.6×10^{-10} m und $n = 2$ $\Delta E = 5.86$ eV, was Photonen der Wellenlänge 2.12×10^{-7} m entspricht. Man hat beobachtet, daß Butadien eine starke Absorption für Strahlung der Wellenlänge 2.17×10^{-7} m besitzt. So zeigt unser rohes Modell einigermaßen Übereinstimmung mit dem Experiment.

5.7 *Molekulare Rotation*

Nachdem wir jetzt die Elektronenbewegung in Molekülen mit festen Kernen betrachtet haben, werden wir im Zuge unserer Analyse der Molekülstruktur als nächstes die Kernbewegung untersuchen. Die einfachste Kernbewegung ist eine Rotation des Moleküls als starrer Körper um seinen Massenmittelpunkt. Wir wollen zunächst die Rotation eines zweiatomigen Moleküls diskutieren.

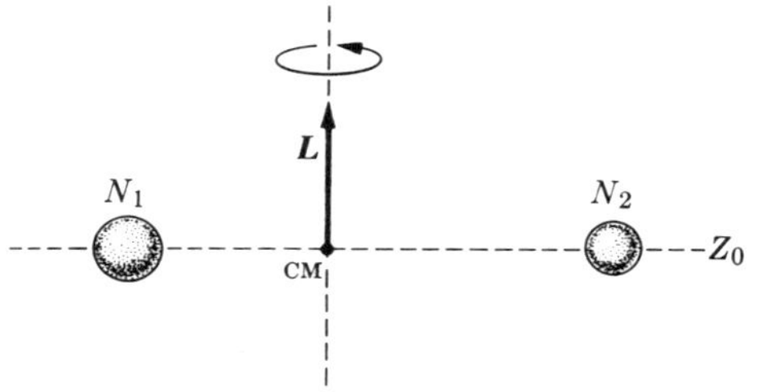

Abb. 5-29. Rotation eines zweiatomigen Moleküls um seinen Massenmittelpunkt.

Wir können die Bewegung eines starren Körpers am einfachsten untersuchen, wenn wir ein körperfestes Bezugssystem benutzen, das aus den Hauptträgheitsachsen gebildet wird. Im Falle zweiatomiger Moleküle (Abb. 5-29) sind die Hauptträgheitsachsen die Verbindungslinie der beiden Kerne N_1 und N_2, oder die Z-Achse, und jede dazu senkrechte Linie durch den Massenmittelpunkt. Da ihre Masse so gering ist, können wir den Beitrag der Elektronen zum Trägheitsmoment vernachlässigen, und daher ist das Trägheitsmoment des Moleküls um die Z-Achse gleich Null. Daher ist auch der Beitrag der Drehung um die Z-Achse zum Drehimpuls des Moleküls gleich Null, und der Gesamtdrehimpuls $\boldsymbol{L}$ des Moleküls ist senkrecht zur Molekülachse. Mit r_0 als Gleichgewichtsabstand der Kerne und μ als reduzierte Masse des Moleküls ist das Trägheitsmoment um eine Achse senkrecht zur Z_0-Achse durch den Massenmittelpunkt des Moleküls gegeben durch $I = \mu r_0^2$. Dann können wir die kinetische Energie der Rotation des Moleküls als $E_r = L^2/2I$ schreiben. Wegen der Quantisierung des Drehimpulses können wir entsprechend Gl. (3.15) L^2 als $L^2 = \hbar^2 l(l+1)$ darstellen mit $l = 0,\ 1,\ 2,\ 3, \ldots$ (d.h. eine positive ganze Zahl). Daher wird die kinetische Energie der Rotation des Moleküls

$$E_r = \frac{\hbar^2}{2I}\, l(l+1) = Bhcl(l+1), \tag{5.12}$$

TABELLE 5-3 Rotations- und Vibrationskonstanten einiger zweiatomiger Moleküle

Molekül	$\hbar^2/2I$, eV	$B = \hbar/4\pi Ic$ cm^{-1}	$\hbar\omega_0$, eV	$\tilde{\nu}_0$, cm^{-1}
H_2	8.0×10^{-3}	60.809	0.543	4395
Cl_2	3.1×10^{-5}	0.244	0.0698	565
N_2	2.48×10^{-4}	2.010	0.292	2360
Li_2	8.3×10^{-4}	0.673	0.0434	351
O_2	1.78×10^{-4}	1.446	0.194	1580
CO	2.38×10^{-4}	1.931	0.268	2170
HF	2.48×10^{-3}	20.94	0.510	4138
HCl	1.31×10^{-3}	10.59	0.369	2990
HBr	1.05×10^{-3}	8.47	0.326	2650
BeF	1.84×10^{-4}	1.488	0.151	1266

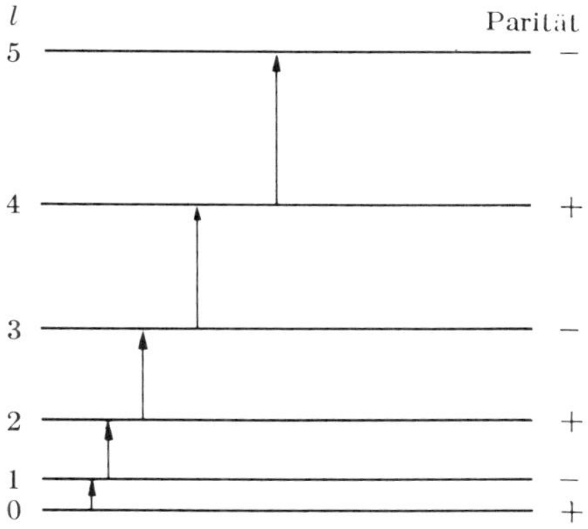

Abb. 5-30. Rotationsniveaus eines zweiatomigen Moleküls.

wobei es üblich ist, für $\hbar^2/2I = Bhc$ zu setzen. Die Größen $\hbar^2/2I$ und B sind für verschiedene Moleküle in Tabelle 5-3 angegeben und dabei in eV bzw. in cm^{-1} gemessen. Indem wir l aufeinanderfolgende Werte durchlaufen lassen, erhalten wir die Rotationsniveaus des Moleküls (Abb. 5-30). Aufeinanderfolgende Energieniveaus, die l und $l' = l + 1$ entsprechen, liegen um den Betrag

$$\Delta E_r = 2Bhc(l + 1) \tag{5.13}$$

auseinander.
Wegen des, verglichen mit der kinetischen Energie der Translation (die von der Größenordung $kT \sim {}^1/_{40}$ eV $= 2.5 \times 10^{-2}$ eV bei Zimmertemperatur ist) kleinen Wertes von $\hbar^2/2I$ ($\sim 10^{-4}$ eV), befinden sich bei Zimmertemperatur viele Moleküle in angeregten Rotationszuständen. Obwohl die relativen Besetzungszahlen der verschiedenen Rotationsniveaus ein wichtiges Problem bilden, werden wir diese Frage bis zum Abschnitt 12.5 zurückstellen, da die Analyse eine Anwendung statistischer Methoden erfordert. Die Wellenfunktionen für die Rotationsbewegung sind die in Abschnitt 3.5 eingeführten $Y_{lm_l}(\theta, \phi)$. Die Winkel (θ, ϕ) definieren die Richtung der molekularen Z_0-Achse relativ zu den Koordinatenachsen des X-, Y-, Z-Laborsystems. Dementsprechend ist die Parität der einzelnen Niveaus $(-1)^l$, und aufeinanderfolgende Energieniveaus besitzen entgegengesetzte Parität, da sie den s-, p-, d-, ... Atomfunktionen entsprechen. Für elektrische Dipolstrahlung sind die Übergänge erlaubt, für die

$$\Delta l = \pm 1, \tag{5.14}$$

d.h. es gilt eine ähnliche Auswahlregel wie im Fall der atomaren Übergänge. So sind Übergänge zwischen benachbarten Niveaus die einzig möglichen. Einige dieser Übergänge, die Absorption entsprechen, sind in Abb. 5-30 dargestellt. Wenn wir die Bohrsche Regel, $E_2 - E_1 = h\nu$ anwenden, ergibt sich für die Frequenz der emittierten oder absorbierten Strahlung bei einem Rotationsübergang

$$\nu = \Delta E/h = 2Bc(l + 1) \qquad \text{oder} \qquad \tilde{\nu} = 2B(l + 1), \tag{5.15}$$

wobei l den Drehimpuls des niedrigsten beim Übergang beteiligten Niveaus bezeichnet und $\tilde{\nu}$ die in cm^{-1} ausgedrückte Wellenzahl ist. So besteht das Rotationsspektrum der zweiatomigen Moleküle aus einer Reihe um den Betrag

$$\Delta\tilde{\nu} = 2B \text{ cm}^{-1}$$

äquidistante Linien. Aus einer Messung von $\Delta\tilde{\nu}$ können wir B und so das Trägheitsmoment berechnen und daraus den Kernabstand r_0 abschätzen.

Reine Rotationsspektren fallen in das Mikrowellen- oder äußerste Infrarotgebiet des Spektrums. Um ein reines Rotationsspektrum zu zeigen, muß ein Molekül außerdem ein permanentes elektrisches Dipolmoment besitzen.

Bei einer Absorption von Strahlung durch das Molekül tritt das permanente elektrische Dipolmoment mit dem elektrischen Feld der ankommenden Welle in Wechselwirkung. Bei der Emission von Strahlung ist die Rotation des Dipols für die Strahlung verantwor ich. Daher zeigen homonukleare, zweiatomige Moleküle (die kein permanentes elektrisches Dipolmoment aufweisen) keine reinen Rotationsspektren. Abb. 5-31 zeigt das Absorptions-Rotationsspektrum von HCl in der Gasphase. Jedes Minimum entspricht maximaler oder resonanter Absorption. Wir sehen, daß die Frequenzen in Übereinstimmung mit der Theorie, wie durch Gl. (5.15) gegeben, gleichmäßig verteilt sind.

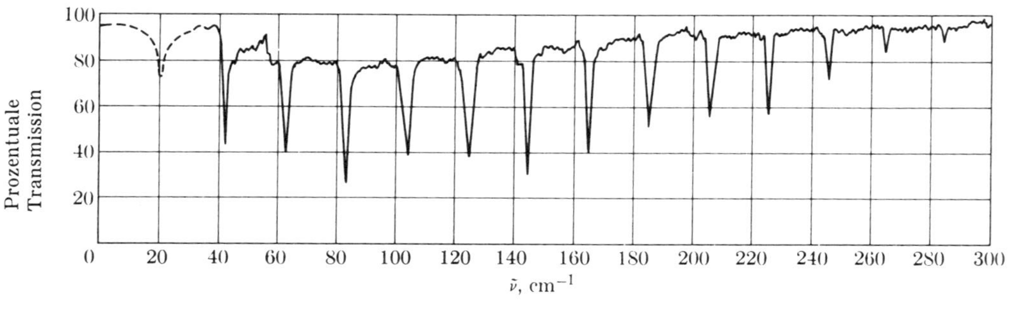

Abb. 5-31. Rotationsabsorptionsspektrum von HCl in der Gasphase.

Gl. (5.12) gilt im Fall eines starren Moleküls. Wenn die Rotationsenergie zunimmt, tritt jedoch eine Streckung des Moleküls infolge von Zentrifugaleffekten auf. Dies führt zu einem Anwachsen des Trägheitsmomentes und macht eine Korrektur der Gl. (5.12) erforderlich. Unsere Diskussion gilt auch für die Rotationsspektren linearer Moleküle wie CO_2 oder HCN. Diese Moleküle — die im allgemeinen relativ größere Trägheitsmomente besitzen — haben viel enger liegende Rotationsniveaus als die meisten zweiatomigen Moleküle und dementsprechend niedrigere Frequenzen im Rotationsspektrum.

5.8 Molekulare Schwingungen

Bis jetzt haben wir die Kerne so betrachtet, als seien sie relativ zueinander fixiert; der Verlauf der potentiellen Energie für ein zweiatomiges Molekül (wie in den Abb. 5-6, 5-13 und 5-14 gezeigt wurde) weist jedoch darauf hin, daß die Kerne in einem Molekül relativ zueinander Schwingungen ausführen.

Wir wollen ein zweiatomiges Molekül betrachten, das für eine gegebene Elektronenkonfiguration einen Verlauf der potentiellen Energie, wie in Abb. 5-32 gezeigt, aufweist, wobei r_0 der Gleichgewichtsabstand ist. Bei einer Energie E der Kernbewegung oszillieren die beiden Kerne so, daß klassisch ihr Abstand zwischen Oa und Ob variiert. Die Bewegung der Kerne muß man jedoch nach den Regeln der Quantenmechanik beschreiben. Wenn die potentielle Energie die eines einfachen harmonischen Oszillators, dargestellt durch die Parabel $\frac{1}{2}k(r-r_0)^2$, wäre, so wäre die relative Schwingungsbewegung der beiden Kerne einfach harmonisch, und die Ergebnisse von Abschnitt 2.6 könnten angewandt werden.

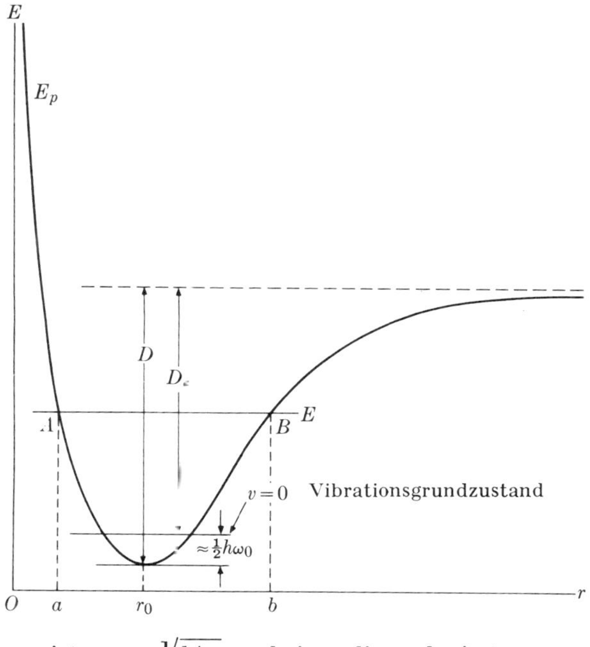

Abb. 5-32. Elektronische potentielle Energie in einem zweiatomigen Molekül.

Die Kreisfrequenz der Schwingungen ist $\omega_0 = \sqrt{k/\mu}$, wobei μ die reduzierte Masse des Moleküls ist. In Abschnitt 2.6 wurde gezeigt, daß die Energie der Schwingung quantisiert und durch Gl. (2.21) gegeben ist. Daher lassen sich die Schwingungsenergieniveaus eines zweiatomigen Moleküls näherungsweise durch

$$E_v = (v + \tfrac{1}{2})\hbar\omega_0 \tag{5.16}$$

ausdrücken, wobei $v = 0, 1, 2, 3, \ldots$ (positive ganze Zahl). Deshalb sind die Schwingungsniveaus eines Moleküls äquidistant mit dem Abstand $\hbar\Sigma_0$, und das

Molekül besitzt eine *Nullpunkt-Schwingungsenergie* gleich $\frac{1}{2}\hbar\Sigma_0$. Wie in der Nullpunktsenergie ist die Dissoziationsenergie eines zweiatomigen Moleküls $D_e = D - \frac{1}{2}\hbar\omega_0$, wie man Abb. 5-32 entnehmen kann. Die Auswahlregel für elektrische Dipolübergänge zwischen Schwingungsniveaus ist dieselbe wie Gl. (2.34), d.h.*

$$\Delta v = \pm 1. \tag{5.17}$$

Da die erlaubte Änderung von v nur zu einem benachbarten Energieniveau führen kann, ist die einzige bei einem Schwingungsübergang emittierte oder absorbierte Frequenz gleich der natürlichen klassischen Frequenz $\nu_0 = \omega_0/2\pi$. Tabelle 5-3 gibt die Werte von $\hbar\omega_0$ und $\tilde{\nu}_0 = \nu_0/c$ für verschiedene zweiatomige Moleküle an.

Die Schwingungsfrequenzen der meist zweiatomigen Moleküle liegen im Infrarotbereich des Spektrums. Damit ein Schwingungs-(oder Vibrations-) Übergang, entweder in Emission oder in Absorption, auftreten kann, muß das zweiatomige Molekül ein permanentes elektrisches Dipolmoment aufweisen. So zeigen homonukleare Moleküle wie H_2 oder N_2 keine reinen Vibrationsübergänge, da sie kein permanentes elektrisches Dipolmoment haben, und sie besitzen daher kein Infrarotspektrum. Polare Moleküle wie HCl zeigen dagegen starke Vibrationsübergänge.

Den Beitrag der Rotation und der Vibration zur Energie des Moleküls kann man durch Kombination der Gl. (5.12) und (5.16) ausdrücken:

$$E = E_v + E_r = (v + \tfrac{1}{2})\hbar\omega_0 + \frac{\hbar^2}{2I}\, l(l+1). \tag{5.18}$$

Im allgemeinen ist die Größe $\hbar^2/2I$ viel kleiner ($\sim 10^{-4}$ eV) als $\hbar\omega_0$($\sim 10^{-1}$ eV), so daß man sagen kann, daß zu jedem Schwingungsniveau verschiedene Rotationsniveaus, wie in Abb. 5-33 gezeigt, gehören. Wenn man die Auswahlregeln $\Delta v = \pm 1$ und $\Delta l = \pm 1$ für Übergänge zwischen zwei Rotationsniveaus, die zu benachbarten Vibrationsniveaus gehören, berücksichtigt, erhält man das Rotations-Vibrations-Spektrum.

Es besteht aus Linien, deren Frequenzen durch

$$\nu_{v,r} = \nu_0 \pm 2Bc(l+1)$$

oder

$$\tilde{\nu}_{v,r} = \tilde{\nu}_0 \pm 2B(l+1), \qquad l = 0, 1, 2 \ldots, \tag{5.19}$$

gegeben sind, wobei l das niedriger liegende der beiden Rotationsniveaus bezeichnet und B in Abschnitt 5.7 definiert wurde. Die Frequenzen liegen mit dem Abstand $2Bc$ äquidistant auf beiden Seiten der Mittenfrequenz ν_0. Die Linie der Frequenz ν_0 fehlt im Spektrum, da sie einem Übergang mit $\Delta l = 0$ entsprechen

* Diese Auswahlregel gilt nicht streng, weil das Potential, wie in Abb. 5-32 gezeigt, kein Oszillatorpotential ist und höhere Werte von Δv ebenfalls möglich, wenn auch weniger wahrscheinlich sind.

würde, der verboten ist. Abb. 5-34 zeigt die möglichen Rotationsübergänge zum Vibrationsübergang $v = 1 \rightarrow v = 0$. Die Linien mit $\Delta l = +1$ bilden den sog. R-Zweig des Spektrums; mit dem Namen P-Zweig bezeichnet man die Linien mit $\Delta l = -1$. Die Intensitäten der verschiedenen Übergänge bei Emission und Absorption hängen von der Besetzung der anfänglichen Energieniveaus ab, die wiederum von der Temperatur der Substanz abhängen. Wir werden diesen Punkt in Abschnitt 12.5 behandeln.

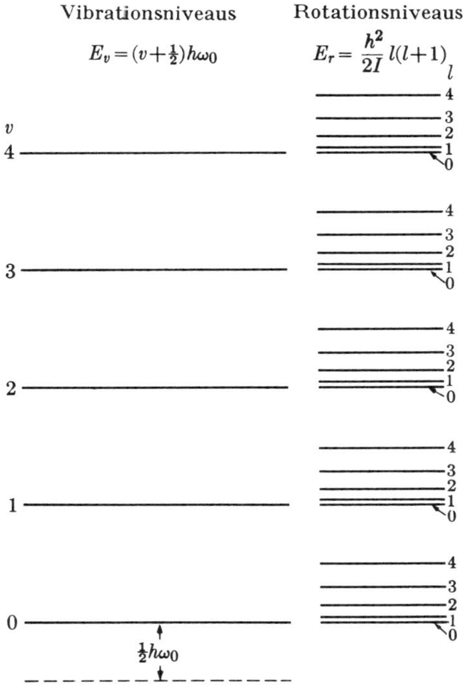

Abb. 5-33. Vibrations- und Rotationsniveaus eines zweiatomigen Moleküls.

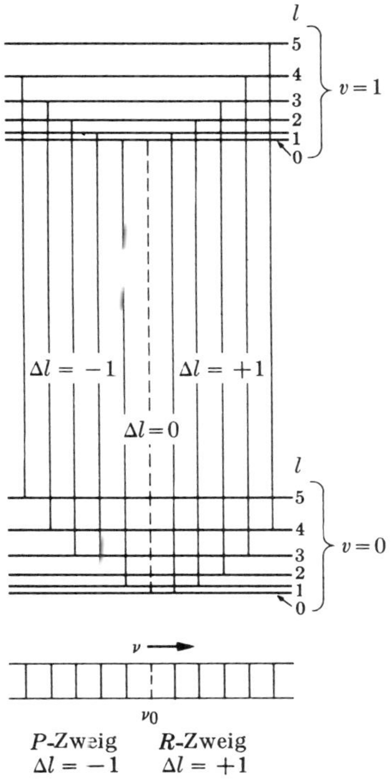

Abb. 5-34. Vibrations-Rotations-Übergänge in einem zweiatomigen Molekül.

Das Rotations-Vibrations-Spektrum von HCl ist in Abb. 5-35 dargestellt. Da sowohl ν_0 wie I von der Masse des Moleküls abhängen, sind die Spektren von Molekülen mit verschiedenen Isotopen, wie etwa $H^{35}Cl$ und $H^{37}Cl$, gegeneinander leicht verschoben. Man kann dies in der Abbildung leicht erkennen.

Unsere Theorie kann wie folgt weiter verfeinert werden. Das Potential von Abb. 5-32 entspricht nicht einem einfachen harmonischen Oszillator und daher sind die Schwingungen anharmonisch. Deshalb sind in Gl. (5.18) zusätzliche Terme erforderlich, um die Vibrationsübergänge richtig zu beschreiben. Neben dem Verlauf der potentiellen Energie muß man berücksichtigen, daß sich der

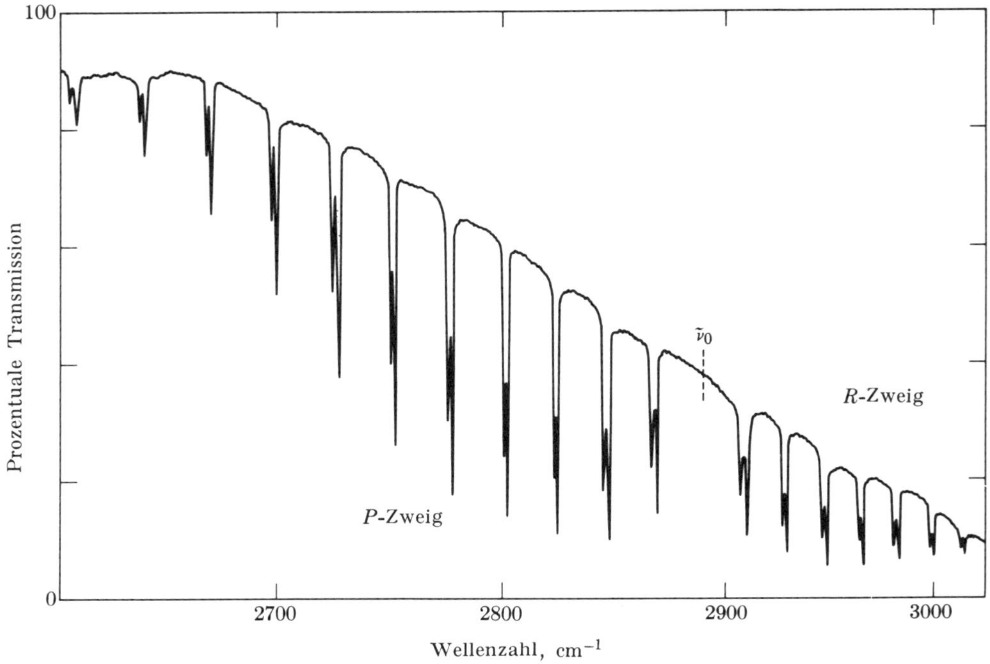

Abb. 5-35. Vibrations-Rotations-Absorptionsspektrum von HCl. Die tieferen Minima rühren vom $H^{35}Cl$, die kleineren vom $H^{37}Cl$ her.

Gleichgewichtsabstand der Kerne mit der Vibrationsenergie verändert. Dies führt zu einer Veränderung des Trägheitsmomentes und somit zu einer Veränderung der Rotationsenergie. Dies bedeutet eine Vibrations-Rotations-Wechselwirkung. All diese Korrekturterme bestimmt man gewöhnlich aus einer Analyse des Molekülspektrums.

Die Vibrationsspektren der vielatomigen Moleküle sind viel komplizierter. Diese Spektren stellt man durch die sog. *Normalschwingungen* dar, bei denen alle Kerne mit konstanten Phasenbeziehungen schwingen. Zu jeder Normalschwingung gehört im allgemeinen eine andere Schwingungsfrequenz. Jedoch können infolge von Symmetrien einige der Frequenzen gleich oder entartet sein. Abb. 5-36 zeigt die Normalschwingungen zweier einfacher Moleküle: Kohlendioxyd, CO_2, ist ein lineares Molekül und H_2O ein ebenes Molekül. Damit sich eine Frequenz im Vibrations- oder Infrarotspektrum bemerkbar machen kann, muß die entsprechende Normalschwingung ein oszillierendes elektrisches Dipolmoment im Molekül induzieren. Betrachten wir als Beispiel das symmetrische CO_2-Molekül, das kein permanentes elektrisches Dipolmoment besitzt. Die Schwingung mit ω_1 erhält die Symmetrie des Moleküls und induziert kein elektrisches Dipolmoment; daher macht sich dieser Schwingungszustand spektroskopisch nicht bemerkbar.

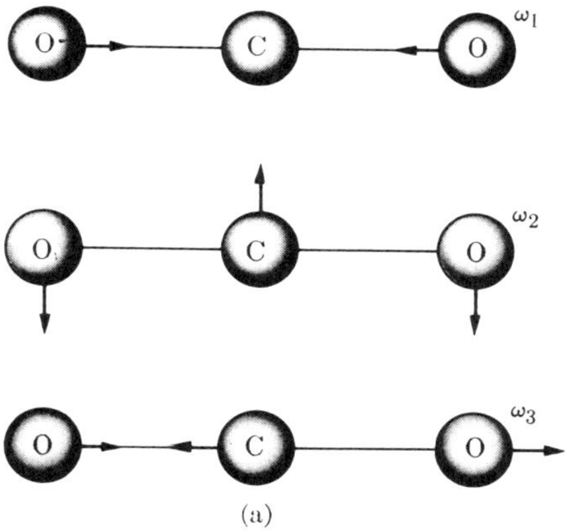

Abb. 5-36. Normalschwingungen polyatomarer Moleküle. (a) CO_2: $\omega_1 = 1337$ cm^{-1}, $\omega_2 = 667$ cm^{-1}, $\omega_3 = 2349$ cm^{-1}; (b) H_2O: $\omega_1 = 3657$ cm^{-1}, $\omega_2 = 1595$ cm^{-1}, $\omega_3 = 3756$ cm^{-1}.

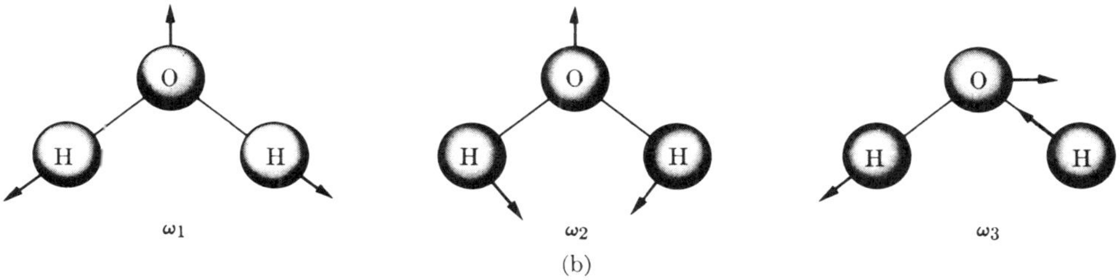

Andererseits induziert ω_3 ein Dipolmoment parallel zur Achse des Moleküls und ω_2 ein Dipolmoment senkrecht zur Achse des Moleküls; daher machen sich beide spektroskopisch bemerkbar. Übrigens ist ω_2 zweifach entartet, da ihm die abgebildete Schwingung entspricht und eine weitere, bei der die Atome senkrecht zur Abbildung schwingen.

Ein vielatomiges Molekül besitzt so mehrere Folgen von Vibrationsniveaus. In Abb. 5-37 sind einige für H_2O dargestellt. Jedes dieser Niveaus ist mit einem entsprechenden Rotationsniveau verknüpft, wodurch die Spektren ziemlich kompliziert werden. Eine Analyse der Rotations-Vibrations-Spektren liefert wertvolle Information über molekulare Dimensionen, Geometrie, Dissoziationsenergien usw.

Ein interessanter Prozeß, der sog. *Raman-Effekt* — nach dem indischen Physiker C.V. Raman (1888-) — ist mit den molekularen Vibrationen und Rotationen verwandt, obwohl er eigentlich ein Streuprozeß ist.

Nehmen wir an, daß wir ein Gas mit monochromatischer Strahlung der Frequenz ν beleuchten. Wenn wir die Streustrahlung senkrecht zur Einfallsrichtung beobachten, stellen wir folgendes fest: Neben der Frequenz ν der einfallenden oder Primärstrahlung, die der *kohärenten* oder *Rayleigh-Streuung* entspricht, finden wir Strahlung der Frequenz $\nu \pm \nu_v$ (wobei ν_v einer Frequenz im Vibrationsspektrum des Moleküls entspricht). Dies wird *Raman-Streuung* genannt. Man kann die Raman-Streuung wie folgt interpretieren: Wir nehmen an, daß sich

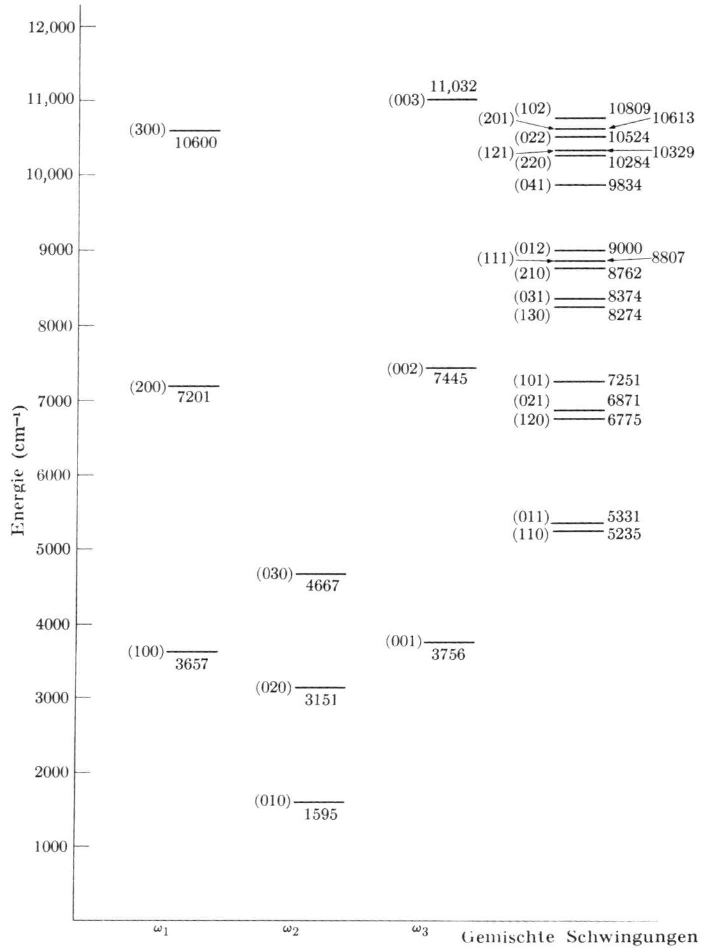

Abb. 5-37. Vibrationsniveaus von H_2O in der Gasphase. Die Energien sind in cm^{-1} ausgedrückt. Die Zahlen in Klammern entsprechen der Schwingungsmode $(n_1n_2n_3)$.

das Molekül anfänglich im Vibrationszustand v (Abb. 5-38) befand. Wenn das Molekül Strahlung der Frequenz ν absorbiert, kann es in einen angeregten Zustand übergehen. Wenn der angeregte Zustand nicht stationär ist, wird die absorbierte Energie sofort wieder ausgestrahlt. Das Molekül kann in den Anfangszustand zurückkehren, wobei es Strahlung mit der gleichen Frequenz wie die des einfallenden Lichtes emittiert; dies ist die Rayleigh-Streuung. Das Molekül kann auch zu einem anderen Vibrationsniveau zurückkehren, welches wegen der Auswahlregel $\Delta v = \pm 1$ direkt ober- oder unterhalb des Anfangsniveaus liegen muß; dies ist die Raman-Streuung. Die hierbei emittierte Strahlung besitzt die Frequenz $\nu + \nu_v$ oder $\nu - \nu_v$. Die Linie der Frequenz $\nu - \nu_v$ nennt man *Stokessche Linie*, die der Frequenz $\nu + \nu_v$ die *anti-Stokessche Linie*. Der Raman-Effekt wurde auch im Rotationsspektrum beobachtet. In diesem Fall lautet die Auswahlregel $\Delta l = 0, \pm 2$.

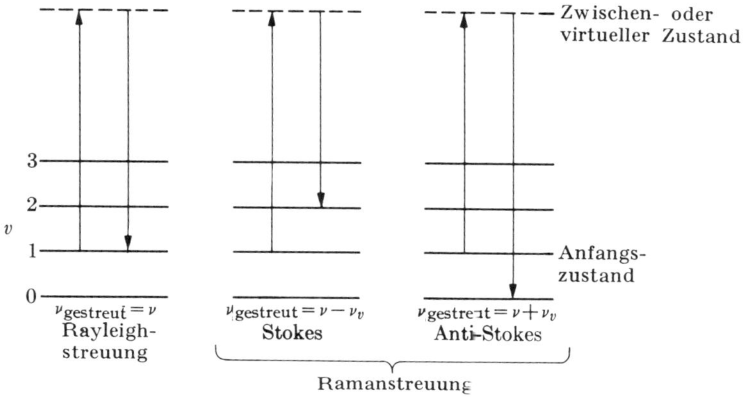

Abb. 5-38. Rayleigh- und Raman-streuung.

BEISPIEL 5.7. Die Beziehung zwischen den Konstanten des Morse-Potentials (Beispiel 5.3) und der Vibrationsfrequenz eines zweiatomigen Moleküls.

Lösung: Wenn wir von $E_p = D(1 - e^{-a(r-r_0)})^2$ ausgehen, können wir die Entwicklung

$$e^{-x} = 1 - x + \tfrac{1}{2}x^2 - \frac{1}{6}x^3 + \cdots$$

benutzen und uns auf die drei ersten Terme beschränken; für kleine x ist dies eine gute Näherung. Wenn wir $x = a(r - r_0)$ setzen, erhalten wir

$$\begin{aligned} E_p &= D[a(r - r_0) - \tfrac{1}{2}a^2(r - r_0)^2 + \cdots]^2 \qquad (5.20) \\ &= Da^2(r - r_0)^2 - Da^3(r - r_0)^3 + \cdots \end{aligned}$$

Wenn die Schwingungen harmonisch wären, sollte $E_p = \frac{1}{2}k(r - r_0)^2$ sein. Daher stellt der erste Term in Gl. (5.20) das harmonische Potential dar, und wir können $\frac{1}{2}k = Da^2$ setzen. Da $\omega_0 = \sqrt{k/\mu}$ haben wir so

$$a^2 = \mu\omega_0^2/2D,$$

wodurch die Konstante a durch die bekannten Molekülkonstanten ausgedrückt wird. Der zweite Term ist das anharmonische Potential und trägt zur Vibrationsenergie von Gl. (5.16) zusätzliche Terme bei. Man kann z.B. zeigen, daß sich die Vibrationsenergie in erster Ordnung in der Gestalt

$$E_v = (v + \tfrac{1}{2})\hbar\omega_0 - (v + \tfrac{1}{2})^2 x_e \hbar\omega_0$$

mit $x_e = \hbar\omega_0/4D$ darstellen läßt.

5.9 Elektronenübergänge in Molekülen

Ein gegebenes Molekül kann mehrere Elektronenkonfigurationen oder stationäre Zustände haben. Wir wollen der Einfachheit halber ein zweiatomiges Molekül betrachten; zu jedem Zustand der Elektronen gehört eine potentielle Energie ähnlich wie in Abb. 5-7 für die Elektronenzustände des H_2^+ gezeigt war. In den angeregten Elektronenzuständen besitzen die Kerne im allgemeinen Gleichgewichtsabstände, die von denen des Grundzustandes verschieden sind. Zwei derartige Potentialkurven sind in Abb. 5-39 gezeigt. Der Abstand dieser Energiekurven ist von der Größenordnung 1 bis 10 eV. Wenn ein Molekül einen elektronischen Übergang vollführt und dabei von einer Elektronenkonfiguration zu einer anderen springt, fällt daher die dabei beteiligte Strahlung in den sichtbaren oder in den Ultraviolettbereich des Spektrums.

Zu einem gegebenen elektronischen Zustand gehören viele Vibrationszustände, und zu jedem Vibrationszustand gehören verschiedene Rotationszustände. Als erste Näherung können wir die Energie des Moleküls in der Form

$$E = E_e + E_v + E_r = E_e + (v + \tfrac{1}{2})\hbar\omega_0 + \frac{\hbar^2}{2I}\, l(l+1) \tag{5.21}$$

schreiben, wobei E_e die Elektronenenergie beim Minimum der Potentialkurve (s. Abb. 5-39) bezeichnet. Bei einem elektronischen Übergang können sich alle drei Energien ändern. Im allgemeinen sind die Frequenz ν_0 und das Trägheitsmo-

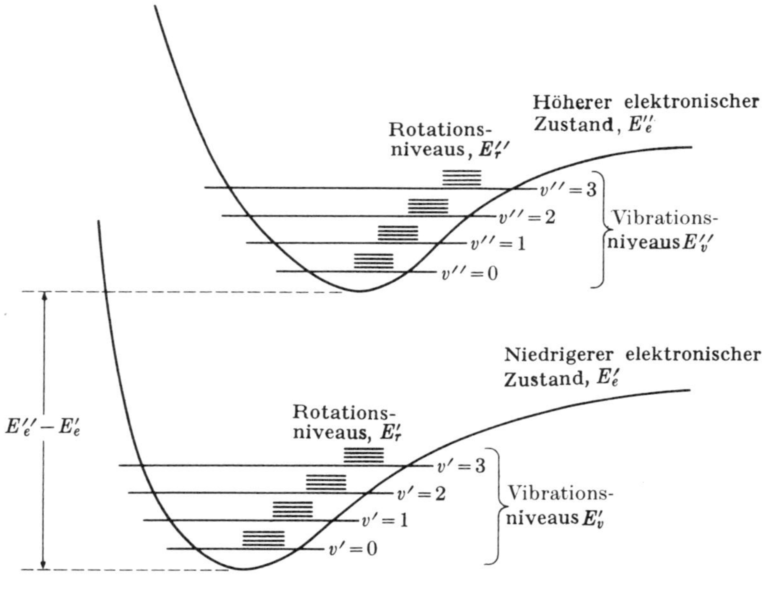

Abb. 5-39. Vibrations- und Rotationsniveaus für zwei elektronische Zustände.

ment I für die beiden Elektronenzustände verschieden. Deshalb müssen wir die Energieänderung bei einem elektronischen Übergang als

$$\Delta E = E'' - E' = \Delta E_e + \Delta E_v + \Delta E_r$$

darstellen. Dabei ist $\Delta E_e = E_e'' - E_e'$ die Änderung der elektronischen Energie, die durch die Differenz der Energieminima der beiden Elektronenzustände gegeben ist,

$$\Delta E_v = E_v'' - E_v' = (v'' + \tfrac{1}{2})\hbar\omega_0'' - (v' + \tfrac{1}{2})\hbar\omega_0'$$

ist die Änderung der Vibrationsenergie und

$$\Delta E_r = E_r'' - E_r' = \frac{\hbar^2}{2I''} l''(l'' + 1) - \frac{\hbar^2}{2I'} l'(l' + 1)$$

ist die Änderung der Rotationsenergie. Die zweifach gestrichenen Terme entsprechen dem Zustand mit der höheren elektronischen Energie und die einfach gestrichenen dem Zustand mit der niedrigeren elektronischen Energie. Die Frequenz der bei einem elektronischen Übergang emittierten oder absorbierten Strahlung ist daher die Summe von drei Termen

$$\nu = \frac{\Delta E}{h} = \nu_e + \nu_v(v'', v') + \nu_r(l'', l'),$$

wobei $\nu_e = \Delta E_e/h$ von Änderung der elektronischen Energie herrührt und $\nu_v(v'', v')$ und $\nu_r(l'', l')$ den Änderungen der Vibrations- bzw. Rotationsenergie entsprechen. Die Frequenz ν_e ist die größte. Für einen gegebenen elektronischen Übergang besteht das Spektrum aus einer Folge von *Banden;* jede Bande entspricht einem bestimmten Wert von v'' und v' und all den möglichen Werten von l'' und l'.

Um die möglichen Werte von (v'', v') und (l'', l') zu bestimmen, benötigen wir Auswahlregeln. Wenn wir elektrische Dipolübergänge betrachten, lautet die Rotationsauswahlregel

$$\Delta l = 0, \ \pm 1 \qquad \text{kein} \qquad l'' = 0 \leftrightarrow l' = 0.$$

Man beachte, daß $\Delta l = 0$ jetzt erlaubt ist, da sich bei dem Übergang die Konfiguration des Moleküls ändert und Paritätsüberlegungen nicht in derselben Weise wie früher eingehen. Der Übergang $l' = 0 \leftrightarrow l'' = 0$ ist jedoch verboten, denn wenn er erlaubt wäre, würde es nicht möglich sein, die Drehimpulserhaltung zu erfüllen, weil die emittierte oder absorbierte Strahlung den Drehimpuls eins trägt.

Eine andere Auswahlregel besagt, daß der Spin des Moleküls in beiden am Übergang beteiligten elektronischen Zuständen denselben Wert besitzen muß; d.h.

$\Delta S = 0$. Diese Regel rührt daher, daß die beim Übergang beteiligten spinabhängigen Kräfte nicht stark genug sind, um die Kopplung des Elektronenspins zu ändern; diese Auswahlregel gilt jedoch nicht ganz streng.

Die Vibrationsauswahlregel ist etwas komplizierter. Man beachte, daß ein elektronischer Übergang in einer Zeit der Größenordnung 10^{-16} s vor sich geht, während die Schwingung der Kerne eine Periode von ungefähr 10^{-13} s oder tausendmal länger, besitzt. Während eines elektronischen Überganges bleibt daher der Kernabstand praktisch derselbe. Dies bedeutet, daß in Abb. 5-39 eine Linie, die zur Zeit des Überganges die Anfangs- und die Endlage der Kerne verbindet, senkrecht verlaufen muß. Andererseits sollten diejenigen Übergänge am meisten bevorzugt werden, für die es am einfachsten ist, die Kernbewegung möglichst schnell an die neue Elektronenkonfiguration anzupassen. In der Sprache der klassischen Mechanik würden diejenigen Vibrationsübergänge am meisten bevorzugst werden, bei denen die relative Geschwindigkeit der Kerne zur Zeit des Übergangges für beide Zustände gleich ist. Da die Geschwindigkeit der Kerne in den klassischen Umkehrpunkten der Schwingung Null ist, *treten die wahrscheinlichsten Übergänge dann auf, wenn sich zur Zeit des Überganges die Kerne an einem ihrer Umkehrpunkte befinden und für Anfangs- und Endzustand der Kernabstand gleich ist.* In der Sprache der Quantenmechanik könnten wir sagen, daß diejenigen Übergänge am wahrscheinlichsten sind, bei denen die Vibrationswellenfunktionen während des Überganges am wenigsten verzerrt werden. Da die Wellenfunktionen für die Schwingung an den klassischen Umkehrpunkten sehr ähnlich sind (vergl. Abb. 2-19), kommen wir mit dem quantenmechanischen Modell zu demselben Schluß wie mit dem klassischen Modell.

Betrachten wir z.B. Abb. 5-40 und nehmen an, daß ein Molekül, das sich anfänglich im Vibrationszustand $v' = 5$ des elektronischen Zustandes C' befand, durch Absorption in den elektronischen Zustand C'' übergeht. Den wahrscheinlichsten Vibrations-Endzustand erhält man dadurch, daß man in den klassischen Umkehrpunkten senkrechte Linien a und b zieht und sie bis zum Schnitt mit der Kurve C'' verlängert. Die Linie a führt in die Nähe von $v'' = 1$, was in einem Übergang $v' = 5 \rightarrow v'' = 1$ resultiert. Die Linie b endet oberhalb der Dissoziationsenergie und würde die Dissoziation des Moleküls ergeben. Wenn bei dem Übergang der niedrigste Vibrationszustand beteiligt ist (v' oder $v'' = 0$), sollte wie bei c und d die vertikale Linie durch den Mittelpunkt der Schwingung gezogen werden, was (in unserem Beispiel) den Übergang

$$v' = 0 \rightarrow v'' = 4$$

und

$$v' = 2 \rightarrow v'' = 0$$

ergibt. Der Grund hierfür besteht darin, daß das Maximum der Wellenfunktion für den Grundzustand eines Oszillators im Mittelpunkt auftritt (vergl. Abb. 2-19). Wir haben hier Absorptionsübergänge betrachtet; dieselbe Schlußweise gilt für Emissionsübergänge. Vibrationsübergänge, die mit elektronischen Übergängen verknüpft sind, erfüllen daher nicht die Auswahlregel $\Delta v = \pm 1$ und v kann sich um mehrere Einheiten ändern.

Die Regel, die wir zur Bestimmung der Vibrationsübergänge bei einem elektronischen Übergang dargelegt haben, ist als *Franck-Condon-Prinzip* bekannt. Es wurde zuerst klassisch von James Franck formuliert und um ungefähr 1926 von Edward U. Condon nach den Regeln der Quantenmechanik umformuliert.

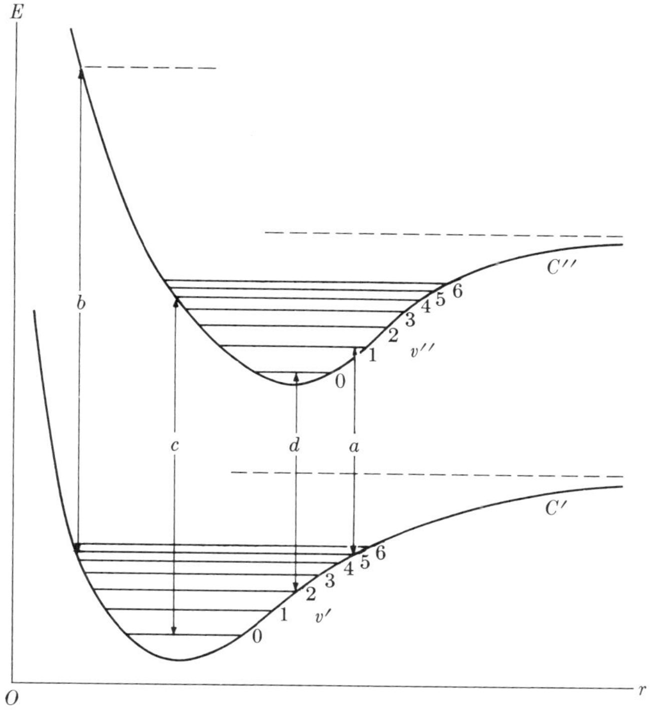

Abb. 5-40. Nach dem Franck-Condon-Prinzip zugelassene elektronische Übergänge.

5.10 Schlussbetrachtung

Bei unserer Diskussion der Molekülstruktur haben wir nur die wichtigsten Aspekte betrachtet. Viele Einzelheiten haben wir nicht erwähnt. So beeinflussen z.B. die Kernspins die molekularen Energieniveaus. In den einfachsten Molekülen, H_2^+ und H_2, können die beiden Protonen parallele oder antiparallele Spins haben, was den *Ortho-* und den *Para-Wasserstoff* ergibt.

Die Symmetrie des Moleküls spielt bei der Bestimmung der möglichen Normalschwingungen und der erlaubten Übergänge eine sehr wichtige Rolle; jedoch führt eine Besprechung dieser Symmetrien über den Rahmen dieses Buches hinaus.

Im Falle vielatomiger Moleküle können die Spektren so kompliziert sein, daß es unmöglich ist, sie so zu klassifizieren, wie wir es in Abschnitt 5-9 bei den Spektren der zweiatomigen Moleküle taten. Diese Kompliziertheit hat jedoch auch einen Nutzen, da sie es erlaubt, eine Verbindung durch Beobachtung ihres Spektrums zu identifizieren. Andererseits zeigen bestimmte Atomgruppen wohldefinierte elektronische und Vibrationsspektren. Ein Auftreten der entsprechenden Frequenzen ist ein Hinweis auf die Anwesenheit derartiger Gruppen in einem Molekül.

Wir schließen mit der Feststellung, daß die Analyse der Molekülspektren eines der erfolgreichsten Hilfsmittel zur Bestimmung der Molekülstruktur ist.

Literaturverzeichnis

1. "The Force Between Molecules", B. Derjaguin, *Sci. Am.*, Juli 1960, Seite 47
2. "Some Aspects of Molecular Physics", J. Levelt, *Am. J. Phys.* **28**, 192 (1960)
3. "Chemistry of the Noble Gases", H. Selig, J. Malm, und H. Claassen, *Sci. Am.*, Mai 1964, Seite 66
4. "The Zeeman Effect in Molecules", C. Quade, *Am. J. Phys.* **32**, 634 (1964)
5. *The Scientific Endeavor.* New York: Rockefeller Institute Press, 1965; "The Architecture of Molecules", von L. Pauling
6. *Symmetry in Chemistry*, P. Dorain. Reading, Mass.: Addison-Wesley, 1965
7. *The Structure of Molecules*, G. Barrow. New York: Benjamin, 1964
8. *Electrons and the Covalent Bond*, H. Gray. New York: Benjamin, 1965
9. *Elements of Wave Mechanics*, N. Mott. Cambridge, England: Cambridge University Press, 1962, Kapitel 5, Teile 2.3, 3, 4.2, 4.3, 4.4, 4.5 und 4.6
10. *Structure of Matter*, W. Finkelnburg. New York: Academic Press, 1964, Kapitel 4, Teile 7; Kapitel 6
11. *Quantum Theory of Matter*, J. Slater. New York: McGraw-Hill, 1951, Kapitel 8 und 9
12. *Elementary Introduction to Molecular Spectra*, B. Bak. New York: Interscience, 1960
13. *Chemical Binding and Structure*, J. Spice. New York: Macmillan, 1964
14. *Wave Mechanics and Valency*, J. Linnett. London: Methuen, 1960
15. *The Chemical Bond* dritte Ausgabe, L. Pauling. Ithaca, N.Y.: Cornell University Press, 1967

Aufgaben

5.1 Relativ zu Wasserstoff im Grundzustand und H^+ bei unendlichem Abstand beträgt die Grundzustandsenergie von H_2^+ -2.65 eV. Berechnen Sie (a) die Energie von H_2^+ relativ zum System

$$H^+ + H^+ + e$$

bei unendlichem Abstand; (b) die Energie des Systems $H_2^+ + e$ bei unendlichem Abstand relativ zu dem System H + H ebenfalls bei unendlichem Abstand und beiden Atomen in ihrem Grundzustand; (c) die Ionisationsenergie von H_2, wenn die Dissoziationsenergie dieses Moleküls in zwei Wasserstoffatome in ihren Grundzustand 4.48 eV beträgt. Vergleichen Sie das Ergebnis von (c) mit der Ionisationsenergie von atomaren Wasserstoff.

5.2 Berechnen Sie den Beitrag der Coulombabstoßung der beiden Kerne zur Energie von H_2^+ in dessen Grundzustand. Berechnen Sie den Beitrag zur Energie infolge der Wechselwirkung des Elektrons mit den Kernen. (*Hinweis:* Benutzen Sie die Daten der vorhergehenden Aufgabe und berücksichtigen Sie, daß der Gleichgewichtsabstand der Kerne in H_2^+ 1.06 Å beträgt.

5.3 Dissoziations- und Ionisationsenergien werden häufig in kcal Mol^{-1} ausgedrückt. Zeigen Sie, daß ein kcal/Mol gleich 4.338×10^{-2} eV ist. Drücken Sie die Dissoziationsenergie von H_2 in kcal/Mol aus.

5.4 Erklären Sie, warum der Bindungsabstand in H_2^+ 1.06 Å beträgt, während H_2 einen kürzeren Bindungsabstand von 0.74 Å besitzt. Erklären Sie ferner, warum die Dissoziationsenergie von H_2 (103.2 kcal/Mol) weniger als das Doppelte der Dissoziationsenergie von H_2^+ (61.06 kcal/Mol) beträgt.

5.5 Erklären Sie, warum bei gleicher Elektronenkonfiguration das Ion H_2^- weniger stabil als das Ion He_2^+ ist. Welches Ion sollte den größeren Kernabstand haben?

5.6 Bestimmen Sie die Energie von Li_2 relativ zu dem System $2Li^+ + 2e$ bei unendlicher Trennung aller vier Teilchen. Die Ionisationsenergie von Lithium beträgt 5.39 eV. Berechnen Sie die Coulombabstoßungsenergie der Li^+-Ionen beim Gleichgewichtsabstand 2.67 Å. Berechnen Sie ferner die Energie der beiden Valenzelektronen.

5.7 Diskutieren Sie die Elektronenkonfigurationen und Bindungsstrukturen von (a) Al_2, (b) S_2 und (c) Cl_2. Schreiben Sie in den einzelnen Fällen das Symbol für den Grundzustandsterm nieder.

5.8 Gegeben sei das Molekül NO; diskutieren Sie seine Elektronenkonfiguration und Bindungsstruktur. Vergleichen Sie mit dem N_2-Molekül und dessen Zustand. Entscheiden Sie, welches Molekül das stabilere ist.

5.9 Schreiben Sie die Elektronenkonfigurationen für die folgenden heteronuklearen, zweiatomigen Moleküle nieder: (a) LiH, (b) CN, (c) SO, (d) ClF und (e) HI. Untersuchen Sie, ob die Moleküle polar sind und, falls ja, geben Sie an, welches Ende des Moleküls positiv und welches negativ ist.

5.10 Berechnen Sie die Energie, die freigesetzt wird, wenn AlCl und AlBr in neutrale Atome dissoziieren. Die Gleichgewichtsabstände sind für diese Moleküle 2.13 Å bzw. 2.30 Å. Die entsprechenden experimentellen Werte sind 71.5 kcal/Mol und 45.3 kcal/Mol (*Hinweis:* Vergleichen Sie eine ähnliche Rechnung für NaCl in Beispiel 5.5.)

5.11 Wenn ein Wasserstoffatom ein Elektron einfängt und H^- bildet, wird eine Energie von 0.749 eV freigesetzt. Die Ionisationsenergie von Lithium beträgt 5.39 eV. Berechnen Sie die Dissoziationsenergie von LiH; der Gleichgewichtsabstand der Kerne beträgt 1.60 Å.

5.12 Ein annehmbarer empirischer Ausdruck für die potentielle Energie bei einer Ionenbindung ist durch

$$E_p = -\nu^2 e^2/(4\pi\epsilon_0 r) + be^{-3.3 \times 10^{10} r}$$

gegeben, wobei ν die Ladung des Ions und b eine Konstante ist, die man aus den experimentellen Werten für die

Dissoziationsenergie bestimmt.B estimmen Sie b für KCl; gegeben sei, daß der Gleichgewichtsabstand für dieses Molekül 2.79×10^{-10} m beträgt. Stellen Sie die potentielle Energie graphisch dar. Bestimmen Sie die Dissoziationsenergie von KCl in K^+ und Cl^-. Berechnen Sie die Energie, die für eine Dissoziation in neutrale Produkte erforderlich ist.

5.13 Ein relativ präziser empirischer Ausdruck für die Berechnung der potentiellen Energie der beiden Ionen in einer Ionenbindung ist

$$E_p(r) = -\nu^2 e^2/(4\pi\epsilon_0 r) + b e^{-ar} - d/r^6.$$

Dabei ist ν die Ladung der Ionen und a, b und d sind experimentell zu bestimmende Konstanten. Für LiF besitzen sie die Werte: $a = 3.25$ Å^{-1}, $b = 895$ eV und $d = 2.68$ eV Å^6. Berechnen Sie die Energie, die erforderlich ist, um ein LiF-Molekül in zwei Ionen zu dissoziieren. (Die Bindungslänge von LiF beträgt 1.54 Å.) Berechnen Sie ebenfalls die Energie, die für eine Dissoziation in zwei neutrale Atome erforderlich ist. Das Ionisationspotential des Lithium beträgt 5.39 eV und die Elektronenaffinität des Fluor ist 3.45 eV.

5.14 Zeigen Sie, daß die Wellenfunktion

$$\psi = N(s + \alpha p_x + \beta p_y + \gamma p_z)$$

ihr Maximum in der Richtung des Vektors $\boldsymbol{a} = \boldsymbol{u}_x\alpha + \boldsymbol{u}_y\beta + \boldsymbol{u}_z\gamma$ und ihr Minimum in der entgegengesetzten Richtung besitzt. Daher besitzen zwei Hybridwellenfunktionen, die den Vektoren $\boldsymbol{a}$ und $\boldsymbol{a}'$ entsprechen, ihre Maxima in Richtungen, welche denselben Winkel wie $\boldsymbol{a}$ und $\boldsymbol{a}'$ einschließen. Geben Sie den Vektor $\boldsymbol{a}$ für die in Abschnitt 5.5 eingeführten sp^3- und sp^2-Hybridwellenfunktionen an. Zeigen Sie, daß die Vektoren im Fall sp^3 in Richtung der Ecken eines Tetraeders zeigen und Winkel von $109^\circ\, 28'$ bilden, und daß sie im Fall sp^2 in der XY-Ebene liegen und Winkel von 120° bilden. (*Hinweis:* Beachten Sie, daß der Vektor $\boldsymbol{u}_x p_x + \boldsymbol{u}_y p_y + \boldsymbol{u}_z p_z$ proportional zu $\boldsymbol{r}$ ist.)

5.15 Zeigen Sie, daß die vier sp^3-Hybridwellenfunktionen orthogonal sind. Zeigen Sie dasselbe für die sp^2-Wellenfunktionen.

5.16 Diskutieren Sie die Bindungsstruktur von (a) C_3H_8, (b) C_3H_6 und (c) C_3H_4.

5.17 Analysieren Sie die Bindungsstruktur der folgenden Moleküle: (a) CO_2, (b) CS_2, (c) CSTe, (d) C_3, (e) $CdCl_2$, (f) OCl_2, (g) ONCl, (h) $SnCl_2$, (i) S_3^{2-} und (j) CN_4^{2-}. Geben Sie an, welche Moleküle linear und welche gebogen sind.

5.18 Analysieren Sie die Bindungsstruktur der folgenden Moleküle: (a) AsH_3, (b) SbF_3, (c) BO_3^{3-}, (d) OH_3^+, (e) PCl_3, (f) SeO_3^{2-}, (g) BrO_3^-, (h) SiF_4 und (i) PF_3. Geben Sie an, welche der Moleküle eben sind und welche eine Pyramidenstruktur besitzen.

5.19 Analysieren Sie die Bindungsstruktur von BH_3 und BH_4^- und geben Sie an, ob die Moleküle eben sind oder Pyramidenstruktur besitzen.

5.20 Diskutieren Sie die H_2O und NH_3-Moleküle, indem Sie sp^3-Hybridwellenfunktionen für den Sauerstoff bzw. für den Stickstoff benutzen. Sind Sie der Meinung, daß dies eine bessere Beschreibung dieser Moleküle ist als die im Text angegebene?

5.21 Analysieren Sie die Bindungsstruktur von CH_3^- und H_3O^+.

5.22 Diskutieren Sie die Bindungsstruktur des H_2O-Moleküls. Ist das Molekül eben?

5.23 Das elektrische Dipolmoment von H_2O beträgt 6.2×10^{-30} mC. Bestimmen Sie das Dipolmoment, das den einzelnen O-H-Bindungen entspricht. Welcher Bruchteil des Wasserstoffelektrons ist auf das Sauerstoffatom übergegangen, wenn die Bindungslänge von O-H 0.958 Å beträgt?

5.24 Die effektive Gesamtlänge des konjugierten Moleküls CH_3—(CH = CH—)$_4CH_3$ beträgt 9.8 Å. Stellen Sie die von den π-Elektronen besetzten Energieniveaus graphisch dar. Bestimmen Sie die Energie und die Wellenlänge der Photonen, die absorbiert werden, wenn eins der obersten π-Elektronen angeregt wird.

5.25 Das β-Karotin-Molekül ist ein konjugiertes Molekül mit 22 π-Elektronen. Es wurde beobachtet, daß dieses Molekül bei 4510 Å eine starke Absorption aufweist. Schätzen Sie die Gesamtlänge des Moleküls ab.

5.26 Zeigen Sie, daß das Trägheitsmoment eines zweiatomigen Moleküls um eine, zur Verbindungslinie der beiden Kerne senkrechte, durch den Massenmittelpunkt verlaufende Achse, durch $I = \mu r_0^2$ gegeben ist, wobei μ die reduzierte Masse des Moleküls und r_0 der Kernabstand ist.

5.27 Die benachbarten Linien im reinen Rotationsspektrum von $^{35}Cl^{19}F$ besitzen Frequenzabstand von 1.12×10^{10} Hz. Wie groß ist der interatomare Abstand dieses Moleküls?

5.28 (a) Berechnen Sie die Energie und die Wellenlänge des Photons, das absorbiert wird, wenn ein $^{200}Hg^{35}Cl$-Molekül ($r_0 = 2.23$ Å) die Rotationsübergänge $l = 0 \rightarrow l = 1$ und $l = 1 \rightarrow l = 2$ macht. (b) In welchem Bereich des elektromagnetischen Spektrums treten diese Linien auf?

5.29 Angenommen, der Gleichgewichtsabstand in den $H^{35}Cl$- und $H^{37}Cl$-Molekülen sei gleich und betrage 1.27 Å. Berechnen Sie für jedes Molekül (a) die Konstante B für die Rotationsniveaus, (b) die Energie der beiden ersten angeregten Rotationsniveaus, (c) die Frequenzen und Wellenlängen, die den Übergängen $l = 0 \rightarrow l = 1$ und $l = 1 \rightarrow l = 2$ entsprechen, und (d) die Frequenzdifferenz aufeinanderfolgender Linien. Vergleichen Sie Ihre Ergebnisse mit Abb. 5-31.

5.30 Berechnen Sie die Energie der ersten drei angeregten Rotationszustände in CO und CO_2. Bestimmen Sie die Wellenlänge der Photonen, die bei Übergängen zwischen diesen Energieniveaus absorbiert werden.

5.31 Die Rotationsenergieniveaus eines Moleküls, das zwei gleichgroße Hauptträgheitsmomente besitzt, sind durch

$$E_{\text{rot}} = \frac{1}{2I_1} L^2 + \frac{1}{2}\left(\frac{1}{I_2} - \frac{1}{I_1}\right) L_z^2$$

gegeben. Dabei entspricht I_1 den Achsen X und Y und I_2 der Z-Achse; ferner sind

$$L^2 = l(l+1)\hbar^2, \qquad L_z = m\hbar.$$

Schätzen Sie unter Anwendung dieser Gleichung die relative Lage der Rotationsniveaus eines Moleküls ab, das (a) $I_2 = 0.8 I_1$, (b) $I_2 = 1.2 I_1$ besitzt. Tragen Sie die Niveaus als Vielfaches von $\hbar^2/2I_1$ auf.

5.32 Ein zweiatomiges Molekül ist nicht exakt starr, und der Kernabstand wächst infolge eines Zentrifugaleffektes mit steigendem Drehimpuls des Moleküls an. (a) Wie sollte diese Streckung des Moleküls relativ zu den in Gl. (5.12) gegebenen Werten die Energieniveaus beeinflussen? (b) Ein empirischer Ausdruck für die Rotationsenergie lautet

$$E_{\text{rot}} = (\hbar^2/2I)\,\{l(l+1) - \delta[l(l+1)]^2\},$$

wobei δ die Dehnungskonstante ist. Leiten Sie einen Ausdruck für die Frequenzen bei Übergängen zwischen Rotationsniveaus ab. Vergleichen Sie mit Gl. (5.15) und prüfen Sie, ob der Dehnungseffekt in Abb. 5-31 zu erkennen ist.

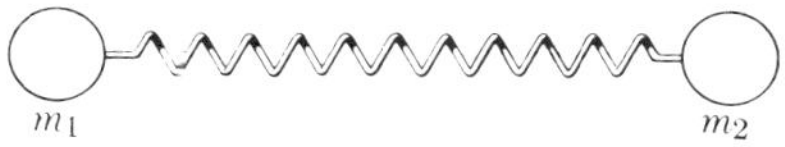

Abb. 5-41

5.33 Zwei Körper mit den Massen m_1 bzw. m_2 sind durch eine Feder mit der Federkonstanten k verbunden (Abb. 5-41). Zeigen Sie, daß die Massen mit einer Frequenz $\nu = (1/2\pi)\sqrt{k/\mu}$ oszillieren, wenn die Feder gedehnt und dann losgelassen wird; μ ist die reduzierte Masse des Systems.

5.34 Berechnen Sie die Energie der drei niedrigsten Vibrationsniveaus in HF; gegeben sei, daß die Kraftkonstante 9.7×10^2 N m^{-1} beträgt. Bestimmen Sie die Wellenzahl der beim Übergang $v = 0 \rightarrow v = 1$ absorbierten Strahlung.

5.35 Das Infrarotspektrum von CO zeigt bei geringer Auslösung ein um 2170 cm^{-1} zentriertes Absorptionsband. Bestimmen Sie die Kraftkonstante in CO. Tragen Sie maßstabgerecht den Verlauf der potentiellen Energie auf.

5.36 Berechnen Sie das Verhältnis der Vibrationsfrequenzen der $^1H^{35}Cl$- und

$^{2}H^{35}Cl$-Moleküle unter der Annahme, daß die Kraftkonstanten für beide Moleküle gleich sind.

5.37 Welchen Wert besitzt die Kraftkonstante für das HCl-Molekül; gegeben sei, daß die Vibrationsfrequenz 9×10^{13} Hz beträgt? Bestimmen Sie ebenfalls die Nullpunktsenergie.

5.38 Bestimmen Sie die Vibrationsfrequenzen von HD und D_2; gegeben sei, daß das H_2-Molekül Infrarotstrahlung der Wellenlänge 2.3×10^{-6} m absorbiert, was einem Vibrationsübergang mit $\Delta v = 1$ ohne Änderung der Rotations- oder elektronischen Energie entspricht. Nehmen Sie für die drei Moleküle diesselbe Kraftkonstante an. Vergleichen Sie mit den experimentellen Werten.

5.39 Die drei Vibrationsfrequenzen von CO_2 sind 667.3 cm^{-1}, 1388.4 cm^{-1} und 2349.4 cm^{-1}. Stellen Sie die ersten Vibrationsniveaus dieses Moleküls in einer Skizze dar.

5.40 Das Molekül CO weist einen elektronischen Übergang auf, das verschiedene Banden im sichtbaren Bereich (um 6000 Å) erzeugt. Schätzen Sie den Abstand benachbarter Rotationslinien in jedem der Bänder ab. Erwarten Sie, daß das Band in einem Spektroskop mit geringer Auflösung als ein Kontinuum erscheint?

6
FESTKÖRPER

6.1 Einleitung

Makroskopische Materie, wie wir sie mit unseren Sinnen wahrnehmen können, ist ein Aggregat einer sehr großen Anzahl von Atomen. Grob gesagt erscheinen diese Aggregate in drei physikalischen Zuständen oder Phasen: als Gase, Flüssigkeiten und Festkörpern. In Gasen ist der mittlere Abstand zwischen Molekülen viel größer als die Ausdehnung der Moleküle, und die intermolekularen Kräfte sind viel schwächer als die Kräfte, welche die Atome in den Molekülen zusammenhalten. So behalten in Gasen die Moleküle ihre Individualität. Im anderen Extrem, in einem Festkörper sind die Atome (oder Moleküle) eng gepackt und werden in mehr oder weniger fixierten Lagen durch Kräfte festgehalten, die elektromagnetischen Ursprungs und von der gleichen Größenordnung sind, wie diejenigen, die an den Molekülbindungen beteiligt sind. So bleiben die Gestalt und das Volumen eines Festkörpers im wesentlichen solange konstant, wie die physikalischen Bedingungen, wie Druck und Temperatur, sich nicht wesentlich ändern. Flüssigkeiten liegen zwischen den Gasen und den Festkörpern. Die Theorie der Flüssigkeiten ist jedoch noch unvollständig und wird in diesem Buch nicht behandelt werden.

In den meisten Festkörpern existieren die Atome (oder Moleküle) nicht als isolierte Gebilde; vielmehr werden ihre Eigenschaften durch die benachbarten Atome modifiziert. Die regelmäßige Anordnung der Atome oder Atomgruppen ist eines der wichtigsten Merkmale der Festkörper; d.h. die Struktur der Festkörper weist eine Regelmäßigkeit oder Periodizität auf und bildet ein sog. *Kristallgitter*; um die Struktur eines Festkörpers zu verstehen, muß man daher nur die Basiseinheit oder Zelle des Gitters untersuchen, da sich alle Eigenschaften von Zelle zu Zelle wiederholen. Eine der wichtigsten Methoden, um eine Kristallstruktur zu untersuchen ist die Beugung von Röntgenstrahlen oder von Neutronen.

Vom quantenmechanischen Standpunkt aus unterscheidet sich die Strukturbestimmung eines Festkörpers nicht grundlegend von der Bestimmung der Molekülstruktur. Es gilt eine stabile Konfiguration von Kernen und Elektronen zu finden, zwischen denen eine elektronische Wechselwirkung besteht und die sich nach den Gesetzen der Quantenmechanik bewegen. Die beiden Hauptunterschiede zwischen der Struktur eines Festkörpers und der eines Moleküls sind die große Anzahl der beteiligten Atome und die Regelmäßigkeit ihrer Anordnung. Je nach den bei den einzelnen Festkörpern wesentlichen Faktoren gibt es verschiedene Näherungsmethoden, um die Struktur eines Festkörpers zu untersuchen. In diesem Kapitel werden wir einige dieser Methoden analysieren und benutzen, um bestimmte Eigenschaften der Festkörper zu erklären. Dabei verschieben wir einige statistische Betrachtungen auf Kapitel 13.

6.2 Typen der Festkörper

Festkörper können nach dem überwiegenden Bindungstyp klassifiziert werden. In diesem Abschnitt werden wir kurz die wichtigsten Festkörpertypen diskutieren.

(1) ***Kovalente Festkörper.*** In einem kovalenten Festkörper werden die Atome durch lokalisierte, gerichtete Bindungen zusammengehalten, wie wir sie ähnlich bei unserer Diskussion des H_2-Moleküls gefunden haben. Das Kristallgitter wird durch die Orientierung und die Art der gerichteten Bindung bestimmt. Ein typischer Fall ist Diamant, in dem die vier bindenden Elektronen jedes Kohlenstoffatoms, wie oben in Abb. 5-18 gezeigt war, durch sp^3-Hybridwellenfunktionen orientiert werden, so daß sich die in Abb. 6-1 gezeigte Kristallstruktur ergibt. Jede Kugel stellt einen Kohlenstoffkern dar und jede Stange ein Paar lokalisierter, bindender Elektronen. Der Abstand zwischen zwei Kohlenstoffatomen ist 1.54×10^{-10} m.

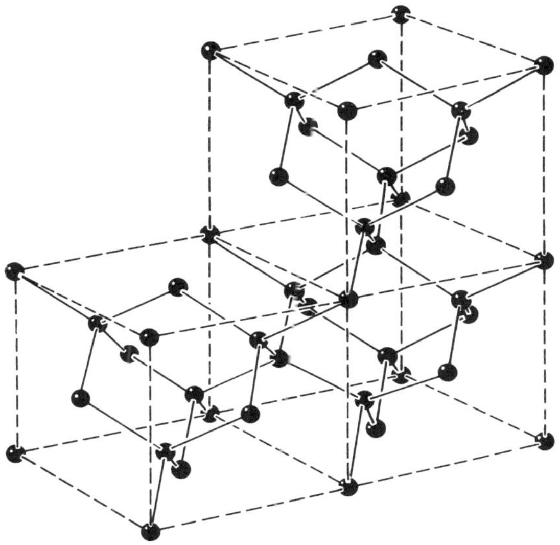

Abb. 6-1. Diamantgitter.

Kovalente Festkörper zeigen wegen ihrer starren elektronischen Struktur einige gemeinsame makroskopische Eigenschaften. Sie sind extrem hart und schwer zu deformieren. Alle sind schlechte Leiter von Wärme und Elektrizität, weil es keine freien Elektronen gibt, um Energie oder Ladung von einem Ort zum anderen zu transportieren. Auch ist wegen der Starrheit der Bindungen eine relativ hohe Energie erforderlich, um in einem kovalenten Festkörper Schwingungen des gesamten Kristalls anzuregen. Schwingungen des gesamten Kristalls haben daher eine hohe Frequenz. Ferner sind die elektronischen Anregungsenergien kovalenter Festkörper von der Größenordnung einiger Elektronenvolt (z.B. ist die erste elektronische Anregungsenergie in Diamant ungefähr 6 eV). Diese elektronische Anregungsenergie ist relativ groß verglichen mit der mittleren Wärmeenergie (der Größenordnung kT), die bei Zimmertemperatur (298 °K) rund 2.4×10^{-2} eV beträgt; daher befinden sich kovalente Festkörper normalerweise in ihrem elektronischen Grundzustand. Viele kovalente Festkörper sind durchsichtig, weil ihr erster elektronischer Zustand höher liegt als die Photonenenergien im sichtbaren Spektrum, welche zwischen 1.8 und 3.1 eV betragen.

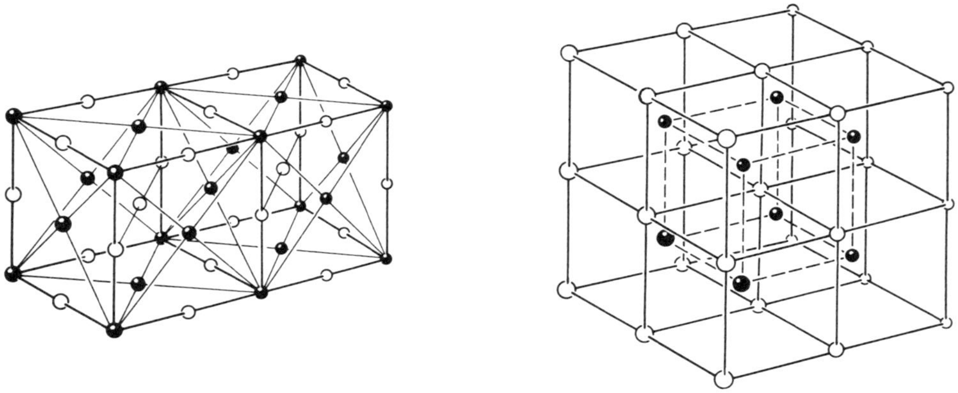

Abb. 6-2. (a) NaCl-Gitter; (b) CsCl-Gitter.

(2) ***Ionenkristalle.*** Das andere Extrem sind Ionenkristalle, die aus einer regelmäßigen Anordnung positiver und negativer Ionen bestehen, die durch Übertragung eines Elektrons (oder mehrerer) von einer Atomart zur anderen gebildet wurden. Dies ist z.B. der Fall bei NaCl und CsCl, deren Kristallstrukturen in Abb. 6-2 gezeigt sind. Der Abstand zwischen den Na- und Cl-Atomen ist ungefähr 2.81×10^{-10} m, während der kürzeste Abstand zwischen identischen Atomen 3.97×10^{-10} m beträgt. Die Ionen sind so angeordnet, daß unter dem Einfluß ihrer gegenseitigen elektronischen Wechselwirkung eine stabile Konfiguration entsteht.

Da diese Festkörper keine freien Elektronen aufweisen, sind auch sie schlechte Leiter von Wärme und Elektrizität. Jedoch können die Ionen bei hohen Temperaturen eine gewisse Beweglichkeit erlangen, was eine bessere elektrische Leit-

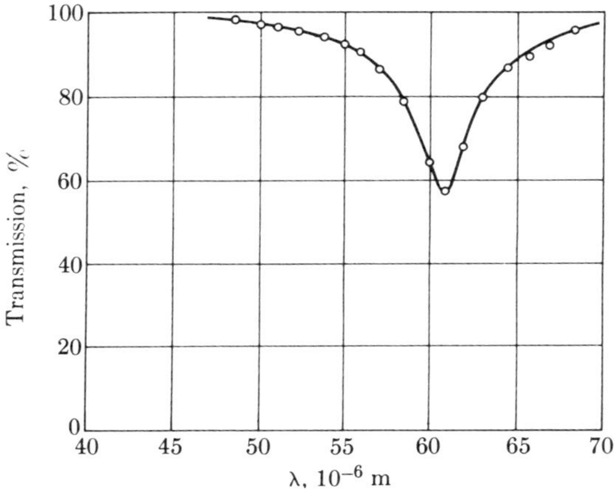

Abb. 6-3. Transmission von Infrarotstrahlung durch einen NaCl-Film. [Nach R. Barnes, *Z. Physik* 75, 723 (1932).]

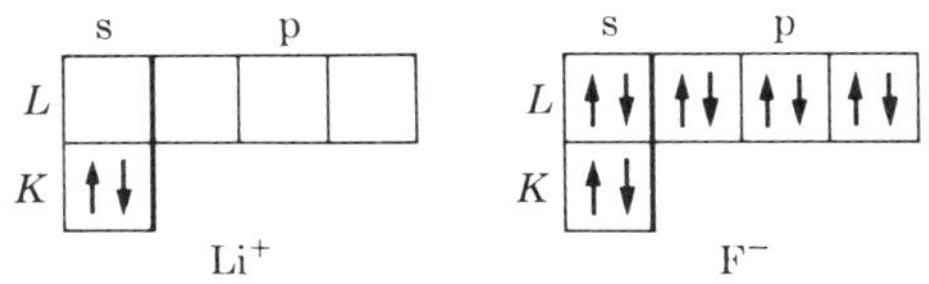

Abb. 6-4. Elektronenkonfiguration von Li^+ und F^-.

fähigkeit ergibt. Infolge der relativ starken elektrostatischen Kräfte zwischen den Ionen sind Ionenkristalle gewöhnlich hart und spröde und besitzen einen hohen Schmelzpunkt. Einige Ionenkristalle absorbieren stark im fernen Ultrarotbereich des Spektrums. Wegen ihrer relativ schwächeren Bindungskräfte, ist diese Energie im allgemeinen für Ionenkristalle niedriger als für kovalente Kristalle. Abb. 6-3 zeigt die Transmission infraroter Strahlung durch einen dünnen (1.7×10^{-7} m) Natriumchloridfilm; maximale Absorption tritt bei einer Wellenlänge von 6.11×10^{-5} m oder einer Frequenz von 4.91×10^{12} Hz auf und entspricht Photonen mit einer Energie von 2.03×10^{-2} eV.

Die meisten Ionenkristalle sind diamagnetisch, weil die Ionen eine abgeschlossene Schalenstruktur besitzen, wobei alle Elektronen gepaart sind und daher

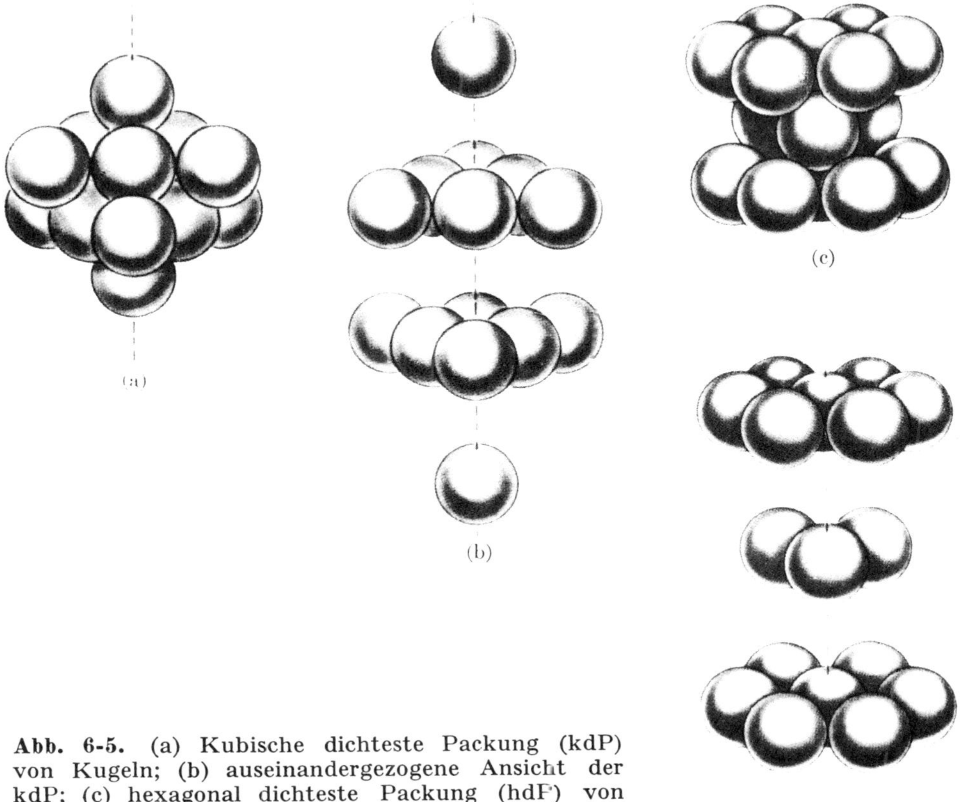

Abb. 6-5. (a) Kubische dichteste Packung (kdP) von Kugeln; (b) auseinandergezogene Ansicht der kdP; (c) hexagonal dichteste Packung (hdP) von Kugeln; (d) auseinandergezogene Ansicht der hdP.

kein magnetisches Moment aufweisen. Z.B. haben in LiF die Ionen Li^+ und F^- die in Abb. 6-4 gezeigten Konfigurationen, die den Konfigurationen der Edelgase He bzw. Ne entsprechen (vergl. Abb. 4-7). Diese Ähnlichkeit spiegelt sich auch in einer anderen wichtigen Eigenschaft wider. Die Ionen sind kugelsymmetrisch und ihre Bindung zeigt keine Richtungsbevorzugung, wie es bei den kovalenten Festkörpern der Fall ist. Daher sind die Ionen im Kristall so angeordnet, als wenn sie dichtgepackte Kugeln wären. Es gibt eine unendliche Vielzahl von Möglichkeiten, Kugeln zu packen. Zwei häufige sind in Abb. 6-5 gezeigt: die kubisch dichte Packung und die hexagonal dichte Packung.

(3) ***Wasserstoff-gebundene Festkörper.*** Den Ionenkristallen nahe verwandt sind die Wasserstoff-gebundenen Festkörper, die durch stark polare Moleküle charakterisiert sind, die wie Wasser, H_2O, und Fluorwasserstoffsäure, HF, ein oder mehrere Wasserstoffatome haben. Die positiven Wasserstoff-Ionen können, da sie relativ klein sind, die negativen Enden anderer Moleküle anziehen und dabei Ketten wie

$$(H^+F^-) \quad (H^+F^-) \quad (H^+F^-) \ldots$$

bilden. Dies ist besonders interessant im Falle des Eises, in dem die Wassermoleküle, wie in Abb. 6-6 gezeigt, tetraederförmig angeordnet sind. Die relativ offene Struktur des Eises erklärt, warum es, verglichen mit Wasser in der flüssigen Phase, ein größeres Volumen besitzt.

(4) ***Molekulare Festkörper.*** Diese Festkörper werden von Substanzen gebildet, deren Moleküle nicht polar sind. In diesen Molekülen sind alle Elektronen gepaart, so daß zwischen den Atomen von zwei verschiedenen Molekülen keine kovalenten Bindungen gebildet werden können. In diesem Typ der Festkörper behalten Moleküle ihre Individualität. Sie werden durch die gleichen intermolekularen Kräfte gebunden, die zwischen Molekülen in einem Gas oder einer Flüssigkeit existieren: den *van-der-Waals-Kräften*, die sehr schwach sind und

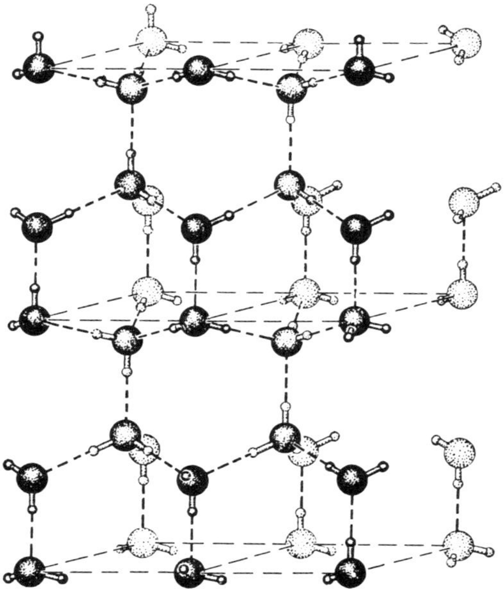

Abb. 6-6. Anordnung der Wassermoleküle in Eis. [Aus L. Pauling, *The Nature of the Chemical Bond.* Ithaca, N. Y.: Cornell University Press, 1960; mit freundlicher Genehmigung des Verlages.]

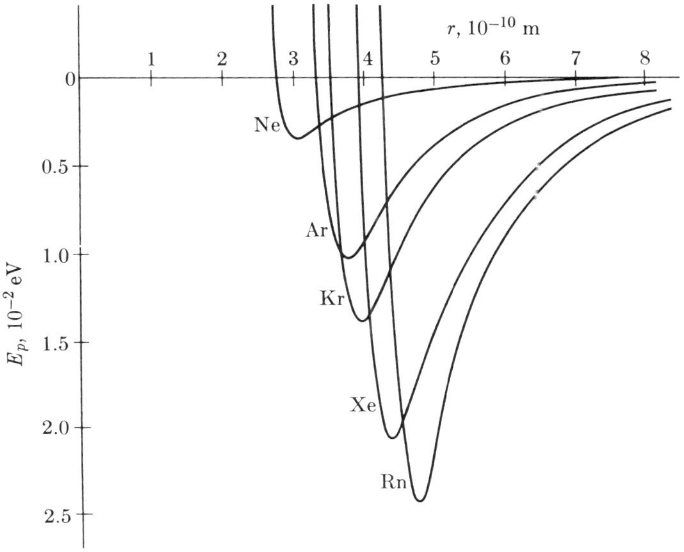

Abb. 6-7. Das van der Waals-Potential für Edelgase.

etwa den Kräften zwischen zwei elektrischen Dipolen entsprechen. Dies kann man wie folgt erklären: Obwohl diese Moleküle im Mittel kein permanentes elektrisches Dipolmoment besitzen, kann ihre Elektronenkonfiguration in jedem Augenblick einen instantanen elektrischen Dipol erzeugen. Die van der Waals-Kräfte resultieren aus der Wechselwirkung dieser instantanen elektrischen Dipole. Aus den angegebenen Gründen leiten molekulare Festkörper nicht Hitze und Elektrizität, besitzen einen sehr niedrigen Schmelzpunkt und können leicht komprimiert und deformiert werden. Beispiele molekularer Festkörper sind CH_4, Cl_2, I_2, CO_2, C_6H_6, usw. in ihrem festen Zustand. Edelgase, deren äußere Schalen abgeschlossen sind, erstarren als molekulare Festkörper. Abb. 6-7 zeigt den Verlauf des Potentials für die Wechselwirkung zwischen zwei Atomen eines Edelgases im festen Zustand.

(5) ***Metalle.*** Schließlich gibt es die Metalle, Festkörper von großer praktischer und theoretischer Bedeutung. Metalle sind Elemente mit relativ geringer Ionisierungsenergie, deren Atome nur einige schwach gebundene Elektronen in ihren äußersten, nicht abgeschlossenen Schalen aufweisen. Diese äußersten schwach gebundenen Elektronen können leicht durch die Energie, die bei der Kristallbildung frei wird, freigesetzt werden. Ein Metall besitzt so ein regelmäßiges Gitter der kugelsymmetrischen positiven Ionen, die übrig bleiben, wenn die äußersten Elektronen freigesetzt werden. Durch diese Struktur erstreckt sich ein Elektronen-«Gas», das von den freigesetzten Elektronen gebildet wird, die für die Bindung verantwortlich sind. Diese Elektronen bewegen sich, mehr oder weniger frei, durch das Kristallgitter und sind daher nicht lokalisiert.

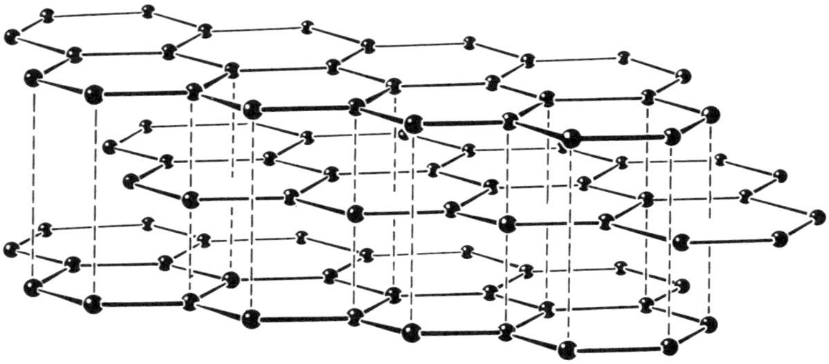

Abb. 6-8. Graphitgitter.

Metallische Festkörper weisen eine ausgezeichnete thermische und elektrische Leitfähigkeit auf, für die hauptsächlich die freien Elektronen verantwortlich sind. Dies ist darauf zurückzuführen, daß die freien Elektronen leicht jede noch so kleine Energie aus elektromagnetischer Strahlung oder Gitterschwingungen absorbieren können und dadurch ihre kinetische Energie und ihre Beweglichkeit erhöhen. Aus demselben Grunde sind Metalle auch undurchsichtig, da die freien Elektronen die Photonen im sichtbaren Gebiet absorbieren und in einen der vielen benachbarten, zur Verfügung stehenden Quantenzustände angeregt werden können. Die freien Elektronen sind auch weitgehend für eine weitere charakteristische Eigenschaft der Metalle verantwortlich: ihren hohen Reflexionskoeffizienten für elektromagnetische Wellen, insbesondere im Hochfrequenz- und Infrarotbereich.

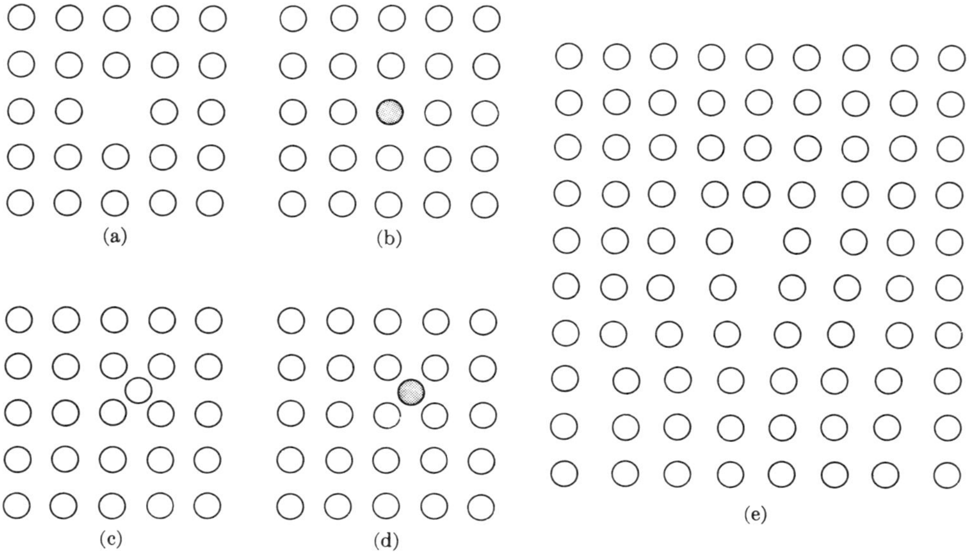

Abb. 6-9. Fehler in einem Kristallgitter.

Die Kräfte, die das Metallgitter zusammenhalten, sind kugelsymmetrisch; daher ähneln diese Gitter dichtgepackten Kugeln, wie wir bei den Ionenkristallen diskutiert haben.

Die obige Klassifizierung der Festkörpertypen sollte man nicht zu streng nehmen; einige Festkörper sind Mischungen mehrerer Typen.

Ein interessantes Beispiel ist Graphit (das Graphitgitter ist in Abb. 6-8 gezeigt), das aus Schichten von Kohlenstoffatomen besteht, die in Form von Sechsecken angeordnet sind. Die Atome in einer Schicht sind durch lokalisierte kovalente σ-Bindungen mit sp^2-Hybridwellenfunktionen und nichtlokalisierte π-Bindungen, wie im Benzol (Abschnitt 5.6), gebunden. Die nichtlokalisierten π-bindenden Elektronen können sich parallel zu den Schichten frei bewegen, was die elektrische Leitfähigkeit des Graphits parallel zu den Schichten erklärt, aber nicht senkrecht zu ihnen. Aufeinanderfolgende atomare Schichten verhalten sich wie Makromoleküle. Diese Schichten werden wie molekulare Kristalle durch schwache van der Waals-Kräfte zusammengehalten, wodurch sich das flockige, schlüpfrige Verhalten des Graphit erklärt. Gerade aufgrund dieser Struktur wird Graphit als Schmiermittel benutzt. Die Länge der sp^2-Bindungen in Graphit ist 1.42×10^{-10} m und der Abstand zwischen den Schichten 3.35×10^{-10} m.

Die Struktur jedes der Festkörpertypen, die wir beschrieben haben, ist durch die Elektronenstruktur der beteiligten Atome bestimmt. Durch sie werden Art und Anzahl der Elektronen festgelegt, die für die Bindung zur Verfügung stehen, wie auch die Energie, die erforderlich ist, um ihre Bewegung den im Gitter herrschenden Bedingungen anzupassen (diese Bedingungen unterscheiden sich von denen isolierter Atome). Wenn ein Festkörper gebildet wird, ist im allgemeinen ein bestimmter Energiebetrag erforderlich, um die Bewegung der Elektronen zu ändern; bei der Gitterbildung wird jedoch mehr Energie, als hierfür erforderlich ist, freigesetzt.

Kristallgitter sind nicht vollkommen perfekt, und ihre Fehler können auf verschiedene Gründe zurückgeführt werden. Abb. 6-9 zeigt einige der typischsten Gitterfehler. Bei (a) haben wir eine *Leerstelle,* die durch ein fehlendes Atom freigelassen wurde, während bei (b) eine *Fremdstelle* ein Gitteratom ersetzt. Gitterfehler infolge von *Zwischengitteratomen* — entweder von derselben Art oder einer Verunreinigung — sind in (c) und (d) gezeigt. Schließlich zeigt (e) eine *Versetzung,* die von oben halb durch das Gitter gezwängt ist. Gitterfehler haben einen wesentlichen Einfluß auf viele elektrischen, elastischen und optischen Eigenschaften der Festkörper.

BEISPIEL 6.1. Berechnung der inneren potentiellen Energie eines Ionenkristalls.

Lösung: Da wir in erster Näherung einen Ionenkristall als eine regelmäßige Anordnung positiver und negativer Punktladungen ansehen können, erwarten wir, daß die innere potentielle Energie eines Ionenkristalls im wesentlichen auf der elektrischen Wechselwirkung zwischen den Ionen beruht. Als Beispiel wollen wir den Fall des NaCl betrachten und die elektrische Wechselwirkung eines Na^+-Ions mit allen anderen Ionen im Kristall berechnen. Wie wir Abb. 6-2 entnehmen, hat jedes Na^+ 6 Cl^--Ionen als nächste Nachbarn, die alle im gleichen Abstand angeordnet sind. Da sowohl Na^+ wie Cl^- Ladungen vom Betrag e besitzen, ist das anziehende elektrische Potential des Na^+ infolge der sechs nächstliegenden Cl^--Ionen

$$E_{p1} = 6\left(-\frac{e^2}{4\pi\epsilon_0 R}\right) = -\frac{e^2}{4\pi\epsilon_0 R}(6),$$

wobei R der Abstand zwischen nächsten Nachbarn ist. Die nächste Reihe von Ionen sind zwölf Na^+-Ionen in einem Abstand $\sqrt{2}\,R$, die auf ein abstoßendes Potential

$$E_{p2} = 12\left(\frac{e^2}{4\pi\epsilon_0\sqrt{2}\,R}\right) = -\frac{e^2}{4\pi\epsilon_0 R}\left(-\frac{12}{\sqrt{2}}\right)$$

führen. Als nächstes folgt eine Gruppe von acht Cl^--Ionen im Abstand $\sqrt{3}\,R$, die ein anziehendes Potential

$$E_{p3} = 8\left(-\frac{e^2}{4\pi\epsilon_0\sqrt{3}\,R}\right) = -\frac{e^2}{4\pi\epsilon_0 R}\left(\frac{8}{\sqrt{3}}\right)$$

erzeugen. Die nächste Lage enthält sechs Na^+-Ionen in einem Abstand $2R$, die ein abstoßendes Potential

$$E_{p4} = 6\left(\frac{e^2}{4\pi\epsilon_0 2R}\right) = -\frac{e^2}{4\pi\epsilon_0 R}(-3)$$

erzeugen.

Diese Folge läßt sich fortsetzen, bis der ganze Kristall berücksichtigt ist. Die resultierende potentielle Energie ist ihre Summe oder

$$E = -\frac{e^2}{4\pi\epsilon_0 R}\left(6 - \frac{12}{\sqrt{2}} + \frac{8}{\sqrt{3}} - 3 + \cdots\right) = -\frac{\alpha e^2}{4\pi\epsilon_0 R}, \tag{6.1}$$

wobei α der Wert der Summe in den Klammern, *Madelung-Konstante* genannt wird. Im Falle eines flächen-zentrierten kubischen Gitters, wie NaCl, ist die Madelung-Konstante $\alpha = 1.7476$. Im allgemeinen hängt α nur von der Geometrie des Kristalls ab; für ein raumzentriertes Gitter, wie CsCl, ist sein Wert 1.7627.

Da α positiv ist, ist die potentielle Energie negativ und die Kraft zwischen den Ionen anziehend bei allen Abständen, ohne ein Minimum aufzuweisen. Deshalb sollte der Kristall in eine eng gepackte Struktur ohne stabile Konfiguration zusammenfallen. Wir wissen jedoch, daß dieses nicht der Fall ist. Unsere Schlußfolgerung rührt daher, daß wir die Ionen als Punktladungen angenommen haben. Wenn zwei Atome sehr nahe zusammenkommen, werden die Kernabstoßung (z. Teil abgeschirmt durch die Elektronenschalen) und die Abstoßung zwischen den gefüllten Elektronenschalen wirksam. Daher müssen wir einen kurzreichweitigen Rückstoßterm der potentiellen Energie hinzufügen. Wir taten dies bereits oben, in Abschnitt 5.4, als wir die Ionenbindung diskutierten. Um diesen abstoßenden Term zu bestimmen, nehmen wir auf empirischer Basis einen geeigneten Ausdruck für die potentielle Energie an. Verschiedene derartige Ausdrücke wurden vorgeschlagen; wir wollen jedoch nur den einfachen des deutschen Physikers Max Born (1882-1970) betrachten:

$$E_{p(\text{Abstoßung})} = \frac{\beta e^2}{4\pi\epsilon_0 R^n},$$

wobei β und n zwei Komponenten sind, die noch bestimmt werden müssen. Wenn wir R^n mit $n > 1$ benutzen, ist die Abstoßung eine kurzreichweitige Kraft, die, verglichen mit der Coulombschen Ionenanziehung, bei großen Abständen vernachlässigt werden kann. Wenn man diese potentielle Energie zu Gl. (6.1) hinzuaddiert, ist die effektive potentielle Energie

$$E_p = -\frac{e^2}{4\pi\epsilon_0}\left(\frac{\alpha}{R} - \frac{\beta}{R}\right). \tag{6.2}$$

Der Verlauf dieser potentiellen Energie ist ähnlich dem in Abb. 5-14 gezeigten. Wenn wir mit R_0 den Gleichgewichtsabstand bezeichnen, haben wir bei diesem Abstand $dE_p/dR = 0$. Daher ist

$$\left(\frac{dE_p}{dR}\right)_{R=R_0} = -\frac{e^2}{4\pi\epsilon_0}\left(-\frac{\alpha}{R_0^2} + \frac{n\beta}{R_0^{n+1}}\right) = 0$$

oder $\beta = \alpha R_0^{n-1}/n$. Dann können wir Gl. (6.2) in der Gestalt

$$E_p = -\frac{\alpha e^2}{4\pi\epsilon_0 R_0}\left[\frac{R_0}{R} - \frac{1}{n}\left(\frac{R_0}{R}\right)^n\right]$$

schreiben. Die potentielle Energie des Na^+-Ions im Gleichgewicht erhält man, wenn man $R = R_0$ sezt, zu:

$$E_p = -\frac{\alpha e^2}{4\pi\epsilon_0 R_0}\left(1 - \frac{1}{n}\right).$$

Ein ähnliches Ergebnis findet man, wenn man mit einem Cl^--Ion beginnt. Um die gesamte innere Energie des Kristalls zu bestimmen, müssen wir das obige Ergebnis für alle Ionen im Kristall addieren. Hierbei müssen wir darauf achten, daß wir die Wechselwirkung zwischen den einzelnen Ionenpaaren nicht zweimal zählen. Wenn wir mit N die Anzahl der Ionenpaare im Kristall bezeichnen (die in unserem Fall gleich der Anzahl der Moleküle ist), so ergibt sich die innere potentielle Energie des Kristalls zu

$$U = -\frac{N\alpha e^2}{4\pi\epsilon_0 R_0}\left(1 - \frac{1}{n}\right). \tag{6.3}$$

Der experimentelle Wert von U ist für NaCl -7.77×10^5 J Mol^{-1} oder -185.7 kcal Mol^{-1}. Dieses Ergebnis erhält man durch Messung der Bildungswärme des Kristalls. Wenn man diesen Wert von U in Gl. (6.3) einsetzt, so erhält man mit der Loschschmidtschen Zahl (6.02×10^{23} Mol^{-1}) für N und für $R_0 = 2.81 \times 10^{-10}$ m für n den Wert $n = 9.4$. Für andere kubische Kristalle liegt der Wert von n in derselben Größenordnung. Dieser Wert von n ist mit anderen Berechnungen verträglich.

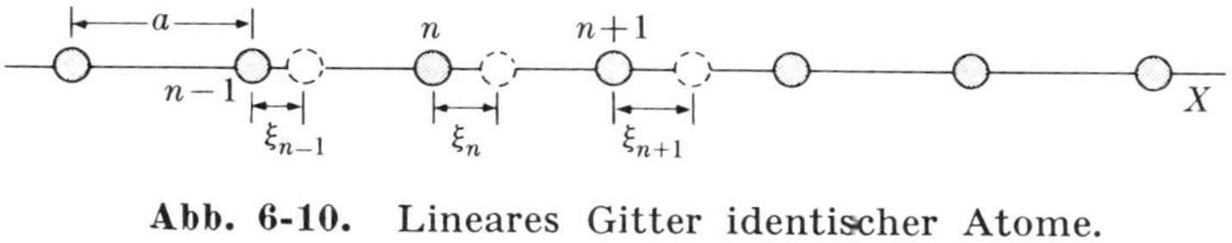

Abb. 6-10. Lineares Gitter identischer Atome.

BEISPIEL 6.2. Diskussion der Gitterschwingungen.

Lösung: Wegen ihrer Bedeutung für viele physikalische Eigenschaften von Kristallen, ist die Analyse der Gitterschwingungen besonders wichtig. Der Einfachheit halber wollen wir ein lineares Gitter betrachten, d.h. eine Reihe identischer Atome mit dem gegenseitigen Abstand a (Abb. 6-10). Die Lage des n-ten Atoms ist durch $x_n = na$ gegeben. Die Verschiebung des n-ten Atoms relativ zu seiner Gleichgewichtslage wollen wir ξ_n nennen. Als eine erste Näherung wollen wir annehmen, daß während der Schwingungen jedes Atom nur mit seinen beiden Nachbarn in Wechselwirkung tritt. Der Abstand zwischen dem n-ten und dem $(n + 1)$-ten Atom ist um $\xi_{n+1} - \xi_n$ angewachsen, und wenn β die Federkonstante der Bindung bezeichnet, ist die nach rechts weisende auf das n-te Atom wirkende Kraft infolge des $(n + 1)$-ten Atoms

$$\beta(\xi_{n+1} - \xi_n).$$

Ähnlich bewirkt das $(n - 1)$-te Atom eine nach links gerichtete Kraft auf das n-te Atom der Größe

$$\beta(\xi_n - \xi_{n-1}).$$

Daher lautet die Bewegungsgleichung des n-ten Atoms

$$M \frac{d^2 \xi_n}{dt^2} = \beta(\xi_{n+1} - \xi_n) - \beta(\xi_n - \xi_{n-1}) \qquad (6.4)$$

$$= \beta(\xi_{n+1} + \xi_{n-1} - 2\xi_n).$$

Wir wollen alle Randeffekte nicht berücksichtigen und daher eine Lösung der Gestalt

$$\xi_n = \xi_0 e^{i(\omega t + kna)} \qquad (6.5)$$

versuchen. Der Term kna gibt die Phase jedes einzelnen Atoms an und entspricht dem Phasenterm kx in einer Welle, die sich in einem kontinuierlichen Medium ausbreitet.
Wenn wir Gl. (6.5) in Gl. (6.4) einsetzen und gemeinsame Faktoren kürzen, erhalten wir

$$-M\omega^2 = \beta(e^{ika} + e^{-ika} - 2) = -4\beta \sin^2 \tfrac{1}{2}ka,$$

woraus sich

$$\omega = 2\sqrt{\beta/M} \sin \tfrac{1}{2}ka \qquad (6.6)$$

ergibt. Diese Gleichung gibt die in dem Gitter erlaubten Frequenzen an. Man beachte, daß der Maximalwert von ω für $k = \pi/a$ auftritt. Die Änderung von ω als Funktion von k ist in Abb. 6-11 dargestellt. Die Tatsache, daß eine Maximalfrequenz auftritt, bedeutet, daß es eine obere Grenze oder cutoff-Frequenz für die elastischen (d.h. akustischen) Wellen in einem Festkörper gibt. Diese Grenze, für die meisten Sub-

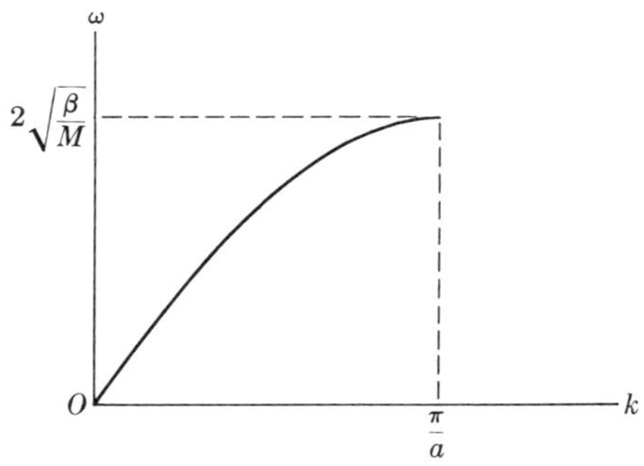

Abb. 6-11. Frequenz der Gitterschwingungen als Funktion von k.

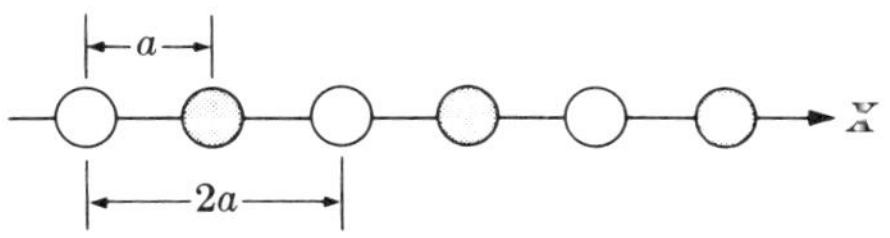

Abb. 6-12. Lineares Gitter aus zwei Arten von Atomen.

stanzen in der Größenordnung 10^{15} Hz, liegt weit oberhalb der Ultraschallfrequenzen, die bisher im Laboratorium erzeugt werden konnten.

Wir wollen nun ein Gitter betrachten, das aus zwei Atomarten mit den Massen M_1 und M_2 zusammengesetzt ist, die abwechselnd angeordnet sind, so daß der Abstand zwischen benachbarten Atomen a und die Periode des Gitterraums $2a$ ist (Abb. 6-12). Ein typisches Gitter dieser Art ist ein Ionenkristall. Eine Rechnung ähnlich der des vorhergehenden Paragraphen ergibt für die erlaubten Frequenzen

$$\omega^2 = \beta\left(\frac{1}{M_1} + \frac{1}{M_2}\right) \pm \beta\left[\left(\frac{1}{M_1} + \frac{1}{M_2}\right)^2 - \frac{4\sin^2 ka}{M_1 M_2}\right]^{1/2}. \qquad (6.7)$$

Wie in Abb. 6-13(a) dargestellt, gibt es jetzt zwei Werte von ω für jeden Wert von k. Die höheren Werte von ω bilden den *optischen* und die niedrigeren den *akustischen Zweig* des Frequenzspektrums des Gitters. Tatsächlich ist die Situation etwas komplizierter, als unsere Analyse ergibt, da sowohl der akustische wie der optische Zweig (relativ zur Ausbreitungsrichtung) longitudinalen oder transversalen Schwingungen entsprechen kann, wobei zwei transversale Schwingungsmöglichkeiten den beiden unabhängigen Schwingungsrichtungen entsprechen. Wie in Abb. 6-13(b) gezeigt, gibt es daher für jeden Wert von k sechs mögliche Werte von $\omega(k)$. Der Grund dafür, die Zweige «akustisch» und «optisch» zu benennen, liegt darin, daß beim akustischen Schwingungstyp beide Ionenarten in Phase schwingen, während sie beim optischen Schwingungstyp eine Phasendifferenz π aufweisen. Wenn wir die transversalen Schwingungen betrachten, ergibt sich für die Auslenkungen der Ionen bei den akustischen und optischen Schwingungstypen das in

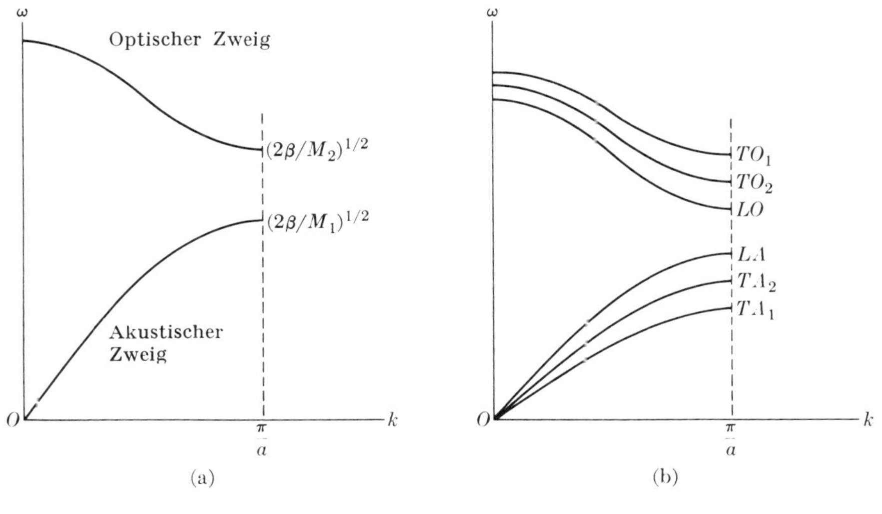

Abb. 6-13. Akustische und optische Schwingungen eines linearen Gitters.

Abb. 6-14 gezeigte Verhalten. Wie wir dem Bild entnehmen können, ist beim optischen Schwingungstyp das induzierte Dipolmoment viel größer als beim akustischen Schwingungstyp; daher zeigt die optische Schwingung stärkere Emission und Absorption elektromagnetischer Strahlung als die akustische Schwingung.
Die optischen Frequenzen liegen im Infrarotbereich des Spektrums und daher zeigen Ionenkristalle ein ausgeprägtes Verhalten gegenüber infraroter elektromagnetischer Strahlung. Für infrarote Strahlung (bei der die Frequenz in der Größenordnung 10^{12} Hz und die Wellenlänge in der Größenordnung 10^{-4} m liegen) ist der Wert von k von der Größenordnung 10^4 m^{-1}. Andererseits liegt der Wert von a bei den meisten Ionen-Festkörpern in der Größenordnung von 10^{-10} m. Daher hat ka den sehr kleinen Wert von $\sim 10^{-6}$. Dementsprechend kann man die Resonanzfrequenz des Kristalls für elektromagnetische Strahlung dadurch bestimmen, daß man in Gl. (6.7) $ka \approx 0$ setzt; d.h.

$$\omega_0^2 = 2\beta\left(\frac{1}{M_1} + \frac{1}{M_2}\right). \tag{6.8}$$

Dies ist z.B. die Frequenz, die in der in Abb. 6-3 gezeigten Absorptionskurve für NaCl dem Maximum der Absorption entspricht.

In einer genaueren Analyse muß man die Normalschwingungen eines Festkörpers quantisieren. Wenn wir von der Nullpunkts-Schwingungsenergie des Festkörpers absehen, sind die Schwingungsenergien der einzelnen Schwingungstypen Vielfache von $\hbar\omega(k)$. Anregung oder Abregung eines Schwingungstyps entspricht der Absorption oder Emission der Energie $\hbar\omega(k)$. Die Ähnlichkeit mit der Absorption oder Emission von Strahlung legt die Einführung eines Phonons nahe, das eine Energie $E = \hbar\omega(k)$ und einen Impuls $p = \hbar k$ besitzt, und das sich durch das Gitter mit einer Geschwindigkeit gleich der Gruppengeschwindigkeit $v_g = dE/dp = d\omega/dk$ ausbreitet. Viele thermische Eigenschaften von Festkörpern, wie etwa die Wärmekapazität und die Wärmeleitung, können als Wechselwirkungen von Phononen mit dem Gitter und als Transport von Phononen durch das Gitter beschrieben werden. Man kann sogar von einer Streuung der Phononen durch Gitteratome sprechen (ähnlich der Compton-Streuung von Photonen durch Elektronen). Diese Phononen-Streuung kann man benutzen, um die Dämpfung hochfrequenter Schallwellen in einem Festkörper und die damit verknüpften thermischen Effekte zu beschreiben.

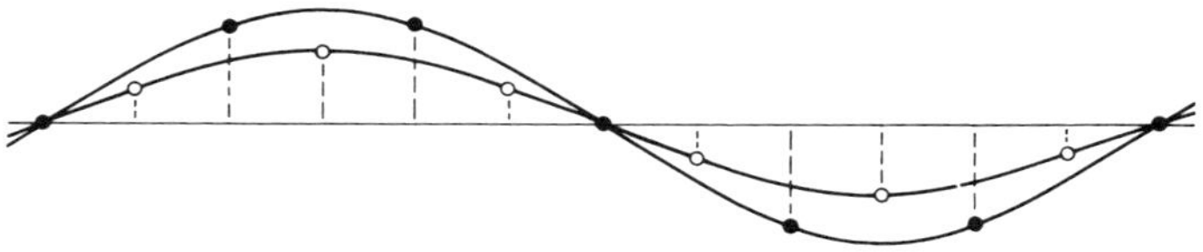

(a) Optische Schwingung

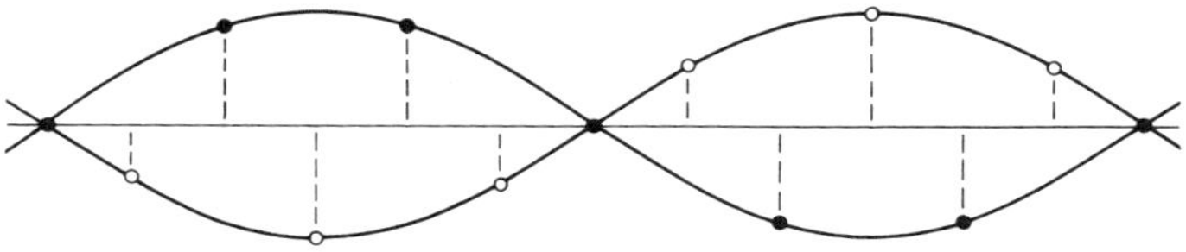

(b) Akustische Schwingung

Abb. 6-14. Phasenbeziehungen zwischen den Atomen für akustische und optische Schwingungen.

6.3 Bändermodell der Festkörper

Wenn wir die Anordnung der Elektronen in Festkörpern diskutieren, können wir ein Verfahren benutzen, das der in Kapitel 5 zur Analyse der Molekülstruktur benutzten Technik der molekularen Orbitale sehr ähnlich ist. Wenn sich ein Elektron an einem Ion vorbeibewegt, sieht es, wie in Abb. 6-15(a) gezeigt, als Potential das zu $1/r$ proportionale Coulombpotential. Wenn wir anstelle eines Ions, wie in H_2^+- und H_2-Molekülen, zwei Ionen haben, verläuft die potentielle Energie ähnlich wie in Abb. 6-15(b) angedeutet.

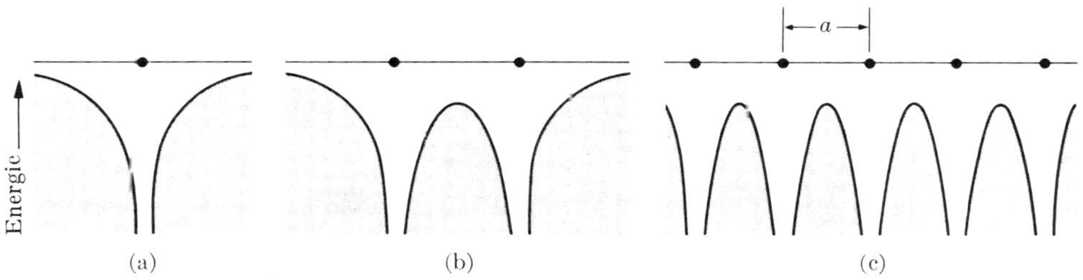

Abb. 6-15. Coulombpotential (a) eines einzelnen Ions, (b) von zwei Ionen, (c) von mehreren Ionen in einer Reihe.

Für eine sehr große Anzahl regelmäßig in einer Reihe angeordneter Atome, die ein eindimensionales Kristallgitter bilden, ergibt sich ein Potentialverlauf wie in Abb. 6-15(c). Wenn wir von Randeffekten absehen, zeigt die potentielle Energie dieselbe Periodizität (oder Regelmäßigkeit) wie das Kristallgitter. Ein realistischer Kristall ist ein dreidimensionales Gitter, und die potentielle Energie eines Elektrons, das sich durch das Gitter bewegt, besitzt ebenfalls dreidimensionale Periodizität und wiederholt sich von Zelle zu Zelle.

Um die möglichen stationären Zustände der Bewegung in einem solchen periodischen Potential zu bestimmen, müssen wir wieder zur Schrödingergleichung zurückkehren. Deren Lösung wird von der speziellen Form des periodischen Potentials abhängen. Die Tatsache, daß das Potential periodisch ist, gestattet es uns, ohne tatsächliche Lösung der Schrödingergleichung bestimmte nützliche Informationen abzuleiten. Betrachten wir ein lineares Kristallgitter, das aus N Ionen im Abstand a besteht (Abb. 6-16). Ein Elektron, das die Energie E_1

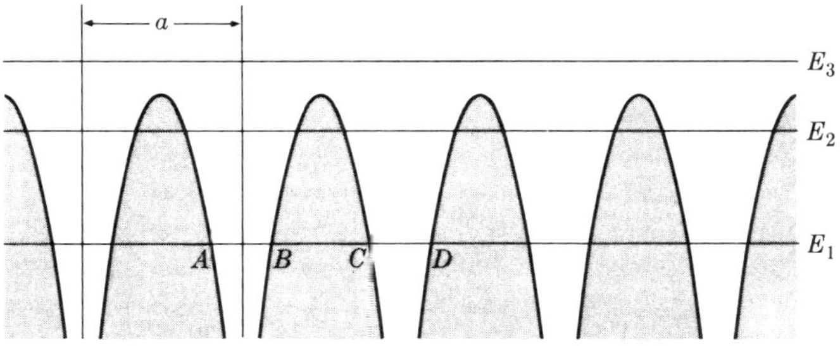

Abb. 6-16. Typen der Energieniveaus in einem linearen Kristallgitter.

besitzt, kann sich nicht frei durch das Gitter bewegen, sondern ist vorwiegend auf die klassisch erlaubten Gebiete AB, CD usw. beschränkt. Es ist zwar richtig, daß es von AB nach CD gehen kann, indem es durch die Potentialbarriere zwischen den beiden erlaubten Gebieten hindurchtunnelt (wie im Zusammenhang mit der Inversion des NH_3 in Abschnitt 2.8 erklärt wurde), die Barriere ist jedoch relativ so hoch und breit, daß ein Durchtunneln des Elektrons höchst unwahrscheinlich ist. Aus diesem Grunde sind die innersten Elektronen in einem Kristall im wesentlichen lokalisiert, und man kann sozusagen annehmen, daß ihre Energien und Wellenfunktionen dieselben sind wie bei isolierten Atomen. Ein Elektron mit der Energie E_2 ist nicht so stark an ein bestimmtes Ion gebunden und kann sich, indem es durch die Potentialbarriere hindurchtunnelt, im Gitter umherbewegen. Schließlich ist ein Elektron mit der Energie E_3 nicht an ein bestimmtes Atom gebunden; es kann sich frei durch das Gitter bewegen. Diese quasi-freien Elektronen sind nicht für nur die meisten kollektiven Eigenschaften des Gitters verantwortlich (wie die elektrische und die thermische Leitfähigkeit), sondern sorgen auch für die Bindung der atomaren Ionen, welche die Kristallstruktur bilden.

Unsere nächste Aufgabe ist es, die möglichen Energieniveaus zu bestimmen. Wir erinnern uns an die Situation, die wir bei den H_2^+- und den H_2-Molekülen vorfanden. Die potentielle Energie eines zweiatomigen Moleküls rührt von den beiden Ionen her, und infolgedessen spalten die atomaren Energieniveaus in jeweils zwei auf, wenn der Abstand zwischen den Ionen abnimmt (Abb. 5-4). Ähnlich bewegen sich die Elektronen in einem linearen konjugierten Molekül mit π-Bindungselektronen in einem periodischen Potential, und jedes atomare Energieniveau spaltet sich in eine Anzahl von Niveaus auf, die gleich der Zahl der Atome ist. Dies wurde in Abb. 5-26 für Butadien dargestellt.

In einem Gitter, wie dem in Abb. 6-16 dargestellten, führt daher jedes atomare Energieniveau auf N nahe benachbarte Niveaus. Ihr Abstand und ihre Lage hängen, wie qualitativ in Abb. 6-17 gezeigt ist, vom Abstand der Ionen ab. So liegen z.B. für einen Ionenabstand a die möglichen Energieniveaus zwischen

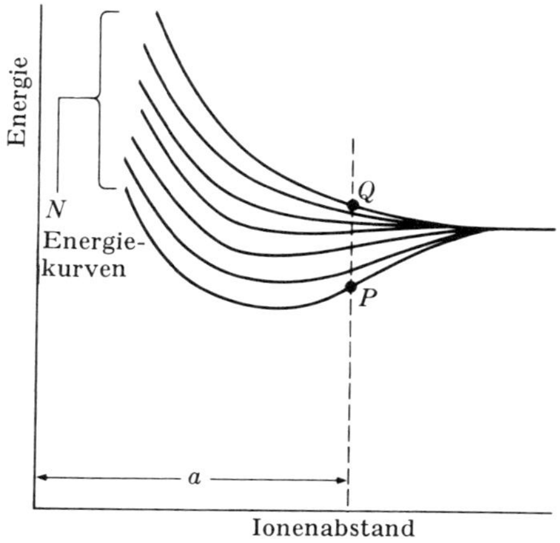

Abb. 6-17. Energieniveaus in einem linearen Kristallgitter als Funktion des Ionenabstandes.

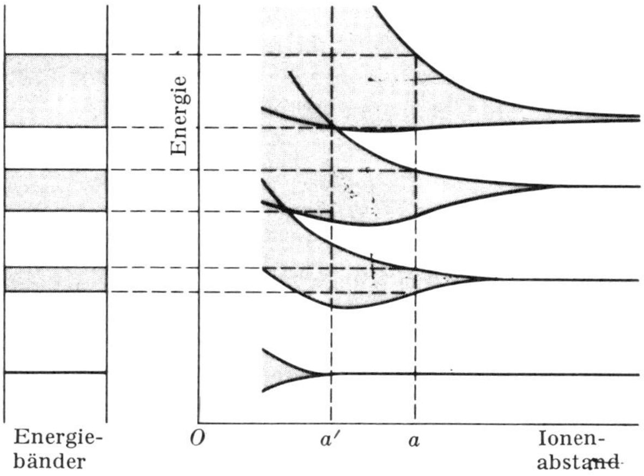

Abb. 6-18. Energiebänder.

P und Q. Wenn N sehr groß ist, liegen die verschiedenen Energieniveaus so nahe beieinander, daß man sagen kann, daß sie ein kontinuierliches *Energieband* bilden.

Da nach dem Paulischen Ausschließungsprinzip jedes Niveau zwei Elektronen aufnehmen kann, eins mit Spin oben und das andere mit Spin unten, kann ein Energieband, das einem bestimmten Atomzustand entspricht, maximal $2N$ Elektronen aufnehmen, d.h. zwei Elektronen pro Ion. Entsprechend den Drehimpulswerten der zugeordneten Atomzustände bezeichnet man die Bänder mit s, p, d usw.

In einem gegebenen Kristallgitter gibt es viele Energiebänder, die jeweils einem der Energieniveaus der Atome entsprechen, die das Gitter bilden. Abb. 6-18 zeigt die Energiebänder, die bei einem Ionenabstand a verschiedenen Energieniveaus entsprechen.

Den Energiekurven im rechten Teil der Abbildung kann man entnehmen, daß sich die Energiebänder bei umso größeren Ionenabständen bilden, je höher die atomaren Energieniveaus liegen. Der Grund hierfür ist folgender: Je größer die Energie der Elektronen ist, umso größer ist das Gebiet, in dem sie sich bewegen und umso leichter werden sie daher von benachbarten Ionen beeinflußt. Eine weitere Eigenschaft besteht darin, daß sich die Bänder zu überlappen beginnen, wenn der Ionenabstand abnimmt. Z.B. überlappen sich für einen Ionenabstand a' das dritte und das vierte Band in Abb. 6-18. Wie wir später sehen werden, spielt dies bei der Erklärung der Eigenschaften vieler Festkörper eine große Rolle.

Bänder, die zu den inneren abgeschlossenen Schalen der Stammatome gehören, weisen die Gesamtzahl von Elektronen auf, die nach dem Pauli-Prinzip zugelassen ist. Elektronen in diesen Bändern sind, wie in Zusammenhang mit Abb. 6-16 erläutert wurde, mehr oder weniger lokalisiert. Deshalb werden wir diese Bänder bei unserer folgenden Diskussion ignorieren. Jedoch ist das Band, das der äußersten Atomschale entspricht und von den Valenzelektronen besetzt ist, im Zusammenhang mit den Festkörpereigenschaften das interessanteste; es ist das

Band, das wir noch mehr im Detail betrachten werden. Wenn dieses oberste Band nicht vollständig aufgefüllt ist, nennt man es *Leitungsband*. Wenn es jedoch aufgefüllt ist, wird es als *Valenzband* bezeichnet. In diesem Fall nennt man das leere, direkt darüberliegende Band *Leitungsband*.

6.4 Das Modell freier Elektronen

Bei unserer Analyse der Elektronenbewegung im Leitungsband wollen wir in erster Näherung die periodische Schwankung des Potentials vernachlässigen und annehmen, daß sich die Elektronen in einem Gebiet konstanter mittlerer potentieller Energie bewegen. Daher können wir diese Elektronen als frei betrachten und annehmen, daß sie sich unabhängig bewegen. Der Einfachheit halber werden wir ferner ein lineares Gitter betrachten. Wenn wir annehmen, daß das Gitter genügend groß ist, wird unsere Diskussion nicht von den Randbedingungen an den Gitterenden beeinflußt. Daher ist die Wellenfunktion eines Elektrons mit dem Impuls $p = \hbar k$ näherungsweise

$$\psi = e^{ikx}. \tag{6.9}$$

Um die Bewegung sowohl in der positiven wie in der negativen X-Richtung beschreiben zu können, betrachten wir k als eine Größe, die positive und negative Werte annehmen kann. Für ein dreidimensionales Gitter müssen wir eine Wellenfunktion ansetzen, die sich wie folgt schreiben läßt:

$$\psi = e^{i\boldsymbol{k}\cdot\boldsymbol{r}}. \tag{6.10}$$

Für beide Wellenfunktionen ist $|\psi|^2 = 1$, was bedeutet, daß das Elektron an jedem Punkt des Gitters die gleiche Aufenthaltswahrscheinlichkeit besitzt. Dies stimmt natürlich nicht mit unserem Bild vom Gitter als einer periodischen Struktur überein, deren Periodizität sich in der Wahrscheinlichkeitsverteilung des Elektrons widerspiegeln sollte. (Man wird z.B. in der Nähe eines positiven Ions eine größere Aufenthaltswahrscheinlichkeit eines Elektrons erwarten, als in anderen Gebieten des Gitters.) Obwohl das Modell freier Elektronen grob ist, gibt es jedoch einen Einblick in die Eigenschaften vieler Festkörper.

Wenn wir von der konstanten mittleren potentiellen Energie absehen, ergibt sich für die durch die Wellenfunktion (6.9) oder (6.10) beschriebenen Elektronen die Energie

$$E = p^2/2m_e = \hbar^2 k^2/2m_e, \tag{6.11}$$

die der kinetischen Energie eines Elektrons mit dem Impuls $\boldsymbol{p} = \hbar\boldsymbol{k}$ entspricht. Die Energie ist in Abb. 6-19 als Funktion von k dargestellt. Das Modell freier Elektronen läßt alle Werte von k und daher E_k zu, was bedeutet, daß das Modell keine Information über die Breite eines Bandes gibt; wir können diese jedoch auf die folgende Art abschätzen: Betrachten wir ein lineares Gitter der

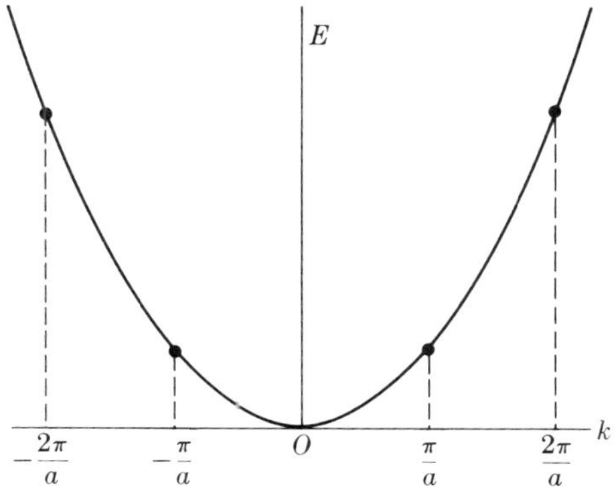

Abb. 6-19. Energie eines freien Elektrons als Funktion von k.

Länge L, das aus N Ionen im Abstand a besteht, so daß $L = Na$. Um stehende Wellen aufrecht zu erhalten, muß die Wellenlänge λ des Elektrons der Forderung $n(\lambda/2) = L$ genügen. Für jeden Wert von n ergibt sich ein bestimmter stationärer Zustand. Wir wissen jedoch, daß in einem Gitter, das aus N Ionen besteht, ein Band nur N Zustände aufweist. Die möglichen Werte von n sind daher 1, 2, 3, ..., N. Wenn wir beachten, daß $k = 2\pi/\lambda$, erhalten wir so

$$k = n\pi/L = n\pi/Na, \qquad n = 1, 2, 3, \ldots, N. \tag{6.12}$$

Aufeinanderfolgende Werte von k unterscheiden sich um π/Na, was für sehr große N sehr klein ist und rechtfertigt, trotz der Quantisierungsbedingung (6.12) k als eine kontinuierliche Variable zu behandeln. Wenn wir $n = N$ in Gl. (6.12) setzen, erhalten wir für den Maximalwert von k

$$k_{\max} = \pi/a. \tag{6.13}$$

So liegt der Bereich der in dem Band erlaubten k-Werte zwischen $-\pi/a$ und π/a, wie in Abb. 6-19 angedeutet ist. Die maximale Energie im Band, die auch die Breite des Bandes ist, ist dann

$$E_{\max} = \frac{\hbar^2 \pi^2}{2m_e a^2}. \tag{6.14}$$

Man entnimmt Gl. (6.14), daß die Breite des Bandes unabhängig von der Anzahl der Ionen ist, die das Gitter bilden. Dieses Resultat war zu erwarten, da das Hinzufügen von Ionen zwar die Zahl der Zustände vergrößert, die Periodizität des Gitters, die entsprechend Gl. (6.13) $k_{\max}$ bestimmt, jedoch dieselbe bleibt (vergl. Beispiel 6.6).

Eine sehr wichtige Aufgabe ist es, zu bestimmen, wie sich die Elektronen in einem Band auf die Energien von Null bis $E_{\max}$ verteilen können. In Beispiel 2.4 zeigten wir, daß die Anzahl der einem freien Teilchen in einem Kasten des Volumens V im Energieintervall dE zur Verfügung stehende Anzahl von Energieniveaus gegeben ist durch

$$dN(E) = \frac{4\pi V(2m^3)^{1/2}}{h^3} E^{1/2}\, dE.$$

Jedes Niveau kann zwei Elektronen aufnehmen (eins mit Spin oben und eins mit Spin unten). Wenn wir ein Einheitsvolumen betrachten, ist daher die Gesamtzahl der Elektronen mit einer Energie zwischen E und $E + dE$ in dem Band gegeben durch

$$dn = \frac{8\pi(2m_e^3)^{1/2}}{h^3} E^{1/2}\, dE = g(E)\, dE. \tag{6.15}$$

Die Größe $g(E) = dn/dE$ ist in Abb. 6-20 gezeigt, die praktisch mit Abb. 2-12 übereinstimmt. Für ein bestimmtes Band sollte die Kurve bei E_{max} enden. Die

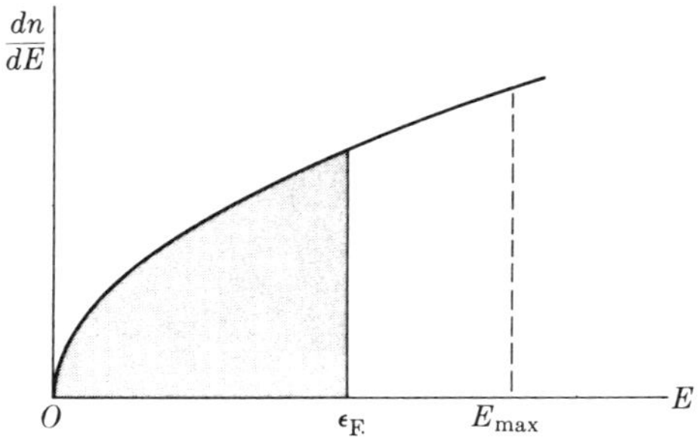

Abb. 6-20. Dichte der Energiezustände freier Elektronen in einem Festkörper.

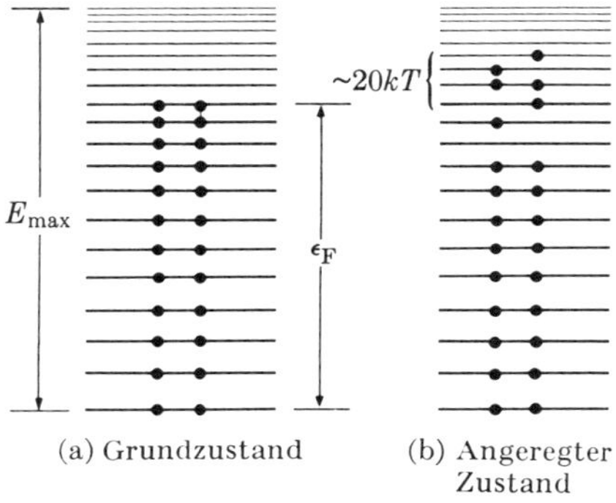

Abb. 6-21. Verteilung freier Elektronen auf die Energiezustände im Leitungsband.

Anzahl der Elektronen pro Volumen, die bis zu einer Energie E untergebracht werden können, ist durch

$$n = \int_0^E g(E)\, dE$$

gegeben. Wenn wir Gl. (6.15) benutzen, erhalten wir daher

$$n = \frac{8\pi(2m_e^3)^{1/2}}{h^3} \int_0^E E^{1/2}\, dE = \frac{16\pi(2m_e^3)^{1/2}}{3h^3} E^{3/2}. \tag{6.16}$$

Wenn sich das Metall in seinem Grundzustand befindet (was, wie wir später sehen werden, beim absoluten Nullpunkt vorkommt) besetzen alle Elektronen, wie in Abb. 6-21(a) gezeigt, die niedrigstmöglichen Energieniveaus, die mit dem Ausschließungsprinzip verträglich sind. Wenn die Gesamtzahl der Elektronen pro Volumen n_0 geringer ist als die Gesamtzahl der in dem Band zur Verfügung stehenden Energieniveaus, werden die Elektronen alle Energiezustände bis zu einer mit ϵ_F bezeichneten Maximalenergie besetzen, die *Fermienergie* genannt wird. Wenn wir in Gl. (6.16) $E = \epsilon_F$ setzen, muß $n = n_0$ sein. Daher erhalten wir für die Fermienergie den Wert

$$\epsilon_F = \frac{h^2}{8m_e}\left(\frac{3n_0}{\pi}\right)^{2/3}. \qquad (6.17)$$

Die Energieverteilung von Elektronen im Grundzustand eines Metalls entspricht so dem in Abb. 6-20 schraffierten Gebiet. Wenn die Fermienergie gleich der Breite des Energiebandes ist, ist das Band voll besetzt. In Tabelle 6-1 sind die berechneten Werte der Fermienergien für eine Anzahl von Metallen angegeben.

TABELLE 6-1 Fermienergie

Metall	Li	Na	K	Rb	Cs	Cu	Ag	Au	Mg	Al
ϵ_F, eV	4.72	3.12	2.14	1.82	1.53	4.07	5.51	5.54	7.3	11.9

Wenn ein Band nicht vollständig besetzt ist, genügt ein geringer Energiebetrag, um die obersten Elektronen in nahegelegene Energieniveaus anzuregen, wie in Abb. 6-21(b) angedeutet ist. Jedoch können nur die höchsten Elektronen thermisch angeregt werden, da kT bei Zimmertemperatur etwa 0.025 eV beträgt, was sehr klein verglichen mit ϵ_F ist, und weil das Ausschließungsprinzip es nicht zuläßt, daß niederenergetische Elektronen in naheliegende besetzte Zustände angeregt werden. Die Verteilung der Elektronen aus die Energieniveaus in einem thermisch angeregten Zustand des Gitters entspricht dem schraffierten Gebiet in Abb. 6-22. Die Elektronen, die thermisch angeregt wurden, sind diejenigen mit einer Energie größer als ϵ_F. Die von den angeregten Elektronen besetzten Zustände fallen in ein Energiegebiet der Größenordnung 20 kT oberhalb ϵ_F.

Die *Austrittsarbeit* eines Metalles ist diejenige Energie, welche erforderlich ist, um ein Elektron aus dem höchsten besetzten Niveau zu entfernen. Beim absoluten Nullpunkt ist die Fermienergie das allerhöchste besetzte Niveau. Da die thermischen Energien verglichen mit der Fermienergie sehr klein sind, sind auch

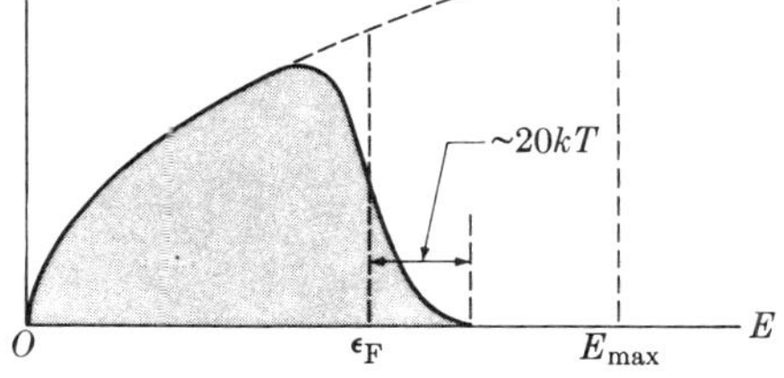

Abb. 6-22. Besetzung der Energiezustände bei einer vom absoluten Nullpunkt verschiedenen Temperatur.

bei Zimmertemperatur nur sehr wenige Elektronen über die Fermienergie hinaus angeregt. Aus diesem Grunde ist die Austrittsarbeit über einen weiten Temperaturbereich praktisch konstant.

BEISPIEL 6.3. Diskussion des Paulischen Spin-Paramagnetismus.

Lösung: Die einfache Theorie freier Elektronen, die wir eben diskutiert haben, reicht aus, um viele Eigenschaften von Metallen zu erklären, von denen eine der geringe Paramagnetismus ist, den die meisten Metalle zeigen. Dieser Paramagnetismus wurde von Pauli einer, bei Anlegen eines Magnetfeldes auftretenden Änderung der von den Elektronen mit Spin oben und Spin unten besetzten Zustände zugeschrieben, welche das Magnetfeld eine Orientierung der Elektronen begünstigt, bei der ihre Spins entgegengesetzt zum Feld angeordnet sind.

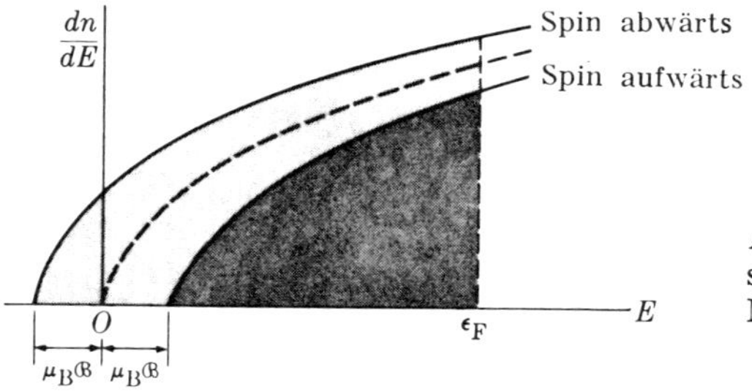

Abb. 6-23. Besetzung der Energiezustände bei Anwesenheit eines äusseren Magnetfeldes.

Wir haben gesehen (Abschnitt 3.6), daß ein Elektron ein magnetisches Spinmoment μ_B besitzt und daß es bei Anwesenheit eines Magnetfeldes $\mathcal{B}$ eine Energie $\pm\mu_B\mathcal{B}$ gewinnt, wobei das + (—) Zeichen Spin oben (unten) oder parallel (antiparallel) relativ zum Magnetfeld entspricht. Bei einer Gesamtenergie E des Elektrons ist die kinetische Energie des Elektrons $E \mp \mu_B\mathcal{B}$, je nachdem ob der Spin nach oben oder nach unten zeigt. Daher ist die Besetzungszahl der Zustände mit Spin oben und unten:

$$\left(\frac{dn}{dE}\right)_{\uparrow} = \tfrac{1}{2}g(E - \mu_B\mathcal{B}), \qquad \left(\frac{dn}{dE}\right)_{\downarrow} = \tfrac{1}{2}g(E + \mu_B\mathcal{B}).$$

Hier tritt jeweils der Faktor $\frac{1}{2}$ auf, weil wir nur Elektronen mit einer bestimmten Spin-Orientierung betrachten. Abb. 6-23 zeigt den Verlauf von $(dn/dE)_{\uparrow}$ und $(dn/dE)_{\downarrow}$ (wir nehmen hier an, daß die Temperatur in der Nähe des absoluten Nullpunktes liegt). Wir sehen, daß die Anzahl der Elektronen mit Spin unten größer ist als die Anzahl mit Spin oben. Man beachte, daß wir ϵ_F als Maximalenergie festgehalten haben. Selbst bei den stärksten, im Laboratorium benutzten Magnetfeldern (der Größenordnung 0.1 T) beträgt die Energie $\mu_B\mathcal{B}$ rund 6×10^{-6} eV, was verglichen mit der in Tabelle 6-1 angegebenen Fermienergie sehr klein ist. Daher besitzen die beiden Kurven nur einen geringen Abstand. Elektronen mit Spin oben tragen ein magnetisches Moment $-\mu_B$ in Richtung des Magnetfeldes bei, diejenigen mit Spin unten ein magnetisches Moment $+\mu_B$. Daher beträgt das resultierende magnetische Moment des Metalles pro Volumen

$$\mathcal{M} = \int_0^{\epsilon_F}\left[\mu_B\left(\frac{dn}{dE}\right)_{\downarrow} - \mu_B\left(\frac{dn}{dE}\right)_{\uparrow}\right] dE$$

$$= \tfrac{1}{2}\mu_B\int_0^{\epsilon_F}[g(E + \mu_B\mathcal{B}) - g(E - \mu_B\mathcal{B})]\ dE$$

$$= \mu_B^2 \mathcal{B} \int_0^{\epsilon_F} \frac{dg}{dE}\, dE = \mu_B^2 \mathcal{B} g(\epsilon_F).$$

Bei dieser Rechnung haben wir die aus der Taylor-Entwicklung abgeleitete Beziehung $g(E \pm \mu_B \mathcal{B}) = g(E) \pm \mu_B \mathcal{B}\ (dg/dE)$ benutzt. Wenn wir die Gl. (6.15) und (6.17) benutzen, erhalten wir ($g(\epsilon_F) = 3n_0/2\epsilon_F$) und damit für die Magnetisierung infolge der Umorientierung der Spins

$$\mathcal{M} = \frac{3n_0\mu_B^2}{2\epsilon_F}\, \mathcal{B}.$$

Sie besitzt dieselbe Richtung wie $\mathcal{B}$ und ist daher ein paramagnetischer Effekt. Die paramagnetische Suszeptibilität eines Metalls infolge der Spins ist daher

$$\chi_m = \frac{3n_0\mu_B^2\mu_0}{2\epsilon_F}\, \mathcal{B}.$$

Wenn wir Zahlenwerte mit $\epsilon_F \sim 2$ eV einsetzen, erhalten wir $\chi_m \sim 5 \times 10^{-6}$. Dieser Wert stimmt mit den experimentellen Ergebnissen hinsichtlich der Größenordnung überein. Obwohl wir unsere Berechnung für eine Temperatur in der Nähe des absoluten Nullpunktes durchgeführt haben, gilt das Resultat für einen ziemlich großen Temperaturbereich.

Man kann den obigen Ausdrücken entnehmen, daß der elektronische Paramagnetismus von Elektronen mit nichtabgeschlossenen d-Schalen größer ist als bei s- oder p-Schalen, da für d-Elektronen im allgemeinen n_0 größer und ϵ_F kleiner ist.

6.5 Elektronenbewegung in einer periodischen Struktur

Um das Modell der freien Elektronen für einen Festkörper zu verbessern, wollen wir den Einfluß der periodischen Struktur des Gitters einbauen. Wir wollen zu Beginn die möglichen Wellenfunktionen betrachten. Es ist klar, daß der Einfluß des Gitters dahin geht, die Wellenfunktion freier Teilchen $e^{i\boldsymbol{k}\cdot\boldsymbol{r}}$ so zu verändern, daß diese Wellenfunktion anstelle einer konstanten Amplitude eine Amplitude besitzt, die sich mit der Periode des Gitters ändert. Daher schreiben wir die Wellenfunktion als

$$\psi(\boldsymbol{r}) = e^{i\boldsymbol{k}\cdot\boldsymbol{r}}\, u(\boldsymbol{r}), \tag{6.18}$$

wobei $u(\boldsymbol{r})$ eine modulierende Amplitude ist, die sich von Gitterzelle zu Gitterzelle wiederholt. Im Fall eines linearen Gitters mit dem Abstand a müssen wir anstelle von Gl. (6.13)

$$\psi(x) = e^{ikx} u(x) \tag{6.19}$$

schreiben, wobei $u(x)$ der Bedingung

$$u(x + a) = u(x) \tag{6.20}$$

genügt. Die Ausdrücke (6.19) und (6.20) bilden zusammen das *Blochsche Theorem.* (Vergl. Beispiel 6.5 wegen eines Beweises.)

Wir können einen Eindruck von den Wellenfunktionen (6.19) erhalten, wenn wir annehmen, daß sich $u(x)$ wie die Wellenfunktion der isolierten Atome verhält und e^{ikx} durch die Wellenfunktionen eines freien Teilchens in einem Potentialkasten ersetzen. Einige dieser Wellenfunktionen für den Fall eines Gitters, das aus acht Ionen in einer Reihe zusammengesetzt ist, sind in Abb. 6-24 gezeigt.

Das Band besteht aus acht Niveaus; es sind jedoch nur vier Wellenfunktionen angedeutet. Man beachte, daß wir immer noch sagen können, daß $\hbar k$ eine Art *mittlerer* Impuls der Elektronen ist, obwohl der Impuls des durch Gl. (6.19) beschriebenen Elektrons nicht konstant ist (vergl. Beispiel 6.4). Die Wellenlänge des mit $\psi(x)$ verknüpften Elektrons ist jedoch immer noch $\lambda = 2\pi/k$, und somit ist k die Wellenzahl des Elektrons.

Wegen der potentiellen Energie infolge der Gitterionen ist die Energie des Elektrons nicht rein kinetisch, wie sie es im Fall des freien Elektrons entsprechend Gl. (6.11) war. Die Anhängigkeit der Energie von k ist kompliziert und hängt von der Geometrie des Gitters ab. Das wichtige Resultat besteht darin,

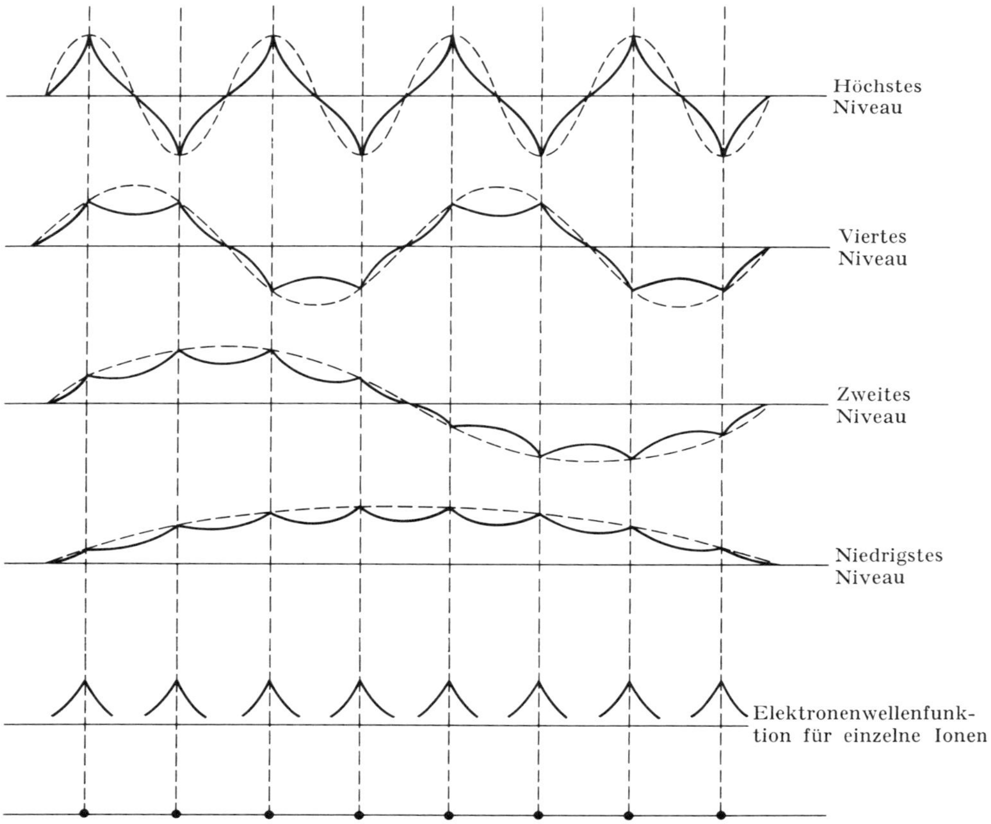

Abb. 6-24. Wellenfunktionen in einem Gitter aus acht Ionen.

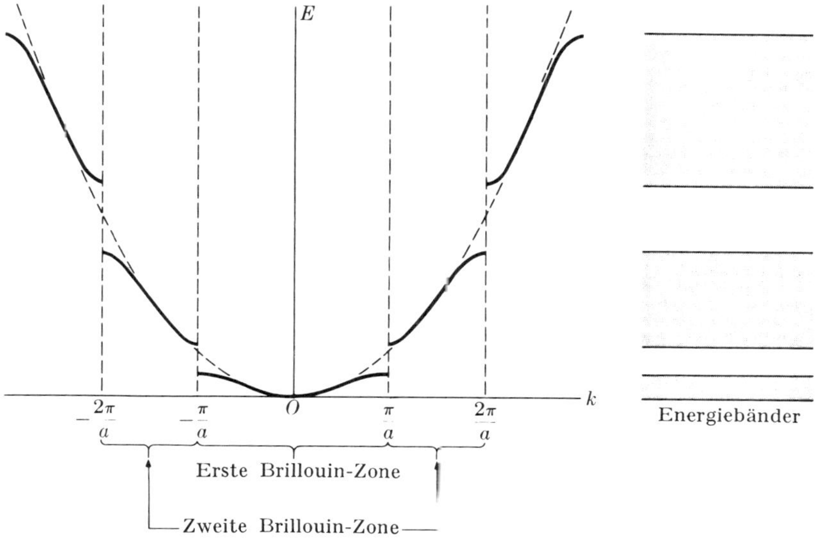

Abb. 6-25. Brillouin-Zonen in einem linearen Kristallgitter.

daß die Energie bei bestimmten Werten von k, die für ein lineares Gitter mit dem Abstand a durch

$$k = n\pi/a, \qquad n = \pm 1, \pm 2, \ldots \tag{6.21}$$

gegeben sind, eine Diskontinuität oder Lücke besitzt. Der Verlauf von $E(k)$ für diesen Fall ist in Abb. 6-25 gezeigt. Man kann der Kurve entnehmen, daß sich die Energie für solche k, die nicht in der Nähe der Werte von Gl. (6.21) liegen, wie die eines freien Teilchens (angedeutet durch die gestrichelte Linie) verhält. Daher beeinflußt das Gitter die Bewegung eines Elektrons nur dann, wenn k nahe bei $n\pi/a$ liegt. Der Einfluß macht sich durch das Auftreten von Energielücken bemerkbar. Bei Zwischenwerten von k können die Elektronen sich frei durch das Gitter bewegen. Die erlaubten Energiebänder entsprechen den ausgezogenen Linien; diese Energiebänder sind auch im rechten Teil der Abbildung gezeigt.

Es ist nicht überraschend, daß sich ein Elektron ohne Widerstand frei durch ein Gitter bewegen kann, außer wenn k nahe bei den Werten $n\pi/a$ liegt und die Störung des Gitters groß ist. Die Bewegung der Elektronen in einem Gitter kann man ähnlich wie die Ausbreitung einer elektromagnetischen Welle in einem Kristall betrachten. Die Streuung der elektromagnetischen Welle durch die Atome in dem Gitter gibt dann eine verstärkte Streuwelle, wenn die Braggsche Bedingung erfüllt ist; d.h.

$$2a \sin \theta = n\lambda,$$

wobei a der Abstand zwischen den Netzebenen und θ der Winkel zwischen der Ausbreitungsrichtung und den Netzebenen ist (Abb. 6-26).

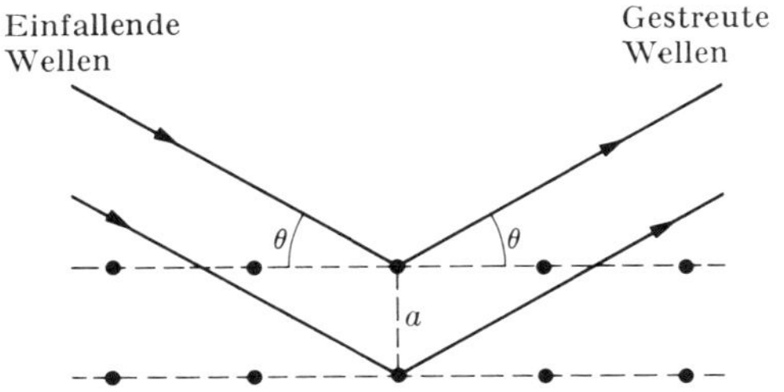

Abb. 6-26. Braggstreuung.

Für senkrechten Einfall ($\theta = \pi/2$) wird die Braggsche Bedingung $2a = n\lambda$. Dies ist die Bedingung, die man bei einem linearen Gitter für die Wellenausbreitung längs des Gitters anwenden muß. Wenn z.B. die Wellen 1 und 2 (Abb. 6-27) von aufeinanderfolgenden Ionen A und A' reflektiert werden, besitzen die reflektierten Strahlen 1′ und 2′ einen Wegunterschied $2a$ und einen Phasenunterschied $2\pi(2a)/\lambda$. Für maximale Verstärkung von 1′ und 2′ muß diese Phasendifferenz gleich $2n\pi$ sein, was $2a = n\lambda$ ergibt. Setzen wir $\lambda = 2\pi/k$, so erhalten wir $k = n\pi/a$ in Übereinstimmung mit Gl. (6.21). Deshalb sind es diese Werte von k, bei denen das lineare Gitter die Bewegung von Elektronen in einer bestimmten Richtung blockiert, indem es sie zwingt, sich in der entgegengesetzten Richtung zu bewegen. Der Bereich der k-Werte zwischen $-\pi/a$ und $+\pi/a$ bildet die *erste Brillouin-Zone.* Für k zwischen $-2\pi/a$ und $-\pi/a$ und zwischen π/a und $2\pi/a$ haben wir die *zweite Brillouin-Zone* usw.

Indem wir berücksichtigen, daß die Gruppengeschwindigkeit durch $v_g = d\omega/dk$ definiert ist (vergl. Anhang III) und daß $E = \hbar\omega$ entsprechend Gl. (1.45) ist, definieren wir die Geschwindigkeit eines Elektrons, welches durch ein Wellenpaket dargestellt wird, das um die Energie E und die Wellenzahl k zentriert ist, als

$$v = \frac{1}{\hbar}\frac{dE}{dk}. \tag{6.22}$$

Vergleichen wir diese Gleichung mit dem Anstieg der Kurve in Abb. 6-25, so können wir schließen, daß sich die Geschwindigkeit des Elektrons in der ersten Brillouin-Zone, wie in Abb. 6-28(a) gezeigt, ändert und sich für die anderen Zonen entsprechende Resultate ergeben. Am oberen und unteren Rande des Bandes ist die Geschwindigkeit Null. Im Zwischengebiet liegt sie nahe $\hbar k/m$, der Geschwindigkeit eines freien Elektrons.

Wenn eine äußere Kraft F auf das Elektron wirkt, so ist die von dieser Kraft am Elektron während der Zeit dt geleistete Arbeit $Fv\,dt$. Dies führt zu einer Energieänderung des Elektrons dE. Wir können daher $Fv\,dt = dE = (dE/dk)dk$

Abb. 6-27. Braggstreuung in einem linearen Gitter.

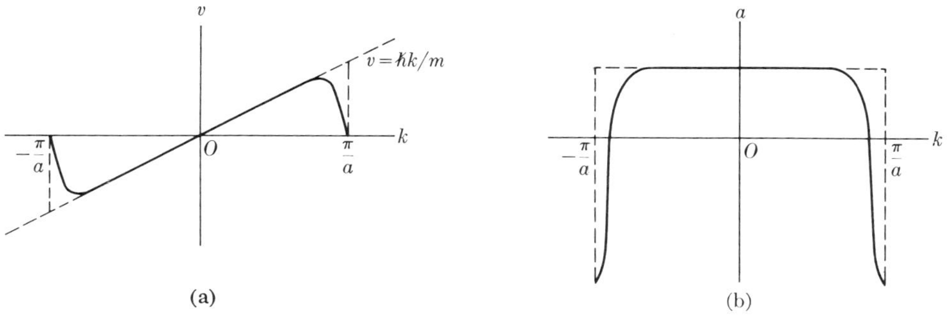

Abb. 6-28. Geschwindigkeit und Beschleunigung als Funktionen von k in der ersten Brillouin-Zone eines linearen Gitters.

schreiben. Wenn wir den durch Gl. (6.22) gegebenen Ausdurck für v einsetzen, erhalten wir

$$F = \hbar\, dk/dt. \tag{6.23}$$

Dies kann als Bewegungsgleichung des Elektrons im Gitter genommen werden. Wenn wir diese Gleichung mit der klassischen Bewegungsgleichung $F = dp/dt$ vergleichen, schließen wir, daß $\hbar k$ für die Bewegung eines Elektrons durch ein Gitter unter dem Einfluß einer äußeren Kraft dieselbe Rolle spielt, wie der Impuls für die Bewegung eines Elektrons im freien Raum unter der gleichen Kraft. Aus diesem Grunde nennt man $\hbar k$ manchmal den *Gitterimpuls* des Elektrons.

Um zu beschreiben, wie sich ein Elektron (das durch ein Wellenpaket beschrieben wird) unter dem Einfluß einer äußeren Kraft durch das Gitter bewegt, müssen wir die Gl. (6.22) und (6.23) beide benutzen. Gl. (6.23) gibt den Einfluß der äußeren Kraft die Wellenzahl des Elektrons an und Gl. (6.22) die Geschwindigkeit des Elektrons, wie sie aus dieser Kraft und der Wechselwirkung des Elektrons mit dem Gitter resultiert. Wir wollen zunächst ein Elektron in der ersten Brillouin-Zone betrachten und z.B. annehmen, daß das Elektron anfangs $k = 0$ hat; deshalb ist auch seine Geschwindigkeit Null. Wenn die Kraft F angelegt wird, nimmt k entsprechend Gl. (6.23) zu, und wir entnehmen Abb. 6-28, daß v ebenfalls zunimmt; d.h. das Elektron wird beschleunigt. Wenn k einen bestimmten Wert in der Nähe von π/a erreicht, beginnt die Geschwindigkeit jedoch abzunehmen (d.h. das Elektron wird verlangsamt, obwohl die Kraft dieselbe bleibt). Dieser Effekt beruht natürlich auf der Wechselwirkung des Elektrons mit dem Gitter. Wenn $k = \pi/a$ ist, wird die Geschwindigkeit Null, das Wellenpaket, welches das Elektron darstellt, erfährt im Gitter eine Braggsche Reflektion, k wird $-\pi/a$ und die Ausbreitung verläuft in entgegengesetzter Richtung. Offenbar wird die Geschwindigkeit jetzt negativ. Wenn die angelegte Kraft dieselbe bleibt, besagt Gl. (6.23), daß sich k weiterhin in gleicher Richtung ändert und daher, weil es negativ ist, dem Betrage nach abnimmt. Abb. 6-28(a) zeigt, daß die Geschwindigkeit in einer der äußeren Kraft entgegengesetzten Richtung zunächst zunimmt, sehr bald beginnt ihr Betrag jedoch abzunehmen, da die Kraft der Geschwindigkeit

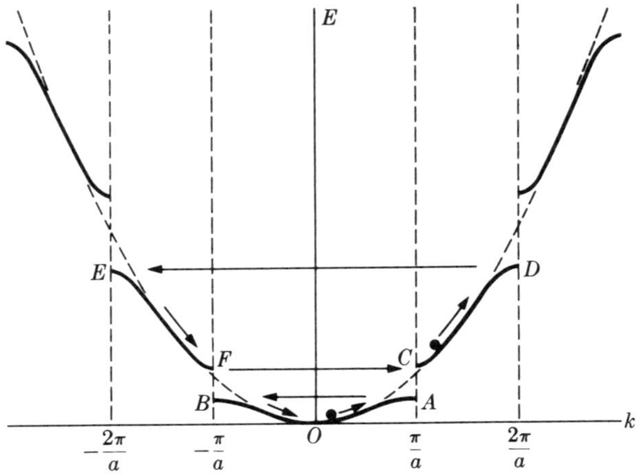

Abb. 6-29. Elektronenbewegung in der ersten und zweiten Brillouin-Zone eines linearen Gitters. Unter dem Einfluß einer äusseren Kraft variieren Wellenzahl und Energie des Elektrons innerhalb einer Zone wie durch die Pfeile angedeutet ist.

entgegengesetzt ist; d.h. das Elektron wird verlangsamt, bis schließlich bei $k = 0$ die Geschwindigkeit wieder Null wird. Dann wiederholt sich der Zyklus. Die Beschleunigung des Elektrons während des ganzen Zyklus' ist in Abb. 6-28(b) gezeigt. Wenn wir den Zustand des Elektrons durch einen Punkt in einem E-k-Diagramm darstellen (Abb. 6-29), können wir den Prozeß, wie in der Figur durch die Pfeile angedeutet, durch eine Bewegung des Punktes illustrieren. Wenn das Elektron bei O beginnt, bewegt sich sein Darstellungspunkt von O nach A, springt dann nach B und zurück nach O.

Wir wollen jetzt ein Elektron der zweiten Brillouin-Zone betrachten, die sich über die Bereiche $-2\pi/a \leq k \leq -\pi/a$ und $\pi/a \leq k \leq 2\pi/a$ erstreckt. Wenn das Elektron anfänglich einen gering über π/a liegenden k-Wert besitzt, läßt die angelegte Kraft den Wert von k bis $k = 2\pi/a$ anwachsen. Eine Braggsche Reflektion kehrt plötzlich den Impuls um und k springt auf den Wert $-2\pi/a$. Wenn die Kraft weiterhin auf das Elektron wirkt, fährt k fort zu wachsen (wobei es dem Betrage nach abnimmt) bis es den Wert $-\pi/a$ erreicht, wo eine weitere Braggsche Reflektion stattfindet und der Impuls wieder umgekehrt wird, wobei sich k zum Wert π/a ändert. Von hier an läuft der Prozeß zyklisch weiter. Dementsprechend beschreibt das Elektron den Zyklus $C \to D \to E \to F \to C$ (Abb. 6-29).

Die Änderung der Geschwindigkeit und der Beschleunigung des Elektrons in der zweiten Brillouin-Zone ist in Abb. 6-30 gezeigt. Eine ähnliche Schlußweise gilt für die anderen Brillouin-Zonen.

Es ist ein wichtiger Schluß aus der obigen kinematischen Beschreibung, daß eine äußere Kraft ein Elektron nicht aus einer Brillouin-Zone entfernen kann; daher bleibt das Elektron in demselben Energieband, wenn es nicht in einem einzigen Prozeß (wie z.B. durch Absorption eines Photons) genügend Energie aufnimmt, um die Energielücke zu überspringen und in die nächste Zone überzugehen. (Es gibt jedoch eine gewisse Wahrscheinlichkeit, daß das Elektron

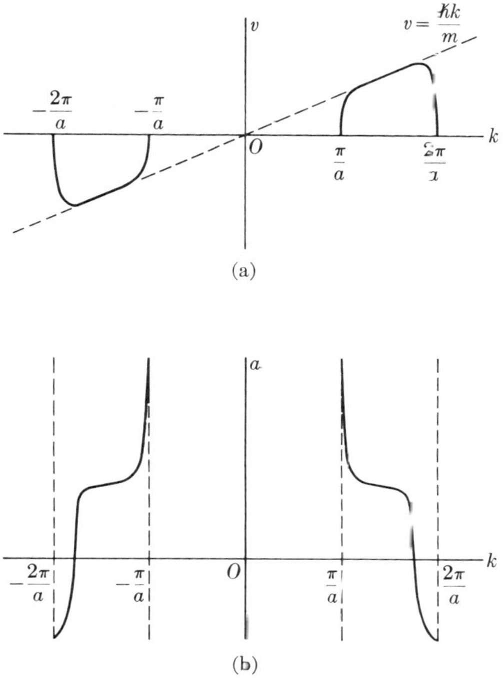

Abb. 6-30. Geschwindigkeit und Beschleunigung als Funktionen von k in der zweiten Brillouin-Zone eines linearen Gitters.

unter dem Einfluß einer angelegten Kraft die Energielücke bei $k = \pm n\pi/a$ überbrückt; dies wird *Zener-Effekt* genannt. Wir wollen ihn hier jedoch nicht diskutieren.)

Es hat sich als zweckmäßig erwiesen, eine *effektive Masse* m^* des Elektrons entsprechend der Beziehung $m^* = F/a$ zu definieren. Hier ist F die auf das Elektron wirkende äußere Kraft und a die tatsächliche Beschleunigung aufgrund von F und der Gitterwechselwirkung. Wir können daher nicht erwarten, daß m^* dasselbe ist wie die Elektronenmasse m_e, noch sollten wir erwarten, daß sie eine Konstante ist. Wenn wir berücksichtigen, daß

$$a = dv/dt = (dv/dk)\, dk/dt$$

und Gl. (6.22) und (6.23) benutzen, erhalten wir

$$m^* = \frac{\hbar^2}{d^2E/dk^2}. \tag{6.24}$$

Man beachte, daß $m^* = m_e$ ist, wenn das Elektron frei und seine Energie durch Gl. (6.11) gegeben ist. Offensichtlich ist m^* eine Funktion der Parameter des Gitters und des Gitterimpulses $\hbar k$ des Elektrons. Aus den E-k Diagrammen (Abb. 6-25) entnehmen wir, daß m^* am unteren Rande eines Energiebandes positiv und am oberen Rande negativ ist. An den Umkehrpunkten der Energiekurve, d.h. beim Maximum von v in Abb. 6-28, wird es sehr groß, in Wirklichkeit unendlich. Die Veränderung von m^* als Funktion von k ist für die erste Brillouin-Zone schematisch in Abb. 6-31 gezeigt. In Tabelle 6-2 sind die Werte von m^* am unteren Rande des Energiebandes (bei $k = 0$) für einige Metalle angegeben.

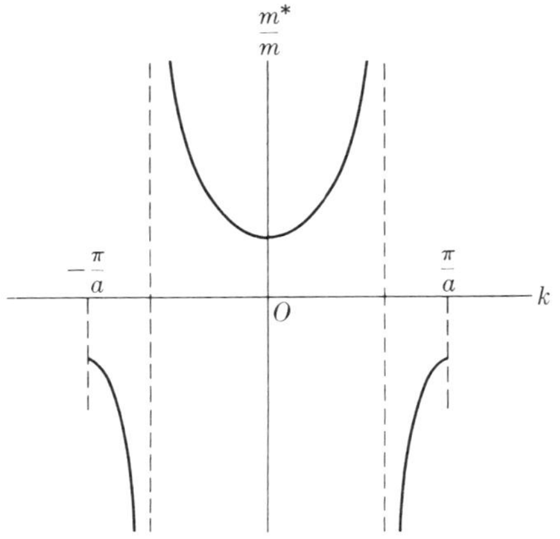

Abb. 6-31. Effektive Masse als Funktion von k.

Wir wollen unsere Beschreibung der Elektronenbewegung in einem periodischen Gitter vervollständigen, indem wir die Dichte der Zustände $g(E) = dn/dE$ betrachten. Für das Modell der freien Elektronen haben wir diese Dichte bereits diskutiert (Gl. (6.15) und Abb. 6-20).

An der unteren Kante des Bandes ähnelt die Dichte der Zustände sehr stark der parabolischen Kurve des Modells freier Elektronen, anstatt monoton anzuwachsen, nimmt die Kurve jedoch am oberen Ende des Bandes fast parabolisch ab. Dies ist in Abb. 6-32, die man nur als qualitative Darstellung auffassen sollte, angedeutet. Der tatsächliche Verlauf von dn/dE hängt von der Struktur des Gitters und der Lage des Bandes ab. Den mehr oder weniger symmetrischen Verlauf von dn/dE kann man leicht verstehen. Nehmen wir an, ein Band sei vollständig gefüllt. Wenn ein Elektron entfernt wird (etwa in das Leitungsband), kann man sagen, daß ein Loch erzeugt wurde, da es jetzt in dem Band einen unbesetzten Zustand gibt. Wenn eine äußere Kraft (wie etwa ein elektrisches Feld) angelegt wird, kann sich ein Elektron in den unbesetzten Zustand bewegen und dabei das Loch füllen. Dabei hinterläßt das Elektron jedoch ein neues Loch in dem Band, das dem Zustand entspricht, den es vorher eingenommen hatte. Man kann sagen, daß sich das Loch unter dem Einfluß der angelegten Kraft genau umgekehrt wie ein Elektron bewegt und sich daher wie ein positiv geladenes Teilchen verhält. Der Nullpunkt der Energieskala für die Löcher liegt bei der oberen Kante des Bandes, und ihre Energie wird nach unten gemessen; d.h. $E_{max} - E$.

TABELLE 6-2 Effektive Masse

Metall	Li	Na	K	Rb	Cs
m^*/m_e	1.40	0.98	0.94	0.87	0.83

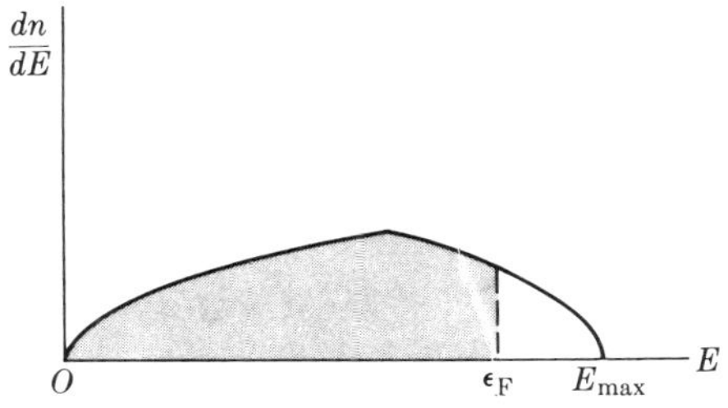

Abb. 6-32. Dichte der Energiezustände in einem Band.

Daher verhält sich dn/dE an der oberen Kante des Bandes sehr ähnlich wie Gl. (6.15), jedoch mit E durch $E_{max} - E$ ersetzt.

Der Leser sollte bemerkt haben, daß wir bei unserer beschreibenden Analyse der Elektronenbewegung in einem periodischen Gitter das quantenmechanische und das klassische Bild des Elektrons miteinander verbunden haben. Wir taten dies um die angestrebten Grundergebnisse zu erhalten, ohne in schwierige quantenmechanische Rechnungen verwickelt zu werden, die außerhalb des Rahmens dieses Buches liegen.

BEISPIEL 6.4. Berechnung des Mittelwertes des Impulses für ein Elektron, das durch die Wellenfunktion $\psi = e^{ikx}u(x)$ beschrieben wird.

Lösung: Unter der Annahme, daß die Wellenfunktion $\psi(x)$ auf eins normiert ist, haben wir

$$\int \psi^* \psi dx = \int u^* u \, dx = 1.$$

Indem wir Gl. (2.50) anwenden, können wir den mittleren Impuls des Elektrons darstellen als

$$p_{ave} = \int \psi^* \left(- i\hbar \frac{d}{dx} \right) \psi dx.$$

Nun ist

$$\frac{d\psi}{dx} = ike^{ikx}u(x) + e^{ikx} \frac{du}{dx}$$

und da $\psi^* = e^{-ikx}u^*(x)$, erhalten wir

$$p_{ave} = \hbar k \int u^* u \, dx + \int u^* \left(-i\hbar \frac{d}{dx} \right) u \, dx.$$

Da die Normierungsbedingung das erste Integral auf der rechten Seite gleich 1 werden läßt, können wir schreiben

$$p_{ave} = \hbar k + p_{u,ave},$$

wobei $p_{u,ave}$ dem zweiten Term entspricht und wegen der physikalischen Bedeutung, die wir mit $u(x)$ verbunden haben, als der mittlere Impuls des Elektrons aufgefaßt werden kann, der aus seiner Wechselwirkung mit den Ionen resultiert, die das

Gitter bilden. Wir schließen so, daß der mittlere Impuls der Elektronen sich aus zwei Teilen zusammensetzt, dem Gitter- oder quasi-freien-Teilchenimpuls $\hbar k$ und dem Impuls infolge der Wechselwirkung mit dem Gitter.

BEISPIEL 6.5. Beweis des *Blochschen Theorems*, welches aussagt, daß $u(x)$ in Gl. (6.19) eine periodische Funktion mit derselben Periode wie der Gitterabstand ist.

Lösung: Wir wollen ein lineares Gitter mit dem Abstand (oder der sog. Gitterkonstanten) a betrachten, so daß $E_p(x) = E_p(x + a)$ ist. Da die Wahrscheinlichkeitsverteilung des Elektrons dieselbe Periodizität wie die potentielle Energie zeigen muß, können wir dann schreiben,

$$|\psi(x)|^2 = |\psi(x + a)|^2. \qquad (6.25)$$

Aus Gl. (6.25) ergibt sich, daß $\psi(x + a) = C(x\psi)$ ist, wobei C eine Größe ist, welche der Bedingung $|C|^2 = 1$ genügt. Daher können wir $C = e^{ika}$ schreiben, wobei k ein willkürlicher Parameter ist. Wir haben dann die Beziehung

$$\psi(x) = e^{-ika}\psi(x + a).$$

Wenn wir beide Seiten der Gleichung mit e^{-ikx} multiplizieren, erhalten wir

$$e^{-ikx}\psi(x) = e\psi^{ik(x+a)}\psi(x + a).$$

Dies zeigt, daß $u(x) = e\psi^{ikx}\psi(x)$ eine periodische Funktion von x mit der Periode a ist. Wenn wir $\psi(x) = e^{ikx}u(x)$ schreiben, haben wir das Blochsche Theorem.

BEISPIEL 6.6. Berechnung der Breite eines Energiebandes in der sog. *Näherung der starken Bindung.*

Lösung: Eine geeignete Näherung — die sog. Näherung der starken Bindung — für die Wellenfunktion eines Elektrons, das sich in einem linearen Gitter mit der Gitterkonstanten a bewegt, ist

$$\psi = \sum_n e^{ikna}\phi(x - na), \qquad (6.26)$$

wobei ϕ die atomare Wellenfunktion eines Elektrons in einem stationären Zustand eines isolierten Atoms ist und $n = 1, 2, \ldots, N$ die einzelnen Atome im Gitter identifiziert. So ist $\phi(x - na)$ die Wellenfunktion, die dem n-ten Atom entspricht, und ψ ist eine Linearkombination von atomaren Wellenfunktionen mit geeigneten Phasenfaktoren. Diese Wellenfunktion entspricht der in Abb. 6-24 gegebenen Beschreibung. Bevor wir darangehen, die Breite des Bandes zu berechnen, müssen wir verifizieren, daß Gl. 6-26 das Blochsche Theorem erfüllt. Die Wellenfunktion ψ läßt sich in der Form schreiben

$$\psi = e^{ikx} \sum_n e^{-ik(x-na)}\phi(x - na)$$

die durch Vergleich mit Gl. (6.9)

$$u(x) = \sum_n e^{-ik(x-na)}\phi(x - na)$$

ergibt. Dann ist

$$u(x + a) = \sum_n e^{ik[x-(n-1)a]}\phi[x - (n - 1)a].$$

Wenn die Anzahl N der Atome, die das Gitter bilden, sehr groß ist, so daß wir die Randeffekte vernachlässigen können, sind die Summen, die in den beiden Ausdrücken für u auftreten, identisch und $u(x) = u(x + a)$, wie es das Blochsche Theorem erfordert.

Um die mittlere Energie eines durch die Wellenfunktion (6.26) beschriebenen Elektrons zu finden, wenden wir Gl. (2.51) an; d.h.

$$E_{\text{ave}} = \frac{\int \psi^* \mathbf{H} \psi \, dx}{\int \psi^* \psi \, dx}, \tag{6.27}$$

wobei $\mathbf{H}$ der Hamiltonoperator des Elektrons ist, der durch

$$\mathbf{H} = -\frac{\hbar^2}{2m_e}\frac{d^2}{dx^2} + E_p(x)$$

gegeben ist, und $E_p(x)$ die periodische potentielle Energie des Elektrons im Gitter. Eine einfache Rechnung, die wir auslassen, ergibt

$$E_{\text{ave}} = E_{\text{at}} - \alpha - 2\beta \cos ka \tag{6.28}$$

wobei E_{at} im wesentlichen die Energie des mit der Wellenfunktion $\phi(x - na)$ verbundenen atomaren Zustandes ist und α und β geeignete Konstanten sind. Gl. (6.28)

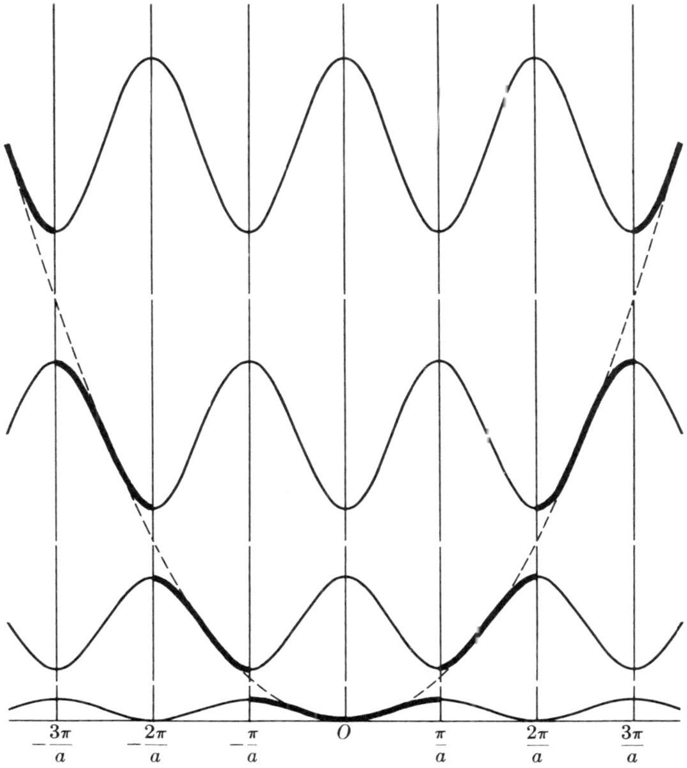

Abb. 6-33. Erlaubte Energien in der Näherung der starken Bindung.

zeigt, daß die Werte von E_{ave}, abhängig von dem Wert von k, zwischen $E_{at} - \alpha - 2\beta$ und $E_{at} - \alpha + 2\beta$ liegen. Mit anderen Worten, die Breite des Bandes ist 4β. Die Werte von E, α und β hängen über die Wellenfunktion ϕ vom atomaren Zustand ab; daher gibt es eine Folge von Energiebändern, die jeweils mit einem atomaren Zustand korreliert sind. In Abb. 6-33 ist der Ausdruck (6.28) für verschiedene Bänder graphisch dargestellt. Die Abschnitte, die zu den einzelnen Brillouin-Zonen gehören, sind durch dickere Linien angedeutet. Ebenfalls ist die Energie freier Teilchen durch eine gestrichelte Parabel dargestellt. Man beachte die Ähnlichkeit mit Abb. 6-25. Anstatt verschiedene Bereiche von k zu wählen, um die Brillouin-Zonen auszudrücken, hätten wir k auf den Bereich $-\pi/a \leq k \leq \pi/a$ für alle Bänder beschränken und nur den mittleren Teil der Kurven für die verschiedenen Zonen benutzen können.

6.6 Leiter, Isolatoren und Halbleiter

Eine interessante Eigenschaft der Festkörper ist ihre elektrische Leitfähigkeit. Einige Materialien, die man traditionell *Isolatoren* nennt, sind extrem schlechte Leiter der Elektrizität (Beispiele sind Diamant und Quarz und im allgemeinen die meisten kovalenten und Ionenfestkörper). Andere Festkörper sind außerordentlich gute *Leiter* der Elektrizität; in diese Gruppe fallen die Metalle, wie Kupfer und Silber. (Um eine quantitative Vorstellung zu bekommen, betrachte man Kupfer, dessen elektrische Leitfähigkeit bei Zimmertemperatur 10^{20} -mal größer ist als die von Quarz.) Zwischen diesen extremen Gruppen lieg eine dritte, *Halbleiter* genannte Klasse von Festkörpern. Obwohl die Halbleiter viel schlechtere elektrische Leiter sind als die Metalle, nimmt ihre Leitfähigkeit mit der Temperatur zu, während die der Metalle mit der Temperatur abnimmt. Typische Halbleiter sind Germanium und Silizium.

Einer der wichtigsten Gründe für den anfänglichen Erfolg der Bändertheorie der Festkörper bestand darin, daß sie eine einfache Erklärung des ausgesprochen unterschiedlichen Verhaltens der Festkörper anbot. Wir wollen unsere erste Analyse mit Hilfe des Modelles freier Elektronen durchführen, das wir später dadurch verbessern werden, daß wir die periodische Struktur des Gitters berücksichtigen.

Wir wollen ein Metall betrachten, daß die in Abb. 6-34 dargestellte Bandstruktur aufweist und z.B. den Energieniveaus von Natrium ($Z = 11$) entsprechen

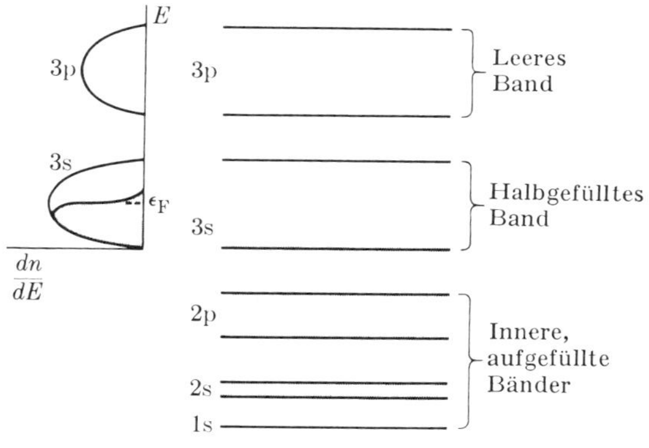

Abb. 6-34. Energiebänder in einem Leiter.

könnte. Bänder, welche den 1s-, 2s- und 2p-atomaren Niveaus entsprechen, sind vollständig gefüllt, da die jeweiligen atomaren Schalen ebenfalls abgeschlossen sind. Das 3s-Band, das bis zu zwei Elektronen pro Atom aufnehmen kann, ist dagegen nur halb gefüllt, da das 3s-Niveau in jedem Natriumatom nur ein Elektron aufweist. Infolge thermischer Anregung nehmen einige Elektronen im 3s-Band, die eine Energie in der Größenordnung der Fermienergie für dieses Band besitzen, Energien der Größenordnung kT (etwa 0.025 eV bei Zimmertemperatur) auf. Ihre Verteilung auf die Energiezustände des Bandes entspricht daher der Abb. 6-22. Unter dem Einfluß eines äußeren elektrischen Feldes können diese Elektronen ohne Verletzung des Ausschließungsprinzipes zusätzliche kleine Energiebeträge aufnehmen und in einen der vielen benachbarten unbesetzten Energiezustände innerhalb des Bandes übergehen. In scharfem Unterschied zur ungeordneten thermischen Anregung gewinnen die durch das elektrische Feld angeregten Elektronen in der dem Feld entgegengesetzten Richtung Impuls; dies ergibt eine Kollektivbewegung durch den Kristall, die einen elektrischen Strom darstellt. Daraus schließen wir, daß eine Substanz, die eine Bandstruktur wie in Abb. 6-34 aufweist, ein guter Leiter der Elektrizität und aus dem gleichen Grunde ein guter Wärmeleiter sein sollte, wobei die Elektronen im obersten, teilweise besetzten Band für beide Prozesse verantwortlich sind. Mit anderen Worten, die guten Leiter von Elektrizität (auch *Metalle* genannt) sind diejenigen Festkörper, bei denen das oberste besetzte Band nicht vollständig gefüllt ist.

In Wirklichkeit ist die Situation wegen der möglichen Überlappung der obersten Bänder komplizierter. Abb. 6-35 zeigt die tatsächliche Bandstruktur von Natrium. Beim Gleichgewichtsabstand r_0 des Metalls, ungefähr 3.67×10^{-10} m, bleiben die 2p-Niveaus praktisch ungestört, überlappen sich jedoch die Bänder, die den 3s- und 3p-atomaren Niveaus entsprechen. Daher stehen den Leitungs-

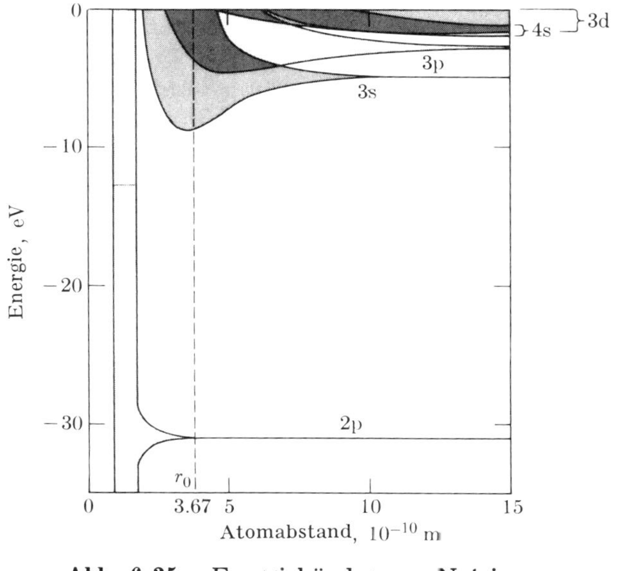

Abb. 6-35. Energiebänder von Natrium.

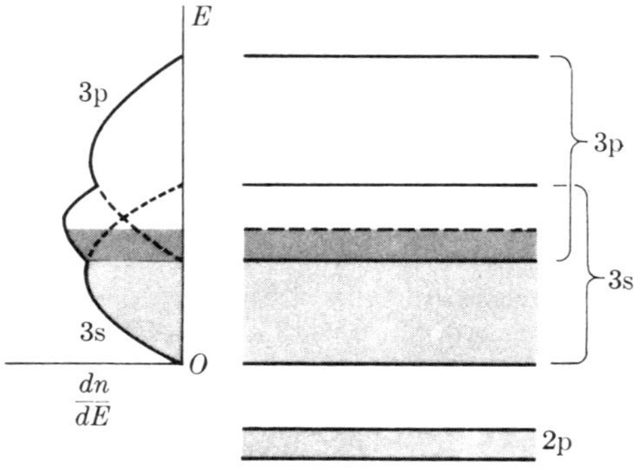

Abb. 6-36. Überlappung von Energiebändern in einem Leiter.

elektronen viel mehr Zustände als nur die des 3s-Bandes zur Verfügung. Diese Überlappung der äußersten Bänder ist für die meisten Metalle oder Leiter der Regelfall. Betrachten wir z.B. den Fall des Magnesium ($Z = 12$). Das Magnesium besitzt die Konfiguration $1s^2\ 2s^2\ 2p^6\ 3s^2$, und deshalb sind alle atomaren Schalen gefüllt. Jedoch liegt das erste angeregte Niveau, 3p, ziemlich nahe bei 3s.

Im festen Zustand ist die Bandstruktur ähnlich derjenigen von Abb. 6-35 für Natrium. Das 3s- und das 3p-Band sind in Abb. 6-36 schematisch angedeutet. Normalerweise, bei fehlender Überlappung, sollte das 3s-Band gefüllt, das 3p-Band leer und Magnesium, wie unten erklärt, ein Isolator sein. Wegen der Überlappung stehen jedoch den höchsten Elektronen im 3s-Band die niedrigsten Zustände des 3p-Bandes zur Verfügung. Daher gehen solange einige 3s-Elektronen in niedrig liegende 3p-Niveaus über, bis sich ein Gleichgewichtsniveau in beiden Bändern eingestellt hat. Da die Gesamtzahl der von dem 3s- und dem 3p-Band zur Verfügung stehenden Energieniveaus gleich $2N + 6N = 8N$ ist und wir nur $2N$ Elektronen haben, gibt es $6N$ erreichbare unbesetzte Zustände. Deshalb sollte Magnesium ein guter Leiter sein; dies stimmt mit den experimentellen Tatsachen überein. Diejenigen Substanzen, deren Atome abgeschlossene Schalen besitzen, die aber im festen Zustand infolge der Überlappung eines besetzten und eines leeren Bandes Leiter sind, werden oft *Halbmetalle* genannt.

In der Gruppe der Übergangsmetalle, wie z.B. Eisen, überlappen sich die 3d-, 4s- und 4p-Bänder, und die Anzahl der Elektronen reicht nicht aus, diese Bänder zu füllen. Ähnlich ist es in der Gruppe der seltenen Erden; die betroffenen Bänder sind hier 4f, 5d, 6s und 6p. Daher sind diese Elemente im festen Zustand Leiter.

Wir wollen nun den Fall einer Substanz betrachten, in der das oberste oder Valenzband vollständig gefüllt ist und sich nicht mit dem nächsten Band, das vollständig leer sei, überlappt (Abb. 6-37). Da alle Zustände des Valenzbandes besetzt sind, ist die Elektronenenergie «eingefroren», d.h. die Elektronen können ihren Zustand innerhalb des Bandes nicht ändern, ohne das Auschließungsprinzip zu verletzen. Die einzige Möglichkeit, ein Elektron anzuregen, besteht darin, es in das leere Leitungsband zu überführen; dies kann aber eine Energie von einigen Elektronenvolt erfordern. Folglich kann ein angelegtes elektrisches Feld die Elektronen im Valenzband nicht beschleunigen und so keinen elektrischen Strom

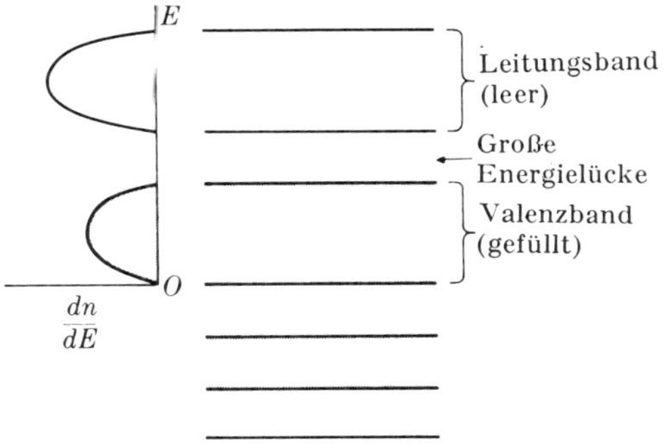

Abb. 6-37. Energiebänder eines Isolators.

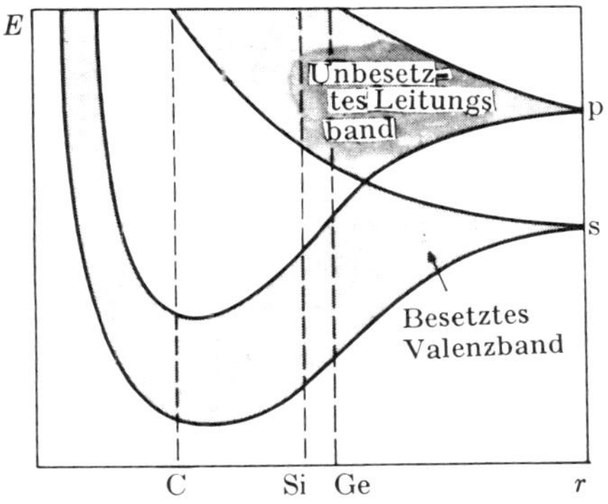

Abb. 6-38. Bänderstruktur für Diamant (C), Silizium (Si) und Germanium (Ge).

hervorrufen. Diese Substanz ist deshalb ein Isolator. (Natürlich können bei einer genügend hohen Temperatur oder in sehr starken elektrischen Feldern einige Elektronen in das Leitungsband angeregt werden, dann ist ein elektrischer Strom möglich.) Die meisten kovalenten Festkörper, die aus Atomen mit einer geraden Anzahl von Valenzelektronen bestehen, sind Isolatoren. Abb. 6-38 zeigt ein vereinfachtes Bänderschema für Diamant (C). Die Bänder entsprechen beim Diamant den atomaren 2s- und 2p-Niveaus, die bis zu acht Elektronen aufnehmen können. Im Kohlenstoffatom stehen für diese Niveaus jedoch nur vier Elektronen zur Verfügung vergl. Abb. 4-7 und 4-10. Wenn die Atome einander näherkommen, beginnen sich die 2s- und 2p-Bänder zu überlappen. Bei noch kleineren interatomaren Abständen spalten die Gitter in zwei Bänder auf, die jeweils bis zu vier Elektronen pro Atom aufnehmen können. (Dieses Ergebnis erhält man durch eine ausführliche Rechnung.) Daher befinden sich die vier Elektronen jedes Atoms normalerweise im niedrigeren oder Valenzband, während das höhere Band leer ist. Beim Gleichgewichtsabstand in Diamant, ungefähr 1.5×10^{-10} m (in Abb. 6-38 durch C angedeutet), beträgt die Energielücke, die das niedrigste oder Valenzband von dem oberen, leeren Band trennt, rund 5 eV. Dies kann als eine relativ große Energielücke angesehen werden; sie erklärt, warum Diamant ein so guter Isolator ist.

Das gleiche Bänderschema gilt auch für Silizium und Germanium (außer, daß die Bänder verschiedenen atomaren Energieniveaus und Energien entsprechen); der Gleichgewichtsabstand ihrer Atome im festen Zustand ist ebenfalls in Abb. 6-38 angedeutet. Jetzt ist allerdings die Energielücke zwischen dem Valenz- und dem Leitungsband beim Gleichgewichtsabstand der Atome viel kleiner (1.1 eV bei Silizium und 0.7 eV bei Germanium), dies macht es viel einfacher, die obersten Elektronen im Valenzband in das Leitungsband anzuregen. Die Situation ist in Abb. 6-39 illustriert. Mit steigender Temperatur können immer mehr Elektronen in das nächste Band überspringen. Dies hat zwei Folgen: Die wenigen Elektronen im oberen oder Leitungsband verhalten sich so, als wenn sie sich in einem Metall befänden, und die im unteren oder Valenzband zurückgeblie-

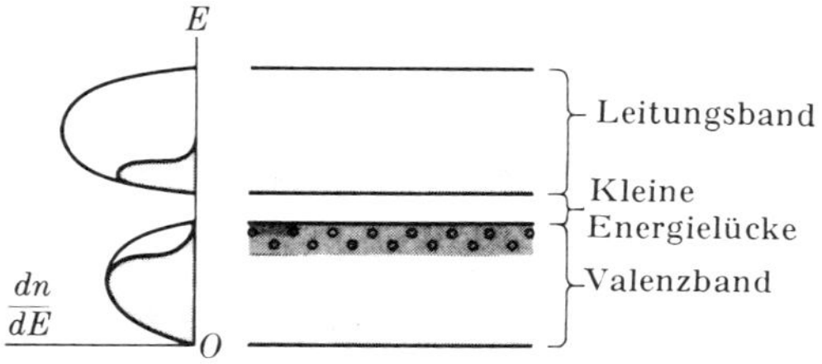

Abb. 6-39. Energiebänder und Elektronenverteilung in einem Halbleiter.

benen unbesetzten Zustände, oder Löcher, verhalten sich ähnlich, jedoch so, als ob sie positive Elektronen wären (ebenso kann ihre effektive Masse verschieden sein, da sie in einem anderen Energieband sind). Wir haben so eine elektrische Leitung durch die angeregten Elektronen im Leitungsband und durch die Löcher im Valenzband; die Leitfähigkeit steigt stark mit der Temperatur an, da mehr Elektronen in das Leitungsband angeregt werden. So steigt z.B. beim Silizium die Anzahl der angeregten Elektronen um einen Faktor 10^6 an, wenn die Temperatur von 250 K auf 450 K erhöht wird. Folglich sind Halbleiter Isolatoren, in denen die Energielücke zwischen dem Valenzband und dem Leitungsband rund ein eV oder weniger beträgt, so daß es sehr leicht ist, thermisch Elektronen aus dem Valenz- in das Leitungsband anzuregen. In Tabelle 6-3 sind die Energielücken für einige Isolatoren und Halbleiter angegeben.

TABELLE 6-3 Energielücken (eV)

Isolatoren	eV	Halbleiter	eV
Diamant	5.33	Silizium	1.14
Zinkoxyd	3.2	Germanium	0.67
Silberchlorid	3.2	Tellurium	0.33
Cadmiumsulfid	2.42	Indiumantimonitide	0.23

Die Stromleitung in Halbleitern, die wir beschrieben haben, nennt man *Eigenleitfähigkeit*. Die Leitfähigkeit eines Halbleiters kann auch durch die Hinzufügung bestimmter Verunreinigungen verstärkt werden. Nehmen wir an, daß wir einige der Atome des Halbleiters durch Atome einer anderen Substanz ersetzen (diese Atome sind dann die Verunreinigung), und nehmen wir ferner an, daß diese Atome der Verunreinigung *mehr* Elektronen besitzen als die des Halbleiters. Wenn wir z.B. zu Silizium oder Germanium, die pro Atom vier Elektronen zum Valenzband beitragen, einige wenige Atome Phosphor oder Arsen hinzufügen, die jeweils fünf Elektronen pro Atom zum Valenzband beitragen, so haben wir ein zusätzliches Elektron pro Verunreinigungsatom. Diese zusätzlichen Elektronen (die nicht im Valenzband des ursprünglichen Gitters untergebracht werden können) besitzen einige diskrete Energieniveaus gerade unterhalb des Leitungsbandes; ihr Abstand kann einige Zehntel eV betragen (Abb. 6-40(a)). Diese Überschußelektronen werden leicht von den Verunreinigungsatomen freigesetzt und in das Leitungsband angeregt. Die angeregten Elektronen tragen dann zur elektrischen Leitfähigkeit des Halbleiters bei. Derartige Verunreinigungsatome

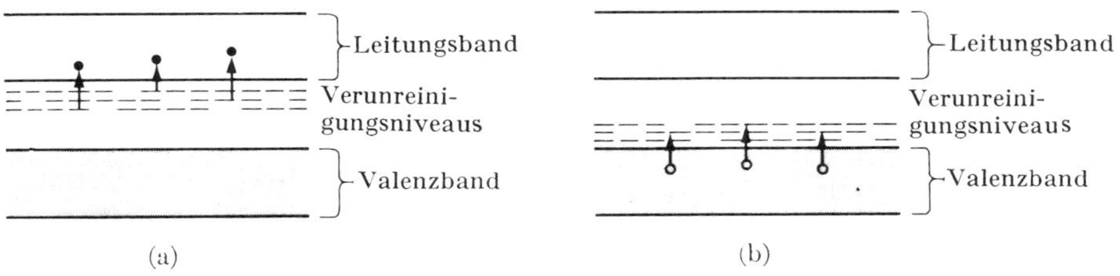

Abb. 6-40. Verunreinigungen in einem Halbleiter: (a) Donatoren oder Typ n, (b) Akzeptoren oder Typ p.

nennt man *Donatoren*; den Halbleiter nennt man einen n-(oder negativen) Halbleiter.

Umgekehrt kann die Verunreinigung auch aus Atomen bestehen, die *weniger* Elektronen als die des Halbleiters besitzen. In den Fällen, in denen Silizium und Germanium die Gastsubstanzen sind, können die Verunreinigungsatome Bor oder Aluminium sein, von denen jedes nur drei Elektronen zusteuert. In diesem Fall bringt die Verunreinigung sehr nahe an der oberen Kante des Valenzbandes unbesetzte diskrete Energieniveaus (Abb. 6-40(b)). Daher ist es leicht, einige der höherenergetischen Elektronen des Valenzbandes in diese Niveaus der Verunreinigungen anzuregen. Hierdurch werden unbesetzte Zustände oder Löcher im Valenzband erzeugt. Wie wir oben erklärt haben, verhalten sich diese Löcher dann wie positive Elektronen. Derartige Verunreinigungen nennt man *Akzeptoren*; den Halbleiter nennt man einen p- (oder positiven) Halbleiter.

Um merkliche Veränderungen der Leitfähigkeit eines Halbleiters hervorzurufen, reicht es aus, ein Verunreinigungsatom pro Million Halbleiteratome einzuführen. Halbleiter finden weite industrielle Anwendung als Gleichrichter, Modulatoren, Detektoren, Photozellen, Transistoren usw.

BEISPIEL 6.7. Diskussion des p-n-Übergangs.

Lösung: Eine wichtige Anwendung der Halbleiter in der modernen elektrischen Schaltungstechnik ist der p-n-Übergang. Nehmen wir an, daß wir zwei Proben desselben Halbleiters — z.B. Germanium — haben, eine vom p-Typ (p-leitend) und die andere vom n-Typ (n-leitend) (Abb. 6-41(a)). Wenn die beiden Proben miteinander in Kontakt gebracht werden (Abb. 6-41(b)), tritt eine Diffusion oder ein Fluß von Löchern von links nach rechts und von Elektronen von rechts nach links auf. Dieser doppelte Fluß erzeugt eine Doppelschicht positiver und negativer Ladungen auf beiden Seiten des Überganges und läßt über dem Übergang eine Potentialdifferenz entstehen, (wie im rechten Teil von (b) gezeigt), die, wenn das Gleichgewicht erreicht ist, einem weiteren Fluß von Löchern und Elektronen durch den Übergang entgegensteht. In der folgenden Diskussion werden wir uns auf die Löcher konzentrieren; die Situation für die Elektronen ist entgegengesetzt gleich.
Infolge der Rekombination von Löchern und Elektronen tendiert die Anzahl der Löcher im n-leitenden Halbleiter abzunehmen, was einem kleinen Löcherstrom I_1 kontinuierlich von der p-Seite zur n-Seite zu fließen erlaubt. Gleichzeitig werden durch thermische Anregung im n-Halbleiter Elektron-Loch-Paare erzeugt, und diese überschüssigen Löcher können leicht mit einem Strom I_2 durch den Übergang in die p-Seite fließen. Im Gleichgewichtszustand sind beide Löcherströme gleich groß; d.h. $I_1 = I_2$ (eine ähnliche Überlegung gilt für die Elektronen).

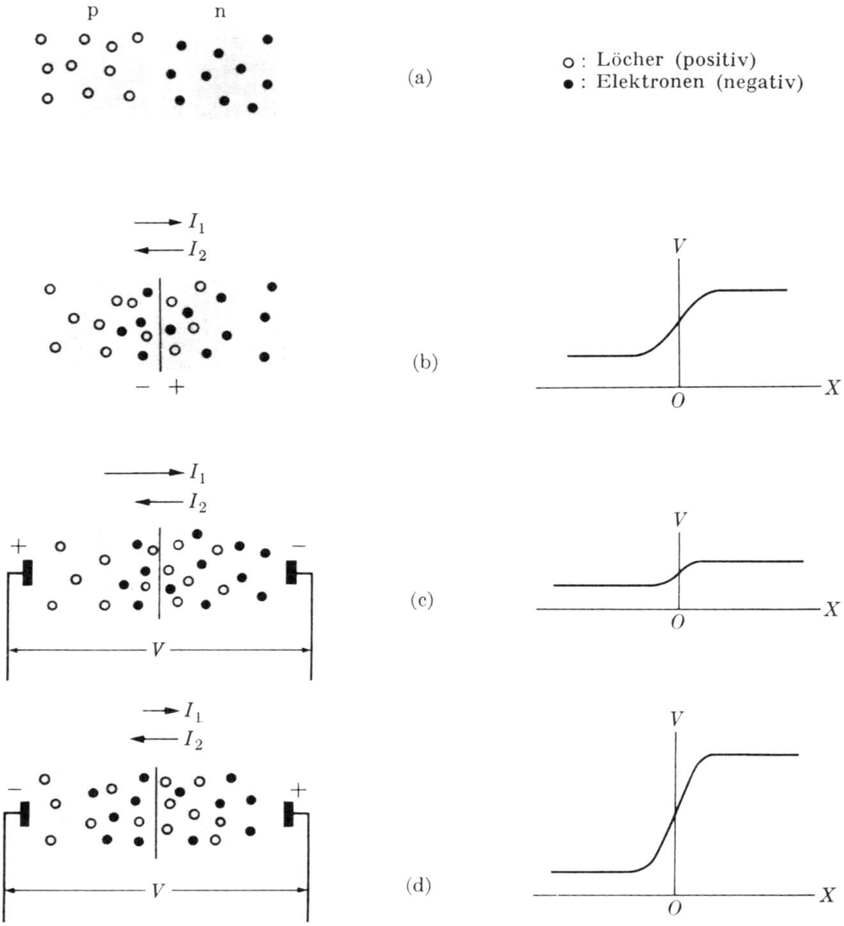

Abb. 6-41. Der p-n Übergang.

Wenn man, wie in Abb. 6-41(c), eine Potentialdifferenz von V anlegt, wobei die p-Seite mit dem positiven Pol und die n-Seite mit dem negativen Pol der Spannungsquelle verbunden ist, nimmt die Höhe der Potentialdifferenz am Übergang ab. Dies läßt einen größeren Strom I_1 nach rechts zu, ohne den thermisch erzeugten Strom I_2 nach links zu ändern. So ergibt sich in effektiver, nach rechts gerichteter Löcherstrom $I_1 - I_2$ durch den Übergang, dieser nimmt wegen der vielen auf der p-Seite zur Verfügung stehenden Löcher sehr stark mit V zu. Wenn die Potentialdifferenz V, wie in Abb. 6-41(d), umgepolt wird, nimmt die Potentialdifferenz am Übergang zu. Dies reduziert den Wert von I_1 wiederum ohne wesentlichen Einfluß auf I_2, da der Nachschub von Löchern aus der *n*-Seite durch die Temperatur begrenzt ist. Daher wird durch den Übergang ein effektiver Strom nach links auftreten, der sich mit wachsendem V dem konstanten Wert I_2 nähern wird.

Abb. 6-42 zeigt den effektiven Strom durch einen Übergang als Funktion von V, wobei V positiv gerechnet ist, wenn es, wie in Abb. 6-41(c), angelegt ist. Der effektive Strom wird ziemlich genau in den Ausdruck

$$I = I_1 - I_2 = I_2(e^{V/kT} - 1)$$

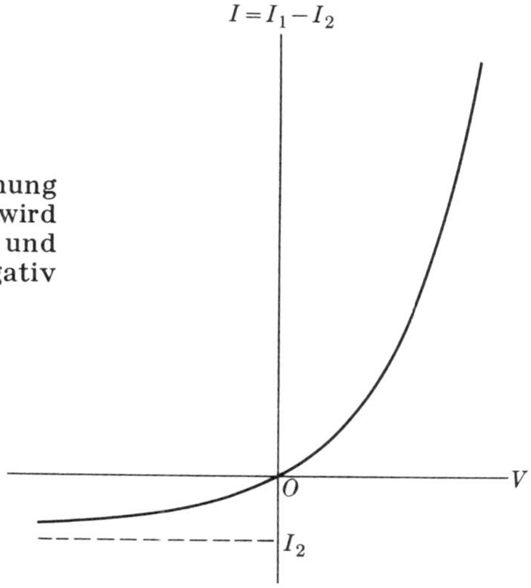

Abb. 6-42. Strom als Funktion der Spannung an einem p-n-Übergang. Die Spannung wird bei Anlegung in der Richtung p → n positiv und bei Anlegung in umgekehrter Richtung negativ gezählt.

beschrieben. Wir schließen, daß ein p-n-Übergang wie ein Gleichrichter oder wie ein Detektor wirkt, da er einen Stromfluß in der Richtung p → n bevorzugt. Derartige Aufgaben übernehmen auch Elektronenröhren (Dioden und Trioden), der p-n-Übergang leistet sie jedoch mit viel geringerem Aufwand.

6.7 *Quantentheorie der elektrischen Leitfähigkeit*

Im vorhergehenden Abschnitt haben wir die Stromleitung in Festkörpern im Rahmen des Modells der freien Elektronen betrachtet. Wir müssen jedoch die periodische Struktur des Festkörpers berücksichtigen und die Ergebnisse von Abschnitt 6.5 benutzen um quantitative Ergebnisse zu erhalten. Der Einfachheit halber wollen wir unsere Diskussion auf einem eindimensionalen Modell aufbauen. Wir wollen annehmen daß sich der Festkörper ohne angelegtes elektrisches Feld in seinem Grundzustand befindet und daß die Elektronen in der ersten Brillouin-Zone sind (dieselbe Überlegung gilt jedoch für jede andere Zone). Die Elektronen besetzen innerhalb des Bandes die niedrigsten Zustände in symmetrischer Anordnung, so daß kein effektiver Strom besteht (Abb. 6-43(a)). Wenn ein elektrisches Feld angelegt wird, erfahren alle Elektronen eine dem Feld entgegengerichtete Kraft und ihre k-Werte nehmen, entsprechend Gl. (6.23), in Richtung der Kraft zu. So ergibt sich in dem Metall eine asymmetrische Verteilung der Elektronen, wie sie in Abb. 6-43(b) dargestellt ist. Dies läßt in dem Metall einen effektiven, elektrischen Strom entstehen, da sich mehr Elektronen in der einen als in der entgegengesetzten Richtung bewegen.

Solange wie das elektrische Feld angelegt ist, nimmt die Besetzung der Zustände mit k parallel zur Kraft mit der Zeit zu und die Besetzung der Zustände mit k entgegengesetzt zur Kraft ab. Mit anderen Worten, obwohl das elektrische Feld konstant ist, nimmt der Strom laufend mit der Zeit zu, da die Elektronen laufend beschleunigt werden. (Wir lassen die komplizierten Effekte außer Betracht, die

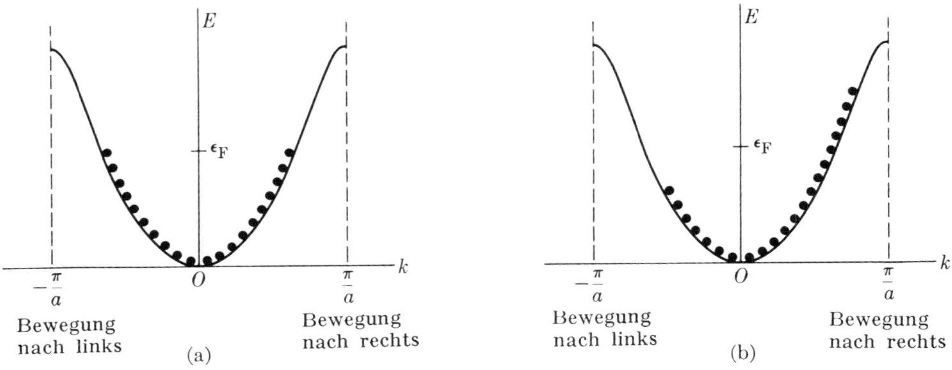

Abb. 6-43. Besetzung der Energieniveaus in der ersten Brillouin-Zone: (a) ohne angelegtes elektrisches Feld, (b) äusseres elektrisches Feld von rechts nach links angelegt.

auftreten können, wenn einige Elektronen schließlich den Rand der Brillouin-Zone bei $k = \pi/a$ erreichen; dies Problem wurde bereits oben in Abschnitt 6.5 diskutiert.) Das angegebene Resultat widerspricht jedoch der Erfahrung. Die meisten Leiter gehorchen dem Ohmschen Gesetz, das man entweder in der vertrauten Form $V = RI$ oder in der zweckmäßigeren Form

$$j = \sigma \mathcal{E}, \tag{6.29}$$

schreiben kann, wobei j die Stromdichte, ausgedrückt in A m^{-2}, $\mathcal{E}$ das angelegte elektrische Feld, ausgedrückt in N C^{-1}, und σ die *Leitfähigkeit* der Substanz, ausgedrückt in Ω^{-1} m^{-1}, sind. Das Reziproke der Leitfähigkeit

$$\rho = 1/\sigma, \tag{6.30}$$

nennt man *spezifischen Widerstand*, den man in Ω m mißt.

In seinen beiden Formen sagt das Ohmsche Gesetz, daß ein konstantes elektrisches Feld einen konstanten elektrischen Strom erzeugt; d.h. beim Anlegen eines elektrischen Feldes gewinnen die Elektronen im Metall eine mittlere und konstante Driftgeschwindigkeit.

Wir folgern daraus, daß es irgendeinen Mechanismus geben muß, der dafür sorgt, daß in einem angelegten elektrischen Feld die Elektronen nicht immer weiter zur oberen Kante des Leitungsbandes beschleunigt werden.

In der klassischen Theorie, die von Drude und Lorentz vor dem Aufkommen der Quantentheorie formuliert wurde, ergab sich diese konstante mittlere Geschwindigkeit aus den häufigen Kollisionen der Elektronen mit den positiven Ionen, die das Metallgitter bilden. Man nahm an, daß das Elektron bei solchen Stößen den Impuls, den es seit der letzten Kollision im elektrischen Feld gewonnen hat, auf das Ion überträgt und auf diese Weise dafür gesorgt wird, daß das Elektron bei seiner Bewegung gegen das elektrische Feld nicht laufend beschleunigt wird.

Dieser Mechanismus erklärte auch die auftretende Joulsche Wärme als Folge des Energiegewinns der Ionen bei den Elektronenstößen. In der Theorie von Drude und Lorentz ist die Leitfähigkeit gegeben durch

$$\sigma = ne^2\tau/m_e, \tag{6.31}$$

wobei n die Anzahl der Elektronen pro Volumen und τ ein Parameter, die sog. *Relaxationszeit* ist. Diesen Ausdruck kann man wie folgt ableiten. Die Beschleunigung eines Elektrons durch das angelegte elektrische Feld ist $a = -e\mathcal{E}/m_e$. Wenn t die Zeit zwischen zwei aufeinanderfolgenden Kollisionen des Elektrons mit den Gitterionen bezeichnet, ist die mittlere Driftgeschwindigkeit des Elektrons $v_{\text{ave}} = \frac{1}{2}\,at = -e(\mathcal{E})t/2m_e$. Die Stromdichte ist dann $j = -env_{\text{ave}} = (ne^2t/2m_e)\mathcal{E}$, was $\sigma = ne^2t/2m_e$ ergibt. Ein Vergleich mit Gl. (6.31) zeigt, daß $\tau = \frac{1}{2}t$ ist. Demnach wird in der Theorie von Drude und Lorentz angenommen, daß die Relaxationszeit τ in der gleichen Größenordnung liegt, wie die Zeit zwischen zwei aufeinanderfolgenden Kollisionen des Elektrons mit Ionen des Gitters. Für die meisten Metalle bei Zimmertemperatur berechnet sich aus dem gemessenen Wert von σ für τ ein Wert der Größenordnung 10^{-14} s. Mit l als mittlerem Abstand der Ionen und v_t als mittlerer thermischer Geschwindigkeit der Elektronen ohne elektrisches Feld kann man die Größenordnung der Relaxationszeit zu l/v_t annehmen. Für die meisten Festkörper ist l von der Größenordnung 10^{-9} m. Wenn wir für Elektronen dieselbe Beziehung wie für Gasmoleküle, $v_t = \sqrt{3kT/m_e}$ (vergl. Abschnitt 10.6) benutzen, erhalten wir, daß bei Zimmertemperatur v_t von der Größenordnung 10^5 ms^{-1} ist. Dann ist $l/v_t \sim 10^{-14}$ s, was mit dem experimentellen Wert von τ übereinstimmt. Bei niedrigen Temperaturen (die jedoch nicht allzu nahe am absoluten Nullpunkt liegen) variiert die Leitfähigkeit von Metallen näherungsweise wie das Reziproke der absoluten Temperatur (d.h. $\sigma \sim 1/T$ oder $\rho \sim T$), wie in Abb. 6-44 für Natrium gezeigt wird. Dies bedeutet, daß sich auch die Relaxationszeit reziprok mit der Temperatur ändert.

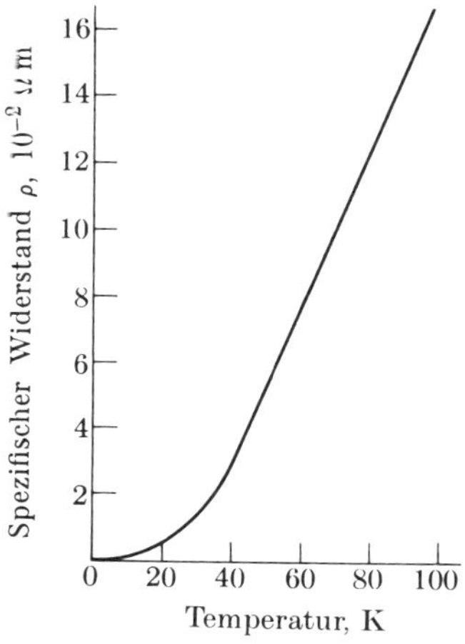

Abb. 6-44. Veränderung des spezifischen Widerstandes mit der Temperatur.

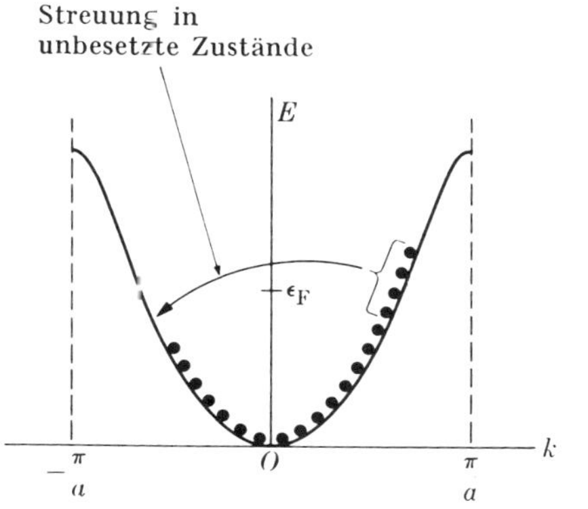

Abb. 6-45. Streuung von Elektronen in der ersten Brillouin-Zone an Verunreinigungen.

Wenn wir den experimentellen Wert von τ bei niedrigen Temperaturen mit dem von l/v_t vergleichen, müßten wir, um quantitative Übereinstimmung zu erzielen, für l Werte annehmen, die ein Vielfaches des Ionenabstandes betragen. Dies war einer der ersten Hinweise, daß die Theorie von Drude und Lorentz nicht richtig war.

Wir werden daher zunächst versuchen, unter Anwendung der Quantenmechanik zu erklären, warum die Elektronen eine konstante mittlere Geschwindigkeit erhalten, und als nächstes einen quantitativen Ausdruck, ähnlich Gl (6.31), für die Leitfähigkeit ableiten.

In der Quantentheorie wird ein Elektron durch ein Wellenpaket dargestellt. Dabei gibt es eine Energieverteilung um die Energie E und eine damit verbundene Wellenzahlverteilung um die Wellenzahl $\boldsymbol{k}$.

Die Bewegung eines Wellenpaketes kann durch Streuung gestört werden. Anfänglich bewegt sich das Wellenpaket mit der Wellenzahl $\boldsymbol{k}$ in einer bestimmten Richtung; nach der Streuung bewegt es sich mit einer verschiedenen Wellenzahl, z.B. $\boldsymbol{k}'$, in eine andere Richtung. Mit anderen Worten, Streuung erzeugt einen Übergang $\boldsymbol{k} \rightarrow \boldsymbol{k}'$. Bei dem Übergang werden Impuls und Energie auf den Streuer übertragen. Der Einfluß des angelegten elektrischen Feldes besteht in einer Beschleunigung der Elektronen in eine bestimmte Richtung; der Einfluß der Streuung besteht darin, die Ordnung der Elektronenbewegung zu stören und so die Beschleunigung durch das elektrische Feld zu hindern.

Ein stationärer Zustand tritt dann auf, wenn diese beiden Effekte sich im statistischen Sinne das Gleichgewicht halten, wobei sich dann eine konstante, mittlere Geschwindigkeit der Leitungselektronen ergibt. Damit sich dieser Zustand einstellen kann, muß bei irgendeinem k-Wert innerhalb des Leitungsbandes die Streuung auftreten. Betrachten wir z.B. den eindimensionalen Fall, der in Abb. 6-45 dargestellt ist, die Abb. 6-43(b) ähnelt. Da die Streuung das Ausschliessungsprinzip nicht verletzen kann, müssen die Elektronen in unbesetzte Zustände gestreut werden. So sind die gestreuten Elektronen die mit der höchsten Energie. Diese Elektronen werden in unbesetzte Zustände gestreut, die, in einem linearen Gitter, entgegengesetzten Impuls und (im allgemeinen) niedrigere Energie haben; dies ist in der Abbildung schematisch angedeutet. Die von den Elektronen verlorene Energie wird von dem Streuer absorbiert, im Ergebnis kehren die Elektronen mit der höchsten Energie häufig ihre Bewegungsrichtung um und begrenzen dadurch die Beschleunigungswirkung des elektrischen Feldes. Die Anzahl der Elektronen, die sich nach rechts und nach links bewegen, behält eine statistisch konstante Differenz und läßt einen gleichmäßigen Strom entstehen. Obwohl wir ein eindimensionales Modell benutzt haben, liegt im dreidimensionalen Fall eine ähnliche Situation vor. Wir sehen so, daß die Idee einer Streuung der Elektronenwellenpakete sowohl das Ohmsche Gesetz wie entstehende Joulsche Wärme erklärt. Die letztere ergibt sich, weil sowohl Energie wie Impuls auf die Streuer übertragen werden.

Da wir oben (Abschnitt 6.5) gesehen haben, daß sich ein Elektron frei durch ein Kristallgitter bewegen kann (ausgenommen wenn $k = \pm \pi/a$), besteht unsere nächste Aufgabe darin, den Ursprung der angenommenen Streuung zu identifizieren. Die allgemeine Antwort lautet wie folgt: Jede Unregelmäßigkeit in der Periodizität eines Gitters stört die sonst freie Bewegung des Elektrons, und diese Störungen können als Streuung aufgefaßt werden. Diese Gitterstörungen beruhen auf zwei Faktoren: (1) *Störungen in den Festkörpern*, wie Leerstellen, versetzte und Zwischengitteratome, Versetzungen und Verunreinigungen; wenn z.B. eine kleine Menge von Atomen einer Verunreinigung hinzugefügt wird und sich diese gleichförmig durch den Festkörper verteilen, so wird die Leitfähigkeit geändert. Der Beitrag der Streuung an Gitterfehlern zur Leitfähigkeit ist im wesentlichen unabhängig von der Temperatur. (2) *Thermische Schwingungen der Ionen*, die das Gitter bilden. Da die Ionen nicht alle in Phase schwingen, erzeugen ihre Schwingungen kleine Fluktuationen der Gitterabstände; obwohl diese Fluktuationen klein sind, sind sie über das ganze Gitter verteilt. Da die Schwingungen den effektiven Wirkungsquerschnitt der Ionen gegenüber der Bewegung der Elektronen vergrößern, ist die Streuwahrscheinlichkeit entsprechend größer. Der Einfluß der Gitterschwingungen ist natürlich temperaturabhängig, da die Amplitude der Schwingungen von der Schwingungsenergie und diese wiederum von der Temperatur abhängt.

Um es noch quantitativer auszudrücken, können wir weiterhin Gl. (6.31) benutzen, um die Leitfähigkeit auszudrücken, wenn wir die Elektronenmasse m_e durch ihre effektive Masse m^* ersetzen; d.h.

$$\sigma = ne^2\tau/m^*. \tag{6.32}$$

Da sich die Energie der Leitungselektronen nicht sehr von der Fermienergie unterscheidet, können wir im allgemeinen m^* für die Energie ϵ_F berechnen. Ferner ist n nicht die Gesamtzahl der Elektronen pro Volumeneinheit im Leitungsband; es ist vielmehr die effektive Elektronenanzahl, die an der Leitung beteiligt ist. Wegen der Einschränkungen durch das Ausschließungsprinzip ist diese Zahl kleiner als die Gesamtzahl der Elektronen im Leitungsband.

Wenn P_s die Wahrscheinlichkeit bezeichnet, daß ein Elektron in der Zeiteinheit gestreut wird (und so in s^{-1} ausgedrückt wird), so stellt sich die Relaxationszeit dar durch

$$\tau = 1/P_s. \tag{6.33}$$

Mit anderen Worten, je größer die Streuwahrscheinlichkeit ist, umso kleiner ist die Relaxationszeit und umso kleiner ist die Leitfähigkeit, wie es unser physikalisches Modell erfordert. Wir wollen die Streuwahrscheinlichkeit pro Länge mit Σ_s bezeichnen (sie wird dementsprechend in m^{-1} ausgedrückt). Diese Größe nennt man auch den *makroskopischen Streuquerschnitt*. Die Leitungselektronen bewegen sich mit einer Geschwindigkeit, die in der Nähe derjenigen liegt,welche der Fermienergie ϵ_F entspricht. Wenn wir diese Geschwindigkeit mit v_F bezeichnen, so gilt $P_s = v_F\, \Sigma_s$ und Gl. (6.33) wird

$$\tau = 1/v_F\ \Sigma_s. \tag{6.34}$$

Wir haben so das Problem auf eine Berechnung von Σ_s zurückgeführt. Dies ist eine schwierige Aufgabe, die über den Rahmen dieses Buches hinausgeht. Wir können jedoch einige Abschätzungen durchführen.

Es liegt nahe anzunehmen, daß Σ_s proportional zur mit n_s bezeichneten (ausgedrückt in m^{-3}) Anzahl von Streuzentren pro Volumeneinheit ist, so daß wir $\Sigma_s = n_s\sigma_s$ schreiben können, wobei σ_s (was nicht mit der Leitfähigkeit verwechselt werden sollte) der *Streuquerschnitt des Streuzentrums* genannt wird (er wird in m^2 ausgedrückt).

Wir können σ_s mit den Techniken der Quantenmechanik berechnen, wenn wir die Wechselwirkung zwischen dem Elektron und dem Streuer kennen. Die Fermigeschwindigkeit v_F ist nach Definition temperaturunabhängig. Ferner sind im Falle von Gitterfehlern die Terme, die in Σ_s auftreten, grundsätzlich temperaturunabhängig. Wir verifizieren so, daß der Beitrag der Gitterfehler zur Leitfähigkeit temperaturunabhängig ist. Andererseits ist es vernünftig anzunehmen (man kann dies auch theoretisch zeigen), daß für Gitterschwingungen σ_s proportional zum Amplitudenquadrat der Ionenschwingungen ist; d.h. $\sigma_s \sim A^2$. Die Energie eines Oszillators ist jedoch proportional zum Amplitudenquadrat, und wir können daher schreiben

$$\sigma_s \sim \text{Schwingungsenergie.}$$

Bei Temperaturen, die nicht allzu nahe beim absoluten Nullpunkt liegen, ist die mittlere Schwingungsenergie eines Festkörpers proportional zur absoluten Temperatur T. Wir schließen daher, daß $\sigma_s \sim T$, was entsprechend Gl. (6.34) bedeutet, daß $\tau \sim 1/T$. Entsprechend Gl. (6.32) haben wir demnach $\sigma \sim 1/T$. Wir haben so verifiziert, daß der Beitrag der Gitterschwingungen zur Leitfähigkeit die richtige Temperaturabhängigkeit zeigt.

Wenn $\Sigma_{s,i}$ der makroskopische Wirkungsquerschnitt infolge der Verunreinigungen und $\Sigma_{s,t}$ derjenige infolge der thermischen Schwingungen des Gitters ist, haben wir $\Sigma_s = \Sigma_{s,i} + \Sigma_{s,t}$, solange wir annehmen dürfen, daß die beiden Streuwahrscheinlichkeiten additiv sind. Daher ist $1/\tau = v_F\Sigma_s = v_F(\Sigma_{s,i} + \Sigma_{s,t})$, und wir können den spezifischen Widerstand des Metalles als

$$\rho = \frac{1}{\sigma} = \frac{m^* v_F}{n^2 e}(\Sigma_{s,i} + \Sigma_{s,t}) = \rho_i + \rho_t \tag{6.35}$$

schreiben, wobei ρ_i der spezifische Widerstand des Metalles infolge der Verunreinigungen und daher im wesentlichen temperaturunabhängig ist (allerdings von Probe zu Probe variiert) und ρ_t der spezifische Widerstand infolge der thermischen Schwingungen; ρ_t nimmt mit der Temperatur zu und besitzt für alle Proben desselben Metalls denselben Wert. Gl. (6.35) drückt ein wohlbekanntes experimentelles Resultat aus, das als *Mathiessensche Regel* bekannt ist. Die Größe ρ_i nennt man spezifischen Restwiderstand. Abb. 6-46 zeigt den spezifischen Widerstand dreier Natriumproben mit verschiedenen Verunreinigungen in einem Temperaturbereich unterhalb von 20 K. Die Kurven zeigen die Gültigkeit von Gl. (6.35).

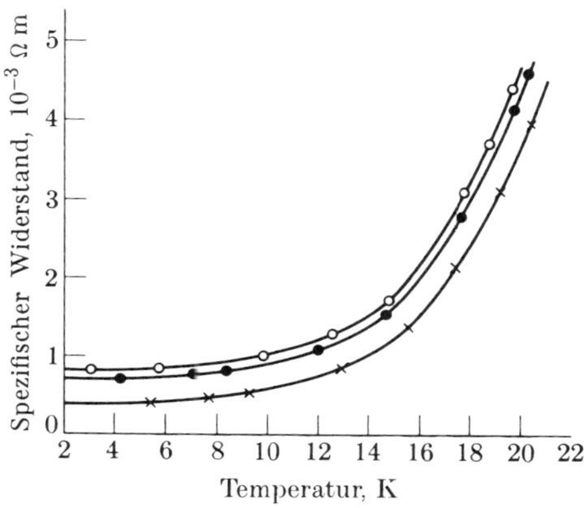

Abb. 6-46. Spezifischer Widerstand dreier verschiedener Natriumproben. [Nach D. MacDonald und K. Mendelssohn, *Proc. Roy. Soc.* (London) **A202**, 103 (1950).]

6.8 Strahlungsübergänge in Festkörpern

Bisher haben wir ein Festkörpermodell, die Bändertheorie, entwickelt, welches die meisten Eigenschaften der Festkörper in konsistenter Weise erklärt; dies ist natürlich das Äußerste, was ein Physiker von einem Modell erwarten kann. Aber gibt es vielleicht doch einen direkten Beweis für die Existenz von Energiebändern und Energielücken? Ist es möglich, die Fermienergie zu messen? Die Antwort auf diese Fragen lautet: ja. Den vielleicht direktesten Beweis liefern die Strahlungsübergänge in Festkörpern. Wir wollen zuerst die Röntgenemission und dann einige Absorptionsprozesse diskutieren.

Röntgenemission tritt in einem Atom auf, wenn ein Elektron von einer der äußeren Schalen in einen unbesetzten Zustand einer der inneren oder tiefliegenden Schalen übergeht (Abschnitt 4.7). Im Rahmen der Bändertheorie können wir sagen, daß Röntgenemission in Festkörpern dann stattfindet, wenn z.B. ein Elektron vom obersten Band, wie in Abb. 6-47 gezeigt, in ein tiefliegendes Band übergeht, in dem ein unbesetzter Zustand existiert. Derartige unbesetzte Zustände werden durch Elektronenbeschuß oder Strahlungsabsorption erzeugt. Das niedrigste oder Endniveau bei dem Übergang ist praktisch mit den atomaren Energieniveaus identisch, da diese Niveaus, wie oben erklärt, bei der Bildung des Festkörpers nicht beeinflußt werden.

Im Fall der Atome entspricht ein bestimmter Übergang Anfangs- und Endniveaus genau definierter Energie und erzeugt ein Photon bestimmter Energie

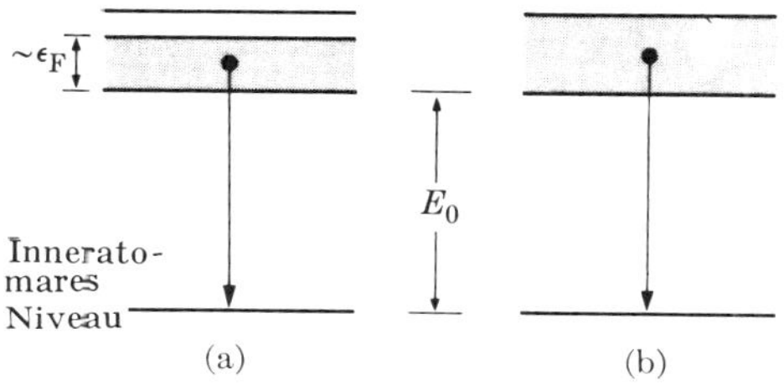

Abb. 6-47. Elektronischer Röntgenübergang vom obersten Band in einen nichtbesetzten inneratomaren Zustand; (a) Leiter, (b) Isolator.

oder eine scharfe Linie einer bestimmten Wellenlänge. Die Bändertheorie läßt im Falle der Festkörper auf eine andere Situation schließen. Das Elektron, das den Übergang macht, kann von irgendeinem der möglichen Energieniveaus in dem obersten Band ausgehen. Daher hat die Energie der emittierten Photonen eine Streuung der Größenordnung ϵ_F (d.h. die Photonen haben Energien zwischen E_0 und etwa $E_0 + \epsilon_F$). Im Falle eines Isolators ist die Energiestreuung gleich der Breite des Bandes. Daher besteht das Spektrum aus einem Wellenlängenband anstatt aus einer einzelnen Röntgenlinie. Dies ist tatsächlich das, was man experimentell beobachtet.

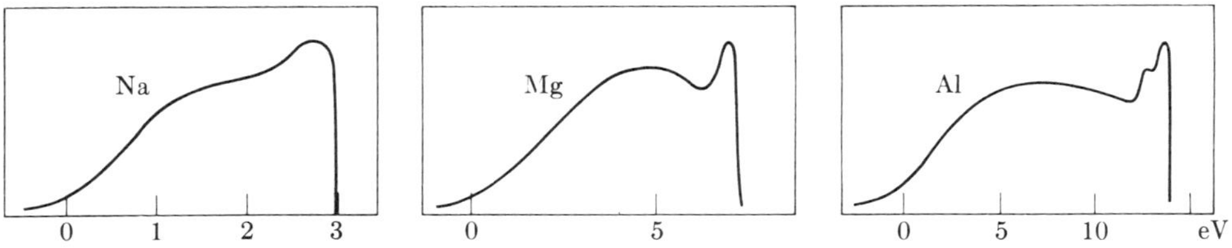

Abb. 6-48. Intensitätsverteilung von Röntgenübergängen für Natrium, Magnesium und Aluminium. [Nach H.O. Bryan und H. Skinner, *Phys. Rev.* **45**, 370 (1934).]

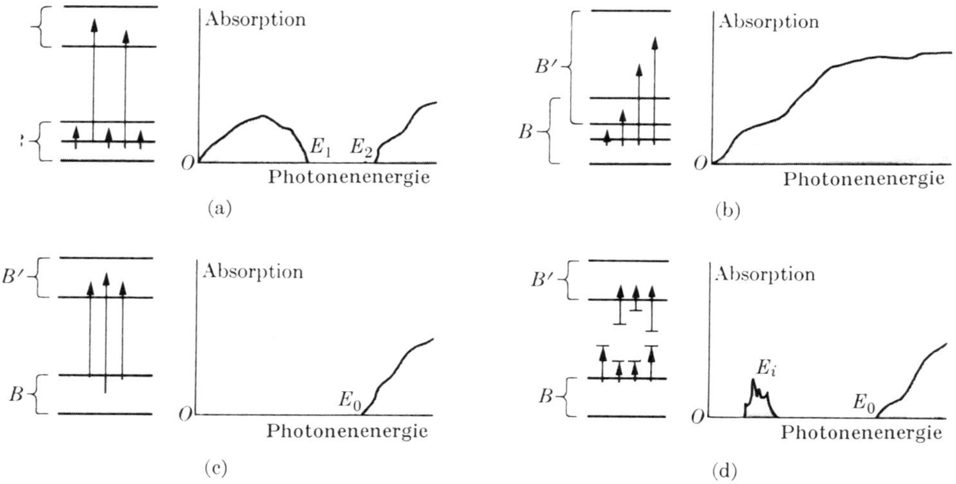

Abb. 6-49. Röntgen-Absorptionsübergänge in einem Festkörper.

Abb. 6-48 zeigt für Natrium, Magnesium und Aluminium die experimentellen Intensitätsverteilungen für die Röntgenübergänge zum 2p-Niveau. Theoretisch berechnen sich diese Intensitätsverteilungen dadurch, daß man dn/dE, die Anzahl der Elektronen pro Volumen und pro Einheitsenergieintervall um die Energie E, mit der Wahrscheinlichkeit $T(E)$ für einen Übergang von der Energie E in dem Band in das niedrigere Energieniveau multipliziert. D.h.,

$$I(E) \sim (dn/dE) \times T(E).$$

Wir haben die Größe dn/dE bereits in Abschnitt 6.4 betrachtet und können $T(E)$ mit quantenmechanischen Methoden berechnen (vergl. Abschnitt 2.11). Offensichtlich tritt bei $E \sim \epsilon_F$ ein plötzlicher Abfall der Intensität auf. Die in den Diagrammen von Abb. 6-48 gezeigte Energiestreuung ist in der Tat von derselben Größenordnung wie die in Tabelle 6-1 angegebenen Werte von ϵ_F. Die bei Magnesium und Aluminium auftretenden Spitzen rühren von Beiträgen von Elektronen im 3p-Band her, während in Natrium alle Elektronen im 3s-Band sind.

Wir wollen jetzt den Fall der Absorption betrachten. Abb. 6-49 deutet einige typische Fälle an. In (a) haben wir einen Leiter, dessen oberster Band teilweise gefüllt und durch eine Energielücke vom leeren Band E' getrennt ist. Elektronen in B können in benachbarte, unbesetzte Zustände desselben Bandes angeregt werden, wenn sie Photonen absorbieren, deren Energien zwischen Null und derjenigen Energie liegen, die erforderlich ist, um die oberen Kanten des Bandes zu erreichen. Die anderen Photonen, die absorbiert werden, sind diejenigen, die ein Elektron von B nach B' bringen. Daher besitzt das Absorptionsspektrum den in Abb. 6-49(a) gezeigten Verlauf mit einer Lücke für den Energiebereich, in dem keine Photonen absorbiert werden. Wenn sich die Bänder B und B', wie in Abb. 6-49(b), überlappen, tritt keine Energielücke auf, und es ergibt sich ein kontinuierliches Absorptionsspektrum. Im Falle eines Isolators (Abb. 6-49(c)) sind nur Übergänge von dem Valenzband B in das Leitungsband B' möglich. Um Übergänge zu erzeugen, müssen die Photonen daher eine Mindestenergie von einigen eV haben. Das resultierende Absorptionsspektrum ist in Abb. 6-49(c) gezeigt. Dasselbe würde auch für den Fall von Halbleitern gelten, außer, daß einige Elektronen wegen der Kleinheit der Energielücke das Band B' besetzen würden; ihr Absorptionsspektrum entspricht daher der im Falle (b) illustrierten Situation. Gitterfehler, vor allem Verunreinigungen, haben wichtige Folgen. Sie führen neue Energieniveaus ein, die in die Energielücke fallen können (Abb. 6-49(d)). Elektronenübergänge in diese Energieniveaus lassen die Absorption von Photonen mit viel geringerer Energie zu, als für den Übergang von B nach B' notwendig ist; dies führt zu dem gezeigten Absorptionsspektrum.
Photonen im sichtbaren Gebiet des elektromagnetischen Spektrums besitzen Energien zwischen 1.6 eV und 3.2 eV. Je nach den Absorptionseigenschaften in diesem Energiebereich ist ein Festkörper entweder transparent oder undurchsichtig. Z.B. sind Leiter und Halbleiter alle undurchsichtig, da ihre Absorptionskurve ähnlich wie in Abb. 6-49(b) verläuft. Reine Isolatoren sind durchsichtig, wenn E_0 in Abb. 6-49(c) größer als 3.2 eV ist. Wenn aber infolge von Verunreinigungen die Spitzen E_i in Abb. 6-49(d) in den sichtbaren Bereich fallen, ist der Isolator gefärbt (oder sogar undurchsichtig). Aus diesem Grunde nennt man diese Verunreinigungen auch *Farbzentren oder F-Zentren*. Z.B. sollte reiner Korund (Al_2O_3) durchsichtig sein, Rubin hingegen (der Al_2O_3 mit einer kleinen Verunreinigung durch Chrom ist) zeigt eine ausgeprägte rote Farbe. Dies rührt daher, daß die Chromatome eine starke Absorption im grünen Bereich des Spektrums erzeugen, was bei weißer Beleuchtung des Festkörpers zu einer roten Farbe führt.

Eine andere wichtige Strahlungseigenschaft der Festkörper ist die *Lumineszenz*. Wenn die Elektronen in Atomen, Molekülen oder Festkörpern durch irgendeinen

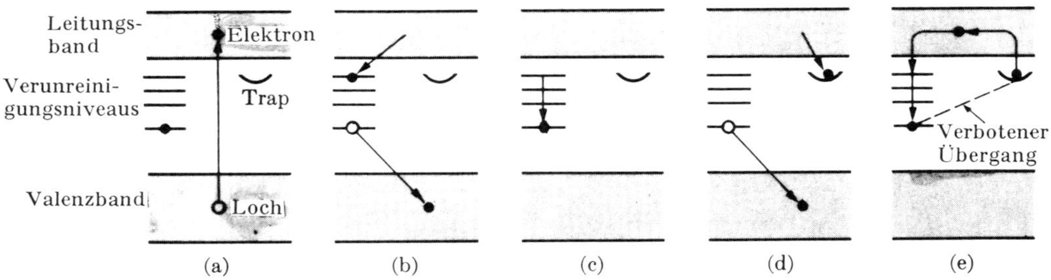

Abb. 6-50. Mechanismus der Lumineszenz.

Prozeß (z.B. Absorption von Strahlung oder Elektronenbeschuß) angeregt wurden, gibt es im allgemeinen verschiedene Prozesse, die bei der Abregung miteinander konkurrieren (z.B. Strahlungsübergänge und inelastische Stöße). In einigen Fällen ist der Strahlungsübergang der begünstigte Prozeß und die Substanz leuchtet, wenn sie mit Strahlung der geeigneten Wellenlänge beleuchtet oder durch einen anderen Prozeß angeregt wurde. Substanzen mit dieser Eigenschaft nennt man lumineszent. Die Lumineszenz in Festkörpern ist mit Verunreinigungen und Gitterdefekten eng verknüpft. Abb. 6-50 zeigt einige Prozesse, die in lumineszierenden Festkörpern stattfinden. Wenn ein Elektron vom Valenzband in das Leitungsband gebracht wird, bleibt im Valenzband ein Loch (Abb. 6-50(a)). In einem ideal reinen und regelmäßigen Gitter kehrt das Elektron im allgemeinen in das Valenzband zurück, obwohl dies einige Zeit dauern kann, da sowohl das Elektron wie auch das Loch eine große Beweglichkeit besitzen und in verschiedenen Richtungen wandern können. Wenn jedoch das Gitter eine Verunreinigung aufweist, die Energieniveaus in dem verbotenen Gebiet einführt, kann ein Elektron in einem niedrigliegenden Verunreinigungsniveau das Loch in dem Valenzband füllen, während das Elektron in dem Leitungsband, wie in Abb. 6-50(b) gezeigt, in eins der (normalerweise unbesetzten) höheren Verunreinigungsniveaus übergeht. An diesen Übergängen sind im allgemeinen Photonen geringer Energie beteiligt, die nicht in den sichtbaren Bereich des Spektrums fallen. Schließlich kann das Elektron von dem höherenergetischen Verunreinigungsniveau in das unbesetzte niederenergetische übergehen und dabei Strahlung emittieren, die eine geringere Energie (oder größere Wellenlänge) als die einfallende Strahlung besitzt. Dies stellt die Lumineszenz dar (Abb. 6-50(c)). Statt durch den in Abb. 6-50(b) gezeigten Prozeß zu laufen, kann das Elektron in manchen Fällen vom Leitungsband in ein Energieniveau übergehen, das *Trap* (*Falle*) genannt wird, von dem ein Strahlungsübergang in das Grundzustands-Verunreinigungsniveau verboten ist (Abb. 6-50(d)). In solch einem Fall befindet sich das Elektron in einem Zustand, der einem metastabilen Zustand eines Atoms oder Moleküls ähnlich ist; das eingefangene Elektron muß warten, bis es durch irgendeinen Mechanismus in das Leitungsband zurückgeführt wird, wonach es dann den Schritten (b) und (c), wie in Abb. 6-50(e) gezeigt, folgt. Wegen der damit verbundenen zeitlichen Verzögerung, die bis zu vielen Sekunden betragen kann, wird dieser Prozeß *Phospho-*

reszenz genannt. Diese Substanzen nennt man deshalb *Phosphore.* Eine derartige Substanz ist Zinksulfid. Phosphoreszierende Materialien werden in den Schirmen von Kathodenstrahl- und Fernsehbildröhren benutzt, wie auch in Szintillatoren, die man zum Nachweis von Gammastrahlen benutzt. Ein in Szintillationszählern häufig genutzter Phosphor ist mit TL aktiviertes NaI.

Literaturverzeichnis

1. "Materials", *Sci. Am.*, September 1967, die ganze Ausgabe
2. "Modern Study of Solids", J. Patterson. *Am. J. Phys.* **32,** 269 (1964)
3. "Quantum Physics in America Between the Wars", J. Slater. *Physics Today,* Januar 1968, Seite 43
4. "The Structure of Crystal Surfaces", L. Germer. *Sci. Am.*, März 1965, Seite 32
5. "Resource Letter *SCR*-1 on Semiconductors", P. Handler. *Am. J. Phys.* **32,** 329 (1964)
6. "Energy Propagation in a Finite Lattice", W. Band und A. Bhatti. *Am. J. Phys.* **33,** 930 (1965)
7. *Introduction to Semiconductor Physics,* R. Adler und R. Longini. New York: John Wiley, 1963
8. *Elementary Solid State Physics,* C. Kittel. New York: John Wiley, 1962
9. *Structure of Matter,* W. Finkelnburg. New York: Academic Press, 1964, Kapitel 7
10. *Quantum Theory of Matter,* J. Slater. New York: McGraw-Hill, 1951, Kapitel 10, 12, 13 und 14

Aufgaben

6.1 Zeigen Sie, daß in Diamant die Zahl der Kohlenstoff - Kohlenstoff - Bindungen doppelt so groß wie die Anzahl der Kohlenstoffatome ist (siehe Abb. 6-1). Um ein Mol Diamant zu dissoziieren, wird eine Energie von 170 kcal benötigt. Bestimmen Sie die Energie pro Bindung und drücken Sie diese in eV aus. Vergleichen Sie diese Energie mit der Energie pro Bindung in sp^3-Verbindungen.

6.2 Die Madelung-Konstante für die kubische ZnS-Struktur ist 1.638. Berechnen Sie die Bindungsenergien für ZnS, bei dem $r_0 = 2.35$ Å ist, und CuCl, das dieselbe Struktur und $r_0 = 2.34$ Å besitzt. Die experimentellen Werte sind 37.9 eV/Molekül für ZnS und 9.81 eV/Molekül für CuCl.

6.3 Berechnen Sie die Bindungsenergie von CsCl, für das $r_0 = 3.56$ Å ist. Vergleichen Sie mit dem experimentellen Wert 6.72 eV/Molekül.

6.4 Die Kompressibilität eines Festkörpers ist definiert als $\varkappa = -(1/V)(\partial V/\partial p)$. Wenn die Energie nur eine Funktion des Volumens ist, so ist die obige Definition äquivalent zu $\varkappa = V(d^2U/dV^2)$. Zeigen Sie, daß für einen Ionenkristall

$$\varkappa = \frac{(n-1)\alpha^2 e^2}{18\pi\,\epsilon_0 R_0^4}.$$

Berechnen Sie die Kompressibilität für NaCl unter der Annahme, daß $n = 9$. Vergleichen Sie mit dem experimentellen Wert 4.2×10^{11} N m^{-2}.

6.5 Schallgeschwindigkeiten in Festkörpern sind von der Größenordnung 3×10^3 m s^{-1}. Interatomare Abstände in Festkörpern sind von der Größenordnung 3×10^{-10} m. Schätzen Sie unter der Annahme eines linearen Gitters die Größenordnung der cutoff-Frequenz ab.

6.6 Zeigen Sie, daß für kleine Werte von ka die beiden durch Gl. (6.7) gegebenen Werte von ω wie folgt genähert werden können:

$$\omega^2 = 2\beta\left(\frac{1}{M_1} + \frac{1}{M_2}\right)$$

und

$$\omega^2 = \frac{2\beta}{M_1 + M_2}(ka)^2.$$

6.7 Zeigen Sie, daß für $k = \pi/2a$ die beiden durch Gl. (6.7) gegebenen Werte von

$$\omega^2 = 2\beta/M_1 \qquad \text{und} \qquad \omega^2 = 2\beta/M_2$$

sind.

6.8 In den meisten zweiatomigen Ionenkristallen fällt die Resonanzabsorption der elektromagnetischen Strahlung in den Infrarotbereich (Wellenlänge etwa 10^{-4} m). Der interatomare Abstand ist von der Größenordnung 2×10^{-10} m. Schätzen Sie den Fehler ab, den man macht, wenn man Gl. (6.8) benutzt, um die Frequenz der Resonanzabsorption infraroter Strahlung durch ein Kristallgitter zu berechnen. Nehmen Sie an, daß M_1 und M_2 die Massen der Natrium- bzw. Chloratome sind.

6.9 Berechnen Sie die elastische Konstante β von Gl. (6.8); entnehmen Sie dabei die Frequenz der normalen Absorption der in Abb. 6-3 angegebenen Absorptionskurve für NaCl. Berechnen Sie die cutoff-Frequenzen sowohl für den akustischen wie für den optischen Zweig der Schwingungen.

6.10 In den meisten Metallen ist der interatomare Abstand von der Größenordnung 4×10^{-10} m. Schätzen Sie die Breite des Leitungsbandes ab. Vergleichen Sie mit den in Tabelle 6-1 angegebenen Werten der Fermienergie.

6.11 Berechnen Sie die Anzahl n_0 der Elektronen pro Volumen im Leitungsband für Lithium, Kupfer und Aluminium unter Benutzung der in Tabelle 6-1 angegebenen Werte für die Fermienergien. Vergleichen Sie Ihre Resultate mit der Anzahl von Valenzelektronen pro Volumen bei diesen Atomen.

6.12 Schätzen Sie unter Benutzung von Gl. (6.14) und eines Gleichgewichtsabstandes zwischen den Ionen von 3.67×10^{-10} m die Breite eines Bandes im metallischen Natrium ab. Vergleichen Sie Ihre Abschätzung mit Abb. 6-35.

6.13 Natrium besitzt eine Dichte von 9.7×10^2 kg m^{-3}. Bestimmen Sie die Fermienergie für Natrium unter der Annahme, daß jedes Atom ein Elektron zum Leitungsband beiträgt. Wiederholen Sie die Bestimmung für Kalzium unter der Annahme, daß pro Atom zwei Elektronen zum Leitungsband beigesteuert werden.

6.14 Schätzen Sie die Paulische paramagnetische Suszeptibilität von Natrium ab. Vergeichen Sie mit dem experimentellen Wert der magnetischen Suszeptibilität des Natrium.

6.15 Man kann zeigen, daß die Grenzen der Brillouin-Zonen in einem zweidimensionalen quadratischen Gitter mit der Seitenlänge a durch die Werte von k_x und k_y gegeben sind, die der Gleichung

$$n_1 k_x + n_2 k_y = \pi(n_1^2 + n_2^2)/a$$

genügen, wobei n_1 und n_2 positive oder negative ganze Zahlen sind. Tragen Sie die Grenzen der Brillouin-Zonen mit k_x und k_y als Koordinaten auf. Versuchen Sie sich ein Bild von der Energiefläche zu machen, wenn die Energie senkrecht über der k_x-k_y-Ebene aufgetragen wird. Beachten Sie übrigens, daß sich die obige Gleichung für ein lineares Gitter auf Gl. (6.21) reduziert. (*Hinweis:* Nehmen Sie alle möglichen Kombinationen von n_1 und n_2 gleich 0, ± 1, $\pm 2, \ldots$ und tragen Sie die resultierenden Gleichungen auf.)

6.16 Zeigen Sie mit einem Verfahren ähnlich wie in Beispiel 6.4, daß die mittlere Energie eines durch die Wellenfunktion $\psi = e^{ikx}u(x)$ beschriebenen Elektrons gegeben ist durch

$$E = \hbar^2k^2/2m + (\hbar k/m)p_{u,} + E_u$$

wo $p_{u,}$ in Beispiel 6.4 definiert war und

$$E_{u,} = \int u^* \left(-\frac{\hbar^2}{2m}\frac{d^2}{dx^2} + E_p(x) \right) u\,dx.$$

Untersuchen Sie die Bedeutung der einzelnen Terme. (*Hinweis:* Schauen Sie den Operator, welcher der Energie entspricht, in Tabelle 2-4 nach.)

6.17 Die Energie eines Elektrons in einem isotropen Kristall kann durch $E = \alpha_1 k_x^2 + \alpha_2 k_y^2 + \alpha/k_z^2$ ausgedrückt werden, wobei k_x, k_y und k_z die Komponenten des Wellenzahlvektors $\boldsymbol{k}$ bezogen auf die Hauptachsen sind. Bestimmen Sie die auf die einzelnen Koordinatenachsen bezogene effektive Masse und die Bewegungsgleichungen.

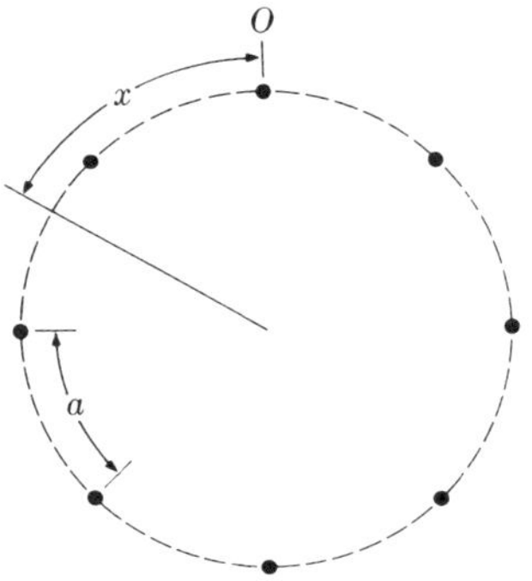

Abb. 6-51

6.18 Setzen Sie die durch Gl. (6.26) beschriebenen Wellenfunktionen in die Gleichung für die mittlere Energie ein und zeigen Sie, daß sich als Resultat Gl. (6.28) ergibt. (*Hinweis:* Vernachlässigen Sie Terme, in denen zwei ϕ-Funktionen auftreten, wenn deren Argumente mehr als eine Zelle auseinanderliegen.)

6.19 Angenommen, ein Elektron bewegt sich auf einer Kreisbahn längs der N Ionen äquidistant im Abstand a angeordnet sind (Abb. 6-51). (a) Zeigen Sie unter Benutzung der durch Gl. (6.26) gegebenen Blochschen Wellenfunktionen, daß die möglichen Werte von k durch $k = 2\pi s/Na$ gegeben sind, wobei $s = 0, 1, 2, \ldots, N-1$. (b) Wenden Sie dieses Ergebnis zusammen mit Gl. (6.28) auf die π-Elektronen in Benzol an (Abb. 5-28), um zu zeigen, daß die möglichen Energieniveaus

$$E_{\text{at}} - \alpha - 2\beta, \qquad E_{\text{at}} - \alpha - \beta,$$

$$E_{\text{at}} - \alpha + \beta, \quad \text{und} \quad E_{\text{at}} - \alpha + 2\beta,$$

sind, wobei das zweite und das dritte Niveau zweifach entartet sind (die Konstanten E_{at}, α und β wurden in Beispiel 6.6 eingeführt).

6.20 Benutzen Sie die Ergebnisse von Aufgabe 6.19 und (a) zeigen Sie, daß die Energie der π-Elektronen in Benzol für den Grundzustand $6(E_{\text{at}} - \alpha) - 8\beta$ beträgt, und daß die ersten angeregten Zustände β, 2β und 3β über dem Grundzustand liegen. (b) Die beiden ersten angeregten Zustände von Benzol entsprechen 3.8 eV und 4.9 eV. Verifizieren Sie aufgrund einer Analyse der beobachteten Energieniveaus von Benzol, daß β ungefähr 2 eV ist. Stellen Sie auf der Basis dieser Information fest, ob Benzol eine gefärbte Substanz ist.

6.21 Gehen Sie von der Annahme aus, daß die Energie eines Elektrons in einem Band durch Gl. (6.28) gegeben ist und (a) bestimmen Sie denjenigen Wert von k, bei dem die Geschwindigkeit eines Elektrons ein Maximum besitzt, und (b) leiten Sie einen Ausdruck für m^* als Funktion von k ab.

6.22 Tragen Sie als Funktion von k die Geschwindigkeit und die Beschleunigung eines Elektrons in der dritten Brillouin-Zone auf, dessen Energie durch Gl. (6.28) gegeben ist.

6.23 Schätzen Sie den Radius der 1s-Elektronenbahn in Natrium ($Z = 11$) ab. Vergleichen Sie diesen Wert mit dem Gleichgewichtsabstand zwischen Natriumionen und entscheiden Sie, ob solche Elektronen in dem Metall beeinflußt werden.

6.24 Wenn ein Verunreinigungsatom in einen Halbleiter eingelagert wird, können wir annehmen, daß die Energieniveaus der Verunreinigungsatome verändert werden. Zeigen Sie, daß, wenn $E_{i,\text{at}}$

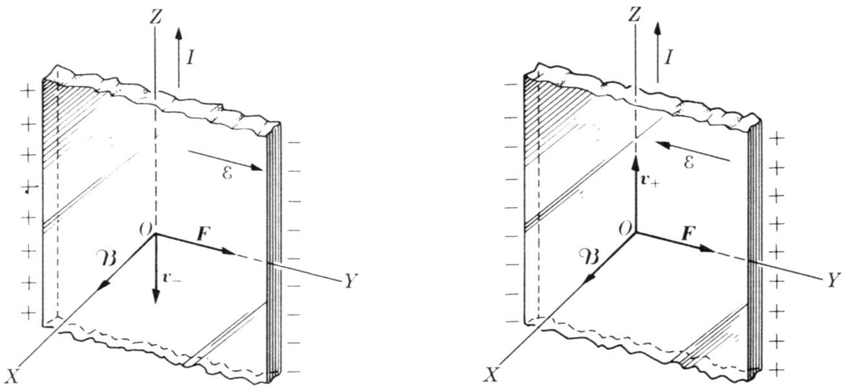

(a) Negative Ladungsträger ($q = -e$) (b) Positive Ladungsträger ($q = +e$)

Abb. 6-52

die Ionisationsenergie des isolierten Verunreinigungsatoms ist, seine Ionisationsenergie, wenn es in dem Halbleiter eingelagert ist, gleich $E_{i,\mathrm{sc}} = (\epsilon_0/\epsilon)^2 E_{i,\mathrm{at}}$ ist, wobei ϵ die Elektrizitätskonstante des Halbleiters ist. Berechnen Sie die Ionisationsenergien von Phosphor (P), Arsen (As) und Antimon (Sb), die Donatoren-Verunreinigungen sind, wenn sie in Silizium (Si) ($\epsilon/\epsilon_0 = 11.7$) und in Germanium (Ge) ($\epsilon/\epsilon_0 = 15.8$) eingelagert sind. Vergleichen Sie mit den experimentellen Ergebnissen. (*Hinweis:* Erinnern Sie sich an die Gl. (3.4) und (3.5) und beachten Sie, daß wir in der Rydberg-Konstanten ϵ_0 durch ϵ ersetzen sollten, wenn das Atom in ein Material eingelagert ist.)

6.25 Analysieren Sie unter Bezug auf Aufgabe 6.24, was mit der Größe der Elektronenbahn passiert, wenn ein Verunreinigungsatom in einen Halbleiter eingelagert wird. Bei welcher Konzentration von Antimon, das in Germanium eingelagert ist, wird eine spürbare Überlappung der Bahnen der äußeren Elektronen von benachbarten Antimonatomen auftreten?

6.26 Ein Kupferdraht mit einem Querschnitt von 10^{-5} m^2 leitet einen elektrischen Strom von 1.5 A. Berechnen Sie unter der Annahme, daß es 5×10^{28} Leitungselektronen pro m^3 gibt, die Stromdichte und die Driftgeschwindigkeit der Elektronen.

6.27 Bei Zimmertemperatur beträgt die Leitfähigkeit von Silber $6.14 \times 10^7 \Omega^{-1}$ m^{-1}. Die Anzahl der Leitungselektronen beträgt rund 6×10^{28} m^{-3}. Schätzen Sie die Relaxationszeit τ, die Fermigeschwindigkeit und den makroskopischen Streuquerschnitt Σ_s ab. Bestimmen Sie auch die durch $l_s = 1/\Sigma_s$ definierte mittlere freie Weglänge der Elektronen.

6.28 Schätzen Sie die Leitfähigkeit bei Zimmertemperatur von NaCl ab, das 1 ppm (Teil pro Million) zweiwertiger, kationischer Verunreinigungen enthält.

6.29 In einem kubischen Kristall sind 0.1 % der Atome durch eine Verunreinigung ersetzt (dies wird für eine «chemisch reine» Substanz als normal betrachtet). Berechnen Sie den mittleren Abstand zwischen den Verunreinigungsatomen in Einheiten des interatomaren Abstandes.

6.30 Das sehr reine Germanium, das bei der Herstellung von Halbleiter-Bauelementen benutzt wird, enthält Verunreinigungen, welche die elektrische Leitfähigkeit beeinflussen, nur ein Teil in 10^9. Was ist der mittlere Abstand zwischen den Verunreinigungen?

6.31 Wenn ein stromführendes Metallband in ein Magnetfeld senkrecht zum

Band eingebracht wird, tritt zwischen gegenüberliegenden Punkten an den Rändern des Bandes eine Potentialdifferenz auf (Abb. 6-52). Man nennt dies *Hall-Effekt*. Zeigen Sie anhand der Abb., daß die Richtung der Potentialdifferenz von der Ladung der Teilchen abhängt, die den Strom tragen. Wenn $\mathcal{E}$ das elektrische Feld ist, das im Gleichgewichtszustand von den Ladungen erzeugt wird, die sich an den Rändern ansammeln, und wenn $\mathcal{B}$ das Magnetfeld ist, zeigen Sie, daß $R_H = \mathcal{E}/j\mathcal{B} = 1/nq$ ist, wobei $\mathcal{E}$ die Stromdichte, n die Anzahl der Ladungsträger pro Volumeneinheit und q ihre Ladung ist. Die Größe R_H wird *Hall-Konstante* genannt. (*Beachte:* In der Abbildung bezeichnet $\boldsymbol{F}$ die durch das Magnetfeld auf die Ladungsträger ausgeübte Kraft.)

6.32 Zeigen Sie in Zusammenhang mit Aufgabe 6.31, daß eine Linie, die zwei Punkte des gleichen Potentials auf gegenüberliegenden Punkten des Bandes verbindet, mit der Richtung des Stromes einen Winkel einschließt, der durch tan $\theta = nq/\sigma\mathcal{B}$ gegeben ist, wobei σ die elektrische Leitfähigkeit des Bandes ist.

6.33 Wie groß ist die Hall-Konstante für Gold, wenn jedes Atom in diesem Metall (Dichte 19.3×10^3 kg m^{-3}) ein Elektron zum Strom beiträgt? Ein dünner Goldstreifen trägt in einem transversalen Magnetfeld von 10^{-2} T eine Stromdichte von 10^7 A m^{-2}. Wie groß ist die Winkelverschiebung der Äquipotentiallinien, wenn die Leitfähigkeit von Gold $5 \times 10^7\ \Omega^{-1}$ m^{-1} beträgt? (*Hinweis:* Vergl. Aufgaben 6.31 und 6.32.)

6.34 In NaCl sei das Energieniveau der *F*-Zentren 2.65 eV unter dem Leitungsband. Welche Wellenlänge wird absorbiert? Welche Farbe besitzt NaCl, das *F*-Zentren enthält?

6.35 Die Energielücke beträgt in Germanium etwa 0.75 eV. Bei welcher Wellenlänge beginnt Germanium Licht zu absorbieren?

7
KERNSTRUKTUR

7.1 Einleitung

Um unsere Diskussion der Atomstruktur zu vervollständigen, müssen wir in den Kern des Atoms schauen. Der Atomkern ist eine Anhäufung von Protonen und Neutronen, die ein kleines Gebiet im Mittelpunkt des Atoms einnimmt und einen Durchmesser von der Größenordnung 10^{-14} m besitzt; d.h. von rund ein Zehntausendstel des Atomdurchmessers. Protonen und Neutronen werden mit dem gemeinsamen Namen *Nukleonen* bezeichnet. Beide Teilchen besitzen den Spin $\frac{1}{2}$ und gehorchen dem Pauliprinzip.

Wenn wir die Struktur des Kernes mit der des Atoms vergleichen, fallen uns verschiedene neue Eigenschaften auf. Zunächst haben alle Teilchen, die den Kern bilden, praktisch dieselbe Masse, während im Atom die Elektronen sehr leicht verglichen mit dem Kern sind. Aus dem Grunde haben wir angenommen (in Kapitel 3), daß sich die Elektronen um einen Kern bewegen, der in einem Inertialsystem in Ruhe bleibt. Daher können wir nicht von einer überwiegenden Zentralkraft sprechen, die auf die Teilchen einwirkt, die den Kern bilden, und die durch einen Körper im Zentrum des Kernes erzeugt wird, vielmehr müssen wir uns vorstellen, daß sich alle Teilchen unter dem Einfluß ihrer gegenseitigen Wechselwirkung bewegen. Als nützliche Vereinfachung können wir höchstens an eine Art von *mittlerem* Kraftfeld denken; d.h., wir können uns vorstellen, daß sich jedes Teilchen unter dem Einfluß einer Kraft bewegt, die sich als Mittelwert der von den anderen Teilchen bei ihrer Bewegung erzeugten Kräfte ergibt. In erster Näherung können wir diese Kraft als Zentralkraft annehmen. In zweiter Näherung können zusätzliche, nicht-zentrale Krafte erforderlich werden. Dieser vereinfachte Ansatz hat sich bei der Analyse der Kernstruktur als sehr nützlich erwiesen.

Des weiteren besitzen in einem Atom die Elektronen negative Ladung und der Kern eine positive Ladung, und es ist möglich, die Elektronenbewegung durch die elektromagnetischen Wechselwirkungen zwischen den Elektronen und dem Kern zu erklären. Ein Kern ist dagegen aus Protonen, mit einer positiven Ladung, und aus Neutronen zusammengesetzt, die überhaupt keine Ladung besitzen. Daher können wir die Stabilität des Kerns nicht auf elektrische Anziehung zurückführen. Im Gegenteil scheint es wahrscheinlich, daß die elektrische Abstoßung zwischen den Protonen den Kern auseinanderfliegen lassen würde. Die bloße Tatsache, daß aus Protonen und Neutronen zusammengesetzte Kerne existieren, ist ein deutlicher Hinweis auf die Existenz einer anderen Wechselwirkung neben der elektromagnetischen Wechselwirkung, einer Wechselwirkung, die nicht direkt mit der elektrischen Ladung verknüpft ist, und die viel stärker als die elektromagnetische Wechselwirkung ist. Diese Wechselwirkung nennt man *Kern-* oder *starke Wechselwirkung*. Unsere Kenntnis der Kernwechselwirkung ist noch unvollständig, aber wir wissen wenigstens einiges über ihre wichtigsten Eigenschaften.

7.2 Isotope, Isotone und Isobare

Wir identifizieren einen Kern durch die Anzahl seiner Protonen, oder seiner *Ordnungszahl Z*, und durch seine Gesamtzahl von Teilchen oder Nukleonen, die sog. *Massenzahl A*. Die Zahl der Neutronen ist so $N = A - Z$. Man hat die Bezeichnung *Nuklid* eingeführt, um allgemein alle Kerne mit dem gleichen Z und N und damit auch dem gleichen A zu bezeichnen. Mit anderen Worten, ebenso wie alle Atome mit dem gleichen Z zu demselben Element gehören, gehören alle Kerne der gleichen Zusammensetzung (dem gleichen Z und N) zum gleichen Nuklid. Ein Nuklid wird durch das Symbol des chemischen Elementes bezeichnet, zu dem es entsprechend dem Wert von Z gehört, mit einem oberen linken Index, der den Wert der Massenzahl angibt, wie ^{12}C, ^{23}Na, ^{107}Ag, ^{238}U. Manchmal ist es praktisch, die Atomnummer Z explizit hinzuschreiben, in welchem Fall man einen linken unteren Index hinzufügt $^{12}_{6}C$, $^{23}_{11}Na$, $^{107}_{47}Ag$, $^{238}_{92}U$.

Kernkraft ist nicht so wählerisch, ein festes Verhältnis der Anzahl von Protonen und Neutronen zu verlangen, die in einem Kern zusammen existieren können. Es gibt eine beträchtliche Flexibilität der Anordnung. Obwohl es nur 92 natürliche chemische Elemente gibt (11 weitere wurden künstlich erzeugt), gibt es rund 1440 verschiedene bekannte Nuklide, rund 340 in der Natur vorkommende und etwa 1100 im Laboratorium erzeugte. Einige dieser Nuklide (etwa 280 von ihnen) sind stabil, eine große Zahl ist jedoch instabil oder radioaktiv. Abb. 7-1 zeigt die meisten der bekannten Nuklide. Die stabilen Kerne sind durch schwarze Quadrate, die instabilen oder radioaktiven durch andere Symbole angedeutet.

Wir können der Abbildung entnehmen, daß in leichten Kernen Neutronen und Protonen dazu neigen, in gleicher Anzahl vorhanden zu sein ($N \approx Z$), was die Unabhängigkeit der Kernwechselwirkung von der elektrischen Ladung andeutet. In schwereren Kernen überschreitet jedoch die Anzahl der Neutronen die der Protonen ($N > Z$). Es muß ein Überschuß von Neutronen vorhanden sein, um einen Stabilisierungseffekt zu erzeugen (durch Kernwechselwirkungen); diese zusätzlichen Neutronen gleichen die auseinandertreibende Wirkung der Coulombabstoßung zwischen den Protonen aus.

Wegen der großen Mannigfältigkeit der Nuklide werden wir sie in drei Kategorien klassifizieren: Isotope, Isotone und Isobare.

Isotope sind Nuklide, welche dieselbe Protonenzahl aber verschiedene Neutronenzahl haben; deshalb haben sie dieselbe Ordnungszahl Z, aber verschiedene Neutronenzahl N und verschiedene Massenzahl A. Da ein chemisches Element durch seine Ordnungszahl Z identifiziert wird, gehören alle Isotope, die einem bestimmten Wert von Z entsprechen, zum selben Element. Z.B. sind $^{1}_{1}H$ und $^{2}_{1}H$ Isotope von Wasserstoff. Beide Kerne haben $Z = 1$, aber $^{1}_{1}H$ hat $N = 0$, während $^{2}_{1}H$ $N = 1$ hat. Isotope liegen in Abb. 7-1 auf senkrechten Linien.

Isotone sind Nuklide, welche dieselbe Neutronenzahl N, aber eine unterschiedliche Ordnungszahl Z (oder Anzahl der Protonen) und deshalb auch eine verschiedene Massenzahl A haben. Isotone, die einen bestimmten Wert von N aufweisen, entsprechen offensichtlich nicht demselben chemischen Element. Z.B.

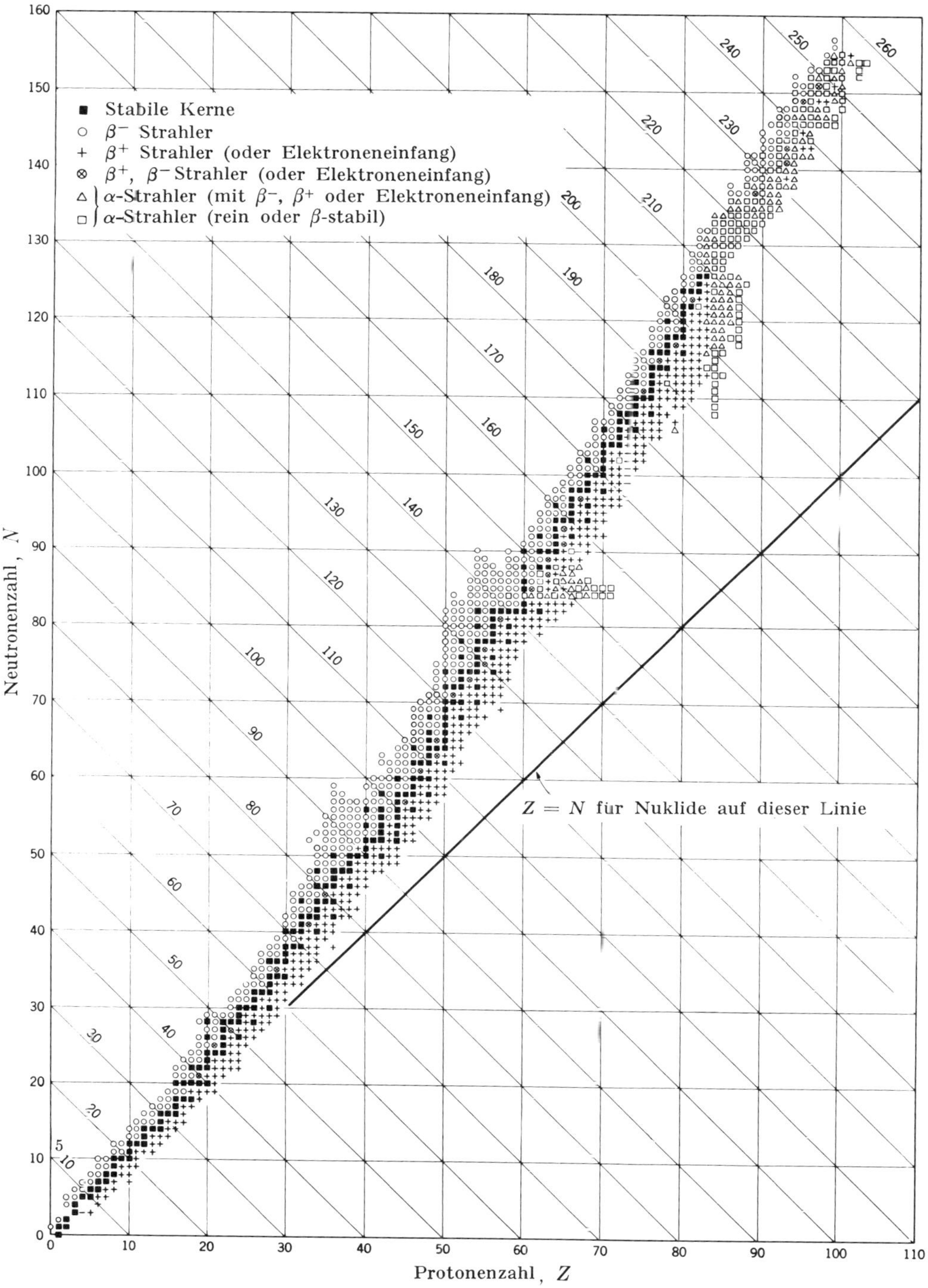

Abb. 7-1. Stabile und radioaktive Nuklide. Die 45°-Linien sind Linien gleicher Massenzahl A.

sind ${}^{13}_{6}C$ und ${}^{14}_{7}N$ Isotone. Beide Kerne haben $N = 7$, aber Kohlenstoff hat $Z = 6$ und Stickstoff $Z = 7$. Isotone liegen in Abb. 7-1 auf horizontalen Linien.

Schließlich sind *Isobare* Nuklide, welche dieselbe Gesamtzahl von Nukleonen (oder dieselbe Massenzahl A) haben, aber sich in der Atomnummer Z und auch in der Neutronenzahl N unterscheiden. Z.B. sind ${}^{14}_{6}C$ und ${}^{14}_{7}N$ Isobare die beide $A = 14$ haben. Isobare liegen in Abb. 7-1 auf den angedeuteten 45°-Linien.

Einige chemische Elemente treten in der Natur mit nur einer Kernvariation oder Isotop auf. Ein Beispiel ist ${}^{19}_{9}F$. Andere besitzen verschiedene natürliche Isotope, so wie Zinn, das zehn hat, und Kohlenstoff, der drei hat: ${}^{12}_{6}C$, ${}^{13}_{6}C$ und ${}^{14}_{6}C$. Außerdem hat Kohlenstoff vier weitere Isotope, die künstlich hergestellt wurden. Von dem gesamten Kohlenstoff, der in der Natur vorkommt, liegt 98.89 % in der Form ${}^{12}_{6}C$ vor. Die natürliche Isotopenzusammensetzung eines bestimmten chemischen Elementes ist über die gesamte Welt ziemlich gleichförmig.

Die Analyse der Eigenschaften von Isotopen, Isotonen und Isobaren ist deshalb wichtig, weil sie verschiedene Züge der Kernstruktur ans Licht bringt. Derartige Untersuchungen helfen uns z.B. vorauszusagen, was mit der Stabilität eines Kernes geschehen wird, wenn wir ein zusätzliches Neutron oder Proton hinzufügen, oder zu entscheiden, welche Neutronen-Protonen-Konfiguration möglichst stabil sein wird.

7.3 Die atomare Masseneinheit

Wenn wir uns mit bestimmten Eigenschaften der Kerne beschäftigen, brauchen wir die Masse der Kerne nicht in Kilogramm auszudrücken. Vielmehr ist es oftmals günstiger, eine Spezialeinheit zu benutzen, die sog. *atomare Masseneinheit* (AME), die gleich einem Zwölftel der Masse des ${}^{12}C$-Atoms ist. (Man beachte, daß wir Atom sagen und nicht Kern und daher diese Masseneinheit die umlaufenden Elektronen einschließt.) Dann heißt

$$1 \text{ AME} = \tfrac{1}{12} \text{ Masse eines } {}^{12}\text{C-Atoms.}$$

In Kilogramm ausgedrückt ist der Wert einer AME

$$1 \text{ AME} = 1.6604 \times 10^{-27}\, M \text{ kg.} \tag{7.1}$$

Ein Mol irgendeiner Substanz ist nach Definition eine Masse gleich $10^{-3}\, M$ kg (oder M g), wobei M numerisch gleich der in AME ausgedrückten atomaren (oder molekularen) Masse der Substanz ist. Die Loschmidtsche Zahl N_L ist die Anzahl von Atomen (oder Molekülen) in einem Mol einer Substanz. Da die Masse eines Atoms (oder Moleküls) gleich $1.6604 \times 10^{-27}\, M$ kg ist, schließen wir, daß

$$N_L = \frac{10^{-3}\, M}{1.6604 \times 10^{-27}\, M} = 6.0225 \times 10^{23} \text{ Mol}^{-1}.$$

Da N_L unabhängig von M ist, ist die Anzahl der Atome (oder Moleküle) in einem Mol für alle Substanzen gleich.

Die Massen, die in der Tabelle der Nuklide angegeben sind, sind in AME ausgedrückt (siehe Beilage am Ende des Buches). Die *Atommasse* eines Elementes ist die durchschnittliche Masse, die auf der natürlichen Isotopenkombination beruht. So ist die Atommasse von Kohlenstoff nicht 12.00000 AME, sondern 12.01115 AME wegen der in der Natur vorkommenden verschiedenen Kohlenstoffisotope.

Wenn wir die Beziehung $E = mc^2$ benutzen, können wir die Energie, die einer AME äquivalent ist, in Joules oder eV ausdrücken. Wir überlassen es dem Leser, zu verifizieren, daß

$$1 \text{ AME} = 9.31478 \times 10^8 \text{ eV} = 931.478 \text{ MeV},$$

oder ungefähr eine Milliarde eV (1 GeV) ist.

7.4 Eigenschaften des Kerns

Um einen Anhaltspunkt für die Natur der Kräfte zu erhalten, die Protonen und Neutronen in einem Kern zusammenhalten, haben die Wissenschaftler neben Ladung und Masse verschiedene andere physikalische Eigenschaften analysiert. Wir wollen jetzt einige dieser Eigenschaften betrachten.

(1) ***Größe.*** Wenn wir annehmen, daß ein Kern kugelförmig ist, können wir seine Größe durch den Radius R ausdrücken. Wir müssen jedoch diesen Begriff eines Kernradius mit einiger Vorsicht benutzen. Wir dürfen uns den Kern nicht als eine Billardkugel mit genau definierter Oberfläche vorstellen. Der Wert des Radius hängt davon ab, welche Kerneigenschaften wir wählen, um den Radius zu bestimmen. Die Dichte der Kernmaterie ändert sich, wie in Abb. 7-2(a) dargestellt, mit dem Abstand vom Kernmittelpunkt. Die Dichte ist über einen

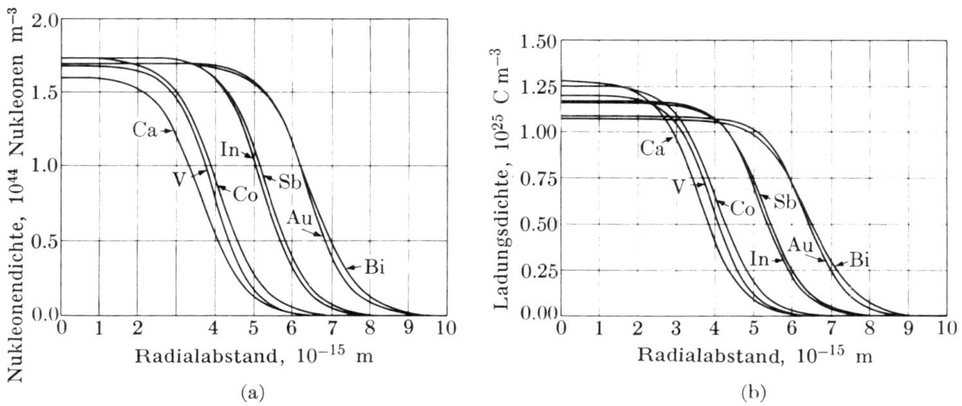

Abb. 7-2. (a) Nukleonendichte und (b) Ladungsdichte als Funktionen des radialen Abstandes. [Nach B. D. Hahn, D. G. Ravenhall und R. Hofstadter, *Phys. Rev.* **101**, 1131 (1956).]

beträchtlichen Abstand vom Zentrum nahezu konstant und nimmt dann allmählich auf Null nahe der Oberfläche des Kerns ab. Der Kernradius R kann dann als der Abstand vom Kernzentrum definiert werden, bei dem die Kerndichte auf die Hälfte abgefallen ist. Man kann diesen Radius R z.B. dadurch bestimmen, daß man die auf der Coulombwechselwirkung beruhende Energiedifferenz zwischen benachbarten Isobaren (d.h. zwischen Isobarenkernen, die sich in Z um eine Einheit unterscheiden) mißt, oder dadurch, daß man verschiedene Kernprozesse analysiert, wie etwa die Streuung schneller Neutronen am Kern. Das experimentelle Ergebnis ist, daß der Kernradius proportional zu $A^{1/3}$ wächst, wobei A die Massenzahl des Kerns ist. D.h.

$$R = r_0 A^{1/3}, \tag{7.2}$$

wobei r_0 eine für alle Kerne gleiche Konstante ist. Ihr anerkannter Wert ist

$$r_0 = 1.4 \times 10^{-15} \text{ m}.$$

Es ist auch möglich, die Ladungsverteilung innerhalb des Kerns zu bestimmen und hieraus den Kernradius zu schätzen. Experimente mit sehr schnellen Elektronen und Myonen legen eine Ladungsverteilung nahe, wie sie in Abb. 7-2(b) angedeutet ist. Der Radius der Ladungsverteilung ist kleiner als der der Massenverteilung und entspricht einem Wert

$$r_0 \approx 1.2 \times 10^{-15} \text{ m}.$$

Einige Kerne weichen wesentlich von der Kugelgestalt ab und müssen als Ellipsoid- oder sogar birnenförmig angenommen werden.

Da das Volumen einer Kugel $4\pi R^3/3$ ist, schließen wir aus Gl. (7.2), daß das Kernvolumen

$$V = 4\pi r_0^3 A/3 = 1.12 \times 10^{-45} A \text{ m}^{-3}.$$

D.h. *das Volumen eines Kerns ist proportional zur Anzahl A der Nukleonen.* Dies deutet daraufhin, daß die Nukleonen, unabhängig von der Anzahl der Teilchen, in einem festen mittleren Abstand gehalten werden, so daß das Volumen pro Nukleon eine konstante Größe ist und zwar dieselbe für alle Kerne. Eine ähnliche Situation besteht für die Moleküle in einer Flüssigkeit oder in einem Festkörper.

Eine andere Folgerung ist, *daß Kernmaterie eine konstante Dichte hat.* Dies kann man wie folgt sehen: Die Masse eines Kerns mit der Massenzahl A ist näherungsweise

$$M = 1.66 \times 10^{-27} A \text{ kg}.$$

Daher ist die mittlere Dichte von Kernmaterie

$$\rho = \frac{M}{V} = \frac{1.66 \times 10^{-27} A \text{ kg}}{1.12 \times 10^{-45} A \text{ m}^3} = 1.49 \times 10^{18} \text{ kg m}^{-3},$$

was unabhängig von A ist. Diese Dichte ist rund 10^{15}-mal größer als die Dichte von makroskopischer Materie und gibt uns eine Vorstellung vom Grad der Kompaktheit der Nukleonen in einem Kern. Sie zeigt uns auch, daß makroskopische Materie im wesentlichen hohl ist, da der größte Teil der Masse in den Kernen konzentriert ist.

(2) ***Drehimpuls.*** Den resultierenden Drehimpuls eines Kernes nennt man (aus historischen Gründen) *Kernspin*. Er wird mit $\boldsymbol{I}$ bezeichnet. Sowohl Protonen wie Neutronen besitzen, wie Elektronen, den Spin $\frac{1}{2}$. Außerdem besitzen Protonen und Neutronen einen mit ihrer Bewegung im Kern verknüpften Bahndrehimpuls. Den resultierenden Kerndrehimpuls (oder Spin) erhält man durch die richtige Kombination der Bahndrehimpulse und der Spins der Nukleonen, die den Kern bilden. Der Kernspin wird mit der Quantenzahl I bezeichnet, so daß der Betrag des Kernspins $\hbar\sqrt{I(I+1)}$ ist. Die Komponente des Kernspins in einer bestimmten Richtung ist durch $m_I\hbar$ gegeben, wobei $m_I = \pm I, \pm(I-1), \ldots, \pm\frac{1}{2}$ oder 0, je nachdem ob I halbzahlig oder ganzzahlig ist. Es gibt dementsprechend $2I+1$ mögliche Orientierungen des Kernspins. Wie in Abschnitt 3-4 erklärt wurde, gelten für alle Drehimpulse in der Quantenmechanik dieselben Regeln. Experimentell sind die Werte von I ganzzahlig (wenn A gerade ist) oder halbzahlig (wenn A ungerade ist) und liegen zwischen Null, wie bei ^{4}He und ^{12}C, und 7, wie bei ^{176}Lu. In Tabelle 7-1 sind einige Kernspins angegeben. Man hat festgestellt, daß praktisch alle gerade-gerade-Kerne (d.h. Kerne, die eine gerade Anzahl von Protonen und von Neutronen haben) $I = 0$ besitzen, was darauf hindeutet, daß identische Nukleonen dazu neigen, ihre Drehimpulse in entgegengesetzter Richtung zu paaren. Dies wird der *Paarungseffekt* genannt.

Gerade-ungerade-Kerne (d.h. Kerne, die eine ungerade Anzahl von entweder Protonen oder Neutronen besitzen) haben alle halbzahlige Drehimpulse, und es ist vernünftig anzunehmen, daß der Kernspin mit dem Drehimpuls des letzten oder ungepaarten Nukleons identisch ist, was in vielen Fällen zu stimmen scheint. Ungerade-ungerade-Kerne besitzen zwei ungepaarte Nukleonen (ein Neutron und ein Proton), und es ist etwas schwieriger, die experimentellen Ergebnisse vorherzusagen, ihre Drehimpulse sind jedoch ganzzahlig, wie man erwartet, da hier eine gerade Gesamtzahl von Teilchen vorliegt. Jede Theorie der Kernkräfte muß, um befriedigend zu sein, die experimentellen Werte von I erklären.

(3) ***Magnetisches Dipolmoment.*** Wir erinnern uns (s. Abschnitt 3.6), daß eine bewegte Ladung ein magnetisches Bahn-Dipolmoment $\boldsymbol{M}_{\mathrm{L}}$ besitzt, das proportional zu seinem Bahndrehimpuls $\boldsymbol{L}$ ist und das gegeben wird durch

$$\boldsymbol{M}_L = (q/2m)\boldsymbol{L}.$$

Im Fall von Protonen ist die Ladung $q = e$, und daher

$$\boldsymbol{M}_L = (e/2m_{\mathrm{p}})\boldsymbol{L}. \tag{7.3}$$

Neutronen besitzen natürlich keine Ladung und haben kein magnetisches Bahn-Dipolmoment. Die Komponente des magnetischen Momentes parallel zur Z-Achse ist

$$M_{L,z} = (e/2m_\mathrm{p})L_z = (e\hbar/2m_\mathrm{p})m_l = \mu_\mathrm{N} m_l,$$

wobei die Konstante

$$\mu_\mathrm{N} = e\hbar/2m_\mathrm{p} = 5.0504 \times 10^{-27}\ \mathrm{J\ T^{-1}} \tag{7.4}$$

Kernmagneton genannt wird.

Wenn das Teilchen einen Spin $\boldsymbol{S}$ besitzt, kann es ein zusätzliches magnetisches Spin-Dipolmoment besitzen, das gegeben ist durch

$$\boldsymbol{M}_S = g_S(e/2m_\mathrm{p})\boldsymbol{S} \qquad \text{oder} \qquad M_{S,z} = g_S \mu_\mathrm{N} m_S, \tag{7.5}$$

wobei g_S eine für das Teilchen charakteristische Konstante, das sog. *Spin-gyromagnetische Verhältnis* ist.* Für das Proton ist der Wert $g_{S,\mathrm{p}} = +\,5.5855$, was darauf hinweist, daß $\boldsymbol{M}_S$ parallel zu $\boldsymbol{S}$ ist (wie es einer positiven Ladung entspricht). Man hat beobachtet, daß das Neutron, obwohl es keine elektrische Ladung besitzt, ein magnetisches Spinmoment entsprechend $g_{S,\mathrm{n}} = -\,3.8263$ besitzt. Das Minuszeichen deutet an, daß $\boldsymbol{M}_S$ antiparallel zu $\boldsymbol{S}$ ist, wie es einer negativen Ladung entspricht. Dieses Ergebnis läßt vermuten, daß das Proton und das Neutron eine komplizierte Struktur besitzen, die wir bisher noch nicht exakt haben bestimmen können.

Wir können das resultierende magnetische Dipolmoment eines Termes dadurch erhalten, daß wir in geeigneter Weise die magnetischen Dipolmomente all der Nukleonen kombinieren. Das resultierende magnetische Dipolmoment muß offenbar mit dem Kernspin I verknüpft sein.

Die entsprechende Beziehung, die eine Erweiterung von Gl. (7.5) darstellt, ist

$$\boldsymbol{M} = g_I(e/2m_\mathrm{p})\boldsymbol{I},$$

wobei g_I das gyromagnetische Verhältnis des Kerns ist. Die Komponente des resultierenden magnetischen Dipolmomentes eines Kerns parallel zu einer bestimmten Richtung kann man durch $M_z = g_I(e/2m_\mathrm{p})I_z$ ausdrücken oder, da $I_z = m_I\hbar$ ist,

$$M_z = \mu_\mathrm{N} g_I m_I. \tag{7.6}$$

Magnetische Kernmomente werden als Vielfache von μ_N aufgeführt und zwar

* Man erinnere sich, daß für das Elektron $g_s = -\,2.0$ (s. Abschnitt 3.7).

für $m_I = I$. D.h., $\mu = M_z/\mu_N = g_I/I$. Dementsprechend sind die magnetischen Momente des Protons und des Neutrons (mit $I = \frac{1}{2}$) $\mu_p = + 2.7927$ nm und $\mu_N = - 1.9131$ nm (nm: nukleare Magnetonen). In Tabelle 7-1 sind einige Werte von μ angegeben. Um befriedigend zu sein, muß eine Theorie der Kernwechselwirkungen die beobachteten Werte von μ oder g_I erklären.

(4) ***Elektrisches Quadrupolmoment.*** Das elektrische Quadrupolmoment einer Ladungsverteilung relativ zu einer bestimmten Richtung, als Z-Achse bezeichnet, ist definiert durch $Q' = \sum_i q_i(3z^2 - r_i^2)$. Im Falle der Kerne tragen nur die Protonen zum elektrischen Quadrupol bei und, da $q_i = e$, erhalten wir $Q' = e\sum_p(3z_p^2 - r_p^2)$. Normalerweise wird das Kern-Quadrupolmoment definiert als $Q = Q'/e$. Offensichtlich hängt der Wert von Q von der Richtung der Z-Achse ab. Man ist überein gekommen, die Z-Achse so weit wie möglich parallel zum Kernspin I zu wählen, so daß $m_I = I$. Daher ist das elektrische Quadrupolmoment eines Kerns definiert durch

$$Q = \sum_p(3z_p^2 - r_p^2)_{m_I=I}. \tag{7.7}$$

Im MKSC-System wird Q in m^2 ausgedrückt. Manchmal benutzt man eine Einheit die *Barn* genannt wird; ein Barn ist gleich 10^{-28} m^2. Wenn die Protonen kugelsymmetrisch verteilt sind, ist $Q = 0$; daher ist der Wert von Q ein guter Hinweis, in welchem Maße ein Kern von der Kugelgestalt abweicht. Wenn Q positiv ist, muß der Kern einem gestreckten Ellipsoid ähneln, wenn Q negativ ist, muß der Kern wie ein gestauchtes Ellipsoid aussehen. (Abb. 7-3). Man kann theoretisch zeigen, daß Kerne mit $I = 0$ oder $\frac{1}{2}$ $Q = 0$ besitzen, was auch experimentell bestätigt ist. In Tabelle 7-1 sind die Werte von Q für einige Kerne angegeben. Abb. 7-4 zeigt die beobachteten elektrischen Quadrupolmomente einiger Kerne. Man beachte, daß einige Kerne abnormal große elektrische Quadrupolmomente besitzen, was auf sehr große Deformationen hindeutet. Wir weisen wieder daraufhin, daß eine befriedigende Theorie der Kernwechselwirkungen die beobachteten Werte von Q erklären muß.

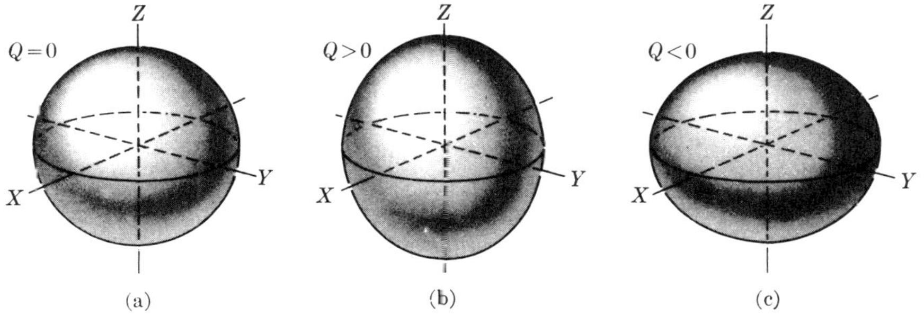

Abb. 7-3. Zur Z-Achse symmetrischer Ladungsverteilungen: (a) Kugel, (b) gestrecktes Ellipsoid, (c) gestauchtes Ellipsoid.

TABELLE 7-1 Eigenschaften einiger Kerne

Nuklid	Atommasse, amu	Spin	Magnetisches Dipolmoment, nm	Elektrisches Quadrupolmoment, 10^{-28} m^2
$^{1}_{0}$n	1.008665	$\frac{1}{2}$	−1.9131	0
$^{1}_{1}$H	1.007825	$\frac{1}{2}$	2.7927	0
$^{2}_{1}$H	2.014102	1	0.8574	0.00282
$^{3}_{2}$He	3.016989	$\frac{1}{2}$	−2.1275	0
$^{3}_{1}$H	3.016050	$\frac{1}{2}$	2.9789	0
$^{4}_{2}$He	4.002603	0	0	0
$^{7}_{3}$Li	7.016004	$\frac{3}{2}$	3.2563	−0.045
$^{12}_{6}$C	12.00000	0	0	0
$^{13}_{6}$C	13.00335	$\frac{1}{2}$	0.7024	0
$^{14}_{7}$N	14.00307	1	0.4036	0.007
$^{15}_{7}$N	15.00011	$\frac{1}{2}$	−0.2831	
$^{16}_{8}$O	15.99492	0	0	0
$^{17}_{8}$O	16.99913	$\frac{5}{2}$	−1.8937	−0.026
$^{21}_{10}$Na	20.99395	$\frac{3}{2}$	−0.6618	0.093
$^{27}_{13}$Al	26.98153	$\frac{5}{2}$	3.6414	0.15
$^{35}_{17}$Cl	34.96885	$\frac{3}{2}$	0.8218	−0.080
$^{40}_{20}$Ca	39.96260	0	0	0
$^{43}_{20}$Ca	42.95878	$\frac{7}{2}$	−1.3172	
$^{56}_{26}$Fe	55.9349	0	1.06	
$^{57}_{26}$Fe	56.9354	$\frac{1}{2}$	0.0905	
$^{60}_{27}$Co	59.9338	5	3.8100	
$^{63}_{29}$Cu	62.9296	$\frac{3}{2}$	2.2260	−0.180
$^{79}_{35}$Br	78.9183	$\frac{3}{2}$	2.1060	0.310
$^{88}_{38}$Sr	87.0564	0	0	
$^{93}_{41}$Nb	92.9064	$\frac{9}{2}$	6.1670	−0.220
$^{103}_{45}$Rh	102.9048	$\frac{1}{2}$	0	0
$^{114}_{48}$Cd	113.9034	0	0	0
$^{127}_{53}$I	126.9045	$\frac{5}{2}$	2.8080	−0.790
$^{155}_{64}$Gd	154.9277	$\frac{3}{2}$	−0.2700	1.300
$^{175}_{71}$Lu	174.9409	$\frac{7}{2}$	2.2300	5.600
$^{176}_{71}$Lu	175.9427	7	3.1800	8.000
$^{177}_{71}$Lu	176.9439	$\frac{7}{2}$	2.2400	5.400
$^{180}_{72}$Hf	179.9468	0	0	
$^{185}_{75}$Re	184.9501	$\frac{5}{2}$	3.1716	2.6
$^{208}_{82}$Pb	205.9892	0	0	0
$^{209}_{93}$Bi	208.9804	$\frac{9}{2}$	4.0802	−0.340
$^{227}_{83}$Ac	227.0278	$\frac{3}{2}$	1.1	1.7
$^{233}_{92}$U	233.0395	$\frac{5}{2}$	0.54	3.5
$^{235}_{92}$U	235.0439	$\frac{7}{2}$	0.35	4.1
$^{238}_{92}$U	238.0508	0	0	0
$^{241}_{94}$Pu	240.4236	$\frac{5}{2}$	−0.730	5.600

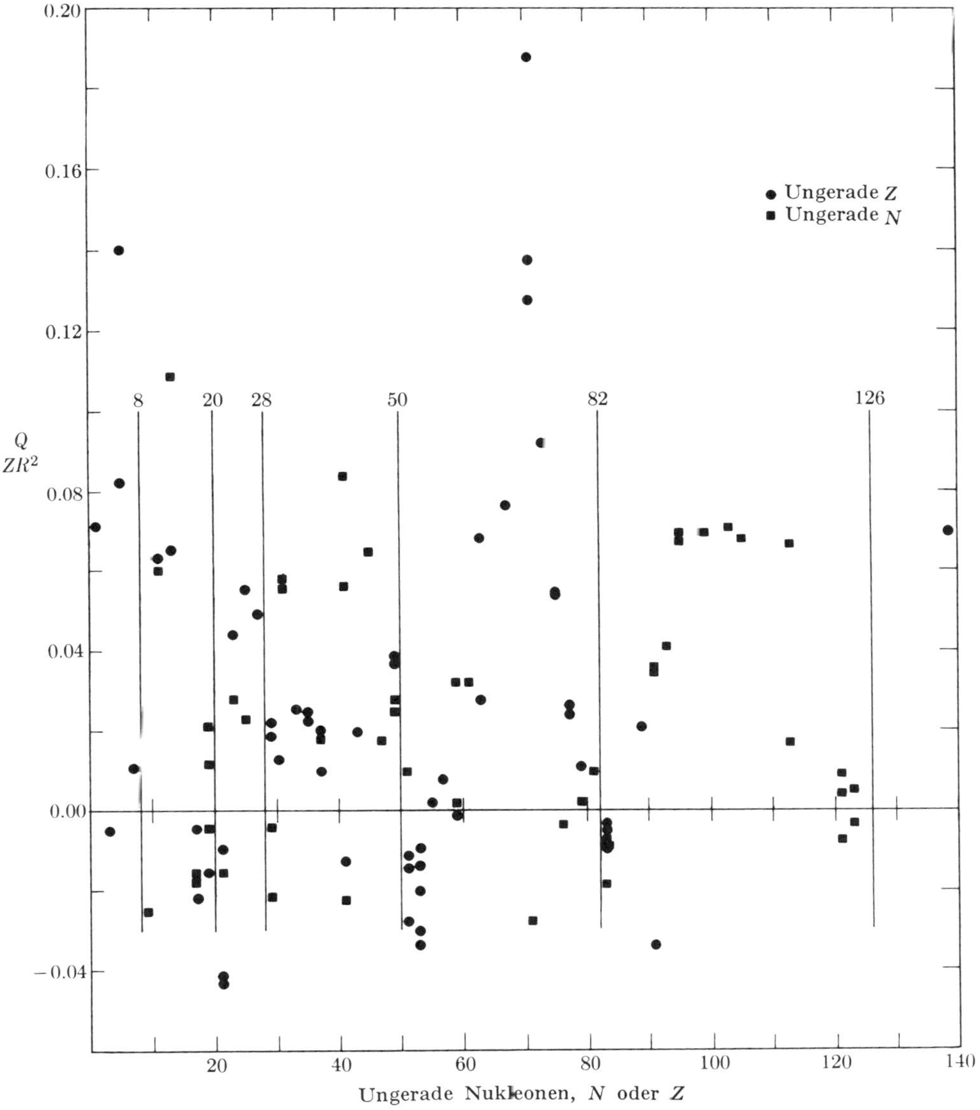

Abb. 7-4. Elektrische Quadrupolmomente für Kerne mit ungeradem A. Die Ordinate ist die dimensionslose Grösse Q/ZR^2; sie ist ein besserer Indikator der Abweichung von der Kugelgestalt.

(5) ***Parität.*** Kernzustände haben eine bestimmte Parität, gerade oder ungerade, die von der Struktur der Wellenfunktionen abhängt, welche die Zustände beschreiben. Jede Kernwellenfunktion hängt von den Wellenfunktionen ab, die den einzelnen Nukleonen entsprechen. Daher ist die Parität eines Kernzustandes eng verknüpft mit der Bewegung der Nukleonen. Da dieser Gegenstand sehr kompliziert ist, werden wir jedoch hier nicht näher auf ihn eingehen.

BEISPIEL 7.1. Berechnung der abstoßenden potentiellen Energie infolge der Coulombwechselwirkung zwischen den Protonen in einem Kern.

Lösung: Die elektrische Energie einer homogen geladenen Kugel mit der gesamten Ladung Q und dem Radius R ist

$$E_{p(\text{coul})} = \frac{3}{5} \frac{Q^2}{4\pi\epsilon_0 R}.$$

Wenn wir annehmen, daß die Z Protonen in einem Kern gleichmäßig verteilt sind, können wir dieses Ergebnis übernehmen, wenn wir Q durch Ze und R durch den Wert von Gl. (7.2) ersetzen. Daher ist die Coulombenergie eines Kernes

$$E_{p(\text{coul})} = \frac{3}{5} \frac{Z^2e^2}{4\pi\epsilon_0 R} = \frac{3}{5}\left(\frac{e^2}{4\pi\epsilon_0 r_0}\right)\frac{Z^2}{A^{1/3}}.$$

Wenn wir Zahlenwerte einsetzen, erhalten wir

$$E_{p(\text{coul})} = 9.87 \times 10^{-14} Z^2 A^{-1/3}\,J = 0.617 Z^2 A^{-1/3}\,\text{MeV}. \tag{7.8}$$

Da die elektrische Ladung nicht gleichförmig über das Kernvolumen verteilt, sondern in den Protonen konzentriert ist, sollten wir $Z(Z-1)$ anstelle von Z^2 benutzen, da jedes der Z Protonen nur mit den übrigen $Z-1$ Protonen in Wechselwirkung steht. Diese Korrektur wird für Kerne mit kleinen Z, wie Helium, besonders wichtig. Wir erhalten z.B. für $^4_2$He, mit $Z = 2$ und $A = 4$, $E_{p(\text{coul})} = 0.776$ MeV (unter Benutzung der korrigierten Formel) und für $^{238}_{92}$U, mit $Z = 92$ und $A = 238$, $E_{p(\text{coul})} = 879$ MeV. Wir sehen, daß die Coulombsche Abstoßungsenergie wegen des Z^2-Terms sehr stark mit der Anzahl der Protonen anwächst. Wenn die Kernwechselwirkung nicht stark genug und anziehend ist, kann der Kern nicht stabil sein. Diese elektrischen Energien müssen wir mit denjenigen von Atomen und Molekülen vergleichen, die von der Größenordnung einiger weniger Elektronenvolt sind. Der Grund für den großen Unterschied liegt darin, daß die Protonen in einem Kern viel dichter gepackt sind als die Elektronen in einem Atom; ihr Abstand ist ungefähr ein Hunderttausendstel des mittleren Abstandes der Elektronen in Atomen oder Molekülen und führt so zu einer Energie, die rund 100,000 -mal größer ist.

7.5 Kernbindungsenergien

Wir können eine Vorstellung von der Stärke der Kernwechselwirkung gewinnen, wenn wir die Bindungsenergien von Kernen untersuchen; d.h. die Energie, die erforderlich ist, um die Nukleonen, die einen Kern bilden, zu trennen. Die Masse eines Kernes ist deutlich geringer als die Summe der Massen der ihn bildenden Nukleonen. Im Falle des Deuterons ist z.B. $m_\text{d} = 2.014102$ AME. Die Masse von Proton und Neutron sind

$$m_\text{p} = 1.007825 \text{ AME und } m_\text{n} = 1.008665 \text{ AME}.$$

Ihre Summe ist $m_\text{p} + m_\text{n} = 2.016490$ AME, was um den Betrag 0.002388 AME größer ist als m_d. Dieser Massenverlust erklärt sich durch die Bindungsenergie des Systems.

Betrachten wir ein Proton und ein Neutron in Ruhe und so weit voneinander entfernt, daß zwischen ihnen keine Wechselwirkung besteht. Ihre Gesamtenergie ist dann die Summe ihrer Ruhemassen; d.h.

$$E = m_p c^2 + m_n c^2 = (m_p + m_n)c^2.$$

Nun nehmen wir an, daß die beiden Teilchen nahe genug sind, um aufgrund ihrer Kernwechselwirkung ein Deuteron zu bilden. Mit E_p wollen wir ihre nukleare potentielle Energie bezeichnen. Sie bewegen sich um ihren Massenmittelpunkt und besitzen so eine kinetische Energie E_k. Daher ist ihre Gesamtenergie jetzt

$$E' = (m_p + m_n)c^2 + E_k + E_p.$$

Wenn die Kernkräfte anziehend sind und der Nullpunkt der potentiellen Energie unendlichem Abstand entspricht, ist E_p negativ. Da das Deuteron ein stabiles System ist, muß E_p dem Betrage nach größer sein als E_k, so daß $E_k + E_p$ negativ ist (erinnern Sie sich, daß im Fall des Wasserstoffatoms, wie in allen gebundenen Systemen, die Gesamtenergie ohne das Energieäquivalent der Massen negativ ist). Daher ist E' kleiner als E, oder mit anderen Worten, bei der Bildung des Systems von zwei gebundenen Nukleonen wird Energie freigesetzt. Diese freigesetzte Energie ist

$$E_b = E - E', \tag{7.9}$$

und wird *Bindungsenergie* des Systems genannt. Diesen Energiebetrag muß man dem Deuteron wieder zuführen, um es in Neutron und Proton zu trennen. Wir können diese Beziehungen leichter verstehen, wenn wir Abb. 7-5 betrachten. Die Kernbindungsenergie im Falle des Deuterons entspricht im Falle des Wasserstoffatoms der Ionisationsenergie.

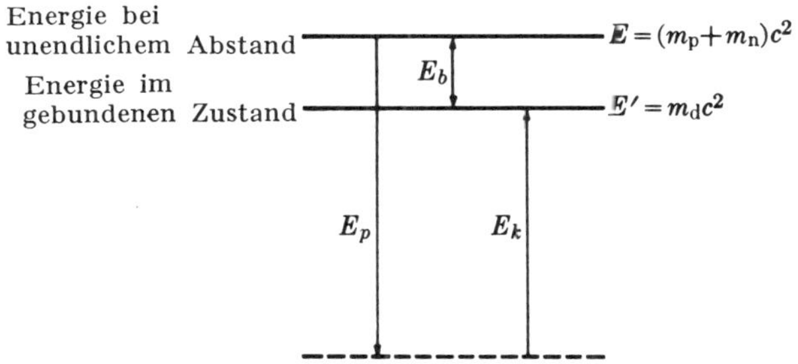

Abb. 7-5. Bindungsenergie des Deuterons.

Eine effektive Masse des n-p-Systems kann man durch die Beziehung $E' = m_d c^2$ definieren, die zu einem Wert für m_d führt, welcher kleiner ist als $m_p + m_n$.

Die Bindungsenergie des Deuterons ist dann

$$E_b = (m_p + m_n)c^2 - m_d c^2 = (m_p + m_n - m_d)c^2$$
$$= 931.48(m_p + m_n - m_d) \text{ MeV}.$$

Im letzten Ausdruck muß man die Massen in AME ausdrücken. Da

$$m_p + m_n - m_d = 0.002388 \text{ AME},$$

beträgt die Bindungsenergie des Deuterons $E_b = 2.224$ MeV. Dies ist daher die Energie, die erforderlich ist, um das Proton und das Neutron in einem Deuteron zu trennen, oder die Energie, die frei wird, wenn man ein ruhendes Proton und ein ruhendes Neutron zu einem Deuteron verbindet. Wenn wir diese Energie mit dem entsprechenden Resultat für Wasserstoff vergleichen, dessen Ionisations- (oder Bindungs-) Energie nur 13.6 eV ist, so schließen wir, daß die Kernwechselwirkung etwa 10^6 mal stärker ist als die elektromagnetischen Wechselwirkungen. Übrigens beobachtet man bei chemischen Reaktionen keine meßbaren Massenänderungen, da die bei den meisten elektromagnetischen Prozessen beteiligte Energie relativ klein, von der Größenordnung einiger weniger eV, ist und einer Massenänderung von einigen wenigen Milliardstel Masseneinheiten pro Atom entspricht.

Für einen Kern der Masse M, der aus A Nukleonen zusammengesetzt ist, von denen Z Protonen und $A - Z$ Neutronen sind, beträgt die Bindungsenergie (d.h. die Energie, die erforderlich ist, um alle Nukleonen zu trennen)

$$E_b = [Zm_p + (A - Z)m_n - M]c^2$$
$$= 931.48[Zm_p + (A - Z)m_n - M] \text{ MeV}. \tag{7.10}$$

Im zweiten Ausdruck müssen alle Massen in atomaren Masseneinheiten eingesetzt werden.

Ein guter Hinweis auf die Stabilität eines Kerns ist die mittlere Bindungsenergie pro Nukleon, E_b/A. Ihr Wert für verschiedene Kerne ist in Abb. 7-6 gezeigt. Man entnimmt, daß sie für Kerne im Bereich der Massenzahl $A = 60$ maximal ist. Wenn zwei leichte Kerne miteinander verbunden werden, um einen Kern mit mittlerer Masse zu bilden (ein Prozeß der *Fusion* genannt wird), wird Energie freigesetzt, und wenn ein schwerer Kern in zwei Fragmente mittlerer Masse gespalten wird (ein Prozeß, der *Spaltung* genannt wird), wird ebenfalls Energie freigesetzt.

Die Tatsache, daß die Bindungsenergie pro Nukleon praktisch konstant ist (oberhalb von $A = 10$ ist die Variation nur 10 %), läßt vermuten, daß, unabhängig von der Gesamtzahl der Nukleonen, jedes Nukleon nur mit seinen nächsten Nachbarn in Wechselwirkung steht; diese Eigenschaft nennt man *Absättigung*. Absättigung findet man auch bei Molekülen, bei denen die Bindungsenergie von zwei Atomen von den anderen Atomen im Molekül praktisch unabhängig ist. Dieselbe Situation tritt bei Flüssigkeiten und Festkörpern auf.

Ein empirischer Ausdruck für die Bindungsenergie eines Kerns wurde um 1935 von dem deutschen Physiker C. F. v. Weizsäcker vorgeschlagen. Wie wir angedeutet

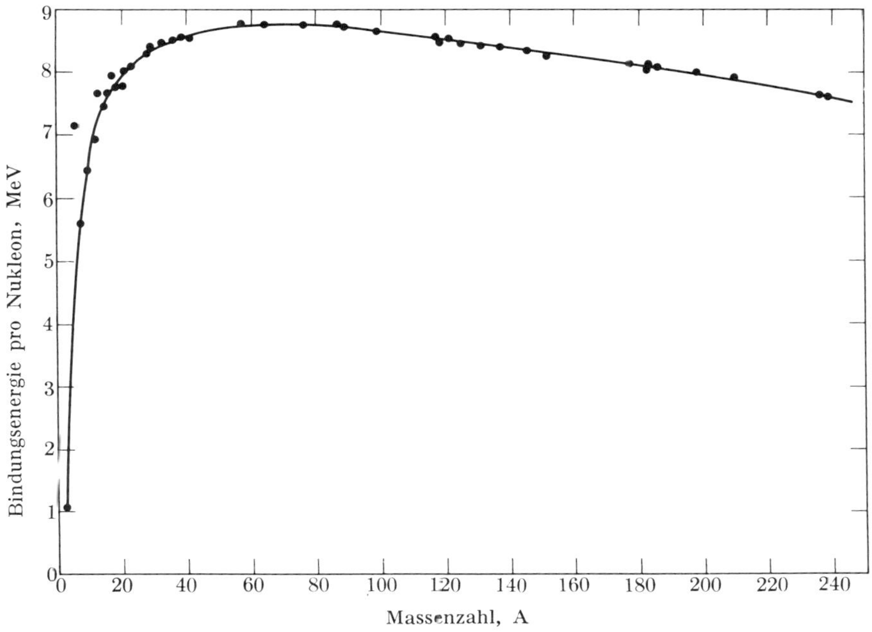

Abb. 7-6. Bindungsenergie pro Nukleon als Funktion der Massenzahl.

haben, ist die Bindungsenergie pro Nukleon näherungsweise konstant, und deshalb sollte die gesamte Bindungsenergie eines Kerns proportional zur gesamten Anzahl der Nukleonen oder der Massenzahl A sein; d.h., $E_b = a_1 A$, wobei a_1 eine Proportionalitätskonstante ist. Die Nukleonen in der Nähe der Kernoberfläche sind jedoch weniger stark gebunden als die im Innern, da sie weniger Nachbarn besitzen, mit denen sie in Wechselwirkung stehen. Wir müssen daher unsere erste Abschätzung von E_b durch Hinzufügen eines negativen Terms korrigieren. Da dies ein Oberflächeneffekt ist, muß der neue Term proportional der Wurzel des Kernradius oder, im Hinblick auf Gl. (7.2), proportional zu $A^{2/3}$ sein. So können wir schreiben

$$E_b = a_1 A - a_2 A^{2/3}.$$

Als nächstes müssen wir die abstoßende Coulombenergie der Protonen berücksichtigen, die ebenfalls tendiert, die Bindungsenergie zu verringern. Aus Beispiel 7.1 schließen wir, daß die Coulombkorrektur proportional zu $Z^2 A^{-1/3}$ sein muß. So können wir schreiben

$$E_b = a_1 A - a_2 A^{2/3} - a_3 Z^2 A^{-1/3}.$$

Ein weiterer Term, welcher zu einer Verringerung der Bindungsenergie beiträgt, ist die kinetische Energie der Nukleonen. Wie wir in Beispiel 13.3 sehen werden, ist die kinetische Energie der Nukleonen proportional zu $A + \frac{5}{9}(N - Z)^2 A^{-1}$. Der erste Anteil, der proportional zu A ist, kann in dem a_1A-Term absorbiert werden. Die Korrektur infolge der kinetischen Energie entspricht so dem Zusatz eines Termes der Gestalt $-a_4(N - Z)^2 A^{-1}$, so daß

$$E_b = a_1 A - a_2 A^{2/3} - a_3 Z^2 A^{-1/3} - a_4 (N - Z)^2 A^{-1}. \tag{7.11}$$

Wir können die vier Konstanten dadurch erhalten, daß wir diese Gleichung an die experimentellen Werte von E_b anpassen, die wir mit Hilfe von Gl. (7.10) erhalten. Wenn wir die Konstanten so wählen, daß die Bindungsenergien der Kerne mit ungeradem A wiedergegeben werden (d.h. Z ungerade und N gerade, oder umgekehrt), so finden wir, daß die Bindungsenergien der Kerne mit geradem A systematisch neben den durch Gl. (7.11) gegebenen Werten liegen, wobei die gerade-gerade-Kerne eine größere und die ungerade-ungerade-Kerne eine kleinere Bindungsenergie haben. Um für alle Kerne mit $A > 10$ eine bessere Anpassung an Gl. (7.11) zu erhalten, müssen wir einen Korrekturterm δ hinzufügen, so daß

$$\delta = \begin{cases} +a_5 A^{-3/4} & Z \text{ gerade}, N \text{ gerade}, A \text{ gerade} \\ 0 & \left\{\begin{matrix} Z \text{ gerade}, N \text{ ungerade} \\ Z \text{ ungerade}, N \text{ gerade} \end{matrix}\right\} A \text{ ungerade} \\ -a_5 A^{-3/4} & Z \text{ ungerade}, N \text{ ungerade}, A \text{ gerade} \end{cases}$$

Das Auftreten dieses Termes hängt mit der *Paarungsenergie* der Kerne zusammen. D.h., die Kernwechselwirkung scheint infolge des in Abschnitt 7.4 erwähnten Paarungseffektes von der relativen Orientierung der Drehimpulse der Nukleonen abzuhängen; daher hängt die Bindungsenergie davon ab, wieviele Paare von Nukleonen Drehimpulse mit entgegengesetzten Richtungen haben oder gepaart sind. Diese Anzahl ist in ungerade-ungerade-Kernen relativ kleiner und in gerade-gerade-Kernen relativ größer, was für die letzteren eine größere Bindungsenergie gibt.

Die besten Werte für die Konstanten, ausgedrückt in MeV, sind

$$a_1 = 15.760, \quad a_2 = 17.810, \quad a_3 = 0.711,$$
$$a_4 = 23.702, \quad a_5 = 34.$$

Der Leser möge die Gültigkeit von Gl. (7.11) überprüfen, indem er sie auf verschiedene Kerne anwendet.

Man beachte, daß man aufgrund von Gl. (7.10) die Masse eines Kernes in der folgenden Form ausdrücken kann

$$\begin{aligned} M &= Zm_p + (A - Z)m_n - E_b/c^2 \\ &= Zm_p + (A - Z)m_n - a_1' A + a_2' A^{2/3} + a_3' Z^2 A^{-1/3} \\ &\quad + a_4'(N - Z)^2 A^{-1} - \delta'. \end{aligned} \tag{7.12}$$

Die Werte der in Gl. (7.12) auftretenden Konstante, wenn man sie in atomaren Masseneinheiten ausdrückt, sind

$$a_1' = 1.69 \times 10^{-2}, \qquad a_2' = 1.91 \times 10^{-2}, \qquad a_3' = 7.63 \times 10^{-4},$$

$$a_4' = 2.54 \times 10^{-2}, \qquad a_5' = 3.6 \times 10^{-2}.$$

BEISPIEL 7.2. Massenunterschiede von Spiegelkernen; d.h. Kerne, die dasselbe ungerade A besitzen, bei denen aber N und Z ausgetauscht sind. Ein Paar von Spiegelkernen ist ${}^3_1H$ und ${}^3_2He$. Ein anderes Paar ist ${}^{23}_{11}Na$ und ${}^{23}_{12}Mg$.

Lösung: Wir betrachten Spiegelkerne mit ungeradem A, die sich in N und in Z um eins unterscheiden, wobei der eine (N, Z) und der andere $(N - 1, Z + 1)$ haben. Wenn wir den Paarungsterm in Gl. (7.12) nicht berücksichtigen, weil A für beide Kerne ungerade ist, und beachten, daß $N - Z = \pm 1$, so daß sich die Terme der kinetischen Energie wegheben, erhalten wir

$$\begin{aligned} M_{Z+1} - M_Z &= m_p - m_n + a_3'[(Z+1)^2 - Z^2]A^{-1/3} \\ &= m_p - m_n + a_3'(2Z+1)A^{-1/3}. \end{aligned}$$

Da die Spiegelkerne leichte Kerne mit niedrigem Z sind, müssen wir in Wirklichkeit den Coulombterm mit $Z(Z - 1)$ anstelle von Z^2 benutzen, wie in Beispiel 7.1 angedeutet war. Somit ist

$$\begin{aligned} M_{Z+1} - M_Z &= m_p - m_n + 2a_3'ZA^{-1/3} \\ &= (-1.390 + 1.526ZA^{-1/3}) \times 10^{-3}\ \text{amu}. \end{aligned}$$

Wir können diese Gleichung benutzen, um a_3' aus den beobachteten Massenwerten der Spiegelkerne zu berechnen; aus dem gemessenen Wert von a_3' können wir die Konstante r_0 für den Kernradius erhalten. Der Leser möge diese Formel auf die beiden oben erwähnten Fälle anwenden.

BEISPIEL 7.3. Berechnung der Atomnummer des stabilsten Kernes für eine gegebene Massenzahl A.

Lösung: Der stabilste Kern mit einer gegebenen Massenzahl A ist derjenige, welcher den größten Wert der Bindungsenergie besitzt. So müssen wir $\partial E_b/\partial Z$ mit A konstant berechnen und gleich Null setzen. Da $N - Z = A - 2Z$ ist, erhalten wir aus dem in Gl. (7.11) angegebenen Ausdruck für E_b

$$\partial E_b/\partial Z = -2a_3ZA^{-1/3} + 4a_4(A - 2Z)A^{-1} = 0,$$

oder, wenn wir die Zahlenwerte für a_3 und a_4 einsetzen,

$$Z = \frac{A}{2 + 0.0157\,A^{2/3}}. \tag{7.13}$$

Für leichte Kerne mit kleinem A können wir den zweiten Term im Nenner vernachlässigen und erhalten näherungsweise $Z \approx \frac{1}{2}A$, ein experimentell bestätigtes Resultat. Der Leser möge Z als Funktion von A bis hin zu 240 (in Schritten von 20) auftragen und mit Abb. 7-1 vergleichen.

7.6 Kernkräfte

Wir wollen jetzt die Haupteigenschaften der Kernkräfte zusammenfassen, von denen wir bereits einige erwähnt haben.

(1) ***Die Kernkräfte haben eine kurze Reichweite.*** Kurze Reichweite bedeutet, daß die Kernkräfte nur dann merklich sind, wenn die wechselwirkenden Teilchen sehr nahe sind, mit Abständen der Größenordnung 10^{-15} m oder weniger. Bei größeren Abständen sind die Kernkräfte vernachlässigbar. Wir können deshalb schließen, daß die Kernkräfte kurzreichweitig sind, weil bei größeren Abständen als 10^{-14} m, was Kerndimensionen entspricht, die Wechselwirkung, welche die Streuung von Nukleonen und die Anordnung der Atome in Molekülen bestimmt, elektromagnetisch ist. Wenn die Kernkräfte eine lange Reichweite besäßen, würde die Kernwechselwirkung zwischen den Atomkernen von fundamentaler Bedeutung bei einer Diskussion der Molekülbildung und die schwächeren elektromagnetischen Kräfte in der gleichen Weise überwiegen, wie die elektromagnetische Wechselwirkung die noch schwächere Gravitationswechselwirkung beim Aufbau der Atome und Moleküle überwiegt.

Die Reichweite der Kernkräfte kann man direkt in Streuexperimenten bestimmen. Nehmen wir z.B. an, daß wir ein Proton gegen einen Kern schießen. Bei seiner Annäherung an den Kern unterliegt das Proton sowohl der elektrischen Abstoßung wie auch der Kernkraft. Wenn die Reichweite der Kernkraft vergleichbar mit derjenigen der elektrischen Kraft wäre, würde die Bewegung des Protons, unabhängig davon, in welchem Abstand es den Kern passiert, von beiden Kraftarten beeinflußt werden, und die Winkelverteilung der gestreuten Protonen würde sich merklich von den Ergebnissen für reine elektrische (oder Coulomb-) Streuung unterscheiden. Wenn andererseits die Reichweite der Kernkräfte klein ist, erfahren diejenigen Protonen, die am Kern in einer Entfernung vorbeilaufen, die größer ist als die Reichweite der Kernkräfte, im wesentlichen nur eine rein elektrische Kraft. Nur die Protonen, deren kinetische Energie genügend groß ist, um die Coulombabstoßung zu überwinden, und die nahe am Kern vorbeilaufen, werden von der Kernkraft beeinflußt, und ihre Streuung unterscheidet sich von der reinen Coulomb-Streuung. Dieser letztere Fall wird experimentell beobachtet, was die kurze Reichweite der Kernkräfte beweist.

(2) ***Die Kernkräfte scheinen unabhängig von der elektrischen Ladung zu sein.*** Dies bedeutet, daß die Kernwechselwirkungen zwischen zwei Protonen, zwei Neutronen oder einem Proton und einem Neutron im Grunde genommen gleich sind. Z.B. haben Wissenschaftler aus einer Analyse der Proton-Proton- und der Neutron-Proton-Streuung geschlossen, daß der Kernanteil in beiden Fällen im wesentlichen gleich ist. Auch die Tatsachen, daß (a) leichte Kerne aus gleichen Anzahlen von Protonen und Neutronen bestehen, (b) die Bindungsenergie pro Nukleon näherungsweise konstant ist und (c) der Massenunterschied von Spiegelkernen (Beispiel 7.2) durch den Unterschied der Coulombenergien alleine erklärt werden kann, deuten daraufhin, daß die Kernwechselwirkung ladungsunabhängig ist. Wegen dieser Eigenschaft werden Protonen und

Neutronen, so weit es die Kernkraft betrifft, als äquivalent angesehen. Aus diesem Grunde werden sie, wie oben erwähnt, durch einen gemeinsamen Namen Nukleonen bezeichnet.

(3) ***Die Kernkraft hängt von der relativen Orientierung der Spins der wechselwirkenden Nukleonen ab.*** Diese Tatsache wurde durch Streuexperimente und eine Analyse der Energieniveaus in Kernen bestätigt. Man hat festgestellt, daß sich die Energie eines Zweinukleonensystems, bei dem die beiden Nukleonen parallele Spins haben, von der Energie eines solchen Systems unterscheidet, in dem eines Spin oben und das andere Spin unten hat. So hat das Neutron-Proton-System einen gebundenen Zustand, das Deuteron, in dem die beiden Nukleonen ihre Spins parallel haben ($S = 1$), aber kein derartiger gebundener Zustand scheint zu existieren, wenn die Spins antiparallel sind ($S = 0$).

(4) ***Die Kernkraft ist nicht vollkommen zentral; sie hängt von der Orientierung der Spins relativ zur Verbindungslinie der beiden Nukleonen ab.*** Die Wissenschaftler haben dies aus der Feststellung geschlossen, daß sogar im einfachsten Kern (dem Deuteron) der Bahndrehimpuls der beiden Nukleonen relativ zum Massenmittelpunkt nicht konstant ist, im Widerspruch zum Fall reiner Zentralkräfte. Um die Eigenschaften des Grundzustandes des Deuterons, wie das magnetische Dipol- und elektrische Quadrupolmoment, zu erklären, müssen wir deshalb eine Linearkombination von s- (oder $l = 0$) und d- (oder $l = 2$) Wellenfunktionen verwenden. Ein Teil der Kernkräfte scheint auf einer relativ starken Spin-Bahn-Wechselwirkung zu beruhen. Ein anderer Anteil, die sog. Tensorkraft, ähnelt sehr stark der Wechselwirkung zwischen zwei Dipolen.

(5) ***Die Kernkräfte besitzen einen abstoßenden Kern.*** Dies bedeutet, daß die Kernkräfte bei sehr kleinen Abständen, viel kleiner als ihre Reichweite, abstoßend werden. Diese Annahme wurde eingeführt, um den konstanten mittleren Abstand der Nukleonen zu erklären, der zu einem Kernvolumen führt, das proportional zur Gesamtzahl der Nukleonen ist, wie auch, um bestimmte Eigenschaften der Nukleon-Nukleon-Streuung zu erklären.

Trotz all dieser Information über Kernkräfte kennt man noch nicht gut den korrekten Ausdruck für die potentielle Energie der Kernwechselwirkung zwischen zwei Nukleonen. Verschiedene Ausdrücke wurden vorgeschlagen. Einer ist das Yukawa-Potential, das um 1935 von dem japanischen Physiker Hideki Yukawa vorgeschlagen wurde, und durch den Ausdruck

$$E_p(r) = -E_0 r_0 \frac{e^{-r/r_0}}{r}$$

gegeben ist, wobei E_0 und r_0 zwei empirische Konstanten sind. Die Konstante r_0 ist die Reichweite der Kernkraft, E_0 gibt die Stärke der Wechselwirkung an. Die abnehmende Exponentialfunktion e^{-r/r_0} läßt das Yukawa-Potential schneller gegen Null gehen als die elektrische potentielle Energie, die wie $1/r$ variiert.

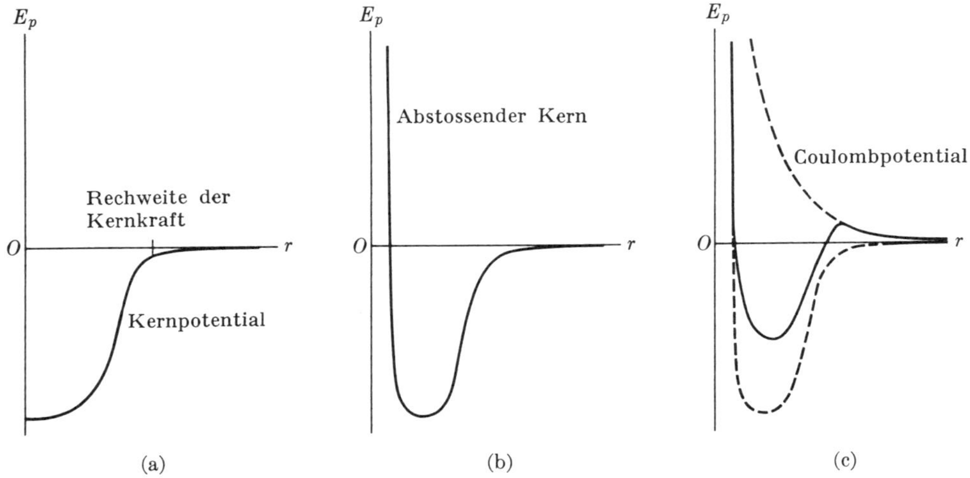

Abb. 7-7. Empirischer Verlauf des Kernpotentials.

Es gibt jedoch sogar einige Zweifel, daß die Kernwechselwirkung in der gleichen Weise durch ein Potential beschrieben werden kann, wie man die Gravitations- und elektromagnetischen Wechselwirkungen erklären kann.

Auf jeden Fall kann für die meisten Probleme bei niedrigen Energien die Kernwechselwirkung schematisch durch ein Potential dargestellt werden, wie es in Abb. 7-7(a) gezeigt ist. Jenseits einer bestimmten Entfernung ist das Potential praktisch konstant, oder (was dem entspricht) die Kraft ist Null. Bei sehr kurzen Abständen könnte ein abstoßender Kern hinzugefügt werden (Abb. 7-7(b)). Dies ist der Typ des Potentials, den wir in der Schrödingergleichung einsetzen werden, wenn wir die n-n- und n-p-Wechselwirkungen diskutieren. Für p-p-Wechselwirkungen müssen wir jedoch zusätzlich die Coulombabstoßung $e^2/4\pi\epsilon_0 r$ berücksichtigen, die nur außerhalb der Reichweite der Kernkräfte wichtig ist (Abb. 7-7(c)). Die Lösung der Schrödingergleichung ergibt dann die stationären Zustände des Zweinukleon-Systems. Um halbquantitative Informationen zu gewinnen, kann man manchmal das Kernpotential durch einen rechteckigen Potentialtopf ersetzen.

Wir können die Kernstruktur nicht mit derselben Gründlichkeit wie Atome und Moleküle besprechen, da wir die genaue Form des Kernpotentials nicht kennen, das in die Schrödingergleichung eingesetzt werden muß. Trotzdem reicht unsere Kenntnis der Kernkräfte aus, um eine gute Grundlage für unsere Diskussion der Kernstruktur abzugeben.

7.7 Der Grundzustand des Deuterons

Das Deuteron, bestehend aus einem Proton und einem Neutron, ist der einfachste aller Kerne (wenn wir den trivialen Fall des Wasserstoffkerns ausschließen, der ein einzelnes Proton ist). Grundsätzlich ist nur die Kernwechselwirkung bei der Bindung eines Neutrons und eines Protons wirksam (wir können die kleine magnetische Wechselwirkung ihrer magnetischen Momente vernachlässigen). Aus einer detaillierten Analyse der Deuteron-Eigenschaften können wir daher wertvolle Information über das Wesen der Kernkräfte erhalten. Das Deuteron besitzt nur einen stationären Zustand (welcher natürlich sein Grundzustand ist) mit einer Energie $E = —E_b = —2.224$ MeV. Ferner ist der Spin des Deuterons $I = 1$. Wir können dann annehmen, daß das Proton und das Neutron ihre Spins parallel ausgerichtet haben (d.h. $S = 1$) und daß der Bahndrehimpuls ihrer relativen Bewegung um den Massenmittelpunkt Null ist (d.h. $L = 0$), was auf einen Zustand $^3S_1$ führt. In einem $^3S_1$-Zustand gibt es kein magnetisches Bahnmoment, und das magnetische Moment des Deuterons sollte gleich $\mu_p + \mu_n = 2.7927 — 1.9131 = 0.8796$ Kernmagnetonen sein, was dem experimentellen Wert $\mu_d = 0.8574$ Kernmagnetonen sehr nahe kommt. Daher scheint unsere Annahme über den Grundzustand gut fundiert zu sein. Wenn wir die Kernkräfte als zentral annehmen, können wir die Wellenfunktion des Deuterons in derselben Form ausdrücken, wie wir es für ein Elektron in Gl. (3.18) taten. In einem s-Zustand ist der Winkelanteil konstant (vergl. Tabelle 3-5), und wir müssen nur den Radialanteil $R(r) = u(r)/r$ betrachten, wobei wir $u(r)$ aus Gl. (3.24) erhalten. Wenn wir in dieser Gleichung $l = 0$ setzen, was einem $^3S_1$-Zustand entspricht, und berücksichtigen, daß n die reduzierte Masse des Neutron-Proton-Systems ist (d.h. $m \approx \frac{1}{2}m_p$), so erhalten wir

$$-\frac{\hbar^2}{2m}\frac{d^2u}{dr^2} + E_p(r)u = Eu. \tag{7.14}$$

Als nächstes wollen wir, der Einfachheit halber, das Kernpotential durch das in Abb. 7-8(a) dargestellte Kastenpotential ersetzen, das eine Tiefe E_0 und einen Radius a besitzt.*

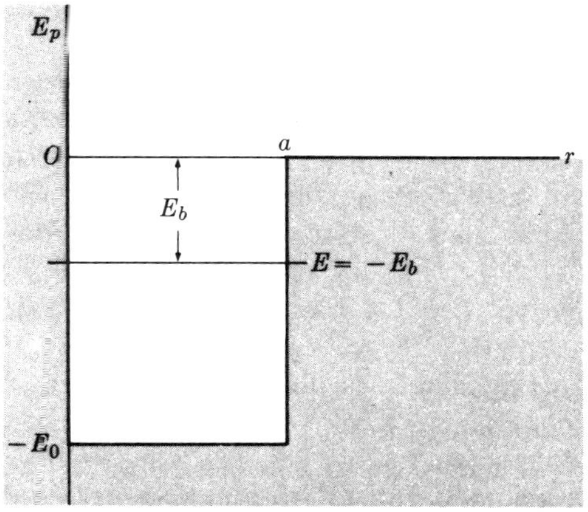

(a)

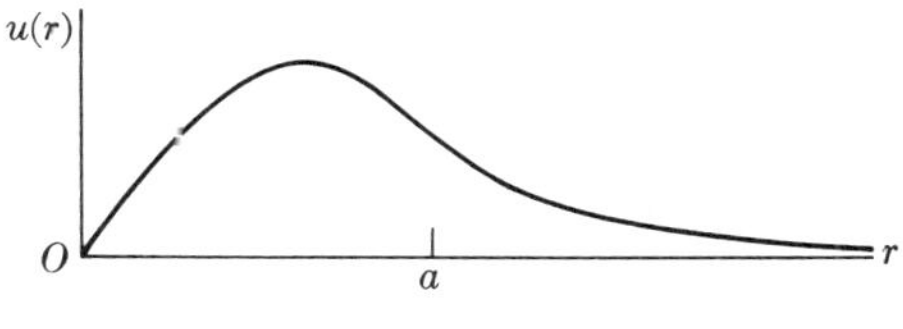

(b)

Abb. 7-8. (a) Kastenpotential für das Deuteron. (b) Grundzustandswellenfunktion.

* Der Einbau eines abstoßenden Kerns würde die Resultate, die wir in diesem Abschnitt ableiten, nicht wesentlich verändern; aus diesem Grunde werden wir ihn fortlassen.

Das Problem wird dann mit dem in Beispiel 2.6 diskutierten identisch, da die Schrödingergleichung für $u(r)$, Gl. (7.14), die gleiche ist, wie die für $\psi(x)$ in jenem Beispiel. Wir schließen, daß $u(r)$ die folgende Form besitzt:

$$u(r) = \begin{cases} A \sin k_i r, & r < a, \\ Ce^{-r\alpha}, & r > a, \end{cases}$$

wobei

$$k_i^2 = 2m(E_0 - E_b)/\hbar^2$$

und

$$\alpha^2 = 2mE_0/\hbar^2.$$

Diese Wellenfunktion ist in Abb. 7-8(b) dargestellt. Die Stätigkeit der Eigenfunktionen bei $r = a$ fordert die Gültigkeit von Gl. (2.23), nämlich

$$k_i \cot k_i a = -\alpha \tag{7.15}$$

oder

$$[2m(E_0 - E_b)/\hbar^2]^{1/2} \cot [2m(E_0 - E_b)/\hbar^2]^{1/2} a = -[2mE_0/\hbar^2]^{1/2}.$$

Wir kennen in unserem Fall E_b und können diese Gleichung benutzen, um Information über E_0 und a zu erhalten. Da es nur einen stationären Zustand gibt, folgern wir aus Beispiel 2.6, daß $\pi^2 h^2/8m < E_0 a^2 < 9\pi^2 h^2/8m$. Der Grundzustand des Deuterons legt nur den Wert von $E_0 a^2$ fest, der ungefähr 1.48×10^{-28} MeV m^2 ist. Um E_0 und a einzeln zu erhalten, brauchen wir eine zusätzliche Beziehung. Aus Streuexperimenten können wir die Reichweite a abschätzen (vergl. Abschnitt 7.8). Wenn a von der Größenordnung 2×10^{-15} m ist, finden wir so, daß E_0 rund 37 MeV beträgt. Man sollte beachten, daß wir andere Werte für E_0 und a erhalten würden, wenn wir ein anderes, kurzreichweitiges Potential anstelle des Kastenpotentials benutzen würden.

Wir deuteten oben an, daß es eine kleine Diskrepanz zwischen den Werten von μ_d und $\mu_p + \mu_n$ gibt, die erklärt werden muß. Ferner besitzt das Deuteron ein elektrisches Quadrupolmoment $Q_d = 2.82 \times 10^{-31}$ m^2 C. Ein $^3S_1$-Zustand ist jedoch kugelsymmetrisch und besitzt kein elektrisches Quadrupolmoment. So müssen wir vermuten, daß unsere Annahme eines $^3S_1$-Grundzustandes für das Deuteron nicht vollkommen korrekt ist.

Nun ist ein $^3S_1$-Zustand nicht der einzige mit $I = 1$ verträgliche Zustand. Wir könnten auch die Zustände $^1P_1$ ($L = 1$, $S = 0$), $^3P_1$ ($L = 1$, $S = 1$) und $^3D_1$ ($L = 2$, $S = 1$) haben. Wenn man für derartige Zustände die Werte von μ_d und Q_d berechnet, unterscheiden sich die Ergebnisse stark von den experimentellen Werten. Um dieses Dilemma zu lösen, können wir annehmen, daß die Wellenfunktion des Grundzustandes des Deuterons eine Linearkombination der vier möglichen, angegebenen Wellenfunktionen ist. Nun besitzen die $^3S_1$- und $^3D_1$-Zustände gerade und die $^1P_1$- und $^3P_1$-Zustände ungerade Parität. Wenn der Grundzustand des Deuterons eine wohldefinierte Parität besitzt (die man erwartet, wenn die Kraft in den beiden wechselwirkenden Teilchen symmetrisch ist), dürfen wir deshalb nur die Zustände $^3S_1$ und $^3D_1$ kombinieren. Eine detaillierte Rechnung, die wir auslassen, zeigt: Um die experimentellen Werte von μ_d und Q_d zu reproduzieren, muß gelten

$$\psi_{\text{Deuteron}} = 0.98\,\psi(^3S_1) + 0.20\,\psi(^3D_1).$$

Die Tatsache, daß wir Zustände mit $L = 0$ und $L = 2$ mischen müssen, zeigt, daß der Bahndrehimpuls des Deuterons keinen wohldefinierten Wert besitzt und daß deshalb die Kernkräfte nicht streng zentral sind. Beim Deuteron wird der nichtzentrale Anteil der Tensorkraft zugeschrieben.

7.8 Neutron-Proton-Streuung bei niedrigen Energien

Eine andere wertvolle Informationsquelle über die Kernkräfte zwischen zwei Nukleonen sind Streuexperimente. Um ein Proton-Proton-Streuexperiment durchzuführen, lenkt man einen Protonenstrahl aus einem Beschleuniger auf ein Target, das Wasserstoffatome enthält, und analysiert die gestreuten Protonen. Die Abweichung von der reinen Coulomb-Streuung gibt einem Information über die Kernkräfte. In ähnlicher Weise schießt man bei der Neutron-Proton-Streuung einen Neutronenstrahl aus einem Kernreaktor oder einer anderen Neutronenquelle auf ein Wasserstofftarget und beobachtet die gestreuten Neutronen. Neutron-Neutron-Streuexperimente sind viel schwieriger, da es kein Target gibt, das nur aus Neutronen besteht; daher muß man hier indirekte Methoden anwenden.

Wir wollen jetzt die n-p-Streuung betrachten. Nehmen wir an, daß sich ein Strahl von Neutronen mit dem Impuls $p = \hbar k$, wie in Abb. 7-9 gezeigt, längs der Z-Achse bewegt. Die einlaufenden Teilchen können daher durch die Wellenfunktion $\psi_{\text{ein}} = e^{ikz}$ beschrieben werden. Die diesen Teilchen entsprechende

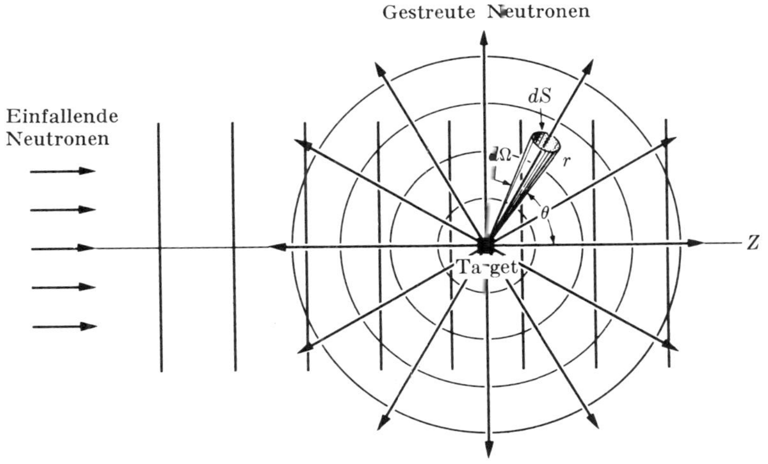

Abb. 7-9. Streuung von Teilchen.

Stromdichte $j_{\text{ein}} = v|\psi_{\text{ein}}|^2 = v$. Wenn die Neutronen nahe am Target vorbeifliegen, unterliegen sie den Kernkräften, die von ihrer Wechselwirkung mit den Protonen herrühren, und werden aus ihrer ursprünglichen Bewegungsrichtung abgelenkt. In großem Abstand vom Target werden die gestreuten Neutronen durch eine Wellenfunktion dargestellt, die Kugelwellen entspricht; d.h. ihre Wellenfunktion hat die Gestalt e^{ikr}/r (vergl. Aufgabe 3.30). Die Streuintensität ist nicht notwendigerweise für alle Richtungen gleich und hängt im allgemeinen vom Winkel θ ab, den die Streurichtung mit der Z-Achse bildet.

Wir können so schreiben $\psi_{\text{str}} = f(\theta)e^{ikr}/r$, wobei $f(\theta)$ *Streuamplitude* genannt wird. Die gesamte Wellenfunktion ist

$$\psi = \psi_{\text{einf}} + \psi_{\text{streu}} = e^{ikz} + f(\theta)\frac{e^{ikr}}{r}. \tag{7.16}$$

Der Fluß der gestreuten Teilchen durch die Fläche dS pro Zeiteinheit (Abb. 7-9) ist

$$v|\psi_{\text{streu}}|^2 = v|f(\theta)|^2\, dS/r^2.$$

So ist dS/r^2 gleich dem von dS aufgespannten Raumwinkel $d\Omega$. Daher gilt

$$\text{Fluß der gestreuten Teilchen durch } dS \text{ pro Zeiteinheit} = v|f(\theta)|^2\, d\Omega.$$

Der *differentielle Streuquerschnitt* $\sigma(\theta)$ ist definiert als

$$\sigma(\theta) = \frac{\text{Fluß der gestreuten Teilchen pro Zeiteinheit in } d\Omega}{\text{einfallende Teilchenstromdichte} \times d\Omega} = |f(\theta)|^2. \tag{7.17}$$

Wenn wir $\sigma(\theta)$ experimentell beobachten, können wir $f(\theta)$ durch Anwendung von Gl. (7.17) erhalten. Dann können wir Kernkräfte suchen, welche die beobachtete Funktion $f(\theta)$ ergeben. Dies ist eine Methode, die Art der Kernkräfte zu raten.

Wenn die Energie der einlaufenden Neutronen sehr niedrig ist, können wir einen einfachen Ausdruck für $f(\theta)$ ableiten. Wir beachten zunächst, daß der einlaufende Strahl aus Teilchen besteht, die den Impuls $\hbar k$, parallel zur Z-Achse, besitzen, sich jedoch in verschiedenem Abstand von der Achse bewegen und daher in bezug auf den Streuer unterschiedliche Drehimpulse besitzen. D.h., die Wellenfunktion e^{ikz} gibt uns keine Information über den Ort der Teilchen, und wir können nur von der Wahrscheinlichkeit sprechen, daß ein bestimmtes einlaufendes Teilchen einen bestimmten Drehimpuls besitzt. Wir können so sagen, daß die Wellenfunktion e^{ikz} einen Strahl von Teilchen beschreibt, welche dieselbe Energie und denselben Impuls, aber verschiedene Werte des Drehimpulses besitzen. Mit anderen Worten, wir können e^{ikz} durch eine Summe von Drehimpulsfunktionen ausdrücken entsprechend

$$\psi_{\text{einf}} = e^{ikz} = \sum_l \psi_l, \tag{7.18}$$

wobei jedes ψ_l (Partialwelle genannt) einem bestimmten Drehimpuls entspricht und die gleiche Winkelabhängigkeit wie die Funktion Y_{l0} von Tabelle 3-5 besitzt. (Wir müssen $m_l = 0$ haben, da bei Teilchen, die sich parallel zur Z-Achse bewegen, der auf den Koordinatenursprung bezogene Drehimpuls senkrecht zur Z-Achse sein muß; d.h. $L_z = 0$.)

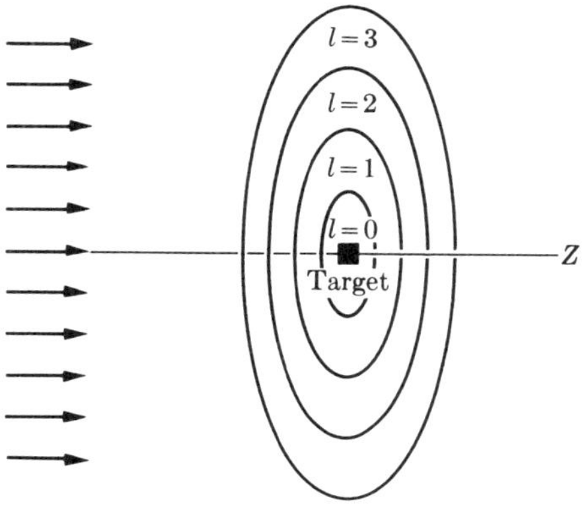

Abb. 7-10. Drehimpulszonen.

Indem wir ein klassisches Bild benutzen, können wir den *Stoßparameter* b als den senkrechten Abstand von der Z-Achse definieren, wenn sich das Teilchen noch sehr weit links befindet, so daß $L = bp = b\hbar k$. Nun ist $L = \hbar\sqrt{l(l+1)} \approx \hbar l$ und daher $bk \sim l$. So fallen die Teilchen, entsprechend ihrem Drehimpuls, in die verschiedenen in Abb. 7-10 gezeigten Zonen. Wenn die Kernkraft kurze Reichweite besitzt, tritt eine merkliche Streuung nur dann auf, wenn b von der Größenordnung der Reichweite oder kleiner ist. D.h., die einzigen Teilchen, die aus dem einlaufenden Strahl gestreut werden, sind diejenigen, die $l \lesssim k \times$ Reichweite besitzen. Für sehr niedrige Energien ist k sehr klein und nur Teilchen mit $l = 0$ werden gestreut. Man sagt dann, daß eine s-Streuung vorliegt. In der Sprache der Quantenmechanik können wir dies so ausdrücken, daß in der Gegenwart eines Streuers mit kurzer Reichweite nur der $l = 0$-Teil der Wellenfunktion ψ_{ein} von Gl. (7.18) (oder die Partialwelle ψ_0) eines Strahls von sehr niederenergetischen Neutronen modifiziert wird und ψ_0' wird, während die ψ_l für $l > 0$ dieselben wie für Gl. (7.18) bleiben. Die durch die Streuung modifizierte Wellenfunktion muß sich also wie folgt darstellen lassen:

$$\psi = \psi_0' + \sum_{l>0} \psi_l.$$

Man kann zeigen, daß die Partialwelle ψ_0 mit dem Drehimpuls Null, die einer Wellenfunktion für freie Teilchen $\psi_{\text{ein}} = e^{ikz}$ entspricht, gegeben ist durch

$$\psi_0 = \frac{\sin kr}{kr}.$$

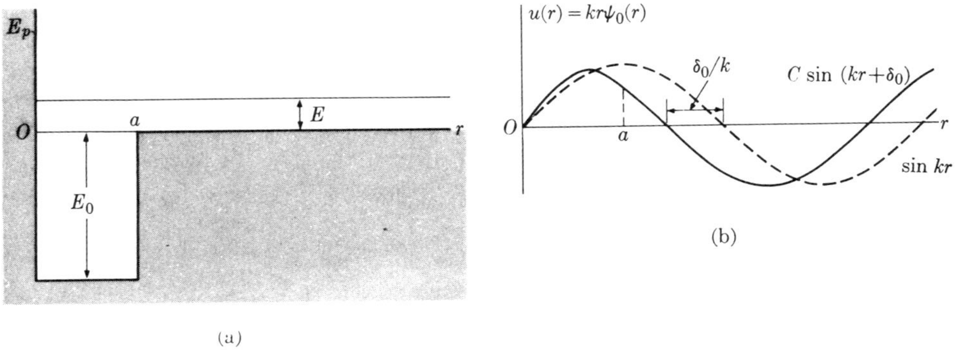

Abb. 7-11. (a) Kastenpotential für das Deuteron. (b) Wellenfunktionen zu positiver Energie.

Die Funktion $kr\psi_0 = \sin kr$ ist in Abb. 7-11(b) durch die gestrichelte Linie dargestellt.

Um die modifizierte Wellenfunktion ψ_0' zum Drehimpuls Null zu erhalten, beachten wir, daß im Fall des in Abb. 7-11(a) gezeigten Kastenpotentials das Teilchen für $r > a$ frei ist, seine Wellenfunktion für $r > a$ jedoch vom Kernpotential abhängt. Daher ist die Lösung für $r > a$ weiterhin die Wellenfunktion eines freien Teilchens, die jedoch in radialer Richtung so verschoben ist, daß sie sich glatt an die Lösung für $r > a$ anschließt (vergl. Beispiel 2.6). Daher müssen wir schreiben

$$\psi_0' = C\,\frac{\sin(kr + \delta_0)}{kr}.$$

Die Größe δ_0 ist die Phasenverschiebung oder sog. Streuphase. Die Wellenfunktion $kr\psi_0' = C\sin(kr + \delta_0)$ ist in Abb. 7-11(b) durch die ausgezogene Linie dargestellt. Beachten Sie, daß sich auch die Amplitude von ψ_0' von derjenigen von ψ_0 unterscheidet. Man kann nun zeigen (siehe Beispiel 7.4), daß der differentielle Streuquerschnitt gegeben ist durch

$$\sigma(\theta) = \frac{\sin^2 \delta_0}{k^2}. \tag{7.19}$$

Da $\sigma(\theta)$ vom Winkel θ nicht abhängt, ist die Streuung kugelsymmetrisch. Der gesamte Streuquerschnitt ist

$$\sigma = \int \sigma(\theta)\,d\Omega = \frac{4\pi \sin^2 \delta_0}{k^2} \tag{7.20}$$

da der gesamte Raumwinkel um das Target 4π beträgt. Aus dem beobachteten Wert von σ können wir die Streuphase δ_0 experimentell bestimmen. Wenn man Gl. (7.15) benutzt, kann man andererseits zeigen, daß bei sehr niedrigen Energien

$$\sin^2 \delta_0 = \frac{\hbar k^2/2m}{E_0 + E}.$$

Daher läßt sich Gl. (7.20) transformieren in

$$\sigma = \frac{4\pi(\hbar^2/2m)}{E_0 + E}. \tag{7.21}$$

Bei Streuexperimenten können Proton und Neutron ihre Spins parallel (Triplettzustand) oder antiparallel (Singulettzustand) haben, und durch eine Untersuchung des Wirkungsquerschnittes für diese beiden Fälle können wir daher bestimmen, ob die Kraft Spin-abhängig ist oder nicht. Die experimentellen Ergebnisse zeigen, daß die beiden Wirkungsquerschnitte verschieden sind, und bestätigen so die Spinabhängigkeit der Kraft. Wenn man ein Kastenpotential annimmt, ergeben sich Tiefe und Reichweite für den Triplettzustand zu $E_0 =$ 26.2 MeV, $a = 2.25 \times 10^{-15}$ m, während man für den Singulettzustand $E_0 = 17.8$ MeV und $a = 2.51 \times 10^{-15}$ m verwenden muß.

Mit zunehmender Energie der einlaufenden Neutronen beeinflußt die Streuung Partialwellen mit größerem Drehimpuls als Null. Die Wirkung auf die einzelne Partialwelle ψ_1 wird durch eine entsprechende Streuphase δ_1 beschrieben, so daß der gesamte Wirkungsquerschnitt gegeben ist durch

$$\sigma = \frac{4\pi}{k^2} \sum_l \sin^2 \delta_l. \tag{7.22}$$

Offenbar entspricht Gl. (7.20) dem Fall, in dem nur die Streuphase δ_0 von Null verschieden ist. Die Streuphasen δ_1 sind Funktionen der Energie. Durch Messung von σ bei verschiedenen Energien und durch eine Untersuchung der Winkelverteilung der gestreuten Teilchen können wir die δ_l's experimentell erhalten. Andererseits können wir die δ_l's bei Annahme eines vernünftigen Potentials für die Wechselwirkung zwischen den einlaufenden Teilchen und dem Streuer theoretisch berechnen. Aus diesem Grunde sind Streuexperimente bei unserer Untersuchung der Gestalt der Kernwechselwirkung besonders nützlich.

BEISPIEL 7.4. Berechnung des Wirkungsquerschnittes für s-Streuung.

Lösung: Wenn wir die Gl. (7.16) und (7.18) miteinander kombinieren, können wir schreiben

$$\psi = \sum_l \psi_l + f(\theta)\,\frac{e^{ikr}}{r},$$

was durch Vergleich mit Gl. (7.19) ergibt

$$\psi_0' = \psi_0 + f(\theta)\,\frac{e^{ikr}}{r}.$$

Aus dem Ergebnis von Aufgabe 3.18 wissen wir, daß $\psi_0 = A(\sin kr)/r$. Eine detailliertere Analyse (die wir übergehen), die auf der Normierung der Wellenfunktion basiert, zeigt, daß wir $A = 1/k$ setzen müssen. So ist

$$\psi_0 = \frac{\sin kr}{kr}.$$

Wie oben im Text angegeben wurde ist ferner

$$\psi_0' = C \frac{\sin (kr + \delta_0)}{kr}.$$

So erhalten wir, daß

$$C \frac{\sin (kr + \delta_0)}{kr} = \frac{\sin kr}{kr} + f(\theta) \frac{e^{ikr}}{r}.$$

Wenn wir uns daran erinnern, daß $\sin \alpha = (e^{i\alpha} - e^{-i\alpha})2i$ ist, erhalten wir nach einer einfachen algebraischen Manipulation die Streuamplitude zu

$$f(\theta) = \frac{e^{ik\delta} \sin \delta_0}{k^2}.$$

Wenn wir Gl. (7.17) benutzen, können wir den differentiellen Wirkungsquerschnitt als

$$\sigma(\theta) = |f(\theta)|^2 = \frac{\sin^2 \delta_0}{k^2}$$

schreiben, was der in Gl. (7.19) für $l = 0$ oder s-Streuung angegebene Ausdruck ist.

BEISPIEL 7.5. Berechnung des Wirkungsquerschnittes für die Coulombstreuung eines geladenen Teilchens durch einen Kern.

Lösung: Wenn ein geladenes Teilchen, sagen wir ein Elektron, ein Proton oder ein α-Teilchen (oder He-Kern) nahe an einem Kern vorbeifliegt, erfährt es eine elektrische Kraft, die, abhängig von der Ladung des einlaufenden Teilchens, abstoßend oder anziehend ist. Als Ergebnis wird das einlaufende Teilchen gestreut oder von seinem ursprünglichen Weg abgelenkt. Sei O der Ort des Kerns und A die sehr weit von O entfernte Ausgangsposition des Projektils (Abb. 7-12). Die

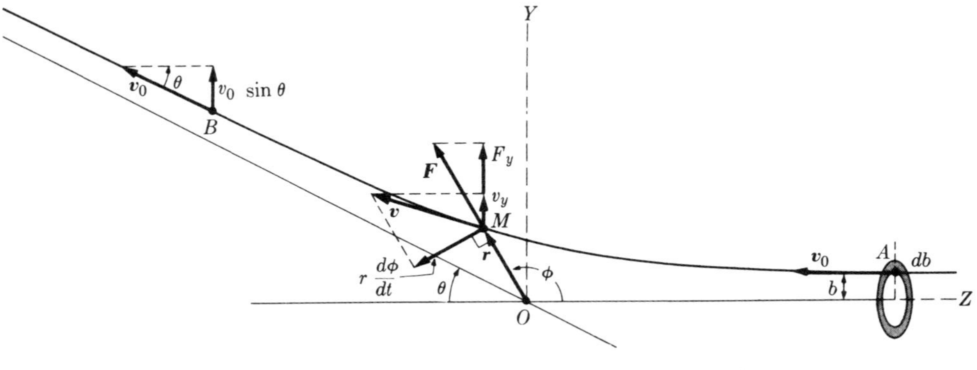

Abb. 7-12. Coulombstreuung eines geladenen Teilchens.

Anfangsgeschwindigkeit des Teilchens bei A sei v_0. Der Stoßparameter b ist der senkrechte Abstand von A zu einer Linie OZ, die parallel zu v_0 durch O verläuft. Wenn sich das Teilchen bei A befindet, ist so sein auf O bezogener Drehimpuls $L = mv_0b$. Wenn die Kraft zentral ist, bleibt der Drehimpuls während des Prozesses konstant.

Wenn νe die Ladung des Teilchens ($\nu = -1$ für Elektronen, $+1$ für Protonen und Deuteronen und $+2$ für He-Kerne) und Ze die Ladung des Kerns ist, beträgt die abstoßende Kraft auf das Teilchen

$$F = \frac{\nu Z e^2}{4\pi\epsilon_0 r^2}. \tag{7.23}$$

Unter dem Einfluß dieser Kraft beschreibt das einlaufende Teilchen eine Hyperbelbahn und erfährt eine Ablenkung (oder Streuung), die durch den Winkel θ gegeben ist, welcher eine Funktion von v_0 und b oder (was dasselbe ist) der Energie und des Drehimpulses des Projektils ist.

Wenn sich das Teilchen an irgendeinem Ort, wie etwa M, befindet, ist sein Drehimpuls $mr^2(d\phi/dt)$, weil $r(d\phi/dt)$ die zu r senkrechte Komponente der Geschwindigkeit ist. Da der Drehimpuls konstant bleiben muß, weil die Kraft zentral ist, gilt daher

$$mr^2 \frac{d\phi}{dt} = mv_0 b. \tag{7.24}$$

Die Gleichung für die Bewegung in Y-Richtung lautet

$$m\frac{dv_y}{dt} = F_y = F\sin\phi = \frac{\nu Z e^2}{4\pi\epsilon_0 r^2}\sin\phi.$$

Wenn wir r^2 unter Ausnutzung von Gl. (7.24) eliminieren, können wir schreiben

$$\frac{dv_y}{dt} = \frac{\nu Z e^2}{4\pi\epsilon_0 m v_0 b}\sin\phi\,\frac{d\phi}{dt}.$$

Um die Ablenkung des Teilchens zu bestimmen, müssen wir diese Gleichung von dem einen Extremum der Bahn zum anderen integrieren. Bei A ist der Wert von v_y Null, da die anfängliche Bewegung parallel zur Z-Achse ist, und ebenso $\phi = 0$. Bei B haben wir $v_y = v_0 \sin\theta$ und $\phi = \pi - \theta$. Man beachte, daß die Geschwindigkeit bei B wieder v_0 ist, weil, aus Symmetriegründen (oder wegen der Energieerhaltung), das Teilchen die Geschwindigkeit, die es bei der Annäherung an O verloren hat, wiedergewinnen muß, wenn es sich von O entfernt. Dann ist

$$\int_0^{v_0\sin\theta} dv_y = \frac{\nu Z e^2}{4\pi\epsilon_0 m v_0 b}\int_0^{\pi-\theta}\sin\phi\,d\phi$$

oder

$$v_0\sin\theta = \frac{\nu Z e^2}{4\pi\epsilon_0 m v_0 b}(1+\cos\theta).$$

Wenn wir uns daran erinnern, daß $\cot\frac{1}{2}\theta = (1+\cos\theta)/\sin\theta$, erhalten wir schließlich

$$\cot\tfrac{1}{2}\theta = \frac{4\pi\epsilon_0 m v_0^2}{\nu Z e^2}\,b. \tag{7.25}$$

Diese Beziehung gibt den Streuwinkel als Funktion des Stoßparameters b oder des Drehimpulses $L = mv_0b$.

Als nächstes berechnen wir den Wirkungsquerschnitt, der für den allgemeinen Fall durch Gl. (7.17) definiert war. Angenommen, ein Teilchenstrahl auf einem Beschleuniger werde gegen einen Targetkern O geschossen. Die Teilchen besitzen nicht alle denselben Drehimpuls oder Stoßparameter und werden daher nicht alle dieselbe Ablenkung erfahren. Die im Winkel zwischen θ und $\theta + d\theta$ abgelenkt wurden, sind Teilchen, die einen Stoßparameter zwischen b und $b + db$ haben; d.h. diejenigen Teilchen, die auf den in Abb. 7-12 gezeigten schattierten Ring fallen, der eine Fläche $2\pi b\, db$ besitzt. Wenn N die Anzahl der Teilchen pro Flächeneinheit im Querschnitt des einlaufenden Strahls ist, dann beträgt die Anzahl der Teilchen, die pro Zeiteinheit den Ring passieren, $v_0 N(2\pi b\, db)$. Dies ist dasselbe, wie der Fluß der gestreuten Teilchen pro Zeiteinheit in den durch θ und $\theta + d\theta$ definierten Raumwinkel $d\Omega$. Die einlaufende Stromdichte ist offensichtlich $v_0 N$. Wenn wir Gl. (7.17) anwenden, ist daher der Streuquerschnitt

$$\sigma_C(\theta) = \frac{v_0 N(2\pi b\, db)}{v_0 N\, d\Omega} = 2\pi b \frac{db}{d\Omega}, \tag{7.26}$$

wobei der Index C für Coulombstreuung steht. Aus Gl. (7.25) haben wir

$$b = (\nu Z e^2/4\pi\epsilon_0 m v_0^2) \cot \tfrac{1}{2}\theta$$

und daher

$$db = -\tfrac{1}{2}(\nu Z e^2/4\pi\epsilon_0 m v_0^2)\,(1/\sin^2 \tfrac{1}{2}\theta)\, d\theta.$$

Ferner ist

$$d\Omega = 2\pi \sin\theta\, d\theta = 4\pi \sin \tfrac{1}{2}\theta \cos \tfrac{1}{2}\theta\, d\theta.$$

Setzen wir diese Werte in Gl. (7.26) ein und benutzen nur die Absolutbeträge, da das Minuszeichen nur bedeutet, daß θ abnimmt, wenn b zunimmt, so erhalten wir

$$\sigma_C(\theta) = \frac{\nu^2 Z^2 e^4}{4(4\pi\epsilon_0)^2 m^2 v_0^4}\,(1/\sin^4 \tfrac{1}{2}\theta). \tag{7.27}$$

Dieses Ergebnis zeigt, daß Teilchen, die durch ein reziprok-quadratisches Kraftgesetz gestreut werden, statistisch nach einem $(1/\sin^4 \frac{1}{2}\theta)$-Gesetz verteilt sind. Gl. (7.27) wurde von dem britischen Physiker Ernest Rutherford (1871-1937) abgeleitet und von ihm und seinen Mitarbeitern bei Experimenten während der Jahre 1911-1913 benutzt, um die Streuung von α-Teilchen zu analysieren, wenn diese Teilchen durch dünne Folien geschickt wurden. Die experimentelle Bestätigung des $(1/\sin^4 \frac{1}{2}\theta)$-Gesetzes war ein Beweis für das Kernmodell des Atoms, das seitdem als das korrekte Atommodell angenommen wird.

Wenn der Targetkern nur die Coulombkraft auf das Projektil ausüben würde, würde Gl. (7.27) bei allen Energien gelten. Wenn jedoch das Projektil einen genügend kleinen Drehimpuls (oder Stoßparameter) und eine genügend hohe Energie besitzt, so daß es sehr nahe am Kern vorbeifliegt, können Abweichungen von $\sigma_C(\theta)$ auftreten, wenn zusätzlich zur Coulombkraft noch eine kurzreichweitige Kernkraft existiert. Aus einer Analyse dieser Abweichungen kann man die Phasenverschiebungen für die Kerneffekte berechnen. Diese Berechnungen geben einem z.B. Informationen über die Kernkraft zwischen zwei Protonen.

Wenn die Projektile energiereiche Elektronen sind, können sie den Kern durchdringen. Auch dies führt zu einer Abweichung von $\sigma_C(\theta)$, die in diesem Fall auf der Ladungsverteilung innerhalb des Kernes beruht. Aus einer Analyse dieser Abweichungen wurden die in Abb. 7-2 gezeigten Kurven von R. Hofstadter und seinen Mitarbeitern gewonnen.

Man beachte, daß wir bei der obigen Diskussion eine klassische Beschreibung der Coulomb-Streuung benutzt haben, was eine ungerechtfertigte Abweichung von den im vorhergehenden Abschnitt angegebenen Verfahren zur Beschreibung der Kernstreuung scheinen könnte. Eine mathematische Berechnung der Coulomb-Streuung mit Hilfe quantenmechanischer Methoden ist jedoch ziemlich kompliziert und geht über den Rahmen dieses Buches hinaus. Ein Grund für die auftretenden Schwierigkeiten liegt darin, daß die Coulombkraft, gegeben durch Gl. (7.23), eine lange Reichweite besitzt und daher alle Partialwellen in Gl. (7.18) beeinflußt, selbst wenn die Energie sehr klein ist. Andererseits ist die Coulomb-Streuung einer derjenigen Fälle, in denen die Resultate der klassischen und die Resultate der quantenmechanischen Beschreibung übereinstimmen. Man kann zeigen, daß die Streuamplitude für Coulomb-Streuung gegeben ist durch

$$f_C(\theta) = \frac{\nu Z e^2}{2(4\pi\epsilon_0) m v_0^2} (1/\sin^2 \tfrac{1}{2}\theta) e^{-i\gamma \ln(\sin^2\theta/2) + 2i\eta_0}, \tag{7.28}$$

was, wenn man es in Gl. (7.17) einsetzt, denselben Wert für σ_C gibt, wie Gl. (7.27). In der obigen Gleichung ist $\gamma = Ze^2/4\pi\epsilon_0 h v_0$ und η_0 eine Konstante, die von γ abhängt.

7.9 Das Schalenmodell

Ein Hauptziel der Kernphysik ist es, die Bewegung der Nukleonen in einem Kern zu bestimmen und aus der Bewegung die Kerneigenschaften abzuleiten, beides für die Grund- und die angeregten Zustände. Dieses Problem ist komplizierter als im atomaren Fall, weil eine dominierende Zentralkraft fehlt und weil es zwei Klassen von Teilchen — Neutronen und Protonen — gibt, die jede für sich dem Ausschließungsprinzip gehorchen.

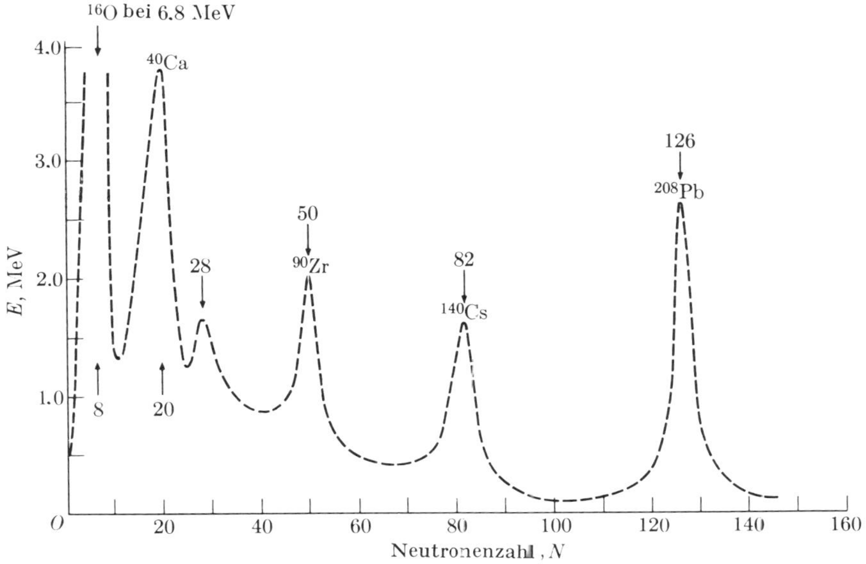

Abb. 7-13. Energie des ersten angeregten Zustandes für gerade-gerade Kerne.

Es gibt jedoch starke Hinweise, daß sich das einzelne Nukleon in einem mittleren Kraftfeld bewegt, das von den anderen Nukleonen erzeugt wird, und das in erster Näherung als zentral angenommen werden kann. Wenn wir, wie für die Elektronen in einem Atom, ein Modell unabhängiger Teilchen benutzen, können wir die Energiezustände der Nukleonen durch Quantenzahlen n und l charakterisieren, welche das Energieniveau und den Bahndrehimpuls angeben. Die Quantenzahl n wählt man so, daß sie die Zustände mit gleichen l in der Reihenfolge steigender Energien bezeichnet. So bedeuten 1s, 2s, 3s, ... usw. das erste, zweite, dritte usw. Niveau, jeweils mit $l = 0$, in der Reihenfolge zunehmender Energie.

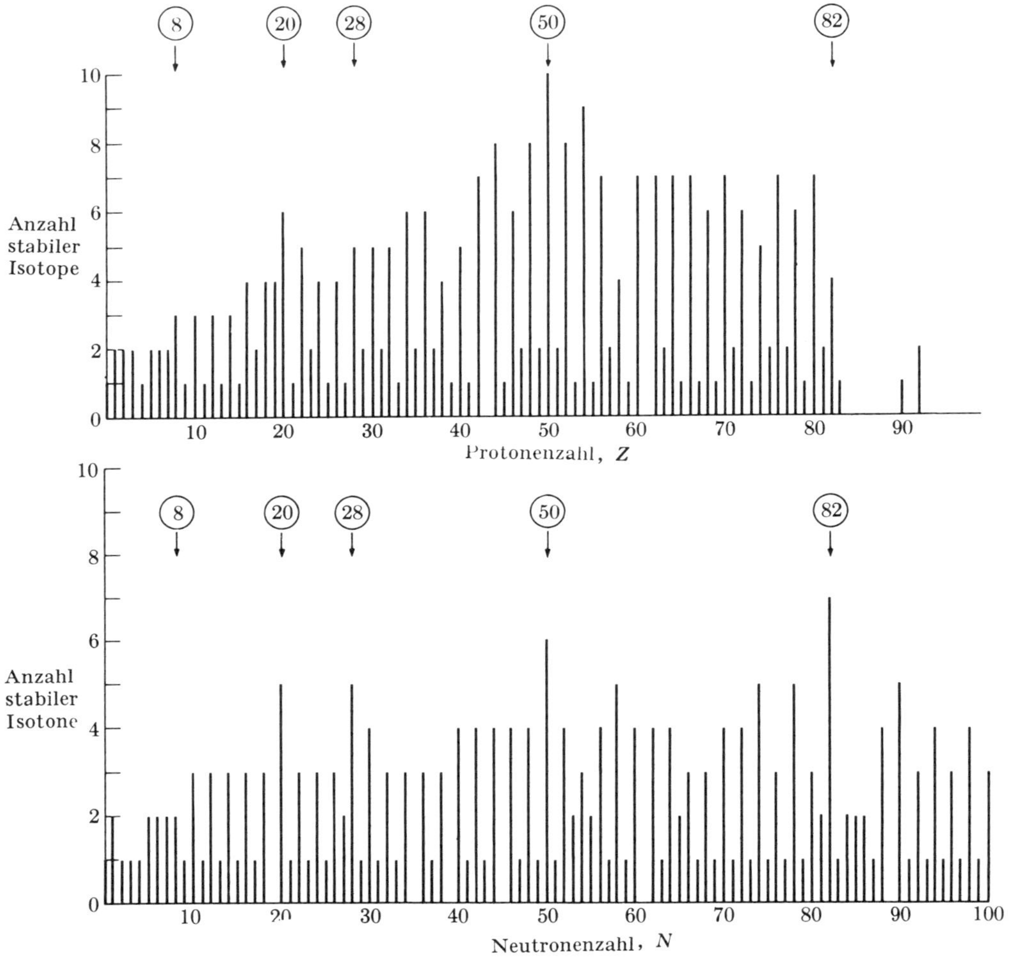

Abb. 7-14. Anzahl der stabilen Nuklide als Funktion (a) der Atomnummer, (b) der Neutronenzahl.

In derselben Weise, wie Atome eine Schalenstruktur zeigen und abgeschlossene Schalen besitzen, wenn alle besetzten Energieniveaus ihre volle Elektronenzahl haben, zeigen auch Kernniveaus eine schalenartige Struktur. Da in einem Kern zwei Arten von Teilchen sind, gibt es eine doppelte Schalenanordnung, eine für Protonen und eine andere für Neutronen. Bei bestimmten Werten von Z oder N, die abgeschlossenen Schalen entsprechen, ergeben sich Kerne, die besonders stabil sind, ebenso wie die Edelgase aus Atomen mit bestimmten abgeschloßenen Elektronenschalen bestehen. Diese Werte von Z und N (üblicherweise «magische Zahlen» genannt) sind 2, 8, 20, 28, 50, 82 und 126. Z.B. zeigt Abb. 7-13 die Energie des ersten angeregten Zustandes verschiedener gerade-gerade-Kerne. Kerne mit magischen Zahlen zeigen eine abnorm hohe erste Anregungsenergie, was nahelegt, daß bei den magischen Zahlen eine große Energielücke zwischen dem letzten aufgefüllten Energieniveau oder Schale und dem nächsten unbesetzten Zustand auftritt. Dies ist auch bei den Atomen der Edelgase der Fall (vergl. Abb. 4-5). Ferner ist die Zahl der stabilen Isotope und Isotone, bei denen Z oder N eine magische Zahl ist, relativ groß (Abb. 7-14).

Auch sind bei Kernen mit magischer Zahl N die Wirkungsquerschnitte für Neutroneneinfang extrem niedrig (Abb. 7-15), was eine sehr schwache Bindung des zusätzlichen Nukleons andeutet.

Um die Werte der magischen Zahlen zu erklären, schlugen M. G. Mayer und J. H. D. Jensen 1949 unabhängig voneinander vor, daß es zusätzlich zur mittleren Zentralkraft im Kern eine starke *Spin-Bahn-Wechselwirkung* gibt (nicht unbedingt wie im Fall der in Abschnitt 3.9 diskutierten Atomelektronen elektromag-

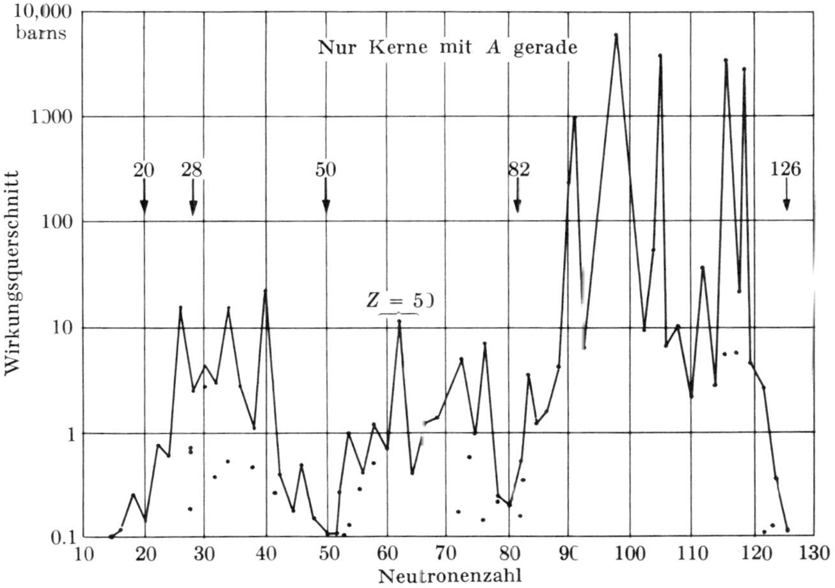

Abb. 7-15. Wirkungsquerschnitt für Neutroneneinfang als Funktion der Neutronenzahl [Nach B. Flowers, *Prog. in Nucl. Physics* **2**, 235 (1952); London: Pergamon Press.]

netischen Ursprungs), die auf jedes Nukleon wirkt und proportional zu $\boldsymbol{L}\cdot\boldsymbol{S}$ ist. Die Existenz einer Spin-Bahn-Wechselwirkung wird durch experimentelle Beweise vielfach gestützt (vergl. Hinweis am Ende dieses Abschnittes). Da $\boldsymbol{S}$ entweder parallel oder antiparallel zu $\boldsymbol{L}$ sein kann, was verschiedene Werte des Gesamtdrehimpulses $\boldsymbol{J} = \boldsymbol{L} + \boldsymbol{S}$ gibt, wird jedes (n, l)-Niveau durch die Spin-Bahn-Wechselwirkung in zwei Niveaus aufgespalten, wobei das mit der niedrigeren Energie $\boldsymbol{L}$ und $\boldsymbol{S}$ parallel entspricht. So wird der Energiezustand eines Nukleons durch die Quantenzahlen n, l, j charakterisiert, wobei $j = l \pm \frac{1}{2}$. Für ein gegebenes l besitzt der Zustand mit $j = l + \frac{1}{2}$ eine niedrigere Energie als der Zustand mit $j = l - \frac{1}{2}$. Dies ist dem Fall der Elektronen in den Atomen genau entgegengesetzt und zeigt, daß die nukleare Spin-Bahn-Wechselwirkung nicht elektromagnetischen Ursprungs sein kann. Da

$$\begin{aligned} \boldsymbol{L}\cdot\boldsymbol{S} &= \tfrac{1}{2}(\boldsymbol{J}^2 - \boldsymbol{L}^2 - \boldsymbol{S}^2) \\ &= \tfrac{1}{2}\{j(j+1) - l(l+1) - \tfrac{3}{4}\}\hbar^2 \\ &= \begin{cases} \tfrac{1}{2}l\hbar^2, & j = l + \tfrac{1}{2}, \\ -\tfrac{1}{2}(l+1)\hbar^2, & j = l - \tfrac{1}{2}, \end{cases} \end{aligned}$$

ist der Abstand zwischen zwei Zuständen mit denselben l aber verschiedenen j proportional zu $2l + 1$ und wächst daher mit l an. Die Entartung jedes n, l, j-Zustandes beträgt $2j + 1$ und entspricht den $2j + 1$ möglichen Orientierungen von $\boldsymbol{J}$ relativ zu einer vorgegebenen Achse. Daher ist nach dem Ausschließungsprinzip die Maximalzahl von Neutronen oder Protonen in einem bestimmten n, l, j-Niveau bzw. Schale gleich $2j + 1$; d.h.

j	$\frac{1}{2}$	$\frac{3}{2}$	$\frac{5}{2}$	$\frac{7}{2}$	$\frac{9}{2}$	$\frac{11}{2}$	$\frac{13}{2}$	...
Maximalzahl von Protonen oder Neutronen	2	4	6	8	10	12	14	...

Wie bei den Elektronen im Atom bezeichnet man den einzelnen Nukleonenzustand durch einen der Buchstaben s, p, d usw., der dem Wert von l entspricht, und einen Index, der den Wert von j angibt. So haben wir für $l = 0$ einen $s_{1/2}$-Zustand, für $l = 1$ haben wir Zustände $p_{1/2}$ und $p_{3/2}$, die Zustände für $l = 2$ sind $d_{3/2}$ und $d_{5/2}$ usw.

Die Anordnung der Einteilchenniveaus für Protonen und Neutronen ist in Abb. 7-16 schematisch gezeigt, wobei auch angegeben ist, wie jedes, der mittleren Zentralkraft entsprechende (n, l)-Niveau, durch die Spin-Bahn-Wechselwirkung aufgespalten wird. Die Parität der Niveaus ist durch $(-1)^l$ gegeben. Die Reihenfolge der Niveaus entspricht den experimentellen Ergebnissen. Die Energielücken bei den magischen Zahlen sind deutlich zu erkennen. Sie treten jeweils dann auf, wenn ein neuer hoher l-Wert erscheint, der eine große Spin-Bahn-Aufspaltung erzeugt. Der geringe Unterschied zwischen den Protonen- und

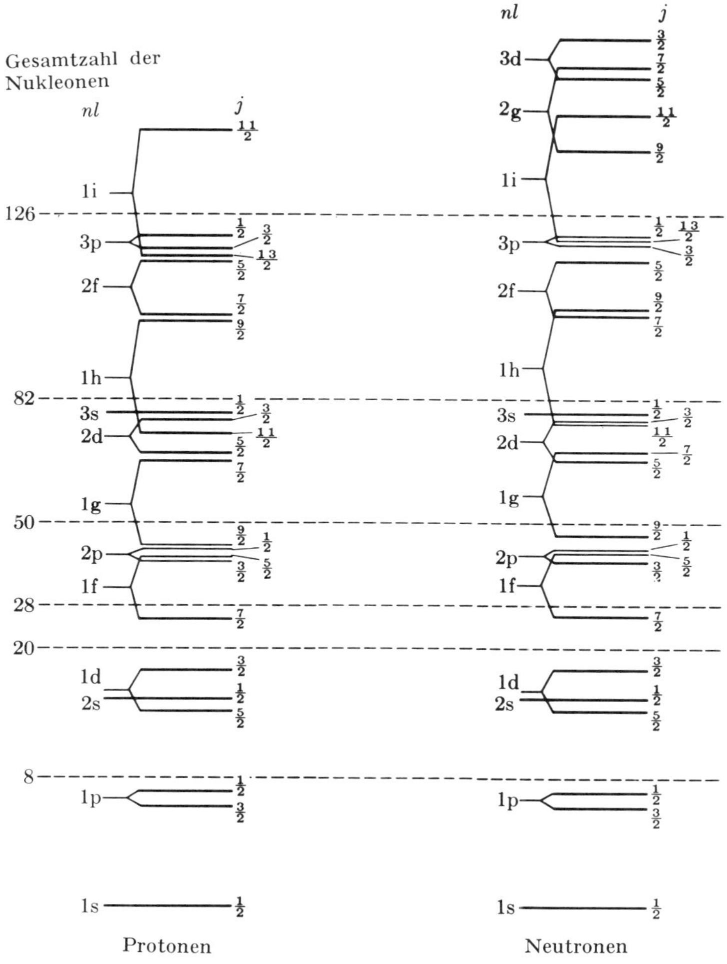

Abb. 7-16. Protonen- und Neutronenniveaus im Schalenmodell. [Nach P.F.A. Klinkenberg, *Rev. Mod. Phys.* **24**, 63 (1952).]

Neutronenniveaus beruht auf der Coulombabstoßung zwischen den Protonen. Um die experimentell gefundene Anordnung der Niveaus wiederzugeben, wurden verschiedene empirische Zentralpotentiale vorgeschlagen, von denen bis jetzt keins eine ausreichende theoretische und experimentelle Basis besitzt.

Man hat beobachtet, daß alle gerade-gerade-Kerne in ihrem Grundzustand den Spin 0 besitzen, während in Kernen mit ungeradem A, die Z gerade und N ungerade (oder umgekehrt) besitzen, der Kernspin I in den meisten Fällen mit dem j-Wert des letzten ungeraden Nukleonenzustandes zusammenfällt (in einigen wenigen Fällen ist er gleich $j - 1$). Wenn das ungerade Nukleon eines Kerns mit ungeradem A in einen benachbarten Zustand angeregt wird, stimmt der Kernspin des angeregten Zustandes im allgemeinen mit dem neuen j-Wert des angeregten Nukleons überein. Es scheint daher, daß beim Auffüllen eines (n, l, j)-Niveaus identische Nukleonen ihre Gesamtdrehimpulse paaren, so daß im Fall einer geraden Anzahl identischer Nukleonen (Protonen oder Neutronen) in dem (n, l, j)-Zustand ihr resultierender Drehimpuls Null und bei einer ungeraden Anzahl der resultierende Drehimpuls j (oder $j - 1$) ist. Bei doppelt ungeraden Kernen (von denen es nur vier stabile gibt) ist der Kernspin viel schwieriger zu bestimmen, und im Prinzip sind alle ganzzahligen Werte von j zwischen $j_p + j_n$ und $j_p - j_n$ erlaubt, wobei j_p dem ungepaarten Proton und j_n dem ungepaarten Neutron entspricht. In bestimmten Fällen wird der größtmögliche Wert von I, in anderen der kleinste bevorzugt.

Ein Schalenmodell unabhängiger Teilchen kann diese Kopplungs- oder Paarungsregeln der Drehimpulse der Nukleonen nicht erklären. Diese Regeln schreibt man der sog. Restwechselwirkung zu, d.h., der Differenz zwischen der tatsächlichen, auf ein Nukleon wirkenden Kernwechselwirkung und der mittleren Zentral-plus-Spin-Bahn-Kraft, die man im Schalenmodell einführt. Die Restwechselwirkung trägt zur Kernstabilität durch einen sog. *Paarungsenergie-Effekt* bei. Man kann diesen stabilisierenden Effekt Tabelle 7-2 entnehmen, welche die Anzahl verschiedener stabiler oder fast stabiler (oder langlebiger) Nuklide zeigt. Offensichtlich überwiegen stabile gerade-gerade-Nuklide.

TABELLE 7-2 Anzahl der stabilen und sehr langleibigen Nuklide

Z	N	Stabil	Langlebig
Gerade	Gerade	155	11
Gerade	Ungerade	53	3
Ungerade	Gerade	50	3
Ungerade	Ungerade	4	5

Das Schalenmodell konnte mit Erfolg viele Eigenschaften von Kernzuständen voraussagen. In manchen Fällen erfordert dies aufwendige Berechnungen. Jedoch sind die Schalenmodellrechnungen in vielen Fällen nicht in der Lage, die experimentellen Tatsachen genau zu erklären. Z.B. sind die mit dem Schalenmodell berechneten elektrischen Quadrupolmomente einheitlich zu klein, besonders in dem Gebiet zwischen magischen Zahlen oder abgeschlossenen Schalen.

Wegen der starken Kopplung zwischen den Nukleonen gibt es in einem Kern verschiedene *Kollektiveffekte*. Die Nukleonen des Rumpfes, der aus abgeschlossenen Schalen besteht, verhalten sich ähnlich wie ein Flüssigkeitstropfen, der Schwingungen seiner Gestalt um eine kugelförmige Gleichgewichtslage ausführen kann. Die Kollektivschwingungen verlaufen mit konstantem Volumen, und jeder Kern kann mehrere Schwingungstypen besitzen. Nukleonen in den äußeren nichtabgeschlossenen Schalen üben eine Art polarisierender Wirkung aus und tendieren dazu, dem Kern eine nichtkugelförmige Gleichgewichtsgestalt zu geben, die einem gestreckten oder gestauchten Ellipsoid stark ähnelt. Diese Deformation ist in den Gebieten $90 < N < 114$ und $Z > 88$ besonders groß; dies erklärt die relativ großen elektrischen Quadrupolmomente dieser Kerne, die nicht durch das Schalenmodell erklärt werden können.

Man hat eine Theorie entwickelt, die das Schalenmodell und die Kollektiveffekte vereinigt. Man nennt sie das *einheitliche Modell* des Kerns, ihre Analyse liegt jedoch außerhalb des Rahmens dieses Buches.

Anmerkung: Experimenteller Beweis der Spin-Bahn-Wechselwirkung in Kernen

Wir haben die nukleare Spin-Bahn-Wechselwirkung als eine geeignete Annahme dargestellt, um bestimmte Eigenschaften der nuklearen Energieniveaus zu erklären. Gibt es jedoch auch einen direkten experimentellen Beweis einer solchen Spin-Bahn-Wechselwirkung? Die Antwort lautet ja und kommt von einer Analyse von Streuexperimenten. In gleicher Weise, wie die Wechselwirkung zwischen einem Magnetfeld und einem magnetischen Dipolmoment, (welche die Form $-\mathcal{B}\cdot \boldsymbol{M}$ hat) ein Drehmoment impliziert, das dazu tendiert, $\boldsymbol{M}$ parallel zu $\mathcal{B}$ auszurichten, impliziert auch eine Spin-Bahn-Wechselwirkung der Gestalt $-f(r)\ \boldsymbol{L}\cdot \boldsymbol{S}$ ein Drehmoment, das dazu tendiert, $\boldsymbol{S}$ parallel zu $\boldsymbol{L}$ auszurichten (mit dem entgegengesetzten Ergebnis, wenn wir ein positives Vorzeichen haben).

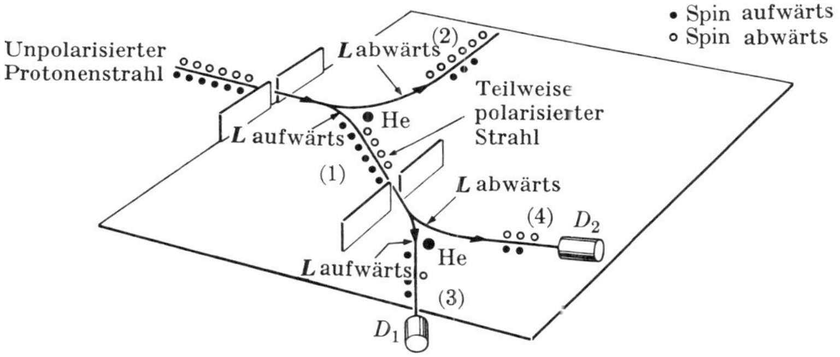

Abb. 7-17. Doppelstreuexperiment.

Nehmen wir an, daß ein unpolarisierter Protonenstrahl (d.h. mit zufällig orientierten Spins), wie in Abb. 7-17 gezeigt, gegen Heliumkerne geschossen wird. Wir wollen diejenigen Protonen betrachten, die in der Ebene der Abbildung gestreut werden, und den Heliumkern, an dem die Streuung stattfindet, als Bezugspunkt für die Messung des Bahndrehimpulses benutzen. Diejenigen Protonen, die längs der Bahn (1) gestreut wurden, haben ihren Bahndrehimpuls $\boldsymbol{L}$ «oben», diejenigen auf Bahn (2) haben $\boldsymbol{L}$ «unten». Die Spin-Bahn-Wechselwirkung der Protonen mit dem Heliumkern bevorzugt für die einzelnen Bahnen Protonen, deren Spins parallel zu $\boldsymbol{L}$ ausgerichtet sind, und daher haben die Protonen auf den Bahnen (1) und (2) vorzugsweise ihre Spins oben bzw. unten, so daß die beiden Strahlen teilweise polarisiert sind. Als nächstes wird der Strahl (1) durch einen anderen Heliumkern ein zweites Mal gestreut, wodurch er in die Strahlen (3) und (4) aufgespalten wird, bei denen $\boldsymbol{L}$ oben bzw. unten ist.

Protonen auf der Bahn (3) haben ihre Spins vorzugsweise oben, die auf Bahn (4) vorzugsweise unten. Da in Strahl (1) mehr Protonen ihre Spins oben als unten haben, wird durch die Spin-Bahn-Wechselwirkung eine Streuung in den Strahl (3) gegenüber Strahl (4) bevorzugt. Deshalb sollte der Detektor D_1 einen größeren Protonenstrom registrieren als D_2. Dies wird auch tatsächlich experimentell beobachtet. Bei Abwesenheit einer Spin-Bahn-Wechselwirkung sollten die Strahlen (3) und (4) die gleiche Intensität besitzen. Somit bekräftigen die experimentellen Resultate klar die Existenz einer nuklearen Spin-Bahn-Wechselwirkung, wie sie sich durch die bei der Streuung auftretende Polarisation manifestiert.

BEISPIEL 7.6. Berechnung des magnetischen Dipolmomentes eines Kernes mit ungeradem A unter Benutzung des Schalenmodells.

Lösung: In einem Kern mit ungeradem A, der Z ungerade und N gerade (oder umgekehrt) besitzt, schreibt man das magnetische Moment im extremen Schalenmodell unabhängiger Teilchen dem ungeraden Nukleon zu. Die resultierenden Drehimpulse aller anderen Nukleonen sind mit entgegengesetzten Richtungen gepaart und tragen daher nicht zum resultierenden magnetischen Kerndipolmoment zu. Betrachten wir ein Nukleon mit dem Bahndrehimpuls $\boldsymbol{L}$ und dem Spin $\boldsymbol{S}$. Entsprechend Gl. (7.3) und (7.5) können wir das magnetische Moment eines Nukleons in einer für sowohl Neutronen wie Protonen gültigen Form schreiben:

$$\boldsymbol{M} = (e/2m_{\mathrm{p}})(g_l\boldsymbol{L} + g_s\boldsymbol{S}), \tag{7.29}$$

wobei $g_l = +1$ für Protonen und Null für Neutronen ist und die Werte von g_s in Abschnitt 7.4 für die beiden Nukleonenarten angegeben waren. Da sowohl $\boldsymbol{L}$ wie $\boldsymbol{S}$ um ihre Resultierende $\boldsymbol{J}$ präzessieren, besitzt der Mittel- oder Erwartungswert von $\boldsymbol{M}$ die Richtung von $\boldsymbol{J}$ und ist gegeben durch

$$\boldsymbol{M}_{\mathrm{ave}} = \boldsymbol{M}\cdot\boldsymbol{u}_J\boldsymbol{u}_J = \frac{\boldsymbol{M}\cdot\boldsymbol{J}}{J^2}\boldsymbol{J},$$

wobei $\boldsymbol{u}_J$ ein Einheitsvektor in der Richtung von $\boldsymbol{J}$ ist. Die Komponente von $\boldsymbol{M}_{\mathrm{ave}}$ parallel zur Z-Achse ist

$$\begin{aligned} M_{z,\mathrm{ave}} &= (\boldsymbol{M}\cdot\boldsymbol{J}/J^2)J_z = (\boldsymbol{M}\cdot\boldsymbol{J}/J^2)m\hbar \\ &= (e\hbar/2m_{\mathrm{p}})[(g_l\boldsymbol{L} + g_s\boldsymbol{S})\cdot\boldsymbol{J}/J^2]m. \end{aligned} \tag{7.30}$$

Wie in Abschnitt 7.4 erklärt wurde, ist der tabellierte Wert des magnetischen Moments μ nach Definition der Wert von $M_{z,\mathrm{ave}}$ beim Maximalwert von m (in unserem Fall für $m = j$) dividiert durch $\mu_{\mathrm{N}} = e\hbar/2m_{\mathrm{p}}$. Wenn wir berücksichtigen, daß $J^2 = j(j+1)\hbar^2$, erhalten wir so

$$\mu = \frac{(M_{z,\mathrm{ave}})_{m=j}}{\mu_{\mathrm{N}}} = \frac{g_l\boldsymbol{L}\cdot\boldsymbol{J} + g_s\boldsymbol{S}\cdot\boldsymbol{J}}{(j+1)\hbar^2}. \tag{7.31}$$

Andererseits ist

$$\begin{aligned} \boldsymbol{L}\cdot\boldsymbol{J} &= \tfrac{1}{2}(\boldsymbol{J}^2 + \boldsymbol{L}^2 - \boldsymbol{S}^2) = \tfrac{1}{2}[j(j+1) + l(l+1) - \tfrac{3}{4}]\hbar^2, \\ \boldsymbol{S}\cdot\boldsymbol{J} &= \tfrac{1}{2}(\boldsymbol{J}^2 - \boldsymbol{L}^2 + \boldsymbol{S}^2) = \tfrac{1}{2}[j(j+1) - l(l+1) + \tfrac{3}{4}]\hbar^2. \end{aligned} \tag{7.32}$$

Wenn wir diese Ausdrücke in Gl. (7.31) einsetzen, erhalten wir für die beiden Fälle $j = l \pm \frac{1}{2}$ das magnetische Moment zu

$$\mu = (j - \tfrac{1}{2})g_l + \tfrac{1}{2}g_s, \qquad j = l + \tfrac{1}{2},$$

$$\mu = \frac{j}{j+1}[(j + \tfrac{3}{2})g_l - \tfrac{1}{2}g_s], \qquad j = l - \tfrac{1}{2}.$$

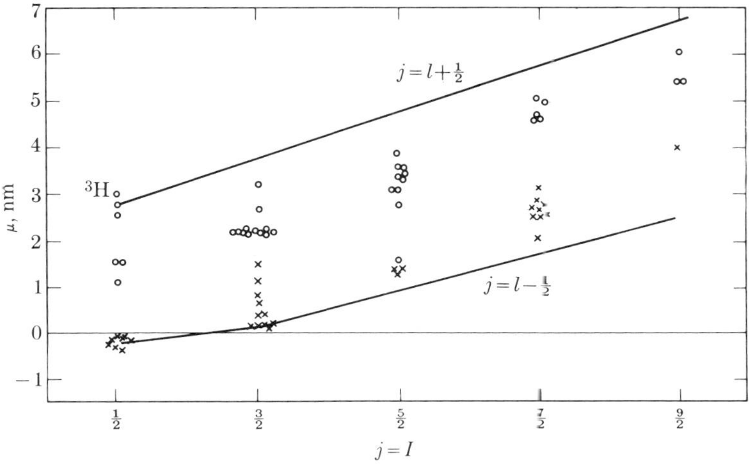

Abb. 7-18. Magnetische Dipolmomente und Schmidt-Linien für Kerne mit ungeradem Z.

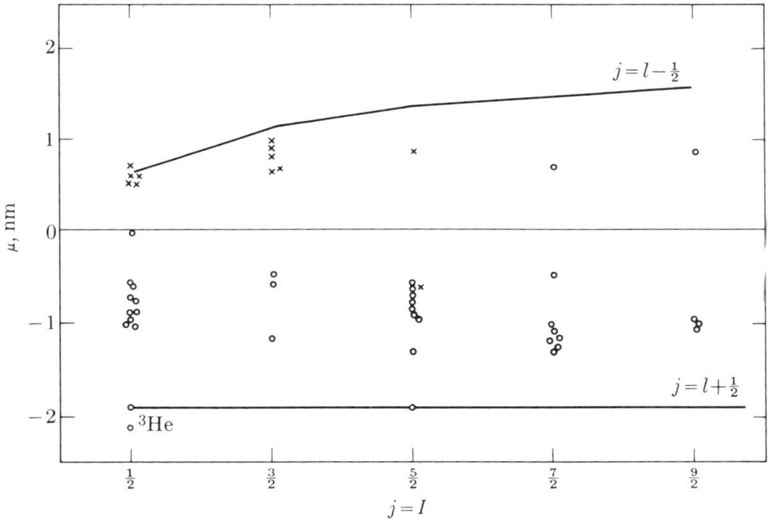

Abb. 7-19. Magnetische Dipolmomente und Schmidt-Linien für Kerne mit ungeradem N.

Im Schalenmodell unabhängiger Teilchen wird für ungerade A der Kernspin gleich dem Drehimpuls des ungepaarten Teilchens gesetzt. Wenn wir dementsprechend in Gl. (7.32) $I = j$ setzen und die Werte von g_l und g_s für Protonen und Neutronen einsetzen, erhalten wir, je nachdem ob Z oder N ungerade ist, als Funktion des Kernspins zwei Folgen von μ-Werten. Man nennt diese *Schmidt-Linien*; in den Abb. 7-18 und 7-19 sind sie für ungerade Z bzw. ungerade N dargestellt. Die tatsächlichen experimentellen Werte sind für $j = 1 + \frac{1}{2}$ durch Kreuze und für $j = 1 - \frac{1}{2}$ durch Kreise angedeutet.

Man sieht, daß die meisten magnetischen Momente nicht auf einer der Schmidt-Linien liegen, sondern in dem Zwischengebiet. Der Mangel an genauer Übereinstummung ist nicht überraschend, da das Schalenmodell unabhängiger Teilchen ziemlich grob ist. Wenn man das vereinheitlichte Kernmodell benutzt, ist es möglich, eine bessere Übereinstimmung zu erzielen.

7.10 Nukleare Strahlungsübergänge

Außer der Grundzustandskonfiguration kann ein Kern verschiedene angeregte Zustände besitzen. Diese kann man in zwei Gruppen klassifizieren: *Teilchenanregungen* und *Kollektivanregungen.* Bei einer Teilchenanregung sind ein oder mehrere Nukleonen auf ein anderes Niveau höherer Energie verschoben, ohne daß dabei die Bewegung der anderen Nukleonen wesentlich verändert wurde. Die Energien von Teilchenanregungen liegen in der Größenordnung von ein MeV.

Wie im vorhergehenden Abschnitt erläutert wurde, sind Kerne, die von den magischen Zahlen weit entfernt sind und unvollständig gefüllte Schalen besitzen, nicht kugelförmig, sondern ähneln gestreckten oder gestauchten Ellipsoiden. Bei diesen deformierten Kernen rotieren die Hauptachsen, wie bei Molekülen, im Raum, was zu einer *kollektiven Rotation* führt, an der alle Nukleonen teilnehmen. Die Rotationsenergie ist quantisiert und ein deformierter Kern besitzt deshalb verschiedene Rotationsniveaus. Für gerade-gerade-Kerne sind die Rotationsniveaus durch

$$E_{\text{rot}} = \frac{\hbar^2}{2\mathfrak{J}} I(I+1) \qquad (7.33)$$

gegeben, wobei I der Drehimpuls der Rotation des Gesamtkernes ist, der aus Symmetriegründen nur gerade Werte annehmen kann; d.h. $I = 0, 2, 4, \ldots$ Daher besitzen alle Rotationsniveaus gerade Parität. Das effektive Trägheitsmoment dieses Kerns ist J und immer kleiner als das Trägheitsmoment, was wir erhalten, wenn wir den Kern als ein starres Ellipsoid betrachten, weil nicht alle Nukleonen in gleicher Weise an der Rotationsbewegung beteiligt sind. Abb. 7-20 zeigt die Rotationsniveaus für ^{180}Hf und ^{238}Pu. Diese Energieniveaus folgen klar der Gl. (7.33). Für andere als gerade-gerade-Kerne ist die Anordnung des Rotationsniveaus komplizierter.

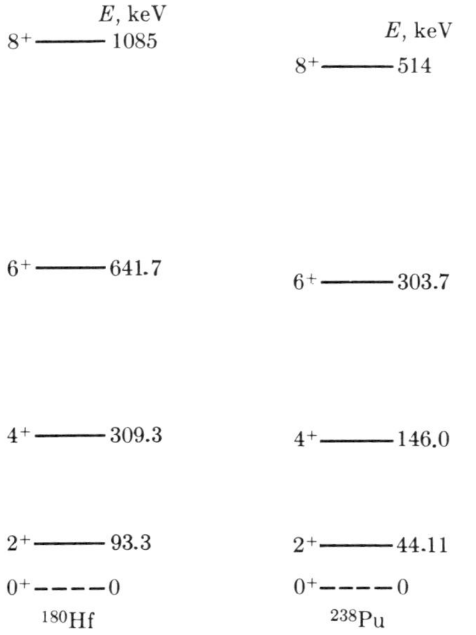

Abb. 7-20. Rotationsniveaus von ^{180}Hf und ^{328}Pu.

Es können zusätzlich verschiedene angeregte Schwingungszustände auftreten, die mit den im vorhergehenden Abschnitt erwähnten Kollektivschwingungen verknüpft sind. Diese angeregten Schwingungszustände sind jeweils durch die gleiche Energie $\hbar\omega$ getrennt, wobei ω die Kreisfrequenz der Schwingung ist. Für gerade-gerade-Kerne besitzt der resultierende Spin oder Bahndrehimpuls des ersten angeregten Schwingungszustandes den Wert 2, der zweite angeregte Schwingungszustand kann einen Spin 0, 2 oder 4 besitzen. Beide Niveaus haben gerade Parität. Abb. 7-21 zeigt verschiedene Schwingungsniveaus von ^{82}Kr, ^{126}Te, ^{136}Xe und ^{192}Pt. Sowohl für kollektive Rotationen wie für Schwingungen sind die Anregungsenergien im allgemeinen viel kleiner als für Teilchenanregungen und belaufen sich auf einige wenige keV. Dies erklärt die niedrig liegenden ersten angeregten Niveaus stark deformierter Kerne, die zwischen den magischen Kernen liegen (siehe Abb. 7-13).

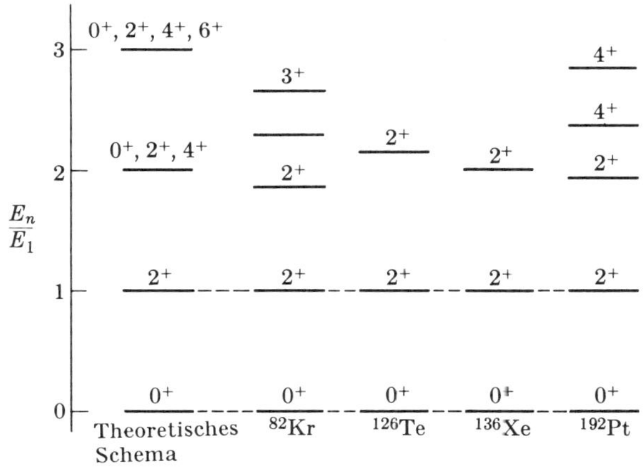

Abb. 7-21. Schwingungsniveaus einiger Kerne.

Kerne mit abgeschlossenen Schalen sind kugelförmig und zeigen keine niedrig liegenden Rotations- oder Schwingungsniveaus. Kerne mit fast abgeschlossenen Schalen sind nur gering deformiert und zeigen keine angeregten Rotationsniveaus, sondern nur Schwingungsniveaus. Unsere Diskussion zeigt, daß die Energieniveaus eines Kernes ebenso kompliziert sind wie die eines Moleküls. Wegen unserer unvollständigen Kenntnis der Kernwechselwirkung ist es jedoch viel schwieriger, die Energieniveaus eines Kernes theoretisch vorherzusagen als die eines Moleküls.

Ein Kern kann in einen angeregten Zustand überführt werden, wenn er ein Photon der geeigneten Energie absorbiert, oder wenn er mit einem nahe vorbeifliegenden schnellen Teilchen, wie einem Proton oder einem Neutron, inelastisch zusammenstößt. Wenn dieses Teilchen geladen ist, nennt man den letzteren Prozeß *Coulombanregung*; sie ist sehr nützlich, um die niedrig liegenden Energieniveaus deformierter Kerne zu untersuchen.

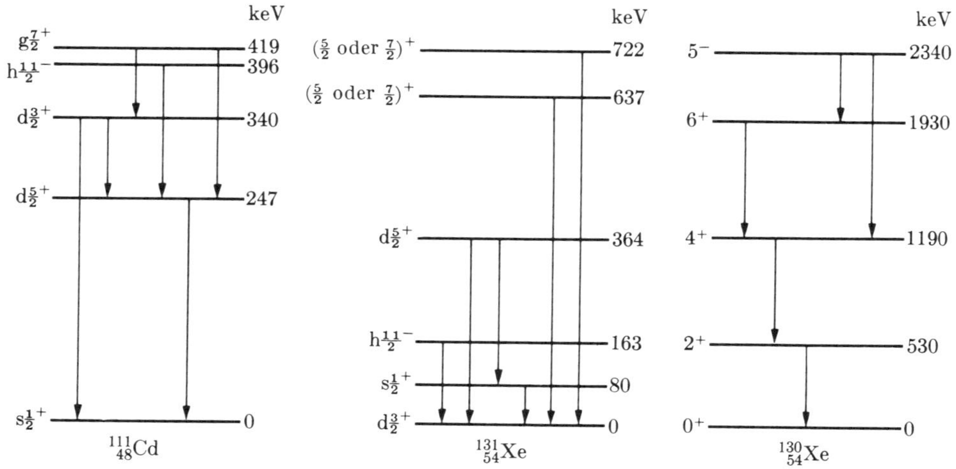

Abb. 7-22. γ-Strahlungsübergänge von $^{111}_{48}Cd$, $^{131}_{54}Xe$ und $^{130}_{54}Xe$.

Ein angeregter Kern kann unter Emission elektromagnetischer Strahlung, die aus historischen Gründen *Gammastrahlung* genannt wird, seine überschüssige Energie abgeben und in den Grundzustand übergehen. So entsteht das Gammaspektrum der Kerne auf ähnliche Weise wie die atomaren und molekularen Spektren. Das γ-Spektrum resultiert aus der Umordnung der Nukleonenbewegung bei einem Übergang zwischen zwei stationären Kernzuständen.

Einige γ-Übergänge von $^{111}_{48}Cd$, $^{131}_{54}Xe$ und $^{130}_{54}Xe$ sind in Abb. 7-22 gezeigt. Der Drehimpuls und die Parität der einzelnen Niveaus sind auf der linken Seite angegeben, die Energie relativ zum Grundzustand erscheint auf der rechten Seite.

Obwohl in Atomen und Molekülen nur elektrische Dipolübergänge wichtig sind, sind in Kernen vielfach höhere elektrische und magnetische Multipolübergänge wichtig, besonders bei Kollektivübergängen, an denen viele Nukleonen beteiligt sind. Elektrische und magnetische Übergänge werden durch das Symbol E oder M bezeichnet, gefolgt von der Ziffer 1, 2, 3, ..., die den Wert von ΔI angibt, und Dipol-, Quadrupol-, Oktupol- usw. Strahlung entspricht. Der Typ des Überganges wird durch die Änderung des Drehimpulses und der Parität des Kerns entsprechend folgendem Schema bestimmt:

Spinänderung	$\Delta I = I_f - I_i$	1	2	3	4
Paritätsänderung	ja	E1	M2	M3	M4
	nein	M1	E2	E3	E4

Die Wahrscheinlichkeiten für Strahlungsübergänge hängen von der Energiedifferenz zwischen den beteiligten Zuständen, der Massenzahl des Kerns und der Spinänderung ab. Die Übergangswahrscheinlichkeit wächst mit zunehmender

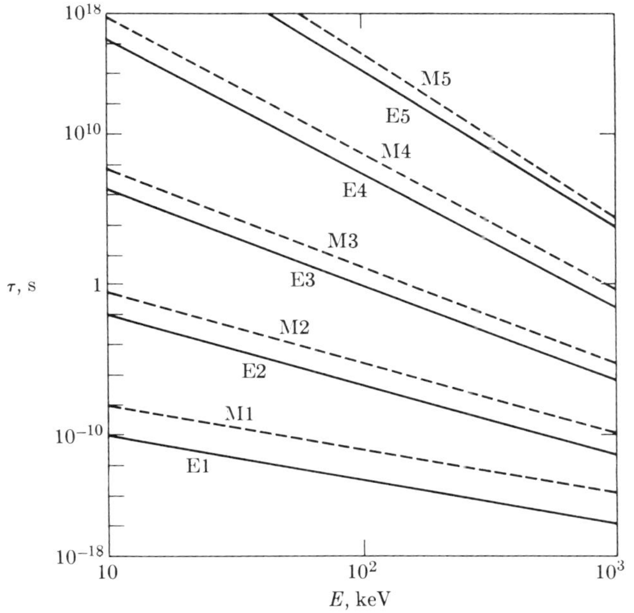

Abb. 7-23. Lebensdauern für Einteilchenübergänge an denen ein Proton beteiligt ist. Vorhersage des Schalenmodells für einen Kern mit einer Massenzahl von ungefähr 100.

Energieänderung und nimmt mit wachsenden Werten von ΔI ab. Für eine gegebene Energieänderung ist daher die Übergangswahrscheinlichkeit umso geringer und die Lebensdauer des angeregten Zustandes umso größer, je größer der Drehimpulsunterschied zwischen angeregtem Zustand und Grundzustand ist, es sei denn, es besteht die Möglichkeit eines Überganges zu einem anderen angeregten Zustand niedrigerer Energie mit einer kleineren Drehimpulsänderung. Abb. 7-23 zeigt für verschiedene Multipolübergänge, bei denen ein Proton beteiligt ist, die Lebensdauer angeregter Zustände als Funktion der absorbierten oder emittierten Strahlung. Diese Werte wurden im Schalenmodell für einen Kern mit einer Massenzahl von rund 100 berechnet.

Kollektive Rotations- und Schwingungsübergänge, die $\Delta I = 2$ (und keine Paritätsänderung) aufweisen, sind vom Typ E2 oder elektrische Quadrupolübergänge. Die beobachteten elektrischen Quadrupolübergänge besitzen in vielen Kernen mit nichtabgeschlossenen Schalen Übergangswahrscheinlichkeiten, die größer als die vom Schalenmodell vorhergesagten Werte sind. Dies läßt ein, verglichen mit den Schalenmodellrechnungen, relativ großes elektrisches Quadrupolmoment für diese Kerne vermuten und daher eine relativ große Deformation (vergl. Abb. 7-4). Diese Tatsache gab den ursprünglichen Anstoß für das Kollektivmodell des Kernes.

Abb. 7-16 kann man entnehmen, daß es in Kernen mit ungeradem A, deren Z oder N ein wenig kleiner als eine der magischen Zahlen 50, 82 oder 126 ist, naheliegende Energieniveaus gibt, die sich wesentlich im Drehimpuls unterscheiden.

Dies führt zu angeregten Zuständen, die relativ lange Lebensdauer besitzen. Z.B. kann sich in ^{137}Ba ($Z = 56$ und $N = 81$), das ein Neutron weniger als die magische Zahl 82 aufweist, das ungerade Neutron in einem $2d_{3/2}$, $3s_{1/2}$ oder $1h_{11/2}$-Zustand befinden. Tatsächlich entspricht der Grundzustand der Konfiguration, bei der sich das ungerade Neutron im $2d_{3/2}$-Zustand befindet, und der nächste angeregte Zustand einer Konfiguration, in welcher sich das ungerade Neutron im Zustand $1h_{11/2}$ befindet (Abb. 7-24(a)). Die Energiedifferenz der beiden Zustände beträgt 0.661 MeV.

Ein Übergang zwischen den beiden Zuständen entspricht $\Delta I = 4$ und einer Paritätsänderung und ist somit ein M4-Übergang. Die beobachtete Lebensdauer des angeregten Zustandes beträgt rund 2.6 min. Ein anderes Beispiel ist ^{83}Kr ($Z = 36$ und $N = 47$). Dieser Kern besitzt drei Neutronen weniger als die magische Zahl 50. Für die Grundzustandskonfiguration stehen die Zustände $2p_{1/2}$ und $1g_{9/2}$ miteinander in Konkurrenz. Der erste Zustand besitzt Spin $\frac{1}{2}$ und ungerade Parität. Die zweite Konfiguration könnte den Spin $\frac{7}{2}$ oder $\frac{9}{2}$ mit gerader

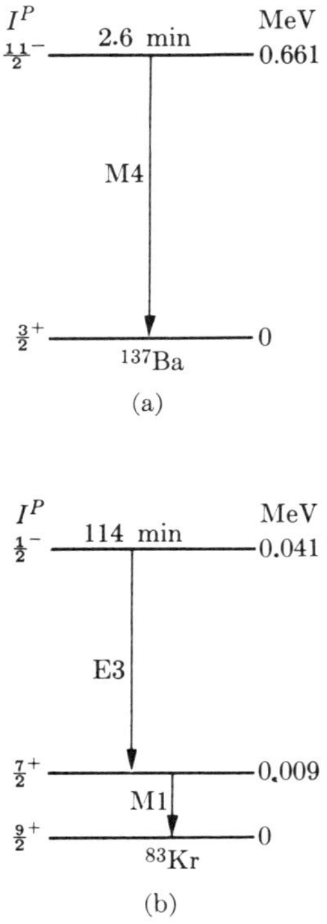

Abb. 7-24. Isomerenübergänge in ^{137}Ba und ^{83}Kr.

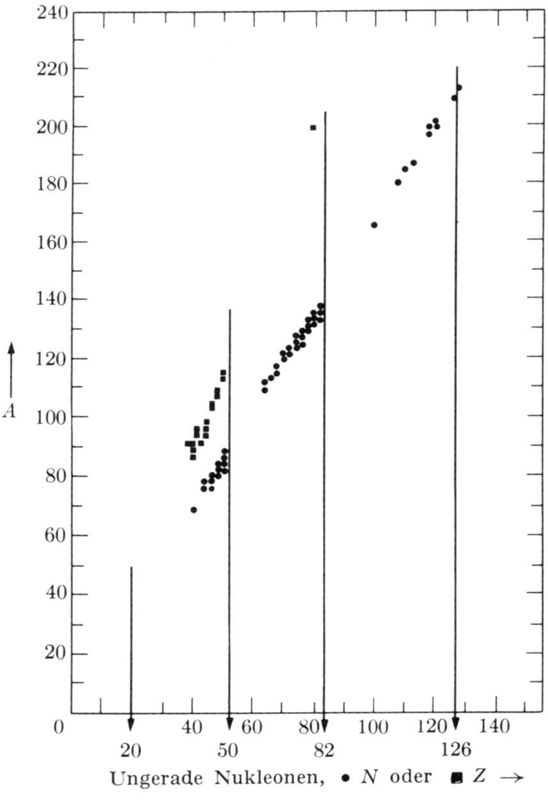

Abb. 7-25. Langlebige Isomere mit ungeradem *A*. [Nach M. Goldhaber und R. D. Hill, *Rev. Mod. Phys.* **24**, 179 (1952).]

Parität haben, was zu den in Abb. 7-24(b) gezeigten Energieniveaus führt. Der beobachtete Übergang ist $I = \frac{1}{2}^- \rightarrow I = \frac{7}{2}^+$ und ein E3-Übergang mit einer Energie von 0.032 MeV. Die Lebensdauer des $I = \frac{1}{2}$-Zustandes ist ungefähr 114 min.

Kerne, die sich in einem angeregten Zustand befinden und eine relativ lange Lebensdauer besitzen, nennt man *Isomere*. Übergänge, für die $\Delta I > 3$, bezeichnet man als *Isomerenübergänge*. Abb. 7-25 zeigt die Verteilung der Kerne, die isomere Zustände besitzen. Sie treten in Gruppen auf, sog. *Inseln der Isomerie*, die in Übereinstimmung mit den Vorhersagen des Schalenmodells gerade unterhalb der magischen Zahlen liegen. Die Erklärung dieser Inseln der Isomerie ist in der Tat einer der Erfolge des Schalenmodells.

Literaturverzeichnis

1. "The Nuclear Force", R. Marshak, *Sci. Am.* März 1960, Seite 98
2. "Nuclear Models", R. van Wageningen, *Am. J. Phys.* **28**, 425 (1960)
3. "Pauli and Nuclear Spin", S. Goudsmit, *Physics Today*, Juni 1961, Seite 18
4. "The Nucleus Today", D. Bromley, *The Physics Teacher*, **2**, 260 und 320 (1964)
5. "Problem of Nuclear Structure", V. Weisskopf, *Physics Today*, Juli 1961, Seite 18
6. *Nuclear Forces*, D. Brink. New York: Pergamon Press, 1965
7. *Structure of Atomic Nuclei*, C. Cook. New York: Van Nostrand, Momentum Books, 1964
8. *Structure of Matter*, W. Finkelnburg. New York: Academic Press, 1964, 5, Teile 1-8
9. *Foundations of Modern Physical Science*, G. Holton und D. H. D. Roller. Reading, Mass.: Addison-Wesley, 1958, Kapitel 36, 37, 38
10. *Principles of Modern Physics*, R. Leighton. New York: McGraw-Hill, 1959, Kapitel 13, 14, 16, 18 und 19
11. *Nuclear Physics*, I. Kaplan. Reading, Mass.: Addison-Wesley, 1963
12. *Introduction to the Atomic Nucleus*, J. Cuninghame. Amsterdam: Elsevier Publishing Co., 1964

Aufgaben

7.1 Prüfen Sie Abb. 7-1 (oder die dem Buch beigefügte Nuklidkarte) sorgfältig darauf, daß in der Natur keine nebeneinanderliegenden stabilen Paare von Isobaren auftreten.

7.2 Stellen Sie eine Liste aller der Fälle auf, bei denen mehr als vier benachbarte stabile Isotope auftreten. Z.B. besitzt Titan ($Z = 22$) fünf benachbarte stabile Isotope. Benutzen Sie Abb. 7-1 oder die dem Buch beigefügte Nuklidkarte.

7.3 Untersuchen Sie mit Hilfe von Abb. 7-1 (oder der Nuklidkarte), welche Reihen stabiler Isotone auftreten. Schreiben Sie für Reihen von jeweils mehr als vier stabilen Isotonen die Neutronenzahl N nieder. Sind darunter benachbarte stabile Isotone?

7.4 Gewöhnliches Bor ist eine Mischung der Isotope ^{10}B und ^{11}B. Die resultierende (oder chemische) atomare Masse beträgt 10.811 atomare Masseneinheiten. Welcher (a) anzahlmäßige und (b) massenmäßige Prozentsatz der beiden Isotope kommt im natürlichen Bor vor?

7.5 Berechnen Sie die Kernradien von ^{16}O, ^{120}Sn und ^{208}Pb.

7.6 Berechnen Sie für die jeweils häufigsten Isotope den Kernradius der Nuklide mit Z gleich 10, 30, 50, 70 und 90. Berechnen Sie ebenfalls unter Benutzung von Gl. (3.11) den Radius der inneren Elektronenbahn. Tragen Sie beide Radien in ein und demselben Diagramm auf. Schließen Sie daraus auf die Wechselwirkung der inneren Elektronen mit dem Kern.

7.7 Welche Kerne besitzen einen halb so großen Radius wie ^{236}U?

7.8 Schätzen Sie die kinetische Energie eines Nukleons im Innern eines Kernes ab, einmal, indem Sie das quantenmechanische Bild eines Teilchens in einem Potentialkasten der Breite 10^{-15} m benutzen, und zum anderen, indem Sie die de Broglie-Wellenlänge λ des Nukleons betrachten, die von der Größenordnung $2\pi r$ ist, mit r gleich 10^{-15} m.

7.9 Die Wechselwirkung zwischen den magnetischen Momenten des Elektrons und des Kerns bewirken eine *Hyperfeinstruktur-Aufspaltung* der atomaren Energieniveaus. Die Energie infolge dieser Wechselwirkung ist proportional zu

$$(\mu_0/4\pi)\mu_N\mu_B(r^{-3})_{ave},$$

wobei r der Abstand des Elektrons vom Kern ist. Zeigen Sie, daß die Hyperfeinstruktur-Aufspaltung der Energie von der Größenordnung 10^{-5} eV ist, was zu einer Hyperfeinstruktur der Spektrallinien der Größenordnung 10^{-2} Å führt, wenn die Spektrallinien im sichtbaren Bereich des Spektrums liegen.

7.10 Die in der vorhergehenden Aufgabe diskutierte Hyperfeinaufspaltung der atomaren Energieniveaus ist auch proportional zu $\boldsymbol{I} \cdot \boldsymbol{J}$, wobei $\boldsymbol{I}$ der Kernspin und $\boldsymbol{J}$ der Elektronendrehimpuls ist. Analysieren Sie die Hyperfeinstruktur-Aufspaltung der elektronischen Zustände $^2S_{1/2}$, $^2P_{1/2}$ und $^2P_{3/2}$ des ^{23}Na ($I = \frac{3}{2}$). Bestimmen Sie jeweils die Anzahl der Niveaus und ihren relativen Abstand. Stellen Sie Ihre Resultate in einem Diagramm der Energieniveaus dar.

7.11 Das elektrische Quadrupolmoment einer ellipsoidförmigen Ladungsverteilung mit achsialer Symmetrie ist $Q = \frac{2}{5}Z(a^2 - b^2)$, wobei a längs der Symmetrieachse und b längs der senkrechten Richtung gemessen ist. Der mittlere Kernradius R wird durch $R^2 = ab^2$ definiert. (Dies garantiert, daß eine Kugel mit dem Radius R dasselbe Volumen wie das Ellipsoid besitzt.) Zeigen Sie, daß, wenn $a = R + \Delta R$ ist, in erster Näherung $b = R - \frac{1}{2}\Delta R$ und $Q = \frac{6}{5}ZR\Delta R$ ist. Stellen Sie fest, daß Q/ZR^2, das in Abb. 7-4 aufgetragen ist, proportional zu $\Delta R/R$ ist. Entscheiden Sie, ob, soweit es die Information über die Kerndeformation betrifft, dieses Diagramm mehr Information enthält als ein Diagramm des Quadrupolmoments allein.

7.12 Schätzen Sie unter Benutzung der Daten von Tabelle 7-1 und der Ergebnisse von Aufgabe 7.11 $\Delta R/R$ für ^{176}Lu ab, das einer der am stärksten deformierten Kerne ist.

7.13 Schätzen Sie die Coulombabstoßungsenergie der beiden Protonen in ^{3}He ab (nehmen Sie an, daß sie 1.7×10^{-15} m getrennt sind). Vergleichen Sie diese Energie mit der Differenz der Bindungsenergien von ^{3}H und ^{3}He. Ist das Ergebnis mit der Annahme verträglich, daß die Kernkräfte ladungsunabhängig sind?

7.14 Wieviel Energie ist erforderlich, um (a) ein Proton und (b) ein Neutron aus ^{16}O und aus ^{17}O zu entfernen? Ist das Ergebnis ein Hinweis auf die Existenz von Paarungskräften?

7.15 Berechnen Sie aus den in Tabelle 7-1 gegebenen Atommassen die gesamte Bindungsenergie und die Bindungsenergie pro Nukleon für ^{7}Li, ^{16}O, ^{57}Fe und ^{176}Lu.

7.16 Die empirische Weiszäcker-Formel, Gl. (7.11), enthält vier Terme. Stellen Sie die einzelnen Terme graphisch als Funktion von A dar. Setzen Sie im vierten Term für Z und N diejenigen Werte ein, welche dem stabilsten Isobar entsprechen, und betrachten Sie nur einzelne A-Werte. Bestimmen Sie die relative Wichtigkeit der einzelnen Terme in den verschiedenen Bereichen des periodischen Systems.

7.17 Bestimmen Sie mit Hilfe von Gl. (7.13) die Atomnummer der stabilen Nukleide für $A = 27$, 64, 82, 125 und 180. Vergleichen Sie diese Werte mit den Daten von Abb. 7-1.

7.18 Berechnen Sie unter Benutzung der Weiszäcker-Formel die Atommassen von ^{12}C, ^{27}Al, ^{88}Sr, ^{185}Re und ^{232}U. Vergleichen Sie mit den Werten in Tabelle 7-1 und beurteilen Sie die Genauigkeit der Formel.

7.19 Berechnen Sie unter Benutzung der Weiszäcker-Formel die Massendifferenz zwischen den Spiegelkernen ^{23}Na und ^{23}Mg. Vergleichen Sie das Ergebnis mit den experimentellen Massenwerten, die 22.98977 bzw. 22.99412 atomare Masseneinheiten sind.

7.20 (a) Berechnen Sie die Bindungsenergien von ^{14}O, ^{15}O, ^{16}O, ^{17}O, ^{18}O und ^{19}O. (b) Wiederholen Sie die Berechnung für ^{14}C, ^{15}N, ^{16}O, ^{17}F und ^{18}Ne. (c) Erklären Sie aufgrund der Ergebnisse aus (a) und (b) die Veränderung der Bindungsenergie, wenn man ein Neutron oder ein Proton einem Kern hinzufügt. Die nicht in Tabelle 7-1 angegebenen Massen dieser Kerne sind (in atomaren Masseneinheiten): ^{14}C, 14.00324; ^{14}O, 14.00860; ^{15}O, 15.00307; ^{18}O, 17.99916; ^{19}O, 19.00358; ^{17}F, 17.00209; ^{18}Ne, 18.00571.

7.21 Experimentell wurden die folgenden Massendifferenzen gefunden:

$$^1H_2 - {}^2H = 1.5434 \times 10^{-3}\,\text{AME},$$
$$3\,{}^2H - \tfrac{1}{2}\,{}^{12}C = 4.2300 \times 10^{-2}\,\text{AME},$$
$$^{12}C\,{}^1H_4 - {}^{16}O = 3.6364 \times 10^{-2}\,\text{AME}.$$

Berechnen Sie die Atommassen von ^{1}H, ^{2}H und ^{16}O auf der Basis von $^{12}C = 12.000$ AME. Vergleichen Sie mit den experimentellen Werten.

7.22 Eine einfache empirische Approximation für das Kernpotential ist das Yukawa-Potential $E_p = -E_0 r_0 e^{-r/r_0}/r$, wobei

$$E_0 = 50\,\text{MeV und } r_0 = 1.5 \times 10^{-15}\,\text{m}.$$

Tragen Sie das Yukawa-Potential auf für $r = 0.1\,r_0$, $0.5\,r_0$, r_0, $1.5\,r_0$, $2\,r_0$ und $3\,r_0$, und vergleichen Sie mit der elektrischen potentiellen Energie zweier Protonen bei denselben Abständen.

7.23 Zeigen Sie, warum die Zustände ^{3}S, ^{1}P, ^{3}P und ^{3}D eines Neutron-Proton-Systems die einzigen sind, die mit einem Kernspin eins verträglich sind.

7.24 Man kann zeigen, daß, wenn man alle Streuphasen berücksichtigt, die Streuamplitude $f(\theta)$ der Neutronenstreuung gegeben ist durch

$$f(\theta) = \frac{1}{k} \sum_l \sqrt{4\pi(2l+1)}\, i^l e^{i\delta_l} \sin \delta_l Y_{l0},$$

wobei θ der Streuwinkel und die Y_{l0} die Drehimpulsfunktionen sind. Wenn die Energien nicht allzu groß sind, benötigt man nur die beiden ersten Streuphasen, δ_0 und δ_1, um die Neutronenstreuung zu beschreiben, und alle anderen Streuphasen sind Null. (a) Schreiben Sie in dieser Näherung $f(\theta)$ und den differentiellen Streuquerschnitt $\sigma(\theta)$. (b) Zeigen Sie, daß die Streuung nicht kugelsymmetrisch ist. Wie kann man eine Beziehung herstellen zwischen der Asymmetrie und den Vorzeichen der Streuphasen? (c) Berechnen Sie durch Integration den gesamten Wirkungsquerschnitt und verifizieren Sie, daß er mit den beiden ersten Termen von Gl. (7.22) übereinstimmt. (*Hinweis:* Benutzen Sie die in Tabelle 3-1 angegebenen Ausdrücke für Y_{00} und Y_{10}.)

7.25 Zeigen Sie, daß bei der elastischen Streuung von Protonen an Protonen oder von Neutronen an Protonen keine Teilchen um mehr als 90° im Laborsystem gestreut werden. (Nehmen Sie gleiche Massen an.) (*Hinweis:* Benutzen Sie die im Anhang angegebenen nichtrelativistischen Formeln für die Beziehung zwischen den Streuwinkeln im *CMS*- und *L*-System.)

7.26 Um welchen Winkel wird im Laborsystem ein 4-MeV α-Teilchen gestreut, wenn es sich einem Goldkern mit einem Stoßparameter 2.6×10^{-13} m nähert?

7.27 Wie groß ist der Stoßparameter eines 4-MeV α-Teilchens, das durch einen Goldkern um 15° gestreut wird?

7.28 Bestimmen Sie den Abstand der größten Annäherung für (a) 10-MeV und (b) 80-MeV Protonen, die frontal gegen einen Goldkern fliegen, und vergleichen Sie mit dem Kernradius. (c) In welchem Fall würde das Proton den Kern «treffen»? Bestimmen Sie die kinetische Energie des Protons, wenn es den Kern «trifft».

7.29 Eine Aluminiumfolie streut pro Sekunde 10^3 α-Teilchen in eine bestimmte Richtung. Wieviele α-Teilchen werden pro Sekunde in dieselbe Richtung gestreut werden, wenn die Aluminiumfolie durch eine Goldfolie gleicher Dicke ersetzt wird?

7.30 Die Zahl der von einer bestimmten Folie gestreuten α-Teilchen beträgt 10^6 pro Sekunde bei einem Streuwinkel von 10°. Berechnen Sie von 10° zu 10° bis 180° die Anzahl der gestreuten α-Teilchen. Stellen Sie Ihre Ergebnisse für $\sigma(\theta)$ graphisch dar.

7.31 Ein Strahl von 12.75-MeV α-Teilchen wird durch eine Aluminiumfolie gestreut. Man beobachtet, daß die Anzahl der in eine bestimmte Richtung gestreuten α-Teilchen bei ungefähr 54° von der Vorhersage der reinen Coulomb-Streuung abzuweichen beginnt. Schätzen Sie unter der Annahme daß die α-Teilchen einen Radius von 2×10^{-15} m besitzen, den Radius des Aluminiumkerns ab. [*Hinweis:* Man kann zeigen, daß der Abstand der größten Annäherung gegeben ist durch

$$r = (\nu Ze^2/4\pi\epsilon_0 mv_0^2)(1 + \csc \tfrac{1}{2}\theta).]$$

7.32 Bei welcher Neutronenenergie gilt die Beziehung $k \times$ Reichweite der Kernkraft $= 0.5$? Könnte man dieses Ergebnis benutzen, um die obere Grenze der Energie abzuschätzen, bei der man nur s-Streuung von Neutronen an Protonen berücksichtigen muß?

7.33 Berechnen Sie den Nukleon-Nukleon-Streuquerschnitt für den Grenzfall niedriger Energien, $E \to 0$, für das Triplettpotential ($E_0 = 36.2$ MeV) und das Singulettpotential ($E_0 = 17.8$ MeV). Welchen Streuquerschnitt würde man experimentell messen, wenn die Spins der Teilchen statistisch verteilt wären?

7.34 Berechnen Sie den Wirkungsquerschnitt für die Nukleon-Nukleon-Streuung im Triplettzustand ($E_0 = 36.2$ MeV) für $E = 0.1$, 0.5, 1 und 5 MeV. Schließen Sie hieraus, daß der Streuquerschnitt für Nukleon-Nukleon-Streuung bei niedrigen Energien kaum von der Energie abhängt?

7.35 (a) Bestimmen Sie unter Benutzung des in Abb. 7-16 angegebenen Schalenmodellschemas die Nukleonenkonfiguration für ^{2}H, ^{3}H, ^{3}He, ^{4}He, ^{7}Li, ^{12}C, ^{13}C und ^{35}Cl. (b) Sagen Sie den Kernspin dieser Nuklide voraus und vergleichen Sie mit den in Tabelle 7-1 angegebenen Werten.

7.36 Berechnen Sie unter Benutzung der in Beispiel 7.6 angegebenen Methode die magnetischen Dipolmomente der in der vorhergehenden Aufgabe angeführten Kerne und vergleichen Sie mit den in Tabelle 7-1 angegebenen experimentellen Werten.

7.37 Das Trägheitsmoment eines Kernes der Masse M mit dem mittleren

Radius R ist $\mathcal{J} = c\ M\ R^2$, wenn man ihn als massive Kugel auffaßt. Schätzen Sie für Massenzahlen A gleich 50, 100 und 150 die Energie (in MeV) eines bei einem Übergang von einem Rotationsniveau mit $l = 2$ in eins mit $l = 0$ emittierte γ-Quant ab. Vergleichen Sie mit der Energie der von gerade-gerade-Kernen dieser Bereiche emittierten γ-Strahlung. Was können Sie hieraus schließen?

7.38 Schätzen Sie aufgrund der in Abb. 7-20 gezeigten Rotationsniveaus das Trägheitmoment von ^{180}Hf. Das auf die Symmetrieachse bezogene Trägheitsmoment eines Rotationsellipsoides ist $\mathcal{J} = \frac{2}{5}\ Mb^2$, wobei b die Länge der anderen Halbachsen ist. Schätzen Sie die Deformation $\Delta R/R$ von ^{180}Hf ab und vergleichen Sie mit dem aus dem elektrischen Quadrupolmoment erhaltenen Wert. (*Hinweis:* Erinnern Sie sich von Aufgabe 7.11, daß $b = R - \frac{1}{2}\ R$.)

7.39 Bestimmen Sie die Energie und Multipolordnung der in Abb. 7-22 gezeigten γ-Übergänge für jeden der drei Kerne.

7.40 Nehmen Sie an, daß die in Abb. 7-22(a) und (b) dargestellten Niveaus Einteilchen - Übergängen entsprechen. Schreiben Sie mit Hilfe des Schalenmodell-Niveauschemas von Abb. 7-16 die Konfiguration für den Grundzustand und die einzelnen angeregten Zustände nieder.

7.41 Entscheiden Sie, ob das Niveauschema von Abb. 7-22(c) kollektiven Rotationsanregungen zugeschrieben werden kann.

8
KERNPROZESSE

8.1 Einleitung

Im vorhergehenden Kapitel untersuchten wir die Grundeigenschaften von Kernen, die als stabile Anordnungen von Nukleonen betrachtet wurden, und schlugen ein Modell vor, das, mehr oder weniger befriedigend, solche Eigenschaften erklärte. Eine andere Informationsquelle über die Kernstruktur ist die Analyse von Prozessen, bei denen, wie bei Kernspaltungen und Kernreaktionen, eine Umordnung der Energie oder der Konfiguration der Nukleonen stattfindet. In diesem Kapitel werden wir einige Kernprozesse analysieren. Viele von ihnen treten in der Natur auf, andere erzeugt man künstlich im Laboratorium mit Hilfe der verschiedenartigen Teilchenbeschleuniger oder Kernreaktoren. Die experimentelle und theoretische Untersuchung von Kernprozessen ist ein noch nicht abgeschlossenes Kapitel der zeitgenössischen Physik, dem sich die Forschung in großem Umfange widmet.

8.2 Radioaktiver Zerfall

Wir erinnern den Leser daran, daß wir bei der Diskussion von Abb. 7-1 darauf hinwiesen, daß einige Kerne eine Kombination von Protonen und Neutronen besitzen, die nicht zu einer stabilen Konfiguration führt. Diese Kerne sind daher instabil oder radioaktiv. Instabile Kerne neigen dazu, sich durch Freisetzen bestimmter Teilchen einer stabilen Konfiguration zu nähern. Als diese Teilchen Ende vergangenen Jahrhunderts durch J. Becquerel, Pierre und Marie Curie und andere beobachtet wurden, bezeichnete man sie als α- und β-Teilchen.

α-Teilchen sind Heliumkerne, bestehend aus zwei Protonen und zwei Neutronen, wie man durch eine Messung ihrer Ladung und ihrer Masse verifizieren kann. Wenn ein Kern ein α-Teilchen emittiert, nimmt daher seine Atomnummer Z um zwei Einheiten und seine Massenzahl A um vier Einheiten ab. Der neue Kern entspricht daher einem anderen chemischen Element. Wenn z.B. der radioaktive Kern $^{238}_{92}U$ ein α-Teilchen emittiert, ist der verbleibende Kern $^{234}_{90}Th$.

β-Teilchen sind Elektronen, die eine Ladung $-e$ tragen. Wenn ein Kern ein β-Teilchen emittiert, nimmt daher die Atomnummer des Kerns um eine Einheit zu, die Massenzahl ändert sich jedoch nicht. Wenn z.B. der radioaktive Kern $^{234}_{90}Th$ ein β-Teilchen emittiert, ist der verbleibende Kern $^{234}_{91}Pa$. Einige Kerne emittieren anstelle von Elektronen Positronen, die eine Ladung $+e$ tragen; daher hat der nach Elektronenemission verbleibende Kern eine um eine Einheit kleinere Atomnummer. Wenn z.B. der Kern $^{13}_{7}N$ ein Positron emittiert, ist der verbleibende Kern $^{13}_{6}C$. Die beiden Arten des β-Zerfalls bezeichnet man mit β^- bzw. β^+. Der verbleibende, oder Tochterkern bleibt manchmal in einem angeregten Zustand und emittiert bei seinem Übergang in den Grundzustand, wie in Abschnitt 7.10 erklärt, γ-Strahlung.

Viele Isotope von Elementen mit $Z > 81$ (oder $A > 206$) sind natürlich radioaktiv. Einige wenige andere natürlich auftretende leichte Kerne, wie ^{14}C und ^{40}K, sind ebenfalls radioaktiv. Viele weitere radioaktive Kerne sind im Laboratorium mit Kernreaktoren und Teilchenbeschleunigern hergestellt worden. Abb. 8-1 zeigt

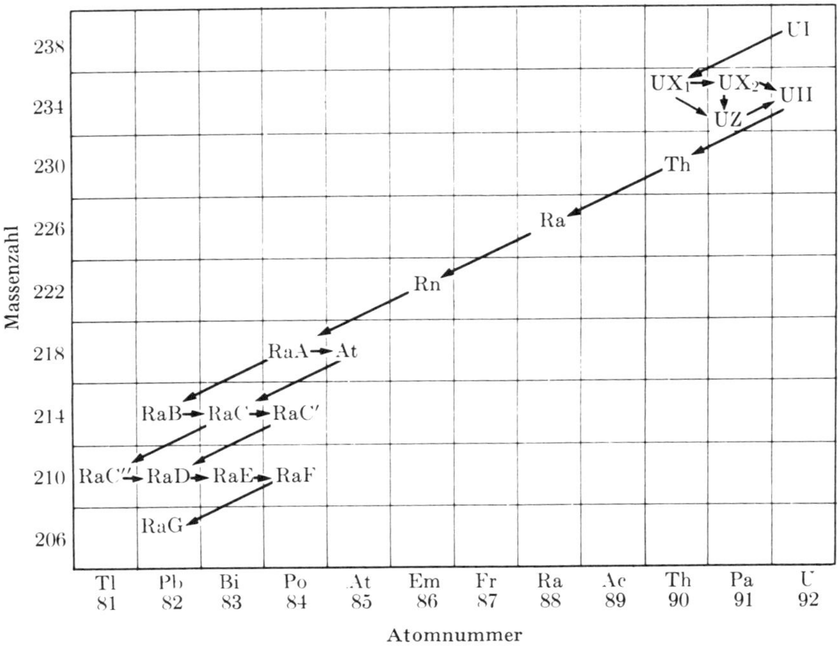

Abb. 8-1. Die natürlich radioaktive Uran- oder $4n+2$-Reihe.

eine der drei natürlichen radioaktiven Ketten, die sog. *Uranreihe*, und Tabelle 8-1 gibt zu dieser Reihe die entsprechende Information. Die Massenzahl der Kerne in dieser Reihe ist durch $4n + 2$ gegeben, wobei n eine ganze Zahl ist. Die beiden anderen natürlichen radioaktiven Ketten sind die *Aktiniumreihe* und die *Thoriumreihe*, die aus Kernen der Art $4n + 3$ bzw. $4n$ bestehen.

Die schwereren Nuklide in diesen beiden Reihen sind ^{235}U und ^{232}Th.

In den nächsten beiden Abschnitten werden wir den α- und den β-Zerfall mehr im Detail analysieren. Bereits jetzt wollen wir einige Eigenschaften diskutieren, die beiden radioaktiven Prozessen gemeinsam sind. Man hat beobachtet, daß alle radioaktiven Prozesse einem Exponentialgesetz gehorchen. Wenn N_0 die Anfangszahl der instabilen Kerne ist, so ist dementsprechend die Zahl, der nach der Zeit t verbleibenden Kerne, gegeben durch

$$N = N_0 e^{-\lambda t}, \tag{8.1}$$

wobei λ eine für die einzelnen Nuklide charakteristische Konstante, die sog. *Zerfallskonstante* ist. Sie wird in s^{-1} (oder im Reziproken einer anderen Zeiteinheit) ausgedrückt. Gl. (8.1) ist in Abb. 8-2 dargestellt. Für jedes radioaktive Nuklid gibt es ein festes Zeitintervall T, die sog. *Halbwertzeit*, währendessen

TABELLE 8-1 Die Uranreihe

Radioaktiver Kern	Nuklid	Zerfallsart	Halbwertszeit	Zerfallskonstante, s^{-1}	Teilchenenergie, MeV
Uran I (UI)	$^{238}_{92}U$	α	4.51×10^9 y	4.88×10^{-18}	4.19
Uran X_1 (UX_1)	$^{234}_{90}Th$	β	24.1 d	3.33×10^{-7}	0.19
Uran X_2 (UX_2)	$^{234}_{91}Pa$	β	1.18 m	9.77×10^{-3}	2.31
Uran Z (UZ)	$^{234}_{91}Pa$	β	6.66 h	2.88×10^{-5}	0.5
Uran II(UII)	$^{234}_{92}U$	α	2.48×10^5 y	8.80×10^{-14}	4.768
Thorium (Th)	$^{230}_{90}Th$	α	8.0×10^4 y	2.75×10^{-13}	4.68
Radium (Ra)	$^{226}_{88}Ra$	α	1620 y	1.36×10^{-11}	4.777
Radon (Rn)	$^{222}_{86}Rn$	α	3.82 d	2.10×10^{-6}	5.486
Radium A (RaA)	$^{218}_{84}Po$	α, β	3.05 m	3.78×10^{-3}	α: 5.998 β: ?
Radium B (Ra)	$^{214}_{82}Pb$	β	26.8 m	4.31×10^{-4}	0.7
Astatin 218 (^{218}At)	$^{218}_{85}At$	α	1.3 s	0.4	6.70
Radium C (RaC)	$^{214}_{83}Bi$	α, β	19.7 m	5.86×10^{-4}	α: 5.51 β: 3.17
Radium C′ (RaC′)	$^{214}_{84}Po$	α	1.64×10^{-4} s	4.23×10^3	7.683
Radium C″ (RaC″)	$^{210}_{81}Tl$	β	1.32 m	8.75×10^{-4}	1.96
Radium D (RaD)	$^{210}_{82}Pb$	β	21 y	1.13×10^{-9}	0.0185
Radium E (RaE)	$^{210}_{83}Bi$	β	5.0 d	1.60×10^{-6}	1.155
Radium F (RaF)	$^{210}_{84}Po$	α	138.4 d	5.80×10^{-8}	5.300
Thallium-206 (^{206}Tl)	$^{206}_{81}Tl$	β	4.2 m	2.75×10^{-3}	1.51
Radium G (RaG)	$^{206}_{82}Pb$	Stabil			

sich die zu Beginn des Intervalls vorliegende Anzahl von Kernen auf die Hälfte reduziert. Wenn wir anfangs N_0 Kerne (oder Atome) hatten, sind nach der Zeit T nur $N_0/2$ übrig, nach der Zeit $2T$ nur $N_0/4$ usw. Um diese Zeit T zu bestimmen, setzen wir in Gl. (8.1) $N = \frac{1}{2}N_0$ und $t = T$. Dann ist $\frac{1}{2}N_0 = N_0 e^{-\lambda T}$ oder $e^{\lambda T} = 2$. Wenn wir die Logarithmen nehmen, erhalten wir $\lambda T = \ln 2 = 0.693$ oder

$$T = 0.693/\lambda, \qquad (8.2)$$

was T und λ miteinander in Beziehung setzt. Die beobachteten Halbwertzeiten liegen zwischen vielen Jahren — wie der Halbwertzeit des α-Zerfalls von ^{209}Bi, die ungefähr 2×10^{18} Jahre beträgt,

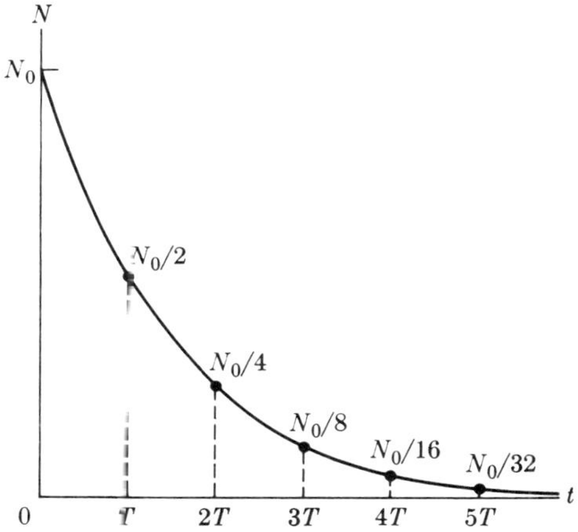

Abb. 8-2. Radioaktiver Zerfall als Funktion der Zeit.

und des β-Zerfalls von ^{115}In, welche rund 6×10^{14} Jahre ist — und Bruchteilen einer Sekunde (^{8}Be hat eine α-Zerfallshalbwertzeit der Größenordnung 10^{-16} s).

Aus Gl. (8.1) erhalten wir für die Rate, mit der die Kerne zerfallen:

$$dN/dt = -\lambda N_0 e^{-\lambda t} = -\lambda N. \tag{8.3}$$

Dies zeigt, daß die Zerfallsrate dN/dt proportional zur Zahl der vorhandenen Kerne ist. Daher nimmt die Zerfallsrate dN/dt im gleichen Verhältnis und mit der gleichen Halbwertzeit wie die Anzahl der Kerne N ab. Den Absolutwert der Zerfallsrate, $|dN/dt|$, nennt man die *Aktivität* der Substanz.

Zerfallsraten drückt man üblicherweise, zu Ehren von Pierre und Marie Curie, den Entdeckern von Polonium und Radium, in *Curies*, abgekürzt Ci, aus. Ein Curie ist definiert als die Aktivität einer Substanz, in der pro Sekunde 3.700×10^{10} Kerne zerfallen.* Untereinheiten dieser Grundeinheit sind das Millicurie (1 mCi $= 10^{-3}$ Ci) und das Mikrocurie (1μCi $= 10^{-6}$ Ci).

Gl. (8.1) und (8.3) sind beide statistische Gesetze, die nur dann gelten, wenn die Anzahl der Kerne sehr groß ist, und die man wie folgt interpretieren kann. Es gibt eine *Zerfallswahrscheinlichkeit pro Zeiteinheit* λ, daß ein instabiler Kern in einem bestimmten Prozeß zerfällt. Die Wahrscheinlichkeit, daß der Kern im Zeitintervall dt zerfallen wir, ist λdt. Wenn N Kerne vorhanden sind (wobei N sehr groß ist), dürfen wir erwarten, daß eine Anzahl von Kernen gleich $(\lambda dt)N$ während dt zerfällt. Wir können deshalb schreiben

$$dN = -(\lambda\, dt)N \qquad \text{oder} \qquad dN/dt = -\lambda N,$$

was Gl. (8.3) ist. Das Minuszeichen tritt deshalb auf, weil N infolge des Zerfalls mit der Zeit abnimmt. Die Berechnung der Zerfallswahrscheinlichkeit pro Zeiteinheit λ für die einzelnen Zerfallsprozesse ist ein wichtiges Problem, auf das ausgefeilte Techniken der Quantenmechanik angewandt werden müssen. Man sollte aufgrund der obigen Diskussion beachten, daß wir nicht von der Halbwertzeit eines einzelnen Kernes sprechen oder mit Sicherheit vorhersagen können, wann ein bestimmter Kern zerfallen wird, und wir wiederholen, daß die Gl. (8.1) und (8.3) nur in einem statistischen Sinne korrekt sind.

BEISPIEL 8.1. Berechnen Sie die Masse von 1.00 Ci von ^{14}C. Die Halbwertzeit von ^{14}C beträgt 5570 Jahre.

Lösung: Da $T = 5570$ a $(5.570 \times 10^{3}$ a$) \times (2.156 \times 10^{7}$ s/a$) = 1.758 \times 10^{11}$ s, beträgt die Zerfallskonstante $\lambda = 0.693/T = 3.94 \times 10^{-12}$ s^{-1}. Ferner ist

$$|dN/dt| = 1 \text{ Ci} = 3.70 \times 10^{7} \text{ s}^{-1}.$$

Wenn wir Gl. (8.3) mit Absolutbeträgen benutzen, erhalten wir daher, daß

$$N = \frac{1}{\lambda}\left|\frac{dN}{dt}\right| = 9.38 \times 10^{18} \text{ Kerne von } {}^{14}\text{C},$$

* Diese Rate entspricht ungefähr der Aktivität von 1 g von Ra.

was auch die Anzahl der Kohlenstoffatome ist. Die Atommasse von ^{14}C beträgt 14.0077 AME. Daher ist die Masse der obigen Anzahl von Kohlenstoffatomen

$$M = (14.0077 \times 1.6604 \times 10^{-27} \text{ kg Atom}^{-1}) \times (9.38 \times 10^{18} \text{ Atome})$$
$$= 2.18 \times 10^{-7} \text{ kg}.$$

BEISPIEL 8.2. Eine Methode, radioaktive Nuklide zu erzeugen, besteht darin, eine Probe einer bestimmten Substanz in einen Kernreaktor zu bringen. Als Ergebnis eines Neutroneneinfangs durch die Kerne der Substanz werden dabei radioaktive Nuklide erzeugt. Wenn wir z.B. ^{59}Co mit Neutronen beschießen, finden wir, daß wir ^{60}Co erhalten, das β-radioaktiv mit einer Halbwertzeit von 5.27 Jahren ist. Eine andere Methode, radioaktive Nuklide zu erhalten, besteht darin, die Substanz mit geladenen Teilchen, wie etwa Protonen oder Deuteronen, zu beschießen, wobei man Beschleuniger benutzt, um den Projektilen die notwendige Energie zu geben. In beiden Fällen werden die neuen Nuklide mit einer konstanten Rate von g Kernen pro Sekunde erzeugt. Berechnen Sie die Anzahl der von einem radioaktiven Nuklid erzeugten Kerne als Funktion der Zeit.

Lösung: Das radioaktive Nuklid wird mit einer Rate von g Kernen pro Sekunde fabriziert, gleichzeitig zerfällt das Nuklid jedoch, entsprechend Gl. (8.3), mit einer Rate von λN Kernen pro Sekunde, wobei N die Anzahl der in dem Augenblick vorhandenen Kerne ist. Die effektive Zuwachsrate der Kerne pro Sekunde* ist demnach

$$\frac{dN}{dt} = g - \lambda N.$$

Wenn wir die Variablen separieren und integrieren, erhalten wir

$$\int_{N^0}^{N} \frac{dN}{N - g/\lambda} = -\lambda \int_0^t dt \qquad \text{oder} \qquad \log \frac{N - g/\lambda}{N_0 - g/\lambda} = -\lambda t.$$

Wenn wir annehmen, daß die Anzahl der Kerne der Substanz anfangs gleich Null war (d.h. $N_0 = 0$), so haben wir zu einer späteren Zeit t

$$N = \frac{g}{\lambda}(1 - e^{-\lambda t}).$$

Die Maximalzahl radioaktiver Kerne, die unter diesen Bedingungen erzeugt werden, ist $N_{max} = g/\lambda$. Die Variation von N als Funktion von t ist in Abb. 8-3 dargestellt. Man beachte, daß wir zur Zeit $t = T$ $0.50g/\lambda$ Atome und zur Zeit $t = 2T$ $0.75g/\lambda$ Atome haben.

BEISPIEL 8.3. Substanz A zerfällt in eine andere Substanz B, die ebenfalls radioaktiv ist. Bestimmen Sie die Veränderung von B als Funktion der Zeit, wenn λ_A und λ_B die Zerfallskonstanten A bzw. B sind. Nehmen Sie an, daß die Anfangsmenge B gleich Null ist.

Lösung: Entsprechend Gl. (8.3) zerfällt die Substanz A mit der Rate

$$dN_A/dt = -\lambda_A N_A,$$

* Der Leser sollte erkennen, daß diese Gleichung mathematisch identisch ist mit der Gleichung für den freien Fall eines Körpers in einer viskosen Flüssigkeit oder für das Ansteigen eines elektrischen Stromes durch eine Induktivität.

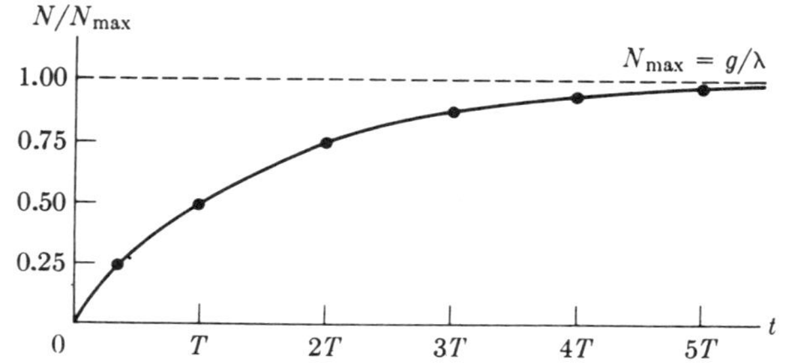

Abb. 8-3. Erzeugung radioaktiver Nuklide als Funktion der Zeit.

so daß $N_A = N_{A0}e^{-\lambda_A t}$. Für jeden Kern von A, der zerfällt, wird einer von B gebildet, Daher wird B mit einer Rate von $\lambda_A N_A$ Kerne pro Sekunde gebildet. Gleichzeitig zerfällt es jedoch mit einer Rate von $\lambda_B N_B$ Kernen pro Sekunde. Daher ist der effektive Zuwachs von Kernen der Substanz B pro Zeiteinheit

$$\frac{dN_A}{dt} = \lambda_A N_A - \lambda_B N_B \quad \text{oder} \quad \frac{dN_B}{dt} = \lambda_A N_{A0} e^{-\lambda_A t} - \lambda_B N_B.$$

Wie der Leser durch direktes Einsetzen verifizieren kann, lautet die Lösung dieser Gleichung, welche die Bedingung $N_B = 0$ zur Zeit $t = 0$ erfüllt,

$$N_B = \frac{\lambda_A}{\lambda_B - \lambda_A} N_{A0}(e^{-\lambda_A t} - e^{-\lambda_B t}).$$

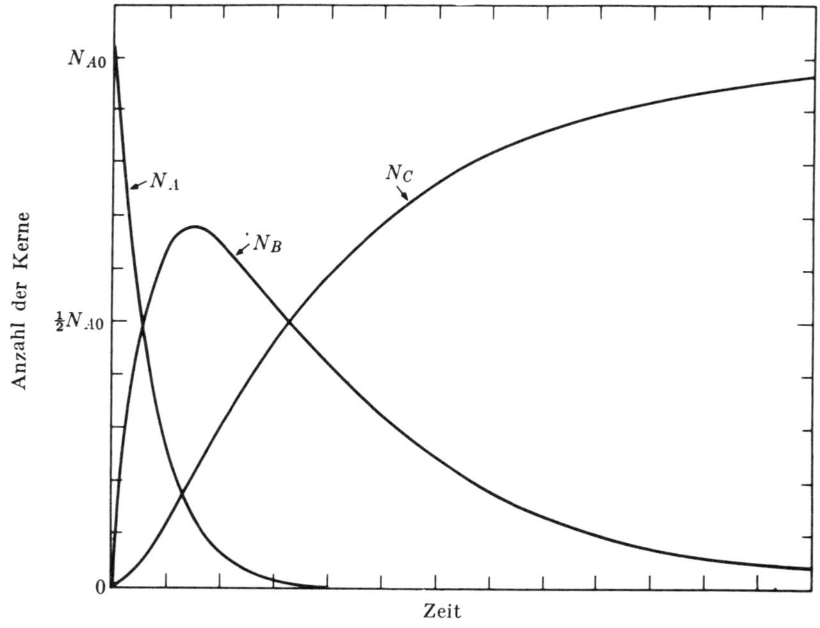

Abb. 8-4. Radioaktive Reihe mit drei Gliedern. Anfangs ist nur der Mutterkern A ($T \approx 1$ Std) vorhanden. Der Tochterkern B besitzt eine Halbwertzeit von 5 Stunden; das dritte Glied C ist stabil.

Wenn die Substanz B in eine stabile Substanz C zerfällt, nimmt die Zahl der Kerne von C stetig zu, bis nach einer mit den Halbwertzeiten von A und B verglichen sehr langen Zeit die Anzahl der Kerne von C gleich N_{A_0} ist.
Die Veränderung von N_A, N_B und N_C als Funktion der Zeit ist in Abb. 8-4 gezeigt. Wir stellen fest, daß B anfangs zunimmt, da es schneller erzeugt wird, als es zerfällt. Nach einer bestimmten Zeit kehrt die Situation jedoch um, da die Aktivität der Muttersubstanz abgenommen hat. Das Resultat kann man auf kompliziertere radioaktive Ketten $A \to B \to C \to D \to \ldots$, wie etwa die natürlichen radioaktiven Reihen, ausdehnen. Eine Untersuchung dieser Ketten ist z.B. nützlich, wenn man das Alter von Gesteinen, die radioaktive Substanzen enthalten, dadurch bestimmen will, daß man die Verhältnisse der einzelnen Substanzen in einer Gesteinsprobe bestimmt.

8.3 Alpha-Zerfall

Wie wir im vorhergehenden Abschnitt sahen, besteht der Alpha-Zerfall in der Emission eines α-Teilchens (oder Heliumkernes ${}^4_2\mathrm{He}$), das aus zwei Protonen und zwei Neutronen besteht. Der Tochterkern hat eine um zwei Einheiten kleinere Atomnummer und eine um vier Einheiten kleinere Massenzahl als der Mutterkern. Wenn wir die Mutter- und Tochterkerne durch X bzw. Y bezeichnen, können wir daher den α-Zerfallsprozeß so schreiben:

$$ {}^A_Z\mathrm{X} \to {}^{A-4}_{Z-2}\mathrm{Y} + {}^4_2\mathrm{He}. \tag{8.4} $$

Z.B. ist ${}^{238}_{92}\mathrm{U}$ ein α-Strahler und zerfällt nach dem Schema

$$ {}^{238}_{92}\mathrm{U} \to {}^{234}_{90}\mathrm{Th} + {}^4_2\mathrm{He}. $$

Die meisten α-Strahler sind schwere Kerne und entsprechen Nukliden am Ende des periodischen Systems. Man kann in der Tat anhand des in Gl. (7.10) gegebenen Ausdruckes für die Kernbindungsenergie zeigen, daß die meisten Kerne mit $A > 150$ α-Strahler sein sollten. Die Mehrzahl der α-Strahler hat jedoch $A > 200$. Man nimmt an, daß mit wenigen Ausnahmen, die Halbwertzeiten leichterer Kerne für den α-Zerfall so groß sind, daß diese Zerfallsart praktisch nicht beobachtet werden kann.

Ein α-Teilchen ist ein doppelt magischer Kern, der aus zwei Protonen und zwei Neutronen besteht, alle in einer $s_{1/2}$-Schale, und Gesamtspin Null und gerade Parität besitzt. So besitzen α-Teilchen eine außerordentliche Stabilität und verhalten sich daher in vielen Fällen wie eine Einheit oder ein einziges Teilchen, ähnlich Protonen und Neutronen. Der Leser sollte sich daran erinnern, daß Rutherford α-Teilchen als Projektile benutzte, um das Innere des Atoms abzutasten und das Kernmodell zu begründen.

Wir dürfen jedoch nicht denken, daß α-Teilchen als solche im Kerninnern existieren. Man nimmt an, daß es bestimmte Korrelationen der Nukleonenbewegung gibt, die gelegentlich einige von ihnen sich in eine α-Teilchen-ähnliche Konfiguration gruppieren lassen, die sich für eine kurze Zeit wie eine dynamische Einheit verhält. Wenn sich eine solche Einheit in der Nähe der Kernoberfläche

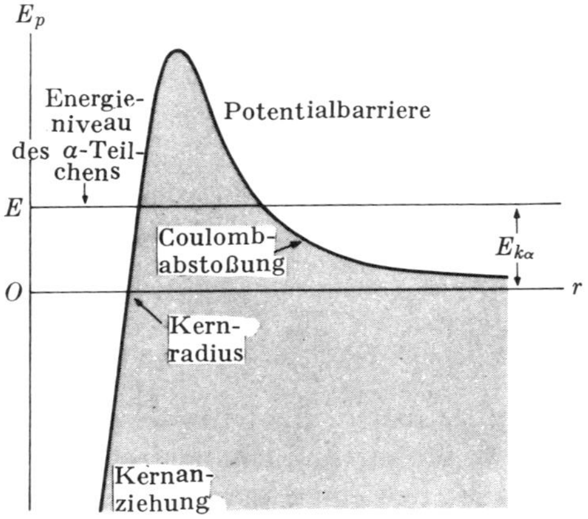

Abb. 8-5. Potentielle Energie eines α-Teilchens und eines Kerns.

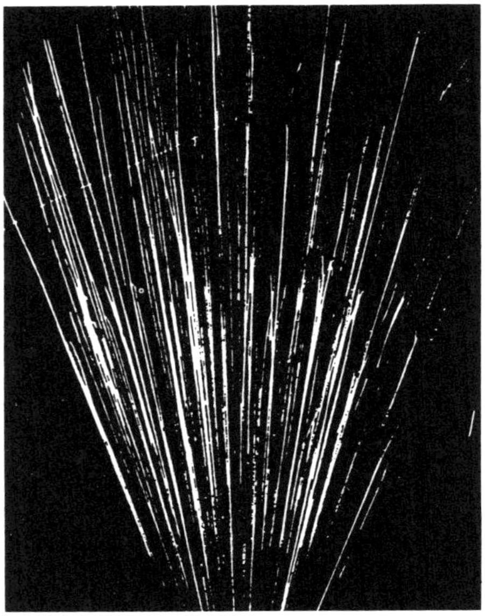

Abb. 8-6. Spuren von α-Teilchen in einer Nebelkammer. Die abgelenkte Spur scheint von der Reaktion $^{14}N(\alpha, p)^{17}O$ herzurühren, die mit einem Stickstoffatom in der Kammer stattgefunden hat. In der Photographie lassen sich deutlich zwei Gruppen von α-Teilchen, jede mit einer charakteristischen Reichweite, unterscheiden.

befindet, gibt es eine bestimmte Wahrscheinlichkeit, daß die Gruppe der Nukleonen als ein α-Teilchen entweicht.

Die potentielle Energie der Wechselwirkung eines α-Teilchens mit dem Rest des Kernes, die der eines Protons mit dem Rest des Kernes sehr ähnlich ist (vergl. Abb. 7-1), ist in Abb. 8-5 angedeutet. Die Energie der α-Teilchen (ungefähr 4 bis 9 MeV) ist geringer als die Höhe der Coulombbarriere (ungefähr 40 MeV für die meisten α-Strahler) an der Kernoberfläche, und das α-Teilchen kann nur dadurch aus dem Kern austreten, daß es den Potentialwall durchtunnelt (Abschnitt 2.8). Wir können die Zerfallswahrscheinlichkeit pro Zeiteinheit, λ, als Funktion der Wahrscheinlichkeit P, den Wall zu durchtunneln, berechnen. Die Größe P berechnet sich nach den Methoden der Quantenmechanik. Die Resultate stimmen einigermaßen gut mit den experimentellen Werten für λ überein.

Je größer die kinetische Energie $E_{k\alpha}$ des α-Teilchens ist, umso geringer sind, wie wir Abb. 8-5 entnehmen können, die Höhe und die Breite der Barriere und umso größer die Wahrscheinlichkeit P, die Barriere zu durchtunneln. Wir können daher erwarten, daß die Zerfallskonstante λ mit $E_{k\alpha}$ zunimmt, eine Tatsache, die wir durch einen Blick auf Tabelle 8-1 bestätigen können. Eine genaue Rechnung zeigt, daß die Transmissionswahrscheinlichkeit P sehr empfindlich von der Höhe und Breite des Walles und so von $E_{k\alpha}$ abhängt. Dies erklärt, warum (wie in Tabelle 8-1 zu sehen) eine Änderung von $E_{k\alpha}$ um einen Faktor von rund zwei von 4.20 MeV (was ^{238}U entspricht) auf 7.68 MeV (was ^{214}Po entspricht) zu einer λ-Änderung von 4.88×10^{-18} s^{-1} auf 4.23×10^3 s^{-1}, d.h. um einen Faktor von rund 10^{21}, führt.

Da α-Teilchen geladen sind, ionisieren sie, wenn sie durch eine Substanz fliegen, deren Atome. Hierauf basiert eine der Methoden, durch die man α-Teilchen nachweisen kann, wobei man Geräte benutzt, die entweder den Ionisationsgrad messen (wie z.B. Ionisationskammern) oder Ionisation sichtbar machen (wie in Nebelkammern). Abb. 8-6 zeigt eine Nebelkammeraufnahme von α-Teilchenspuren, die von einer radioaktiven Probe erzeugt wurden. Infolge der Ionisation verlieren die α-Teilchen solange Energie, bis sie genügend abgebremst sind, um zwei Elektronen einzufangen und neutrale Heliumatome zu werden. Rutherford demonstrierte (1919) als erster, daß α-Teilchen Heliumkerne sind, indem er die von einer Substanz emittierten α-Teilchen (in einer evakuierten Röhre) sammelte; bei einer elektrischen Entladung in der Röhre wurde das Heliumspektrum beobachtet.

Die Reichweite von α-Teilchen hängt sowohl von ihrer Energie wie von der Substanz ab, durch welche sie sich bewegen. In Luft bei Normalbedingungen ist ihre Reichweite nur wenige Zentimeter. So haben z.B. α-Teilchen von ^{210}Po (5.3 MeV) und von ^{214}Po (7.7 MeV) in Luft Reichweiten von rund 3.8 bzw. 7.0 cm. α-Teilchen werden jedoch sehr leicht von einem Blatt Papier oder einer sehr dünnen Aluminiumfolie absorbiert. Man kann in Abb. 8-6 sehen, daß die α-Teilchen, welche die Spuren erzeugen, in zwei Gruppen fallen, jede mit einer charakteristischen Reichweite.

Die Tatsache, daß die von einem bestimmten Nuklid emittierten α-Teilchen eine wohldefinierte Reichweite besitzen, ist ein Hinweis, daß sie ebenfalls eine wohldefinierte Energie besitzen. Abb. 8-7 zeigt das Energiespektrum der von

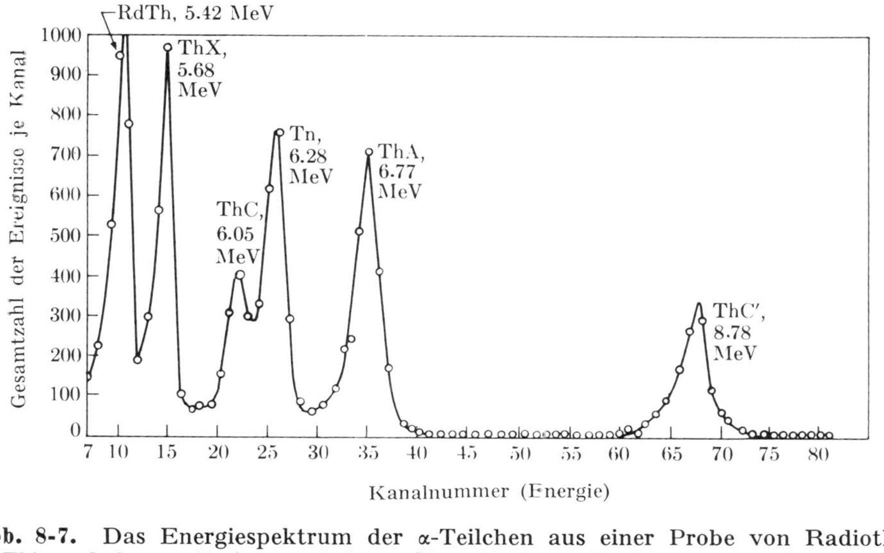

Abb. 8-7. Das Energiespektrum der α-Teilchen aus einer Probe von Radiothor (^{228}Th) und dessen Zerfallsprodukten. [Aus *National Nuclear Energy Series*, Band 14A, *The Actinide Elements*, G. Seaborg und J. Katz, Redakteurs. New York: McGrawHill, 1954, Kapitel 16. Mit freundlicher Genehmigung der United States Atomic Energy Commission.]

einer Anzahl verschiedener Nuklide emittierten α-Teilchen. Die Energie, in willkürlichen Einheiten, entspricht den Kanalnummern eines Energieanalysators. Man kann deutlich sehen, daß die α-Teilchen von jedem der Nuklide eine wohldefinierte Energie besitzen. Diese Tatsache bestätigt, daß α-Zerfall, wie durch Gl. (8.4) ausgedrückt, ein Zweikörperproblem ist; α-Zerfall ähnelt so der Explosion einer Granate in zwei Fragmente. Wir nehmen an, daß Energie und Impuls beim α-Zerfall erhalten sind. Wenn Q die beim Zerfall des Mutterkernes X, der im Laborsystem in Ruhe angenommen wird, freiwerdende Energie bezeichnet, sind die kinetischen Energien des α-Teilchens und des Tochterkernes Y bei großem gegenseitigen Abstand (siehe Anhang II, Gl. (A. 27))

$$E_{k\alpha} = \frac{m_Y}{m_\alpha + m_Y} Q, \qquad E_{kY} = \frac{m_\alpha}{m_\alpha + m_Y} Q. \tag{8.5}$$

Den Wert von Q erhält man aus der beim Prozeß auftretenden Massenänderung; d.h.

$$Q = (m_X - m_Y - m_\alpha)c^2, \tag{8.6}$$

da $m_X c^2$ die innere Energie des Mutterkerns und $m_Y c^2$ und $m_\alpha c^2$ die inneren Energien der beiden Produkte sind (siehe Anhang II, Gl. (A. 22)). Damit α-Emission stattfinden kann, ist es notwendig, daß $Q > 0$. Wenn man die Massen in atomaren Masseneinheiten und Q in MeV ausdrückt, wird Gl. (8.6)

$$Q = 931.48(m_X - m_Y - m_\alpha). \tag{8.7}$$

In dieser Gleichung können die Massen entweder den Kernen oder den Atomen entsprechen, da sich im Fall der Atommassen die Elektronenmassen wegheben.

Genaugenommen besitzen die α-Teilchen von einem bestimmten Nuklid nicht alle dieselbe Energie; sie zeigen vielmehr eine bestimmte Feinstruktur. Z.B. haben die α-Teilchen von ^{238}U Energien von 4.18 MeV und 4.13 MeV. Der Grund hierfür liegt darin, daß der Tochterkern im Grundzustand oder in einem angeregten Zustand gebildet werden kann, selbst wenn sich der Mutterkern in seinem Grundzustand befand. Diese Situation wird durch Abb. 8-8 illustriert, welche das Zerfallsschema von ^{212}Bi (oder ThC) zeigt; die sechs α-Teilchen-Übergänge (wie auch die nachfolgend emittierten γ-Strahlen) sind durch Pfeile angedeutet. In anderen Fällen tritt der umgekehrte Sachverhalt auf. Der Mutterkern kann sich im Grundzustand oder einem von mehreren angeregten Zuständen befinden, der Tochterkern im Grundzustand, wie es in Abb. 8-9 für das Zerfallsschema von ^{212}Po (oder ThC′) gezeigt ist. Einige γ-Übergänge sind ebenfalls eingezeichnet.

BEISPIEL 8.4. Berechnen Sie die kinetische Energie der von $^{232}_{92}U$ emittierten α-Teilchen.

Lösung: Der Zerfallsprozeß ist $^{232}_{92}U \rightarrow {}^{228}_{90}Th + {}^{4}_{2}He$. Die beteiligten Massen sind $m_X = m(^{232}U) = 232.1095$ AME, $m_Y = m(^{228}Th) = 228.0998$ AME und $m_\alpha = 4.0039$

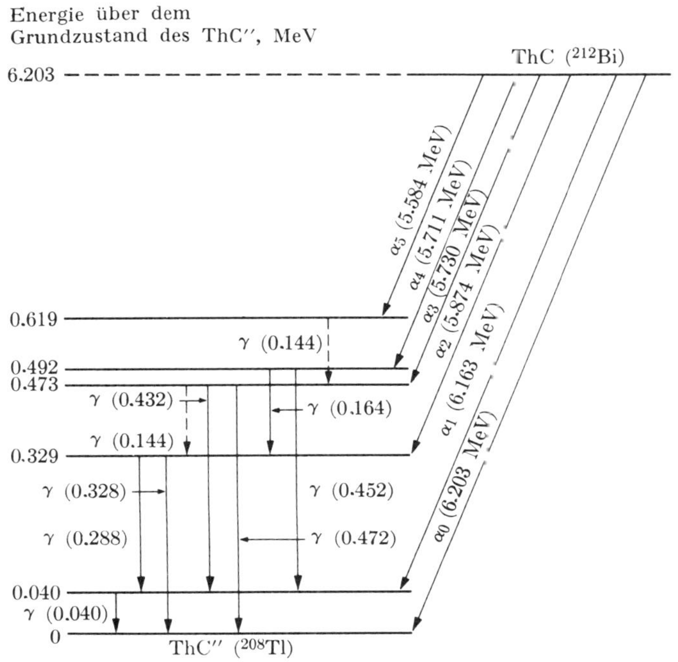

Abb. 8-8. Zerfallsschema für den α-Zerfall von ^{212}Bi in ^{208}Tl.

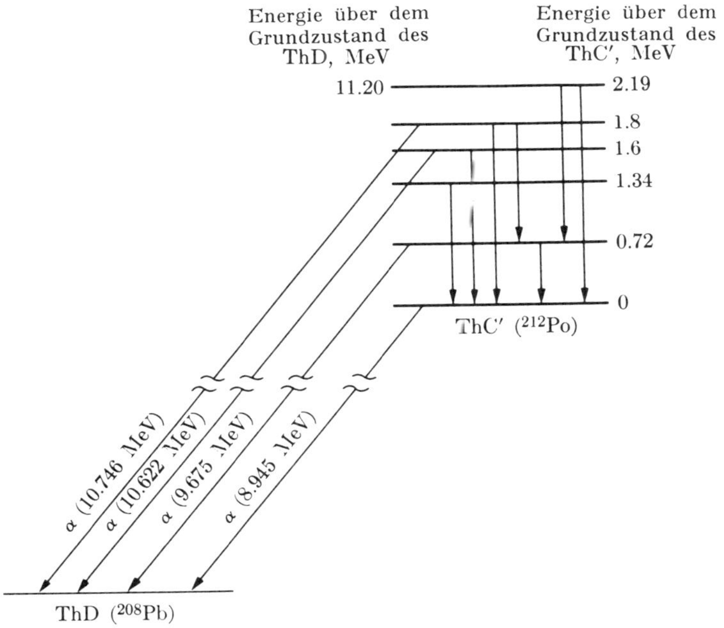

Abb. 8-9. Zerfallsschema für den α-Zerfall des ^{212}Po in ^{208}Pb.

AME. Durch Anwendung von Gl. (8.7) erhalten wir $Q = 5.40$ MeV. Ein positives Q bedeutet, daß der Prozeß exoenergetisch ist und spontan auftreten kann. Durch Anwendung von Gl. (8.5) berechnen wir die kinetischen Energien zu $E_{k\mathrm{Th}} = 0.10$ MeV und $E_{k\alpha} = 5.30$ MeV. Wir erhalten diesen Wert von $E_{k\alpha}$, wenn wir annehmen, daß das ${}^{238}_{90}\mathrm{Th}$ sich im Grundzustand befindet. Wenn aber ${}^{238}_{90}\mathrm{Th}$ in einem angeregten Zustand bleibt, ist der Wert von $E_{k\alpha}$ geringer. Der experimentelle Wert der höchstenergetischen α-Teilchen von $^{232}\mathrm{U}$ ist $E_{k\alpha} = 5.32$ MeV, so daß unsere theoretische Interpretation richtig zu sein scheint.

BEISPIEL 8.5. Diskutieren Sie die Stabilität von ${}^{232}_{92}\mathrm{U}$ gegenüber der Emission anderer Teilchenarten.

Lösung: Man kann sich fragen, ob nicht einige Kerne zusätzlich zum α-Zerfall Proton-, Neutron-, Deuteron- oder einen anderen Typ von Zerfall zeigen. Keine derartigen Zerfälle wurden beobachtet, da die Q-Werte für diese Prozesse negativ sind. Daher können diese Zerfälle nicht auftreten, wenn nicht Energie zugeführt und der Mutterkern in einen angeregten Zustand angehoben wird, was bei bestimmten Kernreaktionen passieren kann. Zur Illustration können wir die Q-Werte für die Emission der verschiedenen Teilchensorten durch den $^{232}\mathrm{U}$-Kern berechnen, indem wir Gl. (8.7) benutzen und m_α und m_Y durch die entsprechenden Massen des emittierten Teilchens und des Tochterkernes ersetzen. Die Ergebnisse sind in Tabelle 8-2 aufgeführt. Alle Q's sind negativ, so daß $^{232}\mathrm{U}$ gegenüber einem Zerfall in diese Produkte stabil ist. Der Grund dafür, daß α-Emission durch $^{232}\mathrm{U}$ möglich ist, liegt in der wegen seiner relativ großen Bindungsenergie relativ geringen Masse des α-Teilchens.

TABELLE 8-2 Q-Werte für die Emission verschiedener Kernteilchen durch $^{232}\mathrm{U}$

Teilchen	Masse	Tochter	Masse	Q, MeV
n	1.0090	$^{231}\mathrm{U}$	231.1082	− 7.16
p(^{1}H)	1.0081	$^{231}\mathrm{Pa}$	231.1078	− 6.05
d(^{2}H)	2.0147	$^{230}\mathrm{Pa}$	230.1060	−10.4
t(^{3}H)	3.0170	$^{229}\mathrm{Pa}$	229.1033	−10.1

8.4 *Beta-Zerfall*

In Abb. 7-1 sind die stabilen Kerne durch schwarze Quadrate bezeichnet. Die in einem solchen Diagramm oberhalb des Stabilitätsbereiches liegenden Kerne, emittieren Elektronen (Ladung $-e$), ein Prozeß, den wir β^--*Zerfall* genannt haben. Es ist ein experimentelles Ergebnis, daß der Tochterkern, obwohl er dieselbe Masssenzahl besitzt, eine um eins größere Atomnummer hat als der Mutterkern. Dies bedeutet, daß es so aussieht, als würde beim β^--Zerfall ein Neutron durch ein Proton ersetzt, und Mutter- und Tochterkern Isobaren sind. Der Prozeß kann ausgedrückt werden als

$$ {}^{A}_{Z}\mathrm{X} \rightarrow {}_{Z+1}^{\;\;A}\mathrm{Y} + e^- . \tag{8.8}$$

Man beachte, daß die Gesamtladung erhalten bleibt, da die Ladung auf der linken Seite von Gl. (8.8) Ze und auf der rechten $(Z + 1)e - e = Ze$ ist. Ferner ist die Gesamtzahl der Nukleonen erhalten, da A dasselbe bleibt. ^{14}C ist z.B. ein β^--Strahler und verändert sich nach dem Schema

$$^{14}_{6}C \rightarrow ^{14}_{7}N + e^-.$$

Analog tritt bei den in Abb. 7-1 unterhalb des Stabilitätsbereiches liegenden Kernen β^+-Zerfall auf, ein Prozeß, der in der Emission von *Positronen* (Ladung $+e$) besteht. Positronen sind Teilchen mit derselben Masse und demselben Spin wie Elektronen, ihre Ladung ist jedoch positiv anstatt negativ. Positronen wurden zuerst aus theoretischen Gründen von P.A.M. Dirac 1927 (aufgrund einiger Forderungen der Relativitätstheorie, die wir hier nicht anführen können) vorausgesagt und erstmalig experimentell 1932 von C. Anderson beobachtet. Es wurde verifiziert, daß bei β^+-Zerfall die Atomnummer des Tochterkerns um eine Einheit kleiner (wiederum in Übereinstimmung mit dem Gesetz der Ladungserhaltung), seine Massenzahl jedoch dieselbe wie die des Mutterkerns ist (in Übereinstimmung mit der Erhaltung der Nukleonenzahl). Es sieht daher so aus, als ob beim β^+-Zerfall ein Proton durch ein Neutron ersetzt würde. Der Prozeß kann daher ausgedrückt werden als

$$^{A}_{Z}X \rightarrow {}_{Z-1}^{A}Y + e^+. \tag{8.9}$$

Z.B. ist ^{11}C ein β^+-Strahler und ändert sich gemäß dem Schema

$$^{11}_{6}C \rightarrow ^{11}_{5}B + e^+.$$

In einigen Fällen hat man beobachtet, daß der Mutterkern, anstatt ein Positron zu emittieren, ein Elektron von einer der innersten atomaren Schalen einfängt, z.B. ein K-Elektron. Diese sind s-Elektronen. Wie man sich von Abschnitt 3.5 erinnern kann, besitzen s-Elektronen sehr eindringende Bahnen, die sehr nahe an den Kern heranreichen; daher ist ihre Wahrscheinlichkeit, von einem Proton eingefangen zu werden, relativ groß. Dieser Prozeß, *Elektroneneinfang* genannt, führt ebenfalls zur Ersetzung eines Protons durch ein Neutron im Tochterkern.

Er kann ausgedrückt werden durch

$$^{A}_{Z}X + e^- \rightarrow {}_{Z-1}^{A}Y. \tag{8.10}$$

Man sollte wiederum beachten, daß die elektrische Ladung und die Nukleonenzahl bei diesem Prozeß erhalten bleiben. Auf den Elektroneneinfall folgt eine Röntgenemission durch den Tochterkern, wenn ein äußeres Elektron in den unbesetzten Zustand der K-Schale fällt. Diese Röntgenstrahlen sind dieselben, wie die in Abschnitt 4.7 diskutierte Strahlung des Tochteratoms.

Wie im α-Zerfall, kann der Tochterkern, der durch β-Zerfall oder Elektroneneinfang entsteht, in seinem Grundzustand oder in einem angeregten Zustand sein; im letzteren Fall folgt auf den Prozeß eine γ-Emission. Abb. 8-10 zeigt das Zerfallsschema einiger β-Strahler.

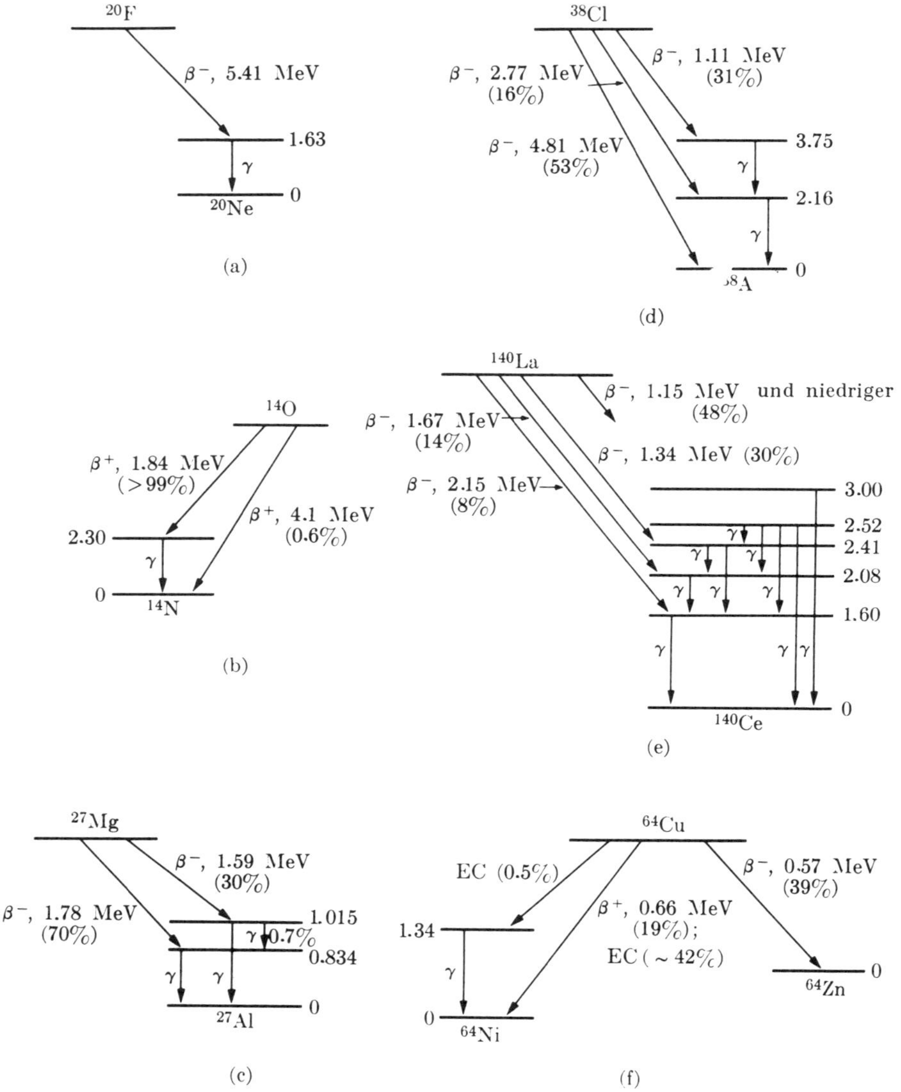

Abb. 8-10. Zerfallsschema für verschiedene β-Strahler.

Eine der interessanteren Eigenschaften des β-Zerfalles ist es, daß die Elektronen und Positronen beim β-Zerfall mit einem breiten Spektrum ihrer kinetischen Energie (und Impulses) emittiert werden, das von Null bis zu einem mit der zur Verfügung stehenden Gesamtenergie erträglichen Maximum reicht. Mit anderen Worten, die Elektronen und Positronen haben ein kontinuierliches Energiespektrum. Abb. 8-11(a) zeigt die Energieverteilung der Elektronen aus dem β^--Zerfall von ^{211}Bi (oder RaE), Abb.8-11(b) zeigt die Energieverteilung der Positronen aus dem β^+-Zerfall von ^{13}N. Gl. (8.8) und (8.9) stellen jedoch Zweikörperprozesse, ähnlich dem α-Zerfall, dar, und die Erhaltungssätze von Energie und Impuls fordern, daß im Schwerpunktsystem, in dem der Mutterkern ruht, die verfügbare Energie (das Q des Prozesses) in einem festen Verhältnis auf den Tochterkern und das Elektron oder Positron aufgeteilt wird (vergl. Gl. (8.5) für den α-Zerfall). Dies widerspricht dem angeführten experimentellen Resultat.

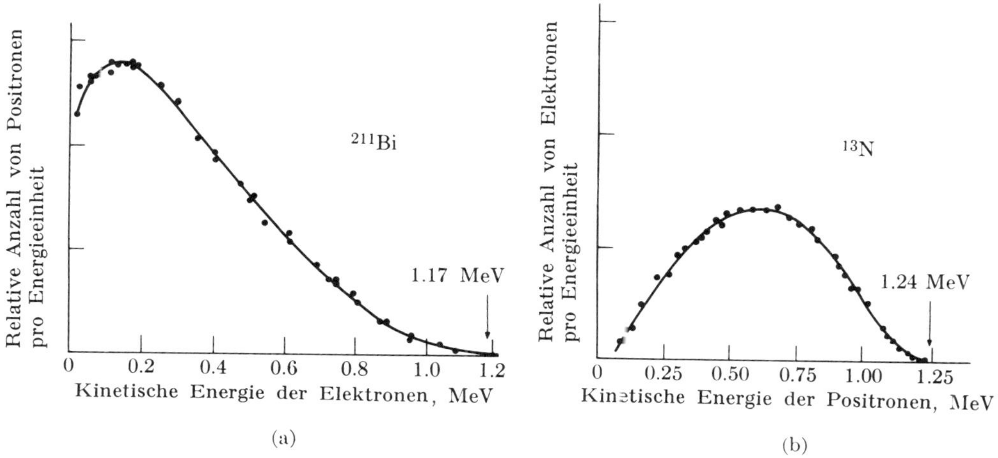

Abb. 8-11. (a) Das Energiespektrum des beim β-Zerfall von ^{211}Bi emittierten Elektrons. [Daten aus G. Neary, *Proc. Roy. Soc.* (London) **A175**, 71 (1940).] (b) Energiespektrum des beim β^+-Zerfall von ^{13}N emittierten Positrons [Daten von Siegbahn und Slatis, *Ark. Ast. Math. Fysik* **32A**, No. 9 (1945).]

Um diese neue Schwierigkeit zu beseitigen, schlug Pauli 1930 vor, daß noch ein anderes Teilchen am β-Zerfall beteiligt sein muß, so daß sich drei Teilchen ergeben. Das dritte Teilchen muß neutral sein, um dem Gesetz der Ladungserhaltung zu gehorchen, und eine sehr kleine Masse besitzen, da die Gesamtmasse im wesentlichen durch die anderen beobachteten Teilchen erklärt wird. Aus diesen beiden Gründen wurde das neue Teilchen ein *Neutrino* genannt. (Dieser Name wurde von Enrico Fermi vorgeschlagen und bedeutet «das kleine Neutron».) Es wird durch das Symbol ν bezeichnet. Wie wir in Abschnitt 9.5 sehen werden, hat man gefunden, daß es zwei, fast identische, Arten neutraler Teilchen gibt, die mit dem β-Zerfall verknüpft sind. Die eine, das Neutrino, wird beim β^+-Zerfall und Elektroneneinfang emittiert, während das beim β^--Zerfall emittierte Teilchen *Antineutrino* genannt und durch $\bar{\nu}$ bezeichnet wird. In diesem Kapitel werden wir jedoch in den meisten Fällen beide Teilchen unter dem Namen «Neutrino» aufführen. Es wird angenommen, daß das Neutrino soviel Energie und Impuls trägt, wie zur Wiederherstellung der Erhaltung dieser beiden Größen erforderlich ist. Im Schwerpunktsystem müssen sich die Impulse der drei resultierenden Teilchen zu Null addieren (Abb. 8-12). Es gibt jedoch eine unendliche Anzahl von Möglichkeiten, die zur Verfügung stehende Gesamtenergie auf die drei Pro-

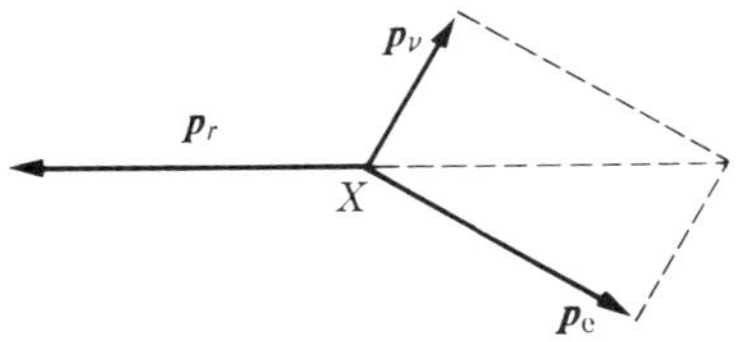

Abb. 8-12. Impulserhaltung beim β-Zerfall.

dukte aufzuteilen, und dies erklärt sehr schön die kontinuierliche Energieverteilung der Elektronen oder Positronen. Daher müssen die Prozesse (8.8), (8.9) und (8.10) in die folgende Form umgeschrieben werden:

$$\beta^-\text{-Zerfall:} \qquad {}^A_Z\mathrm{X} \rightarrow {}_{Z+1}^{\ A}\mathrm{Y} + e^- + \bar{\nu}, \tag{8.11}$$

$$\beta^+\text{-Zerfall:} \qquad {}^A_Z\mathrm{X} \rightarrow {}_{Z-1}^{\ A}\mathrm{Y} + e^+ + \nu, \tag{8.12}$$

$$\text{Elektroneneinfang:} \qquad {}^A_Z\mathrm{X} + e^- \rightarrow {}_{Z-1}^{\ A}\mathrm{Y} + \nu. \tag{8.13}$$

Bis hierhin können wir sagen, daß das Neutrino eine interessante Erfindung ist, um die beiden Erhaltungssätze zu retten. Gibt es auch zusätzliche Bestätigung ihrer Existenz? Auf der theoretischen Seite kann man eine statistische Analyse durchführen, um zu bestimmen, wie sich die bei dem Zerfallsprozeß freigesetzte Energie auf das Elektron (oder das Positron) und das Neutrino verteilt (s. Beispiel 8.8). Wenn man diese Analyse mit der experimentellen Energieverteilung der Elektronen (oder der Positronen) und des Neutrinos vergleicht, erhält man ausgezeichnete Übereinstimmung, vorausgesetzt, daß die Ruhemasse des Neutrons sehr klein (weniger als $10^{-3}\ m_e$) ist. Tatsächlich nimmt man für die Ruhemasse des Neutrinos den Wert Null ($m_\nu = 0$) und so für ein Neutrino die Energie-Impuls-Beziehung $E_\nu = cp_\nu$ an. Auf der experimentellen Seite versteht man sehr leicht, daß das Neutrino wegen seiner Eigenschaften sehr schwer zu beobachten sein sollte, da es gegenüber elektrischen und magnetischen Feldern unempfindlich ist und es seine sehr kleine oder verschwindende Ruhemasse nicht zuläßt, Massenmessungen zur Beobachtung seiner Emission oder seines Einfanges zu benutzen. Tatsächlich entging das Neutrino einer direkten Beobachtung, bis 1969 C. Cowan und F. Reines über jeden Zweifel zeigten, daß es existiert. Ihr Experiment ist in Beispiel 8.6 erklärt.

Instabile Kerne, die oberhalb des Stabilitätsbereiches in Abb. 7-1 liegen, können aufgefaßt werden, als hätten sie zuviele Neutronen (oder zuwenige Protonen), diejenigen unterhalb, als hätten sie zuviele Protonen (oder zuwenige Neutronen). Man könnte so erwarten, daß diese Kerne dadurch Stabilität gewinnen würden, daß sie ihre überschüssigen Neutronen oder Protonen emittieren. Dies ist jedoch nicht, was auftritt — es sei denn, der Kern befindet sich in einem angeregten Zustand —, weil für solche Prozesse nicht genügend Energie zur Verfügung steht (s. Tabelle 8-2). Was man beobachtet, ist, daß statt dessen Elektronen und Positronen emittiert werden. Wir können daher annehmen, daß ein Kern

Stabilität gewinnt, wenn *beim* β^-*-Zerfall ein Neutron in ein Proton transformiert wird* entsprechend

$$n \rightarrow p + e^- + \bar{\nu}, \tag{8.14}$$

während sich *im* β^+*-Zerfall ein Proton in ein Neutron transformiert* entsprechend

$$p \rightarrow n + e^+ + \nu. \tag{8.15}$$

Im Falle des Elektroneneinfangs schreibt sich der Prozeß als

$$p + e^- \rightarrow n + \nu. \tag{8.16}$$

Auf diese Weise kann ein Kern seine überschüssigen Neutronen oder Protonen los werden, ohne eins dieser Teilchen wirklich zu emittieren. Diese Theorie des β-Zerfalls wurde 1934 von Fermi vorgeschlagen. Die Gl. (8.14), (8.15) und (8.16) sind mit den Gl. (8.11), (8.12) und (8.13) verträglich und drücken in einer mehr grundsätzlichen Weise aus, was beim β-Zerfall geschieht.

Die obigen Prozesse erlauben uns, auf eine andere Eigenschaft des Neutrinos zu schließen: seinen Spin. Das Neutron, Proton, Elektron und Positron haben alle den Spin $\frac{1}{2}$. Daher beträgt bei dem β^+-Prozeß $p \rightarrow n + e^+ + \nu$ der Drehimpuls auf der linken Seite in Einheiten von $\hbar\frac{1}{2}$, während der Drehimpuls von $n + e^+$ den Wert $\frac{1}{2} \pm \frac{1}{2} = 1$ oder 0 besitzen muß, je nachdem ob das Neutron und das Positron ihre Spins parallel oder antiparallel haben. Daher muß das Neutrino Spin $\frac{1}{2}$ besitzen und so orientiert sein, daß der Gesamtspin oder Drehimpuls der drei Teilchen auf der rechten Seite $\frac{1}{2}$ ergibt. So ist auch das Gesetz der Drehimpulserhaltung gerettet! Dieselbe Überlegung trifft auch auf die beiden anderen Prozesse zu: (8.14) und (8.16). Dies erklärt auch die beobachteten Spinänderungen ΔI der Kerne beim β-Zerfall. Wenn das Elektron (oder Positron) und das Neutrino ihre Spins parallel haben (Triplettzustände), dann haben wir $\Delta I = \pm 1$ oder 0, wenn ihre Spins jedoch antiparallel sind (Singulett-Zustände), dann $\Delta I = 0$.

Prozeß (8.14) wurde bei freien Neutronen beobachtet, da die Reaktion exoenergetisch ist. Die überschüssige Energie beträgt

$$Q = 931.48\,[m_n - (m_p + m_e + m_\nu)]\,\text{MeV} = 0.7834\,\text{MeV}.$$

Freie Neutronen zerfallen entsprechend Gl. (8.14) mit einer Halbwertzeit von 11 Minuten. Dies ist einer der Gründe, warum die freien Neutronen nicht existieren können. Freie Neutronen werden kurz nach ihrer Erzeugung entweder von anderen Kernen eingefangen oder zerfallen in Protonen, Elektronen und Neutrinos. Die Prozesse (8.15) und (8.16) sind dagegen endoenergetisch, wie der Leser durch eine Berechnung der Q-Werte für diese Prozesse zeigen kann; deshalb sind freie Protonen gegenüber β-Zerfall stabil, was die Existenz von Wasserstoff erklärt. Andernfalls wäre aller Wasserstoff entweder durch Einfang des Bahnelektrons oder durch Zerfall des Kernprotons verschwunden. Die Prozesse

(8.15) und (8.16) können jedoch in komplizierteren Kernen ablaufen, wenn die Differenz der Bindungsenergien des Mutter- und des Tochterkerns die erforderliche Energie liefert. In Kernen gebundene Neutronen zerfallen jedoch im allgemeinen nicht spontan, da die Anwesenheit der anderen Nukleonen den Prozeß energetisch unmöglich macht. Aus diesem Grunde sind die meisten Nukleonen in Kernen stabil.

Der β-Zerfall illustriert zwei fundamentale Tatsachen der Physik. Die eine ist die Bedeutung der Erhaltungssätze bei einer Analyse von Prozessen, die in der Natur auftreten. Die andere ist die veränderliche Natur der Elementarteilchen. D.h. obgleich die Elementarteilchen wohldefinierte Eigenschaften besitzen, sind sie keine dauerhaften Strukturen, und ein Teilchen kann sich innerhalb der durch die Erhaltungssätze gegebenen Grenzen in eine Reihe von anderen umwandeln. Dies ist eine vollkommen neue Vorstellung, die weder in der klassischen noch in der Quantenmechanik in Betracht gezogen wurde. Die wechselseitigen Beziehungen zwischen den Elementarteilchen öffnen vollkommen neue Perspektiven für unsere Vorstellungen über die Struktur der Materie. In Kapitel 9 werden wir diese neue Situation mehr im einzelnen untersuchen.

Eine vollständige und befriedigende Theorie, die alle Umwandlungen zwischen den fundamentalen Teilchen erklären kann, ist noch nicht entwickelt worden. Man nimmt an, daß Prozesse wie (8.14), (8.15), (8.16) und andere (die wir in Kapitel 9 beschreiben werden), das Ergebnis einer anderen Wechselwirkung sind, die *schwache Wechselwirkung* genannt wird. Aus einer Analyse der Halbwertzeiten und Energieverteilungen der β-Strahler hat man abgeschätzt, daß die Stärke der schwachen Wechselwirkung von der Größenordnung 10^{-13} ist, wenn man sie mit der starken oder Kernwechselwirkung vergleicht, oder rund 10^{-11}, wenn man sie mit der elektromagnetischen Wechselwirkung vergleicht. Im Augenblick sind sowohl die starken wie auch die schwachen Wechselwirkungen für die Physiker herausfordernde und spannende Forschungsgebiete und werden dies auch noch voraussichtlich für viele Jahre sein.

BEISPIEL 8.6. Analyse des Cowan-Reines-Neutrinoexperimentes.

Lösung: Wenn ein Antineutrino von einem Proton eingefangen wird, werden ein Neutron und ein Positron erzeugt; d.h.

$$p + \bar{\nu} \rightarrow n + e^{+}. \tag{8.17}$$

Dieser Prozeß des Antineutrino-Einfangs kann mit Gl. (8.15) in derselben Weise in Beziehung gesetzt werden, wie der Elektroneneinfang, Gl. (8.16), mit Gl. (8.15) in Beziehung steht.

Als Ergebnis der Uranspaltung erzeugen Kernreaktoren große Anzahlen von β^--Strahlern (vergl. Abschnitt 8.5), und daher sind Kernreaktoren ergiebige Quellen von Antineutrinos. Wenn die Antineutrinos aus einem Reaktor auf wasserstoffhaltiges Material auftreffen, kann Prozeß (8.17) stattfinden.

Das Positron kann man nachweisen, weil es mit einem Elektron zusammenstoßen kann, was zu einer Vernichtung der beiden Teilchen und zur Emission von γ-Strahlung führt (Abschnitt 9.3), die man leicht mit Szintillationszählern nachweisen kann. (Siehe Anhang VII.) Das Neutron kann man nachweisen, wenn man Cadmium zu der wasserstoffhaltigen Substanz hinzufügt. Wenn die Bewegung der

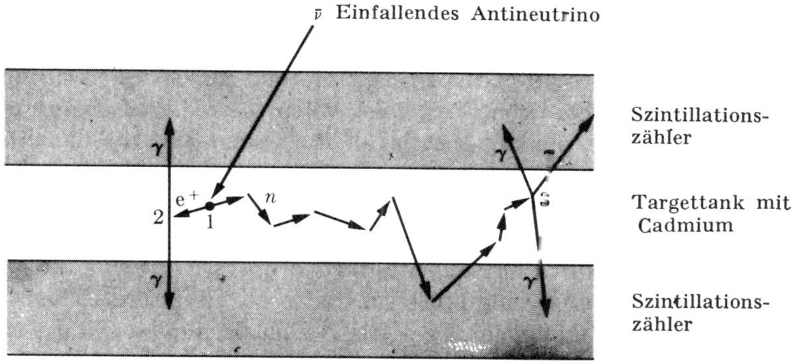

Abb. 8-13. Schematische Darstellung des Neutrinoexperimentes. Das einlaufende Neutrino reagiert bei 1 mit einem Proton. Das freigesetzte Positron vernichtet sich bei 2 mit einem Elektron; das Neutron wird bei 3 von einem Cadmiumkern eingefangen.

Neutronen in der Substanz durch Zusammenstöße mit anderen Kernen abgebremst ist, werden sie durch die Cadmiumkerne unter Emission von γ-Strahlung absorbiert.

Diese Ereignisfolge ist in Abb. 8-13 dargestellt. Es tritt natürlich eine zeitliche Verzögerung von mehreren Mikrosekunden zwischen der Erzeugung der γ-Strahlung bei der Elektron-Positron-Vernichtung und der Emission der γ-Strahlung beim Einfang des Neutrons durch das Cadmium auf. Die beiden γ-Strahlungen werden durch eine geeignete elektronische Schaltung identifiziert. Eine Analyse der experimentellen Ergebnisse gibt einen überzeugenden Beweis, daß die angenommene Ereignisfolge stattgefunden hat und daß die Antineutrinos wirklich aus dem Reaktor kamen. Verschiedene andere Experimente haben die Neutrinum-Hypothese bestätigt. Beim Cowan-Reines-Experiment, das in einem unterirdischen Raum unter einem der Reaktoren am Savannah-River durchgeführt wurde, betrug der Antineutrinofluß etwa 4×10^{16} cm^{-2} s^{-1} und die Zahl der registrierten Ereignisse war etwa 3 pro Stunde. Man nimmt an, daß der Neutrinofluß auf der Erde, der hauptsächlich von der Sonne kommt, etwa 4×10^{10} cm^{-2} s^{-1} beträgt.

BEISPIEL 8.7. Bestimmung der für die einzelnen, durch die Gl. (8.11), (8.12) und (8.13) beschriebenen β-Zerfallsprozesse zur Verfügung stehenden Energie.

Lösung: Wir wollen zuerst den β^--Zerfall, Gl. (8.11), betrachten. Zu Beginn haben wir einen Kern mit der Atomnummer Z und der Masse m_Z. Am Ende des Prozesses haben wir einen Kern der Atomnummer $Z + 1$ und Masse m_{Z+1} plus ein Elektron (Masse m_e) und ein Neutrino (Masse Null). Daher ist die für den Prozeß zur Verfügung stehende Energie

$$Q_{\beta^-} = [m_Z - (m_{Z+1} + m_e)]c^2 = (m_Z - m_{Z+1} - m_e)c^2.$$

Normalerweise benutzt man Atommassen M_Z anstelle der Kernmassen, so daß $M_Z = m_Z + Zm_e$. Mit dieser Substitution erhalten wir

$$Q_{\beta^-} = (M_Z - M_{Z+1})c^2. \qquad (8.18)$$

Für den β^+-Zerfall (Gl. 8.32) haben wir

$$Q_{\beta^+} = (m_Z - m_{Z-1} - m_e)c^2$$

oder, wenn wir auf Atommassen transformieren,

$$Q_{\beta^+} = (M_Z - M_{Z-1} - 2m_e)c^2. \tag{8.19}$$

Schließlich ist für Elektroneneinfang (Gl. 8.13)

$$Q_{EC} = (M_Z - M_{Z-1})c^2. \tag{8.20}$$

Immer, wenn die Atommasse eines bestimmten Atoms größer ist als die der beiden benachbarten Isobare, so wird es entweder durch β^- oder Elektroneneinfang zerfallen. Für β^+-Zerfall müssen sich die Massen jedoch um mindestens $2m_e$ (ungefähr 1.097×10^{-3} AME oder 1.022 MeV) unterscheiden. Der Leser möge diese Regel durch einen Vergleich mit verschiedenen Isobarengruppen in der Nuklidtafel vergleichen. Als wir diese Gleichung hinschrieben, haben wir den Einfluß der Bindungsenergie der Elektronen im Atom vernachlässigt. Die Energie Q wird (als kinetische Energie) auf die Zerfallsprodukte aufgeteilt. Wenn wir die Rückstoßenergie des Tochterkerns vernachlässigen, gibt Q auch die maximale kinetische Energie des Elektrons oder des Positrons in Gl. (8.11) und (8.12) an.

Wir wollen diese wichtigen Regeln anhand einiger Beispiele erläutern. Der Kern ^{14}C zerfällt nach dem Schema von Gl. (8.11) in ^{14}N und gibt dabei ein Elektron und ein Neutrino ab. Die Massen der Atome sind $M_Z(^{14}C) = 14.007682$ AME und $M_{Z+1}(^{14}N) = 14.007515$ AME. Daher ergibt Gl. (8.18) $Q_{\beta^-} = 0.000167$ AME oder 0.1556 MeV. Die beobachtete maximale kinetische Energie des emittierten Elektrons ist 0.155 MeV, was ausgezeichnet übereinstimmt.

Als nächstes betrachten wir den Zerfall von ^{11}C in ^{11}B entsprechend dem Schema von Gl. (8.12). Die Massen der beiden beteiligten Atome sind $M_Z(^{11}C) = 11.01492$ AME und $M_{Z-1}(^{11}B) = 11.01279$ AME. Ihre Massendifferenz ist daher 0.00213 AME oder 1.985 MeV, was größer als $2m_e$ oder 1.022 MeV ist. Daher ist Positronen-Emission möglich mit

$$Q_{\beta^+} = 1.985 \text{ MeV} - 1.022 \text{ MeV} = 0.963 \text{ MeV}.$$

Die gemessene maximale kinetische Energie des bei diesem Zerfall beobachteten Positrons ist 0.96 MeV, was wiederum ausgezeichnet übereinstimmt.

Schließlich betrachten wir den Zerfall von ^7Be, dessen Masse $M_Z(^7Be) = 7.01915$ AME ist. Es wurde, wie oben erklärt, gefunden, daß ^7Be in ^7Li zerfällt, dessen Masse $M_{Z-1}(^7Li) = 7.01822$ AME beträgt. Ihre Massendifferenz ist 0.00093 AME oder 0.866 MeV. Dies ist weniger als 1.022 MeV und deshalb ist Positronenemission unmöglich. Der Zerfall erfolgt daher durch Elektroneneinfang mit $Q_{EC} = 0.866$ MeV.

BEISPIEL 8.8. Berechnung des Energiespektrums beim β-Zerfall.

Lösung: Betrachtet war eine große Zahl β-radioaktiver Kerne. Wir beobachten die während eines bestimmten Zeitintervalls emittierten Elektronen (oder Positronen). Mit dN wollen wir die mit einer kinetischen Energie zwischen E_{ke} und $E_{ke} + dE_{ke}$ emittierten Elektronen (oder Positronen) bezeichnen. Unser Ziel ist es, dN/dE_{ke} zu berechnen, was die Anzahl der Elektronen (oder Positronen) pro Einheitsintervall der Energie ist. Wir wollen die dem Elektron und dem Neutrino zur Verfügung stehende kinetische Energie mit E_0 bezeichnen, das praktisch gleich Q ist, wenn Sie die Rückstoßenergie des Tochterkernes vernachlässigen. Dann ist $E_0 = E_{ke} + E_{k\nu}$. Offensichtlich muß E_0 gleich der maximalen kinetischen Energie des Elektrons sein. Wenn die kinetische Energie des Elektrons in das Intervall dE_{ke} fällt, liegt die des Neutrinos im Intervall $dE_{k\nu} = -dE_{ke}$.

Nach dem Zerfall können wir das Elektron und das Neutrino wie freie Teilchen behandeln, die in einem sehr großen Potentialkasten eingeschlossen sind. Dann muß dN/dE_{ke} der Anzahl der Elektronenzustände pro Einheits-Energieintervall (d.h. $g_e(E_{ke})$ und der Anzahl von Neutrinozuständen pro Einheits-Energieintervall g_ν $(E_{k\nu})$ proportional sein. D.h. $dN/dE_{ke} \sim g_e(E_{ke})g_\nu(E_{k\nu})$. Von Aufgabe 2.11 wissen wir $g(p)dp \sim p^2dp$, so daß

$$g(E) — g(p)\, dp/dE \sim p^2\, dp/dE.$$

Für ein Neutrino mit der Ruhemasse Null lautet die Energie-Impuls-Beziehung $p_\nu = E_{k\nu}/c$. Daher ist

$$g_\nu(E_{k\nu}) \sim E_{k\nu}^2 = (E_0 = E_{ke})^2.$$

Für ein Elektron (das relativistisch behandelt werden muß) lautet die Energie-Impuls-Beziehung $E_{ke} = c\sqrt{m_e^2c^2 + p_e^2} — m_ec^2$. Daher ist

$$g_e(E_{ke}) \sim (E_{ke} + m_ec^2)\,(E_{ke}^2 + 2m_ec^2E_{ke})^{1/2}.$$

Wir erhalten so

$$dN/dE_{ke} = C(E_{ke} + m_ec^2)\,(E_{ke}^2 + 2m_ec^2E_{ke})^{1/2}(E_0 — E_{ke})^2, \tag{8.21}$$

wo C eine Proportionalitätskonstante ist, die von verschiedenen anderen Faktoren abhängt, die beim β-Zerfall eine Rolle spielen, wie die Atomnummer Z des zerfallenden Kerns und die Stärke der für den Zerfall verantwortlichen schwachen Wechselwirkung. Sie hängt auch etwas von der Elektronenenergie ab. Wenn wir dN/dE_{ke} als Funktion von E_{ke} auftragen, können wir mit den in Abb. 8-11(a) und (b) gezeigten experimentellen Resultaten vergleichen. Die Übereinstimmung ist im allgemeinen recht zufriedenstellend. Wir sollten beachten, daß Gl. (8.21) unter der Annahme abgeleitet wurde, daß das Neutrino die Masse Null besitzt. Wir hätten jedoch ein anderes Resultat erhalten, wenn die Ruhemasse nicht Null gewesen wäre. Daher ist die experimentelle Bestätigung von Gl. (8.12) ein indirekter Beweis, daß das Neutrino eine vernachlässigbare Ruhemasse besitzt. Beim derzeitigen Stand der experimentellen Genauigkeit können wir sagen, daß die Ruhemasse des Neutrinos weniger als 0.001 m_e betragen muß und daher ohne weiteres als Null angenommen werden kann.

8.5 Kernreaktionen

Wenn zwei Kerne ihre Coulombabstoßung überwinden und sehr nahe zusammenkommen (innerhalb der Reichweite der Kernkräfte), kann eine Umordnung von Nukleonen auftreten. Ähnlich der bei einer chemischen Reaktion stattfindenden Umordnung von Atomen in den beteiligten Molekülen kann dies zu einer *Kernreaktion* führen. Kernreaktionen werden gewöhnlich dadurch erzeugt, daß man einen Targetkern (M_i) mit einem nuklearen Geschoß (m_i), in den meisten Fällen einem Nukleon (Neutron oder Proton) oder einem leichten Kern, wie einem Deuteron oder α-Teilchen, beschießt. Schwerere Kerne benutzt man im allgemeinen nicht, da die elektrische Abstoßung zwischen schweren Kernen ein Geschoß mit einer großen kinetischen Energie erfordert. Manchmal benutzt man Photonen als Geschosse. In den meisten Reaktionen tritt dasselbe Teilchen oder ein anderes, emittiertes Teilchen (m_f) zusammen mit einem Rest- oder Endkern (M_f) auf, der sich in seinem Grund- oder in einem angeregten Zustand befindet. Die Reaktion kennzeichnet man durch die Symbole $M_i(m_i, m_f)M_f$, wobei der Anfangs-

und der Endkern rechts und links von der Klammer und die ein- und auslaufenden leichten Teilchen in der Klammer stehen. Wenn wir z.B. ${}^{14}_{7}N$ mit α-Teilchen (oder ${}^{4}_{2}He$) beschießen, kann das Ergebnis ein Proton (oder ${}^{1}_{1}H$) und ein ${}^{17}_{8}O$-Restkern sein. Diesen Prozeß kann man in der Form

$$ {}^{14}_{7}N + {}^{4}_{2}He \rightarrow {}^{1}_{1}H + {}^{17}_{8}O $$

oder in der mehr abkürzenden Schreibweise ${}^{14}N(\alpha, p){}^{17}O$ schreiben.

Wenn die Energien der beteiligten Teilchen nicht zu groß sind, nimmt man an, daß die Kernreaktion im allgemeinen in zwei Schritten verläuft. Als erstes wird ein einlaufendes Teilchen oder Geschoß eingefangen, was zur Bildung eines *Zwischen- oder Compoundkerns* führt, der sich in einem hochangeregten Zustand befindet. Im zweiten Schritt kann der Compoundkern entweder durch die Emission desselben einlaufenden Teilchens oder auf andere Weise abgeregt werden. Das obige Beispiel kann man so in folgender Form schreiben:

$$ {}^{14}_{7}N + {}^{4}_{2}He \rightarrow [{}^{18}_{9}F]^* \rightarrow {}^{1}_{1}H + {}^{17}_{8}O, $$

wobei ${}^{18}_{9}F$ der Zwischen- oder Compoundkern ist. Der Stern soll andeuten, daß sich der Kern in einem angeregten Zustand befindet.

Allgemein ausgedrückt gibt es zu einem bestimmten ersten Schritt in einer Kernreaktion verschiedene Abregungsmöglichkeiten für den Compoundkern. Die einzelnen Möglichkeiten werden «Kanäle» genannt. Wenn z.B. ${}^{27}Al$ mit Protonen beschossen wird, treten verschiedene Produkte auf, von denen einige im Folgenden aufgeführt sind:

$$ {}^{27}_{13}Al + {}^{1}_{1}H \rightarrow [{}^{28}_{14}Si]^* \rightarrow \begin{cases} {}^{24}_{12}Mg + {}^{4}_{2}He \\ {}^{27}_{14}Si + n \\ {}^{28}_{14}Si + \gamma \\ {}^{24}_{11}Na + 3\,{}^{1}_{1}H + n \end{cases} $$

Einige Kernreaktionen kann man nicht mit dem Modell des Compoundkerns beschreiben. Ein Beispiel hierfür ist die *Stripping-Reaktion*

$$ {}^{24}_{12}Mg + {}^{2}_{1}H \rightarrow {}^{1}_{1}H + {}^{25}_{12}Mg, $$

oder ${}^{24}_{21}Mg(d, p){}^{25}_{12}Mg$. Die experimentellen Ergebnisse deuten darauf hin, daß bei diesem Prozeß, wenn das Deuteron sehr nahe an den Kern herankommt, das Neutron eingefangen und das Proton ohne Bildung eines Compoundkerns abgestoßen wird.

Kernreaktionen sind im Grunde genommen Stoßprozesse, bei denen Energie, Impuls, Drehimpuls, Nukleonenzahl und Ladung erhalten sein müssen; man benutzt die Methoden der Newtonschen und der relativistischen Mechanik um einige dieser Größen zu berechnen (siehe Anhang II). Wenn das einlaufende und das auslaufende Teilchen dasselbe sind, nennt man den Prozeß *Streuung*. Streuung ist *elastisch*, wenn der Kern im selben Zustand bleibt, so daß die kinetische Energie erhalten ist, und *inelastisch*, wenn der Kern in einem anderen Zustand zurückbleibt. Im inelastischen Fall unterscheidet sich die kinetische Energie des auslaufenden Teilchens von der kinetischen Energie des einlaufenden Teilchens.

Der Q-Wert einer Kernreaktion $M_i(m_i, m_f)M_f$ wird durch den folgenden Ausdruck gegeben:

$$Q = [(M_i + m_i) - (M_f + m_f)]c^2. \tag{8.22}$$

In der obigen Gleichung benutzt man immer Atommassen. Wenn Q positiv ist, tritt die Reaktion bei allen Werten der kinetischen Energie des einlaufenden Geschosses auf; wenn Q negativ ist, muß m_i mindestens eine kinetische Schwellenenergie besitzen, um die Reaktion hervorzurufen. Wie wir in Beispiel 9.3 sehen werden, stellt sich die kinetische Schwellenenergie des einlaufenden Teilchens im Laborsystem dar als

$$E_k = -Q \frac{M_i + m_i + m_f + M_f}{2M_i}$$

wenn die Teilchen relativistisch behandelt werden müssen. Wenn jedoch die Teilchen nicht relativistisch behandelt werden können, so daß Q klein ist und $m_f + M_f$ im Zähler durch $M_i + m_i$ ersetzt werden kann, beträgt die kinetische Schwellenenergie des Geschosses im Laborsystem

$$E_k = -Q \frac{M_i + m_i}{M_i} = -Q \left(1 + \frac{m_i}{M_i}\right).$$

Dieser Ausdruck wird in den meisten Fällen verwendet.

In einigen Fällen wird das Geschoß eingefangen, aber kein neues Teilchen emittiert. Statt dessen wird ein γ-Quant (oder Photon) emittiert, dessen Energie von verschiedenen Faktoren abhängt, wie etwa dem Zustand des resultierenden Kerns und der Bindungsenergie plus kinetischer Energie des eingefangenen Teilchens. Ein Beispiel für eine Einfangsreaktion ist $^{27}\text{Al}(n, \gamma)^{28}\text{Al}$. Ein anderes ist der Einfang eines Neutrons durch Wasserstoff in der Reaktion $^{1}\text{H}(n, \gamma)^{2}\text{H}$; das resultierende Atom ist Deuterium. Der umgekehrte Prozeß kann auch auftreten: Ein Kern kann ein Photon oder ein γ-Quant absorbieren, dessen Energie ausreicht, ein Teilchen herauszustoßen. Dieser Prozeß, der dem photoelektrischen Effekt bei Atomen entspricht, wird *Kernphotoeffekt* genannt. Beispiele sind $^{25}\text{Mg}(\gamma, p)^{24}\text{Na}$ und $^{2}\text{H}(\gamma, n)^{1}\text{H}$.

Eine Kernreaktion kann durch einen *Wirkungsquerschnitt* beschrieben werden. Der Begriff des Wirkungsquerschnittes wurde in den Abschnitten 1.9 und 7.8 für spezielle Prozesse eingeführt. Natürlich gibt es für jede spezielle Kernreaktion einen Wirkungsquerschnitt, der sich auf eine Funktion der Energie des Geschosses

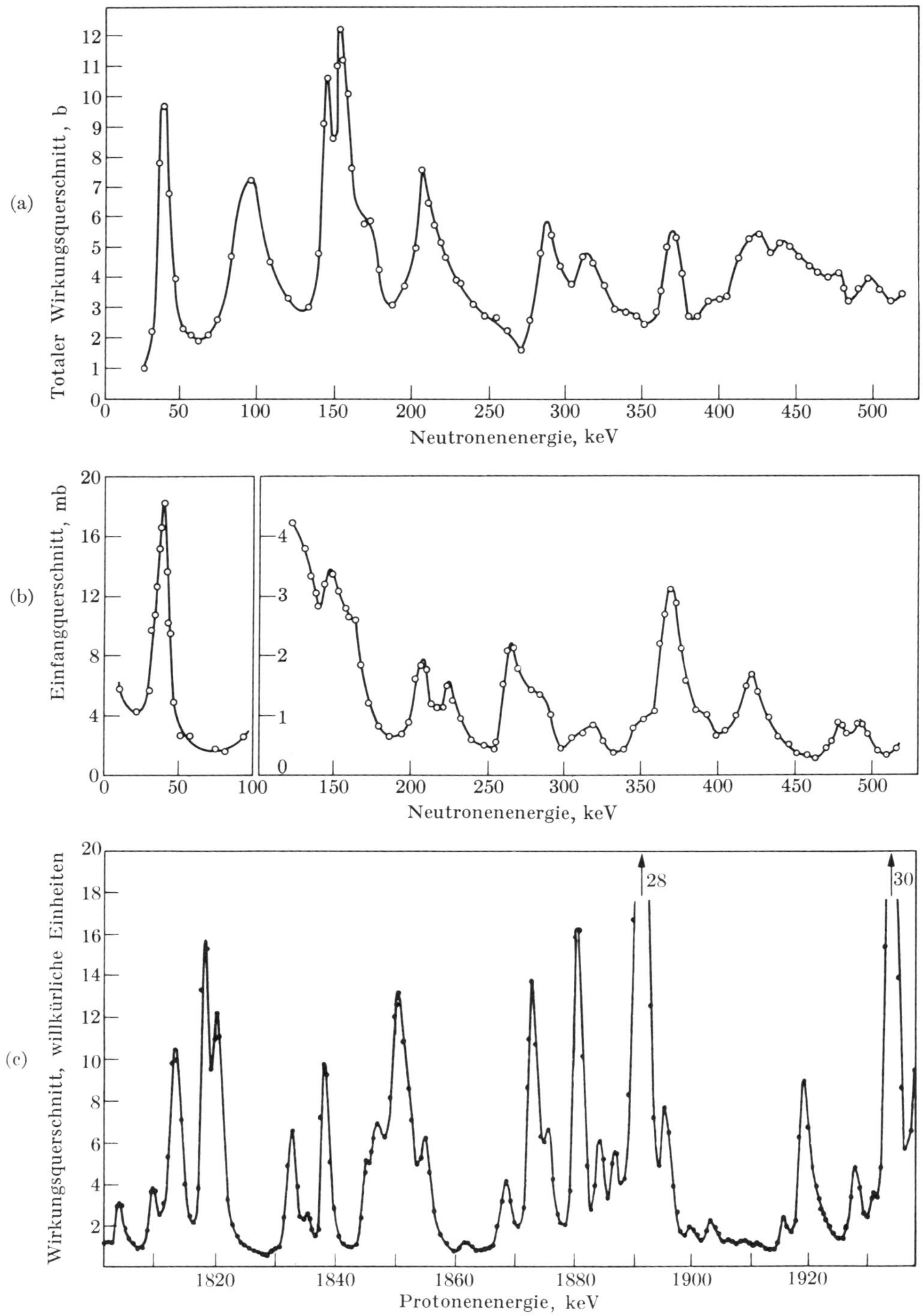
(a)
Totaler Wirkungsquerschnitt, b
Neutronenenergie, keV
(b)
Einfangquerschnitt, mb
Neutronenenergie, keV
(c)
Wirkungsquerschnitt, willkürliche Einheiten
28
30
Protonenenergie, keV

oder des einlaufenden Teilchens darstellt. Experimentell sind Wirkungsquerschnitte wie folgt definiert. Nehmen wir an, daß eine Probe der Dicke Δx (wobei Δx klein ist)und Fläche A, die n_t Targetkerne pro Volumeneinheit enthält, einer Stromdichte $n_a v$ einlaufender Teilchen (der Sorte a) ausgesetzt ist, wobei n_a die Anzahl der einlaufenden Teilchen pro Volumen und v ihre Geschwindigkeit ist. Wenn man beobachtet, daß N_b auslaufende Teilchen (der Sorte b) die Probe pro Zeiteinheit verlassen, so ist der Wirkungsquerschnitt für die Reaktion (a, b)

$$\sigma(a, b) = \frac{N_b}{(n_a v)(n_t A \ \Delta x)}. \tag{8.23}$$

Diese Definition stimmt mit Gl. (7.16) überein, da $n_t A \Delta x$ die Gesamtzahl der Targetkerne ist und daher $N_b/(n_t A \Delta x)$ den Gesamtfluß auslaufender Teilchen pro Zeiteinheit und pro Targetkern angibt.

Man beachte, daß N_b in s^{-1} ausgedrückt ist, $n_a v$ in m^{-3} ms^{-1} oder m^{-2} s^{-1}, $n_t A \Delta x$ eine dimensionslose Zahl ist, und daß σ wie in früheren Fällen in m^2 ausgedrückt ist. Die meisten Wirkungsquerschnitte sind von der Größenordnung $R^2 \sim 10^{-28}$ m^2, wobei R der Kernradius ist. Die Größe 10^{-28} m^2 nennt man, wie in Abschnitt 7.3 erwähnt, ein *Barn*, abgekürzt *b*. Es ist eine Einheit, die allgemein benutzt wird, um Wirkungsquerschnitte von Kernprozessen auszudrücken. Eine Untereinheit ist das *Millibarn*, mb, gleich 10^{-31} m^2.

Für ein bestimmtes einlaufendes Teilchen a können verschiedene auslaufende Teilchen b, b', b'' auftreten, die den verschiedenen Reaktionskanälen entsprechen, welche jeder seinen eigenen Wirkungsquerschnitt $\sigma(a, b)$, $\sigma(a, b')$ usw. besitzt. Der gesamte Wirkungsquerschnitt für Teilchen a ist dann

$$\sigma(a) = \sigma(a, b) + \sigma(a, b') + \sigma(a, b'') + \cdots$$

Die partielle und totalenmakroskopischen Wirkungsquerschnitte einer bestimmten Probe sind definiert durch

$$\Sigma_{ab} = n_t \sigma(a, b)$$

und

$$\Sigma_a = n_t \sigma(a), \tag{8.24}$$

beide sind in m^{-1} ausgedrückt.

Der Wirkungsquerschnitt für die einzelnen Kernreaktionen hängt von der Energie des einlaufenden Teilchens ab. In vielen Kernreaktionen zeigen die Wirkungsquerschnitte sehr ausgeprägte Spitzen, die *Resonanzen* genannt werden

◄ **Abb. 8-14.** (a) Der totale und (b) der Einfangquerschnitt von Aluminium für Neutronen als Funktion der Energie. [Daten vom R. Henkel und H. Barschall, *Phys. Rev.* **80**, 145 (1950)]. (c) Wirkungsquerschnitt für die Reaktion $^{37}Cl(p, n)^{37}A$ als Funktion der Protonenenergie. [Daten von Schoenfeld, Duborg, Preston und Goodman, *Phys. Rev.* **85**, 873 (1952).]

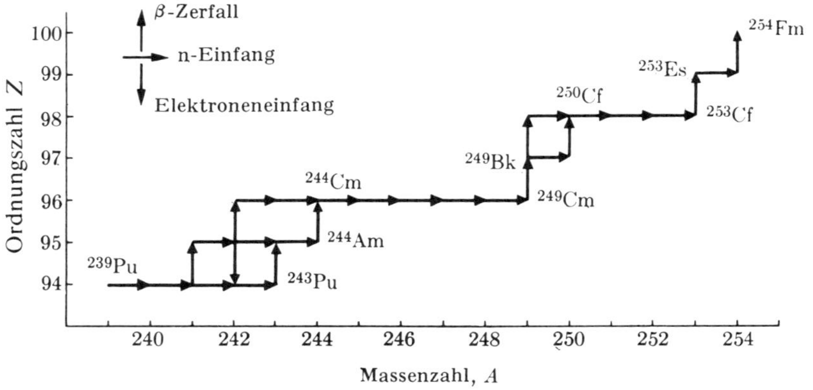

Abb. 9-15. Folge der Kernreaktionen zur Erzeugung schwerer Nuklide durch Bestrahlung von ^{239}Pu mit langsamen Neutronen.

und Energien entsprechen, bei denen die betreffende Reaktion besonders begünstigt oder wahrscheinlich ist. Diese Resonanzen stehen in enger Beziehung zu den Energieniveaus des Compoundkerns. Abb. 8-14(a) und (b) zeigen den totalen und den Einfangquerschnitt für Neutronen in Aluminium als Funktion der Neutronenenergie. Abb. 8-14(c) zeigt, in willkürlichen Einheiten, den Wirkungsquerschnitt für die Kernreaktion ^{37}Cl(p, n)^{37}A als Funktion der Protonenenergie. Aus der Analyse solcher Kurven können wir ausführliche Informationen über die Kernstruktur und die Energiezustände gewinnen.

In vielen Fällen ist der Kern, welcher bei einer Kernreaktion entsteht, instabil oder radioaktiv. Die künstlich radioaktiven Kerne werden in der Tat durch solche Kernreaktionen erzeugt. Die künstliche Radioaktivität wurde 1934 von F. Joliot und I. Curie entdeckt, als sie Kernreaktionen untersuchten, die durch den Beschuß leichter Elemente mit α-Teilchen ausgelöst wurden. Eine der Reaktionen, die sie beobachteten, war

$$^{10}_{5}\mathrm{B} + {}^{4}_{2}\mathrm{He} \rightarrow [{}^{14}_{7}\mathrm{N}]^* \rightarrow {}^{13}_{7}\mathrm{N} + \mathrm{n}.$$

Der Kern $^{13}_{7}$N ist instabil und zerfällt nach dem Schema

$$^{13}_{7}\mathrm{N} \rightarrow {}^{13}_{6}\mathrm{C} + \mathrm{e}^+ + \nu.$$

Eine andere interessante Folge von Reaktionen tritt beim kombinierten Neutroneneinfang und β-Zerfall der Uranisotope auf, wobei neue Kerne erzeugt werden mit $Z = 93$ (Neptunium), $Z = 94$ (Plutonium), $Z = 95$ (Americium) usw. bis hin zu $Z = 100$. Eine Teilfolge der Reaktionen ist in Abb. 8-15 gezeigt, wo jeder horizontale Pfeil einen Neutroneneinfang und jeder vertikale Pfeil einen β-Zerfall darstellt.

BEISPIEL 8.9. Abschwächung eines Teilchenstrahls der Sorte a als Funktion der im Target zurückgelegten Strecke x.

Lösung: Wir bezeichnen mit $I = n_a v$ die einlaufende Stromdichte der Teilchen von Typ a, die auf eine Schicht der Dicke Δx einfallen. Nach Gl. (8.23) und (8.24) gibt dann

$$I\Sigma\,\Delta x = N_b/A$$

die Zahl der pro Flächeneinheit und pro Zeiteinheit aus dem einlaufenden Strahl entfernten Teilchen an; mit anderen Worten, dies ist die Abnahme der Geschoßstromdichte, die mit $-\Delta I$ bezeichnet werden muß, da ΔI negativ ist. So können wir schreiben

$$\Delta I = -I\Sigma\,\Delta x. \qquad (8.25)$$

Wenn die Dicke Δx sehr gering ist, können wir statt dessen schreiben

$$dI = -I\Sigma\,dx \quad \text{oder} \quad dI/I = -\Sigma\,dx.$$

Wenn wir integrieren und den einlaufenden Teilchenfluß für $x = 0$ mit I_0 bezeichnen, erhalten wir

$$I = I_0 e^{-\Sigma x}. \qquad (8.26)$$

Diese Gleichung können wir benutzen, um Σ aus einer Messung von I_0 und I zu bestimmen. Kennen wir einmal Σ, so können wir σ mit Hilfe von Gl. (8.24) erhalten.

BEISPIEL 8.10. Entdeckung des Neutrons.

Lösung: Eine interessante und historische Anwendung der Erhaltungssätze bei Kernprozessen ist die Geschichte der Entdeckung des Neutrons. 1930 beobachteten Bothe und Becker, daß eine höchst durchdringende Strahlung erzeugt wurde, wenn sie Bor und Beryllium mit α-Teilchen beschossen. Diese Strahlung bestand nicht aus geladenen Teilchen, da sie durch elektrische und magnetische Felder nicht beeinflußt wurde. Deshalb glaubten sie, daß die Strahlung aus hochenergetischen γ-Strahlen bestände, und schrieben die Reaktion als

$${}^{9}_{4}\mathrm{Be} + {}^{4}_{2}\mathrm{He} \rightarrow [{}^{13}_{6}\mathrm{C}]^* \rightarrow {}^{13}_{6}\mathrm{C} + \gamma. \qquad (8.27)$$

Der Q-Wert dieser Reaktion ist 10.4 MeV. Da die kinetische Energie des α-Teilchens rund 5 MeV ist, stehen im Schwerpunktsystem 14 MeV Gesamtenergie zur Verfügung. Diese Energie muß sich auf das ${}^{13}_{6}$C-Atom und das γ-Photon aufteilen. So sollten die γ-Strahlen eine Energie von etwas weniger als 14 MeV besitzen. Aus Absorptionsmessungen wurde abgeschätzt, daß die Photonenenergie rund 7 MeV betragen sollte. Zwei Jahre später (1932) beobachteten Curie und Joliot, daß hochenergetische Protonen mit einer Maximalenergie von rund 7.5 MeV erzeugt wurden, wenn die Strahlung von der obigen Reaktion durch ein wasserstoffhaltiges Material lief. Es war eine natürliche Interpretation anzunehmen, daß die Protonen durch Zusammenstöße mit den in der obigen Reaktion erzeugten γ-Photonen herausgestoßen wurden, was einem (γ, p) Kern-Comptoneffekt entspricht. Die höchstenergetischen Protonen resultieren aus einem Frontalzusammenstoß, bei dem die Photonen zurückgestoßen oder um 180° abgelenkt werden. Wenn E_γ und $p_\gamma = E_\gamma/c$ Energie und Impuls des einlaufenden Photons, E'_γ und $p'_\gamma = E'_\gamma/c$ die des Rückstoßphotons und E_k und $p = \sqrt{2m_p E_k}$ die des Protons sind (das nichtrelativistisch behandelt werden kann), ergeben Erhaltung von Energie und Impuls

$$E_\gamma = E'_\gamma + E_k, \qquad E_\gamma/c = -E'_\gamma/c + \sqrt{2m_\mathrm{p} E_k},$$

woraus wir

$$E_\gamma = \tfrac{1}{2}(E_k + \sqrt{2(m_p c^2)E_k})$$

erhalten können. Wenn wir den Maximalwert von E_k, 7.5 MeV, einsetzen und uns daran erinnern, daß $m_p c^2$ rund 938 MeV beträgt, erhalten wir dann $E_\gamma \approx 64$ MeV. Dieser Wert für die γ-Photonen ist viel größer als die aus der Reaktion zur Verfügung stehende und oben zu 14 MeV angegebene Energie oder als der aus den Absorptionsmessungen abgeleitete Wert. Wenn man den Einfluß der Produkte der Be-He-Reaktion auf andere Substanzen betrachtet, erhält man, was noch schlimmer ist, andere Werte von E_γ, in manchen Fällen sogar 90 MeV. Wir erhalten so aus Gl. (8.27) keine konsistenten Werte für E_γ, die mit Energie und Impulserhaltung verträglich sind.

Im Jahre 1932 zeigt uns der britische Physiker J. Chadwick, daß alle diese Schwierigkeiten verschwinden und die Erhaltungssätze wiederhergestellt würden, wenn anstelle von γ-Strahlen neutrale Teilchen mit einer Masse nahe der Protonenmasse emittiert würden. Diese neutralen Teilchen wurden Neutronen genannt, und der Prozeß kann nun so geschrieben werden:

$$^{9}_{4}\text{Be} + ^{4}_{2}\text{He} \rightarrow [^{13}_{6}\text{C}]^* \rightarrow ^{12}_{6}\text{C} + ^{1}_{0}\text{n}. \tag{8.28}$$

Chadwick führte sorgfältige Messungen der kinetischen Energie der Protonen und Stickstoffatome durch, die von den Neutronen beim Durchlaufen einer Substanz, die Wasserstoff bzw. Stickstoff enthielt, herausgestoßen wurden. Daraufhin konnte die Masse des Neutrons berechnet werden, was zu einem Wert zwischen 1.005 und 1.008 atomaren Masseneinheiten führte, der mit den in der obigen Reaktion auftretenden Energien verträglich ist. Präzisere Messungen ergaben später $m_n = 1.008665$ atomare Masseneinheiten.

Chadwicks Experimente waren die Grundlage unseres gegenwärtigen Kernmodells, eines Modells, das annimmt, daß der Kern aus Protonen und Neutronen zusammengesetzt ist. Vor dieser Zeit faßten die Wissenschaftler den Kern als aus Protonen und Elektronen zusammengesetzt auf (A Protonen und $A - Z$ Elektronen, oder insgesamt $2A - Z$ Teilchen). Diese Annahme führte jedoch zu unüberwindbaren Schwierigkeiten: Elektronen waren zu groß verglichen mit dem Kernradius. Ihre magnetischen Momente waren 10^3 mal größer als magnetische Kernmomente, und ihre Anwesenheit in einem Kern machte es unmöglich, die beobachteten Werte der Kernspins zu erklären. So war die rechtzeitige Erkennung des Neutrons mehr als willkommen.

BEISPIEL 8.11. Eine 0.3 mm dicke Goldfolie wird einem Strom langsamer Neutronen von 10^7 Neutronen cm^{-2} s^{-1} ausgesetzt. Der Einfangquerschnitt von ^{197}Au für thermische Neutronen beträgt 94×10^{-28} m^2. Die Dichte von Gold ist 19.3×10^3 kg m^{-3} und seine Atommasse beträgt 197.2 AME. Bestimmen Sie die Anzahl der pro Sekunde und pro cm^2 der Folie entsprechend der Reaktion ^{197}Au(n, γ)^{198}Au gebildeten Kerne von ^{198}Au.

Lösung: Wir wollen den Einfangquerschnitt von ^{197}Au für thermische Neutronen durch $\sigma(n, \gamma)$ und die Anzahl der Goldatome pro Volumeneinheit durch n_{Au} bezeichnen. Dann ist der makroskopische Wirkungsquerschnitt für Neutroneneinfang entsprechend Gl. (8.24) $\Sigma = n_{Au}\sigma(n, \gamma)$. Wenn I_0 die einfallende Neutronenstromdichte bezeichnet, ist die Zahl der Neutronen, die nach einer Entfernung x noch nicht eingefangen wurden, entsprechend Gl. (8.26) $I = I_0 e^{-\Sigma x}$. Die Anzahl der innerhalb der Entfernung x eingefangenen Neutronen ist demnach

$$I_0 - I = I_0(1 - e^{-\Sigma x}).$$

Dies ist gleich der Anzahl der gebildeten ^{198}Au-Kerne. In unserem Fall ist

$$n_{Au} = \frac{19.3 \times 10^3 \text{ kg m}^{-3}}{197.2 \text{ amu} \times 1.66 \times 10^{-27} \text{ kg amu}^{-1}} = 5.89 \times 10^{28} \text{ m}^{-3}$$

die Anzahl der ^{197}Au-Atome pro m^3. Daher ist $\Sigma = n_{Au}\sigma(\text{n}, \gamma) = 562 \text{ m}^{-1}$. Wenn wir $x = 0.3$ mm $= 3 \times 10^{-4}$ m setzen, erhalten wir $\Sigma x = 0.1686$ und $e^{-\Sigma x} = 0.845$. Daher ist

$$I_0 - I = 10^7 \text{ n cm}^{-2} \text{ s}^{-1}(1 - 0.845) = 1.55 \times 10^6 \text{ n cm}^{-2} \text{ s}^{-1}.$$

Dies ist die Anzahl der pro cm^2 und pro Sekunde absorbierten Neutronen und gebildeten ^{198}Au-Atome.

BEISPIEL 8.12. Bestimmung der Energieniveaus von ^{28}Si mit Hilfe der Kernreaktion ^{27}Al(p, α) ^{24}Mg und ihrer Umkehrung ^{24}Mg(α, p)^{27}Al.

Lösung: Der Compoundkern der Reaktion ^{27}Al(p, α)^{24}Mg ist ^{28}Si, so daß wir schreiben können

$$^{27}\text{Al} + {}^1\text{H} \to [^{28}\text{Si}]^* \to {}^4\text{He} + {}^{24}\text{Mg}.$$

Es ist zu erwarten, daß der Wirkungsquerschnitt für diese Reaktion ausgeprägte Maxima (d.h. Resonanzen) zeigt, wenn die Gesamtenergie im Schwerpunktsystem von ^{27}Al + ^{1}H minus der Ruhemassenenergie von ^{28}Si mit einer Energie zusammenfällt, die erforderlich ist, um einen der stationären Zustände von ^{28}Si anzuregen. Diese Energie ist

$$[M(^{27}\text{Al}) + m_\text{p} - M(^{28}\text{Si})]c^2 + E_{k\text{p}} = (11.588 + E_{k\text{p}}) \text{ MeV},$$

wobei $E_{k\text{p}}$ die gesamte kinetische Energie des Systems (p, ^{27}Al) im Schwerpunktsystem ist. Wenn der Compoundkern einmal gebildet ist, kann er in das System ^{24}Mg + α aufbrechen. Das ^{24}Mg kann in seinem Grundzustand oder in einem angeregten Zustand sein. Der Zustand des ^{24}Mg-Kerns bestimmt die kinetische Energie des α-Teilchens oder der γ-Strahlung, die man beobachtet, wenn der ^{24}Mg-Kern in seinen Grundzustand übergeht. Die inverse Reaktion, d.h.

$$^{24}\text{Mg} + {}^4\text{He} \to [^{28}\text{Si}]^* \to {}^1\text{H} + {}^{27}\text{Al},$$

erzeugt einen ^{28}Si-Kern mit einer Anregungsenergie, die gegeben ist durch

$$[M(^{24}\text{Mg}) + m(^4\text{Me}) - M(^{28}\text{Si})]c^2 + E_{k\alpha} = (9.990 + E_{k\alpha}) \text{ MeV},$$

wobei $E_{k\alpha}$ jetzt die gesamte kinetische Energie des Systems (α, ^{24}Mg) im Schwerpunktsystem ist. Die verschiedenen Energiebeziehungen sind in Abb. 8-16(a) skizziert.

Aufgrund unserer Diskussion ist es klar, daß die Wirkungsquerschnitte für die Reaktion ^{27}Al(p, α)^{24}Mg und ihrer Umkehrung ^{24}Mg(α, p)^{27}Al dieselbe Reihe von Resonanzen zeigen müssen. Jedoch ist für jede einzelne Resonanz die kinetische Energie des Systems (α, ^{24}Mg) einheitlich um den Betrag (11.588 — 9.990) MeV = 1.598 MeV größer als die kinetische Energie des Systems (p, ^{27}Al), wenn man die Energien auf die jeweiligen Schwerpunktsysteme bezieht. Diese Schlußfolgerung wird durch die in Abb. 8-16(b) gezeigten experimentellen Resultate bestätigt, wobei die Wirkungsquerschnitte für Protonen mit Energien von 1.1 bis 1.8 MeV und für α-Teilchen mit Energien von 2.7 bis 3.4 MeV dargestellt sind. Das Ergebnis

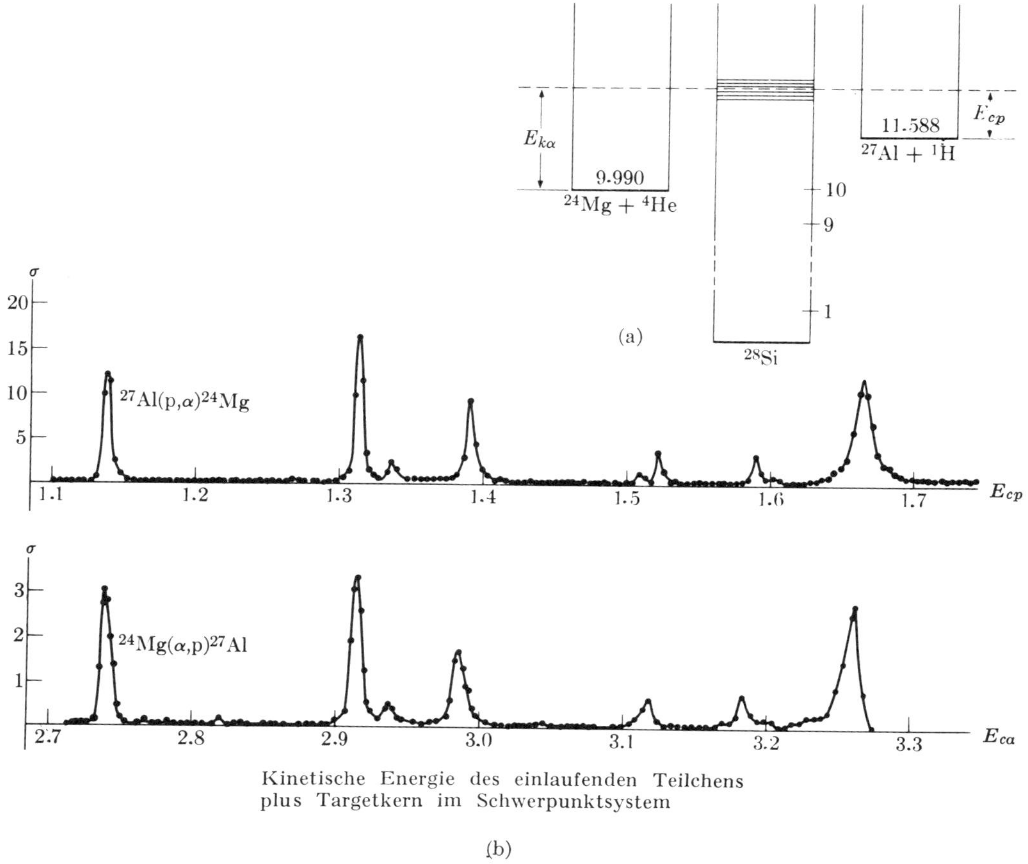

Abb. 8-16. Begründung der Compoundkernvorstellung durch die Reaktionen $^{24}Al(p, \alpha)^{24}Mg$ und $^{24}Mg(\alpha, p)^{24}Al$. Der Compoundkern ist ^{24}Si. (a) Energiebeziehungen, (b) Wirkungsquerschnitt für beide Reaktionen. [Daten von Kaufmann, Goldberg, Koester und Mooring, *Phys. Rev.* 88, 673 (1952).]

ist ein befriedigender Beweis des Compoundkern-Begriffes und zeigt den Ursprung von Resonanzen bei Kernreaktionen. Die Energieniveaus von ^{28}Si im betrachteten Energiebereich können aus den Energien der in der Abbildung gezeigten Maxima bestimmt werden.

8.6 Kernspaltung

Ein wichtiger Kernprozeß ist die *Kernspaltung*. Sie besteht in der Teilung eines schweren Kernes, wie Uran oder Thorium, in zwei Fragmente vergleichbarer Größe. Als ein natürlicher Prozeß tritt Spaltung selbst auf (man nimmt an, daß sich ^{238}U spontan mit einer Halbwertzeit von näherungsweise 10^{16} Jahren spaltet). Die übliche Methode, Spaltung künstlich zu erzeugen, besteht darin, den Kern anzuregen. Die für die Spaltung eines schweren Kernes erforderliche Schwellen- oder minimale Aktivierungsenergie liegt zwischen 4 und 6 MeV. Neutroneneinfang ist eine der effektivsten Methoden, Spaltung zu erzeugen. Die Bindungsenergie des eingefangenen Neutrons reicht in einigen Fällen aus, um den Kern über die Schwellenenergie anzuregen, so daß die Spaltung in zwei Fragmente stattfindet. Dies ist z.B. der Fall beim Kern $^{235}_{92}U$, der nach Einfang eines *langsamen* (oder thermischen) Neutrons Spaltung erfährt. Der Prozeß kann durch folgende Gleichung ausgedrückt werden:

$$^{235}_{92}U + n \rightarrow [^{236}_{92}U]^* \rightarrow X + Y.$$

In anderen Fällen müssen die Neutronen zusätzlich zur Bindungsenergie einige kinetische Energie — von der Größenordnung 1 MeV — aufweisen, damit die Spaltung stattfinden kann. Dies ist der Fall bei $^{238}_{92}U$, das sich nur nach Einfang eines *schnellen* Neutrons spaltet. Der Grund für dieses unterschiedliche Verhalten liegt in einigen Einzelheiten der Struktur der verschiedenen Kerne, die mit dem Paarungsterm in der Massenformel von Gl. (7.12) verknüpft sind. Der Kern $^{235}_{92}U$ ist gerade-ungerade mit 143 Neutronen, und wenn ein Neutron eingefangen wird, wird ein gerade-gerade-Kern, $^{236}_{92}U$, gebildet. Das eingefangene Neutron wird

TABELLE 8-3 Spaltbarkeit schwerer Kerne durch thermische Neutronen

Targetkern	Compoundkern	Anregungsenergie, MeV	Schwellenenergie, MeV
^{233}U	$[^{234}U]$	6.6	4.6
^{235}U	$[^{236}U]$	6.4	5.3
^{238}U	$[^{239}U]$	4.9	5.5
^{232}Th	$[^{233}Th]$	5.1	6.5
^{231}Pa	$[^{232}Pa]$	5.4	5.0
^{237}Np	$[^{238}Np]$	5.0	4.2
^{239}Pu	$[^{240}Pu]$	6.4	4.0

TABELLE 8-4 Schwellenenergien für Photospaltung

Nuklid	Schwelle für Photospaltung, MeV
^{238}U	5.08 ± 0.15
^{235}U	5.31 ± 0.25
^{233}U	5.18 ± 0.27
^{239}Pu	5.31 ± 0.27
^{232}Th	5.40 ± 0.22

mit dem letzten ungeraden Neutron des $^{235}_{92}U$ gepaart, wodurch zusätzlich die Paarungsenergie $\delta \sim 0.57$ MeV frei wird. Andererseits ist $^{238}_{92}U$ ein gerade-gerade-Kern mit 146 Neutronen, die alle gepaart sind, und wenn ein Neutron eingefangen wird, ergibt sich ein gerade-ungerade-Kern, $^{239}_{92}U$, ohne daß zusätzlich Paarungsenergie frei wird. Aus demselben Grunde wird $^{239}_{94}Pu$, mit 145 Neutronen, durch Einfang langsamer Neutronen gespalten. Tabelle 8-3 gibt die Anregungsenergie einiger durch Neutroneneinfang entstehender Kerne sowie ihre Aktivierungsenergie für Spaltung; aus dieser Information kann man folgern, welche Kerne durch thermische Neutronen gespalten werden können.

Ein Kern kann auch dadurch hinreichend angeregt werden, Spaltung zu erleiden, daß er γ-Quanten einer Energie absorbiert, die gleich oder größer ist als die für Spaltung erforderliche Schwellenenergie. Diesen Prozeß nennt man *Photospaltung*. Die Schwellenenergien für Photospaltung sind in Tabelle 8-4 für einige Kerne angegeben.

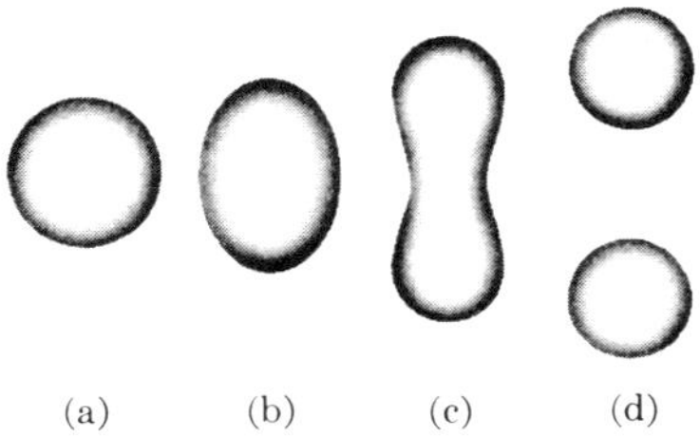

Abb. 8-17. Deformation eines Kerns entsprechend der Anregungsenergie.

Abb. 8-17 illustriert den für die Kernspaltung angenommenen Mechanismus, Betrachten wir einen Kern, dessen Gleichgewichtsgestalt, wie in Abb. 8-17(a). kugelförmig ist. Bei geeigneter Anregung kann er, wie in Abschnitt 7.10 erläutert, Kollektivschwingungen ausführen. Wenn die Anregungsenergie niedrig ist, sind die Schwingungen um die Kugelgestalt klein, so daß der Kern bei seiner maximalen Deformation die in Abb. 8-17(b) gezeigte Ellipsoidgestalt annimmt.

Wenn die Anregungsenergie in Form von γ-Strahlen abgegeben ist, kehrt der Kern in seine Gleichgewichtsform zurück. Dieser Prozeß ist dann ein Neutroneneinfang mit anschließendem Strahlungsübergang. Wenn die Anregungsenergie größer ist, wird der Kern, wie in Abb. 8-17(c), stärker deformiert. Selbst in diesem Fall gibt es einige Wahrscheinlichkeit, daß er nach Abregung durch γ-Emission zu seiner ursprünglichen Gestalt zurückkehrt. Wenn jedoch die Anregungsenergie groß genug ist, kann die Deformation so groß sein, daß die elektrische Abstoßung zwischen den beiden Hälften größer als die kurzreichweitige Kernwechselwirkung ist. Dann besteht eine größere Wahrscheinlichkeit, daß der Kern, anstatt unter Ausstrahlung von γ-Quanten in die Kugelgestalt zurückzukehren, sich mehr und mehr deformiert, bis er sich — wie in Abb. 8-17(d) angedeutet — in zwei Fragmente teilt, d.h. spaltet.

Abb. 8-18 zeigt schematisch die potentielle Energie eines Kernes als Funktion seiner Deformation. Für Deformationen, die kleiner als ein bestimmter, in der Figur mit D bezeichneter, kritischer Wert sind, sind die Kernkräfte größer als

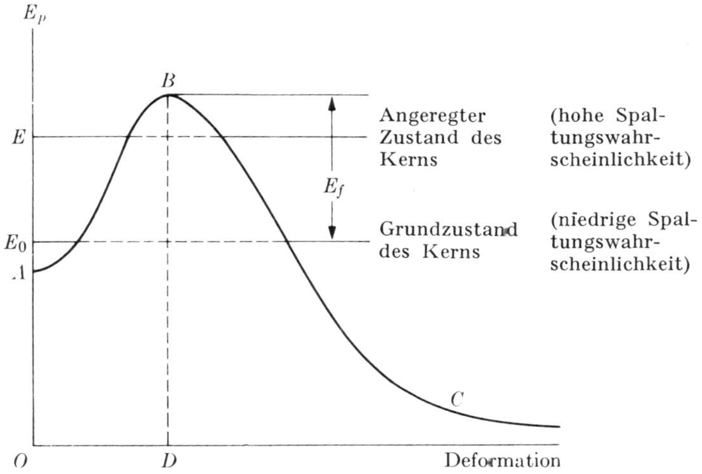

Abb. 8-18. Verlauf der Potentiellen Energie eines Kernes bei Deformation.

die elektrischen Kräfte, und die potentielle Energie wächst mit der Deformation an, was zur Kurve AB führt. Dies ist das Gebiet stabiler Schwingungen. Bei Deformationen, die größer als D sind, sind die elektrischen Kräfte größer als die Kernkräfte, und die potentielle Energie nimmt mit zunehmender Deformation ab. Dies ergibt die Kurve BC, welche der Teilung in zwei Fragmente entspricht; diese Fragmente fliegen wegen ihrer Coulombabstoßung auseinander. Wenn E_0 den Grundzustand des Kernes bezeichnet, ist die Schwellenenergie für Spaltung E_f. Diese Kurve sollte nur als eine qualitative Darstellung aufgefaßt werden.

Wenn sich der Kern anfänglich in einem Zustand mit einer Energie kleiner als bei B befindet, wie etwa E_0 oder E, führt er ohne Spaltung Schwingungen aus. Die Potentialbarriere verhindert eine spontane Spaltung. Der Kern kann jedoch durch die Potentialbarriere hindurchtunneln, was zu spontaner Spaltung führt. Wenn sich der Kern in seinem Grundzustand gefindet, ist die Wahrscheinlichkeit, hindurchzutunneln, extrem niedrig, so daß die spontane Spaltung ein sehr unwahrscheinliches Ereignis ist. Die Durchlässigkeit der Barriere nimmt jedoch mit zunehmender Anregungsenergie des Kernes zu, wodurch Spaltung wahrscheinlicher wird. Wenn der Kern eine Anregungsenergie größer als E_f besitzt, wird er offensichtlich gespalten. Spaltung durch Neutroneneinfang wird deshalb dann auftreten, wenn die Bindungsenergie plus der kinetischen Energie des eingefangenen Neutrons groß genug ist, um den Kern über die Potentialbarriere zu heben. Wenn die Bindungsenergie alleine ausreicht, tritt, wie wir oben sagten, Spaltung durch langsame Neutronen auf. Für ^{236}U beträgt die Höhe der Potentialbarriere ungefähr 5.3 MeV; 5.3 MeV ist daher die kritische Energie, die für eine Spaltung von ^{235}U durch Neutroneneinfang erforderlich ist. Man sollte jedoch beachten, daß es nicht nur eine einzige Schwellenenergie oder eine eindeutige kritische Deformation gibt; diese Größen hängen von der Anregungsform und dem Anfangszustand des Kerns ab.

Selbst wenn die Energie zur Verfügung steht, führt der Einfang eines Neutrons nicht notwendigerweise zu einer Spaltung, da (wie oben erklärt) der Kern, bevor er Zeit hat sich zu spalten, seine Anregungsenergie in Gestalt von γ-Strahlung abgeben kann, was zu einem Strahlungseinfang anstatt zu Spaltung führt. Wenn ein Neutroneneinfang stattfindet, kommen daher zwei konkurrierende Prozesse ins Spiel: Strahlungseinfang (n, γ) und Spaltung (n, f). Jeder dieser beiden Prozesse wird durch seinen eigenen Wirkungsquerschnitt — bezeichnet durch σ(n, γ) bzw. σ(n, f) — charakterisiert, der von der Energie des Neutrons abhängt. Die Werte dieser Wirkungsquerschnitte sind in Tabelle 8-5 für Neutronen mit einer Geschwindigkeit von 2200 m s^{-1} angegeben, die der mittleren Geschwindigketi thermischer Neutronen bei Zimmertemperatur entspricht. Die letzte Spalte gibt die mittlere Zahl der pro Spaltung freigesetzten Neutronen an.

TABELLE 8-5 Eigenschaften einiger spaltbarer Materialien gegenüber thermischen Neutronen

Kern	σ(n, f), Barn	σ(n, γ), Barn	ν
^{233}U	525	53	2.51
^{235}U	577	101	2.44
^{239}Pu	742	286	2.89

Spaltung ist kein symmetrischer Prozeß; im allgemeinen besitzen die beiden Fragmente verschiedene Massenzahlen. Die wahrscheinlichste Aufteilung ist in Fragmente mit Massenzahlen um 95 und 135, wie in Abb. 8-19 gezeigt ist, welche die Spaltungsausbeute von ^{233}U, ^{235}U und ^{239}Pu für thermische Neutronen angibt. Dies kann man auch in Abb. 7-1 erkennen, wo die radioaktiven Nuklide oberhalb des Stabilitätsbereiches besonders häufig in den Gebieten um $A = 90$ und $A = 135$ auftreten, die mit $N = 50$ bzw. $N = 82$ verknüpft sind. Der Grund für diese Asymmetrie scheint in der Tendenz eines schweren Kerns zu liegen, in Fragmente zu spalten, die abgeschlossene Neutronenschalen in der Nähe der magischen Zahlen 50 bzw. 82 besitzen.

Zwei Eigenschaften machen die Spaltung zu einem für praktische Anwendungen wichtigen Prozeß: Die eine ist, daß *bei der Spaltung Neutronen freigesetzt werden*, die andere, daß *bei der Spaltung Energie frei wird.*

Daß bei der Spaltung Neutronen freigesetzt werden, können wir durch einen Blick auf den Stabilitätsbereich in Abb. 7-1 erkennen. Für die schwersten Kerne, wie Uran, beträgt das Verhältnis von Neutronen zu Protonen $N/Z \sim 1.55$. Dies wird natürlich näherungsweise das Verhältnis für die entstehenden Fragmente sein. Derselben Abb. können wir jedoch entnehmen, daß das Verhältnis für stabile Kerne mit mittlerer Masse $N/Z \sim 1.30$ ist. Dies bedeutet, daß die entstehenden Fragmente zuviele Neutronen besitzen und daher oberhalb des Stabilitätsbereiches liegen. Sie sind deshalb β^--radioaktiv. In der Tat ist Uranspaltung eine der Methoden, β^--radioaktive Isotope zu erzeugen. Der Neutronenüberschuß ist

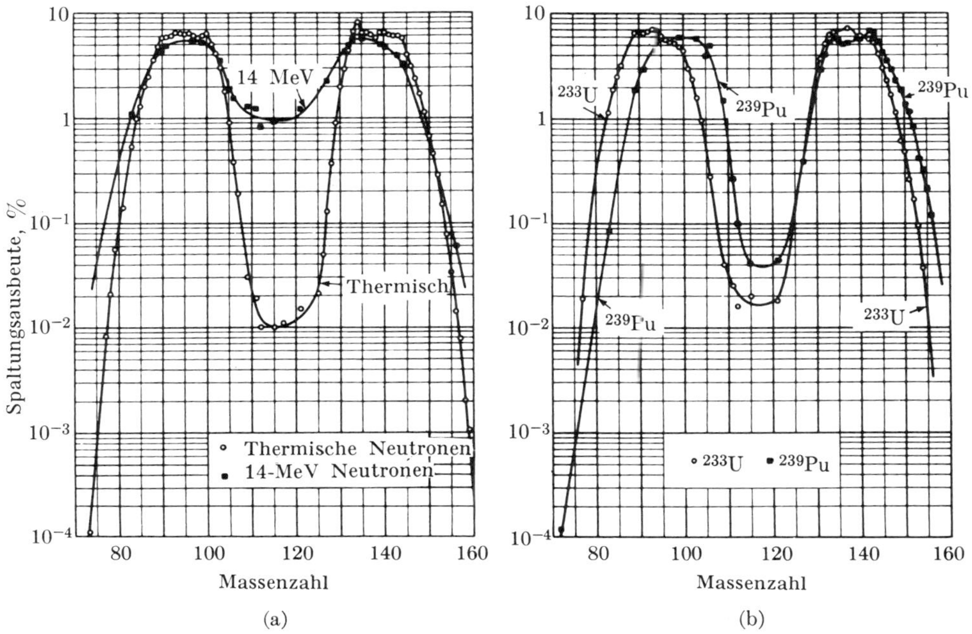

Abb. 8-19. (a) Ausbeute thermischer und schneller Neutronen bei der Spaltung von ^{235}U. (b) Thermische Ausbeute bei der Spaltung von ^{233}U und ^{239}Pu. [Daten von S. Katcoff, *Nucleonics* **1b**, No. 4, 78 (April 1958).]

jedoch so groß, daß einige Neutronen zur Zeit der Spaltung freigesetzt werden. Die mittlere Zahl pro Spaltung freigesetzter Neutronen (mit ν bezeichnet) ist in Tabelle 8-5 für einige Nuklide angegeben, wobei angenommen ist, daß die Spaltung durch langsame Neutronen ausgelöst ist.

Daß bei der Kernspaltung Energie freigesetzt wird, kann man den Bindungsenergien pro Nukleon entnehmen, die in Abb. 7-5 dargestellt sind. Für einen schweren Kern ist die Bindungsenergie rund 7.5 MeV pro Nukleon für Kerne mit mittlerer Masse, die den beiden Fragmenten entsprechen, beträgt sie jedoch rund 8.4 MeV pro Nukleon, was eine Zunahme der Bindungsenergie pro Nukleon von ungefähr 0.9 MeV, oder einem Gesamtbetrag von rund 200 MeV für alle Nukleonen in einem Urankern bedeutet. Dies ist dann die Grössenordnung der bei der Spaltung eines Uranatoms freigesetzten Energie. Die freigewordene Energie erscheint als kinetische Energie der Fragmente, der freigesetzten Neutronen und der Zerfallsprodukte (d.h. Elektronen, Protonen und Neutrinos) aus dem β-Zerfall der radioaktiven Fragmente.

Da die beim β-Zerfall emittierten Neutrinos (und ebenso einige Photonen) normalerweise aus dem Material, in dem die Spaltung stattfindet, entweichen, bleiben nur rund 185 MeV pro Atom übrig. Diese Energie ist immer noch erheblich größer als die bei einer chemischen Reaktion freigesetzte Energie (die von der Größenordnung 3 bis 10 eV pro Atom ist).

Z.B. verteilt sich die bei der Spaltung von ^{235}U freigesetzte Energie im Mittel wie folgt:

Kinetische Energie der Fragmente	167	MeV
Kinetische Energie der Spaltungsneutronen	5	»
Energie der γ-Strahlung (abgestrahlt im Zeitpunkt der Spaltung)	7	»
Energie der β^--Zerfalls-Elektronen	5	»
Energie des γ-Zerfalls von Fragmenten	5	»
Energie der β^--Zerfalls-Neutrinos	11	»
Gesamtenergie	200	MeV

Die genaue Energieverteilung variiert natürlich von Fall zu Fall.

Die Tatsache, daß für jedes Neutron, das zur Auslösung einer Spaltung absorbiert wird, mehr als zwei neue Neutronen (im Mittel) emittiert werden, legt die Möglichkeit einer *Kettenreaktion* nahe. D.h., wenn eine solche Anordnung getroffen wird, daß nach jeder Spaltung wenigstens eins der neuen Neutronen eine andere Spaltung einleitet und von den bei dieser Spaltung freigesetzten Neutronen wiederum wenigstens eins zu einer Spaltung führt, usw., dann ergibt sich ein selbsterhaltender Prozeß oder eine Kettenreaktion. (Kettenreaktionen treten in der Chemie sehr häufig auf. Verbrennung ist eine Kettenreaktion. Brennen setzt voraus, daß ein Molekül eine bestimmte Anregungsenergie besitzt, so daß es sich mit einem Sauerstoffmolekül verbinden kann. Wenn jedoch einmal die ersten Moleküle angeregt sind und sich mit Sauerstoff verbinden, reicht die freigesetzte Energie aus, weitere Moleküle des Brennstoffes anzuregen, und es ergibt sich ein Verbrennungsprozeß.) Wenn bei jeder Stufe des Prozesses mehr als ein Neutron pro Spaltung eine neue Spaltung hervorruft, nimmt die Anzahl der Spaltungen exponentiell zu, und es ergibt sich eine divergente Kettenreaktion. Dies passiert in einer Atombombe. Wenn jedoch durchschnittlich nur ein Neutron jeder Spaltung eine neue Spaltung einleitet, wird eine stationäre Kettenreaktion unter kontrollierten Bedingungen aufrechterhalten. Dies geschieht in einem *Kernreaktor.*

In *schnellen* Kernreaktoren werden die Neutronen bei derselben Energie verwendet (1 bis 2 MeV), mit der sie im Spaltungsprozeß freigesetzt werden. In einem *thermischen* Kernreaktor werden die Neutronen jedoch zunächst dadurch abgebremst, daß man sie mit den Atomen einer anderen Substanz, dem sog. *Moderator,* kollidieren läßt, bis sie thermisches Gleichgewicht mit der Substanz erreichen. Die Neutronen werden dann *thermisch* genannt. Der Moderator muß eine Substanz mit einer kleinen Massenzahl und einem kleinen Wirkungsquerschnitt für Neutroneneinfang sein. Wasser, schweres Wasser und Graphit sind die hauptsächlich als Moderatoren benutzten Substanzen.

Die in einem Kernreaktor freigesetzte Energie extrahiert man mit Hilfe einer umlaufenden Flüssigkeit, dem sog. *Kühlmittel.* Bei Leistungsreaktoren benutzt man diese Energie für Heizzwecke oder zur Erzeugung von elektrischer Energie. Bei Forschungsreaktoren benutzt man die Neutronen für Experimentierzwecke oder zur Isotopenerzeugung.

BEISPIEL 8.13. Bestimmung der freigesetzten Energie, wenn ein Neutron von ^{235}U und von ^{238}U eingefangen wird, und die Möglichkeit, ^{235}U und ^{238}U durch thermische Neutronen zu spalten.

Lösung: Der Q-Wert für den Einfang eines Neutrons durch ein Atom der Massenzahl A ist

$$Q = (M_A + m_n - M_{A+1})c^2 = 931.48(M_A + m_n - M_{A+1})\text{ MeV},$$

wobei die Massen im zweiten Ausdruck in atomaren Masseneinheiten ausgedrückt werden müssen und alle Massen Atommassen bedeuten.

Wenn wir den Fall von ^{235}U betrachten, das nach Einfang eines Neutrons ^{236}U wird, haben wir $M_A(^{235}U) = 235.1170$ AME und $M_{A+1}(^{236}U) = 236.1191$ AME. Wenn wir $m_n = 1.0090$ AME einsetzen, finden wir, daß $Q = 6.43$ MeV ist. Andererseits ist die Potentialbarriere von ^{236}U für Spaltung ungefähr 5.3 MeV. Daher ist die Anregungsenergie des durch Einfang eines Neutrons durch ^{235}U gebildeten ^{236}U größer als die Höhe der Potentialbarriere für die Spaltung. Wir schließen daraus, daß der durch Neutroneneinfang aus ^{235}U entstehende ^{236}U-Kern selbst dann eine Spaltung erfährt, wenn das Neutron so langsam ist, daß es eine vernachlässigbare kinetische Energie beiträgt.

Wenn wir den Fall des ^{238}U betrachten, das nach Einfang eines Neutrons ^{239}U wird, haben wir $M_A(^{238}U) = 238.1249$ AME und $M_{A+1}(^{239}U) = 239.1287$ AME. Daher ist der Q-Wert der Einfangreaktion 4.85 MeV, was um rund 0.6 MeV kleiner ist als die Höhe der Spaltungsbarriere von ^{239}U. Wenn das eingefangene Neutron nicht genügend kinetische Energie besitzt, um die erforderliche Energie zu liefern, tritt deshalb keine Spaltung auf. Experimentell hat man gefunden, daß die kinetische Mindestenergie der Neutronen im Laborsystem rund 1 MeV betragen muß, um ^{238}U zu spalten.

8.7 *Kernfusion*

Ein Prozeß, der die Umkehrung der Kernspaltung darstellt, ist die *Kernfusion.* Sie besteht in der Verschmelzung zweier zusammenstoßender Kerne zu einem größeren Kern. Wegen der Coulombabstoßung zwischen den Kernen müssen sie eine bestimmte kinetische Energie besitzen, um die Coulombbarriere zu überwinden, und nahe genug zusammenkommen, so daß die Kernkräfte die notwendige Vereinigungswirkung hervorrufen können. Dieses Problem tritt bei der Kernspaltung nicht auf, da das Neutron keine elektrische Ladung besitzt und daher den Kern erreichen kann, selbst wenn seine kinetische Energie sehr klein oder praktisch Null ist. Da die Coulombbarriere mit der Atomnummer zunimmt, tritt Kernfusion bei vernünftigen kinetischen Energien nur für sehr leichte Kerne mit niedriger Atomnummer oder Kernladung auf.

Wir wollen jetzt die kinetische Energie abschätzen, die erforderlich ist, um zwei Kerne der Atomnummern Z_1 und Z_2 in Kontakt zu bringen. Sei r im Ausdruck für die elektrische potentielle Energie der zwei Kerne ($E_p = Z_1Z_2e^2/4\pi\epsilon_0 r$) gleich der Summe der beiden Kernradien oder rund 10^{-14} m. Wir erhalten dann $E_p \sim 2.4 \times 10^{-14} Z_1Z_2\ J = 1.5 \times 10^5 Z_1Z_2$ eV $= 0.15 Z_1Z_2$ MeV. Dies ist die Höhe der Potentialbarriere und daher die minimale relative kinetische Anfangsenergie der beiden Kerne, die erforderlich ist, damit Fusion auftreten kann. Wenn die zusammenstoßenden Teilchen nicht eine kinetische Energie besitzen, die gleich oder größer als E_p ist, kann keine Fusion auftreten. Bei Energien, die um ein Geringes niedriger sind als E_p, besteht jedoch eine gewissen Wahrscheinlichkeit für Fusion durch ein Durchtunneln der Coulombbarriere. Die mittlere kinetische Energie eines Systems von Teilchen mit der Temperatur T ist von der Größenordnung kT oder ungefähr

$$8.6 \times 10^{-5} T \text{ eV},$$

wobei T in Absolutgraden einzusetzen ist. Daher entspricht eine Energie von 10^5 eV einer Temperatur von rund 10^9 °K, die viel höher ist als die Temperaturen, die man für das Zentrum der Sonne annimmt. Trotzdem ist die Fusion einer der wichtigsten in der Sonne auftretenden Prozesse und ihre Hauptquelle der Energie.

Die Fusion findet zwischen jener relativ kleinen Zahl leichter Kerne statt, deren Energie deutlich über der mittleren Energie bei Sonnentemperatur liegt. Wir können daraus schließen: Wenn die Kernfusion einer großen Anzahl von Kernen stattfinden soll, müssen die reagierenden Kerne Temperaturen haben, die viel höher sind als diejenigen, die bei den am stärksten exoenergetischen Reaktionen erzeugt werden. Die extremen Temperaturen bringen das Problem, die reagierenden Teilchen zusammenzuhalten, da kein bekanntes Material derartige Temperaturen aushalten kann. Auch sind bei diesen Temperaturen die Kerne von allen ihren umgebenden Elektronen entblößt (infolge von Stößen), und die Substanz besteht aus einer *Plasma* genannten neutralen Mischung positiv geladener Kerne und negativer Elektronen. Man hat versucht, die Teilchen mit Hilfe von Magnetfeldern zusammenzuhalten. Wenn man die Stärke des Magnetfeldes plötzlich erhöht, wird das Plasma auch adiabatisch komprimiert, und seine Temperatur steigt an, bis die Fusion beginnt. Es sind verschiedene geniale Apparaturen gebaut worden, die diese beiden Funktionen, das Zusammenhalten und das Aufheizen, übernehmen.

Wie wir Abb. 7-6 entnehmen können, wird Energie bei der Kernfusion leichter Kerne ($A < 20$) freigesetzt. Wenn zwei leichte Kerne zu einem schwereren verschmelzen, ist die Bindungsenergie des Produktkernes größer als die Summe der Bindungsenergien der beiden leichteren Kerne, und dies führt zu einem Freiwerden von Energie. Unter geeigneten Bedingungen reicht die bei der Fusion freiwerdende Energie aus, andere Kerne anzuregen, und es entsteht eine Kettenreaktion. Die Kettenreaktion wird durch einen ähnlichen Mechanismus wie bei einer chemischen Explosion eine Kernexplosion, in diesem Fall beruht die Explosion jedoch auf Kernkräften anstelle von elektrischen Kräften. Die Kettenreaktion kann auch unter kontrollierten Bedingungen ablaufen, obwohl noch kein voll zufriedenstellender Fusionsreaktor bisher gebaut wurde.

Die einfachste Fusionsreaktion ist der Einfang eines Neutrons durch ein Proton (oder Wasserstoffkern) und Bildung eines Deuterons:

$$^1_1\text{H} + \text{n} \rightarrow {}^2_1\text{H} + 2.226 \text{ MeV}. \tag{8.29}$$

Der große Vorteil dieser Reaktion ist, daß hier keine elektrische Potentialbarriere überwunden werden muß. Wie wir im nächsten Abschnitt sehen werden, nehmen die Wissenschaftler an, daß diese Fusionsreaktion bei den ersten Abschnitten der Evolution des Universums eine wichtige Rolle spielte. Gegenwärtig ist diese Fusionsreaktion jedoch relativ unwichtig, da es an einer hinreichenden Zahl freier Neutronen fehlt. Jedoch tritt Reaktion (8.29) auf, wenn die Neutronen von einem Kernreaktor durch eine wasserstoffhaltige Substanz, wie Wasser oder Paraffin, diffundieren.

Eine andere einfache Fusionsreaktion ist die zwischen zwei Protonen. Da es einen Diproton-Kern nicht gibt, ist der Prozeß auf Kosten der Bindungsenergie des entstehenden Deuterons von der Umwandlung eines der Protonen in ein Neutron begleitet, wobei ein Positron und ein Neutrino emittiert werden. D.h.

$$ {}_1^1\mathrm{H} + {}_1^1\mathrm{H} \rightarrow {}_1^2\mathrm{H} + e^+ + \nu + 1.35\ \mathrm{MeV}. \tag{8.30} $$

Eine dritte wichtige Fusionsreaktion ist die zwischen Wasserstoff und Deuterium, was einen Tritiumkern ergibt

$$ {}_1^1\mathrm{H} + {}_1^2\mathrm{H} \rightarrow {}_1^3\mathrm{H} + e^+ + \nu + 4.6\ \mathrm{MeV}. \tag{8.31} $$

Eine Fusionsreaktion, die einen großen Wirkungsquerschnitt besitzt und einen großen Energiebetrag freisetzt, ist die zwischen Deuterium und Tritium:

$$ {}_1^2\mathrm{H} + {}_1^3\mathrm{H} \rightarrow {}_2^4\mathrm{He} + n + 17.6\ \mathrm{MeV}. \tag{8.32} $$

Eine andere mögliche Fusionsreaktion des Deuteriums, an der ^{3}He beteiligt ist, ist

$$ {}_1^2\mathrm{H} + {}_2^3\mathrm{He} \rightarrow {}_2^4\mathrm{He} + {}_1^1\mathrm{H} + 18.3\ \mathrm{MeV}. \tag{8.33} $$

Da aber Tritium und ^{3}He nicht leicht zur Verfügung stehen, besitzt die Fusion zweier Deuteriumkerne oder Deuteronen eine größere praktische Bedeutung. Sie hat außerdem den Vorteil, daß nur eine Sorte von Kernen benötigt wird. Es können verschiedene Produkte auftreten; zwei Möglichkeiten treten mit ungefähr derselben Wahrscheinlichkeit auf:

$$ {}_1^2\mathrm{H} + {}_1^2\mathrm{H} \begin{cases} \nearrow {}_2^3\mathrm{He} + n + 3.2\ \mathrm{MeV} \\ \searrow {}_1^3\mathrm{H} + {}_1^1\mathrm{H} + 4.2\ \mathrm{MeV} \end{cases} \tag{8.34} $$

Die Wirkungsquerschnitte für die Prozesse (8.32) und (8.34) sind in Abb. 8-20 dargestellt.

Obwohl die bei einer einzelnen Fusion freiwerdende Energie viel geringer ist als bei einer einzelnen Spaltungsreaktion, ist die Energie pro Masseneinheit größer (weil Deuterium ein sehr leichter Brennstoff ist). Bei der Deuterium-

Deuterium-Fusion beträgt die Energie ungefähr 2×10^{14} J pro Kilogramm Brennstoff. Dies ist mehr als das Doppelte des Wertes für die Uranspaltung. Wegen der relativen Häufigkeit von Deuterium (rund ein Deuteriumatom auf 7000 Wasseratoffatome) und wegen der relativ niedrigen Kosten, Deuterium aus Wasser zu gewinnen (ungefähr 1 DM pro Gramm) sagen die Wissenschaftler voraus, daß der Fusionsprozeß eine nahezu unbegrenzte Energiequelle darstellen wird — sobald brauchbare Apparaturen für die kontrollierte Fusion zur Verfügung stehen.

Fusionsreaktionen sind die Energiequelle der Sonne und anderer Sterne. Einer der wichtigsten Fusionsprozesse ist der *Bethe-* oder *Kohlenstoffzyklus*, welcher einer Fusion von vier Protonen zu einem Heliumkern äquivalent ist. Der Zyklus verläuft in den folgenden Schritten:

$$\begin{aligned} &{}^1_1H + {}^{12}_6C \rightarrow {}^{13}_7N \\ &\quad {}^{13}_7N \rightarrow {}^{13}_6C + e^+ + \nu \\ &{}^1_1H + {}^{13}_6C \rightarrow {}^{14}_7N \\ &{}^1_1H + {}^{14}_7N \rightarrow {}^{15}_8O \\ &\quad {}^{15}_8O \rightarrow {}^{15}_7N + e^+ + \nu \\ &{}^1_1H + {}^{15}_7N \rightarrow {}^{12}_6C + {}^4_2He. \end{aligned} \tag{8.35}$$

Wenn wir all diese Reaktionen aufaddieren und gemeinsame Terme wegkürzen, erhalten wir

$$4\,{}^1_1H \rightarrow {}^4_2He + 2e^+ + 2\nu + 26.7\ \text{MeV}. \tag{8.36}$$

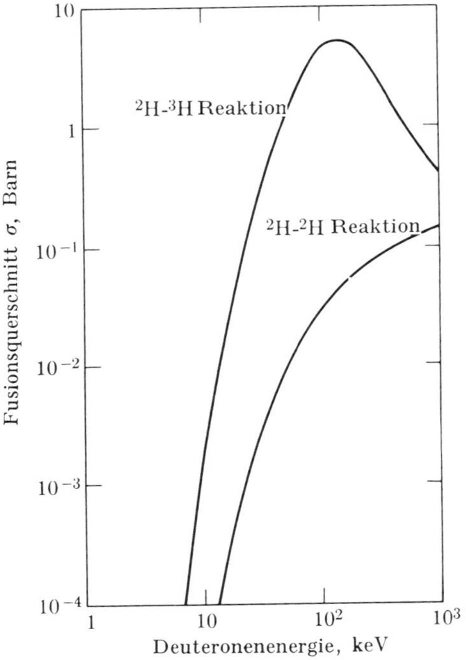

Abb. 8-20. Wirkungsquerschnitte für die Deuteron-Deuteron und Deuteron-Triton Fusionsreaktionen als Funktion der Deuteronenenergie. [Daten aus A. Bishop, *Project Sherwood*, Reading, Mass.: Addison-Wesley, 1958.]

Die bei dem Prozeß freigesetzte Nettoenergie beträgt 26.7 MeV oder rund 6.6×10^{14} J pro kg verbrauchten ${}^1_1H$'s. Man beachte, daß das Kohlenstoffatom eine Art von Katalysator ist, da es am Ende des Zyklus regeneriert wird. Um diesen Zyklus einmal zu durchlaufen, benötigt ein Kohlenstoffatom auf der Sonne rund 6×10^6 Jahre. In Abb. 8-21 ist der Zyklus schematisch dargestellt.

Eine andere Fusionsreaktion in Sternen ist der *Critchfield-* oder *Proton-Proton-Zyklus*, der aus den folgenden Schritten besteht:

$$\begin{aligned} &{}^1_1H + {}^1_1H \rightarrow {}^2_1H + e^+ + \nu \\ &{}^1_1H + {}^2_1H \rightarrow {}^3_2He \\ &{}^3_2He + {}^3_2He \rightarrow {}^4_2He + 2\,{}^1_1H. \end{aligned} \tag{8.37}$$

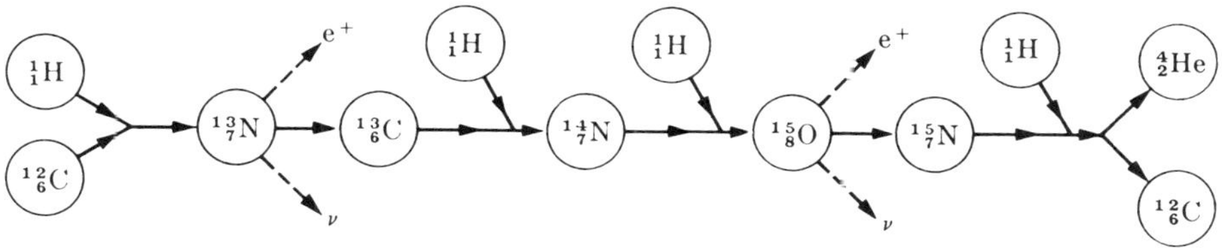

Abb. 8-21. Der Kohlenstoffzyklus.

Geeignet kombiniert ergeben diese Reaktionen ebenfalls Gl. (8.36). Die Periode des Proton-Proton-Zyklus beträgt auf der Sonne rund 3×10^9 Jahre. In Abb. 8-22 ist der Zyklus schematisch dargestellt.

Wie im nächsten Abschnitt erklärt wird, glauben die Astrophysiker, daß gegenwärtig auf der Sonne und in Sternen ähnlicher Struktur der Proton-Proton-Zyklus gegenüber dem Kohlenstoffzyklus überwiegt, daß aber in vielen jüngeren Sternen die Situation umgekehrt ist und der Kohlenstoffzyklus wichtiger ist. Man glaubt, daß in älteren Sternen, die eine viel höhere Temperatur besitzen, andere Arten von Fusionsreaktionen ebenfalls stattfinden.

Man schätzt, daß Prozeß (8.36) in der Sonne mit einer Rate von 5.64×10^{11} kg pro Sekunde Wasserstoff zu Helium verschmilzt, wobei 3.7×10^{25} W freigesetzt werden. Hiervon fallen nur 1.8×10^{14} W, hauptsächlich in Gestalt elektromagnetischer Strahlung, auf die Erde; dies ist jedoch noch 10^5 mal mehr als alle auf der Erde erzeugte industrielle Energie.

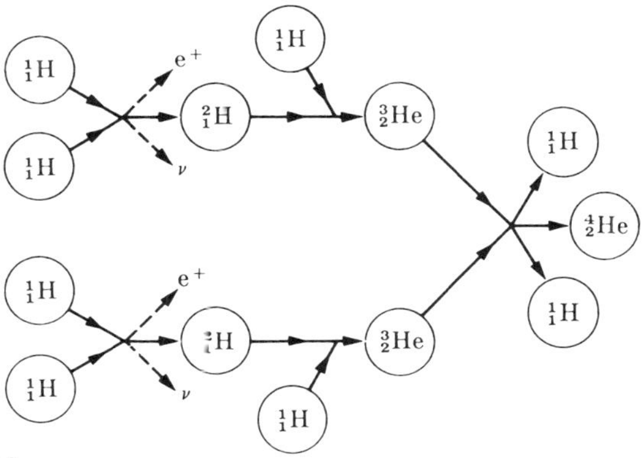

Abb. 8-22. Der Proton-Proton-Zyklus.

8.8 *Der Ursprung der Elemente*

Wir wollen nun die interessante und wichtige Frage nach dem Ursprung der Elemente betrachten. Unter Ursprung verstehen wir dabei den Mechanismus, welcher die gegenwärtige Zusammensetzung des Universums erzeugte, wobei wir die Existenz einer bestimmten ursprünglichen Materie annehmen. Unsere Aussagen werden nur spekulativer Natur sein, da es nur unvollständiges Beweismaterial gibt.

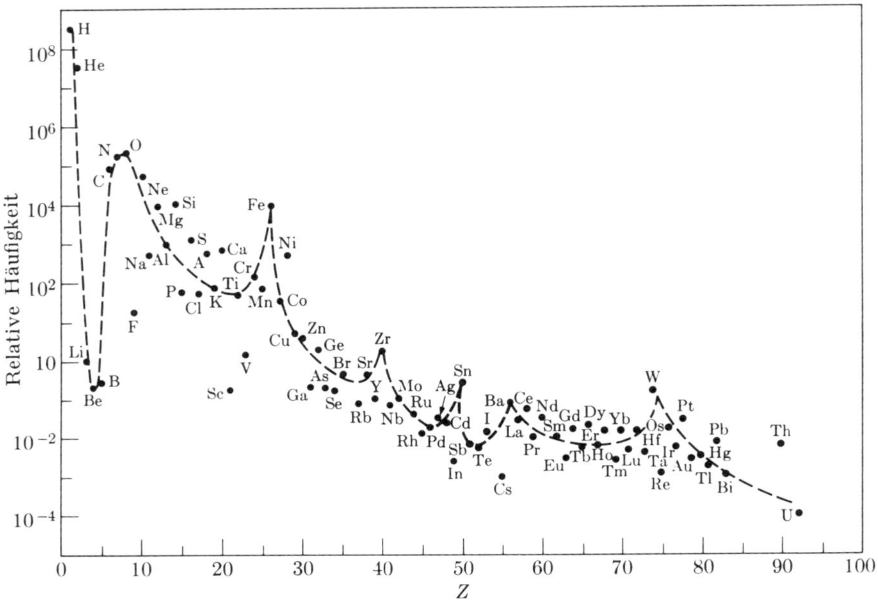

Abb. 8-23. Kosmische Häufigkeit der Elemente. [Daten von H. Urey und H. Brown, *Phys. Rev.* **88**, 248 (1952).]

Einer der Anhaltspunkte, die wir für unsere Spekulation benutzen, ist die relative Häufigkeit der verschiedenen chemischen Elemente im Universum, wie sie in Abb. 8-23 dargestellt ist, der andere ist ihre Isotopenzusammensetzung. Wie wir der Abbildung entnehmen können, ist Wasserstoff am häufigsten, gefolgt von Helium. Nach einem plötzlichen Abfall der Häufigkeit, welcher Lithium, Beryllium und Bor entspricht, folgt die Häufigkeit einer gleichmäßig abnehmenden Tendenz, die für $Z > 35$ oder $A > 80$ abflacht, jedoch einige ausgeprägte Maxima aufweist, insbesondere für Eisen und benachbarte Nuklide. Die Elemente hören bei $Z = 92$ auf, da die Menge der existierenden Kerne $Z > 92$ praktisch Null ist, obwohl sie künstlich im Laboratorium bis hinzu $Z = 103$ erzeugt wurden. Was die Isotopenzusammensetzung betrifft, so sind die leichteren Elemente reicher an solchen stabilen Isotopen, die einen niedrigeren Neutronengehalt aufweisen, während die schwereren Elemente reicher an Isotopen mit höherem Neutronengehalt sind. Ferner sind Kerne mit geradem A häufiger als solche mit ungeradem A. Eine weitere interessante Tatsache ist es, daß in der Natur keine Kerne mit $A = 5$ oder 8 gefunden werden.

Man hat festgestellt, daß die relative Häufigkeit und die Isotopenzusammensetzung nicht nur in Proben, die in verschiedenen Teilen und Tiefen der Erdkruste gewonnen wurden, sondern auch in Proben aus Meteoriten, die aus dem Weltall auf die Erde gefallen sind, gleich sind. Diese konstante Zusammensetzung legt nahe daß, wenigstens in unserem Milchstraßensystem, die Elemente alle durch ungefähr denselben Prozeß gebildet wurden.

Man schätzt, daß der «Zeitnullpunkt» des Prozesses rund $(8 \pm 2) \times 10^9$ Jahre zurückliegt. Diese Zahl erhielt man unter Berücksichtigung verschiedener astrophysikalischer Überlegungen, wie der Fluchtgeschwindigkeit von Milchstraßensystemen, und aus der Analyse der natürlichen radioaktiven Ketten.

Es wurden viele Theorien entwickelt, um die allgemeine Zusammensetzung des Weltalles zu erklären, aber keine einzelne Theorie ist vollkommen befriedigend. Eine annehmbare Theorie (die unter anderem Fowler, Hoyle, Burbridge und Greenstein zugeschrieben werden kann) folgert, daß die Elemente in den Sternen unter wechselnden Bedingungen synthetisiert werden. Die von dieser Theorie betrachtete Folge von Ereignissen ist die folgende: Man nehme an, daß es anfangs (d.h. «Zeitnullpunkt») eine sehr große Masse gasförmigen Wasserstoffs gab (mit vielleicht einigen freien Neutronen). Infolge statistischer Fluktuationen und Gravitationswechselwirkung kann etwas von diesem Wasserstoff in Haufen, oder zu Sternen, kondensieren und dabei eine Dichte der Größenordnung 10^5 kg m^{-3} erreichen. Bei dem Kondensationsprozeß wird potentielle Gravitationsenergie in kinetische Energie transformiert, was zu einem Temperaturanstieg (auf rund 10^7 °K) des Gases führt. Bei solchen Temperaturen ist der Proton-Proton-Zyklus von Gl. (8.37) möglich. Es beginnt so die Bildung von Helium. Es ist möglich, daß als Nebenreaktionen zum Proton-Proton-Zyklus relativ kleine Mengen von Kernen mit höherer Atommasse gebildet werden. Z.B. wird ${}^7_3\mathrm{Li}$ gebildet durch den Prozeß

$$ {}^3_2\mathrm{He} + {}^4_2\mathrm{He} \to {}^7_4\mathrm{Be} + \gamma, \qquad {}^7_4\mathrm{Be} + e^- \to {}^7_3\mathrm{Li} + \nu. $$

Ein Teil des Lithiums bildet sich wieder zurück zu Helium durch die Reaktion

$$ {}^7_3\mathrm{Li} + {}^1_1\mathrm{H} \to {}^4_2\mathrm{He} + {}^4_2\mathrm{He}. $$

Andere Fusionsreaktionen, wie etwa (8.29), (8.31) und (8.33), können ebenfalls — aber in viel geringerem Umfang — auftreten.

Da Helium eine größere Masse besitzt als Wasserstoff, wandern die im Proton-Proton-Zyklus erzeugten Heliumkerne unter dem Einfluß der Gravitation in das Zentrum (oder den Kern) des Sterns. Die Dichte im Kern kann dann sogar einen Betrag von 10^8 kg m^{-3} annehmen. Die resultierende Zunahme der kinetischen Energie der Heliumkerne im Kern läßt die Kerntemperatur (bis zu Werten von 10^8 °K) anwachsen. Die Oberflächentemperatur eines Sternes, in dessen Innern sich eine große Anzahl von Heliumkernen angesammelt hat, nimmt zu, und infolgedessen ändert sich seine Farbe. Der Anstieg der Temperatur und Dichte der Heliumkerne im Kern erhöht die Möglichkeit der Erzeugung von ${}^8_4\mathrm{Be}$ durch die Helium-Fusionsreaktion

$$ {}^4_2\mathrm{He} + {}^4_2\mathrm{He} \to {}^8_4\mathrm{Be}, $$

auf die, in rund 10^{-16} s, der Zerfallsprozeß

$$ {}^8_4\mathrm{Be} \to {}^4_2\mathrm{He} + {}^4_2\mathrm{He} $$

folgt. Wegen der relativ großen Heliumkonzentration besteht jedoch die Möglichkeit, daß vor dem Zerfall ein anderer Heliumkern eingefangen wird, was zu der Reaktion

$$^{8}_{4}\mathrm{Be} + ^{4}_{2}\mathrm{He} \rightarrow ^{12}_{6}\mathrm{C}$$

führt. Alternativ können die Zwischenprodukte der Proton-Proton-Kette $^{2}_{1}$H und $^{3}_{2}$He von dem Beryllium eingefangen werden, wobei sich, wenn auch in geringeren Mengen als $^{12}_{6}$C, $^{10}_{5}$B bzw. $^{11}_{6}$C bilden. Es können auch andere, weniger wahrscheinliche Reaktionen stattfinden, die zu anderen leichten Elementen führen.

Die gerade beschriebene Ereigniskette erklärt, wie die Lücken bei $A = 5$ und 8 umgangen werden können. Dieser Mechanismus macht auch die Seltenheit von Lithium, Beryllium und Bor verständlich und erklärt die relativ große Häufigkeit von $^{12}_{6}$C. Durch denselben Prozeß des Heliumeinfanges wird die Erzeugung immer schwererer Kerne wie $^{16}_{8}$O, $^{20}_{10}$Ne und anderer möglich. Die einzige Begrenzung des Heliumeinfanges ist der Energiebetrag, den die $^{4}_{2}$He-Kerne besitzen müssen, um die Coulombabstoßung des schwereren Kernes zu überwinden. Abb. 8-24 gibt eine schematische Darstellung der Prozeßfolge, wie sie von dieser Theorie des Heliumeinfanges (oder Verbrennung) vorgeschlagen wird.

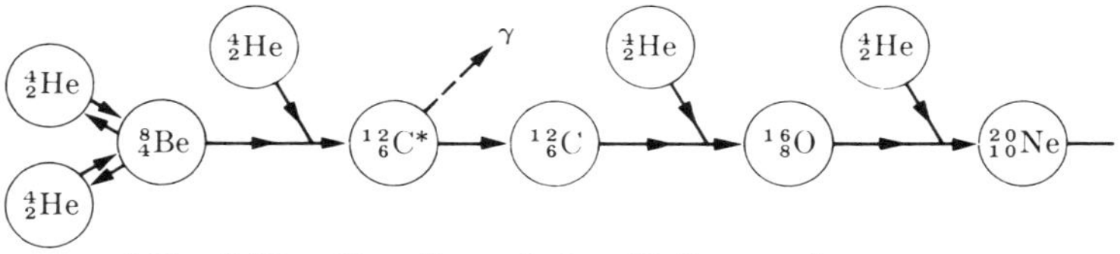

Abb. 8-24. Der Prozeß der Heliumverbrennung.

Bei der Erzeugung der schwereren Kerne werden große Mengen Helium aufgebraucht, und es sollte eine weitere Gravitationskontraktion des Kernes stattfinden, die zu Kerndichten der Größenordnung 10^9 kg m^{-3} führt (mit einer entsprechenden Zunahme der kinetischen Energie der Kerne und einer Temperatur, die sich 10^9 °K nähert). Unter derartigen Bedingungen sehr hoher Dichte und extremer Temperatur werden andere Kernreaktionen möglich, die Kerne mit höherer Masse erzeugen können, bis hin zur Eisengruppe (ungefähr $A = 60$), aber nicht weiter wegen der oben erwähnten Beschränkung der Energie. In einigen Fällen können freie Neutronen durch (α, n)-Reaktionen erzeugt werden, wie

$$^{13}_{6}\mathrm{C} + ^{4}_{2}\mathrm{He} \rightarrow ^{16}_{8}\mathrm{O} + \mathrm{n},$$

$$^{17}_{8}\mathrm{O} + ^{4}_{2}\mathrm{He} \rightarrow ^{20}_{10}\mathrm{Ne} + \mathrm{n},$$

$$^{21}_{10}\mathrm{Ne} + ^{4}_{2}\mathrm{He} \rightarrow ^{24}_{12}\mathrm{Mg} + \mathrm{n}.$$

Zusammen mit einigen Neutronen aus der Urzeit, die nicht in Protonen zerfallen sind, stehen diese Neutronen für eine Weiterführung der Kernerzeugung zu höheren Massenzahlen — d.h. Kerne jenseits der Eisengruppe — durch Neutroneneinfang anstelle durch Einfang geladener Teilchen zur Verfügung. In vielen Fällen führt Neutroneneinfang zu β^--Zerfall (wie wir gesehen haben, zerfällt ein Kern jeweils dann durch Elektronenemission, wenn er zuviele Neutronen aufweist). Nach dem β^--Zerfall besitzt der resultierende Kern eine höhere Atomnummer, und die Kette kann so zu höheren Z-Werten fortschreiten. Im Laufe der Zeit nimmt die Zahl der freien Neutronen natürlich ab. Dies erklärt die Tatsache, daß die schwereren Elemente relativ weniger häufig sind, da die Erzeugung der schwereren Elemente fast ausschließlich vom Neutroneneinfang abhängt.

Da das anfängliche «Anheizen» eines Kernes auf einer statistischen Fluktuation beruht, kann man nicht erwarten, daß alle Sterne im Universum demselben Ablauf mit derselben Geschwindigkeit folgen. Die Sterne befinden sich daher gegenwärtig in verschiedenen Stufen ihrer Entwicklung. Die Sonne befindet sich immer noch vorwiegend in der ersten Entwicklungsstufe; man nimmt an, daß sie zu 81.70 % aus Wasserstoff, 18.17 % aus Helium und zu 0.07 % aus den restlichen Elementen besteht. Sterne, in denen der Proton-Proton-Zyklus gegenwärtig der dominierende Prozeß zu sein scheint, nennt man *Sterne der Hauptfolge.* Die Sterne, in denen gegenwärtig die Verbrennung von Helium der wichtigste Prozeß zu sein scheint, nennt man wegen ihrer Farbe *Rote Riesen.* Man nimmt an, daß in vielen Sternen die von dieser Theorie vorgeschlagenen drei Stufen der Kernsynthese gleichzeitig stattfinden, wobei die Wasserstoffverbrennung an der Oberfläche stattfindet, die Heliumreaktionen in einer (heißeren) Zwischenschicht überwiegen und die schweren Elemente in dem viel heißeren Kern des Sterns erzeugt werden. Sterne, die sich in der von dieser Theorie beschriebenen Weise entwickelt haben, nennt man *Sterne der ersten Generation.*

In manchen Fällen können Instabilitäten, die während der Evolution und dem Altern eines Sternes auftreten, dazu führen, daß etwas Materie aus dem Inneren in den interstellaren Raum herausgeschleudert wird, wo sie sich mit nichtkondensiertem Wasserstoff und dem Staub des Weltalles vermischt. Die Kondensation dieser Mischung zu einem späteren Zeitpunkt ergibt die Sterne *der zweiten* (*oder späteren*) *Generation.* In diesen jüngeren Sternen spielt der Kohlenstoffzyklus, Gl. (8.35), eine wichtige Rolle.

Die Theorie des Ursprungs der Elemente ist viel komplizierter, als unser begrenzter Überblick andeuten kann, wir können sie hier jedoch nicht mit größerer Ausführlichkeit behandeln. Was wir dargelegt haben, sollte ausreichen, um dem Leser die Grundideen dieses interessanten, herausfordernden und schöpferischen Gebietes der Physik vor Augen zu führen.

Literaturverzeichnis

1. "Resource Letter NR-1 on Nuclear Reactions", T. Griffy, *Am. J. Phys.* **35,** 297 (1967)
2. "The Discovery of Nuclear Fission", H. Graetzer, *Am. J. Phys.* **32,** 9 (1964)
3. "A Study of the Discovery of Fission", E. Sparberg, *Am. J. Phys.* **32,** 2 (1964)
4. "Nuclear Fission", R. Leachman, *Sci. Am.*, August 1965, Seite 49
5. "Thermonuclear Reactions", G. Thomson, *Am. J. Phys.* **28,** 221 (1960)

6. "Recent Developments in Controlled Fusion", A. Bishop, *Physics Today*, März 1964, Seite 19
7. "The Origin of the Elements" von W. A. Fowler und "The Structure of Nuclei" von V. Weisskopf in *The Scientific Endeavor*. New York: Rockelfeller Institute Press, 1965
8. *Structure of Matter*, W. Finkelnburg. New York: Academic Press, 1964, Kapitel V, Teile 9-19
9. *Principles of Modern Physics*, R. Leighton. New York: McGraw-Hill, 1959, Kapitel 16 und 17
10. *Nuclear Physics*, I. Kaplan. Reading, Mass.: Addison-Wesley, 1963
11. *Introduction to the Atomic Nucleus*, J. Cuninghame. Amsterdam: Elsevier, 1964
12. *Radioactivity and Its Measurement*, W. Mann und S. Garfinkel. Princeton, N. J.: Van Nostrand, Momentum Books, 1966
13. *A Source Book in Physics*, W. Magie. Cambridge, Mass.: Harvard University Press (1963); Seite 613 (Becquerel); Seite 617 (P. und M. S. Curie)

Aufgaben

8.1 Die Halbwertzeit von ^{90}Sr beträgt 28 Jahre. Bestimmen Sie (a) die Zerfallskonstante für ^{90}Sr, (b) die Aktivität von 1 mg ^{90}Sr in Curies und Zerfällen pro Sekunde, (c) die Zeit, welche erforderlich ist, damit sich 1 mg auf 250 μg reduziert, (d) die Aktivität zu dieser späteren Zeit.

8.2 Die Aktivität einer frisch präparierten Probe eines radioaktiven Materials, das in ein stabiles Nuklid zerfällt, wird alle 20 Sekunden gemessen. Beginnend bei $t = 0$ wurden die folgenden Aktivitäten (in μCi) gemessen: 410; 190; 90; 43; 20; 9.6; 4.5; 2.15; 1.00; 0.48; 0.23. (a) Tragen Sie den natürlichen Logarithmus der Aktivität als Funktion der Zeit auf. (b) Bestimmen Sie die Zerfallskonstante und die Halbwertzeit der Probe. (c) Wieviele radioaktive Kerne waren in der Probe zur Zeit $t = 0$ s vorhanden?

8.3 Ein Material besteht aus zwei verschiedenen radioaktiven Substanzen mit den Halbwertzeiten 2 Stunden bzw. 20 Minuten. Anfangs liegen ein mCi der ersten Substanz und neun mCi der zweiten Substanz vor. (a) Tragen Sie auf halblogarithmischem Papier als Funktionen der Zeit die Aktivität der einzelnen Substanz und des Gesamtmaterials auf. (b) Zu welchem Zeitpunkt beträgt die Gesamtaktivität ein mCi? (c) Zu welchem Zeitpunkt beträgt die Aktivität der kurzlebigen Substanz 1 % der Aktivität der langlebigen Substanz?

8.4 Die Aktivität eines Materials wird alle 30 s gemessen, wobei sich die folgenden Werte (in Ereignissen pro Sekunde) ergeben: 1167; 264; 111; 67; 48.3; 37.1; 30.0; 24.6; 20.9; 18.1; 15.7; 13.9; 12.3; 11.1; 9.84; 8.85; 7.83; 7.02; 6.26; 5.60; 5.00. (a) Tragen Sie den Logarithmus der Aktivität als Funktion der Zeit auf. (b) Bestimmen Sie, wieviele radioaktive Substanzen vorliegen, und berechnen Sie die einzelnen Halbwertzeiten und Zerfallskonstanten. (*Hinweis:* Subtrahieren Sie zunächst die Aktivität der längstlebigen Substanz, indem Sie den Schwanz der Kurve durch eine gerade Linie zur Zeit Null hin verlängern. Tragen Sie die verbleibende Aktivität auf, und wiederholen Sie das Verfahren, bis eine gerade Linie übrigbleibt, die der kürzestlebigen Substanz entspricht.)

8.5 Zeigen Sie, daß die *mittlere* Lebensdauer, T_{ave}, einer radioaktiven Substanz gegeben ist durch

$$T_{\text{ave}} = \frac{1}{N_0}\int_{N_0}^{N_0} t\,dN = \frac{1}{\lambda}.$$

8.6 Lösen Sie Beispiel 8.2 unter der Annahme, daß anfangs N_0 Kerne der radioaktiven Substanz vorliegen. Betrachten Sie insbesondere die Fälle, bei denen $N_0 < g/\lambda$ und $N_0 > g/\lambda$ ist.

8.7 Zeigen Sie, daß die Anzahl der Kerne des Materials C (eines stabilen Nuklids) von Beispiel 8.3 als Funktion der Zeit gegeben ist durch

$$N_C = \frac{N_{A_0}}{\lambda_B - \lambda_A} \times [\lambda_B(1 - e^{-\lambda_A t}) - \lambda_A(1 - e^{-\lambda_B t})].$$

8.8 Zeigen Sie, daß die Zeit in Abb. 8-4, zu der die Anzahl der Kerne der Substanz B ein Maximum besitzt, gegeben ist durch

$$\frac{\ln(\lambda_A/\lambda_B)}{\lambda_A - \lambda_B}.$$

8.9 Ein Kolbenring aus Stahl mit einer Masse von 25 g wird in einem Kernreaktor bestrahlt, bis seine Aktivität (infolge des Nuklids ^{59}Fe, das eine Halbwertzeit von 3.9×10^6 s besitzt) 9.0 mCi beträgt. Zwei Tage später wird der Kolbenring in einen Testmotor eingebaut. Nach einem 10-tägigen Testlauf wird das Öl aus dem Kurbelwellengehäuse abgelassen und auf seine Aktivität infolge ^{59}Fe untersucht. Die Untersuchung ergibt für eine 200-cm³-Probe des Öls eine mittlere Aktivität von 9.8×10^2 Zerfälle pro Sekunde. Berechnen Sie den Massenverschließ des Kolbenringes, wenn das Fassungsvermögen des Kurbelwellengehäuses mit 7.6 Liter angegeben ist.

8.10 Die Aktivität des in Lebewesen gefundenen Kohlenstoffes beträgt, infolge des vorhandenen ^{14}C, 0.007 μCi pro Kilogramm. Holzkohle aus der Feuerstelle eines Indianerlagers besitzt eine Aktivität von 0.0048 μCi kg^{-1}. Die Halbwertzeit von ^{14}C beträgt 5760 Jahre. Berechnen Sie das Jahr, in dem die Lagerstelle zum letzten Mal benutzt wurde.

8.11 Tragen Sie den Logarithmus der Zerfallskonstante als Funktion der Energie für die in Tabelle 8-1 aufgeführten α-Zerfälle auf. Zeigen Sie, daß die Punkte näherungsweise auf einer Geraden liegen, so daß $\log \lambda = aE_\alpha + b$. Bestimmen Sie a und b für bestmögliche Übereinstimmung.

8.12 Berechnen Sie die Energie der von ^{144}Nd bei seinem Zerfall in ^{140}Ce emittierten α-Teilchen. Berechnen Sie auch die Rückstoßenergie des Tochterkerns. Die Ruhemassen betragen 143.9100 AME bzw. 139.9054 AME.

8.13 In einer Nebelkammer wird ein elastischer Stoß zwischen einem α-Teilchen und einem Kern unbekannter Masse beobachtet. Das α-Teilchen wird um 55° gegenüber seiner ursprünglichen Richtung abgelenkt, während der Kern eine Spur erzeugt, die einen Winkel von 35° mit der Einfallsrichtung einschließt. Wie groß ist die Masse des Kerns?

8.14 Die Reichweite R von α-Teilchen in Luft und die Energien E der α-Teilchen sind durch eine empirische Beziehung $R = 0.318E^{3/2}$ m miteinander verknüpft, wobei E in MeV einzusetzen ist. (a) Bestimmen Sie für die in Abb. 8-8 angegebenen Energien die Reichweite der beim Zerfall von ^{211}Bi emittierten α-Teilchen. (b) Der α-Zerfall von ^{212}Po wurde in einer Nebelkammer beobachtet und vier Reichweiten —11.2; 11.0; 9.57 und 8.51 cm— gemessen. Berechnen Sie die Energien dieser α-Teilchen. (Siehe Abb. 8-9.)

8.15 Das α-Zerfallsspektrum von ^{226}Ra besitzt eine Triplett-Struktur mit α-Teilchenenergien von 4.777, 4.593 und 4.342 MeV. Zeichnen Sie unter der Annahme, daß das Tochternuklid ^{222}Rn im Grund- und zwei angeregten Zuständen erzeugt wird, ein Diagramm der Energieniveaus und tragen Sie die mit dem Übergang verknüpfte γ-Emission ein.

8.16 Führen Sie die möglichen Zerfallsarten für ^{40}K, das eine Ruhemasse von 39.9640 AME besitzt, auf. Berechnen Sie die für die einzelnen möglichen Prozesse zur Verfügung stehende Energie.

8.17 Zeigen Sie aufgrund der Massenwerte, daß ^{64}Cu durch β^+- und β^--Emission sowie durch Elektroneneinfang zerfallen kann. Man weiß experimentell, daß ^{64}Cu eine Halbwertzeit von 12.8 Stunden mit 39 % β^-, 90 % β^+ und 42 % Elektroneneinfang besitzt. Berechnen Sie die einzelnen Prozesse der zur Verfügung stehenden Energien.

8.18 (a) Zeigen Sie, daß ^7Be durch Elektroneneinfang zerfällt. Seine Ruhemasse ist 7.016929 AME. (b) Berechnen

Sie die Energie und den Impuls des Neutrinos und des Tochterkerns ^{7}Li.

8.19 Berechnen Sie die Maximalenergie für das Elektron beim β^--Zerfall des ^{3}H.

8.20 Wenn ^{14}O durch β^+-Emission zerfällt, befindet sich das Tochternuklid ^{14}N fast immer in einem angeregten Zustand ($>$ 99 %). Berechnen Sie aus den in Abb. 8-10(b) angegebenen experimentellen Daten und aus der Tatsache, daß ^{14}N eine Ruhemasse von 14.003074 AME besitzt, die Masse von ^{14}O.

8.21 Tragen Sie die Massen der Isobare mit $A = 40$, 64 und 134 als Funktion von Z auf. Deuten Sie die möglichen β-Zerfallsketten und die stabilsten Nuklide an. Verbinden Sie, beginnend mit den stabilen Nukliden, die oberen und unteren Werte und beachten Sie, daß die Verbindungslinien Parabeln sind. Messen Sie den Massenabstand zwischen den beiden Linien und zeigen Sie, daß er mit dem gerade-ungerade-Korrekturterm von Gl. (7.11)

$$\delta = \pm 34 A^{-3/4}\ \text{MeV}$$

verträglich ist.

8.22 Tragen Sie für $E_0 = 1.24$ MeV die Energieverteilung der Elektronen im β-Zerfall auf, wie sie durch Gl. (8.21) gegeben wird. Vergleichen Sie mit Abb. 8-11(b).

8.23 Vervollständigen Sie die folgenden Gleichungen für Kernreaktionen, indem Sie für ein auftretendes X jeweils das entsprechende Nuklid oder Teilchen einsetzen:

(a) $^{27}_{13}$Al(n, α)X; (b) $^{31}_{15}$P(γ, n)X;

(c) $^{31}_{15}$P(d, p)X; (d) $^{12}_{6}$C(X, α)$^{8}_{4}$Be;

(e) $^{11}_{5}$B(γ, X)$^{8}_{4}$Be; (f) $^{115}_{49}$In(n, γ)X;

(g) $^{58}_{28}$Ni(p, n)X; (h) $^{59}_{27}$Co(n, X)$^{60}_{27}$Co.

8.24 Der Massendefekt eines Kerns wird definiert als $\Delta = A - M$, wobei A die Massenzahl und M die Kernmasse in atomaren Masseneinheiten sind. Drücken Sie die Q-Werte für β^-- und β^+-Zerfall sowie für die Reaktion $M_i(m_i, m_f)M_f$ als Funktion der Massendefekte Δ der beteiligten Teilchen aus. (*Hinweis:* Siehe Beispiele 8.4 und 8.5.)

8.25 Ein Teilchen der Masse m_i wird mit einer kinetischen Energie E_k (im Laborsystem) gegen einen Kern der Masse M_i geschossen, der anfangs im Laborsystem ruht. Zeigen Sie, daß (a) die gesamte kinetische Energie des Systems im Schwerpunktsystem $E_k M_i/(M_i + m_i)$ ist, (b) die für die Reaktion $M_i(m_i, m_f)M_f$ zur Verfügung stehende Gesamtenergie $Q + E_k M_i(M_i + m_i)$ ist, (c) die kinetische Schwellenenergie von m_i im Laborsystem (bei negativem Q) $-Q(M_i + m_i)/M_i$ beträgt. Nehmen Sie an, daß die Teilchen nicht relativistisch behandelt werden können.

8.26 Bestimmen Sie für die Kernphotoreaktion

$$^{24}\text{Mg}(\gamma, \text{n})\,^{23}\text{Mg}$$

die Schwellenenergie des Photons. Die Ruhemassen des Mutter- und Tochternuklids sind 23.98504 bzw. 22.99412 AME.

8.27 Ein bestimmter Beschleuniger kann einfach geladene Teilchen auf eine Energie von 2 MeV und doppelt geladene Teilchen auf 4 MeV beschleunigen. Welche Reaktionen kann man beobachten, wenn ^{12}C mit Protonen, Deuteronen und α-Teilchen aus diesem Beschleuniger beschossen werden?

8.28 Wenn ^{7}Li mit 0.70 MeV-Protonen beschossen wird, werden zwei α-Teilchen, jedes mit 9.0 MeV kinetischer Energie, erzeugt. (a) Berechnen Sie den Q-Wert der Reaktion. (b) Berechnen Sie die Differenz zwischen der gesamten kinetischen Energie der α-Teilchen und der kinetischen Energie des Protons am Anfang im Laborsystem.

8.29 Die Ruhemasse von $^{27}_{13}$Al beträgt 26.98154 AME. Bestimmen Sie für die folgenden Reaktionen die Masse der Produktkerne:

(a) ^{27}Al(n, γ)^{28}Al, $Q = 7.722$ MeV;

(b) ^{27}Al(p, α)^{24}Mg, $Q = 1.594$ MeV;

(c) ^{27}Al(d, p)^{28}Al, $Q = 5.497$ MeV;

(d) ^{27}Al(d, α)^{25}Mg, $Q = 6.693$ MeV.

8.30 Zeigen Sie, daß das Q einer Kernreaktion $M_i(m_i, m_f)M_f$ gegeben ist durch

$$Q = E_f[1 + (m_f/M_f)] - E_i[1 - (m_i/M_i)],$$

wobei E_i die kinetische Energie des einlaufenden Teilchens und E_f die kinetische Energie derjenigen m_f-Teilchen ist, die unter einem Winkel von 90° relativ zur Richtung des einfallenden Teilchens beobachtet werden.

8.31 Bestimmen Sie für die folgenden Reaktionen die Schwellenenergie des Geschosses im Laborsystem unter der Annahme, daß sich der Targetkern in Ruhe befindet: (a) $^{14}N(\alpha, p)\,^{17}O$; (b) $^{16}O(n, \alpha)\,^{13}C$.

8.32 Eine Probe aus natürlichem Silizium wird mit einem 2.0 MeV-Deuteronenstrahl beschossen. (a) Schreiben Sie alle möglichen Reaktionen auf, bei denen entweder ein Proton oder ein α-Teilchen ausgestoßen wird. (b) Bestimmen Sie für jeden der Fälle die kinetische Energie des ausgestoßenen Teilchens im Schwerpunktsystem sowie seine maximale und minimale kinetische Energie im Schwerpunktsystem.

8.33 Bei relativ niedrigen (thermischen) Energien ist der Neutroneneinfangquerschnitt für viele Substanzen umgekehrt proportional zur Geschwindigkeit des Neutrons. Dies nennt man das $1/v$-Gesetz. Wie sollte eine graphische Darstellung des Logarithmus des Wirkungsquerschnittes der thermischen Neutronen als Funktion der kinetischen Energie der Neutronen aussehen?

8.34 Gegeben sei, daß der Einfangquerschnitt von ^{197}Au für Neutronen dem $1/v$-Gesetz gehorcht (siehe Aufgabe 8.32), und daß der Einfangquerschnitt für thermische Neutronen (0.025 eV) 99 b beträgt. Bestimmen Sie den Absorptionsquerschnitt von ^{197}Au für 1.0 eV-Neutronen. Bei welcher Dicke der Goldfolie werden 20 % eines 1.0 eV-Neutronenstrahls absorbiert?

8.35 Eine 0.02 cm starke Tantalfolie mit der Dichte 1.66×10^4 kg m^{-3} wird für zwei Stunden in einem Strahl thermischer Neutronen mit dem Fluß 10^{16} N m^{-2} s^{-1} bestrahlt. Als Ergebnis der Reaktion $^{181}Ta(n, \gamma)^{182}Ta$ wird der Kern ^{182}Ta mit einer Halbwertzeit von 114 Tagen gebildet. Unmittelbar nach der Bestrahlung hat die Folie eine Aktivität von 1.23×10^7 Zerfällen pro Sekunde pro cm². Bestimmen Sie (a) die Anzahl der gebildeten ^{182}Ta-Kerne, (b) den Wirkungsquerschnitt der (n, γ)-Reaktion, durch die das ^{182}Ta erzeugt wird.

8.36 Ein borhaltiges Stahlblech, das in einem Kernreaktor als Kontrollstange benutzt wird, ist 1.59 mm dick und enthält 2 Gewichtsprozente Bor. Die Absorptionsquerschnitte von Eisen und Bor für energetische Neutronen betragen 2.5 b bzw. 755 b. (a) Bestimmen Sie die makroskopischen Absorptionsquerschnitte dieser beiden Elemente in dem borhaltigen Stahlblech. (b) Welcher Bruchteil eines Neutronenstrahls wird beim Durchlaufen dieses Bleches absorbiert? (c) Berechnen Sie den makroskopischen Wirkungsquerschnitt des Bleches für den Fall, daß der Borgehalt auf 3 % erhöht wird. (Die Dichte von Bor ist 2.5×10^3 kg m^{-3}, die von Stahl 1.9×10^3 kg m^{-3}.)

8.37 Ein Strahl von 370 keV-Neutronen wird auf eine 0.1 mm starke Aluminiumfolie gerichtet. Bestimmen Sie den Bruchteil der eingefangenen Neutronen, wenn der Einfangquerschnitt von Aluminium für Neutronen dieser Energie 3 mb beträgt, siehe Abb. 8-14(b). Die Dichte von Aluminium ist 2.70×10^3 kg m^{-3}.

8.38 Wiederholen Sie Aufgabe 8.37 für einen Neutronenstrahl, dessen Energie rund 45 keV beträgt. Abb. 8-14(b) zeigt bei 45 keV ein Maximum des Einfangquerschnittes von rund 18 mb.

8.39 Der Einfangquerschnitt von ^{10}B für thermische Neutronen beträgt rund 4000 b. Eine wie dicke Schicht von ^{10}B ist erforderlich, um 99 % eines einfallenden Strahls thermischer Neutronen zu absorbieren? (Dichte von Bor: 2.5×10^3 kg m^{-3}.)

8.40 Zeigen Sie, daß ^6Li gegenüber Spaltung stabil ist, indem Sie alle möglichen Kombinationen, in die es aufspalten kann, untersuchen (z.B. $^6Li \rightarrow d + \alpha$ usw.). Zeigen Sie entsprechend, daß ^5Li und ^5He gegenüber Spaltung instabil sind.

8.41 Berechnen Sie für die Photospaltung von ^{235}U in ^{90}Kr, ^{142}Ba und drei Neutronen aus den Massendifferenzen die gesamte freigesetzte Energie. Vergleichen Sie diese Energie mit der anfänglichen Coulombschen Abstoßungsenergie der beiden geladenen Fragmente unter der Annahme, daß sie sich im Zeitpunkt der Spaltung gerade berühren.

8.42 Berechnen Sie die Energie, die erforderlich ist, um einen ^{4}He-Kern zu spalten in: (a) ^{3}H und p; (b) ^{3}He und n. Erklären Sie den Unterschied dieser Energien durch die Eigenschaften der Kernkräfte.

8.43 Zeigen Sie, daß die bei der Spaltung von Uran freiwerdende Energie (185 MeV pro Atom) äquivalent zu 8.3×10^{13} J kg^{-1} ist. Mit welcher Rate müßte Uran gespalten werden, damit eine Leistung von 1 MW erzeugt wird? Wie lange würde es dauern, bis 1 kg Uran aufgebraucht wäre, wenn es kontinuierlich eine Leistung von 1 MW erzeugen sollte?

8.44 Man kann zeigen, daß spontane Spaltung dann auftritt, wenn a_2A/a_3Z^2W 25 A/Z^2 kleiner als eins ist, wobei a_2 und a_3 Koeffizienten in der Weiszäcker-Formel Gl. (7.11) sind. Berechnen Sie dieses Verhältnis für ^{132}Xe, ^{142}Ce, ^{200}Hg, ^{235}U und ^{255}Fm.

8.45 Berechnen Sie die jeweilige Anregungsenergie des Kerns, der entsteht, wenn ein Neutron von einem der folgenden Kerne eingefangen wird: ^{232}Th, ^{233}Th, ^{233}U, ^{234}U, ^{239}Pu und ^{240}Pu. Bei welchem von diesen Kernen würden wir erwarten, daß sie durch thermische Neutronen spaltbar sind?

8.46 (a) Was muß die mittlere Temperatur eines Deuteriumplasmas sein, damit Fusion auftritt? (*Hinweis*: Wir können dies dadurch abschätzen, daß wir die Coulombsche Abstoßungsenergie zwischen den Deuteronen berechnen, wenn sie sich in einem Abstand von der Reichweite der Kernkräfte befinden, ungefähr 10^{-15} m.) (b) Berechnen Sie die Energie, die bei der Fusion zweier Deuteriumkerne in ein α-Teilchen frei wird.

8.47 Welche Energie wird bei dem Fusionsprozeß 3 $^4\text{He} \rightarrow {}^{12}\text{C}$ frei? Dieser Prozeß tritt in der zweiten Stufe der Kernsynthese in Sternen auf. Berechnen Sie die durch diesen Prozeß erzeugte Leistung in einem Stern, in dem 5×10^9 kg ^{4}He zu ^{12}C pro Sekunde verschmelzen.

8.48 Der *Stickstoffzyklus* ist ein dem in Gl. (8.35) angegebenen Kohlenstoffzyklus ähnlicher Fusionsprozeß. Er beginnt mit dem Einfang eines Protons durch einen ^{14}N-Kern. Nach einer Folge von Reaktionen, an denen die Nuklide ^{15}O, ^{15}N, ^{16}O, ^{17}F und ^{17}O beteiligt sind, ist der ^{14}N-Kern regeneriert, und vier Protonen sind zu einem α-Teilchen verschmolzen. (a) Schreiben Sie die verschiedenen Schritte des Stickstoffzyklus' im einzelnen auf. (b) Was ist die gesamte beim Stickstoffzyklus freiwerdende Energie?

8.49 Zeigen Sie, daß die Masse der Sonne mit der Rate 4.6×10^9 kg d^{-1} abnehmen muß, wenn man die von der Sonne erzeugte Energie erklären will. Wieviel Zeit muß vergehen, damit die Masse der Sonne um 1 % abnimmt (Masse der Sonne = 1.98×10^{30} kg)?

8.50 Wie lange würde es dauern, damit aufgrund des Massenverlustes der Sonne infolge Abstrahlung die Länge des Jahres um eine Sekunde zunimmt? (Siehe vorhergehende Aufgabe.) Erinnern Sie sich, daß das Quadrat der Umlaufzeit eines Planeten um die Sonne umgekehrt proportional zur Masse der Sonne ist.

8.51 Zeigen Sie, daß das Alter der Sonne in der Größenordnung von 2×10^{10} Jahren liegen muß, unter der Annahme, daß die Rate, mit der Wasserstoff in der Sonne zu Helium verschmolzen wird, seit ihrer Entstehung dieselbe geblieben ist. Das aufgrund anderer Berechnungen geschätzte Alter der Sonne ist von der Größenordnung 10^{11} Jahre.

9
ELEMENTARTEILCHEN

9.1 Einleitung

Wir werden unsere Besprechung der Struktur der Materie mit einer kurzen Betrachtung der Bausteine beschließen, aus denen alle Materie aufgebaut ist. Diese Bausteine sind die *fundamentalen* oder *Elementarteilchen*, die wir bei verschiedenen Gelegenheiten erwähnt haben. Bis jetzt sind wir in diesem Buch den folgenden Teilchen begegnet: Proton, Neutron, Elektron, Positron und Neutrino. Dieser Liste können wir das Photon hinzufügen, das auch als Elementarteilchen betrachtet wird. Die ersten drei Teilchen scheinen die einzigen zu sein, die man benötigt, um die Struktur der Atome und Kerne zu erklären. Das Positron scheint für diesen Zweck unnötig zu sein; seine Existenz bestätigt jedoch die Gültigkeit der relativistischen und quantenmechanischen Vorstellungen bei ihrer Anwendung auf den Bereich der Elementarteilchen (diese erfordert eine mathematische Analyse, die über den Rahmen dieses Buches hinausgeht). Offenbar ist das Neutrino erforderlich, um drei Grundgesetze zu erfüllen: die Erhaltungssätze von Energie, Impuls und Drehimpuls. Und das Photon ist der Träger der elektromagnetischen Wechselwirkung zwischen geladenen Teilchen. D.h., die elektromagnetische Wechselwirkung von zwei Ladungen wird als Austausch von Protonen beschrieben (siehe Abschnitt 1.6).

Können wir erwarten, daß weitere Elementarteilchen existieren? Als Analogieschluß dürfen wir erwarten, daß die starke Wechselwirkung zwischen Protonen und Neutronen ebenfalls die Existenz eines Trägerteilchens erfordert, das wir *Pion* nennen können (nach seinem ursprünglichen Namen π-Meson). Die Gravitationswechselwirkung zwischen zwei Massen sollte die Existenz eines weiteren Trägerteilchens verlangen, das wir *Graviton* nennen. Analog sollte die schwache Wechselwirkung mit einem Trägerteilchen verknüpft sein, dem sog. W-Teilchen. Tatsächlich wurden Pionen in der kosmischen Strahlung beobachtet, und sie werden in großen Mengen in Hochenergiebeschleunigern erzeugt. Experimentelle Beweise für das Graviton oder die W-Teilchen sind jedoch noch nicht gefunden worden.

In den letzten 30 Jahren wurden viele andere Teilchen (manchmal vorhergesagt, manchmal unvermutet) beobachtet. Einige von ihnen scheinen sich ziemlich seltsam zu verhalten, und kein Grund für ihre Existenz ist bisher gefunden worden. Mehr als 30 relativ stabile Teilchen (mittlere Lebensdauern 10^{-10} s) sind identifiziert worden. Über 50 außerordentlich kurzlebige Teilchen (mittlere Lebensdauern kleiner als 10^{-21} s), die manchmal *Resonanzen* genannt werden, sind ebenfalls identifiziert worden. Ermöglicht wurden diese Entdeckungen durch den Bau von Beschleunigern mit sehr hoher Energie, die Teilchen mit einer Energie von mehreren GeV erzeugen, wie auch durch die Verfeinerungen der Techniken zur Beobachtung der Teilchen. Diese Techniken umfassen Nebel-, Blasen- und Funkenkammern sowie fotografische Emulsionen (in all diesen hinterlassen die geladenen Teilchen sichtbare Spuren), verschiedene Arten von Zählern — wie Geiger-Müller-, Szintillations- und Cerenkov-Zähler — wie auch ziemlich hochgezüchtete elektronische Schaltungen. Wir wollten hier nicht in eine Diskussion dieser experimentellen Techniken eintreten; einige der Apparate zum Nachweis von Teilchen sind jedoch in Anhang VII beschrieben.

Da die mathematischen Schwierigkeiten der Theorie der Elementarteilchen ganz über die in Kapitel 2 gegebene elementare Einführung in die Quantenmechanik hinausgehen, wird unsere Diskussion dieses Gebietes auf den folgenden Seiten hauptsächlich qualitativ und beschreibend sein.

TABELLE 9-1 Elementarteilchen

Teilchen	Symbol	Ruhemasse (in Einheiten von m_e)	Ruheenergie MeV	Ladung (in Einheiten von e)	Spin (in Einheiten von $\hbar$)	Antiteilchen
Masselose Bosonen						
Graviton (?)	g	0	0	0	2	g
Photon	γ	0	0	0	1	γ
Leptonen (Fermionen)						
Neutrino	ν	0	0	0	$\frac{1}{2}$	$\bar{\nu}$
Elektron	e^-	1	0.511	−1	$\frac{1}{2}$	e^+
Muon	μ^-	206.8	105.7	−1	$\frac{1}{2}$	μ^+
Mesonen (Bosonen)						
Pion	π^+	273.9	140	+1	0	π^-
	π^0	264.2	135	0	0	π^0
Kaon	K^+	966.7	494	+1	0	$\overline{K}^-$
	K^0	974.6	498	0	0	$\overline{K}^0$
η-Meson	η^0	1074	549	0	0	η^0
Baryonen (Fermionen)						
Nukleonen						
Proton	p^+	1836.2	938.3	+1	$\frac{1}{2}$	$\overline{p}^-$
Neutron	n^0	1838.7	939.6	0	$\frac{1}{2}$	$\overline{n}^0$
Hyperonen						
Lambda	Λ^0	2184	1116	0	$\frac{1}{2}$	$\overline{\Lambda}^0$
Sigma	Σ^+	2327	1189	+1	$\frac{1}{2}$	$\overline{\Sigma}^-$
	Σ^0	2333	1192	0	$\frac{1}{2}$	$\overline{\Sigma}^0$
	Σ^-	2342	1197	−1	$\frac{1}{2}$	$\overline{\Sigma}^+$
Xi	Ξ^0	2573	1315	0	$\frac{1}{2}$	$\overline{\Xi}^0$
	Ξ^-	2585	1321	−1	$\frac{1}{2}$	$\overline{\Xi}^+$
Omega	Ω^-	3276	1674	−1	$\frac{3}{2}$	$\overline{\Omega}^+$

9.2 *Teilchengenealogie*

Tabelle 9-1 stellt eine Liste der (um 1967) bekannten Teilchen (außer den Resonanzen) dar und gibt auch einige ihrer Eigenschaften an. Abb. 9-1 zeigt eine Zeittafel der Entdeckungen dieser Teilchen. Die drei grundlegenden Größen, die man benutzt, um diese Teilchen zu identifizieren, sind Masse, Ladung und

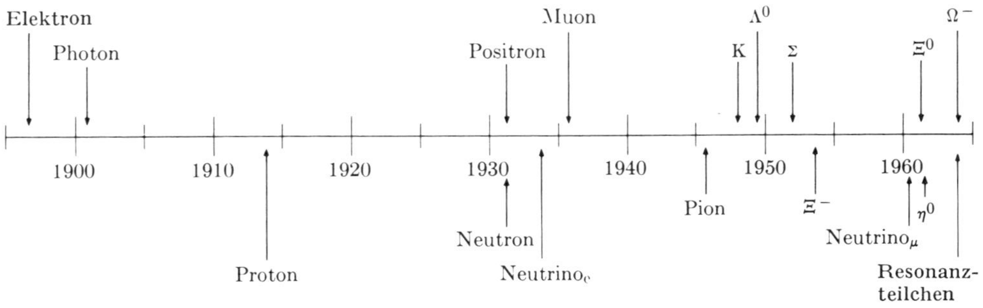

Abb. 9-1. Zeittafel der experimentellen Entdeckung der Elementarteilchen. Einige Teilchen wurden vor ihrer experimentellen Beobachtung theoretisch vorhergesagt, einige wurden unerwartet gefunden. (Nach C. Swartz, *The Fundamental Particles*, Addison-Wesley, 1965).

Spin; einige andere identifizierende Eigenschaften werden später angegeben. Man gruppiert die Elementarteilchen entsprechend ihrer Masse und ihrer vorherrschenden Wechselwirkung in vier Familien: (a) *masselose Bosonen*, (b) *Leptonen* oder leichte Teilchen, (c) *Mesonen* oder Teilchen mit mittlerer Masse und (d) *Baryonen* oder schwere Teilchen. (Die den Teilchennamen in Tabelle 9-1 hinzugefügten Bezeichnungen *Boson* und *Fermion* werden in Kapitel 13 erklärt werden, wir können jedoch schon hier im voraus feststellen, daß Fermionen dem Ausschließungsprinzip gehorchen, Bosonen jedoch nicht.) Baryonen und Mesonen unterliegen allen vier Wechselwirkungen; d.h. der starken, der elektromagnetischen, der schwachen und der Gravitationswechselwirkung. Leptonen sind gegenüber starken Wechselwirkungen unempfindlich, Photonen stehen mit der elektromagnetischen, Gravitonen mit der Gravitationswechselwirkung in Beziehung.

Die Tatsache, daß die Massen der Teilchen keinerlei Regelmäßigkeit zu zeigen scheinen, stellt eine der vielen rätselhaften und unbeantworteten Fragen im Bereich der Elementarteilchen dar. Andererseits sind die Teilchen entweder ungeladen oder besitzen Ladungen $\pm e$, eine Tatsache, die eng mit dem Gesetz der Ladungserhaltung in Verbindung stehen muß. Ferner besitzen alle Fermionen den Spin $\frac{1}{2}$, außer Ω^-, das einen Spin $\frac{3}{2}$ zu besitzen scheint, und alle Bosonen besitzen keinen oder ganzzahligen Spin. Die meisten der Teilchen haben auch ein magnetisches Dipolmoment.

Den Spin des Photons schließt man aus der Tatsache, daß alle Strahlungsübergänge, welche die Emission oder Absorption von Photonen durch Teilchen, Kerne, Atome oder Moleküle umfassen, streng verboten sind, wenn sowohl Anfangs- und Endzustand den gesamten Drehimpuls Null besitzen. Dies zeigt, daß das Photon einen Eigendrehimpuls oder Spin besitzt. Eine detailliertere Analyse, die wir auslassen, zeigt, daß der Spin des Photons 1 ist, weil das Photon mit einem Vektorfeld verbunden ist; d.h. mit dem elektromagnetischen Feld. Man kann zeigen, daß der Photonenspin entweder parallel ($m_s = +1$) oder antiparallel ($m_s = -1$), aber nie senkrecht ($m_s = 0$) zum Impuls des Photons sein kann, da die Ruhemasse des Photons Null ist. Der erste Fall entspricht linkshändig und der zweite rechtshändig zirkularpolarisierter Strahlung. Dieses Ergebnis ist äquivalent zu der Aussage, daß das elektromagnetische Feld einer ebenen Welle senkrecht zur Ausbreitungsrichtung ist.

9.3 Teilchen und Antiteilchen

Zu jedem Teilchen gehört ein *Antiteilchen.* Die Antiteilchen sind in der letzten Spalte von Tabelle 9-1 aufgeführt. Ein Antiteilchen wird durch dasselbe Symbol wie das Teilchen, jedoch mit einem Querstrich darüber bezeichnet. (Manchmal läßt man, der Einfachheit halber, den Querstrich fort.) Die Antiteilchen haben dieselbe Masse und denselben Spin wie die Teilchen, aber entgegengesetzte elektromagnetische Eigenschaften wie Ladung und magnetisches Moment (andere Eigenschaften, die wir später einführen werden, sind ebenfalls entgegengesetzt).

Vier Teilchen — das Photon, das Graviton, sowie die π^0-und η^0-Mesonen — sind ihre eigenen Antiteilchen. Die Existenz von Antiteilchen ist eine Forderung der

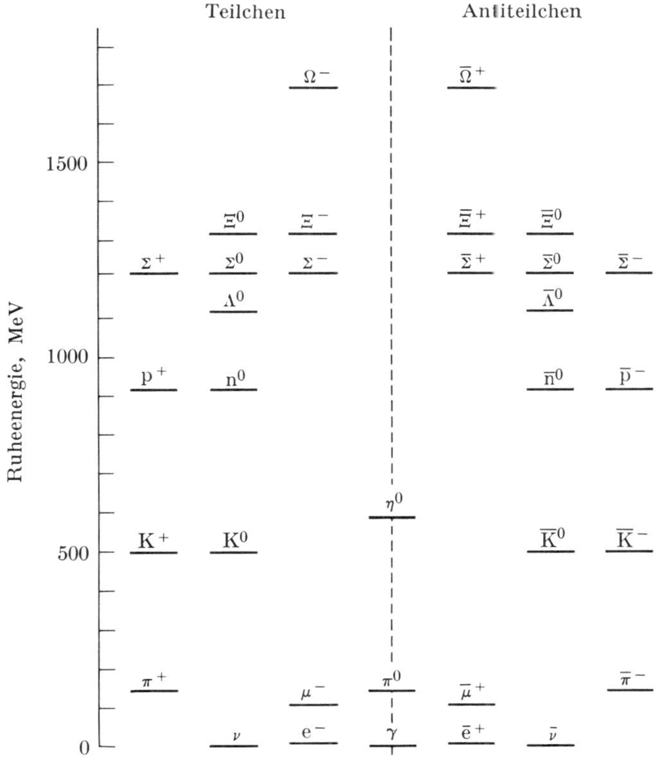

Abb. 9-2. Anordnung der Teilchen und Antiteilchen nach Ruheenergie und Ladung.

Relativitätstheorie und Quantenmechanik. Die Antiteilchen wurden von Dirac vorhergesagt, bevor sie experimentell beobachtet waren. In einigen Fällen sind die Antiteilchen noch nicht experimentell identifiziert worden, ihre Existenz wird jedoch theoretisch angenommen. In Abb. 9-2 sind die Teilchen und Antiteilchen in einer mehr symmetrischen Form angeordnet. Das erste Antiteilchen, das beobachtet wurde, war das Positron. Der amerikanische Physiker Carl Anderson beobachtete es 1933, als er kosmische Strahlung mit einer Nebelkammer analysierte. Antiprotonen wurden zuerst 1955 durch eine Gruppe an der Universität von Kalifornien beobachtet; Antineutronen wurden kurz danach beobachtet.

Im Falle des Neutrinos gibt es eine wichtige Eigenschaft, die Teilchen und Antiteilchen unterscheidet, und die eine Folge der Tatsache ist, daß ihre Ruhemasse Null ist (sowie der Nichterhaltung der Parität; siehe Abschnitt 9.6). Der Spin eines Neutrinos zeigt immer in eine Richtung entgegengesetzt zu der seines Impulses (der in Richtung seiner Bewegung liegt), während bei einem Antineutrino Impuls und Spin dieselbe Richtung besitzen (Abb. 9-3). Man sagt, ein Neutrino habe *negative Helizität* (bezeichnet durch $\mathscr{h}$) gleich -1, ein Antineutrino *positive Helizität*, gleich $+1$.

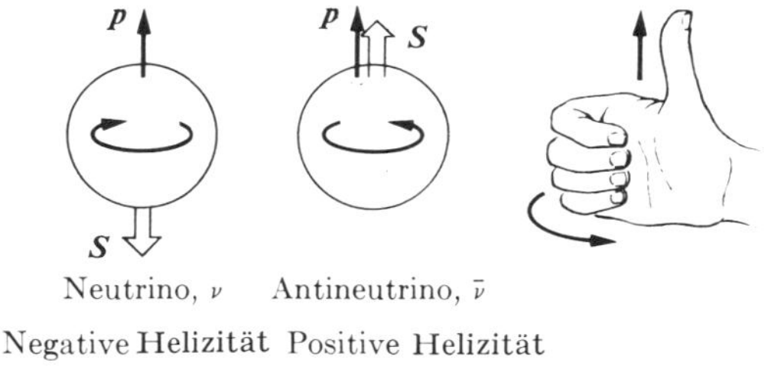

Abb. 9-3. Neutrino und Antineutrino besitzen entgegengesetzte Helizitäten.

Diese Eigenschaft entdeckte man durch eine Analyse des Zerfalls der Pionen und Müonen sowie des β-Zerfalls (siehe Abschnitt 9.4). Bei anderen Teilchen mit Spin $\frac{1}{2}$, die nichtverschwindende Ruhemasse besitzen (wie Elektronen), können sowohl Teilchen wie Antiteilchen entweder positive oder negative Helizität besitzen; d.h. $\mathscr{h} = \pm 1$.

Ein Teilchen und sein Antiteilchen können sich verbinden und dabei verschwinden oder einander *annihilieren*. Ihre Gesamtenergie einschließlich ihrer Ruheenergie erscheint in Gestalt anderer Teilchen wieder. Bei diesem Prozeß müssen verschiedene Erhaltungssätze erfüllt sein. Z. B. können sich das Elektron e^- und sein Antiteilchen das Positron e^+ in einem *Elektron-Paar-Vernichtung* genannten Prozeß einander vernichten, wobei Photonen emittiert werden. Wenn ihre Spins entgegengesetzt sind und ihr relativer Bahndrehimpuls Null ist, verläuft der Prozeß entsprechend

$$e^- + e^+ \to 2\gamma. \tag{9.1}$$

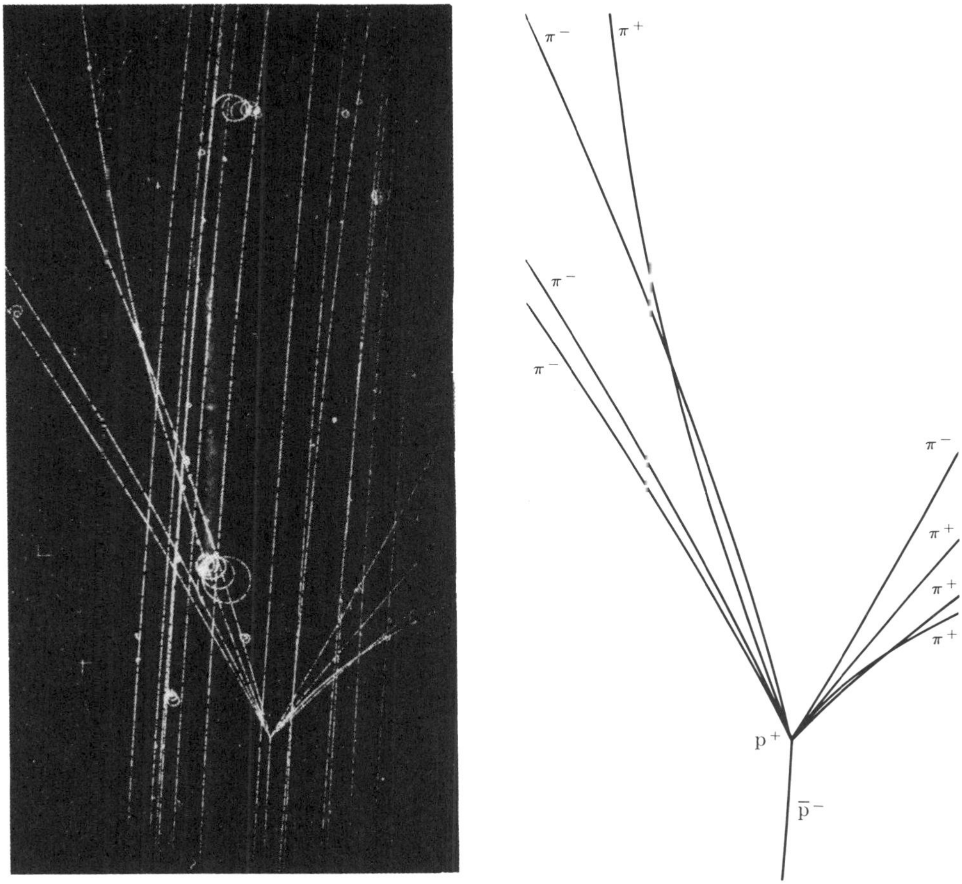

Abb. 9-4. Proton-Antiproton-Vernichtung. (Photographie durch freundliches Entgegenkommen des Brookhaven National Laboratory.)

Die Erhaltung von Energie und Impuls ist der Grund dafür, daß zwei Photonen emittiert werden. Wenn Elektron und Positron im Laborsystem (was dann mit dem Schwerpunktsystem zusammenfällt) ruhen, ist die gesamte zur Verfügung stehende Energie $2m_ec^2 = 1.022$ MeV und der Gesamtimpuls Null. Wenn ein Photon der Energie $E_\gamma = 2m_ec^2$ emittiert würde, würde es einen Impuls $p_\gamma = E_\gamma/c = 2m_ec$ tragen, und der Impulssatz wäre verletzt, da der Anfangsimpuls Null ist. Um Energie und Impuls zu erhalten, müssen zwei gleiche Photonen in entgegengesetzte Richtungen emittiert werden. Jedes Photon muß so eine Energie gleich $m_ec^2 = 0.511$ MeV besitzen. Man beobachtet Photonen dieser Energie, wenn die Positronen von einem β^+-radioaktiven Kern durch Materie laufen. Der Drehimpuls muß ebenfalls erhalten sein, und daher müssen die Photonen, wenn das Elektron und das Positron einander entgegengesetzte Spins besitzen, ebenfalls entgegengesetzte Spins besitzen, was fordert, daß die Photonen dieselbe Zirkularpolarisation besitzen (oder in zueinander senkrechten Richtungen polarisiert sind). Wenn entweder das Elektron oder das Positron (oder beide) nicht im Laborsystem ruhen, kann man mit Hilfe des Energie- und des Impulssatzes Energie und Impuls der Photonen im Laborsystem berechnen. Man beachte, daß in Gl. (9.1) auch die Ladung erhalten ist.

Die Proton-Antiproton-Vernichtung ist ein komplizierterer Prozeß, der mit der Erzeugung mehrerer Teilchen, meistens Pionen, verbunden ist. Eine solche Vernichtung (die in einer Blasenkammer stattfand) ist in Abb. 9-4 gezeigt. Sie entspricht dem Prozeß

$$p^+ + \bar{p}^- \rightarrow 4\pi^+ + 4\pi^- + x\pi^0. \tag{9.2}$$

Das einlaufende Antiproton vernichtet sich mit einem der Protonen im Gas der Kammer. Wenn die Ladung erhalten sein soll, muß die Anzahl der positiven und der negativen Pionen gleich sein. Die Anzahl der erzeugten π^0-Mesonen ist schwer festzustellen, da sie in der Kammer keine Spuren hinterlassen. Die Gesamtzahl der erzeugten Teilchen hängt von der verfügbaren Energie ab.

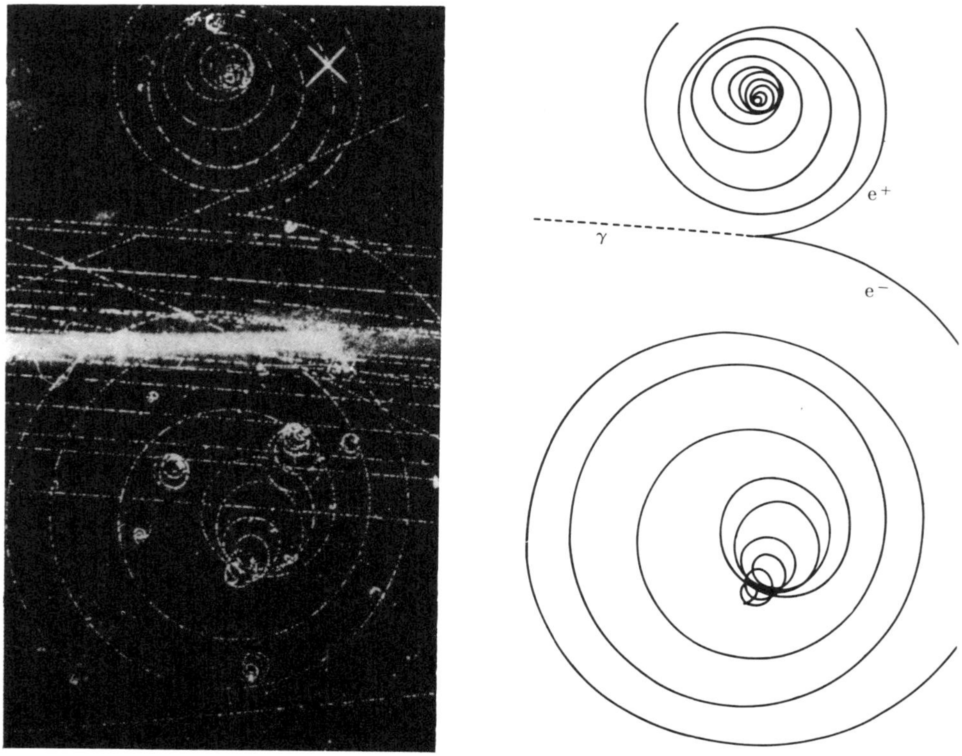

Abb. 9-5. Elektron-Positron-Paarerzeugung. (Photographie durch freundliches Entgegenkommen des Brookhaven National Laboratory.)

Umgekehrt können ein Teilchen und sein Antiteilchen gleichzeitig erzeugt werden. Abb. 9-5 stellt die Erzeugung eines Elektron-Positron-Paares durch ein Photon dar, das von links in die Nebelkammer eintritt; d.h.

$$\gamma \rightarrow e^- + e^+. \tag{9.3}$$

Die Bahn des Photons ist nicht sichtbar. Damit ein Elektron-Paar erzeugt werden kann, muß das Photon offensichtlich mindestens eine Energie von $2m_ec^2 = 1.022$ MeV besitzen. Damit in Gl. (9.3) Energie und Impuls erhalten sind, muß der Prozeß in der Nähe eines Kernes stattfinden, der infolge seiner elektromagnetischen Kopplung mit dem System soviel Energie und Impuls aufnimmt, wie die Erhaltung der beiden Größen fordert. Aus diesem Grunde ist die Elektron-Paar-Erzeugung in Materialien mit hohen Atomnummern (wie Blei) stärker, da diese Materialien für eine stärkere elektromagnetische Kopplung mit dem Elektron-Positron-Paar sorgen. Elektron-Paar-Erzeugung ist einer der Hauptprozesse, welche die Absorption hochenergetischer Photonen in den verschiedenen Materialien bewirken. (Bei niedrigen Energien ist der photoelektrische Effekt wichtiger, bei Energien zwischen 0.1 MeV und 1 MeV der Comptoneffekt. Siehe Abschnitt 1.9 und Abb 1-19.)

Ähnlich kann ein Proton-Antiproton-Paar bei einem hochenergetischen Proton-Proton-Stoß nach dem Schema

$$p^+ + p^+ \rightarrow p^+ + p^+ + p^+ + \bar{p}^- \tag{9.4}$$

erzeugt werden. (Dies ist nicht der einzige Prozeß, der bei Proton-Proton-Stößen auftritt.) Dieser Prozeß wurde von der Gruppe an der Universität von Kalifornien bei den Experimenten benutzt, die zur Entdeckung des Antiprotons führten (siehe Beispiel 9.2). Damit der Prozeß (9.4) auftreten kann, muß die kinetische Schwellenenergie des einlaufenden Protons (wenn das Targetproton ruht) mindestens 5.64 GeV betragen (siehe Beispiel 9.3 wegen der Berechnung dieses Wertes).

Unser Milchstraßensystem scheint hauptsächlich aus Teilchen (und nicht einer gleichförmigen Mischung von Teilchen und Antiteilchen) zu bestehen. Dies macht sie stabil gegenüber Vernichtungsprozessen. Nichts schließt jedoch die Möglichkeit aus, daß andere Milchstraßensysteme vorwiegend aus Antiteilchen bestehen, obwohl es kein positives Beweismaterial zur Unterstützung dieser Annahme gibt. Auf jeden Fall ist es interessant zu spekulieren, was passieren würde, wenn eine Milchstraße und eine Antimilchstraße zusammenstößen. Astrophysiker haben die Vorstellung geäußert, daß einige der im entfernten Milchstraßensystem beobachteten Explosionen einer Annihilation von Materie und Antimaterie von katastrophalen Ausmaßen zuzuschreiben wäre.

BEISPIEL 9.1. Diskussion des *Positroniums.* Dies ist ein System, das ähnlich dem Elektron-Proton-System des Wasserstoffs, aus einem Elektron und einem Positron besteht, die um ihren Massenmittelpunkt kreisen.

Lösung: Wenn sich ein Positron und ein Elektron sehr nahe kommen, können sie ein stabiles System bilden, dessen stationäre Zustände auf die gleiche Weise berechnet werden, wie die in Abschnitt 3.2 besprochenen stationären Zustände des Wasserstoffs. Wenn wir uns an Gl. (3.7) erinnern, stellen wir fest, daß im Falle des Positroniums die beiden Teilchen dieselbe Masse besitzen; d.h. $m_e = M$, und die entsprechende Rydberg-Konstante ist deshalb $R' = \frac{1}{2}R$. Wenn wir diese Werte in Gl. (3.5) mit $Z = 1$ einsetzen, so ergeben sich die stationären Energieniveaus des Positroniums zu

$$E_n = -\frac{Rh}{2n^2} = -\frac{6.8}{n^2}\ \text{eV}.$$

Infolge der relativistischen Korrekturen, die berücksichtigt werden müssen, werden die tatsächlichen Energieebenen durch einen komplizierteren Ausdruck gegeben. Wegen der Möglichkeit der Paarvernichtung entsprechend Gl. (9.1) hat das Positronium nur eine endliche Lebensdauer. Wenn sich das Positron-Elektron-Paar mit einem Bahndrehimpuls Null bewegt (wie im 1s-Grundzustand) und wenn ihre Spins antiparallel sind (Singulettzustand ^1S), werden sie sich irgendwann einmal zu zwei Photonen vernichten, die wie oben erklärt, entweder im gleichen Sinne zirkularpolarisiert oder aufeinander orthogonal linearpolarisiert sind. Die Halbwertzeit des Singulettzustandes ist 1.2×10^{-10} s. Wenn ihre Spins parallel sind (Triplettzustand ^3S), dann verbietet sowohl die Erhaltung des Drehimpulses wie auch bestimmte andere, mit der Symmetrie des Systems verknüpfte Auswahlregeln den Zerfall in zwei Photonen. Daher vernichtet sich das Positron-Elektron-Paar in drei Photonen. In beiden Fällen müssen sich die Energien der Photonen zu 1.022 MeV, der gesamten Ruheenergie der beiden einander vernichtenden Teilchen, addieren. Die Halbwertzeit des Triplettzustandes ist 1.4×10^{-7} s. Die Existenz des Positroniums wurde 1951 von Martin Deutsch bestätigt. Wenn sich ein Strahl von Positronen durch ein Gas bewegt, bildet eine bestimmte Anzahl der Positronen vor der Vernichtung Positronium-Atome. Das Verhältnis der Bildungswahrscheinlichkeiten für Singulett- und Triplett-Positronium ist eins zu drei. Wegen der viel größeren Lebensdauer des Triplett-Positroniums, kann dieses in chemische Reaktionen mit den Atomen oder Molekülen des Gases eintreten. So konnten Positronium-Halide beobachtet werden. Diese Verbindungen verkürzen die Lebensdauer des Positroniums, da sich das Positron mit einem anderen Elektron des Atoms oder Moleküls vernichten kann, das entgegengesetzten Spin hat. Die «Chemie» des Positroniums wird jetzt aktiv erforscht.

BEISPIEL 9.2. Das Antiproton-Experiment.

Lösung: Vielleicht eines der interessantesten Experimente der Elementarteilchenphysik ist das Experiment, das zur Entdeckung des Antiprotons führte. Das Ziel des Experimentes war es, Teilchen mit einer Ladung $-e$ und einer Masse m_p aufzufinden. Protonen wurden im Bevatron der Universität von Kalifornien auf 6.2 GeV beschleunigt und trafen auf ein geeignetes Target. Hierbei traten verschiedene Reaktionen auf, an denen K's, π's und μ's wie auch einige p^--Teilchen beteiligt waren. Ein Ablenkmagnet M_1 wählte nur negative Teilchen aus, die dann eine Öffnung in der Abschirmung passieren konnten (Abb. 9-6). Die S in Abb. 9-6 sind Szintillationszähler und die C Cerenkov-Zähler. Diese Instrumente sind so gebaut, daß sie nur auf Teilchen in einem bestimmten Energieintervall ansprechen (siehe Anhang VII). Zwischen S_1 und S_2 war ein zweiter Ablenkmagnet M_2 angeordnet, der als Impulsselektor wirkte, da der Radius der Bahn durch die Positionen der Detektoren festgelegt war und nur Teilchen mit dem Impuls $p = e\mathcal{B}r$ richtig auf S_2 abgelenkt wurden. Da es bestimmte experimentelle Vorteile bot, war das Magnetfeld so gewählt, daß es einem Impuls $p = 1.19$ GeV/c entsprach, was etwas geringer war als der Impuls, bei dem die meisten Antiprotonen hätten erzeugt werden sollen (1.75 GeV/c).

Viele negativ geladene Teilchen (K^-, π^-, μ^-) und einige wenige Antiprotonen (es war ein Verhältnis von 40,000 Teilchen auf ein Antiproton abgeschätzt worden) durchliefen den Magneten M_2. Um die Antiprotonen zu identifizieren, war es notwendig, die Geschwindigkeit der Teilchen zu bestimmen. Die Geschwindigkeit eines Antiprotons mit einem Impuls von 1.19 GeV/c ist $0.78c$, während die Geschwindigkeit eines Pions mit demselben Impuls $0.99c$ ist. Die Szintillationszähler S_1 uns S_2 waren 12 m voneinander entfernt angebracht; die Zeiten, die ein Antiproton und ein Pion mit diesem Impulsen brauchten, um von S_1 nach S_2 zu gelangen, waren 5.1×10^{-8} s bzw. 4.0×10^{-8} s. Daher wurden S_1 und S_2 in einer verzögerten Koinzidenz geschaltet, so daß sie nur dann ein Signal gaben, wenn zwischen den Impulsen von S_1 und S_2 ein Zeitintervall von 5.1×10^{-8} s lag. Daher konnte man die Beobachtung einer so verzögerten Koinzidenz mit dem Durchlauf eines Antiprotons identifizieren. Der Mesonen-Untergrund war jedoch so stark, daß zusätzliche Sicherheitsmaßnahmen erforderlich waren, um zufällige Koinzidenz zu eliminieren, die durch das Auftreffen verschiedener Pionen in den Zählern S_1 und S_2 mit einer Verzögerung von 5.1×10^{-8} s hervorgerufen wurden. Cerenkov-Zähler C_1 wurde so eingestellt, daß er nur für Teilchen mit einer Geschwindigkeit größer als $0.80c$ empfindlich war, C_2 entsprechend für Teilchen mit einer Geschwindigkeit zwischen $0.75c$ und $0.78c$. Wenn die Antiprotonen die Cerenkov-Zähler erreichten, hatte sich ihre Geschwindigkeit auf rund $0.76c$ verringert.

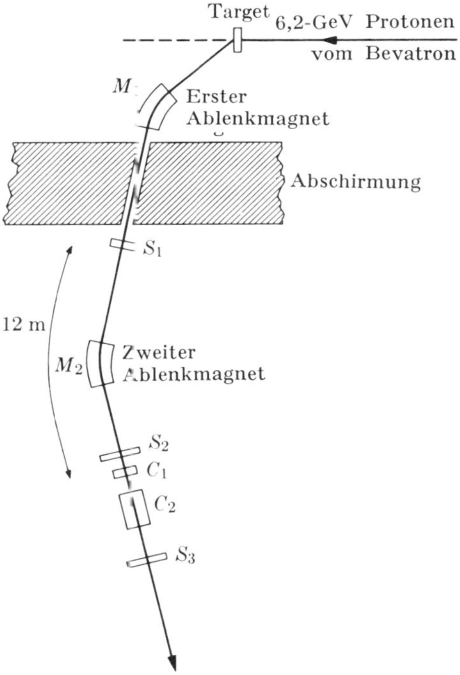

Abb. 9-6. Experimentelle Anordnung zur Beobachtung des Antiprotons.

Daher war C_1 unempfindlich gegenüber Antiprotonen, aber empfindlich gegenüber Mesonen; das Umgekehrte galt für C_2. Um Fehlzählungen zu vermeiden, war daher Zähler C_1 in Antikoinzidenz und C_2 in Koinzidenz mit den Signalen von S_1 und S_2 geschaltet. D.h. die Experimentatoren wußten, daß ein Antiproton nur dann das System durchlaufen hatte, wenn (a) S_1 und S_2 um 5.1×10^{-8} s verzögerte Impulse registrierten, (b) C_1 keinen Impuls registrierte und (c) C_2 einen Impuls registrierte. Als zusätzliche Prüfung wurde das Magnetfeld von M_2 variiert. Man erhielt Impulse nur dann, wenn der Wert des Feldes der vorgewählten Flugzeit der Antiprotonen entsprach. Dieses Experiment — 1955 von Chamberlain, Segré, Wiegand und Ypsilantis durchgeführt — war äußerst erfolgreich und bestätigte die Existenz des Antiprotons.

9.4 Instabilität der Teilchen

Die im vorhergehenden Abschnitt besprochenen Erzeugungs- und Vernichtungsprozesse, wie auch der in Abschnitt 8.4 diskutierte β-Zerfall, sind Ausdruck einer allgemeineren Eigenschaft der Elementarteilchen: ihrer Instabilität. Mit anderen Worten, *unter geeigneten Bedingungen können sich die Elementarteilchen infolge ihrer Wechselwirkung in andere Teilchen umwandeln.* Wir werden gleich erläutern, was wir unter geeigneten Bedingungen verstehen. Teilchen, die instabil sind, unterliegen einem *spontanen Zerfall* mit einer wohldefinierten Halbwertzeit. Tabelle 9-2 zeigt die Zerfallsarten und Halbwertzeiten instabiler Teilchen. In den Fällen, in denen mehr als eine Zerfallsart möglich ist, sind die relativen Häufigkeiten der einzelnen Arten ebenfalls angegeben. Bei manchen Zerfällen sind Antineutrinos angedeutet; dies geschieht in Übereinstimmung mit einem Erhaltungssatz (dem für Leptonen), der in Abschnitt 9.5 diskutiert werden wird. Man beachte, daß nur vier Teilchen (und ihre Antiteilchen) gegenüber spontanem Zerfall stabil sind: das Proton, das Neutrino, das Elektron und das Proton. Von allen instabilen Teilchen ist dasjenige mit der längsten Halbwertzeit das Neutron. Dies könnte erklären, warum die Materie aus Elektronen, Protonen und Neutronen besteht. Man beachte ferner, daß die Mesonen eine Halbwertzeit der Größenordnung 10^{-8} s besitzen (mit der Ausnahme des π^0 und η^0), während die Halbwertzeiten der Baryonen in der Größenordnung von 10^{-10} s liegen.

Es ist eine Voraussetzung für spontanen Zerfall—eine Bedingung aufgrund der Energieerhaltung— daß die Ruhemasse des Mutterteilchens größer ist als die Ruhmasse der Tochterteilchen. Neben der Energie sollten auch Impuls wie Drehimpuls erhalten sein. Wir benutzen diese Annahme als ein Leitprinzip, wenn wir die Zerfälle der Elementarteilchen analysieren.

Das negative Müon war das erste instabile Teilchen, das beobachtet wurde (siehe Abb. 9-1). Es wurde 1937 in der Höhenstrahlung entdeckt. Der Zerfall eines Müons führt immer zum Auftreten eines Elektrons. Diese Elektronen haben ein kontinuierliches Energiespektrum, ähnlich dem beim β - Zerfall (Abb. 8-11), mit einer maximalen kinetischen Energie von rund 53 MeV. Aus diesen beiden Tatsachen schließen wir, daß der Müon-Zerfall kein Zweikörperprozeß sein kann, und daß außer dem Elektron mindestens zwei neutrale Teilchen erzeugt werden müssen. Da die maximale Energie des Elektrons viel größer als seine Ruheenergie (0.5 MeV) ist, beträgt der maximale Impuls des Elektrons

$$p_{\max} \approx E_{\max}/c = 53 \text{ MeV}/c.$$

Dieser maximale Impuls tritt dann auf, wenn die zwei anderen Teilchen beide in entgegengesetzter Richtung zum Elektron emittiert werden; beide Teilchen müssen dabei zusammen einen Gesamtimpuls von 53 MeV/c besitzen. Wenn die Teilchen Neutrinos sind, beträgt ihre Gesamtenergie dann 53 MeV. Dann ist die gesamte beim Müon-Zerfall freigesetzte Energie rund 106 MeV, was praktisch die Ruheenergie des Müons ist (Tabelle 9-1). Der Spin des Müons wurde unabhängig gemessen und zu $\frac{1}{2}$ bestimmt; daher ist die Erhaltung des Drehimpulses ein anderer Faktor, der einen Zerfall eines Müons in ein Elektron und ein

TABELLE 9-2 Zerfallsarten von Teilchen*

	Teilchen	Zerfallsart	Relative Wahrscheinlichkeit, %	Halbwertszeit, s
	Photon	Stabil		
Leptonen	Neutrino	Stabil		
	Elektron	Stabil		
	Muon	$\mu^- \to e^- + \nu + \bar{\nu}$		1.52×10^{-6}
Mesonen	Pion	$\pi^+ \to \mu^+ + \nu$	100	1.80×10^{-8}
		$\to e^+ + \nu$	$\sim 10^{-4}$	
		$\pi^0 \to \gamma + \gamma$	99	6×10^{-17}
		$\to \gamma + e^+ + e^-$	1	
	Kaon	$K^+ \to \mu^+ + \nu$	63	8.56×10^{-9}
		$\to \pi^+ + \pi^0$	21	
		$\to 2\pi^+ + \pi^-$	5.6	
		$\to \pi^0 + e^+ + \nu$	4.8	
		$\to \pi^0 + \mu^+ + \nu$	3.4	
		$\to \pi^+ + 2\pi^0$	1.7	
		$K^0 \to \pi^\pm + e^\mp + \nu$	18	4×10^{-8}
		$\to \pi^\pm + \mu^\mp + \nu$	14	
		$\to \pi^+ + \pi^- + \pi^0$	6.3	
		$\to 3\pi^0$	11.3	
		$K^0 \to \pi^+ + \pi^-$	35	6.0×10^{-11}
		$\to 2\pi^0$	15	
	Eta	$\eta^0 \to \gamma + \gamma$	33	$< 10^{-16}$
		$\to \pi^0 + \gamma + \gamma$	20	
		$\to 3\pi^0$	20	
		$\to \pi^+ + \pi^- + \pi^0$	22	
		$\to \pi^+ + \pi^- + \gamma$	5	
Baryonen	Proton	Stabil		
	Neutron	$n^0 \to p^+ + e^- + \bar{\nu}$		7.0×10^2
	Lambda	$\Lambda^0 \to p^+ + \pi^-$	66	1.76×10^{-10}
		$\to n^0 + \pi^0$	34	
	Sigma	$\Sigma^+ \to p^+ + \pi^0$	53	5.6×10^{-11}
		$\to n^0 + \pi^+$	47	
		$\Sigma^0 \to \Lambda^0 + \gamma$		$< 7 \times 10^{-15}$
		$\Sigma^- \to n^0 + \pi^-$		1.1×10^{-10}
	Xi	$\Xi^0 \to \Lambda^0 + \pi^0$		2.0×10^{-10}
		$\Xi^- \to \Lambda^0 + \pi^-$		1.2×10^{-10}
	Omega	$\Omega^- \to \Lambda^0 + K^-$	50	10^{-10}
		$\to \Xi^0 + \pi^-$	50	

*Den Zerfall der Antiteilchen erhält man dadurch, daß man auf beiden Seiten der Gleichungen alle Teilchen durch ihre Antiteilchen ersetzt.

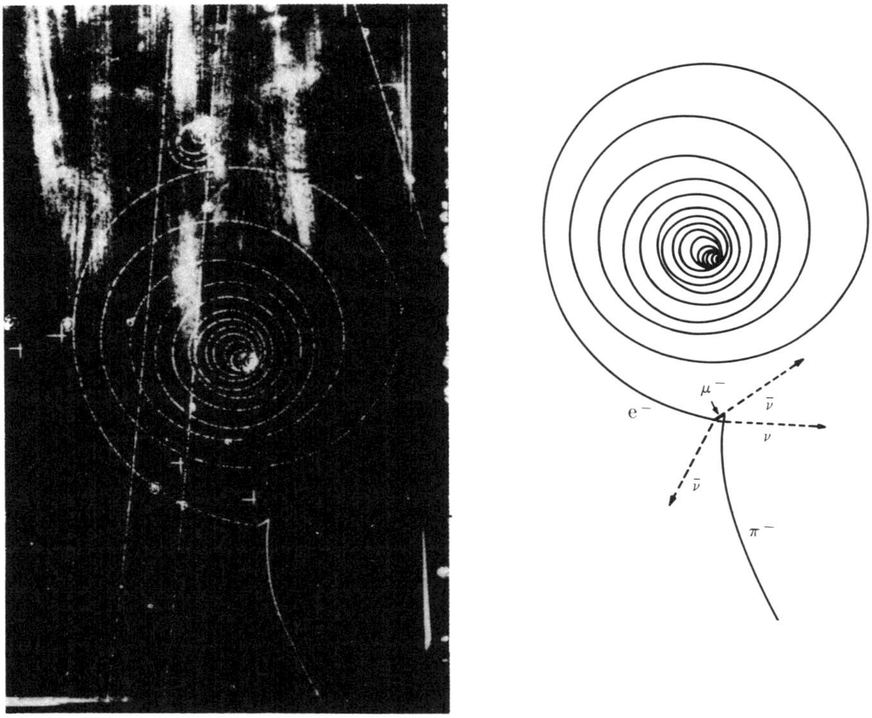

Abb. 9-7. Zerfall eines π-Mesons mit anschliessendem Zerfall des Muons. (Photographie durch freundliches Entgegenkommen des Brookhaven National Laboratory.)

Neutrino, die beide den Spin $\frac{1}{2}$ besitzen, verbietet. Dieser Erhaltungssatz erlaubt jedoch einen Zerfall des Müons in ein Elektron und zwei Neutrinos. Daher können wir ruhig annehmen, daß der Zerfall eines negativen Müons durch den in Tabelle 9-2 angegebenen Zerfallsmodus beschrieben werden kann.

Das als nächstes beobachtete Teilchen war das Pion. Es wurde erstmalig 1946 in speziellen Photoemulsionen entdeckt (siehe Anhang VII), die kosmischen Strahlen ausgesetzt waren, und kurz darauf künstlich erzeugt (durch Protonen, die in dem Synchroton in Berkeley beschleunigt worden waren). Die Existenz dieses Teilchens war 1935 von dem japanischen Physiker Hideki Yukawa vorausgesagt worden, um die kurze Reichweite der Kernkräfte zu erklären (siehe Abschnitt 9.8). Die beim Pion-Zerfall auftretenden Müonen haben durchweg eine bestimmte kinetische Energie von ungefähr 4.1 MeV, was darauf hinweist, daß der Pion-Zerfall ein Zweikörperproblem ist. Wir können daher annehmen, daß beim Pion-Zerfall zusätzlich zum Müon ein Neutrino in entgegengesetzter Richtung emittiert wird.

Da der Impuls eines Müons mit der obigen kinetischen Energie 29.5 MeV/c ist, muß dies auch der Impuls des Neutrinos sein. Die Neutrino-Energie ist dann 29.5 MeV. So ist die gesamte, beim Pion-Zerfall freiwerdende Energie 105.7

MeV + 4.1 MeV + 29.5 MeV = 139.3 MeV, was wiederum nahezu mit der Ruheenergie des Pions, 140 MeV, übereinstimmt. Wir können daher annehmen, daß das Zerfallschema des Pions so ist, wie in Tabelle 9-2 angedeutet. Aus dem Zerfall $\pi^+ \rightarrow \mu^+ + \nu$ können wir schließen, daß der Spin des Pions entweder Null oder 1 ist. Aus einer Analyse anderer Prozesse, an denen Pionen beteiligt sind, kann man schließen, daß der Spin 0 ist. Abb. 9-7 zeigt den Zerfall (in einer Blasenkammer) eines Pions in ein Müon, gefolgt vom anschließenden Zerfall des Müons in ein Elektron. Die begleitenden Neutrinos hinterlassen keine Spuren. Diese Doppelereignisse beobachtet man sehr häufig.

Ähnlich zeigt Abb. 9-8 den Zerfall eines Kaons in drei Pionen in einer fotografischen Emulsion. Eine Analyse der Impulse der drei Pionen zeigt, daß bei diesem Prozeß ein weiteres neutrales Teilchen emittiert wird; dies ist mit der Erhaltung von Impuls und Energie verträglich. Andererseits zeigt Abb. 9-9 den Zerfall eines Kaons in ein geladenes und ein neutrales Pion.

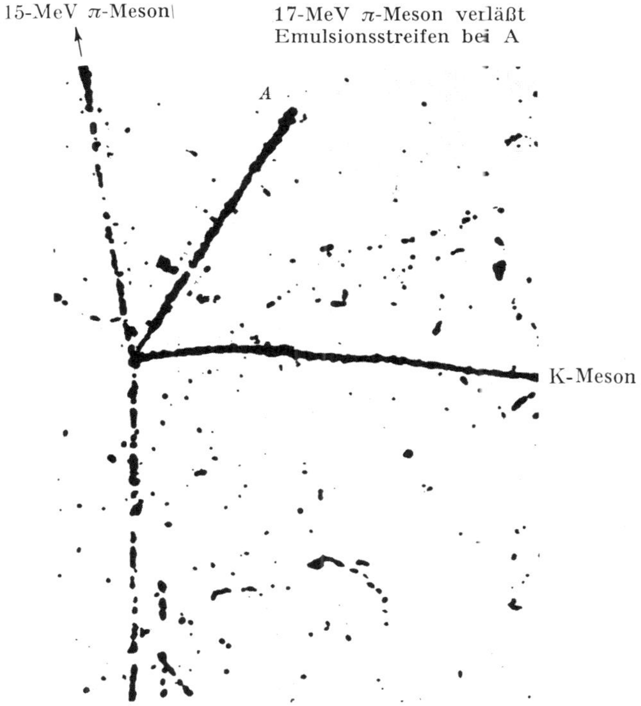

Abb. 9-8. K-Meson-Zerfall in drei Pionen (der π-Zerfall). (Photographie durch freundliches Entgegenkommen des Brookhaven National Laboratory.)

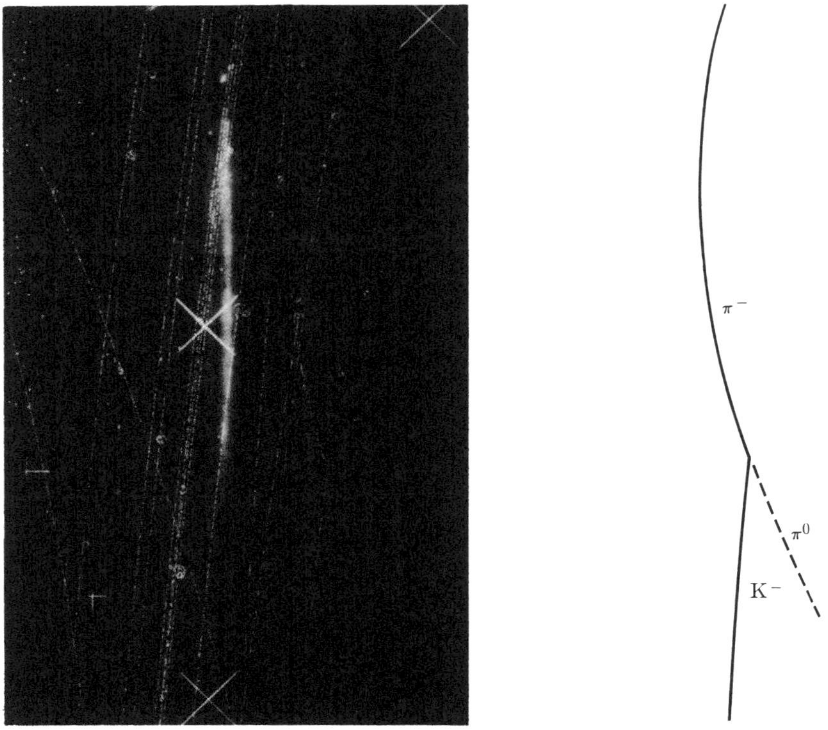

Abb. 9-9. K-Meson-Zerfall in zwei Pionen (der θ-Zerfall). (Photographie durch freundliches Entgegenkommen des Brookhaven National Laboratory.)

Abb. 9-10 zeigt einen komplizierteren Prozeß, an dessen Anfang eine Proton-Antiproton-Vernichtung steht, der durch die eine Folge von Teilchen erzeugt wird, die anschließend zerfallen. Der gesamte Prozeß kann wie folgt beschrieben werden:

$$\begin{array}{l} p^+ + p^- \to \Xi^+ + \Xi^- \\ \qquad\qquad\quad \Xi^- \to \pi^- + \Lambda^0 \\ \qquad\qquad\quad \Xi^+ \to \pi^+ + \Lambda^0 \\ \qquad\qquad\qquad\qquad \Lambda^0 \to \pi^+ + p^- \end{array} \tag{9.5}$$

Jeder dieser Prozesse wurde sorgfältig mit Energie- und Impulssatz überprüft. Eine derartige Überprüfung gestattet es, die neutralen Teilchen zu identifizieren, die keinerlei Spuren hinterlassen.

Die Instabilität eines bestimmten Teilchens zeigt sich auch darin, daß bei einem hochenergetischen Zusammenstoß zwischen zwei Teilchen verschiedene neue Teilchen erzeugt werden.

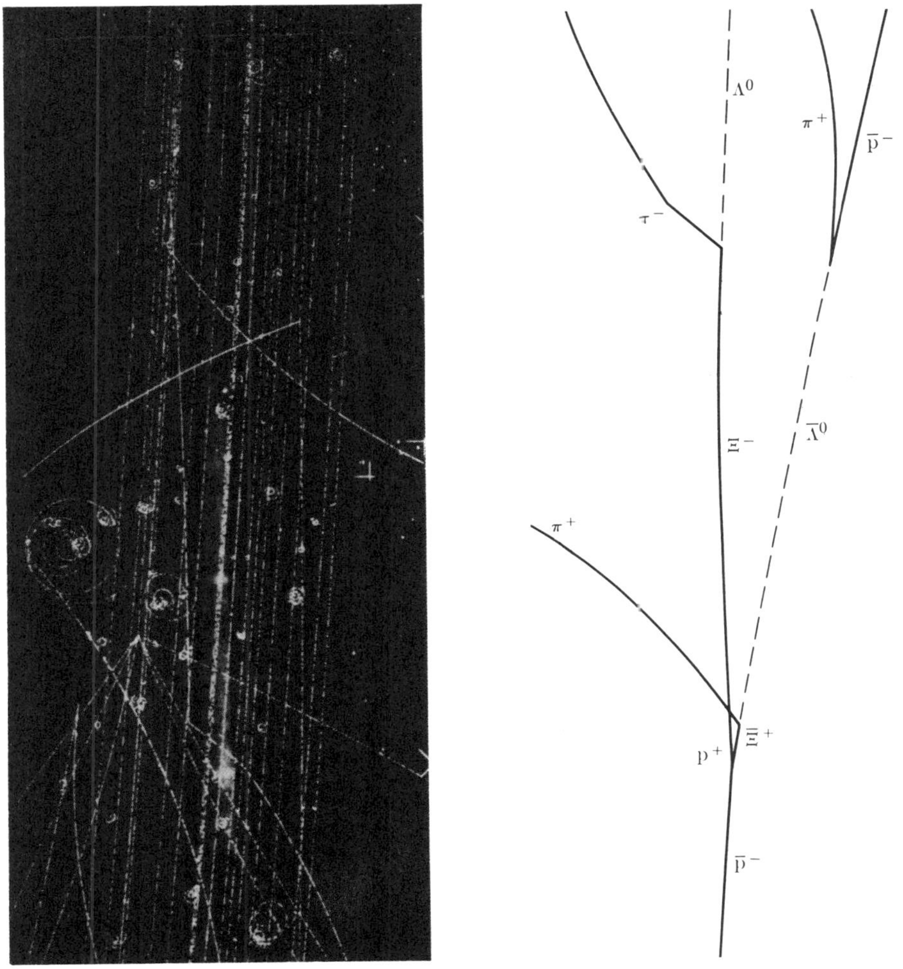

Abb. 9-10. Ereignisse, die von einer Proton-Antiproton-Vernichtung ausgelöst wurden. (Photographie durch freundliches Entgegenkommen des Brookhaven National Laboratory.)

Z.B. können bei einem Proton-Proton-Stoß die folgenden Prozesse auftreten:

$$p^+ + p^+ \begin{array}{l} \nearrow \; p^+ + p^+ + \pi^0 \\ \searrow \; p^+ + n + \pi^+. \end{array} \tag{9.6}$$

Man beachte, daß in jedem Fall ein Pion erzeugt wird. Die Proton-Proton-Streuung ist der Prozeß, mit dem man im Laboratorium Pionen in großen Mengen

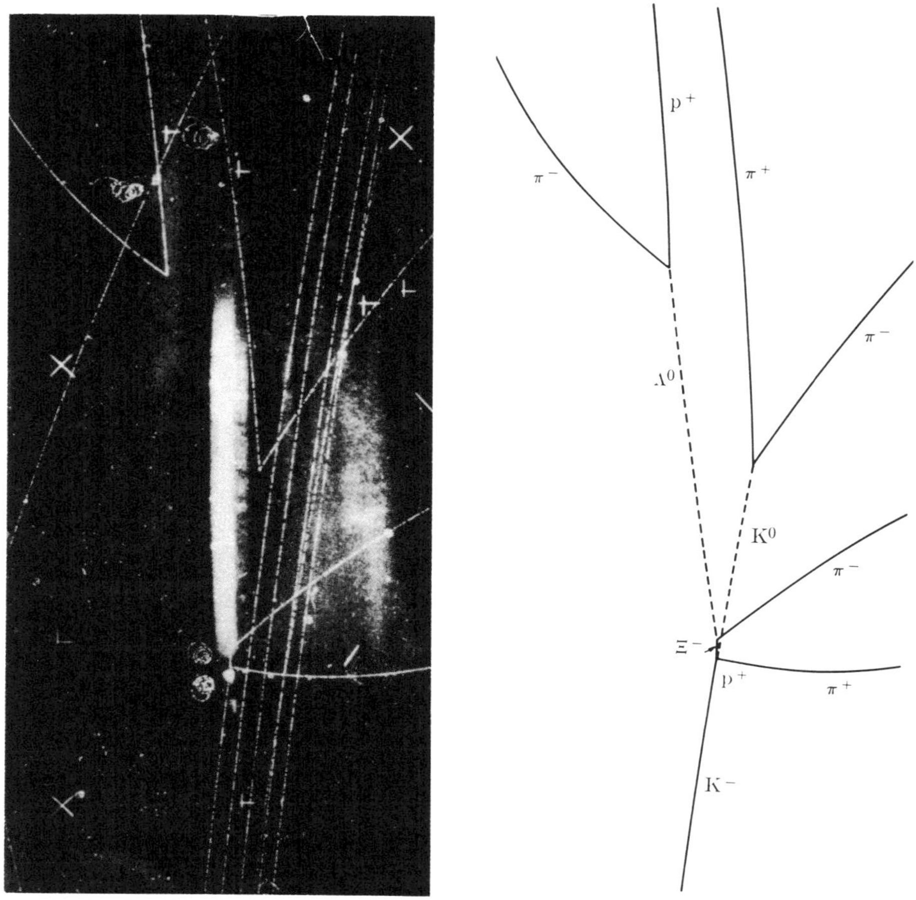

Abb. 9-11. Ereignisse, die durch einen K^--p-Stoß ausgelöst wurden. (Photographie durch freundliches Entgegenkommen des Brookhaven National Laboratory.)

erzeugt. Wenn das eine Proton im Labor ruht, beträgt die Schwellenenergie für das andere Proton rund 300 MeV (siehe Beispiel 9.3).

Bei höheren Energien können andere Teilchen, wie z.B. ein Proton-Antiproton-Paar, auftreten.

Abb. 9-11 zeigt einen komplizierteren Prozeß, in dem ein K^- und ein p^+ zusammenstoßen, wobei mehrere Teilchen entstehen, die anschließend zerfallen. Der beobachtete Gesamtprozeß kann wie folgt beschrieben werden:

$$\begin{array}{l} K^- + p^+ \rightarrow \Xi^- + K^0 + \pi^+ \\ \qquad\qquad\qquad\quad K^0 \rightarrow \pi^+ + \pi^- \\ \qquad\quad \Xi^- \rightarrow \pi^- + \Lambda^0 \\ \qquad\qquad\qquad\quad \Lambda^0 \rightarrow \pi^- + p^+ \end{array} \tag{9.7}$$

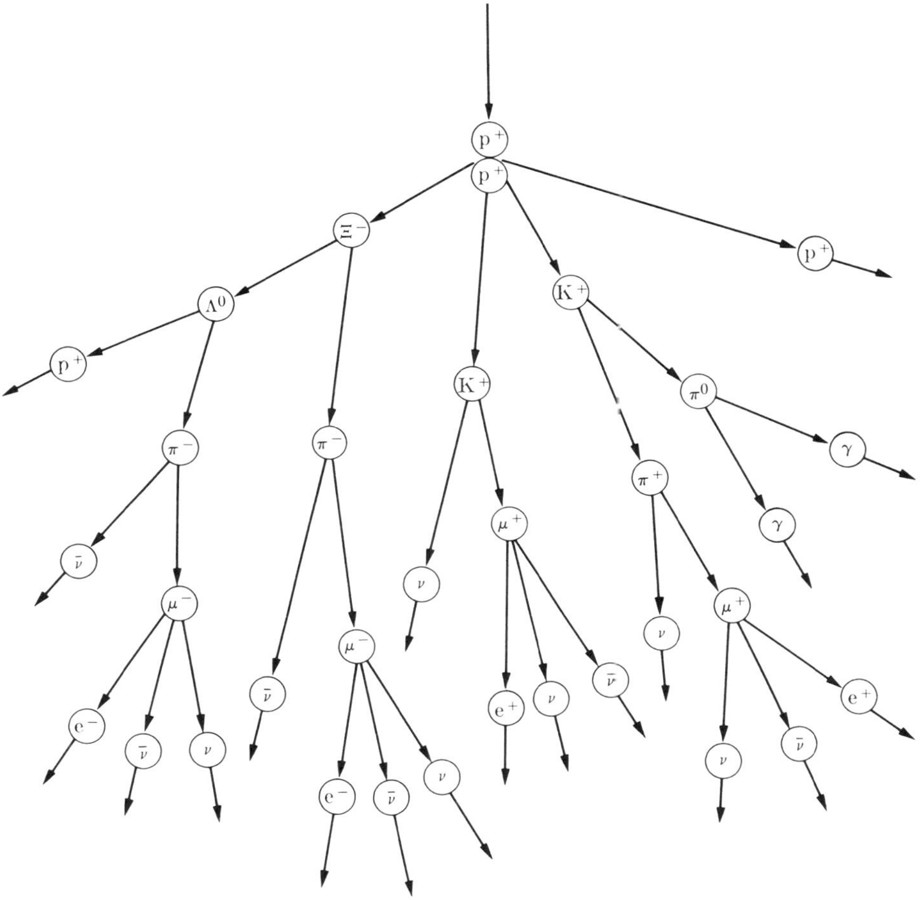

Abb. 9-12. Ereignisse, die von einem Proton der kosmischen Strahlung ausgelöst wurden, das mit einem Proton in der Atmosphäre zusammenstieß.

So sind Stöße zwischen Teilchen bei hohen Energien nicht elastisch.

Man kann die Teilchen nicht länger als Billardkugeln betrachten, was bei niedrigen Energien eine nützliche Näherung darstellt.

Viele der Prozesse, an denen Elementarteilchen beteiligt sind, werden in der *kosmischen* oder *Höhenstrahlung* beobachtet; d.h. dem Teilchenfluß (hauptsächlich Protonen), die als Ergebnis von Kernprozessen in der Sonne oder anderen Teilen des Universums auf die Erde fallen. Wenn Höhenstrahlungsteilchen in der oberen Atmosphäre mit Kernen wechselwirken, lösen sie eine Kette von Reaktionen aus. Eine solche Reaktion ist in Abb. 9-12 dargestellt. Ein derartiger Prozeß läuft weiter, bis die Energie nicht länger ausreicht, um neue Teilchen zu erzeugen, und nur stabile Teilchen übrigbleiben.

BEISPIEL 9.3. Berechnung der Schwellenenergie für einen Stoßprozeß, in dem verschiedene neue Teilchen erzeugt werden. Das Projektil soll dabei auf ein im Laboratorium ruhendes Target geschossen werden.

Lösung: Wenn wir das Projektil und das Target mit P_1 und P_2 sowie die entstehenden Teilchen mit P_i bezeichnen, können wir den Prozeß darstellen als

$$P_1 + P_2 \rightarrow \sum_i P_i.$$

Wenn der Impuls von P_1 im Laborsystem $\boldsymbol{p}$ ist, beträgt seine Gesamtenergie

$$c\sqrt{m^2c^2 + p^2}.$$

Da P_2 im Laborsystem ruht, beträgt seine Gesamtenergie m_2c^2. Daher ist die Gesamtenergie im Laborsystem

$$E = c\sqrt{m_1^2c^2 + p^2} + m_2c^2$$

und der Gesamtimpuls gleich $\boldsymbol{p}$. Im Schwerpunktsystem ist der Impuls der beiden Teilchen Null; d.h. $\boldsymbol{p}' = 0$ (siehe Anhang I). Wir bezeichnen die Gesamtenergie des Systems im Schwerpunktsystem mit E'. Wegen der Energie-Impuls-Beziehung ist die Größe $E^2 - c^2p^2$ invariant unter einer Lorentz-Transformation, welche die beiden Inertialsysteme miteinander verknüpft. Wenn wir berücksichtigen, daß $\boldsymbol{p}' = 0$ ist, haben wir daher

$$E^2 - c^2p^2 = E'^2.$$

Energie- und Impulserhaltung verlangen, daß nach dem Prozeß die Gesamtenergie der Produkte im Schwerpunktsystem weiterhin E' und der Gesamtimpuls gleich Null ist. Offensichtlich entspricht die für den Prozeß erforderliche Minimalenergie der Situation, in der alle resultierenden Teilchen im Schwerpunktsystem in Ruhe sind, so daß die Gesamtenergie im Bezugssystem $E' = \sum_i m_i c^2$ ist. Wenn wir diese Werte in die vorhergehende Gleichung einsetzen, erhalten wir

$$m_1^2c^4 + m_2^2c^4 + 2m_2c^3\sqrt{m_1^2c^2 + p^2} = (\sum_i m_i)^2c^4.$$

Wenn E_k die kinetische Energie des Projektils im Laborsystem bezeichnet, ist jedoch

$$c\sqrt{m_1^2c^2 + p^2} = E_k + m_1c^2.$$

Wenn wir dies in die vorhergehende Gleichung einsetzen und den gemeinsamen Faktor c^2 kürzen, erhalten wir

$$(m_1 + m_2)^2c^2 + 2m_2E_k = (\sum_i m_i)^2c^2.$$

Daher ist

$$E_k = -QM/2m_2, \tag{9.8}$$

wobei $Q = (m_1 + m_2 - \sum m_i)c^2$ und $M = m_1 + m_2 + \sum m_i$. Gl. (9.8) gibt die kinetische Schwellenenergie an, die das Geschoß besitzen muß, damit der Prozeß ablaufen kann. Wenn Q positiv ist, gibt es keine kinetische Schwellenenergie, und die Ruheenergie der Anfangsteilchen reicht aus, um die Endteilchen zu erzeugen. Nur wenn Q negativ ist, existiert eine Schwellenenergie. Wir wollen die Benutzung der Gl. (9.8) durch Anwendung auf zwei spezielle Fälle illustrieren.

a) *Schwelle für die Pionerzeugung bei der Proton-Proton-Streuung.* Wenn wir ein neutrales Pion betrachten, haben wir $p^+ + p^+ \rightarrow p^+ + p^+ + \pi^0$. Daher ist

$$Q = -m_\pi c^2, \quad M = 4m_p + m_\pi \quad \text{und} \quad m_2 = m_p,$$

was

$$E_k = \frac{m_\pi c^2(4m_p + m_\pi)}{2m_p} = \left(2 + \frac{m_\pi}{2m_p}\right) m_\pi c^2 \approx 290 \text{ MeV}$$

ergibt.

Für ein geladenes Pion erhält man ein ähnliches Ergebnis.

b) *Schwelle für die Antiproton-Erzeugung bei der Proton-Proton-Streuung.* Der Prozeß lautet jetzt $p^+ + p^+ \rightarrow p^+ + p^+ + p^+ + \bar{p}^-$. Alle Teilchen haben dieselbe Masse m_p. Dann ist

$$m_2 = m_p, \quad Q = -2m_p c^2 \quad \text{und} \quad M = 6m_p,$$

was für die Schwellenenergie

$$E_k = (2m_p c^2)(6m_p)/2m_p = 6m_p c^2 = 5.64 \times 10^3 \text{ MeV} = 5.64 \text{ GeV}$$

ergibt.

BEISPIEL 9.4. Bestimmung des magnetischen Momentes des Λ^0-Hyperons.

Lösung: Wir wollen nun ein interessantes Experiment beschreiben, das die Techniken erläutert, die man anwendet, um die Eigenschaften der Elementarteilchen zu bestimmen. Wir meinen damit die Messung des magnetischen Momentes des Λ^0-Hyperons. Die Methode, die in ähnlicher Weise zur Bestimmung des magnetischen Momentes der anderen Hyperonen angewendet wird, umfaßt drei Schritte: (a) Erzeugung eines polarisierten Λ^0-Strahls, (b) Einschießen des polarisierten Strahles in ein starkes Magnetfeld, das eine Richtungsänderung des magnetischen Momentes bewirkt, (c) Messung des Winkels, um den das magnetische Moment gedreht wurde.

Es wurden verschiedene Experimente entwickelt, um den Zerfall polarisierter Λ^0 in einem Magnetfeld zu analysieren. Wir wollen das beschreiben, das 1964 bei CERN (europäische Organisation für Kernforschung) durchgeführt wurde. Ein Strahl negativer Pionen aus dem CERN-Proton-Synchrotron, die einen Impuls von 1.05 GeV/c besitzen, trifft auf ein Polyäthylen-Target (Abb. 9-13), wo die Reaktion $\pi^- + p^+ \rightarrow \Lambda^0 + K^0$ stattfindet. Der Impuls ist so gewählt, daß er der Energie entspricht, bei welcher der Wirkungsquerschnitt für diese Reaktion ein Maximum

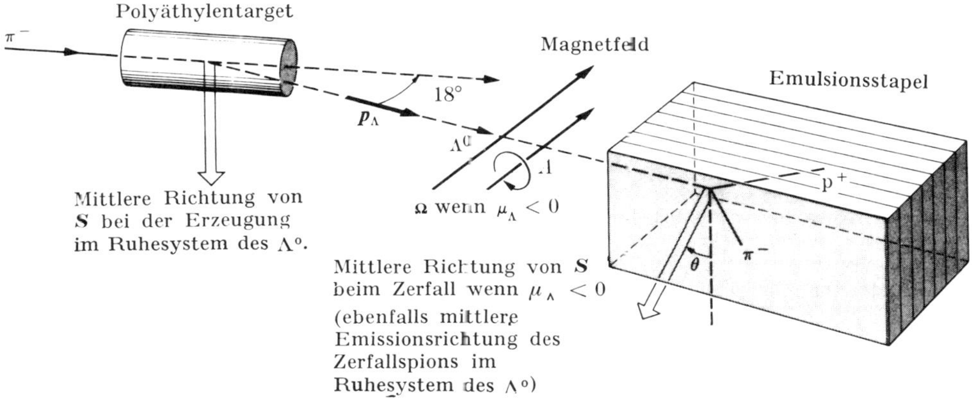

Abb. 9-13. Schematische Darstellung des Experimentes zum Nachweis des magnetischen Momentes des Λ^0.

besitzt. Da die Energie der π^--Teilchen nahe der Schwellenenergie 0.78 GeV liegt (siehe Gl. (9.8)), werden die Λ^0 und K^0 relativ zum Laborsystem hauptsächlich in Vorwärtsrichtung erzeugt, da sie sich im Schwerpunktsystem des Prozesses praktisch in Ruhe befinden.

Die Λ^0 sind stark polarisiert, wobei ihr Spin $\boldsymbol{S}$ senkrecht auf der Ebene steht, in der die Erzeugung stattfindet (das ist die Ebene, die durch die Bewegungsrichtungen des einfallenden π^- und des resultierenden Λ^0 bestimmt ist). Die unter Winkeln zwischen 13° und 23° relativ zur Einfallsrichtung erzeugten Λ^0 werden durch ein starkes Magnetfeld von 15 T geführt, das senkrecht zu $\boldsymbol{p}_\Lambda$ und $\boldsymbol{S}$ verläuft. Entsprechend Gl. (7.5) könnte man das magnetische Moment des Λ^0 schreiben als

$$\boldsymbol{M}_\Lambda = g_\Lambda(e/2m_\Lambda)\boldsymbol{S},$$

wobei g_Λ das gyromagnetische Verhältnis des Λ^0 ist. Es ist jedoch üblich, das magnetische Moment in der Form

$$\boldsymbol{M}_\Lambda = g_\Lambda(m_p/m_\Lambda)\,(e/2m_p)\boldsymbol{S} = \mu_\Lambda(e/m_p)\boldsymbol{S}$$

zu schreiben. Die experimentell zu bestimmende Größe ist $\mu_\Lambda = \frac{1}{2}g\ (m_p/\Lambda)$, die das magnetische Moment des Λ^0 in Kernmagnetonen angibt. Bei Anwesenheit eines Magnetfeldes $\boldsymbol{B}$ tritt ein Drehmoment $\tau = \boldsymbol{M}_\Lambda \times \boldsymbol{B}$ auf, so daß die Bewegungsgleichung des Spins $d\boldsymbol{S}/dt = \tau$ lautet oder

$$\frac{d\boldsymbol{S}}{dt} = \mu_\Lambda(e/m_p)\boldsymbol{S} \times \boldsymbol{B} = -\mu_\Lambda(e/m_p)\boldsymbol{B} \times \boldsymbol{S},$$

und $\boldsymbol{S}$ um $\boldsymbol{B}$ mit der Winkelgeschwindigkeit*

$$\boldsymbol{\Omega} = -\mu_\Lambda(e/m_p)\boldsymbol{B}$$

präzessiert. Wenn μ_Λ negativ ist, wird $\boldsymbol{S}$ um $\boldsymbol{B}$ in dem Sinne präzessieren, in Abb. (9.13) durch den A bezeichneten Pfeil angedeutet ist, und im entgegengesetzten Sinne, wenn μ_Λ positiv ist. Nach einer Zeit t hat sich der Spin $\boldsymbol{S}$ um einen Winkel $\theta = \Omega t$ gedreht. Wenn v die Geschwindigkeit des Λ^0 und l die im Magnetfeld zurückgelegte Strecke ist, haben wir $t = l/v$ und daher

$$\theta = \mu_\Lambda\left(\frac{e}{m_p}\right)\frac{\boldsymbol{B}l}{v}. \tag{9.9}$$

Wenn man den Winkel θ beobachten kann, kann man daher μ_Λ aus bekannten Größen ausrechnen.

Der interessanteste (und schwierigste) Teil des Experimentes ist tatsächlich die Messung von θ, welche erfordert, die Richtung von $\boldsymbol{S}$ zu bestimmen, nachdem Λ^0 das Magnetfeld durchquert hat. Man kann den Winkel θ dadurch messen, daß man die Winkelverteilung der Produkte des Λ^0-Zerfalls beobachtet. Ein Stapel fotografischer Emulsionen wird, wie in der Abbildung gezeigt, in den Λ^0-Strahl gebracht. Viele Λ^0 zerfallen in der Emulsion nach dem Prozeß $\Lambda^0 \rightarrow \pi^- + p^+$. Beide Zerfallsprodukte hinterlassen Spuren in den Emulsionen, da sie geladen sind.

* Wegen der Größe der beteiligten Energien müssen wir die Rechnungen nach den Regeln der relativistischen Mechanik durchführen. Der Einfachheit halber benutzen wir jedoch eine nichtrelativistische Rechnung, die das korrekte Resultat ergibt (soweit es den Wert von Ω betrifft), wenn sich das Λ^0 senkrecht zu $\boldsymbol{B}$ bewegt.

Beim Zerfall $\Lambda^0 \to \pi^- + p^+$ sind die Pionen anisotrop (aber symmetrisch) relativ zur Richtung von **S** im Schwerpunktsystem des Λ^0 verteilt. Wenn ϕ den Winkel zwischen dem Impuls des π^- und **S** bezeichnet, findet man daß die Winkelverteilung des π^- im Λ^0-Schwerpunktsystem proportional zu $1 + k \cos \phi$ ist, was einem starken Maximum in der Richtung von **S** entspricht. Durch eine Analyse der Winkelverteilung der Zerfallspionen in einem Strahl polarisierter Λ^0 kann man daher die Polarisationsrichtung des Λ^0 bestimmen, welche die Richtung von **S** ist, und auf diese Weise den Winkel θ erhalten. Durch Anwendung von Gl. (9.9) kann man dann μ_Λ bestimmen. Die tatsächlichen Rechnungen fordern, daß man sorgfältig beachtet, welche Größen auf das Laborsystem und welche auf das Λ^0-Schwerpunktsystem bezogen sind. Der bei CERN erhaltene Wert betrug $\mu_\Lambda = -0{,}5 \pm 0.28$ Kernmagnetonen.

Der im Rahmen der Gell-Mannschen Theorie des «achtfachen Weges» (Abschnitt 9.8) vorhergesagte theoretische Wert ist -0.95 Kernmagnetonen. Das magnetische Moment des Λ^0 war vorher in Brookhaven, Argonne und an der Universität von Kalifornien mit etwa ähnlichen Methoden gemessen worden. Die entsprechenden Resultate waren -1.5 ± 0.5, 0 ± 0.6 und -1.39 ± 0.7 Kernmagnetonen. Die Messung von Hill und seinen Mitarbeitern am Brookhaven National Laboratory ergab -0.73 ± 0.16 Kernmagnetonen.

9.5 Die Erhaltungssätze

Bei den im vorhergehenden Abschnitt beschriebenen Prozessen hat man gefunden, daß die folgenden Erhaltungssätze ohne Ausnahme gelten:

(1) Erhaltung des Impulses
(2) Erhaltung des Drehimpulses
(3) Erhaltung der Energie
(4) Erhaltung der Ladung.

Innerhalb der durch diese vier Sätze auferlegten Grenzen scheinen die Elementarteilchen auf den ersten Blick eine wilde Gruppe physikalischer Gebilde zu sein, die dazu neigen, sich ohne jede erkennbare Ordnung in diesen Prozessen ineinander umzuformen. Wir können zwar z.B. verstehen, daß das Elektron und das Positron stabil sind, weil es keine leichteren geladenen Teilchen gibt, in die sie ohne Verletzung der Ladungserhaltung zerfallen könnten. Warum ist jedoch das Proton stabil und zerfällt nicht z.B. nach dem Schema $p^+ \to \pi^+ + \nu$? Warum treten mit Sicherheit Prozesse — wie $\gamma \to e^- + p^+$, $\Lambda^0 \to p^- + \pi^+$ oder $\pi^+ + p^+ \to \Sigma^+ + \pi^+$, die mit den obigen Erhaltungssätzen in Einklang stehen — *nicht* in der Natur auf? Warum haben die Teilchen ein so scheinbar regelloses Massenspektrum?

Die Situation ist ähnlich wie bei einem Alchimisten im Mittelalter, der versucht, chemische Reaktionen zu verstehen, ohne atomare oder molekulare Strukturen zu kennen. Die Physiker bemühen sich heute aktiv darum, einige Ordnung in diesem scheinbaren Chaos zu finden. Glücklicherweise brachte die Entdeckung neuer Erhaltungssätze, die eher dem Gesetz der Erhaltung der Ladung als den drei ersten Erhaltungssätzen entsprechen, eine gewisse Ordnung. Diese Erhaltungssätze sind:

(5) Erhaltung der Leptonen
(6) Erhaltung der Baryonen
(7) Erhaltung des Isotopenspins
(8) Erhaltung der Strangeness.*

Wie wollen diese Sätze der Reihe nach kurz diskutieren.

Experimentelle Ergebnisse führen zu dem Schluß, daß Mesonen und Photonen (und allgemein alle Teilchen mit Spin 0 oder 1) in beliebiger Anzahl erzeugt oder vernichtet werden können (dies ist einer der Gründe, sie als Bosonen zu bezeichnen). Andererseits besteht für Leptonen und Baryonen eine Einschränkung im Hinblick auf die Zahl, in der sie bei einem einzelnen Prozeß erzeugt oder vernichtet werden können. Z.B. ist der Prozeß der Elektron-Paar-Erzeugung $\gamma \to e^- + e^+$, bei dem zwei Leptonen — ein Elektron und sein Antiteilchen, ein Positron — aus einem Photon erzeugt werden, möglich. Der Prozeß der Elektron-Proton-Erzeugung $\gamma \to e^- + p^+$, der mit den ersten vier Erhaltungssätzen übereinstimmen würde, tritt jedoch nicht auf. Bei diesem Prozeß (der nicht beobachtet wird) werden nur ein Lepton und ein Baryon erzeugt. Es sind experimentelle Tatsachen dieser Art, welche die Basis für den fünften und sechsten Erhaltungssatz abgeben.

Erhaltung der Leptonen. Wir wollen eine *Leptonen-Quantenzahl* $\mathcal{L}$ einführen, die so definiert ist, daß $\mathcal{L} = +1$ für Lepton-Teilchen und $\mathcal{L} = -1$ für Lepton-Antiteilchen ist. Die Nicht-Leptonen-Teilchen haben die Leptonenzahl Null. Dann gilt:

in keinem Prozeß darf sich die Leptonengesamtzahl ändern.

Wenn wir einige Beispiele betrachten, finden wir, daß in dem Prozeß $\gamma \to e^- + e^+$ die Leptonenzahl auf der linken Seite $\mathcal{L} = 0$ und auf der rechten Seite $\mathcal{L} = +1 - 1 = 0$ ist. In dem nichtbeobachteten Prozeß $\gamma \to e^- + p^+$ haben wir jedoch auf der linken Seite $\mathcal{L} = 0$ und auf der rechten $\mathcal{L} = +1$, so daß die Erhaltung der Leptonen verletzt ist. Das Gesetz der Erhaltung der Leptonenzahl fordert, daß Gl. (8.14) als

$$\begin{array}{llll} n \to & p^+ + & e^- + & \bar{\nu} \\ \mathcal{L} = 0 & 0 & +1 & -1 \end{array} \tag{9.10}$$

geschrieben wird, um sicherzustellen, daß die gesamte Leptonenzahl auf beiden Seiten Null ist. Die Erhaltung der Leptonenzahl fordert so, daß beim β^--Zerfall ein Antineutrino $\bar{\nu}$ und *nicht* ein Neutrino emittiert wird. Wir müssen auch Gl.

---

* Auch im Deutschen verwendet man vorwiegend diesen englischen Ausdruck, den man bisweilen mit «Seltsamkeit» zu verdeutschen versuchte. (Anm. d. Übers.)

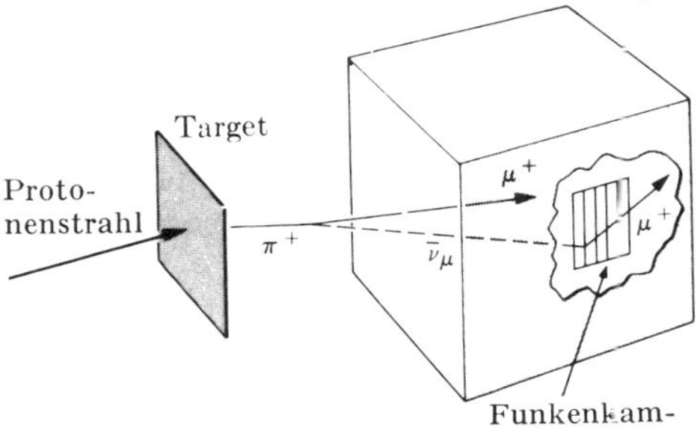

Abb. 9-14. Schematische Darstellung des ν_μ-Experimentes.

(8.17) in der Form $p^+ + \nu \to n + e^+$ schreiben, mit einer gesamten Leptonenzahl $\mathcal{L} = -1$ auf beiden Seiten. Dies ist der Grund, warum beim Cowan-Reines-Experiment (Beispiel 8.6) das nachgewiesene Teilchen ein Antineutrino war. Man beachte, daß die Gl. (8.15) und (8.16) für β^+-Zerfall und Elektroneneinfall fordern, daß ein Neutrino der Leptonenerhaltung gehorcht. Anhand der in Tabelle 9-2 angegebenen Zerfallsschemata sollte der Leser das Gesetz der Leptonenerhaltung in den einzelnen Fällen bestätigen und rechtfertigen, daß in einigen Fällen ein Antineutrino angegeben ist.

Wir wollen nebenbei noch erwähnen, daß neuere experimentelle Ergebnisse darauf hinzuweisen scheinen, daß die Neutrinos aus dem Pion-Zerfall nicht mit denen identisch sind, die beim Müon-Zerfall oder β-Zerfall erzeugt werden. Das entsprechende Experiment wurde 1962 von einer Gruppe der Columbia University am AGS-Beschleuniger des Brookhaven Laboratory durchgeführt und ist schematisch in Abb. 9-14 gezeigt. Die Antineutrinos aus Pion-Zerfällen entsprechen $\pi^+ \to \mu^+ + \nu$ und wurden in eine stark abgeschirmte Funkenkammer geschickt. Die Pionen waren durch hochenergetische Protonen in einem geeigneten Target erzeugt worden. Wenn die Antineutrinos mit denen im β-Zerfall erzeugten identisch wären, würden sie bei Zusammenstößen mit den Kernen in der Funkenkammer eine der Reaktionen $p^+ + \nu \to n + e^+$ oder $p^+ + \nu \to n + \mu^+$ hervorrufen. Wenn es zwei Sorten von Neutrinos gäbe, würde jedoch nur die zweite Reaktion erlaubt sein. Nach einem Lauf, der mehrere Tage andauerte und in dem schätzungsweise 10^{14} Antineutrinos die Funkenkammer durchquerten, waren rund 50 Prozesse beobachtet worden, bei denen Müonen erzeugt waren; es wurden jedoch keine Positronen beobachtet. Dies legt nahe, daß die erste Reaktion verboten ist, und daß die beim Pion-Zerfall erzeugten Neutrinos nicht dieselben wie beim β-Zerfall sind. Deshalb ist es heute üblich zu schreiben

$$\pi^- \to \mu^- + \nu_\mu, \qquad \pi^+ \to \mu^+ + \nu_\mu,$$

$$\mu^- \to e^- + \nu_e, + \nu_\mu, \qquad \mu^+ \to e\nu + \bar{e}^+ + \nu_e,$$

$$n \to p^+ + e^- + \nu_e, \qquad p^+ \to n + e^+ + \nu_e,$$

$$p^+ + \nu_e \to n + e^+, \qquad p^+ + \nu_\mu \to n + \mu^+,$$

wobei ν_μ das mit dem Müon im Pion-Zerfall verknüpfte und ν_e das mit dem Elektron beim Müon- oder Nukleon-Zerfall verknüpfte Neutrino bezeichnet.

Erhaltung der Baryonen. Wenn wir eine *Baryonen-Quantenzahl* b definieren, so daß $b = +1$ für alle Baryon-Teilchen, $b = -1$ für alle Baryon-Antiteilchen und Null für alle Nicht-Baryon-Teilchen ist, können wir sagen,

bei keinem Prozeß darf sich die Baryonengesamtzahl ändern.

Der Leser möge verifizieren, daß dieses Gesetz in allen früher erwähnten Prozessen, bei denen Baryonen beteiligt sind, erfüllt wird, wie etwa Gl. (9.2), (9.4), (9.5), (9.6) und (9.7), wie auch in den Zerfallsschemata von Tabelle 9-2. Da das Proton das leichteste aller Baryonen ist, würde sein Zerfall in leichtere Teilchen (die keine Baryonen sein können) das Gesetz der Baryonenerhaltung verletzen, und dies erklärt, warum das Proton ein stabiles Teilchen ist. So ist die Welt, in der wir leben, gewissermaßen das Ergebnis der Erhaltungssätze für Leptonen und Baryonen.

Erhaltung des Isotopenspins. In Abb. 9-2 wurden die Teilchen und Antiteilchen nach ihren Massen oder Ruheenergien angeordnet. Wenn wir nun die Teilchen betrachten, welche durch die starke Wechselwirkung beeinflußt werden (Mesonen und Baryonen), so stellen wir fest, daß sie als *Multipletts* auftreten; d.h. als Singuletts (η^0, Ω^-, Λ^0), Doubletts (K^+ und K^0, p^+ und n^0, Ξ^0 und Ξ^-) und Tripletts (Σ^+, Σ^0 und Σ^-, π^+, π^0 und π^-)*. Dies legt nahe, daß wir jedes Multiplett durch eine neue Größe, den sog. *Isotopenspin* τ, charakterisieren, so daß $2\tau + 1$ die Anzahl der Teilchen im Multiplett angibt.

So ist τ für Singuletts, Doubletts, Tripletts usw. gleich 0, $\frac{1}{2}$, 1, ... Wir verwenden die Bezeichnung «Isotopen-», da sich τ auf Teilchen bezieht, die praktisch dieselbe Masse und Spin besitzen und daher denselben Platz auf einer Massenskala einnehmen.** Wir können feststellen, daß τ eine gewisse Ähnlichkeit mit dem Drehimpuls J besitzt, der $2J + 1$ Orientierungen im Raum besitzen kann, jede charakterisiert durch einen Wert seiner Z-Komponente J_z, und aus diesem Grunde wurde τ der Name «Spin» gegeben. Wir können so den Isotopenspin als einen Vektor in einem bestimmten Darstellungsraum, dem sog. Isotopenspin-Raum, auffassen. Der Vektor hat die Länge $\sqrt{\tau(\tau+1)}$ und $2\tau + 1$ Orientierungsmöglichkeiten relativ zur Z-Achse, die den durch $\tau_z = \pm\tau, \pm(\tau - 1), \pm(\tau - 2), \ldots$ gegebenen möglichen Werten seiner Z-Komponente entsprechen. Jedes Teilchen in einem Multiplett entspricht einem Wert von τ_z, wobei die Werte in der Reihenfolge abnehmender Ladung zugeordnet werden. Z.B. haben wir $\tau_z = +\frac{1}{2}$ für Protonen und $\tau_z = -\frac{1}{2}$ für Neutronen. Teilchen- und Antiteilchen-Multipletts

---

* Das π^0 ist sein eigenes Antiteilchen. Daher wurde es im Zentrum des Diagramms angeordnet, und der Satz π^+, π^0, π^- muß gesondert betrachtet werden.

** Man benutzt auch die Namen *Isobarenspin* oder *Isospin*, um diese Eigenschaft zu beschreiben.

TABELLE 9-3 Isotopenspin (τ, τ_z), Strangeness (s) und Hyperladung (y) von Mesonen und Baryonen*

Teilchen	τ	τ_z	s	y
Mesonen				
π^+, π^0, π^-	1	(1, 0, −1)	0	0
K^+, K^0	$\frac{1}{2}$	$(\frac{1}{2}, -\frac{1}{2})$	1	1
η^0	0	0	0	0
Baryonen				
p^+, n	$\frac{1}{2}$	$(\frac{1}{2}, -\frac{1}{2})$	0	1
Λ^0	0	0	−1	0
$\Sigma^+, \Sigma^0, \Sigma^-$	1	(1, 0, −1)	−1	0
Ξ^0, Ξ^-	$\frac{1}{2}$	$(\frac{1}{2}, -\frac{1}{2})$	−2	−1
Ω^-	0	0	−3	−2

*Strangeness und Hyperladung der Antiteilchen besitzen das entgegengesetzte Vorzeichen wie die entsprechenden Größen der Teilchen. Mesonen und Baryonen bezeichnet man häufig mit dem gemeinsamen Namen *Hadronen*.

besitzen denselben Isotopenspin τ, aber entgegengesetzte Werte von τ_z. Der Isotopenspin von Mesonen und Baryonen ist in Tabelle 9-3 angegeben.

Den gesamten Isotopenspin eines Systems von Teilchen erhält man dadurch, daß man die Isotopenspins der einzelnen Teilchen vektoriell addiert und dabei dieselben Additionsregeln wie für den Drehimpuls benutzt (Abschnitt 3.8). Betrachten wir z.B. das System $p^+ + p^+$. Die beiden Teilchen haben jeweils $\tau = \frac{1}{2}$, was wir zum resultierenden Isotopenspin $T = 1$ oder 0 addieren können. Nun ist jedoch $T_z = \frac{1}{2} + \frac{1}{2} = 1$. Daher entspricht ein System von zwei Protonen notwendigerweise $T = 1$. Das System $p^+ + n$ hat jedoch $T_z = \frac{1}{2} - \frac{1}{2} = 0$, so daß der gesamte Isotopenspin $T = 1$ oder 0 sein kann. Analog kann $\pi^+ + p^+$ einen Gesamtisotopenspin $\frac{3}{2}$ oder $\frac{1}{2}$ besitzen. Nun ist aber $T_z = 1 + \frac{1}{2} = \frac{3}{2}$, so daß notwendigerweise $T = \frac{3}{2}$ ist. Andererseits können $\pi^0 + p^+$ und $\pi^- + p^+$, die $T_z = \frac{1}{2}$ bzw. $-\frac{1}{2}$ haben, entweder $T = \frac{3}{2}$ oder $\frac{1}{2}$ entsprechen.

Es scheint, daß die starke oder Kernwechselwirkung ladungsunabhängig ist. Es gibt z.B. ausreichende experimentelle Beweise, daß die Kernwechselwirkung für die Paare $p^+ p^+(T_z = +1)$, $n\, p^+(T_z = 0)$ und $n\, n(T_z = -1)$ dieselbe ist. Daher ist die starke Wechselwirkung unabhängig vom Gesamtwert T_z der wechselwirkenden Teilchen. *So hängt die starke Wechselwirkung zwischen zwei Teilchen nur von deren Gesamtisotopenspin T ab.*

Wir haben z.B. bei dem Streuprozeß

$$\pi^+ + p^+ \rightarrow \pi^+ + p^+,$$

$T_z = \frac{3}{2}$, was notwendigerweise $T = \frac{3}{2}$ auf beiden Seiten der Gleichung entspricht. Der beobachtete Wirkungsquerschnitt verändert sich als Funktion der Energie

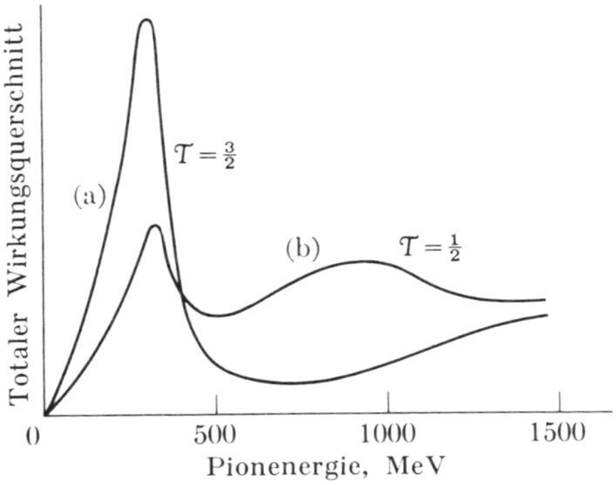

Abb. 9-15. Wirkungsquerschnitt für (a) $\pi^+ + p^+$ und (b) $\pi^- + \pi^+$-Streuung als Funktion der Energie.

des π^+-Geschosses, wie in Abb. 9-15 Kurve (a) gezeigt ist, mit einem ausgeprägten Maximum für eine Energie nahe 300 MeV. Im Falle von

$$\pi^- + p^+ \begin{cases} \nearrow \pi^- + p^+ & \text{(Streuung)}, \\ \searrow \pi^0 + n & \text{(Reaktion)}, \end{cases}$$

haben wir jedoch $\mathcal{T}_z = \frac{1}{2}$, was entweder $\mathcal{T} = \frac{3}{2}$ oder $\frac{1}{2}$ entsprechen kann. Den gemessenen totalen Wirkungsquerschnitt zeigt Kurve (b) von Abb. 9-15. Das $\mathcal{T} = \frac{3}{2}$ entsprechende Maximum liegt bei praktisch derselben Energie wie im vorhergehenden Fall von $\pi^+ + p^+$ mit dem gleichen gesamten Isotopenspin, bei rund 1000 MeV beobachtet man jedoch ein zweites Maximum, das dem $\mathcal{T} = -\frac{1}{2}$ Zustand zugeordnet wird.

Als ein Ergebnis der Analyse von Prozessen, an denen stark wechselwirkende Teilchen beteiligt sind, können wir aussagen:

> *Der gesamte Isotopenspin $\mathcal{T}$ bleibt bei starken Wechselwirkungen erhalten.*

Ein strenges Gesetz ist die Erhaltung des gesamten Isotopenspins nur für die starken Wechselwirkungen, bei elektromagnetischen oder schwachen Wechselwirkungsprozessen kann es jedoch verletzt werden. Z.B. haben wir bei dem beobachteten Prozeß $K^0 \to \pi^+ + \pi^-$ $\mathcal{T} = \frac{1}{2}$ auf der linken und entweder $\mathcal{T} = 1$ oder 0 auf der rechten Seite, so daß $\mathcal{T}$ nicht erhalten ist.

Außer dem Erhaltungssatz für den gesamten Isotopenspin gilt:

> *Sowohl die starken wie die elektromagnetischen Wechselwirkungen erhalten die Komponente $\mathcal{T}_z$ des gesamten Isotopenspins.*

Dies ist ein in allen Fällen geltendes strenges Gesetz, das dem Gesetz der Erhaltung der Ladung voll äquivalent ist.

Erhaltung der Strangeness. Ein weiteres Merkmal, das eingeführt wurde, um die Teilchen zu charakterisieren, die der starken Wechselwirkung unterliegen, ist die «*Strangeness*» $\mathcal{S}$. Sie ist so definiert, daß die Ladung eines Teilchens in einem Multiplett gegeben ist durch

$$q = e(\tau_z + \tfrac{1}{2}b + \tfrac{1}{2}s). \tag{9.11}$$

Die Werte von $\mathcal{S}$ sind in Tabelle 9-3 angegeben. Teilchen und Antiteilchen besitzen entgegengesetzte Strangeness. Das Gesetz der Erhaltung der Strangeness fordert,

> *die gesamte Strangeness $\mathcal{S}$ darf sich in Prozessen nicht ändern, die auf der starken oder der elektromagnetischen Wechselwirkung beruhen.*

Z.B. wird der Prozeß $\pi^- + p^+ \to n^0 + \Lambda^0$, der allen anderen Erhaltungssätzen gehorcht, nicht beobachtet, weil die gesamte Strangeness auf der linken Seite Null ist, auf der rechten dagegen -1 ist. Prozesse wie $\pi^+ + p^+ \to \Sigma^+ + K^+$ und $\pi^- + p^+ \to \Lambda^0 + K^0$ treten hingegen auf. In beiden Fällen bleibt die gesamte Strangeness gleich Null. D.h. bei allen Pion-Nukleon-Stößen (ein System, das die Strangeness Null besitzt) müssen Hyperonen in Paaren gleicher aber entgegengesetzter Strangeness erzeugt werden. Dieses Phänomen wird «*associated production*» genannt. In der Tat war es die konsistente Beobachtung der gemeinsamen Erzeugung bestimmter Hyperonen, die den Schlüssel zum Gesetz der Strangeness-Erhaltung lieferte.

Die Erhaltung der Strangeness ist kein strenges Gesetz; es kann durch schwache Wechselwirkungen verletzt werden, die eine Änderung der Strangeness um ± 1 zulassen. Bei den meisten Baryonen-Zerfällen (Tabelle 9-2) wird die Erhaltung der Strangeness verletzt, was darauf hinweist, daß die Zerfälle durch schwache Wechselwirkungen stattfinden. Z.B.

$$\Xi^- \to \Lambda^0 + \pi^- \qquad (\Delta\mathcal{S} = +1),$$
$$\hookrightarrow \pi^- + p^+ \qquad (\Delta\mathcal{S} = -1).$$

Hyperonen können nicht durch starke Wechselwirkung unter Erhaltung der Strangeness in Baryonen zerfallen, weil das Q eines solchen Prozesses negativ ist. Dies erklärt, warum die Hyperonen so langsam zerfallen (ungefähr 10^{-10} s) verglichen mit der Zeit, die für ihre Erzeugung oder Vernichtung durch starke Wechselwirkung bei Stoßprozessen charakteristisch ist und ungefähr 10^{-23} s beträgt. Aus diesen beiden Zeiten kann man schließen, daß die Stärke der schwachen Wechselwirkung ungefähr 10^{-13} der Stärke der starken Wechselwirkung ist.

Wir sollten an dieser Stelle erwähnen, daß ein anderer Parameter, der anstelle der Strangeness zur Klassifizierung der Teilchen benutzt werden kann, die *Hyperladung* ist, die als $\mathcal{Y} = b + s$ definiert wird. Werte der Hyperladung sind in Tabelle 9-3 angegeben. Wegen der Erhaltung der Baryonenzahl und der Definition von $\mathcal{Y}$ kann das Gesetz der Strangeness-Erhaltung durch einen Erhaltungssatz für die Hyperladung ersetzt werden.

Es könnte scheinen, daß die von uns in diesem Abschnitt eingeführten neuen Erhaltungssätze mehr oder weniger *ad hoc* Konventionen zur Erklärung der experimentellen Tatsachen sind. Jedoch läßt die Tatsache, daß sie konsistent auf eine große Anzahl von Situationen zutreffen, vermuten, daß sie eine tiefere physikalische Bedeutung haben. Augenblicklich ist ihre Verknüpfung mit den physikalischen Eigenschaften der Teilchen nicht in allen Fällen richtig bekannt und daher für weitere Forschung offen.

9.6 Invarianz, Symmetrie und Erhaltungssätze

Einige der Erhaltungssätze, die wir gerade besprochen haben, können auf bestimmte Invarianzen und Symmetrie-Eigenschaften physikalischer Systeme zurückgeführt werden, die wir jetzt kurz betrachten werden.

Räumliche Translation. Wir wollen annehmen, daß der Raum homogen und einheitlich ist; d.h. er besitzt in allen Punkten Translations-Symmetrie. Wir müssen dann schließen, daß sich ein physikalisches System überall gleich verhalten wird, ohne Rücksicht darauf, wo es sich in einem im übrigen leeren Raum befindet. Wenn wir eine mehr mathematische Terminologie benutzen, ist die Beschreibung der Eigenschaften eines isolierten physikalischen Systems invariant gegenüber den Translationen des Systems relativ zu einem Bezugssystem. Z.B. muß ein isoliertes Molekül, das aus mehreren Elektronen und Kernen besteht, immer in genau derselben Weise beschrieben werden, unabhängig davon, wo es sich relativ zu einem Beobachter befindet. Andererseits wissen wir, daß der Gesamtimpuls eines isolierten Systems konstant ist. Man kann so zeigen:

Die Erhaltung des Impulses eines isolierten Systems ist eine Folge der Translationsinvarianz der Gesetze, die das System beschreiben.

In einigen Fällen kann es sein, daß das System nicht isoliert ist, aber die physikalische Umgebung eine bestimmte Translationssymmetrie aufweist. Betrachten Sie ein Elektron zwischen zwei unendlichen parallelen Ebenen, die gleiche aber entgegengesetzte Ladungen tragen. Offensichtlich ändern sich die physikalischen Bedingungen nicht, wenn das Elektron parallel zu den Ebenen verschoben wird. Wir wissen dann, daß, wenn das Elektron in Bewegung gesetzt wird, sein Impuls parallel zu den Ebenen konstant ist. (Dies drückt man üblicherweise dadurch aus, daß man sagt, daß das von den geladenen Ebenen erzeugte elektrische Feld senkrecht auf den Ebenen steht.) So finden wir wieder, daß *die Erhaltung des Impulses in einer bestimmten Richtung eine Folge der Invarianz der physikalischen Bedingungen gegenüber Translationen in dieser Richtung ist.*

Räumliche Drehung. Wenn wir annehmen, daß der Raum isotrop ist (d.h., daß er an jedem Punkt Rotationssymmetrie besitzt), dann muß die Beschreibung der Eigenschaften eines isolierten Systems unabhängig von seiner Orientierung im Raum relativ zu einem gegebenen Bezugssystem sein. Wir wollen wieder ein isoliertes Molekül betrachten: die Beschreibung seiner Eigenschaften ist unabhängig von der Orientierung des Moleküls relativ zum Beobachter. Andererseits wissen wir, daß der Gesamtdrehimpuls eines isolierten Systems konstant ist. Man kann so zeigen:

Die Erhaltung des Drehimpulses eines isolierten Systems ist die Folge der Rotationsinvarianz der Gesetze, die das System beschreiben.

In manchen Fällen kann das physikalische System, selbst wenn es nicht isoliert ist, eine bestimmte Rotationssymmetrie aufweisen. Z.B. besitzt ein zentrales Kraftfeld Kugelsymmetrie. Wir wissen dann, daß infolge der Symmetrie der (auf das Kraftzentrum bezogene) Drehimpuls eines Teilchens, das sich unter dem Einfluß der Zentralkräfte bewegt, konstant ist. Wenn das Feld Zylindersymmetrie besitzt, wie im Fall der Kraft auf ein Elektron in einem zweiatomigen Molekül oder bei einem geladenen Teilchen in einem homogenen Magnetfeld, dann bleibt die Komponente des Drehimpulses relativ zur Symmetrieachse konstant.

So finden wir wiederum, daß *die Erhaltung des Drehimpulses um eine gegebene Richtung, die Folge einer Symmetrie der physikalischen Bedingungen gegenüber Rotationen um diese Richtung ist.*

Sowohl Translations- wie Rotationssymmetrie setzen bestimmte Grenzen für die mathematische Form physikalischer Gesetze; dies ist jedoch ein Gegenstand, den wir hier nicht weiter verfolgen können.

Zeittranslation. Invarianz gegenüber Zeittranslation bedeutet folgendes: Wenn wir ein physikalisches System präparieren und es sich ohne äußeren Einfluß entwickeln lassen, wird die Entwicklung des Systems immer dieselbe sein, unabhängig von dem Zeitpunkt, zu dem es präpariert wurde, oder mit anderen Worten, unabhängig vom gewählten Nullpunkt der Zeit. Mit einigen komplizierteren Schlußfolgerungen kann man zeigen:

Die Erhaltung der Energie eines isolierten Systems ist eine Folge der Invarianz der das System beschreibenden Gesetze gegenüber dem Nullpunkt der Zeit;

d.h. gegenüber einer Zeittranslation. Sowohl die Gesetze der klassischen wie der Quantenmechanik sind gegenüber Zeittranslation invariant.

Eichtransformation. Unser vierter Erhaltungssatz, der Ladung, läßt sich etwas schwieriger auf elementare Weise mit einer Symmetrietransformation und einer Invarianzeigenschaft verknüpfen. Man kann zeigen:

Ladungserhaltung ist eine Folge der Invarianz der Gesetze des elektromagnetischen Feldes (d.h. der Maxwellschen Gleichungen) gegenüber einer «Eichtransformation».

Wir können in diesem Lehrbuch nicht vollständig erklären, was man unter einer Eichtransformation versteht*; ein einfacher Fall einer Eichtransformation ist

* Siehe z.B. Panofsky und Phillips, *Classical Electricity and Magnetism*, Zweite Auflage, Reading, Mass.: Addison-Wesley, 1962, Section 14-1.

eine Änderung des Nullpunktes des elektrischen (oder skalaren) Potentials, eine Veränderung, die nicht das elektrische Feld oder die Gestalt der Maxwellschen Gleichungen beeinflußt. Eine andere Art von Eichtransformation ist eine Veränderung der Phase der Wellenfunktion; d.h. die Ersetzung von ψ durch $e^{i\delta}\,\psi$. Dies läßt offensichtlich die Wahrscheinlichkeitsdichte $|\psi|^2$, die eine beobachtbare Größe ist, unverändert.

Isotopenspin-Drehung. Gibt es andere Symmetrieoperationen, die man mit Erhaltungssätzen in Verbindung bringen kann? Wir haben darauf hingewiesen, daß der Isotopenspin wegen der Ladungsunabhängigkeit der starken Wechselwirkung erhalten ist. Wir können dies in dieselbe Form bringen wie die vier vorhergehenden Erhaltungssätze, indem wir sagen:

> *Der Isotopenspin ist erhalten, weil starke Wechselwirkungen invariant gegenüber Drehungen im Isotopenspin-Raum sind.*

Diese Invarianz bedeutet, daß die Wechselwirkung die Isotopenspins τ_1 und τ_2 der wechselwirkenden Teilchen nur in Ausdrücken der Gestalt $\tau_1 \cdot \tau_2$, was rotationsinvariant ist, enthalten darf, nicht aber als $\tau_{z1}\tau_{z2}$, das gegenüber Drehungen nicht invariant ist. Leider können wir nicht weiter auf die mathematische Bedeutung der obigen Aussage eingehen, ihre Ähnlichkeit mit der Erhaltung des Drehimpulses in einem Zentralfeld ist jedoch offensichtlich.

Ladungsumkehr. *Elektromagnetische und starke Wechselwirkungen bleiben unverändert, wenn alle Ladungen durch solche mit entgegengesetztem Vorzeichen ersetzt werden* (d.h. $q \to -q$). Diese Operation nennt man Ladungsumkehr. Man kann zeigen, daß dies zur Erhaltung der Z-Komponente $\mathcal{T}_z$ des gesamten Isotopenspins bei diesen Wechselwirkungen führt.

Man hat bis jetzt keine einfache Symmetrieeigenschaft oder Invarianzverhalten mit der Erhaltung der Leptonen und Baryonen verbunden. Es gibt jedoch drei weitere Symmetrieoperationen, die für das grundlegende Verhalten der Materie besonders wichtig sind. Diese sind: Parität P, Ladungskonjugation C und Zeitumkehr T.

Parität. Dieser Begriff, den wir oben in Abschnitt 2.9 betrachtet haben, bezieht sich auf die Operation der räumlichen Spiegelung entweder an einer Ebene oder an einem Punkt wie etwa dem Koordinatenursprung. Sehen wir uns zunächst das Verhalten einiger dynamischer Größen gegenüber Spiegelungen an einer Ebene an. Betrachten wir ein Teilchen A (Abb. 9-16 (a)), das sich mit dem Impuls $\boldsymbol{p}$ bewegt. Das Spiegelbild von A ist ein anderes Teilchen A', das sich mit einem Impuls $\boldsymbol{p}'$ bewegt, so daß $p_{\parallel} = p'_{\parallel}$, $p_{\perp} = -p'_{\perp}$, wobei $\parallel$ bzw. $\perp$ die Richtungen parallel und senkrecht zu der Ebene bezeichnen. Als nächstes betrachten wir ein Teilchen, das sich, wie in Abb. 9-16(b) gezeigt, bewegt und den Drehimpuls $\boldsymbol{L}$ besitzt. Das Spiegelbild von A ist ein anderes Teilchen A', das wie in der Abbildung gezeigt, umläuft und daher einen Drehimpuls $\boldsymbol{L}'$ besitzt, so daß $L_{\parallel} = -L'_{\parallel}$, $L_{\perp} = L'_{\perp}$. Wir sehen so, daß sich $\boldsymbol{p}$ und $\boldsymbol{L}$ gegenüber einer Spiegelung an einer

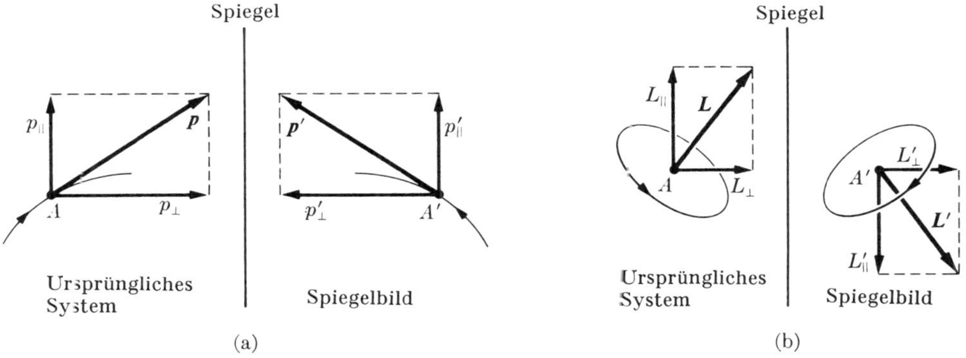

Abb. 9-16. Spiegelung (a) des Impulses, (b) des Drehimpulses an einer Ebene.

Ebene verschieden verhalten. Aus diesem Grunde nennt man $\boldsymbol{p}$ einen *polaren* Vektor und $\boldsymbol{L}$ einen *achsialen* Vektor. Alle Vektoren, die in physikalischen Gesetzen eine Rolle spielen, sind entweder polar oder achsial. Der Leser möge anhand von Abb. 9-17 verifizieren, daß das elektrische Feld polar und das Magnetfeld achsial ist. Die Kraft ist ebenfalls ein polarer Vektor.

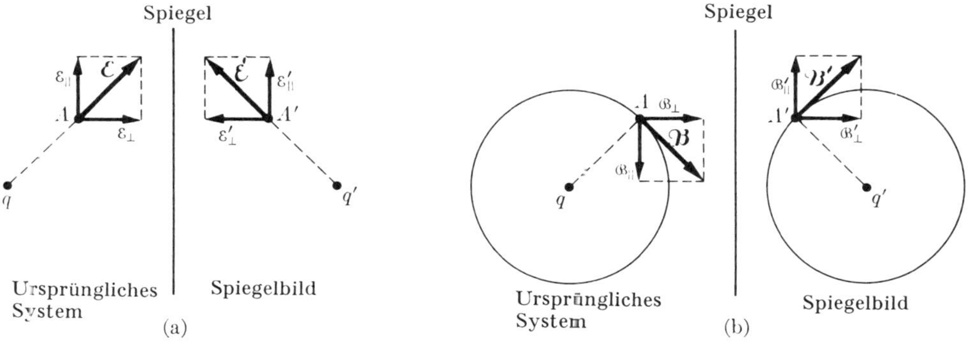

Abb. 9-17. Spiegelung (a) eines elektrischen Feldes, (b) eines Magnetfeldes an einer Ebene.

Die Gesetze der klassischen Mechanik sind invariant gegenüber Spiegelung; d.h. gegenüber der Paritätsoperation P. Mit anderen Worten, wenn ein bestimmtes physikalisches System die klassischen Bewegungsgleichungen erfüllt, erfüllt auch sein Spiegelbild die Bewegungsgleichungen und kann in der Natur auftreten. Dies bedeutet, daß in den mathematischen Formulierungen der klassischen physikalischen Gesetze polare und achsiale Größen so auftreten müssen, daß die Beziehung zwischen ihnen durch eine räumliche Spiegelung nicht verändert wird. Wir können dann sagen, daß die klassische Mechanik gegenüber räumlicher Spiegelung invariant ist.

Das *Gesetz der Erhaltung der Parität* besagt:

> *Die Parität bleibt bei einem Prozeß erhalten, wenn das Spiegelbild des Prozesses ebenfalls ein Prozeß ist, der in der Natur auftreten kann.*

Man kann zeigen, daß die Maxwellschen Gleichungen für das elektromagnetische Feld gegenüber räumlicher Spiegelung invariant sind und deshalb die Parität bei elektromagnetischen Wechselwirkungen erhalten bleibt. Die Physiker pflegten ohne Einschränkung die Idee zu akzeptieren, daß alle Wechselwirkungen die Parität erhalten würden, und zwar selbst in den Fällen, in denen es kein direktes experimentelles Beweismaterial gab, das die Annahme unterstützt hätte. Die Physiker waren von dieser Eigenschaft der Natur so überzeugt, daß sie schockiert waren, als 1956 T.D. Lee und C.N. Yang die Gültigkeit der Invarianz gegenüber räumlicher Spiegelung für Prozesse der schwachen Wechselwirkung in Frage stellten. Der Vorschlag von Lee und Yang war durch das motiviert, was man zu jener Zeit das τ-θ-Rätsel nannte: Man nimmt an, daß jedes Teilchen, beschrieben durch sein zugeordnetes Feld oder Wellenfunktion, eine bestimmte innere Parität besitzt. Es gibt gute Gründe für die Annahme, daß Mesonen negative Parität haben (siehe Beispiel 9.5). Wenn wir in Tabelle 9-2 nachschauen, sehen wir, daß das (positive oder negative) Kaon, neben anderen Möglichkeiten, die Zerfallsarten $K^{\pm} \rightarrow 2\pi^{\pm} + \pi^{\pm}$ und $K^{\pm} \rightarrow \pi^{\pm} + \pi^{0}$ besitzt. Man kann zeigen (siehe Beispiel 9.6), daß, wenn wir annehmen, daß dieses Teilchen eine wohldefinierte Parität besitzt, dann, wenn die Parität bei der ersten Zerfallsart des Kaons erhalten ist, sie bei der zweiten nicht erhalten ist und umgekehrt. Die erste Zerfallsart nennt man τ-Zerfall, die zweite θ-Zerfall (erinnern Sie sich an Abb. 9-8 und 9-9). Beim ersten Auftreten dieses Dilemmas zogen die Physiker in Betracht (um das Gesetz der Erhaltung der Paritäten zu retten), daß die beiden Mesonen verschieden sein könnten, jeweils mit einer eigenen Parität, und zwar trotz der Tatsache, daß sie außer in der Zerfallsart in jeder Beziehung identisch waren. Yang und Lee schlugen vor, daß man die Vorstellung akzeptieren sollte, daß die beiden Mesonen mit wohldefinierter Parität identisch sind, und zwar auf Kosten einer Abkehr von der Paritätserhaltung beim Zerfall durch schwache Wechselwirkung. Sie schlugen auch verschiedene Experimente vor, um die Erhaltung der Parität in Prozessen der schwachen Wechselwirkung zu prüfen.

Eines der berühmtesten Experimente wurde 1957 von C.S. Wu und ihren Mitarbeitern im National Bureau of Standards durchgeführt. Eine Probe von ^{60}Co wurde polarisiert, so daß die Spins der Kerne ausgerichtet waren. Hierfür war es nötig, die Probe in ein starkes Magnetfeld zu bringen und sie auf einer Temperatur in der Nähe des absoluten Nullpunktes zu halten. Man beobachtete dann (wie in Abb. 9-18(a) gezeigt), daß die Elektronen aus dem β^--Zerfall der ^{60}Co-Kerne in größerer Anzahl in Richtung des ^{60}Co-Spins (oder in Richtung der Polarisation) emittiert wurden, als in der entgegengesetzten Richtung.

Dies bewies, daß eine größere Wahrscheinlichkeit besteht, daß ein ^{60}Co-Kern ein Zerfallselektron in Richtung seines Spins emittiert als in der entgegengesetzten Richtung. Als sie das ganze System durch eine 180°-Drehung um die Gerade L

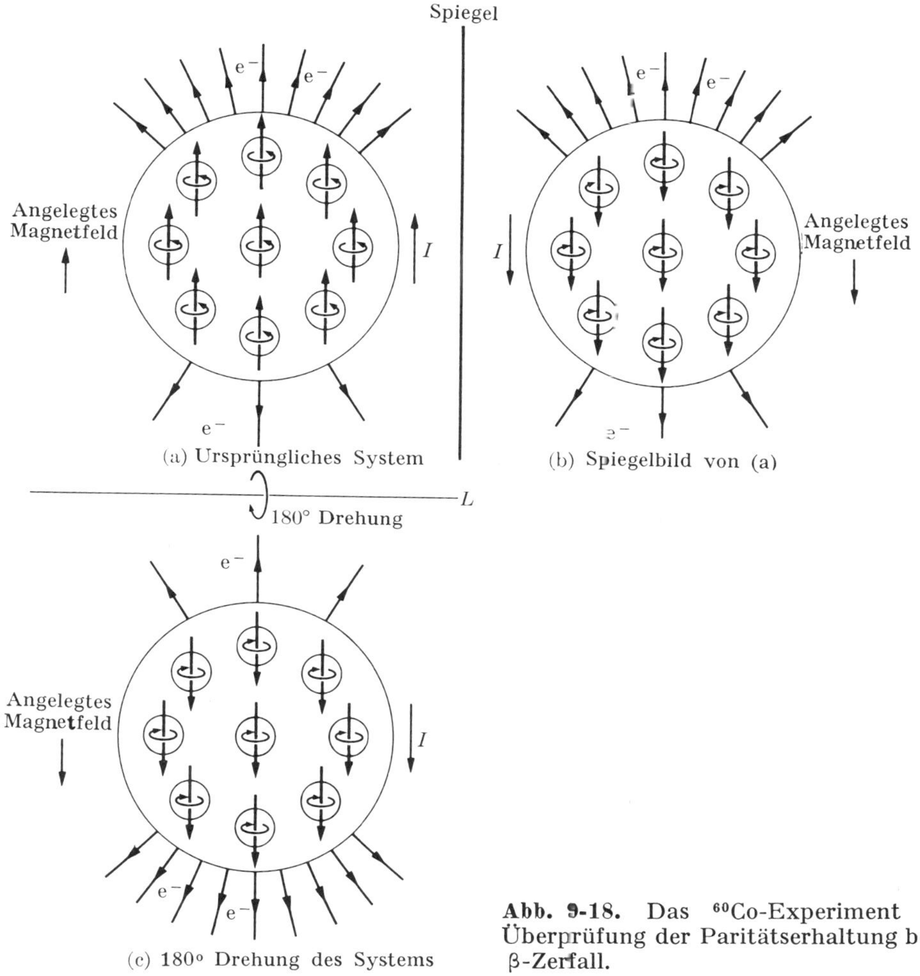

Abb. 9-18. Das ^{60}Co-Experiment zur Überprüfung der Paritätserhaltung beim β-Zerfall.

umdrehten, wurden die Polarisation, die Spins und das Magnetfeld umgedreht; die hierdurch entstandene experimentelle Situation ist in Abb. 9-18(c) gezeigt, wobei die Richtung der Maximalintensität der Elektronenemission auch um 180° gedreht ist. Andererseits ist das Spiegelbild von (a) in (b) gezeigt, wo die Spins und das Magnetfeld umgekehrt wurden, da sie achsiale Vektoren sind, die Richtung der Maximalintensität der Elektronenemission aber dieselbe ist. Ein Vergleich von (b) und (c) zeigt deutlich, daß (b) nicht einer Situation entspricht, die in der Natur angetroffen wird. Dies stellt daher einen direkten experimentellen Beweis dar, daß die Parität bei schwachen Wechselwirkungen, die für den β-Zerfall verantwortlich sind, nicht erhalten bleibt. Nach dem ^{60}Co-Experiment fand man viele andere experimentelle Beweise für die Nichterhaltung der Parität bei schwachen Wechselwirkungen. Es scheint jedoch, daß die Parität in Prozes-

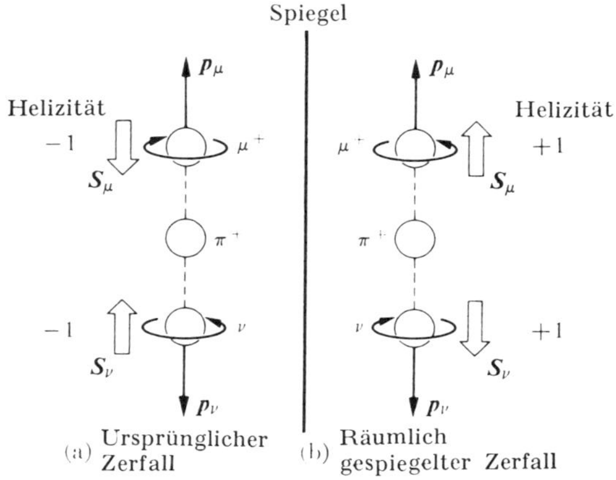

Abb. 9-19. Die Nichterhaltung der Parität beim π-Zerfall.

sen der starken (wie auch der elektromagnetischen) Wechselwirkung erhalten bleibt.

Als ein zweites Beispiel für die Nichterhaltung der Parität betrachten wir den Pion-Zerfall $\pi^+ \rightarrow \mu^+ + \nu$, dargestellt in Abb. 9-19(a). Das Pion hat den Spin Null, und um den Drehimpuls zu erhalten, müssen die Spins des Müons und des Neutrinos einander entgegengesetzt sein. Ferner müssen die Spins wegen der Helizität des Neutrinos wie in der Abbildung gerichtet sein (siehe auch Abb. 9-3). Das in Abb. 9-19(b) dargestellte gespiegelte System tritt jedoch in der Natur nicht auf, da das Neutrino die falsche Helizität besitzen würde. Aus der Tatsache daß beim π^+-Zerfall die μ^+ immer eine negative Helizität besitzen, schlossen die Physiker, daß das Neutrino eine negative Helizität besitzt. Wenn das Neutrino eine positive oder negative Helizität haben könnte, würde auch das μ^+ im ungefähr gleichen Verhältnis positive oder negative Helizität besitzen. In diesem Fall würde das Spiegelbild von Abb. 9-19 einem beobachteten Prozeß entsprechen, und die Parität würde beim Pion-Zerfall erhalten. Abb. 9-20 zeigt ein typisches Experiment mit dem man die Helizität des μ^+ bestimmt. Die beim μ^+-Zerfall emittierten Positronen bewegen sich immer unter fast 180° relativ zur ursprünglichen Bewegung des μ^+ und besitzen positive Helizität ($\hbar = +1$). Um den

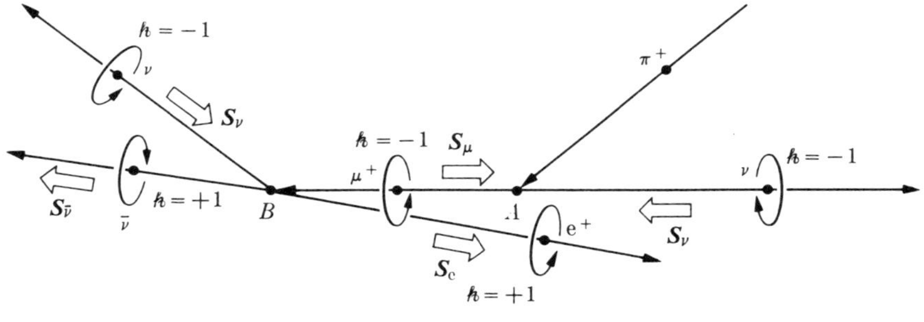

Abb. 9-20. Bestimmung der Helizität des μ^+.

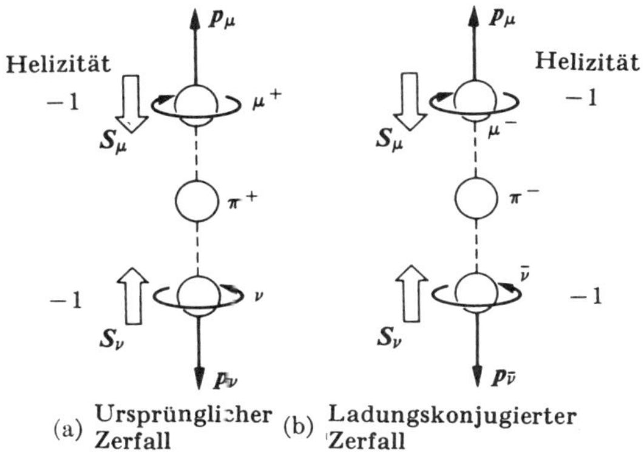

Abb. 9-21. Anwendung der Ladungskonjugation auf den π-Zerfall.

Drehimpuls zu erhalten, müssen die anderen Teilchen die angedeuteten Helizitäten besitzen.

Ladungskonjugation. Diese Operation besteht darin, daß man alle Teilchen durch ihre Antiteilchen ersetzt, ohne eine andere physikalische Eigenschaft, wie Impuls oder Spin, zu ändern.

> *Ein System ist invariant gegenüber Ladungskonjugation, wenn der einem Prozeß im ursprünglichen System entsprechende Prozeß im ladungskonjugierten System auch möglich ist.*

Es scheint, daß Prozesse der starken und elektromagnetischen Wechselwirkung gegenüber Ladungskonjugation invariant sind. Dies führt zur Erhaltung von $\mathcal{T}_z$ und damit von $\mathcal{S}$. Prozesse, an denen die schwache Wechselwirkung beteiligt ist, sind jedoch nicht invariant unter Ladungskonjugation. Um den Pion-Zerfall als Beispiel zu benutzen (Abb. 9-21(a)), so kann hier das ladungskonjugierte System

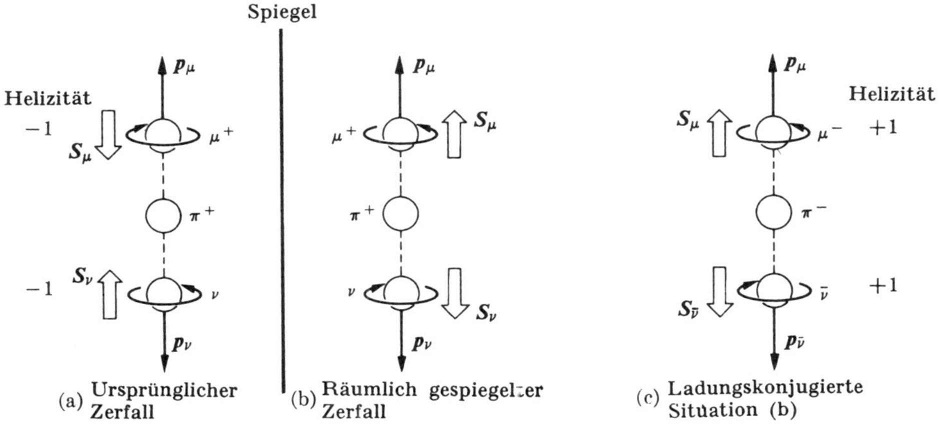

Abb. 9-22. Die CP-Operation angewandt auf den π-Zerfall.

(Abb. 9-21(b)) nicht auftreten, da das Antineutrino die falsche Helizität haben würde.

Ein Vergleich der Abb. 9-19 und 9-21 legt jedoch eine neue Möglichkeit nahe. Nehmen wir an, daß wir an dem System zunächst eine räumliche Spiegelung oder Paritätsoperation P durchführen (siehe Abb. 9-21(a)) und dann anschließend, wie in Abb. 9-22 dargestellt, eine Ladungskonjugation C. Das aus der kombinierten Operation (CP) hervorgehende System tritt auch in der Natur auf; d.h. $\pi^- \to \mu^- + \bar{\nu}$. Also:

Die schwachen Wechselwirkungen sind invariant unter der kombinierten Operation CP.

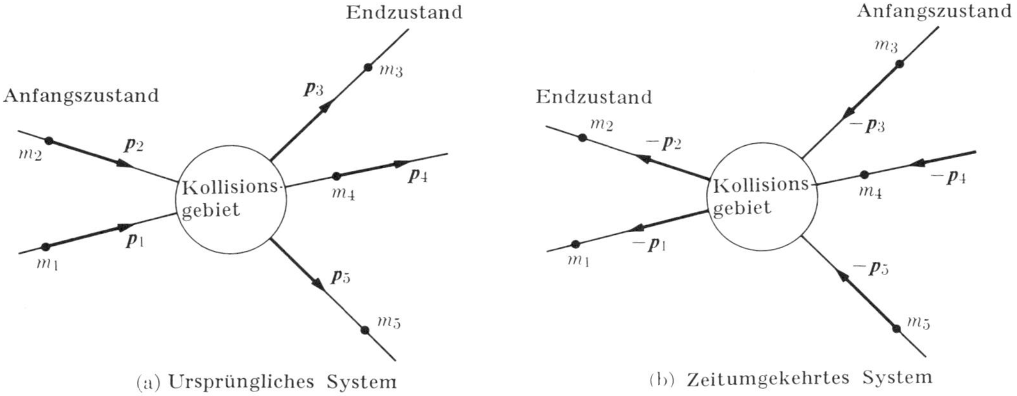

Abb. 9-23. Die Operation T.

Zeitumkehr. Was würde geschehen, wenn die Richtung des Zeitablaufs umgekehrt wäre? D.h., wenn t in $-t$ geändert würde, würden dann die resultierenden Gleichungen weiterhin mögliche Prozesse beschreiben? Bei Zeitumkehr werden die Größen Geschwindigkeit, Impuls und Drehimpuls umgekehrt und bei einem Stoßprozeß Anfang und Endzustand vertauscht (Abb. 9-23). Unsere Intuition, unterstützt durch starke experimentelle Hinweise sowohl im makroskopischen wie im atomaren Bereich, deutet darauf hin, daß die physikalischen Gesetze gegenüber Zeitumkehr invariant sind. Man kann leicht zeigen, daß die Gesetze der klassischen Mechanik und der Elektrodynamik gegenüber Zeitumkehr invariant sind. Z.B. ist dp/dt unter Zeitumkehr invariant, da sie bedeutet, daß $\boldsymbol{p} \to -\boldsymbol{p}$ und $t \to -t$ ersetzt werden. Auch das elektrische Feld $\mathcal{E}$ ist invariant gegenüber Zeitumkehr; jedoch erfährt das Magnetfeld die Transformation $\mathcal{B} \to -\mathcal{B}$, da Zeitumkehr eine Umkehr der Geschwindigkeit und damit auch der Ströme bedeutet. Dann ist $\boldsymbol{v} \times \mathcal{B}$ gegenüber Zeitumkehr invariant, da beide Faktoren ihr Vorzeichen ändern, und somit auch die Bewegungsgleichung eines geladenen Teilchens $d\boldsymbol{p}/dt = q(\mathcal{E} + \boldsymbol{v} \times \mathcal{B})$.

Man ist der Auffassung, daß auch die starke Wechselwirkung gegenüber Zeitumkehr invariant ist. Die experimentelle Untersuchung einer speziellen Zerfallsart des neutralen Kaon, die nur in 0.3 % der Fälle auftritt, scheint jedoch darauf hinzudeuten, daß die schwachen Wechselwirkungen das Prinzip der Invarianz gegenüber Zeitumkehr verletzen.

Wir wollen diesen Abschnitt mit einem anderen wichtigen Satz abschließen:

> *Man nimmt an, daß alle physikalischen Gesetze unter der CPT-Operation invariant sind;*

d.h. unter den kombinierten Operationen der Zeitumkehr T, Parität P und Ladungskonjugation C. Dieser Satz gilt sogar in den Fällen, in denen die Gesetze gegenüber den Einzeloperationen nicht invariant sind.

BEISPIEL 9.5. Die Parität des Pions.

Lösung: Da dieser Gegenstand wegen seiner Beziehung zu anderen Berechnungen interessant ist, wollen wir erklären, wie man die Parität des Pions bestimmt. Nehmen wir an, daß sich ein Strahl von π^--Mesonen durch flüssiges Deuterium bewegt. Nachdem sie langsam geworden sind, werden viele Pionen von Deuteronen eingefangen und bewegen sich in ähnlichen stationären Zuständen wie Elektronen. Die so gebildeten Systeme nennt man *Mesonenatome*. Wenn der Mesonenzustand angeregt ist, gehen die Pionen unter Abstrahlung von Energie bald in den 1s-Grundzustand über. Im Grundzustand ist der Bahndrehimpuls des π^- Null. Da der Spin des Pions Null ist, ist der Gesamtdrehimpuls des Mesonenatoms der des Deuterons; d.h. $J = 1$. Die Dimension der 1s-Bahn des π^- beträgt 1/280 der 1s-Bahn eines Elektrons; es gibt daher eine sehr große Wahrscheinlichkeit, daß das Pion mit dem Deuteron zusammenstößt. Die am wahrscheinlichsten auftretende Reaktion ist

$$\pi^- + d^+ \to 2n \qquad (J = 1).$$

Bei diesem Prozeß bleibt der Drehimpuls erhalten. Daher müssen die beiden resultierenden Neutronen ebenfalls den Gesamtdrehimpuls 1 besitzen. Die Neutronen gehorchen jedoch dem Ausschließungsprinzip, und die Gesamtwellenfunktion (Bahn $\times$ Spin) der beiden Neutronen muß antisymmetrisch sein. Die Parität der Bahnwellenfunktionen ist $(-1)^l$. Die beiden Neutronen können parallele ($S = 1$) oder antiparallele ($S = 0$) Spins haben. Spin-Funktionen für $S = 1$ sind symmetrisch, die für $S = 0$ antisymmetrisch (erinnern Sie sich an Abschnitt 4.2). Dementsprechend muß $S = 1$ mit dem Bahndrehimpuls $l = 1, 3, 5, \ldots$ ungerade und $S = 0$ mit $l = 0, 2, 4 \ldots$ gerade kombiniert sein.
Die möglichen Zustände der beiden Neutronen sind dann

$$S = 1: {}^3P_0,\ {}^3P_1,\ {}^3P_2,\ {}^3F_2,\ {}^3F_3,\ {}^3F_4, \ldots$$

$$S = 0: {}^1S_0,\ {}^1D_2,\ {}^1G_4, \ldots,$$

wobei, wie üblich, der Gesamtdrehimpuls durch einen oberen Index angegeben ist. Der einzige Zustand mit $J = 1$ ist ${}^3P_1$, der dann der Zustand der beiden Neutronen sein muß und einem Bahndrehimpuls $l_n = 1$ entspricht.

Wir wollen die Paritäten der drei beteiligten Teilchen mit P_π, P_p und P_n, den Bahndrehimpuls des Deuterons mit l_d und den Bahndrehimpuls der beiden Neutronen mit l_n bezeichnen. Die Parität der linken Seite der Gleichung ist $P_\pi P_p P_n$

$(-1)^{l_d}$, die der rechten Seite $P_n^2(-1)^{l_n}$. Die Erhaltung der Parität bei starken Wechselwirkungen fordert

$$P_\pi P_p P_n(-1)^{l_d} = P_n^2(-1)^{l_n}.$$

Nun hat der Grundzustand des Deuterons $l_d = 0$ (mit einer kleinen Beimischung von $l_d = 2$; siehe Abschnitt 7.7), und wir haben gezeigt, daß $l_n = 1$ ist. Dann ist $P_\pi P_p = -P_n$. Wenn wir annehmen, daß das Proton und das Neutron dieselbe Parität besitzen (was plausibel ist, da sie verschiedene Ladungszustände des Nukleons sind), schließen wir, daß $P_\pi = -1$ und daß π^- eine ungerade Parität besitzt.

Wenn wir die Parität des π^0-Mesons betrachten, müssen wir eine etwas kompliziertere Analyse durchführen, die darauf basiert, daß der Prozeß $\pi^- + d^+ \rightarrow \pi^0 + 2n^0$ nicht auftritt. Das Ergebnis ist mit einer ungeraden Parität des π^0-Teilchens verträglich. Wir schließen daraus, daß alle Pionen ungerade Parität besitzen.

BEISPIEL 9.6. Verletzung der Paritätserhaltung beim Zerfall des K-Mesons.

Lösung: Tabelle 9-2 zeigt, daß ein K-Meson entweder in zwei oder in drei Pionen zerfallen kann. Als diese beiden Zerfallsarten erstmalig beobachtet wurden, nahmen die Physiker an, daß sie von zwei verschiedenen Mesonen herrührten, die man θ- bzw. τ-Meson nannte; wir hatten hierauf bereits oben hingewiesen. Man schrieb die Zerfälle folgendermaßen:

$$\theta^+ \rightarrow \pi^+ + \pi^0, \qquad \tau^+ \begin{array}{l} \nearrow \pi^+ + \pi^+ + \pi^- \\ \searrow \pi^+ + \pi^0 + \pi^0. \end{array}$$

Innerhalb der experimentellen Genauigkeit sind die θ- und die τ-Mesonen identisch, wenigstens, was ihre Masse, Ladung, Spin und Lebensdauer betrifft. Es war daher die natürliche Annahme, sie als ein und dasselbe Teilchen zu betrachten. Der Schönheitsfehler dieser Annahme, von 1956, war jedoch, daß die Parität bei einem der Zerfälle nicht erhalten sein konnte, wenn sie beim anderen erhalten war. Dies wollen wir nun untersuchen.

Wir wollen unsere Überlegung im Ruhesystem des zerfallenen Teilchens durchführen und den Wert des Spins des θ^+ mit s_θ bezeichnen. Die Erhaltung des Drehimpulses fordert, daß der auf den Zerfallsort bezogene Gesamtdrehimpuls l des Systems $\pi^+ + \pi^0$ ebenfalls s_θ ist; d.h. $l = s_\theta$. Andererseits ist die Eigenparität des Pions -1 (siehe Beispiel 9.5). Daher ist die Parität des Systems $\pi^+ + \pi^0$ gegeben durch $(-1)^2(-1)^l = (-1)^{s_\theta}$. Wenn P_θ die Eigenparität des θ-Mesons bezeichnet und diese Parität beim θ^+-Zerfall erhalten bleibt, muß gelten

$$P_\theta = (-1)^{s_\theta} = \begin{cases} +1 & \text{wenn } s_\theta = 0, \\ -1 & \text{wenn } s_\theta = 1. \end{cases}$$

Es gibt jedoch starke Hinweise darauf, daß $s_\theta = 0$ ist. Daher sollte $P_\theta = +1$ sein. Wir wollen nun den Zerfall des τ^+-Teilchens betrachten und dabei ein mit dem τ^+verbundenes Bezugssystem verwenden. Den Wert des Spins des τ^+ bezeichnen wir mit s_θ. Wir betrachten die Zerfallsart $\tau^+ \rightarrow \pi^+ + \pi^+ + \pi^-$ (wir erhalten dasselbe Endresultat, wenn wir das andere oben angegebene Zerfallsschema benutzen). Den Drehimpuls des $\pi^+ + \pi^+$-Systems relativ zu ihrem Massenmittelpunkt bezeichnen wir mit l und benutzen L, um den Drehimpuls relativ zum Massenmittelpunkt des Gesamtsystems zu bezeichnen, das vom $(\pi^+ + \pi^+)$-Massenmittelpunkt und den π^--Teilchen gebildet wird. Der Massenmittelpunkt des Gesamtsystems fällt mit dem Punkt zusammen, an dem der Zerfall des τ^+ stattfindet. Die Erhaltung des Drehimpulses fordert dann, daß $l + L = s$, und die quantenmechanische Regel für die Addition von Drehimpulsen, daß

$$|l - L| \leq s_\tau \leq l + L.$$

Andererseits ist die Parität der Zerfallsprodukte gegeben durch $(-1)^3(-1)^l(-1)^L = -(-1)^{l+L}$. Wenn P_τ die Eigenparität des τ-Mesons bezeichnet und die Parität beim τ^+-Zerfall erhalten ist, muß daher gelten

$$P_\tau = -(-1)^{l+L}.$$

Da der Spin des τ-Mesons Null zu sein scheint ($s_\tau = 0$), sollte gelten $l = L$ und somit $l + L =$ gerade ganze Zahl. Deshalb sollte $P_\tau = -1$ sein. Wenn $s_\theta = s_\tau = 0$ ist, ergibt sich so, daß $P_\theta = -P_\tau$ und die beiden Teilchen nicht dieselbe Parität besitzen. (Wenn $s_\theta = s_\tau = 1$ ist, gelangt man nach etwas komplizierteren Überlegungen zu demselben Schluß.) Daher bedeutet die Annahme, daß θ und τ dasselbe Teilchen sind, daß das Gesetz der Paritätserhaltung in einem der beiden Zerfälle verletzt wurde.

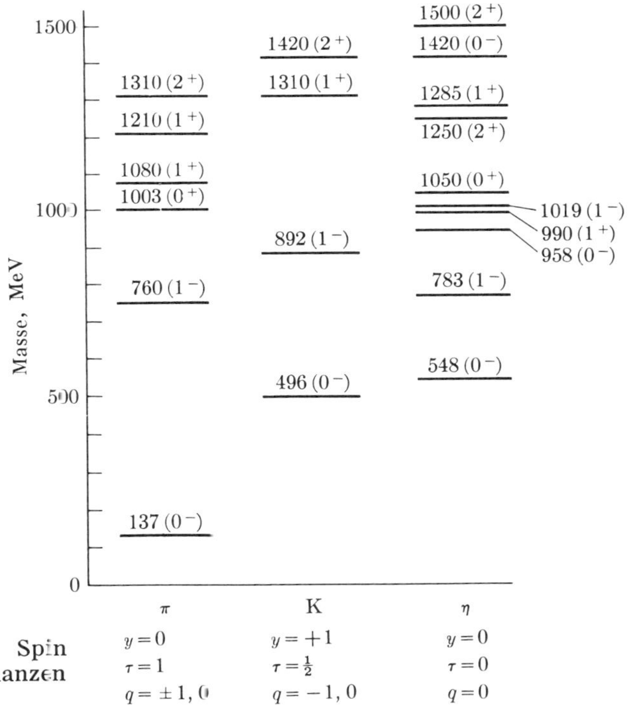

Abb. 9-24. Mesonenresonanzen. Spin und Parität der einzelnen Resonanzen sind in Klammern angegeben.

9.7 Resonanzen

Die in Tabelle 9-1 aufgeführten Elementarteilchen können im Rahmen der Teilchenphysik als langlebig bezeichnet werden. Zusätzlich zu diesen langlebigen Teilchen haben sich in den letzten Jahren experimentelle Ergebnisse angesammelt,

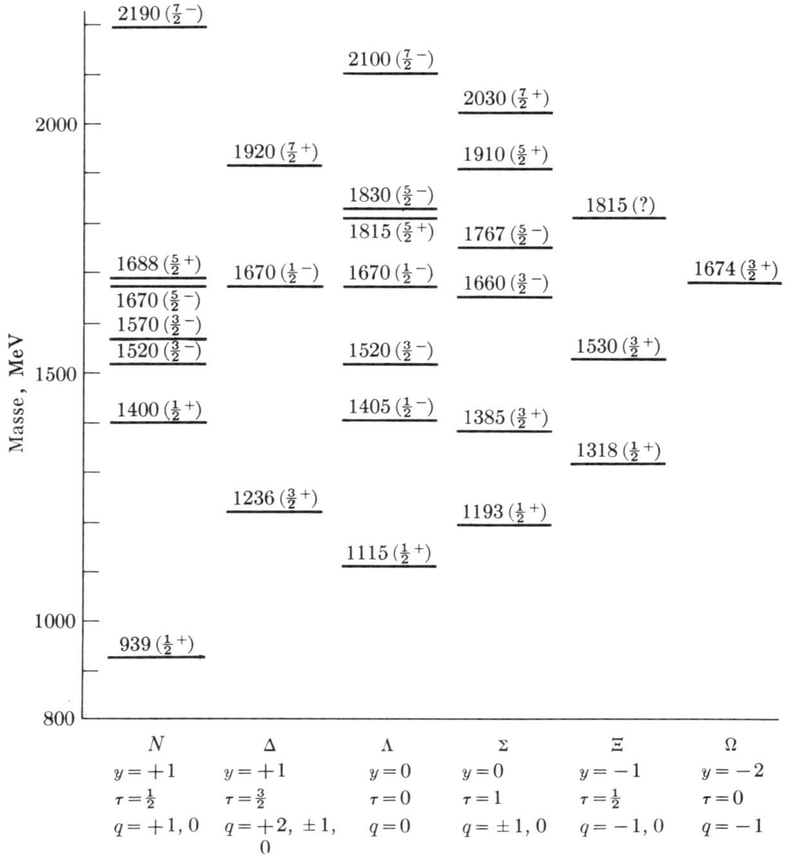

Abb. 9-25. Baryonenresonanzen. Spin und Parität der einzelnen Resonanzen sind in Klammern angegeben.

die auf die Existenz sehr kurzlebiger Teilchen, sog. *Resonanzen*, hinweisen. Ihre Lebensdauern sind so kurz (von der Größenordnung 10^{-20} s oder weniger), daß sie in Blasen- oder Funkenkammern keine erkennbaren Spuren hinterlassen. Diese Teilchen können nach der Baryonenzahl, Hyperladung und Isotopenspin klassifiziert werden. Man bezeichnet sie mit denselben Symbolen, wie diejenigen Baryonen und Mesonen, welche dieselben Quantenzahlen wie die Resonanzen besitzen, jedoch mit einem Index 1, 2, 3, ... in der Reihenfolge zunehmender Massen. Die Anzahl derartiger Resonanzen beträgt rund 80, wenn man alle Ladungszustände und Antiteilchen mitzählt. Ihre Zahl wächst laufend. Abb. 9-24 (siehe vorhergehende Seite) zeigt einige Mesonresonanzen und Abb. 9-25 führt einige der bekannten Baryonenresonanzen auf. Die Massen (in MeV), Spins und Paritäten sind ebenfalls angegeben.

Resonanzen identifiziert man durch eine sehr subtile Anwendung der Erhaltungssätze für Energie und Impuls. Nehmen wir an, daß ein Teilchen A mit einem anderen Teilchen B zusammenstößt, das im Laborsystem ruht, und daß sich dabei die Teilchen 1, 2, 3 ergeben (Abb. 9-26(a)); d.h. $A + B \to 1 + 2 + 3$. Wenn wir Teilchen 1 unter einem bestimmten Winkel relativ zur Bewegungsrichtung A beobachten, sollten wir ein kontinuierliches Energiespektrum messen, da die Erhaltung von Energie und Impuls bei einer bestimmten Bewegungsrichtung von 1 verschiedene Bewegungsrichtungen und verschiedene Energien der Teilchen 2 und 3 zulassen. Nehmen wir statt dessen einmal an, daß der Prozeß in zwei Stufen abläuft. Beim ersten Schritt werden nur zwei Teilchen erzeugt; d.h. $A + B \to 1 + C$. Beim zweiten Schritt zerfällt Teilchen C in $2 + 3$; d.h. $C \to 2 + 3$ (Abb. 9-26(b)). Da am ersten Prozeß nur zwei Teilchen beteiligt sind, ist die Energie des Teilchens 1 für eine bestimmte Bewegungsrichtung festgelegt, und sein Energiespektrum hat den in der Abbildung gezeigten Verlauf. In diesem Fall ist auch die Energie der Teilchen $2 + 3$ festgelegt. Abb. 9-27 zeigt eine kompliziertere Situation, bei der fünf Teilchen erzeugt werden. Wenn die

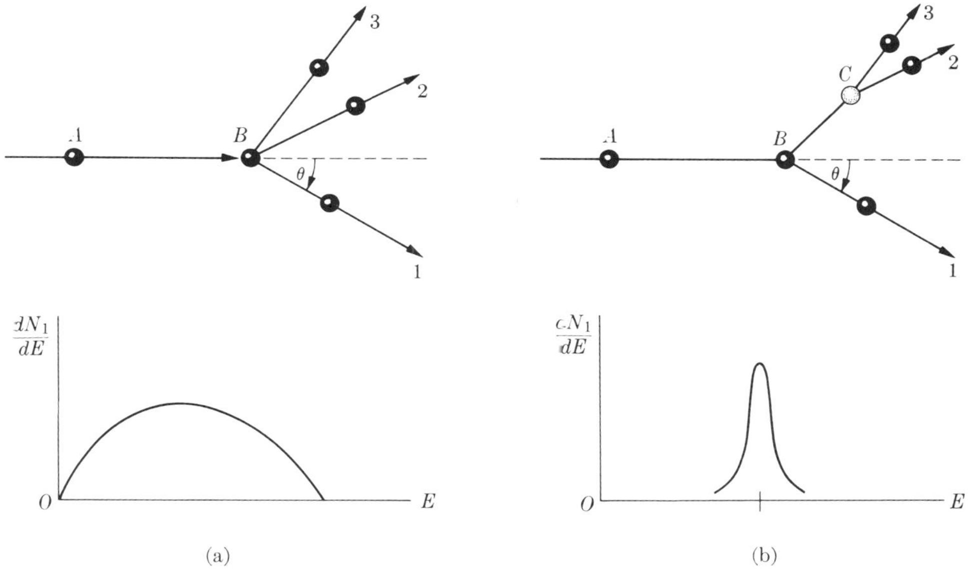

Abb. 9-26

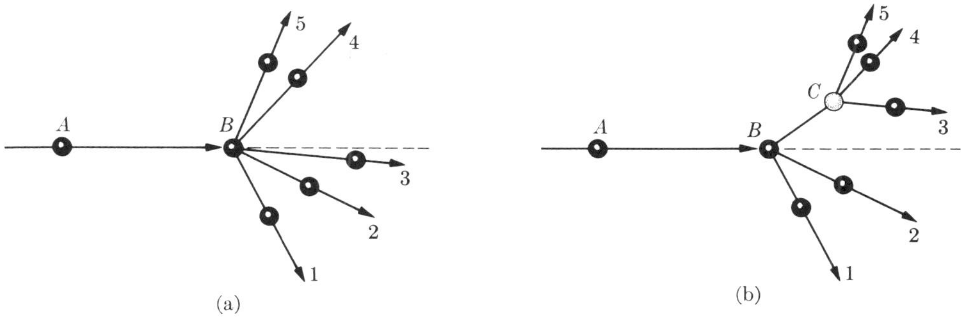

Abb. 9-27

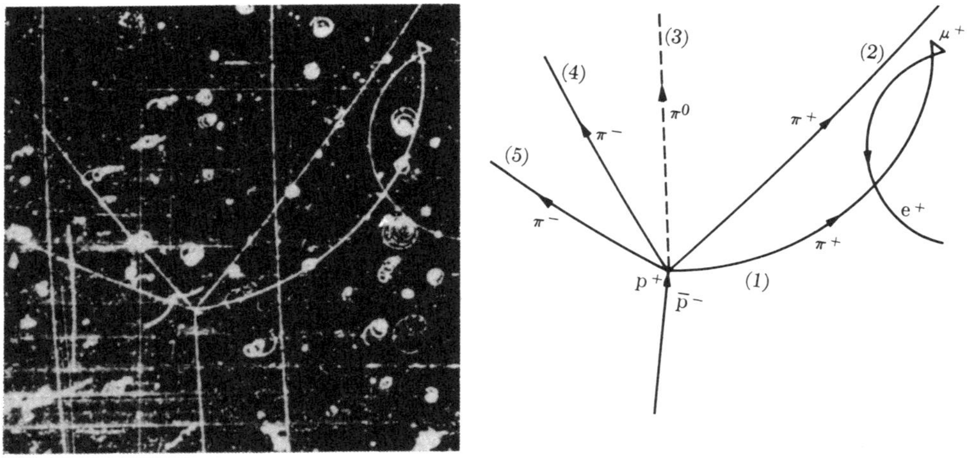

Abb. 9-28. Erzeugung der η_0-Resonanz durch eine Proton-Antiproton-Vernichtung. (Photographie durch freundliches Entgegenkommen des University of California Lawrence Radiation Laboratory, Berkeley, California.)

Teilchen 3, 4 und 5 von dem Zerfall eines Zwischenteilchens *C* herrühren, muß eine bestimmte Korrelation zwischen ihren Energien bestehen. Aus einer Analyse der Energie der Teilchen, die nach einem Stoßprozeß auftreten, läßt sich daher bestimmen, ob der Prozeß in einem oder in zwei Schritten stattfindet.

Die erste Resonanz, die (um 1960) entdeckt wurde, war das η^0 (ursprünglich ω^0 genannt). Seine Entdeckung geschah bei der Analyse von Proton-Antiproton-Vernichtungsprozessen, die in der Blasenkammer von Berkeley beobachtet wurden. Eine dieser Vernichtungen ist in Abb. 9-28 dargestellt. Sie entspricht der Erzeugung von fünf Pionen

$$p^+ + p^- \rightarrow 2\pi^+ + 2\pi^- + \pi^0.$$

Das π^0 ist natürlich nicht sichtbar. Aus Energie- und Impulserhaltung kann man jedoch auf sein Auftreten schließen. Der Prozeß läßt sich wie in der Zeichnung von Abb. 9-28 darstellen. Aus einer Analyse der Energie der Mesonen dieses und vieler anderer ähnlicher Prozesse kann man schließen, daß der Mesonen (in unserem Fall die mit (1), (3) und (5) bezeichneten) aus dem Zerfall eines kurzlebigen Teilchens hervorgehen, das eine Ruhemasse von rund 548 MeV besitzt und daher ein mit η^0 bezeichnetes η-Meson ist. Anstelle des obigen Schemas müssen wir daher schreiben

$$\begin{aligned} p^+ + p^- \rightarrow\ & \eta^0 + \pi^+ + \pi^- \\ & \hookrightarrow \pi^+ + \pi^- + \pi^0. \end{aligned}$$

Dies ist der Ablauf, dementsprechend der Prozeß in Abb. 9-29 dargestellt ist. Man beachte, daß selbst dann, wenn sich das η^0-Meson mit Lichtgeschwindigkeit

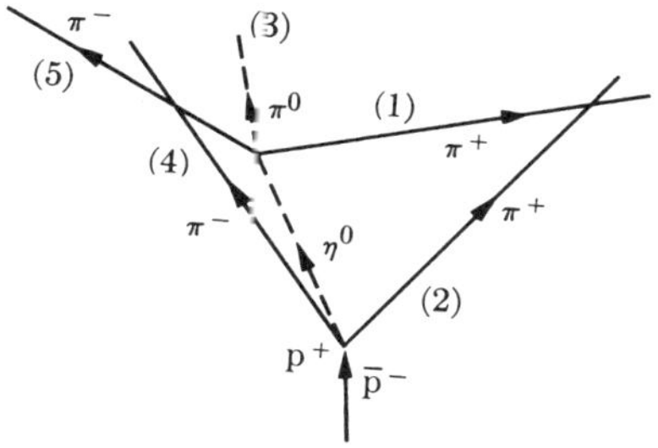

Abb. 9-29. Wechselwirkungsgebiet des Prozesses von Abb. 9-28 rund 10^{13}-fach vergrößert.

bewegt (3×10^8 m s^{-1}), es sich während seiner Lebensdauer (ungefähr 10^{-20} s) nicht mehr als 3×10^{-12} m fortbewegen kann, eine Größe, die man in einer Blasenkammeraufnahme nicht messen kann.

Resonanzen zerfallen durch starke Wechselwirkung, was ihre extrem kurze Lebensdauer erklärt. Einige beobachtete Zerfälle sind:

Mesonen	Baryonen	
$\pi_1^+ \rightarrow \pi^+ + \pi^0$	$N_1^+ \rightarrow p^+ + \pi^0$	$N_2^+ \rightarrow \eta^0 + \pi^+$
$\eta_1^0 \rightarrow \pi^+ + \pi^- + \pi^0$	$\Lambda_1^0 \rightarrow \Sigma^0 + \pi^0$	$\Lambda_2^0 \rightarrow \Sigma^+ + \pi^-$
$K_1^+ \rightarrow K^+ + \pi^0$	$\Sigma_1^+ \rightarrow \Lambda^0 + \pi^+$	$\Delta^{++} \rightarrow p^+ + \pi^+$

Der Leser sollte die Erhaltungssätze auf diese Zerfälle anwenden, um festzustellen, welche Erhaltungssätze gegebenenfalls verletzt sind, und Gründe dafür angeben, warum derartige Zerfälle durch starke Wechselwirkung auftreten können.

BEISPIEL 9.7. Berechnung des Energieunterschiedes, im Laborsystem, der beiden Photonen aus Zerfall eines π^0-Mesons mit einer Gesamtenergie E_π im Laborsystem.

Lösung: Wir wollen ein π^0-Meson betrachten, das relativ zum Labor- oder L-System die Energie E_π und den Impuls p_π besitzt. Dann ist $E_\pi = c\sqrt{m_\pi^2 c^2 = p_\pi^2}$. Die Geschwindigkeit des Mesons (siehe Anhang I, Gl. A. 10) ist

$$v = c^2 p_\pi / E_\pi. \tag{9.12}$$

Dies ist auch die Geschwindigkeit des Schwerpunktsystems, in dem das π^0 ruht, relativ zum L-System. Im Schwerpunktsystem werden die beiden Photonen aus dem Zerfall $\pi^0 \rightarrow \gamma + \gamma$ in entgegengesetzten Richtungen mit einer Energie $E'_\gamma = \frac{1}{2} m_\pi c^2$ und einem Impuls $p'_\gamma = E'_\gamma / c = \frac{1}{2} m_\pi c$ emittiert. Wegen der Symmetrie im Schwerpunktsystem werden die beiden Photonen isotrop emittiert. Dies ist jedoch im L-System nicht der Fall, in dem wegen der Bewegung des Schwerpunktsystems die Vorwärtsrichtung ausgezeichnet ist.

Infolge des Doppler-Effektes ist die Energie der Photonen im Schwerpunkt- und L-System nicht dieselbe. Im allgemeinen besitzen die beiden Photonen im L-System nicht die gleiche Energie. Der maximale Energieunterschied tritt dann auf, wenn ein Photon in der Richtung von p_π (oder nach vorne) und das andere in der entgegengesetzten Richtung (oder rückwärts) emittiert wird. In diesem Fall ist es einfach, die Energie der beiden Photonen im L-System zu berechnen. Wenn $E_{\gamma 1}$ die Energie des Photons in Vorwärtsrichtung und $E_{\gamma 2}$ die des Photons in Rückwärtsrichtung ist, betragen die entsprechenden Impulse, in Richtung von p_π, $P_{\gamma 1} = E_{\gamma 1}/c$ und $p_{\gamma 2} = -E_{\gamma 2}/c$. Die Erhaltung von Energie und Impuls ergibt

$$E_\pi = E_{\gamma 1} + E_{\gamma 2}, \qquad p_\pi = E_{\gamma 1}/c - E_{\gamma 2}/c, \tag{9.13}$$

so daß

$$E_{\gamma 1} = \tfrac{1}{2}(E_\pi + cp_\pi) \quad \text{und} \quad E_{\gamma 2} = \tfrac{1}{2}(E_\pi - cp_\pi). \tag{9.14}$$

Somit besitzen die Energien der Photonen im L-System einen Unterschied von $\Delta E = E_{\gamma 1} - E_{\gamma 2} = cp_\pi$.

Wir wollen diese Formel nun auf einen speziellen Fall anwenden. Man beobachtet, daß sich bei einem π^--p^+-Stoß als Endprodukte häufig ein Neutron und zwei Photonen ergeben. Daher können wir diese Reaktion schreiben als

$$\pi^- + p^+ \rightarrow n + \gamma + \gamma. \tag{9.15}$$

Wenn diese Reaktion in einem Schritt abläuft (d.h. wenn sie Abb. 9-26(a) mit der entsprechenden Zuordnung der Teilchen entspricht), ist sie ein Dreikörper-Problem. Wenn wir annehmen, daß das π^- und das p^+ beide im Laborsystem ruhen, beträgt die gesamte zur Verfügung stehende Energie

$$Q = (m_{\pi^-} + m_p - m_n)c^2 = 139 \text{ MeV}.$$

Diese Energie muß als kinetische Energie der drei resultierenden Teilchen erscheinen. Da diese Energie kontinuierlich auf die drei Teilchen aufgeteilt werden kann, könnten die Photonen jede beliebige Energie zwischen Null und ungefähr 139 MeV besitzen.

Ein Alternativprozeß, der in zwei Stufen abläuft, ist

$$\pi^- + p^+ \rightarrow n + \pi_0 \atop \hspace{4em} \hookrightarrow \gamma + \gamma \tag{9.16}$$

was Abb. 9-26(b) entspricht. In diesem Fall beträgt die freiwerdende Energie (wenn das π^- und das p^+ beide im L-System ruhen)

$$Q = (m_{\pi^-} + m_p - m_n - m_{\pi_0})c^2 = 4 \text{ MeV}.$$

Diese Energie erscheint als kinetische Energie des n und π^0. Daher ergibt sich, entsprechend Energie- und Impulssatz (siehe Anhang II, Gl. A.27), die kinetische Energie des π^0 zu

$$E_{k,\pi^0} = \frac{m_n}{m_n + m_{\pi^0}} Q \approx 3.6 \text{ MeV}.$$

Wir haben eine nichtrelativistische Formel benutzt, da die kinetische Energie des Pions viel geringer als seine Ruhemasse ist. Daher ist die Gesamtenergie des π^0 rund 138.6 MeV und entspricht $cp_\pi \sim 31$ MeV. Dies wäre der Energieunterschied der Photonen aus dem Pion-Zerfall. Die Photonen-Energien sollten dann in dem Intervall $\frac{1}{2}(138.6 \pm 31)$ MeV oder zwischen $E_{\gamma 2} \sim 54$ MeV und $E_{\gamma 1} \sim 85$ MeV liegen. Dies beobachtet man experimentell. Dadurch wird verifiziert, daß der π^--p^+-Stoß ein Zweistufenprozeß ist, der entsprechend Gl. (9.16) abläuft. Dieses Beispiel illu-

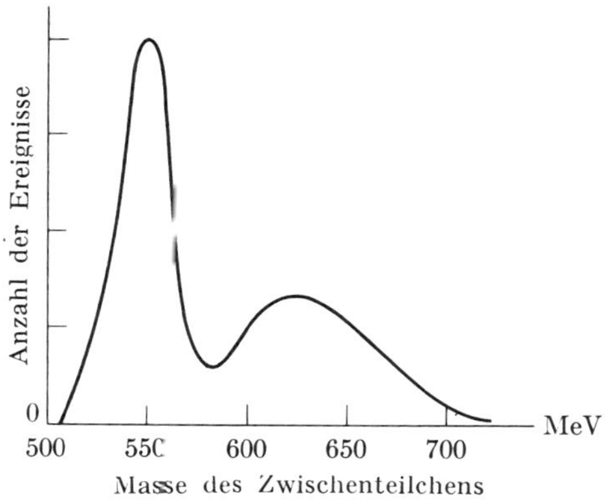

Abb. 9-30. Experimentelle Massenverteilung der η^0-Zwischenresonanz. Wenn dieses Teilchen nicht existierte, würde man eine Massenverteilung ohne Maxima beobachten.

striert daher, was wir über die Identifizierung der Resonanzen mit Hilfe der Energie-Impuls-Beziehungen gesagt haben.

BEISPIEL 9.8. Nachweis des η^0-Teilchens.

Lösung: Wie wir im Zusammenhang mit Abb. 9-28 und 9-29 dargelegt haben, besitzt das η^0-Teilchen eine so kurze Lebensdauer, daß es in einer Blasenkammer keine meßbaren Spuren hinterlassen kann. In dieser Hinsicht verhält sich das η^0-Teilchen wie eine Resonanz. Betrachten wir die Reaktion

$$\pi^+ + p^+ \rightarrow p^+ + \pi^+ + \pi^+ + \pi^- + \pi^0.$$

Wenn alle Pionen im Augenblick des Zusammenstoßes erzeugt würden, entspräche der Prozeß Abb. 9-27(a), ohne eine Korrelation zwischen Energie und Impuls der fünf Teilchen, außer der durch die allgemeinen Erhaltungssätze bedingten. Es besteht jedoch die Möglichkeit, daß der Prozeß entsprechend Abb. 9-27(b) in zwei Schritten abläuft

$$\pi^+ + p^+ \rightarrow p^+ + \pi^+ + \eta^0$$
$$\hookrightarrow \pi^+ + \pi^- + \pi^0.$$

In diesem Fall müssen Energie und Impuls der drei Teilchen aus dem η^0-Zerfall mit denen eines Teilchens einer bestimmten Masse verträglich sein. Wenn wir beachten, daß in diesem Fall

$$E_\pi + E_p \rightarrow E_p' + E_\pi' + E_\eta,$$

$$\boldsymbol{p}_\pi + \boldsymbol{p}_n \rightarrow \boldsymbol{p}_n' + \boldsymbol{p}_\pi' + \boldsymbol{p}_\eta,$$

gilt, können wir E_η und $\boldsymbol{p}_\eta$ durch eine Messung der anderen Größen experimentell bestimmen und könnten aus diesen Werten die Masse des η^0 bestimmen. Die Schwierigkeit besteht darin, daß wir zwei π^0 beobachten und nicht sagen können, welches das ursprüngliche π^0 ist und welches von η^0 kommt. Wir müssen deshalb beide π^+ benutzen, und die Massenberechnung für das η^0 doppelt durchführen. Das experimentelle Ergebnis zeigt Abb. 9-30. Das ausgesprochene Maximum bei einem Massenäquivalent von 550 MeV entspricht dem richtigen π^+ und ist ein Beweis, daß der Prozeß in zwei Stufen abläuft mit einem η^0-Teilchen dieser Masse. Der Rest der Massenverteilung rührt von dem falsch gewählten π^+ her. So sehen wir wieder, wie es uns die Erhaltungssätze gestatten, auf die Existenz von Teilchen zu schließen, die wir auf andere Weise nicht beobachten können.

9.8 Was ist ein Elementarteilchen?

Sind wir jetzt, im Licht unserer vorhergehenden Diskussion, in der Lage, ein Elementarteilchen zu definieren? Wir wissen, daß Elementarteilchen präzise physikalische Dinge sind, die durch bestimmte Eigenschaften, wie Ladung, Masse, Spin usw. charakterisiert werden, daß diese Teilchen durch mehr oder weniger wohldefinierte Wechselwirkungen (starke, elektromagnetische, schwache und Gravitations-Wechselwirkungen) miteinander in Wechselwirkung stehen und daß alle Prozesse, die zwischen diesen Teilchen stattfinden, bestimmten Erhaltungssätzen gehorchen. Es bleiben jedoch noch viele ernsthafte und wichtige Fragen. Warum gibt es so viele Teilchen? Welche Rolle spielt jedes einzelne von ihnen in der Natur? Wie stehen sie untereinander in Beziehung? Warum haben sie bestimmte Massen- und Spinwerte? Warum unterteilen sie sich in zwei sehr deutliche Klassen, Bosonen und Fermionen? Ebenso, wie wir die Atome und die Kerne als aus bestimmten Grundstoffen zusammengesetzt betrachten können (die Atome aus Elektronen, Protonen und Neutronen; die Kerne aus Protonen und Neutronen), können wir annehmen, daß alle Elementarteilchen aus bestimmten Bausteinen oder überelementaren Teilchen zusammengesetzt sind. Gell-Mann hat für diese überelementaren Teilchen den Namen *Quark* vorgeschlagen*. Quarks

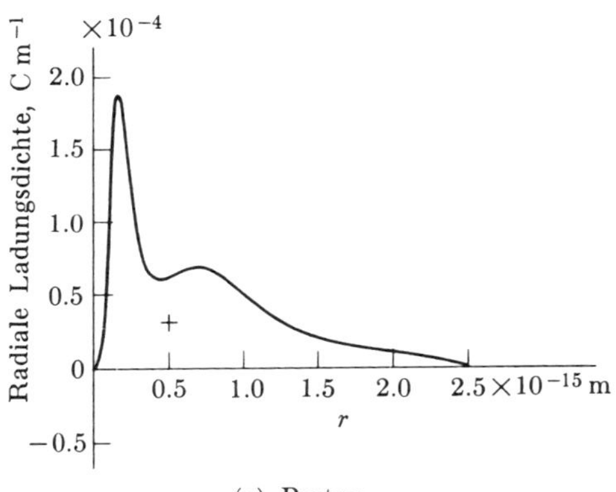

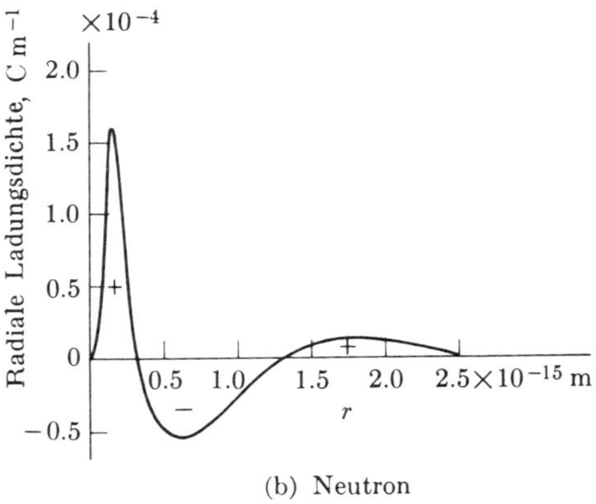

Abb. 9-31. Theoretische radiale Ladungsverteilung für (a) Protonen, (b) Neutronen.

---

* Dieses Wort ist einer ziemlich obskuren Stelle in *Finnegan's Wake* von James Joyce entnommen:

Three quarks for Mister Mark!
Sure he hasn't got much of a bark
And sure any he has it's all beside the mark.

Webster's New International Dictionary, 1961, definiert «Quark» als den rauhen Schrei der Krähe oder jeden, diesem Schrei ähnlichen Klang.

besitzen bestimmte neuartige Eigenschaften, wie eine nichtganze Ladung ($\frac{1}{3}e$ oder $\frac{2}{3}e$). Trotz einer intensiven Jagd hat bisher niemand Quarks beobachten können. Wenn wir einem anderen Ansatzpunkt folgten, könnten wir alle Baryonen und ihre Resonanzen in derselben Weise als die angeregten Zustände eines Basis-Baryons auffassen (wir könnten eine ähnliche Schlußweise für Mesonen anwenden), wie ein Wasserstoffatom in seinem Grundzustand oder in vielen angeregten Zuständen existieren kann, wobei jeder Zustand seine eigenen Merkmale, wie Energie, Drehimpuls und Parität, aufweist. Bisher wurde jedoch noch keine befriedigende Theorie in dieser Richtung formuliert.

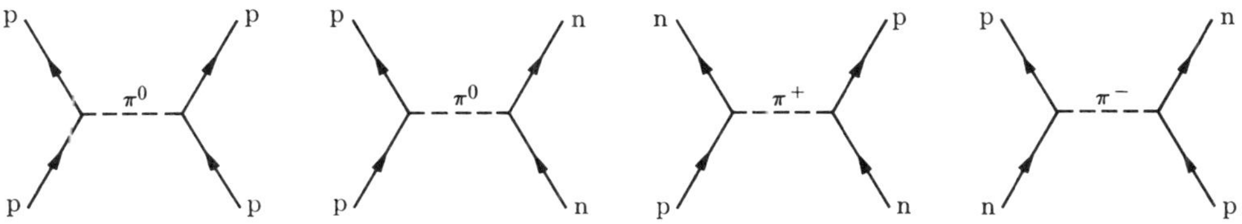

Abb. 9-32. Starke Wechselwirkung als Ergebnis des Austausches von Pionen.

Auf jeden Fall scheint es, daß das, was wir Elementarteilchen nennen, sicher keine einfachen Dinge sind. Für viele Jahre haben Physiker ein Nukleon als etwas aufgefaßt, das aus einem Rumpf — einem nichtbeobachtbaren «nackten» Nukleon — besteht, der in derselben Weise von einer Pionwolke umgeben ist, wie ein Atom ein Kern ist, der von einer Elektronenwolke umgeben ist. Die radiale Ladungsverteilung dieser Pionwolke für das Proton und das Neutron könnte so verlaufen, wie es in Abb. 9-31 dargestellt ist. Für das Neutron ist die Gesamtladung Null. (Übrigens wäre dies eine Möglichkeit, ein Neutron von einem Antineutron zu unterscheiden, da beim Antineutron die Vorzeichen der verschiedenen Ladungsschichten umgekehrt wären.) Diese Diagramme ähneln denen von Abb. 3-13 für die radiale Ladungsverteilung eines Elektrons in einem Atom.

Es wurde bisher keine Theorie der Pion-Dynamik in einem Nukleon entwickelt. Anscheinend kann die Pionwolke jedoch zu höheren Energieniveaus angeregt werden, was in derselben Weise Nukleon-Isobare ergibt, wie Atome mit angeregten Elektronenzuständen existieren können.

Ein weiterer interessanter Aspekt ist die Interpretation von Wechselwirkungen als das Ergebnis eines Austausches von Bosonen zwischen den wechselwirkenden Teilchen. Eine elektromagnetische Wechselwirkung resultiert, wie in Abb. 1-13 angedeutet, auf dem Austausch von Photonen zwischen geladenen Teilchen. Es wird akzeptiert, daß die starke Wechselwirkung in ähnlicher Weise das Ergebnis eines Pion-Austausches zwischen den wechselwirkenden Teilchen ist, wie es in Abb. 9-32 angedeutet ist. Die ausgetauschten Teilchen nennt man *virtuell*, da sie nicht als getrennte Gebilde nachgewiesen werden können. Mit diesem Modell der Wechselwirkungen kann man sehr schön die kurze Reichweite der Kernkräfte erklären. Ein Proton ist kein statisches System, sondern emittiert und reabsorbiert laufend einige seiner umgebenden Pionen. Wenn ein virtuelles Pion emittiert wird, ändert sich die Protonenenergie um

$$\Delta E \sim m_\pi c^2 \sim 140 \text{ MeV}.$$

Nach der Heisenbergschen Unschärferelation, Gl. (1.49), kann das Pion, ohne jede Verletzung der Gesetze der Quantenmechanik, während einer Zeit

$$\Delta t \sim \hbar/\Delta E \sim \hbar/m_\pi c^2 \sim 10^{-22} \text{ s}$$

existieren.

Nach dieser Zeit muß das virtuelle Pion von dem Nukleon reabsorbiert oder mit einem anderen Pion ausgetauscht sein. Wenn wir annehmen, daß sich das Pion mit einer Geschwindigkeit nahe der Lichtgeschwindigkeit bewegt, kann es sich in dieser Zeit um maximal rund 10^{-14} m entfernen. Dies ist dann der maximale Abstand in dem sich ein zweites Nukleon befinden muß, um das virtuelle Pion zu absorbieren. Dem Leser sollte auffallen, daß dies genau die Größenordnung der Reichweite der Kernwechselwirkung ist. Wenn wir dieses Modell der Nukleonen und ihrer Wechselwirkungen betrachten, sehen wir, daß es eine Übervereinfachung ist, wenn wir sagen, daß ein Kern aus Protonen und Neutronen besteht. Der deutlichste Hinweis, daß ein gebundenes Neutron nicht dasselbe wie ein freies Neutron ist, besteht darin, daß gebundene Neutronen im allgemeinen stabil sind und nicht zerfallen.

Im Fall der elektromagnetischen Wechselwirkung können wir annehmen, daß ein geladenes Teilchen laufend virtuelle Photonen emittiert und absorbiert. Die von geladenen Teilchen emittierten virtuellen Photonen besitzen Ruhemasse

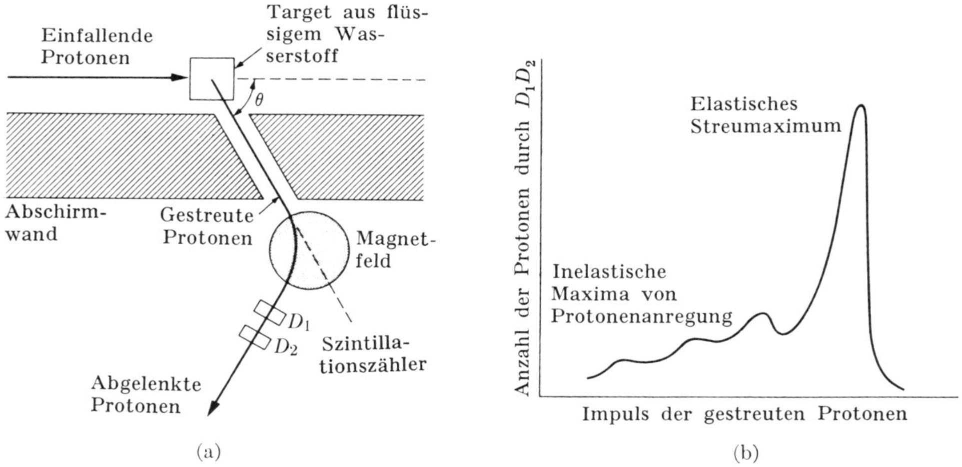

Abb. 9-33. (a) Schematische Darstellung eines Experimentes zur inelastischen Proton-Proton-Streuung. (b) Experimentelle Ergebnisse mit Maxima der inelastischen Streuung.

Null; daher kann die Energieschwankung ΔE eines geladenen Teilchens einen beliebigen Wert besitzen, und die Länge der Zeit, für die ein virtuelles Photon existieren kann, bevor es reabsorbiert oder mit einem anderen geladenen Teilchen ausgetauscht ist, ist auch beliebig.

Eine Rechnung zeigt, daß die Kraft zwischen zwei geladenen Teilchen, welche von dem Austausch von Photonen mit der Ruhemasse Null herrühren, in Übereinstimmung mit dem Coulombschen Gesetz mit dem reziproken Quadrat des Abstandes der beiden Ladungen variieren muß.

Es sieht daher so aus, daß die Pionen die Träger der starken Wechselwirkung sind. Aus diesem Grunde hat man die Existenz des Gravitons als Träger der Gravitationswechselwirkung und ein anderes Teilchen (ein schwaches Boson, W) als Träger der schwachen Wechselwirkung gefordert. Keines dieser Teilchen ist bisher beobachtet worden.

Obwohl die Theorie der Elementarteilchen sich noch in einem unvollkommenen Zustand befindet, war es den Physikern möglich (unter Benutzung komplizierter mathematischer Begriffe), ein gewisses Verständnis der Beziehungen zwischen den Teilchen zu gewinnen. Die vielleicht interessanteste Theorie wurde 1961 von M. Gell-Mann und Y. Ne'eman vorgeschlagen. Man nennt sie *den achtfachen Weg*, weil sie einen Satz von acht Basisoperatoren erfordert. Diese Theorie sagt voraus, daß unter den Baryonen und Mesonen Multipletts von acht und zehn Teilchen mit bestimmten Beziehungen zwischen deren Quantenzahlen und Massen existieren sollten. Es sollten auch andere Gruppen mit größeren Teilchenzahlen existieren. Diese Theorie sagte die Existenz des Ω-Teilchens voraus, das kurz danach (Februar 1964) am Brookhaven National Laboratory beobachtet wurde (siehe Beispiel 9.10).

Die Physik der Elementarteilchen ist eins der aktivsten Forschungsgebiete der zeitgenössischen Physik, das eine besondere Herausforderung darstellt. Es werden laufend neue und größere Beschleuniger gebaut, um die vorliegenden Probleme zu untersuchen. Aber diese Beschleuniger enthüllen häufig neue und unvermutete Prozesse und führen auf neue Probleme. Man hofft jedoch, daß unser Verständnis der Elementarteilchen in einigen Jahren eine ähnliche Stufe erreicht hat, wie unser Verständnis der Kerne, Atome und Moleküle.

BEISPIEL 9.9. Inelastische Streuung hochenergetischer Protonen.

Lösung: Ein wichtiges Experiment, das die Existenz angeregter Nukleonenzustände zeigt (d.h. Nukleon-Isobare, in denen die Pionwolke zu einem höheren Energiezustand angeregt wurde), ist die Analyse von Proton-Proton-Stößen. Die experimentelle Anordnung ist in Abb. 9-33(a) dargestellt. Protonen aus einem Beschleuniger treffen auf ein Target aus flüssigem Wasserstoff. Diejenigen Protonen, die um einen festen Winkel θ gestreut wurden, durchlaufen ein Magnetfeld $\mathcal{B}$, das einige der Protonen in einen Kreisbogen mit bestimmten Radius r ablenkt, der durch die Anfangsrichtung der Bewegung und die Position der Zähler D_1 und D_2 bestimmt ist. Dies gestattet es, den Impuls dieser Protonen zu bestimmen, der durch $p = e\mathcal{B}r$ gegeben ist. Durch Änderung der magnetischen Feldstärke kann man den Impuls der Protonen ändern, welche die fest angeordneten Zähler durchlaufen, und die Impulsverteilung der gestreuten Protonen analysieren. Das experimentelle Ergebnis ist in Abb. 9-33(b) dargestellt. Neben einem Hauptmaximum der Impulsverteilung der Protonen (das der elastischen Streuung am Target entspricht) erscheinen ver-

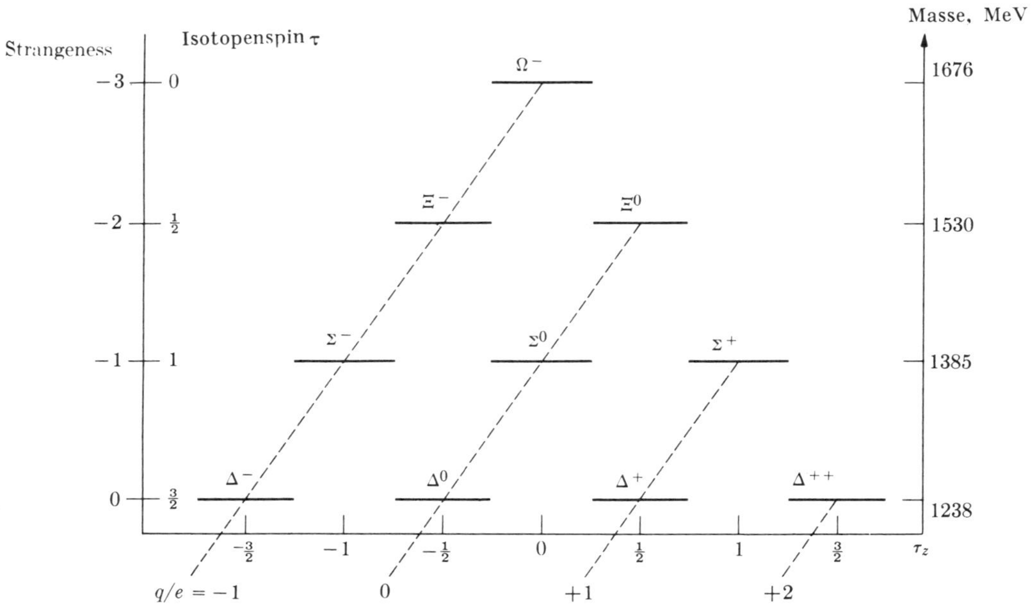

Abb. 9-34. Anordnung der leichten Hyperonen mit Spin $^3/_2$ und positiver Parität entsprechend Gell-Mann's achtfachen Weg.

schiedene Nebenmaxima, die Protonen mit geringerem Impuls oder kleinerer kinetischen Energie entsprechen. Diese Nebenmaxima entsprechen inelastischer Streuung, bei der die einlaufenden Protonen etwas ihrer kinetischen Energie an ein Target-Proton verlieren, was in einen angeregten isobaren Zustand wohldefinierter Energie angehoben wird. Der Leser wird erkennen, daß dieses Experiment dem Franck-Hertz-Versuch der inelastischen Elektron-Atom-Streuung ähnelt, das die Existenz angeregter stationärer Atomzustände wohldefinierter Energie zeigte.

BEISPIEL 9.10. Das Omega-Minus-Experiment.

Lösung: Nach der Theorie des «achtfachen Weges» von Gell-Mann sollten die Teilchen in Familien gruppiert sein, wobei alle Mitglieder einer Familie dieselben Spins und dieselbe Parität besitzen. Wenn wir die in Abb. 9-25 gezeigten Resonanzen anschauen und die Familie der zehn leichteren Teilchen mit dem Spin $\frac{3}{2}$ (und positiver Parität) auftragen, erhalten wir die Anordnung von Abb. 9-34. die eine schöne geometrische Symmetrie zeigt. Zur Zeit des Gell-Mannschen Vorschlages (1961) waren nur das Δ-Quartett und das Σ-Triplett bekannt. Kurz danach (1962) wurde das Ξ-Doublett berichtet, und es paßte gut in das Schema. Aus der Regelmäßigkeit der Pyramidenstruktur war leicht vorauszusagen, daß das übrigbleibende Teilchen an der Spitze $\tau_z = 0$ und $\tau = 0$ haben und so ein Singulett sein sollte. Ferner sollte seine Strangeness $\mathcal{s} = -3$ sein, was entsprechend Gl. (9.11) eine Ladung $-e$ ergibt. Schließlich konnte man aus der Regelmäßigkeit der Massendifferenzen $\Delta - \Sigma$ und $\Sigma - \Xi$ schließen, daß das neue Teilchen (von Gell-Mann Ω^- genannt) eine Masse von rund 1675 MeV besitzen sollte. Das Teilchen war somit vollkommen charakterisiert. (Gell-Mann's Voraussage beruhte auf einer tiefergehenden theoretischen Grundlage, als diese einfache geometrische Anordnung darstellt.) Aufgrund dieser Eigenschaften erwarteten die Experimentatoren in Anbetracht der Erhaltungssätze,

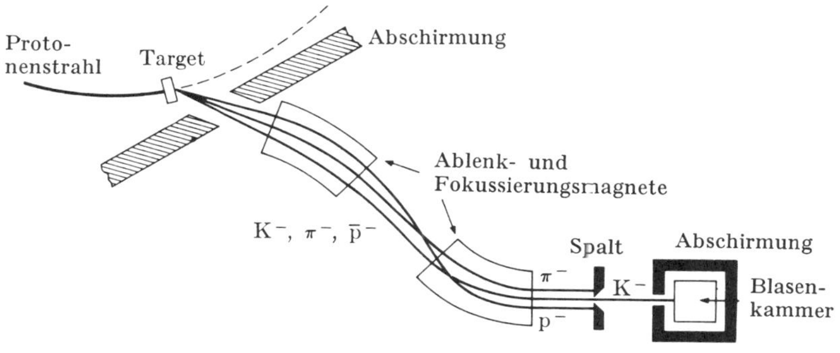

Abb. 9-35. Schematische Darstellung des Ω^--Experimentes. Vor der Trennung entfielen auf je 10 K^--Teilchen rund 800 π^- und 10 $\bar{p}^-$, nach der Trennung nur ein π^- und kein $\bar{p}^-$.

daß das Ω^- in $\Xi^0 + \pi^-$, $\Xi^- + \pi^0$ oder $\Lambda^0 + K^-$ zerfallen könnte. Die Beobachtung der Zerfallsprodukte war für sie daher eine Möglichkeit, dieses Teilchen zu identifizieren.

Der nächste Schritt war es, nachzusehen, ob das Teilchen im Labor erzeugt und beobachtet werden könnte. Als möglicher, mit den Erhaltungssätzen verträglicher Erzeugungsprozeß kam

$$K^- + p^+ \rightarrow \Omega^- + K^+ + K^0.$$

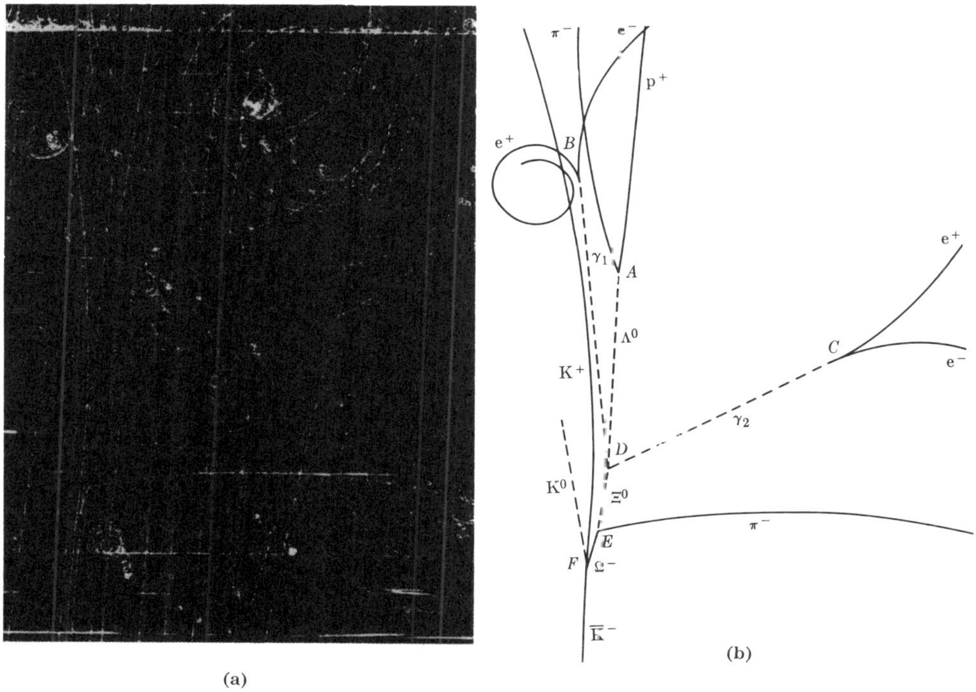

Abb. 9-36. Aufnahme, die erstmalig die Erzeugung eines Ω^--Teilchens zeigte. (Photographie durch freundliches Entgegenkommen des Brookhaven National Laboratory.)

imfrage. Ein entsprechendes Experiment wurde 1963 am Brookhaven National Laboratory vorbereitet. Ein Protonenstrahl von 33 GeV, der vom Beschleuniger erzeugt wurde, trifft auf ein Wolframtarget und erzeugt K^--Mesonen zusammen mit Pionen, Antiprotonen und anderen Teilchen. Um die K^--Mesonen zu extrahieren, ersonnen die Experimentatoren eine raffinierte Anordnung, die in Abb. 9-35 in vereinfachter Form gezeigt ist. Aus Gründen der experimentellen Einfachheit wählten sie K^--Mesonen mit einer kinetischen Energie von 5.0 GeV (die ein gutes Stück oberhalb der Schwellenenergie des Prozesses von 3.2 MeV liegen) und extrahierten sie aus dem Beschleunigerring mit Hilfe eines Ablenkmagneten. Neben K^--Teilchen enthielt der extrahierte Strahl eine große Zahl von π^- und einigen p^-, so daß die nächste Aufgabe darin bestand, die K^--Teilchen von den anderen Teilchen zu trennen. Dies erreichte man mit Hilfe eines zweiten Systems von Ablenk- und Trennmagneten in Verbindung mit einer Spaltanordnung. Als nächstes ließen sie den fast reinen K^--Strahl (er enthielt nur etwa 10 ***M*** π^- und keine Antiprotonen) in eine abgeschirmte 2-m-Blasenkammer eintreten, die flüssigen Wasserstoff enthielt, und in der die Reaktion zur Erzeugung der Ξ^- stattfinden konnte. Die gesamte Wegstrecke der K^- vom Target bis zur Blasenkammer betrug etwa 135 m. Nach einem Lauf von mehreren Wochen hatten die Experimentatoren Ende Januar 1964 rund 50,000 Fotografien erhalten, von denen eine (Abb. 9-36) einem Prozeß entsprach, in dem ein Ω^- erzeugt worden war. Die Abfolge der Prozesse Abb. 9-36 ist wie folgt:

$K^- + p^+ \rightarrow \Omega^- + K^+ + K^0$ (Vertex *F*)

$\quad \hookrightarrow \Xi^0 + \pi^-$ (Vertex *E*)

$\quad\quad \hookrightarrow \Lambda^0 + \gamma + \gamma$ (Vertex *D*)

$\quad\quad\quad\quad \hookrightarrow e^+ + e^-$ (Vertex *C*)

$\quad\quad\quad \hookrightarrow e^+ + e^-$ (Vertex *B*)

$\quad\quad \hookrightarrow p^+ + \pi^-$ (Vertex *A*)

Natürlich hinterlassen die neutralen Teilchen in der Kammer keinerlei Spuren. Die Fotografie ist auf der rechten Seite in Abb. 9-36(b) analysiert. Aus den Vertizes *A*, *B* und *C* bestimmt man die Energien, Impulse und Bewegungsrichtungen des Λ^0 und der beiden γ's, lokalisiert so den Vertex *D* und erhält Energie, Impuls und Bewegungsrichtung des Ξ^0. Unter Benutzung dieser Information konnten die Experimentatoren schließlich die Energie und den Impuls des Ω^- aus den Daten für Vertex *E* berechnen. Die Analyse ergab einen Massenwert zwischen 1668 MeV und 1686 MeV. Eine Zweitfotografie, die man wenige Wochen später erhielt, engte den Massenwert auf den Bereich zwischen 1671 und 1677 MeV ein, was ausgezeichnet mit der theoretischen Vorhersage übereinstimmt. Die Länge der Ω^--Bahn in der Kammer betrug ungefähr 2.5 cm und zeigte, daß die Lebensdauer des Ω^- rund 2.5×10^{-2} m/3×10^8 m s$^{-1} \sim 10^{-10}$ s ist.

Literaturverzeichnis

1. "Evolution of the Physicist's Picture of Nature", P. Dirac, *Sci. Am.*, Mai 1963, Seite 45
2. "Early Work on the Positron and Muon", C. Anderson, *Am. J. Phys.* **29**, 825 (1961)
3. "The Role of Elementary Particle Research in the Development of Modern Physics", V. Weisskopf, *Physics Today*, Juni 1963, Seite 26
4. "Particles and Principles", M. Gell-Mann, *Physics Today*, November 1964, Seite 22

5. "Thirty Years of Meson Physics", R. Oppenheimer, *Physics Today*, November 1966, Seite 51
6. "Resource Letter SAP-1 on Subatomic Particles", C. Swartz, *Am. J. Phys.* **34**, 1079 (1966)
7. "The Conservation Laws of Physics", G. Feinberg und M. Goldhaber, *Sci. Am.*, Oktober 1963, Seite 33
8. "Violation of Symmetry in Physics", E. Wigner, *Sci. Am.*, Dezember 1965, Seite 23
9. "Resonance Particles", P. Hill, *Sci. Am.*, Januar 1963, Seite 38
10. "Quarkways to Particle Symmetry", L. Brown, *Physics Today*, Februar 1966, Seite 44
11. "Unified Theories of Elementary Particles", S. Blackman, *Physics Today*, Februar 1966, Seite 55
12. *Structure of Matter*, W. Finkelnburg. New York: Academic Press, 1964, Kapitel 5, Teile 20-26
13. "Symmetry and Conservation Laws", E. Wigner und "Elementary Particles", G. Chew, erschienen in *The Scientific Endeavor*. New York: Rockefeller Institute, 1965
14.* *The Feynman Lectures on Physics*, Volumen I, R Feynman, R. Leighton, und M. Sands. Reading, Mass.: Addison-Wesley, 1963, Kapitel 52
15. *The Fundamental Particles*, C. Swartz. Reading, Mass.: Addison-Wesley, 1965
16. *Elementary Particles*, D. Erisch und A. Thorndike. New York: Momentum Books, Van Nostrand, 1964
17. *Particles and Accelerators*, R. Gouiran, World University Library. New York: McGraw-Hill, 1967

Aufgaben

9.1 Berechnen Sie Radius, Energie und Winkelgeschwindigkeit für die Grundzustandsbahn des Positroniums. Bestimmen Sie auch die erste Anregungsenergie des Positroniums. Wieviel Umläufe wird das Positronium im Mittel vor seiner Vernichtung ausführen, wenn es sich in (a) dem Singulettzustand, (b) dem Triplettzustand befindet?

9.2 Müonium wird gebildet aus einem geladenen B-Meson und einem Elektron oder Positron, die umeinander kreisen. Bestimmen Sie (a) die Energie und den Radius des Müoniums in seinem Grundzustand; (b) die Dissoziationsenergie des Müoniums.

9.3 Ein negatives Pion kann in eine stabile Bahn um einem Kern eingefangen werden und bildet so ein *Mesonenatom*. Nehmen wir an, daß wir die Energie und den Radius der Mesonenbahn mit denselben Formeln berechnen können, die wir für Elektronenbahnen im Wasserstoffatom benutzen (Beispiel 3.1). (a) Welche Energie wird frei, wenn ein freies, ruhendes Pion in den Grundzustand um ein Proton eingefangen wird? (b) Berechnen Sie den Radius der Grundzustandsbahn eines Pions, das sich um ein Proton bewegt. (c) Schätzen Sie ab, für welchen Kern der Radius der Grundzustandsbahn des Pions gleich dem Kernradius ist.

9.4 Ein neutrales Kaon mit einer kinetischen Energie von 100 MeV zerfällt im Fluge in zwei entgegengesetzt geladene Pionen. Die kinetische Energie eines der Pionen beträgt 200 MeV. Berechnen Sie den Impuls der einzelnen Pionen und die Winkel, die ihre Bahnen im Laborsystem bilden.

9.5 Man beobachtet, daß ein neutrales K^0-Meson in ein Paar entgegengesetzt geladener Pionen zerfällt. Anfänglich bilden die Pionenbahnen im Laborsystem einen rechten Winkel, werden dann jedoch durch ein Magnetfeld von 8.5×10^{-1} T abgelenkt, so daß sie Radien von 0.8 m bzw. 1.6 m aufweisen. Berechnen Sie die Ruhemasse des K^0-Mesons und seine kinetische Energie.

9.6 Bestimmen Sie den Q-Wert und die Schwellenenergie des Geschosses im Laborsystem für die folgenden Reaktionen:

$$\pi^- + p^+ \rightarrow \Lambda^0 + K^0,$$
$$p^+ + p^+ \rightarrow p^+ + n + \pi^+,$$
$$p^+ + p^+ \rightarrow p^+ + \Lambda^0 + K^+.$$

Das erste Teilchen ist jeweils das Projektil. Das zweite Teilchen ist das Target, das als im Labor ruhend angenommen wird.

9.7 Berechnen Sie die minimale kinetische Energie des einlaufenden Protons, die erforderlich ist, um die in Abb. 9-12 gezeigten Prozesse auszulösen.

9.8 Bestimmen Sie die Energie des Photons in dem Prozeß $\pi^- + p^+ \rightarrow n + \gamma$, für den Fall, daß die beiden zusammenstoßenden Teilchen in Ruhe sind.

9.9 Was ist die kinetische Schwellenenergie der einlaufenden Teilchen für die in Abb. 9-10 und 9-11 gezeigten Prozesse?

9.10 Bestimmen Sie das Magnetfeld für den beim Antiproton-Experiment (Beispiel 9.2) gewählten Wert des p-Impulses.

9.11 Betrachten Sie beim Prozeß $\pi^0 \rightarrow \gamma + \gamma$ den Fall, in dem die beiden Photonen im Schwerpunktsystem senkrecht zur Richtung von $\boldsymbol{p}_\pi$ (im Laborsystem) emittiert werden. Zeigen Sie, daß im Laborsystem ihre Energien $\frac{1}{2}E_\pi$ sind, und daß sie sich gegenüber $\boldsymbol{p}_\pi$ mit einem Winkel bewegen, der gegeben ist durch $\tan^{-1} m_\pi c/p_\pi$.

9.12 Ein π^0-Meson, dessen kinetische Energie im Laborsystem gleich seiner Ruheenergie ist, zerfällt in zwei Photonen. Angenommen, die Photonen werden im Schwerpunktsystem unter Winkeln von 30° und 210° relativ zur Bewegungsrichtung des π^0 im Laborsystem emittiert; was sind ihre Energien und die Winkel, die ihre Bewegungsrichtungen im Laborsystem bilden?

9.13 Betrachten Sie den Zerfall eines π^0-Mesons in zwei Photonen. Wenn die Photonenenergien E_1 und E_2 sind, zeigen Sie, daß sie durch

$$E_1 E_2 = \tfrac{1}{2}(m_\pi c^2)^2/(1 - \cos\theta)$$

verknüpft sind, wobei θ der im Laborsystem gemessene Winkel zwischen den Richtungen der Photonen ist.

9.14 Ein Strahl negativer Pionen (π^-) tritt in eine Blasenkammer ein und löst die Reaktion $\pi^- + p^+ \rightarrow \Lambda^0 + K^0$ aus. Auch die nachfolgenden Zerfallsprozesse des Λ^0 und K^0 finden innerhalb der Kammer statt. Die Kammer wurde in einem Magnetfeld angeordnet. Zeichnen Sie ein Diagramm, das den gesamten Prozeß zeigt. Neutrale Teilchen sollten durch gestrichelte Linien dargestellt werden, geladene Teilchen durch ausgezogene Linien mit der entsprechenden Krümmung.

9.15 Ein 1-MeV-Positron stößt mit einem Elektron zusammen, das im Laborsystem ruht. Die beiden Teilchen vernichten sich. (a) Was ist im Schwerpunktsystem die Energie der beiden emittierten Photonen? (b) Bestimmen Sie die Energien der Photonen im Laborsystem, wenn das eine Photon in der Bewegungsrichtung des Positrons und das andere in der entgegengesetzten Richtung emittiert wird.

9.16 Die Vernichtungswahrscheinlichkeit von Positronen pro Zeiteinheit ist $\lambda = 7.48 \times 10^{-15}\ n\ \mathrm{s}^{-1}$, wobei n die Anzahl der Elektronen pro Volumeneinheit ist. Zeigen Sie, daß die Halbwertzeit von Positronen, die sich durch Argon ($Z = 18$) bewegen, $T = 2.67 \times 10^{-7}/p$ beträgt, wobei p der Druck des Argons in Atmosphären ist.

9.17 Protonen können im Brookhaven AGS - Beschleuniger (alternating-gradient synchrotron) auf eine Energie von 33 GeV beschleunigt werden. (a) Welche Energie steht für Reaktionen mit den (im Laborsystem ruhenden) Protonen in der Wasserstoff-Blasenkammer von Brookhaven zur Verfügung? (b) Welche Energie steht zur Verfügung, wenn die Protonen in einem kreisförmigen Ring gespeichert werden und mit einem anderen Ring gespeicherter Protonen reagieren können, welche dieselbe Energie besitzen und in entgegengesetzter Richtung umlaufen?

9.18 Ein 100 MeV-π-Meson zerfällt und erzeugt dabei ein μ-Meson, das in Vorwärtsrichtung emittiert wird. Berechnen

Sie die kinetische Energie des μ-Mesons im Laborsystem.

9.19 Berechnen Sie die Energie des emittierten Photons, wenn ein im Laborsystem ruhendes Σ^0-Teilchen in ein Λ^0-Teilchen zerfällt.

9.20 Leiten Sie durch Anwendung der Lorentz-Transformation für Energie und Impuls (Anhang I, Gl. A.16) die Gl. (9.14) ab, die Energie und Impuls der Photonen im Schwerpunkt- und Laborsystem verknüpfen. (Wählen Sie die X-Achse parallel zur Relativgeschwindigkeit, die durch Gl. (9.12) gegeben ist.)

9.21 Betrachten Sie den Prozeß $\pi^- + p^+ \to \Lambda^0 + K^0$. (a) Was sind die möglichen Werte von $\mathcal{T}$ für die beiden reagierenden Teilchen und die beiden resultierenden Teilchen? Bestimmen Sie den Wert von $\mathcal{T}$ für die Erhaltung des Isotopenspins. Bestimmen Sie auch, ob $\mathcal{T}_z$ und $\mathscr{S}$ erhalten sind. (b) Wiederholen Sie die Analyse für den Prozeß $\pi^- + p^+ \to \Lambda^0 + \pi^0$ und schließen Sie daraus, ob man ein Auftreten des Prozesses in der Natur erwarten darf.

9.22 Betrachten Sie den Prozeß $p^+ + p^+ \to p^+ + n + \pi^+$. Bestimmen Sie den gesamten Isotopenspin; sind $\mathcal{T}_z$ und die Strangeness erhalten? Wiederholen Sie die Überlegung für $p^+ + p^+ \to p^+ + n + e^+ + \nu_e$. Dieser Prozeß tritt mit einer viel geringeren Wahrscheinlichkeit als der zuerst angeführte Prozeß auf. Warum?

9.23 Überprüfen Sie die verschiedenen Erhaltungssätze (außer Energie, Impuls und Drehimpuls) bei den folgenden Prozessen der starken Wechselwirkung.

(a) $p^+ + p^+ \to p^+ + \Lambda^0 + K^+$
(b) $\pi^- + p^+ \to \Sigma^0 + K^0$
(c) $p^+ + p^+ \to \Xi^0 + p^+ + K^0 + K^+$
(d) $\Lambda^0 + p^+ \to n + p^+ + K^0$
(e) $K^- + p^+ \to K^+ + \Xi^-$

Bestimmen Sie jeweils die Werte von $\mathcal{T}_z$, $\mathcal{T}$ und $\mathcal{T}$ für die reagierenden und resultierenden Teilchen.

9.24 Welche Erhaltungssätze werden erfüllt und welche verletzt bei den Prozessen

$$\eta^0 \to p^+ + e^- \quad \text{und} \quad \pi^0 \to \gamma + \gamma?$$

Warum tritt $\Sigma^0 \to \Lambda^0 + \gamma$ auf, während $\Sigma^+ \to p^+ + \gamma$ nicht beobachtet wird? Warum tritt $\Xi^- \to \Lambda^0 + \pi^-$ auf, während $\Xi^- \to \eta^0 + \pi^-$ nicht beobachtet wird?

9.25 Untersuchen Sie den Prozeß $K^- + p^+ \to \Omega^- + K^+ + K^0$ unter dem Gesichtspunkt der Erhaltungssätze. Berechnen Sie die kinetische Schwellenenergie des K^--Teilchens.

9.26 Zeigen Sie, daß die Prozesse $\pi^- + p^+ \to n + \gamma$, $\pi^- + d \to 2n + \gamma$ und $\pi^+ + d \to 2p^+$ alle implizieren, daß der Spin des Pions entweder 0 oder 1 ist. (Vergl. die nachfolgende Aufgabe.)

9.27 Wir wollen mit σ_1 den Wirkungsquerschnitt für den Prozeß $p^+ + p^+ \to \pi^+ + d$ und mit σ_2 den Wirkungsquerschnitt für den inversen Prozeß $\pi^+ + d \to p^+ + p^+$ bezeichnen. Man kann zeigen, daß die Wirkungsquerschnitte durch

$$\sigma_1 = \tfrac{3}{2}(p_\text{P}/p_p)^2(2s^\circ + 1)\sigma_2$$

verknüpft sind, wobei p_π und p_p die Impulse des einlaufenden Pions bzw. Protons im Schwerpunktsystem und s_π der Spin des Pions sind. Man hat experimentell gefunden, daß $\sigma_1 = 0.18$ mb für Protonen mit einer Energie von 340 MeV im Laborsystem und $\sigma_2 = 3.1$ mb für Pionen mit einer Energie von 29 MeV im Laborsystem. Zeigen Sie, daß diese experimentellen Ergebnisse mit $s_\pi = 0$, aber nicht mit $s_\pi = 1$ vereinbar sind. (*Hinweis:* Um p_π und p_P im Schwerpunktsystem zu bestimmen, kann man die nichtrelativistischen Formeln benutzen, wenn man einmal die kinetischen Energien berechnet hat.) Verifizieren Sie ferner, um die Anwendung der obigen Beziehung zwischen σ_1 und σ_2 zu rechtfertigen, daß die Gesamtenergien im Schwerpunktsystem vergleichbar sind.

9.28 Benutzen Sie den Drehimpulssatz um zu zeigen, daß beim Zerfall $\Lambda^0 \to \pi^- + p^+$ der resultierende Bahndrehimpuls der Produkte im Schwerpunktsystem entweder Null (s-Kanal) oder 1 (p-Kanal) sein muß. Man kann im Ergebnis zeigen, daß die Winkelverteilung der Pionen proportional zu $1 + k \cos \phi$ ist, wobei ϕ der Winkel zwischen der Bewegungsrichtung des Pions (im Schwerpunktsystem) und dem Spin des Λ^0-Teilchens ist. Zeigen Sie, daß diese Winkelverteilung mit der Erhaltung der Parität nicht verträglich ist. Der experimentelle Wert von k ist 0.62 (*Hinweis:* Spiegeln Sie an einer Ebene senkrecht zum Spin des Λ^0-Teilchens, um den letzten Teil zu beweisen.)

9.29 Zeigen Sie, daß der η^0-Zerfall die Erhaltung des Isotopenspins verletzt. Welche Wechselwirkung könnte für diesen Prozeß verantwortlich sein?

9.30 Wir wollen die Isotopenspin-Wellenfunktion eines Nukleons, die $\pi_z = \pm\frac{1}{2}$ entspricht, durch $\xi(\pm)$ bezeichnen, so daß $\xi(+)$ einem Proton und $\xi(-)$ einem Neutron entspricht. Schreiben Sie in Analogie mit der Spin-Wellenfunktion für zwei Teilchen (Abschnitt 4.2) die Isotopenspin-Wellenfunktionen von zwei Nukleonen nieder, die $\mathfrak{T} = 0$ und $\mathfrak{T} = 1$ entsprechen. Deuten Sie in den einzelnen Fällen den Wert von $\mathfrak{T}_z$ an. Identifizieren Sie die in den einzelnen Wellenfunktionen auftretenden Teilchen.

9.31 Zeigen Sie, daß $f(r_{ij})$ translationsinvariant ist, wenn r_{ij} den Abstand zwischen Teilchen i und j bezeichnet. Bestimmen Sie, ob die Gravitations- und elektrischen Wechselwirkungen translationsinvariant sind oder nicht.

9.32 Stellen Sie eine Tabelle auf, welche die Beziehung der starken, elektromagnetischen und schwachen Wechselwirkung zu den folgenden Erhaltungssätzen zeigt: Isotopenspin, Strangeness, Parität, Ladungskonjugation und Zeitumkehr.

9.33 Wie werden elektrische und magnetische Felder von der Zeitumkehr beeinflußt? Zeigen Sie, daß die Maxwellschen Gleichungen invariant gegenüber Zeitumkehr sind.

9.34 Zeigen Sie, daß eine Spiegelung an der XY-Ebene (oder einer anderen Koordinatenebene) ein rechtshändiges System in ein linkshändiges System überführt.

9.35 Zeigen Sie, daß, wenn $\boldsymbol{A}$ und $\boldsymbol{B}$ polare Vektoren sind, $\boldsymbol{A} \times \boldsymbol{B}$ ein achsialer Vektor ist und daß, wenn $\boldsymbol{A}$ polar und $\boldsymbol{B}$ achsial ist, dann $\boldsymbol{A} \times \boldsymbol{B}$ polar ist. (*Hinweis:* Untersuchen Sie das Verhalten von $\boldsymbol{A} \times \boldsymbol{B}$ bei Spiegelung an der XY-Ebene.)

9.36 Schreiben Sie die kartesischen Komponenten von $\boldsymbol{L}$ hin und analysieren Sie, wie sie sich bei einer Spiegelung an der XY-Ebene ändern. Vergleichen Sie dies mit der Diskussion von Abb. 9-16.

9.37 Diskutieren Sie das Verhalten der Maxwellschen Gleichungen bei Spiegelung an der XY-Ebene. Schließen Sie daraus, daß diese Gleichungen mit der Erhaltung der Parität bei elektromagnetischen Wechselwirkungen verträglich sind?

9.38 Zeigen Sie, daß eine Spiegelung am Koordinatenursprung (d.h. der Übergang von x, y, z zu $-x$, $-y$, $-z$) einer Spiegelung an der XY-Ebene gefolgt von einer 180°-Drehung um die Z-Achse äquivalent ist. Schließen Sie daraus, daß das Paritätsverhalten gegenüber einer Spiegelung an einer Ebene und an einem Punkt dasselbe ist.

9.39 Man kann zeigen, daß das elektromagnetische Feld der Photonen bei elektrischen Dipolübergängen ungerade Parität hat. Zeigen Sie, daß die in Abschnitt 3.4 eingeführte Auswahlregel $\Delta l \neq 0$ gefordert werden muß, wenn die Parität bei dem Übergang erhalten ist, oder, in einer allgemeineren Formulierung, daß Anfangs- und Endzustand entgegengesetzte Paritäten haben müssen.

9.40 Schätzen Sie die Flächen unter den Kurven von Abb. 9-31 ab und vergleichen Sie mit der Ladung eines Protons und eines Neutrons.

9.41 Man hat beobachtet, daß ^{152}Eu durch Elektroneneinfang entsprechend $^{152}\mathrm{Eu} + e^- \rightarrow {}^{152}\mathrm{Sm}^* + \nu$ zerfällt. Das angeregte Samarium wiederum zerfällt durch γ-Emission entsprechend $^{152}\mathrm{Sm}^* \rightarrow {}^{152}\mathrm{Sm} + \gamma$. Die ^{152}Eu- und ^{152}Sm-Kerne besitzen beide Spin Null. Aufgrund einer Beobachtung der γ-Strahlung, die in entgegengesetzter Richtung zu den Neutrinos emittiert wird, konnten die Physiker feststellen, daß die Photonen überwiegend rechtshändig polarisiert sind (d.h. sie besitzen negative Helizität). Zeigen Sie, daß dies bedeutet, daß das Neutrino ebenfalls negative Helizität besitzt. (*Hinweis:* Analysieren Sie die Erhaltung des Drehimpulses für den Gesamtprozeß.)

9.42 In dem Prozeß

$$\pi^- + p^+ \rightarrow \Lambda^0 + K^0$$

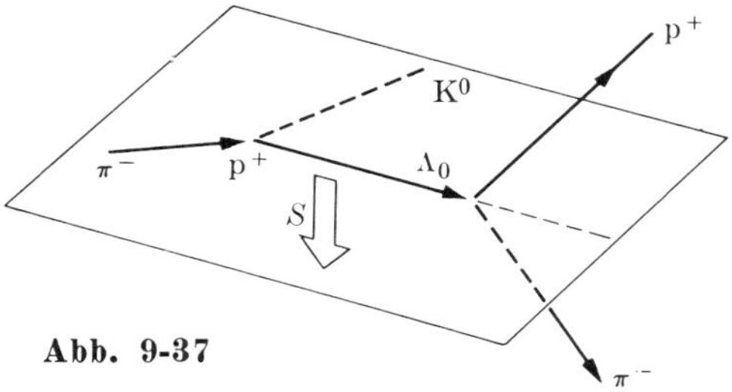

Abb. 9-37

sind die Λ^0 stark polarisiert, wobei ihre Spins senkrecht zur Erzeugungsebene in Richtung des Vektors $\boldsymbol{p}_\pi \times \boldsymbol{p}_\Lambda$ zeigen (siehe Abb. 9-37). Ist die Parität bei diesem Prozeß erhalten? Bei dem nachfolgenden Zerfall des Λ^0 in π^- und p^+ werden die Produkte überwiegend, wie in der Abbildung gezeigt, emittiert. Ist die Parität beim Λ^0-Zerfallsprozeß erhalten? (Vergl. Sie mit Aufgabe 9.28.)

9.43 Zeigen Sie, daß, wenn beim ^{60}Co-Experiment (Abb. 9-18) die Elektronen mit gleicher Intensität in Vorwärts- und Rückwärtsrichtung emittiert würden, die Parität bei dem Prozeß erhalten wäre.

TEIL 2
STATISTISCHE PHYSIK

In den vorangehenden Kapiteln haben wir die Grundbausteine der Materie untersucht: Teilchen, Kerne, Atome und Moleküle. Wir können jedoch nicht das Verhalten einzelner Atome oder Moleküle sehen oder fühlen. Als Resultat beobachten wir vielmehr das mehr oder weniger geordnete Zusammenwirken sehr vieler Teilchen; d.h. makroskopische Prozesse. Die Eigenschaften der Materie im Großen (makroskopische Eigenschaften genannt), wie wir sie gewöhnlich beobachten, sind das Ergebnis derartiger kollektiver Prozesse. Das kollektive Verhalten einer großen Anzahl von Atomen oder Molekülen ist im Grunde genommen eine Folge ihrer elektromagnetischen Wechselwirkung, da die Gravitation nur eine geringe Rolle spielt und die starken und schwachen Wechselwirkungen nur die Kernprozesse beeinflussen. Vertraute Prozesse wie Schmelzen und Verdampfung, Diffusion, Wärme- und Elektrizitätsleitung, Elektronenemission durch heiße Metalle und viele andere, wie auch solche Begriffe wie Temperatur, Wärmekapazität, Phasenänderungen usw. fallen in diese Kategorie kollektiver Eigenschaften. Gerade dem Verständnis und der Kontrolle dieser kollektiven Phänomene gilt das Interesse der angewandten Physiker, der Ingenieure, der Chemiker und anderer Wissenschaftler bei ihrem Bestreben, die Kräfte der Natur für das Wohl der Menschen zu nutzen.

Um Prozesse zu beschreiben, an denen eine sehr große Anzahl von Teilchen beteiligt ist, müssen spezielle Methoden entwickelt werden. Diese Methoden sind notwendigerweise statistischer Natur, da wir die Bewegung individueller Teilchen nicht im einzelnen berücksichtigen können (um praktisch nutzbare Ergebnisse zu erhalten, ist es auch nicht notwendig, dies zu versuchen). So stellt die Diskussion makroskopischer Prozesse aus molekularer Sicht das dar, was man *statistische Physik* nennt. Das Wort «statistisch» muß man dabei so verstehen, daß es sich auf eine Methode zur Beschreibung von Prozessen bezieht, an denen eine große Anzahl von Teilchen beteiligt ist, deren individuelle Wechselwirkungen zwar bekannt sind, wobei man das Verhalten des einzelnen Teilchens jedoch nicht betrachtet. In diesem Sinne hat man statistische Methoden auf die Diskussion von Vielelektronenatomen und Vielnukleonenkernen angewandt.

In diesem Teil des Buches werden wir zuerst die als *klassische statistische Mechanik* bekannte statistische Methode entwickeln, ihre allgemeinen Anwendungen auf die sog. *Thermodynamik* diskutieren und die Methode auf eine Analyse der Eigenschaften von Gasen anwenden. Wir werden diesen Teil mit einer kurzen Einführung in die *statistische Quantenmechanik* abschließen, wobei wir einige ihrer Anwendungen erläutern.

10
KLASSISCHE STATISTISCHE MECHANIK

10.1 Einleitung

Die Mechanik basiert auf bestimmten allgemeinen Prinzipien, wie der Erhaltung der Energie und des Impulses, die auf die Bewegung der wechselwirkenden Teilchen zutreffen. In diesem Kapitel werden wir die Prinzipien der Mechanik auf Systeme mit vielen Teilchen ausdehnen. Besonderes Gewicht werden wir dabei denjenigen Methoden geben, die man benutzt, um die kollektiven oder makroskopischen Eigenschaften des Systems zu bestimmen, ohne die Bewegung jedes einzelnen Teilchens im Detail zu betrachten. Diese Technik nennt man *Statistische Mechanik*. Wir benutzen das Wort «Teilchen» hier in einem weiten Sinne. Es kann ein Elementarteilchen, wie etwa ein Elektron, oder ein Aggregat von Elementarteilchen, wie etwa ein Atom oder Molekül, bezeichnen. Jede der wohldefinierten und stabilen Einheiten, die ein gegebenes physikalisches System bilden, wird so ein «Teilchen» sein.

Die Notwendigkeit, ein statistisches Verfahren zu benutzen, wenn wir die makroskopischen Eigenschaften der Materie betrachten, sieht man leicht, wenn man bedenkt, daß ein Kubikzentimeter eines Gases bei Normalbedingungen rund 3×10^{19} Moleküle enthält. Es ist nicht nur praktisch unmöglich, sondern auch nicht erforderlich, die Bewegung jedes dieser Moleküle im Detail zu berücksichtigen, um die makroskopischen Eigenschaften des Gases, wie seinen Druck oder seine Temperatur zu bestimmen. Um eine statistische Analyse des Vielteilchensystems durchzuführen, müssen wir andererseits eine vernünftige Annahme über den dynamischen Zustand eines jeden Teilchens machen, die auf den allgemeinen Eigenschaften des Teilchens basiert. Wir machen diese Annahme dadurch, daß wir den Begriff der *Wahrscheinlichkeit der Verteilung* der Teilchen auf die verschiedenen dynamischen Zustände einführen, in denen sie angetroffen werden können. Wenn wir die Idee der Wahrscheinlichkeit einführen, so bedeutet dies nicht, daß wir annehmen, daß sich die Teilchen wahllos oder chaotisch, ohne wohldefinierten Gesetzen zu gehorchen, bewegen. Der Begriff der Wahrscheinlichkeit ergibt sich aus unserer Methode, eine Annahme über die dynamischen Zustände der Teilchen in dem System zu treffen und nicht aus dem Mechanismus, nach dem sich die Teilchen eines Systems in der Natur auf die möglichen dynamischen Zustände infolge ihrer Wechselwirkungen verteilen. Daher ist die Gültigkeit der statistischen Analyse eines Vielteilchensystems direkt mit der Gültigkeit unserer Annahmen über die Wahrscheinlichkeitsverteilung der Teilchen verknüpft.

10.2 Statistisches Gleichgewicht

Betrachten wir ein isoliertes System, das aus einer großen Anzahl N von Teilchen zusammengesetzt ist und in dem jedem Teilchen mehrere Zustände mit Energien E_1, E_2, E_3, ... zur Verfügung stehen. Die Energiezustände können quantisiert sein (wie es die Rotations- oder Schwingungszustände in einem Molekül sind), oder sie können ein praktisch kontinuierliches Spektrum bilden (wie bei der kinetischen Translationsenergie der Moleküle in einem Gas). Zu einem bestimmten

Zeitpunkt sind die Teilchen auf die verschiedenen Zustände verteilt, so daß n_1 Teilchen die Energie E_1, n_2 Teilchen die Energie E_2 usw. besitzen. Die Gesamtzahl der Teilchen ist

$$N = n_1 + n_2 + n_3 + \ldots = \sum_i n_i. \tag{10.1}$$

Wir nehmen an, daß sie für alle Prozesse, die in dem System ablaufen, konstant ist. Die Gesamtenergie des Systems ist

$$U = n_1E_1 + n_2E_2 + n_3E_3 + \ \ldots = \sum_i n_iE_i. \tag{10.2}$$

Bei diesem Ausdruck für die Gesamtenergie des Systems wird implizit angenommen, daß die Teilchen nicht miteinander in Wechselwirkung stehen (oder daß ihre Wechselwirkung nur gering ist), so daß wir jedem einzelnen Teilchen eine Energie zuordnen können, die nur von seinen Koordinaten abhängt. Wenn wir Wechselwirkungen betrachten, müssen wir zu Gl. (10.2) Terme der Gestalt $E_{p12} + E_{p13} + \ldots + E_{p23} + \ldots$ hinzuaddieren, die der potentiellen Energie der Wechselwirkung zwischen Paaren von Teilchen entsprechen. Jeder Term enthält die Koordinaten beider wechselwirkenden Teilchen. In einem solchen Fall können wir nicht von der Energie jedes einzelnen Teilchens, sondern nur von der Energie des Systems sprechen.

Auf den ersten Blick könnte es daher scheinen, daß unsere Diskussion deshalb unrealistisch ist, da alle Teilchen, die physikalische Systeme bilden, wechselwirkend sind. Unter bestimmten Bedingungen können wir jedoch die Technik des sog. *selbstkonsistenten Feldes* benutzen Man nimmt dabei an, daß das einzelne Teilchen mit den anderen in einer *mittleren Wechselwirkung* steht, der eine mittlere potentielle Energie entspricht, die nur von seinen Koordinaten abhängt, so daß wir immer noch U wie in Gl. (10.2) schreiben können, wobei jedoch jetzt $E_i = E_{ki} + E_{pi\ \mathrm{ave}}$ ist. Für die Fälle, in denen man die Wechselwirkungen zwischen den Teilchen explizit berücksichtigen muß, muß man andere Techniken benutzen. Wir werden diese in Kapitel 12 in Zusammenhang mit den realen Gasen diskutieren.

Wenn das System isoliert ist, muß die Gesamtenergie U konstant sein. Die Verteilung der Teilchen auf die verschiedenen zur Verfügung stehenden Energiezustände kann sich jedoch als Resultat ihrer gegenseitigen Wechselwirkungen und Zusammenstöße verändern. In einem Gas kann z.B. ein schnelles Molekül mit einem langsamen zusammenstoßen; nach der Kollision kann das schnelle Molekül abgebremst und das langsame beschleunigt worden sein; oder ein angeregtes Atom kann inelastisch mit einem anderen Atom zusammenstoßen, wobei seine Anregungsenergie in kinetische Energie der beiden Atome umgewandelt wird. In beiden Beispielen befinden sich daher die Teilchen nach dem Zusammenstoß in anderen Zuständen. Mit anderen Worten, es können sich die Zahlen $n_1, n_2, n_3, \ldots$, welche die Aufteilung (oder Verteilung) der N Teilchen auf die zur Verfügung stehenden Energiezustände angeben, ändern. Es ist eine vernünftige Annahme, daß es für jeden makroskopischen Zustand eines Systems von Teilchen eine Aufteilung gibt, die gegenüber jeder anderen bevorzugt ist. Mit anderen Worten, wir können sagen: *Bei gegebenen physikalischen Bedingungen eines Systems von Teilchen* (d.h. Anzahl der Teilchen, Gesamtenergie und Struktur jedes einzelnen Teilchens) *gibt es eine wahrscheinlichste Aufteilung.* Man sagt, daß sich das System, wenn diese Verteilung angenommen ist, im *statistischen Gleichgewicht* befindet.

Ein System, das sich im statistischen Gleichgewicht befindet, wird nur dann (abgesehen von statistischen Fluktuationen) von der wahrscheinlichsten Verteilung abweichen, wenn es durch einen äußeren Einfluß gestört wird. Wir meinen damit, daß die Verteilungszahlen n_1, n_2, n_3, ... ohne merkliche (oder beobachtbare) makroskopische Effekte um diejenigen Werte fluktuieren können, die der wahrscheinlichsten Verteilung entsprechen. Nehmen wir z.B. an, daß wir ein Gas im statistischen Gleichgewicht haben, in dem ein Molekül der Energie E_i mit einem Molekül der Energie E_j zusammenstößt. Nach der Kollision sind ihre Energien E_r und E_s. Wir können annehmen, daß innerhalb einer kurzen Zeit ein anderes Paar von Molekülen aus Zuständen der Energie E_r und E_s entfernt wird und daß dasselbe oder ein anderes Paar von Molekülen in Energiezustände E_i und E_j übergeht, so daß sich statistisch die Verteilung nicht geändert hat.
Die Hauptaufgabe der statistischen Mechanik besteht darin, die wahrscheinlichste Aufteilung (oder das Verteilungsgesetz) eines isolierten Systems zu bestimmen, dessen Zusammensetzung gegeben ist. Wenn die wahrscheinlichste Verteilung bestimmt ist, besteht die nächste Aufgabe darin, Methoden zu entwickeln, aus ihr die makroskopisch beobachteten Eigenschaften abzuleiten. Man kann verschiedene plausible Annahmen ausprobieren, bis man ein Verteilungsgesetz erhält, das mit den experimentellen Resultaten verträglich ist. Gegenwärtig werden drei Verteilungen oder Statistiken benutzt. Eine nennt man die *Maxwell-Boltzmann-Verteilung.* Sie ist die Grundlage der *klassischen Statistik.* Wir werden sie in diesem Kapitel untersuchen.

Die klassische statistische Mechanik wurde in der zweiten Hälfte des 19. und zu Beginn des 20. Jahrhunderts entwickelt. Sie ist das Ergebnis der Arbeiten von Ludwig Boltzmann (1844-1906), James C. Maxwell (1831-1879) und Josiah W. Gibbs (1839-1903). Klassische statistische Mechanik hat einen sehr breiten Anwendungsbereich, besonders bei der Diskussion vieler Eigenschaften der Gase. Die übrigen beiden, *Fermi-Dirac-Verteilung* und *Bose-Einstein-Verteilung* genannten Verteilungen gehören zur *Quantenstatistik* und werden in Kapitel 13 betrachtet. Die klassische statistische Mechanik kann als Grenzfall der beiden Quantenstatistiken aufgefaßt werden (siehe Abschnitt 13.9).

10.3 Die Maxwell-Boltzmann-Verteilung

Wir wollen ein System betrachten, das aus einer großen Anzahl *identischer* und *unterscheidbarer* Teilchen besteht. Unter identischen Teilchen verstehen wir, daß die Teilchen dieselbe Struktur und Zusammensetzung besitzen. Unter unterscheidbaren Teilchen verstehen wir, daß wir zwischen einem Teilchen und einem anderen identischen Teilchen unterscheiden oder den Unterschied feststellen können. Auf den ersten Blick scheint es, daß ein Widerspruch zwischen identisch und unterscheidbar besteht, und dies ist auch tatsächlich der Fall! Diesen offensichtlichen Mangel an Logik werden wir später noch einmal aufgreifen; die Ergebnisse, die wir jetzt ableiten, sind jedoch so einfach, daß sie eine vorläufige Diskussion eines solchen Systems rechtfertigen.

Wir wollen eine spezielle Aufteilung $n_1, n_2, n_3, \ldots$ durch die geometrische Anordnung von Abb. 10-1 darstellen. Jede Linie repräsentiert einen bestimmten Zustand der Energie E_i, und die Anzahl der Punkte deutet die Anzahl n_i der Teilchen in jedem Energiezustand an. In unserem Beispiel sind $n_1 = 3$, $n_2 = 0$, $n_3 = 2$, $n_4 = 1$ usw.

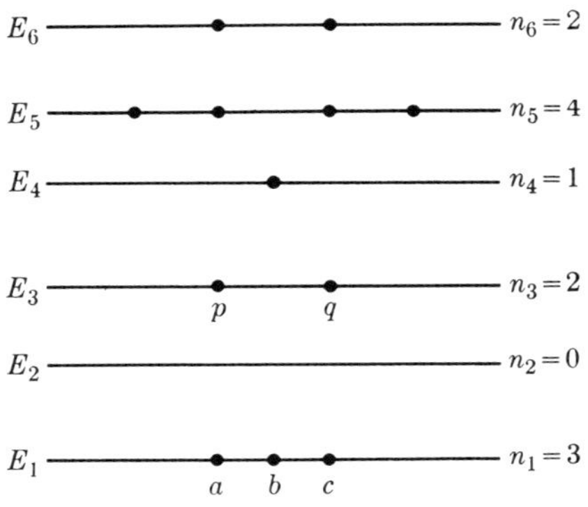

Abb. 10-1. Verteilung von Teilchen auf verschiedene Energiezustände.

Es ist unsere erste Annahme, daß alle Energiezustände den Teilchen des Systems gleich zugänglich sind; d.h. daß *alle Energiezustände dieselbe Wahrscheinlichkeit besitzen, besetzt zu werden.*

Wir werden dann annehmen:

Die Wahrscheinlichkeit einer bestimmten Aufteilung ist proportional zur Anzahl der verschiedenen Möglichkeiten, die Teilchen dabei auf die verfügbaren Energiezustände zu verteilen.

Betrachten wir als ein Beispiel die Anzahl der verschiedenen Möglichkeiten auf die man die Aufteilung von Abb. 10-1 erreichen kann. Unter verschieden verstehen wir, daß die Zahlen n_1, n_2, n_3, ... fest, die Teilchen in den einzelnen Zuständen jedoch verschieden sind. D.h., man faßt eine Aufteilung, bei der Teilchen a sich im Zustand E_1 und Teilchen p sich im Zustand E_3 befindet als verschieden von einer Aufteilung auf, bei der Teilchen a sich im Zustand E_3 und Teilchen p sich im Zustand E_1 befindet. Dies ist eine Konsequenz der Annahme, daß die das System bildenden Teilchen unterscheidbar sind. Wenn sie ununterscheidbar wären, müßten wir annehmen, daß die beiden Aufteilungen dieselben sind.

Wenn wir anfangen, den Zustand E_1 aufzufüllen, können wir als erstes irgendeines der N verfügbaren Teilchen auswählen. Es gibt so N unterscheidbare Möglichkeiten, das erste Teilchen zu wählen. Das zweite Teilchen kann auf $N-1$ verschiedene Arten ausgewählt werden, da nur noch $N-1$ Teilchen verfügbar sind. Das dritte Teilchen kann auf $N-2$ verschiedene Arten ausgewählt werden.

Die Gesamtzahl der verschiedenen unterscheidbaren Möglichkeiten, auf die wir die ersten drei Teilchen zur Besetzung des Zustandes E_1 auswählen können, ist somit

$$N(N-1)(N-2) = \frac{N!}{(N-3)!}. \tag{10.3}$$

Die drei ausgewählten Teilchen wollen wir mit a, b und c bezeichnen. Wir können sie in irgendeiner der $3! = 6$ verschiedenen Reihenfolgen oder Permutationen *abc*, *bca*, *cab*, *bac*, *acb*, *cba* auswählen. Diese 3! verschiedenen Reihenfolgen für die Anordnung der Teilchen a, b und c in E_1 geben jedoch *dieselbe* Aufteilung, da sie alle der Situation entsprechen, in der sich die Teilchen a, b und c im Zustand E_1 befinden. Eine Aufteilung wird nur durch die Anzahl und Bezeichnung der Teilchen in jedem Zustand bestimmt und nicht durch die Reihenfolge, in welcher sie dort angeordnet wurden. Diese ist unwichtig, sobald die Aufteilung einmal gebildet ist. Um die Gesamtzahl der unterscheidbaren, verschiedenen Möglichkeiten zu bestimmen, auf die wir die ersten drei Teilchen im Zustand E_1 auswählen können, müssen wir daher Gl. (10.3) durch 3! dividieren. Dies ergibt

$$\frac{N!}{3!(N-3)!}.$$

Der allgemeine Ausdruck für die Gesamtzahl der unterscheidbaren, verschiedenen Möglichkeiten, n_1 Teilchen in den Zustand E_1 anzuordnen, ist dann

$$\frac{N!}{n_1!\,(N-n_1)!}. \tag{10.4}$$

Dies ist gerade die Anzahl der Permutationen von N Objekten in Gruppen zu n_1. Wenn wir zum zweiten Zustand E_2 übergehen, stehen nur $N - n_1$ Teilchen zur Verfügung. Wenn wir n_2 Teilchen im Zustand E_2 anordnen wollen, müssen wir so Gl. (10.4) benutzen und dabei N durch $N - n_1$ und n_1 durch n_2 ersetzen. Dies ergibt

$$\frac{(N-n_1)!}{n_2!(N-n_1-n_2)!}. \tag{10.5}$$

Für den dritten Zustand bleiben uns nur $N - n_1 - n_2$ Teilchen. In ihm ordnen wir n_3 Teilchen an, so daß wir anstelle von Gl. (10.4)

$$\frac{(N-n_1-n_2)!}{n_3!\,(N-n_1-n_2-n_3)!}$$

erhalten. Dieses Verfahren kann man fortsetzen, bis alle Energiezustände berücksichtigt sind. Die Gesamtzahl unterscheidbarer, verschiedener Möglichkeiten, die Aufteilung $n_1, n_2, n_3, \ldots$ zu erhalten, ergibt sich durch Multiplikation der Ausdrücke (10.4), (10.5) und der folgenden Ausdrücke für die übrigen Energiezustände, Der Leser möge beachten, daß sich dabei eine Anzahl von Faktoren, wie $(N - n_1)!$, $(N - n_1 - n_2)!$ usw., herauskürzen. Dies führt auf den vereinfachten Ausdruck

$$P = \frac{N!}{n_1!n_2!n_3!\ldots}, \tag{10.6}$$

welcher die Anzahl der verschiedenen unterscheidbaren Möglichkeiten gibt, auf welche man die Aufteilung n_1, n_2, n_3, ... erhalten kann. Wir werden nun annehmen, daß die Wahrscheinlichkeit, diese Aufteilung zu erhalten, proportional zu P ist. Die Wahrscheinlichkeit P für die Aufteilung von Abb. 10-1 ist z.B.

$$P = \frac{N!}{3!0!2!1!4!\ldots}.$$

Wir müssen 0! gleich 1 setzen, da für $n_i = 0$ nur eine Möglichkeit besteht. Die Zahlen n_1, n_2, n_3, ... in Gl. (10.6) müssen so gewählt werden, daß die Gl. (10.1) und (10.2), welche die Gesamtzahl und die Gesamtenergie der Teilchen angeben, erfüllt werden.

Bisher haben wir angenommen, daß für alle verfügbaren Zustände die Wahrscheinlichkeit, besetzt zu werden, gleich ist. Es kann jedoch sein, daß die Zustände unterschiedliche *Eigenwahrscheinlichkeiten* g_i besitzen. Z.B. kann ein bestimmter Energiezustand mit mehr verschiedenen Drehimpulszuständen verträglich sein als ein anderer und daher eine größere Besetzungswahrscheinlichkeit besitzen. Wenn man diese Eigenwahrscheinlichkeiten berücksichtigt, unterscheidet sich die Wahrscheinlichkeit P einer bestimmten Aufteilung leicht von Gl. (10.6). Wenn g_i die Wahrscheinlichkeit bedeutet, ein Teilchen im Energieniveau E_i zu finden, dann ist offensichtlich die Wahrscheinlichkeit, zwei Teilchen in diesem Niveau zu finden, $g_i \times g_i = g_i^2$ und für n_1 Teilchen ist sie $g_i \times g_i \times g_i \times \ldots \times g_i = g_i^{n_i}$. Anstelle von Gl. (10.6) ist dann die Gesamtwahrscheinlichkeit einer bestimmten Aufteilung gegeben durch

$$P = \frac{N!g_1^{n_1}g_2^{n_2}g_3^{n_3}\ldots}{n_1!n_2!n_3!\ldots}. \tag{10.7}$$

Schließlich wollen wir von der Bedingung der Unterscheidbarkeit abgehen. Wenn alle Teilchen *identisch* und *ununterscheidbar* sind, kann man z.B. in der Aufteilung von Abb. 10-1 keinen Unterschied feststellen, wenn die Teilchen a und p ihre Plätze vertauschen. Daher geben alle $N!$ Permutationen zwischen den Teilchen, welche die verschiedenen Zustände besetzen, dieselbe Aufteilung. Dies bedeutet, daß wir Gl. (10.7) durch $N!$ zu dividieren haben. Dies führt auf

$$P = \frac{g_1^{n_1}g_2^{n_2}g_3^{n_3}\ldots}{n_1!n_2!n_3!\ldots} = \prod_{i=1}^{N} \frac{g_i^{n_i}}{n_i!}. \tag{10.8}$$

Dies ist der Ausdruck für die Wahrscheinlichkeit einer Verteilung in der Maxwell-Boltzmann-Statistik.

Wir können den Gleichgewichtszustand, der der wahrscheinlichsten Aufteilung entspricht, dadurch bestimmen, daß wir das Maximum von P (gegeben durch Gl. (10.8)) aufsuchen, das mit den Bedingungen (10.1) und (10.2) verträglich ist, wobei N und U konstant gehalten werden. Das Verfahren besteht in der Anwendung einer einfachen mathematischen Technik und ist in Beispiel 10.1 ausführlich erläutert. Das Ergebnis besteht darin, daß die Aufteilung, welche die größte Wahrscheinlichkeit besitzt, gegeben ist durch

$$n_i = g_i e^{-\alpha-\beta E_i}, \tag{10.9}$$

wobei α und β zwei Parameter sind, die, wie wir zeigen werden, mit den physikalischen Eigenschaften des Systems zusammenhängen. Die Größe α kann man durch die Gesamtzahl der Teilchen N ausdrücken. Wenn wir Gl. (10.9) benutzen, haben wir

$$\begin{aligned} N &= n_1 + n_2 + n_3 + \cdots \\ &= g_1 e^{-\alpha-\beta E_1} + g_2 e^{-\alpha-\beta E_2} + \cdots \\ &= e^{-\alpha}(g_1 e^{-\beta E_1} + g_2 e^{-\beta E_2} + g_3 e^{-\beta E_3} - \cdots) \\ &= e^{-\alpha}\left(\sum_i g_i e^{-\beta E_i}\right) = e^{-\alpha} Z, \end{aligned} \tag{10.10}$$

wobei

$$Z = \sum_i g_i e^{-\beta E_i}.$$

Die Größe Z, die sog. *Zustandssumme*, ist ein sehr wichtiger Ausdruck, der in vielen Berechnungen häufig auftritt. Wir können so $e^{-\alpha} = N/Z$ schreiben und Gl. (10.9) wird

$$n_i = \frac{N}{Z} g_i e^{-\beta E_i}. \tag{10.11}$$

Ausdruck (10.11) stellt das *Maxwell-Boltzmannsche Verteilungsgesetz* dar. Die Größe β ist, wie in Abschnitt 10.4 erläutert wird, mit der Energie des Systems, oder genauer mit der mittleren Energie eines Teilchens verknüpft.

Wir wollen nun eine Anwendung von Gl. (10.11) illustrieren. Aus der Definition des Mittelwertes ergibt sich, daß (für eine bestimmte Verteilung) der Mittelwert einer physikalischen Eigenschaft $F(E)$, die als Funktion der Teilchenenergie E ausgedrückt werden kann, gegeben ist durch

$$F_{\text{ave}} = \frac{1}{N}\left[\sum_i n_i F(E_i)\right].$$

Für die wahrscheinlichste oder Gleichgewichtsverteilung erhalten wir unter Ausnutzung von Gl. (10.11)

$$F_{\text{ave}} = \frac{1}{Z} \sum_i g_i F(E_i) e^{-\beta E_i}. \tag{10.12}$$

Wenn sich z.B. die Teilchen eines Systems mit jeweils gleicher Wahrscheinlichkeit ($g_1 = g_2 = 1$) nur in zwei Zuständen der Energie $E_1 = +\epsilon$ und $E_2 = -\epsilon$ befinden können, dann haben wir

$$Z = e^{-\beta E_1} + e^{-\beta E_2} = e^{-\beta\epsilon} + e^{\beta\epsilon} = 2 \cosh \beta\epsilon,$$

und die mittlere Energie eines Teilchens ist

$$E_{\text{ave}} = \frac{1}{Z}(E_1 e^{-\beta E_1} + E_2 e^{-\beta E_2})$$

$$= \frac{\epsilon e^{-\beta\epsilon} - \epsilon e^{\beta\epsilon}}{2 \cosh \beta\epsilon} = -\epsilon \tanh \beta\epsilon.$$

Die Gesamtenergie ist

$$U = N\, E_{\text{ave}} = -N\epsilon \tanh \beta\epsilon,$$

was es uns gestattet, β durch U auszudrücken.

BEISPIEL 10.1. Ableitung der wahrscheinlichsten oder Gleichgewichtsverteilung.

Lösung: Die wahrscheinlichste oder Gleichgewichtsverteilung entspricht (nach Definition) dem Maximum von P. Dieses Maximum wiederum entspricht der Situation, bei welcher für kleine Veränderungen $dn_1, dn_2, dn_3 \ldots$ der Besetzungszahlen $n_1, n_2, n_3, \ldots$ die Änderung von P praktisch Null ist ($dP = 0$). Es ist jedoch mathematisch einfacher, anstelle des Maximums von P das Maximum von $\ln P$ zu bestimmen, das demselben Wert von P entspricht. Aus Gl. (10.9) ergibt sich nun

$$\ln P = n_1 \ln g_1 + n_2 \ln g_2 + n_3 \ln g_3 + \cdots$$
$$- \ln n_1! - \ln n_2! - \ln n_3! - \cdots$$

Wenn wir die Stirlingsche Formel für den Logarithmus der Fakultät einer sehr großen Zahl benutzen (siehe Anhang V)

$$\ln x! \approx x \ln x - x,$$

und annehmen, daß $n_1, n_2, n_3, \ldots$ große Zahlen sind (da physikalische Systeme im allgemeinen aus sehr vielen Teilchen bestehen), erhalten wir

$$\ln P = n_1 \ln g_1 + n_2 \ln g_2 + n_3 \ln g_3 + \cdots$$
$$- (n_1 \ln n_1 - n_1) - (n_2 \ln n_2 - n_2) - (n_3 \ln n_3 - n_3) - \cdots$$
$$= -n_1 \ln n_1/g_1 - n_2 \ln n_2/g_2 - \cdots + (n_1 + n_2 + \cdots).$$

Wenn wir Gl. (10.1) benutzen, können wir schreiben

$$\ln P = N - \sum_i n_i \ln n_i/g_i. \tag{10.13}$$

Wenn wir diesen Ausdruck differenzieren (und uns daran erinnern, daß N konstant und daher $dN = 0$ ist), erhalten wir

$$\begin{aligned} d(\ln P) &= -\sum_i (dn_i) \ln n_i/g_i - \sum_i n_i\, d(\ln n_i/g_i) \\ &= -\sum_i (dn_i) \ln n_i/g_i - \sum_i n_i (dn_i)/n_i \\ &= -\sum_i (dn_i) \ln n_i/g_i - \sum_i dn_i. \end{aligned} \qquad (10.14)$$

Da $dN = 0$ ist, weil N konstant ist, ergibt jedoch Gl. (10.1)

$$\sum_i dn_i = 0. \qquad (10.15)$$

Daher reduziert sich Gl. (10.14) auf

$$-d(\ln P) = \sum_i (\ln n_i/g_i)\, dn_i = 0. \qquad (10.16)$$

Auf der rechten Seite von Gl. (10.16) haben wir Null geschrieben, da wir den Gleichgewichtszustand suchen, für den P ein Maximum oder $dP = 0$ ist damit $d(\ln P) = P^{-1}\, dP = 0$. Wenn alle die Veränderungen dn_1, dn_2, dn_3, ... willkürlich wären, können wir Gl. (10.16) dadurch erfüllen, daß wir

$$\ln n_1/g_1 = 0, \ \ln n_2/g_2 = 0, \ \ln n_3/g_3 = 0, \ \ldots \text{ or } n_1 = g_1, n_2 = g_2, \ \ldots$$

setzen. Die Veränderungen dn_i sind jedoch nicht vollkommen frei wählbar. Wir haben nämlich die Bedingung (10.15), die aus der Konstanz der Teilchenzahl abgeleitet war, und eine ähnliche Bedingung

$$\sum_i E_i\, dn_i = 0, \qquad (10.17)$$

die aus der Konstanz der inneren Energie herrührt, und die man dadurch erhält, daß man Gl. (10.2) differenziert und $dU = 0$ setzt.

Um die beiden Bedingungen (10.15) und (10.17) zu berücksichtigen, benutzen wir ein mathematisches Verfahren, das von Lagrange vorgeschlagen wurde (siehe Anhang VII) und führen zwei freie Parameter α und β sog. *unbestimmte oder Lagrangsche Multiplikatoren* ein. Wenn wir Gl. (10.15) mit α und Gl. (10.17) mit β multiplizieren und beide zu Gl. (10.16) hinzuaddieren, erhalten wir

$$\sum_i (\ln n_i/g_i + \alpha + \beta E_i)\, dn_i = 0.$$

Hierdurch werden zwei neue freie Koeffizienten α und β eingeführt, um die beiden einschränkenden Bedingungen (10.15) und (10.17) zu kompensieren. Die Gleichgewichtsverteilung ergibt sich dann, wenn

$$\ln n_i/g_i + \alpha + \beta E_i = 0$$

oder

$$n_i = g_i e^{-\alpha-\beta E_i}.$$

Dies ist das Resultat, was oben in Gl. (10.9) angegeben war.

BEISPIEL 10.2. Ein System besteht aus 4000 Teilchen, die sich jeweils in einem von drei äquidistanten Energiezuständen oder Niveaus befinden können, deren Energien 0, ϵ und 2ϵ sind und die alle die gleiche Eigenwahrscheinlichkeit g besitzen (siehe Abb. 10-2). Dieses System könnte z.B. aus Atomen bestehen, deren Gesamtdrehimpuls 1 ist und die sich in einem Magnetfeld befinden. Vergleichen Sie die relativen Wahrscheinlichkeiten der Verteilung, in welcher sich 2000 Teilchen im unteren Niveau, 1700 im mittleren Niveau und 300 im oberen Niveau befinden mit derjenigen Verteilung, die sich ergibt, wenn man ein Teilchen von dem mittleren auf das untere Niveau und ein anderes Teilchen auf das obere Niveau bringt; dieser Prozeß ist mit der Energieerhaltung verträglich.

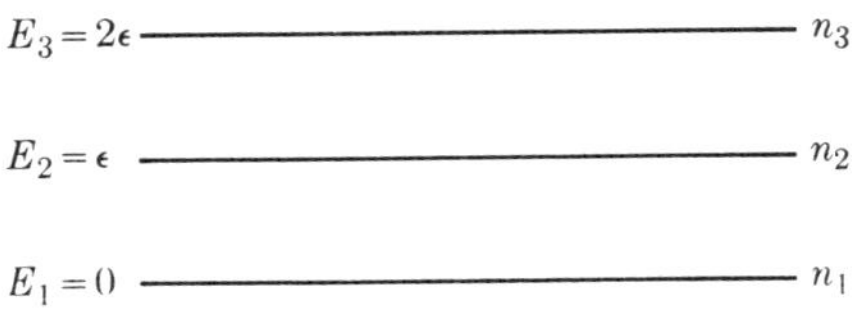

Abb. 10-2. System mit drei Energieniveaus.

Lösung: Entsprechend Gl. (10.8) sind die Wahrscheinlichkeiten für die erste und die zweite Verteilung

$$P_1 = \frac{g^{4000}}{2000!1700!300!}, \quad P_2 = \frac{g^{4000}}{2001!1698!301!}.$$

Anstatt die Werte von P_1 und P_2 zu berechnen (was wir unter Ausnutzung von Gl. (10.13) tun könnten), wollen wir einfach ihr Verhältnis bestimmen:

$$\frac{P_2}{P_1} = \frac{1700 \times 1699}{2001 \times 301} = \frac{2{,}888{,}300}{602{,}301} = 4.8.$$

Die bloße Verschiebung von zwei Teilchen aus 4000 zu anderen Energieniveaus ändert so die Wahrscheinlichkeit um einen Faktor 4.8. Dies bedeutet, daß die Verteilungen P_1 und P_2 beide von der Gleichgewichtsverteilung weit entfernt sind; diese Situation beruht auf einer Überbevölkerung des mittleren Niveaus. Das System wird deshalb danach streben, in einen Zustand überzugehen, bei dem das mittlere Niveau weniger besetzt ist. Der Leser möge das Problem mit anderen möglichen Verteilungen der Teilchen, die mit derselben Gesamtenergie verträglich sind, wiederholen. (Verschieben Sie zwei weitere Teilchen aus dem mittleren Niveau oder bewegen Sie ein Teilchen aus dem oberen Niveau und ein anderes Teilchen aus dem unteren Niveau in das mittlere Niveau und berechnen Sie wiederum die relativen Wahrscheinlichkeiten.)

BEISPIEL 10.3. Bestimmen Sie die wahrscheinlichste oder Gleichgewichtsverteilung für das System von Beispiel 10.2.

Lösung: Das System besteht aus $N = 4000$ Teilchen. Nach den in Beispiel 10.2 angegebenen Daten beträgt seine Gesamtenergie (siehe Abb. 10-2) $2000 \times 0 + 1700 \times \epsilon + 300 \times (2\epsilon) = 2300\epsilon$. Indem wir Gl. (10.9) für die wahrscheinlichste Verteilung benutzen, erhalten wir mit der Bezeichnung von Abb. 10-2 und mit $g_1 = g_2 = g_3 = g$

$$n_1 = ge^{-\alpha}, \quad n_2 = ge^{-\alpha-\beta\epsilon}, \quad n_3 = ge^{-\alpha-2\beta\epsilon}.$$

Wenn wir $e^{-\beta\epsilon}$ mit x bezeichnen, haben wir $n_2 = n_1 x$ und $n_3 = n_1 x^2$. Damit werden die Bedingungen (10.1) und (10.2), welche die Gesamtzahl der Teilchen bzw. die Gesamtenergie ausdrücken,

$$n_1 + n_1 x + n_1 x^2 = 4000, \qquad (n_1 x)\epsilon + (n_1 x^2)(2\epsilon) = 2300\epsilon.$$

Wenn wir den gemeinsamen Faktor ϵ in der zweiten Beziehung kürzen, haben wir

$$n_1(1 + x + x^2) = 4000,$$
$$n_1(x + 2x^2) = 2300.$$

Wenn wir n_1 eliminieren, erhalten wir eine Gleichung für x:

$$47x^2 + 17x - 23 = 0,$$

oder $x = 0.5034$. (Wir haben nur die positive Wurzel benutzt. Warum?) Daher ist $n_1 = 2277$ (diese Zahl ist aufgerundet worden). Dementsprechend sind $n_2 = 1146$ und $n_3 = 577$. Die zugehörige Verteilungswahrscheinlichkeit ist

$$P = \frac{g^{4000}}{2277!1146!577!}.$$

Wir wollen jetzt die Änderung von P berechnen, die auftritt, wenn zwei Teilchen aus dem mittleren Niveau entfernt und in das obere und untere Niveau übertragen werden. Die neue Verteilungswahrscheinlichkeit ist

$$P' = \frac{g^{4000}}{2278!1144!578!}.$$

Das Verhältnis der beiden Wahrscheinlichkeiten ist

$$\frac{P'}{P} = \frac{1146 \times 1145}{2278 \times 578} = \frac{1,312,170}{1,316,684} = 0.9966.$$

Die beiden Wahrscheinlichkeiten sind daher im wesentlichen gleich; dies sollte so sein, da bei einem Maximum von P ΔP für eine kleine Änderung der Besetzungszahlen einer Gleichgewichtsverteilung gleich Null sehr klein sein muß.

10.4 Temperatur

Der Parameter β von Gl. (10.10) und (10.11) ist direkt mit einer physikalischen Größe verknüpft, der Temperatur, die ursprünglich eher eingeführt worden war, um eine Sinneswahrnehmung zu beschreiben, als eine statistische Eigenschaft eines Aggregats von Teilchen. Wir stellen zuerst fest, daß wir β in reziproken Energieeinheiten, d.h. J^{-1}, eV^{-1} usw., ausdrücken müssen, um in den Gl. (10.10) und (10.11) die korrekten Dimensionen zu erhalten. Aus Gl. (10.11) ergibt sich für die Gesamtenergie eines Systems von Teilchen im statistischen Gleichgewicht

$$U = n_1 E_1 + n_2 E_2 + n_3 E_3 + \cdots$$
$$= \frac{N}{Z}(g_1 E_1 e^{-\beta E_1} + g_2 E_2 e^{-\beta E_2} + g_3 E_3 e^{-\beta E_3} + \cdots)$$

oder

$$U = \frac{N}{Z}\left(\sum_i g_i E_i e^{-\beta E_i}\right). \tag{10.18}$$

Indem wir die Definition (10.10) der Zustandssumme verwenden, können wir U in einer alternativen Form ausdrucken:

$$U = -\frac{N}{Z}\frac{d}{d\beta}\left(\sum_i g_i e^{-\beta E_i}\right) = -\frac{N}{Z}\frac{dZ}{d\beta} = -N\frac{d}{d\beta}(\ln Z). \tag{10.19}$$

Dies ist eine wichtige Beziehung zwischen der Gesamtenergie und der Zustandssumme eines Systems im statistischen Gleichgewicht. Die mittlere Energie eines Teilchens ist

$$E_{\text{ave}} = \frac{U}{N} = -\frac{d}{d\beta}(\ln Z). \tag{10.20}$$

Man beachte, daß für ein bestimmtes physikalisches System, das durch die g_i und E_i beschrieben wird, die Zustandssumme Z (und daher die Gesamtenergie U) wie auch die mittlere Energie eines Teilchens, E_{ave} (und auch andere Parameter, wie Volumen und Druck, welche den makroskopischen Zustand bestimmen) Funktionen von β sind. D.h. wir können den Parameter β benutzen, um die innere Energie des Systems zu charakterisieren. Man hat es jedoch praktischer gefunden, eine neue physikalische Größe anstelle von β einzuführen. Diese Größe nennt man die *absolute Temperatur* des Systems; sie wird mit T bezeichnet und entsprechend der Relation

$$kT = \frac{1}{\beta} \tag{10.21}$$

definiert. Die Größe kT muß man offensichtlich in Energieeinheiten wie Joules oder Elektronenvolt ausdrücken. Die Konstante k nennt man die *Boltzmann-Konstante.* Wenn man die Einheiten für T gewählt hat, ist ihr Wert festgelegt. Man muß noch zeigen, daß die von uns hier definierte Temperatur mit derjenigen Temperatur übereinstimmt, die man z.B. mit einem Gasthermometer mißt. Wir werden dies später tun (Abschnitt 12.2). An dieser Stelle reicht es aus anzugeben, daß der Wert der Boltzmannschen Konstanten

$$k = 1.3805 \times 10^{-23}\ \text{J K}^{-1} = 8.6178 \times 10^{-5}\ \text{eV K}^{-1}$$

ist, wenn man T in Einheiten von *Kelvin*, Symbol K, ausdrückt (diese Einheit war bereits vor Entwicklung der statistischen Mechanik eingeführt worden). Wir können natürlich $k = 1$ setzen und die Temperatur direkt in Energieeinheiten wie Joule oder Elektronenvolt messen. Dies ist durchaus möglich. Die Tradition, die Temperatur in Graden zu messen, die viel eher eingeführt waren als die Beziehungen zwischen der Temperatur und der molekularen Struktur eines Systems erkannt wurden, ist in der Physik so verankert, daß es praktisch unmöglich (und vielleicht auch nicht erwünscht) ist, auf die Benutzung von Graden zu verzichten. Wie wir später zeigen werden, ist die Größe β (außer in einigen Spezialfällen) positiv; daher ist die absolute Temperatur T positiv. Die niedrigste Temperatur ist Null, was dem sog. *absoluten Nullpunkt* entspricht.

Man sollte stets beachten, daß die statistische Definition der Temperatur, wie sie durch Gl. (10.21) gegeben ist, nur für ein System von Teilchen im statistischen Gleichgewicht gilt, und daher nicht für ein einzelnes Teilchen oder ein System, das sich nicht im Gleichgewicht befindet, zutrifft.

Der Grund hierfür liegt darin, daß der Parameter β nur in Zusammenhang mit der Berechnung der wahrscheinlichsten Verteilung eines Systems, die nach Definition dem Gleichgewichtszustand entspricht, auftritt. Für den Fall, daß sich das System nicht im Gleichgewicht befindet, können wir noch von einer «effektiven» Temperatur einzelner kleiner Teile des Systems sprechen, wenn wir annehmen, daß sich jeder kleine Teil fast im Gleichgewicht befindet.

Wenn wir die Definition (10.21) der Temperatur in Gl. (10.10) einsetzen, können wir die Gleichgewichtszustandssumme als

$$Z = \sum_i g_i e^{-E_i/kT} \tag{10.22}$$

schreiben. Die Gleichgewichtsbesetzungszahlen sind analog gegeben durch

$$n_i = \frac{N}{Z} g_i e^{-E_i/kT}. \tag{10.23}$$

Dies stellt die Maxwell-Boltzmann-Verteilung als Funktion der Temperatur dar. Da $\beta = 1/kT$ ist, gilt $d\beta = -dT/kT^2$, und wir können Gl. (10.19) als

$$U = kNT^2 \frac{d}{dT} (\ln Z) \tag{10.24}$$

schreiben. Die mittlere Energie pro Teilchen, U/N, ist durch

$$E_{\text{ave}} = kT^2 \frac{d}{dT} (\ln Z) \tag{10.25}$$

gegeben. Man beachte, daß Gl. (10.25) für ein System im statistischen Gleichgewicht eine Beziehung zwischen der mittleren Energie pro Teilchen und der Temperatur des Systems herstellt. Die genaue Beziehung hängt offensichtlich von der mikroskopischen Struktur des Systems, die sich in der Zustandssumme Z ausdrückt, ab und ist für ein ideales Gas, ein reales Gas, eine Flüssigkeit oder einen Festkörper verschieden. Wir können daher sagen: *Die Temperatur eines Systems im statistischen Gleichgewicht ist eine Größe, die mit der mittleren Energie pro Teilchen des Systems in Beziehung steht, wobei die Beziehung von der Struktur des Systems abhängt.*

Im allgemeinen Fall wird der Mittelwert irgendeiner Teilcheneigenschaft, $F(E)$, der in Gl. (10.12) definiert war, jetzt

$$F_{\text{ave}} = \frac{1}{Z} \sum_i g_i F(E_i) e^{-E_i/kT}. \tag{10.26}$$

Er ist somit eine Funktion der Temperatur. Z.B. ist für das System, das aus Teilchen der Energien $+\epsilon$ und $-\epsilon$ besteht, und das am Schluß von Abschnitt 10.3 betrachtet wurde, die mittlere Energie eines Teilchens bei der Temperatur T

$$E_{\text{ave}} = -\epsilon \tanh(\epsilon/kT).$$

Da die Exponentialfunktion $e^{-E_i/kT}$ in Gl. (10.23) eine abnehmende Funktion von E_i/kT ist, ist der Wert der Besetzungszahl n_i umso kleiner, je größer das Verhältnis E_i/kT ist. Daher ist bei einer bestimmten Temperatur der Wert von n_i umso kleiner, je größer die Energie E_i ist.

Mit anderen Worten, die Besetzung der dem Teilchen zugänglichen Zustände nimmt mit ihrer wachsenden Energie ab. Bei sehr niedrigen Temperaturen sind, wie in Abb. 10-3 gezeigt ist, nur die niedrigsten Energieniveaus besetzt; bei höheren Temperaturen (die bei einer bestimmten Energie kleineren Werten von E_i/kT entsprechen) nimmt jedoch die relative Besetzung der höheren Energieniveaus durch einen Übergang von Teilchen aus niedrigeren zu höheren Energieniveaus zu (wie ebenfalls in Abb. 10-3 gezeigt ist). Beim absoluten Nullpunkt der Temperatur ist nur das Grund- oder niedrigste Energieniveau besetzt. Man beachte, daß zwischen den Besetzungszahlen zweier Energieniveaus E_i und E_j die Beziehung

$$\frac{n_j}{n_i} = \frac{g_j}{g_i} e^{-(E_j - E_i)/kT} = \frac{g_j}{g_i} e^{-\Delta E/kT} \tag{10.27}$$

besteht, wobei ΔE die Energiedifferenz der beiden Niveaus ist. Daher sind n_i und n_j nur dann vergleichbar, wenn ΔE viel kleiner als kT ist.

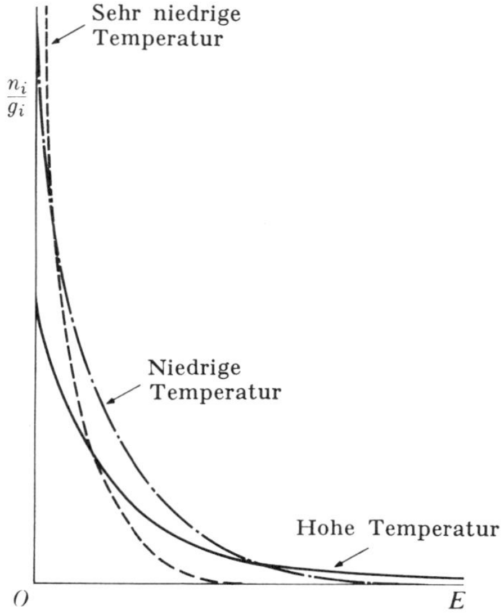

Abb. 10-3. Maxwell-Boltzmann-Verteilung bei drei verschiedenen Temperaturen.

BEISPIEL 10.4. Bestimmen Sie für die Temperaturen 100 K, 300 K (Zimmertemperatur) und 1000 K das Verhältnis zwischen den Besetzungszahlen für zwei Niveaus, die folgenden ΔE entsprechen: (a) 10^{-4} eV, was dem Abstand der Rotationsniveaus in vielen Molekülen entspricht, (b) 5×10^{-2} eV, was molekularen Vibrationsniveaus entspricht und (c) 3.00 eV, was in der Größenordnung der elektronischen Anregung von Atomen und Molekülen liegt. Nehmen Sie an, daß $g = 1$ ist.

Lösung: Wenn wir berücksichtigen, daß $k = 8.6178 \times 10^{-5}$ eV K^{-1} ist, so haben wir $kT = 8.6178 \times 10^{-5}T$ eV und $\Delta E/kT = 1.1603 \times 10^{4}\ \Delta E/T$, wobei ΔE in Elektronenvolt ausgedrückt ist. Für die angegebenen Werte von ΔE liegen daher bei den drei Temperaturen die Werte von n_j/n_i wie in der folgenden Tabelle aufgeführt.

ΔE, eV	100 K	300 K	1000 K
10^{-4}	0.9885	0.9962	0.9988
5×10^{-2}	3×10^{-3}	1.45×10^{-1}	5.60×10^{-1}
3.00	3×10^{-164}	8×10^{-49}	8×10^{-16}

Für $\Delta E = 10^{-4}$ eV sind daher bei allen betrachteten Temperaturen die beiden Niveaus praktisch besetzt. Dies erklärt z.B., warum man bei normalen Temperaturen das vollständige Rotations-Absorptions-Spektrum von Molekülen beobachtet, wie es in Abb. 5-35 für HCl dargestellt ist. Bei $\Delta E = 5 \times 10^{-2}$ eV ist die Besetzung des oberen Niveaus bei Zimmertemperatur bereits merklich. Dies bedeutet, daß sich bei Zimmertemperaturen viele Moleküle in einem angeregten Vibrationszustand befinden. Für $\Delta E = 3$ eV ist das Verhältnis n_j/n_i jedoch so klein, daß es plausibel ist, wenn man annimmt, daß das obere Niveau bei allen betrachteten Temperaturen praktisch unbesetzt ist. Dementsprechend befinden sich (bei Zimmertemperatur) die meisten Atome und Moleküle in ihrem elektronischen Grundzustand. Nur bei extremen Temperaturen, wie sie in sehr heißen Sternen auftreten, befinden sich Atome und Moleküle mit merklicher Anzahl in angeregten elektronischen Zuständen. Im Laboratorium erzeugt man elektronische Anregungen in elektrischen Entladungen durch inelastische Stöße von Gasmolekülen mit schnellen Elektronen.

BEISPIEL 10.5. Betrachtet sei ein System polarer Moleküle, die sich in einem gleichförmigen elektrischen Feld befinden, im übrigen jedoch gegenüber anderen äußeren Einflüssen isoliert sind. Berechnen Sie die Polarisation des Systems als eine Funktion der Temperatur.

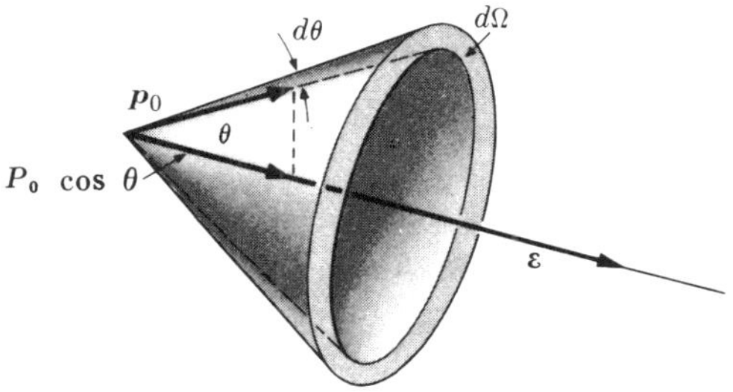

Abb. 10-4

Lösung: Wir wollen das elektrische Dipolmoment des einzelnen Moleküls durch $\mathbf{p}_0$ bezeichnen. Wir nehmen an, daß der Einfluß des angelegten elektrischen Feldes nur darin besteht, die wahllose Orientierung der Moleküle zu beeinflussen, ohne ihre Translations- oder Trägheit- (Rotations- oder Vibrations-) Bewegungen zu beeinflussen, und daß sich die Moleküle frei im elektrischen Feld orientieren können. Die Energie eines Moleküls, dessen Dipolmoment mit dem elektrischen Feld $\mathcal{E}$ den Winkel θ einschließt, beträgt $E(\theta) = -p_0 \mathcal{E} \cos \theta$. Da der Winkel θ jeden Wert zwischen 0 und π annehmen kann, sind die Energien der möglichen Zustände nicht diskret, sondern variieren kontinuierlich. Anstelle der Anzahl der Moleküle, die unter einem Winkel θ orientiert sind, müssen wir daher die Anzahl der Moleküle bestimmen, deren Dipole innerhalb eines Raumwinkels $d\Omega$ liegen, der durch das Gebiet zwischen den Kegeln mit dem Winkel θ und $\theta + d\theta$ definiert ist (Abb. 10-4). Der Wert dieses Raumwinkels beträgt $d\Omega = 2\pi \sin \theta \, d\theta$, und wenn wir in Gl. (10.22) g_i durch $d\Omega$ und die Summation durch ein Integral ersetzen, können wir die Zustandssumme als

$$Z = \int_0^\pi e^{p_0 \mathcal{E} \cos \theta / kT} 2\pi \sin \theta \, d\theta = 4\pi (kT/p_0 \mathcal{E}) \sinh (p_0 \mathcal{E}/kT)$$

schreiben. Die Orientierung der Moleküle muß relativ zur Richtung des elektrischen Feldes symmetrisch sein. Der Mittelwert ihres elektrischen Dipolmomentes ist parallel zu $\mathcal{E}$. Um p_{ave} zu bestimmen, müssen wir so $(p_0 \cos \theta)_{\text{ave}}$ auswerten, da $p_0 \cos \theta$ die Komponente des elektrischen Dipolmomentes in Richtung von $\mathcal{E}$ ist. Wenn wir Gl. (10.26) benutzen, wobei die Summation durch ein Integral ersetzt ist, erhalten wir

$$p_{\text{ave}} = \frac{1}{Z} \int_0^\pi (p_0 \cos \theta) e^{p_0 \mathcal{E} \cos \theta / kT} 2\pi \sin \theta \, d\theta = p_0 \left(\coth \frac{p_0 \mathcal{E}}{kT} - \frac{kT}{p_0 \mathcal{E}} \right).$$

Dieses Resultat nennt man *Langevinsche Formel*. Bei sehr großem $\mathcal{E}$ oder sehr niedriger Temperatur (d.h. für $p_0 \mathcal{E} \gg kT$ geht $\coth (p_0 \mathcal{E}/kT) \to 1$ und $kT/p_0 \mathcal{E} \to 0$, so daß $p_{\text{ave}} = p_0$. Dies bedeutet, daß bei einem sehr großen elektrischen Feld oder bei Temperaturen in der Nähe des absoluten Nullpunktes praktisch alle Moleküle parallel zum elektrischen Feld ausgerichtet sind.

Für kleine $\mathcal{E}$ oder große T (d.h. $p_0 \mathcal{E}/kT \ll 1$) benutzen wir die asymptotische Entwicklung

$$\coth x = 1/x + x/3 + \cdots,$$

und erhalten so

$$p_{\text{ave}} = p_0^2 \mathcal{E}/3kT.$$

Bei n Molekülen pro Volumeneinheit beträgt die Polarisation der Substanz

$$\mathcal{P} = n p_{\text{ave}} = (n p_0^2/3kT) \mathcal{E}.$$

Diesen Ausdruck benutzt man, um die elektrische Suszeptibilität eines Mediums zu berechnen, das aus polaren Molekülen besteht. Für eine Substanz, deren Moleküle ein permanentes magnetisches Moment besitzen, erhält man die Magnetisierung in einem äußeren Magnetfeld durch eine ähnliche Rechnung. Auf diesem Orientierungseffekt beruht der Paramagnetismus. In diesem Fall tritt jedoch eine Komplikation auf. Das magnetische Moment ist mit dem Drehimpuls verknüpft, dessen Orientierung, wie in Abschnitt 3.4 gezeigt, eingeschränkt ist. Anstelle einer Integration müssen wir daher eine Summation ausführen. Das Endresultat ist jedoch ähnlich wie im Falle eines elektrischen Dipolmomentes (siehe Aufgabe 10.8).

10.5 Thermisches Gleichgewicht

Wir betrachten ein System, das aus zwei verschiedenen Teilchengruppen besteht. Wir wollen sagen, daß jede der Teilchengruppen ein *Teilsystem* bildet. Unsere beiden Teilsysteme können z.B. aus einer Flüssigkeit bestehen, in die ein Festkörper eingetaucht ist, oder einer Mischung von zwei Gasen oder Flüssigkeiten oder aus zwei Festkörpern, die einander berühren. Durch Stöße oder andere Wechselwirkungen kann zwischen den Teilchen, welche die beiden Teilsysteme bilden, Energie ausgetauscht werden, die Gesamtenergie des Gesamtsystems sei jedoch als fest angenommen. Wir wollen die Gesamtzahl der Teilchen in den beiden Teilsystemen mit N und N' und die zugehörigen, den Teilchen zur Verfügung stehenden Energieniveaus mit $E_1, E_2, E_3, \ldots$ und $E'_1, E'_2, E'_3, \ldots$ bezeichnen. Wenn es zwischen den Teilchen in den beiden Teilsystemen keine Reaktionen gibt, bleibt die Zahl der Teilchen in jedem Teilsystem konstant; ferner ist die Gesamtenergie des Systems konstant. Die Energie des einzelnen Teilsystems ist jedoch nicht erhalten, da infolge ihrer Wechselwirkungen Energie zwischen beiden ausgetauscht werden kann. Daher müssen von den Besetzungszahlen $n_1, n_2, n_3, \ldots$ und $n'_1, n'_2, n'_3, \ldots$ bei einer bestimmten Verteilung die folgenden Bedingungen für die beiden Teilsysteme erfüllt sein:

$$N = \sum_i n_i = \text{konst}, \tag{10.28}$$

$$N' = \sum_j n'_j = \text{konst}, \tag{10.29}$$

$$U = \sum_j n_i E_i + \sum_j n'_j E'_j = \text{konst}. \tag{10.30}$$

Die Wahrscheinlichkeit für eine bestimmte Verteilung ergibt sich als Produkt von jeweils einem, Gl. (10.8) ähnlichen Ausdruck für jedes Teilsystem zu

$$P = \left[\frac{g_1^{n_1} g_2^{n_2} g_3^{n_3} \cdots}{n_1! n_2! n_3! \ldots}\right] \times \left[\frac{g_1'^{n'_1} g_2'^{n'_2} g_3'^{n'_3} \cdots}{n'_1! n'_2! n'_3! \ldots}\right]. \tag{10.31}$$

Wir können das Gleichgewicht des Gesamtsystems dadurch bestimmen, daß wir für P ein mit den Gl. (10.28), (10.29) und (10.30) verträgliches Maximum fordern. Das Resultat (siehe Beispiel 10.6) lautet:

$$n_i = \frac{N}{Z} g_i e^{-\beta E_i}, \qquad n'_j = \frac{N'}{Z'} g'_j e^{-\beta E'_j}, \tag{10.32}$$

wobei Z und Z' die jeweiligen Zustandssummen der beiden Teilsysteme sind. Wir beachten, daß im Gleichgewicht die beiden Teilsysteme denselben Parameter

β besitzen müssen. Angesichts unserer Definition der Temperatur, Gl. (10.21), schließen wir:

> *Zwei verschiedene Systeme von Teilchen, die miteinander in Wechselwirkung stehen, müssen im statistischen Gleichgewicht dieselbe Temperatur besitzen.*

Diese Aussage nennt man den *nullten Hauptsatz der Thermodynamik*. In diesem Fall spricht man davon, daß sich die Teilsysteme im *thermischen Gleichgewicht* befinden. Wenn wir β durch $1/kT$ ersetzen, können wir daher anstelle von Gl. (10.32)

$$n_i = \frac{N}{Z} g_i e^{-E_i/kT}, \qquad n'_j = \frac{N'}{Z'} g'_j e^{-E'_j/kT}$$

schreiben, wobei T die beiden Teilsystemen gemeinsame absolute Temperatur ist. Die Ausdrücke für n_i und n'_j zeigen, daß jedes Teilsystem im thermischen Gleichgewicht dieselbe wahrscheinlichste Verteilung annimmt wie in dem Fall, wo es sich isoliert auf derselben Temperatur T befindet. Diese Beziehungen sind daher ein Ausdruck der Tatsache, daß die Energie jedes Teilsystems im statistischen Sinne konstant bleibt, wenn das thermische Gleichgewicht erreicht ist. Dies bedeutet folgendes: Obwohl beide Systeme im mikroskopischen Bereich Energie austauschen können, findet dieser Energieaustausch in beiden Richtungen statt, und es resultiert insgesamt, im Mittel, kein Energietransport. Daher bleibt die Energie jedes der Teilsysteme statistisch konstant. Wenn man zwei Körper verschiedener Temperatur miteinander in Kontakt bringt, so folgt hieraus, daß sie solange Energie austauschen, bis beide bei derselben Temperatur thermisches Gleichgewicht erreicht haben. Von da an findet kein effektiver Energieaustausch mehr statt.

Auf dem nullten Hauptsatz basiert die Messung der Temperatur eines Körpers; man bestimmt diese Temperatur dadurch, daß man ihn mit einem geeichten Bezugskörper (oder Thermometer) in Kontakt bringt. Der nullte Hauptsatz stimmt auch mit unserem Alltagsverständnis des Temperaturbegriffes überein: Wenn man einen «kalten» und einen «heißen» Körper miteinander in Kontakt bringt, so kühlt der heiße Körper ab, und der kalte erwärmt sich, bis man beide auf gleicher Temperatur «fühlt». Obwohl der Begriff der Temperatur zunächst so eingeführt war, daß er einer Sinneswahrnehmung entspricht, die natürlich mit dem physikalischen Zustand des menschlichen Körpers zusammenhängt, können wir sie jetzt mit Hilfe der statistischen Beziehung (10.21) präzise definieren.

BEISPIEL 10.6. Ableitung der Beziehungen (10.32).

Lösung: Wenn P durch Gl. (10.31) gegeben ist, erhalten wir mit dem gleichen Verfahren, das wir bei der Ableitung von Gl. (10.16) verwendeten,

$$-d(\ln P) = \sum_i \ln n_i/g_i \, dn_i + \sum_i \ln n'_j/g'_j \, dn'_j = 0. \tag{10.33}$$

Die einschränkenden Bedingungen (10.28), (10.29) und (10.30) ergeben jetzt

$$\sum_i dn_i = 0, \tag{10.34}$$

$$\sum_j dn'_j = 0, \tag{10.35}$$

$$\sum_i E_i \, dn_i + \sum_j E'_j \, dn'_j = 0. \tag{10.36}$$

Wenn wir Gl. (10.34) mit α, Gl. (10.35) mit α' und Gl. (10.36) mit β multiplizieren und diese in Gl. (10.33) einsetzen, erhalten wir

$$\sum_i (\ln n_i/g_i + \alpha + \beta E_i) \, dn_i + \sum_j (\ln n'_j/g'_j + \alpha' + \beta E'_j) \, dn'_j = 0,$$

dies erfordert (aus denselben Gründen wie im Fall nur einer Teilchensorte), daß

$$\ln n_i/g_i + \alpha + \beta E_i = 0, \qquad \ln n'_j/g'_j + \alpha' + \beta E'_j = 0.$$

Dementsprechend erhalten wir

$$n_i = g_i e^{-\alpha - \beta E_i}, \qquad n'_j = g'_j e^{-\alpha' - \beta E'_j}$$

oder, wenn wir die Beziehungen (10.28) und (10.29) benutzen, um $e^{-\alpha}$ und $e^{-\alpha'}$ zu eliminieren,

$$n_i = \frac{N}{Z} g_i e^{-\beta E_i}, \qquad n'_j = \frac{N'}{Z'} g'_j e^{-\beta E'_j}.$$

Man beachte, daß wir α und α' verwenden, weil die Anzahl der Teilchen in jedem der Teilsysteme für sich erhalten ist, daß wir aber nur ein β benutzen, weil es die Gesamtenergie ist, die erhalten ist.

10.6 Anwendung auf das Ideale Gas

Als nächstes wollen wir untersuchen, ob es in der Natur irgendein System von Teilchen gibt, dessen Kollektivverhalten die Vorhersagen der Maxwell-Boltzmann-Verteilung widerspiegelt. Bis zu diesem Punkt hatten wir diese Verteilung nur als eine mehr oder weniger vernünftige theoretische Konstruktion dargestellt. Die Erfahrung bestätigt die Tatsache, daß man die meisten Gase in einem weiten Temperaturbereich entsprechend der Maxwell-Boltzmann-Statistik beschreiben kann. Der Einfachheit halber wollen wir jetzt Ideale Gase betrachten, die aus einatomigen Molekülen bestehen. Wir brauchen dann weder die potentielle Energie der innermolekularen Kräfte noch die Energie der inneren Rotations- oder Vibrationsbewegungen zu berücksichtigen. Die gesamte molekulare Energie ist die kinetische Energie der Translation, d.h. E_i in Gl. (10.11) ist

$$E = \frac{1}{2m} p_i^2 = \tfrac{1}{2} m v_i^2. \tag{10.37}$$

Wir beachten, daß man, wie in Beispiel 2.6 erklärt wurde, die kinetische Energie eines idealen Gases, das ein relativ großes Volumen einnimmt, als nichtquantisiert, sondern mit einem kontinuierlichen Spektrum annehmen kann. Wir müssen daher Gl. (10.22) umschreiben und die Summe durch ein Integral* der Form

$$Z = \int_0^\infty e^{-E/kT} g(E) dE \tag{10.38}$$

ersetzen, wobei $g(E)dE$ an die Stelle von g_i tritt und die Anzahl der Molekülzustände im Energieintervall zwischen E und $E + dE$ bezeichnet. Diese Zahl ergibt sich aus den verschiedenen Orientierungen des Impulses p für eine bestimmte Energie. Aufgrund von Gl. 2.19 des Beispiels 2.4 haben wir

$$g(E)\, dE = \frac{4\pi V(2m^3)^{1/2}}{h^3} E^{1/2}\, dE, \tag{10.39}$$

wobei V das vom Gas eingenommene Volumen ist. Daher ist

$$Z = \frac{4\pi V(2m^3)^{1/2}}{h^3} \int_0^\infty E^{1/2} e^{-E/kT}\, dE.$$

Für das Integral auf der rechten Seite ergibt sich (siehe Anhang IV) der Wert $\frac{1}{2}\sqrt{\pi(kT)^3}$. Daher ist

$$Z = \frac{V(2\pi mkT)^{3/2}}{h^3}. \tag{10.40}$$

Dies ist die Zustandssumme eines idealen, einatomigen Gases als Funktion der Temperatur und des Volumens des Gases. Wenn wir auf beiden Seiten den natürlichen Logarithmus bilden, erhalten wir

$$\ln Z = C + \tfrac{3}{2} \ln kT.$$

Hierbei enthält C alle übrigen konstanten Größen. Wenn wir diesen Wert von $\ln Z$ in Gl. (10.25) einsetzen, erhalten wir für die mittlere Energie des Moleküls:

$$E_{\text{ave}} = \tfrac{3}{2} kT. \tag{10.41}$$

Die mittlere kinetische Energie des Moleküls eines idealen Gases im statistischen Gleichgewicht ist daher proportional zur absoluten Temperatur des Gases. Historisch gesehen wurde Gl. (10.41) im 19. Jahrhundert lange vor der Entwicklung der statistischen Mechanik im Zusammenhang mit der kinetischen Theorie der

---

* In diesem Falle nennt man Z auch Zustandsintegral oder Zustandsfunktion (Anm. d. Übers.)

Gase eingeführt. Es war diese Beziehung, welche die Identifizierung von β mit $1/kT$ nahelegte. Die Gesamtenergie eines Gases mit N Molekülen ist dann

$$U = NE_{\text{ave}} = \tfrac{3}{2}kNT.$$

Wir schließen hieraus, daß die innere Energie eines idealen, einatomigen Gases nur von seiner Temperatur abhängt. Dies ist eine direkte Folge unserer Definition eines idealen Gases und der Temperatur. Wir erwarten nicht, daß dieselben Beziehungen für reale Gase oder andere Substanzen gelten, da deren innere Energie z.T. potentielle Energie ist und daher vom Abstand der Moleküle, d.h. vom Volumen der Substanz abhängt.

Wenn N die Anzahl der Mole* des Gases und $N_A = 6.0225 \times 10^{23}$ Mol^{-1} die Loschmidtsche Zahl bezeichnet, welche die Anzahl der Moleküle in einem Mol der Substanz und für alle Substanzen gleich ist, so haben wir $\text{N} = N/N_A$. Daher ist

$$U = \tfrac{3}{2}\text{N}kN_AT = \tfrac{3}{2}\text{N}RT, \tag{10.42}$$

wobei

$$\begin{aligned} R = kN_A &= 8.3143 \text{ J Mol}^{-1} \text{ °K}^{-1} \\ &= 1.9860 \text{ Kalorien Mol}^{-1} \text{ °K}^{-1} \\ &= 5.1894 \times 10^{19} \text{ eV Mol}^{-1} \text{ °K}^{-1} \end{aligned} \tag{10.43}$$

Gaskonstante genannt wird.

Wenn man g_i durch $g(E)\,dE$ entsprechend Gl. (10.39) ersetzt, wird der Ausdruck (10.23) für die Verteilung der Moleküle auf die verschiedenen Energien jetzt

$$dn = \frac{N}{Z}\, e^{-E/kT} g(E)\, dE = \frac{N}{Z}\, \frac{4\pi V (2m^3)^{1/2}}{h^3}\, E^{1/2} e^{-E/kT}\, dE,$$

wobei dn die Anzahl der Moleküle mit einer Energie zwischen E und $E + dE$ ist. Wenn wir den durch Gl. (10.40) gegebenen Wert von Z einsetzen, erhalten wir

$$\frac{dn}{dE} = \frac{2\pi N}{(\pi kT)^{3/2}}\, E^{1/2} e^{-E/kT}. \tag{10.44}$$

Dies ist die Maxwellsche Formel für die Energieverteilung der Moleküle in einem idealen Gas. Sie ist eine der ersten Anwendungen statistischer Methoden in der Physik. Sie wurde ursprünglich um 1857 von James C. Maxwell abgeleitet, der jedoch eine andere Schlußweise verwendete. In Abb. 10-5 ist Gl. (10.44) für zwei verschiedene Temperaturen aufgetragen.

---

* Wir erinnern uns, daß ein Mol einer Substanz soviele Gramm der Substanz sind, wie die Molekülmasse gemessen in atomaren Masseneinheiten beträgt.

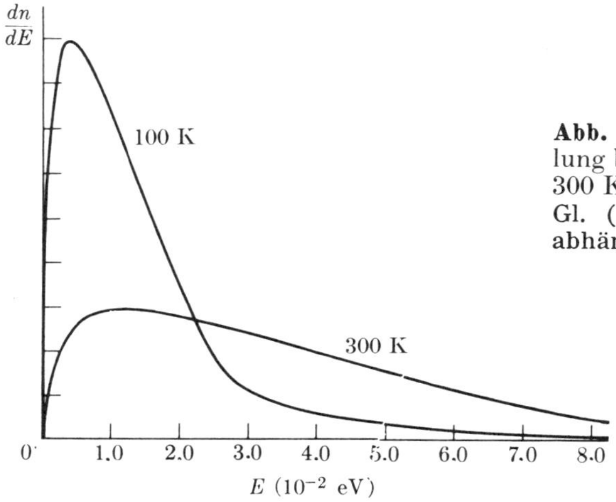

Abb. 10-5. Molekulare Energieverteilung bei zwei Temperaturen (100 K und 300 K). Man beachte, daß entsprechend Gl. (10.44) die Energieverteilung unabhängig von der Molekülmasse ist.

Manchmal benötigen wir statt der Energieverteilung die Geschwindigkeitsverteilung. Indem wir beachten, daß $E = \frac{1}{2}mv^2$, finden wir, daß

$$\frac{dn}{dv} = \frac{dn}{dE}\,\frac{dE}{dv} = mv\,\frac{dn}{dE}.$$

Wenn wir in Gl. (10.44) $E = \frac{1}{2}\,mv^2$ einsetzen, erhalten wir

$$\frac{dn}{dv} = 4\pi N\left(\frac{m}{2\pi kT}\right)^{3/2} v^2 e^{-mv^2/2kT}. \tag{10.45}$$

Dies ist die Maxwellsche Formel für die Geschwindigkeitsverteilung der Moleküle in einem idealen Gas. Sie gibt unabhängig von der Bewegungsrichtung die Anzahl

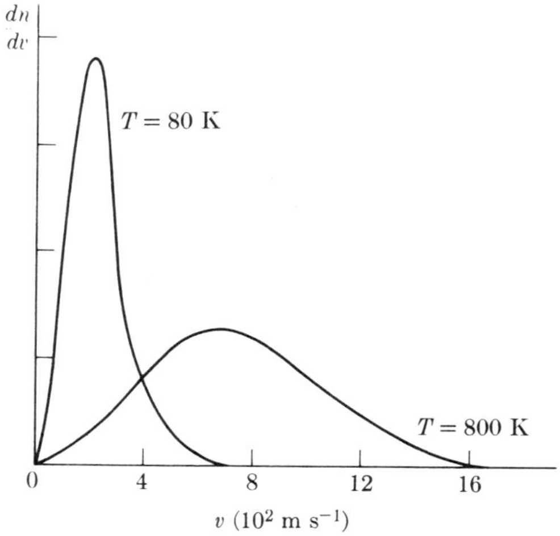

Abb. 10-6. Molekulare Geschwindigkeitsverteilung für Sauerstoff bei zwei Temperaturen (80 K und 800 K). Man beachte, daß entsprechend Gl. (10.45) die Geschwindigkeitsverteilung von der Molekülmasse abhängt.

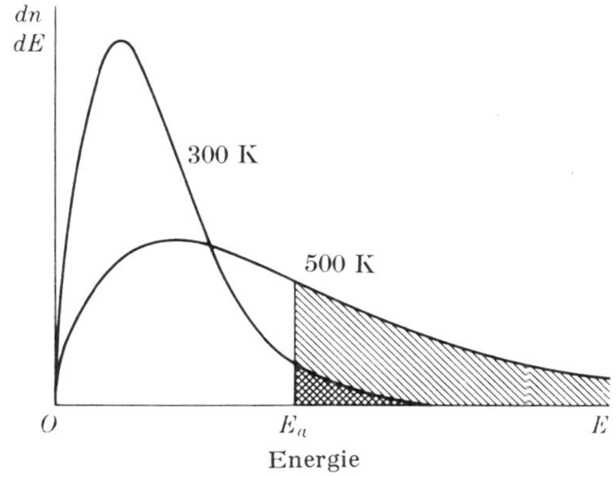

Abb. 10-7. Anzahl der Moleküle mit einer Energie größer als E_a bei zwei verschiedenen Temperaturen. Die Anzahl ist jeweils durch die schraffierte Fläche angedeutet.

der Moleküle an, die sich mit einer Geschwindigkeit zwischen v und $v + dv$ bewegen. In Abb. 10-6 ist die Geschwindigkeitsverteilung für Sauerstoff bei zwei verschiedenen Temperaturen dargestellt.

Ein entscheidender Test dafür, ob die Maxwell-Boltzmann-Statistik auf ideale Gase angewandt werden kann, besteht darin, daß man prüft, ob die in Abb. 10-5 und 10-6 dargestellten Energie- und Geschwindigkeitsverteilungen tatsächlich auftreten. Ein indirekter Weg besteht darin, daß man die Temperaturabhängigkeit chemischer Reaktionsraten analysiert. Nehmen wir an, daß eine bestimmte Reaktion nur dann auftritt, wenn die kollidierenden Moleküle eine bestimmte Energie besitzen, die gleich oder größer als E_a ist. Dann hängt die Rate der Reaktion bei einer gegebenen Temperatur von der Anzahl der Moleküle ab, die eine Energie größer oder gleich E_a besitzen. Diese Zahlen sind für zwei verschiedene Temperaturen in Abb. 10-7 durch die schraffierten Gebiete unter den Kurven für die hohe und für die niedrige Temperatur gegeben. Wir stellen fest, daß bei hohen Temperaturen mehr Moleküle zur Verfügung stehen als bei niedrigen. Durch geeignete Berechnung können wir den Einfluß dieser zusätzlichen Moleküle vorhersagen und die theoretische Vorhersage mit den experimentellen Daten vergleichen. Die experimentellen Ergebnisse stimmen ausgezeichnet mit Gl. (10.45) überein. Dies bestätigt, daß die Maxwell-Boltzmann-Statistik auf Gase angewandt werden kann.

Ein direkterer Beweis würde darin bestehen, daß man tatsächlich die Anzahl der Moleküle in den einzelnen Energie- und Geschwindigkeitsintervallen «zählt». Zu diesem Zweck hat man verschiedene experimentelle Anordnungen benutzt. Eine Methode, die einen Geschwindigkeitsselektor oder «-Zerhacker» benutzt, ist in Abb. 10-8 dargestellt. Die beiden geschlitzten Scheiben D und D' rotieren mit einer Winkelgeschwindigkeit Σ. Ihre Schlitze sind um einen Winkel θ gegeneinander verschoben. Gasmoleküle, die bei einer bestimmten Temperatur aus einem Ofen austreten (diesen Prozeß nennt man *Effusion*), passieren nur dann

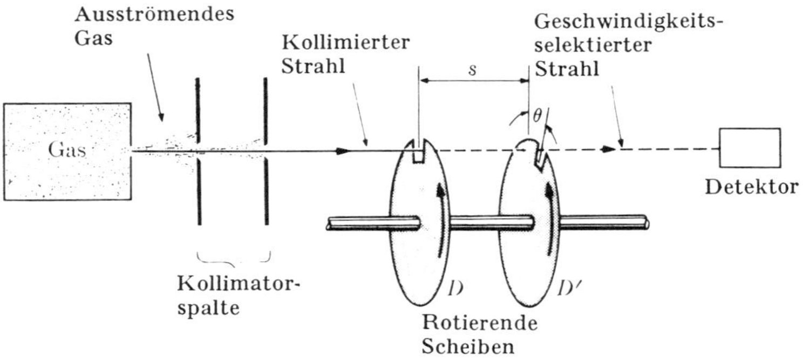

Abb. 10-8. Geschwindigkeitsfilter für Moleküle.

durch beide Schlitze und werden nur dann vom Detektor empfangen, wenn ihre Geschwindigkeit $v = s\Sigma/\theta$ ist. Da die Schlitze eine endliche Breite aufweisen, besitzen die durchlaufenden Moleküle in Wirklichkeit Geschwindigkeiten in einem bestimmten Intervall Δv um diesen Wert. Indem man entweder Σ oder θ ändert, kann man die Geschwindigkeit der am Detektor auftreffenden Moleküle verändern. Wenn man Beobachtungen für verschiedene Geschwindigkeiten v durchführt, kann man die Verteilungen von Geschwindigkeit und Energie erhalten. Die experimentellen Ergebnisse bestätigen die in Gl. (10.44) und (10.45) ausgedrückten Vorhersagen der Maxwell-Boltzmann-Statistik.

Wie in Abschnitt 8.6 erläutert, bremst man in einem Kernreaktor die durch Kernspaltung erzeugten Neutronen durch einen geeigneten Moderator ab, bis sie sich bei der Temperatur des Reaktors im thermischen Gleichgewicht befinden. Die Neutronen in einem thermischen Kernreaktor verhalten sich dann wie ein ideales Gas, und ihre Energieverteilung stimmt mit der Maxwellschen Formel, Gl. (10.44), überein, d.h. thermische Neutronen gehorchen der Maxwell-Boltzmann-Statistik. Wenn man die aus der Öffnung eines Reaktors austretenden Neutronen durch einen Zerhacker ähnlich wie in Abb. 10-8 hindurchlaufen läßt, erhält man einen Strahl monoenergetischer Neutronen.

BEISPIEL 10.7. Bestimmen Sie die wahrscheinlichste Energie und Geschwindigkeit der Gasmoleküle bei einer gegebenen Temperatur; diese Werte entsprechen den Maxima von dn/dE bzw. dn/dv.

Lösung: Um bei einer bestimmten Temperatur das Maximum der Funktion dn/dE, die durch Gl. (10.44) gegeben ist, zu bestimmen, braucht man nur das Maximum von $y = E^{1/2}e^{-E/kT}$ zu berechnen. Dies bedeutet

$$\frac{dy}{dE} = \left(\tfrac{1}{2}E^{-1/2} - \frac{E^{1/2}}{kT}\right) e^{-E/kT} = 0.$$

Hieraus entnehmen wir $E_{\text{mp}} = \frac{1}{2}kT$. Bei Zimmertemperatur, für die $kT \sim 0.025$ eV, ist somit $E_{\text{mp}} \sim 0.012$ eV.

Um das Maximum der durch Gl. (10.45) gegebenen Funktion dn/dv zu bestimmen, müssen wir analog das Maximum von $y = v^2 e^{-mv^2/2kT}$ berechnen. Dem entspricht

$$\frac{dy}{dv} = \left(2v - \frac{mv^3}{kT}\right) e^{-mv^2/2kT} = 0.$$

Daher ist $v_{\text{mp}} = \sqrt{2kT/m}$. Diese Geschwindigkeit entspricht einer Energie $E = kT$, die von E_{mp} verschieden ist. Kann der Leser den Grund für diesen Unterschied angeben?

BEISPIEL 10.8. Mittlere Geschwindigkeit (v_{ave}) und Geschwindigkeit im quadratischen Mittel (v_{rms}) der Moleküle eines idealen Gases.

Lösung: Die mittlere Geschwindigkeit ist definiert durch

$$v_{\text{ave}} = \frac{1}{N}\int_0^\infty v\, dn = \frac{1}{N}\int_0^\infty v \frac{dn}{dv}\, dv.$$

Indem wir den durch Gl. (10.45) gegebenen Wert für dn/dv einsetzen, erhalten wir

$$v_{\text{ave}} = 4\pi \left(\frac{m}{2\pi kT)}\right)^{3/2} \int_0^\infty v^3 e^{-mv^2/2kT}\, dv.$$

Wir transformieren zuerst das Integral, indem wir $u = v^2$ setzen, so daß $du = 2v\, dv$ ist. Dies führt auf

$$\tfrac{1}{2}\int_0^\infty u e^{-(m/2kT)u}\, du.$$

Wenn wir als nächstes partiell integrieren, was auf $\frac{1}{2}(2kT/m)^2$ führt, erhalten wir

$$v = \left(\frac{8kT}{\pi m}\right)^{1/2} = \left(\frac{2.55kT}{m}\right)^{1/2} = 1.13 v_{\text{mp}}.$$

Wir definieren den quadratischen Mittelwert der Geschwindigkeit durch $v^2_{\text{rms}} = (v^2)_{\text{ave}}$ und erhalten den Mittelwert von v^2 aus dem Ausdruck

$$(v^2)_{\text{ave}} = \frac{1}{N}\int_0^\infty v^2\, dn.$$

Wenn wir beachten, daß $v^2 = 2E/m$ ist, können wir auch schreiben

$$(v^2)_{\text{ave}} = \frac{2}{m}\frac{1}{N}\int_0^\infty E\, dn = \frac{2}{m} E_{\text{ave}},$$

da die mittlere Energie durch $E_{\text{ave}} = (1/N)\ E\, dn$ definiert ist. Für ein ideales Gas ist aber entsprechend Gl. (10.44) $E_{\text{ave}} = \frac{3}{2}kT$. Somit ist

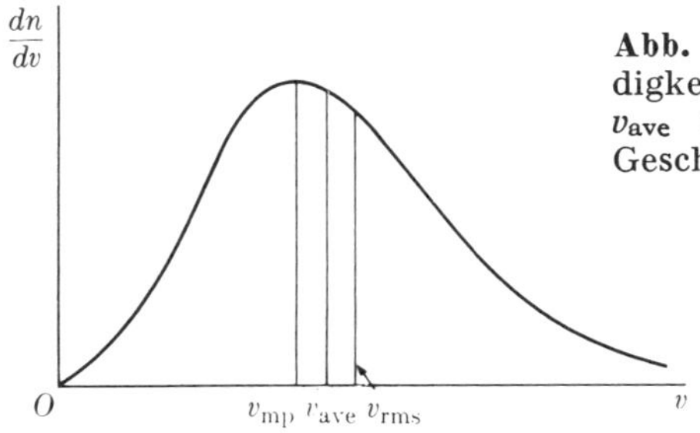

Abb. 10-9. Wahrscheinlichste Geschwindigkeit v_{mp}, mittlere Geschwindigkeit v_{ave} und quadratisches Mittel v_{rms} der Geschwindigkeit eines Gases.

$$v_{rms}^2 = (v^2)_{ave} = \frac{2}{m}(\tfrac{3}{2}kT) = \frac{3kT}{m}$$

und

$$v_{rms} = \left(\frac{3kT}{m}\right)^{1/2} = 1.25 v_{mp}.$$

Die drei Geschwindigkeiten v_{mp}, v_{ave} und v_{rms} sind in Abb. 10-9 angedeutet.

Literaturverzeichnis

1. "What is Probability?" R. Carnap, *Sci. Am.*, September 1953, Seite 128
2. "Thermodynamics, Statistics, and Information", L. Brillouin, *Am. J. Phys.* **29**, 318 (1961)
3. "The Work of T. H. Berlin in Statistical Mechanics", M. Kac, *Physics Today*, Oktober 1964, Seite 40
4. "New Approach to Statistical Mechanics", R. Weinstock, *Am. J. Phys.* **35**, 710 (1967)
5. *Statistical Mechanics*, G. Rushbrooke. London: Oxford University Press, 1949
6. *Statistical Physics*, G. Wannier. New York: John Wiley, 1966, Kapitel 1, 2 und 3
7. *Fundamentals of Statistical Thermodynamics*, R. Sonntag und G. Van Wylen. New York: John Wiley, 1966, Kapitel 1 und 2
8. *Statistical Thermodynamics*, E. Schrödinger. Cambridge: Cambridge University Press, 1964, Kapitel 1 und 2
9. *The Feynman Lectures on Physics*, Volumen I, R. Feynman, R. Leighton, und M. Sands. Reading, Mass.: Addison-Wesley, 1963, Kapitel 40

Aufgaben

10.1 Bestimmen Sie, wie sich in Beispiel 10.2 die Wahrscheinlichkeit der Verteilung ändert, wenn zwei Teilchen, eins aus dem oberen und eins aus dem unteren Niveau in das mittlere Niveau gebracht werden. Wiederholen Sie die Rechnung für die in Beispiel 10.3 gefundene wahrscheinlichste Verteilung.

10.2 Berechnen Sie für Beispiel 10.2 das Verhältnis P_2/P_1, indem Sie für ln P Gl. (10.13) benutzen.

10.3 Bestimmen Sie die Temperatur des Systems von Beispiel 10.3, wenn es sich im statistischen Gleichgewicht befindet. Nehmen Sie $\epsilon = 0.02$ eV an.

10.4 Bestimmen Sie das Verhältnis der Anzahl der Elektronen mit Spin parallel und antiparallel zu einem Magnetfeld als Funktion der Temperatur. Werten Sie das Ergebnis zahlenmäßig für eine Temperatur T gleich 10, 300 und 1000 K aus (*Hinweis*: Erinnern Sie, daß das magnetische Spinmoment des Elektrons durch $\boldsymbol{M}_S = -2\mu_B \boldsymbol{S}$ gegeben ist, Gl. (3.33).)

10.5 (a) Zeigen Sie, daß für ein Elektronengas in einem Magnetfeld $\mathcal{B}$ die Zustandssumme $Z = \cosh(\mu_B \mathcal{B}/kT)$ ist, wobei μ_B ein Bohrsches Magneton ist. (b) Berechnen Sie die magnetische Energie eines Elektronengases in dem Magnetfeld. Zeigen Sie dann, daß der Paramagnetismus freier Elektronen einer Magnetisierung $M = n\mu_B \tanh(\mu_B \mathcal{B}/kT)$ entspricht, wobei n die Anzahl der Elektronen pro Volumeneinheit ist. (c) Bestimmen Sie die Grenzwerte der Zustandssumme und der Magnetisierung für sehr niedrige und sehr hohe Temperaturen.

10.6 Die möglichen Teilchenenergien eines Systems von Teilchen seien 0, ϵ, $2\epsilon, \ldots, n\epsilon, \ldots$ (a) Zeigen Sie, daß die Zustandssumme des Systems (mit $g_i = 1$)

$$Z = (1 - e^{-\epsilon/kT})^{-1}$$

ist. (b) Berechnen Sie die mittlere Energie der Teilchen. (c) Bestimmen Sie den Grenzwert der mittleren Energie, wenn ϵ viel kleiner als kT ist.

10.7 Betrachtet sei ein System von Teilchen mit den Energien 0, ϵ, $2\epsilon, \ldots, n\epsilon, \ldots$ Stellen Sie für die Temperaturen (a) 100 K, (b) 300 K, (c) 800 K die Besetzungszahlen graphisch dar für den Fall, daß der Wert der Energie ϵ (a) 10^{-3} eV, (b) 0.1 eV beträgt. (*Hinweis:* Benutzen Sie für die Zustandssumme das Ergebnis von Aufgabe 10.6.)

10.8 Das magnetische Moment von Atomen (oder Molekülen) mit einem Drehimpuls $\boldsymbol{J}$ ist durch Gl. (3.40) gegeben: $\boldsymbol{M} = -\mu_B g \boldsymbol{J}$. (a) Leiten Sie einen Ausdruck ab, der die Anzahl der Atome angibt, die einen Wert von J_z gleich $m\hbar$ besitzen, wenn die Atome in ein Magnetfeld $\mathcal{B}$ parallel zur Z-Achse gebracht werden. (b) Zeigen Sie, daß die Zustandssumme des von den Atomen gebildeten Systems

$$Z = \frac{\sinh[(j + \frac{1}{2})\mu_B g \mathcal{B}/kT]}{\sinh[\frac{1}{2}\mu_B g \mathcal{B}/kT]}.$$

(c) Verifizieren Sie, daß sich für $j = \frac{1}{2}$ die Zustandssumme auf die in Aufgabe 10.5 für Elektronen abgeleitete reduziert.

10.9 Bestimmen Sie die mittlere magnetische Energie der in der vorhergehenden Aufgabe betrachteten Atome. Verifizieren Sie aufgrund dieses Resultats, daß das mittlere magnetische Moment der Atome in einer Richtung parallel zum Magnetfeld

$$M_{\text{ave}} = \mu_B g[(j + \tfrac{1}{2}) \coth (j + \tfrac{1}{2})x - \tfrac{1}{2} \coth \tfrac{1}{2}x]$$

ist, wobei $x = \mu_B g \mathcal{B}/kT$. Bestimmen Sie die Grenzwerte von M_{ave} für solche x, die sehr klein bzw. sehr groß verglichen mit 1 sind.

10.10 Bei welcher Temperatur beträgt die Anzahl der Moleküle eines idealen Gases pro Energieeinheitsintervall bei 2×10^{-2} eV ein Viertel des Wertes, der 1×10^{-2} eV entspricht?

10.11 Bestimmen Sie das Verhältnis der Anzahl der Moleküle eines idealen Gases pro Energieeinheitsintervall bei den Energien von 0.2 eV und 0.02 eV, wenn die Temperatur des Gases (a) 100 K, (b) 300 K, (c) 600 K beträgt.

10.12 Berechnen Sie die molekulare Energieverteilung für ein Kilomol eines idealen Gases bei 200 K und 600 K für soviele Punkte, daß Sie die Funktion graphisch darstellen können.

10.13 (a) Berechnen Sie die mittlere, die wahrscheinlichste und die quadratur von 300 K. (b) Berechnen Sie die Sauerstoffmolekülen bei einer Temperatur von 300 K. (b) Berechnen Sie die wahrscheinlichste Geschwindigkeit von Sauerstoffmolekülen bei den folgenden Temperaturen: 100 K, 300 K, 1000 K, 10000 K.

10.14 (a) Berechnen Sie die mittlere kinetische Energie der Translation eines idealen Gasmoleküls bei 300 K. (b) Berechnen Sie die Geschwindigkeit im quadratischen Mittel, wenn das Gas Wasserstoff (H_2), Sauerstoff (O_2) oder Quecksilberdampf (Hg) ist. Vergleichen Sie Ihre Ergebnisse für Wasserstoff und Sauerstoff mit der Schallgeschwindigkeit in diesen Gasen.

10.15 Berechnen Sie den quadratischen Mittelwert der Geschwindigkeit von (a) Heliumatomen bei 2 °C, (b) Stickstoffmolekülen bei 27 °C, (c) Quecksilberatomen bei 100 °C.

10.16 Bei welcher Temperatur ist die mittlere kinetische Energie der Translation eines Moleküls eines idealen Gases gleich der eines einfach geladenen Ions derselben Masse, das aus Ruhe durch eine Potentialdifferenz von (a) 1 Volt, (b) 1000 Volt, (c) 1 000 000 Volt beschleunigt wurde? Vernachlässigen Sie relativistische Effekte.

10.17 Bestimmen Sie aus Gl. (10.45) die relative Anzahl der Moleküle eines idealen Gases mit Geschwindigkeiten zwischen v_{ave} und 1.2 v_{ave} für den Fall (a) $v = v_{\text{ave}}$ und $dv = 0.2\ v_{\text{ave}}$; (b) $v = 1.1\ v_{\text{ave}}$ und $dv = 0.2\ v_{\text{ave}}$.

10.18 Zeigen Sie, daß die Anzahl der Moleküle eines idealen Gases, deren Geschwindigkeitskomponenten zwischen v_x und $v_x + dv_x$, v_y und $v_y + dv_y$, v_z und $v_z + dv_z$ liegen, gegeben ist durch

$$dn = N(m/2\pi kT)^{3/2} e^{-mv^2/2kT}\ dv_x\ dv_y\ dv_z.$$

(Beachten Sie, daß wir für diesen Fall in Gl. (10.45) das Integrationselement $4\pi v^2\ dv$ durch $dv_x dv_y dv_z$ ersetzen müssen. Begründen Sie diese Ersetzung.)

10.19 Zeigen Sie, daß die Anzahl der Moleküle eines idealen Gases, die, ohne verschiedene Werte von v_y und v_z zu unterscheiden, eine X-Komponente der Geschwindigkeit zwischen v_x und $v_x + dv_x$ besitzen, durch

$$dn = N(m/2\pi kT)^{1/2} e^{-mv_x^2/2kT}\ dv_x$$

gegeben ist. (*Hinweis:* Integrieren Sie den in Aufgabe 10.18 abgeleiteten Ausdruck über v_y und v_x. In beiden Fällen muß die Integration zwischen $-\infty$ und $+\infty$ verlaufen.)

10.20 Benutzen Sie das Ergebnis von Aufgabe 10.19 um für ein ideales Gas den Mittelwert von (a) v_x, (b) v_x^2, (c) $|v_x|$ zu bestimmen.

10.21 Das *Fehlerintegral* erf (x) ist definiert durch

$$\text{erf}\,(x) = \frac{1}{\sqrt{\pi}} \int_0^x e^{-x^2}\, dx.$$

In Tabelle 10.1 sind einige Werte dieser Funktion angegeben. Zeigen Sie unter Benutzung des Ergebnisses von Aufgabe 10.19, daß die Anzahl der Moleküle eines idealen Gases, deren X-Komponente der Geschwindigkeit zwischen 0 und v_x liegt, gegeben ist durch

$$N(0, v_x) = N\ \text{erf}\,(x),$$

wobei $x = (m/2kT)^{1/2} v_x$ ist, und daß die Zahl der Moleküle mit einer X-Komponente der Geschwindigkeit größer als v_x durch

$$N(v_x, \infty) = N[\tfrac{1}{2} - \text{erf}\,(x)]$$

gegeben ist.

10.22 Welcher Bruchteil der Moleküle eines idealen Gases besitzt eine positive X - Komponente der Geschwindigkeit größer als $2v_{\text{mp}}$?

10.23 Berechnen Sie den Bruchteil der Moleküle eines idealen Gases mit einer X-Komponente der Geschwindigkeit (a) kleiner als v_{mp}, (b) größer als v_{mp}, (c) kleiner als v_{ave}, (d) größer als v_{ave}. (*Hinweis:* Vergl. Aufgabe 10.21.)

TABELLE 10-1 Werte der Funktion erf (x)*

x	erf (x)	x	erf (x)
0	0	1.6	0.4882
0.2	0.1113	1.8	0.4946
0.4	0.2142	2.0	0.4977
0.6	0.3019	2.2	0 4991
0.8	0.3711	2.4	0.4996
1.0	0.4214	2.6	0.4999
1.2	0.4552	2.8	0.5000
1.4	0.4762	3.0	0.5000

* Für größere Werte von x bleiben die Werte der Funktion erf (x) auf vier Nachkommastellen konstant gleich 0.5000.

10.24 Welcher Bruchteil der Moleküle eines idealen Gases besitzt eine X-Komponente der Geschwindigkeit zwischen $-v_{\text{mp}}$ und $+v_{\text{mp}}$?

10.25 Zeigen Sie, daß die Anzahl der Moleküle eines idealen Gases mit einer Geschwindigkeit zwischen Null und v durch

$$N(0, v) = 2N\left[\text{erf}\,(x) - \frac{1}{\sqrt{\pi}}\, xe^{-x^2}\right]$$

gegeben ist, wobei $x^2 = mv^2/2kT$. Bestimmen Sie ebenfalls die Anzahl der Moleküle, die eine Geschwindigkeit grösser als v besitzen. (*Hinweis:* Benutzen Sie Gl. (10.45) und integrieren Sie partiell.)

10.26 Berechnen Sie unter Benutzung des Ergebnisses von Aufgabe 10.25 den Bruchteil der Moleküle eines idealen Gases, die eine Geschwindigkeit (a) kleiner als v_{mp}, (b) größer als v_{mp}, (c) kleiner als v_{ave}, (d) größer als v_{ave} besitzen.

10.27 Welcher Prozentsatz von Sauerstoffmolekülen besitzt bei einer Temperatur von (a) 100 K, (b) 1000 K, (c) 10.000 K eine Geschwindigkeit größer als 10^3 m s^{-1}? Illustrieren Sie Ihr Ergebnis graphisch durch die Verteilungsfunktion.

10.28 Bestimmen Sie unter Benutzung des Ergebnisses von Aufgabe 10.25 den Prozentsatz der Moleküle eines idealen Gases, die bei einer Temperatur von (a) 300 K, (b) 600 K, (c) 1000 K eine Energie größer als 0.5 eV besitzen. (*Hinweis:* Beachten Sie, daß bei dem in Aufgabe 10.25 abgeleiteten Ausdruck $x = (E/kT)^{1/2}$ ist.)

10.29 Zeigen Sie, daß die Anzahl der Gasmoleküle mit Geschwindigkeiten zwischen v und $v + dv$, die pro Zeit und Flächeneinheit mit der Wand eines Behälters zusammenstoßen, durch $\frac{1}{4}$ $v(dn/dv)\, dv$ gegeben ist. Zeigen Sie dann, daß die Gesamtzahl der Moleküle, die pro Zeiteinheit auf die Wand treffen, $\frac{1}{4}\, nv_{\text{ave}}$ ist, wobei n in beiden Fällen die Anzahl der Moleküle pro Volumeneinheit bezeichnet. Beachten Sie, daß die Moleküle mit einer Geschwindigkeit v, die pro Zeit- und Flächeneinheit auftreffen und sich unter einem Winkel θ relativ zur Normalen auf der Wandung bewegen, in einem zylindrischen Volumen der Höhe $v \cos\theta$ enthalten sind. Ferner ist der Bruchteil der Moleküle, die sich im Raumwinkel $d\Omega$ bewegen, gegeben durch

$$\frac{1}{4\pi}\frac{dn}{dv}\, dv\, d\Omega \quad \text{und} \quad d\Omega = 2\pi \sin\theta\, d\theta.$$

10.30 Nehmen Sie an, daß sich in der Wand eines Ofens, der ein Gas bei der Temperatur T enthält, ein kleines Loch befindet. Zeigen Sie, daß die Anzahl der Moleküle mit einer Geschwindigkeit zwischen v und $v + dv$, die pro Zeit und Flächeneinheit austreten, durch

$$dn = \pi N\left(\frac{m}{2\pi kT}\right)^{3/2} v^3 e^{-mv^2/2kT}\, dv$$

gegeben ist. Dabei bezeichnet N die Gesamtzahl der Moleküle im Ofen pro Volumeneinheit. Bestimmen Sie die Gesamtzahl der Moleküle, die pro Zeit und Volumeneinheit austreten. Zeigen Sie ferner, daß die mittlere und die quadratisch gemittelte Geschwindigkeit der Moleküle im auslaufenden Strahl durch

$$v_{\text{ave}} = \frac{3}{8}\sqrt{\frac{2\pi kT}{m}}$$

bzw.

$$v_{\text{rms}} = \sqrt{4kT/m}$$

gegeben sind.

Vergleichen Sie mit den entsprechenden Werten für Moleküle innerhalb des Ofens und diskutieren Sie kritisch die Ergebnisse des in Abb. 10-8 dargestellten Experimentes. (*Hinweis:* Benutzen Sie die Ergebnisse der vorhergehenden Aufgabe.)

10.31 (a) Zeigen Sie, daß die debroglie-Wellenlänge eines Teilchens der Masse m, das sich mit der wahrscheinlichsten Geschwindigkeit einer Maxwell-Verteilung zur Temperatur T bewegt, durch $\lambda = h/(2mkT)^{1/2}$ gegeben ist, wobei k die Boltzmannsche Konstante ist. (b) Berechnen Sie die debroglie - Wellenlänge eines Neutrons, das sich mit der wahrscheinlichsten Geschwindigkeit einer Maxwell-Verteilung zu 20 °C bewegt. Vergleichen Sie diese Wellenlänge mit den interatomaren Abständen in einem Festkörper.

10.32 Welcher Bruchteil von (a) H-Atomen und (b) HCl-Molekülen würde sich bei 300 K im ersten angeregten Zustand befinden?

10.33 Nehmen Sie an, daß die Energie der Moleküle eines Systems als die Summe von zwei Termen angenommen werden kann, d.h.

$$E_i = E_{i,\mathrm{tr}} + E_{i\,\mathrm{int}}.$$

Dabei bezieht sich $E_{i,\mathrm{tr}}$ auf die Translationsbewegung und $E_{i,\mathrm{int}}$ auf die internen Freiheitsgrade (wie z.B. die Rotation oder Schwingung eines Moleküls) oder auf die Wechselwirkung mit einem elektrischen oder magnetischen Felde. Wenn $g_{i,\mathrm{tr}}$ und $g_{i,\mathrm{int}}$ die Eigenwahrscheinlichkeiten sind, die den beiden Bewegungstypen entsprechen, haben wir $g_i = g_{i,\mathrm{tr}} g_{i,\mathrm{int}}$. Zeigen Sie, daß (a) $Z = Z_{\mathrm{tr}} Z_{\mathrm{int}}$, wobei Z die gesamte Zustandssumme und Z_{tr} und Z_{int} die Zustandssummen für die Translationsbewegung bzw. die inneren Freiheitsgrade sind; (b) $U = U_{\mathrm{tr}} + U_{\mathrm{int}}$.

11 THERMODYNAMIK

11.1 Einleitung

In Kapitel 10 entwickelten wir ein statistisches Modell für die Behandlung von Systemen mit vielen identischen Komponenten. Wir erläuterten dieses, Maxwell-Boltzmann-Statistik genannte Modell durch Anwendung auf ein spezielles Beispiel *nichtwechselwirkender* Teilchen: durch Anwendung auf das ideale Gas. Die Teilchen, die wir in der Natur vorfinden, stehen jedoch immer miteinander in Wechselwirkung. So besteht unser nächster Schritt in der Diskussion von Systemen wechselwirkender Teilchen, wie sie die Atome oder Moleküle im Festkörper, der Flüssigkeit oder im Dampfzustand oder sogar die Nukleonen in einem Kern darstellen. Ein gleichwichtiges Ziel ist es, eine Beziehung zwischen den Vorhersagen der statistischen Mechanik und denjenigen Größen herzustellen, die wir experimentell im makroskopischen Bereich messen oder beobachten. Anstatt ein isoliertes System im statistischen Gleichgewicht zu betrachten, wollen wir ferner herausfinden, was passiert, wenn ein System mit seiner Umgebung in Wechselwirkung steht; denn dies ist die Situation, die in der Natur am häufigsten vorliegt.

Diese Lücke zwischen der statistischen Mechanik und den makroskopischen Eigenschaften der Materie wird von dem Zweig der Physik überbrückt, den man *Thermodynamik* nennt. Historisch gesehen entwickelte sich die Wissenschaft von der Thermodynamik (vor der Einführung statistischer Methoden) während des 18. und 19. Jahrhunderts, zu einer Zeit, in der man von den Begriffen der Wärme und der Temperatur noch keine klaren Vorstellungen hatte. Sie entwickelte sich als eine ziemlich formale und elegante Theorie, deren Resultate und Methoden für das Ingenieurwesen äußerst wichtig waren, da etwa zur gleichen Zeit die Entwicklung der Wärmekraftmaschinen rasch voranschritt. In den Arbeiten von Carnot, Joule, Kelvin und anderen erreichte die Thermodynamik gegen Ende des 19. Jahrhunderts gerade zu der Zeit ihren Höhepunkt, als die statistischen Methoden durch die Arbeiten von Mayer, Boltzmann, Gibbs und anderen eingeführt wurden. Die Entwicklung statistischer Methoden und ihre Anwendung auf chemische Prozesse hat eine Neuformulierung der Thermodynamik notwendig gemacht. Vom Standpunkt der Anwendungen her gesehen, wurden jedoch keine wesentlichen Änderungen eingeführt.

In diesem Kapitel wollen wir Thermodynamik vom Standpunkt der statistischen Mechanik aus betrachten.

11.2 Die Erhaltung der Energie eines Systems von Teilchen

Wir wollen ein System von Teilchen betrachten, die sowohl ihren gegenseitigen Wechselwirkungen wie auch äußeren Kräften unterliegen. Das System kann z.B. ein einzelnes Wasserstoffmolekül sein (in diesem Fall sind die beteiligten Teilchen zwei Protonen und zwei Elektronen) oder ein Gas, das eine große Anzahl von Wasserstoffmolekülen enthält. In diesem Fall sind die Moleküle die Teilchen, die das System bilden; dementsprechend kann ihre innere Struktur in erster Näherung vernachlässigt werden. Wenn E_{pij} die potentielle Energie infolge der

Wechselwirkung der Teilchen i und j bezeichnen, ist die *innere potentielle Energie* des Systems gegeben durch

$$E_{p\,\text{int}} = \sum_{\substack{\text{alle}\\ \text{Paare}}} E_{pij} = E_{p12} + E_{p13} + \cdots + E_{p23} + \cdots \tag{11.1}$$

Analog wollen wir die Summe der auf den Massenmittelpunkt des Systems* bezogenen kinetischen Energien der Teilchen als innere kinetische Energie bezeichnen; d.h.

$$E_{k\,\text{int}} = \sum_{\substack{\text{alle}\\ \text{Teilchen}}} \tfrac{1}{2}m_i v_i^2 = \tfrac{1}{2}m_1 v_1^2 + \tfrac{1}{2}m_2 v_2^2 + \tfrac{1}{2}m_3 v_3^2 + \cdots \tag{11.2}$$

Man beachte, daß Gl. (11.2), die der kinetischen Energie entspricht, für *jedes* Teilchen einen Term aufweist, während Gl. (11.1), die der potentiellen Energie entspricht, nur für *jedes Paar* von Teilchen einen Term aufweist, da sie nur Zweiteilchen-Wechselwirkungen berücksichtigt. Die *gesamte innere Energie U* des Systems ist dann gegeben durch

$$U = E_{k\,\text{int}} + E_{p\,\text{int}}. \tag{11.3}$$

Im Falle eines idealen Gases gibt es keine intermolekularen Kräfte, und die innere Energie ist gerade die kinetische Energie. Wie in Abschnitt 10.2 angedeutet wurde, kann man in einigen Fällen die potentielle Energie als eine Summe von Einteilchen-Termen ausdrücken. Dies ist dann möglich, wenn man, in erster Näherung die potentielle Energie zwischen den Teilchen durch eine mittlere potentielle Energie für jedes Teilchen ersetzen kann. Wenn auf die Teilchen des Systems keine äußeren Kräfte einwirken (d.h., wenn das System gegenüber äußeren Einflüssen isoliert ist), ändert sich U nicht. Mit anderen Worten:

> *Die innere Energie eines isolierten Systems von Teilchen bleibt konstant.*

Wenn auf die Teilchen des Systems äußere Kräfte einwirken, bleibt die innere Energie, im allgemeinen, nicht konstant. Nehmen wir an, daß sich das System anfänglich in einem Zustand mit der inneren Energie U_0 befindet. Der Zustand des Systems wird durch die äußeren Kräfte laufend verändert, so daß die innere Energie nach einer bestimmten Zeit U ist. Wir wollen die gesamte Arbeit, die während dieser Zeit durch die äußeren Kräfte, die auf die Teilchen einwirken, geleistet wurde, mit W_{ext} bezeichnen. Die Arbeit W_{ext} ist eine Summe vieler

* Um die kinetische Energie auszudrücken, müssen wir ein Bezugssystem definieren, da ihr Wert sonst unbestimmt wäre.

Terme, die jeweils den Beiträgen der einzelnen Teilchen entsprechen, auf welche die äußere Kraft wirkt. Die Erhaltung der Energie verlangt dann, daß

$$U - U_0 = W_{ext} \tag{11.4}$$

was aussagt:

> *Die Änderung der inneren Energie eines Systems von Teilchen ist gleich der Arbeit, die an dem System von den äußeren Kräften geleistet wurde.*

Es kann auftreten, daß selbst dann, wenn äußere Kräfte auf das System einwirken, ihre gesamte Arbeit Null ist: $W_{ext} = 0$. In einem solchen Fall ändert sich die innere Energie nicht; d.h. $U = U_0$. Wenn Arbeit an dem System geleistet wird (W_{ext} positiv), nimmt seine innere Energie zu ($U > U_0$), wenn jedoch Arbeit von dem System geleistet wird (W_{ext} negativ), nimmt seine innere Energie ab ($U < U_0$).

11.3 Vielteilchen-Systeme: Arbeit

Die Systeme, die wir in der Thermodynamik betrachten, bestehen aus einer sehr großen Anzahl von Teilchen. Daher stellt uns eine Berechnung der äußeren Arbeit als Summe der einzelnen Arbeiten auf die verschiedenen Teilchen vor wesentliche Schwierigkeiten. Aus diesem Grunde hat es sich als praktisch herausgestellt, W_{ext} als die Summe von zwei Termen darzustellen, die beide statistischer Natur sind. Den einen nennt man weiterhin Arbeit, den anderen nennt man *Wärme.* In vielen Fällen, besonders dann, wenn wir Wärmekraftmaschinen behandeln, ist es vorzuziehen, die *vom* System geleistete äußere Arbeit, durch W_{syst} bezeichnet, an Stelle der *am* System geleisteten äußeren Arbeit, W_{ext}, zu berechnen. Da beide Arbeiten derselben Verschiebung, aber gleich großen entgegengesetzten Kräften entsprechen, sind die beiden Arbeiten dem Betrage nach gleich, besitzen jedoch entgegengesetzte Vorzeichen; d.h. $W_{syst} = - W_{ext}$. Im folgenden wollen wir für die vom System geleistete Arbeit W anstelle von W_{syst} schreiben.

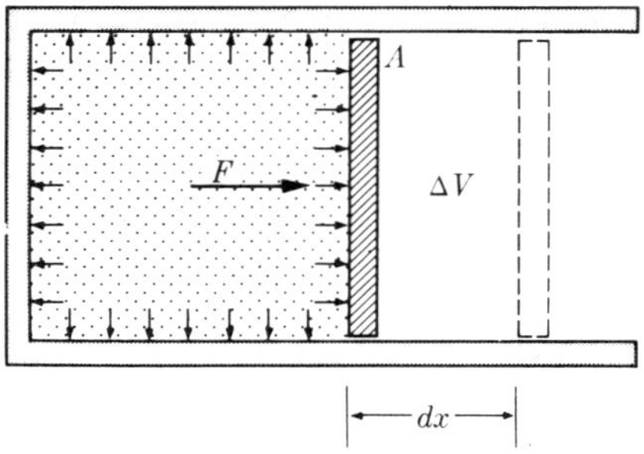

Abb. 11-1. Die bei der Ausdehnung eines Gases geleistete Arbeit.

Betrachten wir z.B. ein Gas in einem Zylinder (Abb. 11-1). Durch die Zusammenstöße und Wechselwirkungen seiner Moleküle mit den Molekülen der Wand kann das Gas mit der Umgebung Energie und Impuls austauschen. Der Austausch von Impuls kann durch eine Kraft dargestellt werden, die von jedem Molekül im Punkt des Zusammenstoßes mit der Wand ausgeübt wird. Diese einzelnen Kräfte schwanken von Punkt zu Punkt; da jedoch über eine große Fläche eine sehr große Anzahl von Zusammenstößen stattfindet, kann man den Gesamteffekt durch eine mittlere Kraft F darstellen, die auf die gesamte Fläche wirkt. Der Druck p des Gases ist als die mittlere Kraft pro Flächeneinheit definiert. Wenn A die Fläche bezeichnet, ist dann

$$p = F/A \qquad \text{oder} \qquad F = pA. \tag{11.5}$$

Wenn eine Wand des Behälters beweglich ist, wie etwa der Kolben in Abb. 11-1, kann die vom Gas ausgeübte Kraft die Wand um dx verschieben. Der Energieaustausch des Systems mit der umgebenden Welt kann dann durch die Arbeit ausgedrückt werden, die von dieser Kraft während der Verschiebung geleistet wird. Dementsprechend ist

$$dW = F\,dx = pA\,dx = p\,dV, \tag{11.6}$$

wobei $dV = A\,dx$ die Volumenänderung des Gases ist. Wenn sich das Volumen von V_0 bis V ändert, ist dann die vom Gas bei der Expansion geleistete äußere Arbeit

$$W = \int_{V_0}^{V} p\,dV. \tag{11.7}$$

Um dieses Integral zu berechnen, müssen wir die Beziehung zwischen p und V kennen. Diese Beziehung hat man für Gase und andere Substanzen sehr ausführlich untersucht; wir werden sie später betrachten.

Offensichtlich ist die am Gas geleistete äußere Arbeit

$$W_{\text{ext}} = -\int_{V_0}^{V} p\,dV. \tag{11.8}$$

Wir wollen uns jetzt einige der üblichen Einheiten ins Gedächtnis zurückrufen, in denen man Drucke ausdrückt. Wir beachten zunächst, daß Druck in einer Krafteinheit dividiert durch eine Flächeneinheit ausgedrückt werden muß. Dementsprechend mißt man im MKSC-System Druck in *Newton pro Quadratmeter* oder N m^{-2}. Eine andere, häufig benutzte Einheit ist *dyn pro Quadratzentimeter* (dyn cm^{-2}). Eine andere nützliche Einheit, die man hauptsächlich benutzt, um den Druck von Gasen auszudrücken, ist die *Atmosphäre*, abgekürzt atm, die durch die folgenden Äquivalenzen definiert ist:

$$1 \text{ atm} = 1.013 \times 10^5 \text{ N m}^{-2}.$$

Eine Atmosphäre ist ungefähr der Normaldruck, den die Erdatmosphäre in Meereshöhe auf Körper ausübt.

BEISPIEL 11.1. Ein Gas nimmt ein Volumen von 0.30 m³ ein und übt einen Druck von 2×10^5 N m^{-2} aus. Das Gas dehnt sich auf ein Volumen von 0.45 m³ aus, wobei der Druck konstant bleibt. Bestimmen Sie die vom Gas geleistete Arbeit.

Lösung: Wir benutzen Gl. (11.7) und erhalten, wenn der Druck p konstant bleibt,

$$W = \int_{V_0}^{V} p\, dV = p \int_{V_0}^{V} dV = p(V - V_0). \tag{11.9}$$

Dieses Resultat ist ganz allgemein und trifft auf jedes System zu, dessen Volumen sich bei konstantem Druck ändert. Wenn wir die Zahlenwerte einsetzen, erhalten wir

$$W = 3 \times 10^4 \text{ J}.$$

BEISPIEL 11.2. Ein Gas dehnt sich so aus, daß die Beziehung $pV = C$ (konstant) gilt. Diese Beziehung setzt voraus, daß die Temperatur des Gases konstant bleibt, und stellt das *Boylesche Gesetz* dar. Bestimmen Sie die Arbeit, die geleistet wird, wenn sich das Volumen von V_1 auf V_2 ausdehnt.

Lösung: Indem wir Gl. (11.8) benutzen, erhalten wir

$$W = \int_{V_1}^{V_2} p\, dV = \int_{V_1}^{V_2} C \frac{dV}{V} C \cdot \ln \frac{V_2}{V_1}. \tag{11.10}$$

Die geleistete Arbeit hängt daher vom Verhältnis V_2/V_1 zwischen den beiden Volumen (dem sog. *Expansionsverhältnis*) ab. Bei der Konstruktion von Verbrennungsmotoren ist das Kompressions-(oder Expansions-) Verhältnis einer der Faktoren, welche die Leistung der Maschine bestimmen.

11.4 Vielteilchen-Systeme: Wärme

Man sollte stets vor Augen haben, daß Gl. (11.7) einen *makroskopischen Mittelwert* ausdrückt, welcher all die einzelnen Energieübertragungen zwischen den Molekülen des Gases und den Molekülen des Kolbens aufsummiert. Wie berechnet man aber den Energieaustausch infolge der Wechselwirkung der Gasmoleküle mit den festen Wänden? In diesem Fall kann man die Methode, die wir benutzt haben, um W für den Kolben zu berechnen, nicht anwenden. Obwohl wir weiterhin eine mittlere Kraft auf die Wand definieren können, können wir keine mittlere Verschiebung der Wand definieren. Bei jeder einzelnen Wechselwirkung zwischen den Gasmolekülen und der Wand wird eine kleine Kraft ausgeübt, und ebenfalls werden die Moleküle in der Wand ein wenig verschoben. Wenn wir jeden dieser infinitesimalen Arbeitsbeträge berechnen und alle aufaddieren könnten, hätten wir die entsprechende, vom System geleistete äußere Arbeit. Wegen der großen Zahl eingehender Faktoren ist jedoch dieses Verfahren offensichtlich fast unmöglich. Um diese Arbeit zu berücksichtigen, werden wir daher einen neuen makroskopischen oder statistischen Begriff, die sog. *Wärme,* definieren.

Den Mittelwert der äußeren Arbeit oder der zwischen einem System und seiner Umgebung infolge der individuellen Energieübertragungen, die sich als Resultat der Zusammenstöße zwischen den Molekülen des Systems und den Molekülen der Umgebung ergeben, ausgetauschten Energie, nennt man die *Wärme Q*, wenn man ihn nicht makroskopisch als Kraft mal Weg ausdrücken kann. Daher besteht Q aus einer Summe vieler sehr kleiner, einzelner, äußerer Arbeiten, die man nicht kollektiv als eine mittlere Kraft mal einem mittleren Weg ausdrücken kann.

Bei unserer Vorzeichenkonvention wird die Wärme Q positiv gerechnet, wenn sie einer *am* System geleisteten äußeren Arbeit entspricht, und negativ, wenn sie einer *vom* System geleisteten äußeren Arbeit entspricht. Im ersten Fall sagen wir, daß Wärme von System *absorbiert* wurde, und im zweiten Fall sagen wir, daß Wärme vom System *abgegeben* wurde.

Da Wärme Arbeit entspricht, kann man sie in Joule ausdrücken. Man drückt jedoch Wärme häufig in einer Einheit aus, die man *Kalorie* nennt, abgekürzt cal, deren Definition 1948 zu 1 Kalorie = 4.1840 J festgesetzt wurde. Die Kalorie war ursprünglich als eine eigene Einheit zur Wärmemessung eingeführt worden, als die eigentliche Natur der Wärme noch nicht klar erkannt war. Die Kalorie ist jedoch nur eine andere Einheit, um Arbeit und Energie, und nicht nur Wärme, zu messen.

An dieser Stelle müssen wir den Leser davon warnen, Wärme als eine neue oder verschiedene Form von Energie zu verstehen. Es ist nur ein Name, den man einer speziellen Form der Arbeit oder der Energieübertragung gegeben hat, bei der eine sehr große Anzahl von Teilchen beteiligt ist. Als man die Begriffe der Wechselwirkung und der atomaren Struktur der Materie noch nicht klar verstand, hatten die Physiker die Energie in zwei Gruppen eingeteilt; *mechanische* Energie, die der kinetischen Energie und der potentiellen Energie der Gravitation entspricht, und *nichtmechanische* Energie, die ihrerseits unterteilt war in Wärme, chemische Energie, elektrische Energie, Strahlung usw. Diese Aufteilung ist nicht länger gerechtfertigt. Heute kennen die Physiker nur kinetische und potentielle Energie, wobei die potentielle Energie je nach der Natur der entsprechenden physikalischen Wechselwirkung mit verschiedenen Ausdrücken bezeichnet wird und wobei Wärme und Strahlung zwei Mechanismen der Energieübertragung ausdrücken. Chemische Energie ist nur ein makroskopischer Ausdruck, den man benutzt, um Energie zu beschreiben, die mit elektrischen Wechselwirkungen in Atomen und Molekülen verknüpft ist und sich in chemischen Prozessen, d.h. als atomare Umordnung in Molekülen, manifestiert.

11.5 Der erste Hauptsatz der Thermodynamik

In den beiden vorhergehenden Abschnitten haben wir gesehen, daß wir dann, wenn wir Systeme betrachten, die aus einer sehr großen Anzahl von Teilchen bestehen, die *gesamte äußere Arbeit* als Summe von zwei Anteilen: $Q + W_{ext}$ darstellen sollten. Hier stellt W_{ext} die äußere Arbeit dar, wenn sie als eine mittlere Kraft mal einem Weg berechnet werden kann, wie in Abschnitt 11.3 diskutiert wurde, und Q stellt die äußere Arbeit dar, wenn sie, wie in Abschnitt 11.4 diskutiert, als Wärme ausgedrückt werden muß. Gl. (11.4) für den Energiesatz muß dann in der Form

$$U - U_0 = Q + W_{ext} \qquad (11.11)$$

geschrieben werden, die man so mit Worten ausdrücken kann:

> *Die Änderung der inneren Energie eines Systems ist gleich der absorbierten Wärme plus der am System geleisteten äußeren Arbeit.*

Gl. (11.11) kann man in Abb. 11-2(a) bildlich dargestellt sehen: Wärme Q wird vom System *absorbiert* und Arbeit W_{ext} wird *am* System *geleistet.* Ihre Summe $Q + W_{ext}$ wird als innere Energie $U - U_0$ des Systems *gespeichert.* Manchmal, besonders bei technischen Anwendungen, schreiben wir nicht die äußere Arbeit W_{ext}, die am System geleistet wird, sondern die äußere Arbeit W, die *vom* System geleistet wird; wie wir oben erklärt haben, ist diese das Negative der *am* System geleisteten Arbeit. Wenn wir $W_{ext} = - W$ setzen, erhalten wir anstelle von Gl. (11.11)

$$U - U_0 = Q - W. \qquad (11.12)$$

Gl. (11.12) ist in Abb. 11-2(b) illustriert: Wärme Q wird vom System *absorbiert.* Arbeit W wird *vom* System *geleistet,* und die Differenz $Q - W$ wird als innere Energie $U - U_0$ des Systems *gespeichert.*

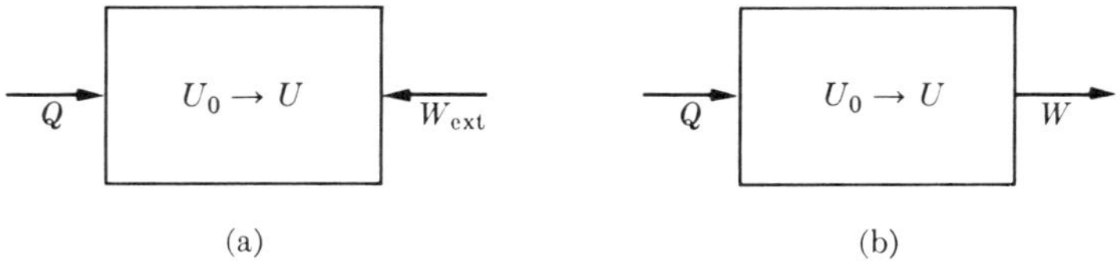

Abb. 11-2. Beziehung zwischen Wärme, Arbeit und innerer Energie.

Die Aussagen von Gl. (11.11) und (11.12) stellen das dar, was man den *ersten Hauptsatz der Thermodynamik* nennt und einfach das Gesetz der Energieerhaltung ist, das auf ein System angewandt wird, das aus einer sehr großen Zahl von Teilchen besteht, wobei die äußere Arbeit in geeigneter Weise in zwei statistische Terme aufgespalten ist, wobei man den einen Arbeit und den anderen Wärme nennt.

Wir können feststellen, daß infolge ihrer Definition *die innere Energie eines Systems nur vom Zustand des Systems abhängt,* ob es sich nun im Gleichgewicht befindet oder nicht, und nicht davon abhängt, wie das System diesen Zustand erreicht hat. Allerdings kann man nur dann, wenn sich das System in einem Gleichgewichtszustand befindet und die Teilchen, die das System bilden, der

Maxwell-Boltzmann-Statistik gehorchen, Gl. (10.24) benutzen, um U zu berechnen; d.h.

$$U = kNT^2 \frac{d}{dT} (\ln Z).$$

Andererseits sind die Arbeit W und die Wärme Q Größen, die direkt mit dem Prozeß verknüpft sind, den das System durchläuft, wenn es vom Anfangs- zum Endzustand übergeht. D.h., wenn das System von einem bestimmten Anfangszustand in einen bestimmten Endzustand übergeht, kann dies durch verschiedene Prozesse geschehen. Für alle die Prozesse, welche dieselben Zustände verknüpfen, sind die Werte U_0 und U der inneren Energie am Anfang bzw. am Ende gleich, so daß die Differenz $\Delta U = U - U_0$ vom Prozeß unabhängig ist. Die Werte der Wärme Q und der Arbeit W sind jedoch im allgemeinen für einzelnen Prozesse verschieden. Mit anderen Worten, die Aufteilung der Energieänderung auf Wärme und Arbeit hängt vom Prozeß ab.

Ein besonders interessanter Fall liegt dann vor, wenn das System eine *zyklische Transformation*, oder einfacher gesagt einen *Kreisprozeß*, durchläuft. Dies bedeutet, daß das System am Ende des Prozesses in seinen Anfangszustand zurückkehrt. Daher ist

$$U = U_0 \qquad \text{und} \qquad \Delta U = U - U_0 = 0.$$

In Gl. (11.12) eingesetzt, ergibt dies

$$Q = W. \tag{11.13}$$

Bei einem Kreisprozeß wird also die von dem System absorbierte Wärme Q vollständig in vom System geleistete Arbeit W umgewandelt. Dies ist genau das Arbeitsprinzip der Wärmekraftmaschinen, deren Zweck es ist, in einem sich wiederholenden Prozeß Wärme zu absorbieren und Arbeit zu leisten.

Wenn die Veränderung, die ein System erfährt, infinitesimal ist, müssen wir in Gl. (11. 12) $\Delta U = U - U_0$ durch dU, Q durch dQ und W durch dW ersetzen. Wenn wir dies tun, erhalten wir den folgenden Ausdruck

$$dU = đQ - đW. \tag{11.14}$$

Diese Gleichung drückt den ersten Hauptsatz der Thermodynamik in differentieller Form aus. Man beachte, daß wir $đQ$ und $đW$ und nicht dQ und dW für die infinitesimalen Änderungen von Q und W schreiben. Wir tun dies, um zu betonen: Obwohl U eine Funktion des Zustandes ist und seine Änderung nur von Anfangs- und Endzustand abhängt, sind Q und W Größen, die nur mit Prozessen verknüpft sind. In mathematischer Sprechweise sagen wir, daß dU ein vollständiges Differential der Variablen ist, die benutzt werden, um den Zustand des Systems zu definieren, $đQ$ und $đW$ dies jedoch nicht sind.

Wenn die Arbeit $đW$ von einer Expansion oder einer Volumenänderung herrührt, haben wir aus Gl. (11.8), daß $đW = p\,dV$ ist, und Gl. (11.14) wird

$$dU = đQ - p\,dV. \tag{11.15}$$

Wir möchten den Leser jedoch warnend darauf hinweisen, daß neben der Expansion andere Arten von Arbeit auftreten können, die sich durch die Variablen des Problems anders ausdrücken. Wenn z.B. eine Ladung dq durch eine elektromotorische Kraft V bewegt wird, müssen wir $dW = V\ dq$ schreiben.

11.6 Graphische Darstellung von Prozessen

Um den Gleichgewichtszustand eines Systems von Atomen oder Molekülen makroskopisch zu beschreiben, benutzen wir verschiedene makroskopische oder statistische Parameter. Die gebräuchlichsten sind der Druck, die Temperatur und das Volumen. Wir könnten auch die gesamte innere Energie benutzen, dies ist jedoch nicht gebräuchlich. Wenn das System aus zwei oder mehr unabhängigen Substanzen besteht, müssen wir auch ihre relativen Anteile wissen, um den Zustand des Systems vollständig zu spezifizieren.

Die makroskopischen oder statistischen Variablen, die den Zustand eines Systems im Gleichgewicht beschreiben, sind nicht alle unabhängig; sie sind durch einen mathematischen Ausdruck, die sog. *Zustandsgleichung*, verknüpft, welcher für die physikalische Struktur des Systems charakteristisch ist. Z.B. lautet die Zustandsgleichung eines idealen Gases (siehe Abschnitt 12.2)

$$pV = \text{N}RT, \tag{11.16}$$

wobei N die Anzahl der Mole und R die in Gl. (10.43) definierte Gaskonstante ist. Eines der wichtigsten Probleme der statistischen Physik ist die Ableitung

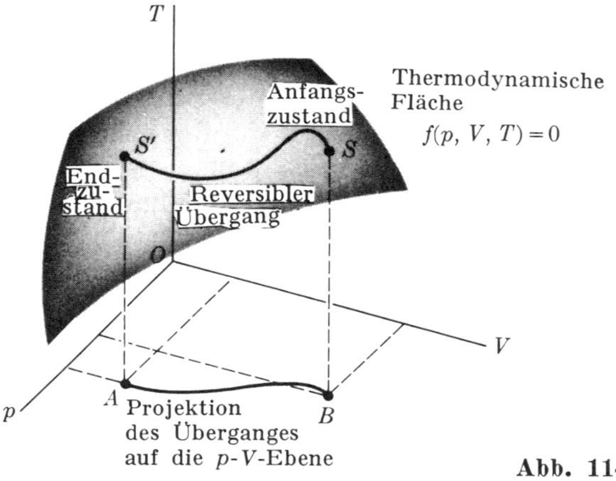

Abb. 11-3. Thermodynamische Fläche.

der Zustandsgleichungen für verschiedene Arten von Substanzen, da eine Kenntnis der Zustandsgleichung eine ungeheure theoretische und praktische Bedeutung besitzt.

Wir wollen die Zustandsgleichung einer einzelnen homogenen Substanz mit $f(p, V, T) = 0$ bezeichnen. Wir können diese Funktion durch eine Fläche, eine sog. *thermodynamische Fläche*, darstellen, indem wir ein durch p, V und T gekennzeichnetes Achsensystem verwenden (Abb. 11-3). Ein bestimmter Gleichgewichtszustand eines Systems, der durch bestimmte Werte von p, V und T charakterisiert ist, wird durch einen Punkt S auf der Fläche dargestellt. Wenn das System einen Prozeß oder eine Transformation durchläuft, gelangt es schließlich zu einem anderen Gleichgewichtszustand S', der ebenfalls auf der Fläche liegt. Im allgemeinen sind die bei der Transformation $S \to S'$ eingenommenen Zwischenzustände *keine* Gleichgewichtszustände und können nicht durch Punkte auf der Fläche

$$f(p, V, T) = 0$$

dargestellt werden.

Wenn die Transformation jedoch sehr langsam verläuft (und immer so in infinitesimalen Schritten fortschreitet, daß das System bei jedem Schritt nur wenig gegenüber seinem Gleichgewichtszustand gestört ist), ist es gerechtfertigt anzunehmen, daß sich das System in jedem Augenblick im statistischen Gleichgewicht befindet. Eine Transformation dieser Art nennt man *reversibel.*

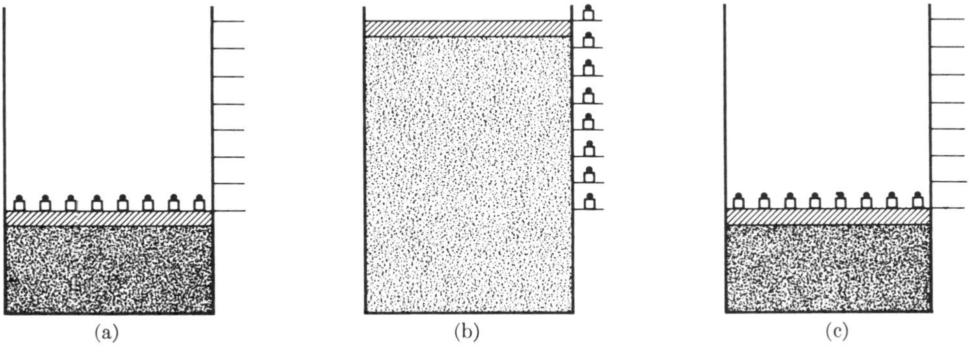

Abb. 11-4. Reversible Expansion und Kompression eines Gases.

Wir können die Expansion eines Gases benutzen, um einen reversiblen Prozeß zu illustrieren. Nehmen wir an, daß der Kolben in Abbildung 11-4 durch viele kleine Gewichte, wie in Abb. 11-4(a) angedeutet, in seiner Stellung gehalten wird. Im Gleichgewichtszustand ist der Druck des komprimierten Gases gleich dem Druck infolge der Gewichte plus dem Atmosphärendruck. Wenn wir eins der Gewichte dadurch entfernen, daß wir es auf die Seite auf eine Ablage schieben, nimmt der äußere Druck um einen kleinen Betrag ab, und das Gleichgewicht des Gases ist etwas gestört. Das Gas durchläuft dann eine kleine Expansion bis das Gleichgewicht (schnell) wiederhergestellt ist. Wenn dieser Prozeß eine Anzahl von Malen wiederholt ist, dehnt sich das Gas schließlich bis zu in (b) gezeigten Volumen aus, und die Gewichte, die sich zuvor oben auf dem Kolben befanden, sind, wie dargestellt, gespeichert. Da der Prozeß sehr langsam verlaufen ist, können wir annehmen, daß das Gas immer im statistischen Gleichgewicht geblieben ist und daß die Ausdehnung reversibel war. Um das Gas in den Anfangszustand zurückzuführen, müssen wir nur in umgekehrter Reihenfolge dieselben Gewichte, die wir fortgenommen haben, zurückstellen. Am Ende befindet sich das Gas, das einen Kreisprozeß vollendet hat, in seinem Anfangszustand, und in der Umgebung hat sich nichts verändert. Mit anderen Worten, *bei einem Kreisprozeß, der nur aus reversiblen Transformationen besteht, ist es möglich, die Dinge so zu gestalten, daß weder im System noch in der Umgebung irgendeine beobachtbare Veränderung erzeugt wird.*

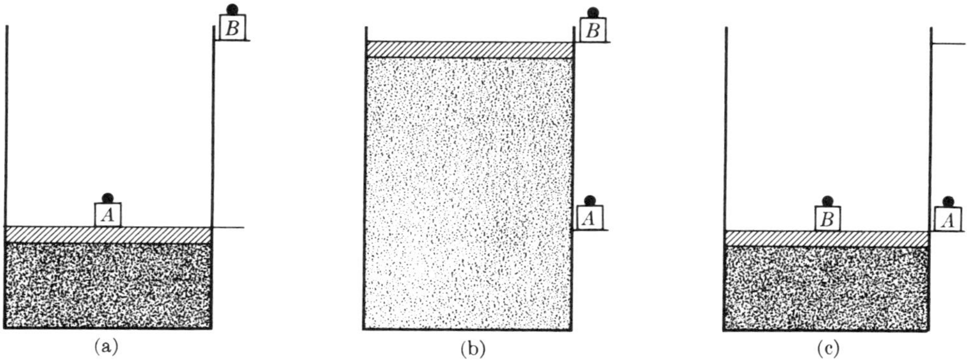

Abb. 11-5. Irreversible Expansion und Kompression eines Gases.

Andererseits tritt ein *irreversibler* Prozeß dann auf, wenn sich das System weit vom Gleichgewichtszustand entfernt. Während des Prozesses sind solche statistischen Größen wie Druck und Temperatur nicht definiert. Irgendwann, am Ende des Prozesses, kehrt das System zum Gleichgewicht in einen neuen Zustand zurück, der durch einen bestimmten Druck und eine bestimmte Temperatur charakterisiert ist. Im allgemeinen verlaufen irreversible Prozesse mit großer Geschwindigkeit. Wir können wiederum die Ausdehnung eines Gases benutzen, um einen irreversiblen Prozeß zu illustrieren. Das Gas in Abb. 11-5(b) ist genauso wie in Abb. 11-4(a), alle Gewichte sind jedoch in einem, mit A bezeichnet, zusammengefaßt. Man beachte, daß sich zusätzlich ein Gewicht B im oberen Niveau befindet.

Wenn das Gewicht A *plötzlich* entfernt wird, fällt der äußere Druck plötzlich ab, und das Gas dehnt sich mit großer Turbulenz seiner molekularen Bewegung plötzlich aus; d.h. der Prozeß ist irreversibel. Während des Prozesses gehorchen die molekularen Geschwindigkeiten nicht der Maxwell-Boltzmann-Verteilung. Der Kolben kommt am Ende einer bestimmten Position zur Ruhe und, wie in

Abb. 11-5(b) angedeutet, ist schließlich Gleichgewicht mit wohldefiniertem Druck und Temperatur wiederhergestellt. Um das Gas in seinen Anfangszustand zurückzubringen, können wir das Gewicht B oben auf den Kolben setzen, der sich dann in einem Prozeß nach unten bewegt, der den vorhergehenden Prozeß mit umgekehrtem Ablauf wiederholen kann oder auch nicht. Wenn das Gleichgewicht wiederhergestellt ist, befindet sich das Gas am Ende, wie in Abb. 11-5(c) gezeigt, wieder in seinem Anfangszustand; das Gas hat einen Kreisprozeß vollendet. In der Umgebung ist jedoch eine deutliche Veränderung aufgetreten. Das Gewicht B, was anfangs oben war, befindet sich jetzt unten. Es ergibt sich also: *Bei einem Kreisprozeß, der zum Teil oder ganz aus irreversiblen Transformationen besteht, kehrt das System in seinen Anfangszustand zurück, in der Umgebung tritt jedoch eine endliche, meßbare Veränderung auf.*

Es ist klar, daß eine reversible Transformation durch eine Linie auf der Thermodynamischen Fläche $f(p, V, T) = 0$ dargestellt werden kann, welche den Anfangs- und den Endzustand S und S' verbindet, ein irreversibler Prozeß jedoch nicht auf diese Weise dargestellt werden kann.

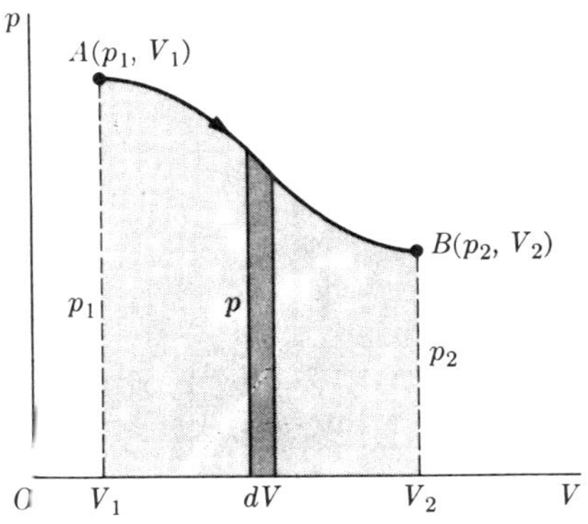

Abb. 11-6. Diagramm eines reversiblen Prozesses in der p-V-Ebene. Die vom System geleistete Arbeit ist durch die graue Fläche angedeutet.

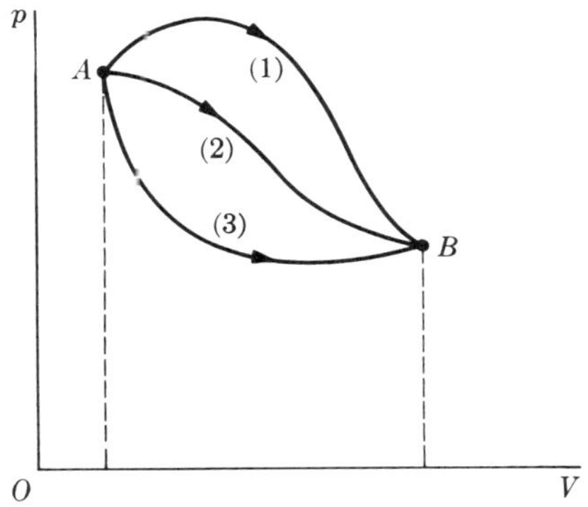

Abb. 11-7. Die beim Übergang vom Zustand A in den Zustand B geleistete Arbeit hängt von dem Prozeß ab, den das System durchläuft.

Die drei Parameter p, V und T sind nicht unabhängig, da sie durch die Zustandsgleichung $f(p, V, T) = 0$ verknüpft sind. Daher braucht man im allgemeinen nur zwei Koordinaten, um einen bestimmten Prozeß darzustellen. Weit verbreitet, insbesondere bei Gasen, ist der Gebrauch eines p-V-Diagramms. Als Beispiel ist in Abb. 11-6 eine reversible Transformation vom Zustand A mit dem Druck p_1 und Volumen V_1 zum Zustand B mit dem Druck p_2 und dem Volumen V_2 in einem p-V-Diagramm dargestellt. Die Temperatur in jedem Augenblick erhält man aus der Zustandsgleichung. Das p-V-Diagramm ist besonders nützlich bei Gasprozessen, da es mit der von dem Gas geleisteten Arbeit in enger Beziehung steht. Indem wir uns Gl. (11.7) ins Gedächtnis zurückrufen, stellen wir fest, daß $p\, dV$ die Fläche eines Streifens mit der Breite dV und der Höhe

p ist und daher die von dem System beim Übergang von A nach B geleistete Arbeit in einem bestimmten Prozeß durch

$$W_{A\to B} = \int_{V_1}^{V_2} p\,dV$$

gegeben ist.
Die geleistete Arbeit ist dann die Fläche unter der Kurve AB in Abb. 11-6, die der Transformation entspricht. Dies hilft uns zu verstehen, was in Abschnitt 11.5 über die Anhängigkeit der Arbeit vom Prozeß gesagt wurde. Abb. 11-7 zeigt verschiedene Prozesse, die den Kurven (1), (2) und (3) entsprechen, die alle ein System vom Zustand A in den Zustand B überführen. Da die Fläche unter den einzelnen Kurven verschieden ist, ist auch die bei den einzelnen Prozessen geleistete Arbeit verschieden. Anfangs- und Endzustand sind für die drei Prozesse gleich, und daher ist die Änderung $\Delta U = U_A - U_B$ der inneren Energie in allen Fällen gleich. Daher ist auch die den einzelnen Prozessen entsprechende Wärme, die durch $Q = \Delta U + W$ gegeben ist, verschieden. Wenn der Prozeß irreversibel ist, kann er nicht in einem p-V-Diagramm dargestellt werden, und die Berechnung der Arbeit ist viel schwieriger.

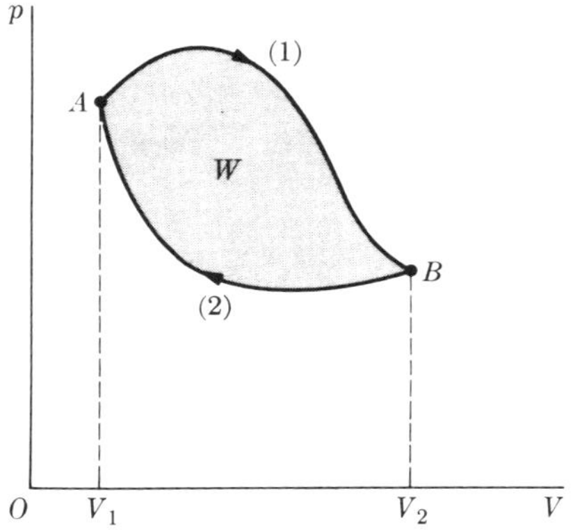

Abb. 11-8. Kreisprozeß. Die vom System beim Durchlaufen des Kreisprozesses im Uhrzeigersinn geleistete Arbeit ist gleich der vom Kreisprozeß in einem p-V-Diagramm eingeschlossenen Fläche.

Als nächstes wollen wir einen Kreisprozeß betrachten, bei dem das System über den Prozeß (1) von A nach B (Abb. 11-8) übergeht und von B nach A durch den Prozeß (2) zurückkehrt. Beim Übergang von A nach B leistet es eine Arbeit, die gleich der Fläche unter der Kurve (1) ist. Bei der Rückkehr von B nach A leistet es eine Arbeit, die gleich dem *Negativen* der Fläche unter der Kurve (2) ist, da Arbeit am System geleistet wird.

Die resultierende *vom* System während des Kreisprozesses geleistete Arbeit ist demnach die graue Fläche, die von den Kurven, welche den Kreisprozeß darstellen, eingeschlossen ist; d.h.

$$W_{\text{Kreis}} = \oint P\,dV = \text{Fläche unter (1)} - \text{Fläche unter (2)}$$
$$= \text{Fläche innerhalb } A(1)B(2)A.$$

Wie in Abschnitt 11.5 angedeutet wurde, leisten Wärmekraftmaschinen Arbeit auf Kosten der bei einem Kreisprozeß absorbierte Wärme. Wenn der Prozeß reversibel ist, kann man die pro Durchlauf des Kreisprozesses geleistete Arbeit berechnen, sobald man das p-V-Diagramm des Prozesses kennt. Diese Arbeit ist auch gleich der vom System während des Kreisprozesses im Endeffekt absorbierten Wärme.

11.7 Spezielle Prozesse

Wir wollen einige spezielle Prozesse betrachten, wobei wir uns auf den Fall beschränken, bei dem die Arbeit auf der Ausdehnung des Gases beruht. Für einen infinitesimalen Prozeß gilt dann Gl. (11.15). D.h. $dU = dQ - p\, dV$. Bei einem *isochoren Prozeß* bleibt das Volumen konstant. Dann ist $dV = 0$ und Gl. (11.15) reduziert sich auf

$$dU_V = dQ_V, \qquad V = \text{konst}, \tag{11.17}$$

wobei der Index V darauf hinweisen soll, daß diese Gleichung nur bei konstantem Volumen gilt. Für einen endlichen Prozeß erhalten wir durch Integration von Gl. (11.17) (oder aus Gl. (11.12) mit $W = 0$)

$$U - U_0 = Q_V, \qquad V = \text{konst.}$$

Bei einem isochoren Prozeß ist demnach die Änderung der inneren Energie gleich der absorbierten Wärme, wie zu erwarten war, weil keine äußere Arbeit auftritt.

Wir wollen jetzt den Begriff der *Wärmekapazität bei konstantem Volumen* C_V einführen, welche gleich derjenigen Wärme ist, die von einem Mol der Substanz pro Einheit der Temperaturänderung bei konstantem Volumen absorbiert wird. Wir können Gl. (11.17) benutzen und erhalten

$$C_V = \frac{1}{\text{N}} \frac{dQ_V}{dT} = \frac{1}{\text{N}} \left(\frac{\partial U}{\partial T} \right)_V, \tag{11.18}$$

wobei N die Anzahl der Mole im System ist. Wenn wir $\partial U/\partial T$ berechnen, müssen wir andeuten, daß V konstant ist, da wir die Temperatur auf andere Weise ändern können, was eine andere Art der Änderung der inneren Energie ergibt. Im allgemeinen ist die Wärmekapazität C_V nicht konstant, sondern ändert sich mit der Temperatur. Da sie für jede Substanz eine charakteristische Eigenschaft ist, ist sie eine wichtige makroskopische oder statistische Größe.

Bei einem *isobaren Prozeß* bleibt der Druck konstant. Dann ist $dp = 0$, und wir können $d(pV)$ für $p\, dV$ einsetzen. Wenn wir diese Beziehung in Gl. (11.15) einführen, erhalten wir

$$dU = dQ_p - d(pV)_p, \qquad p = \text{konst.}$$

Der Index p soll darauf hindeuten, daß diese Gleichung nur bei konstantem Druck gilt. Daher gilt

$$dQ_p = dU_p + d(pV)_p = d(U + pV)_p = dH_p, \qquad p = \text{konst}, \quad (11.19)$$

wobei die Größe

$$H = U + pV \quad (11.20)$$

die *Enthalpie* des Systems genannt wird. Für eine endliche Transformation erhalten wir durch Integration von Gl. (11.19)

$$H - H_0 = Q_p, \qquad p = \text{konst}. \quad (11.21)$$

Bei einem isobaren Prozeß ist demnach die Änderung der Enthalpie gleich der absorbierten Wärme. Die bei einem isobaren Prozeß geleistete Arbeit ist entsprechend Gl. (11.9)

$$W_p = p(V - V_0). \quad (11.22)$$

Die *Wärmekapazität bei konstantem Druck* C_p ist als die Wärme definiert, die von einem Mol der Substanz bei einer Änderung der Temperatur um eine Einheit bei konstantem Druck absorbiert wird. Dementsprechend ist

$$C_p = \frac{1}{\text{N}} \frac{dQ_p}{dT} = \frac{1}{\text{N}} \left(\frac{\partial H}{\partial T} \right)_p. \quad (11.23)$$

Man beachte, daß beide Wärmekapazitäten C_p und C_V im MKSC-System in J K^{-1} Mol^{-1} ausgedrückt werden. Es ist jedoch üblich, die Alternativeinheit cal $°C^{-1}$ Mol^{-1} zu benutzen. Die mittlere Wärmekapazität von Wasser bei konstantem Atmosphärendruck ist 18.00 cal $°C^{-1}$ Mol^{-1}. Die Kalorie war, historisch gesehen, ursprünglich definiert als diejenige Energie, die erforderlich ist, um die Temperatur von einem Gramm Wasser (oder 1/18 Mol) bei konstantem Druck um 1 °C zu erhöhen.

Bei einem *isothermen Prozeß* ändert sich nicht die Temperatur. Bei einem idealen Gas, dessen innere Energie $U = \frac{3}{2}\text{N}RT$ nur von der Temperatur abhängt, ändert sich die innere Energie bei einem isothermen Prozeß nicht; d.h. $dU_T = 0$. Dementsprechend ergibt Gl. (11.14) $dQ_T = dW_T$ oder $Q_T = W_T$, nur für ein ideales Gas.

Wir wiederholen, daß diese Beziehung *nur* für isotherme Prozesse eines idealen Gases gilt.

Bei einem *adiabatischen Prozeß* gibt das System weder Wärme ab, noch nimmt es welche auf. Dann ist $dQ_a = 0$ und Gl. (11.14) ergibt

$$dU_a = dW_a, \quad (11.24)$$

wobei der Index a für adiabatisch steht. Gl. (11.24) deutet an, daß bei einem adiabatischen Prozeß die Arbeit auf Kosten der inneren Energie des Systems geleistet wird. Dementsprechend muß die Temperatur eines idealen Gases (und von den meisten Substanzen) bei einer adiabatischen Expansion abnehmen und bei einer adiabatischen Kompression zunehmen.

11.8 Entropie und der zweite Hauptsatz der Thermodynamik

In Kapitel 10 leiteten wir die Gleichgewichtsverteilung eines Systems ab, die von den Eigenschaften der Komponenten des Systems abhängt und der wahrscheinlichsten Verteilung der Moleküle des Systems auf die verschiedenen zur Verfügung stehenden Energiezustände entspricht. Unter diesen Bedingungen besitzt P (oder $\ln P$) ein Maximum. Wenn sich das System, obgleich isoliert, *nicht* im Gleichgewicht befindet, können wir annehmen, daß es eine Verteilung besitzt, deren Wahrscheinlichkeit geringer ist, als die maximale oder Gleichgewichtswahrscheinlichkeit. In geraumer Zeit wird es sich unter dem Einfluß der Wechselwirkung zwischen seinen Komponenten oder Molekülen entwickeln, bis es die Verteilung größter Wahrscheinlichkeit annimmt. Das System hat dann statistisches Gleichgewicht erreicht, und man erwartet kein weiteres Anwachsen von P (oder $\ln P$), es sei denn, daß das System durch einen äußeren Einfluß gestört wird.

Um diese natürliche Tendenz eines Systems zu beschreiben, sich durch eine Entwicklung auf die wahrscheinlichste Verteilung hin auf das statistische Gleichgewicht zu zu bewegen, hat man den wichtigen Begriff der *Entropie*, S, erfunden. Entropie ist definiert als

$$S = k \ln P, \tag{11.25}$$

wobei die Boltzmannsche Konstante k eingeführt wurde, um im folgenden einfache mathematische Formeln schreiben zu können. *Die Entropie eines Systems ist* demnach *proportional zum Logarithmus der Wahrscheinlichkeit P, der dem Zustand des Systems entsprechenden Verteilung.* Diese Definition der Entropie trifft auf jede Verteilung oder jeden Zustand zu, ob es sich um ein Gleichgewicht oder ein Nichtgleichgewicht handelt; dies steht im Gegensatz zur Temperatur, die *nur* für Gleichgewichtsverteilungen oder Gleichgewichtszustände definiert ist. Diese Definition beinhaltet auch, daß die Entropie eines Systems eine Eigenschaft des Zustandes des Systems ist, und es gilt dementsprechend:

> *Die Änderung der Entropie eines Systems, wenn es von einem Zustand zu einem anderen übergeht, ist unabhängig von dem Prozeß über den die Zustandsänderung verläuft,*

da sie durch die Wahrscheinlichkeiten der Anfangs- und der Endverteilung bestimmt ist. Für Gleichgewichtszustände kann die Entropie offensichtlich als eine

Funktion der den Zustand definierenden makroskopischen Variablen ausgedrückt werden. Eine reversible Änderung eines Systems, ob es isoliert ist oder nicht, bei der sich die Entropie des Systems nicht ändert, nennt man einen *isentropischen* Prozeß.

Wenn wir zwei Systeme mit den Wahrscheinlichkeiten P_1 und P_2 haben, ist die Gesamtwahrscheinlichkeit der Verteilung, die sich aus der Kombination der beiden Systeme ergibt, $P = P_1 P_2$. Dementsprechend ist $\ln P = \ln P_1 + \ln P_2$ und $S = k \ln P = k \ln P_1 + k \ln P_2 = S_1 + S_2$. Wir sehen so, daß die Entropie eine additive Größe ist. Dies ist einer der Gründe, aus denen der Begriff der Entropie bequemer zu handhaben ist als der Begriff der Wahrscheinlichkeit.

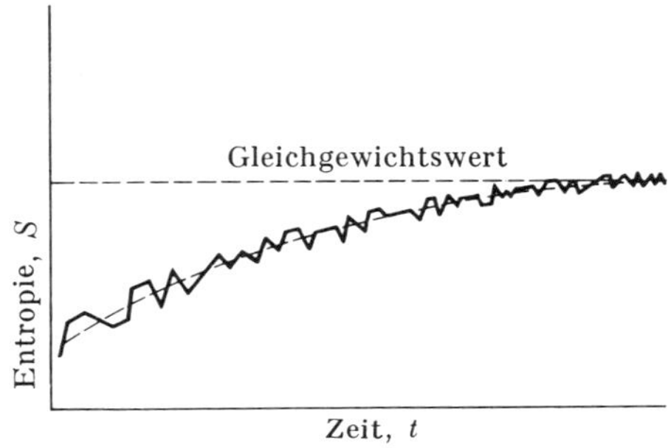

Abb. 11-9. Änderung der Entropie eines isolierten Systems während das System sich den Gleichgewichtszustand hin entwickelt.

Indem wir unsere Definition von S benutzen und uns aus Abschnitt 10.2 daran erinnern, daß der Zustand statistischen Gleichgewichtes der wahrscheinlichsten Verteilung entspricht, schließen wir, daß die Entropie eines isolierten Systems im statistischen Gleichgewicht den mit den physikalischen Bedingungen des Systems verträglichen Maximalwert besitzt. Daher sind die einzigen Prozesse, die in einem isolierten System auftreten können, nachdem es statistisches Gleichgewicht erreicht hat, diejenigen Prozesse, die mit der Forderung verträglich sind, daß sich die Entropie nicht ändert; d.h. $dS = 0$. Diese sind offensichtlich reversible Prozesse, da sich das isolierte System im Gleichgewicht befindet. *Wenn sich andererseits ein isoliertes System nicht im Gleichgewicht befindet, wird es sich natürlich in der Richtung entwickeln, in der seine Entropie zunimmt,* da dies diejenigen Prozesse sind, die das System in den Zustand größter Wahrscheinlichkeit oder statistischen Gleichgewichts überführen. Dementsprechend sind diejenigen Prozesse, für deren Auftreten in einem isolierten System eine größere Wahrscheinlichkeit besteht, diejenigen, für die

$$dS \geq 0; \tag{11.26}$$

die Ungleichung gilt dann, wenn sich das isolierte System anfänglich nicht im Gleichgewicht befand und die Prozesse irreversibel sind.

Wir können nun den *zweiten Hauptsatz der Thermodynamik* wie folgt formulieren:

Die wahrscheinlichsten Prozesse, die in einem isolierten System auftreten können, sind diejenigen, bei denen die Entropie entweder zunimmt oder konstant bleibt.

Diese Aussage muß man im statistischen Sinne interpretieren, da zu einem bestimmten Zeitpunkt, infolge der Fluktuationen in der molekularen Verteilung die Entropie eines isolierten Systems abnehmen kann, jedoch ist eine derartige Abnahme um so weniger wahrscheinlich je größer sie ist. Die Veränderung der Entropie im Verlaufe der Entwicklung des Systems auf das Gleichgewicht zu, kann so durch die unregelmäßige Kurve in Abb. 11-9 repräsentiert werden.

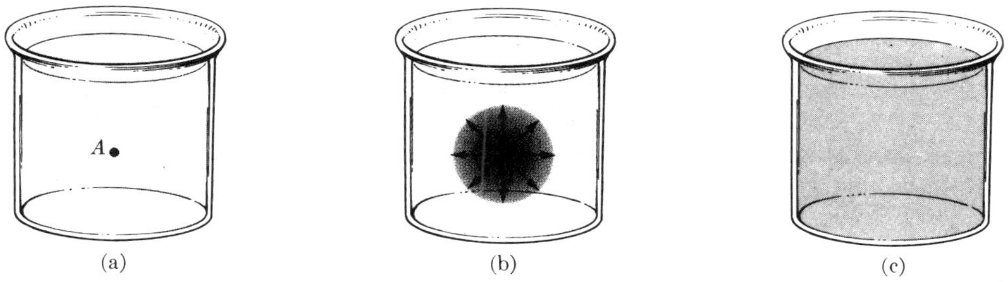

Abb. 11-10. Irreversible Diffusion von Tinte in Wasser.

Der zweite Hauptsatz der Thermodynamik drückt die wohlbekannte Tatsache aus, daß es in einem isolierten System eine wohldefinierte Tendenz oder Richtung gibt, in der Prozesse auftreten, und daß diese Tendenz durch die Richtung bestimmt ist, in der die Entropie zunimmt.

Transportphänomene, wie molekulare Diffusion und Wärmeleitung, sind gute Beispiele für Prozesse, die immer in einer Richtung ablaufen. In beiden Fällen kann man zeigen, daß die Entropie des Systems zunimmt. Diffusion findet in der Richtung statt, in der die Konzentration ausgeglichen wird und führt zu einem homogenen System. Den umgekehrten Prozeß, einen spontanen Übergang eines homogenen Systems in ein inhomogenes System, der einer Abnahme der Entropie entspricht, hat man niemals beobachtet. Wenn z.B. ein Tropfen Tinte an einen Punkt A in ein mit Wasser gefülltes Gefäß gebracht wird (Abb. 11-10a), so verteilen sich die Tintenmoleküle schnell durch das Wasser, und nach einiger Zeit ist das Wasser gleichmäßig gefärbt (Abb. 11-10c). Bei diesem Prozeß hat die Entropie des Systems zugenommen. Wenn man in einem bestimmten Zeitpunkt die Geschwindigkeiten aller der Moleküle genau umkehrte, würden sich alle Tinte schließlich bei A wieder sammeln und eine Abnahme der Entropie erzeugen. Dies ist jedoch offensichtlich ein äußerst unwahrscheinlicher Vorgang und ist bisher niemals beobachtet worden. Andererseits können auch nach Erreichen des Gleichgewichts kleine Schwankungen der Konzentration der Tintenmoleküle an verschiedenen Orten auftreten. Diese Fluktuationen sind jedoch in den meisten Fällen nicht beobachtbar.

Wenn ein System nicht isoliert ist, kann seine Entropie durch Wechselwirkung mit anderen Systemen abnehmen, deren Entropie sich dann ebenfalls ändern muß. Die Gesamtsumme der Entropieänderungen alle der Systeme, die an dem Prozeß beteiligt sind, muß jedoch mit Gl. (11.26) übereinstimmen, wobei $dS = 0$ für einen reversiblen Prozeß, $dS > 0$ für einen irreversiblen Prozeß gilt.

Wenn z.B. eine Kombination von zwei Systemen isoliert und die Gesamtentropie $S = S_1 + S_2$ ist, müssen die im kombinierten System ablaufenden Prozesse

$$dS = dS_1 + dS_2 \geq 0$$

erfüllen. Die Entropie eines der Bestandteile kann während eines Prozesses abnehmen, die Gesamtänderung der Entropie für das gesamte System muß jedoch positiv oder Null sein.

Die große Bedeutung des zweiten Hauptsatzes der Thermodynamik, wie er in Gl. (11.26) ausgedrückt ist, liegt darin, daß er auf diejenigen Prozesse hinweist, welche im Universum als Ganzem mit größerer Wahrscheinlichkeit ablaufen. Es gibt daher viele Prozesse, die auftreten *könnten*, da sie mit anderen Gesetzen, wie dem Energiesatz, übereinstimmen. Es ist jedoch sehr unwahrscheinlich, daß sie auftreten, da sie den zweiten Hauptsatz, oder die Bedingung (11.26), verletzen.

BEISPIEL 11.3. Die Entropie eines Systems, das sich im statistischen Gleichgewicht befindet und der Maxwell-Boltzmann-Statistik gehorcht.

Lösung: Wenn wir uns an den Ausdruck (10.13) für $\ln P$ in der Maxwell-Boltzmann-Statistik erinnern und berücksichtigen, daß $N = \sum_i n_i$ ist, haben wir

$$S = k \ln P = k \left[\sum_i n_i \ln g_i - \sum_i n_i \ln n_i + \sum_i n_i\right] \qquad (11.27)$$

$$= -k \sum_i n_i \ln (n_i/g_i) + kN.$$

Aus Gl. (10.23) haben wir andererseits

$$n_i = \frac{N}{Z} g_i e^{-E_i/kT}.$$

Wenn wir den Logarithmus dieser Gleichung nehmen, erhalten wir

$$\ln \frac{n_i}{g_i} = -\frac{E_i}{kT} + \ln \frac{Z}{N}.$$

So wird Gl. (11.27)

$$S = k\left[\sum_i n_i \frac{E_i}{kT} + \sum_i n_i \ln \frac{Z}{N} + \sum_i n_i\right]$$

$$= \frac{1}{T}\left(\sum_i n_i E_i\right) + k\left(\sum_i n_i\right) \ln \frac{Z}{N} + kN.$$

Wenn wir uns jetzt an die Gl. (10.1) und (10.2) erinnern, erhalten wir schließlich

$$S = \frac{U}{T} + kN \ln \frac{Z}{N} + kN = \frac{U}{T} + k \ln \frac{Z}{N}. \tag{11.28}$$

BEISPIEL 11.4. Die Entropie eines idealen Gases im statistischen Gleichgewicht.

Lösung: Wir wissen, daß für ein ideales Gas $U = \frac{3}{2}kNT$ ist, und in Gl. (10.40) erhielten wir für die Zustandsfunktion eines idealen Gases

$$Z = \frac{V(2\pi mkT)^{3/2}}{h^3}.$$

Wenn wir dies in Gl. (11.28) einsetzen, erhalten wir

$$S = kN + kN \ln \frac{V(2\pi mkT)^{3/2}}{h^3 N}.$$

Dieses Ergebnis ist als *Sackur-Tetrode-Gleichung* bekannt. Man kann sie in der Alternativform

$$S = kN \ln (vT^{3/2}) + S_0 \tag{11.29}$$

schreiben, wobei $v = V/N$ das Volumen pro Molekül ist und alle nichtveränderlichen Größen in S_0 zusammengefaßt wurden, d.h.

$$S_0 = kN + kN \ln \frac{(2\pi mk)^{3/2}}{h^3}.$$

BEISPIEL 11.5. Die Änderung der Entropie eines idealen Gases bei freier Expansion.

Lösung: Wenn ein Gefäß, das ein Gas enthält, mit einem leeren Gefäß verbunden wird, tritt eine *freie Expansion* des Gases auf. Ein derartiger Prozeß ist irreversibel, und bis der Endzustand erreicht ist, ist das Gleichgewicht für eine bestimmte Zeit gestört. Dies ist auch ein Beispiel dafür, daß irreversible Prozesse in einer bestimmten Richtung ablaufen. Denn, wie wir durch einen Blick auf Abb. 11-11 erkennen können, wenn sich das Gas anfänglich im Behälter 1 befindet und es ihm irgendwie (wie z.B. durch Entfernung der Wand w) ermöglicht wird, sich frei in dem Behälter 2 auszudehnen, sind in kurzer Zeit die Moleküle des Gases auf beide Volumina 1 + 2 verteilt. Niemand erwartet jedoch, daß alle Moleküle zu irgendeiner späteren Zeit infolge ihrer Molekularbewegung sich wieder in Behälter 1 befinden. Dieser Prozeß wäre möglich, ist jedoch *äußerst* unwahrscheinlich. Dementsprechend tritt

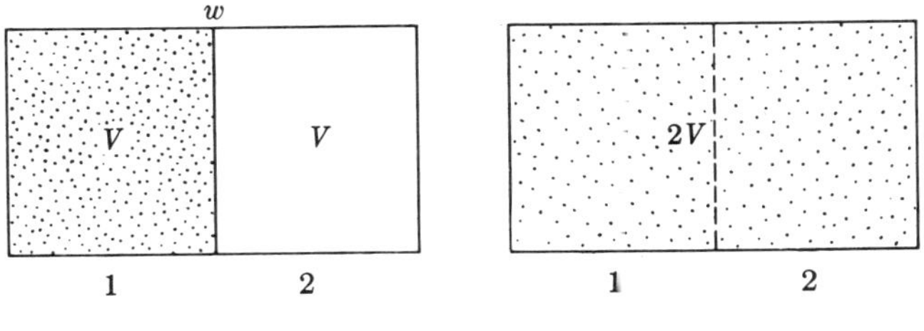

Abb. 11-11.

die freie Expansion $V \to 2V$ in der Natur auf, der umgekehrte Prozeß jedoch nicht. Nach dem zweiten Hauptsatz der Thermodynamik muß der erste Prozeß einer Zunahme der Entropie des Gases und der zweite einer Abnahme entsprechen.

Wir wollen jetzt darangehen, die Entropieänderung zu berechnen. Die Entropie des Gases in seinem ersten Zustand ist

$$S_1 = kN \ln (vT^{3/2}) + S_0.$$

Wenn sich das Gleichgewicht wieder eingestellt hat, beträgt die Entropie beim verdoppelten Volumen

$$S_2 = kN \ln (2vT^{3/2}) + S_0.$$

Die Temperatur hat sich nicht verändert, da sich die mittlere kinetische Energie der Moleküle des idealen Gases nicht verändert hat. Die Moleküle bewegen sich nur in einem größeren Raum. Die Entropieänderung bei dem Prozeß ist daher

$$S = S_2 - S_1 = kN \ln 2 > 0. \tag{11.30}$$

Dieser (irreversible) Prozeß, der auch tatsächlich in der Natur auftritt, erzeugt so eine Entropiezunahme des Gases.

Der umgekehrte Prozeß hingegen, bei dem wir annehmen, daß das Gas anfänglich den gesamten Behälter (oder das Volumen $2V$) ausfüllt und anschließend zu einem späteren Zeitpunkt nur das Volumen V zur Linken einnimmt, entspricht einer Abnahme der Entropie, d.h.

$$\Delta S' = S_1 - S_2 = -kN \ln 2 < 0. \tag{11.31}$$

Es ist daher sehr unwahrscheinlich, daß dieser Prozeß, obwohl er möglich ist, in der Natur auftritt, wenn das Gas isoliert ist. Es stimmt, daß wir das Gas isotherm komprimieren und dabei sein Volumen von $2V$ auf V reduzieren können, wobei eine entsprechende Entropieabnahme um den durch Gl. (11.31) gegebenen Wert auftritt. Dies erfordert jedoch einen Einfluß von außen, und um die *gesamte* Änderung der Entropie im Universum zu bestimmen, muß man dann die äußeren Entropieänderungen berücksichtigen.

Es ist instruktiv, wenn man die gleiche Situation vom Standpunkt der Wahrscheinlichkeiten her betrachtet. Aus der Definition (11.25) erhalten wir

$$S_2 - S_1 = k \ln P_2 - k \ln P_1 = k \ln \frac{P_2}{P_1}.$$

Wenn wir dies mit Gl. (11.30) vergleichen, haben wir

$$\ln \frac{P_2}{P_1} = N \ln 2 = \ln 2^N \qquad \text{oder} \qquad \frac{P_2}{P_1} = 2^N.$$

Im allgemeinen ist die Anzahl N der Moleküle des Gases sehr groß und daher P_2 viel größer als P_1. Dies erklärt die große Geschwindigkeit, mit der sich das Gas frei bis auf das Volumen $2V$ ausdehnt. Für den umgekehrten Prozeß, $2V \to V$, erhalten wir $P_1/P_2 = 2^{-N}$. Dies ist eine äußerst kleine Größe für Anzahlen N von Molekülen, die man üblicherweise in der Probe eines Gases findet. Es ist daher extrem unwahrscheinlich (obwohl möglich), daß alle die Gasmoleküle zu einer bestimmten Zeit infolge ihrer Wechselwirkungen wieder in dem Gebiet V zur Linken konzentriert auftreten. Für eine sehr kleine Anzahl von Molekülen (z.B. $N = 1$ oder 2) haben wir $P_1/P_2 = \frac{1}{2}$ oder $\frac{1}{4}$, und es ist natürlich möglich, nach kurzer Zeit «alle» Moleküle (eins oder zwei) auf der linken Seite vorzufinden. Allerdings sind statistische Methoden dann natürlich nicht notwendig und besitzen keine Bedeutung; es kann sogar möglich sein, exakt die Zeitpunkte zu berechnen, zu denen sich das Teilchen oder die beiden Teilchen auf einer der Seiten befinden.

11.9 Entropie und Wärme

Wir müssen nun untersuchen, wie die Entropie mit den anderen thermodynamischen Größen verknüpft ist, die wir oben eingeführt haben. Nehmen wir an, daß ein System, das sich im statistischen Gleichgewicht befindet, infolge seiner Wechselwirkung mit seiner Umgebung eine infinitesimale Veränderung durchläuft. Die Wechselwirkung führt zu einer Veränderung der Verteilungszahlen n_i und der möglichen Energiezustände E_i. Da $U = \Sigma_i n_i E_i$ ist, erhalten wir, daß

$$dU = \sum_i E_i dn_i + \sum_i n_i\, dE_i. \tag{11.32}$$

Diese Gleichung gilt, ob der Prozeß reversibel ist oder nicht. Wir werden uns jedoch in diesem Abschnitt auf *reversible* Prozesse beschränken, so daß sich das System zu jedem Zeitpunkt im wesentlichen im statistischen Gleichgewicht befindet. Der Prozeß muß dann so langsam verlaufen, daß sich in jedem Zeitpunkt die Verteilung der Moleküle auf die entsprechende wahrscheinlichste Verteilung einstellen kann.

Wenn wir die Gl. (11.32) betrachten, stellen wir fest, daß die erste Summe, $\sum_i E_i dn_i$, einer Änderung der inneren Energie infolge einer Umverteilung der Moleküle auf die zur Verfügung stehenden Energieniveaus entspricht, während die zweite Summe, $\sum_i n_i dE_i$, einer Änderung der inneren Energie infolge einer Änderung der Energieniveaus entspricht. Wir wollen diesen zweiten Term zuerst untersuchen. In Abschnitt 2.5 diskutierten wir die stationären Zustände eines Teilchens in einem eindimensionalen Potentialkasten der Breite a und leiteten ab, daß die Energieniveaus durch

$$E_n = \frac{\pi^2 \hbar^2 n^2}{2ma^2}$$

gegeben sind. Wenn die Breite um den Betrag da geändert wird, tritt, wie in Abb. 11-12 angedeutet, eine entsprechende Änderung dE_n der Energieniveaus auf. Eine ähnliche Änderung der Energieniveaus wird auch in einem dreidimensionalen Potentialtopf beliebiger Gestalt auftreten. Im Falle der Ausdehnung eines Gases beruht so die Energieänderung $\sum_i n_i dE_i$ auf einer Veränderung der Dimensionen oder des Volumens des Behälters und entspricht somit dem, was wir Arbeit genannt haben. Indem wir uns an Gl. (11.14) erinnern, $dU = dQ - dW$, schließen wir, daß die vom System geleistete Arbeit gegeben ist durch

$$dW = -\sum_i n_i dE_i. \tag{11.33}$$

Gl. (11.33) stellt die vom System geleistete Arbeit durch die Änderung der Energieniveaus dar, die z.B. durch eine Volumenänderung hervorgerufen wird. Dies gibt der statistischen Definition der von einem System geleisteten Arbeit eine festere Basis als unsere vorläufige, in Abschnitt 11.3 angegebene Definition. Indem wir die Gl. (11.32) und (11.33) in $dU = dQ - dW$ einsetzen, schließen wir, daß wir die von dem System absorbierte Wärme als

$$dQ = \sum_i E_i \, dn_i \tag{11.34}$$

darstellen müssen. D.h., die von uns als Wärme definierte statistische Größe ist eine Energieänderung des Systems, die von molekularen Übergängen zwischen den Energieniveaus herrührt, welche infolge eines Energieaustausches mit der Umgebung auftreten. Dieses Resultat stimmt im wesentlichen mit unserer früheren Definition der Wärme in Abschnitt 11.4 überein.

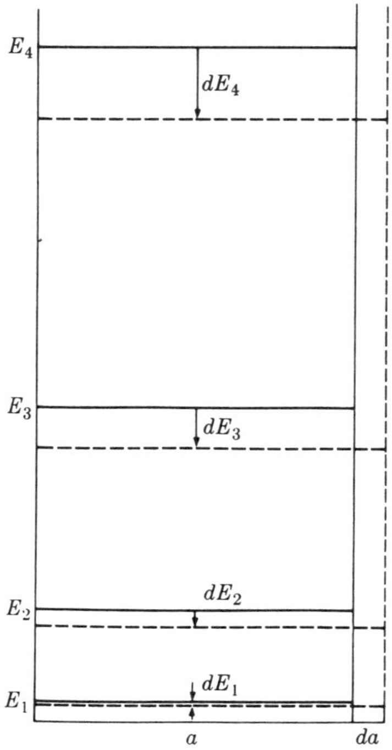

Abb. 11-12. Änderung der Energieniveaus in einem Potentialkasten bei Änderung der Kastenbreite.

Während eines *reversiblen* Prozesses besteht eine wichtige Beziehung zwischen der Veränderung der Entropie, der absorbierten Wärme und der absoluten Temperatur. Diese Beziehung lautet:

$$dS = \frac{dQ}{T}, \quad \text{nur für reversible Prozesse.} \tag{11.35}$$

Sie ist eine direkte Folgerung aus den Definitionen (11.25) für die Entropie und (11.34) für die absorbierte Wärme. Der Beweis wird in Beispiel 11.6 gegeben. Die Beziehung (11.35) zeigt, daß Entropie in J K^{-1} oder in cal K^{-1} ausgedrückt wird, wie es angesichts der Definition von k in unserer Definition (11.25) bereits impliziert war.

Aus Gl. (11.35) haben wir $dQ = T\,dS$, was in Gl. (11.14) eingesetzt werden kann und für einen reversiblen Prozeß

$$dU = T\,dS - dW \tag{11.36}$$

ergibt. Wenn nur Ausdehnungsarbeit geleistet wird, wird diese Beziehung

$$dU = T\,dS - p\,dV. \tag{11.37}$$

Sie drückt die bei einem reversiblen Prozeß auftretende Änderung der inneren Energie durch die Änderungen von Entropie und Volumen aus. Wir wollen wieder darauf hinweisen, daß Gl. (11.14) allgemein gilt, während die Gl. (11.36) und (11.37) nur auf reversible Prozesse angewandt werden können.

Wenn das Volumen konstant ist, ergibt sich aus Gl. (11.37) $dU_V = T\,dS_V$ oder

$$\frac{1}{T} = \left(\frac{\partial S}{\partial U}\right)_V = k\frac{\partial}{\partial U}(\ln P)_V.$$

Man kann zeigen, daß im allgemeinen P eine abnehmende Funktion der Energie des Systems ist; d.h. je größer die Energie, umso größer ist die Verteilungswahrscheinlichkeit P, solange das Volumen konstant bleibt. Für derartige Systeme ist demzufolge die absolute Temperatur T eine positive Größe. Aus diesem Grunde nennt man $T = 0$ den absoluten Nullpunkt, da in diesen Fällen keine Temperatur unterhalb dieses Wertes auftreten kann.

Historisch wurde der Begriff der Entropie gegenüber unserer Diskussion genau umgekehrt entwickelt. Der Vorteil des Ausdruckes dQ/T bei einer Reihe von thermodynamischen Berechnungen wurde von Kelvin, Clausius und anderen in der Mitte des 19. Jahrhunderts erkannt. 1865 führte Clausius den Namen *Entropie* für eine Größe ein, deren *Änderung* bei einem reversiblen Prozeß durch Gl. (11.35) gegeben war, d.h. $dS = dQ/T$. Die Beziehung zwischen der Entropie, wie sie von Clausius definiert war, und der Wahrscheinlichkeit einer Verteilung, wie sie durch Gl. (11.25) zu $S = k \ln P$ gegeben wird, wurde zuerst von Ludwig Boltzmann im Jahre 1877 formuliert. Als man einmal die molekulare Betrachtung thermodynamischer Prozesse als grundlegender erkannt hatte, wurde die Boltzmannsche Definition der Entropie vom theoretischen Standpunkt her bedeutungsvoller als die Definition von Clausius.

Anmerkung über das Vorzeichen der absoluten Temperatur

Wir können die Veränderung der Wahrscheinlichkeit P als Funktion der gesamten Energie U bei konstantem Volumen intuitiv wie folgt analysieren: Nehmen wir an, daß das System der Teilchen in einem Kasten mit festem Volumen eingeschlossen ist. Dann sind auch die möglichen Energieniveaus fixiert. Wenn die Energie des Systems erhöht werden soll, müssen daher einige Teilchen von niedrigem auf höhere Energieniveaus angehoben werden. Nehmen wir an, daß für eine bestimmte Gesamtenergie, wenn sich das System im Gleichgewicht befindet, die Besetzungszahlen der Aufteilung $n_1, n_2, n_3, \ldots$ mit $n_1 > n_2 > n_3 > \ldots$ sind. Nehmen wir ferner der Einfachheit halber an, daß $g_1 = g_2 = g_3 = \ldots = 1$ ist. Die Wahrscheinlichkeit dieser Gleichgewichtsverteilung ist dann

$$P = \frac{1}{n_1!n_2!n_3!\ldots}.$$

Nehmen wir nun an, daß die Gesamtenergie U des Systems erhöht wird und daß diese Energieerhöhung dadurch erreicht wird, daß ein Teilchen vom Energieniveau E_1 auf das Niveau E_3 angehoben wird. Die Wahrscheinlichkeit dieser neuen Verteilung ist dann

$$P' = \frac{1}{(n_1-1)!n_2!(n_3+1)!\ldots}.$$

Daher ist

$$\frac{P'}{P} = \frac{n_1}{n_3+1}.$$

Wenn n_1 um mindestens zwei Einheiten größer ist als n_3 (im allgemeinen ist n_1 viel größer als n_3), ist P' größer als P. Wir schließen hieraus, daß P im allgemeinen mit zunehmender Energie U bei konstantem Volumen zunimmt. Es kann natürlich unter bestimmten Umständen auftreten, daß sich die Verteilungswahrscheinlichkeit nicht ändert oder sogar mit zunehmender Gesamtenergie abnimmt. Man kann zeigen, daß P insbesondere dann, wenn den Teilchen eines Systems nur eine begrenzte (oder endliche) Anzahl von Zuständen zugänglich ist, eine abnehmende Funktion der Energie in bestimmten Energieintervallen sein kann. Dies würde für solche Energien eine negative absolute Temperatur ergeben (siehe Aufgabe 11.17).

BEISPIEL 11.6. Ableitung von Gl. (11.35) für die Beziehung zwischen der Entropieänderung und der von einem System bei einem reversiblen Prozeß absorbierten Wärme.

Lösung: Nehmen wir an, daß unser System der Maxwell-Boltzmann-Statistik gehorcht. Diese Annahme ist in weiten Gebieten gültig. Dann ist die Entropie eines Gleichgewichtszustandes durch Gl. (11.28) gegeben, d.h.

$$S = \frac{U}{T} + kN \ln \frac{Z}{N} + kN.$$

Für eine infinitesimale reversible Änderung, bei der sich die Gesamtzahl der Teilchen nicht ändert, ist

$$dS = \frac{dU}{T} - \frac{U}{T^2}\,dT + kN\frac{dZ}{Z}, \tag{11.38}$$

da $d(\ln Z) = dZ/Z$. Wenn wir uns an die Definition (10.22) der Zustandsfunktion in der Maxwell-Boltzmann-Statistik, $Z = \sum_i g_i e^{-E_i/kT}$, erinnern, erhalten wir

$$dZ = -\sum_i \frac{dE_i}{kT}\, g_i e^{-E_i/kT} + \sum_i \frac{E_i}{kT^2}\, g_i e^{-E_i/kT} dT.$$

Indem wir Gl. (10.25) benutzen, können wir dann schreiben

$$\begin{aligned} kN\frac{dZ}{Z} &= -\frac{1}{T}\sum_i \frac{N}{Z}\, g_i e^{-E_i/kT}\, dE_i + \frac{1}{T^2}\sum_i \frac{N}{Z}\, g_i e^{-E_i/kT} E_i dT \\ &= -\frac{1}{T}\sum_i n_i dE_i + \frac{1}{T^2}\sum_i n_i E_i dT = \frac{dW}{T} + \frac{U}{T^2}\,dT. \end{aligned} \tag{11.39}$$

Zur Ableitung des letzten Ergebnisses haben wir die Gl. (10.2) und (11.33) benutzt. Indem wir Gl. (11.39) in Gl. (11.28) einsetzen, erhalten wir

$$dS = \frac{dU}{T} + \frac{dW}{T} = \frac{dU + dW}{T}.$$

Da sich aus Gl. (11.14) $dU + dW = dQ$ ergibt, erhalten wir dann schließlich

$$dS = \frac{dQ}{T}.$$

Dies ist die Beziehung (11.35), welche die Entropieänderung und die absorbierte Wärme miteinander in Verbindung setzt. Wir müssen beachten, daß angesichts der Tatsache, daß wir in unserer Ableitung die Gleichgewichtsverteilungsfunktion benutzten, Gl. (11.35) nur für einen reversiblen Prozeß gilt.

11.10 Entropiebetrachtungen verschiedener Prozesse

Wenn ein System durch einen reversiblen Prozeß von einem Zustand 1 in einen Zustand 2 übergeht, haben wir aufgrund von Gl. (11.35), daß

$$S_2 - S_1 = \int_1^2 \frac{dQ}{T} \tag{11.40}$$

die zugehörige Entropieänderung darstellt. Das Integral auf der rechten Seite hängt nicht davon ab, durch welchen reversiblen Prozeß das System vom Zustand 1 in den Zustand 2 übergeht, da die Entropie nur vom Zustande des Systems abhängt. Ebenso hängt $\Delta S = S_2 - S_1$ nur vom Anfangs- und vom Endzustand, nicht aber von dem Prozeß ab.

Im Falle eines isothermen reversiblen Prozesses ist T konstant, und Gl. (11.40) wird

$$S_2 - S_1 = \frac{1}{T}\int_1^2 dQ = \frac{Q}{T} \text{ oder } Q = T(S_2 - S_1), \tag{11.41}$$

nur für isotherme Prozesse.

Da T positiv ist, ist demnach die Änderung $S_2 - S_1$ entweder positiv oder negativ je nachdem, ob Wärme absorbiert oder abgegeben wurde. Für einen adiabatischen reversiblen Prozeß ergibt Gl. (11.40), da $dQ_a = 0$ ist,

$$S_2 - S_1 = 0 \text{ oder } S = \text{konst.} \tag{11.42}$$

Demnach verlaufen adiabatische reversible Prozesse bei konstanter Entropie, und aus diesem Grunde sind sie auch isentropisch. Man beachtet jedoch, daß ein adiabatischer irreversibler Prozeß nicht notwendigerweise isentropisch ist.

Aus Gl. (11.35) erhalten wir ebenfalls, daß

$$Q = \int_1^2 T\, dS \tag{11.43}$$

die Wärme darstellt, die absorbiert wird, wenn das System durch einen reversiblen Prozeß vom Zustande 1 in den Zustand 2 übergeht; dieses Integral hängt vom speziellen Prozeß ab. Der reversible Prozeß kann in einem Diagramm, in welchem die Ordinate der Temperatur T und die Abszisse der Entropie S, wie in Abb. 11-13, entspricht, durch eine Kurve dargestellt werden. Q ist dann die Fläche unter der Kurve von S_1 nach S_2. Wenn der Prozeß ein Kreisprozeß wie

$A(1)B(2)A$ (Abb. 11-14) ist, ist die Änderung der Entropie Null, $S_2 - S_1 = 0$, da wir zum Anfangszustand zurückkehren und

$$\Delta S = \oint \frac{dQ}{T} = 0, \text{ reversibler Kreisprozeß.} \tag{11.44}$$

Dagegen ist die vom System beim Kreisprozeß insgesamt absorbierte Wärme

$$Q = \oint T\,dS = \text{Fläche innerhalb des Umlaufes in } (T, S) \text{ -Koordinaten}$$
$$= \text{vom System während des Kreisprozesses geleistete Arbeit.} \tag{11.45}$$

Diese Beziehung besitzt für thermodynamische Berechnungen eine große Bedeutung. Der Leser sollte erkannt haben, daß die Entropie eine Variable ist, die man ebenso wie Druck, Volumen oder Temperatur zur Beschreibung eines Prozesses benutzen kann.

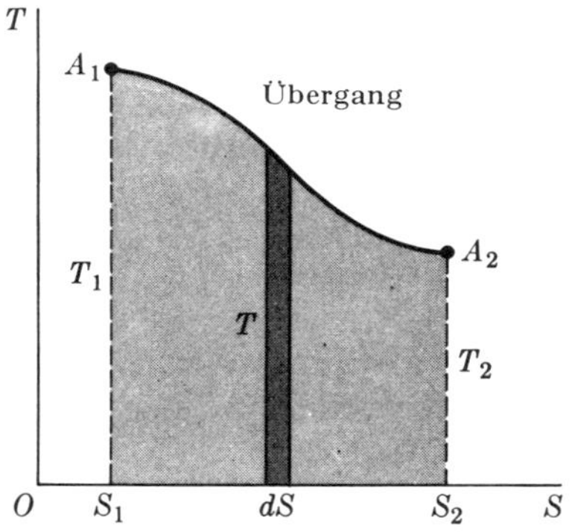

Abb. 11-13. Diagram eines reversiblen Prozesses in der T-S-Ebene.

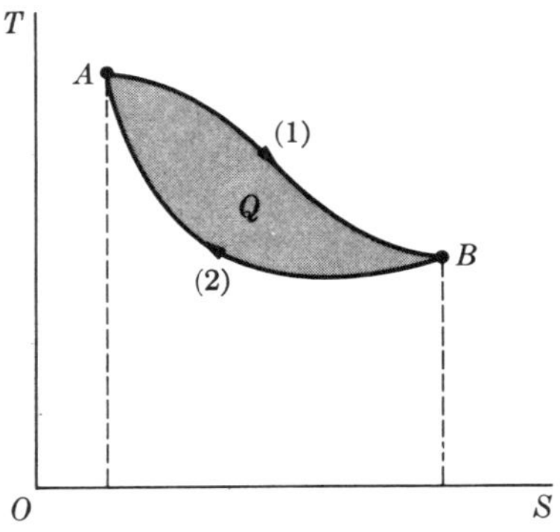

Abb. 11-14. Kreisprozeß. Die beim Durchlaufen des Kreisprozesses im Uhrzeigersinn vom System absorbierte Wärme ist gleich der vom Kreisprozeß in einem T-S-Diagramm eingeschlossenen Fläche.

BEISPIEL 11.7. Der thermische Wirkungsgrad einer Maschine, die in einem Carnotschen Kreisprozeß arbeitet.

Lösung: Ein *Carnotscher Kreisprozeß* ist ein Kreisprozeß, der aus zwei isothermen und zwei adiabatischen reversiblen Prozessen besteht. Unabhängig von der Arbeitssubstanz wird er durch das Rechteck $ABCD$ in Abb. 11-15 dargestellt, wobei AB und CD die isothermen und BC und DA die adiabatischen oder isentropischen Prozesse sind. Der Kreisprozeß wird, wie durch die Pfeile angedeutet, im Uhrzeigersinne beschrieben. Wir wollen die Temperaturen der beiden isothermen Prozesse durch T_1 und T_2 bezeichnen, wobei T_1 größer als T_2 ist. Während des isothermen

Prozesses AB bei der höheren Temperatur T_1 nimmt die Entropie zu, und das System absorbiert eine Wärmemenge Q_1; während des isothermen Prozesses CD bei der niedrigeren Temperatur T_2 nimmt die Entropie ab, und eine Wärmemenge Q_2 wird abgegeben. Während der beiden adiabatischen Prozesse bleibt die Entropie konstant, und es wird keine Wärme mit der Umgebung ausgetauscht. Die Entropieänderungen während der einzelnen Prozesse sind entsprechend Gl. (11.41) und (11.42).

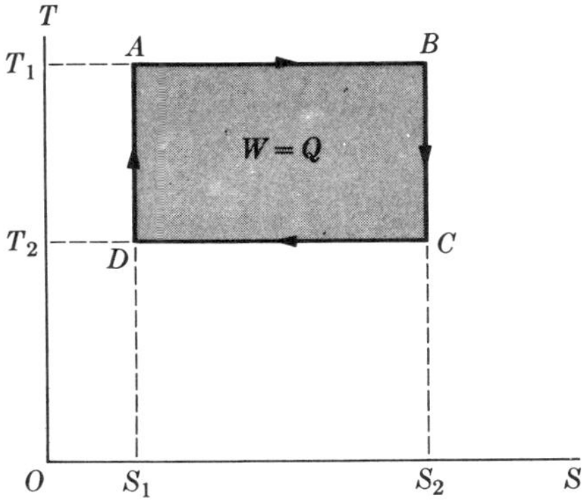

Abb. 11-15. Carnotscher Kreisprozeß in einem T-S-Diagramm.

$\Delta S_{AB} = Q_1/T_1$, isotherm, Wärmeabsorption,

$\Delta S_{BC} = 0$ adiabatisch,

$\Delta S_{CD} = -Q_2/T_2$, isotherm, Wärmeabgabe,

$\Delta S_{DA} = 0$ adiabatisch.

Die Gesamtänderung der Entropie bei einem Umlauf ist Null und

$$\Delta S_{\text{Kreis}} = \frac{Q_1}{T_1} - \frac{Q_2}{T_2} = 0 \quad \text{oder} \quad \frac{Q_1}{T_1} = \frac{Q_2}{T_2} \tag{11.46}$$

Dies ist die Beziehung zwischen der absorbierten und der abgegebenen Wärme und den entsprechenden Temperaturen. Gl. (11.46) gilt für eine beliebige Substanz, die einen Carnotschen Kreisprozeß durchläuft, ob es sich bei der Substanz um ein ideales Gas handelt oder nicht, da wir über die innere Struktur der Substanz keine speziellen Annahmen gemacht haben. Im Falle eines Gases erreicht man den Kreisprozeß durch eine Folge von Expansionen und Kompressionen.

Die während des Kreisprozesses vom System insgesamt absorbierte Wärme ist $Q = Q_1 - Q_2$. Dies ist ebenfalls gleich der vom System während des Kreisprozesses geleisteten Arbeit W. Entsprechend Gl. (11.45) können wir schreiben

$W = Q =$ Fläche des Rechteckes $ABCD = (T_1 - T_2)\,(S_2 - S_1)$. Andererseits ist

$$Q_1 = T_1\,\Delta S_{AB} = T_1(S_2 - S_1).$$

Daher ist der Wirkungsgrad (definiert als das Verhältnis der pro Umlauf geleisteten Arbeit zu der bei der höchsten Temperatur absorbierten Wärme) einer thermischen Maschine, die entsprechend einem Carnotschen Kreisprozeß arbeitet, gegeben durch

$$E = \frac{W}{Q_1} = \frac{(T_1 - T_2)(S_2 - S_1)}{T_2(S_2 - S_1)} = \frac{T_1 - T_2}{T_1}. \tag{11.47}$$

Wir sehen: *Der Wirkungsgrad einer Wärmekraftmaschine, die in einem reversiblen Carnotschen Kreisprozeß arbeitet, ist unabhängig von der Arbeitssubstanz und hängt nur von den beiden Arbeitstemperaturen ab.* Dieses Ergebnis ist allgemein als *Carnotscher Satz bekannt.*

Gl. (11.47) zeigt auch, daß die absolute Temperatur eine positive Größe sein muß. Der Grund hierfür liegt darin, daß, wenn T_2 negativ wäre, der thermische Wirkungsgrad größer als 1 (oder $> 100\,\%$) sein würde, was mit der Erhaltung der Energie nicht verträglich ist. Neben seiner Bedeutung für die Konstruktion von Wärmekraftmaschinen zeigt der Satz von Carnot, daß man eine reversible Wärmekraftmaschine als Thermometer benutzen kann. Man muß zu diesem Zwecke die Maschine zwischen einer Standardtemperatur und der zu messenden Temperatur arbeiten lassen. Indem man den Wirkungsgrad der Maschine mißt und Gl. (11.47) anwendet, kann man die unbekannte Temperatur bestimmen.

BEISPIEL 11.8. Diskussion der Kühlung durch adiabatische Entmagnetisierung.

Lösung: Eines der wichtigsten Verfahren, die man benutzt, um eine Substanz auf Temperaturen der Größenordnung 10^{-3} K abzukühlen, ist die als *adiabatische Entmagnetisierung* bekannte Methode. Wir wollen nur eine qualitative Diskussion führen, welche die eingehenden physikalischen Überlegungen herausstellt, und auf die ausführliche mathematische Diskussion verzichten.

Die Entropie einer Substanz nimmt mit der Temperatur mehr oder weniger, wie durch die Kurve (1) von Abb. 11-16 angedeutet ist, zu. Wenn es sich um eine paramagnetische Substanz handelt und ein Magnetfeld angelegt wird, erzeugt dieses einen Ordnungseffekt, indem es die magnetischen Momente der Moleküle in Richtung des Magnetfeldes zu orientieren strebt. Da die Wirkung eines Magnetfeldes die Unordnung der Moleküle verringert, resultiert, wie durch Kurve (2) in Abb. 11-16 angedeutet, eine Erniedrigung der Entropie.

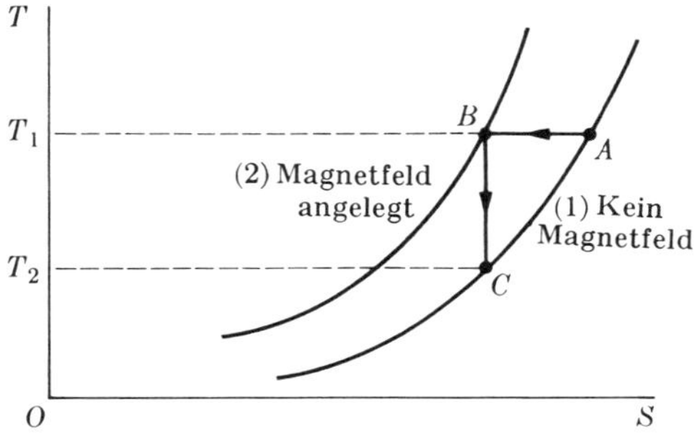

Abb. 11-16. Adiabatische Entmagnetisierung.

Nehmen wir nun an, daß sich die Substanz anfangs in einem Zustand A ohne Magnetfeld befindet und daß ein Magnetfeld isotherm angelegt wird. Die Substanz durchläuft den Prozeß AB. Als nächstes schalten wir das Magnetfeld adiabatisch ab. Wenn der Prozeß reversibel ist, ändert sich dann nicht die Entropie, und das System durchläuft den Prozeß BC. Dieser endet im Punkte C der Kurve (1), der einer Temperatur T_2 entspricht, welche viel niedriger als die Ausgangstemperatur T_1 liegt. Wenn man diesen Prozeß mehrere Mal wiederholt, kann man eine sehr niedrige Temperatur erreichen.

Literaturverzeichnis

1. "The Microscopic Interpretation of Entropy", D. Frisch, *Am. J. Phys.* **34,** 1171 (1966)
2. "Irreversibility in Simple Systems", A. Hobson, *Am. J. Phys.* **34,** 411 (1966)
3. "A Hundred Years of Entropy", M. Dutta, *Physics Today,* Januar 1968, Seite 75
4. "Concepts of Classical Thermodynamics", A. Buchdahl, *Am. J. Phys.* **28,** 196 (1960)
5. *Statistical Thermodynamics,* E. Schrödinger. Cambridge: Cambridge University Press, 1964, Kapitel 3,4 und 5
6. *Statistical Physics,* G. Wannier. New York: John Wiley, 1966, Band I
7. *Fundamentals of Statistical Thermodynamics,* R. Sonntag und G. Van Wylen. New York: John Wiley, 1966, Kapitel 4
8. *The Feynman Lectures on Physics,* Volumen I, R. Feynman, R. Leighton, und M. Sands. Reading, Mass.: Addison-Wesley, 1963, Kapitel 44, 45, und 46
9. *A Source Book in Physics,* W. Magie. Cambridge, Mass.: Harvard University Press; Seite 220 (Carnot), Seite 228 (Clausius), Seite 236 (Kelvin), Seite 262 (Boltzmann)

Aufgaben

11.1 Während sich ein Gas von einem Volumen von 5×10^{-3} m³ auf ein Volumen von 9×10^{-3} m³ ausdehnt, wird es auf konstantem Druck von 20 atm gehalten. Welche Energiemenge muß als Wärme dem Gas zugeführt werden: (a) um seine innere Energie auf konstantem Wert zu halten? (b) um seine innere Energie um denselben Betrag wie die geleistete äußere Arbeit zu erhöhen? Drücken Sie das Ergebnis in Kalorien und in Joules aus.

11.2 Ein Gas, das sich ursprünglich bei einem Druck von 4 atm in einem Volumen von 4×10^{-2} m³ befand, dehnt sich so aus, daß die Beziehung $pV =$ konst. gilt. Unter diesen Bedingungen bleibt die Temperatur, und damit die innere Energie, des Gases konstant. Berechnen Sie die bei einer Verdopplung des Volumens geleistete Arbeit und die absorbierte Wärme.

11.3 Wenn ein System aus dem Zustand A längs des Weges ACB (siehe Abb. 11-17) in den Zustand B überführt wird, absorbiert das System 80 J Wärme und leistet 30 J Arbeit. (a) Wieviel Wärme wird von dem System längs des Weges ADB absorbiert, wenn die geleistete Arbeit 10 J beträgt? (b) Das System kehrt von dem Zustande B längs der Kurve zum Zustande A zurück. Die dabei am System geleistete Arbeit beträgt 20 J. Absorbiert das System Wärme oder wird Wärme freigesetzt und wieviel? (c) Bestimmen Sie die bei dem Prozeß AD und AB absorbierte Wärme für den Fall, daß $U_A = 0$ und $U_D = 40$ J ist.

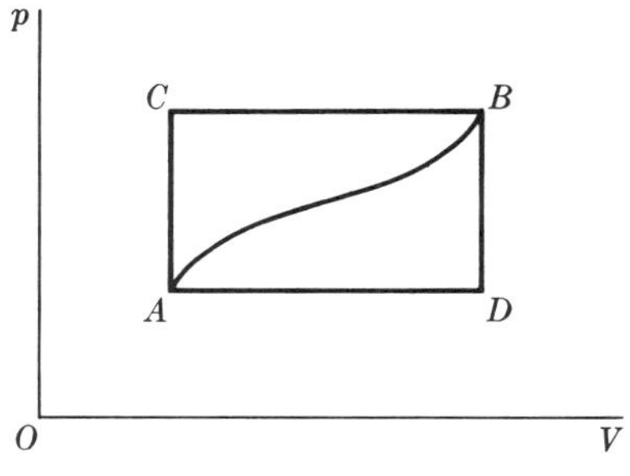

Abb. 11-17

11.4 Ein Gas durchläuft den in Abb. 11-18 gezeigten Kreisprozeß. Der Prozeß wird 100 mal pro Minute wiederholt. Bestimmen Sie die erzeugte Leistung. Es gelten folgende Daten: Bei A beträgt der Druck $p = 30$ atm und das Volumen $V = 2$ Liter; bei B ist der Druck 10 atm und das Volumen 8 Liter.

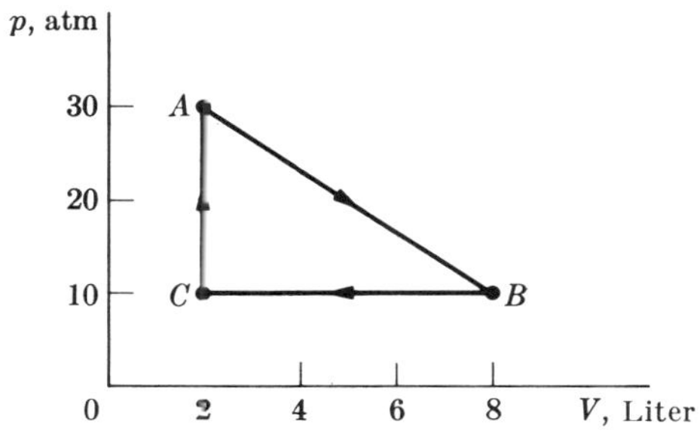

Abb. 11-18

11.5 Tragen Sie in ein einziges Diagramm die Kurven ein, welche isochore Prozesse eines idealen Gases bei drei verschiedenen Volumina beschreiben. Wiederholen Sie dasselbe für isobare Prozesse bei drei verschiedenen Drucken und für isotherme Prozesse bei drei verschiedenen Temperaturen.

11.6 Zeigen Sie, daß die von einem idealen Gas bei einer isothermen Expansion geleistete Arbeit durch

$$W_T = \text{N}RT \ln V_2/V_1 = \text{N}RT \ln p_1/p_2$$

gegeben ist. Welche Wärmemenge wird während des Prozesses absorbiert? (*Hinweis:* Benutzen Sie Gl. (11.16).)

11.7 Die Wärmekapazität C_p der meisten Substanzen, kann (ausgenommen bei sehr niedrigen Temperaturen) hinreichend genau durch die empirische Formel

$$C_p = a + 2bT - cT^{-2}$$

dargestellt werden, wobei a, b und c Konstanten sind und T die absolute

Temperatur ist. (a) Berechnen Sie als Funktion von a, b und c die Wärmemenge, die erforderlich ist, um die Temperatur von ein Mol der Substanz bei konstantem Druck von T_1 auf T_2 zu erhöhen. (b) Bestimmen Sie die mittlere Wärmekapazität zwischen den Temperaturen T_1 und T_2. (c) Für Magnesium betragen die numerischen Werte der Konstanten $a = 25.7 \times 10^3$, $b = 3.13$ und $c = 3.27 \times 10^8$, wenn man C_p in J K^{-1} Mol^{-1} ausdrückt. Berechnen Sie die Wärmekapazität von Magnesium bei 300 K sowie die mittlere Wärmekapazität zwischen 200 K und 400 K.

11.8 Der Koeffizient der kubischen Expansion bei konstantem Druck ist definiert als

$$\beta = (1/V)(\partial V/\partial T)_p,$$

die isothermische kubische Kompressibilität durch

$$\kappa = -(1/V)(\partial V/\partial p)_T.$$

Zeigen Sie, daß

$$(\partial\beta/\partial p)_T = -(\partial\kappa/\partial T)_p.$$

11.9 Ein Gas aus N Molekülen nimmt bei der Temperatur T einen Behälter des Volumens V_1 ein, der durch eine bewegliche Wand von einem leeren Behälter mit dem Volumen V_2 getrennt ist. Wenn die Trennwand entfernt ist, nimmt das Gas das Gesamtvolumen $V_1 + V_2$ ein. Zeigen Sie, daß (a) die Temperatur des Gases sich nicht ändert und (b) die Entropieänderung $\Delta S = kN \ln(1 + V_2/V_1)$ ist. (c) Verifizieren Sie, daß ΔS positiv ist.

11.10 Betrachtet seien zwei Proben verschiedener Gase, mit a und b bezeichnet, die sich beide auf derselben Temperatur T befinden. Sie bestehen aus N_a bzw. N_b Molekülen und befinden sich in nebeneinanderliegenden Behältern der Volumen V_1 bzw. V_2, die durch eine bewegliche Wand getrennt sind. Wenn die Trennwand entfernt ist und sich beide Gase gemischt haben, haben wir N_a Moleküle von Gas a und N_b Moleküle von Gas b, welche beide das Volumen $V_1 + V_2$ einnehmen. Zeigen Sie, daß (a) die Temperatur sich nicht ändert, (b) die Änderung der Entropie $\Delta S = kN_a \ln(1 + V_2/V_1) + kN_b \ln(1 + V_1/V_2)$ ist. (c) Verifizieren Sie, daß ΔS positiv ist.

11.11 Betrachtet seien zwei Proben *desselben* Gases, die sich beide auf der gleichen Temperatur T befinden und aus N_1 bzw. N_2 Molekülen bestehen. Sie befinden sich in aneinandergrenzenden Behältern der Volumen V_1 bzw. V_2, die durch eine entfernbare Wand getrennt sind. Wenn die Trennwand entfernt ist, haben wir eine Probe des Gases, die aus $N_1 + N_2$ Molekülen besteht und das Volumen $V_1 + V_2$ einnimmt. Zeigen Sie, daß (a) sich die Temperatur nicht ändert und (b) die Änderung der Entropie

$$\Delta S = kN_1 \ln\left[\frac{(V_1 + V_2)N_1}{(N_1 + N_2)V_1}\right] + kN_2 \ln\left[\frac{(V_1 + V_2)N_2}{(N_1 + N_2)V_2}\right]$$

ist. (c) Zeigen Sie, daß die Änderung der Entropie Null wäre, wenn die beiden Gase sich anfänglich bei demselben Druck befunden hätten. Warum?

11.12 Die *Helmholtzsche freie Energie* ist definiert als $F = U - TS$. Zeigen Sie, daß

$$F = -kNT\,[\ln(Z/N) + 1].$$

Bestimmen Sie F für ein ideales Gas. Zeigen Sie auch, daß der durch Gl. (10.11) definierte Parameter α gleich $-F/kNT$ ist.

11.13 Zeigen Sie für das in Aufgabe 10.33 beschriebene System, daß (a) die Wärmekapazität des Systems als $C_v = C_{v,\,\mathrm{tr}} + C_{v,\,\mathrm{int}}$ geschrieben werden kann und (b) die Entropie des Systems als $S = S_{\mathrm{tr}} + S_{\mathrm{int}}$ geschrieben werden kann, wobei

$$S_{\mathrm{tr}} = \frac{U_{\mathrm{tr}}}{T} + kN \ln \frac{Z_{\mathrm{tr}}}{N} + kN,$$

$$S_{\mathrm{int}} = \frac{U_{\mathrm{int}}}{T} + kN \ln Z_{\mathrm{int}}.$$

Dies läßt sich z.B. auf die Berechnung der Wärmekapazität eines paramagnetischen Gases in einem Magnetfeld anwenden, wobei

$$S_{\text{mag}} = U_{\text{mag}}/T + kN \ln Z_{\text{mag}}.$$

11.14 Ein System besteht aus Teilchen, deren innere Freiheitsgrade Zuständen mit den Energien 0, ϵ, $2\epsilon, \ldots, n\epsilon, \ldots$ entsprechen, wobei n zwischen Null und Unendlich variiert. Bestimmen Sie die Entropie und die Wärmekapazität, die auf den inneren Freiheitsgraden des Systems beruhen. (*Hinweis:* Ziehen Sie die Aufgaben 10.6 und 11.13 hinzu.)

11.15 Ein System bestehe aus Teilchen, deren innere Freiheitsgrade, abgesehen von der kinetischen Energie der Translation, nur zwei Zustände der Energie $-\epsilon$ und $+\epsilon$ zulassen. Bestimmen Sie als eine Funktion der Temperatur des Systems die Entropie und die Wärmekapazität (bei konstantem Volumen) des Systems, welche auf den inneren Freiheitsgraden der Teilchen beruhen. Tragen Sie beide Größen als eine Funktion der absoluten Temperatur des Systems auf. (*Hinweis:* Vergl. Aufgabe 11.13.) Berechnen Sie als Anwendung des Resultates die magnetische Entropie und die magnetische Wärmekapazität von Elektronen in einem Magnetfeld.

11.16 Ein System, das aus N Molekülen besteht, welche jeweils einen Drehimpuls j und ein gyromagnetisches Verhältnis g besitzen, sei in ein Magnetfeld $\mathcal{B}$ eingebracht. Zeigen Sie, daß die Entropie des Systems, wenn sich Gleichgewicht eingestellt hat, gegeben ist durch

$$S_m = -kNjx\left[\left(1 + \frac{1}{2j}\right)\coth\,(j + \tfrac{1}{2})x - \frac{1}{2j}\coth \tfrac{1}{2}x + \ln\frac{\sinh\,(j+\tfrac{1}{2})x}{\sin \tfrac{1}{2}x}\right],$$

wobei $x = g\mu_B\mathcal{B}/kT$ ist. Berechnen Sie ebenfalls die Wärmekapazität bei konstantem Volumen.

11.17 Die Anzahl der Teilchen in einem System sei N. Die Teilchen können sich nur in einem von zwei Zuständen mit der Energie $+\epsilon$ oder $-\epsilon$ befinden, besitzen jedoch keine kinetische Energie der Translation. Zeigen Sie, daß die absolute Temperatur durch

$$\frac{1}{T} = \frac{k}{2\epsilon}\ln\frac{N - U/\epsilon}{N + U/\epsilon}$$

gegeben ist, wenn die Gesamtenergie des Systems zu U vorgegeben ist. Verifizieren Sie, daß die absolute Temperatur positiv (negativ) ist, wenn U negativ (positiv) ist. Diese Situation liegt z.B. dann vor, wenn sich ein System von Teilchen (Elektronen) mit Spin $\frac{1}{2}$ in einem Magnetfeld befindet und nur ihre Spin-magnetische Wechselwirkungsenergie betrachtet wird. (*Hinweis:* Zeigen Sie zunächst, daß

$$\ln P = N\ln 2 - \tfrac{1}{2}(N + U/\epsilon)\ln\,(N + U/\epsilon) - \tfrac{1}{2}(N - U/\epsilon)\ln\,(N - U/\epsilon);$$

tragen Sie dann $\ln P$ als Funktion von U auf. Beachten Sie, daß U von $-N\epsilon$ bis $N\epsilon$ variiert.)

11.18 Sauerstoffmoleküle haben einen Spin 1, so daß Sauerstoff ein paramagnetisches Gas ist. Bestimmen Sie die Spin-Zustandssumme von Sauerstoff, der sich in einem Magnetfeld $\mathcal{B}$ befindet. Berechnen Sie die Energie des Gases, sein mittleres magnetisches Moment, seine Spin-Entropie und seine Wärmekapazität bei konstantem Volumen infolge des magnetischen Feldes.

11.19 Zeigen Sie, daß die Entropieänderung einer Substanz, die reversibel bei konstantem Druck aufgeheizt wurde (unter der Annahme, daß die spezifische Wärme konstant bleibt), gegeben ist durch

$$S_2 - S_1 = \text{N}C_p \ln\,(T_2/T_1).$$

Wenden Sie das Ergebnis auf 1 kg Wasser an, das von Zimmertemperatur (298 K) auf seinen normalen Siedepunkt (373 K) erhitzt wurde.

11.20 Wenn eine Substanz eine Phasenänderung (Schmelzen, Verdampfung, Sublimation usw. oder die Umkehrung) durchläuft, wird Wärme bei konstanter Temperatur absorbiert (oder freigesetz). Für Wasser beträgt die Schmelzwärme 1440 cal Mol^{-1} und die Verdampfungswärme 9720 cal Mol^{-1}. Berechnen Sie die Entropieänderung eines Mols Wasser, wenn es reversibel von —20 °C auf 150 °C bei konstantem Druck von 1 atm erhitzt wird. Die Wärmekapazität von Eis beträgt 9.0 cal K^{-1} Mol^{-1}, und die Wärmekapazität von Dampf bei konstantem Druck ist 8.6 cal K^{-1} Mol^{-1}.

11.21 Wenn ξ eine Funktion der Variablen x und y ist, dann ist

$$d\xi = (\partial\xi/\partial x)_y\, dx + (\partial\xi/\partial y)_x\, dy.$$

Stellen Sie fest, daß wir aus G. (11.37)

$$T = (\partial U/\partial S)_V$$

und

$$p = -(\partial U/\partial V)_S$$

entnehmen können. Schreiben Sie die entsprechenden Ausdrücke nieder, die sich ergeben, wenn man (a) $H = U + pV$, (b) $F = U - TS$ (die sog. *Helmholtzsche freie Energie*) und (c) $G = U + pV - TS$ (die sog. *Gibbssche freie Energie*) differenziert.

11.22 Wenn $d\xi = X\, dx + Y\, dy$ ein vollständiges Differential ist, so daß $X = (\partial\xi/\partial x)_y$ und $Y = (\partial\xi/\partial y)_x$ ist, so gilt $(\partial X/\partial y)_x = (\partial Y/\partial x)_y$. Leiten Sie für die thermodynamischen Funktionen (a) U, (b) $H = U + pV$, (c) $F = U - TS$ und (d) $G = U + pV - TS$ die Relationen des obigen Typs ab; man nennt sie die *Maxwellschen Beziehungen*. (*Hinweis:* Vergleichen Sie die vorhergehende Aufgabe.)

11.23 Einige thermodynamische Größen sind proportional zur Anzahl der Teilchen (oder zur Masse des Systems), während andere von der Anzahl der Teilchen unabhängig sind. Die erste Art von Größen nennt man *extensive* Größen, die zweite Art *intensive* Größen. Bestimmen Sie, welche der folgenden Größen extensiv und welche intensiv sind: U, W, Q, p, V, T, S, H, $(\partial H/\partial p)_S$, $(\partial H/\partial S)_p$, C_p, C_v, $F = U - TS$ und $G = U + pV - TS$.

11.24 Zeigen Sie, daß $C_p - C_v = \beta^2 TV/N\kappa$ ist. (*Hinweis:* Drücken Sie zunächst dS durch dT und dV aus. Zeigen Sie dann, daß

$$(\partial U/\partial V)_T + p = T(\partial p/\partial T)_V.$$

Entnehmen Sie die Definition von β und κ der Aufgabe 11.8.)

11.25 Gegeben sei, daß beim Druck p eine Substanz in zwei Phasen im Gleichgewicht bei der Temperatur T existiert und V_1 bzw. V_2 die Volumina von 1 Mol der Substanz in den jeweiligen Phasen sind. Zeigen Sie, daß

$$L = T\left(\frac{dp}{dT}\right)(V_2 - V_1),$$

wobei L die molare Wärme der Phasenänderung ist, d.h. diejenige Wärme, die absorbiert wird, wenn 1 Mol von einer Phase in die andere übergeht. Diesen Ausdruck nennt man *Clapeyronsche Gleichung*. (*Hinweis:* Benutzen Sie die Beziehung

$$(\partial S/\partial V)_T = (\partial p/\partial T)_V,$$

die in Aufgabe 11.22 abgeleitet wurde.)

11.26 Ein Mol eines idealen Gases bei 25 °C und 1 atm werde bei konstantem Druck solange aufgeheizt, bis sich sein Volumen verdreifacht hat. Berechnen Sie (a) ΔU, (b) W, (c) Q, (d) ΔS, (e) ΔH, (f) ΔF, (g) ΔG. (Entnehmen Sie Aufgabe 11.21 die Definitionen von F und G.)

11.27 Berechnen Sie die Änderung von Entropie, Enthalpie und innerer Energie eines Mols Wasser, wenn es bei einer Temperatur von 0 °C und bei einem Druck bei 1 atm schmilzt. Die Dichte von Eis beträgt 0.9×10^3 kg m^{-3} und die von Wasser 1.0×10^3 kg m^{-3}. Die Schmelzwärme von Wasser ist 1440 cal Mol^{-1}.

11.28 (a) Ein Kilogramm Wasser von 0 °C werde mit einem großen Körper von 100 °C in Kontakt gebracht. Was ist die Entropieänderung des Wassers, wenn es 100 °C erreicht hat? Wie groß ist die Entropieänderung des Körpers, des Universums? (b) Was wäre die Entropieänderung des Wassers und des Universums gewesen, wenn das Wasser dadurch von 0 °C auf 100 °C erhitzt worden wäre, daß man es zunächst mit einem großen Körper von 50 °C und dann mit einem großen Körper von 100 °C in Kontakt gebracht hätte? (c) Erklären Sie, wie man das Wasser von 0 °C auf 100 °C erwärmen könnte, ohne die Entropie des Universums zu ändern.

11.29 Ein Körper mit der Wärmekapazität C_{p1}, welcher N_1 Mole bei der Temperatur T_1 enthält, sei mit einem anderen Körper in Wärmekontakt gebracht, welcher die Wärmekapazität C_{p2} besitzt und N_2 Mole bei der Temperatur T_2 besitzt. Der einzige Prozeß, welcher auftreten kann, ist ein Wärmeaustausch. Ist der Prozeß reversibel oder irreversibel? (a) Zeigen Sie, daß die gemeinsame Temperatur nach Erreichen des thermischen Gleichgewichtes durch

$$T = \frac{N_1 C_{p1} T_1 + N_2 C_{p2} T_2}{N_1 C_{p1} + N_2 C_{p2}}$$

gegeben ist. Verifizieren Sie, daß die Temperatur T zwischen T_1 und T_2 liegt. (b) Zeigen Sie, daß die gesamte Entropieänderung durch

$$\Delta S = N_1 C_{p1} \ln \frac{T}{T_1} + N_2 C_{p2} \ln \frac{T}{T_2}$$

gegeben ist. Verifizieren Sie ebenfalls, daß ΔS positiv ist. (*Hinweis:* Nehmen Sie für die Behandlung der letzten Frage an, daß T_1 kleiner als T_2 ist, so daß die drei Temperaturen in der Reihenfolge $T_1 < T < T_2$ liegen. Addieren und subtrahieren Sie dann vom obigen Ausdruck für ΔS die Größe $N_2 C_{p2} \ln(T/T^1)$.)

11.30 Nehmen Sie an, daß 100 Gramm Wasser von 90 °C in einen 0.3 kg Aluminium-Behälter gegossen wird, welcher sich anfänglich bei Zimmertemperatur (25 °C) befindet. Berechnen Sie die Entropieänderung des Aluminiums, des Wassers und des Gesamtsystems nach Einstellung des thermischen Gleichgewichtes. Ist der Prozeß reversibel oder irreversibel?

11.31 Eine Flüssigkeit der Temperatur T_1 wird mit einer gleichen Menge derselben Flüssigkeit der Temperatur T_2 gemischt. Das System sei thermisch isoliert. Zeigen Sie, daß die Entropieänderung des Universums durch

$$\Delta S = 2 N C_p \ln \frac{T_1 + T_2}{2\sqrt{T_1 T_2}}$$

gegeben ist und zeigen Sie, daß sie notwendigerweise positiv ist.

11.32 Berechnen Sie W, Q, ΔU, ΔH und ΔS, wenn sich 1 Mol Dampf bei 100 °C durch isotherme Kompression bei einem Druck von 1 atm kondensiert. Die Verdampfungswärme von Wasser beträgt 9720 cal Mol^{-1}, die Dichte des Dampfes unter diesen Bedingungen ist 1.686 kg m^{-3}.

11.33 Ein Liter eines idealen Gases bei 300 K und einem Druck von 15 atm dehnt sich isotherm aus, bis sein Volumen 10 Liter beträgt. Berechnen Sie W, Q, ΔU, ΔH und ΔS.

11.34 Ein Mol Nitrobenzol

$$(C_6H_5NO_2)$$

wird bei 200 °C und einem Druck von 1 atm verdampft. Die Verdampfungswärme beträgt 9730 cal Mol^{-1}. Berechnen Sie (a) Q, (b) W, (c) ΔH, (d) ΔU, (e) ΔS, (f) ΔF und (g) ΔG.

11.35 Die Energiedichte E der Strahlung eines schwarzen Körpers ist nur eine Funktion der Temperatur (erinnern Sie Gl. (1.8)). Ferner beträgt der von isotroper Strahlung auf eine ideal absorbierende Oberfläche ausgeübte Druck $\frac{1}{3}E$. Zeigen Sie aufgrund von Gl. (11.37), daß E proportional zu T^4 ist, was die Aussage des Stefan-Boltzmannschen Strahlungsgesetzes ist (Beispiel 1.4). (*Hinweis:* Schreiben Sie in Gl. (11.37) $U = EV$ und beachten Sie, daß $dE = (dE/dT)dT$ ist; nutzen Sie dann die Eigenschaften eines vollständigen Differentials aus, wie sie in Aufgabe 11.21 angewandt wurden.)

11.36 Zeigen Sie, daß bei einem reversiblen Kreisprozeß, bei dem nur Expansionsarbeit geleistet wird,

$$\oint \frac{dW}{p} = 0.$$

Beachten Sie die Ähnlichkeit dieser Gleichung mit Gl. (11.44).

12
THERMISCHE EIGENSCHAFTEN VON GASEN

12.1 Einleitung

In den beiden vorhergehenden Kapiteln legten wir die Grundlagen für eine Diskussion der allgemeinen Eigenschaften makroskopischer Materie: die mechanischen, elektrischen, thermischen und chemischen Eigenschaften von Materie oder großer Anhäufungen von Atomen oder Molekülen. Die Diskussion dieser Eigenschaften können wir von zwei entgegengesetzten Richtungen her angehen. Die *experimentelle Richtung* beruht auf umfangreichen Messungen im Laboratorium und Tabellierung solcher Eigenschaften wie Dichte, spezifische Wärme, thermische und elektrische Leitfähigkeiten, Viskosität, Elastizitätsmodul, Oberflächenspannung, thermische Ausdehnung, chemische Reaktionsraten usw. sowie der empirischen Abhängigkeit dieser Größen von äußeren Faktoren wie Druck und Temperatur, anliegenden elektrischen und magnetischen Feldern usw. Dies war das traditionelle Vorgehen, wenn man hauptsächlich an einer Kenntnis dieser Eigenschaften für spezielle Anwendungen interessiert war. Die andere Richtung, die Diskussion anzugehen, ist die *theoretische;* sie besteht darin, die makroskopischen Eigenschaften von Materie auf die atomare und molekulare Struktur und die Wechselwirkungen zwischen Atomen und Molekülen zurückzuführen. Obwohl diese Wechselwirkungen im Grunde elektromagnetisch sind, macht man einige vereinfachende Annahmen (wie ein vernünftiges intermolekulares Potential), die hauptsächlich phänomenologischer Art sind. Wegen der großen Anzahl beteiligter Teilchen muß man bei der theoretischen Richtung statistische Methoden verwenden.

In diesem Kapitel werden wir die theoretische Richtung dadurch illustrieren, daß wir einige repräsentative Probleme durcharbeiten, die mit den thermischen Eigenschaften von Gasen zusammenhängen. Die Ausdehnung der Methoden dieses Kapitels auf andere Zustände der Materie oder auf spezielle Fragen gehört zu dem Bereich der Ingenieurwissenschaften, der physikalischen Chemie und der angewandten Physik und wird in diesem Buch nicht behandelt werden.

12.2 Die Zustandsgleichung eines idealen Gases

Das einfachste aller Teilchensysteme ist ein ideales Gas, und wir werden in diesem Abschnitt seine Zustandsgleichung ableiten. In Beispiel 11.6 hatten wir Gl. (11.39) abgeleitet, d.h.

$$kN\,\frac{dZ}{Z} = \frac{dW}{T} + \frac{U}{T^2}\,dT. \tag{12.1}$$

Diese Gleichung verknüpft die Änderung der Zustandsfunktion mit der vom System geleisteten Arbeit und seiner Temperaturänderung. Für den Fall eines Gases, bei dem die einzige Arbeit Ausdehnungsarbeit ist, haben wir $dW = p\,dV$. Ferner ist $d(\ln Z) = dZ/Z$. So können wir Gl. (12.1) auf die Form

$$kN\,d(\ln Z) = \frac{p\,dV}{T} + \frac{U\,dT}{T^2}$$

umschreiben. Wenn die Temperatur konstant ist, $dT = 0$, und wenn wir nach p auflösen, erhalten wir

$$p = kNT\left[\frac{\partial(\ln Z)}{\partial V}\right]_T, \tag{12.2}$$

wobei der Index T andeutet, daß die Temperatur konstant ist. Gl. (12.2) verknüpft den Druck eines Systems mit seiner Temperatur T, seinem Volumen V und seiner inneren Struktur, wie sie in Z ihren Ausdruck findet. Sie gibt daher eine Beziehung der Gestalt $f(p, V, T) = 0$. Daher können wir Gl. (12.2) die *Zustandsgleichung des Systems* nennen.

Für ein ideales Gas ist die durch Gl. (10.40) gegebene Zustandsfunktion

$$Z = \frac{V(2\pi mkT)^{3/2}}{h^3}, \tag{12.3}$$

die in Gl. (12.2) eingesetzt

$$p = \frac{kNT}{V} \tag{12.4}$$

ergibt. Gl. (12.4) ist die *Zustandsgleichung eines idealen Gases.* Man schreibt sie manchmal

$$pV = kNT \tag{12.5}$$

oder, da $R = kN_A = kN/\text{N}$, wobei $\text{N} = N/N_A$ die Anzahl der Mole im Gas und N_A die Loschmidtsche Zahl ist,

$$pV = \text{N}RT. \tag{12.6}$$

Wir können diese Gleichung auch auf anderen, vielleicht direkteren Wegen ableiten. In einem Fall können wir den Druck des Gases dadurch berechnen, daß wir die Impulsänderung der Gasmoleküle analysieren, wenn sie auf die Wände des Behälters auftreffen. Bei einer anderen Methode können wir den Virialsatz benutzen, um zu zeigen, daß Gl. (12.5) den Druck eines Gases gibt, wenn man die intermolekularen Kräfte vernachlässigt.* Die Tatsache, daß wir bei allen Ableitungen zum selben Resultat kommen, zeigt die Konsistenz unserer Methoden.

Bemerkung zur Temperaturmessung. In Abschnitt 10.4 verbanden wir die Temperatur eines Systems von Teilchen mit der mittleren Energie eines Teilchens. In Gl. (10.41), die $E_{k,\text{ave}} = \frac{3}{2}kT$ lautet, machten wir eine speziellere Aussage über die Beziehung zwischen der Temperatur eines idealen Gases und der mittleren kinetischen Energie der Gasmoleküle. Wir müssen jedoch jetzt zwei wichtige Aspekte betrachten: Erstens, in der Definitionsgleichung (10.23) führten wir zwei neue Größen, T (die absolute Temperatur) und k (die Boltzmannsche Konstante), ein, und wir müssen feststellen, wie man sie unabhängig voneinander messen kann. Zweitens, alle Menschen haben einen intuitiven Temperaturbegriff, der auf Sinneserfahrung beruht, wie sie durch unser Gefühl von heiß und kalt zum Ausdruck

---

* Siehe z.B. *Fundamental University Physics*, Band I, Abschnitt 9.13 und Beispiel 9.16.

kommt. Uns allen ist geläufig, die Temperatur in Zahlen zu messen, die von einem *Thermometer* genannten Gebilde angegeben werden. Wir müssen daher unsere statistische Definition von Temperatur mit dieser intuitiven Vorstellung verknüpfen.

Betrachten wir eine Masse M eines Gases, die N Moleküle enthält. Wenn wir die Wirkung der intermolekularen Kräfte vernachlässigen, ist seine Zustandsgleichung durch Gl. (12.5) gegeben; d.h. $pV = kNT$.

Nehmen wir an, daß wir das Gas mit einem anderen physikalischen System, von dem wir annehmen, daß wir es auf einer bestimmten, festen Temperatur halten können, in thermisches Gleichgewicht bringen. Dies System kann eine Gleichgewichtsmischung von Wasser und Eis beim Normaldruck von 1 atm sein. Man nennt dies den normalen Gefrierpunkt von Wasser. Wir messen den Druck und das Volumen des Gases bei dieser festen Temperatur und erhalten die Werte p_0 bzw. V_0. Als nächstes entscheiden wir uns, der festen Temperatur, welche auch die Temperatur des Gases ist, einen zweckmäßigen (aber willkürlichen) Wert T_0 zuzuordnen. Wir können daher schreiben $p_0 V_0 = kNT_0$. Dies legt automatisch den Wert der Boltzmannschen Konstanten, $k = p_0 V_0/NT_0$, fest, da wir N bestimmen können, wenn wir die Masse des einzelnen Moleküls kennen.

Um die Temperatur des Gases zu bestimmen, wenn sein Druck p und sein Volumen V ist, so daß $pV = kNT$, eliminieren wir einfach den Faktor kN, indem wir die Standardwerte benutzen, und erhalten

$$T = T_0(pV/p_0 V_0),$$

wodurch T durch unsere Standardbezugstemperatur T_0 und andere meßbare Größen ausgedrückt wird. Auf diese Weise wurde unsere Gasmasse zu einem *Gasthermometer*. Wenn das Volumen des Gases konstant und gleich V_0 gehalten wird, haben wir $T = T_0(p/p_0)$, was ein *Gasthermometer mit konstantem Volumen* gibt. Wir können anstelle von Gasen auch andere Substanzen, wie Flüssigkeiten oder Metalle, deren Dimensionen (Volumen oder Länge) sich mit der Temperatur ändern, als Thermometer benutzen. Andere Thermometer benutzen elektrische Leiter (wie z.B. Platindrähte), deren Widerstand sich mit der Temperatur ändert. Da die Zustandsgleichung dieser Substanzen viel komplizierter ist, eicht man diese Thermometer in der Praxis mit einem Gasthermometer. In diesem Fall stimmt das Thermometer mit dem Gasthermometer nur bei den Eichpunkten überein. Da es sein kann, daß die ausgewählte Eigenschaft nicht linear mit der Gastemperatur variiert, können bei dazwischenliegenden Temperaturen leichte Unterschiede auftreten.

Wir können den Wert von T_0 aufgrund verschiedener Gesichtspunkte auswählen. Wir können z.B. einen anderen Prozeß wählen, von dem es denkbar ist, daß er bei fester Temperatur abläuft, wie etwa kochendes Wasser beim Normaldruck von 1 atm, was man den normalen Siedepunkt von Wasser nennt. Wir können dann festlegen, daß die Temperatur dieses zweiten Bezugspunktes 100 Einheiten, oder *Grad*, oberhalb von T_0 liegt, für das wir den normalen Gefrierpunkt von Wasser wählen. Wenn p_1 und V_1 der Druck und das Volumen des Gases bei dieser neuen Temperatur sind, haben wir $p_1 V_1 = kN(T_0 + 100)$. Wenn wir die Gleichung $p_0 V_0 = kNT_0$ nach kN auflösen und diesen Wert in die obige Gleichung einsetzen, erhalten wir

$$T_0 = 100 p_0 V_0/(p_1 V_1 - p_0 V_0),$$

woraus wir einen Zahlenwert für T_0 in dieser willkürlich gewählten Skala erhalten können. Der Wert von T_0, den man als Ergebnis dieser Art Experimente (und vieler anderer Experimente, die andere Techniken benutzen) erhält, ist $T_0 = 273.15$. Jede der Einheiten nennt man ein *Kelvin*, mit K bezeichnet. Heute zieht man vor, einfach durch Definition den Wert $T_0 = 273.15$ K der Temperatur des normalen Gefrierpunktes von Wasser zuzuordnen. Dann wird der Wert der Boltzmannschen Konstante $k = 1.3805 \times 10^{-23}$ J K^{-1}.

Man muß sich unbedingt vor Augen halten, daß die von uns erklärte Methode, Temperaturen zu messen, auf der Näherung des idealen Gases beruht. Wenn wir verschiedene Gase verwenden, werden die Ergebnisse nicht gleich sein, weil der Einfluß der intermolekularen Kräfte, wie er in Gl. (12.7) des nächsten Abschnittes zum Ausdruck kommt, für die einzelnen Gase verschieden ist. Üblicherweise benutzt man Wasserstoff oder Helium. Es ist äußerst wünschenswert, eine Temperaturskala zur Verfügung zu haben, die von der als Meßmedium benutzten Substanz unabhängig ist. Wir können dies dadurch erreichen, daß wir eine reversible Wärmemaschine benutzen, die in einem Carnotschen Kreisprozeß (siehe Beispiel 11.7) arbeitet. Der Wirkungsgrad der Maschine ist dann unabhängig von der in der Maschine benutzten Substanz und durch Gl. (11.47), $E = (T_1 - T_2)/T_1$, gegeben. Wenn T_2 unsere Standardtemperatur T_0 und T_1 die zu messende Temperatur T ist, haben wir

$$E = \frac{T - T_0}{T}.$$

Wenn wir E messen, erhalten wir so T. Man hat experimentell festgestellt, daß für eine Wärmemaschine, die zwischen den normalen Siede- und Gefrierpunkten von Wasser operiert, $E = 100/373$ ist. Wenn wir für diese beiden Temperaturen $T - T_0 = 100$ Grad wählen, so erhalten wir wieder, daß $T_0 = 273$ K ist. Die Temperatur, die sich ergibt, wenn man eine reversible Maschine benutzt, nennt man die *thermodynamische Temperatur*. Dies Verfahren wurde von Kelvin vorgeschlagen. Sowohl Kelvin wie Joule verglichen in sorgfältigen Experimenten die Temperatur, die von einem Wasserstoffthermometer bei konstantem Volumen gemessen wurde, mit der thermodynamischen Temperatur.

12.3 Zustandsgleichung für reale Gase

Wenn wir mit realen Gasen zu tun haben, müssen wir die intermolekularen Kräfte und die endliche Ausdehnung der Moleküle in Rechnung setzen. Die intermolekularen Kräfte haben eine ziemlich kurze Reichweite und nehmen rasch mit dem Abstand zwischen den Molekülen ab. Daher wird der Druck eines realen Gases umso näher bei dem Wert für ein ideales Gas, Gl. (12.4), liegen, je größer das Volumen pro Molekül, d.h. je größer V/N ist. Dies legt nahe, daß wir den Druck eines realen Gases durch eine Entwicklung

$$p = \frac{\text{N}RT}{V} + \frac{\text{N}^2A}{V^2} + \frac{\text{N}^3B}{V^3} + \frac{\text{N}^4C}{V^4} + \cdots \tag{12.7}$$

nach negativen Potenzen von V/N ausdrücken. Wir können Gl. (12.7) als die *Zustandsgleichung eines realen Gases* auffassen. A, B, C, ... sind für jedes Gas charakteristische Größen, die man den zweiten, dritten, usw. *Virialkoeffizienten* nennt. Sie sind Funktionen der Temperatur und hängen von der Stärke der intermolekularen Kräfte ab. Indem wir p bei verschiedenen Temperaturen und Volumina messen, können wir die Virialkoeffizienten $A(T)$, $B(T)$,... experimentell bestimmen. Um einen Hinweis auf die Beziehung zwischen den Virialkoeffizienten und den intermolekularen Kräften zu finden, müssen wir jedoch bestimmte theoretische Beziehungen ableiten. Eine Möglichkeit besteht darin, den *Virialsatz* zu benutzen, der in Lehrbüchern der Mechanik abgeleitet wird.* In Anwendung auf ein Gas wird dieser Satz

$$pV = \text{N}RT + \frac{1}{3}\left(\sum_{\substack{\text{alle}\\ \text{Paare}}} \boldsymbol{F}_{ij} \cdot \boldsymbol{r}_{ij}\right)_{\text{ave}}, \tag{12.8}$$

* Siehe z.B. *Fundamental University Physics*, Band I, Abschnitt 9.12.

wobei $\boldsymbol{F}_{ij}$ die auf das Molekül i durch das Molekül j ausgeübte Kraft und $\boldsymbol{r}_{ij}$ der Ortsvektor des Moleküls i relativ zum Molekül j ist und sich die Summe über alle Molekülpaare erstreckt. Wenn wir Gl. (12.8) mit Gl. (12.7) vergleichen, stellen wir fest, daß

$$\frac{1}{3}\left(\sum_{\substack{\text{alle}\\ \text{Paare}}} \boldsymbol{F}_{ij}\cdot\boldsymbol{r}_{ij}\right)_{\text{ave}} = \mathrm{N}\left(\frac{\mathrm{N}A}{V} + \frac{\mathrm{N}^2 B}{V^2} + \frac{\mathrm{N}^3 C}{V^3} + \cdots\right), \tag{12.9}$$

was es uns im Prinzip möglich macht, die Virialkoeffizienten A, B, $C, \ldots$ mit den intermolekularen Kräften in Verbindung zu setzen. Wie wir gleich sehen werden, erlauben die Methoden der statistischen Mechanik eine direktere Berechnung der Virialkoeffizienten. Da jedoch die statistische Mechanik von Systemen, die aus wechselwirkenden Teilchen bestehen, etwas komplexer ist, als die für Systeme nichtwechselwirkender Teilchen, werden wir einige Ableitungen auslassen müssen.

Wir wollen die Größe $\mathcal{Z} = Z^N/N!$, die sog. *große Zustandssumme* eines Systems nichtwechselwirkender Teilchen, einführen. Wenn wir beachten, daß

$$\ln \mathcal{Z} = \ln (Z^N/N!) = N \ln Z - \ln N!,$$

können wir die Zustandsgleichung (12.2) auch in der Form

$$p = kT\left[\frac{\partial}{\partial V}(\ln \mathcal{Z})\right]_T \tag{12.10}$$

schreiben. Für ein ideales Gas erhalten wir, wenn wir Gl. (12.3) benutzen,

$$\mathcal{Z}_{\substack{\text{ideales}\\ \text{Gas}}} = \frac{1}{N!}\left[\frac{V(2\pi mkT)^{3/2}}{h^3}\right]^N. \tag{12.11}$$

Wenn wir reale Gase betrachten, und uns daher mit wechselwirkenden Molekülen beschäftigen, müssen wir die Methoden der statistischen Mechanik, die in Kapitel 10 erläutert wurden, dahingehend erweitern, daß sie die innere potentielle Energie $E_P = \Sigma_{\text{über alle Paare}} E_{pij}$ einschließen. Wir können nicht auf die mathematischen Einzelheiten dieser Erweiterung eingehen; es genügt, darauf hinzuweisen, daß im Fall eines realen Gases die große Zustandssumme $\mathcal{Z}$ die Gestalt

$$\mathcal{Z} = \frac{1}{N!}\left[\frac{(2\pi mkT)^{3/2}}{h^3}\right]^N \underbrace{\int\int \cdots \int}_{\substack{\text{über alle}\\ \text{Moleküle}}} e^{-E_p/kT}\, dV_1 dV_2 \ldots dV_N \tag{12.12}$$

besitzt, wobei jedes der N Volumenintegrale einem der Moleküle entspricht. Dieser scheinbar komplizierte Ausdruck ist in Wirklichkeit eine sehr einfache Erweiterung der Zustandssumme für ein ideales Gas, da für ein ideales Gas $E_p = 0$ zu setzen ist und dann $e^{-E_p/kT} = 1$ wird. Das vielfache Integral wird so

$$\underbrace{\int\int \cdots \int}_{\text{alle Moleküle}} dV_1 dV_2 \cdots dV_N = V \cdot V \cdot V \cdots = V^N, \tag{12.13}$$

da sich jedes Molekül irgendwo im gesamten zur Verfügung stehenden Volumen aufhalten kann. Dann wird Gl. (12.12)

$$\mathcal{Z}_{\substack{\text{ideales}\\ \text{Gas}}} = \frac{1}{N!}\left[\frac{(2\pi mkT)^{3/2}}{h^3}\right]^N V^N = \frac{1}{N!}\left[\frac{V(2\pi mkT)^{3/2}}{h^3}\right]^N,$$

was mit Gl. (12.11) übereinstimmt.

Wenn wir zu Gl. (12.12) zurückkehren, müssen wir jetzt die potentielle Energie als

$$E_P = \sum_{\substack{\text{alle}\\ \text{Paare}}} E_{pij}$$

schreiben und einen vernünftigen Ausdruck für das intermolekulare Potential benutzen. Sobald wir E_p kennen, können wir im Prinzip $\mathcal{Z}$ auswerten. Indem wir Gl. (12.10) anwenden, können wir den Druck p bestimmen und das Resultat nach reziproken Potenzen des Volumens V entwickeln. Auf diese Weise können wir eine Beziehung zwischen dem intermolekularen Potential E_{pij} und den Virialkoeffizienten $A, B, \ldots$ herstellen. Da wir die Virialkoeffizienten A, $B, \ldots$ experimentell bestimmen können, haben wir so eine sehr brauchbare Methode, die Gestalt des intermolekularen Potentials E_{pij} dadurch zu untersuchen, daß man Ansätze hierfür solange variiert, bis sie die korrekten Virialkoeffizienten ergeben. Einige dieser Methoden wollen wir im verbleibenden Teil dieses Abschnittes erläutern.

Betrachten wir das Mehrfach-Integral von Gl. (12.12), d.h.

$$I = \underbrace{\int\int \cdots \int}_{\text{alle Moleküle}} e^{-E_p/kT}\, dV_1\, dV_2 \cdots dV_N,$$

wobei die Summe

$$E_p = \sum_{\substack{\text{alle}\\ \text{Paare}}} E_{pij}$$

$\frac{1}{2}N(N-1)$ Terme aufweist, was der Gesamtzahl verschiedener Molekülpaare entspricht. Wenn wir beachten, daß

$$e^{(x+y+z\cdots)} = e^x \cdot e^y \cdot e^z \cdots,$$

erhalten wir

$$e^{-E_p/kT} = \prod_{\substack{\text{alle}\\ \text{Paare}}} e^{-E_{pij}/kT},$$

wobei das Symbol Π andeutet, daß das Produkt aller auftretenden Terme zu bilden ist. Wenn E_{pij} sehr klein ist, ist ferner der exponentielle Faktor praktisch gleich 1. Nun ist (ausgenommen, wenn die Moleküle ziemlich

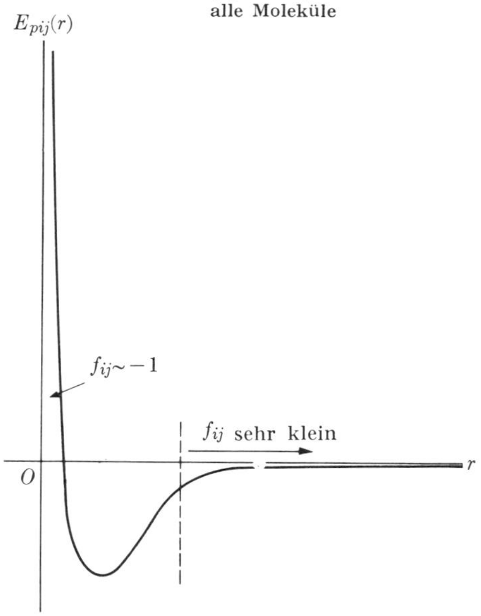

Abb. 12-1. Intermolekulare potentielle Energie.

nah benachbart sind) E_{pij} wegen der kurzen Reichweite der intermolekularen Kräfte (siehe Abb. 12.1) sehr klein. Wenn wir die Entwicklung $e^{-x} = 1 - x + \frac{1}{2}x^2 - \cdots$ betrachten, können wir so schreiben

$$e^{-E_{pij}/kT} = 1 - \frac{E_{pij}}{kT} + \frac{1}{2}\left(\frac{E_{pij}}{kT}\right)^2 \cdots = 1 + f_{ij}, \tag{12.14}$$

wobei die Größe f_{ij} sehr klein ist, ausgenommen die Fälle, wobei die beiden Moleküle sehr nah benachbart sind. Daher ist

$$e^{-E_p/kT} = \prod_{\substack{\text{alle}\\ \text{Paare}}} (1 + f_{ij}) = 1 + \sum_{\substack{\text{alle}\\ \text{Paare}}} f_{ij} + \cdots$$

Die Terme, die wir fortgelassen haben, enthalten Produkte von 2, 3, $\cdots f_{ij}$, und wir werden sie vernachlässigen, wenn sie auch in einer ausführlicheren Theorie in Betracht gezogen werden müssen. In dieser Näherung ergibt sich für das Integral I

$$I = \underbrace{\iint \cdots \int}_{\substack{\text{alle}\\ \text{Moleküle}}} \Big(1 + \sum_{\substack{\text{alle}\\ \text{Paare}}} f_{ij} + \cdots\Big)\, dV_1\, dV_2 \cdots dV_N.$$

Der Term mit der 1 ergibt offensichtlich nach Integration V^N, was mit dem vorhergehenden Resultat für ein ideales Gas in Gl. (12.13) übereinstimmt. Die nachfolgenden Terme ergeben dann den Betrag der intermolekularen Kräfte. Die $\frac{1}{2}N(N-1)$ Terme der Summe sind alle gleich, da f_{ij} für alle Molekülepaare dieselbe Gestalt besitzt. Wir können daher ihren Beitrag in der Form

$$\tfrac{1}{2}N(N-1)V^{N-2}\int_1\int_2 f_{12}\, dV_1\, dV_2 \tag{12.15}$$

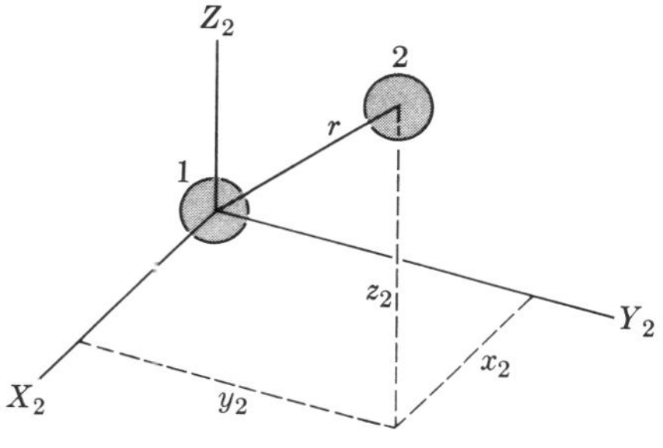

Abb. 12-2

schreiben, wobei wir das Paar der Moleküle 1 und 2 ausgewählt haben und der Faktor V^{N-2} vom Volumenintegral für die übrigen $N - 2$ Moleküle herrührt. Wenn wir das Doppelintegral auswerten, können wir zunächst unseren Koordinatenursprung beim Molekül 1 wählen, um das Integral über dV_2 auszuführen (Abb. 12-2). Wenn wir den Abstand zwischen 1 und 2 mit r bezeichnen, können wir dann schreiben

$$\int_1\int_2 f_{12}(r)\, dV_1\, dV_2 = \int_1 \left\{\int_2 f_{12}(r) 4\pi r^2\, dr\right\} dV_1.$$

Wegen der Kugelsymmetrie des Problems haben wir $dV_2 = 4\pi r^2 dr$ für das Volumenelement benutzt. Das Integral

$$\beta = \int_0^\infty f_{12}(r) 4\pi r^2\, dr \tag{12.16}$$

hängt nicht vom Ort des Moleküls 1 ab (solange es sich nicht in der Nähe der Wände des Behälters aufhält), und daher ist

$$\int_1 \int_2 f_{12}(r)\, dV_1\, dV_2 = \int_1 \beta\, dV_1 = \beta \int dV_1 = \beta V.$$

Wenn wir $\frac{1}{2}N(N-1)$ mit der für sehr große N gültigen Näherung $\frac{1}{2}N^2$ ersetzen, erhalten wir Gl. (12.15) in der Gestalt $\frac{1}{2}N^2 V^{N-1}\beta$ und können das Integral I als

$$I = V^N + \tfrac{1}{2}N^2 V^{N-1}\,\beta = V^N\left(1 + \frac{N^2\beta}{2V}\right)$$

schreiben. Wenn man die höheren Terme in der Entwicklung von $e^{-E_p/kT}$ berücksichtigt, erhält man jedoch als Resultat für I

$$I = V^N\left(1 + \frac{N\beta}{2V}\right)^N.$$

Das vorhergehende Resultat sind gerade die beiden ersten Terme in der Binomialentwicklung dieses Ausdruckes. Die große Zustandssumme des realen Gases, Gl. (12.12), ist nun bis zur ersten Näherung gegeben durch

$$\mathcal{Z} = \frac{1}{N!}\left[\frac{V(2\pi mkT)^{3/2}}{h^3}\right]^N \left(1 + \frac{N\beta}{2V}\right)^N. \tag{12.17}$$

Dies muß man mit Gl. (12.11) für ein reales Gas vergleichen. Der letzte Faktor in Gl. (12.17) ist der Beitrag der intermolekularen Kräfte zur großen Zustandssumme.

Um die Zustandsgleichung eines realen Gases zu erhalten, benutzen wir jetzt Gl. (12.10). Aus dem Ausdruck (12.17) für $\mathcal{Z}$ erhalten wir

$$\ln \mathcal{Z} = N \ln V + N \ln\left(1 + \frac{N\beta}{2V}\right) + F(T),$$

wobei wir in $F(T)$ die übrigen Terme zusammengefaßt haben, die entweder konstant sind oder von der Temperatur abhängen und die Ableitung in Gl. (12.10) nicht beeinflussen. Indem wir $\ln(1 + x) \sim x$ mit der Annahme daß $x(\equiv N\beta/2V)$ klein verglichen mit 1 ist (die Größe $N\beta/2V$ ist bei Normalbedingungen von der Größenordnung 10^{-4}), benutzen, approximieren wir jetzt den zweiten Term. Wir erhalten so

$$\ln \mathcal{Z} = N \ln V + \frac{N^2\beta}{2V} + F(T).$$

Daher ist

$$\left[\frac{\partial}{\partial V}(\ln \mathcal{Z})\right]_T = \frac{N}{V} - \frac{N^2\beta}{2V^2}$$

was in Gl. (12.10) eingesetzt

$$p = kT\left[\frac{N}{V} - \frac{N^2\beta}{2V^2}\right] = \frac{kNT}{V} - \frac{kTN^2\beta}{2V^2}$$

ergibt. Wenn wir uns daran erinnern, daß $N = \text{N}N_A$ und $R = kN_A$ ist, können wir schreiben

$$p = \frac{\text{N}RT}{V} - \frac{\text{N}^2 RTN_A\beta}{2V^2}. \tag{12.18}$$

Dies ist in erster Näherung die resultierende Zustandsgleichung des realen Gases ausgedrückt in Virialform.

Wir beachten, daß wir in Gl. (12.18) nur zwei Terme erhalten haben; dies ergibt sich aus der Art der Näherung, die wir bei der Auswertung. von $\mathcal{Z}$ gemacht haben. Wenn wir die entsprechenden Terme berücksichtigen, erhalten wir die vollständige Virialentwicklung. Indem wir Gl. (12.18) mit Gl. (12.7) vergleichen, ersehen wir, daß in unserer Näherung der zweite Virialkoeffizient durch

$$A(T) = -\tfrac{1}{2}RTN_A\beta \tag{12.19}$$

gegeben ist.

Dies stellt direkt eine Beziehung zwischen der intermolekularen Wechselwirkung (ausgedrückt durch β) und den (experimentell bestimmten) Virialkoeffizienten $A(T)$ dar. Dies ist die von uns oben angedeutete Verknüpfung zwischen der intermolekularen Wechselwirkung und dem Virialkoeffizient.

Wir werden unsere Diskussion nicht weiterführen. Unsere Ausführungen reichen aus, die Methode, das Problem der Zustandsgleichung eines realen Gases und im allgemeinen eines beliebigen Systems wechselwirkender Moleküle anzugehen, anzudeuten. Der Fall der Flüssigkeiten und Festkörper ist noch komplizierter und wird in diesem Buch nicht behandelt werden.

BEISPIEL 12.1. Berechnung des zweiten Virialkoeffizienten für ein Gas, das aus nichtwechselwirkenden, harten Kugeln mit dem Radius r_0 besteht.

Lösung: Dies ist ein ziemlich «unrealistisches» reales Gas, da man annimmt, daß solange keine intermolekularen Kräfte auftreten, bis die Mittelpunkte der Moleküle um den Abstand $2r_0$ getrennt sind, wo dann eine sehr starke Abstoßung einsetzt. Dementsprechend ist das intermolekulare Potential $E_{p12} = 0$ für $r > 2r_0$ und $E_{p12} = \infty$ für $r < 2r_0$, was $f_{12} = 0$ für $r < 2r_0$ und $f_{12} = -1$ für $r < 2r_0$ ergibt. Dieses «hart-core»-Potential, wie man es üblicherweise nennt, ist in Abb. 12-3 dargestellt. Wir haben es ein unrealistisches Potential genannt, weil es keine Kondensation erzeugen kann, da es kein Mimum aufweist und daher keinen stabilen Abstand zwischen den Molekülen ergibt. Es gibt uns jedoch ein einfaches Modell, an dem wir ohne unnütze mathematische Komplikationen unsere physikalischen Ideen überprüfen können. Wenn wir die Werte von f_{12} in Gl. (12.16) einsetzen, erhalten wir

$$\beta\int_0^{2r_0} (-1)4\pi r^2\,dr = -\frac{3}{4}\,\pi(2r_0)^3 = -\frac{32\pi r_0^3}{3}.$$

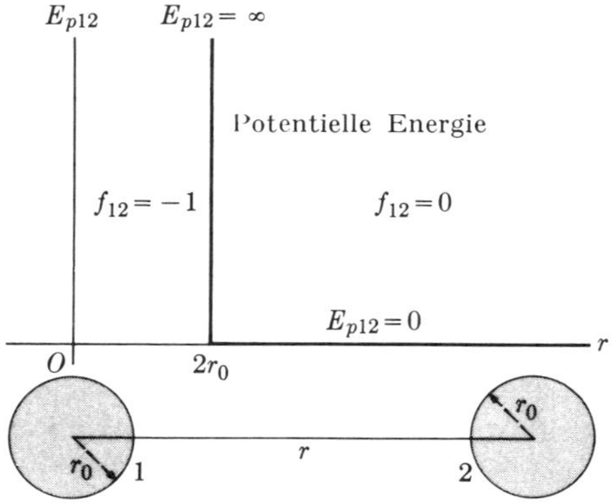

Abb. 12-3. Intermolekulares Potential mit hartem Kern. Anziehung bei keinem Abstand.

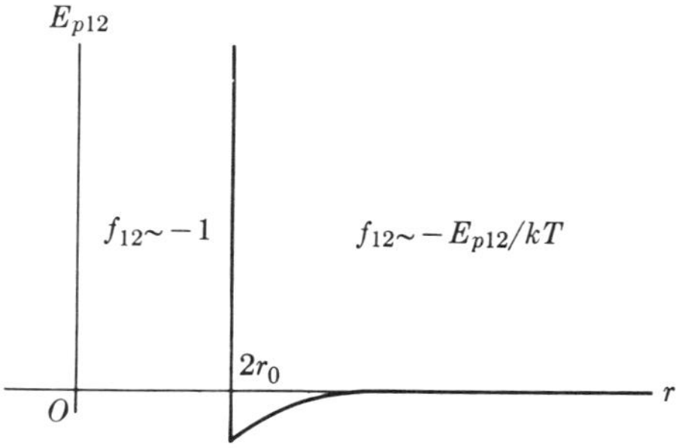

Abb. 12-4. Intermolekulares Potential mit hartem Kern und schwacher Anziehung bei grösseren Abständen.

Wenn wir diesen Wert in Gl. (12.19) einsetzen, wird der zweite Virialkoeffizient

$$A = RTN_A\left(\frac{16\pi r_0^3}{3}\right) = RTb,$$

wobei $b = N_A(16\pi r_0^3/3)$ das vierfache Volumen der in einem Mol enthaltenen Moleküle ist. Daher ist in erster Näherung die Zustandsgleichung eines Gases harter Kugeln

$$p = \frac{\text{N}RT}{V} + \frac{\text{N}^2RTb}{V^2}.$$

BEISPIEL 12.2. Erweitern Sie das Ergebnis des vorstehenden Beispieles auf den Fall, bei dem die intermolekularen Kräfte anziehend, jedoch sehr schwach sind, ausgenommen $r < 2r_0$, wo eine sehr starke Abstoßung einsetzt, welche die Moleküle sich fast wie undurchdringliche, harte Kugeln verhalten läßt.

Lösung: Als logische Erweiterung der im vorstehenden Beispiel durchgeführten Berechnung können wir ziemlich schwache, jedoch anziehende intermolekulare Kräfte für $r > 2r_0$, wie in Abb. 12-4 dargestellt, einführen. Wir können dann weiterhin die Annahme benutzen, daß für $r < 2r_0$ $f_{ij} = -1$ ist. Aufgrund von Gl. (12.14) können wir jedoch, wenn E_{pij}/kT klein verglichen mit 1 ist, $f_{12} = -E_{p12}/kT$ für $r > 2r_0$ schreiben. Daher ergibt Gl. (12.16)

$$\beta = \int_0^{2r_0} (-1)4\pi r^2\, dr + \int_{2r_0}^{\infty} (-E_{p12}/kT)4\pi r^2\, dr = -\frac{32\pi r_0^3}{3} + \frac{\alpha}{kT},$$

wobei

$$\alpha = \int_{2r_0}^{\infty} (-E_{p12})4\pi r^2\, dr$$

eine positive Größe ist, da E_{p12} für $r > 2r_0$ (siehe Abb. 12-4) negativ ist. Wenn wir in Gl. (12.19) einsetzen, unsere vorhergehende Definition von b benutzen und $a = \frac{1}{2}N_A^2\alpha$ setzen, erhalten wir $A = RTb - a$ für den zweiten Virialkoeffizienten. Wenn wir Gl. (12.7) benutzen, ist die Zustandsgleichung in erster Näherung dann

$$p = \frac{\text{N}RT}{V} + \frac{\text{N}^2(RTb - a)}{V^2} + \cdots \tag{12.20}$$

Diese Gleichung wird mit ziemlich guter Genauigkeit von vielen realen Gasen erfüllt, besonders für große Werte von V/N. Die Koeffizienten a und b nennt man *van-der-Waalsche Konstanten*. Sie sind in Tabelle 12-1 für verschiedene reale Gase angegeben.

TABELLE 12-1 Van der Waals-Konstanten

Substanz	a, N m^4 kg^{-2} Mol $^{-2}$	b, m^3 kg^{-1} Mol $^{-1}$
Helium	3.446×10^3	0.02370
Wasserstoff	24.63	0.02661
Neon	21.28	0.01709
Stickstoff	140.4	0.03913
Sauerstoff	137.4	0.03183
Ammoniak	421.2	0.03707
Kohlendioxyd	362.8	0.04267
Schwefeldioxyd	678.1	0.05636
Wasser	551.9	0.03049

12.4 Wärmekapazität eines idealen einatomigen Gases

In Abschnitt 11.7 definierten wir die Wärmekapazitäten einer Substanz bei konstantem Volumen und bei konstantem Druck als

$$C_V = \frac{1}{\text{N}}\left(\frac{\partial U}{\partial T}\right)_V, \qquad C_p = \frac{1}{\text{N}}\left(\frac{\partial H}{\partial T}\right)_p, \tag{12.21}$$

wobei $H = U + pV$ die Enthalpie der Substanz ist. Neben ihrer Bedeutung als Koeffizienten in verschiedenen praktischen Berechnungen eröffnen die Wärmekapazitäten einer Substanz einen Weg, die Richtigkeit des zur Beschreibung der Substanz gewählten Modells zu verifizieren. In diesem Abschnitt werden wir die Wärmekapazitäten eines idealen Gases berechnen. Durch Vergleich mit den beobachteten Werten für reale Gase werden wir in die Lage versetzt, abzuschätzen inwieweit das Modell des idealen Gases eine gute Näherung ist.

Betrachten wir zuerst ein ideales einatomiges Gas. Die innere Energie eines solchen Gases ist eine reine kinetische Energie der Translation und durch $U = \frac{3}{2}\text{N}RT$ gegeben. Wenn wir Gl. (12.21) benutzen, erhalten wir

$$\begin{aligned} C_V &= \tfrac{3}{2}R = 12.4715 \text{ J Mol}^{-1}\text{ K}^{-1} \\ &= 2.9807 \text{ cal Mol}^{-1}\,^{\circ}\text{C}^{-1}. \end{aligned} \tag{12.22}$$

Wenn wir Gl. (12.6) ($pV = \text{N}RT$) berücksichtigen, erhalten wir für die Enthalpie eines idealen Gases

$$H = U + pV = \tfrac{5}{2}\text{N}RT.$$

Daher ergibt Gl. (12.21)

$$\begin{aligned} C_p &= \tfrac{5}{2}R = 20.7858 \text{ J Mol}^{-1}\text{ K}^{-1} \\ &= 4.9678 \text{ cal Mol}^{-1}\,^{\circ}\text{C}^{-1}. \end{aligned} \tag{12.23}$$

Daher besitzen alle idealen einatomigen Gase, unabhängig von der Struktur der Atome, dieselben Wärmekapazitäten. Wir entnehmen den obigen Resultaten, daß

$$C_p - C_V = R, \tag{12.24}$$

so daß C_p um den Betrag R größer ist als C_V. Der Grund hierfür liegt darin, daß C_V nur mit der Änderung der inneren Energie zusammenhängt, während C_p zusätzlich die Ausdehnungsarbeit des Gases enthält, wenn seine Temperatur bei konstantem Druck um 1 Grad erhöht wird. Man kann leicht zeigen, daß diese Arbeit genau gleich R ist. Wenn der Druck des Gases konstant ist, gilt $p\,dV = \mathrm{N}R\,dT$ und die bei einem Temperaturanstieg um ein Grad geleistete Arbeit

$$W_p = \int p\,dV = \int_T^{T+1} \mathrm{N}R\,dT = \mathrm{N}R.$$

Daher ist die pro Mol vom Gas geleistete Arbeit R. Aus diesem Beweis ersehen wir, daß die Gleichung (12.24) für alle idealen Gase gilt, ob sie einatomig sind oder nicht.

Eine andere Beziehung zwischen den Wärmekapazitäten eines idealen einatomigen Gases ist

$$\gamma = C_p/C_V = \tfrac{5}{3} = 1.667. \tag{12.25}$$

Wie in Tabelle 12-3 (am Ende dieses Kapitels) gezeigt ist, gehorchen die meisten einatomigen Gase dieser Beziehung ziemlich genau.

BEISPIEL 12.3. Die Zustandsgleichung eines idealen Gases als Funktion von Druck, Volumen und Entropie.

Lösung: Da Entropie eine Eigenschaft des Zustandes eines Gases ist, kann man sie ebenso wie Druck, Volumen oder Temperatur als Variable benutzen, um den Zustand eines Gases zu difinieren. Aus der Zustandsgleichung, $pV = \mathrm{N}RT$, haben wir

$$\ln p + \ln V = \ln \mathrm{N}R + \ln T.$$

Ableitung ergibt

$$\frac{dp}{p} + \frac{dV}{V} = \frac{dT}{T}. \tag{12.26}$$

Für den Fall eines idealen Gases, bei dem die innere Energie nur von der Temperatur abhängt, haben wir $dU = \mathrm{N}C_V\,dT$. Daher ergibt der erste Hauptsatz der Thermodynamik, Gl. (11.37), $dU = T\,dS - p\,dV$,

$$\mathrm{N}C_V\,dT = T\,dS - p\,dV,$$

woraus wir (indem wir durch T dividieren und die Zustandsgleichung verwenden)

$$\mathrm{N}C_V \frac{dT}{T} = dS - \mathrm{N}R\frac{dV}{V} \tag{12.27}$$

erhalten. Wenn wir dT/T aus den Gl. (12.26) und (12.27) eliminieren und die Beziehung $C_p - C_V = R$ benutzen, erhalten wir

$$\frac{dp}{p} + \gamma\frac{dV}{V} = \frac{dS}{\mathrm{N}C_V},$$

wobei $\gamma = C_p/C_V$ ist. Durch Integration ergibt sich

$$\ln p + \gamma \ln V = \frac{S}{N C_V} + \ln(\text{konst})$$

oder

$$p V^{\gamma} = (\text{konst}) e^{S/NC_V}. \tag{12.28}$$

Dies ist die Zustandsgleichung eines idealen Gases als Funktion von p, V und S. Für einen adiabatischen und reversiblen (d.h. isentropischen) Prozeß reduziert sich die Gleichung auf

$$p V^{\gamma} = \text{konst}. \tag{12.29}$$

Diese Gleichung findet bei Prozessen, an denen Gase beteiligt sind, vielfach Anwendung.

12.5 Wärmekapazitäten eines idealen vielatomigen Gases

Wenn das ideale Gas nicht einatomig ist, müssen wir bei der Berechnung der Wärmekapazitäten die Struktur der Moleküle berücksichtigen. Die Energie eines vielatomigen Moleküls besteht aus drei Termen: Translationsenergie, Rotationsenergie und Schwingungs- oder Vibrationsenergie; d.h. *

$$E_{\text{Molekül}} = E_{\text{tr}} + E_{\text{rot}} + E_{\text{vib}}. \tag{12.30}$$

Die elektronische Energie der Moleküle werden wir vernachlässigen, da sie an der thermischen Anregung des Gases selten beteiligt ist. Elektronische Anregung erfordert eine Energie von mindestens der Größenordnung 1 eV; diese Energie ist ungefähr 40 mal größer als die mittlere thermische kinetische Energie bei Zimmertemperatur (298 K), und es ist daher eine Temperatur der Größenordnung 10^4 K erforderlich, um eine wesentliche Anzahl von Molekülen in angeregten elektronischen Zuständen zu bilden (siehe Beispiel 10.4). Bei diesen Temperaturen sind natürlich die meisten der Gasmoleküle durch Zusammenstöße dissoziiert.

Andererseits ist die kinetische Energie der Rotation vielatomiger Moleküle von der Größenordnung 10^{-4} eV, und daher können diese selbst bei Temperaturen, die niedrig verglichen mit Zimmertemperatur liegen, leicht in angeregte Rotationsniveaus überführt werden. Vibrationsenergien liegen im Bereich von 10^{-3} eV bis 10^{-1} eV. Daher kann man bei Zimmertemperaturen Moleküle in den niedrigsten angeregten Vibrationszuständen vorfinden.

Um den Beitrag der inneren Bewegung zur Wärmekapazität eines vielatomigen Gases zu berechnen, müssen wir zunächst (mit statistischen Methoden) die Verteilung der Gasmoleküle auf die Rotations- und Vibrationszustände bestimmen. Wir wollen uns auf den einfachsten Fall eines zweiatomigen Gases beschränken.

---

* Wir werden der Einfachheit halber annehmen, daß die drei Energien additiv sind. Genaugenommen gibt es jedoch einige gemischte Terme zwischen den Rotations- und Vibrationsenergien.

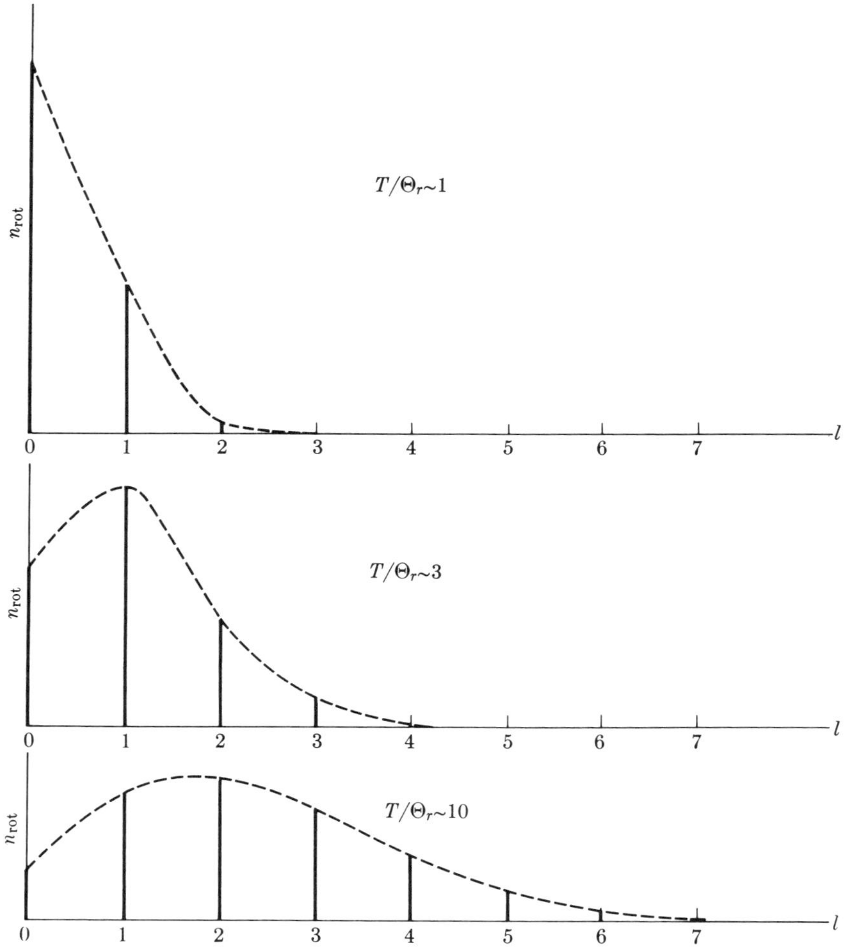

Abb. 12-5. Besetzung der Rotationsniveaus in einem zweiatomigen Gas für drei Werte von T/Θ_r.

Die kinetische Energie der Rotation von zweiatomigen Molekülen ist entsprechend Gl. (5.12)

$$E_{rot} = \frac{\hbar^2 l(l+1)}{2I},$$

wobei I das Trägheitsmoment des Moleküls relativ zu einer senkrechten Achse durch den Massenmittelpunkt ist und l den Drehimpuls des Moleküls relativ zum Massenmittelpunkt festlegt. Wie in Abschnitt 5.7 erläutert wurde, kann der Drehimpuls $2l + 1$ verschiedene Orientierungen einnehmen, die alle dieselbe

TABELLE 12-2 Charakteristische Temperaturen der Rotation und Vibration zweiatomiger Moleküle

Substanz	Θ_r, K	Θ_v, K
Wasserstoff	85.5	6140
Kohlenmonoxyd	2.77	3120
Sauerstoff	2.09	2260
Chlor	0.347	810
Brom	0.117	470
Natrium	0.224	230
Kalium	0.081	140

Energie aufweisen, so daß der in Gl. (10.23) benutzte g_i-Faktor $2l + 1$ ist. Wenn wir Maxwell-Boltzmann-Statistik verwenden, ist dann die Gleichgewichtsverteilung der Moleküle auf die zur Verfügung stehenden Rotationszustände

$$n_{\text{rot}} = \frac{N}{Z_{\text{rot}}}(2l + 1)e^{-\hbar^2 l(l+1)/2IkT} = \frac{N}{Z_{\text{rot}}}(2l + 1)e^{-l(l+1)\Theta_r/T}, \tag{12.31}$$

wobei man $\Theta_r = \hbar^2/2Ik$ die *charakteristische Temperatur der Rotation nennt.* Werte von Θ_r sind in Tabelle 12-2 für einige zweiatomige Gase angegeben. Ein Blick auf diese Tabelle zeigt, daß diese Werte selbst für Wasserstoff sehr klein verglichen mit der Zimmertemperatur sind. Die Werte von n_{rot} sind in Abb. 12-5 für drei Werte von T/Θ_r dargestellt. Mit zunehmendem T wächst ebenfalls die Anzahl der Moleküle in angeregten Rotationszuständen.

Die Zustandssumme für die Rotation Z_{rot} ist entsprechend der allgemeinen Definition in Gl. (10.22) gegeben durch

$$Z_{\text{rot}} = \sum_l (2l + 1)e^{-l(l+1)\Theta_r/T}. \tag{12.32}$$

Sobald wir die Zustandssumme der Rotation Z_{rot} berechnet haben, können wir die Rotationsenergie U_{rot} des Gases durch Anwendung von Gl. (10.24) ableiten:

$$U_{\text{rot}} = kNT^2 \frac{d}{dT}(\ln Z_{\text{rot}}). \tag{12.33}$$

Die gesamte innere Energie des Gases ist

$$U = U_{\text{tr}} + U_{\text{rot}} = \tfrac{3}{2}\text{N}RT + U_{\text{rot}} \tag{12.34}$$

da $U_{\text{tr}} = \frac{3}{2}\text{N}RT$ ist. Um die Wärmekapazität bei konstantem Volumen, C_V, abzuleiten, setzen wir als nächstes Gl. (12.34) in Gl. (12.21) ein. Die Wärmekapazität nimmt langsam mit der Temperatur, wie in Abb. 12-6 angedeutet, zu, weil Energie nicht nur dazu gebraucht wird, um die Translationsenergie der Moleküle zu vergrößern, sondern ebenfalls dazu, mehr Moleküle in angeregte Rotations-

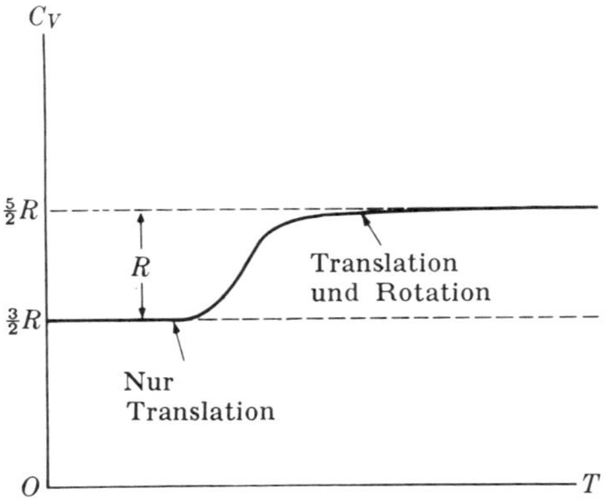

Abb. 12-6. Variation der Wärmekapazität bei konstantem Volumen eines zweiatomigen Gases infolge der Anregung von Rotationsniveaus.

niveaus zu überführen und dadurch die Rotationsenergie anzuregen. Abb. 12-6 zeigt, daß C_V bei Temperaturen, die groß relativ zu Θ_r sind, gegen den konstanten Wert $\frac{5}{2}R$ gehen.

Dies können wir wie folgt erklären: Bei Temperaturen, die viel größer als Θ_r sind (so daß Θ_r/T sehr klein ist), ist eine sehr große Anzahl von Rotationszuständen besetzt. Ferner wird der Abstand der Rotationsniveaus verglichen mit der thermischen Energie sehr klein, und wir können Z_{rot} dadurch berechnen, daß wir in Gl. (12.32) die Summation durch eine Integration ersetzen. Wir können ferner $2l$ für $2l + 1$ und l^2 für $l(l + 1)$ setzen. Dann wird

$$Z_{\text{rot}} = \int_0^\infty 2le^{-(\Theta_r/T)l^2} \, dl = T/\Theta_r.$$

Daher ist $\ln Z_{\text{rot}} = \ln T - \ln \Theta_r$ und Gl. (12.33) ergibt

$$U_{\text{rot}} = kNT = \text{N}RT \tag{12.35}$$

da $kN = \text{N}R$ ist. Für $T \gg \Theta_r$ ist dann die Gesamtenergie

$$U = U_{\text{tr}} + U_{\text{rot}} = \tfrac{3}{2}\text{N}RT + \text{N}RT = \tfrac{5}{2}\text{N}RT. \tag{12.36}$$

Wenn wir Gl. (12.36) in Gl. (12.21) einsetzen, erhalten wir

$$C_V = \tfrac{5}{2}R. \tag{12.37}$$

Bei Temperaturen, die verglichen mit Θ_r groß sind, liefert daher die kinetische Energie der Rotation eines zweiatomigen Moleküls einen Beitrag R zur Wärmekapazität eines idealen zweiatomigen Gases bei konstantem Volumen. Dasselbe Resultat gilt auch für Gase, die aus linearen vielatomigen Molekülen bestehen.

Wir wollen jetzt die Vibrationsenergie des idealen zweiatomigen Gases berechnen. Wir nehmen an, daß es sich um einfache harmonische Schwingungen handelt; dann sind entsprechend Gl. (5.16) die Vibrationsniveaus gegeben durch $E_{\text{vib}} = (v + \frac{1}{2})\hbar\omega$. Wenn wir wiederum die Maxwell-Boltzmann-Statistik und $g_i = 1$ benutzen, was diesem Fall entspricht, ist demnach die Besetzung der Vibrationsniveaus gegeben durch

$$n_{\text{vib}} = \frac{N}{Z_{\text{vib}}} e^{-(v+1/2)\hbar\omega/kT} = \frac{N}{Z_{\text{vib}}} e^{-(v+1/2)\Theta_v/T}, \tag{12.38}$$

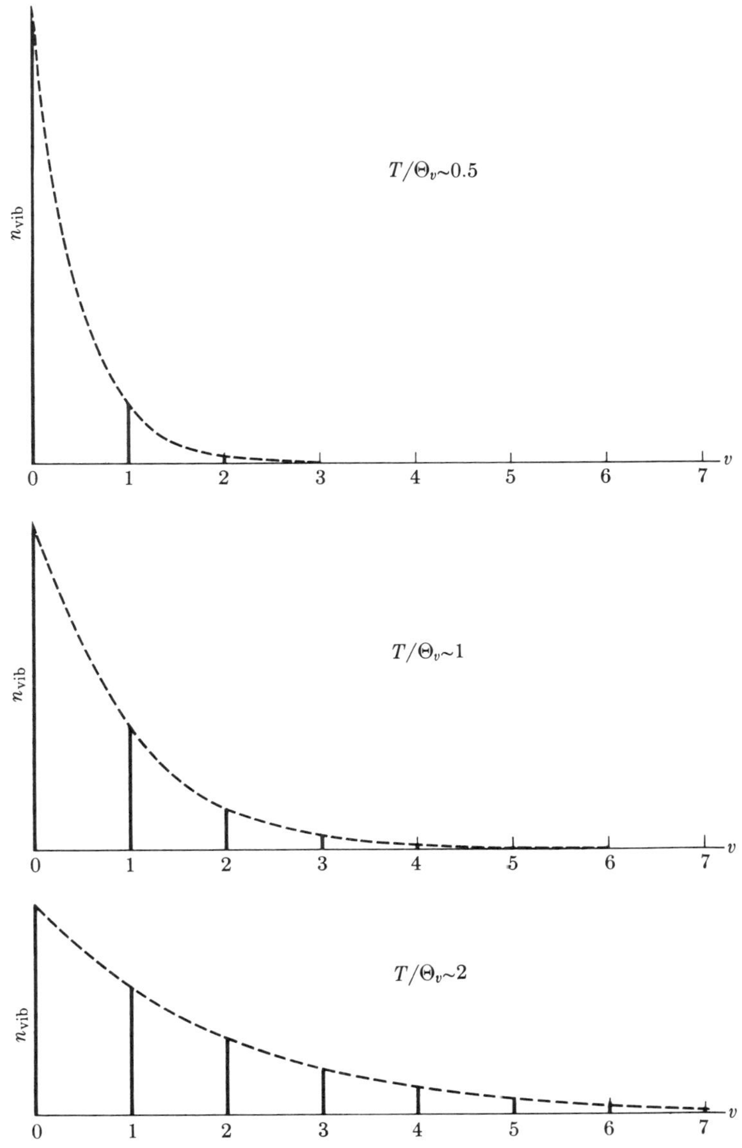

Abb. 12-7. Besetzung der Vibrationsniveaus in einem zweiatomigen Gas für drei Werte von T/Θ_v.

wobei man $\Theta_V = \hbar\omega/k$ die *charakteristische Temperatur der Vibration* nennt. Ihr Wert ist für einige zweiatomige Moleküle in Tabelle 12-2 angegeben. Man beachte, daß in allen Fällen Θ_v viel größer als Θ_r ist. In den meisten Fällen ist Θ_v auch größer als die Zimmertemperatur. Abb. 12-7 zeigt die Werte von n_{vib} für drei verschiedene Werte von T/Θ_v. Mit wachsendem T nimmt auch die Anzahl der Moleküle in angeregten Vibrationsniveaus zu; da jedoch $\Theta_v > \Theta_r$ ist, beginnt eine merkliche Besetzung der niedrigen angeregten Vibrationsenergie erst bei Temperaturen, bei denen bereits viele Rotationsniveaus besetzt sind. In manchen Fällen dissoziieren die Moleküle bei Energien, die niedriger liegen als der Bereich, in dem die höheren Vibrationsniveaus merklich zur inneren Energie beitragen.

Die Zustandssumme der Vibration ist

$$Z_{\text{vib}} = \sum_v e^{-(v+1/2)\Theta_v/T} = e^{-\Theta_v/2T}\left(\sum_v e^{-v\Theta_v/T}\right). \tag{12.39}$$

Indem wir die Formel für eine unendliche, abfallende geometrische Summe benutzen,

$$\sum x^n = 1 + x + x^2 + x^3 + \cdots = \frac{1}{1 - x}, \quad \text{für} \quad x < 1,$$

und beachten, daß in unserem Falle $x = e^{-\Theta_v/T}$ ist, erhalten wir für die Zustandssumme der Vibration

$$Z_{\text{vib}} = \frac{e^{-\Theta_v/2T}}{1 - e^{-\Theta_v/T}}. \tag{12.40}$$

Aus diesem Resultat ergibt sich

$$\ln Z_{\text{vib}} = -\Theta_v/2T - \ln(1 - e^{-\Theta_v/T})$$

und

$$\frac{d}{dT}(\ln Z_{\text{vib}}) = \frac{\Theta_v}{2T^2} + \frac{\Theta_v/T^2}{e^{\Theta_v/T} - 1}.$$

Entsprechend Gl. (12.24) erhält man die Vibrationsenergie des Gases zu

$$U_{\text{vib}} = kNT^2 \frac{d}{dT}(\ln Z_{\text{vib}}) = \tfrac{1}{2}kN\Theta_v + \frac{kN\Theta_v}{e^{\Theta_v/T} - 1}. \tag{12.41}$$

Wenn wir uns aus Abschnitt 5.8 daran erinnern, daß $\frac{1}{2}k\Theta_v = \frac{1}{2}\hbar\omega$ die Energie der Nullpunktsschwingung eines Moleküls ist, erkennen wir, daß der Term $\frac{1}{2}kN\Theta_v$ die Gesamtenergie der Nullpunktsschwingung des Gases ist. Diese konstante Energie, obwohl sie ziemlich groß sein kann, hat keinen Einfluß auf Prozesse bei denen nur Energiedifferenzen eine Rolle spielen. Um die Wärmekapazität bei konstantem Volumen zu berechnen, müssen wir U_{vib} zu $U_{\text{tr}} + U_{\text{rot}}$ hinzuaddieren und wieder Gl. (12.21) anwenden. Für große Temperaturen ist die Größe Θ_v/T sehr klein; und wir können, indem wir die Näherung $e^x = 1 + x + \cdots$ für kleine x verwenden,

$$e^{\Theta_v/T} - 1 = \left(1 + \frac{\Theta_v}{T} + \cdots\right) - 1 = \frac{\Theta_v}{T} + \cdots, \tag{12.42}$$

schreiben, so daß Gl. (12.41) in

$$U_{\text{vib}} = \tfrac{1}{2}kN\Theta_v + kNT = kNT(1 + \Theta_v/2T) \tag{12.43}$$

übergeht. Die molekularen Schwingungen geben daher einen Beitrag zur inneren Energie, dessen Wert für Temperaturen, die viel größer als Θ_v sind, gegeben sind durch

$$U_{\text{vib}} = kNT = \text{N}RT. \tag{12.44}$$

Es stellt sich heraus, daß diese Energie ebenso groß ist, wie im Fall der Rotationsenergie, die durch Gl. (12.35) gegeben war. Der asymptotische Wert der gesamten Energie bei sehr hohen Temperaturen ist

$$U = U_{\text{tr}} + U_{\text{rot}} + U_{\text{vib}} = \tfrac{3}{2}\text{N}RT + \text{N}RT + \text{N}RT = \tfrac{7}{2}\text{N}RT$$

und entspricht einer gesamten Wärmekapazität von

$$C_V = \tfrac{7}{2}R. \tag{12.45}$$

Wenn wir diesen Wert mit Gl. (12.37) vergleichen, können wir schließen, daß die Schwingungen zweiatomiger Moleküle bei hohen Temperaturen einen Beitrag R zur spezifischen Wärme des zweiatomigen Gases bei konstantem Volumen liefern.

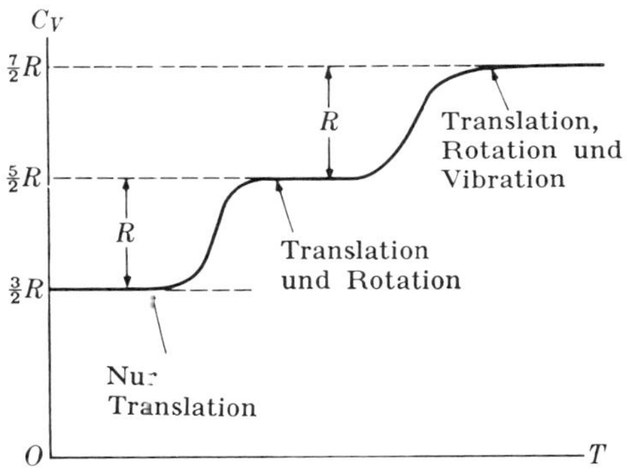

Abb. 12-8. Variation der Wärmekapazität bei konstantem Volumen eines zweiatomigen Gases infolge der Anregung von Rotations- und Vibrationsniveaus.

Abb. 12-8 zeigt, für ein zweiatomiges Gas, den allgemeinen Verlauf von C_v mit wachsender Temperatur. Dieser Verlauf wird durch experimentelle Messungen gut bestätigt.

12.6 Der Gleichverteilungssatz für die Energie

Die mittlere kinetische Energie der Moleküle eines idealen Gases infolge ihrer Translationsbewegung ist

$$E_{\text{ave}} = \tfrac{3}{2}kT. \tag{12.46}$$

Die Translationsbewegung hängt nun mit den drei Koordinaten x, y, z zusammen, die erforderlich sind, um den Massenmittelpunkt des Moleküls festzulegen. Angesichts der Symmetrie des Raumes, können wir dementsprechend annehmen, daß die mittlere kinetische Energie für die Bewegung längs einer der Koordinatenachsen

$$\epsilon = \tfrac{1}{2}kT \tag{12.47}$$

ist. Wenn ein Gas Beschränkungen unterliegen würde, so daß sich seine Moleküle nur in einer Ebene mit zwei Freiheitsgraden oder Koordinaten bewegen könnten, würden wir daher erwarten, daß die mittlere kinetische Energie des Moleküls zweimal ϵ oder kT ist.

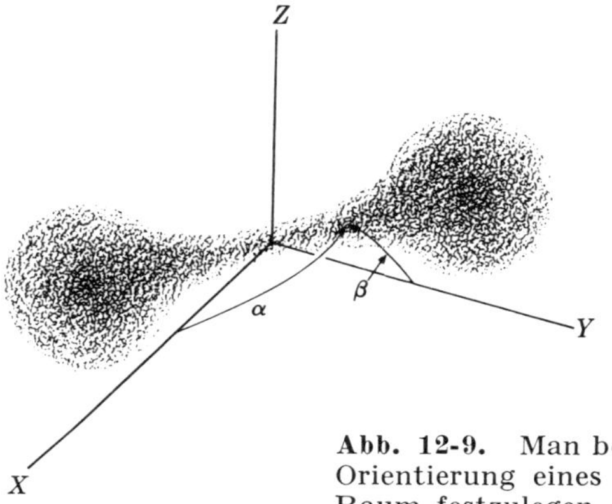

Abb. 12-9. Man benötigt zwei Winkel, um die Orientierung eines zweiatomigen Moleküls im Raum festzulegen.

Betrachten wir jetzt die Rotation eines zweiatomigen (oder eines linearen) Moleküls. Die Orientierung der Molekülachse (Abb. 12-9) ist durch die Winkel α und β bestimmt, welche es mit zwei beliebigen Koordinatenachsen, wie etwa X und Y, abbilden. Die Rotation eines zweiatomigen (und im Allgemeinfall eines linearen) Moleküls besitzt dann zwei Freiheitsgrade. Durch Erweiterung von Gl. (12.47) auf die Rotationsbewegung eines Moleküls können wir daher erwarten, daß die mittlere kinetische Energie der Rotation eines Moleküls gleich

$$E_{\text{ave}}(\text{rot}) = 2\epsilon = kT$$

ist, und daß die gesamte Rotationsenergie eines Gases aus zweiatomigen (oder linearen) Molekülen

$$U_{\text{rot}} = NE_{\text{ave}}(\text{rot}) = kNT = \text{N}RT$$

sein sollte. Dies stimmt mit dem Ergebnis in Gl. (12.35) überein, das für Temperaturen groß gegen Θ_r gültig ist. Ganz analog besitzt die Schwingungsbewegung eines zweiatomigen Moleküls nur einen Freiheitsgrad, und die mittlere Schwingungsenergie eines solchen Moleküls sollte $\epsilon = \frac{1}{2}kT$ sein. Bei einer Schwingung gibt es jedoch *sowohl* kinetische wie potentielle Energie, deren Mittelwerte gleich sind. Daher ist die mittlere Schwingungsenergie eines Moleküls gleich dem Doppelten der kinetischen Energie pro Freiheitsgrad oder

$$E_{\text{ave}}(\text{vib}) = 2\epsilon = kT.$$

Die Gesamtenergie der Schwingung des zweiatomigen Gases wäre

$$U_{\text{vib}} = NE_{\text{ave}}(\text{vib}) = kNT = \text{n}RT.$$

Dies stimmt wieder mit dem Ergebnis von Gl. (12.44) überein, die für Temperaturen groß gegen Θ_v gilt.

Wir können demnach eine sehr wichtige Regel, den sog. *Gleichverteilungssatz für die Energie,* aufstellen:

> *Bei hinreichend hohen Temperaturen, so daß kT groß verglichen mit dem Abstand der mit einem bestimmten Freiheitsgrad des Moleküls verknüpften Energieniveaus ist, beträgt die mittlere molekulare Energie pro Freiheitsgrad $\frac{1}{2}kT$. (Wegen der beteiligten potentiellen Energie trägt eine Schwingung pro Schwingungsfreiheitsgrad zur Energie einen Betrag kT bei.*

Dieser Satz hilft uns, die Diskussion des vorhergehenden Abschnittes auf vielatomige Moleküle zu erweitern. Betrachtet sei ein vielatomiges Molekül, das drei Freiheitsgrade für Translationsbewegung und f innere Freiheitsgrade für Rotations- und Vibrationsbewegung aufweist (wobei jede Schwingung zwei Freiheitsgrade zählt). Bei hohen Temperaturen ist die mittlere molekulare Energie eines Gases, das aus solchen Molekülen besteht, durch

$$E_{\text{ave}} = (3+f)\epsilon = \frac{3+f}{2}\,kT,$$

und die gesamte innere Energie des Gases durch

$$U = NE_{\text{ave}} = \frac{3+f}{2}\,kNT = \frac{3+f}{2}\,\text{n}RT$$

gegeben. Die Wärmekapazität bei konstantem Volumen des Gases strebt bei hohen Temperaturen gegen den Wert

$$C_V = \frac{3+f}{2}\,R. \tag{12.48}$$

Entsprechend Gl. (12.24) ist nun $C_p - C_V = R$ oder $C_p = C_V + R$, was für alle idealen Gase unabhängig von ihrer molekularen Struktur gilt. Wenn wir Gl. (12.48) für C_V benutzen, erhalten wir

$$C_p = \frac{5+f}{2}\,R. \tag{12.49}$$

Das Verhältnis $\gamma = C_p/C_V$ hat dann den Wert

$$\gamma = \frac{C_p}{C_V} = \frac{5+f}{3+f}. \tag{12.50}$$

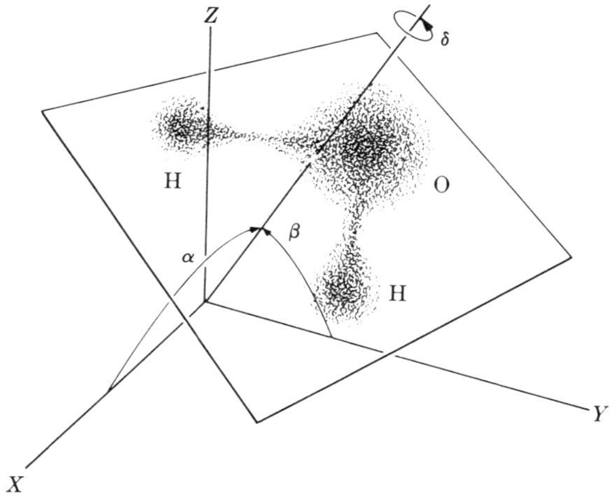

Abb. 12-10. Man benötigt drei Winkel, um die Orientierung eines nichtlinearen Moleküls, wie z.B. H_2O, im Raum festzulegen.

In Wirklichkeit entspricht f in diesen Formeln nur denjenigen Freiheitsgraden, für die eine sehr große Anzahl von angeregten Zuständen bei der gegebenen Temperatur besetzt sind. Wenn T größer als Θ_r, aber kleiner als Θ_v ist, entspricht f nur den Rotationsfreiheitsgraden. Wenn jedoch T viel größer als Θ_v ist, entspricht f allen Freiheitsgraden. Für ein einatomiges Gas ist $f = 0$ und $\gamma = \frac{5}{3} = 1.67$, wie bereits oben in Gl. (12.25) angedeutet war. Für ein zweiatomiges Gas (und allgemein für ein beliebiges lineares Molekül im Gaszustand) haben wir bei Zimmertemperatur (wo nur Rotationsbewegung zählt) $f = 2$ und $\gamma = \frac{7}{5} = 1.40$. Wenn das Molekül nicht linear, sondern eben, wie Wasser (H_2O), oder dreidimensional, wie Ammoniak (NH_3), ist, gibt es drei Rotationsfreiheitsgrade, da wir zusätzlich zu den Winkeln α und β, welche die Achse fixierten (Abb. 12-10), den Winkel δ der Rotation um die Achse benötigen.

Dementsprechend ist $f = 3$ und $\gamma = \frac{8}{6} = 1.33$. Eine Messung von γ kann daher wichtige Information über die innere Struktur eines Moleküls liefern.

TABELLE 12-3 Verhältnis der Wärmekapazitäten für einige Gase

Substanz	γ	Substanz	γ
Helium	1.659	Chlor	1.355
Neon	1.64	Schwefelwasserstoff	1.32
Argon	1.668	Wasserdampf	1.324
Wasserstoff	1.410	Ammoniak	1.310
Sauerstoff	1.401	Kohlendioxyd	1.304
Stickstoff	1.404	Äthylen	1.255
Kohlenmonoxyd	1.404		

Wir entnehmen z.B. aus Tabelle 12-3, in welcher die Werte von γ für verschiedene Gase angegeben sind, daß H_2O eben und nicht linear ist, und daß die Edelgase alle einatomig ($f = 0$) sind. Das CO_2-Molekül ist eine bemerkenswerte Ausnahme, da es, obwohl linear, $\gamma = 1.304$ aufweist, was in der Nähe des Wertes für ein ebenes Molekül liegt. Wir wissen, daß CO_2 linear ist, weil sein elektrisches Dipolmoment Null ist. Die scheinbare Diskrepanz kann man darauf zurückführen, daß eine Biegeschwingung von CO_2 eine relativ kleine Schwingungsenergie besitzt. Diese Schwingung ergibt zwei zusätzliche Freiheitsgrade und das Verhältnis der Wärmekapazitäten für CO_2 sollte daher in der Nähe von $\frac{9}{7} = 1.285$ liegen.

Literaturverzeichnis

1. "The Definition of the Perfect Gas", P. Landsberg, *Am. J. Phys.* **29**, 695 (1961)
2. "Energy Equipartition: A Restatement", W. Lawless, *Am. J. Phys.* **32**, 686 (1964)
3. *Introduction to Chemical Physics*, J. Slater. New York: McGraw-Hill, 1964, Kapitel 9 und 12
4. *Statistical Physics*, G. Wannier. New York: John Wiley, 1966, Band I
5. *The Feynman Lectures on Physics*, Volumen I, R. Feynman, R. Leighton, und M. Sands. Reading, Mass.: Addison-Wesley, 1963, Kapitel 41
6. *Molecular Thermodynamics*, J. Fay. Reading, Mass.: Addison-Wesley, 1965
7. *A Source Book in Physics*, W. Magie. Cambridge, Mass.: Harvard University Press, 1963, Seite 247 (Bernoulli)

Aufgaben

12.1 Berechnen Sie unter Benutzung der Virialentwicklung für die Zustandsgleichung eines Gases, wie sie durch Gl. (12.20) gegeben wird, die von einem Gas geleistete Arbeit, wenn es sich isotherm von einem Volumen V_1 auf ein Volumen V_2 ausdehnt. Wenden Sie das Ergebnis auf 1 Mol Wasserstoff bei 300 K an, wenn es sich von einem Volumen von 3×10^{-2} m³ auf ein Volumen von 5×10^{-2} m³ ausdehnt. Vergleichen Sie mit dem Wert, den Sie aus dem Ausdruck für das ideale Gas erhalten.

12.2 Eine von Van der Waals vorgeschlagene empirische Gleichung zur Beschreibung eines realen Gases ist

$$\left(p + \frac{\text{N}^2 a}{V^2}\right)(V - \text{N}b) = \text{N}RT.$$

Schreiben Sie diese Gleichung in Virialform und vergleichen Sie mit Gl. (12.20).

12.3 Die *Boyle-Temperatur* eines realen Gases ist diejenige Temperatur, bei welcher der zweite Virialkoeffizient Null ist. Zeigen Sie, daß die Boyle-Temperatur gleich a/Rb ist. Berechnen Sie die Boyle-Temperatur für einige der in Tabelle 12-1 aufgeführten Gase. (*Anmerkung:* Die Boyle-Temperatur ist diejenige Temperatur, bei der man bis zur zweiten Näherung annehmen kann, daß ein reales Gas der idealen Gasgleichung genügt.)

12.4 Der Koeffizient der kubischen Expansion einer Substanz bei konstantem Druck ist definiert durch

$$\beta = \frac{1}{V}\left(\frac{\partial V}{\partial T}\right)_p.$$

Bestimmen Sie β für (a) ein ideales Gas und (b) ein reales Gas, das der in Aufgabe 12.2 angegebenen van-der-Waals-Gleichung gehorcht.

12.5 Der Kompressionsmodul einer Substanz bei konstanter Temperatur ist definiert durch

$$\varkappa_T = -\frac{1}{V}\left(\frac{\partial V}{\partial p}\right)_T.$$

Bestimmen Sie $\varkappa_T$ für (a) ein ideales Gas und (b) ein reales Gas, das der in Aufgabe 12.2 gegebenen Van-der-Waalsschen Gleichung gehorcht.

12.6 Eine von Dieterici vorgeschlagene empirische Zustandsgleichung für reale Gase ist $p(V - \mathrm{N}b)e^{\mathrm{N}a/VRT} = \mathrm{N}RT$. Schreiben Sie diese Gleichung in Virialform und vergleichen Sie mit Gl. (12.20).

12.7 Drücken Sie die Gleichung für einen isentropischen Prozeß eines idealen Gases als Funktion von (a) Druck und Temperatur, (b) Volumen und Temperatur aus.

12.8 Zeigen Sie, daß die von einem idealen Gas bei einem isentropischen (oder reversibel adiabatischen) Prozeß geleistete Arbeit, gegeben ist durch

$$\mathrm{N}R(T_1 - T_2)/(\gamma - 1).$$

12.9 Vergleichen Sie für einen isentropischen und einen isothermen Prozeß eines idealen Gases die Anstiege im selben Punkt eines p-V- Diagramms. Schließen Sie aus dem Vergleich, daß bei der isentropischen Ausdehnung eines idealen Gases die Temperatur abnimmt. Erklären Sie, warum dies der Fall ist.

12.10 Stellen Sie einen Carnotschen Kreisprozeß, bei dem die Arbeitssubstanz ein ideales Gas ist, in einem p-V-Diagramm graphisch dar. Zeigen Sie, daß, wenn V_1, V_2, V_3 und V_4 die Volumina des Gases am Ende der Teilprozesse sind,

$$V_2/V_1 = V_3/V_4$$

ist.

12.11 Berechnen Sie die Arbeit, die von dem Gas in jedem der einzelnen Teilprozesse geleistet wird, aus denen ein Carnotscher Kreisprozeß besteht, und zeigen Sie, daß die insgesamt geleistete Arbeit durch

$$W = \mathrm{N}R(T_2 - T_1) \ln V_2/V_1$$

gegeben ist. Verifizieren Sie dann, daß Gl. (11.47) erfüllt wird. (*Hinweis:* Benutzen Sie das Ergebnis von Aufgabe 12.10.)

12.12 Die adiabatische Kompressibilität einer Substanz ist definiert durch

$$\varkappa_s = -\frac{1}{V}\left(\frac{\partial V}{\partial p}\right)_s.$$

Bestimmen Sie $\varkappa_s$ für ein ideales Gas. Die Ausbreitung elastischer Wellen in einem Gas ist ein adiabatischer Prozeß, und die Ausbreitungsgeschwindigkeit ist durch $v = \sqrt{\varkappa_s/\rho}$ gegeben, wobei ρ die Dichte ist. Erklären Sie, wie man aufgrund einer Messung von v den Wert von γ berechnen kann. Zeigen Sie, daß v nur von der absoluten Temperatur abhängt.

12.13 Ein ideales Gas nehme bei 300 K ein Volumen von 0.5 m³ bei einem Druck von 2 atm ein. Das Gas dehnt sich adiabatisch aus, bis sein Volumen 1.2 m³ beträgt. Als nächstes wird das Gas *isobar* auf sein ursprüngliches Volumen komprimiert. Schließlich wird der Druck *isochor* erhöht, bis das Gas in seinen Anfangszustand zurückgekehrt ist. (a) Stellen Sie den Prozeß in einem p-V-Diagramm graphisch dar. (b) Bestimmen Sie die Temperatur am Ende jedes der Teilprozesse. (c) Bestimmen Sie die beim Kreisprozeß geleistete Arbeit. Nehmen Sie an, daß $\gamma = 1.4$ ist.

12.14 Bei 300 K nimmt ein ideales Gas ein Volumen von 0.5 m³ bei einem Druck von 2 atm ein. Das Gas dehnt sich adiabatisch aus, bis sein Volumen 1.2 m³ beträgt. Als nächstes wird das Gas isotherm komprimiert, bis sein Volumen den ursprünglichen Wert erreicht. Schließlich wird der Druck isochor erhöht, bis das Gas seinen Anfangszustand wieder erreicht hat. (a) Stellen Sie den Prozeß in einem p-V-Diagramm dar. (b) Bestimmen Sie die Temperatur am Ende der adiabatischen Expansion. (c) Bestimmen Sie die bei dem Kreisprozeß geleistete Arbeit. Nehmen Sie an, daß $\gamma = 1.4$ ist.

12.15 Ein ideales Gas befindet sich ursprünglich bei $T_1 = 300$ K, $p_1 = 3$ atm und $V_1 = 4\ m^3$. Das Gas dehnt sich isotherm auf ein Volumen von $16\ m^3$ aus. Hierauf folgt ein isochorer Prozeß bis zu einem solchen Druck, daß eine adiabatische Kompression das Gas in seinen Ausgangszustand zurückführt. Nehmen Sie an, daß alle Prozesse reversibel sind, und (a) zeichnen Sie den Kreisprozeß in einem p-V-Diagramm sowie einem T-S-Diagramm, wobei Sie die einzelnen Endpunkte sorgfältig durchnummerieren. (b) Berechnen. Sie für jeden der Teilprozesse und den gesamten Kreisprozeß die geleistete Arbeit sowie die Entropieänderung. Nehmen Sie an, daß $\gamma = 1.4$ ist.

12.16 Schätzen Sie den Fehler ab, den man bei der Auswertung von Z_{rot} macht, wenn man in Gl. (12.32) $2l + 1$ durch $2l$ und $l(l + 1)$ durch l^2 ersetzt.

12.17 Berechnen Sie für die Temperaturen $T = \Theta_r$ und $T = 2\,\Theta_r$ den Prozentsatz der Moleküle eines zweiatomigen Gases im Grund-($l = 0$) und ersten angeregten ($l = 1$) Rotationszustand.

12.18 Vergleichen Sie für eine Temperatur von 300 K die Anzahl der Wasserstoffmoleküle pro Mol im zweiten angeregten Rotationszustand ($l = 2$) mit der Anzahl der Chlormoleküle pro Mol im gleichen angeregten Zustand.

12.19 Vergleichen Sie für eine Temperatur von 300 K die Anzahl der Wasserstoffmoleküle pro Mol im zweiten angeregten Vibrationszustand ($v = 2$) mit der Anzahl von Chlormolekülen pro Mol im gleichen angeregten Zustand.

12.20 Betrachtet sei ein Mol von CO-Gas. Berechnen Sie die Anzahl der Moleküle in den ersten drei Vibrationszuständen bei Zimmertemperatur (300 K) und bei 1000 K.

12.21 Zeigen Sie, daß die Wärmekapazität der molekularen Schwingungen eines Gases bei konstantem Volumen gegeben ist durch

$$C_{v,\,\text{vib}} = R\left(\frac{\hbar\omega}{kT}\right)^2 \frac{e^{\hbar\omega/kT}}{(e^{\hbar\omega/kT} - 1)^2}.$$

Bestimmen Sie die Grenzwerte für $T \ll \Theta_v$ und $T \gg \Theta_v$.

12.22 Zeigen Sie unter Ausnutzung des Ergebnisses von Aufgabe 11.13, daß der Beitrag der molekularen Rotationen zur Entropie eines zweiatomigen Gases gegeben ist durch

$$S_{\text{rot}} = kN[1 + \ln(T/\Theta_r)].$$

(*Anmerkung:* Man kann zeigen, daß man für homonukleare Moleküle $T/2\,\Theta_r$ nehmen muß; dies beruht darauf, daß sich infolge der Symmetrie des Moleküls die Anzahl der unterscheidbaren Zustände halbiert.)

12.23 Zeigen Sie unter Benutzung des Ergebnisses von Aufgabe 11.13, daß die molekularen Schwingungen zur Entropie eines zweiatomigen Gases den Beitrag

$$S_{\text{vib}} = kN[(\Theta_v/T)(e^{\Theta_v/T} - 1) - \ln(1 - e^{-\Theta_v/T})]$$

geben. Verifizieren Sie, daß S_{vib} für kleine Temperaturen gegen Null strebt, während sich für große Temperaturen S_{vib} dem Wert

$$kN[1 + \ln(T/\Theta_v)]$$

nähert.

13 QUANTENSTATISTIK

13.1 Einleitung

In Kapitel 10 diskutierten wir klassische Statistik, die durch zwei Dinge charakterisiert ist: 1. die in Gl. (10.8) zum Ausdruck kommende Berechnungsmethode für die Wahrscheinlichkeit einer bestimmten Verteilung und 2. durch das Maxwell-Boltzmannsche Verteilungsgesetz, Gl. (10.9), für die wahrscheinlichste oder Gleichgewichtsverteilung. Als wir die klassische Statistik diskutierten, ließen wir alle Symmetriebetrachtungen außer acht, die sich auf die Verteilung der Teilchen auf die verschiedenen, mit den einzelnen, den Teilchen zugänglichen Energieniveaus verknüpften Zustände beziehen. Wie wir bereits in Kapitel 4 bemerkten, können jedoch bestimmte Einschränkungen existieren, auf wieviele verschiedene Arten eine Gruppe von Teilchen auf die mit den einzelnen Energiezuständen verknüpften Wellenfunktionen verteilt werden kann. Offensichtlich beeinflussen diese Einschränkungen, die einen Quantenursprung besitzen, die Wahrscheinlichkeit einer bestimmten Verteilung. Die Theorie, in der diese Symmetriebetrachtungen berücksichtigt werden, nennt man *Quantenstatistik*. Es gibt zwei Arten von Quantenstatistik: Die eine beschäftigt sich mit Teilchen, welche dem Ausschliessungsprinzip genügen und daher durch *antisymmetrische* Wellenfunktionen beschrieben werden. Diese nennt man *Fermi-Dirac-Statistik*, und die Teilchen Fermionen. Die zweite beschäftigt sich mit Teilchen, die nicht durch das Ausschließungsprinzip eingeschränkt werden und durch *symmetrische* Wellenfunktionen beschrieben werden. Diese nennt man *Bose-Einstein-Statistik*, und die Teilchen Bosonen. In beiden Quantenstatistiken wird angenommen, daß die Teilchen identisch und ununterscheidbar sind. Bei hohen Temperaturen und niedrigen Dichten ergeben die klassische Statistik und die beiden Quantenstatistiken praktisch dieselben Resultate.

In diesem Kapitel werden wir kurz die beiden Quantenstatistiken diskutieren und sie auf einige wichtige physikalische Probleme anwenden.

13.2 Die Fermi-Dirac-Verteilung

Wir wollen noch einmal die Wahrscheinlichkeit einer Verteilung eines Systems von Teilchen untersuchen, wobei wir annehmen, daß die Teilchen *identisch* und *nichtunterscheidbar* sind. Wir nehmen zusätzlich an, daß *die Teilchen dem Ausschließungsprinzip gehorchen*, so daß keine zwei Teilchen sich im selben dynamischen Zustand befinden können und die Wellenfunktion des gesamten Systems antisymmetrisch sein muß. Teilchen, die all diese Forderungen erfüllen, nennt man *Fermionen* nach dem in Italien geborenen amerikanischen Physiker Enrico Fermi (1901—1954), welcher als erster diese Systeme diskutierte. Man hat experimentell festgestellt, daß alle Elementarteilchen mit Spin $\frac{1}{2}$ Fermionen sind.

Um die verschiedenen und unterscheidbaren Arten, auf die ein System von Fermionen in einer bestimmten Verteilung angeordnet werden kann, zu berechnen, müssen wir unsere Definition der Eigen- oder Zustandswahrscheinlichkeit g_i revidieren. In der Quantenstatistik ist g_i durch die verschiedenen Quantenzustände, die einer bestimmten Energie entsprechen, gegeben; d.h. der Entartung des Energiezustandes. Jedem Quantenzustand entspricht eine Teilchenwellenfunktion. Diese Wellenfunktionen sind ihrerseits durch die einzelnen möglichen Sätze von Quantenzahlen, die einem bestimmten Energieniveau entsprechen, bestimmt. Z.B. kann bei Teilchen mit Spin $\frac{1}{2}$, die keinen magnetischen Kräften unterliegen, in jedem Energiezustand jedes Teilchen mit Spin oben oder Spin unten vorliegen ($m_s = \pm \frac{1}{2}$). Dies bedeutet $g_i = 2$. Bei der Bewegung in einem Zentralfeld ist die Energie unabhängig von der Orientierung des Bahndrehimpulses.

Dies bewirkt eine Entartung von $2l + 1$, was auch der Wert von g für diesen Zustand ist. Wir benutzten dieses Ergebnis in Abschnitt 12.5, als wir die Zustandssumme für die Rotation der Moleküle diskutierten. Für Teilchen mit Spin beträgt die Gesamtentartung $2(2l + 1)$. Wenn außerdem, wie in einem Coulombfeld, verschiedene Drehimpulszustände bei derselben Energie möglich sind, ergeben sich größere Werte von g_i. Da das Ausschließungsprinzip verbietet, daß zwei Teilchen sich im selben Energiezustand mit denselben Quantenzahlen befinden, *geben die g_i die maximale Anzahl von Teilchen (Fermionen) an, die in einem Energieniveau ohne Verletzung des Ausschließungsprinzips untergebracht werden können*, Daher können die n_i-Werte einer bestimmten Verteilung nicht größer sein als die g_i, die den einzelnen Energieniveaus entsprechen, d.h. $n_i \leqslant g_i$.

Wenn wir das Energieniveau E_i mit n_i Teilchen besetzen wollen, können wir das erste Teilchen in irgendeinen der g_i verfügbaren Zustände bringen; d.h. wir können ihm irgendeinen der g_i verfügbaren Sätze von Quantenzahlen zuordnen. Dies bedeutet, daß wir das Teilchen auf eine von g_i verschiedenen Weisen anordnen können. Das zweite Teilchen kann in irgendeinen der verbleibenden $g_i - 1$ Zustände gebracht werden. Das dritte Teilchen geht in irgendeinen der dann verbleibenden $g_i - 2$ Zustände usw., bis alle n_i Teilchen in dem Energieniveau untergebracht sind. Die Gesamtzahl der verschiedenen Möglichkeiten, die n_i Teilchen auf die g_i Zustände mit der Energie E_i zu verteilen, ist damit

$$g_i(g_i - 1)(g_i - 2) \cdots (g_i - n_i + 1),$$

was sich als

$$\frac{g_i!}{(g_i - n_i)!} \tag{13.1}$$

schreiben läßt. Bis jetzt haben wir das Pauliprinzip berücksichtigt. Wenn die Teilchen außerdem ununterscheidbar sind, ist es nicht möglich, irgendeinen Unterschied festzustellen, wenn die n_i Teilchen auf die Zustände, die sie im Energieniveau E_i besetzen, umverteilt werden (wie wir bei der Diskussion der Maxwell-Boltzmann-Verteilung gesehen haben, beträgt die Anzahl der Möglichkeiten, die Teilchen umzuverteilen, $n_i!$). Die Gesamtzahl der *verschiedenen* und unterscheidbaren Verteilungen von n_i identischen Teilchen auf die g_i Zustände der Energie E_i erhalten wir daher dadurch, daß wir den Ausdruck 13.1 durch $n_i!$ dividieren; dies führt auf

$$\frac{g_i!}{n_i!(g_i - n_i)!}. \tag{13.2}$$

Die Gesamtzahl der unterscheidbaren, verschiedenen Möglichkeiten, die Verteilung $n_1, n_2, n_3, \ldots$ auf die Energieniveaus $E_1, E_2, E_3, \ldots$ zu realisieren, erhalten wir dadurch, daß wir die den einzelnen Energieniveaus entsprechenden Ausdrücke der Art (13.2) alle miteinander multiplizieren. Dies ergibt für die Verteilungswahrscheinlichkeit

$$P = \frac{g_1!}{n_1!(g_1 - n_1)!} \cdot \frac{g_2!}{n_2!(g_2 - n_2)!} \cdot \frac{g_3!}{n_3!(g_3 - n_3)!} \cdots$$

$$= \prod_i \frac{g_i!}{n_i!(g_i - n_i)!}. \tag{13.3}$$

Als nächstes müssen wir, wie wir es für die Maxwell-Boltzmann-Verteilung in Kapitel 10 taten, durch Berechnung des Maximums von $\ln P$ die wahrscheinlichste Verteilung bestimmen.
(Wir werden dies in Beispiel 13.1 tun.) Als Ergebnis erhält man, daß die wahrscheinlichste Verteilung den Besetzungszahlen

$$n_i = \frac{g_i}{e^{\alpha + \beta E_i} + 1} \tag{13.4}$$

entspricht. Dies ist das *Fermi-Dirac-Verteilungsgesetz.*

Der Parameter β spielt hier dieselbe Rolle, wie in der Maxwell-Boltzmann-Verteilung, Gl. (10.9). Wir definieren daher ebenso die Temperatur des Systems der Fermionen im statistischen Gleichgewicht durch Gl. (10.23), d.h.

$$kT = 1/\beta.$$

Die Größe α ist weiterhin durch die Bedingung $\sum_i n_i = N$ festgelegt. In den meisten Fällen ist α eine negative Größe. Man definiert jedoch üblicherweise eine Größe ϵ_F, welche die Dimension einer Energie besitzt, und welche mit α durch die Gleichung

$$\epsilon_F = -\alpha kT$$

verknüpft ist. Dann wird Gl. (13.4)

$$n_i = \frac{g_i}{e^{(E_i - \epsilon_F)/kT} + 1}. \tag{13.5}$$

Die Energie ϵ_F hat in den meisten Fällen einen positiven Wert und spielt bei physikalischen Anwendungen eine sehr wichtige Rolle; sie kann als praktisch temperaturunabhängig betrachtet werden. Wir entnehmen Gl. (13.5), daß für $T = 0$ alle Energiezustände bis $E = \epsilon_F$ voll besetzt sind ($n_i = g_i$), während die Zustände mit $E > \epsilon_F$ unbesetzt sind ($n_i = 0$). Der Grund hierfür liegt darin, daß

$$\lim_{T \to 0} e^{(E_i - \epsilon_F)/kT} = \begin{cases} 0 & \text{für } E_i - \epsilon_F < 0, \\ \infty & \text{für } E_i - \epsilon_F > 0. \end{cases}$$

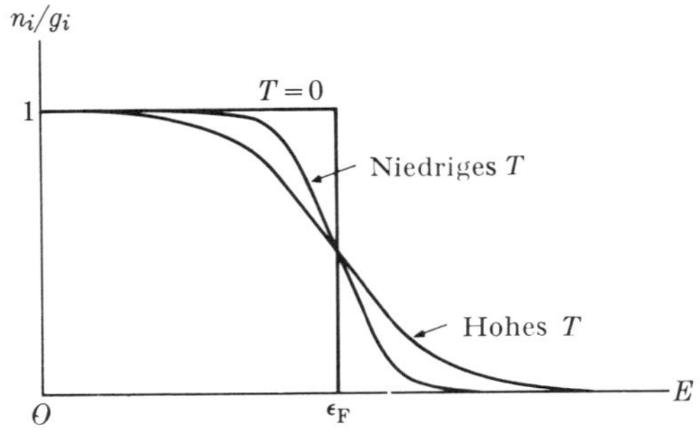

Abb. 13-1. Verteilungsfunktion n_i/g_i in der Fermi-Dirac-Statistik für drei Temperaturen.

Diese Situation ist in Abb. 13-1 dargestellt, in der die Verteilungsfunktion n_i/g_i für verschiedene Temperaturen aufgetragen ist. Man erinnere sich, daß im Unterschied hierzu bei der Maxwell-Boltzmann-Statistik sich alle Teilchen bei $T = 0$ im Grundzustands-Energieniveau befinden sollten. In der Fermi-Dirac-Statistik wird diese Anhäufung im Grundzustand durch das Ausschließungsprinzip verhindert, und die Teilchen besetzen bei $T = 0$ die niedrigsten Energiezustände bis hin zur Energie ϵ_F. Die Energie ϵ_F ist daher ein Hinweis auf die Maximalenergie der Fermionen in dem System. Daher ist ϵ_F das Fermienergieäquivalent, die wir in Abschnitt 6.4 einführten, als wir freie Elektronen in Metallen diskutierten, und wir werden sie hier daher mit denselben Namen belegen. Bei höheren Temperaturen beginnen Zustände mit Energien größer als ϵ_F durch Übergänge von Teilchen aus Zuständen niedrigerer Energie besetzt zu werden. Bei Temperaturen, so daß $kT \ll \epsilon_F$, werden jedoch nur solche Zustände beeinflußt, deren Energie nahe bei ϵ_F liegt. Der Grund hierfür liegt darin, daß alle Zustände mit niedriger Energie voll besetzt sind, und es das Ausschließungsprinzip verbietet, daß weitere Fermionen in diese Zustände gebracht werden. Wie die Kurven in Abb. 13-1 zeigen, können daher durch eine Absorption der relativ kleinen Energie kT nur diejenigen Fermionen in höher liegende, unbesetzte Zustände übergehen, deren Energie nahe bei ϵ_F liegt. Man nennt die Temperatur Θ_F, bei der $k\Theta_F = \epsilon_F$ ist die Fermitemperatur.

BEISPIEL 13.1. Ableitung des Fermi-Dirac Verteilungsgesetzes.

Lösung: Wie im Falle der Maxwell-Boltzmann-Statistik (Beispiel 10.1) besteht die Aufgabe darin, das Maximum von ln P bei den Nebenbedingungen $\sum_i n_i = N$ und $\sum_i n_i E_i = U$ zu bestimmen. Als erstes bilden wir ln P, indem wir die Stirlingsche Formel $\ln x! = x \ln x - x$ benutzen. Wir erhalten so

$$\ln P = \sum_i [g_i \ln g_i - n_i \ln n_i - (g_i - n_i) \ln (g_i - n_i)].$$

Um das Maximum von P zu bestimmen, berechnen wir als nächstes $-d(\ln P)$ und setzen es gleich Null:

$$-d(\ln P) = \sum_i [\ln n_i - \ln (g_i - n_i)]\, dn_i = 0. \tag{13.6}$$

Wenn wir Gl. (13.6) mit den Gl. (10.15) und (10.17) (d.h. $\sum_i dn_i = 0$ und $\sum_i E_i dn_i = 0$), die auch in diesem Falle gelten, kombinieren, wobei wir mit den Faktoren α bzw. β (siehe Beispiel 10.1) multiplizieren, erhalten wir

$$\ln n_i - \ln (g_i - n_i) + \alpha + \beta E_i = 0$$

oder

$$\frac{n_i}{g_i - n_i} = e^{-\alpha-\beta E_i}.$$

Indem wir nach n_i auflösen, erhalten wir schließlich Gl. (13.4).

13.3 Das Elektronengas

Die Elektronen in einem Metall stellen das charakteristischste System von Fermionen darda, da wie wir in Kapitel 4 sahen, Elektronen, dem Auschließungsprinzip gehorchend. In Kapitel 6 betrachteten wir die Energieniveaus der Elektronen in einem Metall und zeigten, daß sie zu Bändern gruppiert sind. Die niedrig liegenden Bänder sind bei praktisch allen Temperaturen mit Elektronen gefüllt, und wir brauchen sie nicht zu betrachten. Das obere Band ist jedoch nur teilweise bis zu einem bestimmten Energieniveau mit Elektronen gefüllt. Hierauf basierend führten wir in Abschnitt 6.4 den Begriff der Fermi-Energie ein.

Wir brauchen nur die Verteilung der Elektronen auf das Kontinuum der Energieniveaus im oberen oder nicht gefüllten Band, das man auch Leitungsband nennt, zu betrachten. Wir werden daher den Nullpunkt unserer Energieskala auf die untere Grenze des Leitungsbandes legen. Wir werden ferner annehmen, daß sich die Elektronen, solange ihre Energie in diesem oberen Leitungsband liegt, frei innerhalb des Leiters bewegen können. Diese vernünftige Annahme wurde in Kapitel 6 voll gerechtfertigt. Da das Energiespektrum der Elektronen in diesem Band praktisch kontinuierlich ist, müssen wir in Gl. (13.5) wieder g_i durch $g(E)\, dE$ ersetzen, wie wir es oben für ein ideales Gas taten. Die Anzahl dn von Elektronen mit einer Energie zwischen E und $E + dE$ ist daher

$$dn = \frac{g(E)\, dE}{e^{(E-\epsilon_F)/kT} + 1}, \tag{13.7}$$

wobei die Energie E von der Unterkante des Leitungsbandes aus gemessen wird und $g(E)\, dE$ die Anzahl der Zustände in dem Energieintervall zwischen E und $E + dE$ angibt. Für $g(E)\, dE$ können wir wieder den Ausdruck (10.39) benutzen, müssen ihn jedoch mit 2 multiplizieren, um die zwei möglichen Orientierungen des Elektronenspins zu berücksichtigen, die bei gleicher Energie verschiedene Zustände bedeuten, d.h.

$$g(E)\, dE = \frac{8\pi V(2m^3)^{1/2}}{h^3} E^{1/2}\, dE. \tag{13.8}$$

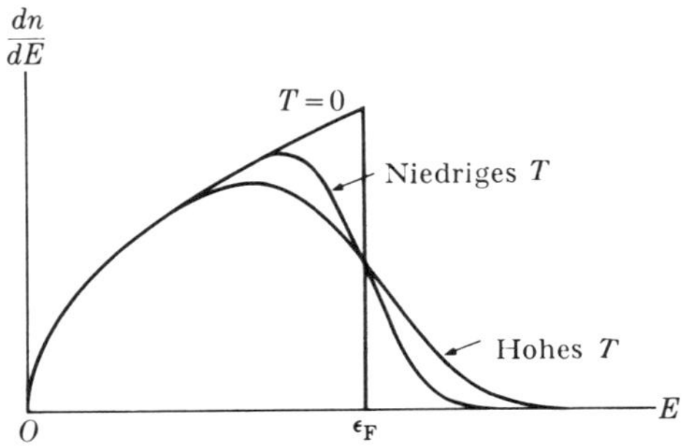

Abb. 13-2. Energieverteilung eines Systems von Fermionen bei drei Temperaturen.

Wenn wir Gl. (13.8) in Gl. (13.7) einsetzen, erhalten wir für die Anzahl dn/dE freier Elektronen pro Energieintervall

$$\frac{dn}{dE} = \frac{8\pi V(2m^3)^{1/2}}{h^3} \frac{E^{1/2}}{e^{(E-\epsilon_F)/kT} + 1}. \tag{13.9}$$

Dies ist die Fermi-Dirac-Formel für die Energieverteilung freier Elektronen oder, im allgemeinen, freier Fermionen. Sie ist in Abb. 13-2 für $T = 0$, für eine verglichen mit $\Theta_F = \epsilon_F/k$ niedrige sowie für eine hierzu relativ hohe Temperatur dargestellt. Wir haben diese Verteilung bereits in Abschnitt 6.7 qualitativ betrachtet, als wir die elektrische Leitfähigkeit diskutierten.

TABELLE 13-1 Fermienergie und Fermitemperatur einiger Metalle

Metall	ϵ_F, eV	Θ_F, K
Li	4.72	5.5×10^4
Na	3.12	3.7
K	2.14	2.4
Cu	7.04	8.2
Ag	5.51	6.4
Au	5.54	6.4

Man kann die Fermienergie als Funktion der Fermionenzahl aus der Bedingung erhalten, daß Gl. (13.9) über alle Energien integriert die Gesamtzahl der Elektronen in dem Leitungsband ergibt. Unter der Annahme, daß ϵ_F von T praktisch nicht abhängt, können wir N für $T = 0$ berechnen. (Wir taten dies in Abschnitt 6.4.) Das Ergebnis lautet

$$\epsilon_F = \frac{h^2}{8m}\left(\frac{3N}{\pi V}\right)^{2/3}. \tag{13.10}$$

Wir können also die Fermi-Energie von Elektronen in einem Metall bestimmen, wenn wir die Anzahl N/V der Leitungselektronen pro Volumen kennen. In Tabelle 13.1 sind die Werte von ϵ_F, wie auch von der Fermitemperatur Θ_F, für einige Metalle angegeben.

BEISPIEL 13.2. Bestimmen Sie die Gesamtenergie eines Systems von N Fermionen bei sehr niedriger Temperatur.

Lösung: Die Gesamtenergie U ist gegeben durch

$$U = \int E\, dn = \int E \frac{dn}{dE}\, dE.$$

Da die Temperatur sehr niedrig ist, können wir (als gute Näherung) den Wert von dn/dE für $T = 0$ benutzen, was gerade g/E ist. Dementsprechend ist

$$\frac{dn}{dE} = \frac{8\pi V(2m^3)^{1/2}}{h^3} E^{1/2}.$$

Weiterhin integrieren wir nur von 0 bis ϵ_F. Dann ergibt sich

$$U = \frac{8\pi V(2m^3)^{1/2}}{h^3} \int_0^{\epsilon_F} E^{3/2}\, dE = \frac{16\pi V(2m^3)^{1/2}}{5h^3} \epsilon_F^{5/2}.$$

Indem wir Gl. (13.10) benutzen, können wir diesen Ausdruck als

$$U = \tfrac{3}{5} N \epsilon_F$$

schreiben, was die Minimalenergie eines Systems von N Fermionen ist. Die mittlere Energie pro Teilchen ist

$$E_{\text{ave}} = \frac{U}{N} = \tfrac{3}{5}\epsilon_F.$$

BEISPIEL 13.3. Bestimmen Sie die kinetische Energie der Nukleonen in einem Kern unter der Annahme, daß in ihm zwei Systeme von Fermionen (Neutronen und Protonen) bei sehr niedriger Temperatur vorliegen.

Lösung: Wir können Gl. (13.10) benutzen, um ϵ_F in den im vorigen Beispiel erhaltenen Ausdruck für U zu eliminieren, indem wir schreiben

$$U = \frac{3}{40}\left(\frac{3}{\pi}\right)^{2/3} \frac{h^2}{m} \frac{N^{5/3}}{V^{2/3}}.$$

Im Fall des Kerns haben wir zwei Arten von Teilchen, Neutronen und Protonen, deren Anzahlen N bzw. Z sind, und die sich im gemeinsamen Volumen V befinden. Wenn wir den geringen Massenunterschied der beiden Teilchen vernachlässigen, ist dementsprechend die gesamte kinetische Energie

$$U_t = \frac{3}{40}\left(\frac{3}{\pi}\right)^{2/3} \frac{h^2}{m} \frac{N^{5/3} + Z^{5/3}}{V^{2/3}}.$$

Das Kernvolumen ist nun aber $V = \frac{4}{3}\pi R^3 = \frac{4}{3}\pi r_0^3 A$ (siehe Gl. 7.2). Daher ist

$$U_t = \frac{3}{40}\left(\frac{9}{4\pi^2}\right)^{2/3} \frac{h^2}{m r_0^2} \frac{N^{5/3} + Z^{5/3}}{A^{2/3}} = c\, \frac{N^{5/3} + Z^{5/3}}{A^{2/3}},$$

wobei

$$c = \frac{3}{40}\left(\frac{9}{4\pi^3}\right)^{2/3}\frac{h^2}{mr_0^2} \sim 3.74 \times 10^{-12}\,\mathrm{J} = 23.4\,\mathrm{MeV}.$$

Wir wissen, daß $A = N + Z$ ist. Wir wollen weiterhin die Abkürzung $D = N - Z$ einführen. Dann ist

$$N = \tfrac{1}{2}(A + D) \qquad \text{und} \qquad Z = \tfrac{1}{2}(A - D),$$

so daß

$$N = \tfrac{1}{2}A\left(1 + \frac{D}{A}\right) \qquad \text{und} \qquad Z = \tfrac{1}{2}A\left(1 - \frac{D}{A}\right).$$

Wenn wir diese Werte in den Ausdruck für U einsetzen, erhalten wir

$$U_t = 2^{-5/3}cA\left\{\left(1 + \frac{D}{A}\right)^{5/3} + \left(1 - \frac{D}{A}\right)^{5/3}\right\}.$$

Wenn wir die Binomialentwicklung $(1 + x)^n = 1 + nx + \frac{1}{2}n(n - 1)x^2 + \ldots$ benutzen und beachten, daß im allgemeinen D/A klein verglichen mit 1 ist, erhalten wir

$$\left(1 + \frac{D}{A}\right)^{5/3} = 1 + \frac{5}{3}\frac{D}{A} + \frac{5}{9}\frac{D^2}{A^2} + \cdots,$$

$$\left(1 - \frac{D}{A}\right)^{5/3} = 1 - \frac{5}{3}\frac{D}{A} + \frac{5}{9}\frac{D^2}{A^2} - \cdots$$

Bis zur Ordnung der von uns angenommenen Näherung ergibt sich so

$$U_t = 2^{-2/3}\,cA\left\{1 + \frac{5}{9}\frac{D^2}{A^2} + \cdots\right\} =$$

$$= 2^{-2/3}cA + (2^{-2/3}c)\frac{5}{5}\frac{(N - Z)^2}{A} + \cdots$$

Der erste Term stellt eine Energie dar, die proportional zur Gesamtzahl der Teilchen anwächst, während der zweite Term einen Beitrag proportional zur Differenz $N - Z$ ist. Wenn wir uns an unsere Diskussion in Abschnitt 7.5 erinnern, erkennen wir, daß der erste Term in dem A proportionalen Term in der Formel (7.11) für die Gesamtenergie enthalten ist, während der zweite Term $a_4(N - Z)^2/A$ entspricht, so daß

$$a_4 = \tfrac{5}{9}(2^{-2/3}c) = 8.33\,\mathrm{MeV}.$$

Dieser Wert ist ungefähr ein Drittel des empirischen Resultats für a_4. Diese Diskrepanz überrascht nicht, wenn man berücksichtigt, ein wie grobes Modell wir benutzt haben.

13.4 *Anwendung der Fermi-Dirac-Statistik auf Elektronen in Metallen*

Wir werden nun einige physikalische Effekte in Metallen betrachten, und zwar solche Effekte, die sich durch Anwendung der Fermi-Dirac-Statistik auf freie Elektronen in Metallen erklären lassen. Abb. 13-3 zeigt graphisch die potentielle

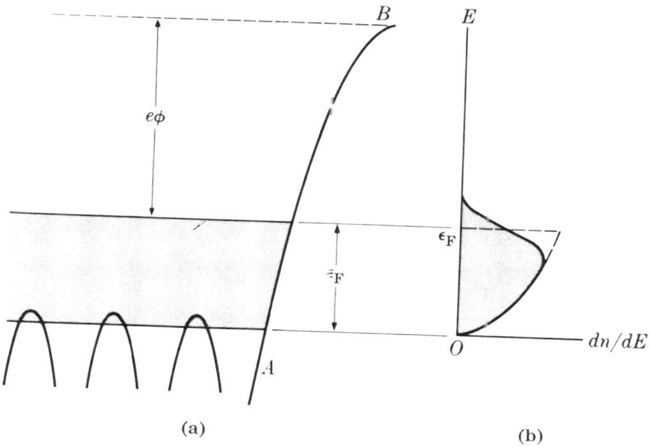

Abb. 13-3. Leitungsband in einem Metall bei Zimmertemperatur.

Energie eines Elektrons in einem Metall und an der Oberfläche. Die potentielle Energie in der Nähe der Oberfläche wird durch die Kurve AB gegeben. Bei normalen Temperaturen ist das Leitungsband im wesentlichen nur bis zur Fermi-Energie ϵ_F mit Elektronen gefüllt, wie es die Verteilungskurve in Teil (b) der Abbildung zeigt. Um ein Elektron aus dem Metall zu entfernen, muß man dementsprechend dem Elektron mindestens die in Abb. 13-3 durch $e\phi$ bezeichnete Energie geben. Genau dies tritt z.B. beim photoelektrischen Effekt auf (der in Abschnitt 1.4 diskutiert wurde), bei dem Photoelektronen nur dann emittiert werden, wenn $h\nu > e\phi$ ist. Die Größe ϕ nennt man die *Austrittsarbeit* des Metalls. Bei hohen Temperaturen erstreckt sich die Besetzung der Elektronenzustände über Energien, die deutlich oberhalb ϵ_F liegen. Wenn die Temperatur genügend hoch ist, besitzen einige Elektronen Energien größer als $\epsilon_F + e\phi$ und treten aus dem Metall aus. Dies ist der Prozeß, den man *thermische Emission* nennt, und der von grundlegender Bedeutung für den Betrieb von Elektronenröhren ist.

Wenn wir das Fermi-Dirac-Verteilungsgesetz benutzen, um die Anzahl der Elektronen zu berechnen, die mit genügend hoher Energie und der richtigen Bewegungsrichtung auf die Metalloberfläche auftreffen, können wir die Dichte j des aus der Metalloberfläche austretenden thermoelektrischen Stromes als Funktion der Temperatur des Metalls bestimmen. Das Ergebnis ist

$$j = \frac{4\pi m_e}{h^3}(kT)^2 e^{-e\phi/kT} = AT^2 e^{-e\phi/kT}. \tag{13.11}$$

Dies nennt man die *Richardson-Dushman-Gleichung.* Aus verschiedenen Gründen gilt diese Gleichung nicht streng. Einmal hängt die Elektronenemission sehr empfindlich von den Oberflächenbedingungen wie auch von der Orientierung der Oberfläche relativ zum Kristallgitter des Metalls ab. Mit wachsender Temperatur

TABELLE 13-2 Werte der Austrittsarbeit ϕ und der Konstanten A, experimentell mit Gl. (13.11) gewonnen

Metall	ϕ, eV	A, A cm^{-2} K^{-2}
Cs	1.8	120
Cr	4.4	48
W	4.5	75
Pt	6.2	32
Ta	4.1	55
Ni	4.6	30
Ca	3.2	60
Th	3.4	60
Mo	4.3	60

ändert sich ferner die Austrittsarbeit, da die Anzahl der Elektronen mit einer Energie oberhalb des Fermi-Niveaus zunimmt. In Tabelle 13-2 sind einige experimentelle Werte von ϕ und A für verschiedene Metalle angegeben. Die Maxwell-Boltzmann-Statistik ergibt eine andere Temperaturabhängigkeit; daher ist die thermische Emission ein indirekter Beweis der Tatsache, daß Elektronen der Fermi-Dirac-Statistik gehorchen.

Ein weiteres Beispiel für die Existenz einer Fermienergie in Metallen ist das *Kontaktpotential* zweier Metalle. Nehmen wir an, daß wir zwei Metalle A und B haben, die nicht elektrisch miteinander verbunden sind (Abb. 13-4 (a)). Bei Abwesenheit eines äußeren elektrischen Feldes ist die potentielle Energie eines Elektrons außerhalb des Metalles gleich Null, und die beiden Fermi-Niveaus der Metalle liegen bei Energien $e\phi_A$ bzw. $e\phi_B$ unterhalb der potentiellen Energie außerhalb des Metalls. Nehmen wir an, daß ϕ_B größer als ϕ_A ist. Wenn die Metalle nicht verbunden sind, liegt dann das Fermi-Niveau von A höher als das Fermi-Niveau von B. Wenn die beiden Metalle elektrisch verbunden werden (Abb. 13-4 (b)), fließen oder diffundieren die höherenergetischen Elektronen aus A nach B und füllen dabei die Niveaus oberhalb des ursprünglichen Fermi-Niveaus von B und leeren die oberen Niveaus im Leitungsband von A. Gleichgewicht ist dann erreicht,

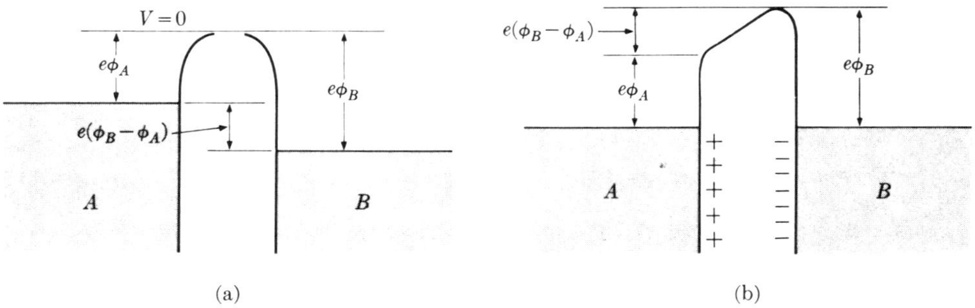

Abb. 13-4. Ursprung des Kontaktpotentials.

wenn die höchsten besetzten Niveaus der Leitungsbänder in A und B gleichgeworden sind. Daher lädt sich das Metall A, das die geringere Austrittsarbeit besitzt, positiv und das Metall B, das die größere Austrittsarbeit besitzt, negativ auf. Dies führt zu einer Potentialdifferenz zwischen den beiden Metallen, welche in Übereinstimmung mit dem experimentellen Wert im wesentlichen gleich $\phi_B - \phi_A$ ist. Der Verlauf der potentiellen Energie eines Elektrons, wenn es sich durch den Zwischenraum von einem Metall zum anderen bewegt, ist für den Fall des Gleichgewichts durch die ausgezogene Linie in Abb. 13-4b dargestellt.

13.5 *Die Bose-Einstein-Verteilung*

Die Erfahrung hat gezeigt, daß es Systeme *identischer* und *nichtunterscheidbarer* Teilchen gibt, die *nicht* einer Einschränkung durch das Ausschließungsprinzip unterliegen. In derartigen Systemen gibt es keine Grenze für die Anzahl dieser Teilchen, die sich im selben Quantenzustand befinden können. Die Wellenfunktion, die ein derartiges Teilchensystem beschreibt, muß symmetrisch sein. Teilchen, die diesen Bedingungen gehorchen, nennt man nach dem indischen Physiker S. N. Bose (1894-1974), der als erster die Statistik dieser Art von Teilchen untersuchte, *Bosonen*. Man hat experimentell festgestellt, daß alle Teilchen mit ganzzahligem Spin (0 oder 1) Bosonen sind. Heliumkerne und Mesonen sind daher Beispiele für Bosonen, auch ^{4}He- und H_2-Gas gehorchen der Bose-Einstein-Statistik.*

Wie in der Fermi-Dirac-Statistik geben auch in der Bose-Einstein-Statistik die g_i die Entartung der einzelnen Energieniveaus an. Um die Anzahl der verschiedenen und unterscheidbaren Weisen zu berechnen, auf welche die Bosonen eines Systems in einer bestimmten Verteilung angeordnet werden können, müssen wir zunächst bestimmen, auf wieviel unterscheidbare Weisen n_i Teilchen auf die g_i, dem Energieniveau E_i entsprechenden Zustände verteilt werden können, so daß symmetrische Wellenfunktionen resultieren. Die Anzahl dieser Anordnungsmöglichkeiten ist gleich der Anzahl der Möglichkeiten, n_i identische Objekte auf g_i Kästen zu verteilen, ohne daß eine Einschränkung für die Anzahl der Objekte in einem bestimmten Kasten besteht. Um diese Zahl zu bestimmen, gehen wir wie folgt vor: Nehmen wir an, daß wir die n_i Teilchen in einer Reihe anordnen und sie dadurch auf die g_i verfügbaren Quantenzustände verteilen, daß wir $g_i - 1$ Unterteilungen an geeigneten Stellen anbringen, wie hier für einen speziellen Fall gezeigt ist:

● ● ● | ● | ● ● | | ● ● | ● ● ● ● | ● | ● ● | ● · · ·
3 1 2 0 2 4 1 2

* Daß ein Kern wie ^{4}He, der aus 4 Fermionen besteht, ein Boson sein muß, kann man sehr leicht einsehen. Betrachten wir die Wellenfunktion, welche zwei Heliumkerne beschreibt. Um die beiden Kerne auszutauschen, müssen wir alle Fermionen austauschen. Immer dann, wenn wir zwei Fermionen austauschen, ändert die Wellenfunktion des Systems ihr Vorzeichen. Da insgesamt vier Paare von Fermionen im System vorliegen, läßt der Austausch aller Fermionen die Wellenfunktion unverändert. Dies bedeutet, daß die Wellenfunktion des Systems symmetrisch in den beiden Kernen ist, obwohl sie in den einzelnen Fermionenpaaren antisymmetrisch ist. Diese Schlußweise trifft auf jedes System zu, bei dem «Teilchen» (Kerne, Moleküle usw.) aus einer geraden Anzahl von Fermionen bestehen. Derartige «Teilchen» verhalten sich dann wie Bosonen.

Die Gesamtzahl der möglichen Anordnungen der Teilchen und Unterteilungen ist gleich der Anzahl der Permutationen von $n_i + g_i - 1$ Objekten in einer Reihe, d.h. $(n_i + g_i - 1)!$. Da die Teilchen identisch und nichtunterscheidbar sind, sind all diejenigen Permutationen gleich, die sich nur durch die Anordnung der Teilchen unterscheiden. Wir müssen daher die obige Zahl durch $n_i!$ dividieren. Ferner geben alle Permutationen der Unterteilungen denselben physikalischen Zustand. Wir müssen daher auch durch $(g_i - 1)!$ dividieren. Die Gesamtzahl der unterscheidbaren Anordnungen der n_i Teilchen auf die g_i Zustände hat daher den Wert

$$\frac{(n_i + g_i - 1)!}{n_i!(g_i - 1)!}. \tag{13.12}$$

Wir erhalten die Gesamtzahl der unterscheidbaren, verschiedenen Möglichkeiten für eine Verteilung $n_1, n_2, n_3, \ldots$ auf die Energieniveaus $E_1, E_2, E_3, \ldots$ wie oben dadurch, daß wir für die einzelnen Energieniveaus all die Ausdrücke der Art (13.12) miteinander multiplizieren. Dies führt zu einer Verteilungswahrscheinlichkeit

$$\begin{aligned} P &= \frac{(n_1 + g_1 - 1)!}{n_1!(g_1 - 1)!} \cdot \frac{(n_2 + g_2 - 1)!}{n_2!(g_2 - 1)!} \cdot \frac{(n_3 + g_3 - 1)!}{n_3!(g_3 - 1)!} \cdots \\ &= \prod_i \frac{(n_i + g_i - 1)!}{n_i!(g_i - 1)!}. \end{aligned} \tag{13.13}$$

Unser nächster Schritt besteht darin, die wahrscheinlichste Verteilung durch Berechnung des Maximums von $\ln P$ zu bestimmen. (Wir werden dies in Beispiel 13.4 tun.) Es ergibt sich, daß die wahrscheinlichste Verteilung den Besetzungszahlen

$$n_i = \frac{g_i}{e^{\alpha + \beta E_i} - 1} \tag{13.14}$$

entspricht. Dies ist das *Bose-Einstein-Verteilungsgesetz.*

Der Parameter β spielt hier dieselbe Rolle wie bei der Maxwell-Boltzmann- und der Fermi-Dirac-Verteilung. Wir definieren wieder die Temperatur des Systems von Bosonen im thermischen Gleichgewicht durch Gl. (10.23), d.h.

$$kT = 1/\beta.$$

Gl. (13.14) wird dann

$$n_i = \frac{g_i}{e^{\alpha + E_i/kT} - 1}. \tag{13.15}$$

Wie oben wird die Konstante α durch die Forderung $\sum_i n_i = N$ festgelegt; α besitzt bei der Bose-Einstein-Statistik keine besondere Bedeutung, wie es bei der Fermi-Dirac-Statistik der Fall war. Da n_i keine negative Zahl sein kann, muß α positiv sein.

Die Verteilung von Bosonen zeigt einen Verlauf, wie er in Ab. 13-5 angedeutet ist, in der die Verteilungsfunktion n_i/g_i für zwei Temperaturen aufgetragen ist. Wegen des Minuszeichens im Nenner tendiert die Bose-Einstein-Verteilung dahin, die niedrigen Energieniveaus stärker als die Maxwell-Boltzmann-Verteilung zu betonen.

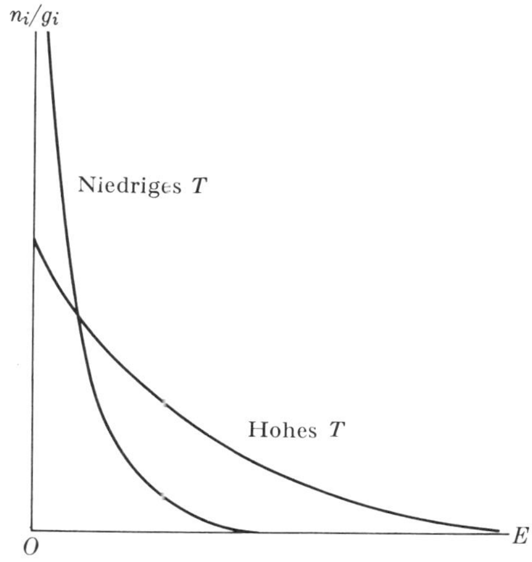

Abb. 13-5. Verteilungsfunktion n_i/g_i in der Bose-Einstein-Statistik bei zwei Temperaturen.

BEISPIEL 13.4. Ableitung des Bose-Einstein-Verteilungsgesetzes.

Lösung: Wie in den beiden vorhergehenden Fällen (Beispiele 10.1 und 13.1) besteht die Aufgabe darin, das Maximum von ln P mit den Nebenbedingungen $\sum_i n_i = N$ und $\sum_i n_i E_i = U$ zu bestimmen. Indem wir die Stirlingsche Formel benutzen, berechnen wir zunächst ln P und finden

$$\ln P = \sum_i [(n_i + g_i - 1) \ln (n_i + g_i - 1) - n_i \ln n_i - (g_i - 1) \ln (g_i - 1)].$$

Indem wir $d(\ln P)$ gleich Null setzen, bestimmen wir als nächstes das Maximum von P. Als Resultat erhalten wir

$$-d(\ln P) = \sum_i [-\ln (n_i + g_i - 1) + \ln n_i]\, dn_i = 0. \qquad (13.16)$$

Der nächste Schritt besteht darin, daß wir Gl. (13.16) mit den Gl. (10.15) und (10.17) (d.h. $\sum_i dn_i = 0$ und $\sum_i E_i\, dn_i = 0$), welche die Erhaltung der Teilchenzahl und der Energie ausdrücken, kombinieren, wobei wir mit α bzw. β multiplizieren. Dies führt auf

$$-\ln (n_i + g_i - 1) + \ln n_i + \alpha + \beta E_i = 0.$$

Wenn wir annehmen, daß $n_i + g_i$ sehr groß verglichen mit 1 ist, können wir in obiger Gleichung die 1 im ersten Term vernachlässigen und erhalten

$$\ln \frac{n_i}{n_i + g_i} = -\alpha - \beta E_i \quad \text{oder} \quad \frac{n_i}{n_i + g_i} = e^{-\alpha - \beta E_i}.$$

Wenn wir nach n_i auflösen, erhalten wir Gl. (13.14).

13.6 Das Photonengas

Die vielleicht wichtigste Anwendung der Bose-Einstein-Statistik ist die Analyse der elektromagnetischen Strahlung in einem Hohlraum, die mit den Atomen in den Wänden des Hohlraums im thermischen Gleichgewicht steht. Wie bereits in Abschnitt 1.3 erwähnt, nennt man sie *Strahlung des schwarzen Körpers.* Die Atome in den Wänden des Hohlraums absorbieren und reemittieren laufend Strahlung, bis sich ein Gleichgewicht eingestellt hat; dies ist der Fall, wenn die Emissions- und Absorptionsraten der Strahlung gleich sind. Im Gleichgewicht besitzt das Spektrum der eingesperrten elektromagnetischen Strahlung eine wohldefinierte Energieverteilung; d.h. jeder Frequenz entspricht eine Intensität der Strahlung des schwarzen Körpers, die nur von der Temperatur der Wände, aber nicht von der Art des Materials abhängt.

Wir sahen in Abschnitt 1.9, daß sich elektromagnetische Strahlung bei Wechselwirkung mit Materie so verhält, wie wenn sie aus Photonen genannten «Teilchen» bestände, die jeweils den Impuls h/λ und die Energie $h\nu$ besitzen, wobei λ die Wellenlänge und ν die Frequenz der Strahlung ist. Wir können dementsprechend annehmen, daß sich die Strahlung des schwarzen Körpers im Gleichgewichtszustand wie ein Photonengas verhält. Dabei wird angenommen, daß die Photonen miteinander nicht in Wechselwirkung stehen, sondern nur mit den Atomen der Wände. Da Photonen nicht unterscheidbar sind und nichts verhindert, daß viele Photonen dieselbe Energie besitzen (die Erfahrung sagt uns, daß die Intensität der Strahlung bei jeder Frequenz ohne Begrenzung erhöht werden kann), kann man Photonen als Bosonen betrachten, die der Bose-Einstein-Statistik gehorchen.

Ein charakteristischer Umstand muß jedoch berücksichtigt werden. *Die Anzahl der Photonen ist nicht konstant,* da sie von den Atomen der Hohlraumwandung entweder absorbiert oder emittiert werden können. Daher muß die Bedingung (10.15), $\sum_i dn_i = 0$, fallen gelassen werden; dies bedeutet, daß der Parameter α nicht nötig ist. Wir müssen dann in Gl. (13.15) $\alpha = 0$ setzen, so daß $n_i = g_i/(e^{E_i/kT} - 1)$. Wenn die Abmessungen des Hohlraumes groß verglichen mit der mittleren Wellenlänge der Strahlung sind, kann ferner das Energiespektrum der Photonen als kontinuierlich betrachtet werden, da in diesem Fall der Energieunterschied zwischen aufeinanderfolgenden erlaubten Energiewerten oder Wellenlängen äusserst klein ist (erinnern Sie sich an Abb. 2-10).

Unter diesen Bedingungen müssen wir in Gl. (13.15) g_i durch $g(E)\,dE$ ersetzen, was auf

$$dn = \frac{g(E)\,dE}{e^{E/kT} - 1} \tag{13.17}$$

führt. Da die Energie der Photonen mit der Frequenz durch $E = h\nu$ verknüpft ist, können wir eine Funktion $g(\nu)$ einführen, so daß $g(E)\,dE = g(\nu)\,d\nu$, wobei $g(\nu)$ die Anzahl der Eigenschwingungen (Moden) in dem Frequenzintervall $d\nu$ angibt, welches dem Energieintervall dE entspricht. Wir hatten bereits oben in Gl. (2.20) die Anzahl der Eigenschwingungen für Wellen in einem Hohlraum des Volumens V abgeleitet, wir müssen den Ausdruck jedoch mit dem Faktor 2 multiplizieren, um die beiden unabhängigen Polarisationsrichtungen zu berücksichtigen, da elektromagnetische Wellen transversal sind. Daher ist die Anzahl der Zustände in der Strahlung des schwarzen Körpers mit Frequenzen zwischen ν und $\nu + d\nu$ oder eine Energie zwischen E und $E + dE$ gegeben durch

$$g(E)\,dE = g(\nu)\,d\nu = \frac{8\pi V}{c^3}\,\nu^2\,d\nu. \tag{13.18}$$

Daher können wir Gl. (13.17) umschreiben zu

$$dn = \frac{8\pi V}{c^3}\,\frac{\nu^2\,d\nu}{e^{h\nu/kT} - 1}. \tag{13.19}$$

Die Energie, welche dn Photonen im Frequenzintervall $d\nu$ entspricht, ist $(h\nu)dn$ und die Energie pro Volumen ist $(h\nu)\,dn/V$. Schließlich ist die Energiedichteverteilung $\mathrm{E}(\nu)$ in der Strahlung des schwarzen Körpers definiert durch

$$\mathrm{E}(\nu) = \frac{h\nu}{V}\,\frac{dn}{d\nu},$$

so daß $\mathrm{E}(\nu)\,d\nu$ die Energie pro Volumen angibt, die einer Strahlung mit Frequenzen zwischen ν und $\nu + d\nu$ entspricht. Aufgrund von Gl. (13.19) ist diese Energiedichte gegeben durch

$$\mathrm{E}(\nu) = \frac{8\pi h\nu^3}{c^3}\,\frac{1}{e^{h\nu/kT} - 1}. \tag{13.20}$$

Dies ist das berühmte *Plancksche Strahlungsgesetz*, das wir ohne Beweis in Gl. (1.8) angeführt hatten, und das in Abb. 1-5 für verschiedene Temperaturen dargestellt ist. Die Übereinstimmung von Gl. (13.20) mit den experimentellen Ergebnissen unterstützt stark die Vorstellung, daß Strahlung aus Photonen besteht, welche der Bose-Einstein-Statistik gehorchen. Der Leser sei daran erinnert, daß das Problem der Strahlung des schwarzen Körpers Planck zu der Annahme veranlaßte, daß Strahlung bei ihrer Wechselwirkung mit Materie in Energiequanten der Größe $h\nu$ absorbiert oder emittiert wird. Planck's ursprüngliche Ableitung ist jedoch nicht als korrekt anzusehen, da er einmal annahm, daß sich die Atome der Hohlraumwandung wie Oszillatoren mit einer Energie $E = nh\nu$ anstatt einer Energie $E = (n + \frac{1}{2})h\nu$ verhalten, und weil er ferner die Maxwell-Boltzmann Statistik verwendete. Überraschenderweise war sein Endergebnis korrekt. Wenn man jedoch in der Planckschen Rechnung die Nullpunktsenergie $\frac{1}{2}\, h\nu$ berücksichtigt, stimmt das Endergebnis nicht mehr. Das Problem mußte einige Jahre warten, bis eine befriedigende Ableitung, wie sie oben angegeben ist, gefunden wurde.

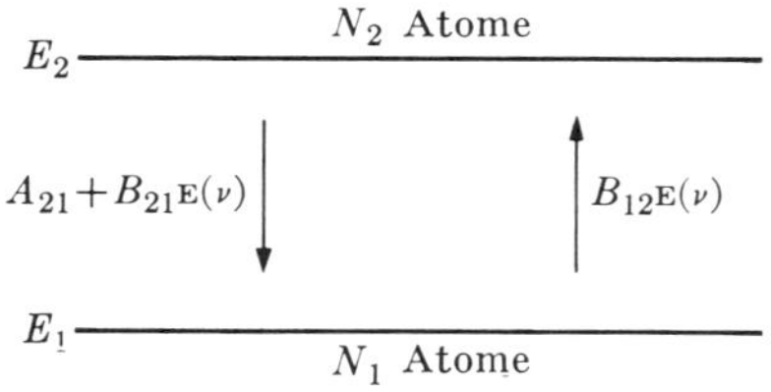

Abb. 13-6. Induzierte und spontane Übergänge.

BEISPIEL 13.5. Diskussion der spontanen und induzierten Strahlungsübergänge.

Lösung: In Abschnitt 1.7 erläuterten wir, daß ein System, das sich in einem angeregten Energieniveau befindet, in ein niedrigeres Energieniveau spontan übergehen kann oder, wenn Strahlung der richtigen Frequenz vorhanden ist, induziert (oder stimuliert) werden kann, unter Emission von Strahlung in das niedrigere Niveau überzugehen.

Betrachten wir zwei Niveaus mit den Energien E_1 und E_2, die von N_1 bzw. N_2 Atomen besetzt sind (Abb. 13-6). Die Photonen, die Übergängen zwischen diesen beiden Niveaus entsprechen, müssen eine Energie $h\nu = E_2 - E_1$ besitzen. Atome in Niveau E_2 können spontan in das Niveau E_1 übergehen. Wir wollen mit A_{21} die entsprechende Übergangswahrscheinlichkeit pro Zeit für die spontane Emission bezeichnen. Wenn Strahlung der Frequenz ν vorhanden ist und ihre Energiedichte $\mathrm{E}(\nu)$ beträgt, treten durch Absorption Übergänge von E_1 nach E_2 auf. Es ist eine natürliche Annahme, daß die Anzahl derartiger Übergänge pro Zeit proportional der Energiedichte $\mathrm{E}(\nu)$ ist; d.h. die Übergangswahrscheinlichkeit pro Zeit für induzierte Absorption ist $B_{12}\mathrm{E}(\nu)$, wobei B_{12} die Übergangswahrscheinlichkeit pro Zeit und pro Einheit der Strahlungsintensität ist. Wegen ihrer Wechselwirkung mit den angeregten Atomen im Niveau E_2 bewirkt die Strahlung jedoch auch Emissionsübergänge von E_2 nach E_1 mit einer Übergangswahrscheinlichkeit für die induzierte Emission pro Zeit von $B_{21}\mathrm{E}(\nu)$. Daher ist die gesamte Emissionswahrscheinlichkeit pro Zeit für Übergänge vom Niveau E_2 in das Niveau E_1 gleich $A_{21} + B_{21}\mathrm{E}(\nu)$. Wenn N_2 Atome sich im Niveau E_2 befinden, beträgt die Anzahl der Atome, die pro Zeit von E_2 nach E_1 übergehen, $[A_{21} + B_{21}\mathrm{E}(\nu)]N_2$. Gleichzeitig ist die Anzahl der Atome, die pro Zeit von E_1 nach E_2 übergehen, gleich $B_{12}\mathrm{E}(\nu)N_1$. Daher ist die Gesamtänderung pro Zeit der Anzahl der Atome im Niveau E_2 gleich dem Gewinn durch Absorption minus dem Verlust durch Emission oder

$$\frac{dN_2}{dt} = \underbrace{B_{12}\mathrm{E}(\nu)N_1}_{\text{Absorption}} - \underbrace{A_{21} + [B_{21}\mathrm{E}(\nu)]N_2}_{\text{Emission}},$$

mit einem gleichen (aber entgegengesetzten) Gewinn für das untere Niveau. Bei Gleichgewicht zwischen den Atomen und der Strahlung muß $dN_2/dt = 0$ sein, oder

$$B_{12}\mathrm{E}(\nu)N_1 = [A_{21} + B_{21}\mathrm{E}(\nu)]N_2,$$

so daß die Anzahl der Absorptions- und Emissionsübergänge pro Zeit zwischen den beiden Niveaus gleich ist. Wenn sich die Atome im thermischen Gleichgewicht befinden und der Maxwell-Boltzmann-Statistik gehorchen (was in den meisten Fällen eine vernünftige Annahme ist), ist

$$N_1/N_2 = e^{(E_2-E_1)kT} = e^{h\nu/kT},$$

so daß

$$B_{12}E(\nu)^{eh\nu/kT} = A_{21} + B_{21}E(\nu) \qquad (13.21)$$

oder

$$E(\nu) = \frac{A_{21}/B_{12}}{e^{h\nu/kT} - B_{21}/B_{12}}.$$

Wenn wir dies mit Gl. (13.20) vergleichen, welche die Energiedichte der Strahlung im Gleichgewicht mit Materie angibt, stellen wir fest, daß

$$\frac{A_{21}}{B_{12}} = \frac{8\pi\nu^3}{c^3} \quad \text{und} \quad \frac{B_{21}}{B_{12}} = 1.$$

Dieses Ergebnis wurde erstmalig von Einstein im Jahre 1917 abgeleitet. Die zweite Beziehung zeigt, daß die Wahrscheinlichkeiten pro Zeit für induzierte Emission und Absorption gleich sind. Die Rechnung gestattet uns nicht, die Werte von A_{21}, B_{21} und B_{12} zu bestimmen. Sie müssen aufgrund quantenmechanischer Überlegungen abgeleitet werden.

Mit $B_{12} = B_{21}$ erhalten wir aus Gl. (13.21) für Materie im Gleichgewicht mit Strahlung das Verhältnis zwischen der Wahrscheinlichkeit für spontane Emission A_{21} und der Wahrscheinlichkeit für induzierte Emission $B_{21}E(\nu)$ zu

$$\frac{\text{Wahrscheinlichkeit für spontane Emission}}{\text{Wahrscheinlichkeit für induzierte Emission}} \qquad (13.22)$$

$$= \frac{A_{21}}{B_{21}E(\nu)} = e^{h\nu/kT} - 1.$$

Wenn $h\nu \gg kT$ ist, ist daher die spontane Emission viel wahrscheinlicher als induzierte Emission, die dann vollkommen vernachlässigt werden kann. Dies gilt im Fall der elektronischen Übergänge in Atomen und Molekülen und im Fall der Strahlungsübergänge in Kernen. Wenn $h\nu \ll kT$ ist, wie es im Mikrowellenbereich des Spektrums der Fall ist, kann jedoch induzierte oder stimulierte Emission wichtig werden.

Induzierte Emission ergibt sich aus der Wirkung der einfallenden Strahlung auf die Atome (oder Moleküle) der Substanz. Daher besitzen die erzwungenen atomaren Schwingungen eine konstante Phasendifferenz relativ zur einfallenden Strahlung. Dies bedeutet, daß alle Atome in Phase strahlen und daher die *induzierte Emission kohärent* ist. Die spontanen Übergänge dagegen verlaufen zufällig, ohne Korrelation zwischen den Zeitpunkten, in denen die Übergänge der Atome stattfinden. Daher sind die Phasen der atomaren Strahlung statistisch verteilt. Wir sagen daher, daß *spontane Emission inkohärent* ist.

BEISPIEL 13.6. Diskussion der Maser und Laser.

Lösung: Wenn Strahlung und Materie im thermischen Gleichgewicht sind, tritt, wie im vorhergehenden Beispiel erläutert, insgesamt keine Absorption oder Emission auf, da die Gesamtzahl der Absorptions- und Emissionsübergänge pro Zeiteinheit gleich sind. Dies ist in Abb. 13-7(a) angedeutet. Obwohl die Wahrscheinlichkeit für induzierte Übergänge kleiner sein kann als die Wahrscheinlichkeit für spontane Übergänge, kompensiert die Absorption die Emission wegen der großen Besetzungszahl des niedrigeren Niveaus im thermischen Gleichgewicht. Im allgemeinen Fall, in dem Strahlung mit Materie in Wechselwirkung steht, ohne daß unbedingt Gleichgewicht vorliegt, haben wir

$$\frac{\text{Emissionsrate}}{\text{Absorptionsrate}} = \frac{[A_{21} + B_{21}\mathrm{E}(\nu)]N_2}{B_{12}\mathrm{E}(\nu)N_1} = \left(1 + \frac{A_{21}}{B_{21}\mathrm{E}(\nu)}\right)\frac{N_2}{N_1},$$

wobei $\mathrm{E}(\nu)$ die Energieverteilung der einlaufenden Strahlung ist. Wenn die Energiedifferenz $E_2 - E_1$ hinreichend klein ist, so daß das Verhältnis $h\nu/kT$ sehr klein ist (wie es z.B. im Mikrowellenbereich bei Zimmertemperatur der Fall ist), zeigt Gl. (13.22), daß $A_{21}/B_{21}\mathrm{E}(\nu)$ gegenüber eins vernachlässigbar ist.

In diesem Fall können wir schreiben

$$\frac{\text{Emissionsrate}}{\text{Absorptionsrate}} \approx \frac{N_2}{N_1}.$$

Wenn sich die Substanz im thermischen Gleichgewicht befindet, ist N_2 kleiner als N_1, und die Emissionsrate ist auch kleiner als die Absorptionsrate. Wenn man jedoch durch ein geeignetes Verfahren die relative Besetzung des angeregten und des Grundzustandes invertiert, so daß N_2 größer als N_1 und damit das Verhältnis N_2/N_1 größer als 1 ist, ist die Emissionsrate größer als die Absorptionsrate. Mit anderen Worten, wenn Strahlung der Energiedichte $\mathrm{E}(\nu)$ durch dieses System läuft, weist die auslaufende Strahlung mehr Photonen der Frequenz ν als die einlaufende Strahlung auf (Abb. 13-7b), was eine «Verstärkung» der Strahlung bei dieser Frequenz bedeutet. Dies gilt natürlich nur, wenn $E_2 - E_1 = h\nu$. Da mehr Atome abgeregt als angeregt werden, beginnt die Besetzung des oberen Niveaus abzunehmen, so daß die Verstärkung abnimmt, bis thermisches Gleichgewicht wiederhergestellt ist. Um eine konstante Verstärkung aufrechtzuerhalten, ist es daher notwendig, entweder laufend die Anzahl der Atome im oberen Niveau aufzufüllen oder durch irgendeinen anderen Mechanismus Atome aus dem unteren Niveau zu entfernen. Dies geschieht in den sog. *Masern* und *Lasern*. Dies sind Kunstworte, die aus «Microwave Amplification by Stimulated Emission of Radiation» bzw. «Light Amplification by Stimulated Emission of Radiation» gebildet sind, je nach dem Bereich des elektromagnetischen Spektrums, in dem sie operieren.

Man hat verschiedene Verfahren entwickelt, um eine Überbesetzung des oberen Niveaus aufrechtzuerhalten. All diese Methoden erfordern einen Energieaufwand,

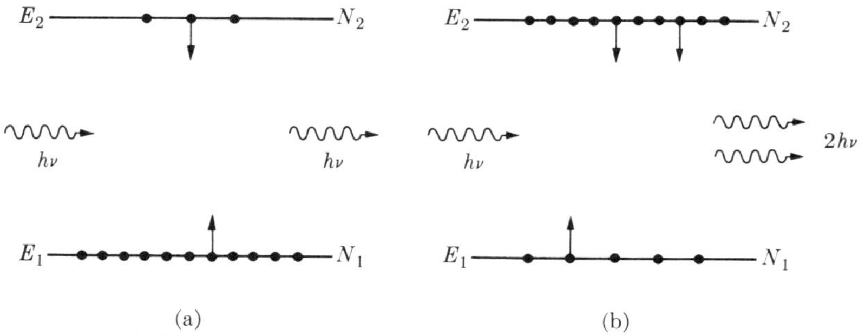

Abb. 13-7. Grundprinzip der Laser und Maser.

und der Wirkungsgrad eines Masers oder Lasers ist das Verhältnis zwischen Energieabgabe und Energiezufuhr. Ein typisches Verfahren ist *das optische Pumpen.* Hierbei werden einfach große Energiemengen, entweder kontinuierlich oder in Impulsen, zugeführt, um das System zu höheren Energiezuständen anzuregen. Bei der Rückkehr in den Grundzustand können einige angeregte Atome des Systems in metastabile Zustände übergehen, die, wie in Abb. 13-8 gezeigt, dadurch leicht hohe Besetzungszahlen relativ zu einem niedrigeren Zustand annehmen können. Eine stimulierende Strahlung der Frequenz $\nu = (E_2 - E_1)/h$ führt dann auf die gewünschte Verstärkung.

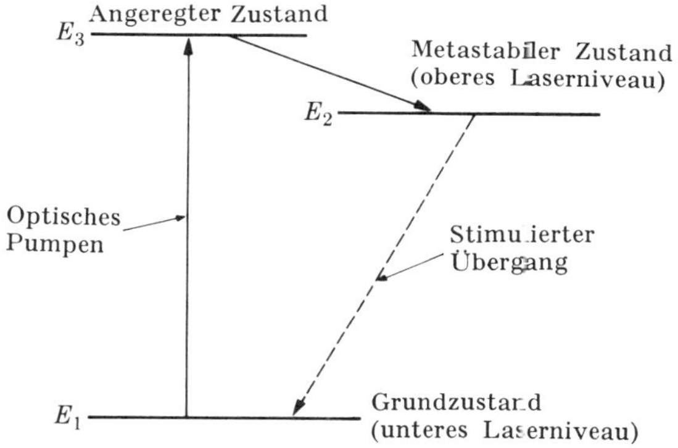

Abb. 13-8. Dreiniveaulaser.

Maser und Laser sind besonders nützlich, weil sie einen sehr intensiven Strahl kohärenter, monochromatischer Strahlung erzeugen. Der Leser sollte sich daran erinnern, daß mehrere in Phase (oder kohärent) strahlende Quellen eine resultierende Amplitude ergeben, welche die Summe der einzelnen Amplituden ist. Wenn alle Quellen identisch sind, haben wir

resultierende kohärente Amplitude $= N \times$ Amplitude einer Quelle,

wobei N die Anzahl der Quellen ist. Da die Intensität der Quelle proportional dem Amplitudenquadrat ist, haben wir

resultierende kohärente Intensität $= N^2 \times$ Intensität der einzelnen Quellen.

Wenn die Anzahl der Quellen sehr groß ist, kann die stimulierte Strahlung sehr intensiv sein. Wenn andererseits die Quellen inkohärent strahlen, addieren sich die einzelnen Intensitäten linear; d.h.

resultierende inkohärente Intensität $= N \times$ Intensität der einzelnen Quellen.

Daher ist in Masern und Lasern stimulierte, kohärente monochromatische Strahlung sehr intensiv, verglichen mit der spontanen inkohärenten Strahlung, die man bei diesen Geräten als Rauschen bezeichnet. Da die induzierten Übergänge so stark überwiegen, ist in Masern und Lasern das Rauschen relativ kleiner als in konventionellen Verstärkern und Oszillatoren. Man benutzt Maser als Verstärker immer dann, wenn ausgesprochen sehr geringes Rauschen gefordert wird, wie es im Bereich der Radioastronomie, der Nachrichtenübertragung über Satelliten und der Mikrowellenspektroskopie der Fall ist.

13.7 *Wärmekapazität von Festkörpern*

Wie in Kapitel 6 erläutert wurde, sind Festkörper geordnete Anhäufungen großer Anzahlen von Atomen (oder Molekülen), die durch starke anziehende Kräfte, welche von ihrer elektrischen Wechselwirkung herrühren, in bestimmten Gleichgewichtslagen gehalten werden. Die einzigen Bewegungen der einzelnen Atome sind kleine Schwingungen um ihre Gleichgewichtslage. Die Kopplung zwischen den Atomen ist jedoch so stark, daß man nicht ein einzelnes Atom in Schwingung setzen kann, ohne die benachbarten Atome oder sogar den ganzen Festkörper zu stören. Daher müssen wir kollektive Schwingungsanregungen des Festkörpers betrachten, ähnlich wie wir sie in Beispiel 6.2 für ein lineares Gitter diskutiert haben.

Diese Kollektivschwingungen bilden stehende Wellen in dem Festkörper. Ihre Frequenzen hängen von der Gestalt und der Größe des Körpers ab und ähneln in gewisser Weise den stehenden Wellen in einem Hohlraum. Obwohl die möglichen Frequenzen ein diskretes Spektrum besitzen, ist ihr Abstand sehr klein, wenn der Körper verglichen mit atomaren Dimensionen relativ groß ist, und das Spektrum kann als kontinuierlich angenommen werden. Diese stehenden Wellen sind von der gleichen Art wie die elastischen Wellen, die sich durch einen Festkörper fortpflanzen; daher ist ihre Ausbreitungsgeschwindigkeit dieselbe, wie die Geschwindigkeit der elastischen Wellen, die man auch *Schallgeschwindigkeit* nennt.

In einem Festkörper gibt es zwei Arten elastischer Wellen: longitudinale und transversale. Sie breiten sich mit Geschwindigkeiten v_1 bzw. v_t aus. Um die Anzahl verschiedener Schwingungstypen (Modes) im Frequenzintervall zwischen ν und $\nu + d\nu$, ausgedrückt als $g(\nu)$, zu bestimmen, müssen wir die longitudinalen und die transversalen Modes getrennt anzählen. Für die transversalen Wellen erhalten wir so, indem wir Gl. (13.18) mit c ersetzt durch v_t benutzen,

$$g_t(\nu) d\nu = \frac{8\pi V}{v_t^3} \nu^2 \, d\nu,$$

während für die longitudinalen Wellen, die nur einen Freiheitsgrad besitzen, die Anzahl der Schwingungsmodes nur halb so groß ist:

$$g_l(\nu)\, d\nu = \frac{4\pi V}{v_l^3} \nu^2 \, d\nu.$$

In den jeweiligen Ausdrücken benutzen wir die Ausbreitungsgeschwindigkeiten v_1 bzw. v_t, die longitudinalen und transversalen Wellen entsprechen. Die Gesamtzahl der Schwingungsmodes im Frequenzintervall $d\nu$ ist dann

$$g(\nu)\, d\nu = g_l(\nu)\, d\nu + g_t(\nu)\, d\nu = 4\pi V \left(\frac{1}{v_l^3} + \frac{2}{v_t^3} \right) \nu^2 \, d\nu. \tag{13.23}$$

In einem kontinuierlichen Medium gibt es keine Grenze für die Gesamtzahl der Schwingungsmodes. In einem Festkörper jedoch, der eine atomare Struktur aufweist und N Atome enthält, muß jeder Schwingungszustand durch die $3N$ Ortskoordinaten der Atome beschrieben werden. Dies setzt daher eine Grenze für die *gesamte* Anzahl unabhängiger Schwingungszustände, die gleich $3N$ sein muß. Dies wiederum bedeutet eine Grenze für die maximale Schwingungsfrequenz; denn, wenn wir Gl. (13.23) benutzen, muß gelten

$$3N = \int_0^{\nu_0} g(\nu)\, d\nu = 4\pi V \left(\frac{1}{v_l^3} + \frac{2}{v_t^3}\right) \int_0^{\nu_0} \nu^2\, d\nu$$

oder

$$3N = 4\pi V \left(\frac{1}{v_l^3} + \frac{2}{v_t^3}\right) \frac{\nu_0^3}{3}, \tag{13.24}$$

was die Grenzfrequenz ν_0 festlegt. (Die Existenz einer Grenzfrequenz für die Schwingungen in einem Kristallgitter wurde in Beispiel 6.2 diskutiert.) Wenn wir Gl. (13.24) benutzen, können wir Gl. (13.23) schreiben als

$$g(\nu)\, d\nu = \frac{9N}{\nu_0^3}\, \nu^2\, d\nu. \tag{13.25}$$

Das Problem, das wir hier diskutieren, ist dem Problem stehender elektromagnetischer Wellen in einem Hohlraum sehr ähnlich. Dessen Diskussion führte zum Begriff eines *Photonengases*, das wir in Abschnitt 13.6 einführten, um die Strahlung des schwarzen Körpers zu analysieren. Wir können so mit den Schwingungsmoden des Festkörpers, die notwendigerweise quantisiert sind, ein Phononengas verknüpfen, das aus «Teilchen» oder Phononen der Energie $h\nu$ besteht. Der Begriff des Phonons wurde in Beispiel 6.2 eingeführt. Da alle Phononen identisch sind, und da es keine Grenze für die Anzahl der Phononen im gleichen Energiezustand gibt, können wir erwarten, daß Phononen im thermischen Gleichgewicht der Bose-Einstein-Statistik gehorchen. Ferner ist die Anzahl der Phononen nicht fixiert, da ihre Anzahl entweder zu- oder abnehmen kann, je nachdem, ob die Energie der Schwingungsmodes zunimmt oder abnimmt. Wir müssen daher Gl. (13.15) benutzen, wobei wir $\nu = 0$ setzen, wie wir es oben für das Photonengas taten, und g_i durch $g(\nu)\, d\nu$, gegeben durch Gl. (13.25), ersetzen. Die Anzahl von

TABELLE 13-3 Debyetemperaturen einiger Festkörper

Substanz	Θ_D, K	Substanz	Θ_D, K
Ag	225	Ge	366
Au	165	Na	159
C (Diamant)	1860	Ni	456
Cu	339	Pt	229

Phononen der Energie $E = h\nu$ in dem Frequenzintervall zwischen ν und $\nu + d\nu$ und im thermischen Gleichgewicht mit dem Festkörpergitter der Temperatur T ist dann

$$dn = \frac{g(\nu)\, d\nu}{e^{h\nu/kT} - 1} = \frac{9N}{\nu_0^3} \frac{\nu^2\, d\nu}{e^{h\nu/kT} - 1}.$$

Die gesamte Schwingungsenergie des Festkörpers im Frequenzintervall $d\nu$ ist

$$dU = h\nu\, dn = \frac{9Nh}{\nu_0^3} \frac{\nu^3\, d\nu}{e^{h\nu/kT} - 1}.$$

Die gesamte Schwingungsenergie des Festkörpers ist

$$U = \int_0^{\nu_0} h\nu\, dn = \frac{9Nh}{\nu_0^3} \int_0^{\nu_0} \frac{\nu^3\, d\nu}{e^{h\nu/kT} - 1}.$$

Wir sollten zu dieser Energie die mit den einzelnen Schwingungsmoden verknüpfte Nullpunktsenergie hinzuaddieren. Diese Energie ist jedoch temperaturunabhängig und beschäftigt uns hier nicht. Die Wärmekapazität des Festkörpers bei konstantem Volumen ist dann

$$C_V = \frac{1}{\mathrm{N}} \left(\frac{\partial U}{\partial T}\right)_V = \frac{9N_A h^2}{\nu_0^3 k T^2} \int_0^{\nu_0} \frac{\nu^4 e^{h\nu/kT}}{(e^{h\nu/kT} - 1)^2}\, d\nu. \tag{13.26}$$

Es ist zweckmäßig, die *Debye-Temperatur* Θ_D als $k\Theta_D = h\nu_0$ oder

$$\Theta_D = h\nu_0/k \tag{13.27}$$

zu definieren. Der Wert von Θ_D ist in Tabelle 13-3 für einige Festkörper angegeben.

Wenn wir uns daran erinnern, daß $kN_A = R$ ist und $x = h\nu/kT$ setzen, können wir Gl. (13.26) in vereinfachter Form schreiben:

$$C_V = 9R \left(\frac{T}{\Theta_D}\right)^3 \int_0^{\Theta_D/T} \frac{x^4 e^x}{(e^x - 1)^2}\, dx. \tag{13.28}$$

Der Verlauf von C_V als Funktion von T/Θ_D ist in Abb. 13-9 graphisch angedeutet. Wie die experimentellen Punkte in der Abbildung zeigen, folgen die meisten Substanzen mit überraschender Genauigkeit dieser theoretischen Kurve. Man kann feststellen, daß bei Temperaturen der Größenordnung Θ_D oder größer die Wärmekapazitäten aller Substanzen praktisch den Wert $3R$ annehmen. Dies Ergebnis nennt man das *Gesetz von Dulong-Petit*, da es zuerst von diesen im 19. Jahrhundert experimentell festgestellt wurde. Dies Ergebnis stimmt auch mit dem Gleichverteilungssatz der Energie überein, da für $kT \gg h\nu_0 = k\Theta_D$ die Schwingungsenergie pro Freiheitsgrad $2(\frac{1}{2}\, kT) = kT$ und für die 3 Freiheitsgrade jedes Atoms $3kT$ sein sollte. Daher ist

$$U = N(3kT) = 3kNT = 3\mathrm{N}RT,$$

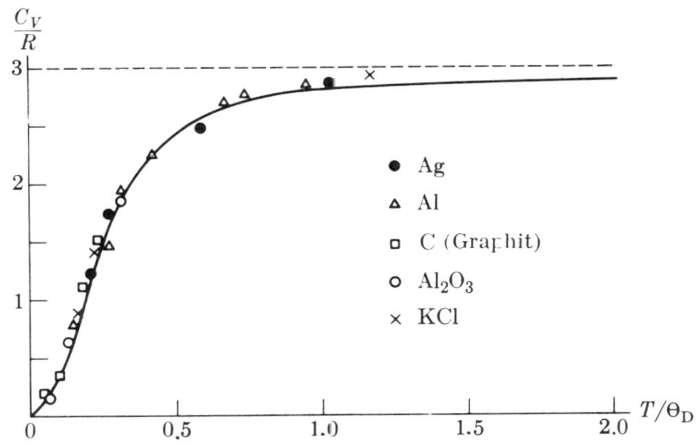

Abb. 13-9. Wärmekapazität eines Kristallgitters als Funktion der Temperatur

was in Übereinstimmung mit der Dulong-Petitschen Regel $C_V = 3R$ entspricht. Offensichtlich weichen Substanzen, deren Debye-Temperatur viel höher als Zimmertemperatur ist, bei derartigen Temperaturen wesentlich von der Dulong-Petitschen Regel ab.

An dieser Stelle sollten wir überlegen, ob wir in dem speziellen Fall der Metalle die Energie der freien Leitungselektronen berücksichtigen sollten, wenn wir die Wärmekapazität C_V berechnen. Wir müssen uns daran erinnern, daß freie Elektronen der Fermi-Dirac-Statistik gehorchen und daß die Gleichverteilung der Energie für sie nur bei Temperaturen zutrifft, für welche $kT \gg \epsilon_F$, wobei ϵ_F ihre Fermi-Energie ist, oder $T \gg \epsilon_F/k = \Theta_F$ ist, wobei Θ_F die Fermi-Temperatur ist. Wenn wir die in Tabelle 13-1 angegebenen Werte für ϵ_F und Θ_F betrachten, sehen wir, daß die Fermi-Temperatur Θ_F so groß ist, daß nur wenige Elektronen angeregt werden, wenn das Metall bei den im Laboratorium und in der Industrie verwendeten Temperaturen erhitzt wird. Daher liefern Elektronen einen vernachlässigbar kleinen Beitrag zur spezifischen Wärme von Metallen. Wir müssen jedoch beachten, daß der Elektronenbeitrag zu C_V bei sehr niedrigen Temperaturen, in der Nähe des absoluten Nullpunktes, wenn — wie in Abb. 13-9 zu sehen — C_V ebenfalls sehr klein ist, relativ wichtig ist. Bei diesen Temperaturen tragen die sehr wenigen Elektronen, die über die Fermienergie ϵ_F angeregt werden, zur inneren Energie einen größeren Betrag bei als die Energie der kollektiven Gitterschwingungen.

13.8 Das ideale Gas in der Quantenstatistik

Alle Teilchen gehorchen entweder der Fermi-Dirac- oder der Bose-Einstein-Statistik. Daher sollte auch ein ideales Gas aus der Sicht der Quantenstatistik untersucht werden. Betrachten wir zuerst ein ideales Gas aus Teilchen, welche der

Bose-Einstein-Statistik gehorchen (was die am weitesten verbreitete Situation ist, da Moleküle entweder den Spin 0 oder ganzzahligen Spin besitzen). Die Anzahl dn von Molekülen mit einer Energie zwischen E und $E + dE$ ist durch Gl. (13.15) gegeben, wobei g_i ersetzt ist durch

$$g(E)\, dE = \frac{4\pi V(2m^3)^{1/2}}{h^3} E^{1/2}\, dE,$$

d.h. durch Gl. (10.39). Daher ist

$$dn = \frac{4\pi V\, (2m^3)^{1/2}}{h^3} \frac{E^{1/2}\, dE}{e^{\alpha+E/kT} - 1}.$$

Wenn wir $x = E/kT$ setzen und uns an Gl. (10.40) für die Zustandsfunktion eines idealen Gases, $Z = V(2\pi mkT)^{3/2}/h^3$, erinnern, erhalten wir für die Gesamtzahl der Moleküle:

$$N = \frac{2Z}{\sqrt{\pi}} \int_0^\infty \frac{x^{1/2}\, dx}{e^{\alpha+x} - 1}. \tag{13.29}$$

Wenn wir uns erinnern, daß in der Bose-Einstein-Statistik α positiv ist, haben wir

$$(e^{\alpha+x} - 1)^{-1} = e^{-\alpha-x}(1 - e^{-\alpha-x})^{-1} = e^{-\alpha}(e^{-x} + e^{-\alpha-2x} + \cdots),$$

und Einsetzen in Gl. (13.29) gibt uns

$$N = Ze^{-\alpha}\left(1 + \frac{1}{2^{3/2}} e^{-\alpha} + \cdots\right).$$

Als erste Näherung können wir $e^{-\alpha} = N/Z$ schreiben, was dasselbe Resultat ist, das wir in Abschnitt 10.3 erhielten. Als eine zweite Näherung können wir schreiben

$$e^{-\alpha} = \frac{N}{Z}\left(1 + \frac{1}{2^{3/2}} e^{-\alpha} + \cdots\right)^{-1} = \frac{N}{Z}\left(1 - \frac{1}{2^{3/2}} \frac{N}{Z} + \cdots\right), \tag{13.30}$$

was uns gestattet, α als Funktion von N und T zu erhalten. Die Gesamtenergie des Gases ist

$$U = \int_0^\infty E\, dn = \frac{2ZkT}{\sqrt{\pi}} \int_0^\infty \frac{x^{3/2}\, dx}{e^{\alpha+x} - 1}$$
$$= \tfrac{3}{2}kTZke^{-\alpha}\left(1 + \frac{1}{2^{5/2}} e^{-\alpha} + \cdots\right).$$

Wenn wir den durch Gl. (13.30) gegebenen Wert von $e^{-\alpha}$ einführen, erhalten wir schließlich

$$U = \tfrac{3}{2}kNT\left(1 - \frac{1}{2^{5/2}}\frac{N}{Z} - \cdots\right). \tag{13.31}$$

Wenn wir dies mit dem klassischen oder Maxwell-Boltzmann-Resultat für das ideale Gas, $U = \frac{3}{2}kNT$, vergleichen, sehen wir, daß der Quanteneffekt in der Bose-Einstein-Statistik die Energie des Gases verringert.

Man kann zeigen (siehe Beispiel 13.7), daß der Druck des Gases gegeben ist durch

$$p = \frac{kNT}{V}\left(1 - \frac{1}{2^{5/2}}\frac{N}{Z} - \cdots\right). \tag{13.32}$$

Wir sehen so, daß auch der Druck eines idealen Gases in der Bose-Einstein-Statistik geringer ist als der Druck eines klassischen (oder Maxwell-Boltzmann) idealen Gases.

Die Abweichung eines idealen Quantengases von einem klassischen idealen Gas nennt man *Gasentartung* («Entartung» in der hier benutzten Bedeutung hat keine Beziehung zur Entartung von Quantenzuständen). Wenn wir beachten, daß N/Z proportional $(N/V)T^{-3/2}$ ist, stellen wir fest, daß die Entartung eines Gases bei niedriger Temperatur und hoher Dichte wichtiger wird, d.h. bei Bedingungen in der Nähe des Kondensationspunktes. Bei den meisten Gasen ist N/Z bei Normalbedingungen von der Größenordnung 10^{-5} und die Gasentartung daher vernachlässigbar; dies zeigt, daß man für solche Gase ruhig die Maxwell-Boltzmann-Statistik verwenden kann.

Die beiden leichtesten Gase, welche der Bose-Einstein-Statistik gehorchen, sind H_2 und Helium. Für H_2 ist bei seinem normalen Siedepunkt, 20.4 K, der Wert von N/Z gleich 0.84×10^{-2}, und für Helium bei 4.2 K ist N/Z gleich 0.139. Helium ist daher ein Gas, in welchem Entartung beobachtbare Effekte erzeugen sollte. Man hat in der Tat das z.T. eigenartige Verhalten von Helium in seiner kondensierten Phase, bekannt als He-II, vollständiger Bose-Einstein-Entartung zugeschrieben.

Im Falle eines idealen Gases, das der Fermi-Dirac-Statistik gehorcht (wie z.B. monoatomarer Wasserstoff), sind die Resultate ganz ähnlich. Wir erinnern uns jedoch, daß bei der Fermi-Dirac-Statistik α entweder negativ oder positiv sein kann; daher müssen die Fälle $\alpha > 0$ und $\alpha < 0$ getrennt behandelt werden. Wir werden diesen Fall nicht weiter ausführen. Wir weisen jedoch darauf hin, daß, obwohl der Druck eines idealen Gases, das entweder der Maxwell-Boltzmann- oder der Bose-Einstein-Statistik gehorcht, beim absoluten Nullpunkt gleich 0 ist, der Druck eines idealen Gases, welches der Fermi-Dirac-Statistik gehorcht, in der Nähe des absoluten Nullpunktes gegen einen endlichen Wert strebt; d.h. es existiert ein Nullpunktsdruck. Der Grund hierfür liegt darin, daß auch beim absoluten Nullpunkt ein System von Fermionen eine Nullpunktsenergie $U = \frac{3}{5}N\epsilon_F$ (siehe Beispiel 13.2) besitzt. Wenn wir uns an Gl. (11.37) erinnern,

$$dU = T\,dS - p\,dV,$$

haben wir bei konstanter Entropie $dU_S = -p\,dV_S$. Daher ist

$$p = -\left(\frac{\partial U}{\partial V}\right)_S. \tag{13.33}$$

Der Nullpunktsdruck eines Systems von Fermionen ist daher

$$p = -\left(\frac{\partial U}{\partial V}\right)_S = -\tfrac{3}{5}N\,\frac{\partial \epsilon_F}{\partial V}.$$

Nun haben wir aus Gl. (13.10) $\ln \epsilon_F = -\tfrac{2}{3} \ln V + C$ und daher $\partial\epsilon_F/\partial V = -2\epsilon_F/3V$. Dies ergibt

$$p = \frac{2}{5}\,\frac{N\epsilon_F}{V} \tag{13.34}$$

für den Nullpunktsdruck eines Fermi-Dirac-Gases.

BEISPIEL 13.7. Der Druck eines idealen Gases als Funktion der inneren Energie und des Volumens.

Lösung: Wir erinnern uns, daß entsprechend Gl. (13.33) der Druck eines Systems von Teilchen durch $p = -(\partial U/\partial V)_S$ berechnet werden kann. Es ist aber $U = \sum_i n_i E_i$. Nun müssen bei einem Prozeß bei konstanter Entropie die Besetzungszahlen n_i konstant bleiben, da, wie in Abschnitt 11.9 erläutert, eine Entropieänderung (oder Wärmeaufnahme) mit einer Veränderung der n_i's verknüpft ist. Daher ist $(\partial U/\partial V)_S = \sum_i n_i(\partial E_i/\partial V)$ und

$$p = -\sum_i n_i\,\frac{\partial E_i}{\partial V}. \tag{13.35}$$

Wenn wir annehmen, daß das ideale Gas aus nichtwechselwirkenden Teilchen in einem kubischen Kasten der Kantenlänge a und dem Volumen $V = a^3$ besteht, sind die Energieniveaus durch Gl. (2.17) gegeben

$$E_i = \frac{\pi^2 h^2}{2ma^2}(\mathrm{N}_1^2 + \mathrm{N}_2^2 + \mathrm{N}_3^2) = \frac{\pi^2 h^2}{2mV^{2/3}}(\mathrm{N}_1^2 + \mathrm{N}_2^2 + \mathrm{N}_3^2)$$

was

$$\frac{\partial E_i}{\partial V} = -\frac{2}{3}\,\frac{\pi^2 h^2}{2mV^{5/3}}(\mathrm{N}_1^2 + \mathrm{N}_2^2 + \mathrm{N}_3^2) = -\frac{2}{3}\,\frac{E_i}{V}$$

ergibt. Wenn wir dieses Ergebnis in Gl. (13.35) einsetzen, erhalten wir für den Druck des Systems nichtwechselwirkender Teilchen

$$p = \frac{2}{3}\sum_i \frac{n_i E_i}{V} = \frac{2}{3}\,\frac{U}{V}. \tag{13.36}$$

Für ein ideales Gas, welches der Maxwell-Boltzmann-Statistik gehorcht, haben wir $U = \frac{3}{2}kNT$ und daher, im Übereinstimmung mit Gl. (11.16), $p = kNT/V$. Für ein ideales Bose-Einstein-Gas müssen wir für U Gl. (13.31) benutzen und erhalten das schon in Gl. (13.32) angegebene Resultat für p. Für ein ideales Fermi-Dirac Gas beim absoluten Nullpunkt ist $U = \frac{3}{5}N\epsilon_F$ und $p = \frac{2}{5}N\epsilon_F/V$, was der in Gl. (13.34) angegebene Wert ist. Bei anderen Temperaturen als beim absoluten Nullpunkt hängt der Druck vom Vorzeichen von α ab. Für positive α, was normalerweise bei sehr hohen Temperaturen der Fall ist, ist der Druck eines idealen Fermi-Dirac-Gases

$$p = \frac{kNT}{V}\left(1 + \frac{1}{2^{5/2}}\frac{N}{Z} - \cdots\right),$$

und daher etwas größer als der Druck eines klassischen idealen Gases. Für negative α, was bei niedrigen Temperaturen der Fall ist, ist der Druck

$$p = \frac{2}{5}\frac{N\epsilon_F}{V}\left[1 + \frac{5\pi^2}{12}\left(\frac{kT}{\epsilon_F}\right)^2 - \cdots\right].$$

13.9 *Vergleich der drei Statistiken*

Im vorhergehenden Abschnitt sahen wir, daß Quanteneffekte in einem idealen Gas bei niedriger Konzentration und hohen Temperaturen relativ klein sind. Wir wollen die drei Statistiken vergleichen, um zu bestimmen, in welchem Umfange sie vergleichbare Resultate ergeben. Wenn wir uns die Gl. (10.9), (13.5) und (13.14) ins Gedächtnis zurückrufen, d.h.

(a) Maxwell-Boltzmann, $n_i = g_i e^{-\alpha - E_i/kT}$

(b) Fermi-Dirac, $n_i = \dfrac{g_i}{e^{\alpha + E_i/kT} - 1}$,

(c) Bose-Einstein, $n_i = \dfrac{g_i}{e^{\alpha + E_i/kT} - 1}$,

sehen wir, daß alle drei in der Form

$$\frac{g_i}{n_i} + \delta = e^{\alpha + E_i/kT}$$

geschrieben werden können, wobei $\delta = 0$ für die Maxwell-Boltzmann-, —1 für die Fermi-Dirac- und + 1 für die Bose-Einstein-Statistik ist. Man sieht deutlich, daß im Falle $g_i/n_i \gg 1$ oder $n_i \ll g_i$, d.h. bei verdünnten Systemen, die drei Statistiken praktisch identische Resultate ergeben. Dies gilt bei hohen Temperaturen (infolge der Zunahme von α mit zunehmender Temperatur). Wir können daher, außer bei sehr niedrigen Temperaturen, die meisten quantenstatistischen Effekte vernachlässigen. Dies rechtfertigt die Benutzung der Maxwell-Boltzmann-Statistik in vielen Fällen.

Literaturverzeichnis

1. "Thermodynamics und Quanta in Planck's Work", M. Klein, *Physics Today*, November 1966, Seite 23
2. "Evolution of Masers and Lasers", B. Lengyel, *Am. J. Phys.* **34**, 903 (1966)
3. "Resource Letter MOP-1 on Masers and on Optical Pumping", H. Moos, *Am. J. Phys.* **32**, 589 (1964)
4. *Statistical Thermodynamics*, E. Schrödinger. Cambridge: Cambridge University Press, 1964, Kapitel 13
5. *Statistical Physics*, G. Wannier. New York: John Wiley, 1966, Band I
6. *Fundamentals of Statistical Thermodynamics*, R. Sonntag und G. Van Wylen. New York: John Wiley, 1966, Kapitel 7, 8 und 11
7. *The Feynman Lectures in Physics*, Volumen I, R. Feynman, R. Leighton, und M. Sands. Reading, Mass.: Addison-Wesley, 1963, Kapitel 41 und 42

Aufgaben

13.1 Die Fermienergie variiert mit der Temperatur entsprechend

$$\epsilon_F(T) = \epsilon_F \left\{1 - \frac{\pi^2}{12}\left(\frac{T}{\Theta_F}\right)^2 - \cdots\right\},$$

wobei ϵ_F der in Tabelle 13-1 angegebene Wert für $T = 0$ ist. Zeigen Sie, daß der Korrekturterm einer Änderung der Fermienergie von 1 % bei einer Temperatur $T = \sqrt{3}\,\Theta_F/5\pi$ entspricht. Schätzen Sie diese Temperatur für einige der in Tabelle 13-1 angegebenen Metalle und folgern Sie, inwieweit man annehmen kann, daß die Fermienergie zwischen dem absoluten Nullpunkt und Zimmertemperatur konstant bleibt.

13.2 Bestimmen Sie die mittlere Geschwindigkeit und die mittlere Energie von Elektronen bei 0 K in einem Metall, das 10^{22} Elektronen pro cm^3 aufweist.

13.3 Zeigen Sie, daß die Anzahl von Fermionen mit einer Geschwindigkeit zwischen v und $v + dv$ bei einer Temperatur T gegeben ist durch

$$dN = \frac{8\pi V m^3}{h^3} \frac{v^2}{e^{[(mv^2/2)-\epsilon_F]/kT} + 1} dv.$$

13.4 Zeigen Sie, daß die Anzahl von Fermionen mit einer Geschwindigkeit, deren Komponenten zwischen v_x und $v_x + dv_x$, v_y und $v_y + dv_y$ und v_z und $v_z + dv_z$ liegen, gegeben ist durch

$$dN = \frac{2\pi V m^3}{h^3} \frac{dv_y\, dv_z\, dv_z}{e^{(mv^2/2-\epsilon_F)/kT} + 1}.$$

13.5 Zeigen Sie, daß die Anzahl von Fermionen, mit einer X-Komponente der Geschwindigkeit zwischen v_x und dv_x, gegeben ist durch

$$dN_x = \frac{4\pi V m^2}{h^3 kT} \ln\left[e^{(\epsilon_F - mv_x^2/2)/kT} + 1\right] dx.$$

(*Hinweis:* Benutzen Sie das Integral $\int_0^\infty ae^x + 1)^{-1}\, dx = \ln(1 + 1/a)$.

13.6 Leiten Sie unter Benutzung des Ergebnisses von Aufgabe 13.5 die Richardsonsche Gleichung (13.11) ab. (*Hinweis:* Benutzen Sie die Näherung $\ln(1 + x) = x$ für kleine x.)

13.7 Tragen Sie die Richardson-Dushman-Gleichung für die thermische Emission als eine Funktion von kT/e^Φ graphisch auf. Zeigen Sie, daß die Temperatur, bei welcher die thermische Emission maximal ist, durch $T = e^\Phi/2k$ gegeben ist. Schätzen Sie den Wert dieser Temperatur für einige der in Tabelle 13-2 angegebenen Metalle.

13.8 Wenn man anstelle der Fermi-Dirac-Statistik die Maxwell-Boltzmann-Statistik benutzt, um die thermische Stromdichte zu analysieren, erhält man den Ausdruck

$$j = AT^{1/2}e^{-e\phi/kT}.$$

(a) Leiten Sie diese Gleichung ab. (b) Stellen Sie j als Funktion von $kT/e\phi$ graphisch dar und vergleichen Sie mit der Darstellung der Richardson-Dushman-Gleichung, wobei Sie in beiden Fällen $\phi = 3$ eV annehmen. (c) Schätzen Sie für einige Metalle die Temperatur $\Theta = e\phi/k$ ab, und stellen Sie fest, ob die beiden Gleichungen bei Zimmertemperatur deutlich unterscheidbare Ergebnisse liefern.

13.9 Zeigen Sie, daß die Konstante A in Gl. (13.11) den theoretischen Wert 120 A cm^{-2} K^{-2} besitzt.

13.10 Aus unserer Diskussion der Potentialstufe in Kapitel 2 wissen wir, daß einige Elektronen, welche die Oberfläche des Metalls erreichen, selbst dann in das Metall zurückreflektiert werden sollten, wenn ihre Energie größer als $e\phi$ ist. (a) Modifizieren Sie Gl. (13.10), um diesen Effekt zu berücksichtigen. Erklären Sie die Tatsache, daß die experimentellen Werte für A (Tabelle 13-2) kleiner sind, als die in der vorhergehenden Aufgabe angegebenen theoretischen Werte. (b) Bestimmen Sie den Reflektionskoeffizienten für Cäsium und Chrom.

13.11 Für welche Werte der Energie E, größer als ϵ_F, liegt $n_i = g_i e^{-(E-\epsilon_F)/kT}$ innerhalb von 10 % von Gl. (13.5)?

13.12 Für die in Aufgabe 13.11 angedeuteten Energien können wir

$$N(E)\, dE = \frac{8\pi V(2m^3)^{1/2}}{h^3} E^{1/2} e^{-(E-\epsilon_F)/kT}$$

anstelle von Gl. (13.9) schreiben. Zeigen Sie, daß die Anzahl von Elektronen pro Volumeneinheit mit Energien gleich oder größer als ein bestimmter Wert E_0, größer als ϵ_F, gegeben ist durch

$$\frac{8\pi V(2m^3)}{h^3} e^{\epsilon_F/kT} kT \times \left\{(\pi kT)^{1/2}\left[\frac{1}{2} - \operatorname{erf}\frac{E_0}{kT}\right] + E_0^{1/2} e^{-E_0/kT}\right\}$$

(*Hinweis:* siehe Aufgabe 10.21.)

13.13 Bestimmen Sie unter Benutzung des Ergebnisses von Aufgabe 13.12 für ein Metall mit $\epsilon_F = 2.00$ eV und $\phi = 3.00$ eV das Verhältnis der Anzahl der Elektronen pro Volumeneinheit mit einer Energie gleich oder größer als die Austrittsarbeit bei Zimmertemperatur zu der Anzahl bei 1000 K (*Hinweis*: siehe Aufgabe 13.11.)

13.14 Bestimmen Sie die Anzahl der Photonen pro Kubikmeter, welche im Strahlungsfeld eines schwarzen Körpers bei 300 K eine Frequenz zwischen ν_{max} und 1.05 ν_{max} besitzen, wobei ν_{max} dem Maximum der Energiedichte entspricht.

13.15 Nehmen Sie an, daß sich Photonen wie klassische Oszillatoren mit einer mittleren Energie kT verhalten. Bestimmen Sie die Verteilung der Energiedichte, d.h. das Rayleigh-Jeanssche Strahlungsgesetz, das in Aufgabe 1.9 erwähnt wurde. Warum ergibt diese Annahme dieselbe Energieverteilung wie die Näherung des Planckschen Strahlungsgesetzes für niedrige Frequenzen?

13.16 Nehmen Sie an, daß Photonen der Maxwell-Boltzmann-Statistik gehorchen. Bestimmen Sie die Energiedichteverteilung. Dies ist das Wiensche Strahlungsgesetz, das in Aufgabe 1.9 erwähnt wurde. Warum ergibt diese Annahme dieselbe Energieverteilung wie die Näherung des Planckschen Strahlungsgesetzes für hohe Frequenzen?

13.17 Bestimmen Sie unter Benutzung von Tabelle 13-3 die maximale Frequenz und minimale Wellenlänge für Phononen in Germanium und Diamant. Vergleichen Sie mit der Wellenlänge von Neutronen bei Zimmertemperatur (300 K).

13.18 Bestimmen Sie für 300 K das Verhältnis der Wahrscheinlichkeit für spontane Emission zur Wahrscheinlichkeit für induzierte Emission für (a) das Mikrowellengebiet, $\nu \approx 10^{13}$ Hz, und (b) das optische Gebiet, $\nu \approx 10^{15}$ Hz.

13.19 Zeigen Sie, daß bei Temperaturen, die verglichen mit Θ_D klein sind, der Debyesche Ausdruck für die Wärmekapazität gegeben ist durch

$$C_V = \tfrac{12}{5} R\pi^4 (T/\Theta_D)^3.$$

Die Abhängigkeit von C_V von T^3 bei niedrigen Temperaturen hat man experimentell bestätigt. (*Hinweis:* Setzen Sie in Gl. (13.28) $x = \Theta_D/T$ und beachten Sie, daß man die obere Grenze gleich ∞ setzen kann.)

13.20 Bestimmen Sie aus den folgenden experimentellen Daten für Nickel und Silber die Debye-Temperaturen der beiden Metalle. Die Atommassen sind 59 und 108, die Dichte 8.9×10^3 kg m^{-3} bzw. 1.05×10^4 kg m^{-3}.

T, K	C_V, cal mole^{-1} K^{-1}	
	Ni	Ag
2	0.0041	0.00013
4	0.0080	0.0024
6	0.0132	0.0089
8	0.0186	0.0242
10	0.0238	0.0478
12	0.0304	0.0830
14	0.0379	0.134
16	0.0483	0.201

13.21 Bestimmen Sie unter Benutzung der graphischen Darstellung in Abb. 13-9 die Wärmekapazität bei Zimmertemperatur für (a) Natrium, (b) Gold, (c) Kupfer und (d) Diamant. Vergleichen Sie mit den experimentellen Werten.

13.22 (a) Betrachten Sie ein System aus N harmonischen Oszillatoren der Frequenz ν, welche der Maxwell-Boltzmann-Statistik gehorchen. Bestimmen Sie die Wärmekapazität des Systems bei konstantem Volumen. (b) Einstein benutzte dieses Modell bei dem ersten Versuch, statistische Methoden bei der Erklärung der Wärmekapazität von Festkörpern zu verwenden. Führen Sie die Konstante $\Theta_E = h\nu/k$ ein, und drücken Sie C_V als Funktion von Θ_E/T aus. Vergleichen Sie mit dem Ausdruck der Debyeschen Theorie für C_V. Analysieren Sie, wodurch sich die beiden Theorien voneinander abheben. (*Hinweis:* Die Einsteinsche Theorie wurde verworfen, da es nicht möglich war, für jede Substanz einen Wert von Θ_E zu finden, der sowohl bei hohen wie auch bei niedrigen Temperaturen mit dem Experiment übereinstimmende Werte geben würde.)

13.23 Zeigen Sie, daß die Wärmekapazität bei konstantem Volumen für ein ideales Bose-Einstein-Gas gegeben ist durch

$$C_V = \tfrac{3}{2}R\left[1 + \frac{1}{2^{7/2}}\left(\frac{N}{Z}\right) + \frac{4}{3^{5/2}}\left(\frac{N}{Z}\right)^2 + \cdots\right],$$

wobei Z durch Gl. (10.38) gegeben ist. Schätzen Sie ab, welchen Einfluß die Gasentartung auf die Wärmekapazität von Helium bei Zimmertemperatur und einem Druck von 1 atm besitzt.

13.24 Zeigen Sie, daß die Wärmekapazität bei konstantem Volumen für ein ideales Fermi-Dirac-Gas gegeben ist durch

$$C_V = \tfrac{1}{2}R\pi^2\left(\frac{kT}{\epsilon_F}\right)\left[1 - \frac{3\pi^2}{10}\left(\frac{kT}{\epsilon_F}\right)^2 + \cdots\right].$$

Schätzen Sie aufgrund dieses Resultats ab, welchen Beitrag die freien Elektronen in einem Metall zur Wärmekapazität geben. Verifizieren Sie, daß, außer bei sehr niedrigen Temperaturen, die elektronische Wärmekapazität verglichen mit der durch die Debyesche Theorie gegebenen Wärmekapazität des Gitters vernachlässigt werden kann.

13.25 Zeigen Sie, daß die Temperatur, bei welcher die Wärmekapazitäten des Gitters und der Elektronen gleich sind, gegeben ist durch

$$T_e = (5\,\Theta_D^3/24\pi^2\,\Theta_F)^{1/2}.$$

Schätzen Sie diese Temperatur für einige Metalle ab. Zeigen Sie, daß bei Temperaturen niedriger als T_e die elektronische Wärmekapazität größer ist als die Wärmekapazität des Gitters, während bei Temperaturen größer als T_e das Umgekehrte gilt. (*Hinweis:* Benutzen Sie die Ergebnisse der Aufgaben 13.19 und 13.24.)

13.26 Zeigen Sie anhand des in Aufgabe 13.24 für die Wärmekapazität eines idealen Fermi-Dirac-Gases gegebenen Ausdruckes, daß die Entropie des Gases für $\epsilon_F/kT \ll 1$ gegeben ist durch

$$S = (NR\pi^2/2)(kT/\epsilon_F) \times [1 - (\pi^2/10)(kT/\epsilon_F)^2 + \cdots].$$

13.27 Schätzen Sie für N_2 den Wert von N/Z bei Normalbedingungen ab, wobei Z die klassische Zustandsfunktion ist. Bestimmen Sie den relativen Einfluß des Gasentartungsterms im Ausdruck (13.32) für den Druck eines Bose-Einstein-Gases. Bestimmen Sie auch den Einfluß auf die Wärmekapazität dieses Gases (gegeben in Aufgabe 13.23).

13.28 Bestimmen Sie den Nullpunktsdruck des Elektronengases in einem Metall. Erklären Sie in Anbetracht des Resultats, wie die Elektronen im Innern des Metalls bleiben.

13.29 Zeigen Sie, daß die Entropie eines Systems von Teilchen in der Quantenstatistik gegeben ist durch

$$S = \frac{U}{T} + \alpha k N \pm k \sum_i g_i \ln (1 \pm e^{-\alpha - E_i/kT}),$$

wobei das positive (negative) Vorzeichen der Fermi-Dirac- (Bose-Einstein)-Statistik entspricht. Zeigen Sie auch, daß sich in beiden Fällen, wenn α sehr klein ist, der Ausdruck für S auf Gl. (11.28) reduziert. *Hinweis:* Zeigen Sie zunächst unter Benutzung von entweder Gl. (13.3) oder Gl. (13.13), daß

$$\ln P = \sum_i \pm g_i \left[\left(1 \pm \frac{n_i}{g_i}\right) \ln \left(1 \pm \frac{n_i}{g_i}\right) \pm \left(\frac{n_i}{g_i}\right) \ln \left(\frac{n_i}{g_i}\right) \right].$$

13.30 In der Quantenstatistik ist die Zustandssumme definiert als

$$Z_q = \pm \sum_i g_i \ln (1 \pm e^{-\alpha - E_i/kT}),$$

wobei sich das positive (negative) Vorzeichen auf die Fermi-Dirac- (Bose-Einstein)-Statistik bezieht. Zeigen Sie, daß die Gesamtzahl der Teilchen, die Gesamtenergie und die Entropie gegeben sind durch

$$N = -(\partial Z_q/\partial \alpha)_T,$$
$$U = kT^2(\partial Z_q/\partial T)_\alpha,$$
$$S = kT(\partial Z_q/\partial T)_\alpha + \alpha k N + k Z_q.$$

(*Hinweis:* Wegen der letzten Beziehung siehe den in Aufgabe 13.29 gegebenen Ausdruck für S.)

13.31 Zeigen Sie, daß für sehr kleine α $Z_q = e^{-\alpha} Z$ ist, wobei Z_q die in Aufgabe 13.30 definierte quantenmechanische Zustandssumme und Z die in Gl. (10.22) definierte klassische Zustandssumme ist. Zeigen Sie auch, daß sich die erste Beziehung in Aufgabe 13.30 auf eine Identität reduziert, während sich die zweite und die dritte Beziehung auf die Gl. (10.24) bzw. (11.28) reduzieren.

13.32 Zeigen Sie, daß die Zustandsfunktion eines Photonengases $Z = (8\pi^5 V/45)(kT/hc)^3$ ist. Zeigen Sie dann, daß die Gesamtenergie eines Photonengases $U = (8\pi^5 V/15)(kT)^4/(hc)^3$ und die Entropie $S = 4U/3T$ sind. (*Hinweis:* Beachten Sie, daß $\int_0^\infty x^2 \ln(1 - e^{-x})dx = -\pi^4/15$; benutzen Sie die in Aufgabe 13.30 angegebenen Beziehungen.)

ANHÄNGE

ANHANG ERGÄNZUNGEN

I. Relativistische Mechanik

Betrachten wir zwei Beobachter in Inertialsystemen, O und O', die sich relativ zueinander bewegen. Wenn $\boldsymbol{v}$ die Geschwindigkeit von O' relativ zu O ist, dann ist die Geschwindigkeit von O relativ zu O' gegeben durch $-\boldsymbol{v}$. Wir wollen die mit O und O' verknüpften Achsen XYZ bzw. $X'Y'Z'$ so orientieren, daß die Achsen X und X' parallel zur Relativgeschwindigkeit $\boldsymbol{v}$ und die Y- und Y'-Achsen zueinander parallel sind. Dann sind auch die Achsen Z und Z' zueinander parallel (Abb. A-1).

Nehmen wir an, daß dann, wenn O und O' zusammenfallen, im gemeinsamen Ursprung ein Lichtsignal erzeugt wird. Wenn c die Lichtgeschwindigkeit im Vakuum ist, wie sie von O gemessen wird, sieht der Beobachter O nach einer Zeit t, daß die Wellenfront des Signals eine Kugel mit dem Radius r ist, so daß $r = ct$ gelten muß, wenn die Welle den Punkt A erreicht, oder da

$$r^2 = x^2 + y^2 + z^2,$$

dementsprechend

$$x^2 + y^2 + z^2 - c^2t^2 = 0. \tag{A.1}$$

Es wird als Grundprinzip allgemein akzeptiert, daß die Lichtgeschwindigkeit für alle Beobachter in Inertialsystemen dieselbe ist. Die experimentelle Begründung dieser Behauptung basiert auf den Experimenten von Michelson und Morley, die die Lichtgeschwindigkeit relativ zur Erde in verschiedenen Richtungen gemessen haben und feststellten, daß das Ergebnis unabhängig von der Ausbreitungsrichtung immer dasselbe ist. Wenn der Beobachter O' ebenfalls die Lichtgeschwindigkeit in allen Richtungen zu c bestimmt (so daß die Wellenfront des Signals für O' ebenfalls eine Kugel ist), muß auch er $r' = ct'$ schreiben, wenn die Lichtwelle den Punkt A erreicht, oder

$$x'^2 + y'^2 + z'^2 - c^2t'^2 = 0. \tag{A.2}$$

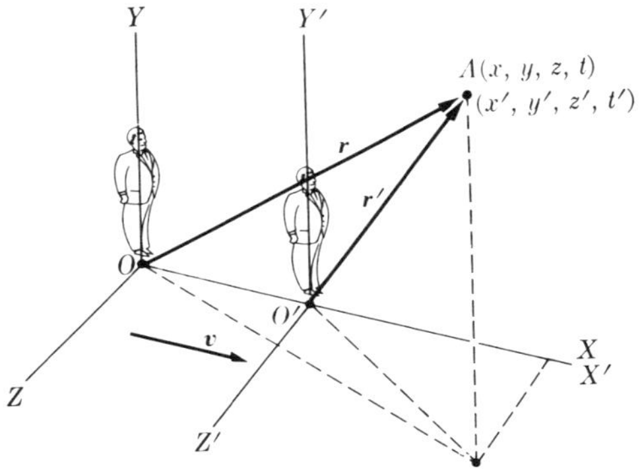

Abb. A-1. Bezugssysteme in gleichförmiger relativer Translationsbewegung.

Man beachte, daß der Beobachter O' nicht nur andere räumliche Koordinaten für den Punkt A als O mißt, sondern für ihn auch die gemessene Ankunftszeit des Lichtsignals in A verschieden ist von der Zeit, die von O gemessen wird. Dies ist erforderlich, wenn die Lichtgeschwindigkeit für beide Beobachter dieselbe sein soll.

Die nächste Aufgabe ist es, eine Transformation zu gewinnen, welche die Größen (x, y, z, t) und (x', y', z', t') miteinander verknüpft, die von O und O' gemessen wurden und den räumlichen Abstand und das Zeitintervall zwischen zwei Ereignissen angeben. Diese sind: (1) Die Emission eines Lichtsignals in dem Augenblick, wo O und O' zusammenfielen, und (2) dessen Ankunft in A. Die jeweiligen Größen müssen dabei die Gl. (A.1) bzw. (A.2) erfüllen. Die Symmetrie des Problems legt nahe, daß $y' = y$ und $z' = z$ ist. Da für den Beobachter O der Abstand $OO' = vt$ ist, muß außerdem für $x' = 0$ (Punkt O') $x = vt$ sein. Dies legt nahe, daß wir $x' = k(x - vt)$ setzen, wobei k eine Konstante ist, die bestimmt werden muß. Da sich t' von t unterscheidet, können wir auch annehmen, daß $t' = a(t - bx)$ ist, wobei a und b Konstanten sind, die bestimmt werden müssen (für die Galilei-Transformation ist $k = a = 1$ und $b = 0$). Wenn wir in Gl. (A.2) diese Ersetzungen vornehmen, erhalten wir

$$k^2(x^2 - 2vxt + v^2t^2) + y^2 + z^2 = c^2a^2(t^2 - 2bxt + b^2x^2),$$

oder, wenn wir Terme zusammenfassen,

$$(k^2 - b^2a^2c^2)x^2 - 2(k^2v - ba^2c^2)xt + y^2 + z^2 = (a^2 - k^2v^2/c^2)c^2t^2.$$

Diese Gleichung muß jedoch mit Gl. (A.1) übereinstimmen. Daher ist

$$k^2 - b^2a^2c^2 = 1, \qquad k^2v - ba^2c^2 = 0, \qquad a^2 - k^2v^2/c^2 = 1.$$

Wenn wir diese drei Gleichungen für k, a und b lösen, erhalten wir

$$k = a = \frac{1}{\sqrt{1 - v^2/c^2}} \quad \text{und} \quad b = v/c^2. \tag{A.3}$$

Die mit der Invarianz der Lichtgeschwindigkeit verträgliche Transformation ist daher

$$\begin{aligned} x' &= (x - vt)/\sqrt{1 - v^2/c^2}, \\ y' &= y, \\ z' &= z, \\ t' &= (t - vx/c^2)/\sqrt{1 - v^2/c^2}. \end{aligned} \tag{A.4}$$

Diesen Satz von Beziehungen nennt man die *Lorentz-Transformation*. Wegen der zwischen den Gl. (A.1) und (A.2) aufgestellten Beziehung sagt man, daß eine Lorentz-Transformation die quadratische Form $x^2 + y^2 + z^2 - c^2t^2 = 0$ invariant läßt, wenn man zu den gestrichenen Koordinaten übergeht. Die Lorentz-Transformation reduziert sich auf die Galilei-Transformation, wenn $v \ll c$ ist.

Wenn m_0 die Masse eines Teilchens bezeichnet, wenn es relativ zu einem Beobachter ruht, ist der Impuls des Teilchens, wenn es sich mit der Geschwindigkeit $\boldsymbol{v}$ relativ zum Beobachter bewegt,

$$\boldsymbol{p} = km_0\boldsymbol{v} = \frac{m_0\boldsymbol{v}}{\sqrt{1 - v^2/c^2}} = m\boldsymbol{v}, \tag{A.5}$$

wobei

$$m = km_0 = m_0/\sqrt{1 - v^2/c^2} \tag{A.6}$$

die effektive Masse des Teilchens relativ zum Beobachter ist. Ausdruck (A.5) reduziert sich auf den nichtrelativistischen Ausdruck für den Impuls, wenn $v \ll c$ ist.

Die auf ein Teilchen wirkende Kraft ist definiert als

$$\boldsymbol{F} = \frac{d\boldsymbol{p}}{dt} = \frac{d}{dt}\left(\frac{m_0\boldsymbol{v}}{\sqrt{1 - v^2/c^2}}\right).$$

Um die kinetische Energie eines Teilchens zu berechnen, erinnern wir uns, daß $\boldsymbol{v} = d\boldsymbol{r}/dt$ und $\boldsymbol{v} \cdot d\boldsymbol{v} = v\, dv$. Dann ist

$$\begin{aligned} E_k &= \int_0^v \boldsymbol{F} \cdot d\boldsymbol{r} = \int_0^v \frac{d}{dt}\left(\frac{m_0\boldsymbol{v}}{\sqrt{1 - v^2/c^2}}\right) \cdot d\boldsymbol{r} \\ &= \int_0^v \boldsymbol{v} \cdot d\left(\frac{m_0\boldsymbol{v}}{\sqrt{1 - v^2/c^2}}\right). \end{aligned}$$

Wenn wir partiell integrieren, erhalten wir

$$E_k = \frac{m_0 v^2}{\sqrt{1 - v^2/c^2}} - \int_0^v \frac{m_0 v \, dv}{\sqrt{1 - v^2/c^2}}$$

$$= \frac{m_0 v^2}{\sqrt{1 - v^2/c^2}} + m_0 c^2 \sqrt{1 - v^2/c^2} - m_0 c^2.$$

Wenn wir die beiden ersten Terme auf einen gemeinsamen Nenner bringen, können wir schreiben

$$\mathrm{E}_k = \frac{m_0 c^2}{\sqrt{1 - v^2/c^2}} - m_0 c^2 = (m - m_0) c^2. \tag{A.7}$$

Man kann daher sagen, daß infolge der Abhängigkeit der Masse von der Geschwindigkeit entsprechend Gl. (A.6) die gewonnene kinetische Energie eines Teilchens als ein Massenzuwachs $\Delta m = m - m_0$ aufgefaßt werden kann. Man kann diese Interpretation ausdehnen und mit jeder Energieänderung ΔE eines Systems von Teilchen eine Massenänderung Δm verknüpfen. Beide Änderungen sind durch den Ausdruck

$$\Delta E = (\Delta m) c^2 \tag{A.8}$$

miteinander verknüpft.

Die Größe $m_0 c^2$ nennt man die Ruheenergie des Teilchens und die Größe

$$E = E_k + m_0 c^2 = \frac{m_0 c^2}{\sqrt{1 - v^2/c^2}} = mc^2 \tag{A.9}$$

ist die Gesamtenergie des Teilchens. Die Gesamtenergie des Teilchens, wie sie hier definiert ist, schließt die kinetische und die Ruheenergie, aber nicht die potentielle Energie ein.

Wenn wir Gl. (A.5) und (A.9) kombinieren, sehen wir, daß

$$\boldsymbol{v} = \frac{c^2 \boldsymbol{p}}{E}. \tag{A.10}$$

Wenn wir Gl. (A.5) benutzen, um v in Gl. (A.10) zu eliminieren, erhalten wir

$$E = c \sqrt{m_0^2 c^2 + p^2}. \tag{A.11}$$

Da $E_k = E - m_0 c^2 = c \sqrt{m_0^2 c^2 + p^2} - m_0 c^2$, erhalten wir für Geschwindigkeiten, die klein verglichen mit c sind (oder wenn p klein verglichen mit $m_0 c$ ist),

$$E_k = \frac{1}{2m_0} p^2 + \frac{3}{8} \frac{p^4}{m_0^3 c^2} + \cdots, \tag{A.12}$$

was sich auf die nichtrelativistische Formel $E_k = p^2/2m_0$ reduziert, wenn $p \ll m_0 c$.

Ein interessanter Spezielfall liegt vor, wenn das Teilchen die Ruhmasse Null besitzt ($m_0 = 0$), was für das Photon und das Neutrino der Fall ist. Dann reduziert sich Gl. (A.11) auf

$$E = cp \quad \text{oder} \quad p = E/c. \tag{A.13}$$

Wenn man dieses Ergebnis in Gl. (A.10) einsetzt, ergibt sich $v = c$. Dementsprechend kann sich ein Teilchen mit der Ruhmasse Null nur mit der Lichtgeschwindigkeit bewegen und sich nie in einem Inertialsystem in Ruhe befinden.

Gl. (A.11) kann man auch schreiben als

$$p^2 - E^2/c^2 = - m_0^2 c^2.$$

Da $\boldsymbol{p}$ eine Vektorgröße, mit den Komponenten p_x, p_y, p_z relativ zu dem vom Beobachter O benutzten XYZ-System, ist, können wir statt dessen schreiben

$$p_x^2 + p_y^2 + p_z^2 - E^2/c^2 = - m_0^2 c^2. \tag{A.14}$$

Relativ zu einem anderen Beobachter O', der sich mit der Geschwindigkeit $\boldsymbol{v}$ relativ zu O bewegt, muß dagegen gelten

$$p_{x'}'^2 + p_{y'}'^2 + p_{z'}'^2 - E'^2/c^2 = - m_0^2 c^2. \tag{A.15}$$

Die Ähnlichkeit der Gl. (A.14) und (A.15) mit den Gl. (A.1) und (A.2) legt nahe, daß wir in der Lorentz-Transformation (A.4) für die räumlichen Koordinaten und die Zeit die Zuordnung

$$p_x \to x, \quad p_y \to y, \quad p_z \to z, \quad ct \to E/c$$

treffen, um die Transformation von Impuls und Energie zu erhalten; d.h.

$$\begin{aligned} p_{x'}' &= (p_x - vE/c^2)/\sqrt{1 - v^2/c^2}, \\ p_{y'}' &= p_y, \\ p_{z'}' &= p_z, \\ E' &= (E - vp_x)/\sqrt{1 - v^2/c^2}. \end{aligned} \tag{A.16}$$

Wenn wir ein System nichtwechselwirkender Teilchen haben, können wir den Gesamtimpuls des Systems durch $\boldsymbol{P} = \sum_i \boldsymbol{p}_i$ und die Gesamtenergie durch

$$E = \sum_i m_i c^2 = Mc^2$$

darstellen, wobei $M = \sum_i m_i$. Obwohl es in der relativistischen Dynamik nicht möglich ist, den Massenmittelpunkt zu definieren, können wir immer noch eine

Massenmittelpunktsgeschwindigkeit oder Systemgeschwindigkeit $\boldsymbol{v}_c$ entsprechend Gl. (A.10) definieren durch

$$\boldsymbol{v}_c = c^2\boldsymbol{P}/E = \boldsymbol{P}/M. \tag{A.17}$$

In einem Bezugssystem, das sich relativ zu O mit der Geschwindigkeit $\boldsymbol{v}_c$ bewegt, ist der Gesamtimpuls des Systems Null (dies nennt man das Ruh- oder CMS-System). Diese Aussage kann man wie folgt beweisen: Nehmen wir an, daß sich der Beobachter O' mit einer Geschwindigkeit $\boldsymbol{v}$ relativ zu O in einer Richtung parallel zu $\boldsymbol{P}$ bewegt. Entsprechend unserer Konvention für die Wahl der Koordinatenachsen haben wir dann $P_x = P$, $P_y = P_z = 0$ und $P'_{x'} = P'$ $P'_{y'} = P'_{z'} = 0$. Daher ergibt die erste Beziehung in Gl. (A.16)

$$P' = k(P - vE/c^2). \tag{A.18}$$

Wenn sich der Beobachter O' im CMS-System befindet, muß für ihn $P' = 0$ gelten. Dies erfordert, daß $v = c^2P/E$, was mit der in Gl. (A.17) definierten Geschwindigkeit v_c identisch ist.

II. Stoßprozesse

In einem isolierten System von Teilchen (d.h., ein System von Teilchen, die keinen äußeren Einflüssen oder Kräften unterliegen), bleiben Gesamtimpuls und Gesamtenergie, beide bezogen auf ein Inertialsystem, konstant. Diese beiden Erhaltungssätze sind nicht unabhängig voneinander, weil angesichts der Lorentz-Transformation (A.16) für Energie und Impuls die Erhaltung des Impulses in allen Inertialsystemen auch die Erhaltung der Energie fordert. Wir wollen diese Erhaltungssätze jetzt auf die Analyse von Stoßprozessen anwenden.

Wenn sich die beiden Teilchen einander nähern, ändert ihre gegenseitige Wechselwirkung ihre Bewegung und bewirkt einen Austausch von Impuls und Energie. Man sagt dann, daß ein *Stoßprozeß* stattgefunden hat. In einigen Stoßprozessen (wie in Kern- oder chemischen Reaktionen) sind die Endteilchen nicht mit den Anfangsteilchen identisch. Wenn Anfangs- und Endteilchen dieselben sind, nennt man den Stoßprozeß *Streuung*.

Bei einem Stoßexperiment kennen wir im allgemeinen die Bewegung der Teilchen vor dem Stoß genau, da diese Bewegung davon abhängt, wie das Experiment vorbereitet wurde. Z.B. kann das eine Teilchen ein Proton oder ein Elektron sein, das in einem elektrostatischen Beschleuniger beschleunigt wurde, und das andere Teilchen ein Atom, das sich im Labor praktisch in Ruhe befindet. Anschließend beobachtet man den Endzustand; d. h. die Bewegung der beiden Teilchen in Punkten, die von dem Gebiet, in dem sie zusammenstießen, weit entfernt sind (Abb. A-2). Wenn wir die Kräfte zwischen den Teilchen kennen, können wir andererseits den Endzustand vorhersagen, solange wir den Anfangszustand kennen. Die Analyse von Stoßexperimenten ergibt daher wertvolle Information über die Wechselwirkung zwischen den stoßenden Teilchen. Dies ist einer der Gründe, warum Stoßexperimente für Physiker so interessant sind.

Da bei dem Stoßprozeß nur innere Kräfte ins Spiel kommen, sind sowohl Impuls wie Gesamtenergie erhalten. Seien $\boldsymbol{p}_1$ und $\boldsymbol{p}_2$ der Impuls der einzelnen Teilchen vor dem Zusammenstoß und $\boldsymbol{p}'_1$ und $\boldsymbol{p}'_2$ die Impulse nach dem Zusammenstoß. Die Impulserhaltung fordert, daß

$$\boldsymbol{p}_1 + \boldsymbol{p}_2 = \boldsymbol{p}_1' + \boldsymbol{p}_2'. \tag{A.19}$$

Die Erhaltung der Energie verlangt, daß

$$E_1 + E_2 = E_1' + E_2', \tag{A.20}$$

wobei die einzelnen Energien durch Gl. (A.11) gegeben sind, so daß wir schreiben können

$$c\sqrt{m_1^2c^2 + p_1^2} + c\sqrt{m_2^2c^2 + p_2^2} = c\sqrt{m_1'^2c^2 + p_1'^2} + c\sqrt{m_2'^2c^2 + p_2'^2}. \tag{A.21}$$

Durch geeignete Behandlung der Gl. (A.19) und (A.21) kann man die Endimpulse der Teilchen durch die Anfangsimpulse ausdrücken. Die Rechnung ist im allgemeinen jedoch ziemlich kompliziert.

Wenn wir uns daran erinnern, daß $E = E_k + m_0c^2$, wobei E_k die kinetische Energie ist, können wir anstelle von Gl. (A.20) schreiben

$$E_{k1} + m_1c^2 + E_{k2} + m_2c^2 = E_{k1}' + m_1'c^2 + E_{k2}' + m_2'c^2.$$

Wir wollen eine Größe Q einführen, die definiert ist als die Änderung der kinetischen Energie während des Stoßprozesses

$$Q = (E_{k1}' + E_{k2}') - (E_{k1} + E_{k2}) = (m_1 + m_2 - m_1' - m_2')c^2. \tag{A.22}$$

Daher ist Q auch gleich der Änderung der Ruheenergien während des Stoßprozesses. Wenn $Q = 0$ ist, bleibt die kinetische Energie beim Stoßprozeß erhalten und man

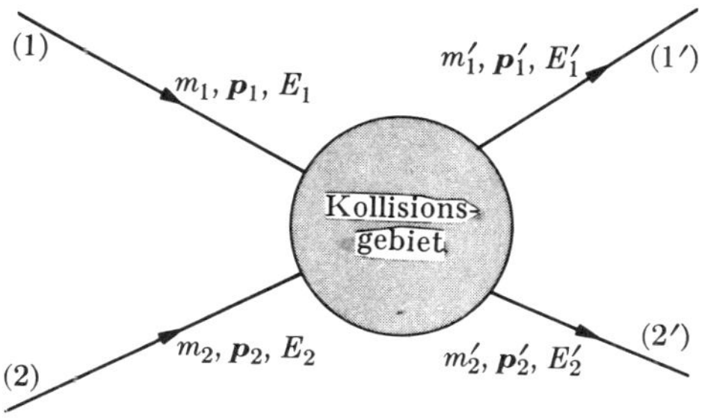

Abb. A-2. Gesamtimpuls und Gesamtenergie sind bei allen Stoßprozessen erhaltene Größen.

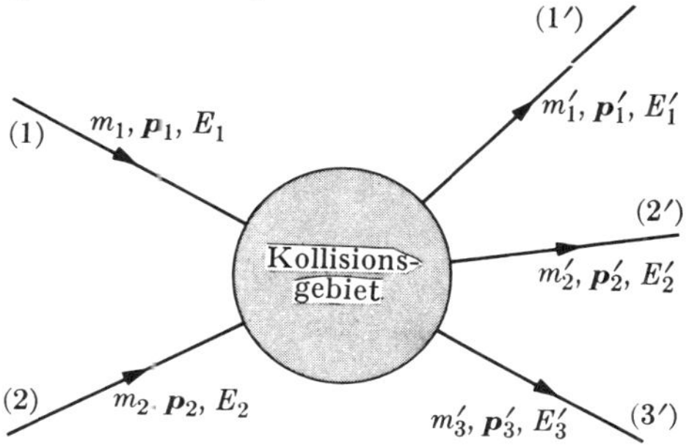

Abb. A-3. Impuls und Energie sind auch dann erhalten, wenn die Teilchenzahl nicht erhalten ist.

nennt den Stoßprozeß *elastisch*. Wenn $Q < 0$ ist, nimmt die kinetische Energie ab (oder die Masse zu), und wir haben einen *inelastischen Stoßprozeß erster Art*, auch *endoenergetisch* genannt. Wenn $Q > 0$ ist, nimmt die kinetische Energie der Teilchen zu (oder die Masse ab), und wir haben einen *inelastischen Stoßprozeß zweiter Art*, *exoenergetisch* genannt.

Wenn mehr als zwei Teilchen in einem Stoßprozeß erzeugt werden (Abb. A-3), wird die obige Definition

$$Q = (\Sigma E_k)_{\text{End}} - (\Sigma E_k)_{\text{Anfang}} = [(\Sigma m_i)_{\text{Anfang}} - (\Sigma m_i')_{\text{End}}]c^2. \qquad (A.23)$$

Wenn $Q < 0$ ist, gibt es eine minimale kinetische Schwellenenergie der einlaufenden Teilchen, die erforderlich ist, damit der Stoßprozeß auftreten oder «laufen» kann. Wir können die kinetische Schwellenenergie im L-System (oder Laborsystem) aufgrund der Tatsache ausrechnen, daß die resultierenden Teilchen alle im CMS-System ruhen. Der Ausdruck für die kinetische Schwellenenergie wurde in Beispiel 9.3 berechnet.

In Kernreaktionen bei relativ niedrigen Energien können alle Teilchen (im allgemeinen) nichtrelativistisch behandelt werden, so daß $E_k = p^2/2m$. Betrachten wir den Fall, in dem ein Geschoß der Ruhmasse m_1 mit dem Impuls $\boldsymbol{p}_1$ mit einem Kern, Target genannt, der Ruhmasse m_2 zusammenstößt, der im Laboratorium ruht ($\boldsymbol{p}_2 = 0$), wie in Abb. A-4(a) dargestellt ist. Nach dem Stoßprozeß bewegen sich die resultierenden Teilchen wie in Abb. A-4(b) gezeigt. Die Erhaltung des Impulses gibt $\boldsymbol{p}_1 = \boldsymbol{p}_1' + \boldsymbol{p}_2'$ oder $\boldsymbol{p}_2' = \boldsymbol{p}_1 - \boldsymbol{p}_1'$. Daher

$$p_2'^2 = (\boldsymbol{p}_1 - \boldsymbol{p}_1')^2 = p_1^2 + p_1'^2 - 2p_1p_1' \cos \theta.$$

Wenn wir die Definition (A.22) für Q benutzen, haben wir

$$\begin{aligned} Q &= \frac{p_1'^2}{2m_1'} + \frac{p_2'^2}{2m_2'} - \frac{p_1^2}{2m_1} \\ &= \frac{p_1'^2}{2m_1'} - \frac{p_1^2}{2m_1} + \frac{1}{2m_2'}(p_1^2 + p_1'^2 - 2p_1p_1' \cos \theta) \end{aligned}$$

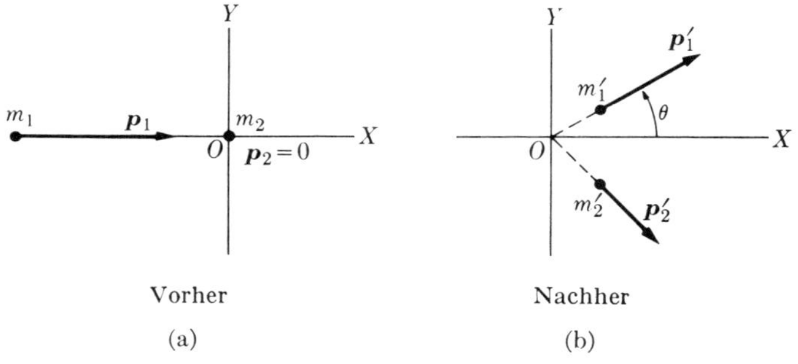

Abb. A-4. Beziehung zwischen den Impulsen im L-System vor und nach einem Stoß.

oder

$$Q = \frac{1}{2}\left(\frac{1}{m_1'} + \frac{1}{m_2'}\right) p_1'^2 + \frac{1}{2}\left(\frac{1}{m_2'} - \frac{1}{m_1}\right) p_1^2 - \frac{p_1 p_1'}{m_2'} \cos\theta.$$

Wenn wir uns daran erinnern, daß $E_k = p^2/2m$ ist, können wir das obige Resultat als

$$Q = E_{k1}'\left(1 + \frac{m_1'}{m_2'}\right) - E_{k1}\left(1 - \frac{m_1}{m_2'}\right) - 2\,\frac{\sqrt{m_1 m_1' E_{k1} E_{k1}'}}{m_2'} \cos\theta \tag{A.24}$$

ausdrücken. Dieses Ergebnis, bekannt als Q-Gleichung, hat viele Anwendungen in der Kernphysik. Wenn der Stoßprozeß elastisch ist ($Q = 0$) und alle Teilchen identisch sind ($m_1 = m_1' = m_2 = m_2'$), ergibt die Erhaltung der Energie $p_1'^2 + p_2'^2 = p_1^2$, während die Erhaltung des Impulses, $\boldsymbol{p}_1 = \boldsymbol{p}_1' + \boldsymbol{p}_2'$, und $p_1'^2 + p_2'^2 + 2\boldsymbol{p}_1' \cdot \boldsymbol{p}_2' = p_1^2$ gibt. Wenn wir diese Ergebnisse kombinieren, finden wir, daß $\boldsymbol{p}_1' \cdot \boldsymbol{p}_2' = 0$ oder $\boldsymbol{p}_1'$ senkrecht auf $\boldsymbol{p}_2'$ ist. Im Laborsystem bewegen sich somit die beiden Teilchen nach dem Stoßprozeß relativ zueinander unter einem rechten Winkel. Dies kann man in der Fotografie (Abb. A-5(a)) erkennen, welche den Zusammenstoß von zwei Billardkugeln zeigt, von denen eine anfangs in Ruhe war.

Abb. A-5(b) zeigt den Zusammenstoß von zwei Heliumkernen in einer Nebelkammer; der einlaufende Heliumkern ist ein α-Teilchen aus einer radioaktiven Substanz und der Heliumtargetkern stammt aus dem Gas in der Kammer. In beiden Fällen bewegen sich die beiden Teilchen nach dem Stoßprozeß relativ

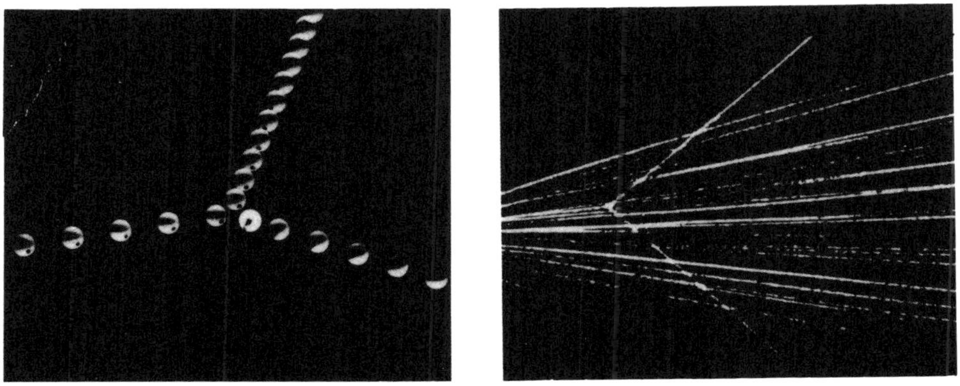

(a) (b)

Abb. A-5. (a) Zusammenstoß von zwei gleichen Billiardkugeln. (b) Zusammenstoß von zwei α-Teilchen. In beiden Fällen ruhte eines der Teilchen anfangs im L-System; nach dem Stoß schließen ihre Impulse im L-System Winkel von 90° ein. [Abb. (a) durch freundliches Entgegenkommen von *PSSC Physis*, Boston: D.C. Heath.]

zueinander in einem rechten Winkel. Ein anderer interessanter Fall ist ein Einfangprozeß, bei dem ein Teilchen der Masse m_1 mit dem Impuls $\boldsymbol{p}_1$ mit einem ruhenden Teilchen der Masse m_2 zusammenstößt und ein einziges Teilchen der Masse M resultiert. Dann sind $\boldsymbol{p}_1 = \boldsymbol{p}_M$ und $Q = E_{kM} - E_{k1}$. Nun ist aber

$$E_{kM} = p_M^2/2M = p_1^2/2M = E_{k1}(m_1/M).$$

Daher ist

$$Q = -E_{k1}(1 - m_1/M). \tag{A.25}$$

Die Größe $-Q$ ist die Anregungsenergie des resultierenden Teilchens, wie etwa Anregungsenergie eines Compoundkernes bei einer Kernreaktion. In den meisten Fällen ist $M \approx m_1 + m_2$ und daher

$$Q = -E_{k1}\frac{m_2}{m_1 + m_2}. \tag{A.26}$$

Das Gegenteil eines Einfangprozesses, das man eine Explosion nennt, tritt dann auf, wenn ein Teilchen in zwei oder mehr Fragmente explodiert oder zerfällt. Dies ist z.B. der Fall, wenn eine Granate explodiert, wenn ein Teilchen in mehrere andere Teilchen zerfällt oder bei der Kernspaltung. Wir wollen den Fall betrachten, in dem das Teilchen, Masse m, anfänglich im Laborsystem ruht, welches dann mit dem CMS-System zusammenfällt. Wenn sich das Teilchen in zwei Fragmente mit den Massen m_1 und m_2 aufteilt, so daß $Q = (m - m_1 - m_2)c^2$, haben wir in nichtrelativistischer Näherung

$$0 = \boldsymbol{p}_1 + \boldsymbol{p}_2 \quad \text{und} \quad Q = p_1^2/2m_1 + p_2^2/2m_2.$$

Aus der ersten Gleichung schließen wir, daß $\boldsymbol{p}_1 = -\boldsymbol{p}_2$ oder $p_1 = p_2$. Somit bewegen sich die beiden Fragmente in entgegengesetzten Richtungen, wobei ihre Impulse dem Betrage nach gleich sind. Die zweite Gleichung ergibt dann

$$Q = \frac{1}{2}\left(\frac{1}{m_1} + \frac{1}{m_2}\right)p_1^2 = \frac{1}{2\mu}\,p_1^2,$$

wobei $\mu = m_1 m_2/(m_1 + m_2)$ die reduzierte Masse der beiden Teilchen ist. Daher ist $p_1 = p_2 = (2\mu Q)^{1/2}$ und die beiden Fragmente bewegen sich mit wohldefinierten Impulsen voneinander. Die kinetischen Energien der Teilchen sind ebenfalls wohldefiniert und gegeben durch

$$E_{k1} = \frac{p_1^2}{2m_1} = \frac{m_2}{m_1 + m_2}\,Q, \quad E_{k2} = \frac{p_2^2}{2m_2} = \frac{m_1}{m_1 + m_2}\,Q. \tag{A.27}$$

Wenn die Teilchen relativistisch behandelt werden, ist das Resultat

$$E_{k1} = \frac{m - m_1 + m_2}{2m} Q, \quad E_{k2} = \frac{m - m_2 + m_1}{2m} Q.$$

Wenn sich das Anfangsteilchen in mehr als zwei Fragmente teilt, besitzen deren Impulse und Energien keine eindeutigen Werte. Die Erhaltungsgleichungen sind

$$0 = \sum_i \boldsymbol{p}_i \quad \text{und} \quad Q = \sum_i E_{ki}.$$

Diese Gleichungen können von mehreren Werten von $\boldsymbol{p}_i$ erfüllt werden. In dem Spezialfall einer Explosion und eines Zerfalles in drei Fragmente, so daß

$$0 = \boldsymbol{p}_1 + \boldsymbol{p}_2 + \boldsymbol{p}_3, \quad Q = E_{k1} + E_{k2} + E_{k3},$$

gibt es eine einfache graphische Methode, die mögliche Aufteilung der Impulse auf die drei Teilchen darzustellen. Wir zeichnen ein gleichseitiges Dreieck der Höhe Q (Abb. A-6); die senkrechten Abstände von irgendeinem Punkt P zu den Seiten des Dreiecks geben die Werte für die Energie der drei Fragmente in einem bestimmten Zerfall an. Zusätzlich fordert die Erhaltung des Impulses, daß der Punkt P (im nichtrelavistischen Fall) im Innern eines Kreises liegt, der mit dem Radius $\frac{1}{3}$ Q in das Dreieck einbeschrieben ist (im relativistischen Fall weicht die Kurve leicht von einem Kreis ab). Diese Darstellung nennt man ein *Dalitz-Diagramm* (oder *Dalitz-Plot*). Man benutzt sie häufig, um festzustellen, ob eine bestimmte Zerfallsart eines Teilchens einem Zerfall in drei Teilchen entspricht. Um unsere Aussage zu beweisen, beachte man, daß notwendigerweise $p_1 + p_2 - p_3$, und daß die drei Energien ausgedrückt werden können als

$$\begin{aligned} E_{k1} &= PN = \tfrac{1}{3}Q + r\cos(\phi - \tfrac{3}{2}\pi), \\ E_{k2} &= PM = \tfrac{1}{3}Q + r\cos(\phi + \tfrac{3}{2}\pi), \\ E_{k3} &= PL \ = \tfrac{1}{3}Q + r\cos\pi. \end{aligned}$$

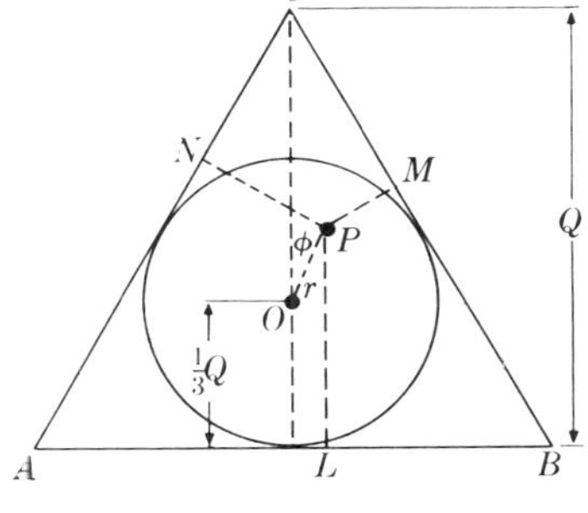

Abb. A-6. Dalitz-Diagramm für einen Dreiteilchenzerfall.

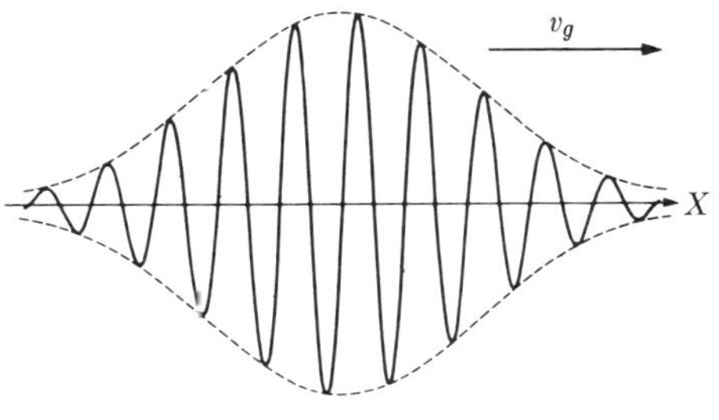

Abb. A-7. Wellenimpuls.

III. Gruppengeschwindigkeit

Wir betrachten eine harmonische Welle, die durch $\xi = A \sin(kx - \omega t)$ oder durch den komplexen Ausdruck $\xi = Ae^{i(kx-\omega t)}$ beschrieben werden kann. Diese Welle hat eine Kreisfrequenz ω und die Wellenlänge $\lambda = 2\pi/k$. Die Größe $v = \omega/k$ nennt man *Phasen*geschwindigkeit. Sie ist jedoch nicht unbedingt die Geschwindigkeit, die wir beobachten, wenn wir eine Wellenbewegung untersuchen. Wenn wir eine kontinuierliche harmonische Welle haben (oder, wie man manchmal sagt, einen Wellenzug unendlicher Länge, wie beim obigen Ausdruck), besitzt die Welle eine einzige Wellenlänge und eine einzige Frequenz. Eine Welle dieser Art ist jedoch für eine Signalübertragung nicht angemessen, weil ein Signal etwas bedeutet, das zu einer bestimmten Zeit beginnt und zu einer bestimmten späteren Zeit endigt. D.h., die Welle muß eine ähnliche Gestalt haben wie in Abb. A-7 dargestellt ist. Eine Welle mit einer derartigen Gestalt nennt man einen Impuls. Wenn wir die Geschwindigkeit messen, mit der das Signal übertragen wird, meinen wir im wesentlichen die Geschwindigkeit, mit der sich dieser Impuls ausbreitet.

Man könnte zunächst sagen : Nun, diese Geschwindigkeit ist gerade die Phasengeschwindigkeit $v = \omega/k$, da sie die Ausbreitunsgeschwindigkeit der Wellen ist. Hier kommt jedoch ein wichtiger Faktor ins Spiel. Die Welle oder der Puls von Abb. A-7 ist nicht harmonisch, da die Amplitude längs der X-Achse nicht konstant ist. Wir müssen daher eine Fourier-Analyse der Welle durchführen. Wenn wir dies tun, entdecken wir, daß sie in Wirklichkeit mehrere Frequenzen und Wellenlängen enthält. Wenn die Ausbreitungsgeschwindigkeit unabhängig von der Frequenz ist (d.h., wenn es keine Dispersion gibt), dann breiten sich natürlich alle Fourier-Komponenten des Impulses mit derselben Geschwindigkeit aus, und es ist richtig, wenn wir sagen, daß die Geschwindigkeit des Impulses dieselbe wie die Phasengeschwindigkeit der Wellen ist. In einem dispersiven Medium besitzt jedoch jede einzelne Fourier-Komponente ihre eigene Ausbreitungsgeschwindigkeit, und wir müssen deshalb die Situation sorgfältiger untersuchen.

Der Einfachheit halber wollen wir einen Fall betrachten, bei dem der Impuls in zwei Frequenzen ω und ω' aufgespalten werden kann, die fast gleich sind, so daß $\omega' - \omega$ sehr klein ist. Wir wollen auch annehmen, daß ihre Amplituden gleich sind. Wenn wir eine Sinuswelle benutzen, haben wir dann

$$\begin{aligned}\xi &= A \sin(kx - \omega t) + A \sin(k'x - \omega' t)\\ &= A[\sin(kx - \omega t) + \sin(k'x - \omega' t)]\\ &= 2A \cos \tfrac{1}{2}[(k' - k)x - (\omega' - \omega)t] \sin \tfrac{1}{2}[(k' + k)x - (\omega' + \omega)t].\end{aligned}$$

Da ω und ω' wie auch k und k' fast gleich sind, können wir $\frac{1}{2}(\omega' + \omega)$ durch ω und $\frac{1}{2}(k' + k)$ durch k ersetzen, so daß

$$\xi = 2A \cos \tfrac{1}{2}[(k' - k)x - (\omega' - \omega)t] \sin(kx - \omega t). \tag{A.28}$$

Gl. (A.28) stellt eine Wellenbewegung dar, deren Amplitude moduliert ist. Die Modulation wird durch den Faktor

$$2A \cos \tfrac{1}{2}[(k' - k)x - (\omega' - \omega)t]$$

gegeben. Dies ist in Abb. A-8 angedeutet. Die modulierende Amplitude entspricht selbst einer Wellenbewegung, die sich mit einer Geschwindigkeit

$$v_g = \frac{\omega' - \omega}{k' - k} = \frac{d\omega}{dk} \tag{A.29}$$

ausbreitet, die man *Gruppengeschwindigkeit* nennt. Dies ist die Geschwindigkeit, mit der sich die Amplitudenwelle, in Abb. A-8 durch gestrichelte Linien dargestellt, ausbreitet.
Wenn wir uns daran erinnern, daß $\omega = kv$ ist, wird Gl. (A.29)

$$v_g = v + k \frac{dv}{dk}. \tag{A.30}$$

Wir erhalten dasselbe Resultat, wenn wir die Welle in komplexer Schreibweise darstellen.

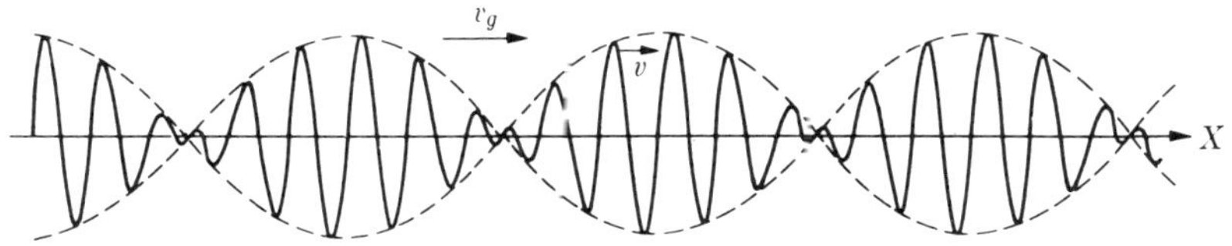

Abb. A-8. Phasengeschwindigkeit und Gruppengeschwindigkeit.

Wenn die Phasengeschwindigkeit unabhängig von der Wellenlänge ist, gilt $dv/dk = 0$ und $v_g = v$. In nichtdispersiven Medien gibt es deshalb keinen Unterschied zwischen Phasengeschwindigkeit und Gruppengeschwindigkeit, wie wir bereits oben geschlossen hatten. In einem dispersiven Medium kann die Gruppengeschwindigkeit jedoch größer oder kleiner als die Phasengeschwindigkeit sein. Wir können dann schließen, daß das Maximum des Impulses von Abb. A-7 sich mit der Gruppengeschwindigkeit v_g ausbreitet. In der Quantenmechanik wird ein Teilchen, das in einem Gebiet Δx lokalisiert ist, durch ein Wellenpaket dargestellt, und die Teilchengeschwindigkeit, die das Äquivalent der Signalgeschwindigkeit ist, ist dieselbe wie die Gruppengeschwindigkeit.

Obwohl wir Gl. (A.30) für den Fall von nur zwei Frequenzen abgeleitet haben, gilt sie auch für den Fall eines Impulses, der Frequenzen in einem Intervall von $\omega - \Delta\omega$ bis $\omega + \Delta\omega$ enthält. Wir müssen den Leser jedoch darauf aufmerksam machen, daß die hier angesprochenen Fragen in Wirklichkeit viel komplizierter sind, als unsere Darstellung andeutet, und eine gründliche Diskussion über den Rahmen dieses Buches hinausgeht.

IV. Einige nützliche Integrale

In Kapitel 10 trat ein Integral der Form $I = \int_0^\infty e^{-ax^2} dx$ auf. Wir wollen dieses Integral jetzt auswerten. Wenn wir anstelle der Variablen x das Symbol y für die Integrationsvariable benutzen, können wir $I = \int_0^\infty e^{-ay^2} dy$ schreiben. Wenn wir diese beiden Ausdrücke miteinander multiplizieren, haben wir

$$I^2 = \int_0^\infty \int_0^\infty e^{-a(x^2+y^2)}\, dx\, dy.$$

Dieses Doppelintegral kann als ein Integral über den ersten Quadranten de XY-Ebene aufgefaßt werden. Das Ergebnis des Doppelintegrals darf sich nicht verändern, wenn wir anstelle kartesischer Koordinaten (x, y) Polarkoordinaten (r, θ) benutzen. Da $x^2 + y^2 = r^2$, erhalten wir (wenn wir das Flächenelement $dx\, dy$ durch $r\, dr\, d\theta$ ersetzen)

$$I^2 = \int_0^{\pi/2} \int_0^\infty e^{-ar^2} r\, dr\, d\theta = \frac{\pi}{2} \int_0^\infty e^{-ar^2} r\, dr = \frac{\pi}{4\alpha}.$$

Daher ist

$$I = \int_0^\infty e^{-ax^2}\, dx = \frac{1}{2} \sqrt{\frac{\pi}{\alpha}}. \tag{A.31}$$

Durch Differentiation nach α erhalten wir der Reihe nach

$$\int_0^\infty x^2 e^{-ax^2}\, dx = \frac{1}{4} \sqrt{\frac{\pi}{\alpha^3}}, \tag{A.32}$$

$$\int_0^\infty x^4 e^{-ax^2}\, dx = \frac{3}{8} \sqrt{\frac{\pi}{\alpha^5}}, \tag{A.33}$$

usw. Andererseits erhalten wir durch direkte Integration

$$\int_0^\infty x e^{-ax^2}\, dx = \frac{1}{2\alpha} \tag{A.34}$$

und durch Differentiation von Gl. (A.34) nach α

$$\int_0^\infty x^3 e^{-ax^2}\, dx = \frac{1}{2\alpha^2}. \tag{A.35}$$

V. Die Stirlingsche Formel

In den Kapiteln 10 und 13 tritt mehrfach der Ausdruck $\ln x!$ (wobei x eine ganze Zahl ist) auf. Eine brauchbare Näherung für $\ln x!$ für sehr große x ist

$$\ln x! = x \ln x - x, \tag{A.36}$$

die sog. *Stirlingsche Formel.* Diese kann man leicht folgendermaßen beweisen:

$$\ln x! = \ln 1 + \ln 2 + \ln 3 + \cdots + \ln (x-1) + \ln x$$

$$= \sum_1^x \ln x, \quad \text{nur wenn } x \text{ eine ganze Zahl ist.}$$

Wenn x jedoch sehr groß ist, können wir ohne großen Fehler die Summation durch ein Integral ersetzen und schreiben

$$\ln x! \approx \int_1^x \ln x \, dx.$$

Indem wir mit $u = \ln x$ und $dv = x$ partiell integrieren, erhalten wir schließlich

$$\ln x! = x \ln x - x + 1.$$

Die 1 kann verglichen mit x vernachlässigt werden, was Gl. (A.36) ergibt.

VI. Die Methode der Lagrangeschen Multiplikatoren

Dies ist eine Methode, die dazu dient, die kritischen Punkte einer Funktion von mehreren Variablen $F(x_1, x_2, \ldots, x_n)$ zu finden, wenn die Variablen nicht unabhängig, sondern durch bestimmte Beziehungen eingeschränkt sind. Nehmen wir z.B. an, daß die Nebenbedingungen durch $\phi_1(x_1, x_2, \ldots, x_n) = 0$ und $\phi_2(x_1, x_2, \ldots, x_n) = 0$ ausgedrückt sind. Wir haben dann nur $n - 2$ unabhängige Variablen. Die kritischen Punkte von $F(x_1, x_2, \ldots, x_n)$ sind diejenigen Werte von $x_1, x_2, \ldots, x_n$, an denen für kleine Veränderungen der Variablen $dF = 0$ ist. Nun bedeutet

$$dF = \frac{\partial F}{\partial x_1} dx_1 + \frac{\partial F}{\partial x_2} dx_2 + \cdots + \frac{\partial F}{\partial x_n} dx_n = 0 \tag{A.37}$$

nicht, daß $dF/dx_i = 0$ ist, da die Veränderungen $dx_1, dx_2, \ldots, dx_n$ nicht unabhängig von einander sind. Sie sind vielmehr eingeschränkt durch die Bedingungen

$$d\phi_1 = \frac{\partial \phi_1}{\partial x_1} dx_1 + \frac{\partial \phi_1}{\partial x_2} dx_2 + \cdots + \frac{\partial \phi_1}{\partial x_n} dx_n = 0 \tag{A.38}$$

und

$$d\phi_2 = \frac{\partial \phi_2}{\partial x_1} dx_1 + \frac{\partial \phi_2}{\partial x_2} dx_2 + \cdots + \frac{\partial \phi_2}{\partial x_n} dx_n = 0. \tag{A.39}$$

Wir multiplizieren jetzt die Gl. (A.38) und (A.39) mit zwei beliebigen Größen α und β und addieren sie zu Gl. (A.37). Das Resultat ist

$$\sum_{i=1}^{n} \left(\frac{\partial F}{\partial x_i} + \alpha \frac{\partial \phi_1}{\partial x_i} + \beta \frac{\partial \phi_2}{d x_i} \right) dx_i = 0.$$

Da wir jetzt $n + 2$ Variablen haben, wobei α und β willkürlich sind, bedeutet dies, daß

$$\frac{\partial F}{\partial x_i} + \alpha \frac{\partial \phi_1}{\partial x_i} + \beta \frac{\partial \phi_2}{\partial x_i} = 0, \qquad i = 1, 2, \ldots, n. \tag{A.40}$$

Dieses System von n Gleichungen erlaubt uns, $x_1, x_2, \ldots, x_n$ für einen kritischen Punkt von F als Funktion von α und β zu bestimmen. Einsetzen in $\phi_1 = 0$ und $\phi_2 = 0$ gibt dann α und β, so daß wir $x_1, x_2, \ldots, x_n$ berechnen können. Diese Methode wurde in den Beispielen 10.1, 13.1 und 13.4 benutzt, um die wahrscheinlichste Verteilung eines Systems von Teilchen zu bestimmen, das den Forderungen (Nebenbedingungen) der Teilchenerhaltung und Energieerhaltung unterliegt.

VII. Der Nachweis von Teilchen

Die Analyse von Prozessen, an denen Elementarteilchen oder Kerne beteiligt sind, erfordert Techniken, die nicht nur angeben, ob ein Teilchen durch ein bestimmtes Raumgebiet gelaufen ist, sondern zusätzlich gestatten, Informationen über verschiedene kinematische Eigenschaften abzuleiten. Wir müssen die Durchlaufzeit, die Bewegungsrichtung, die Geschwindigkeit, den Impuls oder die Energie und einige innere Eigenschaften, wie die Ladung, die Masse oder die Spin-Richtung des Teilchens kennen. Es gibt keine Nachweismethode, die in der Lage wäre, gleichzeitig Information über all diese Größen zu geben. Im allgemeinen benutzt man eine Kombination von Nachweisgeräten, um die zu einem bestimmten Experiment erforderliche Information zu gewinnen.

Die Nachweismethoden beruhen auf den Effekten, die ein geladenes Teilchen erzeugt, wenn es sich durch eine Substanz bewegt. Wenn ein geladenes Teilchen Materie durchläuft, bewirkt es Anregung und Ionisierung der Moleküle des Materials. Diese Ionisation ist die Eigenschaft, auf der fast alle Instrumente beruhen, die man zum Nachweis solcher Teilchen benutzt. Ähnliche Instrumente kann man für ungeladene Teilchen (z.B. Röntgenstrahlen und Neutronen) benutzen, da sie durch Stöße Energie auf geladene Teilchen übertragen, die dann Ionisation hervorrufen. Die verschiedenen Instrumente unterscheiden sich durch das Material, in dem die Ionisation erzeugt wird, und durch die Methode, mit der man sie beobachtet oder mißt.

Viele Instrumente basieren auf der Ionisation eines Gases. Dabei ist es nötig, die erzeugten positiven und negativen Ionen zu trennen und zu sammeln, da sie nach sehr kurzer Zeit rekombinieren würden und kein elektrischer Effekt, der die Anwesenheit des Teilchens anzeigen würde, erhalten werden könnte, wenn sie nahe beieinander blieben. Die Trennung und das Sammeln der Ionen erfordern ein elektrisches Feld, und es ergeben sich verschiedene Instrumente, je nachdem, ob es sich um ein Feld kleiner, großer oder mittlerer Stärke handelt. Die Ionisation kann auch in einer Flüssigkeit oder in einem Festkörper hervorgerufen werden. Wenn sie in einem mit Dampf übersättigten Gas, einer überhitzten Flüssigkeit oder in einer fotografischen Emulsion stattfindet, können die Spuren der Teilchen sichtbar gemacht werden.

Wenn Teilchen auf bestimmte flüssige oder feste Materialien auftreffen, die man Phosphore nennt und welche die Eigenschaft der Lumineszenz besitzen, wird ein Teil der bei der Anregung und Ionisation der Moleküle aufgenommenen Energie als sichtbares oder ultraviolettes Licht wieder emittiert. Manchmal kann dieses Licht mit dem Auge beobachtet werden, oder es muß mit empfindlicheren Geräten nachgewiesen werden. Wir wollen einige der allgemein benutzten Nachweismethoden betrachten, obwohl eine detaillierte Behandlung über den Rahmen dieses Buches hinausgeht.

A. Die Szintillationsmethode. Man beobachtete um 1900, daß α-Teilchen in Zinksulfid, Bariumplatinzyanid und Diamant Lumineszenz hervorrufen. Diese Lumineszenz besteht aus einer großen Anzahl einzelner Blitze, die man durch ein Vergrößerungsglas sehen kann. Sorgfältige Experimente haben gezeigt, daß jedes α-Teilchen eine Szintillation erzeugt, so daß die Zahl der auf einen Detektorschirm fallenden α-Teilchen direkt durch die Anzahl der gezählten Szintillationen gegeben ist. Dieses Zählen kann mit Hilfe eines Mikroskopes mit einer Vergrößerung von rund 30 geschehen, und man erhält, wenn auch mit Schwierigkeiten, eine gute Genauigkeit. Diese Methode ist besonders nützlich, um α-Teilchen in der Gegenwart anderer Strahlungen zu zählen, da der Zinksulfidschirm relativ unempfindlich gegenüber β- und γ-Strahlen ist. Diese Methode wurde 1910 von Rutherford benutzt, um die Streuung von α-Teilchen durch Kerne in dünnen Folien zu analysieren.

Enorm verbessert wurde die Anwendung von Szintillationszählern durch die Entdeckung neuer, lumineszenter Substanzen, die auch gegenüber β- und γ-Strahlen empfindlich sind, und durch die Entwicklung von Photovervielfacherröhren mit hohem Wirkungsgrad, um die Lumineszenz nachzuweisen. Diese neuen Materialien umfassen: *anorganische Salze*, insbesondere Alkalihalide, welche Spuren von Verunreinigungen als Aktivatoren der Lumineszenz enthalten (z.B. mit Thallium aktiviertes Natrium- oder Kaliumjodid); *kristalline organische Materialien*, wie Naphthalin, Anthrazen und Stilben; und *Lösungen organischer Verbindungen* wie in Xylen aufgelöstes Terphenyl. Die Photovervielfacherröhre, die das Mikroskop und den Beobachter ersetzt, wandelt die Szintillationen des

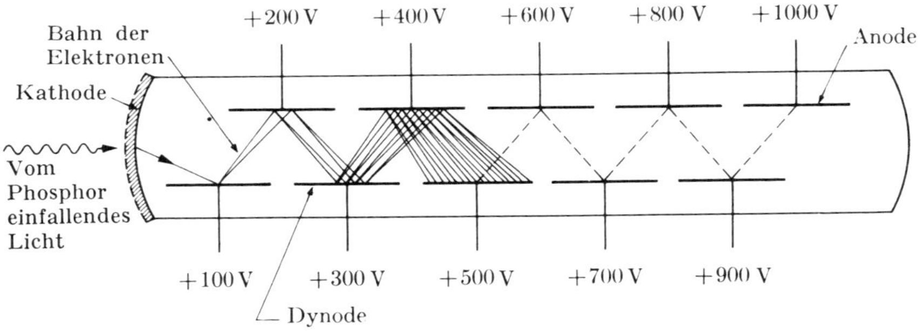

Abb. A-9. Photovervielfacher-röhre (schematisch).

Phosphors in verstärkte elektrische Impulse um, die mit geeigneten elektronischen Geräten gezählt oder sonst analysiert werden können. Der moderne Szintillationszähler kann viele Millionen Blitze pro Sekunde nachweisen und registrieren und bei intensiven Strahlungen benutzt werden.

Die schematische Darstellung eines Photovervielfachers ist in Abb. A-9 gezeigt. Licht von der lumineszenten Substanz trifft auf die Kathode (die üblicherweise aus Antimon oder Cäsium hergestellt ist) und setzt durch den photoelektrischen Effekt Elektronen frei. Die Röhre besitzt verschiedene Elektroden, sog. *Dynoden*, die der Reihe nach an ein immer höheres Potential angeschlossen werden. Die Photoelektronen werden durch das elektrische Feld zwischen der Kathode und der ersten Dynode, die relativ zur Kathode auf einem positiven Potential liegt, beschleunigt und treffen auf die Dynode. Die beschleunigten Elektronen übertragen genügend Energie auf die Elektronen in der Dynode, um einige von ihnen freizusetzen. Dabei können von jedem Elektron, das auf die Dynode trifft, bis zu 10 Sekundärelektronen freigesetzt werden. Diese Sekundärelektronen werden durch das elektrische Feld auf die zweite Dynode gelenkt. Der Vorgang wiederholt sich, und von Dynode zu Dynode wird der Elektronenstrom verstärkt. Der Ausgangsstrom, oder Impuls, an der Anode kann mehr als 1-millionenmal größer sein als der ursprünglich von der Kathode emittierte Strom.

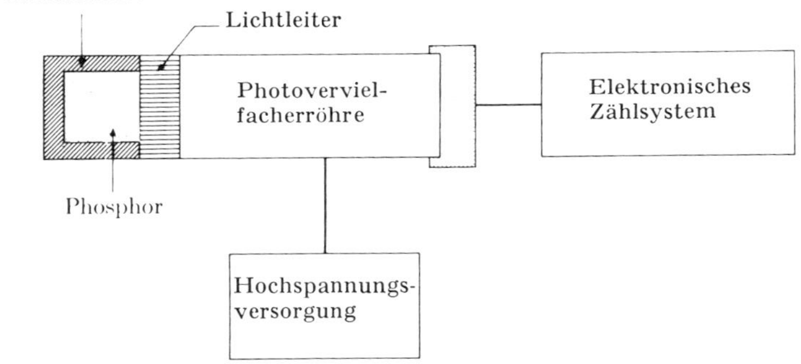

Abb. A-10. Szintillationszähler (schematisch).

Jedes Teilchen, das auf den Phosphor fällt, erzeugt einen Impuls, diese Impulse werden in ein elektronisches System gegeben, in dem sie gezählt werden. Man hat elektronische Systeme entwickelt, welche die Energie des einfallenden Teilchens messen; ein derartiges Instrument nennt man ein *Szintillationsspektrometer*. Eine schematische Darstellung eines Szintillationszählers ist in Abb. A-10 gezeigt.

B. Ionisations-Instrumente: Ionisationskammern, Proportionalzähler und Geiger-Müller-Zähler. Das Prinzip dieser Detektoren ist die Ionisation von Gasen sowie die Trennung und das Sammeln der Ionen mit Hilfe eines elektrischen Feldes. Die Unterschiede zwischen den drei Systemen kann man anhand von Abb. A-11 erklären. Sie zeigt eine zylinderförmige, leitende Kammer, die eine zentrale leitende Elektrode enthält, die auf der Achse angeordnet und gegenüber dem Mantel isoliert ist. Die Kammer ist mit einem Gas bei einem Druck von einer Atmosphäre oder weniger gefüllt. Über den Widerstand R wird eine Spannung V zwischen der Wand und der zentralen Elektrode angelegt.

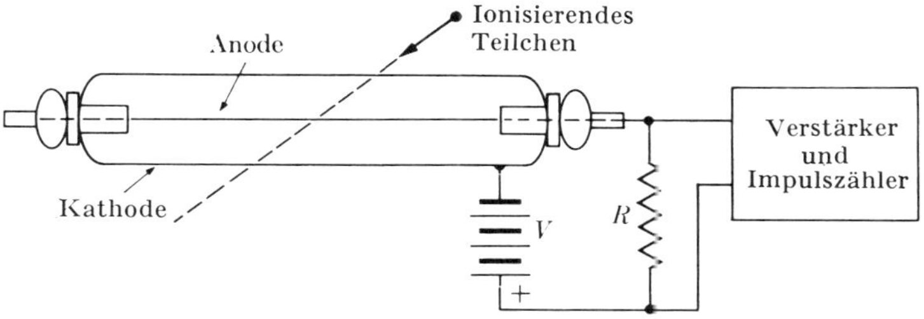

(a)

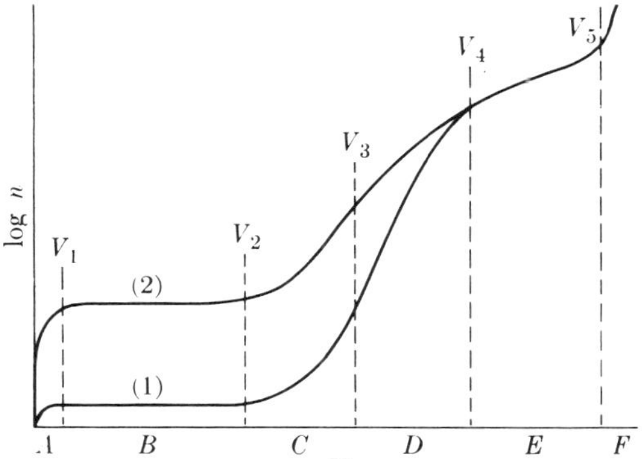

(b)

Abb. A-11. (a) Gasgefüllter Zähler mit zugehöriger Schaltung (schematisch). (b) Anzahl der von der Mittelelektrode gesammelten Ionenpaare als Funktion der Spannung für zwei Ereignisse [Kurven (1) und (2)], die sich in der Zahl der primär erzeugten Ionenpaare wesentlich unterscheiden.

Die zentrale Elektrode befindet sich auf einem positiven Potential relativ zur Wand der Kammer.

Nehmen wir an, daß der Durchgang eines geladenen Teilchens im Gas Ionisation erzeugt. Jedes Ionenpaar besteht aus einem positiven Ion und einem Elektron. Für eine bestimmte Anfangsionisation ist die Anzahl der gesammelten Ionenpaare eine Funktion der angelegten Spannung. In Abb. A-11(b) ist in den Kurven (1) und (2) die Gesamtzahl der gesammelten Ionen als Funktion der angelegten Spannung für zwei verschiedene ionisierende Strahlungen, wie z.B. ein α- und ein β-Teilchen oder zwei β-Teilchen verschiedener Energien, dargestellt. Aus Zweckmäßigkeitsgründen wurde der Logarithmus der Anzahl der Ionenpaare n als Ordinate gewählt. Wenn keine Spannung an den Elektroden liegt, rekombinieren die Ionen, und kein Impuls erscheint am Zähler. Wenn die Spannung, etwa um einige Volt, erhöht wird, treten Verlust durch Rekombination und Einfang durch die Elektroden miteinander in Konkurrenz, und einige Elektronen werden die zentrale Elektrode erreichen. Bei einer Spannung V_1 (von vielleicht 10 Volt) ist der Ionenverlust durch Rekombination zu vernachlässigen, und alle erzeugten Elektronen erreichen die zentrale Elektrode. Wenn V weiter erhöht, bleibt n konstant, bis man eine Spannung V_2 erreicht; je nach den Bedingungen des Experimentes kann diese Spannung einige zehn oder hundert Volt sein. Das Gebiet B zwischen V_1 und V_2, in dem die Anzahl der gesammelten Ionenpaare von der angelegten Spannung unabhängig ist und in dem die Kurve horizontal verläuft, nennt man das *Ionisationskammer-Gebiet.*

Wenn die Spannung über V_2 erhöht wird, nimmt n wegen eines Phänomens zu, das man *Gasmultiplikation* oder *Gasverstärkung nennt.* Bevor die bei der Primärionisation freigesetzten Elektronen die Anode erreichen, gewinnen sie genügend Energie, um eine zusätzliche Ionisation zu erzeugen, wenn sie mit Gasmolekülen zusammenstoßen, und n nimmt fast exponentiell mit V zu. Jedes anfängliche Elektron erzeugt eine kleine «Elektronenlawine»; die meisten dieser Sekundärelektronen werden in der Nähe der zentralen Elektrode freigesetzt. Interessant ist das Verhalten der beiden Kurven oberhalb V_2, die verschiedenen anfänglichen Ionisationen entsprechen. In einem bestimmten Spannungsbereich, bis zu V_3, verhalten sich die einzelnen Elektronen unabhängig, und jedes erzeugt seine eigene Lawine und wird nicht durch die Anwesenheit der anderen Elektronen beeinflußt. Daher verlaufen die Kurven (1) und (2) mit einem konstanten Verhältnis von n parallel. Zwischen V_2 und V_3, oder Gebiet C, ist die Anzahl der gesammelten Ionenpaare proportional zur anfänglichen Ionisation. Dies ist das Gebiet des *Proportionalbetriebs.*

Oberhalb von V_3 wächst der Effekt der Gasmultiplikation weiterhin sehr rasch an. Während immer mehr Elektronen Lawinen erzeugen, beginnen diese miteinander in Wechselwirkung zu treten; die Raumladung der positiven Ionen der einen Lawine verhindert die Entwicklung der nächsten. Die Entladung mit mehr Anfangselektronen (Kurve 2) wird eher beeinflußt, als die mit weniger Anfangselektronen (Kurve 1) und nimmt weniger rasch als diese zu; die Kurven (1) und (2) nähern einander und treffen sich schließlich bei einer angelegten Spannung V_4. Das Gebiet D zwischen V_3 und V_4 ist das Gebiet der *eingeschränkten Proportionalität.* Oberhalb von V_4 wird die gesammelte Ladung unabhängig von der auslösenden Ionisation, und die Kurven (1) und (2) werden identisch. Die Gasmultiplikation läßt die Gesamtzahl der Ionen auf einen Wert anwachsen, der durch die Eigenschaften der Kammer und des äußeren Stromkreises begrenzt ist. Das Gebiet E oberhalb von V_4 ist das Gebiet des *Geiger-Müller-Betriebs*. Es endet bei einer Spannung V_5, wo die Entladung sich von selbst immer weiter trägt; V_5 bedeutet das Ende des nutzbaren Spannungsbereiches. Das darüberliegende Gebiet F ist der Bereich der *kontinuierlichen Entladung*. Aufgrund des verschiedenen Verhaltens der Gas-Ionen im elektrischen Feld des Zählers hat man drei Nachweisinstrumente entwickelt.

1. Die *Ionisationskammer*, die bei Spannungen im Bereich B arbeitet, ist dadurch charakterisiert, daß alle Elektronen, die anfänglich beim Durchlaufen des Teilchens freigesetzt wurden, vollständig ohne Gasverstärkung gesammelt werden. Unter bestimmten Bedingungen gibt sie einen Impuls, dessen Größe der Anzahl dieser Elektronen proportional ist. Man benutzt sie, um durch Messung der Ionisationsrate die Intensität einer ionisierenden Strahlung zu messen.

2. Der *Proportionalzähler*, der im Spannungsbereich C betrieben wird, ist durch eine Gasmultiplikation charakterisiert, die von der Anzahl der anfänglichen Elektronen unabhängig ist. Obwohl man die Gasmultiplikation ausnutzt, ist daher der Impuls immer proportional zur Anfangsionisation. Dieser Zähler gestattet sowohl einzelne Ereignisse zu zählen, wie auch die Energie von Teilchen zu bestimmen, die nicht genügend Ionen erzeugen, um im Bereich B einen nachweisbaren Impuls zu liefern. Der Proportionalzähler bietet daher Vorteile, bei der Impulsmessung von β-Strahlung, für welche Ionisationskammern nicht genügend empfindlich sind.

3. Der *Geiger-Müller-Zähler*, auch als *Geiger-* oder *G-M-Zähler* bekannt, der im Spannungsbereich E betrieben wird, ist dadurch charakterisiert, daß sich die Entladung über die gesamte Länge des Zählers erstreckt und so zu einer Impulsgröße führt, die von der Anfangsionisation unabhängig ist. Er ist besonders nützlich, um leichte ionisierende Teilchen, wie β-Teilchen oder γ-Strahlung, zu messen. Der Geiger-Zähler besteht üblicherweise aus einem dünnen Draht (z.B. Wolfram), der in der Achse einer Röhre montiert ist, die ein Gas bei einem Druck von zwei bis zehn Zentimeter Quecksilber enthält. Der Zähler kann aus einem Metallrohr, z.B. Kupfer, bestehen oder aus einem Metallzylinder, der im Innern einer Glasröhre angebracht ist; eine Mischung von 90 % Argon und 10 % Äthylalkohol kann als Gas benutzt werden. Man legt eine Potentialdifferenz (die zwischen 800 und 1200 V liegen kann) so an, daß das Rohr relativ zum Draht negativ ist.

Im Geiger-Müller-Bereich tritt eine kontinuierliche Entladung auf. Sie wird von Sekundärelektronen erzeugt, die aus der Rohrwandung durch Nebeneffekte freigesetzt werden, die von der ursprünglichen Ionenlawine ausgelöst werden. Wenn z.B. ein positives Argonion an der Metalloberfläche der Kathode neutralisiert wird, wird ein beträchtlicher Energiebetrag frei, der ein Elektron aus der Kathodenoberfläche freisetzen kann. Wenn sich diese Sekundärelektronen in Richtung auf die Zentralelektrode hin bewegen, erzeugen sie neue Ionisation und führen so die Entladung fort. Um den Zähler für ein neues Ereignis empfindlich zu machen, muß man die Entladung beenden oder «löschen». Dieses Löschen kann man dadurch erreichen, daß man nach jedem Zählimpuls die Spannung V elektronisch verringert. Üblicherweise läßt man sich jedoch das Gas selbst löschen. Wenn man z.B. als Gas Argon mit 10 % Äthylalkohol benutzt, tritt durch Stöße der Argonionen mit Alkoholmolekülen ein Ladungsaustausch auf. Daher sind die positiven Ionen, welche die Kathode erreichen, Alkoholionen, und diese setzen im allgemeinen keine Elektronen aus der Kathodenoberfläche frei; die Energie wird vielmehr dazu benutzt, um das Alkoholmolekül aufzubrechen, und kurz nachdem die anfängliche Lawine die Elektroden erreicht hat, hört die Entladung auf. Sekundärelektronen werden auch durch Photonen freigesetzt, die in der Lawine erzeugt werden. Die Alkoholmoleküle absorbieren die Photonen, ohne Elektronen freizusetzen.

Bei den diskutierten elektrischen Instrumenten werden die Ionen, zum Teil in vervielfachter Anzahl, gesammelt und erzeugen einen Spannungsimpuls, der in manchen Fällen 10 μV nicht überschreitet. Ein elektronischer Impulsverstärker nimmt diese kleinen Spannungen an und verstärkt sie auf ein Niveau, das üblicherweise zwischen 5 und 50 V liegt. Die verstärkten Spannungsimpulse müssen dann irgendwie gezählt werden, so daß ihre Rate gemessen werden kann. Die vom Zähler angezeigte Impulszahl gibt die Anzahl der Teilchen an, die in das Gebiet zwischen den Elektroden eingedrungen sind. Es gibt auch andere elektronische Geräte zur Messung der Impulshöhe, aus der sich die Energie des einfallenden Teilchens bestimmen läßt. So möchte man häufig nicht nur das Auftreten eines Impulses registrieren, sondern ebenso die Impulse nach der Größe (mit Hilfe einer elektronischen Diskriminatorschaltung) oder nach dem Zeitintervall ihres Auftretens (mit Hilfe einer elektronischen Zeitschaltung) sortieren. Der eigentliche Zähler ist dann Teil einer geeigneten elektronischen Schaltung.

C. Neutronennachweis. Die meisten Prozesse, die beim Abbremsen von Neutronen in Materie beteiligt sind, kann man zum Nachweis von Neutronen benutzen, da hierbei geladene Teilchen, entweder als Primäreffekt oder als Sekundäreffekt nach der Emission eines γ-Quants, in Bewegung gesetzt werden. Beim Neutronennachweis nutzt man die folgenden Prozesse aus:

(1) Neutronen-induzierte Kernreaktionen, die geladene Teilchen als Reaktionsprodukte ergeben (Protonen, Alphateilchen usw.),

(2) induzierte Spaltung bestimmter schwerer Elemente,

(3) elastische Stöße zwischen Neutronen und Kernen, insbesondere Wasserstoffkernen, die dadurch in Bewegung gesetzt werden,

(4) Neutroneneinfang durch bestimmte stabile Isotope, die dadurch in Radiumisotope umgewandelt werden, die β- und γ-Strahlung emittieren (Aktivierungsmethode).

Das klassische Beispiel für den Neutronennachweis ist der Bor-Zähler für langsame Neutronen. Dies ist ein Gaszähler, bei dem die Innenwandung mit Bor ausgekleidet oder der Zähler mit BF_3-Gas, möglichst mit ^{10}B angereichert, gefüllt ist. Die zugrundeliegende Reaktion ist $^{10}B(n,\alpha)^7Li$. Das α-Teilchen und der ^7Li-Rückstoßkern besitzen beide kurze Reichweiten, so daß sie bei den meisten Ereignissen im Gas zur Ruhe kommen und alle freiwerdende Energie in Ionisation und atomare Anregungen umgesetzt wird. Man betreibt den Zähler im Proportionalbereich. Daher ist es relativ einfach, zwischen Ereignissen zu unterscheiden, die von Neutronen eingeleitet werden, und solchen, die von einem Untergrund an γ-Strahlung oder Höhenstrahlung hervorgerufen werden. Andere Beispiele für Reaktionen, die man benutzt hat, um langsame Neutronen nachzuweisen, sind $^6Li(n,t)^4He$, $^{14}N(n,p)^{14}C$ und $^{113}Cd(n,\gamma)^{114}Cd$.

Kernreaktionen hat man auch in Detektoren für schnelle Neutronen benutzt. Ihr Wirkungsgrad ist jedoch nicht so groß, wie bei den Borzählern für langsame Neutronen, da kein Wirkungsquerschnitt für schnelle Neutronen die Größenordnung des ^{10}B-Querschnittes für langsame Neutronen auch nur näherungsweise erreicht. Da der BF_3-Zähler ein so einfacher Zähler für langsame Neutronen mit einem sehr hohen Wirkungsgrad ist, besteht eine natürliche Methode, schnelle Neutronen nachzuweisen, darin, einen BF_3-Zähler mit Paraffin zu umgeben, in dem die schnellen Neutronen durch elastische Stöße abgebremst werden, so daß sie als thermische Neutronen in den Zähler deffundieren. Den gesamten Zähler für schnelle Neutronen kann man durch eine Cadmium-Abschirmung gegenüber langsamen Neutronen unempfindlich machen.

D. Der Cerenkov-Zähler. Die Lichtgeschwindigkeit in einem durchsichtigen Festkörper oder in einer durchsichtigen Flüssigkeit ist durch $v = c/n$ gegeben, wobei n der Brechungsindex ist. Wenn sich durch dieses Medium ein geladenes Teilchen bewegt, das eine Geschwindigkeit größer als v besitzt (d.h. größer

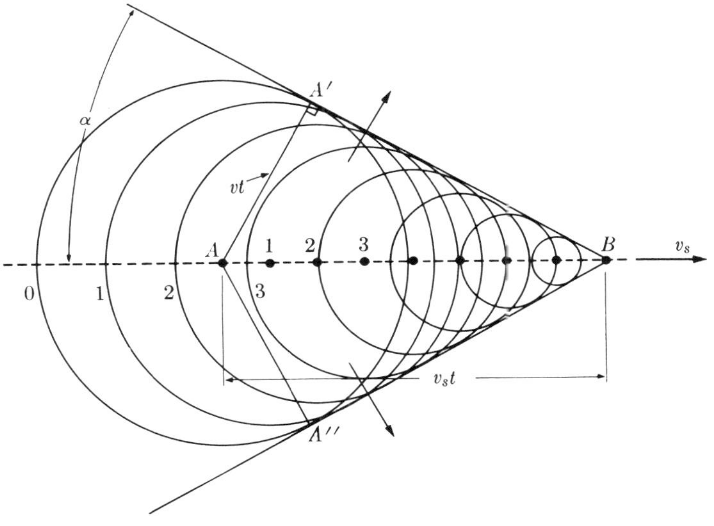

Abb. A-12. Wellenfront des Lichtes in der Cerenkovstrahlung.

als die Lichtgeschwindigkeit in dem Medium), wird Licht von den Atomen emittiert, die durch das nahe vorbeilaufende geladene Teilchen momentan elektrisch polarisiert werden. Bei diesem Prozeß erzeugt die Störung des elektrischen Feldes, das auf das Atom wirkt, ein vorübergehendes Dipolmoment, welches dann zur Aussendung elektromagnetischer Wellen führt. Der Grund, warum derartiges Licht nur dann emittiert wird, wenn die Geschwindigkeit $v = c/n$ überschreitet, liegt darin, daß nur in diesem Fall das Licht von allen Atomen längs der Bahn kohärent sein kann. Abb. A-12 zeigt, wie man eine Wellenfront aus den Elementarwellen konstruieren kann, die von den verschiedenen Punkten längs der Bahn des Teilchens emittiert werden. Bei einer bestimmten Teilchengeschwindigkeit v_s wird das Licht in einem Kegel unter einem Winkel α emittiert, der gegeben ist durch $\sin \alpha = v/v_s = c/nv_s$. Ein merklicher Teil der Cerenkovstrahlung liegt im sichtbaren Bereich des Spektrums, das auch dem Bereich höchster Empfindlichkeit von Photovervielfacherröhren entspricht. Man hat verschiedene Arten von Cerenkov-Zählern gebaut, bei denen nur das in einer bestimmten Richtung emittierte Licht registriert wird. Der Zähler ist dann ein geschwindigkeitempfindliches Gerät. Man kann ihn natürlich nur für Teilchen mit $v_s > c/n$ benutzen.

E. Die Nebelkammer. Eines der wichtigsten Instrumente für Grundlagenforschung auf dem Gebiet der verschiedenen Strahlungen ist die Nebelkammer. Dieses, 1912 erstmalig angewandte Instrument basiert auf der Entdeckung C.T.R. Wilson, daß Ionen für übersättigten Wasserdampf als Ionisationskerne wirken. In einer Nebelkammer wird mit Dampf gesättigtes Gas durch die Bewegung eines Kolbens schnell expandiert. Diese Expansion verläuft adiabatisch und erniedrigt die Temperatur. Diese Kühlung ist mehr als ausreichend, um den Effekt der Volumen zu nahe zu kompensieren, und die Luft wird mit Wasserdampf übersättigt.

Wenn ein ionisierender Strahl in die Kammer eintritt, dienen die Ionen als Kondensationspunkte des Dampfes, und die Bahn des Strahls erscheint als eine dünne Nebelspur. In den meisten Expansionskammern besteht die Gas-Dampf-Mischung aus Luft mit Wasser oder Argon mit Äthylalkohol bei Atmosphärendruck.

Ein vereinfachtes Diagram, das das Prinzip der Nebelkammer illustriert, ist in Abb. A-13 gezeigt. Ein Zylinder C wird an einem Ende durch ein Glasfenster W und am anderen Ende durch einen Metallkolben abgeschlossen. Etwas Wasser in der Kammer sorgt dafür, daß die Luft gesättigt ist. Wenn der Kolben heruntergezogen wird, wird die Luft, wie oben beschrieben, gesättigt, und bei Anwesenheit ionisierender Strahlung bilden sich Nebelspuren. Die Spuren können von der Seite beleuchtet und durch das Fenster beobachtet oder fotografiert werden.

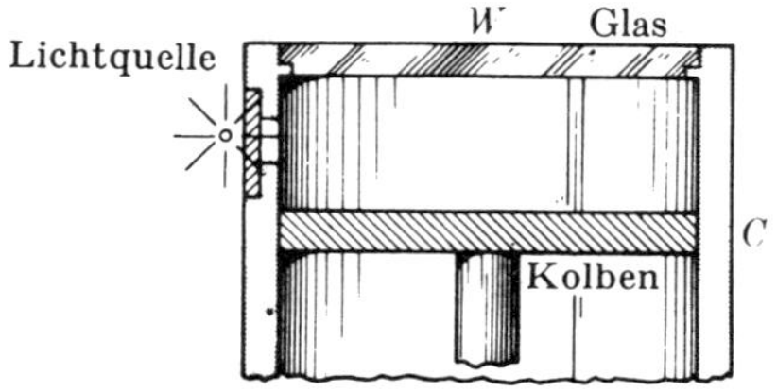

Abb. A-13. Nebelkammer nach Wilson (schematisch).

Die Ionen kann man durch ein elektrisches Feld zwischen dem Kolben und dem Metallring entfernen. Der Kolben wird in die Ausgangslage zurückgebracht, und die Kammer ist für den nächsten Strahlungsstoß bereit.

Die Wilsonsche Nebelkammer ermöglicht dadurch eine Untersuchung der Wechselwirkung zwischen geladenen Teilchen und individuellen Atomen, daß man die tatsächlichen Bahnen der ionisierenden Strahlung fotografiert und anschließend in Ruhe auswertet. Es wurden viele Modifikationen der ursprünglichen Nebelkammer entwickelt. Um z.B. viele Fotografien zu gewinnen, hat man Anordnungen entwickelt, in denen die Expansion automatisch wiederholt wird und laufend Fotografien aufgenommen werden. Wenn man gleichzeitig zwei Stereoaufnahmen macht, kann man die Bahn des Teilchens ordentlich rekonstruieren.

Wenn man eine Nebelkammer zwischen den Polen eines Elektromagneten anordnet, kann man zwischen positiv und negativ geladenen Teilchen unterscheiden. Aus der Krümmung der Teilchenbahn in dem Magnetfeld kann man das Vorzeichen der Ladung und die Größe des Impulses bestimmen. Verschiedenartige Teilchen erzeugen unterschiedliche Spuren. So erzeugen schwere, langsame Teilchen, wie z.B. α-Teilchen, breite, dichte Spuren. Sie besitzen gelegentlich, insbesondere gegen Ende der Spur, scharfe, kleinwinklige Knicke, die auf einer plötzlichen Ablenkung infolge einer Kollision beruhen. Langsame Elektronen erzeugen schmale, perlschnurartige, unregelmäßige Spuren, da sie häufig gestreut werden, während schnelle Teilchen, sowohl leichte wie schwere, enge, perlschnurförmige Spuren erzeugen.

F. Die Blasenkammer. Für hochenergetische Teilchen besteht ein Nachteil der Nebelkammer darin, daß die Dichte des Gases nicht groß genug ist, um eine merkliche Anzahl von Wechselwirkungen in der Kammer auftreten zu lassen. Vielleicht noch wichtiger ist, daß die Nebelkammer nach jeder Expansion eine sehr große Wiedererholungszeit (von der Größenordnung einiger Zehntelsekunden) besitzt.

In der Elementarteilchenforschung wurde die Nebelkammer daher fast vollständig durch die Blasenkammer ersetzt, die, sozusagen, eine umgekehrte Nebelkammer ist. Eine Blasenkammer enthält eine Flüssigkeit bei derartigen Werten von Druck und Temperatur, daß sie sich gerade unterhalb ihres Siedepunktes befindet. Wenn der Druck plötzlich verringert wird, wird die Flüssigkeit überhitzt, und es beginnen sich, vorzugsweise um Ionen, Blasen zu entwickeln. In der Wasserstoffblasenkammer ist überhitzter flüssiger Wasserstoff (ungefähr 20 °K) das Medium, das die Teilchen durchlaufen. Die auf der Bahn des geladenen Teilchens zurückbleibenden Ionen werden Verdampfungskerne für den flüssigen Wasserstoff, und man kann die Spuren sehen und als eine Blasenkette fotografieren. Wenn Teilchen, die mit Protonen in starker Wechselwirkung stehen, die Blasenkammer durchlaufen, treten Reaktionen auf, und man kann die Spuren sowohl des einlaufenden Teilchens wie auch der Reaktionsprodukte untersuchen. Wenn man die Blasenkammer in ein Magnetfeld einbringt und fotografische Aufnahmen macht, kann man auf den Fotografien die Ladung und den Impuls der verschiedenen Teilchen messen.

G. Die Funkenkammer. Eine der neuesten Erfindungen im Bereich der Hochenergiedetektoren ist die Funkenkammer. Sie besteht aus einer Anzahl von Metallplatten, die gegeneinander isoliert sind, und zwischen denen ein gleichförmiger, mit Neon gefüllter Abstand der Größenordnung einiger Millimeter besteht. Jede zweite Platte ist geerdet. An die dazwischenliegenden Platten legt man einen so großen kurzen Spannungsimpuls (0.5 μs), daß an den Stellen, wo das Gas ionisiert ist, Funken auftreten. Die von einem durchlaufenden Teilchen erzeugte Ionenspur löst solche Funken aus. Eine Fotografie der Funken zwischen all den Platten ergibt ein Bild von der Bahn des Teilchens.

H. Fotografische Emulsionen. Ein ionisierendes Teilchen, das durch die Emulsion einer fotografischen Platte läuft, hinterläßt eine Spur, die eine Anzahl sensibilisierter Silberbromidkörner aufweist. Man hat spezielle fotografische Emulsionen, sog. Kernemulsionen, entwickelt. Sie unterscheiden sich von optischen Emulsionen durch ihren hohen Gehalt an Silberbromid (der bis zu viermal so groß wie in fotografischen Platten sein kann), durch ihre Korngröße und durch die Dicke der Emulsion. Wie die Nebelkammer registriert die Fotoplatte nach ihrer Entwicklung die Bahn des Teilchens, und durch eine Untersuchung der Spuren kann man eine Vielzahl von Informationen gewinnen. Durch Auszählen der individuellen Spuren ergibt sich ein Maß für die Anzahl der Teilchen, die in die Platte eintreten. Eine detaillierte Untersuchung der Spuren gibt Informationen über die Masse, die Ladung und die Energie der Teilchen. Gegenüber der Nebelkammer besitzt die fotografische Emulsion die Vorteile, daß die Emulsion fest ist, so daß die Spuren kurz sind, und daß ihre Empfindlichkeit laufend besteht, anstatt auf nicht sehr häufig wiederholte kurze Intervalle beschränkt zu sein. Andererseits lassen sich die verschiedenen Kammern durch Koinzidenzschaltungen kontrollieren, um bestimmte Ereignisse zu registrieren. Dies ist bei fotografischen Emulsionen nicht möglich.

TABELLEN

LÖSUNGEN DER UNGRADZAHLIGEN AUFGABEN

STICHWORTVERZEICHNIS

Trigonometrische Funktionen

Winkel					Winkel				
Grad	Bogen	Sinus	Cosinus	Tangens	Grad	Bogen	Sinus	Cosinus	Tangens
0°	.000	0.000	1.000	0.000					
1°	.017	.018	1.000	.018	46°	0.803	0.719	0.695	1.036
2°	.035	.035	0.999	.035	47°	.820	.731	.682	1.072
3°	.052	.052	.999	.052	48°	.838	.743	.669	1.111
4°	.070	.070	.998	.070	49°	.855	.755	.656	1.150
5°	.087	.087	.996	.088	50°	.873	.766	.643	1.192
6°	.105	.105	.995	.105	51°	.890	.777	.629	1.235
7°	.122	.122	.993	.123	52°	.908	.788	.616	1.280
8°	.140	.139	.990	.141	53°	.925	.799	.602	1.327
9°	.157	.156	.988	.158	54°	.942	.809	.588	1.376
10°	.175	.174	.985	.176	55°	.960	.819	.574	1.428
11°	.192	.191	.982	.194	56°	.977	.829	.559	1.483
12°	.209	.208	.978	.213	57°	.995	.839	.545	1.540
13°	.227	.225	.974	.231	58°	1.012	.848	.530	1.600
14°	.244	.242	.970	.249	59°	1.030	.857	.515	1.664
15°	.262	.259	.966	.268	60°	1.047	.866	.500	1.732
16°	.279	.276	.961	.287	61°	1.065	.875	.485	1.804
17°	.297	.292	.956	.306	62°	1.082	.883	.470	1.881
18°	.314	.309	.951	.325	63°	1.100	.891	.454	1.963
19°	.332	.326	.946	.344	64°	1.117	.899	.438	2.050
20°	.349	.342	.940	.364	65°	1.134	.906	.423	2.145
21°	.367	.358	.934	.384	66°	1.152	.914	.407	2.246
22°	.384	.375	.927	.404	67°	1.169	.921	.391	2.356
23°	.401	.391	.921	.425	68°	1.187	.927	.375	2.475
24°	.419	.407	.914	.445	69°	1.204	.934	.358	2.605
25°	.436	.423	.906	.466	70°	1.222	.940	.342	2.747
26°	.454	.438	.899	.488	71°	1.239	.946	.326	2.904
27°	.471	.454	.891	.510	72°	1.257	.951	.309	3.078
28°	.489	.470	.883	.532	73°	1.274	.956	.292	3.271
29°	.506	.485	.875	.554	74°	1.292	.961	.276	3.487
30°	.524	.500	.866	.577	75°	1.309	.966	.259	3.732
31°	.541	.515	.857	.601	76°	1.326	.970	.242	4.011
32°	.559	.530	.848	.625	77°	1.344	.974	.225	4.331
33°	.576	.545	.839	.649	78°	1.361	.978	.208	4.705
34°	.593	.559	.829	.675	79°	1.379	.982	.191	5.145
35°	.611	.574	.819	.700	80°	1.396	.985	.174	5.671
36°	.628	.588	.809	.727	81°	1.414	.988	.156	6.314
37°	.646	.602	.799	.754	82°	1.431	.990	.139	7.115
38°	.663	.616	.788	.781	83°	1.449	.993	.122	8.144
39°	.681	.629	.777	.810	84°	1.466	.995	.105	9.514
40°	.698	.643	.766	.839	85°	1.484	.996	.087	11.43
41°	.716	.658	.755	.869	86°	1.501	.998	.070	14.30
42°	.733	.669	.743	.900	87°	1.518	.999	.052	19.08
43°	.751	.682	.731	.933	88°	1.536	.999	.035	28.64
44°	.768	.695	.719	.966	89°	1.553	1.000	.018	57.29
45°	.785	.707	.707	1.000	90°	1.571	1.000	.000	∞

Dekadische Logarithmen

N	0	1	2	3	4	5	6	7	8	9
0	....	0000	3010	4771	6021	6990	7782	8451	9031	9542
1	0000	0414	0792	1139	1461	1761	2041	2304	2553	2788
2	3010	3222	3424	3617	3802	3979	4150	4314	4472	4624
3	4771	4914	5051	5185	5315	5441	5563	5682	5798	5911
4	6021	6128	6232	6335	6435	6532	6628	6721	6812	6902
5	6990	7076	7160	7243	7324	7404	7482	7559	7634	7709
6	7782	7853	7924	7993	8062	8129	8195	8261	8325	8388
7	8451	8513	8573	8633	8692	8751	8808	8865	8921	8976
8	9031	9085	9138	9191	9243	9294	9345	9395	9445	9494
9	9542	9590	9638	9685	9731	9777	9823	9868	9912	9956
10	0000	0043	0086	0128	0170	0212	0253	0294	0334	0374
11	0414	0453	0492	0531	0569	0607	0645	0682	0719	0755
12	0792	0828	0864	0899	0934	0969	1004	1038	1072	1106
13	1139	1173	1206	1239	1271	1303	1335	1367	1399	1430
14	1461	1492	1523	1553	1584	1614	1644	1673	1703	1732
15	1761	1790	1818	1847	1875	1903	1931	1959	1987	2014
16	2041	2068	2095	2122	2148	2175	2201	2227	2253	2279
17	2304	2330	2355	2380	2405	2430	2455	2480	2504	2529
18	2553	2577	2601	2625	2648	2672	2695	2718	2742	2765
19	2788	2810	2833	2856	2878	2900	2923	2945	2967	2989
20	3010	3032	3054	3075	3096	3118	3139	3160	3181	3201
21	3222	3243	3263	3284	3304	3324	3345	3365	3385	3404
22	3424	3444	3464	3483	3502	3522	3541	3560	3579	3598
23	3617	3636	3655	3674	3692	3711	3729	3747	3766	3784
24	3802	3820	3838	3856	3874	3892	3909	3927	3945	3962
25	3979	3997	4014	4031	4048	4065	4082	4099	4116	4133
26	4150	4166	4183	4200	4216	4232	4249	4265	4281	4298
27	4314	4330	4346	4362	4378	4393	4409	4425	4440	4456
28	4472	4487	4502	4518	4533	4548	4564	4579	4594	4609
29	4624	4639	4654	4669	4683	4698	4713	4728	4742	4757
30	4771	4786	4800	4814	4829	4843	4857	4871	4886	4900
31	4914	4928	4942	4955	4969	4983	4997	5011	5024	5038
32	5051	5065	5079	5092	5105	5119	5132	5145	5159	5172
33	5185	5198	5211	5224	5237	5250	5263	5276	5289	5302
34	5315	5328	5340	5353	5366	5378	5391	5403	5416	5428
35	5441	5453	5465	5478	5490	5502	5514	5527	5539	5551
36	5563	5575	5587	5599	5611	5623	5635	5647	5658	5670
37	5682	5694	5705	5717	5729	5740	5752	5763	5775	5786
38	5798	5809	5821	5832	5843	5855	5866	5877	5888	5899
39	5911	5922	5933	5944	5955	5966	5977	5988	5999	6010
40	6021	6031	6042	6053	6064	6075	6085	6096	6107	6117
41	6128	6138	6149	6160	6170	6180	6191	6201	6212	6222
42	6232	6243	6253	6263	6274	6284	6294	6304	6314	6325
43	6335	6345	6355	6365	6375	6385	6395	6405	6415	6425
44	6435	6444	6454	6464	6474	6484	6493	6503	6513	6522
45	6532	6542	6551	6561	6571	6580	6590	6599	6609	6618
46	6628	6637	6646	6656	6665	6675	6684	6693	6702	6712
47	6721	6730	6739	6749	6758	6767	6776	6785	6794	6803
48	6812	6821	6830	6839	6848	6857	6866	6875	6884	6893
49	6902	6911	6920	6928	6937	6946	6955	6964	6972	6981
50	6990	6998	7007	7016	7024	7033	7042	7050	7059	7067
N	0	1	2	3	4	5	6	7	8	9

Dekadische Logarithmen (*Fortsetzung*)

N	0	1	2	3	4	5	6	7	8	9
50	6990	6998	7007	7016	7024	7033	7042	7050	7059	7067
51	7076	7084	7093	7101	7110	7118	7126	7135	7143	7152
52	7160	7168	7177	7185	7193	7202	7210	7218	7226	7235
53	7243	7251	7259	7267	7275	7284	7292	7300	7308	7316
54	7324	7332	7340	7348	7356	7364	7372	7380	7388	7396
55	7404	7412	7419	7427	7435	7443	7451	7459	7466	7474
56	7482	7490	7497	7505	7513	7520	7528	7536	7543	7551
57	7559	7566	7574	7582	7589	7597	7604	7612	7619	7627
58	7634	7642	7649	7657	7664	7672	7679	7686	7694	7701
59	7709	7716	7723	7731	7738	7745	7752	7760	7767	7774
60	7782	7789	7796	7803	7810	7818	7825	7832	7839	7846
61	7853	7860	7868	7875	7882	7889	7896	7903	7910	7917
62	7924	7931	7938	7945	7952	7959	7966	7973	7980	7987
63	7993	8000	8007	8014	8021	8028	8035	8041	8048	8055
64	8062	8069	8075	8082	8089	8096	8102	8109	8116	8122
65	8129	8136	8142	8149	8156	8162	8169	8176	8182	8189
66	8195	8202	8209	8215	8222	8228	8235	8241	8248	8254
67	8261	8267	8274	8280	8287	8293	8299	8306	8312	8319
68	8325	8331	8338	8344	8351	8357	8363	8370	8376	8382
69	8388	8395	8401	8407	8414	8420	8426	8432	8439	8445
70	8451	8457	8463	8470	8476	8482	8488	8494	8500	8506
71	8513	8519	8525	8531	8537	8543	8549	8555	8561	8567
72	8573	8579	8585	8591	8597	8603	8609	8615	8621	8627
73	8633	8639	8645	8651	8657	8663	8669	8675	8681	8686
74	8692	8698	8704	8710	8716	8722	8727	8733	8739	8745
75	8751	8756	8762	8768	8774	8779	8785	8791	8797	8802
76	8808	8814	8820	8825	8831	8837	8842	8848	8854	8859
77	8865	8871	8876	8882	8887	8893	8899	8904	8910	8915
78	8921	8927	8932	8938	8943	8949	8954	8960	8965	8971
79	8976	8982	8987	8993	8998	9004	9009	9015	9020	9025
80	9031	9036	9042	9047	9053	9058	9063	9069	9074	9079
81	9085	9090	9096	9101	9106	9112	9117	9122	9128	9133
82	9138	9143	9149	9154	9159	9165	9170	9175	9180	9186
83	9191	9196	9201	9206	9212	9217	9222	9227	9232	9238
84	9243	9248	9253	9258	9263	9269	9274	9279	9284	9289
85	9294	9299	9304	9309	9315	9320	9325	9330	9335	9340
86	9345	9350	9355	9360	9365	9370	9375	9380	9385	9390
87	9395	9400	9405	9410	9415	9420	9425	9430	9435	9440
88	9445	9450	9455	9460	9465	9469	9474	9479	9484	9489
89	9494	9499	9504	9509	9513	9518	9523	9528	9533	9538
90	9542	9547	9552	9557	9562	9566	9571	9576	9581	9586
91	9590	9595	9600	9605	9609	9614	9619	9624	9628	9633
92	9638	9643	9647	9652	9657	9661	9666	9671	9675	9680
93	9685	8689	9694	9699	9703	9708	9713	9717	9722	9727
94	9731	9736	9741	9745	9750	9754	9759	9763	9768	9773
95	9777	9782	9786	9791	9795	9800	9805	9809	9814	9818
96	9823	9827	9832	9836	9841	9845	9850	9854	9859	9863
97	9868	9872	9877	9881	9886	9890	9894	9899	9903	9908
98	9912	9917	9921	9926	9930	9934	9939	9943	9948	9952
99	9956	9961	9965	9969	9974	9978	9983	9987	9991	9996
100	0000	0004	0009	0013	0017	0022	0026	0030	0035	0039
N	0	1	2	3	4	5	6	7	8	9

Exponentialfunktionen

x	e^x	e^{-x}	x	e^x	e^{-x}
0.00	1.0000	1.0000	2.5	12.182	0.0821
0.05	1.0513	0.9512	2.6	13.464	0.0743
0.10	1.1052	0.9048	2.7	14.880	0.0672
0.15	1.1618	0.8607	2.8	16.445	0.0608
0.20	1.2214	0.8187	2.9	18.174	0.0550
0.25	1.2840	0.7788	3.0	20.086	0.0498
0.30	1.3499	0.7408	3.1	22.198	0.0450
0.35	1.4191	0.7047	3.2	24.533	0.0408
0.40	1.4918	0.6703	3.3	27.113	0.0369
0.45	1.5683	0.6376	3.4	29.964	0.0334
0.50	1.6487	0.6065	3.5	33.115	0.0302
0.55	1.7333	0.5769	3.6	36.598	0.0273
0.60	1.8221	0.5488	3.7	40.447	0.0247
0.65	1.9155	0.5220	3.8	44.701	0.0224
0.70	2.0138	0.4966	3.9	49.402	0.0202
0.75	2.1170	0.4724	4.0	54.598	0.0183
0.80	2.2255	0.4493	4.1	60.340	0.0166
0.85	2.3396	0.4274	4.2	66.686	0.0150
0.90	2.4596	0.4066	4.3	73.700	0.0136
0.95	2.5857	0.3867	4.4	81.451	0.0123
1.0	2.7183	0.3679	4.5	90.017	0.0111
1.1	3.0042	0.3329	4.6	99.484	0.0101
1.2	3.3201	0.3012	4.7	109.95	0.0091
1.3	3.6693	0.2725	4.8	121.51	0.0082
1.4	4.0552	0.2466	4.9	134.29	0.0074
1.5	4.4817	0.2231	5	148.41	0.0067
1.6	4.9530	0.2019	6	403.43	0.0025
1.7	5.4739	0.1827	7	1096.6	0.0009
1.8	6.0496	0.1653	8	2981.0	0.0003
1.9	6.6859	0.1496	9	8103.1	0.0001
2.0	7.3891	0.1353	10	22026	0.00005
2.1	8.1662	0.1225			
2.2	9.0250	0.1108			
2.3	9.9742	0.1003			
2.4	11.023	0.0907			

LISTE DER TABELLEN

LÖSUNGEN UNGERADZAHLIGEN AUFGABEN

KAPITEL 1

1.1 (b) 10 eV = $1{,}6 \times 10^{-19}$ J, 5×10^4 eV = $8{,}01 \times 10^{-15}$ J, 1 MeV = $1{,}6 \times 10^{-13}$ J
(c) $0{,}004c$, $0{,}299c$, $0{,}814c$
1.3 $1{,}78 \times 10^3$ J
1.7 (a) $\frac{1}{3} \times 10^{-9}$ T (b) $1{,}33 \times 10^{-6}$ W m^{-2} (c) $4{,}22 \times 10^{-15}$ J m^{-3}
(d) $1{,}4 \times 10^{-23}$ m^{-2} kg s^{-1}; (e) 167 W
1.9 $E(\nu) = (8\pi h\nu^3/c^3)\, e^{-h\nu/kT}$; $E(\nu) = 8\pi kT\nu^2/c^3$
1.11 4100 K; 0,214 J m^{-3}
1.13 (a) $1{,}70 \times 10^{10}$ Elektronen m^{-2} s^{-1} (b) $3{,}0 \times 10^{-9}$ W m^{-2}; (c) $1{,}76 \times 10^{-19}$ J
1.15 (a) $4{,}555 \times 10^{14}$ Hz (b) 1,88 eV (c) $4{,}1274 \times 10^{-15}$ J s C^{-1}
1.17 (a) $1{,}024 \times 10^{-10}$ m (b) $4{,}71 \times 10^{-17}$ J, 44,3° relativ zur Einfallsrichtung
1.19 166,8 keV = $2{,}67 \times 10^{-14}$ J, $7{,}43 \times 10^{-12}$ m
1.23 (a) $5{,}03 \times 10^{21}$ Photonen m^{-3} (b) 2080 Photonen m^{-3}
1.25 (a) $1{,}24 \times 10^{-9}$ m (b) $1{,}24 \times 10^{-6}$ m (c) $1{,}24 \times 10^{-4}$ m
1.27 (a) 4,892 eV (b) 6,7064 eV, 4,8922 eV, 3,9614 eV, 2,2723 eV, 2,1465 eV
1.29 $2{,}65 \times 10^{15}$ Hz, $1{,}13 \times 10^{-7}$ m
1.31 $3{,}1 \times 10^{-11}$ m
1.33 $7{,}5 \times 10^{-3}$ eV mehr als die Bindungsenergie
1.37 127
1.39 $1{,}05 \times 10^{-4}$ m, $2{,}39 \times 10^{-3}$ m, $8{,}77 \times 10^{-3}$ m
1.41 (a) 8 (b) 40 (c) 100
1.43 7,98 cm, 8,06 cm
1.47 5° 47′
1.49 (a) für das Proton: 3,9 m, für ein Elektron: $7{,}3 \times 10^3$ m
(b) in beiden Fällen beliebig genau
1.53 $1{,}03 \times 10^9$ Hz oder $4{,}26 \times 10^{-6}$ eV; $5{,}15 \times 10^{14}$ Hz oder 2,13 MeV
1.55 (a) $\Delta E_k = -4E_k/A$

KAPITEL 2

2.3 Die Energiedifferenz zwischen den Niveaus nimmt (a) zu (b) ab
2.5 $3{,}8 \times 10^3$ MeV; $E_{\text{grav}} = 6{,}34 \times 10^{-17}$ eV, $E_{\text{coul}} = 1{,}44 \times 10^4$ MeV
2.13 (a) $(ma^2/2\pi\hbar^2)\, dE$ (b) $(a^2p/2\pi\hbar^2)\, dp$
2.15 (a) $8{,}27 + 10^{-23}$ eV (b) $2{,}48 \times 10^{-12}$ eV (c) $1{,}34 \times 10^{-3}$ eV
2.21 22,7 MeV
2.23 (a) $B = [-A(\alpha^2 + k^2) \sinh \alpha a]/R$, $C = A(k^2 - ik\alpha)e^{-\alpha a}/R$,
$D = -A(k^2 + ik\alpha)e^{\alpha a}/R$, $A' = -2A(ik\alpha)e^{-ika}/R$,
wobei $R = (\alpha^2 - k^2) \sinh \alpha a - 2i\alpha k \cosh \alpha a$
(b) $B = -iA(k'^2/k^2 - 1) \sin k'a/R'$, $C = -A(k'/k \times 1)e^{-ik'a}/R'$
$D = -A(k'/k - 1)e^{ik'a}/R'$, $A' = -2A(k'/k)e^{-ika}/R'$,
wobei $R' = i(k'^2/k^2 + 1) \sin k'a - 2(k'/k) \cos k'a$

2.25 $E < E_0$: $\psi_4 = Ae^{-ikx} + Be^{ikx}$, $\psi_3 = Ce^{\alpha' x} + De^{-\alpha' x}$, $\psi_2 = Ee^{\alpha'' x} + Fe^{-\alpha'' x}$, $\psi_1 = Ge^{-ikx}$;
$E_0 < E < E'_0$: ψ_4 und ψ_3 wie oben, $\psi_2 = Ee^{ik'' x} + Fe^{-ik'' x}$, ψ_1 wie oben;
$E > E'_0$: ψ_4 wie oben, $\psi_3 = Ce^{ik' x} + De^{-ik' x}$, $\psi_2 = Ee^{ik'' x} + Fe^{-ik'' x}$, ψ_1 wie oben

2.27 $E > E_0$: $\psi_1 = Ae^{ikx} + Be^{-ikx}$, $\psi_2 = Ce^{-\alpha x} + De^{\alpha x}$, $\psi_3 = Ee^{ikx} + Fe^{-ikx}$, $\psi_4 = Ge^{-\alpha x} + He^{\alpha x}$, $\psi_5 = Ie^{ikx}$;
$E > E_0$: ψ_1, ψ_3, und ψ_5 wie oben, $\psi_2 = Ce^{ik' x} + De^{-ik' x}$, $\psi_4 = Ge^{ik' x} + He^{-ik' x}$.

2.29 (a) $(-\hbar^2/2m)d^2\psi/dx^2 - \mathcal{E}x\psi = E\psi$ (b) Nein

2.31 (d) $-E_0 + \hbar(\alpha E_0/2m)^{1/2}$

2.39 Für d/dx: (a) Ja, ik (b) Ja, α (c) Nein. Für d^2/dx^2: (a) Ja, $-k^2$ (b) Ja, α^2 (c) Ja, $-k^2$

2.41 Für $n = 0$: 0, $\hbar/2m\omega$, 0, $\frac{1}{2}m\hbar\omega$; für $n = 1$: 0, $\hbar/6\ m\omega$, 0, $\frac{17}{6}m\hbar\omega$

2.43 $\mathsf{L}_x = -i\hbar(y\partial/\partial z - z\partial/\partial y)$; $\mathsf{L}_y = -i\hbar(z\partial/\partial x - x\partial/\partial z)$; $\mathsf{L}_z = -i\hbar(x\partial/\partial y - y\partial/\partial x)$

2.45 $\sqrt{\hbar/2m\omega}$, $0/-i\sqrt{\frac{1}{2}\hbar m\omega}$, 0

2.47 $\Delta n = \pm 1, \pm 3, \pm 5, \ldots$

KAPITEL 3

3.1 $\omega = 4{,}134 \times 10^{16}/n^3\ \mathrm{s}^{-1}$; $E_p = -4{,}36 \times 10^{-18}/n^2$ J; $E_k = 2{,}18 \times 10^{-18}/n^2$ J

3.3 (a) $8{,}22 \times 10^6$ Umläufe (b) $1{,}95 \times 10^4$ Umläufe

3.5 $\Delta\lambda_{\mathrm{H\text{-}D}} = 1{,}78$ Å, $\Delta\lambda_{\mathrm{H\text{-}T}} = 2{,}38$ Å

3.9 (a) $6{,}58 \times 10^{15}/n^3$ Hz (b) $6{,}58 \times 10^{15}(n - \frac{1}{2})/[n(n-1)]^2$ Hz

3.17 $\mathsf{L}_x = -i\hbar[-\sin\phi\partial/\partial\theta - (\mathrm{cotg}\ \theta\ \cos\phi)\ \partial/\partial\phi]$;
$\mathsf{L}_y = -i\hbar[\cos\phi\ \partial/\partial\theta = (\mathrm{cotg}\ \theta\ \sin\phi)\ \partial/\partial\phi]$

3.29 $2a_0$

3.33 $\Delta E_{\mathrm{p}} = \frac{2}{3}A$; $\Delta E_{\mathrm{d}} = \frac{2}{3}A$, $\frac{2}{15}A$; $\Delta E_{\mathrm{f}} = \frac{2}{3}A$, $\frac{2}{15}A$, $\frac{2}{35}A$,
wobei $A = 2|E_n|Z^2\alpha^2/n$

3.35 Ja ($\Delta\lambda = 8{,}2 \times 10^{-11}$ m)

3.37 $2{,}41 \times 10^{-21}$ N; 0,042 mm 3.39 $2{,}8 \times 10^9$ Hz

KAPITEL 4

4.1 — 57,8 eV, — 55,9 eV, — 55,2 eV; relativ zum He^+-Ion (— 54,4 eV) sind dies — 3,4 eV, — 1,5 eV, — 0,8 eV

4.3 $$\psi_{1s^2 2s} = \frac{1}{\sqrt{6}}\begin{vmatrix} \psi_{1s}\chi_+(1) & \psi_{1s}\chi_+(2) & \psi_{1s}\chi_+(3) \\ \psi_{1s}\chi_-(1) & \psi_{1s}\chi_-(2) & \psi_{1s}\chi_-(3) \\ \psi_{2s}\chi_+(1) & \psi_{2s}\chi_+(2) & \psi_{2s}\chi_+(3) \end{vmatrix}$$

4.5 $$\psi_{sp^2} = \frac{1}{\sqrt{6}}\begin{vmatrix} \psi_s\chi_+(1) & \psi_s\chi_+(2) & \psi_s\chi_+(3) \\ \psi_p(+1)\chi_+(1) & \psi_p(+1)\chi_+(2) & \psi_p(+1)\chi_+(3) \\ \psi_p(0)\chi_+(1) & \psi_p(0)\chi_-(2) & \psi_p(0)\chi_-(3) \end{vmatrix}$$

4.7 Siehe Tabelle 4-1

4.11 (a) ^{2}S (b) ^{2}P, ^{2}D, ^{4}S (c) ^{2}S, ^{2}D, ^{2}P, ^{4}P (d) ^{2}P (e) ^{2}D, ^{2}F, ^{2}G, ^{2}H, ^{4}S, ^{4}P, ^{4}F, ^{4}G (f) ^{1}S, ^{1}P, ^{1}D, ^{1}F, ^{1}G, ^{3}S, ^{3}P, ^{3}D, ^{3}F, ^{3}G

4.15 0, 0, 0; $\frac{1}{2}$, 0, $\frac{1}{2}$; 0, 1, 1; 1, 1, 2; 1, 3, 4; 2, 2, 1; 0, 2, 2; $\frac{2}{5}$, 3, $\frac{9}{2}$

4.19 Kalzium: $\frac{1}{2}$; Aluminium: $\frac{1}{3}$

4.21 6439 Å und (6439 $\pm$ 0,26) Å

4.25 8,58 Å

4.27 Natrium: 2s, — 5,315 eV; 2p, — 3,54 eV; 3s, — 2,01 eV
bei: 3s, — 5,120 eV; 3p, — 3,028 eV; 4s, — 1,967 eV (3d a — 1,52 eV)

4.29 Aluminium: 1,9 keV, 115 eV; Sauerstoff, 1,1 keV, 46 eV

4.31 Aluminium: 8,40 Å, 1470 eV; Kalium: 3,59 Å, 3452 eV: Eisen: 1,74 Å, 7121 eV; Nickel: 1,55 Å, 7965 eV; Zink: 1,34 Å, 9221 eV; Molybdän: 0,664 Å, 18 700 eV; Silber: 0,525 Å, 23 600 eV

4.33 (b) 8,3 keV, 1,495 Å

KAPITEL 5

5.1 (a) — 16,25 eV (b) 10,95 eV (c) 15,43 eV

5.3 61,06 kcal mol^{-1}

5.7 (b) $(\sigma_g 1s)^2(\sigma_u 1s)^2(\sigma_g 2s)^2(\sigma_u 2s)^2(\sigma_g 2p)^2(\pi_u 2p)^4(\pi_g 2p)^4(\sigma_u 2p)^2(\sigma_g 3s)^2$ $(\sigma_u 3s)^2(\sigma_g 3p)^2(\pi_u 3p)^4(\pi_g 3p)^2$; $^3\Sigma_g{}^-$

5.9 (a) Li^+H^- (b) H^+I^-

5.11 5.45 eV

5.13 8,37 eV; 6,45 eV

5.23 $5,06 \times 10^{30}$ m C; 0,33

5.25 17,7 Å

5.27 2,83 Å

5.29 Für $H^{35}Cl$: (a) 21,5015 cm^{-1} (b) $2,6658 \times 10^{-3}$ eV, $7,9974 \times 10^{-3}$ eV (c) $6,450 \times 10^{11}$ Hz ($4,651 \times 10^{-4}$ m), $12,900 \times 10^{11}$ Hz ($2,326 \times 10^{-4}$ m) (d) 21,50 cm^{-1}

5.31 (a) $E_{rot} = [l(l + 1) + \frac{1}{4}m^2]\hbar^2/2I_1$, (b) $E_{rot} = [l(l + 1) - \frac{1}{6}m^2]\hbar^2/2I_1$

5.35 $1,906 \times 10^3$ N m^{-1}

5.37 $5,162 \times 10^2$ N m^{-1}; 0,1861 eV

KAPITEL 6

6.1 3,686 eV

6.3 6,371 eV $Molekül^{-1}$

6.5 3×10^{12} Hz

6.9 $6,934 \times 10^5$ kg s^{-2}; $4,885 \times 10^{15}$ s^{-1}, $6,026 \times 10^{15}$ s^{-1}

6.11 $4,560 \times 10^{28}$ Atome m^{-3}; $8,498 \times 10^{28}$ Atome m^{-3}; $1,660 \times 10^{29}$ Atome m^{-3}

6.13 3,151 eV; 4,445 eV

6.17 $m_i^* = \hbar/2\alpha_i$ und $\partial^2 x_i/\partial t^2 = 2F\alpha_i/\hbar^2$, wobei i für x, y und z steht

6.21 (a) $n\pi/2a$ (b) $\hbar^2/(2\beta a^2 \cos ka)$

6.23 $4,811 \times 10^{-12}$ m

6.25 Näherungsweise 1 Atom in 10^6

6.27 $3,63 = 10^{-14}$ s; $1,39 \times 10^6$ m s^{-1}; $1,98 \times 10^7$ m^{-1}; $5,05 \times 10^{-8}$ m

6.29 $10a$ 6.33 $1,057 \times 10^{-10}$ m^3 C^{-1}; 62,1° 6.35 1,65 Mikron

KAPITEL 7

7.5 $3,62 \times 10^{-15}$ m; $6,90 \times 10^{-15}$ m; $8,28 \times 10^{-15}$ m

7.7 ^{28}Si, ^{29}Si, ^{30}Si

7.13 0,85 MeV; 0,76 MeV, Ja

7.15 ^7Li: 39,24 MeV, 5,61 MeV $Nukleon^{-1}$; ^{16}O: 127,62 MeV, 7,98 MeV $Nukleon^{-1}$; ^{57}Fe: 499,90 MeV, 8,77 MeV $Nukleon^{-1}$; ^{176}Lu: 1417,97 MeV, 8,06 MeV $Nukleon^{-1}$

7.17 13(^{27}Al); 28(^{64}Ni); 36(^{82}Kr); 52(^{125}Te); 72(^{180}Hf)

7.19 $5,062 \times 10^{-3}$ ame

7.21 1,0078217 ame, 2,014100 ame, 15,99492 ame

7.27 $2,16 \times 10^{-13}$ m

7.29 $3,62 \times 10^4$ Teilchen s^{-1}

7.31 $2,80 \times 10^{-15}$ m

7.33 0,150 b

7.35 (a) ^{2}H: $(1s_{1/2})_p(1s_{1/2})_n$; ^{3}H: $(1s_{1/2})_p(1s_{1/2}^2)_n$; ^{3}He: $(1s_{1/2}^2)_p(1s_{1/2})_n$;
^{4}He: $(1s_{1/2}^2)_p(1s_{1/2}^2)_n$; ^{12}C: $(1s_{1/2}^2 1p_{3/2}^4)_p(1s_{1/2}^2 1p_{3/2}^4)_n$;
^{13}C: $(1s_{1/2}^2 1p_{3/2}^4)_p(1s_{1/2}^2 1p_{3/2}^4 1p_{1/2})_n$ (b) 0 oder 1; $\frac{1}{2}$; $\frac{1}{2}$; 0; 0; $\frac{1}{2}$

7.37 $A = 50$, 222 keV; $A = 100$, 74 keV; $A = 150$, 38,2 keV.

KAPITEL 8

8.1 (a) $7{,}86 \times 10^{-8}$ s^{-1} (b) $5{,}27 \times 10^{11}$ s^{-1}; 112 a (d) $1{,}32 \times 10^4$ s^{-1}

8.9 28 mg 8.13 m_a

8.17 $Q_{\beta+} = 0{,}64$ MeV; $Q_{-\beta} = 0{,}565$ MeV; $Q_{EC} = 1{,}66$ MeV

8.19 18,63 keV

8.23 (a) $^{24}_{11}$Na (b) $^{30}_{15}$P (c) $^{32}_{15}$P (d) γ (e) $^3_1$H (f) $^{116}_{46}$In (g) $^{58}_{29}$Cu (h) γ

8.27 ^{12}C(p, γ)^{13}N; ^{12}C(d, γ)^{14}N, ^{12}C(d, p)^{13}C, ^{12}C(d, n)^{13}N, ^{12}C(d, α)^{10}B; ^{12}C(α, γ)^{16}O

8.29 (a) 27,98245 ame (b) 23,98676 ame (c) 27,98192 ame (d) 24,98585 ame

8.31 (a) 1,535 MeV (b) 2,34 MeV

8.33 Eine Gerade

8.35 (a) $1{,}74 \times 10^{14}$ Atome (b) 22 b

8.37 $1{,}806 \times 10^{-6}$ 8.39 2,77 cm

8.41 188 MeV 8.43 $1{,}2 \times 10^{-8}$ kg s^{-1}; 2,6 a

8.45 ^{232}Th 4,95 MeV; ^{233}Th: 6,11 MeV: ^{233}U: 5,85 MeV; ^{234}U: 5,26 MeV;
^{239}Pu: 6,45 MeV; ^{240}Pu: 5,41 MeV

8.47 7,28 MeV; $2{,}92 \times 10^{23}$ W

8.49 $1{,}28 \times 10^{11}$ a

KAPITEL 9

9.1 (a) 3,7 (b) $5{,}26 \times 10^3$

9.3 (a) 2,53 keV (b) $2{,}85 \times 10^{-13}$ m (c) $^{110}_{47}$Ag

9.5 Ruhmasse: 502 MeV; E_k: 680 MeV

9.7 7480 MeV

9.9 Für Abb. 9-10: 1840 MeV; für Abb. 9-11: 1810 MeV

9.15 (a) 0,511 MeV (b) vorwärts: 1,44 MeV, rückwärts: 0,58 MeV

9.17 (a) 8,3 GeV (b) 68 GeV

9.19 143,8 MeV

9.21 (a) $\mathcal{I}_\pi = 1$, $\mathcal{J}_p = \frac{1}{2}$, $\mathcal{J}_\Lambda = 0$, $\mathcal{J}_K = \frac{1}{2}$ (b) $\mathcal{I}_s = 1$, $\mathcal{I}_s = \frac{1}{2}$, $\mathcal{I}_s = 0$, $\mathcal{I}_s = 0$,
kann wegen der Nichterhaltung von $\mathcal{I}_s$, $\mathcal{I}_s$, und $\mathcal{S}$ nicht auftreten

9.23 (a)

	p^+ +	p^+ →	p^+ +	Λ° +	K^+
$\mathcal{I}_s$:	$\frac{1}{2}$	$\frac{1}{2}$	$\frac{1}{2}$	0	$\frac{1}{2}$
$\mathcal{I}_s$:	$\frac{1}{2}$	$\frac{1}{2}$	$\frac{1}{2}$	0	$\frac{1}{2}$
$\mathcal{S}$:	0	0	0	—1	1

$\mathcal{I}_s$, $\mathcal{I}_s$, und $\mathcal{S}$ sind erhalten

9.25 $\mathcal{I}_s$, $\mathcal{I}_s$, und $\mathcal{S}$ sind erhalten; 2710 MeV

9.33 $\mathcal{E}$ bleibt invariant; $\mathcal{B}$ wird a $-\mathcal{B}$.

KAPITEL 10

10.1 0,206; 1,014

10.3 3480 K

10.5 (b) $U = -\mu_B \mathcal{B} N \,\mathrm{tgh}\,(\mu_B \mathcal{B}/kT)$ (c) wenn $T \to 0$, $Z \to 2$ und $M \to -\mu_B^2 \mathcal{B} n/kT$;
wenn $T \to \infty$, $Z \to \infty$ und $M \to -\mu_B n$

10.9 $U = -\mu_B \mathcal{B} g[(j + \frac{1}{2}) \coth (j + \frac{1}{2})x - \frac{1}{2} \coth \frac{1}{2}x]$

10.11 $(E_1/E_2)^{1/2} e^{(E_1 - E_2)kT}$ (a) $6{,}3 \times 10^{-9}$ (b) 0,395 (c) 2,54

10.13 (a) $4{,}8 \times 10^3$ m s^{-1}, $4{,}4 \times 10^3$ m s^{-1}, $3{,}9 \times 10^3$ m s^{-1} (b) $2{,}25 \times 10^3$ m s^{-1}, $3{,}9 \times 10^3$ m s^{-1}, $7{,}12 \times 10^3$ m s^{-1}, $2{,}25 \times 10^4$ m s^{-1}
10.15 (a) $1{,}11 \times 10^3$ m s^{-1} (b) $5{,}16 \times 10^3$ m s^{-1} (c) $2{,}16 \times 10^3$ m s^{-1}
10.17 (a) 0,166 (b) 0,163
10.23 (a) 42 % (b) 8 % (c) 43,8 % (d) 6,2 %
10.27 (a) 0 % (b) 35 % (c) 93 %
10.31 (b) $\lambda = h/(2mkT)^{1/2} = 1{,}81 \times 10^{-10}$ m

KAPITEL 11

11.1 (a) $8{,}1 \times 10^3$ J (b) $1{,}62 \times 10^4$ J
11.3 (a) 60 J (b) freigesetzt 70 J (c) $Q_{ad} = 50$ J, $Q_{ab} = 10$ J
11.7 (a) $Q = a(T_2 - T_1) + b(T_2^2 - T_1^2) + c\left(\frac{1}{T_2} - \frac{1}{T_1}\right)$
(b) $\overline{C_p} = a + b(T_2 + T_1) - c/T_1T_2$
(c) $\Delta S = a \ln (T_2/T_1) + 2b(T_2 - T_1) - c/T_1T_2$
(d) $24{,}0 \times 10^3$ J K^{-1} Mol^{-1}, $23{,}6 \times 10^3$ J K^{-1} Mol^{-1}
11.15 $S_{\text{int}} = -kN\left[\frac{\epsilon}{kT} \operatorname{tgh} (\epsilon/kT) - \ln 2 \cosh (\epsilon/kT)\right]$;
$C_{V\,\text{int}} = kN \ln 2 \cosh (\epsilon/kT)$
11.19 (b) 224,5 cal K^{-1}
11.21 (a) $T = (\partial H/\partial S)_p$, $V = (\partial H/\partial p)_S$ (b) $p = -(\partial F/\partial V)_T$, $S = -(\partial F/\partial T)_V$
(c) $V = (\partial G/\partial p)_T$, $S = -(\partial G/\partial T)_p$
11.23 Alle sind extensiv außer p, T und $(\partial H/\partial S)_p$, welche intensiv sind
11.27 $\Delta S = L/T = 5{,}28$ cal K^{-1} Mol^{-1}; $H = L = 1440$ cal Mol^{-1};
$\Delta U = \Delta H - p\Delta V = 1440{,}05$ cal mol^{-1}
11.33 $3{,}49 \times 10^3$ J; $3{,}49 \times 10^3$ J; 0; 0; 11,6 J K^{-1}

KAPITEL 12

12.1 $W = \mathrm{N}RT \ln (V_2/V_1) - \mathrm{N}^2(RTb - a)\left[\frac{1}{V_2} - \frac{1}{V_1}\right] + \ldots$; 1427,3 J
12.5 (a) $\varkappa_T = 1/p$ (b) $\varkappa_T = V^2(V - \mathrm{N}b)^2/\{\mathrm{N}RTV^3 - 2\mathrm{N}^2a(V - \mathrm{N}b)^2\}$
12.7 (a) $p^{(\gamma-1)/\gamma}T = C$ (b) $TV^{\gamma-1} = C$
12.13 (b) $T_1V_1^{\gamma-1} = T_2V_2^{\gamma-1}$, $T/ = 212$ K, $T_3 = 88{,}5$ K (c) $3{,}25 \times 10^4$ J
12.15 (b) $W_{12} = 16{,}90 \times 10^5$ J; $W_{23} = 0$; $W_{31} = -13{,}02 \times 10^5$ J; $W_T = 3{,}88 \times 10^5$J, $\Delta S_{12} = 5{,}39 \times 10^3$ J K^{-1}, $\Delta S_{23} = -5{,}39 \times 10^3$ J K^{-1}; $\Delta S_{31} = 0$; $\Delta S_T = 0$
12.17 $T = \Theta_r$, $l = 0$: 36,9 %, $l = 1$: 43,2 %; $T = 2\Theta_r$, $l = 0$: 30,2 %, $l = 1$: 55,3 %
12.19 $1{,}2 \times 10^6$ Moleküle H_2, $2{,}65 \times 10^{21}$ Moleküle Cl_2

KAPITEL 13

13.11 2,20 kT 13.15 $\mathrm{E}(\nu) = (8\pi\nu^2/c^3)kT$ 13.27 $2{,}09 \times 10^{-7}$

STICHWORTVERZEICHNIS

Tabelle A-1 *Periodisches Systemder Elemente*

Die Atommassen sind die letzten von der International Union of Pure and Applied Chemistry (1961) angenommenen Werte. Dabei wird der Masse des Hauptisotops des Kohlenstoffes ^{12}C die exakte Zahl 12,00000 zugeordnet. Die in dieser Tabelle verwendete Masseneinheit nennt man Atomare Masseneinheit (AME): 1 AME = $1{,}6604 \times 10^{-27}$ kg.

Gruppe→		I	II	III	IV
Periode	Serie				
1	1	1 H 1,00797			
2	2	3 Li 6,939	4 B 9,0122	5 B 10,811	6 C 12,01115
3	3	11 Na 22,9898	12 Mg 24,312	13 Al 26,9815	14 Si 28,086
4	4	19 K 39,102	20 Ca 40,08	21 Sc 44,956	22 Ti 47,90
	5	29 Cu 63,54	30 Zn 65,37	31 Ga 69,72	32 Ge 72,59
5	6	37 Rb 85,47	38 Sr 87,62	39 Y 88,905	40 Zr 91,22
	7	47 Ag 107,870	48 Cd 112,40	49 In 114,82	50 Sn 118,69
6	8	55 Cs 132,905	56 Ba 137,34	55-71 * Seltene Erden:	72 Hf 178,49
	9	79 Au 196,967	80 Hg 200,59	81 Tl 204,37	82 Pb 207,19
7	10	87 Fr [223]	88 Ra [226,05]	89- ** Aktiniden:	

* Seltene Erden:	57 La 138,91	58 Ce 140,12	59 Pr 140,907	60 Nd 144,24	61 Pm [147]	62 Sm 150,35
** Aktiniden:	89Ac [227]	90 Th 232,038	91 Pa [231]	92 U 238,03	93 Np [237]	94 Pu [242]

Tabelle A-2 *Grundkonstanten*

Konstante	Zeichen	Wert	im Buch verwendeter Wert
Lichtgeschwindigkeit	c	2.9979×10^{8} m s^{-1}	2.9979×10^{8} m s^{-1}
Elementarladung	e	1.6021×10^{-19} C	1.6021×10^{-19} C
Ruhmasse des Elektrons	m_e	9.1094×10^{-31} kg	9.1091×10^{-31} kg
Ruhmasse des Protons	m_p	1.6726×10^{-27} kg	1.6725×10^{-27} kg
Ruhmasse des Neutrons	m_n	1.6749×10^{-27} kg	1.6748×10^{-27} kg
Plancksche Konstante	h	6.6261×10^{-34} J s	6.6256×10^{-34} J s
	$\hbar = k/2\pi$	1.0546×10^{-34} J s	1.0545×10^{-34} J s
Spezifische Ladung des Elektrons	e/m_e	1.7588×10^{11} kg^{-1} C	1.7588×10^{11} kg^{-1} C
Bohrscher Radius	a_0	5.2918×10^{-11} m	5.2917×10^{-11} m
Comptonwellenlänge:			
des Elektrons	$\lambda_{c,e}$	2.4263×10^{-12} m	2.4262×10^{-12} m
des Protons	$\lambda_{c,p}$	1.3214×10^{-15} m	1.3214×10^{-15} m
Rydberg-Konstante	R	1.0974×10^{7} m^{-1}	1.0974×10^{7} m^{-1}
Bohrsches Magneton	μ_B	9.2740×10^{-24} J T^{-1}	9.2732×10^{-24} J T^{-1}

In diesem Maßsystem ist die Atommasse von Kohlenstoff 12,01115; dies ist der Mittelwert für die natürliche Isotopenverteilung in Kohlenstoff. (Bei künstlich erzeugten Elementen ist die ungefähre Atommasse des stabilsten Isotops in Klammern angegeben.)

V	VI	VII	VIII			0
						2 He 4,0026
7 N 14,0067	8 O 15,9994	9 F 18,9984				10 Ne 20,183
15 P 30,9738	16 S 32,064	17 Cl 35,453				18 Ar 39,948
23 V 50,942	24 Cr 51,996	25 Mn 54,9380	26 Fe 55,847	27 Co 58,9332	28 Ni 58,71	
33 As 74,9216	34 Se 78,96	35 Br 79,909				36 Kr 83,80
41 Nb 92,906	42 Mo 95,94	43 Tc [99]	44 Ru 101,07	45 Rh 102,905	46 Pd 106,4	
51 Sb 121,75	52 Te 127,60	53 I 126,9044				54 Xe 131,30
73 Ta 180,948	74 W 183,85	75 Re 186,2	76 Os 190,2	77 Ir 192,2	78 Pt 195,09	
83 Bi 208,980	84 Po [210]	85 At [210]				86 Rn [222]

63 Eu 151,96	64 Gd 157,25	65 Tb 158,924	66 Dy 162,50	67 Ho 164,930	68 Er 167,26	69 Tm 168,934	70 Yb 173,04	71 Lu 174,97
95 Am [243]	96 Cm [245]	97 Bk [249]	98 Cf [249]	99 Es [253]	100 Fm [255]	101 Md [256]	102 No	103

Konstante	Zeichen	Wert	im Buch verwendeter Wert
Loschmidt-Zahl/Avogadro-Konstante	N_L/N_A	6.0221×10^{23} mol^{-1}	6.0225×10^{23} mol^{-1}
Boltzmann-Konstante	k	1.3807×10^{-23} J K^{-1}	1.3805×10^{-23} J K^{-1}
Gas-Konstante	R	8.3145 J K^{-1} mol^{-1}	8.3143 J K^{-1} mol^{-1}
Molares Normvolumen des Vakuums	V_0	2.2414×10^{-2} m^3 mol^{-1}	2.2414×10^{-2} m^3 mol^{-1}
Faraday-Konstante	F	9.6485×10^4 C mol^{-1}	9.6487×10^4 C mol^{-1}
Coulomb-Konstante	K_c	8.9874×10^9 N m^2 C^{-2}	8.9874×10^9 N m^2 C^{-2}
Dielektrizitätskonstante des Vakuums	ϵ_0	8.8542×10^{-12} N^{-1} m^{-2} C^2	8.8544×10^{-12} N^{-1} m^{-2} C^2
Permeabilität des Vakuums	μ_0	1.2566×10^{-6} m kg C^{-2}	1.2566×10^{-6} m kg C^{-2}
Gravitationskonstante	γ	6.672×10^{-11} N m^2 kg^{-2}	6.670×10^{-11} N m^2 kg^{-2}
Schwerebeschleunigung in Meereshöhe am Äquator	g	9.7805 m s^{-2}	9.7805 m s^{-2}

Numerische Konstanten: $\pi = 3{,}1416$; $e = 2{,}7183$; $\sqrt{2} = 1{,}4142$; $\sqrt{3} = 1{,}7320$

Tabelle A-3 Einheiten und Zeichen

Größe	Zeichen	Bezeichnung der Einheit	Beziehung zu den Grundeinheiten MKSC	MKSA
Länge	l, s	Meter	m	
Masse	m	Kilogramm	kg	
Zeit	t	Sekunde	s	
Geschwindigkeit	v		$m\,s^{-1}$	
Beschleunigung	a		$m\,s^{-2}$	
Winkelgeschwindigkeit	ω		s^{-1}	
Kreisfrequenz	ω		s^{-1}	
Frequenz	ν	Hertz (Hz)	s^{-1}	
Impuls	p		$m\,kg\,s^{-1}$	
Kraft	F	Newton (N)	$m\,kg\,s^{-2}$	
Drehimpuls	L		$m^2\,kg\,s^{-1}$	
Drehmoment	τ		$m^2\,kg\,s^{-2}$	
Arbeit	W	Joule (J)	$m^2\,kg\,s^{-2}$	
Leistung	P	Watt (W)	$m^2\,kg\,s^{-3}$	
Energie	E_k, E_p, U, E	Joule (J)	$m^2\,kg\,s^{-2}$	
Temperatur	T	K	$m^2\,kg\,s^{-2}$/Teilchen	
Diffusionskoeffizient	D		$m^2\,s^{-1}$	
Wärmeleitfähigkeit	K		$m\,kg\,s^{-3}\,°K^{-1}$	
Viskosität (dyn.)	η		$m^{-1}\,kg\,s^{-1}$	
Elastizitätsmodul	Y		$m^{-1}\,kg\,s^{-2}$	
Kompressibilität	κ		$m^{-1}\,kg\,s^{-2}$	
Schubmodul	G		$m^{-1}\,kg\,s^{-2}$	
Trägheitsmoment	I		$m^2\,kg$	
Schwerefeld	$\mathcal{G}$		$m\,s^{-2}$	
Gravitationspotential	$V\mathcal{G}$		$m^2\,s^{-2}$	
Ladung	q, Q	Coulomb	C	A s
Elektrischer Strom	I	Ampere	$s^{-1}\,C$	A
Elektrisches Feld	$\mathcal{E}$		$m\,kg\,s^{-2}\,C^{-1}$	$m\,kg\,s^{-3}\,A^{-1}$
Elektrisches Potential	V	Volt (V)	$m^2\,kg\,s^{-2}\,C^{-1}$	$m^2\,kg\,s^{-3}\,A^{-1}$
Stromdichte	j		$m^{-2}\,s^{-1}\,C$	$m^{-2}\,A$
Elektrischer Widerstand	R	Ohm (Ω)	$m^2\,kg\,s^{-1}\,C^{-2}$	$m^2\,kg\,s^{-3}\,A^{-2}$
Induktivität	L	Henry (H)	$m^2\,kg\,C^{-2}$	$m^2\,kg\,s^{-2}\,A^{-2}$
Dielektrizitätskonstante	ϵ_0		$m^{-3}\,kg^{-1}\,s^2\,C^2$	$m^{-3}\,kg^{-1}\,s\,A^2$
Polarisation	$\mathcal{P}$		$m^{-2}\,C$	$m^{-2}\,s\,A$
Dielektrische Verschiebung	$\mathcal{D}$		$m^{-2}\,C$	$m^{-2}\,s\,A$
Magnetfeld	$\mathcal{B}$	Tesla (T)	$kg\,s^{-1}\,C^{-1}$	$kg\,s^{-2}\,A^{-1}$
Magnetisierung	$\mathcal{M}$		$m\,kg\,C^{-2}$	$m\,kg\,s^{-2}\,A^{-2}$
Magnetisierendes Feld	$\mathcal{H}$		$m^{-1}\,s^{-1}\,C$	$m^{-1}\,A$
Magnetischer Fluß	$\Phi\mathcal{B}$	Weber (Wb)	$m^2\,kg\,s^{-1}\,C^{-1}$	$m^2\,kg\,s^{-2}\,A^{-1}$
Elektrisches Dipolmoment	p		$m\,C$	$m\,s\,A$
Elektrisches Quadrupolmoment	Q		$m^2\,C$	$m^2\,s\,A$
Magnetisches Dipolmoment	M		$m^2\,s^{-1}\,C$	$m^2\,A$
Magnetisches Quadrupolmoment	Q		$m^3\,s^{-1}\,C$	$m^3\,A$
Kapazität	C	Farad (F)	$m^{-2}\,kg^{-1}\,s^2\,C^2$	$m^{-2}\,kg^{-1}\,s^4\,A^2$

Interprint Limited, Malta.

Tabelle A-4 Umrechnungsfaktoren

Zeit:

1 s = 1,667 $\times$ 10^{-2} Min = 2,778 $\times$ 10^{-4} h
= 3,169 $\times$ 10^{-8} a
1 Min = 60 s = 1,667 $\times$ 10^{-2} h
= 1,901 $\times$ 10^{-6} a
1 h = 3600 s = 60 Min = 1,141 $\times$ 10^{-4} a
1 a = 3,156 $\times$ 10^{7} s = 5,259 $\times$ 10^{5} Min
= 8,766 $\times$ 10^{3} h

Länge:

1 m = 10^{2} cm
1 mi = 5280 ft = 1,609 km
1 in = 2,540 cm
1 Å (Angström) = 10^{-8} cm = 10^{-10} m
= 10^{-4} μ (Mikron)
1 μ (Mikron) = 10^{-6} m
1 astronomische Einheit = 1,496 $\times$ 10^{11} m
1 Lichtjahr = 9,46 $\times$ 10^{15} m
1 parsec = 3,084 $\times$ 10^{16} m

Winkel:

1 Radiant = 57,3°
1° = 1,74 $\times$ 10^{-2} Rad
1′ = 2,91 = 10^{-4} Rad
1″ = 4,85 $\times$ 10^{-6} Rad

Fläche:

1 m^2 = 10^{4} cm^2
1 in^2 = 6,452 cm^2
1 ft^2 = 144 in^2 = 9,29 $\times$ 10^{-2} m^2

Volumen:

1 m^3 = 10^{6} cm^3 = 10^{3} liters
= 35,3 ft^3 = 6,1 $\times$ 10^{4} in^3
1 ft^3 = 2,83 $\times$ 10^{-2} m^3 = 28,32 liters
1 in^3 = 16,39 cm^3

Geschwindigkeit:

1 m s^{-1} = 10^{2} cm s^{-1} = 3,281 ft s^{-1}
1 ft s^{-1} = 30,48 cm s^{-1}
1 mi min^{-1} = 60 mi hr^{-1} = 88 ft s^{-1}

Beschleunigung:

1 m s^{-2} = 10^{2} cm s^{-2} = 3,281 ft s^{-2}
1 ft s^{-2} = 30,48 cm s^{-2}

Masse:

1 kg = 10^{3} g = 2,205 lb
1 lb = 453,6 g = 0,4536 kg
1 AME = 1,6604 $\times$ 10^{-27} kg

Kraft:

1 N = 10^{5} dyn
1 dyn = 10^{-5} N
1 lbf = 4,448 N = 4,448 $\times$ 10^{5} dyn
1 kgf = 9,81 N

Druck:

1 N m^{-2} = 9,265 = 10^{-6} at = 10 dyn cm
1 at = 1,013 $\times$ 10^{5} N m^{-2}
1 bar = 10^{6} dyn cm^{-2}

Energie:

1 J = 10^{7} erg = 0,239 cal
= 6,242 $\times$ 10^{18} eV
1 eV = 10^{-6} MeV = 1,60 $\times$ 10^{-12} erg
= 1,07 $\times$ 10^{-9} AME
1 cal = 4,186 J = 2,631 $\times$ 10^{19} eV
= 2,807 $\times$ 10^{-10} AME
1 AME = 1,492 $\times$ 10^{-10} J
= 3,564 $\times$ 10^{-11} cal = 931,0 MeV

Temperatur:

K = 273,1 + °C
°C = $\frac{5}{9}$ (°F — 32)
°F = $\frac{9}{5}$ °C + 32

Leistung:

1 W = 1,341 $\times$ 10^{-3} hp
1 hp = 745,7 W

Elektrisches Ladung:*

1 C = 3 $\times$ 10^{9} stC
1 stC = $\frac{1}{3}$ $\times$ 10^{-9} C

Strom:*

1 A = 3 $\times$ 10^{9} stA
1 stA = $\frac{1}{3}$ $\times$ 10^{-9} A
1 μA = 10^{-6} A, 1 mA = 10^{-3} A

Elektrisches Feld:*

1 N C^{-1} = 1 V m^{-1} = 10^{-2} V cm^{-1}
= $\frac{1}{3}$ $\times$ 10^{-4} stV cm^{-1}

Elektrisches Potential:*

1 V = $\frac{1}{3}$ $\times$ 10^{-2} stV
1 stV = 3 $\times$ 10^{2} V

Elektrischer Widerstand:

1 Ω = 10^{6}μΩ
1 MΩ = 10^{6}Ω

Kapazität:*

1 F = 9 $\times$ 10^{11} stF
1 stF = $\frac{1}{9}$ $\times$ 10^{-11} F
1 F = 10^{-6} μF, 1 pF = 10^{-12} F

Magnetfeld:

1 T = 10^{4} Gauss, 1 Gauss = 10^{-4} T

Magnetischer Fluβ:

1 Wb = 10^{8} Maxwell, 1 Maxwell = 10^{-8} Wb

Magnetisierendes Feld:

1 A m^{-1} = 4 π $\times$ 10^{-3} Oersted
1 Oersted = 1/4 π $\times$ 10^{3} A m^{-1}

---

* In allen Fällen, 3 bedeutet 2,998 und 9 bedeutet 8,987.